원소의 주기율표

전형 원소 (1~2족, 13~18족) · 알칼리 금속 (1족) · 알칼리 토금속 (2족) · 전이 원소 (3~12족, 8~10: 8B) · 할로젠 (17족) · 영족 기체 (18족)

주기 번호	1족 1A족	2족 2A족	3 3B	4 4B	5 5B	6 6B	7 7B	8 8B	9 8B	10 8B	11 1B	12 2B	13족 3A족	14족 4A족	15족 5A족	16족 6A족	17족 7A족	18족 8A족
1	1 H 1.008																	2 He 4.003
2	3 Li 6.941	4 Be 9.012											5 B 10.81	6 C 12.01	7 N 14.01	8 O 16.00	9 F 19.00	10 Ne 20.18
3	11 Na 22.99	12 Mg 24.31											13 Al 26.98	14 Si 28.09	15 P 30.97	16 S 32.07	17 Cl 35.45	18 Ar 39.95
4	19 K 39.10	20 Ca 40.08	21 Sc 44.96	22 Ti 47.87	23 V 50.94	24 Cr 52.00	25 Mn 54.94	26 Fe 55.85	27 Co 58.93	28 Ni 58.69	29 Cu 63.55	30 Zn 65.41	31 Ga 69.72	32 Ge 72.64	33 As 74.92	34 Se 78.96	35 Br 79.90	36 Kr 83.80
5	37 Rb 85.47	38 Sr 87.62	39 Y 88.91	40 Zr 91.22	41 Nb 92.91	42 Mo 95.94	43 Tc (99)	44 Ru 101.1	45 Rh 102.9	46 Pd 106.4	47 Ag 107.9	48 Cd 112.4	49 In 114.8	50 Sn 118.7	51 Sb 121.8	52 Te 127.6	53 I 126.9	54 Xe 131.3
6	55 Cs 132.9	56 Ba 137.3	57* La 138.9	72 Hf 178.5	73 Ta 180.9	74 W 183.8	75 Re 186.2	76 Os 190.2	77 Ir 192.2	78 Pt 195.1	79 Au 197.0	80 Hg 200.6	81 Tl 204.4	82 Pb 207.2	83 Bi 209.0	84 Po (209)	85 At (210)	86 Rn (222)
7	87 Fr (223)	88 Ra (226)	89† Ac (227)	104 Rf (261)	105 Db (262)	106 Sg (266)	107 Bh (264)	108 Hs (265)	109 Mt (268)	110 Ds (271)	111 Rg (272)	112 Cn (285)	113 Nh (284)	114 Fl (289)	115 Mc (288)	116 Lv (293)	117 Ts (294)	118 Og (294)

*란타넘족	58 Ce 140.1	59 Pr 140.9	60 Nd 144.2	61 Pm (145)	62 Sm 150.4	63 Eu 152.0	64 Gd 157.3	65 Tb 158.9	66 Dy 162.5	67 Ho 164.9	68 Er 167.3	69 Tm 168.9	70 Yb 173.0	71 Lu 175.0
†악티늄족	90 Th 232.0	91 Pa 231.0	92 U 238.0	93 Np (237)	94 Pu (244)	95 Am (243)	96 Cm (247)	97 Bk (247)	98 Cf (251)	99 Es (252)	100 Fm (257)	101 Md (258)	102 No (259)	103 Lr (262)

금속 준금속 비금속

원소의 원자 질량

우리말 이름	영어명	원소 기호	원자 번호	원자 질량[a]
가돌리늄	Gadolinium	Gd	64	157.3
갈륨	Gallium	Ga	31	69.72
구리	Copper	Cu	29	63.55
규소	Silicon	Si	14	28.09
금	Gold	Au	79	197.0
납	Lead	Pb	82	207.2
네오디뮴	Neodymium	Nd	60	144.2
네온	Neon	Ne	10	20.18
넵투늄	Neptunium	Np	93	(237)
노벨륨	Nobelium	No	102	(259)
니오븀	Niobium	Nb	41	92.91
니켈	Nickel	Ni	28	58.69
니호늄	Nihonium	Nh	113	(284)
다름슈타튬	Darmstadtium	Ds	110	(271)
더브늄	Dubnium	Db	105	(262)
디스프로슘	Dysprosium	Dy	66	162.5
라돈	Radon	Rn	86	(222)
라듐	Radium	Ra	88	(226)
란타넘	Lanthanum	La	57	138.9
러더포듐	Rutherfordium	Rf	104	(261)
레늄	Rhenium	Re	75	186.2
로듐	Rhodium	Rh	45	102.9
로렌슘	Lawrencium	Lr	103	(262)
뢴트게늄	Roentgenium	Rg	111	(272)
루비듐	Rubidium	Rb	37	85.47
루테늄	Ruthenium	Ru	44	101.1
루테튬	Lutetium	Lu	71	175.0
리버모륨	Livermorium	Lv	116	(293)
리튬	Lithium	Li	3	6.941
마그네슘	Magnesium	Mg	12	24.31
마이트너륨	Meitnerium	Mt	109	(268)
망가니즈	Manganese	Mn	25	54.94
멘델레븀	Mendelevium	Md	101	(258)
모스코븀	Moscovium	Mc	115	(288)
몰리브데넘	Molybdenum	Mo	42	95.94
바나듐	Vanadium	V	23	50.94
바륨	Barium	Ba	56	137.3
백금	Platinum	Pt	78	195.1
버클륨	Berkelium	Bk	97	(247)
베릴륨	Beryllium	Be	4	9.012
보륨	Bohrium	Bh	107	(264)
붕소	Boron	B	5	10.81
브로민	Bromine	Br	35	79.90
비소	Arsenic	As	33	74.92
비스무트	Bismuth	Bi	83	209.0
사마륨	Samarium	Sm	62	150.4
산소	Oxygen	O	8	16.00
세륨	Cerium	Ce	58	140.1
세슘	Cesium	Cs	55	132.9
셀레늄	Selenium	Se	34	78.96
소듐/나트륨	Sodium	Na	11	22.99
수소	Hydrogen	H	1	1.008
수은	Mercury	Hg	80	200.6
스칸듐	Scandium	Sc	21	44.96
스트론튬	Strontium	Sr	38	87.62
시보귬	Seaborgium	Sg	106	(266)
아르곤	Argon	Ar	18	39.95
아메리슘	Americium	Am	95	(243)
아스타틴	Astatine	At	85	(210)

우리말 이름	영어명	원소 기호	원자 번호	원자 질량[a]
아연	Zinc	Zn	30	65.41
아이오딘	Iodine	I	53	126.9
아인슈타이늄	Einsteinium	Es	99	(252)
악티늄	Actinium	Ac	89	(227)[b]
안티모니	Antimony	Sb	51	121.8
알루미늄	Aluminum	Al	13	26.98
어븀	Erbium	Er	68	167.3
염소	Chlorine	Cl	17	35.45
오가네손	Oganesson	Og	118	(294)
오스뮴	Osmium	Os	76	190.2
우라늄	Uranium	U	92	238.0
유로퓸	Europium	Eu	63	152.0
은	Silver	Ag	47	107.9
이리듐	Iridium	Ir	77	192.2
이터븀	Ytterbium	Yb	70	173.0
이트륨	Yttrium	Y	39	88.91
인	Phosphorus	P	15	30.97
인듐	Indium	In	49	114.8
저마늄/게르마늄	Germanium	Ge	32	72.64
제논	Xenon	Xe	54	131.3
주석	Tin	Sn	50	118.7
지르코늄	Zirconium	Zr	40	91.22
질소	Nitrogen	N	7	14.01
철	Iron	Fe	26	55.85
카드뮴	Cadmium	Cd	48	112.4
칼슘	Calcium	Ca	20	40.08
캘리포늄	Californium	Cf	98	(251)
코발트	Cobalt	Co	27	58.93
코페르니슘	Copernicium	Cn	112	(285)
퀴륨	Curium	Cm	96	(247)
크로뮴	Chromium	Cr	24	52.00
크립톤	Krypton	Kr	36	83.80
타이타늄	Titanium	Ti	22	47.87
탄소	Carbon	C	6	12.01
탄탈럼	Tantalum	Ta	73	180.9
탈륨	Thallium	Tl	81	204.4
터븀	Terbium	Tb	65	158.9
텅스텐	Tungsten	W	74	183.8
테네신	Tennessine	Ts	117	(294)
테크네튬	Technetium	Tc	43	(99)
텔루륨	Tellurium	Te	52	127.6
토륨	Thorium	Th	90	232.0
툴륨	Thulium	Tm	69	168.9
팔라듐	Palladium	Pd	46	106.4
페르뮴	Fermium	Fm	100	(257)
포타슘/칼륨	Potassium	K	19	39.10
폴로늄	Polonium	Po	84	(209)
프라세오디뮴	Praseodymium	Pr	59	140.9
프랑슘	Francium	Fr	87	(223)
프로메튬	Promethium	Pm	61	(145)
프로탁티늄	Protactinium	Pa	91	231.0
플레로븀	Flerovium	Fl	114	(289)
플루오린	Fluorine	F	9	19.00
플루토늄	Plutonium	Pu	94	(244)
하슘	Hassium	Hs	108	(265)
하프늄	Hafnium	Hf	72	178.5
헬륨	Helium	He	2	4.003
홀뮴	Holmium	Ho	67	164.9
황	Sulfur	S	16	32.07

[a] 원자 질량 값은 유효 숫자 4개로 주어졌다.
[b] 괄호 안의 값은 중요한 동위원소의 질량수이다.

Karen **Timberlake**
William **Timberlake**

팀버레이크의

대학화학기초

제6판

| 화학교재연구회 옮김 |

TITLE: Basic Chemistry
AUTHOR: KAREN C. TIMBERLAKE, WILLIAM TIMBERLAKE
ISBN: 9780134878119
EDITION: 6th Edition

옮긴이 머리말

Preface

화학은 물질의 기본 원리와 그 변화를 연구하는 학문으로 21세기에서도 계속 발전을 거듭하고 있다. 뿐만 아니라 화학은 모든 자연과학의 중심 과학으로서 학문적으로 매우 중요한 부분을 차지하고 있다. 따라서 여러 분야를 전공하는 대학생들에게 화학은 어렵지만 꼭 필요한 필수 과목이다. 최근 교육과정 및 대학 입시 정책이 변하면서 고등학교에서 화학을 이수하지 않은 채 대학에 진학하는 학생들이 많아지고, 기초 지식 없이 화학 과목을 수강하는 학생들이 늘면서 강의자와 수강자 모두가 어려워하고 있는 것이 현실이다. 그동안 여러 저자들이 많은 일반 화학 교과서를 집필하여 이들이 출간되어 사용되고 있지만 학생들의 수준을 고려할 때 매번 적합한 책을 찾기는 것은 쉬운 일이 아니다.

최근 Timberlake의 *Basic Chemistry* 6판이 출간되었는데 이 책을 검토한 결과 우리 간호학이나 보건 계열 학문, 식품 및 농학 관련 학과 학생들의 단학기 교육에 적합할 것으로 판단되어 이번에 새로 번역하게 되었다. 그동안 Timberlake가 지은 책이 여러 차례 소개되어 좋은 반응을 얻은 바 있으며, 이 6판 번역서는 주당 2~3시간의 한 학기 과정에 적절한 것으로 판단된다. 이번 판에서는 특히 실제 생활 및 직업과 관련된 부분을 보충하여 학생들의 흥미를 유도할 뿐만 아니라 건강이나 환경과 관련된 화학에 대하여 다양한 자료를 제공하고 있다. 또한 적절한 그림과 사진을 통해 학생들의 이해를 돕고, 각 장의 끝에서는 요약과 연습문제로 자신의 학습을 점검하도록 잘 설계되어 있다. 따라서 학생들이 이 책을 잘 정독한 후 수업에 임하며, 적절한 활동을 통해 이를 복습한다면 화학을 매우 즐겁고 보람 있게 공부할 수 있을 것이다.

이 책에서 사용된 화학 용어는 대한화학회에서 정한 화학 술어와 교육부 편수 자료를 기준으로 하였고, 원소 및 화합물의 이름도 대한화학회의 화합물 명명법을 따랐다. 또한 학생들의 이해를 돕기 위해 주요 용어나 인명 등은 괄호 안에 영문 표기를 병기하였다.

역자들은 이 책을 번역하면서 원저자의 의도를 최대한 살리려 노력하였으나 간혹 오역이나 편집 과정의 실수 등으로 잘못이 있을 수도 있을 것이다. 이러한 부분이 발견되면 과감하게 지적해 학생들에게 잘못된 교육이 이루어지지 않도록 하여 주시길 바란다.

이 책의 편집과 출간을 위해 힘써 주신 사이플러스 출판사 박종성 대표와 편집부의 수고에 감사드린다.

2023년 1월 15일

옮긴이 적음

지은이 머리말

Preface

대학화학기초 제6판에서 만나게 되어 반갑게 생각한다. 이 화학 교재는 공학, 간호학, 의학, 환경과학, 농업과학과 같은 과학 관련 직업이나 실험 관련 기술 직업을 준비하기 위한 책으로 집필하고 설계하였다. 이 책은 읽는 사람이 화학에 대한 사전 지식이 없다고 가정하고 집필한 것이다. 이 책을 쓴 주요 목표는 물질의 구조와 행동을 실제 삶과 연관시킴으로써 여러분에게 화학 공부를 매력적이고 긍정적인 경험으로 만드는 것이다. 이번 새 판에서는 더 많은 문제 해결 전략과 연결 기능으로 문제 분석과 먼저 해 보기, 참여 기능, 개념 및 도전 문제를 소개한다.

우리의 목표는 건강과 환경에 관한 문제들에 대한 중요한 결정들을 내리는 기초를 형성할 과학적 개념들을 이해함으로써 여러분이 비판적 사고를 할 수 있도록 돕는 것이다. 따라서 다음과 같이 되도록 자료를 활용했다.

- 화학을 배우고 즐길 수 있도록 도와준다.
- 화학을 관심 있는 직업과 연관시킨다.
- 문제 해결 능력을 기른다.
- 화학을 성공적으로 학습하도록 촉진한다.

6판에서 새로 업데이트된 내용

이번 6판에서는 다음과 같은 새로 업데이트된 기능이 추가되었다.

- 각 장을 **여는 글**에서는 현대 직업의 일부인 화학에 대해 시기적절한 예와 매력적이고 자세한 예들을 제공한다.
- 각 장의 **여는 글**에서의 이야기는 장 끝의 새로운 **UPDATE**에 대한 관련 내용에서 이어진다.
- 새로운 화학 원리를 학습하는 데 필요한 이전 장의 핵심 화학 기술을 강조하기 위해 각 절 시작 부분에 **복습하기**를 적어 놓았다.
- 새로운 주제에 대한 이해를 높이기 위해 사진과 그래프를 사용한 **그림 표현**이 추가되었다.
- **예제 문제**는 학생이 문제를 해결하는 과정을 안내하는 단계를 나타낸다.
- 예제 문제 아래의 **확인 문제**는 학생들에게 추가적인 자체 연습을 하도록 한다.
- **생각해 보기** 문제와 답이 그 장에 포함되어 있다.
- 공-막대 모형과 공간 채움 모형 등 **3차원 표현법**을 사용하여 분자와 다원자 이온의 모양을 설명한다.

지은이 소개

About the Authors

카렌 팀버레이크(Karen Timberlake)는 미국 로스앤젤레스 밸리 칼리지(Los Angeles Valley College)의 화학과 명예 교수로, 그곳에서 36년간 보건 화학과 예비 화학을 가르쳤다. 그녀는 워싱턴 대학교에서 화학 학사 학위를 받았고, 캘리포니아 대학교 로스앤젤레스(UCLA)에서 생화학 석사 학위를 받았다.

팀버레이크 교수는 40년 이상 여러 화학 교과서를 집필해 왔다. 그동안 화학 분야에서 학생의 성공을 촉진하고 화학을 실제 상황에 적용하는 교육 도구를 전략적으로 사용하도록 하는 교육 도구를 개발하였다. 백만 명 이상의 학생들이 Karen Timberlake가 작성한 교재와 실험실 매뉴얼 및 학습 가이드를 사용하여 화학을 배웠다. *Basic Chemistry* 6판 외에도 *General, Organic, and Biological Chemistry: Structures of Life* 6판과 학습 가이드 및 문제 풀이집, *Chemistry: An Introduction to General, Organic, and Biological Chemistry* 13판과 학습 가이드 및 문제 풀이집, 실험실 매뉴얼, 기초 실험실 매뉴얼의 저자이다.

팀버레이크 교수는 미국 화학회(ACS) 및 미국 과학교사 연합(NSTA)을 비롯한 여러 과학 및 교육 기관에 소속되어 있다. 그녀는 화학 제조업자 협회에서 수여하는 대학 화학 교육 우수상 서부 지역 수상자였다. 그녀의 교과서인 *Chemistry: An Introduction to General, Organic, and Biological Chemistry* 8판에 대해서 물리 과학 분야에서 McGuffey 상을 받았으며, *Basic Chemistry* 초판으로 교과서 저자 협회로부터 "Texty" 교재 우수상을 수상했다.

그녀는 과학 교육을 위한 여러 교육 과제에 참여하였다. 또한 학생들이 성공적으로 학습할 수 있도록 화학에서 학생 중심 교수법을 사용하는 것에 대해 각종 교육 회의에서 발표하기도 한다.

이 책의 공동 저자인 남편 윌리엄 팀버레이크(William Timberlake)는 로스앤젤레스 하버 칼리지의 화학과 명예 교수로, 36년간 예비 화학과 유기 화학을 가르쳤다. 그는 카네기 멜론 대학교(Carnegie Mellon University)에서 화학 학사 학위를 받았고, UCLA에서 유기 화학 석사 학위를 받았다.

팀버레이크 교수는 교과서를 집필하지 않을 때에는 테니스, 볼룸 댄스, 하이킹, 여행, 새로운 레스토랑 방문, 요리 등을 하고, 손자 다니엘과 에밀리를 돌보면서 휴식을 취한다.

삶에서 소중한 우리 아들 존, 며느리 신디, 손자 다니엘, 손녀 에밀리, 그리고 수년간 노력과 헌신함으로써 우리에게 항상 동기를 부여하고 우리의 글쓰기에 목적을 둔 훌륭한 학생들에게 이 책을 바친다.

차례

Contents

제 4 장

원자와 원소 • *93*

Atoms and Elements

제 5 장

원자의 전자 구조와 주기적 경향 • *115*

Electronic Structure of Atoms and Periodic Trends

제 6 장

이온 결합 화합물과 분자 화합물 • *143*

Ionic and Molecular Compounds

제 7 장

화학적 양 • *169*

Chemical Quantities

제 8 장

화학 반응 • 195
Chemical Reactions

제 9 장

반응에서의 화학적 양 • 217
Chemical Quantities in Reactions

제 10 장

고체와 액체의 결합과 성질 • 243
Bonding and Properties of Solids and Liquids

제 11 장

기체 • 281
Gases

제 *15* 장

산화와 환원 • *423*

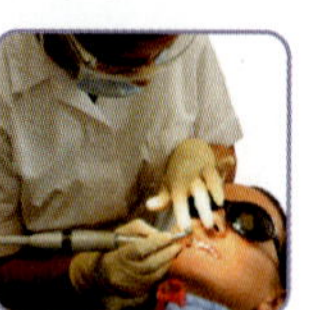

Oxidation and Reduction

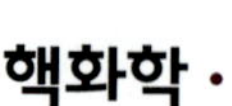

제 *16* 장

핵화학 • *451*

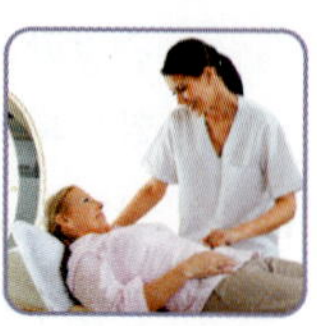

Nuclear Chemistry

제 *17* 장

유기 화학 • *479*

Organic Chemistry

팀버레이크의 제6판

대학화학기초

생활 속의 화학

Chemistry in Our Lives

제 1 장

911로 전화가 한 통 걸려 왔다. 한 남자가 자기 아내인 글로리아가 집안 바닥에 쓰러져 있는 것을 발견했다는 것이다. 경찰이 도착해 그 여자의 사망을 확인했다. 현장에 혈흔은 없었지만 경찰은 옆 탁자 위에서 소량의 액체가 들어 있는 유리잔을 찾아냈다. 인접한 세탁실에서 경찰은 반쯤 비어 있는 부동액 병을 발견했다. 부동액은 독성 화합물인 에틸렌 글라이콜을 포함하고 있다. 병과 유리잔 그리고 액체를 포장하여 법의학 실험실로 보냈다. 영안실에서 측정한 글로리아의 키는 1.673 m, 무게는 60.5 kg이었다.

법의학 과학자인 사라는 과학적 절차와 화학 시험을 사용하여 법 집행기관의 증거를 조사한다. 사라는 유리잔 위 지문뿐만 아니라 혈액, 위 내용물 및 글로리아의 집에서 발견한 미지의 액체를 분석한다. 그녀는 마약, 독극물, 알코올 존재 여부를 찾을 것이다.

관련 직업

법의학 과학자

미국에서 대부분의 법의학 과학자들은 시군 법률 부서인 범죄 연구소에서 근무한다. 이들은 범죄 현장 조사관이 수집한 체액 및 조직 시료를 분석한다. 이들 시료를 분석할 때, 법의학 과학자들은 형사 사건 해결을 돕기 위해 특정 화학 물질의 체내 존재 여부를 확인한다. 그들이 찾는 화학 물질에는 알코올, 불법 마약, 처방약, 독극물, 방화 파편, 금속 및 일산화 탄소와 같은 여러 기체 등이 있다. 이러한 물질들을 확인하기 위해 다양한 기구와 매우 구체적인 방법이 사용된다. 법의학 과학자들은 범죄 용의자, 운동선수 및 고용 희망자들의 시료를 분석한다. 그들은 또한 환경오염 및 야생 동물 범죄에 대한 동물 표본을 다루는 경우에도 작업한다. 법의학 과학자들은 주로 수학, 화학, 생물학 등의 학사 학위를 소지하고 있다.

UPDATE 법의학적 증거가 범죄를 해결한다

법의학 실험실에서 사라는 글로리아의 위 내용물과 혈액 중에서 독성 화합물을 분석한다. 법의학적 증거의 시험 결과는 24쪽에 있는 **Update 법의학적 증거가 범죄를 해결한다**에서 볼 수 있으며, 글로리아가 독성 수준의 에틸렌 글라이콜(부동액)을 섭취했는지를 결정할 수 있다.

이 장의 차례

공기 중에서 NO가 산소와 화학 반응을 일으켜 스모그의 적갈색을 띠는 NO_2를 형성한다.

제산제를 물에 넣으면 화학 반응이 일어난다.

생각해 보기 1.1
물은 왜 화학 물질인가?

치약에는 여러 화학 물질이 조합되어 있다.

1.1 화학과 화학 물질

학습 목표 화학이라는 용어를 정의하고 화학 물질을 식별할 수 있다.

화학 수업을 들으면서 무엇을 배울지 궁금할 것이다. 과학에서 궁금한 질문이 무엇인가? 어쩌면 스모그가 어떻게 형성되는지 또는 아스피린이 어떻게 두통을 완화시키는지에 관심이 있을 것이다. 화학자들도 당신처럼 우리가 살고 있는 이 세상에 대해 궁금해 한다.

자동차 배기가스가 어떻게 도시 전체에 걸리는 스모그를 배출하는가? 자동차 배기가스의 구성 성분 중 하나가 질소 산화물(NO)인데, 자동차 엔진 내의 고온에서 질소 기체(N_2)와 산소 기체(O_2)가 NO로 변환된다. 대기 중에서 NO(g)는 $O_2(g)$와 반응하여 스모그의 적갈색인 $NO_2(g)$를 형성한다. 화학에서는 반응을 다음 형태의 식으로 쓴다.

$$N_2(g) + O_2(g) \longrightarrow 2NO(g)$$
$$2NO(g) + O_2(g) \longrightarrow \underset{\text{스모그}}{2NO_2(g)}$$

아스피린이 두통을 완화시키는 이유는 무엇인가? 신체 일부에 상처가 나면 프로스타글란딘이라는 물질이 생성되어 염증과 통증을 유발한다. 아스피린은 프로스타글란딘 생성을 차단하여 염증, 통증, 발열을 감소시킨다. 의료 분야의 화학자들은 당뇨병, 유전적 결함, 암, 에이즈 및 기타 질병에 대한 새로운 치료법을 개발한다. 환경 분야의 화학자들은 인간의 개발이 환경에 영향을 미치는 방식을 연구하고 환경 파괴를 줄이는 데 도움이 되는 과정을 개발한다. 법의학 연구소의 화학자, 투석실의 간호사, 영양사, 화학공학자, 농업 과학자들에게, 화학은 문제를 이해하고 가능한 해결책을 평가하며 중요한 결정을 내리는 데 핵심적인 역할을 한다.

화학

화학(chemistry)은 물질의 조성, 구조, 성질, 반응에 대한 학문이다. *물질*(matter)은 우리가 사는 세상을 구성하는 것들에 대한 다른 용어이다. 어쩌면 여러분은 화학자가 흰 가운과 고글을 끼고 일하는 실험실에서만 화학이 일어난다고 생각하는지도 모른다. 하지만 사실상 화학은 매일 우리 주변에서 일어나며 사용하고 행하는 모든 것에 영향을 미친다. 음식을 요리하거나, 표백제를 세탁물에 첨가하거나, 차를 시동할 때 화학 작용을 하고 있는 것이다. 은이 변색되거나 제산제를 물에 넣었을 때에도 화학 반응이 일어난다. 식물은 화학 반응을 통해 이산화 탄소, 물, 에너지를 탄수화물로 전환시키기 때문에 자라게 된다. 음식을 소화하고 에너지와 건강에 필요한 물질로 분해할 때에도 화학 반응이 일어난다.

화학 물질

화학 물질(chemical)은 어디서 발견되든 항상 같은 조성과 특성을 가지는 물질을 말한다. 우리가 주변에서 보는 모든 것은 하나 이상의 화학 물질로 구성된다. 특정한 종류의 물질을 설명하는 데 종종 *화학 물질*(chemical)과 *물질*(substance)이라는 용어를 상호 교환적으로 사용한다.

우리는 매일 화학자가 개발하고 합성한 물질을 포함하는 제품을 사용한다. 비누와 샴푸에는 피부와 두피의 기름기를 제거하는 화학 물질이 들어 있다. 화장품과 로션에서 보습, 제품 열화 방지, 박테리아 퇴치, 제품 농축에 화학 물질을 사용한다. 금, 은, 백금으로 만든 반지나 시계를 차고 있을 수도 있다. 아침 식사용 시리얼에는 철분, 칼슘, 인이 보강되어 있으며, 마시는 우유에는 비타민 A와 D를 풍부하게 가공되었을 것이다. 양치질할 때 치약 속 물질들이 이를 깨끗하게 하고, 치태 형성을 막으며, 충치를 멈추게 한다. 치약을 만드는 데 사용하는 화학 물질 중 일부를 **표 1.1**에 나타내었다.

표 1.1 > 치약에 사용되는 화학 물질

화학 물질	기능
탄산 칼슘	치석 제거를 위한 연마제
소르비톨	수분 손실을 막아 치약을 단단하게 함
황산 라우릴 소듐	치석 완화를 위해 사용
이산화 타이타늄	치약을 희고 불투명하게 만듦
트리클로산	치석과 잇몸 질환을 일으키는 세균 억제
플루오로인산 소듐	플루오린화물로 치아 에나멜을 강화시켜 충치 형성 방지
살리실산 메틸	치약에서 기분 좋은 노루풀 향을 내게 함

화학의 분야

화학은 여러 분야로 나뉜다. *일반 화학*(general chemistry)은 물질의 조성과 성질 및 반응에 대한 연구이다. *유기 화학*(organic chemistry)은 탄소 원소를 포함하는 물질에 대한 연구이다. *생물 화학*(biological chemistry)은 생물계에서 일어나는 화학 반응을 연구한다. 오늘날에는 화학이 종종 지질학이나 물리학 같은 다른 과학 분야와 결합되어 지구 화학이나 물리 화학 같은 교차 학문을 형성한다. *지구 화학*(geochemistry)에서는 지구와 다른 행성 표면의 광석, 토양 및 무기물의 화학적 조성을 연구한다. *물리 화학*(physical chemistry)은 에너지 변화를 포함한 화학계의 물리적 성질에 대한 연구이다.

한 지구 화학자가 하와이 킬라우에아 화산에서 새롭게 분출한 용암 시료를 수집하고 있다.

1.2 과학적 방법: 과학자처럼 생각하기

> 학습 목표 과학적 방법을 설명할 수 있다.

우리가 아주 어렸을 때, 만지거나 맛보면서 자신의 주위를 탐구했다. 자라면서는 우리가 살고 있는 세상에 관한 질문했다. 번개란 무엇인가? 무지개는 어디에서 왔는가? 하늘은 왜 푸른가? 어른이 되어서는 항생제가 어떻게 작용하며 비타민이 건강에 왜 중요한지 궁금해 했을 것이다. 매일 우리는 주위 세계를 체계화하고 이해할 수 있는 답을 찾기 위해 질문한다.

노벨상 수상자였던 라이너스 폴링(Linus Pauling, 1901~1994)은 미국 오리건 주에서의 학창시절에 대해 설명하면서 화학, 광물학, 물리학에 관한 많은 책을 읽었던 기억을 떠올렸다. "나는 다음과 같은 물질의 성질을 조사했다. 왜 어떤 물질은 색을 띠고 있는데, 다른 것들은 색을 띠지 않는가? 왜 어떤 무기 화합물은 단단하며(hard) 다른 것들은 부드러운가(soft)?" 그는 말했다. "나는 이 경험적 지식의 엄청난 배경을 구축하고 있었고 동시에 수많은 질문을 했다." 폴링은 두 차례 노벨상을 수상했다. 첫 번째는 1954년 화학 결합의 성질과 착물의 구조 결정에 대한 연구로 화학상을 받았으며, 두 번째는 핵무기 확산 반대 운동으로 1962년 평화상을 수상했다.

라이너스 폴링(Linus Pauling)은 1954년 노벨 화학상을 수상했다.

과학적 방법

자연을 이해하고자 하는 과정은 각 과학자에게 독특하다. 하지만 **과학적 방법**(scientific method)은 과학자들이 자연에서 관찰하고, 자료를 수집하고, 자연 현상을 설명하는 데 사용하는 과정이다.

1. **관찰 수행.** 과학적 방법의 첫 단계는 자연을 **관찰**(observation)하고 관찰한 것에 대해 질문하는 것이다. 관찰이 항상 사실로 보일 때, 행동을 예측하는 *법칙*(*law*)으로 규정될 수 있으며, 관찰은 종종 측정할 수 있다. 그러나 법칙이 그러한 관찰을 설명하는

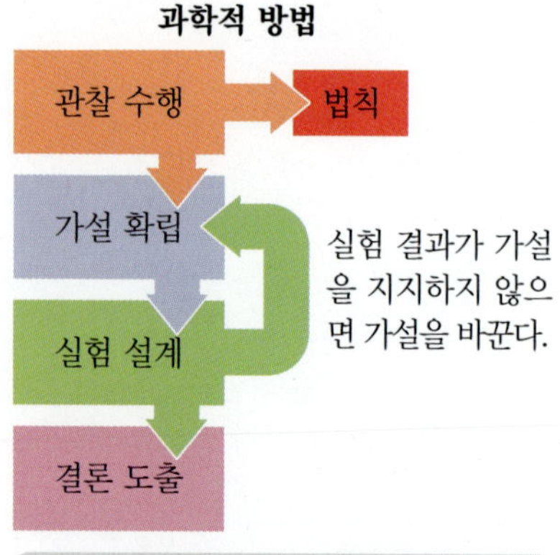

과학적 방법은 관찰, 가설, 실험을 사용해서 자연에 대한 결론을 발전시킨다.

것은 아니다. 예를 들어 화학책을 떨어뜨리면 책상이나 바닥으로 떨어질 것을 *중력 법칙(law of gravity)*을 사용해서 예측할 수 있지만, 이 법칙이 책이 떨어지는 이유를 설명하지는 못한다.

2. **가설 확립.** 과학자는 관찰이나 법칙을 설명할 수 있는 **가설**(hypothesis)을 세운다. 가설은 실험으로 시험할 수 있는 방식으로 기술되어야 한다.
3. **실험 설계.** 가설이 유효한지 결정하기 위해 가설과 관찰 사이의 관계를 찾기 위한 **실험**(experiment)을 수행한다. 실험 결과로 그 가설의 타당성을 확인할 수 있다. 하지만 실험에서 가설이 유효하지 않은 것으로 나타날 수도 있는데, 그렇게 되면 가설은 수정되거나 폐기된다. 그런 다음 새로운 실험을 통해 새로운 가설을 시험하게 된다.
4. **결론 도출.** 많은 실험이 일관된 결과를 나타낼 때, 가설이 유효하다고 **결론**(conclusion)을 내릴 수 있다. 그럼에도 불구하고 가설을 검증하기 위해 더 많은 실험을 수행한다. 새로운 실험 결과가 가설이 유효하지 않다는 것을 나타내면 수정하거나 대체할 수도 있다.

건강과 관련된 화학 _Chemistry Link to Health

초기 화학자: 파라셀수스

여러 세기 동안 화학은 물질의 변화를 연구해 왔다. 고대 그리스 시대부터 16세기 무렵까지 연금술사들은 물질을 흙, 공기, 불, 물의 4가지 구성 요소로 설명하였다. 8세기에 이르기까지 연금술사들은 구리나 납과 같은 금속을 금과 은으로 변화시킬 수 있다고 믿었다. 이러한 노력은 실패했지만, 연금술사들은 광석에서 금속을 추출하는 화학 반응에 관한 정보를 얻게 되었다. 연금술사는 또한 처음으로 실험 장비를 설계하고 초기 실험 절차를 개발했다. 이러한 초기의 노력은 과학적 방법을 사용한 최초의 관찰 및 실험의 일부였다.

파라셀수스(Paracelsus, 1493~1541)는 의사이자 연금술사였다. 그는 연금술이 신약 개발에 관한 것이어야 한다고 생각했다. 그는 관찰과 실험을 통해 건강한 신체가 특정 화학 물질에 의해 불균형을 겪을 수 있으며 무기물과 의약품을 사용하여 균형을 맞출 수 있는 일련의 화학적 과정에 의해 조절된다고 제안하였다. 예를 들어 그는 흡입한 먼지가 광부에게 폐 질환을 일으킨다고 결론 내렸다. 그는 또한 갑상선종이 오염된 물에 의한 문제라고 생각하였으며, 매독을 수은 화합물로 치료하기도 하였다. 의약품에 대한 그의 견해는 올바른 복용량이 독약과 치료제의 차이를 만든다는 것이었다. 파라셀수스는 현대 의학과 화학을 확립하는 데 도움이 되도록 연금술을 변화시켰다.

스위스 의사이자 연금술사였던 파라셀수스(1493~1541)는 화학 물질과 무기물을 의약품으로 사용할 수 있다고 믿었다.

관찰을 통해 고양이 알레르기가 있다고 생각할 수 있다.

일상생활에서 과학적 방법 사용하기

일상생활에서 여러분이 과학적 방법을 사용하고 있음을 깨닫게 되면 놀랄 것이다. 친구 집을 방문한다고 가정해 보자. 도착하자마자 눈이 가렵기 시작하고 재채기를 시작했다. 그런 다음 친구에게 고양이가 새로 생겼음을 알게 되었다. 아마도 여러분은 고양이 알레르기가 있다는 가설을 세울 것이다. 가설을 검증하기 위해 친구 집을 나간다. 재채기가 멈춘다면 가설이 맞을 것이다. 고양이가 있는 다른 친구를 방문해 가설을 시험해 본다. 다시 재채기를 시작한다면 실험 결과가 가설을 뒷받침하며, 고양이 알레르기가 있다고 결론지을 수 있다. 그러나 친구 집을 나가서도 재채기를 계속하면 가설이 뒷받침되지 않는다. 이제 여러분은 감기에 걸린 것이라는 새로운 가설을 세워야 한다.

예제 1.1 과학적 방법

먼저 해 보기!

다음을 각각 관찰, 가설, 실험, 결론으로 분류하라.

a. 응급실에서 평가하는 동안, 간호사는 환자의 안정 시 맥박이 분당 30회라고 기록한다.
b. 반복된 연구에 따르면 식단에서 나트륨을 낮추면 혈압이 감소한다.
c. 간호사는 최근 수술로 인해 붉어지고 부어오른 절개 부위가 감염되었다고 생각한다.

풀이

a. 관찰 **b.** 결론 **c.** 가설

확인 문제 1.1

다음을 각각 관찰, 가설, 실험, 결론으로 분류하라.

a. 밤에 커피를 마시면 잠이 안 온다.
b. 나는 아침에만 커피를 마시려고 노력할 것이다.
c. 오후에 커피 마시는 것을 멈추면 밤에 잠잘 수 있을 것이다.
d. 디카페인 커피를 마시면 밤에 잠을 더 잘 잔다.
e. 디카페인 커피만 마실 예정이다.
f. 카페인 음료를 끊었기 때문에 밤에 잠을 더 잘 잔다.

답

a. 관찰
b. 실험
c. 가설
d. 관찰
e. 실험
f. 결론

생각해 보기 1.2

"오늘 나는 토마토 묘목 두 개를 정원에 심고, 두 개는 옷장 안에 두었다. 나는 모든 식물에게 같은 양의 물과 비료를 줄 것이다." 라는 진술은 왜 실험으로 간주되는가?

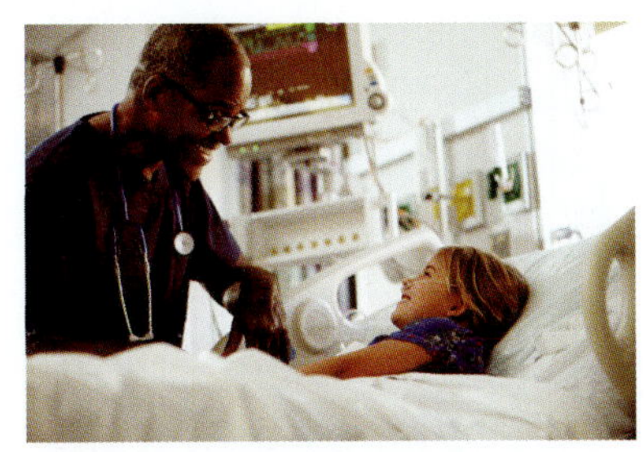

간호사가 병원에서 관찰하고 있다.

1.3 화학 공부하기

학습 목표 학습에 효과적인 전략을 알아내 화학을 공부하기 위한 학습 계획을 개발할 수 있다.

대학에 입학하여 아마도 처음 화학 과목을 선택했을 것이다. 화학을 선택한 이유가 무엇이든, 새롭고 흥미로운 생각을 많이 배울 수 있다.

학습과 이해를 향상시키기 위한 전략

화학에서 성공하기 위해서는 새로운 정보를 자신의 지식 기반과 연결하며, 배운 것과 잊어버린 내용을 다시 확인하고, 시험을 위해 배운 내용을 검색하는 좋은 학습 습관을 활용한다. 화학을 공부하고 배우는 데 도움이 될 수 있는 방법을 살펴보자. 다음과 같은 일반적인 학습 습관이 도움이 되는지 여부를 표시하라는 요청을 받았다고 해 보자.

	도움이 됨	도움이 되지 않음
강조 표시		
밑줄 치기		
장을 여러 번 읽기		

주요 단어 암기
시험 연습
벼락치기
동시에 다른 생각 학습
며칠 후 재시험

화학을 공부하려면 우리가 새로운 정보를 장기 기억에 저장해야 하는데, 이를 통해 우리는 시험을 위해 그 생각들을 기억할 수 있으며, 이는 *복구*(retrieval)라는 과정이다. 따라서 우리의 학습 습관은 지식을 회상하는 데 도움이 될 필요가 있다. 검색에 별로 도움이 되지 않는 학습 습관에는 강조 표시, 밑줄 치기, 장을 여러 번 읽기, 주요 단어 암기, 벼락치기 등이 있다. 새로운 정보를 복구하려면 사전 지식과 연결해야 한다. 모의고사를 통해 새로운 정보를 복구하는 데 필요한 기술을 개발할 수 있다. 며칠 후 다시 테스트하여 얼마나 배웠는지 결정할 수 있다. 또 다른 유용한 학습 전략은 서로 다른 생각을 동시에 학습하는 것인데, 이를 통해 이러한 생각들을 연결하고 구별할 수 있다. 이러한 학습 습관은 시간이 더 걸리고 더 어려워 보일 수 있지만 지식의 틈을 찾고 새로운 정보를 이미 알고 있는 정보와 연결하는 데 도움이 된다.

성공적 학습을 위한 새로운 학습 습관 사용 팁

1. **본문이나 메모를 계속해서 다시 읽지 말라.** 같은 자료를 반복해서 읽으면 그 자료가 친숙하게 느껴지지만 그것을 배웠다는 의미는 아니다. 자신이 무엇을 하고 있고 무엇을 모르는지 알아보기 위해 자신을 테스트할 필요가 있다.
2. **읽으면서 스스로에게 질문하라.** 읽으면서 스스로에게 질문하려면 새로운 내용과 지속적으로 상호 작용해야 한다. 이 책 본문 여백에 있는 *생각해 보기*는 새로운 내용에 대해 생각하도록 하는 데 도움이 된다. 새로운 내용을 장기적인 지식과 연결함으로써 새로운 내용을 복구할 수 있는 경로를 만들 수 있다.
3. **스스로에게 퀴즈를 내서 자체 점검하라.** 본문이나 기출 문제를 이용하여 수시로 시험 보는 연습을 한다.
4. **벼락치기보다는 일정한 속도로 공부하라.** 자신을 테스트하고 나면 며칠 후에 다시 테스트하고 정보를 복구하는 연습을 하라. 처음 읽을 때 모든 정보를 기억하지는 못한다. 빈번한 퀴즈와 재시험을 통해 여전히 배워야 할 것이 무엇인지 파악할 수 있다. 수면은 또한 새로 배운 정보들 간의 연관성을 강화하는 데 중요하다. 수면 부족은 정보 복구를 방해할 수도 있다. 따라서 화학 시험을 위해 밤을 새워 벼락치기하는 것은 좋은 생각이 아니다. 화학 분야에서 성공하려면 새로운 정보를 익히고 시험에서 필요할 때 그 정보를 검색하기 위한 결합된 노력이 필요하다.
5. **한 장에서 다양한 주제를 연구하고 새로운 개념을 알고 있는 개념과 연결하라.** 우리는 이미 알고 있는 내용과 관련시켜 보다 효율적으로 내용을 학습한다. 개념 사이의 연관성을 높임으로써 필요할 때 내용을 복구할 수 있다.

학생들은 새로운 자료를 공부하면서 계속해서 질문하고 답변함으로써 배우게 된다.

도움이 됨	**도움이 되지 않음**
시험 연습	강조 표시
동시에 다른 생각 학습	밑줄 치기
	장을 여러 번 읽기
며칠 후 재시험	주요 단어 암기
	벼락치기

생각해 보기 1.3

왜 새로운 개념을 배우는 데 자체 테스트가 도움이 되는가?

예제 1.2 화학 학습 전략

먼저 해 보기!

a, b, c 중 어떤 학생이 시험에서 가장 성공적일지 예측하라.

a. 장을 네 번 읽는 빌
b. 장을 두 번 읽고 각 절 끝에 있는 모든 문제를 푸는 제니퍼
c. 시험 전날 밤에 장을 읽는 마크

풀이

b. 장을 두 번 읽고 각 절 끝에 있는 모든 문제를 푸는 제니퍼는 자체 테스트를 통해 장의 내용과 상호 작용하여 개념을 연결하고 이전에 배운 내용을 연습한다.

확인 문제 1.2

제니퍼가 내용 복구를 개선할 수 있는 두 가지 방법은 무엇인가?

답

1. 제니퍼는 2~3일을 기다렸다가 각 절의 문제를 다시 연습하여 그녀가 얼마나 학습했는지 확인할 수 있다. 재시험을 통해 새로운 내용과 이전에 배운 내용 간의 연결을 강화하여 기억이 더 오래 지속되고 더 효율적으로 복구되게 한다.
2. 제니퍼는 책을 읽으면서 질문하고 규칙적인 속도로 공부해 벼락치기를 피할 수도 있다.

화학 공부에 도움이 되는 "이 책의 특징"

이 책은 학습을 보완하는 학습 기능을 가지도록 설계되었다. 앞표지 안쪽에는 원소의 주기율표가 있으며, 뒤표지 안쪽에는 화학 공부에 필요한 유용한 정보를 요약한 표가 있다. 각 장은 그 장의 주제를 간략하게 설명하는 *이 장의 차례*로 시작한다. 각 절의 시작 부분에 *학습 목표*가 학습 주제에 대해 설명한다. 여백에 있는 *복습하기*는 그 장의 새로운 내용과 관련된 이전 장의 핵심 화학 기술을 나타낸다. *주요 용어*는 본문에 처음 나올 때 굵게 표시하였으며 각 장의 끝에 요약되어 있다. 화학을 배우는 데 중요한 *핵심 화학 기술*은 본문 여백에 아이콘으로 표시하였으며 각 장 끝에 요약되어 있다.

읽기 전에 먼저 이 장의 차례에서 주제를 검토하여 그 장의 개요를 살펴본다. 그 장의 어떤 절을 읽을 준비가 되면 절 제목을 보고 그것을 질문으로 바꾸도록 한다. 새로운 주제에 대해 스스로에게 질문을 던지면 이미 배운 내용과 새롭게 연결이 이루어진다. 예를 들어, 1.1절 "화학과 화학 물질"에서 "화학이란 무엇인가?" 또는 "화학 물질이란 무엇인가?"라고 물을 수 있다.

각 절의 시작 부분에서 *학습 목표*는 이해해야 할 사항을 설명한다. 책을 읽다 보면 여백에 *생각해 보기* 문제가 있는데, 이 문제는 읽기를 잠시 멈추고 내용과 관련된 문제로 자신을 시험해 보도록 한다. *생각해 보기의 답*은 각 장 끝에 있다.

각 장에는 여러 개의 *예제*가 있다. *먼저 해 보기!*는 *풀이*를 살펴보기 전에 문제를 풀어 보도록 알려준다. 자신이 알고 있는 것과 배워야 할 것을 연결해주는 데 도움이 되기 때문에 문제를 먼저 풀어보는 것이 도움이 된다. *문제 분석*에는 가지고 있는 정보인 *주어진 것*, 수행해야 할 작업인 *필요한 것*, 진행 방법인 *연결*이 포함된다. 예제 문제에는 문제를 푸는 데 사용할 수 있는 단계를 보여주는 풀이가 포함되어 있다. 관련된 *확인 문제*를 해결하고 제공된 답과 자신의 답을 비교한다.

각 장 전체에 걸쳐 *건강과 관련된 화학*과 *환경과 관련된 화학*이라는 제목의 상자는 여

복습하기

핵심 화학 기술

생각해 보기

먼저 해 보기!

문제 분석	주어진 것	필요한 것	연결

러분이 배우고 있는 화학 개념을 실제 상황과 연결하는 데 도움이 될 것이다. 많은 그림과 도표에서, 거시적 관점에서부터 미시적 관점의 그림을 사용하여 알루미늄 포일에 있는 원자와 같은 일반적인 물체의 구조를 원자 수준에서 나타낸다. 이러한 시각적 모형으로 본문에 설명한 개념을 나타내었으며, 세상을 미시적으로 볼 수 있게 하였다.

각 장 끝에는 그 장을 완성하는 몇 가지 학습 보조 자료가 있다. *복습하기*는 읽기 쉽게 요약해 놓았다. *개념 이해 문제*는 그림과 모형을 사용하는 일련의 질문으로 개념을 시각화하는 데 도움이 된다. *추가 문제*에는 그 장의 주제에 대한 이해를 테스트하기 위한 문제가 있다.

많은 학생들은 그룹으로 함께 공부하는 것이 학습에 유익할 수 있다는 것을 알게 된다. 그룹 안에서 학생들은 서로가 함께 가르치고 배움으로써 동기 부여하며, 부족한 부분을 메우고, 잘못 이해한 것을 바로잡게 된다. 혼자 공부하면 이러한 동료를 통한 교정 과정이 없다. 그룹에서 다른 학생들과 읽은 것을 함께 토론하고 문제를 풀면서 아이디어를 좀 더 철저히 다룰 수 있다.

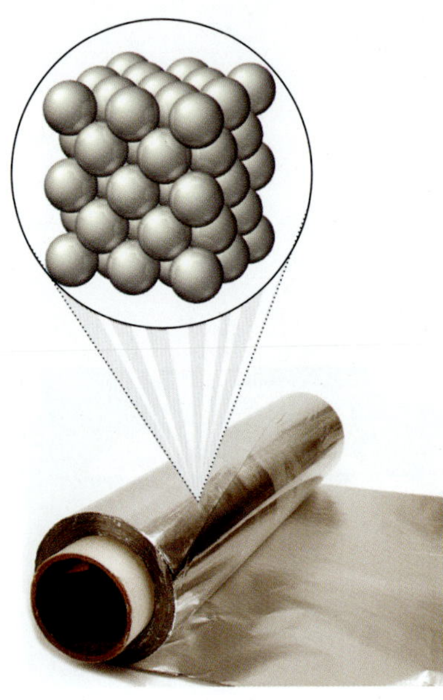

알루미늄 포일에 있는 알루미늄 원자 묘사는 거시적 관점에서 미시적 관점 그림의 한 예이다.

학습 계획 세우기

화학 세계로의 여행을 시작하면서 화학을 공부하고 배우는 방법에 대해 생각해 보자. 다음 목록 중 일부를 생각해 볼 수 있다. 화학 공부에 성공하는 데 도움이 되는 이러한 생각들을 확인해 보라. 지금 그것들을 해 보라. 여러분의 성공은 여러분이 하기 나름이다.

화학 학습을 위한 공부 계획에는 다음이 포함된다.

__________ 강의에 참여하기 전에 먼저 읽어 보기
__________ 강의 참여하기
__________ 학습 목표 검토하기
__________ 문제 풀이 노트 계속 작성하기
__________ 본문 읽기
__________ 생각해 보기 질문에 답하기
__________ 풀이를 보기 전에 예제 풀어 보기
__________ 동시에 다른 주제 공부하기
__________ 스터디 그룹 만들기
__________ 면담 시간에 교수 만나기
__________ 핵심 화학 기술 복습하기
__________ 복습 시간 참석하기
__________ 가능한 한 자주 공부하기

예제 1.3 화학 학습을 위한 공부 계획

먼저 해 보기!

다음 중 화학을 성공적으로 공부하기 위한 학습 계획에 포함해야 하는 활동은 무엇인가?

a. 이해할 때까지 장을 반복해서 읽기
b. 교수 연구실 방문하기
c. 각 예제 문제와 관련된 확인 문제 풀기
d. 시험 전날 밤이 되어서야 공부하기
e. 풀이를 보기 전에 예제 문제 해결하기
f. 며칠 지나 새로운 정보에 대한 재시험

풀이

b, c, e, f

확인 문제 1.3

다음 중 화학 공부에 도움이 되는 것은 무엇인가?

a. 복습하기 건너뛰기
b. 시험 전날 밤새우기
c. 수업 전에 과제 읽기
d. 본문에 있는 핵심 아이디어 강조 표시하기

답

c

1.4 과학적 표기법으로 숫자 쓰기

학습 목표 숫자를 과학 표기법으로 쓸 수 있다.

화학에서는 때로 매우 크고 작은 숫자를 사용한다. 약 0.000 008 m인 인간 머리카락의 두께와 같이 아주 작은 것을 측정할 수도 있다. 또는 약 100 000개 정도인 인간의 두피에 있는 머리카락 수의 평균을 계산하고자 할 수도 있다. 이 책에서는 숫자에서 세 자리마다 공백을 두어 쉽게 계산할 수 있도록 하였다. 하지만 크거나 작은 숫자는 *과학적 표기법*(scientific notation)으로 쓰는 것이 더 편리하다는 것을 알게 될 것이다.

인간의 두피에는 머리카락이 평균 1×10^5개 있다. 각 머리카락의 두께는 약 8×10^{-6} m이다.

표준 숫자	과학적 표기법
0.000 008 m	8×10^{-6} m
머리카락 100 000개	머리카락 1×10^5개

과학적 표기법(scientific notation)으로 작성된 숫자는 계수와 10의 지수의 두 부분으로 구성된다. 예를 들어 숫자 2400은 과학적 표기법으로는 2.4×10^3으로 쓴다. 계수 2.4는 소수점을 왼쪽으로 이동하여 1 이상 10 미만의 수로 써서 얻는다. 소수점을 왼쪽으로 세 자리 이동했기 때문에 10의 지수가 +3이므로 10^3으로 쓴다. 1보다 큰 수를 과학적 표기법으로 쓸 때 10의 지수는 양수이다.

표준 숫자		과학적 표기법		
2400.	=	2.4	×	10^3
← 3자리		계수		10의 지수

생각해 보기 1.4

530 000은 과학적 표기법으로는 왜 5.3×10^5로 쓰게 되는가?

다른 예로, 0.000 86은 과학적 표기법으로 8.6×10^{-4}로 쓴다. 계수 8.6은 소수점을 오른쪽으로 이동하여 얻는다. 소수점이 오른쪽으로 네 자리 이동하기 때문에 10의 지수는 −4이며 10^{-4}로 쓴다. 1보다 작은 수를 과학적 표기법으로 쓸 때, 10의 지수는 음수이다.

생각해 보기 1.5

0.000 053은 과학적 표기법으로는 왜 5.3×10^{-5}로 쓰게 되는가?

표준 숫자		과학적 표기법		
0.00086	=	8.6	×	10^{-4}
4자리 →		계수		10의 지수

표 1.2는 10의 지수가 양수와 음수인 숫자의 예를 보여준다. 10의 지수는 수에서 소수점을 추적하는 방법이다. **표 1.3**은 과학적 표기법으로 측정값을 쓰는 몇 가지 예를 보여준다.

표 1.2 > 10의 지수 몇 가지

표준 숫자	10의 배수	과학적 표기법	
10 000	$10 \times 10 \times 10 \times 10$	1×10^4	10의 양의 지수 몇 가지
1000	$10 \times 10 \times 10$	1×10^3	
100	10×10	1×10^2	
10	10	1×10^1	
1	0	1×10^0	
0.1	$\frac{1}{10}$	1×10^{-1}	10의 음의 지수 몇 가지
0.01	$\frac{1}{10} \times \frac{1}{10} = \frac{1}{100}$	1×10^{-2}	
0.001	$\frac{1}{10} \times \frac{1}{10} \times \frac{1}{10} = \frac{1}{1000}$	1×10^{-3}	
0.0001	$\frac{1}{10} \times \frac{1}{10} \times \frac{1}{10} \times \frac{1}{10} = \frac{1}{10\,000}$	1×10^{-4}	

수두 바이러스는 지름이 3×10^{-7} m이다.

표 1.3 > 표준 숫자와 과학적 표기법으로 나타낸 몇 가지 측정값

측정값	표준 숫자	과학적 표기법
미국에서 1년간 사용되는 휘발유 부피	550 000 000 000 L	5.5×10^{11} L
지구의 지름	12 800 000 m	1.28×10^7 m
하루에 펌프질하는 혈액의 평균 부피	8500 L	8.5×10^3 L
태양에서 지구까지 빛이 오는 시간	500 s	5×10^2 s
사람의 질량	68 kg	6.8×10^1 kg
귀에 있는 등자뼈의 질량	0.003 g	3×10^{-3} g
수두 바이러스의 지름	0.000 000 3 m	3×10^{-7} m
세균(미코플라스마)의 질량	0.000 000 000 000 000 000 1 kg	1×10^{-19} kg

예제 1.4 과학적 표기법으로 숫자 쓰기

먼저 해 보기!

다음을 각각 과학적 표기법으로 써라.

a. 3500 **b.** 0.000 016

풀이

문제 분석	주어진 것	필요한 것	연결
	표준 숫자	과학적 표기법	계수는 1 이상, 10 미만이다.

a. 3500

단계 1 **소수점을 이동하여 1 이상, 10 미만의 계수를 얻는다.** 1보다 큰 숫자의 경우, 소수점을 왼쪽으로 세 자리 이동하여 계수 3.5를 얻는다.

단계 2 **이동한 자릿수를 10의 거듭제곱으로 나타낸다.** 소수점을 왼쪽으로 세 자리 이동하면 지수는 3이 되고 10^3으로 쓴다.

단계 3 **계수에 10의 지수를 곱한 값을 쓴다.** 3.5×10^3

b. 0.000 016

단계 1 **소수점을 이동하여 1 이상, 10 미만의 계수를 얻는다.** 1보다 작은 숫자의 경우, 소수점을 오른쪽으로 다섯 자리 이동하여 계수 1.6을 얻는다.

단계 2 **이동한 자릿수를 10의 거듭제곱으로 나타낸다.** 소수점을 오른쪽으로 다섯 자리 이동하면 지수가 −5가 되고 10^{-5}으로 쓴다.

단계 3 **계수에 10의 지수를 곱한 값을 쓴다.** 1.6×10^{-5}

확인 문제 1.4

다음을 각각 과학적 표기법으로 써라.

a. 425 000 **b.** 0.000 000 86 **c.** 0.007 30 **d.** 978×10^5

답

a. 4.25×10^5 **b.** 8.6×10^{-7} **c.** 7.30×10^{-3} **d.** 9.78×10^7

과학적 표기법을 표준 숫자로 변환

과학적 표기법으로 작성된 숫자에서 10의 지수가 양수일 때 소수점을 10의 지수와 같은 수만큼 오른쪽으로 옮겨 표준 숫자를 얻는다. 필요에 따라 자리를 나타내는 0을 사용한다.

과학적 표기법		표준 숫자
4.3×10^2	= 4.30	= 430

숫자에서 10의 지수가 음수인 경우에는 10의 지수와 같은 수만큼 소수점을 왼쪽으로 옮겨 표준 숫자를 얻는다. 필요에 따라 지수 앞에 자리를 나타내는 0을 추가적으로 사용한다.

과학적 표기법		표준 숫자
2.5×10^{-5}	= 000002.5	= 0.000 025

예제 1.5 과학적 표기법을 표준 숫자로 쓰기

먼저 해 보기!

다음 각각을 표준 숫자로 써라.

a. 7.2×10^{-3} **b.** 2.4×10^{5}

풀이

a. 10의 지수가 음수인 수를 표준 숫자로 쓰려면 소수점을 10의 지수와 같은 수(세 자리)만큼 왼쪽으로 이동한다. 필요에 따라 계수 앞에 자리를 나타내는 0을 추가한다.

$$7.2 \times 10^{-3} = 0007.2 = 0.0072$$

b. 10의 지수가 양수인 수를 표준 숫자로 쓰려면 소수점을 10의 지수와 같은 수(다섯 자리)만큼 오른쪽으로 이동한다. 필요에 따라 계수 뒤에 자리를 나타내는 0을 추가한다.

$$2.4 \times 10^{5} = 2.40000 = 240000$$

확인 문제 1.5

다음 각각을 표준 숫자로 써라.

a. 7.25×10^{-4} **b.** 3.05×10^{6}

답

a. 0.000 725 **b.** 3 050 000

UPDATE *법의학 증거가 범죄를 해결한다*

사라는 다양한 실험실에서의 검사를 통해 글로리아의 혈액에서 에틸렌 글라이콜을 찾는다. 정량적 시험 결과 피해자가 에틸렌 글라이콜 125 g을 섭취한 것으로 나타났다. 사라는 글로리아의 집에서 발견된 병 안에 있는 액체가 알코올 음료에 첨가된 에틸렌 글라이콜이라고 결정한다. 에틸렌 글라이콜은 냄새가 없고 물과 혼합되는 투명하고 달콤한 맛의 걸쭉한 액체이다. 자동차 부동액과 브레이크액으로 사용되므로 쉽게 구할 수 있다. 에틸렌 글라이콜 중독의 초기 증상이 술 취한 것과 비슷하여 피해자는 그 존재를 종종 인식하지 못한다.

에틸렌 글라이콜을 섭취하면 중추 신경계의 우울증, 심혈관 손상 및 신부전을 일으킬 수 있다. 조기에 발견하면 혈액 투석을 하여 혈중 에틸렌 글라이콜을 제거할 수 있다. 에틸렌 글라이콜의 치사량은 체중 kg당 에틸렌 글라이콜 1.5 g이다. 따라서 50 kg(110 lb)인 사람에게는 75 g은 치명적일 수 있다.

사라는 에틸렌 글라이콜이 들어 있는 병의 지문이 글로리아의 남편 것이라는 것을 확인한다. 집에서 발견된 부동액 용기와 함께 이 증거로 아내를 독살한 남편을 체포하고, 유죄 판결을 이끌어냈다.

응용 문제

1.1 경찰 보고서의 다음 각 의견을 관찰, 가설, 실험 또는 결론으로 구분하라.

a. 글로리아는 심장마비를 일으켰을지도 모른다.

b. 검사 결과 글로리아가 독극물에 중독된 것으로 나타났다.

c. 유리잔에 든 액체를 분석하였다.

d. 탕비실에 있는 부동액은 유리잔에 있는 액체와 같은 색이었다.

1.2 경찰 보고서의 다음 각 의견을 관찰, 가설, 실험 또는 결론으로 구분하라.

a. 글로리아는 자살했을지도 모른다.

b. 사라는 독성 물질을 확인하기 위해 혈액 검사를 했다.

c. 글로리아의 체온은 34 °C였다.

d. 유리잔에서 발견된 지문은 남편의 것으로 판명되었다.

1.3 액체 450 g에 에틸렌 글라이콜 120 g이 들어 있는 용기가 희생자의 집에서 발견되었다. 에틸렌 글라이콜은 몇 퍼센트인가? 일의 자리까지 답하라.

1.4 유독량이 체중 1000 g당 에틸렌 글라이콜 1.5 g이라면 에틸렌 글라이콜 몇 퍼센트가 치사량인가?

제1장 복습하기 _Chapter Review

1.1 화학과 화학 물질

학습 목표 화학이라는 용어를 정의하고 물질을 화학 물질로 식별할 수 있다.

- 화학은 물질의 구성, 구조, 특성, 반응을 연구한다.
- 화학 물질은 어디서 발견되든 항상 동일한 조성과 특성을 갖는 물질을 말한다.

1.2 과학적 방법: 과학자처럼 생각하기

학습 목표 과학적 방법을 설명할 수 있다.

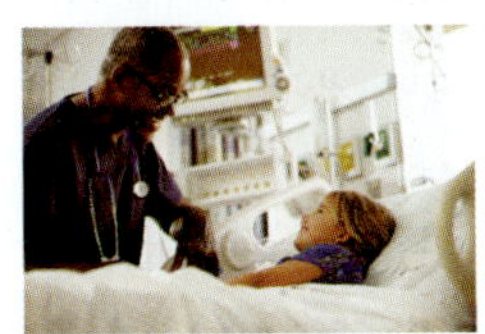

- 과학적 방법은 관찰을 하고, 가설을 세우며, 실험을 수행하는 것부터 시작하는 자연 현상을 설명하는 과정이다.
- 성공적인 실험을 반복한 후에 어떤 가설이 이론이 될 수 있다.

1.3 화학 공부하기

학습 목표 화학을 공부하기 위한 학습 계획을 개발할 수 있다.

- 화학 공부를 위한 학습 계획으로 책에 나와 있는 특징을 활용하고 학습을 위한 능동적 학습 접근법을 개발한다.
- 각 장의 학습 목표를 사용하고 예제, 확인 문제, 추가 문제를 풀어 화학의 개념들을 성공적으로 배울 수 있다.

1.4 과학적 표기법으로 숫자 쓰기

학습 목표 표준 표기법을 과학적 표기법으로 쓸 수 있다.

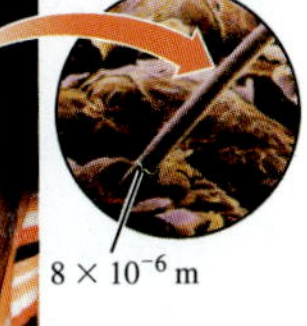

- 과학적 표기법으로 작성된 숫자는 계수와 10의 지수로 된 두 부분으로 구성된다.
- 1보다 큰 숫자를 과학적 표기법으로 쓸 때 10의 지수는 양수이다.
- 1보다 작은 숫자를 과학적 표기법으로 쓸 때, 10의 지수는 음수이다.

주요 용어 _Key Terms

가설 자연 현상에 대한 확인되지 않은 설명.

결론 가설을 뒷받침하는 반복적인 실험에 의해 검증된 관찰에 대한 설명.

과학적 방법 관찰하고, 가설을 세우고, 그 가설을 검증하는 과정. 반복된 실험을 통해 가설을 검증하면 이론이 될 수 있다.

과학적 표기법 1 이상 10 미만의 계수와 10의 지수를 써서 크고 작은 숫자를 나타내는 형태.

관찰 자연 현상을 기록하고 기록함으로써 결정된 정보.

실험 가설의 타당성을 시험하는 절차.

이론 가설을 확인하는 추가적인 실험에 의해 뒷받침되는 관찰에 대한 설명.

화학 물질의 구성, 구조, 특성, 반응에 대한 연구.

화학 물질 어디서 발견되든 항상 동일한 조성과 특성을 갖는 물질.

개념 이해 문제 _Understanding the Concepts

**각 문제 끝에 복습할 절을 괄호 안에 표시하였다.*

1.5 "화학 물질이 없는(chemical-free)" 샴푸가 물, 코카미드, 글리세린, 구연산 등의 성분을 포함한다. 샴푸는 정말 "화학 물질이 없는" 것인가? (1.1)

1.6 "화학 물질이 없는" 자외선 차단제는 이산화 타이타늄, 비타민 E, 비타민 C와 같은 성분을 포함한다. 이 자외선 차단제는 정말 "화학 물질이 없는" 것인가? (1.1)

1.7 셜록 홈즈(Sherlock Holmes)에 따르면, "자료를 수집, 관찰, 시험하고, 하나만 남을 때까지 가설을 공식화하고, 수정하고, 거부하는 과학적 탐구의 규칙을 따라야만 한다." 홈즈는 과학적 방법을 사용했는가? 그 이유는 무엇인가? (1.2)

1.8 추리소설 *보헤미아 스캔들*(A Scandal in Bohemia)에서 셜록 홈즈는 미스터리한 메모를 받는다. 그는 "아직 자료가 없다. 사람이 자료를 가지기 전에 이론화하는 것은 큰 실수이다. 무의식적으로 사실에 맞는 이론이 아니라 이론에 맞는 사실을 왜곡하기 시작한다"고 말한다. 홈즈가 무엇을 의미한다고 생각하는가? (1.2)

응용 문제

1.9 다음 각 문장을 관찰 또는 가설로 구분하라. (1.2)

a. 어떤 환자가 페니실린을 맞은 후 두드러기가 난다.
b. 공룡은 큰 운석이 지구에 충돌하여 지구에 도달하는 빛의 양을 심각하게 감소시키는 거대한 먼지 구름을 일으켰을 때 멸종되었다.
c. 어떤 환자의 혈압이 110/75였다.

1.10 다음 각 문장을 관찰 또는 가설로 구분하라. (1.2)

a. 10개의 도자기 접시를 분석한 결과, 4개의 접시에 안전 기준을 초과하는 납 성분이 포함되어 있는 것으로 나타났다.
b. 산성비로 인해 대리석 조각상들이 부식된다.
c. 고열과 발진이 있는 아이는 수두에 걸릴 수 있다.

추가 문제 _Additional Practice Problems

1.11 올바른 구문을 선택하여 다음 문장을 완성하라.
실험 결과가 실험 결과가 가설을 뒷받침하지 못하면 ..... (1.2)

a. 실험 결과가 가설을 뒷받침한다고 가정해야 한다.
b. 가설을 수정해야 한다.
c. 더 많은 실험을 해야 한다.

1.12 올바른 구문을 선택하여 다음 문장을 완성하라.
..... 가설이 뒷받침된다. (1.2)

a. 하나의 실험이 가설을 증명할 때
b. 많은 실험들이 가설을 검증할 때
c. 당신의 가설이 옳다고 생각할 때

1.13 다음 각각을 관찰, 가설, 실험, 결론으로 구분하라. (1.2)

a. 응급실에서 평가하는 동안, 간호사는 환자의 휴식기 맥박이 30회/분이라고 기록한다.
b. 간호사는 최근 수술에서 빨갛게 부어오른 절개부위가 감염되었다고 생각한다.
c. 식단에서 소듐을 낮추면 혈압이 떨어진다는 연구 결과가 반복되고 있다.

1.14 다음 각각을 관찰, 가설, 실험, 결론으로 구분하라. (1.2)

a. 밤에 커피를 마시면 깨어 있게 해준다.
b. 오후에 커피를 마시는 것을 멈추면 밤에 잘 수 있을 것이다.
c. 아침에만 커피를 마시려고 노력할 것이다.

1.15 다음 중 성공적인 학습 계획을 수립하는 데 도움이 되는 것은 어느 것인가? (1.3)

a. 강의를 건너뛰고 그냥 교과서만 읽기
b. 어떤 장을 읽으면서 예제 풀기
c. 자체 테스트
d. 장을 끝까지 읽지만, 문제는 나중에 풀기
e. 수업 전에 과제 읽기

1.16 성공적인 학습 계획을 수립하는 데 도움이 되는 것은 어느 것인가? (1.3)

a. 시험 전날 밤새 공부하기
b. 본문에서 중요한 아이디어 강조 표시하기
c. 쉽게 참조할 수 있도록 노트에 문제 풀기
d. 스터디 그룹을 구성하여 문제를 함께 토론하기
e. 핵심 화학 기술 검토

1.17 다음 각각을 과학적 표기법으로 써라. (1.4)

a. 120 000 **b.** 0.000 000 34
c. 0.066 **d.** 2700

1.18 다음 각각을 과학적 표기법으로 써라. (1.4)

a. 0.0042 **b.** 310
c. 890 000 000 **d.** 0.000 000 056

1.19 다음 각각을 표준 숫자로 써라. (1.4)

a. 2.6×10^{-5} **b.** 6.5×10^{2}
c. 3.7×10^{-1} **d.** 5.3×10^{5}

1.20 다음 각각을 표준 숫자로 써라. (1.4)

a. 7.2×10^{-2} **b.** 1.44×10^{3}
c. 4.8×10^{-4} **d.** 9.1×10^{6}

응용 문제

1.21 다음 각각을 관찰, 가설, 실험, 결론으로 구분하라. (1.2)

a. 어떤 환자는 고열과 등에 발진이 있다.
b. 간호사는 환자에게 우유를 마신 후 아픈 아기가 젖당 소화장애증일 수 있다고 말한다.
c. 많은 연구에서 오메가-3 지방산이 트라이글리세라이드 수치를 낮춘다는 것을 보여준다.

1.22 다음 각각을 관찰, 가설, 실험, 결론으로 구분하라. (1.2)

a. 매년 봄마다 충혈과 콧물이 난다.
b. 한 과체중 환자가 살을 빼기 위해 운동을 더 하기로 결심한다.
c. 많은 연구들이 비만과 심장병을 연관지었다.

생각해 보기의 답 _Answers to Engage Questions

1.1 화학 물질은 어디서 발견되든 성분과 특성이 같다.

1.2 가설과 관찰 사이의 관계를 찾기 위해 실험을 수행한다.

1.3 자가 테스트는 새로운 내용 복구를 연습하고 사전 지식과 연결하는 데 도움이 된다.

1.4 소수점을 왼쪽으로 다섯 자리 이동해서 1보다 크고 10보다 작은 계수를 얻고, 10의 지수는 +5이다.

1.5 소수점을 오른쪽으로 다섯 자리 이동해서 1보다 크고 10보다 작은 계수를 얻고, 10의 지수는 −5이다.

선택된 문제의 답 _Answers to Selected Problems

1.5 아니다. 모든 성분이 화학 물질이다.

1.7 그렇다. 셜록은 수사하면서 관찰(자료 수집), 가설을 세우고, 가설을 시험하여 가설 중 하나가 입증될 때까지 가설을 수정하였다.

1.9 **a.** 관찰 **b.** 가설 **c.** 관찰

1.11 **b**와 **c**

1.13 **a.** 관찰 **b.** 가설 **c.** 결론

1.15 **b**, **c**, **e**

1.17 **a.** 1.2×10^5 **b.** 3.4×10^{-7} **c.** 6.6×10^{-2} **d.** 2.7×10^3

1.19 **a.** 0.000 026 **b.** 650 **c.** 0.37 **d.** 530 000

1.21 **a.** 관찰 **b.** 가설 **c.** 결론

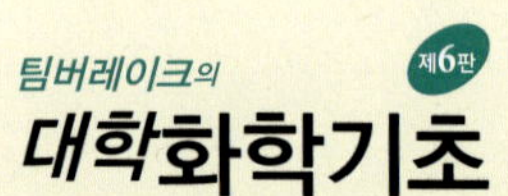
팀버레이크의
제6판
대학화학기초

제2장

화학과 측정

Chemistry and Measurements

지난 몇 달간 그레그는 두통 횟수가 늘고 현기증이 나며 메스꺼움을 느꼈다. 그는 의사 진료실로 갔다. 간호사인 산드라가 여러 측정을 기록하여 초기 검사를 마쳤다. 몸무게 74.4 kg, 키 173 cm, 체온 37.2 °C, 혈압 155/95. 정상 혈압은 120/80 이하이다.

의사는 그레그가 고혈압이라고 진단하고, 인데랄(Inderal, propranolol) 80. mg을 처방하였다. 인데랄은 40. mg 용량의 알약이다. 베타 차단제로서 심근을 이완시키고 고혈압, 협심증(흉통), 부정맥, 편두통 치료에 사용된다.

2주 후 그레그는 의사를 다시 방문하여, 이제 혈압이 152/90임을 확인하였다. 의사는 인데랄 복용량을 160. mg으로 늘렸다. 간호사인 산드라는 그레그에게 매일 복용량을 2알에서 4알로 늘릴 필요가 있다고 알려주었다.

관련 직업

간호사

간호사는 의사를 보조하는 것뿐만 아니라 환자의 건강을 증진하고 질병의 예방 및 치료를 위해 노력한다. 그들은 환자를 치료하고 환자가 질병에 대처하도록 돕고, 환자의 몸무게, 키, 체온, 혈압 등을 측정하고 변환하며 약물 복용량을 계산한다. 간호사는 또한 환자의 증상과 처방 약물에 대한 상세한 의료 기록을 유지한다.

UPDATE 그레그의 의사 방문

몇 주 후에 그레그는 의사에게 피곤감이 느껴진다고 말했다. 그는 철분 수치가 낮은지 알기 위해서 검사를 받았다. 57쪽에 있는 **UPDATE 그레그의 의사 방문**에서 그의 혈청 철분 수치를 볼 수 있다. 확인 후에 그레그에게 철분 보조제를 처방해야 하는지 결정하라.

이 장의 차례

2.1 측정 단위

학습 목표 부피, 길이, 질량, 온도, 시간 측정에 사용된 미터법과 SI 단위의 이름과 약어를 쓸 수 있다.

여러분의 하루를 생각해 보자. 아마도 몇 가지 측정을 했을 것이다. 욕실 저울에 올라 몸무게를 확인했을 수도 있다. 저녁밥을 준비했다면 쌀 한 컵에 물 한 컵을 넣었을 것이다. 몸이 좋지 않다면 체온이 올랐을 수도 있다. 측정을 할 때 저울, 계량컵, 온도계 같은 측정 장치를 사용한다.

전 세계 과학자 및 보건 전문가들은 측정에 **미터법**(metric system)을 사용하는데, 이는 몇몇 국가를 제외한 세계 모든 나라의 일반적인 측정계이다. **국제 단위계**(SI, International System of Units, Système International)는 전 세계적인 공식 측정계이다. 화학에서는 **표 2.1**에 나온 부피, 길이, 질량, 온도, 시간에 대해 미터법 단위와 SI 단위를 사용한다.

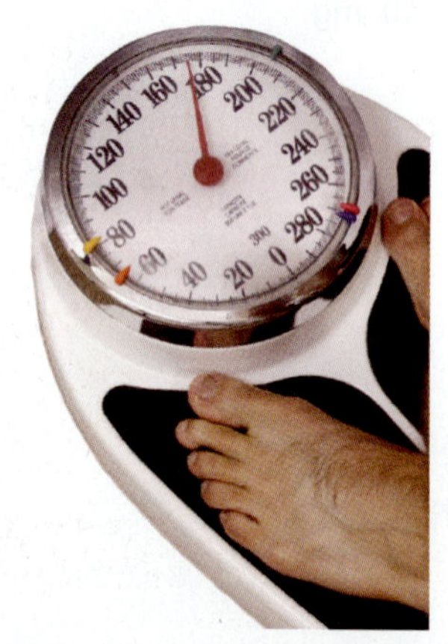

저울로 몸무게를 재는 것은 측정이다.

표 2.1 > 측정 단위와 약자

측정	미터법	SI
부피	리터(L)	세제곱미터(m^3)
길이	미터(m)	미터(m)
질량	그램(g)	킬로그램(kg)
온도	섭씨(°C)	켈빈(K)
시간	초(s)	초(s)

어떤 미국 사람이 무게 26 lb인 배낭을 메고 캠퍼스로 1.3마일을 걸어갔다고 한다. 온도는 72 °F였다. 몸무게 128파운드에 키는 65인치라고 한다. 이러한 측정 단위가 우리에게는 익숙하지 않으나 미국 사람들에게는 친숙하게 느껴질 수 있다. 화학에서는 측정할 때 미터법을 사용한다. *미터법*(metric system)을 사용해서 앞의 내용을 써 보면 온도가 22 °C일 때 캠퍼스까지 2.1 km를 걸어서 12 kg인 배낭을 메고 갔다. 몸무게는 58.0 kg이고 키는 1.7 m이다.

일상 생활에서 많은 측정을 한다.

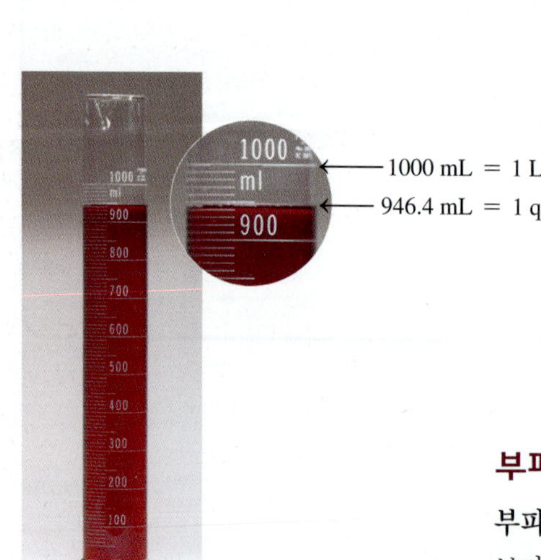

그림 2.1 ▸ 미터계에서 부피는 리터를 기준으로 한다.

부피

부피(volume, *V*)는 물질이 차지하는 공간의 양이다. 부피의 미터 단위는 **리터**(L)로 쿼트(qt)보다 약간 크다(1 L = 1.057 qt). 실험실이나 병원에서 화학자들은 **밀리리터**(mL)와 같이 더 작고 편리한 부피의 미터 단위를 사용한다. 1리터는 1000 mL이다(**그림 2.1** 참조). 부피 단위 간의 관계는 다음과 같다.

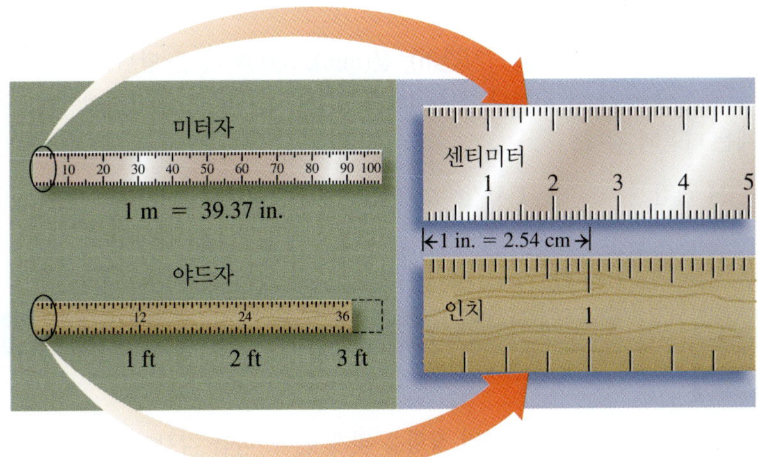

그림 2.2 ▸ 미터계(SI)에서 길이는 미터를 기준으로 한다. 이는 야드보다 약간 더 길다.

1 L = 1000 mL 1 L = 1.057 qt 946.4 mL = 1 qt

길이

미터법과 SI에서 길이의 단위는 **미터**(m)이다. 더 짧은 길이인 **센티미터**(cm)는 화학에서 일반적으로 사용되며 새끼손가락 너비와 거의 같다(**그림 2.2** 참조). 길이 단위 사이의 관계는 다음과 같다.

1 m = 100 cm 1 m = 39.37 in. 1 m = 1.094 yd 2.54 cm = 1 in.

질량

물체의 **질량**(mass)은 물체에 포함된 양을 나타내는 척도이다. 질량의 SI 단위인 **킬로그램**(kg)은 몸무게와 같은 더 큰 질량에 사용된다. 미터계에서 질량 단위는 **그램**(g)으로 더 작은 질량에 사용된다. 1 kg은 1000 g이다. 1 파운드(lb)는 453.6 g과 같다. 질량 단위들 사이에는 다음 관계가 성립한다.

1 kg = 1000 g 1 kg = 2.205 lb 453.6 g = 1 lb

질량(mass)보다는 *무게*(weight)라는 말에 더 익숙할 것이다. 무게는 물체에 대한 중력을 측정하는 척도이다. 지구에서 질량 75.0 kg인 우주 비행사는 무게가 165 lb이다. 중력 가속도가 지구의 1/6인 달에서 우주 비행사의 무게는 27.5 lb이다. 하지만 우주 비행사의 질량은 75.0 kg로 지구에서와 같다. 과학자들은 질량이 중력과 무관하기 때문에 무게보다는 질량을 측정한다. 화학 실험실에서는 전자저울을 사용하여 물질의 질량을 그램 단위로 측정한다(**그림 2.3** 참조).

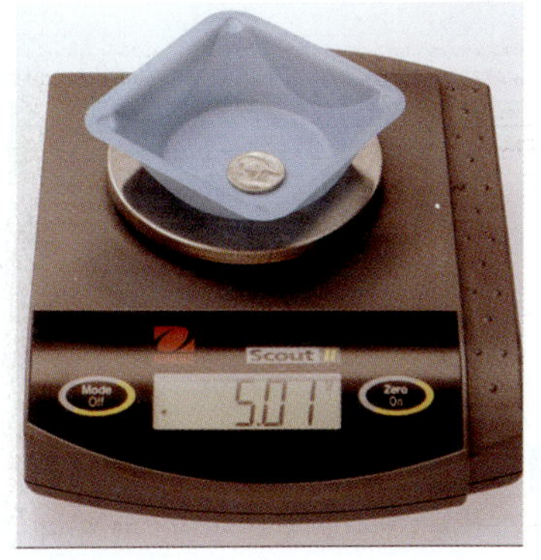

그림 2.3 ▸ 전자저울에 5센트 동전의 질량이 5.01 g으로 표시되어 있다.

온도

온도(temperature)는 어떤 것이 얼마나 뜨거운지 또는 바깥이 얼마나 추운지를 말해주며, 체온이 높은지를 판단하는 데 도움이 된다(**그림 2.4** 참조). 미터법에서 온도는 섭씨 온도를 사용하여 측정한다. **섭씨 온도 척도**(Celcius temperature scale, °C)에서 물은 0 °C에서 얼고 100 °C에서 끓으며, **화씨 온도 척도**(Fahrenheit temperature scale, °F)에서는 물이 32 °F에서 얼고 212 °F에서 끓는다. SI계에서 온도는 최저 온도가 0 K인 **켈빈 온도 척도**(Kelvin temperature scale, K)로 측정한다. 켈빈 눈금 단위는 켈빈(K)이며 도(°)는 쓰지 않는다.

그림 2.4 ▸ 온도 측정에는 온도계를 사용한다.

경주 시간은 스톱워치로 측정한다.

시간

일반적으로 시간은 년(yr), 일(day), 시간(h), 분(min), 초(s)와 같은 단위로 측정한다. 이 중 시간의 SI 단위는 **초**(second, s)이다. 현재 1초를 결정하는 표준은 원자시계이다. 시간 단위 사이의 관계는 다음과 같다.

1 일 = 24 시간　　　　1 시간 = 60 분　　　　1 분 = 60 초

예제 2.1 측정 단위

먼저 해 보기!

평소에 간호사는 측정과 관련된 여러 상황을 맞게 된다. 다음 각각에서 단위로 표시된 측정의 이름과 유형을 써라.

a. 환자의 체온이 38.5 °C이다.
b. 의사가 세퓨록심(cefuroxime) 1.5 g을 주사하도록 지시한다.
c. 의사가 염화 소듐 용액 1 L를 정맥 주사하도록 지시한다.
d. 4시간 간격으로 환자에게 약을 투여해야 한다.

풀이

a. 섭씨는 온도의 단위이다.
b. 그램은 질량의 단위이다.
c. 리터는 부피의 단위이다.
d. 시간은 시간의 단위이다.

확인 문제 2.1

아기의 키가 54.6 cm이고 질량이 5.2 kg인 경우에 측정의 이름과 유형을 써라.

답

센티미터는 길이의 단위이고 킬로그램은 질량의 단위이다.

복습하기

과학적 표기법으로 숫자 쓰기(1.4)

2.2 측정값과 유효숫자

학습 목표 숫자를 측정된 것과 정확한 것으로 구분하고 측정값의 유효숫자 개수를 결정할 수 있다.

측정할 때에는 몇 가지 측정 장치를 사용한다. 예를 들어, 자를 사용하여 키를 측정하거나 저울로 몸무게를 측정하고, 체온계로 체온을 측정할 수 있다.

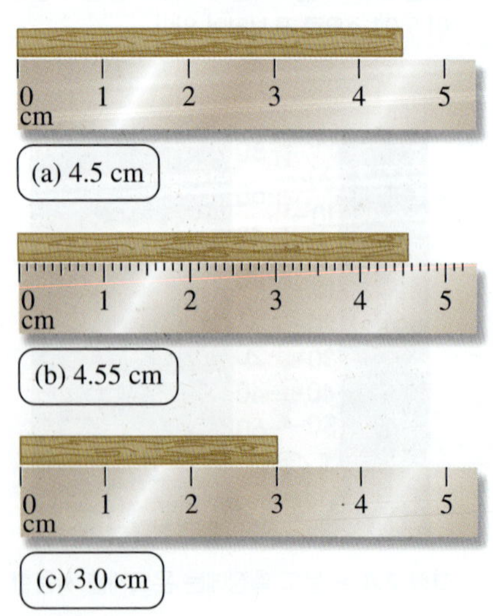

그림 2.5 ▸ 직사각형 물체의 길이를 cm 단위로 측정한다.

측정값

측정값(measured number)은 키, 몸무게, 체온과 같은 양을 측정할 때 얻어진 숫자이다. **그림 2.5**에 있는 물체의 길이를 측정한다고 가정해 보자. 물체의 길이를 측정하려면 물체 끝에 표시된 선의 숫자를 관찰한다. 그런 다음 표시된 선 사이의 공간을 시각적으로 나누어서 추정할 수 있다. 이 추정 값은 측정값의 마지막 자릿수이다.

예를 들어, 그림 2.5a에서는 물체의 끝이 4 cm와 5 cm 표시선 사이에 있으며 이는 길이가 4 cm와 5 cm 사이의 값임을 의미한다. 물체의 끝이 4 cm와 5 cm의 가운데에 있다고 추정하면 길이를 4.5 cm로 보고한다. 사람들이 항상 같은 방식으로 추정하는 것은 아니기 때문에 측정값의 마지막 자릿수는 다를 수 있다. 따라서 다른 사람은 같은 물체의 길이를

표 2.2 ▸ 측정값에서의 유효숫자

규칙	측정값	유효숫자 개수
1. 다음의 경우는 유효숫자이다.		
a. 0이 아닌 숫자	4.5 g 122.35 m	2 5
b. 0이 아닌 숫자 사이의 0	205 °C 5.008 kg	3 4
c. 소수점 끝에 나오는 0	50. L 16.00 mL	2 4
d. 과학적 표기법으로 쓰인 수에서 계수	4.8×10^5 m 5.70×10^{-3} g	2 3
2. 다음 0은 유효숫자가 아니다.		
a. 소수점 다음 0	0.0004 s 0.075 cm	1 2
b. 소수점 없이 나타낸 큰 수에서 자릿수	850 000 m 1 250 000 g	2 3

4.4 cm로 보고할 수도 있다.

그림 2.5b에 나와 있는 눈금자는 0.1 cm마다 표시되어 있다. 이 자를 사용하면 1/100자리(0.01 cm)까지 추정할 수 있다. 이제 물체의 끝이 4.5 cm와 4.6 cm 사이임을 확인할 수 있다. 어떤 학생이 길이를 4.55 cm라고 보고할 때 다른 학생은 4.56 cm로 보고할 수도 있다. 두 결과 모두 허용된다.

그림 2.5c에서는 물체의 끝이 3 cm를 나타내는 표시선과 일치해 보인다. 물체의 끝이 3 cm 표시선에 있으므로 추정자리 숫자는 0이고 측정값은 3.0 cm로 나타낸다.

유효숫자

측정된 숫자에서 **유효숫자**(significant figure, SF)는 추정 자릿수를 포함한 모든 숫자이다. 0이 아닌 숫자는 항상 유효숫자로 계산된다. 그러나 0은 위치에 따라 유효숫자일 수도 있고 아닐 수도 있다. **표 2.2**에 유효숫자를 계수하는 규칙과 예가 나와 있다.

핵심 화학 기술

유효숫자 세기

유효한 0과 과학적 표기법

이 책에서는 어떤 숫자의 끝에 있는 유효한 0 다음에 소수점을 배치한다. 예를 들어, 측정값이 500. g으로 표시된 경우 두 번째 0 다음에 있는 소수점은 두 개의 0이 모두 유효함을 나타낸다. 이것을 더 분명하게 나타내려면 5.00×10^2 g으로 쓸 수 있다. 측정값 300 m에서 첫 번째 0은 유효숫자이지만 두 번째 0은 그렇지 않을 때 3.0×10^2 m로 기록한다. 소수점이 없는 큰 표준 숫자의 끝에 있는 0은 유효숫자가 아니라고 가정한다. 따라서 400 000 g는 4×10^5 g로 쓰며 유효숫자는 하나뿐이다.

생각해 보기 2.1

측정값 3.20×10^4 cm에서 계수에 있는 0은 왜 유효숫자인가?

예제 2.2 유효숫자

먼저 해 보기!

다음 각 측정된 수에서 유효숫자의 개수를 써라.

a. 0.000 250 m **b.** 70.040 g **c.** 1.020×10^6 L

풀이

문제 분석	주어진 것	필요한 것	연결
	측정값	유효숫자의 개수	표 2.2의 유효숫자 규칙

a. 소수점 아래의 숫자에서 0이 아닌 숫자와 끝에 있는 0은 유효숫자이다. 0.000 250 m은 유효숫자가 3개이다(규칙 1a, 1c).

b. 0이 아닌 숫자 사이의 0이나 소수점이 있을 때 끝에 있는 0은 유효숫자이다. 70.040 g은 유효숫자가 5개이다(규칙 1a, 1b, 1c).

c. 과학적 표기법으로 쓴 계수의 모든 숫자는 유효숫자이다. 1.020×10^6 L는 유효숫자가 4개이다(규칙 1d).

확인 문제 2.2

다음 각 측정된 수에서 유효숫자가 몇 개인지 써라.

a. 0.040 08 m　　**b.** 6.00×10^3 g

답

a. 4개(규칙 1a, 1b)

b. 3개(규칙 1d)

정확한 수

야구공 개수는 센 것이므로 2는 정확한 수이다.

정확한 수(exact number)는 *물건을 세거나 같은 측정계에서 두 단위를 비교하는 정의를 사용하여 얻는 숫자*이다. 어떤 친구가 당신에게 몇 과목을 수강하고 있는지 물었다고 해 보자. 그러면 시간표에 있는 과목의 수를 세어 대답할 것이다. 1분이 몇 초인지 답하라는 질문을 받았다고 해 보자. 측정 장치를 사용하지 않고 1분은 60초라는 정의를 답할 것이다. *정확한 수는 측정된 것이 아니고 유효숫자가 제한적이지 않으며 계산된 답의 유효숫자에 영향을 미치지 않는다.* 정확한 수의 더 많은 예는 **표 2.3**을 참조하라.

표 2.3 ▶ 정확한 수의 몇 가지 예

센 수	정의된 등가	
물건	**미터계**	**미국계**
도넛 8개	1 L = 1000 mL	1 ft = 12 in.
야구공 2개	1 m = 100 cm	1 qt = 4 cups
캡슐 5개	1 kg = 1000 g	1 lb = 16 oz

생각해 보기 2.2

모자 4개에서 4는 왜 정확한 수이고 6.24 cm에서 6.24는 유효숫자가 3개인가?

예를 들어, 42.2 g의 질량과 5.0×10^{-3} cm의 길이는 측정 도구로 측정하기 때문에 측정된 값이다. 0이 아닌 모든 숫자는 항상 유효하기 때문에 42.2 g에는 유효숫자가 3개이다. 과학 표기법으로 쓰인 숫자는 계수의 모든 자릿수가 유효하기 때문에 5.0×10^{-3} cm에는 유효숫자가 두 개이다. 그러나 달걀 3개의 양은 달걀을 세어서 얻어진 정확한 수이다. 1 kg = 1000 g의 등가식에서 1 kg과 1000 g의 질량은 정확한 수이다. 이 등가식은 미터법의 정의이기 때문이다.

예제 2.3 측정값과 정확한 수

먼저 해 보기!

다음 각 숫자가 측정값인지 정확한 수인지 확인하고, 측정된 각 숫자의 유효숫자 개수를 쓰고 설명하라.

a. 0.170 L **b.** 칼 4개

c. 6.3×10^{-6} s **d.** 1 m = 100 cm

풀이

	주어진 것	필요한 것	연결
문제 분석	숫자	정확한 수인지 측정값인지 확인 유효숫자 개수	표 2.2의 유효숫자 규칙

단계 1 **측정값은 측정의 결과이다. 정확한 수는 숫자를 세거나 정의함에 의해서 얻어진다.**

a. 측정값 **b.** 정확한 수, 센 것

c. 측정값 **d.** 정확한 수, 정의

단계 2 **소수점 아래의 숫자에서 0이 아닌 숫자와 끝에 있는 0은 유효숫자이다. 과학적 표기법으로 쓴 계수의 모든 숫자는 유효숫자이다.**

a. 유효숫자 3개

c. 유효숫자 2개

확인 문제 2.3

다음 각 숫자가 측정값인지 정확한 수인지 확인하고, 측정된 각 숫자의 유효숫자 개수를 써라.

a. 0.020 80 kg **b.** 5.06×10^4 h **c.** 화학책 4권

답

a. 측정값, 유효숫자 4개

b. 측정값, 유효숫자 3개

c. 정확한 수

2.3 계산에서의 유효숫자

학습 목표 계산된 답에 대한 유효숫자 개수를 맞출 수 있다.

과학에서는 박테리아의 길이, 기체 시료의 부피, 반응 혼합물의 온도, 시료 중 철의 질량 등 많은 것들을 측정한다. 측정값의 유효숫자 개수는 계산된 답의 유효숫자 개수를 결정한다.

계산기를 사용하면 계산을 더 빨리 수행하는 데 도움이 된다. 하지만 계산기는 생각대로 되지 않는다. 숫자를 바르게 입력하고 올바른 기능 키를 누른 다음 올바른 유효숫자 개수로 답을 얻는 것은 하기 나름이다.

반올림

길이 5.52 m, 폭 3.58 m인 방에 필요한 카펫을 사려고 한다. 카펫이 얼마나 필요한지를 결정하려면 계산기로 5.52와 3.58를 곱하여 방의 면적을 계산할 것이다. 계산기 화면에는 19.7616이라는 숫자가 나온다. 그러나 곱하기 과정의 결과인 숫자가 너무 많아서 옳은 최종

답이 아니다. 원래의 각 측정값은 유효숫자가 3개만 있기 때문에 표시된 숫자(19.7616)는 유효숫자 3개인 19.8로 *반올림*(round off)해야 한다.

5.52 m	×	3.58 m	=	19.7616	=	19.8 m^2
유효숫자 3개		유효숫자 3개		계산기 화면		최종 답, 유효숫자 3개로 반올림

따라서 19.8 m^2의 면적에 필요한 카펫을 주문할 수 있다.

계산기를 사용할 때마다 원래의 측정값을 보고 답에 사용할 수 있는 유효숫자 개수를 결정하는 것이 중요하다. 다음 규칙을 사용하여 계산기에 표시된 숫자를 반올림할 수 있다.

반올림 규칙

1. 삭제할 첫 번째 자리 숫자가 *4 이하*이면 그 숫자 이후의 모든 숫자는 단순히 버린다.
2. 삭제할 첫 번째 자리 숫자가 *5 이상*이면 숫자의 마지막 남은 자리 숫자를 1 올린다.

표 2.4 > 반올림 규칙

반올림할 수	유효숫자 3개	유효숫자 2개
8.4234	8.42 (34 버림)	8.4 (234 버림)
14.780	14.8 (80은 버리고 마지막 남은 자리 1 올림)	15 (780은 버리고 마지막 남은 자리 1 올림)
3256	3260*(6은 버리고 마지막 남은 자리 1 올리고 0을 붙임) (3.26×10^3)	3300*(56은 버리고 마지막 남은 자리 1 올리고 00을 붙임) (3.3×10^3)

*큰 숫자의 값은 자리를 표시하는 0을 사용하여 삭제된 자릿수를 대체함으로써 유지된다.

생각해 보기 2.3

왜 10.072을 유효숫자 3개로 반올림하면 10.1이 되는가?

예제 2.4 측정값과 정확한 수

먼저 해 보기!

다음 각 숫자가 유효숫자 3개가 되도록 반올림하라.

a. 35.7823 m **b.** 0.002 621 7 L **c.** 3.8268×10^3 g

풀이

문제 분석	주어진 것	필요한 것	연결
	측정된 숫자	유효숫자 3개	표 2.4의 반올림 규칙

단계 1 **버려서 없앨 자리를 확인한다.**

a. 823 버림 **b.** 17 버림 **c.** 68 버림

단계 2 **처음 버려진 자리가 5이상이면 남겨진 마지막 자리를 1 증가시키고, 4 이하면 그대로 유지시킨다.**

a. 남은 마지막 자리를 1 올려서 35.8 m
b. 그대로 유지하면서 0.002 62 L
c. 남은 마지막 자리를 1 만큼 올려서 3.83×10^3 g

확인 문제 2.4

예제 2.4에 있는 각 숫자들을 유효숫자 2개가 되도록 반올림하라.

답

a. 36 m **b.** 0.0026 L **c.** 3.8×10^3 g

측정값의 곱셈과 나눗셈

곱셈이나 나눗셈에서 최종 답은 유효숫자 개수가 가장 작은 측정값과 같도록 한다.

측정값으로 다음 계산을 하라.

$$\frac{2.8 \times 67.40}{34.8} =$$

문제가 여러 단계인 경우에는 분자의 숫자를 곱하고 분모의 숫자로 나눈다.

2.8	×	67.40	÷	34.8	=	5.422988506	=	5.4
유효숫자 2개		유효숫자 4개		유효숫자 3개		계산기 화면		최종 답, 유효숫자 2개로 반올림

계산기 화면에는 측정값의 유효숫자보다 많은 숫자가 있기 때문에 반올림해야 한다. 유효숫자가 가장 적은(2개) 측정값 2.8을 사용하여 유효숫자 2개로 계산기 화면을 반올림한다.

핵심 화학 기술

계산에 유효숫자 사용하기

생각해 보기 2.4

0.3×52.6의 답은 왜 유효숫자 1개가 되도록 써야 하는가?

유효한 0 추가하기

때로는 계산기 화면에 작은 정수가 표시된다. 예를 들어, 계산기 화면이 4이지만 유효숫자가 3개인 측정을 사용했다고 가정해 보자. 그러면 두 개의 유효한 0을 *추가*하여 4.00을 옳은 답으로 쓴다.

$$\frac{8.00}{2.00} = 4. = 4.00$$

8.00: 유효숫자 3개; 2.00: 유효숫자 3개; 4.: 계산기 화면; 4.00: 최종 답, 유효숫자 3개가 되도록 0을 두 개 추가

계산기를 사용하면 문제를 파악하고 더 빠르게 계산할 수 있다.

예제 2.5 곱셈과 나눗셈에서 유효숫자

먼저 해 보기!

다음 측정값을 계산하여 유효숫자 개수를 맞추어 답하라.

a. 56.8×0.37 **b.** $\frac{(2.075)(0.585)}{(8.42)(0.0245)}$ **c.** $\frac{25.0}{5.00}$

풀이

문제 분석	주어진 것	필요한 것	연결
	곱셈과 나눗셈	정확한 유효숫자의 답	곱셈/나눗셈 규칙

단계 1 각 측정값의 유효숫자 개수를 확인한다.

a. 56.8×0.37 (56.8: 유효숫자 3개, 0.37: 유효숫자 2개)

b. $\frac{(2.075)(0.585)}{(8.42)(0.0245)}$ (2.075: 유효숫자 4개, 0.585: 유효숫자 3개, 8.42: 유효숫자 3개, 0.0245: 유효숫자 3개)

c. $\frac{25.0}{5.00}$ (25.0: 유효숫자 3개, 5.00: 유효숫자 3개)

단계 2 계산기로 지시된 연산을 수행한다.

a. 21.016 계산기 화면 **b.** 5.884313345 계산기 화면 **c.** 5. 계산기 화면

단계 3 유효숫자가 가장 적은 것에 맞추어 반올림하거나 0을 더한다.

a. 21 **b.** 5.88 **c.** 5.00

생각해 보기 2.5

c에서 계산기의 답은 5로 나왔는데 왜 유효숫자인 0을 2개 더해서 답을 5.00로 써야 하는가?

확인 문제 2.5

다음 측정값을 계산하여 유효숫자 개수를 맞추어 답하라.

a. 45.26 × 0.010 88 **b.** 2.6 ÷ 324 **c.** $\frac{4.0 \times 8.00}{16}$

답

a. 0.4924 **b.** 0.0080 또는 8.0×10^{-3} **c.** 2.0

측정값의 덧셈과 뺄셈

덧셈과 뺄셈에서 최종 답은 자릿수가 가장 적은 측정값과 자릿수가 같도록 작성한다.

2.045	1/1000 자리
+ 34.1	1/10 자리(자릿수 가장 적음)
36.145	계산기 화면
36.1	답, 1/10 자리로 반올림

생각해 보기 2.6

55.2 더하기 2.506에 대한 옳은 답은 왜 57.7인가?

숫자를 더하거나 빼서 0으로 끝나는 답이 나오는 경우 소수점 다음의 0은 계산기 화면에는 표시되지 않는다. 예를 들어, 14.5 g − 2.5 g = 12.0 g. 하지만 계산기에서 뺄셈을 하면 화면에 12가 표시된다. 정답을 쓰려면 소수점 다음에 유효한 0을 기록한다.

예제 2.6 덧셈과 뺄셈에서의 유효숫자

먼저 해 보기!

다음 측정값을 계산하여 소수점 아래 자릿수를 올바르게 답하라.

a. 104 + 7.8 + 40 **b.** 153.247 − 14.82

풀이

문제 분석	주어진 것	필요한 것	연결
	덧셈과 뺄셈	정확한 자릿수의 숫자	덧셈/뺄셈 규칙

단계 1 각 측정값의 자릿수를 결정한다.

a.

104	1의 자리
7.8	1/10의 자리
+ 40	10의 자리(자릿수 가장 적음)

b.

153.247	1/1000의 자리
− 14.82	1/100의 자리 (자릿수 가장 적음)

단계 2 계산기로 지시된 연산을 수행한다.

a. 151.8 계산기 화면 **b.** 138.427 계산기 화면

단계 3 가장 적은 자릿수를 가지는 것에 맞추어 반올림하거나 0을 더하라.

a. 150 10의 자리로 반올림 **b.** 138.43 1/100의 자리로 반올림

확인 문제 2.6

다음 측정값을 계산하여 소수점 아래 자릿수를 올바르게 답하라.

a. 82.45 + 1.245 + 0.000 56 **b.** 4.259 − 3.8

답

a. 83.70 **b.** 0.5

2.4 접두사와 등가식

학습 목표 접두사의 수치를 사용하여 미터법 등가식을 쓸 수 있다.

핵심 화학 기술

접두사 사용

SI와 미터계의 특별한 특징은 단위 앞에 **접두사**(prefix)를 써서 크기를 10의 배수로 늘리거나 줄일 수 있다는 것이다. 예를 들어, 접두사 *밀리*(milli)와 *마이크로*(micro)는 밀리그램(mg)과 마이크로그램(μg)과 같은 더 작은 단위를 만들 때 사용한다.

미국 식품의약국(FDA)은 성인과 4세 이상 어린이의 영양 상태에 대한 일일 권장량(daily value, DV)를 결정했다. 접두사를 사용하는 이들 일일 권장량 값의 예가 **표 2.5**에 있다.

접두사 *센티*(centi)는 1달러에 해당되는 센트(cent)와 같다. 1센트는 센티달러(centidollar) 즉, 0.01달러에 해당된다. 이는 또한 1달러가 100센트와 같음을 의미한다. 접두사 *데시*(deci)는 1달러에 해당하는 다임(dime)과 같다. 1다임은 데시달러(decidollar) 즉, 0.1달러에 해당된다. 이것은 또한 1달러가 10센트와 같음을 의미한다. **표 2.6**에 일부 미터법에서 사용하는 접두사, 해당 기호, 숫자 값이 나열되어 있다.

단위에 대한 접두사의 관계는 접두사를 숫자 값으로 대체하여 표현할 수 있다. 예를 들어 킬로미터의 접두사 *킬로*(kilo)를 1000으로 대체하면 1킬로미터(km)가 1000미터라는 것을 알 수 있다. 다른 예들도 보자.

1 **킬로**미터(1 km) = **1000** 미터(1000 m = 10^3 m)

1 **킬로**리터(1 kL) = **1000** 리터(1000 L = 10^3 L)

1 **킬로**그램(1 kg) = **1000** 그램(1000 g = 10^3 g)

표 2.5 > 몇 가지 영양소의 일일 권장량

영양소	권장량
구리	2 mg
니아신	20 mg
마그네슘	400 mg
셀레늄	70. μg (70 mcg)
소듐	2.4 g
아연	15 mg
아이오딘	150 μg (150 mcg)
인	800 mg
철	18 mg
칼슘	1.0 g
포타슘	3.5 g

접두사 사이의 등가식

두 접두사 사이의 등가식 역시 쓸 수 있다. 밀리리터와 데시리터 사이의 등가식이 필요하다고 하자. 표 2.6에서 L를 기본 단위로 사용해서 1 L = 10 dL이고 1 L = 1000 mL이므로 dL와 mL의 등가식을 쓸 수 있다.

1 L = 10 dL = 1000 mL 또는 1 dL = 100 mL

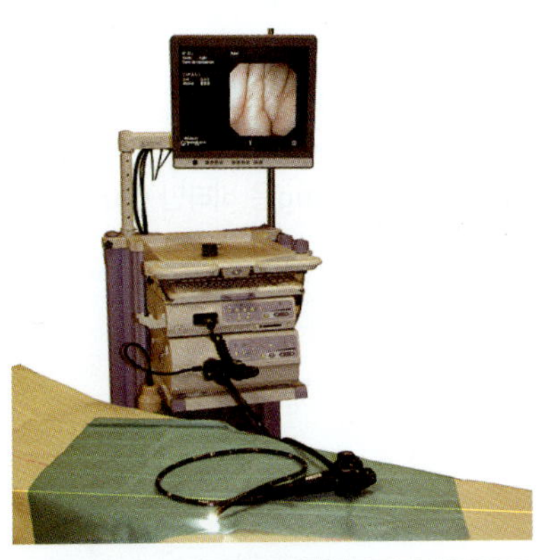

내시경에는 가느다란 케이블 끝에 폭 1 mm인 비디오카메라가 연결되어 있다.

예제 2.7 접두사와 등가식

먼저 해 보기!

어떤 내시경 카메라의 폭이 1 mm이다. 밀리미터와 관련된 다음 등가식을 각각 완성하라.

a. 1 m = _______ mm **b.** 1 cm = _________ mm

풀이

a. 1 m = 1000 mm **b.** 1 cm = 10 mm

확인 문제 2.7

a. 리터와 센티리터 사이의 관계는 어떠한가?
b. 밀리미터와 마이크로미터 사이의 관계는 어떠한가?

답

a. 1 L = 100 cL **b.** 1 mm = 1000 μm (mcm)

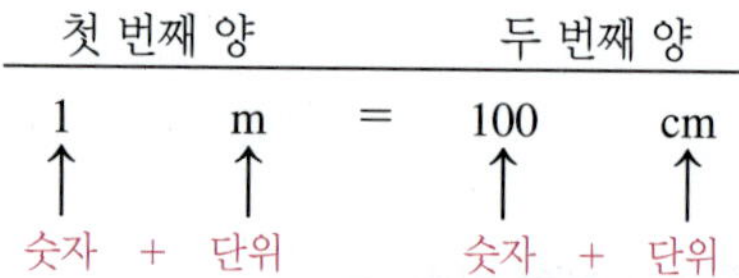

이것은 미터와 센티미터 사이의 관계를 나타내는 등가식의 예이다.

길이 측정

안과 의사는 눈에 있는 망막의 직경을 센티미터(cm) 단위로 측정하지만, 외과 의사는 신경 길이를 밀리미터(mm)로 알 필요가 있다. 접두사 *센티*(centi)를 미터 단위와 함께 사용하면 *센티미터*(centimeter, cm)가 되며, 이는 1/100미터(0.01 m)이다. 접두사 *밀리*(milli)를 미터

표 2.6 > 미터법과 SI에서의 접두사

접두사	기호	수치	과학적 표기법	등가식
단위 크기를 키우는 접두사				
페타(peta)	P	1 000 000 000 000 000	10^{15}	1 Pg = 1 × 10^{15} g 1 g = 1 × 10^{-15} Pg
테라(tera)	T	1 000 000 000 000	10^{12}	1 Ts = 1 × 10^{12} s 1 s = 1 × 10^{-12} Ts
기가(giga)	G	1 000 000 000	10^{9}	1 Gm = 1 × 10^{9} m 1 m = 1 × 10^{-9} Gm
메가(mega)	M	1 000 000	10^{6}	1 Mg = 1 × 10^{6} g 1 g = 1 × 10^{-6} Mg
킬로(kilo)	k	1 000	10^{3}	1 km = 1 × 10^{3} m 1 m = 1 × 10^{-3} km
단위 크기를 줄이는 접두사				
데시(deci)	d	0.1	10^{-1}	1 dL = 1 × 10^{-1} L 1 L = 10 dL
센티(centi)	c	0.01	10^{-2}	1 cm = 1 × 10^{-2} m 1 m = 100 cm
밀리(milli)	m	0.001	10^{-3}	1 ms = 1 × 10^{-3} s 1 s = 1 × 10^{3} ms
마이크로(micro)	μ*	0.000 001	10^{-6}	1 μg = 1 × 10^{-6} g 1 g = 1 × 10^{6} μg
나노(nano)	n	0.000 000 001	10^{-9}	1 nm = 1 × 10^{-9} m 1 m = 1 × 10^{9} nm
피코(pico)	p	0.000 000 000 001	10^{-12}	1 ps = 1 × 10^{-12} s 1 s = 1 × 10^{12} ps
펨토(femto)	f	0.000 000 000 000 001	10^{-15}	1 fs = 1 × 10^{-15} s 1 s = 1 × 10^{15} fs

*의학에서는 기호 μ를 잘못 읽어 약물 처리에 실수가 있을 수 있으므로 *micro*의 약자로 mc를 사용한다. 따라서 1 μg을 1 mcg로 쓴다.

생각해 보기 2.7

왜 비타민 C 60. mg은 비타민 C 0.060 g과 같은가?

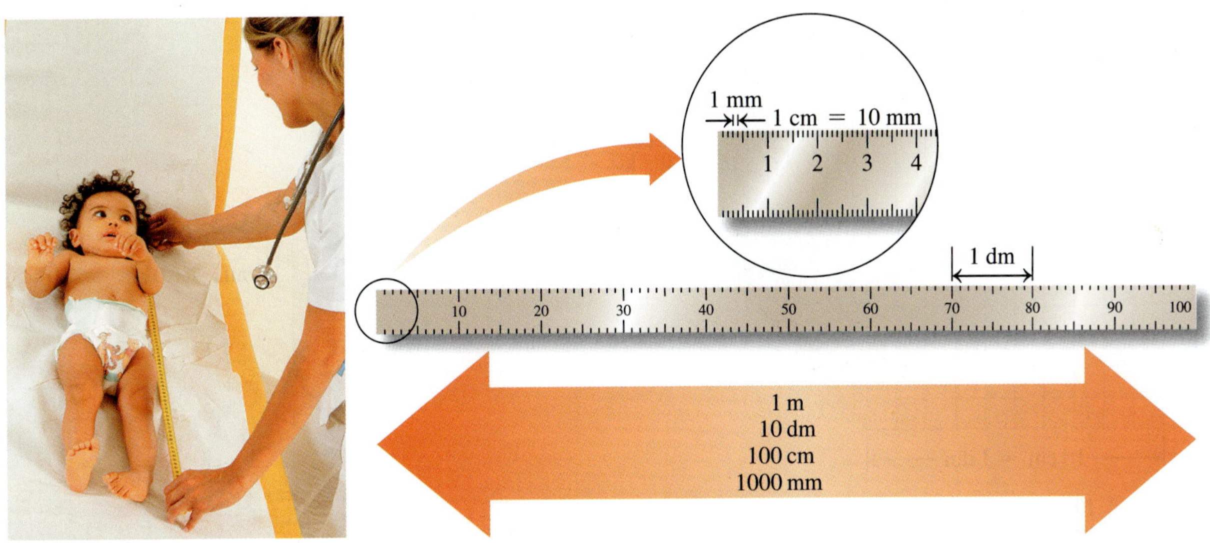

그림 2.6 ▸ 1 m는 10 dm, 100 cm, 1000 mm와 같은 길이이다.

단위와 함께 사용하면 *밀리미터*(millimeter, mm)가 되며 이는 1/1000미터(0.001 m)의 길이에 해당한다. 1 m는 100 cm이며 1000 mm이다.

1밀리미터와 1센티미터의 길이를 비교하면, 1 mm는 0.1 cm이며, 1 cm는 10 mm이다. 이러한 비교는 같은 양을 측정하는 두 단위 사이의 관계를 나타내는 **등가식**(equality)의 예이다. 길이에 대한 다른 미터 단위 사이의 등가식의 예는 다음과 같다.

$$1\ \text{m} = 100\ \text{cm} = 1 \times 10^2\ \text{cm}$$
$$1\ \text{m} = 1000\ \text{mm} = 1 \times 10^3\ \text{mm}$$
$$1\ \text{cm} = 10\ \text{mm} = 1 \times 10^1\ \text{mm}$$

그림 2.6에서 길이에 대한 일부 미터법 단위를 비교하였다.

생각해 보기 2.8

왜 센티미터와 미터 사이의 관계를 1 m = 100 cm 또는 0.01 m = 1 cm라고 쓰는가?

부피 측정

보건학에서는 1 L 이하의 부피가 일반적이다. 1리터를 10등분하면 각각은 1데시리터(dL)가 된다. 1 L는 10 dL이다. 혈액 검사 실험 결과는 대개 1 dL당 질량으로 보고된다. **표 2.7**에 혈액 중 일부 물질에 대한 일반적인 실험 검사 값을 나열하였다.

표 2.7 ▸ 몇 가지 전형적인 실험실 시험치

혈액 내 물질	일반적인 범위
단백질(전체)	6.0~8.5 g/dL
알부민	3.5~5.4 g/dL
암모니아	20~70 μg/dL (mcg/dL)
철(남성)	80~160 μg/dL (mcg/dL)
칼슘	8.5~10.5 mg/dL
콜레스테롤	105~250 mg/dL

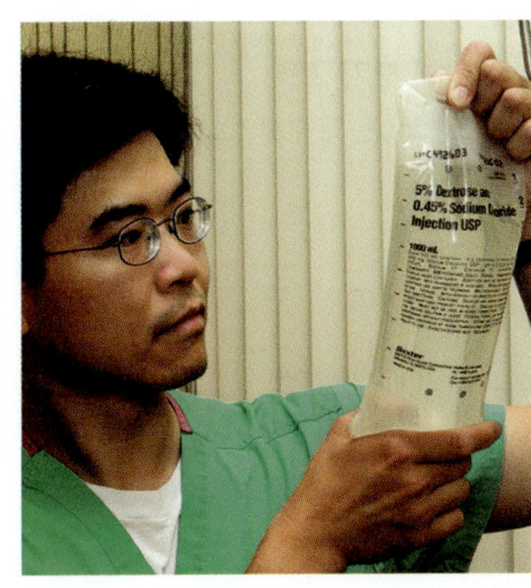

그림 2.7 ▸ 어떤 플라스틱 정맥 주사액 용기에 1000 mL가 들어 있다.

1리터를 1000등분하면, 각각의 작은 부피를 밀리리터(mL)라고 한다. 생리 식염수 1 L 용기에는 용액 1000 mL가 있다. 시료 1 mL에는 1000 mcL가 있다(**그림 2.7** 참조). 부피의 다른 미터 단위 간의 등가식은 다음과 같다.

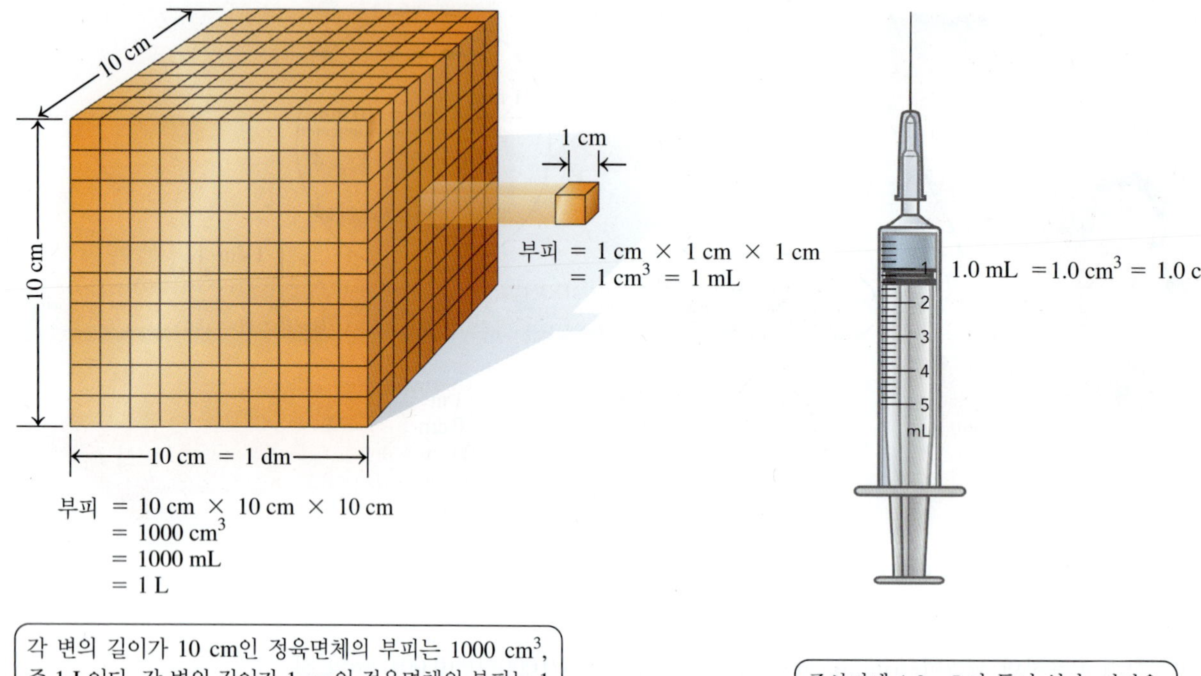

그림 2.8 ▸ 부피 측정 장치

$$1\ \text{L} = 10\ \text{dL} = 1 \times 10^1\ \text{dL}$$
$$1\ \text{L} = 1000\ \text{mL} = 1 \times 10^3\ \text{mL}$$
$$1\ \text{dL} = 100\ \text{mL} = 1 \times 10^2\ \text{mL}$$
$$1\ \text{mL} = 1000\ \mu\text{L (mcL)} = 1 \times 10^3\ \mu\text{L (mcL)}$$

세제곱센티미터(cubic centimeter, cm^3 또는 cc)는 각 면이 1 cm인 정육면체의 부피이다. 세제곱센티미터는 밀리리터와 같은 부피이며 단위를 종종 호환하여 사용한다.

$$1\ \text{cm}^3 = 1\ \text{cc} = 1\ \text{mL}$$

생각해 보기 2.9

부피 3.1 mL는 왜 부피 3.1 cm^3와 같은가?

1 cm를 볼 때에는, 길이에 관하여 읽고 있는 것이다. 1 cm3 또는 1 cc 또는 1 mL를 볼 때에는 부피에 대해 읽고 있는 것이다. 부피 단위의 비교는 **그림 2.8**에 나와 있다.

질량 측정

병원에 가서 신체검사를 할 때, 몸무게는 킬로그램 단위로 기록되는 반면, 혈액 검사 결과는 그램, 밀리그램(mg), 마이크로그램(μg 또는 mcg) 단위로 보고된다. 1킬로그램은 1000 g이다. 1그램은 1000 mg과 동일한 질량을 나타내고 1 mg은 1000 μg(또는 1000 mcg)과 같다. 질량에 대한 다른 미터법 단위 사이의 등가식의 예는 다음과 같다.

$$1\ \text{kg} = 1000\ \text{g} = 1 \times 10^3\ \text{g}$$
$$1\ \text{g} = 1000\ \text{mg} = 1 \times 10^3\ \text{mg}$$
$$1\ \text{mg} = 1000\ \mu\text{g (mcg)} = 1 \times 10^3\ \mu\text{g (mcg)}$$

2.5 변환 인자 쓰기

학습 목표 동일한 양을 나타내는 두 단위에 대한 변환 인자를 쓸 수 있다.

화학 및 보건학과 관련된 많은 문제를 풀려면 한 단위에서 다른 단위로 변경해야 할 때가 있다. 우리는 매일 단위 변경을 하고 있다. 예를 들어, 숙제를 하느라 2.0시간이 걸렸는데 누군가가 몇 분 걸렸는지 물었다고 해 보자. 그러면 120분이라고 대답할 것이다. 두 단위를 연결하는 등가식(1시간 = 60분)을 알고 있기 때문에 2.0시간 × 60분/시간을 곱했을 것이다. 2.0시간을 120분이라고 표현했을 때, 공부한 시간을 변하지 않았다. 시간을 나타내는 데 사용된 측정 단위만 변경한 것이다. *모든 등가식은 양 중 하나를 분자에 그리고 다른 양을 분모에 나타낸* **변환 인자**(conversion factor)*라고 하는 분수로 작성할 수 있다.* 변환 인자를 작성할 때 단위를 포함시켜야 한다. 모든 등가식에서는 항상 두 가지 변환 인자가 가능하다.

핵심 화학 기술

등가식으로부터 변환 인자 쓰기

등가식에서 두 가지 변환 인자: 1시간 = 60분

$$\frac{\text{분자}}{\text{분모}} \begin{matrix} \longrightarrow \\ \longrightarrow \end{matrix} \quad \frac{60\text{분}}{1\text{시간}} \quad \text{그리고} \quad \frac{1\text{시간}}{60\text{분}}$$

이들 인자는 "1시간당 60분"과 "60분당 1시간"으로 읽는다. *당*(per)이라는 용어는 "나누기"를 의미한다. 몇 가지 일반적인 관계가 **표 2.8**에 나와 있다.

두 미터계 또는 두 미국계 단위 사이의 등가식에 있는 숫자는 정의에 의해 얻어진 것이다. 정의에 나오는 숫자는 정확한 수이므로 유효숫자를 결정하는 데 사용되지 않는다. 예를 들어, 등가식 1 g = 1000 mg은 정의로서, 숫자 1과 1000은 모두 정확한 수이다.

어떤 등가식이 미터계 단위와 미국계 단위로 이루어진 경우 등가식에 있는 숫자 중 하나는 측정에 의해 얻어진 것이며 답의 유효숫자 계산에 사용된다. 예를 들어, 등가식 1 lb = 453.6 g은 1 lb를 그램으로 정확히 측정하여 얻어진 것이다. 이 등가식에서 측정된 양 453.6 g은 유효숫자가 4개이지만 1은 정확한 수이다. 단, 1 in. = 2.54 cm의 관계는 정의된 것으로 예외이다.

표 2.8 > 몇 가지 일반적인 등가식

양	미터계(SI)	미국계	미터계–미국계
길이	1 km = 1000 m	1 ft = 12 in.	2.54 cm = 1 in. (정확)
	1 m = 1000 mm	1 yd = 3 ft	1 m = 39.37 in.
	1 cm = 10 mm	1 mi = 5280 ft	1 m = 1.094 yd
			1 km = 0.6214 mi
부피	1 L = 1000 mL	1 qt = 4 cups	946.4 mL = 1 qt
	1 dL = 100 mL	1 qt = 2 pt	1 L = 1.057 qt
	1 mL = 1 cm^3	1 gal = 4 qt	473.2 mL = 1 pt
	1 mL = 1 cc*		3.785 L = 1 gal
			5 mL = 1 tsp*
			15 mL = 1 T (tbsp)*
질량	1 kg = 1000 g	1 lb = 16 oz	1 kg = 2.205 lb
	1 g = 1000 mg		453.6 g = 1 lb
	1 mg = 1000 mcg*		28.35 g = 1 oz
시간	1 h = 60 min	1 h = 60 min	
	1 min = 60 s	1 min = 60 s	

*의학에서 사용

■ 생각해 보기 2.10

등가식 1일 = 24시간은 왜 두 변환 인자를 가지는가?

미터계 변환 인자

미터계에서의 어떤 관계에 대한 미터계 변환 인자를 쓸 수 있다. 예를 들어 미터와 센티미터에 대한 등가식에서 다음 인자를 쓸 수 있다.

미터계 등가식	변환 인자
1 m = 100 cm	$\frac{100\ \text{cm}}{1\ \text{m}}$ 그리고 $\frac{1\ \text{m}}{100\ \text{cm}}$

둘 다 관계에 대한 적절한 변환 인자이다. 하나는 다른 하나의 역이다. *변환 인자는 한 변환 인자를 뒤집어 그 역을 사용할 수 있어서 더 유용하다*. 이 등가식과 변환 인자에 나오는 숫자 100과 1은 모두 *정확한* 수이다.

그림 2.9 ▸ 미국에서는 많은 포장 식품의 내용물을 미국계와 미터계 단위 모두로 나타낸다.

미터계–미국계 변환 인자

미국계 단위인 파운드를 미터계(또는 SI) 단위인 킬로그램으로 변환해야 한다고 가정해 보자. 이 때 사용할 수 있는 관계는 다음과 같다.

$$1\ \text{kg} = 2.205\ \text{lb}$$

이에 해당하는 변환 인자는 다음과 같다.

$$\frac{2.205\ \text{lb}}{1\ \text{kg}} \quad \text{그리고} \quad \frac{1\ \text{kg}}{2.205\ \text{lb}}$$

그림 2.9는 미국계와 미터계 단위로 포장 식품의 내용을 나타낸 것이다.

문제에서 진술된 등가식과 변환 인자

등가식은 그 문제에만 적용되는 문제 내에서 진술될 수도 있다. 예를 들어 시간당 킬로미터 단위인 자동차 속도나 달러로 양파 1파운드당 가격은 그 문제만을 위한 특별한 관계이다. 다음 각 문장들로부터 등가식과 두 환산 인자를 쓸 수 있으며, 각 숫자가 정확한 수인지 또는 유효숫자의 수인지 구분할 수 있다.

그 자동차는 85 km/h의 속도로 여행하고 있었다.

등가식	변환 인자	유효숫자 또는 정확한 수
1시간 = 85 km	$\frac{85\ \text{km}}{1\ \text{h}}$ 그리고 $\frac{1\ \text{h}}{85\ \text{km}}$	85 km는 측정값이며 유효숫자는 2개이다. 1시간은 정확한 수이다.

양파 가격이 파운드당 1.24달러이다.

등가식	변환 인자	유효숫자 또는 정확한 수
1 lb = \$1.24	$\frac{\$1.24}{1\ \text{lb}}$ 그리고 $\frac{1\ \text{lb}}{\$1.24}$	\$1.24는 측정값이며 유효숫자는 3개이다. 1 lb는 정확한 수이다.

용량 문제로부터의 변환 인자

약물에 대한 용량 문제에서 명시된 등가성도 변환 인자로 쓸 수 있다. 호흡기 및 귀 감염에 사용되는 항생제인 케플렉스(Keflex, cephalexin)는 250-mg 캡슐로 판매된다. 항산화제인 비타민 C는 500-mg 정제로 판매된다. 이러한 용량 관계는 두 가지 변환 인자를 도출할 수 있는 등식 작성에 사용될 수 있다.

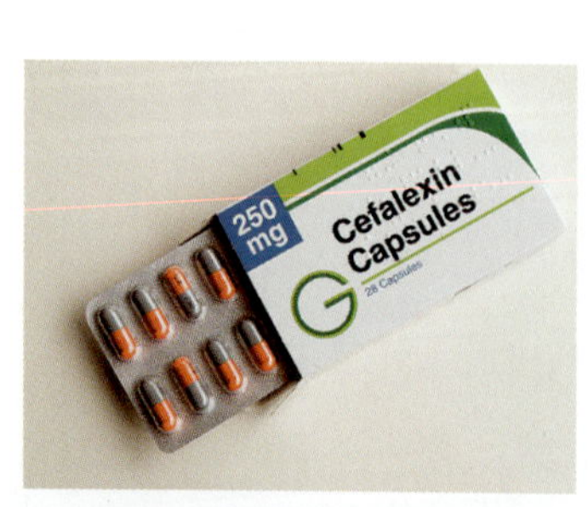

호흡기 감염 치료에 사용되는 케플렉스(세팔렉신)는 250 mg 캡슐로 판매된다.

한 캡슐에는 케플렉스 250 mg이 들어 있다.

등가식	변환 인자	유효숫자 또는 정확한 수
1캡슐 = 케플렉스 250 mg	$\frac{\text{케플렉스 250 mg}}{\text{1캡슐}}$ 그리고 $\frac{\text{1캡슐}}{\text{케플렉스 250 mg}}$	250 mg은 측정값이며 유효숫자는 2개이다. 1캡슐은 정확한 수이다.

한 정에는 비타민 C 500 mg이 들어 있다.

등가식	변환 인자	유효숫자 또는 정확한 수
1정 = 비타민 C 500 mg	$\frac{\text{비타민 C 500 mg}}{\text{1정}}$ 그리고 $\frac{\text{1정}}{\text{비타민 C 500 mg}}$	500 mg은 측정값이며 유효숫자는 1개이다. 1정은 정확한 수이다.

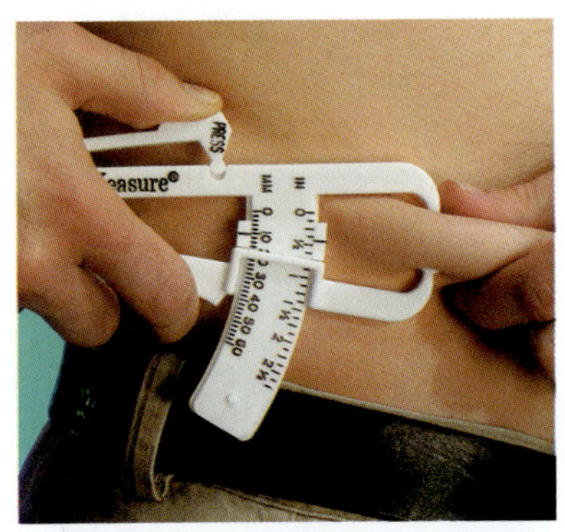

복부에서 접히는 피부의 두께로 체지방 백분율을 결정한다.

생각해 보기 2.11

백분율을 어떻게 등가식과 두 개의 변환 인자 작성에 사용하는가?

백분율, ppm, ppb의 변환 인자

백분율(%)은 한 단위를 정하고 전체 100에 대한 이 단위 부분의 숫자 관계를 나타낼 때 변환 인자로 쓴다. 예를 들어, 어떤 사람의 체지방량이 질량으로 18%일 수 있다. 이 백분율은 몸무게 100질량 단위당 체지방 18질량 단위로 쓸 수 있다. 그램(g), 킬로그램(kg), 파운드(lb)와 같은 다른 질량 단위를 사용할 수 있지만 인자에 있는 두 단위가 같아야 한다.

등가식	변환 인자	유효숫자 또는 정확한 수
체지방 18 kg = 몸무게 100 kg	$\frac{\text{체지방 18 kg}}{\text{몸무게 100 kg}}$ 그리고 $\frac{\text{몸무게 100 kg}}{\text{체지방 18 kg}}$	18 kg은 측정값이며 유효숫자는 2개이다. 100 kg은 정확한 수이다.

과학자들이 매우 작은 비율을 나타내려고 할 때에는 *백만분율*(parts per million, ppm)이나 *십억분율*(parts per billion, ppb)이라는 수치 관계를 사용한다. 백만분율은 킬로그램당 어떤 물질의 밀리그램(mg/kg)과 같다. 십억분율은 킬로그램당 마이크로그램 (μg/kg, mcg/kg)과 같다.

비율	단위
백만분율(ppm)	킬로그램당 밀리그램(mg/kg)
십억분율(ppb)	킬로그램당 마이크로그램(μg/kg, mcg/kg)

예를 들어, 미국 식품의약국(FDA)에서 유약을 칠한 도자기에 허용한 납의 최대 양은 2 ppm으로 2 mg/kg이다.

등가식	변환 인자	유효숫자 또는 정확한 수
유약 1 kg = 납 2 mg	$\frac{\text{납 2 mg}}{\text{유약 1 kg}}$ 그리고 $\frac{\text{유약 1 kg}}{\text{납 2 mg}}$	2 mg은 측정값이며 유효숫자는 1개이다. 1 kg은 정확한 수이다.

제곱꼴의 변환 인자

때로는 제곱이나 세제곱된 변환 인자를 사용한다. 이것은 넓이나 부피를 계산할 필요가 있는 경우이다.

거리 = 길이

넓이 = 길이 × 길이 = 길이^2

부피 = 길이 × 길이 × 길이 = 길이^3

제곱센티미터와 제곱미터로 된 면적 사이의 관계에 대한 등가식과 변환 인자를 쓰려고 한다고 하자. 등가식 1 m = 100 cm를 제곱하려면 양변의 수와 단위를 모두 제곱한다.

등가식: 1 m = 100 cm

넓이: $(1\ \text{m})^2 = (100\ \text{cm})^2$ 또는 $1\ \text{m}^2 = (100)^2\ \text{cm}^2$

새로운 등가식으로부터 두 변환 인자를 다음과 같이 쓸 수 있다.

변환 인자: $\dfrac{(100\ \text{cm})^2}{(1\ \text{m})^2}$ 그리고 $\dfrac{(1\ \text{m})^2}{(100\ \text{cm})^2}$

다음 예에서 등가식 1 in. = 2.54 cm를 제곱해서 면적을 얻을 수 있고 세제곱하면 부피를 얻을 수 있음을 나타내었다. *숫자와 단위 모두 제곱 또는 세제곱해야 한다.*

측정	등가식	변환 인자
길이	1 in. = 2.54 cm	$\dfrac{2.54\ \text{cm}}{1\ \text{in.}}$ 그리고 $\dfrac{1\ \text{in.}}{2.54\ \text{cm}}$
넓이	$(1\ \text{in.})^2 = (2.54\ \text{cm})^2$ $(1\ \text{in.})^2 = (2.54)^2\ \text{cm}^2 = 6.45\ \text{cm}^2$	$\dfrac{(2.54\ \text{cm})^2}{(1\ \text{in.})^2}$ 그리고 $\dfrac{(1\ \text{in.})^2}{(2.54\ \text{cm})^2}$
부피	$(1\ \text{in.})^3 = (2.54\ \text{cm})^3$ $(1\ \text{in.})^3 = (2.54)^3\ \text{cm}^3 = 16.4\ \text{cm}^3$	$\dfrac{(2.54\ \text{cm})^3}{(1\ \text{in.})^3}$ 그리고 $\dfrac{(1\ \text{in.})^3}{(2.54\ \text{cm})^3}$

예제 2.8 문제에 있는 등가식과 변환 인자

먼저 해 보기!

다음 각각에 대해 등가식과 두 변환 인자를 쓰고 각 숫자가 정확한지 또는 유효숫자의 개수를 제시하라.

a. 그레그가 고혈압으로 복용하는 약에는 알약 1정에 프로프라놀올(propranolol) 40. mg이 들어 있다.

b. 연어와 같은 냉수성 어류는 질량으로 1.9%의 오메가-3 지방산을 함유하고 있다.

c. 미국 환경보호국(EPA)은 참치의 최대 수은 농도를 0.5 ppm으로 설정했다.

d. $(1\ \text{cm})^2$의 면적은 $(10\ \text{mm})^2$과 같다.

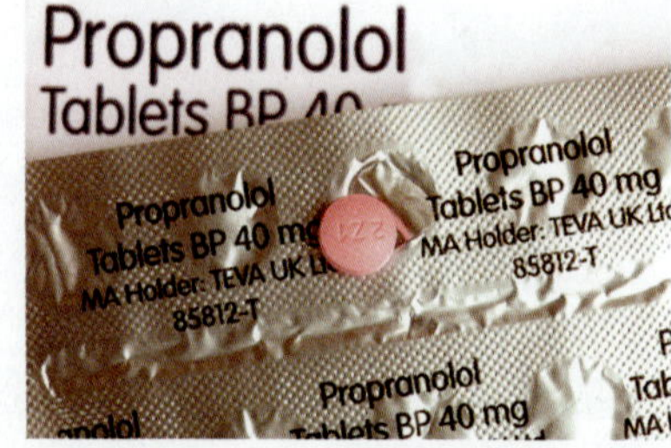

프로프라놀올은 고혈압을 낮추는 데 사용된다.

풀이

a.

등가식	변환 인자	유효숫자 또는 정확한 수
1정 = 프로프라놀올 40. mg	$\dfrac{\text{프로프라놀올 40. mg}}{\text{1정}}$ 그리고 $\dfrac{\text{1정}}{\text{프로프라놀올 40. mg}}$	40. mg은 측정값이며 유효숫자는 2개이다. 1정은 정확한 수이다.

b.

등가식	변환 인자	유효숫자 또는 정확한 수
연어 100 g = 오메가-3 지방산 1.9 g	$\frac{\text{오메가-3 지방산 1.9 g}}{\text{연어 100 g}}$ 그리고 $\frac{\text{연어 100 g}}{\text{오메가-3 지방산 1.9 g}}$	1.9 g은 측정값이며 유효숫자는 2개이다. 100 g은 정확한 수이다.

c.

등가식	변환 인자	유효숫자 또는 정확한 수
참치 1 kg = 수은 0.5 mg	$\frac{\text{수은 0.5 mg}}{\text{참치 1 kg}}$ 그리고 $\frac{\text{참치 1 kg}}{\text{수은 0.5 mg}}$	0.5 mg은 측정값이며 유효숫자는 1개이다. 1 kg은 정확한 수이다.

d.

등가식	변환 인자	유효숫자 또는 정확한 수
$(1\text{ cm})^2 = (10\text{ mm})^2$	$\frac{(10\text{ mm})^2}{(1\text{ cm})^2}$ 그리고 $\frac{(1\text{ cm})^2}{(10\text{ mm})^2}$	정의에 의해 1 cm와 10 mm는 모두 정확한 수이다.

연어는 높은 수준의 오메가-3 지방산을 포함한다.

참치의 수은 최대 허용량은 0.5 ppm이다.

확인 문제 2.8

다음 각각에 대해 등가식과 변환 인자를 쓰고 각 숫자가 정확한지 또는 유효숫자의 개수를 제시하라.

a. 위장과 방광 질환을 치료하는 데 사용되는 레브신(Levsin, hyoscyamine)은 용액 1 mL 당 레브신 0.125 mg를 포함하는 드롭스(drops)로 판매된다.

b. EPA는 쌀의 카드뮴 최대 농도를 0.4 ppm으로 설정했다.

답

a. 용액 1 mL = 레브신 0.125 mg

$$\frac{\text{레브신 0.125 mg}}{\text{용액 1 mL}} \quad \text{그리고} \quad \frac{\text{용액 1 mL}}{\text{레브신 0.125 mg}}$$

0.125 mg은 측정값이며 유효숫자는 3개이다. 1 mL는 정확한 수이다.

b. 쌀 1 kg = 카드뮴 0.4 mg

$$\frac{\text{카드뮴 0.4 mg}}{\text{쌀 1 kg}} \quad \text{그리고} \quad \frac{\text{쌀 1 kg}}{\text{카드뮴 0.4 mg}}$$

0.4 mg은 측정값이며 유효숫자는 1개이다. 1 kg은 정확한 수이다.

2.6 단위 변환을 이용한 문제 풀이

학습 목표 변환 인자를 사용하여 한 단위를 다른 단위로 변환할 수 있다.

화학에서 문제 풀이 과정에서 종종 주어진 단위를 다른 필요한 단위로 바꾸기 위해 하나 이상의 변환 인자가 필요하다. 문제에서 주어진 양의 단위와 필요한 양의 단위를 식별한다. 여기서 예제 2.9에서 볼 수 있듯 문제는 주어진 단위를 필요한 단위로 변환하는 데 사용되는 하나 이상의 변환 인자로 설정된다.

주어진 단위 × 하나 이상의 변환 인자 = 필요한 단위

예제 2.9 변환 인자를 사용한 문제 풀이

먼저 해 보기!

그레그의 의사는 심장 PET 스캔을 지시했다. PET나 CT 스캔과 같은 방사선 촬영에서 의약품의 용량은 몸무게를 기준으로 한다. 그레그의 몸무게가 164 lb라면 몇 킬로그램에 해당되는가?

풀이

단계 1 **주어진 것과 필요한 것을 쓴다.**

문제 분석	주어진 것	필요한 것	관계
	164 lb	킬로그램	미국계–미터계 변환 인자

단계 2 **주어진 단위를 필요한 단위로 변환할 계획을 쓴다.**

파운드 → (미국계–미터계 인자) → 킬로그램

단계 3 **등가식과 변환 인자를 쓴다.**

$$1\ \text{kg} = 2.205\ \text{lb}$$

$$\frac{2.205\ \text{lb}}{1\ \text{kg}} \quad \text{그리고} \quad \frac{1\ \text{kg}}{2.205\ \text{lb}}$$

단계 4 **단위를 소거하고 답을 계산하여 문제를 푼다.** 주어진 164 lb를 쓰고 단위 lb가 분모에 있는 변환 인자를 곱하여 주어진 단위(lb)를 소거한다.

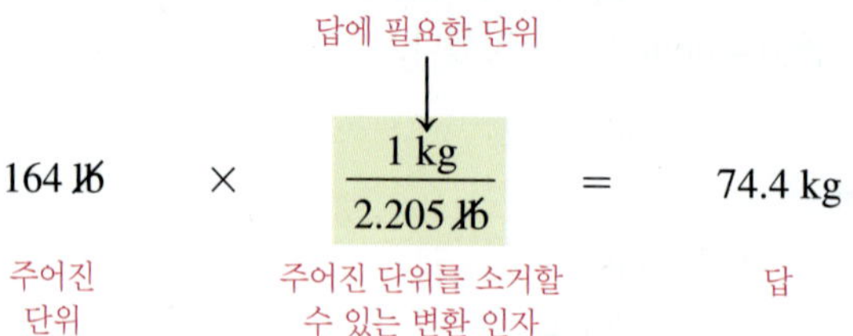

주어진 단위 lb가 소거되고 필요한 단위 kg은 분자에 있다. *마지막 답에서 원하는 단위는 다른 모든 단위가 소거된 후에 남는 단위이다.* 이는 문제를 바르게 설정했는지 확인하는 데 도움이 된다.

$$\cancel{\text{lb}} \times \frac{\text{kg}}{\cancel{\text{lb}}} = \text{kg} \quad \text{답에 필요한 단위}$$

계산기 화면에 나온 숫자에 적절한 개수의 유효숫자로 최종 답을 조정하여 쓴다. 74.4의 값에 단위인 kg을 더하여 최종 답은 74.4 kg이다.

$$164 \times \frac{1}{2.205} = 164 \div 2.205 = 74.37641723 = 74.4$$

(164: 유효숫자 3개; $\frac{1}{2.205}$: 정확한 수 1, 유효숫자 4개; 74.37641723: 계산기 화면; 74.4: 유효숫자 3개 (반올림))

생각해 보기 2.12

6.4 oz를 파운드로 변환하기 위해 변환 인자로 $\frac{16\ \text{oz}}{1\ \text{lb}}$가 아니라 $\frac{1\ \text{lb}}{16\ \text{oz}}$를 사용하는 이유는 무엇인가?

확인 문제 2.9

a. 붕산 농축액으로부터 총 2500 mL의 붕산 살균 용액을 제조한다. 몇 쿼트의 붕산을 제조하였는가?

b. 바이알에 든 용액은 1 mL당 페노바르비탈 65 mg을 함유하고 있다. 페노바르비탈 40. mg를 지시하려면 몇 밀리리터가 필요한가?

답

a. 2.6 qt　　**b.** 0.62 mL

두 개 이상의 변환 인자 사용

문제를 풀 때 단위를 변경하기 위해 종종 두 개 이상의 변환 인자가 필요하다. 이러한 문제를 설정하는 데 있어 한 인자가 다른 인자를 뒤따른다. 각 인자를 배열하여 필요한 단위가 확보 될 때까지 선행 단위를 소거한다. 문제에서 한 번 단위가 적절하게 소거되도록 설정되면 중간 결과를 쓰지 않고 계산을 수행할 수 있다. 이 과정은 단위 소거, 계산기 단계 및 최종 답을 얻기 위한 반올림을 이해할 때까지 연습할 필요가 있다. 이 책에서 두 개 이상의 변환 인자가 필요한 경우에 예제 2.10에서 보인 바와 같이 최종 답은 최종 계산기 화면에 나온 결과를 반올림(또는 0 추가)하여 올바른 개수의 유효숫자를 얻는 것을 기반으로 할 것이다.

핵심 화학 기술

변환 인자 사용하기

예제 2.10 두 변환 인자 사용하기

먼저 해 보기!

그레그는 갑상선 기능 저하를 진단받았다. 주치의는 하루 한 번 신트로이드(Synthroid) 0.150 mg을 복용하도록 처방했다. 재고로 있는 알약에 신트로이드 75 mcg가 들어 있다면, 처방된 약을 제공하기 위해 알약이 몇 개나 필요할까?

풀이

단계 1 **주어진 것과 필요한 것을 쓴다.**

문제 분석	주어진 것	필요한 것	관계
	신트로이드 0.150 mg	알약 개수	미터계 변환 인자, 임상 변환 인자

단계 2 **주어진 단위를 필요한 단위로 변환할 계획을 쓴다.**

밀리그램 → (미터계 인자) → 마이크로그램 → (임상 인자) → 알약 개수

단계 3 **등가식과 변환 인자를 쓴다.**

$$1\text{ mg} = 1000\text{ mcg}$$

$$\frac{1000\text{ mcg}}{1\text{ mg}} \quad \text{그리고} \quad \frac{1\text{ mg}}{1000\text{ mcg}}$$

$$\text{알약 1개} = \text{신트로이드 75 mcg}$$

$$\frac{\text{신트로이드 75 mcg}}{\text{알약 1개}} \quad \text{그리고} \quad \frac{\text{알약 1개}}{\text{신트로이드 75 mcg}}$$

단계 4 **단위를 소거하고 답을 계산하여 문제를 푼다.** 미터법을 사용하여 밀리그램을 소거한 다음 임상 인자를 사용하여 최종 단위로 알약 개수를 구하는 문제로 설정할 수 있다.

$$\cancel{\text{신트로이드}}\ 0.150\ \cancel{\text{mg}} \times \frac{1000\ \cancel{\text{mcg}}}{1\ \cancel{\text{mg}}} \times \frac{\text{알약 1개}}{\cancel{\text{신트로이드}}\ 75\ \cancel{\text{mcg}}} = \text{알약 2개}$$

유효숫자 3개　　정확한 수 (1000 mcg), 정확한 수 (1 mg)　　정확한 수 (알약 1개), 유효숫자 2개 (75 mcg)

생각해 보기 2.13

두 변환 인자가 문제 풀이에 어떻게 사용되는가?

환자를 위해 기침 시럽 한 티스푼을 측정한다.

확인 문제 2.10

a. 병에 기침 시럽 120 mL가 들어 있다. 하루에 한 티스푼(5 mL)을 4번 투여한다면, 리필이 필요할 때까지 며칠이 걸릴까?

b. 환자에게 탄산 칼슘 0.625 g이 포함된 용액을 투여한다. 탄산 칼슘 용액이 5 mL당 1250 mg을 포함하고 있다면 환자에게 몇 밀리리터의 용액을 투여하였겠는가?

답

a. 6일 **b.** 2.5 mL

예제 2.11 변환 인자로 백분율 사용하기

먼저 해 보기!

규칙적으로 운동하는 어떤 사람의 체지방량이 16%이다. 이 사람의 몸무게가 155 lb라면 체지방량은 몇 킬로그램인가

규칙적인 운동은 체지방 감소에 도움이 된다.

풀이

단계 1 주어진 것과 필요한 것을 쓴다.

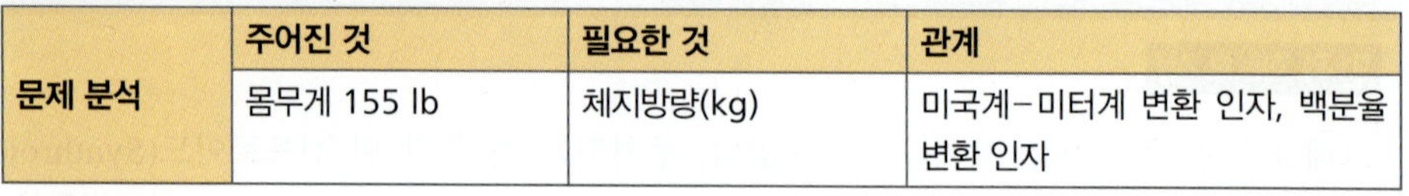

	주어진 것	필요한 것	관계
문제 분석	몸무게 155 lb	체지방량(kg)	미국계−미터계 변환 인자, 백분율 변환 인자

단계 2 주어진 단위를 필요한 단위로 변환할 계획을 쓴다.

몸무게(파운드) → 미국계−미터계 인자 → 몸무게(kg) → 백분율 인자 → 체지방량(kg)

단계 3 등가식과 변환 인자를 쓴다.

몸무게 1 kg = 몸무게 2.205 lb

$$\frac{\text{몸무게 } 2.205\text{ lb}}{\text{몸무게 } 1\text{ kg}} \text{ 그리고 } \frac{\text{몸무게 } 1\text{ kg}}{\text{몸무게 } 2.205\text{ lb}}$$

몸무게 100 kg = 체지방 16 kg

$$\frac{\text{체지방 } 16\text{ kg}}{\text{몸무게 } 100\text{ kg}} \text{ 그리고 } \frac{\text{몸무게 } 100\text{ kg}}{\text{체지방 } 16\text{ kg}}$$

단계 4 단위를 소거하고 답을 계산하여 문제를 푼다.

$$\underset{\text{유효숫자 3개}}{\cancel{\text{몸무게}}\ 155\ \cancel{\text{lb}}} \times \overset{\text{정확한 수}}{\underset{\text{유효숫자 4개}}{\frac{\cancel{\text{몸무게}}\ 1\ \cancel{\text{kg}}}{\cancel{\text{몸무게}}\ 2.205\ \cancel{\text{lb}}}}} \times \overset{\text{유효숫자 2개}}{\underset{\text{정확한 수}}{\frac{\text{체지방 } 16\text{ kg}}{\cancel{\text{몸무게}}\ 100\ \cancel{\text{kg}}}}} = \underset{\text{유효숫자 2개}}{\text{체지방 } 11\text{ kg}}$$

여러 개의 변환 인자를 사용하는 문제에서는 다른 방법도 가능하다. 예를 들어 이 문제에서 백분율 인자를 사용하여 몸무게 파운드를 체지방 파운드로 변환하고 kg-lb에 대한 미터계−미국계 인자를 사용하여 체지방 kg으로 변환할 수 있다.

확인 문제 2.11

a. 꾸러미에 간 쇠고기 2.4파운드가 들어 있다. 지방을 15% 포함하고 있다면 그 간 쇠고기에는 지방이 몇 그램 있을까?

b. 어떤 크림에는 요통을 완화하는 리도카인이 4.0%(질량 기준) 들어 있다. 환자가 크림 12 g을 사용한다면 리도카인 몇 밀리그램을 사용하는 것인가?

답

a. 지방 160 g　　　　b. 480 mg

분수 단위의 변환

때로는 등가식이 두 단위가 관련된 분수로 된 경우가 있다. 예를 들어, 자동차의 연비를 미국에서는 마일/갤런(mi/gal) 단위로 측정한다. 어떤 자동차의 마일리지는 39.0 mi/gal이다. 유럽에서 운전한다면 리터 당 킬로미터(km/L)로 표현할 것이다. mi/gal를 km/L로 변환하여 표현하려면 예제 2.12에서와 같이 마일을 킬로미터로 변환하는 인자와 갤런을 리터로 변환하는 인자가 필요할 것이다.

예제 2.12 분수 단위의 변환

먼저 해 보기!

새 차의 연비가 39.0 mi/gal이다. 이 연비를 km/L로 변환하라.

풀이

단계 1 주어진 것과 필요한 것을 쓴다.

	주어진 것	필요한 것	관계
문제 분석	$\frac{39.0\ \text{mi}}{1\ \text{gal}}$	$\frac{\text{km}}{\text{L}}$	미국계−미터계 변환 인자, km/mi, L/gal

단계 2 주어진 단위를 필요한 단위로 변환할 계획을 쓴다.

mi/gal → [미국계−미터계 인자] → km/gal → [미국계−미터계 인자] → km/L

단계 3 등가식과 변환 인자를 쓴다.

$$1\ \text{km} = 0.6214\ \text{mi}$$

$$\frac{0.6214\ \text{mi}}{1\ \text{km}} \quad \text{그리고} \quad \frac{1\ \text{km}}{0.6214\ \text{mi}}$$

$$1\ \text{gal} = 3.785\ \text{L}$$

$$\frac{3.785\ \text{L}}{1\ \text{gal}} \quad \text{그리고} \quad \frac{1\ \text{gal}}{3.785\ \text{L}}$$

단계 4 단위를 소거하고 답을 계산하여 문제를 푼다.

미국계−미터계 변환 인자를 사용하여 마일을 킬로미터로 변환하고 다른 미국계−미터계 인자를 사용하여 갤런을 리터로 변환하여 km/L 분율을 구할 수 있다.

유효숫자 3개　　정확한 수　　정확한 수　　유효숫자 3개

$$\frac{39.0\ \cancel{\text{mi}}}{1\ \cancel{\text{gal}}} \times \frac{1\ \text{km}}{0.6214\ \cancel{\text{mi}}} \times \frac{1\ \cancel{\text{gal}}}{3.785\ \text{L}} = \frac{16.6\ \text{km}}{1\ \text{L}}$$

정확한 수　　유효숫자 4개　　유효숫자 4개　　정확한 수

확인 문제 2.12

다음을 지시된 단위로 변환하라.

a. 2 mg/kg을 oz/lb로　　　　**b.** 50. m/s를 mi/h로

답

a. 3×10^{-5} oz/lb　　　　**b.** 110 mi/h

건강과 관련된 화학 _Chemistry Link to Health

독물학과 위험—이익 평가

카페인의 LD_{50}은 192 mg/kg이다.

매일 우리는 우리가 어떤 일을 할지, 무엇을 먹을지 선택한다. 하지만 이러한 선택과 관련된 위험을 보통은 생각하지 않는다. 우리는 담배로 인한 암의 위험성이나 납 중독의 위험에 대해 알고 있으며, 불빛이나 횡단보도가 없는 거리를 건너면 사고 위험이 커진다는 것을 알고 있다.

독성학의 기본 개념은 파라셀수스가 말한 복용량이 독약과 치료의 차이라는 것이다. 여러 천연물이나 합성 물질의 위험 수준을 평가하기 위해 실험용 동물을 물질에 노출시키고 건강 영향을 모니터링함으로써 위험 평가를 수행한다. 보통 인간이 통상적으로 만날 수 있는 것보다 훨씬 많은 양을 시험 동물에 투여한다.

이러한 검사로 많은 유해 화학 물질이 확인되었다. 독성의 한 측정 기준은 LD_{50}, 즉 치사량으로 이는 시험 동물의 50%에서 사망을 유발하는 물질의 농도이다. 복용량은 일반적으로 체중 kg당 밀리그램(mg/kg) 또는 체중 kg당 마이크로그램(mcg/kg)으로 측정된다.

다른 평가가 필요하지만 LD_{50} 값을 비교하는 것은 쉽다. LD_{50}이 3 mg/kg인 살충제 파라티온(parathion)은 독성이 매우 크다. 이것은 체중 1 kg당 3 mg의 파라티온이 시험 동물의 절반에 치명적이라는 것을 뜻한다. LD_{50}이 3300 mg/kg인 식용 소금(염화 소듐)의 독성은 훨씬 낮다. 독성 효과를 관찰하려면 엄청난 양의 소금을 먹어야 한다. 실험실에서 동물에 대한 위험성을 평가할 수는 있지만, 지속적인 노출과 대량의 단일 투여 간에 차이가 있기 때문에 환경에 미치는 영향을 파악하기는 더 어렵다.

표 2.9는 몇 가지 LD_{50} 값을 독성이 증가하는 순서로 물질을 비교한 것이다.

표 2.9 > 실험용 쥐로 시험한 몇 가지 물질의 LD50 값

물질	LD_{50} (mg/kg)
식용 설탕	29 700
붕산	5140
베이킹 소다	4220
식용 소금	3300
에탄올	2080
아스피린	1100
코데인	800
옥시코돈	480
카페인	192
DDT	113
코카인(주입)	95
다이클로르보스(Dichlorvos, 농약 제거제)	56
라이신(ricin)	30
사이안산 소듐	6
파라티온	3

2.7 밀도

학습 목표 물질의 밀도를 계산할 수 있다. 밀도를 사용하여 물질의 질량이나 부피를 계산할 수 있다.

물체의 질량과 부피를 측정할 수 있다. 물체의 질량을 부피와 비교하면 **밀도**(density)라는 관계를 얻는다.

$$\text{밀도} = \frac{\text{물체의 질량}}{\text{물체의 부피}}$$

모든 물질은 다른 물질과 구별되는 독특한 밀도를 가진다. 예를 들어 납의 밀도는 11.3 g/mL이지만 코르크의 밀도는 0.26 g/mL이다. 이러한 밀도로부터 이 물질이 물속에 가라앉는지 뜨는지를 예측할 수 있다. *물체가 액체보다 밀도가 낮으면 물체를 액체 속에 넣었을 때 물체가 뜬다.* 코르크와 같은 물질은 물보다 밀도가 낮아 뜨게 된다. 하지만 납은 밀도가 물보다 크기 때문에 가라앉는다(**그림 2.10** 참조).

생각해 보기 2.14

왜 얼음 조각은 물에 뜨고 알루미늄은 가라앉는가?

화학에서 밀도는 여러 면에서 사용된다. 예를 들어 밀도를 사용하여 특정 물질을 확인할 수 있다. 어떤 순수한 금속의 밀도가 10.5 g/mL로 계산되면, 금이나 알루미늄이 아니라 은이라고 식별할 수 있다. 금이나 은 같은 금속은 밀도가 높지만 기체는 밀도가 낮다. 미터

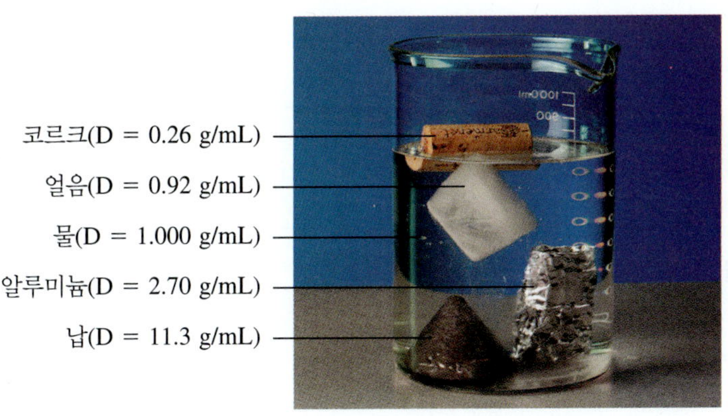

그림 2.10 ▸ 물에 가라앉는 물체는 물보다 밀도가 크고, 물에 뜨는 물체는 물보다 밀도가 작다.

계에서 고체와 액체의 밀도는 일반적으로 세제곱센티미터당 그램(g/cm^3) 또는 밀리리터당 그램(g/mL)으로 표시된다. 기체의 밀도는 일반적으로 리터당 그램(g/L)으로 표시된다. **표 2.10**은 몇 가지 일반적인 물질의 밀도를 나타낸 것이다.

표 2.10 ▸ 몇 가지 일반적인 물질의 밀도

고체 (25 °C에서)	밀도 (g/cm^3)	액체 (25 °C에서)	밀도 (g/mL)	기체 (0 °C에서)	밀도 (g/L)
코르크	0.26	휘발유	0.74	수소	0.090
체지방	0.909	에탄올	0.79	헬륨	0.179
얼음(0 °C)에서	0.92	올리브유	0.92	메테인	0.714
근육	1.06	물(4 °C에서)	1.000	네온	0.902
설탕	1.59	소변	1.003~1.030	질소	1.25
뼈	1.80	혈장(혈액)	1.03	공기(건조)	1.29
소금(NaCl)	2.16	우유	1.04	산소	1.43
알루미늄	2.70	혈액	1.06	이산화 탄소	1.96
철	7.86	수은	13.6		
구리	8.92				
은	10.5				
납	11.3				
금	19.3				

밀도 계산

물질의 밀도는 예제 2.13과 같이 질량과 부피로부터 계산할 수 있다.

예제 2.13 밀도 계산

먼저 해 보기!

고밀도 지질단백질(high-density lipoprotein, HDL)은 때로 "좋은 콜레스테롤"이라고 하는 일종의 콜레스테롤로 일상적인 혈액 검사를 통해 측정한다. HDL 시료 0.258 g의 부피가 0.215 mL라면 이 HDL 시료의 밀도(g/mL)는 얼마인가?

풀이

단계 1 주어진 것과 필요한 것을 쓴다.

	주어진 것	필요한 것	관계
문제 분석	HDL 0.258 g, 0.215 mL	HDL의 밀도(g/mL)	밀도 식

단계 2 밀도 식을 쓴다.

$$\text{밀도} = \frac{\text{물체의 질량}}{\text{물체의 부피}}$$

단계 3 질량을 그램, 부피를 밀리리터 단위로 쓴다.

HDL 시료의 질량 = 0.258 g

HDL 시료의 부피 = 0.215 mL

단계 4 질량과 부피를 밀도 식에 대입하여 밀도를 계산한다.

유효숫자 3개

$$\text{밀도} = \frac{0.258\text{ g}}{0.215\text{ mL}} = \frac{1.20\text{ g}}{1\text{ mL}} = 1.20\text{ g/mL}$$

유효숫자 3개　　　　유효숫자 3개

확인 문제 2.13

a. 때로 "나쁜 콜레스테롤"이라고도 하는 저밀도 지질단백질(LDL)도 일상 혈액 검사로 측정한다. LDL 시료 0.380 g의 부피가 0.362 mL라면 이 LDL 시료의 밀도는 얼마인가?

b. 골다공증은 뼈가 악화돼 골량이 줄어드는 질환이다. 뼈 표본의 질량이 2.15 g이고 부피가 1.40 cm^3이라면, 뼈의 밀도는 g/cm^3 단위로 얼마인가?

답

a. 1.05 g/mL　　　**b.** 1.54 g/cm^3

부피 치환을 사용하는 고체의 밀도

고체의 부피는 부피 치환으로 결정할 수 있다. 고체가 물에 완전히 잠기면 고체의 부피와 같은 부피를 이동시킨다. **그림 2.11**에서 아연 조각을 넣은 후 수위가 35.5 mL에서 45.0 mL로 올랐다. 이것은 물 9.5 mL가 치환되었고 물체의 부피가 9.5 mL라는 것을 뜻한다.

아연의 밀도는 다음과 같이 부피 치환을 사용해 계산한다.

유효숫자 4개

$$\text{밀도} = \frac{68.60\text{ g Zn}}{9.5\text{ mL}} = 7.2\text{ g/mL}$$

유효숫자 2개　　유효숫자 2개

밀도를 이용한 문제 풀이

핵심 화학 기술

밀도를 변환 인자로 사용하기

밀도는 변환 인자로 사용될 수 있다. 예를 들어, 시료의 부피와 밀도를 알고 있는 경우 시료의 질량(그램 단위)은 예제 2.14와 같이 계산할 수 있다.

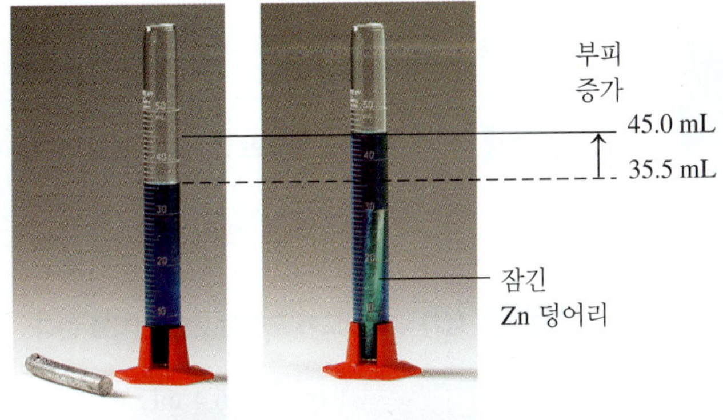

아연 덩어리의 질량을 측정한다.

아연 덩어리의 부피는 부피 치환으로 측정한다.

그림 2.11 ▸ 고체의 밀도 계산

건강과 관련된 화학 _Chemistry Link to Health

골밀도

골밀도는 뼈의 건강과 강도를 결정한다. 뼈는 끊임없이 칼슘, 마그네슘, 인산염과 같은 무기질을 얻고 잃는다. 어렸을 때에는 뼈가 붕괴되는 것보다 더 빠른 속도로 뼈가 형성된다. 나이를 먹을수록 새로운 뼈가 형성되는 것보다 뼈의 붕괴가 더 빠르게 일어난다. 뼈에 무기질 손실이 늘어남에 따라 뼈가 엷어지기 시작해 질량과 밀도가 감소한다. 뼈가 엷어지면 강도가 약해져 골절 위험이 증가한다. 호르몬 변화, 질병 및 특정 약물 또한 뼈가 엷어지는 이유가 될 수 있다. 결국, *골다공증*(osteophorosis)이라고 하는 뼈가 매우 엷어지는 상태가 될 수도 있다. *주사 전자 현미경*(scanning electron micrograph, SEM)은 (**a**) 정상 뼈와 (**b**) 뼈 무기물 손실로 인한 골다공증 뼈를 보여준다.

골밀도는 종종 대퇴 상부(고관절)와 척추의 좁은 부분을 통해 저선량의 X선을 통과시켜 결정한다(**c**). 이 위치는 특히 나이를 먹을 때 골절이 발생할 가능성이 높은 곳이다. 밀도가 높은 뼈는 밀도가 낮은 뼈보다 X선을 더 많이 차단한다. 골밀도 검사 결과는 같은 나이의 다른 사람들뿐만 아니라 건강한 젊은 성인과도 비교된다.

뼈의 강도를 향상시키기 위해 칼슘과 비타민 D 보충제를 권한다. 걷기, 들어올리기 등의 체중 부하 운동은 근력을 향상시켜 뼈의 강도를 증가시킨다.

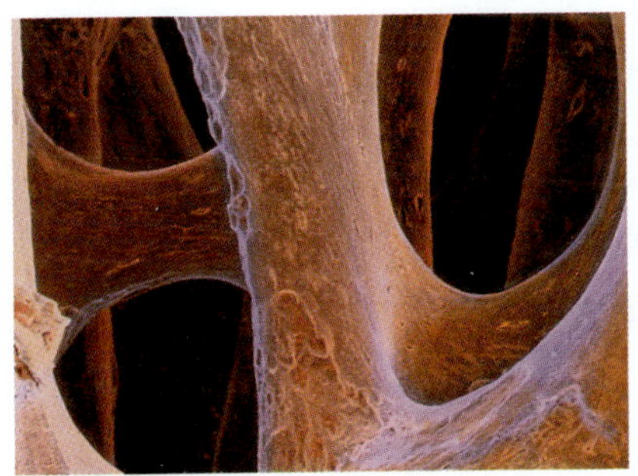

(a) 정상 뼈

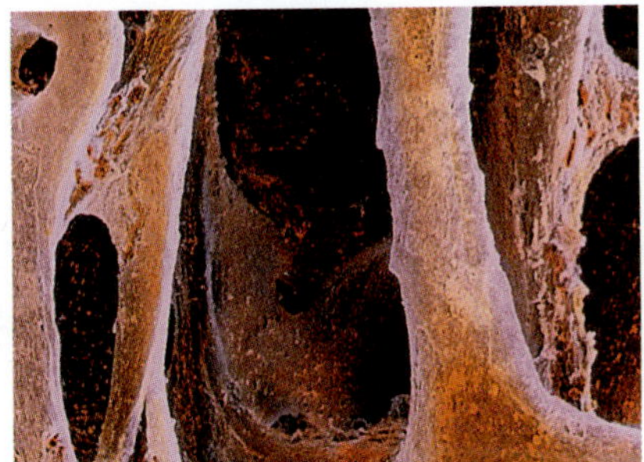

(b) 골다공증인 뼈

(c) 척추의 저선량 X선 관찰

예제 2.14 밀도를 사용하여 문제 풀이

먼저 해 보기!

그레그의 혈액량이 5.9 qt이다. 혈액의 밀도가 1.06 g/mL라면 그레그 혈액의 질량은 몇 그램인가?

풀이

단계 1 주어진 것과 필요한 것을 쓴다.

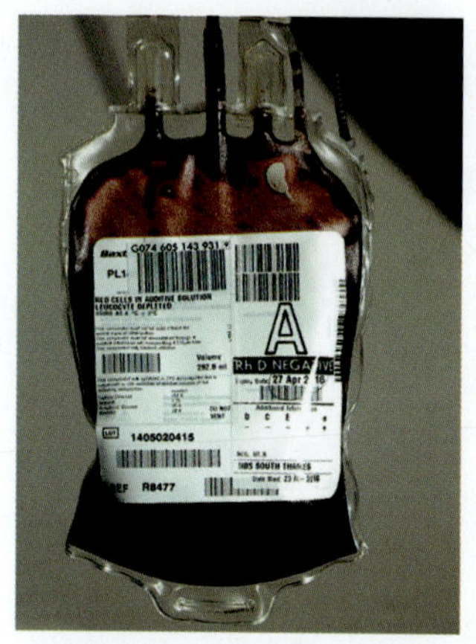
혈액 1 qt는 473.2 mL를 포함한다.

문제 분석	주어진 것	필요한 것	관계
	혈액 5.9 qt	혈액의 질량	미국계-미터계 변환 인자, 밀도 변환 인자

단계 2 **주어진 단위를 필요한 단위로 변환할 계획을 쓴다.**

qt → 미국계-미터계 인자 → 밀리리터 → 밀도 인자 → 그램

단계 3 **등가식과 밀도가 포함된 변환 인자를 쓴다.**

$$1\text{ qt} = 946.4\text{ mL}$$
$$\frac{946.4\text{ mL}}{1\text{ qt}} \quad \text{그리고} \quad \frac{1\text{ qt}}{946.4\text{ mL}}$$

$$\text{혈액 } 1\text{ mL} = \text{혈액 } 1.06\text{ g}$$
$$\frac{\text{혈액 } 1.06\text{ g}}{\text{혈액 } 1\text{ mL}} \quad \text{그리고} \quad \frac{\text{혈액 } 1\text{ mL}}{\text{혈액 } 1.06\text{ g}}$$

단계 4 **문제를 풀어 필요한 것을 계산한다.**

$$\text{혈액 } 5.9\text{ qt} \times \frac{946.4\text{ mL}}{1\text{ qt}} \times \frac{\text{혈액 } 1.06\text{ g}}{\text{혈액 } 1\text{ mL}} = \text{혈액 } 5900\text{ g}$$

유효숫자 2개 / 유효숫자 4개, 정확한 수 / 유효숫자 3개, 정확한 수 / 유효숫자 2개

딥스틱을 사용하여 소변 시료의 비중을 측정한다.

확인 문제 2.14

a. 수술 중 어떤 환자에게 3.0 pt의 혈액을 수혈하였다. 수혈에 필요한 혈액(밀도 = 1.06 g/mL)은 몇 kg인가

b. 한 여성이 A형 혈액 1280 g을 수혈받았다. 이 혈액의 밀도가 1.06 g/mL라면 이 여성이 받은 혈액은 몇 리터인가?

답

a. 1.5 kg **b.** 1.21 L

비중

비중(specific gravity, sp gr)은 어떤 물질의 밀도와 물의 밀도 사이의 관계이다. 비중은 시료의 밀도를 4 °C에서 1.000 g/mL인 물의 밀도로 나누어 계산한다. 비중이 1.000인 물질은 물(1.000 g/mL)과 밀도가 같다.

$$\text{비중} = \frac{\text{시료의 밀도}}{\text{물의 밀도}}$$

비중은 화학에서 만날 수 있는 몇 안 되는 단위가 없는 값이다. 소변의 비중은 신체의 수분 균형과 소변 중에 있는 물질을 평가하는 데 도움이 된다. **그림 2.12**에 있는 비중계는 소변의 비중을 측정하는 데 사용된다. 소변의 비중의 정상 범위는 1.003~1.030이다. *2형 당뇨병*(type 2 diabetes)과 신장 질환이 있는 경우 비중이 감소할 수 있다. 탈수, 신장 감염, 간 질환이 있으면 비중이 증가할 수 있다. 병원에서는 화학 패드가 포함된 딥스틱(dipstick)을 사용하여 비중을 평가한다.

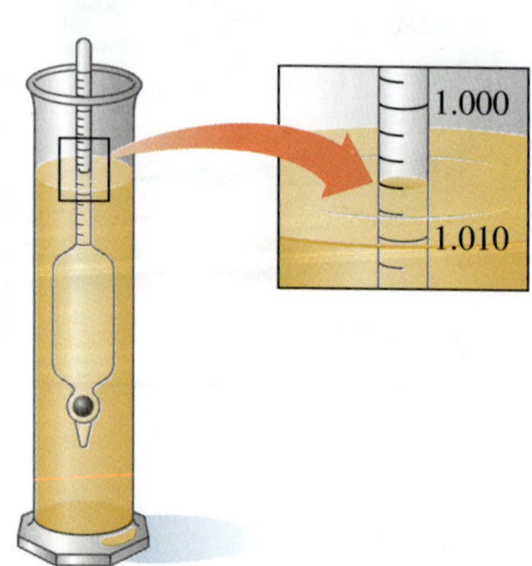

그림 2.12 ▸ 비중계는 소변의 비중을 측정하는 데 사용된다. 성인의 소변 비중은 1.003~1.030이다.

UPDATE 그레그의 의사 방문

그레그가 마지막으로 의사를 방문했을 때 피곤을 호소했다. 간호사인 산드라는 혈액 8.0 mL를 채취하고 실험실로 보내 철분을 검사하도록 했다. 철분 수준이 낮으면 피곤을 느끼고 면역력이 약해질 수 있다.

남성의 혈청 철분의 정상 범위는 80~160 mcg/dL이다. 그레그의 철분 검사 결과 42 mcg/dL의 혈청 철분 수치를 보였는데, 이는 철분 결핍 빈혈이 있음을 나타낸다. 의사는 철 보충제를 처방하였다. 철 보충제 1정에는 철분 50 mg이 포함되어 있다.

응용 문제

2.1 **a.** 그레그의 혈청 철분 수준에 대한 등가식과 두 개의 변환 인자를 써라.

b. 그레그의 혈액 시료 8.0 mL에 들어 있는 철분은 몇 마이크로그램인가?

2.2 **a.** 등가식과 철 보충제 한 정에 대한 두 개의 변환 인자를 써라.

b. 매일 철 보충제 두 정을 먹는다면, 그레그는 1주에 몇 그램의 철분을 섭취하게 되는가?

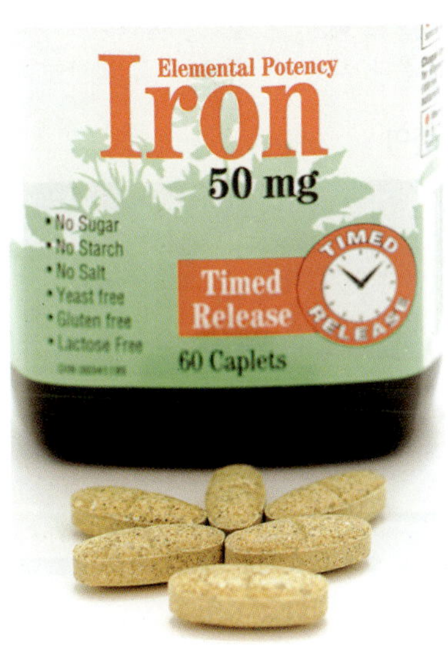

각 정제에는 철분 50 mg이 들어 있어 철 보충을 위해 제공된다.

제2장 복습하기 _Chapter Review

2.1 측정 단위

학습 목표 부피, 길이, 질량, 온도, 시간 측정에 사용된 미터법과 SI 단위의 이름과 약어를 쓸 수 있다.

- 과학에서 물리량은 미터법이나 국제단위계(SI, International System of Units)로 설명된다.
- 몇 가지 중요한 단위로는 길이에 미터(m), 부피에 리터(L), 질량에 그램(g)과 킬로그램(kg), 온도에 섭씨(°C)와 켈빈(K), 시간에 초(s) 등이 있다.

1 L = 1.057 qt
946.4 mL = 1 qt

2.2 측정값과 유효숫자

학습 목표 숫자를 측정된 것과 정확한 수로 구분하고 측정값의 유효숫자 개수를 결정할 수 있다.

- 측정값은 측정 장치를 사용하여 얻은 숫자이다.
- 정확한 수는 센 것이거나 정의로부터 나온다. 측정 장치가 필요하지 않다.
- 유효숫자는 추정치를 포함한 측정에서 보고된 숫자이다.
- 소수에서 앞에 있는 0과 소수점 끝에 있는 0은 유효하지 않다.

(a) 4.5 cm

(b) 4.55 cm

2.3 계산에서의 유효숫자

학습 목표 계산된 답에 대한 유효숫자 개수를 맞출 수 있다.

- 곱셈과 나눗셈에서 최종 답은 유효숫자 개수가 가장 적은 측정값과 동일한 유효숫자를 갖도록 한다.
- 덧셈과 뺄셈에서 최종 답은 자릿수가 가장 적은 측정값과 자릿수가 같도록 작성한다.

2.4 접두사와 등가식

학습 목표 접두사의 수치를 사용하여 미터법 등가식을 쓸 수 있다.

- 미터계와 SI 단위 앞에 배치된 접두사는 단위의 크기를 10배수로 변경한다.
- 센티(centi), 밀리(milli), 마이크로(micro)같은 접두사는 더 작은 단위를 제공한다. 킬로(kilo), 메가(mega), 테라(tera)같은 접두사는 더 큰 단위를 제공한다.
- 등가식은 동일한 양의 길이, 부피, 질량, 시간을 측정하는 두 단위 간의 관계를 나타낸다.
- 미터법 등가식의 예는 1 m = 100 cm, 1 L = 1000 mL, 1 kg = 1000 g, 1분 = 60 s이다.

10 cm = 1 dm

2.5 변환 인자 쓰기

› 학습 목표 동일한 양을 나타내는 두 단위에 대한 변환 인자를 쓸 수 있다.

- 변환 인자는 관계를 분수 형태로 나타내는 데 사용된다.
- 미터법이나 미국계의 모든 관계에 대해 두 가지 변환 인자를 쓸 수 있다.
- 백분율은 전체 100에 대한 부분으로 해당 단위를 나타내는 변환 인자로 쓴다.

2.6 단위 변환을 이용한 문제 풀이

› 학습 목표 변환 인자를 사용하여 한 단위를 다른 단위로 변환할 수 있다.

- 변환 인자는 어떤 단위로 표현된 양을 다른 단위로 표현된 양으로 변경할 때 유용하다.
- 문제 풀이 과정에서, 필요한 답이 얻어질 때까지 주어진 단위에 단위를 소거하는 하나 이상의 변환 인자를 곱한다.

2.7 밀도

› 학습 목표 물질의 밀도를 계산할 수 있다. 밀도를 사용하여 물질의 질량이나 부피를 계산할 수 있다.

- 물질의 밀도는 질량과 부피의 비로, 일반적으로 g/mL나 g/cm^{3}이다.
- 밀도 단위는 물질의 질량과 부피 사이의 변환 인자를 쓰는 데 사용할 수 있다.
- 비중(sp gr)은 어떤 물질의 밀도를 물의 밀도(1.00 g/mL)와 비교한 것이다.

주요 용어 _Key Terms

국제 단위계(SI) 미터법을 수정하는 미국을 제외하고는 전 세계적인 공식 측정 체계.

그램(g) 질량 측정에 사용되는 미터 단위.

등가식 동일한 양을 측정하는 두 단위 사이의 관계.

리터(L) 쿼트보다 약간 큰 부피의 미터법 단위.

미터(m) 야드보다 약간 긴 길이의 미터법 단위. 미터는 길이의 SI 표준 단위이다.

미터법 과학자와 세계 대부분의 국가에서 사용되는 측정 시스템.

밀도 세제곱센티미터당 그램(g/cm^3), 밀리리터당 그램(g/mL), 리터당 그램(g/L)으로 나타내는 물체의 질량과 부피와의 관계.

밀리리터(mL) 1/1,000 리터(0.001 L)와 같은 양의 미터법 단위.

변환 인자 분자와 분모가 등가식, 즉 주어진 관계의 양인 비율. 예를 들어, 등가식 1 kg = 2.205 lb의 두 변환 인자는 다음과 같다.

$$\frac{2.205\ \text{lb}}{1\ \text{kg}} \quad \text{그리고} \quad \frac{1\ \text{kg}}{2.205\ \text{lb}}$$

부피(V) 물질이 차지하는 공간의 양.

비중(sp gr) 물질의 밀도와 물의 밀도 사이의 관계:

$$\text{비중} = \frac{\text{물체의 질량}}{\text{물체의 부피}}$$

섭씨(°C) 온도 척도 물의 어는점이 0 °C이고 끓는점이 100 °C인 온도 눈금.

세제곱센티미터(cm^3, cc) 각 변의 길이가 1 cm인 정육면체의 부피 1 cm^{3}는 1 mL와 같다.

세제곱미터(m^3) 각 변의 길이가 1 m인 정육면체의 부피.

센티미터(cm) 미터계의 길이 단위. 1 in.는 2.54 cm이다.

온도 물체의 뜨겁고 차가움을 나타내는 표시.

유효숫자(SF) 측정 도구로 기록된 숫자.

접두사 기본 단위 앞에 오는 측정 단위의 이름 부분으로 측정 크기를 지정한다. 모든 접두사는 십진수와 관련이 있다.

정확한 수 세거나 정의하여 얻은 숫자.

질량 물체 안에 있는 물질의 양에 대한 척도.

초(s) SI 및 미터법에서 사용되는 시간의 단위.

측정값 측정 장치를 사용하여 수량을 결정할 때 얻은 숫자.

켈빈(K) 온도 체계 가능한 가장 낮은 온도가 0 K인 온도 눈금.

킬로그램(kg) 미터법에서 1000 g의 질량. 2.205 lb와 같다. 킬로그램이 질량의 SI 표준 단위이다.

핵심 화학 기술 _Core Chemistry Skills

**각 핵심 화학 기술을 포함하는 절을 각 제목의 끝에 괄호 안에 나타내었다.*

▷ 유효숫자 계산(2.2)

유효숫자는 마지막 추정치를 포함한 모든 측정값이다.

- 0이 아닌 모든 숫자
- 0이 아닌 숫자 사이의 0
- 소수의 0
- 과학적 표기법으로 쓴 수에서 계수의 모든 자릿수

정확한 수는 세거나 정의에서 얻은 것으로 최종 답의 유효숫자 개수에 영향을 미치지 않는다.

예: 다음 각각의 유효숫자 개수를 써라.

a. 0.003 045 mm
b. 15 000 m
c. 45.067 kg
d. 5.30×10^3 g
e. 소다 2캔

답: **a.** 유효숫자 4개
b. 유효숫자 2개
c. 유효숫자 5개
d. 유효숫자 3개
e. 정확한 수

▷ 계산에 유효숫자 사용하기(2.3)

- 곱셈 또는 나눗셈에서 최종 답은 유효숫자가 가장 적은 측정값과 같은 유효숫자를 갖도록 작성한다.
- 덧셈 또는 뺄셈에서 최종 답은 소수점이 가장 적은 측정과 같은 소수 자릿수를 갖도록 작성한다.

예: 다음 측정값을 사용하여 계산을 하고 올바른 유효숫자 개수로 답을 써라.

a. 4.05 m × 0.6078 m
b. $\dfrac{4.50\ \text{g}}{3.27\ \text{mL}}$
c. 0.758 g + 3.10 g
d. 13.538 km − 8.6 km

답: **a.** 2.46 m^2
b. 1.38 g/mL
c. 3.86 g
d. 4.9 km

▷ 접두사 사용하기(2.4)

단위의 미터계 및 SI 계에서 어떤 단위에 붙이는 접두사는 크기를 10배 증가 또는 감소시킨다.

- 접두사 *센티*(centi)를 단위인 미터와 함께 사용하면 센티미터가 되며, 이는 1/100미터(0.01 m)이다.
- 접두사 *밀리*(milli)를 단위인 미터와 함께 사용하면 밀리미터가 되며, 이는 1/1000미터(0.001 m)이다.

예: 올바른 접두사 기호를 사용하여 다음을 완성하라.

a. 1000 m = 1 __ m
b. 0.01 g = 1 __ g

답: **a.** 1000 m = 1 km
b. 0.01 g = 1 cg

▷ 등가식으로부터 변환 인자 쓰기(2.5)

- 변환 인자를 사용하여 한 단위를 다른 단위로 바꿀 수 있다.
- 측정값에서 미터법, 미국계 또는 미터법–미국계의 등가식에 대해 두 가지 변환 인자를 쓸 수 있다.
- 문제 내에서 언급된 관계에 대해 두 가지 변환 인자를 쓸 수 있다.

예: 다음 등가식에 대한 두 가지 변환 인자를 써라.

1 L = 1000 mL

답: $\dfrac{1000\ \text{mL}}{1\ \text{L}}$ 그리고 $\dfrac{1\ \text{L}}{1000\ \text{mL}}$

▷ 변환 인자 사용하기(2.6)

문제 풀이에서 주어진 단위를 소거하여 답에 필요한 단위를 제공하는 데 변환 인자가 사용된다.

- 주어진 것과 필요한 것을 쓴다.
- 주어진 단위를 필요한 단위로 변환할 계획을 쓴다.
- 등가식과 변환 인자를 쓴다.
- 단위를 소거하고 답을 계산하여 문제를 푼다.

예: 어떤 컴퓨터 칩의 폭이 0.75인치이다. 이 길이는 몇 밀리미터인가?

답: $0.75\ \cancel{\text{in.}} \times \dfrac{2.54\ \cancel{\text{cm}}}{1\ \cancel{\text{in.}}} \times \dfrac{10\ \text{mm}}{1\ \cancel{\text{cm}}} = 19\ \text{mm}$

▷ 밀도를 변환 인자로 사용하기(2.7)

밀도는 물질의 질량과 부피의 등가식으로 다음과 같이 쓸 수 있다.

$$\text{밀도} = \frac{\text{물체의 질량}}{\text{물체의 부피}}$$

밀도는 질량과 부피 사이의 변환 인자로 유용하다.

예: 전구 필라멘트에 사용되는 원소 텅스텐의 밀도는 19.3 g/cm^3이다. 텅스텐 250 g의 부피는 몇 세제곱센티미터인가?

답: $250\ \cancel{\text{g}} \times \dfrac{1\ \text{cm}^3}{19.3\ \cancel{\text{g}}} = 13\ \text{cm}^3$

개념 이해 문제 _Understanding the Concepts

각 문제 끝에 복습할 절을 괄호 안에 표시하였다.

2.3 다음 쌍 중 어느 것이 유효숫자 개수가 같은가? (2.2)

a. 2.0500 m와 0.0205 m
b. 600.0 K와 60 K
c. 0.000 75 s와 75 000 s
d. 6.240 L와 6.240×10^{-2} L

2.4 다음 쌍 중 어느 것이 유효숫자 개수가 같은가? (2.2)

a. 3.44×10^{-3} g과 0.0344 g
b. 0.0098 s와 9.8×10^{-4} s
c. 6.8×10^{3} m와 68 000 m
d. 258.000 g과 2.58×10^{-2} g

2.5 다음 각각이 정확한 수인지 측정값인지 표시하라. (2.2)

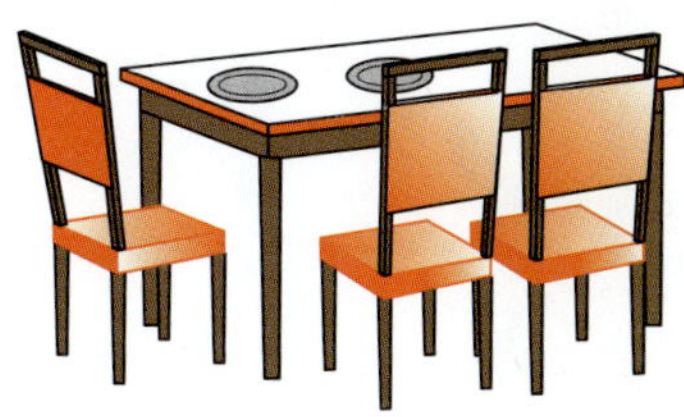

a. 다리의 개수
b. 테이블의 높이
c. 테이블의 의자 개수

2.6 문제 2.5의 그림을 사용하여 다음 각각이 정확한 수인지 측정값인지 표시하라. (2.2)

a. 테이블 상판의 면적
b. 테이블 위에 있는 접시 개수
c. 테이블 상판의 길이

2.7 올바른 유효숫자로 섭씨 온도계의 온도를 나타내라. (2.3)

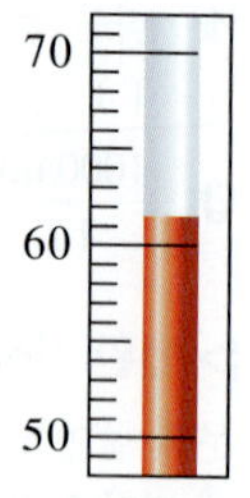

2.8 올바른 유효숫자로 섭씨 온도계의 온도를 나타내라. (2.3)

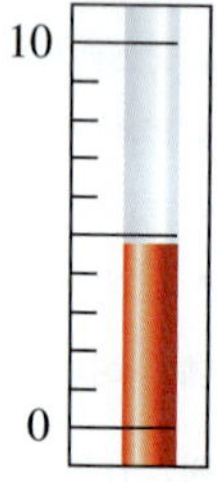

2.9 이 깔개의 길이는 38.4인치이고 폭은 24.2인치이다. (2.3, 2.6)

a. 깔개의 길이는 몇 센티미터인가?
b. 깔개의 폭은 몇 센티미터인가?
c. 길이 측정값에는 유효숫자가 몇 개인가?
d. 올바른 유효숫자를 사용하여 이 깔개의 넓이를 제곱센티미터로 계산하라. (면적 = 길이 × 폭)

2.10 어떤 배송 상자는 길이 7.00인치, 폭 6.00인치, 높이 4.00인치이다. (2.3, 2.6)

a. 상자의 길이는 몇 센티미터인가?
b. 상자의 폭은 몇 센티미터인가?
c. 폭 측정값에는 유효숫자가 몇 개인가?
d. 올바른 유효숫자를 사용하여 이 상자의 부피를 세제곱센티미터로 계산하라. (부피 = 길이 × 폭 × 높이)

2.11 다음 각 그림은 물과 정육면체가 들어 있는 용기를 나타낸 것이다. 어떤 것은 뜨고 어떤 것은 가라앉는다. 그림 **1~4**를 다음 설명 중 하나와 연결하고 그렇게 선택한 이유를 설명하라. (2.7)

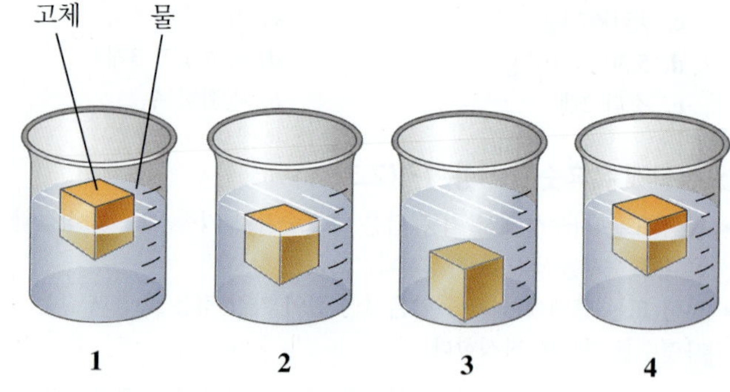

a. 정육면체는 물보다 밀도가 더 크다.
b. 정육면체의 밀도는 0.80 g/mL이다.
c. 정육면체의 밀도는 물의 밀도의 1/2이다.
d. 정육면체는 물과 밀도가 같다.

2.12 무게를 재고 물 속에 잠긴 고체 물체의 밀도는 얼마인가? (2.7)

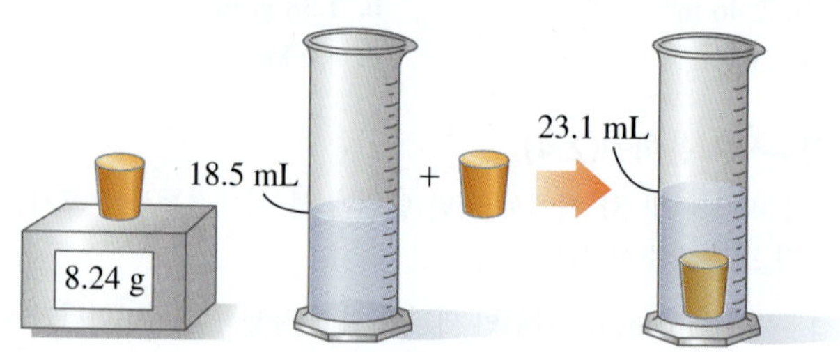

2.13 다음 고체를 생각해 보자. 고체 **A**, **B**, **C**는 알루미늄(D = 2.70 g/cm^3), 금(D = 19.3 g/cm^3), 은(D = 10.5 g/cm^3)이다. 각각의 질량이 10.0 g이라면 어떤 것이 어느 고체인가? (2.7)

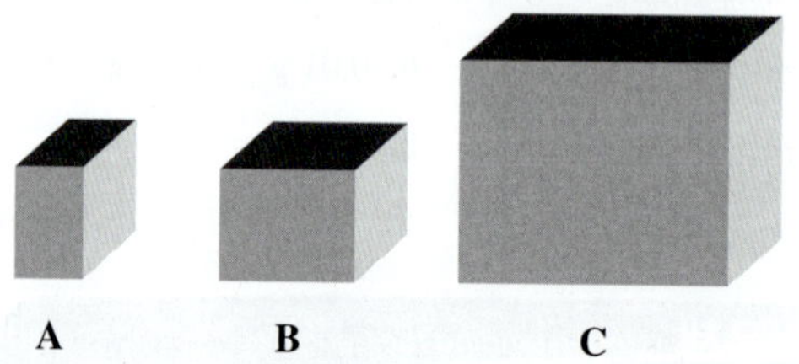

2.14 눈금 실린더에 밀도가 다르며 섞이지 않는 세 가지 액체 **A**, **B**, **C**가 들어 있다. 수은(D = 13.6 g/mL), 식물성 기름(D = 0.92 g/mL), 물 (D = 1.00 g/mL). 실린더에 있는 액체 **A**, **B**, **C**가 각각 어떤 것인지 확인하라. (2.7)

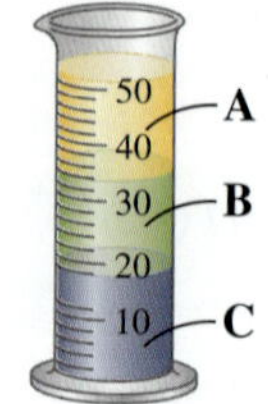

2.15 회색 정육면체의 밀도는 4.5 g/cm^{3}이다. 녹색 정육면체의 밀도가 회색 정육면체의 밀도와 같은가, 낮은가, 높은가? (2.7)

2.16 회색 정육면체의 밀도는 4.5 g/cm^{3}이다. 녹색 정육면체의 밀도가 회색 정육면체의 밀도와 같은가, 낮은가, 높은가? (2.7)

추가 문제 _Additional Practice Problems

2.17 다음 각 숫자가 측정값인지 정확한 수인지 결정하고 각 측정값에는 유효숫자의 개수를 써라. (2.2, 2.3)

a. 5.82 g **b.** 1 L = 1000 mL
c. 0.009 050 m **d.** 1.08×10^3 kg

2.18 다음 각 숫자가 측정값인지 정확한 수인지 결정하고 각 측정값에는 유효숫자의 개수를 써라. (2.2, 2.3)

a. 2.3055 cm **b.** 3.40×10^{-4} km
c. 82 mg **d.** 2.54 cm = 1 in.

2.19 다음 계산된 해를 반올림하거나 0을 추가하여 유효숫자 3개로 최종 답을 구하라. (2.2)

a. 0.000 012 58 L **b.** 3.528×10^2 kg
c. 125 111 m **d.** 34.9673 s

2.20 다음 계산된 해를 반올림하거나 0을 추가하여 유효숫자 3개로 최종 답을 구하라. (2.2)

a. 58.703 mL **b.** 3×10^{-3} s
c. 0.010 826 g **d.** 1.7484×10^3 ms

2.21 다음 각 연산을 하여 유효숫자나 소수점 자리를 맞추어 답을 써라. (2.2, 2.3)

a. $3.285 + 14.8 + 7.06$
b. $(1.20 \times 10^{-4}) \times (2.234 \times 10^6)$
c. $46.7 \times \dfrac{23.22}{90.10}$
d. $85.2 + 6.081 - 5.608$

2.22 다음 각 연산을 하여 유효숫자나 소수점 자리를 맞추어 답을 써라. (2.2, 2.3)

a. $3.7 + 4.888$
b. $(4.09 \times 10^2) \times (6.33 \times 10^4)$
c. $3.376 \times 23 \times 0.123$
d. $0.0467 + 23.32 - 22.8$

2.23 어떤 디저트에 바닐라 아이스크림 137.25 g, 퍼지 소스 84 g, 견과류 43.7 g이 들어 있다. (2.3, 2.6)

a. 디저트의 총 질량은 몇 그램인가?
b. 디저트는 총 몇 파운드인가?

2.24 한 어류 회사에서 연어 22 kg, 게 5.5 kg, 굴 3.48 kg을 해산물 레스토랑에 배달한다. (2.3, 2.6)

a. 해산물의 총 질량은 몇 킬로그램인가?
b. 총 몇 파운드인가?

2.25 다음 각 변환을 하라.

a. 3.47 mm를 m로 **b.** 37 g을 mg으로
c. 873 L를 kL로 **d.** 2.05×10^5 ns를 s로

2.26 다음 각 변환을 하라.

a. 4.8 L를 mL로 **b.** 77.8 g을 kg으로
c. 0.008 67 mg을 mcg으로 **d.** 4.6×10^9 mm를 km로

2.27 프랑스에서 포도는 킬로그램 당 1.95유로이다. 환율이 1.14달러/유로라면 포도의 가격은 파운드 당 몇 달러인가? (2.6)

2.28 멕시코에서 아보카도는 킬로그램 당 48페소이다. 환율이 1달러에 18페소라면 아보카도 0.45 lb는 몇 센트인가? (2.6)

2.29 빌이 양파 수프를 만드는 데 얇게 썬 양파 4.0 lb가 필요하다. 양파의 평균 질량이 115 g이라면 빌은 양파 몇 개가 필요한가? (2.6)

2.30 감자 1 lb의 가격은 1.75달러이다. 상점에서 오늘 판 모든 감자가 1420달러라면, 식품점 주인은 감자 몇 킬로그램을 팔았겠는가? (2.6)

2.31 체육관에서 운동하는 동안 러닝 밀을 55.0 m/분의 속도로 설정하였다. 7500 ft를 걸으려면 몇 분 동안 걸어야 하겠는가? (2.6)

2.32 어느 두 도시 간의 거리는 1700 km이다. 평균 속도가 63 mi/h인 경우 한 도시에서 다른 도시로 운전하는 데 몇 시간이 소요되겠는가? (2.6)

2.33 다음 각 변환을 하라. (2.5)

a. 40.5 in.^{2}를 ft^{2}로 **b.** 8.2 km^{2}를 m^{2}로
c. 3.24 yd^{2}를 cm^{2}로 **d.** 2.2×10^6 cm^{3}를 m^{3}로

2.34 다음 각 변환을 하라. (2.5)

a. 0.254 ft^{2}를 cm^{2}로 **b.** 2.26 in.^{3}를 cm^{3}로
c. 0.22 cm^{2}를 mm^{2}로 **d.** 7.8 m^{2}를 ft^{2}로

2.35 다음 각 변환을 하라. (2.6)

a. 65 mi/h를 ft/s로 **b.** $0.75/lb를 cents/kg으로
c. 1.63 g/mL를 lb/gal으로 **d.** 11 m/s를 mi/h로

2.36 다음 각 변환을 하라. (2.6)

a. 76 km/L를 mi/gal으로 **b.** 35 lb/in.^{2}를 kg/cm^{2}로
c. 55 mi/h를 m/s로 **d.** 2.5 mg/kg을 oz/lb로

2.37 눈금 실린더의 수위가 처음에 215 mL이었다. 납이 잠긴 후 285 mL가 되었다. 납의 질량은 몇 그램인가(표 2.10 참조)? (2.7)

2.38 눈금 실린더에 물 155 mL가 들어 있다. 15.0 g 철 조각과 20.0 g 납 조각을 넣었다. 실린더의 새로운 수위는 몇 밀리리터일까(표 2.10 참조)? (2.7)

2.39 휘발유 1.2 kg은 몇 밀리리터인가(표 2.10 참조)? (2.7)

2.40 에탄올 3.40 kg은 몇 쿼트인가(표 2.10 참조)? (2.7)

응용 문제

2.41 어떤 크래커 상자에 다음과 같은 영양 정보가 표기되어 있다. (2.6)

1회 제공량 0.50 oz (크래커 6개)

1회 제공량 당 지방 4 g; 소듐 140 mg

a. 상자 속 내용물의 총 무게가 8.0 oz라면 상자에 크래커가 몇 개 들어 있는가?

b. 크래커 10개를 먹는다면 얼마나 많은 양의 지방을 섭취한 것인가?

c. 소듐에 대한 일일 허용량인 2.4 g을 섭취하려면 크래커 몇 회 제공량이 필요한가?

2.42 어떤 투석 장치에 증류수 75 000 mL가 필요하다. 물 몇 갤런이 필요한가? (2.6)

2.43 세균 감염을 예방하기 위해 의사가 하루에 아목시실린 4정을 10일간 처방한다. 각 정제에 아목시실린 250 mg이 들어 있다면 10일간 투여하는 약은 몇 온스인가? (2.6)

2.44 셀레스트의 식단은 단백질 섭취를 하루 24 g으로 제한한다. 단백질 1.2 oz를 먹는다면 일일 단백질 한도를 초과하는가? (2.6)

2.45 한 의사가 페노바르비탈 엘릭서 5.0 mL를 처방한다. 페노바르비탈 엘릭서가 7.5 mL당 30. mg으로 판매된다면 환자에게 몇 밀리그램이 투여되는가? (2.6)

2.46 한 의사가 모르핀 2.0 mg을 처방한다. 시판되는 모르핀 바이알은 10. mg/mL이다. 환자에게 몇 밀리리터의 모르핀을 투여해야 하는가? (2.6)

생각해 보기의 답 _Answers to Engage Questions

2.1 과학적 표기법에 쓰인 계수의 모든 자리수는 유효숫자이다.

2.2 모자 4개는 세어서 얻은 것이다. 이것은 정확한 수인 반면, 6.24 cm는 측정값이고 유효숫자 3개이다.

2.3 버려지는 자리수의 첫 번째 숫자는 7(5 이상)이기 때문에 마지막 남는 자리에 1을 올려준다.

2.4 반올림할 때에는 유효숫자의 개수가 적은 것에 맞추어 적게 선택하는데, 이 경우에는 1개이다.

2.5 유효숫자 3개를 가지는 상황에서 곱하기나 나누기를 해서 정수 5의 값이 얻어지면 2개의 0을 뒤에 붙여서 답을 옳은 유효숫자로 표기해야 한다.

2.6 덧셈과 뺄셈의 답은 측정의 자리수가 최소가 되도록 조정해야 한다.

2.7 등가식 1 g = 1000 mg은 정확한 것이다. 60. mg은 유효숫자 2개이므로 0.060 g과 같다. 60. ~~mg~~ × 1 g/1000 ~~mg~~ = 0.060 g(유효숫자 2개)

2.8 등가식 1 m = 100 cm의 양변을 100으로 나누면, 0.01 m = 1 cm가 된다.

2.9 1 mL는 모서리 1 cm × 1 cm × 1 cm = 1 cm^{3}와 같은 부피이다.

2.10 등가식 1일 = 24시간은 다음 두 개의 변환 인자를 쓸 수 있다. 24시간/1일 또는 1일/24시간.

2.11 백분율 등가식은 전체 100에 대해서 몇 분율에 해당하는지 관계를 알려준다. 분율/(100분의 1) × 100%. 이 관계로부터 두 개의 변환 인자를 쓸 수 있다.

2.12 6.4 oz는 변환 인자 1 lb/16 oz를 곱해서 oz를 소거하고 답은 lb 단위로 주어진다.

2.13 단위를 소거하여 올바른 답을 얻도록, 문제를 풀면서 2개 이상의 변환 인자를 사용할 수 있다.

2.14 철은 물보다 밀도가 높다.

선택된 문제의 답 _Answers to Selected Problems

2.1 **a.** 혈액 1 dL = 철 42 mcg; $\frac{\text{철 42 mcg}}{\text{혈액 1 dL}}$ 그리고 $\frac{\text{혈액 1 dL}}{\text{철 42 mcg}}$

b. 철 3.4 mcg

2.3 c와 **d**

2.5 **a.** 정확한 수 **b.** 측정값 **c.** 정확한 수

2.7 61.5 °C

2.9 **a.** 97.5 cm **b.** 61.5 cm
c. 유효숫자 3개 **d.** 6.00×10^3 cm^2

2.11 **a.** 그림 3. 물보다 밀도가 더 큰 정육면체가 아래로 가라앉는다.

b. 그림 4. 밀도 0.80 g/mL인 정육면체가 물에 4/5 정도 잠긴다.

c. 그림 1. 물의 절반 정도의 밀도를 가지는 정육면체는 물 속에 절반 정도 잠긴다.

d. 그림 2. 물과 밀도가 같은 정육면체는 물 표면에 뜬다.

2.13 **A**는 금이다. 밀도가 가장 커서(19.3 g/cm^3) 부피가 가장 작다. **B**는 은이다. 밀도가 중간이어서(10.5 g/cm^3) 부피가 중간이다. **C**는 알루미늄이다. 밀도가 가장 작아(2.70 g/cm^3) 부피가 가장 크다.

2.15 녹색 정육면체와 회색 정육면체의 부피가 같다. 하지만 녹색 정육면체가 질량이 더 커서 질량/부피 비가 더 크다. 따라서 녹색 정육면체가 회색 정육면체보다 밀도가 더 크다.

2.17 **a.** 측정값, 유효숫자 3개
b. 정확한 수
c. 측정값, 유효숫자 4개
d. 측정값, 유효숫자 3개

2.19 **a.** 0.000 012 6 L (1.26×10^{-5} L)
b. 353 kg (3.53×10^2 kg)
c. 125 000 m (1.25×10^5 m)
d. 35.0 s

2.21 **a.** 25.1 **b.** 2.68×10^2
c. 12.0 **d.** 85.7

2.23 **a.** 265 g **b.** 0.584 lb

2.25 **a.** 0.003 47 m **b.** 37 000 mg
c. 0.873 kL **d.** 2.05×10^{-4} s

2.27 1.01달러/lb

2.29 양파 16개

2.31 42분

2.33 **a.** 0.281 ft^2 **b.** 8.2×10^6 m^2
c. 2.71×10^4 cm^2 **d.** 2.2 m^3

2.35 **a.** 95 ft/s **b.** 170 cents/kg
c. 13.6 lb/gal **d.** 25 mi/h

2.37 790 g

2.39 1600 mL (1.6×10^3 mL)

2.41 **a.** 크래커 96개 **b.** 지방 0.2 oz **c.** 17회 제공량

2.43 0.35 oz

2.45 20. mg

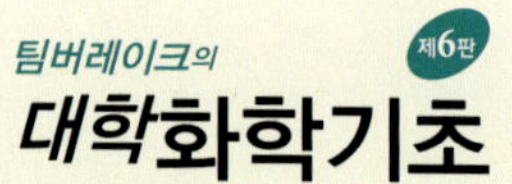

제3장

물질과 에너지

Matter and Energy

찰스는 13세로 과체중이다. 의사는 찰스에게 2형 당뇨병이 생길 수 있다고 염려하여, 찰스의 어머니에게 영양사와 상담할 것을 권고했다. 영양사인 다니엘은 적절한 식단을 선택하는 것이 건강한 생활, 체중 감량, 당뇨병 예방 및 관리에 중요하다고 설명했다.

또한 다니엘은 음식에는 퍼텐셜 에너지, 즉 열량이 저장되어 있으며, 음식마다 다른 양의 퍼텐셜 에너지가 들어 있다고 설명했다. 예를 들어, 탄수화물에는 4 kcal/g(17 kJ/g)의 열량이, 지방에는 9 kcal/g(38 kJ/g)의 열량이 저장되어 있다고 말했다. 그는 고지방 음식에는 많은 퍼텐셜 에너지가 있으므로 고지방 음식을 먹으면 지방 연소를 위해 운동을 더 많이 해야 한다고 설명했다. 다니엘은 찰스가 일상적으로 섭취하는 음식에는 하루에 2500 kcal의 열량이 들어 있다고 계산했는데, 그 양은 미국심장학회(American Heart Association)에서 9~13세 소년에게 권장하는 1800 kcal의 열량을 초과하는 양이었다. 다니엘은 찰스에게 고지방 음식 대신 통곡물, 과일, 채소를 섭취하라고 권장했다. 또한 식품 포장에 있는 영양 성분표를 설명하고, 체중 감량을 위해서는 건강에 좋은 식품으로 더 적은 양을 섭취해야 한다고 말했다. 다니엘은 찰스에게 매일 최소 60분 동안 운동할 것을 권장했다. 찰스와 그의 어머니는 체중 감량 계획 상담 시간을 1주 후로 예약하였다.

관련 직업

영양사

영양사는 일반인이 좋은 영양과 균형 잡힌 식단의 필요성을 인식하도록 돕는 전문가이다. 따라서 영양사는 탄수화물, 지방, 단백질의 에너지 함량과 대사 방식의 차이뿐만 아니라 생화학적 과정, 비타민의 중요성, 식품 영양 성분표 등에 관한 지식을 갖추어야 한다. 영양사의 근무환경은 병원, 양로원, 학교의 구내식당, 보건소 등 다양하다. 이러한 환경에서 그들은 특정 질병으로 진단받은 환자 또는 요양원과 같이 특수한 환경에 있는 사람들을 위한 특별 식단 프로그램을 기획한다.

UPDATE 식단과 운동 프로그램

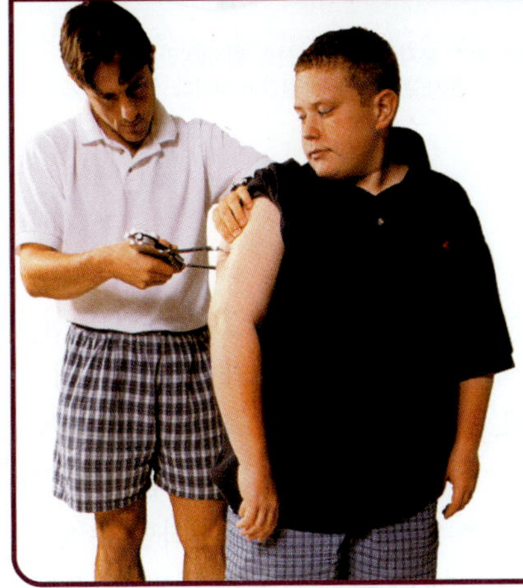

다니엘은 찰스의 체중 감량을 위한 식단을 찰스와 찰스의 어머니와 함께 논의했다. 찰스는 섭취한 음식을 기록하고, 체중 감량 계획을 다니엘과 계속 상담할 것이다. 86쪽에 있는 **UPDATE 식단과 운동 프로그램**에 찰스가 기록한 음식이 정리되어 있으며, 찰스가 하루에 소비한 음식과 감량된 체중의 열량을 계산할 수 있어야 한다.

이 장의 차례

알루미늄은 많은 수의 알루미늄 원자로 이루어져 있다.

생각해 보기 3.1

원소와 화합물은 왜 모두 순물질인가?

3.1 물질의 분류

> 학습 목표 물질을 순물질과 혼합물로 분류할 수 있다.

물질(matter)은 질량이 있고 공간을 차지하는 모든 것이다. 물질은 우리 주위 어디에나 있다. 아침에 마신 오렌지 주스, 커피 메이커에 넣은 물, 샌드위치를 넣은 플라스틱 봉투, 칫솔과 치약, 우리가 들이마시는 산소와 내뿜는 이산화 탄소는 모두 물질이다. 물질의 유형은 조성에 따라 다르게 분류된다.

순물질: 원소와 화합물

모든 물질은 *원자*(atom)라고 하는 극히 작은 입자들로 만들어져 있다. 그런데 상당한 수의 물질은 원자들이 특정한 배열로 연결된 결합체, 즉 *분자*(molecule)로 만들어져 있다. **순물질**(pure substance)은 한 종류의 원자 또는 한 종류의 분자로 구성된 물질이다. 순물질의 가장 간단한 유형인 **원소**(element)는 은, 철, 알루미늄과 같이 한 종류의 원자로만 구성되어 있다. 즉, 은은 은 원자, 철은 철 원자, 알루미늄은 알루미늄 원자로만 구성된다. 모든 원소의 목록을 이 책의 앞표지 안쪽에서 찾아볼 수 있다.

화합물(compound)도 순물질이지만, 항상 동일한 비율로 화학적으로 결합된 두 종류 이상의 원소의 원자들로 구성되어 있다. 예를 들어, 화합물인 물 분자에는 산소 원자 1개와 수소 원자 2개가 존재하며 화학식 H_2O로 나타낸다. 이는 물이 항상 H_2O라는 일정한 조성을 가짐을 의미한다. 수소와 산소가 화학적으로 결합한 또 다른 화합물은 과산화 수소(hydrogen peroxide)이다. 이것은 산소 원자 2개와 수소 원자 2개가 결합하며 H_2O_2로 표시된다. 따라서 물(H_2O)과 과산화 수소(H_2O_2)는 모두 수소와 산소 원자로 구성되어 있지만 서로 다른 화합물이다.

물 분자(H_2O)는 수소 원자(흰색) 2개와 산소 원자(빨간색) 1개가 결합한 것이다.

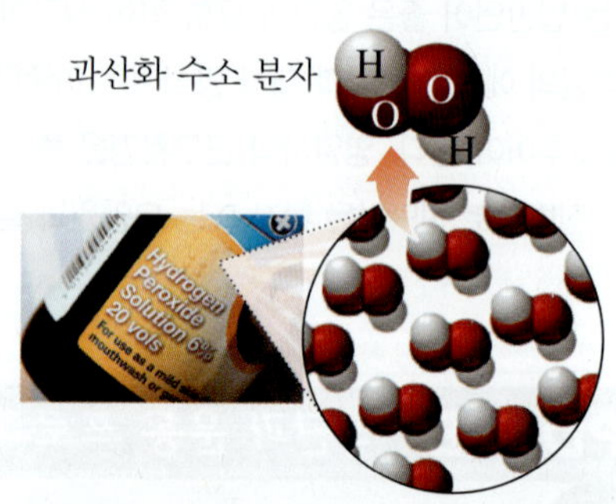

과산화 수소 분자(H_2O_2)는 산소 원자(빨간색) 2개와 수소 원자(흰색) 2개가 결합한 것이다.

혼합물

혼합물(mixture)에는 두 가지 이상의 다른 물질이 물리적으로 혼합되어 있다. 우리 일상생활에서 마주치는 물질은 대부분 혼합물이다. 우리가 숨 쉬는 공기는 산소와 질소 기체의 혼합물이다. 건물이나 철로에 사용하는 강철은 철, 니켈, 탄소, 크로뮴의 혼합물이다. 문손잡이와 악기에 사용되는 황동은 아연과 구리의 혼합물이다(**그림 3.1** 참조). 차, 커피, 바닷물도 혼합물이다. 혼합물을 구성하는 물질의 성분비, 즉 조성은 일정하지 않으며 변화할 수 있다. 예를 들어, 두 설탕물은 같아 보일 수 있지만, 설탕의 비율이 더 높은 것이 더 단맛이 난다.

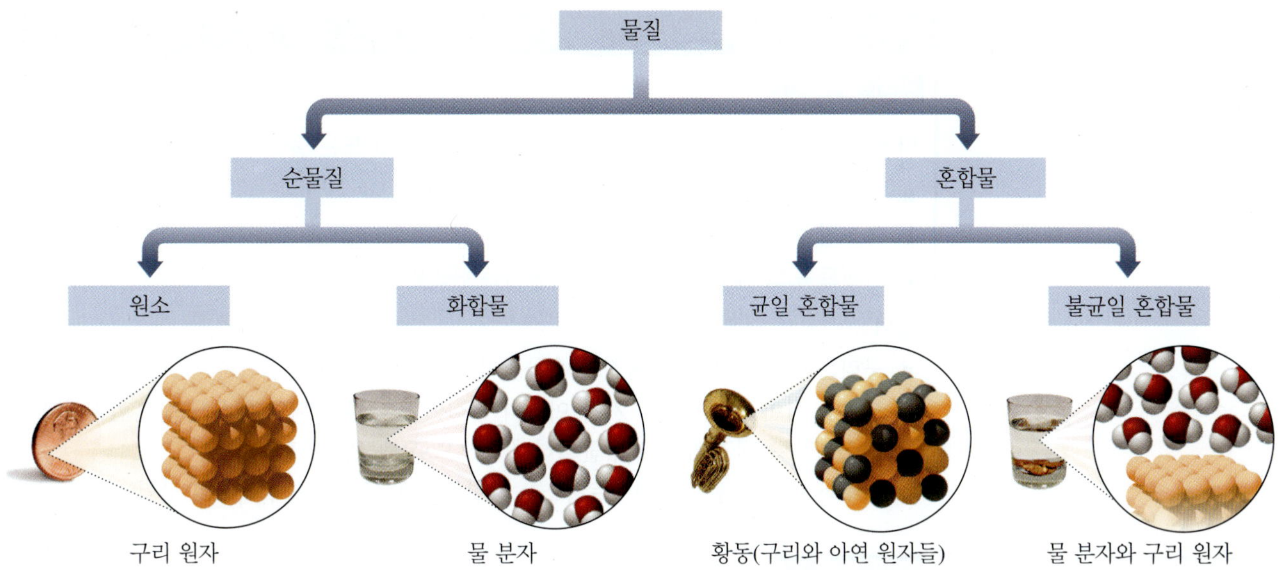

그림 3.1 ▸ 물질은 조성에 따라 원소, 화합물, 혼합물로 분류한다.

혼합물의 유형

혼합물은 균일 혼합물과 불균일 혼합물로 세분한다. *용액*(solution)이라고도 하는 *균일 혼합물*(homogeneous mixture)의 조성은 시료 전체에 걸쳐 균일하다. 각각의 구성 성분을 볼 수 없으며, 하나의 상태로 보인다. 친숙한 균일 혼합물의 예로 산소와 질소 기체가 혼합된 공기와 소금과 물의 용액인 바닷물을 들 수 있다.

불균일 혼합물(heterogeneous mixture)의 조성은 시료 전체에 걸쳐 동일하지 않다. 기름과 물의 혼합물은 기름이 물 표면에 떠 있으므로 불균일 혼합물이다. 불균일 혼합물의 다른 예로는 건포도가 들어 있는 과자와 과육이 들어 있는 오렌지 주스를 들 수 있다.

건포도가 들어 있는 과자는 불균일 혼합물이다.

생각해 보기 3.2

피자는 왜 불균일 혼합물인가? 식초는 왜 균일 혼합물인가?

건강과 관련된 화학 _*Chemistry Link to Health*

잠수용 기체 혼합물

우리가 호흡하는 공기는 산소(21%)와 질소(79%) 기체로 구성되어 있다. 잠수부들이 사용하는 균일한 호흡용 기체 혼합물은 잠수하는 깊이에 따라 우리가 호흡하는 일반적인 공기와 다르다. 나이트록스(Nitrox)는 산소와 질소의 혼합물이지만 공기보다 산소가 더 많고(최대 32%) 질소가 더 적다(68%). 나이트록스를 사용하면 잠수하는 동안 일반 공기를 사용할 경우 발생할 수 있는 *잠수병*(nitrogen narcosis)의 위험이 감소한다. 헬리옥스(Heliox)는 산소와 헬륨으로 이루어져 있으며, 일반적으로 200피트 이상 잠수할 때 사용된다. 질소를 헬륨으로 대체하면 잠수병이 발생하지 않는다. 그러나 300피트 이상의 깊이에서 헬륨은 심한 떨림과 체온 저하를 유발할 수 있다.

400피트 이상의 잠수에 사용되는 잠수용 기체 혼합물은 산소, 헬륨과 약간의 질소를 포함하는 트리믹스(trimix)이다. 질소를 약간 첨가하면 고농도의 헬륨을 호흡할 때 생기는 문제가 감소한다. 고도로 훈련된 잠수부들만이 헬리옥스와 트리믹스를 사용한다.

헬리옥스는 병원에서 성인 및 미숙아의 호흡 장애와 폐 수축 치료에 사용되기도 한다. 헬리옥스는 공기보다 밀도가 낮아서 쉽게 호흡할 수 있고, 산소 기체를 신체 조직에 분배하는 데 도움이 된다.

나이트록스 혼합물은 잠수용 탱크 충전에 사용된다.

예제 3.1 혼합물의 분류

먼저 해 보기!

다음 물질을 순물질(원소 또는 화합물)과 혼합물(균일 또는 불균일)로 분류하라.

a. 구리 전선
b. 초코칩 아이스크림
c. 나이트록스, 잠수 탱크 충전에 사용되는 산소와 질소

풀이

a. 구리는 한 가지 유형의 물질로 순물질이며, 원소이다.
b. 초코칩 아이스크림은 두 가지 이상의 물질이 함께 혼합되어 있으므로 혼합물이다. 아이스크림 속 물질의 분포가 균일하지 않으므로 불균일 물질이다.
c. 질소와 산소로 구성된 나이트록스는 혼합물이다. 조성이 균일하므로 균일 혼합물이다.

확인 문제 3.1

a. 어떤 샐러드 드레싱은 기름, 식초, 치즈 조각으로 만들어졌다. 이것은 균일 혼합물인가, 불균일 혼합물인가?
b. 치태를 줄이고 치아와 잇몸을 세척하는 데 사용되는 구강 청결제는 멘톨, 알코올, 과산화 수소, 향료 등 여러 성분으로 구성되어 있다. 이것은 균일 혼합물인가, 불균일 혼합물인가?

답

a. 불균일 혼합물
b. 균일 혼합물

3.2 물질의 상태와 성질

학습 목표 물질의 상태와 물리적, 화학적 성질을 확인할 수 있다.

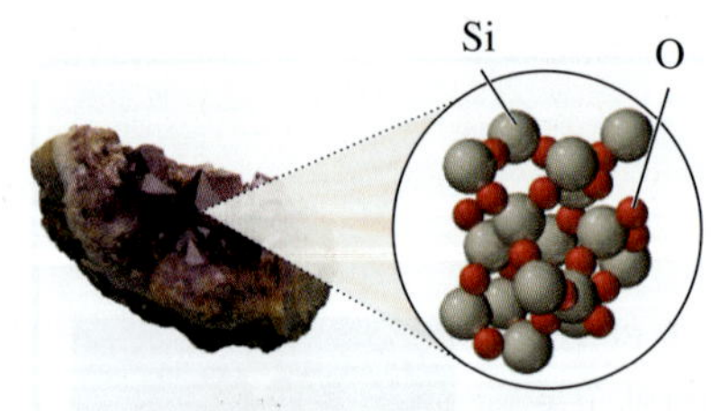

고체 자수정은 Si와 O 원자로 구성된 석영의 한 형태이다.

지구상에서 물질은 **물질의 상태**(states of matter)라고 하는 세 가지 *물리적 형태*(physical form)인 *고체*, *액체*, *기체* 중 하나의 상태로 존재한다. 물은 우리가 일상적으로 세 가지 상태를 모두 관찰할 수 있는 친숙한 물질이다. 고체 상태에서 물은 얼음 덩어리나 눈송이일 수 있다. 수도꼭지에서 나오거나 수영장을 채우는 물은 액체이다. 젖은 옷에서 증발하거나 냄비에서 끓을 때 물은 기체, 즉 증기로 변화한다. 자갈이나 야구공과 같은 **고체**(solid)는 명확한 모양과 부피를 갖는다. 우리 주변에서 책, 연필, 컴퓨터 마우스와 같은 여러 고체를 쉽게 인식할 수 있다. 고체에서는 구성 입자들이 강한 인력에 의해 서로 가까운 거리를 유지한다. 따라서 고체의 구성 입자들은 일정한 형태로 배열되며, 입자들의 유일한 운동은 고정된 위치에서 진동하는 것이다. 많은 고체에서 이러한 일정한 구조는 자수정에서 볼 수 있는 것과 같은 결정을 형성한다. **표 3.1**은 물질의 세 가지 상태를 비교한 것이다.

액체(liquid)는 부피는 일정하지만 모양은 일정하지 않다. 액체에서는 구성 입자들이 무질서한 방향으로 이동하며, 입자 간 상호작용은 견고한 구조를 갖기에는 약하지만, 일정한 부피를 유지할 만큼 커서 서로를 끌어당긴다. 따라서 물, 기름, 식초 등을 한 용기에서 다른 용기로 옮기면 액체는 그 부피를 유지하지만 옮겨진 용기의 모양을 갖는다.

생각해 보기 3.3
기체는 왜 용기의 모양과 부피를 갖는가?

기체(gas)는 모양과 부피가 일정하지 않다. 기체에서는 입자들이 서로 멀리 떨어져 있고, 서로 간의 인력이 거의 없으며, 빠르게 움직이므로 용기의 모양과 부피를 갖는다. 자전

표 3.1 > 고체, 액체 기체의 비교			
성질	고체	액체	기체
모양	일정한 모양	용기의 모양을 취함	용기의 모양을 취함
부피	일정한 부피	일정한 부피	용기의 부피를 채움
입자 배열	고정, 매우 가까움	무질서, 가까움	무질서, 멀리 떨어져 있음
입자 간 상호작용	매우 강함	강함	기본적으로 없음
입자의 운동	고정된 위치에서 진동	서로의 주변을 천천히 이동	빠르게 이동, 확산
예	얼음, 소금, 철	물, 기름, 식초	수증기, 헬륨, 공기

거 타이어에 공기를 주입하면 기체인 공기가 타이어의 전체 부피를 채우게 된다. 통 안에 든 프로페인 기체는 통의 전체 부피를 차지한다.

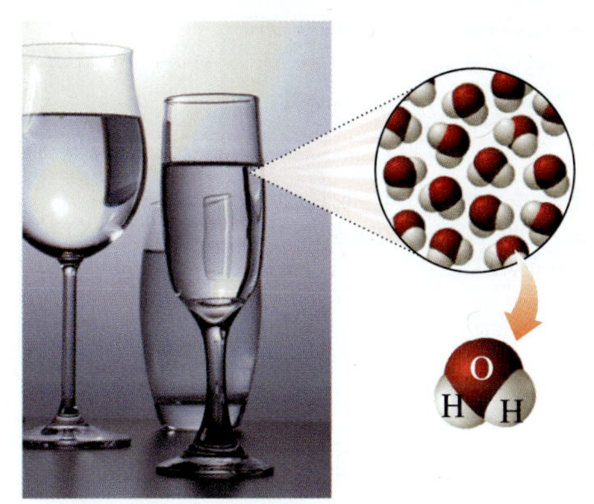

액체인 물은 용기의 모양을 갖는다.

기체는 용기의 모양과 부피를 갖는다.

물리적 성질과 물리적 변화

물질을 설명하는 한 가지 방법은 그 물질의 성질을 관찰하는 것이다. 예를 들어, 자기 자신을 설명할 때 키, 체중, 눈과 피부색이나 머리카락의 길이, 색, 질감과 같은 성질을 나열할 수 있다.

물리적 성질(physical property)은 물질의 본질에 영향을 미치지 않고 관찰하거나 측정할 수 있는 성질이다. 화학에서 다루는 전형적인 물리적 성질에는 물질의 모양, 색, 녹는점, 끓는점, 물리적 상태가 포함된다. 예를 들면, 동전은 둥근 모양이고, 구리에서 나오는 붉은 주황색을 띠며, 고체 상태로 반짝이는 광택의 물리적 성질을 갖는다. **표 3.2**에는 동전, 전선, 구리 냄비에서 볼 수 있는 구리의 물리적 성질에 대한 더 많은 예가 있다.

물은 고체, 액체, 기체의 세 가지 상태 모두 흔히 볼 수 있는 물질이다. 물질이 **물리적 변화**(physical change)를 겪을 때 그 물질의 상태, 크기, 모양은 변하지만, 그 본질은 변하지 않는다. 물의 고체 상태인 눈이나 얼음은 액체나 기체 상태의 물과 모양이 다르지만, 세 가지 상태의 물은 모두 물이다. 물리적 변화 과정에서는 새로운 물질이 생성되지 않는다.

물리적 변화는 구성 물질 사이에 화학적 상호작용이 없으므로 혼합물을 각 성분으로 분리하는 데 이용할 수 있다. 예를 들어 동전(50원, 100원, 500원)은 크기에 따라 분리할 수 있고, 모래와 섞인 쇳가루는 자석으로 분리할 수 있으며, 체를 사용해서 삶은 스파게티 국수에서 물을 분리할 수 있다(**그림 3.2**).

화학 실험실에서는 다양한 방법으로 혼합물을 분리한다. 깔때기에 놓인 여과지를 액체

조리 기구로 사용되는 구리는 좋은 열전도체이다.

표 3.2 > 구리의 몇 가지 물리적 성질	
25 °C에서 상태	고체
색	붉은 주황
냄새	없음
녹는점	1083 °C
끓는점	2567 °C
광택	빛남
전기 전도도	우수
열 전도도	우수

혼합물이 통과하는 *여과*(filtration) 과정을 통해 액체로부터 고체를 분리할 수 있다. 고체는 여과지에 남고, 액체는 여과지를 통과한다. *크로마토그래피*(chromatography)에서는 혼합된 각 성분이 크로마토그래피 종이 표면에서 이동하는 속도 차이를 이용하여 액체 혼합물의 여러 성분을 분리한다.

그림 3.2 ▸ 체를 이용하여 스파게티 국수와 물의 혼합물을 분리한다.

여과를 이용하여 액체와 고체의 혼합물을 분리한다.

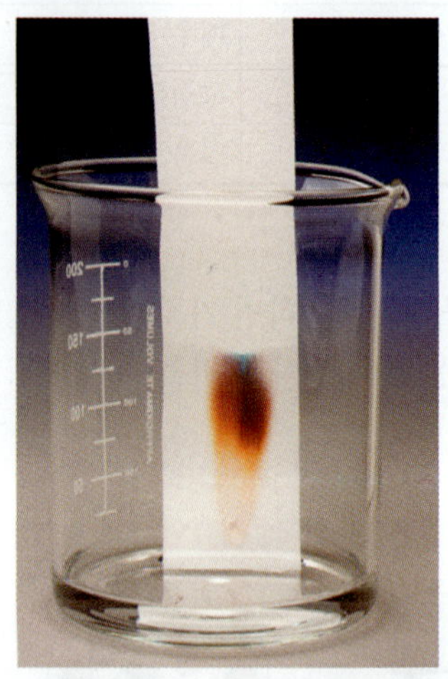

크로마토그래피 종이 표면에서 이동 속도 차이를 이용하여 잉크 혼합물의 성분을 분리한다.

화학적 성질과 화학적 변화

화학적 성질(chemical property)은 어떤 물질이 새로운 물질로 변화하는 능력이다. 예를 들어, 철과 같은 금속이 녹으로 변화하는 과정인 부식은 화학적 성질이다. **화학적 변화**(chemical change)가 일어날 때, 철(Fe)과 산소(O_2)라는 초기 물질이 물리적, 화학적 성질이 다른 녹(Fe_2O_3)이라는 새로운 물질로 변화한다. 화학적 변화의 또 다른 예는 **그림 3.3**에 보인 것

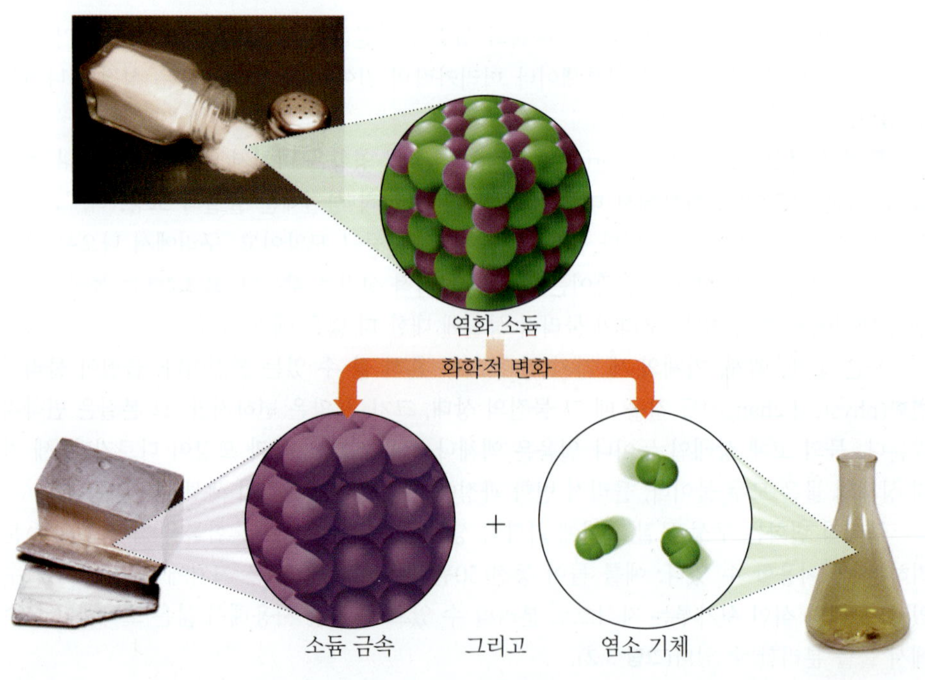

그림 3.3 ▸ 소금(NaCl)을 분해하면 소듐과 염소 원소가 생성된다.

생각해 보기 3.4

소금의 분해는 왜 화학적 변화인가?

표 3.3 > 물리적, 화학적 성질과 변화 요약

	물리적	화학적
성질	물질의 특성: 색, 모양, 냄새, 광택, 크기, 녹는점, 밀도.	한 물질에서 다른 물질로 본질이 변화하는 특성: 종이의 연소, 철의 부식, 은의 부식.
변화	물질의 본질은 변하지 않고 물리적 성질만 바뀌는 변화: 상태, 크기, 모양의 변화.	초기 물질이 하나 이상의 새로운 물질로 바뀌는 변화: 종이의 연소, 철의 부식, 은의 부식.

핵심 화학 기술

물리적 변화 및 화학적 변화의 식별

플랑(flan)에 뿌리는 캐러멜 토핑은 설탕을 가열할 때 일어나는 화학적 변화를 통해 만든다.

표 3.4 > 물리적, 화학적 변화의 예

물리적 변화	화학적 변화
물이 끓어 수증기로 변한다.	물과 세슘이 폭발적으로 결합한다.
종이를 작은 조각으로 자른다.	종이가 불꽃을 만들며 연소하여 열, 재, 이산화탄소와 수증기가 생성된다.
설탕이 물에 녹아 설탕물이 된다.	설탕을 가열하면 갈색의 부드러운 물질이 생성된다.
철의 녹는점은 1538 °C이다.	회색을 띤 광택이 있는 철이 산소와 결합하면 황적색의 철 산화물(녹)이 생성된다.

생각해 보기 3.5

철의 녹는점(1538 °C)은 물리적 성질인 반면 철을 산소와 가열하여 녹(Fe_2O_3)이 형성되는 변화는 화학적 변화인 이유는 무엇인가?

과 같이 소금(염화 소듐)이 소듐 금속과 염소 기체로 분해되는 변화이다. **표 3.3**은 물리적, 화학적 성질과 변화를 요약한 것이다. **표 3.4**는 물리적, 화학적 변화의 예를 제시한다.

예제 3.2 물리적, 화학적 변화

먼저 해 보기!

다음을 물리적 변화 또는 화학적 변화로 구분하라.

a. 금괴를 망치로 두드려 금박을 만든다.
b. 휘발유를 공기 중에서 연소한다.
c. 마늘을 잘게 자른다.
d. 따뜻한 방에 둔 우유가 시큼하게 변한다.
e. 기름과 물의 혼합물을 분리한다.

금괴를 망치로 두드려 금박을 만든다.

풀이

a. 물리적 변화 **b.** 화학적 변화 **c.** 물리적 변화
d. 화학적 변화 **e.** 물리적 변화

확인 문제 3.2

다음을 물리적 변화 또는 화학적 변화로 구분하라.

a. 연못의 물이 언다.
b. 베이킹파우더를 식초에 넣으면 기포가 발생한다.
c. 통나무를 쪼개어 장작으로 만든다.
d. 따뜻한 방에서 버터가 녹는다.

답

a. 물리적 변화 **b.** 화학적 변화
c. 물리적 변화 **d.** 물리적 변화

3.3 온도

학습 목표 주어진 온도를 다른 단위계의 온도로 환산할 수 있다.

복습하기
유효숫자 계산(2.2)

과학에서 온도는 섭씨 단위계(Celcius, °C)의 온도로 측정하여 보고한다. 섭씨 단위계에서 기준점은 0 °C로 정의된 물의 어는점과 100 °C로 정의된 물의 끓는점이다. 미국에서는 일반적으로 매일 온도를 화씨 단위계(Fahrenheit, °F)로 표현한다. 화씨 단위계에서 물은 32 °F에서 얼고 212 °F에서 끓는다. 일반적인 실온인 22 °C는 72 °F와 같다. 정상 체온은 37.0 °C이며 98.6 °F와 같은 온도이다.

섭씨와 화씨 단위계에서 어는점과 끓는점 사이의 온도는 도(degree)라고 하는 더 작은 단위로 세분한다. 섭씨 온도 단위계에서는 물의 어는점과 끓는점 사이에 100개의 도(°) 눈금 단위가 있지만, 화씨 단위계에서는 물의 어는점과 끓는점 사이에 180개의 도 눈금 단위가 있다. 따라서 화씨 단위계의 2도 눈금 단위는 섭씨 단위계의 1도 눈금 단위와 비슷한 크기이다. 1 °C = 1.8 °F(**그림 3.4** 참조).

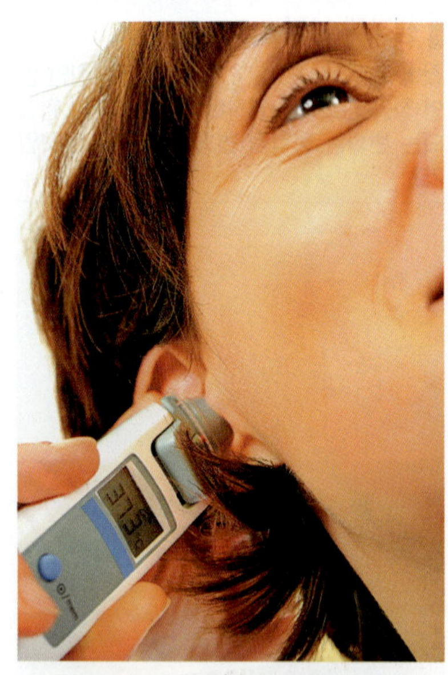

디지털 귀 체온계는 체온을 측정하는 데 사용된다.

생각해 보기 3.6
화씨 단위계보다 섭씨 단위계에서 온도 단위 사이의 간격이 더 큰 이유는 무엇인가?

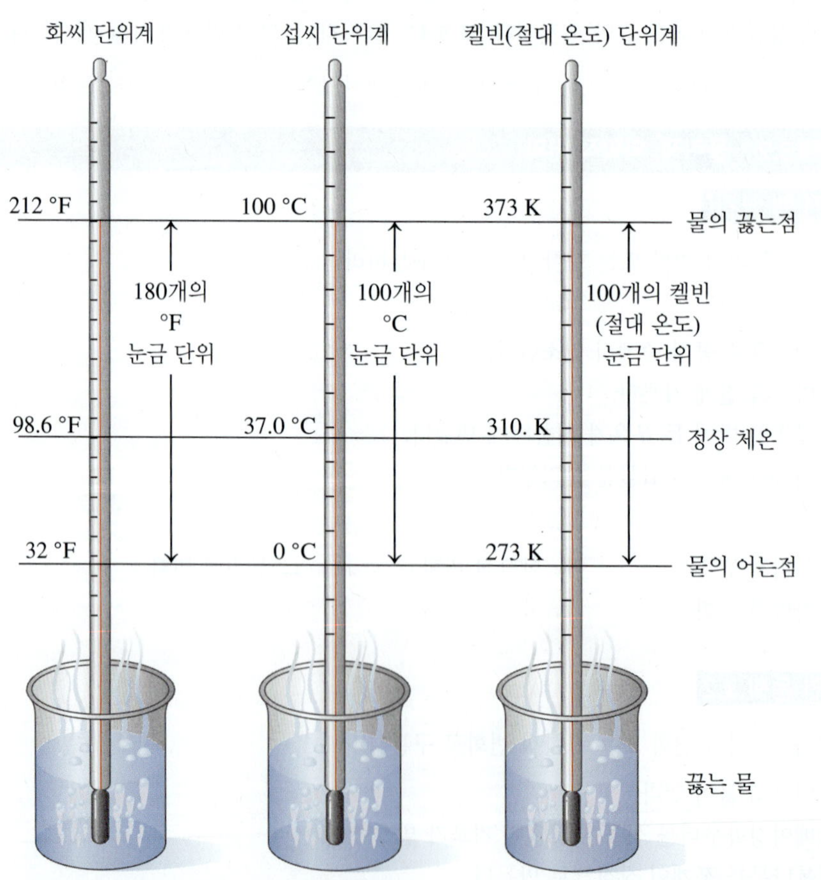

그림 3.4 ▸ 물의 어는점과 끓는점 사이의 화씨, 섭씨, 켈빈(절대 온도) 단위계 비교.

$$180\ °\text{F 눈금 단위} = 100\ °\text{C 눈금 단위}$$

$$\frac{180\ °\text{F 눈금 단위}}{100\ °\text{C 눈금 단위}} = \frac{1.8\ °\text{F}}{1\ °\text{C}}$$

화씨 단위계 온도 값과 그에 해당하는 섭씨 단위계 온도 값 사이의 온도 관계식을 다음과 같이 쓸 수 있다.

$$T_F = 1.8(T_C) + 32$$ 화씨 단위계로 변환하는 온도 관계식

°C를 °F로 변환 / 어는점 보정

이 식에서 섭씨 단위계의 온도에 1.8을 곱하여 단위 °C를 °F로 변환하고, 32를 더하여 어는점을 0 °C에서 화씨 단위계의 어는점 32 °F로 보정한다. 온도 관계식에 사용된 1.8과 32 값은 정확한 수이며 계산 결과의 유효숫자에는 영향을 미치지 않는다.

화씨 단위계의 온도를 섭씨 단위계의 온도로 변환하려면 온도 관계식을 T_C로 정리한다. 먼저, 등식의 양쪽에 같은 연산을 적용해야 하므로 양쪽에서 32를 뺀다.

핵심 화학 기술

온도 단위계 사이의 변환

$$T_F - 32 = 1.8(T_C) + \cancel{32} - \cancel{32}$$

$$T_F - 32 = 1.8(T_C)$$

그 다음 양변을 1.8로 나누어 T_C로 정리한다.

$$\frac{T_F - 32}{1.8} = \frac{\cancel{1.8}(T_C)}{\cancel{1.8}}$$

$$T_C = \frac{T_F - 32}{1.8}$$ 섭씨 단위계 온도를 계산하는 온도 관계식

과학자들은 가장 낮은 온도가 −273 °C(더 정확하게는 −273.15 °C)라는 것을 알게 되었다. *절대 온도*, 즉 *켈빈*(Kelvin) 단위계에서 *절대 0도*(absolute zero)라고도 하는 이 온도는 0 K로 정의한다. 켈빈 단위계의 단위는 켈빈(K)이며 *도(°)를 나타내는 기호를 사용하지 않는다*. 온도가 절대 0도보다 낮을 수 없으므로 켈빈 단위계에서는 음의 값을 갖는 온도는 없다. 물의 어는점 273 K와 끓는점 373 K 사이에는 100개의 켈빈 온도 눈금 단위가 있으므로, 켈빈 단위계와 섭씨 단위계의 단위 사이의 눈금 간격은 같다.

$$1\ \text{K} = 1\ °\text{C}$$

섭씨 단위 온도 값에 273을 더하여 그에 상응하는 켈빈 단위 온도를 계산하는 온도 관계식은 아래와 같다. **표 3.5**는 세 가지 단위계의 온도를 비교한 것이다.

$$T_K = T_C + 273$$ 켈빈 단위 온도를 계산하는 온도 관계식

자동차 라디에이터의 부동액 혼합물은 온도가 −37 °C 아래로 내려갈 때까지 얼지 않는다. 섭씨 단위계 온도에 273을 더하여 부동액 혼합물의 온도를 켈빈 단위 온도로 계산할 수 있다.

$$T_K = -37\ °\text{C} + 273 = 236\ \text{K}$$

예제 3.3 온도 계산

먼저 해 보기!

피부과 의사는 피부에 생긴 사마귀와 피부암을 치료하기 위하여 −196 °C의 액체 질소를 사용한다. 액체 질소의 이 온도는 화씨 단위로는 얼마인가?

생각해 보기 3.7

−40 °C = −40 °F임을 보여라.

표 3.5 > 온도 비교

예	화씨 단위계(°F)	섭씨 단위계(°C)	켈빈 단위계(K)
태양	9937	5503	5776
뜨거운 오븐	450	232	505
물이 끓는 온도	212	100	373
높은 체온	104	40	313
정상 체온	98.6	37.0	310
실온	70	21	294
물이 어는 온도	32	0	273
미국 북부 겨울 온도	−66	−54	219
질소의 액화 온도	−346	−210	63
절대 0도	−459	−273	0

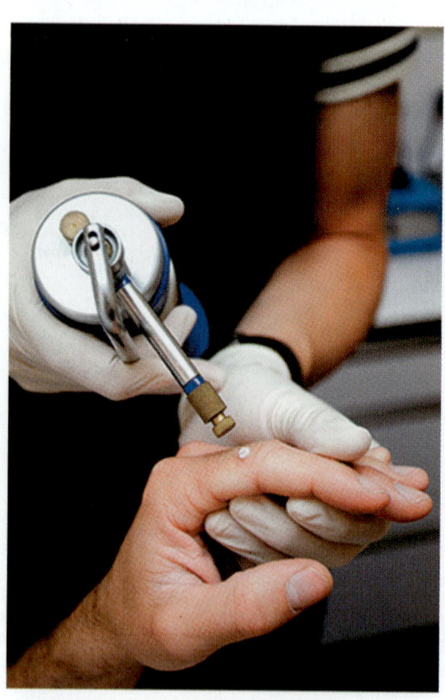

피부에 생긴 사마귀를 제거하기 위하여 낮은 온도의 액체 질소가 사용된다.

풀이

단계 1 주어진 것과 필요한 것을 정리한다.

문제 분석	주어진 것	필요한 것	연결
	−196 °C	화씨 단위 온도	온도 관계식

단계 2 온도 관계식을 쓴다.

$$T_F = 1.8(T_C) + 32$$

단계 3 주어진 것을 대입하고 필요한 것을 계산한다.

$$T_F = 1.8(-196) + 32$$ 1.8과 32는 정확한 수

$$= -353 + 32 = -321\ °F$$ 1의 자리로 답

확인 문제 3.3

a. 아이스크림 제조 과정에서 부순 얼음과 소금을 혼합하여 온도를 −11 °C까지 내려 아이스크림을 얼린다. 이 온도는 화씨 단위로는 몇 도인가?

b. 욕조 속 뜨거운 물의 온도는 40.6 °C이다. 화씨 단위로는 몇 도인가?

답

a. 12 °F **b.** 105 °F

예제 3.4 섭씨와 절대 온도 단위계 온도로 계산

먼저 해 보기!

온열 요법(thermotherapy)이라는 암 치료법에서 암세포를 파괴하기 위하여 113 °F의 온도가 사용된다. 이 온도는 섭씨 단위로는 얼마인가? 켈빈 단위로는 얼마인가?

풀이

단계 1 **주어진 것과 필요한 것을 정리한다.**

문제 분석	주어진 것	필요한 것	연결
	113 °F	섭씨, 켈빈 단위 온도	온도 관계식

단계 2 **온도 관계식을 쓴다.**

$$T_C = \frac{T_F - 32}{1.8} \qquad T_K = T_C + 273$$

단계 3 **주어진 것을 대입하여 필요한 것을 계산한다.**

$$T_C = \frac{(113 - 32)}{1.8}$$ 32와 1.8은 정확한 수

유효숫자 2개

$$= \frac{81}{1.8} = 45\ °C$$

정확한 수 유효숫자 2개

섭씨 단위계 온도를 켈빈 단위계 온도로 변환하는 온도 관계식에 섭씨 단위계 온도 값을 대입한다.

$$T_K = 45 + 273 = 318\ K$$

1의 자리 1의 자리 1의 자리

확인 문제 3.4

a. 어떤 아이의 체온이 103.6 °F이다. 섭씨 단위로는 얼마인가?

b. 얼음 연못에 빠진 사람이 저체온 증상을 보였는데, 체온이 90 °F이었다. 섭씨 단위로는 얼마인가?

답

a. 39.8 °C **b.** 32 °C

3.4 에너지

학습 목표 에너지를 퍼텐셜 에너지와 운동 에너지로 구분하고, 에너지 단위를 변환할 수 있다.

복습하기

반올림(2.3)
계산에서 유효숫자 사용(2.3)
등가식에서 변환 인자 쓰기(2.5)
변환 인자 사용(2.6)

우리가 행하는 모든 것의 대부분은 에너지와 관련이 있다. 뛰거나, 걷거나, 춤추거나 생각할 때, 우리는 에너지를 사용하여 *일*(work)을 한다. **에너지**(energy)는 일을 할 수 있는 능력으로 정의된다. 가파른 산을 올라 너무 지쳐서 더 이상 갈 수 없다고 가정해 보자. 그 순간, 일을 할 수 있는 에너지는 고갈되어 있다. 이제 휴식을 취하며 점심을 먹는다고 가정해 보자. 잠시 후 음식에서 더 많은 일을 할 수 있는 에너지를 얻을 것이고 등반을 마칠 수 있다.

건강과 관련된 화학 _Chemistry Link to Health

체온의 변화

사람의 정상 체온은 37.0 °C라고 알려져 있다. 그러나 체온은 일과 시간에 따라, 그리고 사람마다 약간씩 변화한다. 입에서 측정하는 체온은 아침에는 보통 36.1 °C가 정상이며, 오후 6시에서 10시 사이에 최고 37.2 °C까지 올라간다. 오랜 시간 동안 운동을 하는 사람들 역시 체온 상승을 경험한다. 마라톤 선수의 경우, 운동 중 발생하는 열량이 신체가 냉각시키는 열량을 초과하게 되면 체온이 39~41 °C까지 증가할 수 있다. 몸을 움직이지 않는 휴식 상태에서 37.2 °C 이상의 체온은 주로 질병의 징후이다.

체온이 41 °C를 넘으면 *과체온증*(hyperthermia)이 나타난다. 땀이 나지 않고 피부가 뜨겁고 건조해진다. 맥박수가 올라가며 호흡이 약하고 빨라진다. 환자는 정신을 잃고 혼수상태가 될 수 있다. 높은 체온은 경련을 유발하며, 소아 환자의 경우 영구적인 뇌 손상을 입을 수 있다. 내부 장기의 손상이 주요 관심사로, 응급조치로 환자를 얼음물 통에 담가야 할 수도 있다.

저체온증(hypothermia)이 심한 경우, 체온이 28.5 °C까지 떨어질 수 있다. 환자는 차갑고 창백해 보이며 심장 박동이 불규칙할 수 있다. 체온이 26.7 °C 이하로 떨어지면 환자는 의식을 잃는다. 호흡이 느리고 얕아지며, 신체 조직에 공급되는 산소의 양이 감소한다. 치료를 위해 산소를 공급하고 포도당과 식염수 수액으로 혈액의 부피를 증가시킨다. 복막에 따뜻한 액체(37.0 °C)를 주입하여 신체 내부 온도를 올릴 수도 있다.

생각해 보기 3.8

책이 방바닥에 놓여 있을 때보다 책상 위에 있을 때 왜 퍼텐셜 에너지를 더 많이 가지는가?

댐 위에 있는 물은 퍼텐셜 에너지를 가지고 있다. 물이 댐에서 흘러내리면 물의 퍼텐셜 에너지가 운동 에너지로 전환된다.

운동 에너지와 퍼텐셜 에너지

에너지는 운동 에너지와 퍼텐셜 에너지로 분류할 수 있다. **운동 에너지**(kinetic energy)는 운동과 관련된 에너지이다. 모든 움직이는 물체는 운동 에너지를 갖는다. **퍼텐셜 에너지**(potential energy)는 물체의 위치나 화학적 조성에 따라 결정된다. 산꼭대기에 있는 바위는 그 위치 때문에 퍼텐셜 에너지를 가지고 있다. 바위가 산을 굴러 내려오면 퍼텐셜 에너지는 운동 에너지로 전환된다. 저수지에 저장된 물은 퍼텐셜 에너지를 갖는다. 물이 댐에서 아래의 하천으로 흘러내리면, 그 퍼텐셜 에너지는 운동 에너지로 전환된다. 음식과 화석 연료는 분자 내에 퍼텐셜 에너지를 가지고 있다. 음식을 소화하거나 자동차에서 휘발유를 연소하면, 퍼텐셜 에너지가 운동 에너지로 전환되어 일을 하게 된다.

열과 에너지

열(heat)은 입자의 움직임과 관련된 에너지이다. 얼음 덩어리를 손에 들고 있으면, 열이 손에서 얼음으로 흐르기 때문에 차갑게 느껴진다. 구성 입자가 빨리 움직일수록 물질의 열, 즉 열에너지가 높다. 얼음의 구성 입자는 매우 천천히 운동하지만, 열을 가하면 얼음을 구성하는 입자의 운동은 빨라진다. 결국, 구성 입자가 충분한 에너지를 갖게 되면 고체에서 액체로 바뀌면서 얼음이 녹는다.

에너지의 단위

에너지와 일의 SI 단위는 **줄**(joule, J)이다. J은 적은 양의 에너지이므로 더 큰 단위인 킬로줄(kJ), 즉 1000 J이 주로 활용된다. 차 한 잔의 물을 데우려면 약 75000 J, 즉 75 kJ의 열이 필요하다. **표 3.6**은 여러 에너지원과 용도를 줄 단위로 하여 비교한 것이다.

라틴어의 "열"을 의미하는 *caloric*에서 유래한 단위 **칼로리**(calorie, cal)가 더 익숙할 수도 있다. 1 cal는 원래 물 1 g의 온도를 1 °C 올리기 위해 필요한 에너지(열)의 양으로 정의

표 3.6 > 다양한 자원과 용도에 대한 에너지 비교

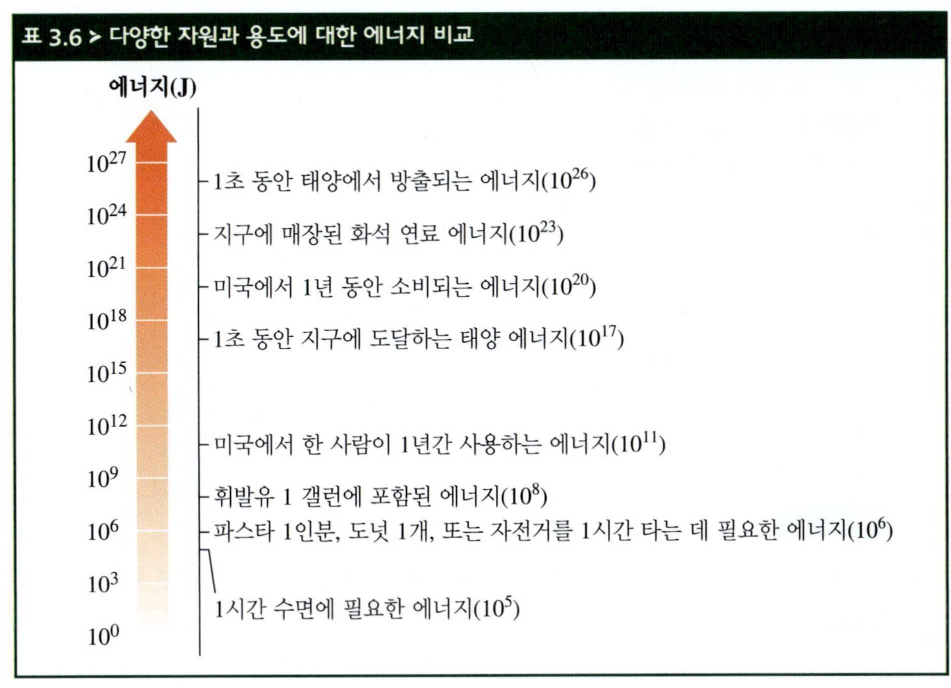

되었다. 현재는 1 cal를 정확히 4.184 J로 정의한다. 이 등가식으로부터 두 개의 변환 인자를 쓸 수 있다.

핵심 화학 기술

에너지 단위 사용

$$1 \text{ cal} = 4.184 \text{ J (정확한 수)} \qquad \frac{4.184 \text{ J}}{1 \text{ cal}} \text{ 와 } \frac{1 \text{ cal}}{4.184 \text{ J}}$$

1 *킬로칼로리*(kilocalorie, kcal)는 1000 cal와 같고, 1 *킬로줄*(kilojoule, kJ)은 1000 J과 같다. 등가식과 변환 인자는 다음과 같다.

$$1 \text{ kcal} = 1000 \text{ cal} \qquad \frac{1000 \text{ cal}}{1 \text{ kcal}} \text{ 와 } \frac{1 \text{ kcal}}{1000 \text{ cal}}$$

$$1 \text{ kJ} = 1000 \text{ J} \qquad \frac{1000 \text{ J}}{1 \text{ kJ}} \text{ 와 } \frac{1 \text{ kJ}}{1000 \text{ J}}$$

예제 3.5 에너지 단위

먼저 해 보기!

제세동기는 360 J의 높은 에너지 충격을 심장에 가한다. 이 에너지는 몇 cal에 해당하는가?

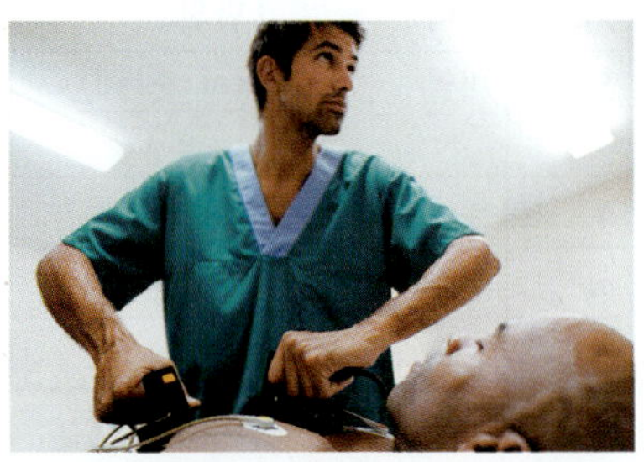

제세동기는 심장 근육에 전기 에너지를 공급하여 심장이 정상적인 박동으로 뛰게 한다.

풀이

단계 1 주어진 것과 필요한 것을 정리한다.

문제 분석	주어진 것	필요한 것	연결
	360 J	cal	에너지 변환 인자

단계 2 주어진 단위를 필요한 단위로 변환할 계획을 세운다.

J → 에너지 변환 인자 → cal

단계 3 등가식과 변환 인자를 확인한다.

$$1\ \text{cal} = 4.184\ \text{J}$$
$$\frac{4.184\ \text{J}}{1\ \text{cal}}\ \text{그리고}\ \frac{1\ \text{cal}}{4.184\ \text{J}}$$

단계 4 문제를 풀어 필요한 양을 계산한다.

$$360\ \cancel{\text{J}} \times \frac{1\ \text{cal}}{4.184\ \cancel{\text{J}}} = 86\ \text{cal}$$

유효숫자 2개 / 정확한 수 / 유효숫자 2개

확인 문제 3.5

a. 글루코스 1.0 g이 체내에서 대사되면 3900 cal의 에너지가 생성된다. 몇 J의 에너지가 생성되는 것인가?

b. 수영 선수가 훈련하는 동안 855 kcal를 소비했다. 몇 kJ의 에너지를 소비한 것인가?

답

a. 16 000 J　　**b.** 3580 kJ 또는 3.58×10^3 kJ

3.5 비열

학습 목표 물질의 비열을 계산할 수 있다. 비열을 이용하여 열의 손실과 이득을 계산할 수 있다.

모든 물질은 열을 흡수하는 고유의 특징적인 능력이 있다. 감자를 구울 때 뜨거운 오븐에 넣는다. 파스타를 만들 때 끓는 물에 파스타 국수를 넣는다. 물에 열을 가하면 끓을 때까지 온도가 올라간다는 것을 우리는 알고 있다. 어떤 물질은 특정 온도에 도달하기 위해 다른 물질보다 더 많은 열을 흡수해야 한다.

물질이 열의 형태로 에너지를 흡수하는 능력을 *비열*(specific heat)이라고 하는 물리적 성질로 표현한다. 어떤 물질의 **비열**(*SH*)은 그 물질 1 g의 온도를 정확히 1 °C 변화시키는 데 필요한 cal(또는 J) 단위의 열량(q)으로 정의한다. 물질의 비열을 계산하기 위해서는 cal 또는 J 단위의 열량, g 단위의 질량, ΔT로 표시되는 온도 변화를 측정해야 한다.

$$\text{비열}(SH) = \frac{q}{\text{질량}\ \Delta T} = \frac{\text{cal (또는 J)}}{\text{g}\ \ {}^\circ\text{C}}$$

물의 비열은 cal와 J의 정의에 따라 다음과 같다.

$$H_2O(l)\text{의 비열} = \frac{1.00\ \text{cal}}{\text{g}\ {}^\circ\text{C}} = \frac{4.184\ \text{J}}{\text{g}\ {}^\circ\text{C}}$$

표 3.7을 보면 물 1 g의 온도를 1 °C 높일 때 1.00 cal, 즉 4.184 J의 열이 필요하다는 것을 알 수 있다. 물은 알루미늄에 비해 비열이 약 5배 크다. 알루미늄의 비열은 구리 비열의 약 2배이다. 하지만 같은 양의 열(1.00 cal 또는 4.184 J)을 가하면 알루미늄 1 g의 온도는 약 5 °C, 구리 1 g은 약 10 °C 높아진다. 알루미늄과 구리는 비열이 낮아 열을 효율적으로 전달하므로 조리 기구에 적합하다.

비열 식에 사용되는 기호

기호	의미	단위
SH	비열	$\frac{\text{cal (또는 J)}}{\text{g }{}^\circ\text{C}}$
q	열	cal, J
m	질량	g
ΔT	온도 변화	°C

생각해 보기 3.9

400 J의 열을 흡수했을 때, 은 1 g의 온도는 철 1 g의 온도보다 높은가?

표 3.7 > 여러 물질의 비열

물질	cal/g °C	J/g °C
원소		
구리, $Cu(s)$	0.0920	0.385
금, $Au(s)$	0.0308	0.129
알루미늄, $Al(s)$	0.214	0.897
은, $Ag(s)$	0.0562	0.235
철, $Fe(s)$	0.108	0.452
타이타늄, $Ti(s)$	0.125	0.523
화합물		
물, $H_2O(l)$	1.00	4.184
물, $H_2O(s)$	0.485	2.03
암모니아, $NH_3(g)$	0.488	2.04
에탄올, $C_2H_6O(l)$	0.588	2.46
염화 소듐, $NaCl(s)$	0.207	0.864

물의 높은 비열 때문에 해안 도시는 여름에 시원하고 겨울에 따뜻하다.

물의 큰 비열은 내륙 도시보다 해안 도시의 기온에 큰 영향을 미친다. 해안 도시 인근의 많은 물은 내륙 도시 주변의 동일한 질량의 바위가 흡수하거나 방출하는 에너지의 5배를 흡수 또는 방출할 수 있다. 즉, 해안 도시는 여름에는 물이 많은 양의 열을 흡수하므로 시원하고, 겨울에는 다량의 열을 방출하므로 따뜻하다. 우리 몸에서도 비슷한 효과가 일어나는데, 우리 몸의 70%는 물로 되어 있다. 체내의 물이 많은 열을 흡수 또는 방출함으로써 체온이 일정하게 유지된다.

예제 3.6 비열 계산

먼저 해 보기!

납 35.6 g의 온도를 12.5 °C 올리는 데 57.0 J의 열이 필요하다면 납의 비열은 몇 J/g °C인가?

풀이

단계 1 **주어진 것과 필요한 것을 정리한다.**

	주어진 것	필요한 것	연결
문제 분석	q = 57.0 J, m = 납 35.6 g, ΔT = 12.5 °C	납의 비열(J/g °C)	비열을 정의하는 식

단계 2 **비열에 대한 관계를 작성한다.** 비열은 열(q)을 질량(m)과 온도 변화(ΔT)로 나누어 계산한다.

$$\text{비열} = \frac{\text{열}}{\text{질량}\ \Delta T} = \frac{q}{m\ \Delta T}$$

단계 3 문제를 풀어 비열을 계산한다.

$$\text{비열} = \frac{57.0\text{ J}}{35.6\text{ g} \ \ 12.5\ {}^\circ\text{C}} = \frac{0.128\text{ J}}{\text{g }{}^\circ\text{C}}$$

(57.0 J: 유효숫자 3개, 35.6 g: 유효숫자 3개, 12.5 °C: 유효숫자 3개, 0.128 J/g °C: 유효숫자 3개)

확인 문제 3.6

핵심 화학 기술
비열 계산하기

a. 소듐 3.00 g의 온도를 25.0 °C 올리는 데 92.3 J의 열이 필요하다면 소듐의 비열은 몇 J/g °C인가?

b. 마그네슘 4.65 g의 온도를 12.4 °C 올리는 데 58.8 J의 열이 필요하다면 마그네슘의 비열은 몇 J/g °C인가?

답

a. 1.23 J/g °C　　**b.** 1.02 J/g °C

열 방정식

핵심 화학 기술
열 방정식 사용하기

어떤 물질의 비열을 알면, 그 물질의 질량과 초기 온도 및 최종 온도를 측정하여 잃거나 얻은 열을 계산할 수 있다. 비열을 정의하는 식에 이들 측정값을 대입하고 정리하면 열을 계산할 수 있는데, 이 식을 **열 방정식**(heat equation)이라 한다.

$$SH = \frac{q}{m \times \Delta T}$$

$$m \times \Delta T \times SH = \frac{q}{\cancel{m} \times \cancel{\Delta T}} \times \cancel{m} \times \cancel{\Delta T}$$

이제 열 방정식을 다음과 같이 정리할 수 있다.

$$q = m \times \Delta T \times SH$$

열 방정식의 분자에 있는 g과 °C 단위가 비열의 분모에 있는 g과 °C로 약분되어, 잃거나 얻은 열을 cal 또는 J 단위로 계산할 수 있다.

$$\text{cal} = \cancel{\text{g}} \times \cancel{{}^\circ\text{C}} \times \frac{\text{cal}}{\cancel{\text{g}}\ \cancel{{}^\circ\text{C}}}$$

$$\text{J} = \cancel{\text{g}} \times \cancel{{}^\circ\text{C}} \times \frac{\text{J}}{\cancel{\text{g}}\ \cancel{{}^\circ\text{C}}}$$

냉각 캡을 쓰면 체온이 감소하여 신체의 산소 요구량이 줄어든다.

예제 3.7 열 손실 계산

먼저 해 보기!

수술 중인 환자, 심장 마비 또는 뇌졸중 환자의 체온을 낮추면 신체가 필요로 하는 산소 요구량이 감소한다. 체온을 낮추는 방법에는 저온 식염수 용액, 시원한 물 담요 또는 머리에 착용하는 냉각 캡 등이 있다. 혈액량이 5500 mL인 환자의 체온을 38.5 °C에서 33.2 °C로 낮추면 몇 kJ의 열이 손실될까? (혈액의 비열과 밀도는 물과 같다고 가정한다.)

풀이

단계 1 주어진 것과 필요한 것을 정리한다.

	주어진 것	필요한 것	연결
문제 분석	혈액 5500 mL = 혈액 5500 g, 38.5 °C에서 33.2 °C로 냉각됨	제거되는 열(킬로줄 단위)	열 방정식, 물의 비열

단계 2 온도 변화(ΔT)를 계산한다.

$$\Delta T = 38.5\ °C - 33.2\ °C = 5.3\ °C$$

단계 3 열 방정식과 필요한 변환 인자를 쓴다.

$$q = m \times \Delta T \times SH$$

$$SH_{물} = \frac{4.184\ J}{g\ °C}$$

$$\frac{4.184\ J}{g\ °C} \text{ 그리고 } \frac{g\ °C}{4.184\ J}$$

$$1\ kJ = 1000\ J$$

$$\frac{1000\ J}{1\ kJ} \text{ 그리고 } \frac{1\ kJ}{1000\ J}$$

단계 4 주어진 값을 대입하고 열을 계산하여 단위가 소거되도록 한다.

$$q = 5500\ \cancel{g} \times 5.3\ \cancel{°C} \times \frac{4.184\ \cancel{J}}{\cancel{g}\ \cancel{°C}} \times \frac{1\ kJ}{1000\ \cancel{J}} = 120\ kJ$$

(5500 g: 유효숫자 2개; 5.3 °C: 유효숫자 2개; 4.184 J/g °C: 정확한 수 / 정확한 수; 1 kJ/1000 J: 정확한 수 / 정확한 수; 120 kJ: 유효숫자 2개)

확인 문제 3.7

a. 치아 임프란트 치료에 타이타늄을 사용하는데, 타이타늄은 강도가 높고, 무독성이며 뼈와 잘 결합한다. 타이타늄 16 g을 36.0 °C에서 41.3 °C로 높이려면 몇 cal의 열이 필요한가? (표 3.7 참조)

b. 바닥이 구리인 냄비가 있다. 구리 125 g의 온도를 22 °C에서 325 °C로 높이려면 몇 kJ의 열이 필요한가? (표 3.7 참조)

답

a. 11 cal **b.** 14.6 kJ

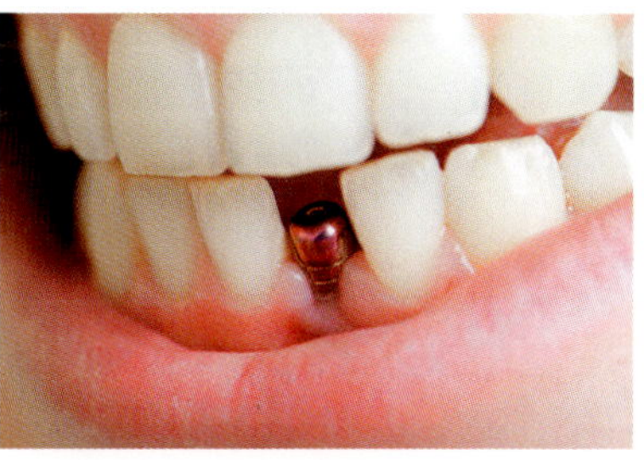

치아 임프란트 치료에는 인공 치아를 고정하기 위하여 금속 타이타늄이 사용된다.

열 방정식의 또 다른 용도는 예제 3.8에 보여주는 것과 같이 열 방정식을 정리하여 g 단위의 질량(m)을 계산하는 것이다.

생각해 보기 3.10

질량(m)을 계산하기 위하여 열 방정식을 정리하라.

예제 3.8 열 방정식 사용하기

먼저 해 보기!

에탄올 시료에 655 J의 열을 가하였더니 온도가 18.2 °C에서 32.8 °C로 증가하였다. 에탄올 시료의 질량은 몇 g인가? (표 3.7 참조)

풀이

단계 1 주어진 것과 필요한 것을 정리한다.

	주어진 것	필요한 것	연결
문제 분석	q = 655 J, 18.2 °C에서 32.8 °C로 온도 증가	에탄올의 질량(g)	열 방정식

단계 2 온도 변화(ΔT)를 계산한다.

$$\Delta T = 32.8\ °\text{C} - 18.2\ °\text{C} = 14.6\ °\text{C}$$

단계 3 열 방정식과 필요한 변환 인자를 쓴다.

$$q = m \times \Delta T \times SH$$

질량을 계산하기 위해 열 방정식을 정리하려면 열을 온도 변화와 비열로 나눈다.

$$m = \frac{q}{\Delta T\ SH}$$

단계 4 주어진 값을 대입하고 단위를 소거하여 계산한다.

$$m = \frac{\overset{\text{유효숫자 3개}}{655\ \cancel{\text{J}}}}{\underset{\text{유효숫자 3개}}{14.6\ °\cancel{\text{C}}}\ \underset{\text{유효숫자 3개}}{\dfrac{2.46\ \cancel{\text{J}}}{\text{g}\ °\cancel{\text{C}}}}} = \underset{\text{유효숫자 3개}}{18.2\ \text{g}}$$

확인 문제 3.8

a. 어떤 철 조각이 8.81 kJ의 열을 흡수하여 온도가 15 °C에서 122 °C로 증가하였다. 철의 질량은 몇 g인가? (표 3.7 참조)

b. 질량이 284 g이고 온도가 25.3 °C인 은 덩어리가 1.13 kJ의 열을 흡수하였다. 은의 최종 온도는 얼마인가? (표 3.7 참조)

답

a. 182 g **b.** 42.2 °C

열 교환: 잃은 열량은 얻은 열량과 같다.

금속 덩어리를 차가운 물에 넣으면, 금속은 차가워지고 물은 따뜻해져 두 물체의 온도가 결국 같아진다. 금속이 잃은 열량은 물이 얻은 열량과 같다고 가정하고, 열 방정식을 이용하면 물이 흡수한 열량을 계산할 수 있다. 금속이 방출한 열량은 물이 흡수한 열량과 같으므로 열 방정식을 이용하여 그 금속의 비열을 계산할 수 있다.

예제 3.9 열 교환

먼저 해 보기!

58.3 °C의 크로뮴 금속 44 g을 24.6 °C의 물 20. g이 담긴 비커에 넣었다. 금속이 방출한 모든 열을 물이 흡수하였다. 물과 금속의 최종 온도는 31.0 °C이었다. 크로뮴의 비열(J/g °C)을 계산하라.

풀이

단계 1 주어진 것과 필요한 것을 정리한다.

	주어진 것	필요한 것	연결
문제 분석	금속 44 g, ΔT = 58.3 °C − 31.0 °C = 27.3 °C, 물 20 g, ΔT = 31.0 °C − 24.6 °C = 6.4 °C	금속의 비열	잃은 열량과 얻은 열량은 같다. 물의 비열

단계 2 열 방정식을 이용한다.

$$q = m \times \Delta T \times SH$$

물에 대하여

$$q = 20.\ \cancel{g} \times 6.4\ \cancel{°C} \times \frac{4.184\ \text{J}}{\cancel{g}\ \cancel{°C}} = 540\ \text{J}$$

물이 흡수한 열량은 금속이 방출한 열량과 같으므로 금속의 열량 q 역시 540 J이다.

단계 3 비열의 관계식을 써서 비열을 계산한다.

열량(q)을 질량(m)과 온도 변화(ΔT)로 나누어 비열(SH)을 계산한다.

금속의 비열을 계산할 수 있도록 열 방정식을 정리한다:

$$SH = \frac{q}{m\ \Delta T} = \frac{540\ \text{J}}{44\ \text{g} \times 27.3\ °\text{C}} = \frac{0.45\ \text{J}}{\text{g}\ °\text{C}}$$

확인 문제 3.9

62.0 °C의 아연 금속 50. g을 29.3 °C 물 24 g에 넣었다. 금속이 잃은 열은 모두 물을 가열하는 데 사용되어 물의 최종 온도가 34.6 °C가 되었다. 아연의 비열(J/g °C)을 계산하라.

답

$$\frac{0.39\ \text{J}}{\text{g}\ °\text{C}}$$

3.6 에너지와 영양

학습 목표 에너지 값을 이용하여, kcal 또는 kJ 단위로 표현되는 음식의 열량을 계산할 수 있다.

우리가 먹는 음식은 세포의 성장과 수선 등을 포함하는 신체에서 일어나는 모든 일을 진행할 수 있는 에너지원이다. 탄수화물은 신체의 1차 연료이지만, 탄수화물이 부족하면 지방과 단백질이 순서대로 에너지원으로 사용된다.

전통적으로 영양학 분야에서는 음식 열량을 칼로리(Calorie) 또는 킬로칼로리(kcal) 단위로 표현하였다. 영양학의 열량 단위인 1 *Cal*(대문자 C)는 1000 cal, 즉 1 kcal를 의미한다. 국제 단위인 kJ 단위가 점차 보급되고 있다. 예를 들어, 구운 감자의 열량은 100 Cal로 100 kcal 또는 440 kJ이다. 2100 Cal(kcal)을 제공하는 전형적인 식단은 8800 kJ 식단과 같다.

1 Cal = 1 kcal = 1000 cal

1 Cal = 4.184 kJ = 4184 J

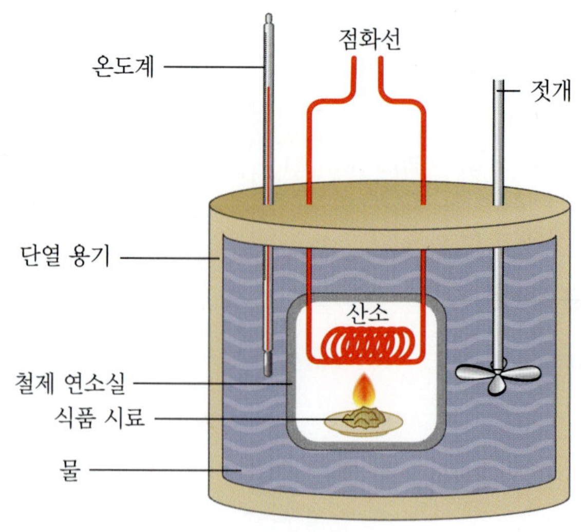

그림 3.5 ▸ 열량계에서 연소되는 식품 시료가 방출하는 열을 이용하여 식품의 에너지 값을 측정한다.

영양학 실험실에서는 식품을 *열량계*(calorimeter)에서 연소하여 *에너지 값*(energy value)을 kcal/g 또는 kJ/g 단위로 측정한다(**그림 3.5** 참조). 양을 알고 있는 물로 연소실 주변을 채운다. 연소실에서 식품 시료를 연소시키면 열이 방출되어 연소실 주변 물의 온도가 상승한다. 측정된 물의 온도 증가 값과 알고 있는 식품과 물의 질량으로부터 식품의 에너지 값을 계산할 수 있다. 이 때 열량계 용기는 열을 흡수하지 않는다고 가정한다.

표 3.8 > 세 가지 식품 유형의 일반적인 열량		
식품 유형	**kcal/g**	**kJ/g**
단백질	4	17
지방	9	38
탄수화물	4	17

식품의 에너지 값

식품의 **에너지 값**(energy value)은 탄수화물, 지방, 단백질 1 g이 연소 과정에서 방출하는 열량을 kcal 또는 kJ 단위로 표현한 값으로 **표 3.8**에 나와 있다. 이 식품 열량 값을 이용하여 어떤 식품의 유형과 질량을 알면 그 식품의 총 에너지를 계산할 수 있다.

$$\text{kcal} = \cancel{\text{g}} \times \frac{\text{kcal}}{\cancel{\text{g}}} \qquad \text{kJ} = \cancel{\text{g}} \times \frac{\text{kJ}}{\cancel{\text{g}}}$$

포장된 식품의 포장에는 주로 1회 섭취량의 Cal 또는 kJ 단위로 표현된 식품 에너지 값을 영양 성분표에 표시한다. 몇 가지 식품의 일반적인 조성과 에너지 값을 **표 3.9**에 나타내었

표 3.9 > 일부 식품의 일반적인 조성과 열량 함량보

식품	탄수화물(g)	지방(g)	단백질(g)	에너지(kcal, kJ)
간 쇠고기 3온스	0	14	22	220 kcal(900 kJ)
구운 감자	23	0	3	100 kcal(440 kJ)
달걀 1개	0	6	6	70 kcal(330 kJ)
닭 가슴살 3온스	0	3	20	110 kcal(450 kJ)
당근 90 g	11	0	2	50 kcal(220 kJ)
무지방 우유 1컵	12	0	9	90 kcal(350 kJ)
바나나 1개	26	0	1	110 kcal(460 kJ)
브로콜리 3온스	4	0	3	30 kcal(120 kJ)
사과 1개	15	0	0	60 kcal(260 kJ)
스테이크 3온스	0	27	19	320 kcal(1350 kJ)
연어 3온스	0	5	16	110 kcal(460 kJ)

다. 각 식품의 총 에너지는 구성하는 식품 유형의 조성과 그 열량을 이용하여 계산되었다. 각 식품의 에너지는 십의 자리에서 반올림하였다.

예제 3.10 영양 성분표를 사용한 식품의 에너지 값 계산

먼저 해 보기!

찰스는 식단 조절을 하면서 크래커의 영양 성분표의 1회 섭취량에는 탄수화물 19 g, 지방 4 g, 단백질 2 g이 들어 있다는 사실을 알았다. 만약 찰스가 1회 섭취량을 먹는다면, 찰스가 얻을 수 있는 각 식품 유형의 에너지 값과 총열량은 kcal 단위로 얼마인가? (각 식품 유형의 에너지 값은 kcal 단위에서 십의 자리로 반올림한다.)

풀이

단계 1 주어진 것과 필요한 것을 정리한다.

문제 분석	주어진 것	필요한 것	연결
	탄수화물 19 g, 지방 4 g, 단백질 2 g	총열량(kcal 단위)	식품 열량

단계 2 각 식품 유형의 에너지 값을 이용하여 kcal 단위로 계산하고 십의 자리로 반올림한다.

식품 유형	질량	에너지 값	에너지
탄수화물	19 $\cancel{g}$ ×	$\frac{4\ \text{kcal}}{1\ \cancel{g}}$ =	80 kcal
지방	4 $\cancel{g}$ ×	$\frac{9\ \text{kcal}}{1\ \cancel{g}}$ =	40 kcal
단백질	2 $\cancel{g}$ ×	$\frac{4\ \text{kcal}}{1\ \cancel{g}}$ =	10 kcal

단계 3 각 식품 유형의 열량을 합하여 식품의 총열량을 계산한다.

총열량 = 80 kcal + 40 kcal + 10 kcal = 130 kcal

확인 문제 3.10

a. 영양 성분표에 있는 탄수화물의 질량을 활용하여 크래커 1회 섭취량에 있는 탄수화물의 에너지를 kJ 단위로 계산하라. (kJ 단위의 값을 십의 자리로 반올림한다.)

b. 예제 3.10에서 계산한 열량을 활용하여 크래커 1회 섭취량에서 지방이 차지하는 비율은 몇 퍼센트인가?

답

a. 320 kJ **b.** 31%

생각해 보기 3.11

어떤 유형의 식품이 1 g당 가장 많은 열량을 갖는가?

영양 성분표에는 1회 섭취량의 탄수화물, 지방, 단백질 각각 식품 유형의 무게와 총열량이 표시된다.

건강과 관련된 화학 _Chemistry Link to Health

체중의 감소와 증가

성인이 하루에 필요한 열량은 성, 나이, 신체 활동 수준에 따라 다르다. 몇 가지 일반적인 일일 에너지 필요량을 **표 3.10**에 나타내었다.

음식물 섭취량이 에너지 사용량보다 많으면 체중은 증가한다. 사람이 먹는 음식의 양은 뇌에 있는 시상 하부의 hunger center에서 조절된다. 음식 섭취 욕구는 일반적으로 신체의 영양 축적량에 비례한다. 영양 축적량이 적으면 배고픔을 느끼고, 영양 축적량이 많으면 식욕이 감소한다.

음식물 섭취량이 에너지 사용량보다 적으면 체중은 감소한다. 많은 다이어트 식품에는 섬유질이 포함되어 있으며, 열량이 없는 섬유질은 포만감을 유발한다. 일부 다이어트 약은 hunger center를 위축시키는데, 이는 신경계를 흥분시키고 혈압을 상승시킬 수 있으므로 주의해서 복용해야 한다. 근력 운동은 에너지를 소비하는 중요한 방법이기 때문에 매일 운동을 하면 체중을 줄이는 데 도움이 된다. **표 3.11**은 여러 신체 활동과 소비되는 열량을 나열한 것이다.

한 시간 동안 수영하면 2100 kJ의 에너지가 소비된다.

표 3.10 > 성인이 필요한 에너지

성	나이	보통 수준의 활동 kcal (kJ)	매우 활발한 활동 kcal (kJ)
여성	19~30	2100 (8800)	2400 (10 000)
	31~50	2000 (8400)	2200 (9200)
남성	19~30	2700 (11 300)	3000 (12 600)
	31~50	2500 (10 500)	2900 (12 100)

표 3.11 > 체중 70.0 kg인 성인이 소비하는 에너지

활동	에너지(kcal/h)	에너지(kJ/h)
잠자기	60	250
앉아 있기	100	420
걷기	200	840
수영하기	500	2100
달리기	750	3100

UPDATE 식단과 운동 프로그램

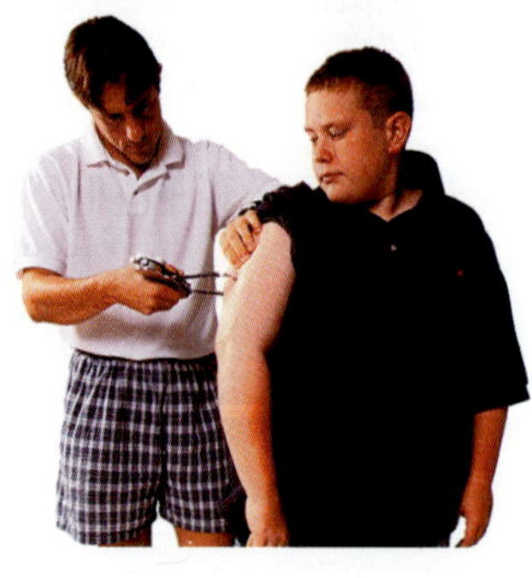

찰스가 식단 조절과 운동 프로그램을 1개월 동안 시행한 후, 찰스와 그의 어머니는 영양사 다니엘을 다시 만났다. 다니엘은 찰스가 매일 섭취한 음식과 운동량을 살펴보고, 체중 조절 프로그램의 효과를 확인하기 위하여 찰스의 체중을 측정하였다. 다음은 찰스가 어느 하루에 섭취한 음식이다.

아침

바나나 1개, 무지방 우유 1컵, 달걀 1개

점심

당근 90 g, 간 쇠고기 3온스, 사과 1개, 무지방 우유 1컵

저녁

닭가슴살 6온스, 구운 감자 1개, 브로콜리 3온스, 무지방 우유 1컵

응용 문제

3.1 표 3.9의 에너지 값을 활용하여 다음을 계산하라.

a. 각 식사의 총열량(kcal)

b. 하루 동안의 총열량(kcal)

c. 찰스가 하루에 1800 kcal의 열량을 운동으로 소비한다면 체중을 유지할 것이다. 새로운 식단을 적용하면 체중이 감소할까?

d. 3500 kcal의 열량을 소비하면 1.0 lb 체중 감량의 효과가 있다. 찰스가 체중을 5.0 lb 줄이려고 한다면 며칠이 걸리는가?

3.2 **a.** 1주일 동안 찰스는 총 2.5시간 동안 수영을 하고 총 8.0시간 동안 걸었다. 찰스가 340 kcal/h의 수영과 160 kcal/h의 걷기를 한다면, 일주일 동안 총 몇 kcal의 열량을 소비할까? (표 3.11 참조)

b. 3500 kcal의 열량을 소비하여 1.0 lb 체중 감량 효과가 있다면 **a**에서와 같이 1주일 동안 운동한 찰스의 체중은 몇 lb 감소할까?

c. 찰스가 1.0 lb를 감량하려면 몇 시간을 걸어야 할까?

d. 찰스가 1.0 lb를 감량하려면 몇 시간을 수영해야 할까?

제3장 복습하기 _Chapter Review

3.1 물질의 분류

❯ 학습 목표 물질을 순물질과 혼합물로 분류할 수 있다.

알루미늄 원자

- 물질은 질량이 있고 공간을 차지하는 것이다.
- 물질은 순물질과 혼합물로 분류된다.
- 순물질(원소 또는 화합물)의 조성은 일정하지만, 혼합물의 조성은 변화한다.
- 혼합물을 구성하는 물질들은 물리적 방법으로 분리할 수 있다.

3.2 물질의 상태와 성질

❯ 학습 목표 물질의 상태와 물리적, 화학적 성질을 확인할 수 있다.

- 물질의 세 가지 상태는 고체, 액체, 기체이다.
- 물리적 성질은 물질의 본질에 영향을 미치지 않고 관찰하거나 측정할 수 있는 물질의 성질이다.
- 물리적 변화가 일어나면 어떤 물질의 물리적 성질은 변화하지만, 그 물질의 본질은 변하지 않는다.
- 화학적 성질은 어떤 물질이 본질이 다른 새로운 물질로 변화하는 능력이다.
- 화학적 변화가 일어나면 하나 이상의 물질이 반응하여 새로운 물리적, 화학적 성질을 갖는 다른 물질이 생성된다.

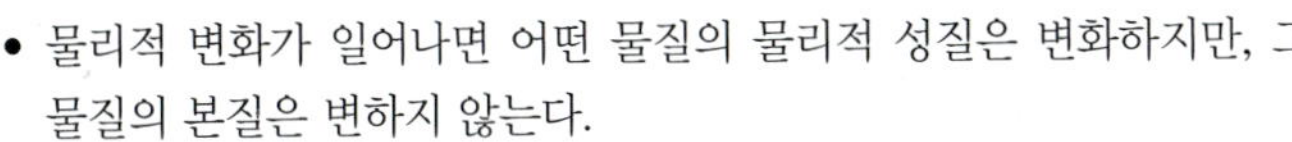

3.3 온도

❯ 학습 목표 주어진 온도를 다른 단위계의 온도로 환산할 수 있다.

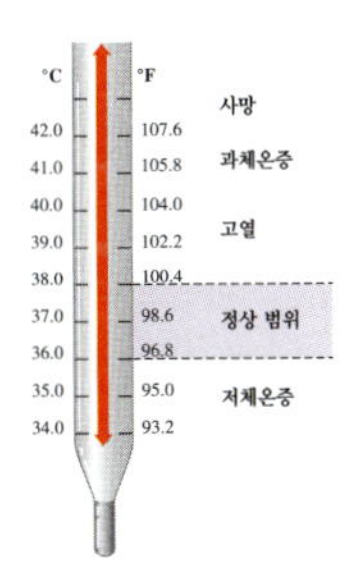

- 과학에서 온도는 섭씨 단위계(°C) 또는 켈빈(절대) 단위계(K)로 측정한다.
- 섭씨 단위계에서는 물의 어는점(0 °C)과 끓는점(100 °C) 사이에 100개의 도(degree) 눈금 단위가 있다.
- 화씨 단위계에서는 물의 어는점(32 °F)과 끓는점(212 °F) 사이에 180개의 도 눈금 단위가 있다. 화씨 단위계의 온도는 식 $T_F = 1.8(T_C) + 32$에 의해 섭씨 단위계의 온도로 변환된다.
- 절대온도 단위계의 온도는 식 $T_K = T_C + 273$에 의해 섭씨 단위계의 온도로 변환된다.

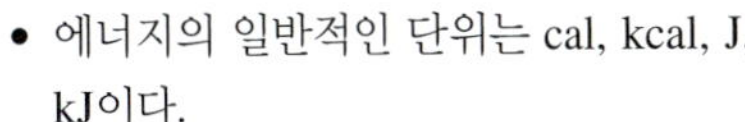

3.4 에너지

❯ 학습 목표 에너지를 퍼텐셜 에너지와 운동 에너지로 구분하고, 에너지 단위를 변환할 수 있다.

- 에너지는 일을 할 수 있는 능력이다.
- 퍼텐셜 에너지는 위치나 물질의 조성에 의하여 결정되지만, 운동 에너지는 운동에 의해 결정된다.
- 에너지의 일반적인 단위는 cal, kcal, J, kJ이다.
- 1 cal는 4.184 J에 해당한다.

3.5 비열

❯ 학습 목표 물질의 비열을 계산할 수 있다. 비열을 이용하여 열의 손실과 이득을 계산할 수 있다.

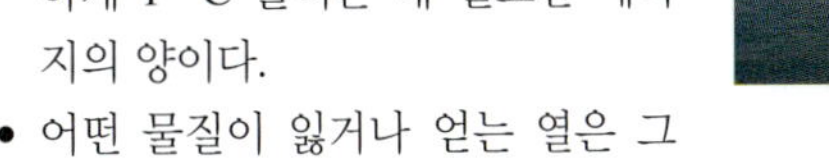

- 비열은 정확히 1 g의 물질을 정확하게 1 °C 올리는 데 필요한 에너지의 양이다.
- 어떤 물질이 잃거나 얻는 열은 그 물질의 질량, 온도 변화, 비열을 곱하여 결정된다.

3.6 에너지와 영양

❯ 학습 목표 에너지 값을 이용하여, kcal 또는 kJ 단위로 표현되는 음식의 열량을 계산할 수 있다.

- 영양학에서 사용하는 1 Cal는 1 kcal, 즉 1000 cal에 해당한다.
- 어떤 음식의 열량은 그 식품을 구성하는 탄수화물, 지방, 단백질의 열량의 합이다.

주요 용어 _Key Terms

고체 일정한 모양과 부피를 가지는 물질의 상태.

기체 명확한 모양이나 부피가 없는 물질의 상태.

물리적 변화 물질의 물리적 성질은 변화하지만, 그 본질은 변하지 않는 변화.

물리적 성질 물질의 본질에 영향을 미치지 않고 관찰하거나 측정할 수 있는 성질.

물질 물질을 구성하며 질량이 있고 공간을 차지하는 것.

물질의 상태 물질의 세 가지 형태:고체, 액체, 기체.

비열(*SH*) 어떤 물질 정확히 1 g의 온도를 정확히 1 °C만큼 변화시키는 열량.

순물질 조성이 일정한 물질의 형태.

액체 용기의 모양을 취하지만 부피가 일정한 물질의 상태.

에너지 일할 수 있는 능력.

에너지 값 탄수화물, 지방, 단백질과 같은 식품 유형 1 g에서 얻어지는 열량.

열 방정식 어떤 물질의 질량, 비열, 온도 변화로부터 열량(q)을 계산하는 관계식.

열 물질을 구성하는 입자의 운동과 관련된 에너지.

운동 에너지 움직이는 입자의 에너지.

원소 한 가지 종류의 원자만 포함하는 순물질로, 화학적 방법으로 분해가 불가능.

줄(J) 열 에너지의 SI 단위 4.184 J = 1 cal.

칼로리(cal) 정확한 1 g의 물을 정확하게 1 °C 올리는 열 에너지의 양.

퍼텐셜 에너지 물질의 위치나 조성과 관련된 에너지의 형태.

혼합물 둘 이상의 물질이 화학적 결합이 아닌 물리적으로 혼합된 것.

화학적 변화 어떤 물질이 새로운 물리적, 화학적 성질을 갖는 다른 조성의 새로운 물질로 변환되는 변화.

화학적 성질 어떤 물질이 다른 물질로 변화하는 성질.

화합물 두 종류 이상의 원소들이 일정한 조성으로 구성된 순물질로, 화학적 방법으로만 더 간단한 물질로 분해.

핵심 화학 기술 _Core Chemistry Skills

**각 핵심 화학 기술을 포함하는 절을 각 제목의 끝에 괄호 안에 나타내었다.*

▷ 물리적 변화 및 화학적 변화 구분(3.2)

- 물리적 성질은 물질의 본질에 영향을 미치지 않고 관찰하거나 측정할 수 있다.
- 화학적 성질은 어떤 물질이 다른 물질로 변화하는 성질이다.
- 어떤 물질에 물리적 변화가 일어나면 그 물질의 상태나 모습은 변하지만, 그 본질은 그대로 유지된다.
- 어떤 물질에 화학적 변화가 일어나면 그 물질은 물리적, 화학적 성질이 다른 새로운 물질로 변화한다.

예: 다음에 표현되는 각각의 성질을 물리적 변화와 화학적 변화로 분류하라.

a. 풍선 속 헬륨은 기체이다.
b. 천연가스인 메테인이 연소한다.
c. 황화 수소는 썩은 달걀의 냄새를 풍긴다.

답: **a.** 기체는 물질의 상태이므로 물리적 성질이다.
b. 메테인이 연소하면 새로운 속성을 가진 다른 물질로 변화하므로 화학적 성질이다.
c. 황화 수소의 냄새는 물리적 성질이다.

▷ 온도 단위계 변환(3.3)

- 온도 식 $T_F = 1.8(T_C) + 32$는 섭씨 단위 온도를 화씨 단위 온도로 변환하는 데 사용되며, 재배열하면 화씨 단위 온도에서 섭씨 단위 온도로 변환할 수 있다.
- 온도 식 $T_K = T_C + 273$은 섭씨 단위 온도를 절대(켈빈) 단위 온도로 변환하는 데 사용되며, 다시 절대(켈빈) 단위 온도를 섭씨 단위 온도로 변환할 수 있다.

예: 75.0 °C를 화씨 단위 온도로 변환하라.

답: $T_F = 1.8(T_C) + 32$

$T_F = 1.8(75.0) + 32 = 135 + 32$

$= 167\ °F$

예: 355 K를 섭씨 단위 온도로 변환하라.

답: $T_K = T_C + 273$

T_C로 식을 정리하려면 양쪽에서 273을 뺀다.

$T_K - 273 = T_C + \cancel{273} - \cancel{273}$

$T_C = T_K - 273$

$T_C = 355 - 273$

$= 82\ °C$

▷ 에너지 단위 사용(3.4)

- 에너지 단위 사이의 등가식은 다음과 같다.
- 1 cal = 4.184 J, 1 kcal = 1000 cal, 1 kJ = 1000 J.
- 에너지 단위 사이의 각 등가식은 다음과 같이 두 가지 변환 인자로 쓸 수 있다.

$$\frac{4.184\ \text{J}}{1\ \text{cal}} \text{ 과 } \frac{1\ \text{cal}}{4.184\ \text{J}} \quad \frac{1000\ \text{cal}}{1\ \text{kcal}} \text{ 과 } \frac{1\ \text{kcal}}{1000\ \text{cal}} \quad \frac{1000\ \text{J}}{1\ \text{kJ}} \text{ 과 } \frac{1\ \text{kJ}}{1000\ \text{J}}$$

- 에너지 단위 변환 인자는 주어진 에너지 단위를 약분하고 필요한 에너지 단위를 얻는 데 사용된다.

예: 45 000 J를 kcal 단위로 변환하라.

답: 위 변환 인자를 사용하여 주어진 45 000 J로부터 kcal 단위로 변환한다.

$$45\ 000\ \cancel{\text{J}} \times \frac{1\ \cancel{\text{cal}}}{4.184\ \cancel{\text{J}}} \times \frac{1\ \text{kcal}}{1000\ \cancel{\text{cal}}} = 11\ \text{kcal}$$

▷ 비열 계산(3.5)

- 비열은 1 g의 물질의 온도를 1 °C 올리는 열량(q)이다.

$$SH = \frac{q}{m \times \Delta T} = \frac{\text{cal (또는 J)}}{\text{g °C}}$$

- 비열을 계산하려면 잃거나 얻은 열을 물질의 질량과 온도 변화(ΔT)로 나눈다.

예: 주석 시료 4.0 g을 125 °C에서 197 °C로 가열했을 때 63 J의 열을 흡수한다면 주석의 비열을 J/g °C로 계산하라.

답: $q = 63\ \text{J}, m = 4.0\ \text{g}, \Delta T = 197\ °C - 125\ °C = 72\ °C$

$$SH = \frac{q}{m \times \Delta T} = \frac{63\ \text{J}}{4.0\ \text{g} \times 72\ °C} = \frac{0.22\ \text{J}}{\text{g °C}}$$

▷ 열 방정식 사용하기(3.5)

- 물질에 흡수되거나 손실된 열량(q)은 열 방정식을 사용하여 계산한다.

$q = m \times \Delta T \times SH$

- 물질의 비열을 사용하여 열량(cal 또는 J)을 계산한다.
- 단위를 약분하기 위하여 그램 단위의 질량과 °C 단위의 온도 변화를 사용한다.

예: 타이타늄 5.25 g을 85.5 °C에서 132.5 °C까지 가열하려면 몇 J의 열량이 필요한가?

답: $m = 5.25$ g, $T = 132.5$ °C − 85.5 °C = 47.0 °C,
타이타늄의 $SH = 0.523$ J/g °C
알고 있는 값을 열 방정식에 대입하면 단위를 약분한다.

$$q = m \times \Delta T \times SH = 5.25\,\cancel{g} \times 47.0\,\cancel{°C} \times \frac{0.523\ \text{J}}{\cancel{g}\,\cancel{°C}}$$
$$= 129\ \text{J}$$

개념 이해 문제 _Understanding the Concepts

각 문제 끝에 복습할 절을 괄호 안에 표시하였다.

3.3 다음 각각을 원소, 화합물, 혼합물로 분류하고, 이유를 설명하라. (3.1)

a.
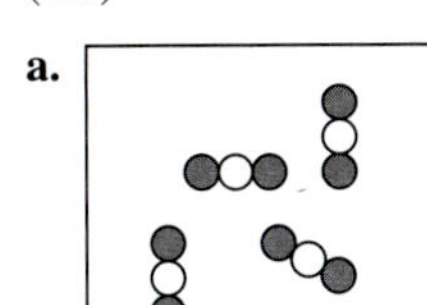

b.
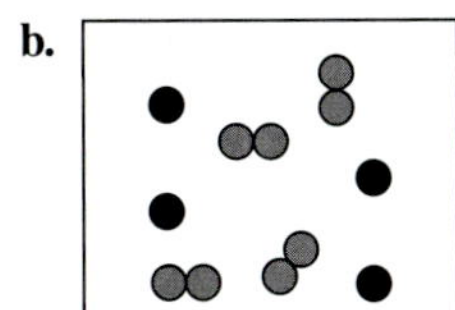

c.
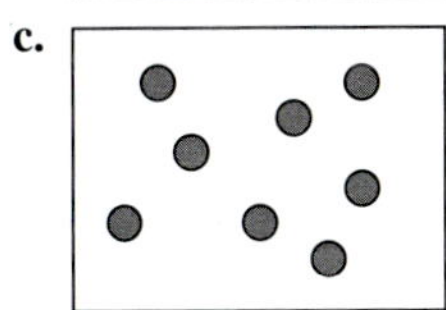

3.4 다음 각각을 균일 혼합물과 불균일 혼합물로 분류하고, 이유를 설명하라. (3.1)

a.
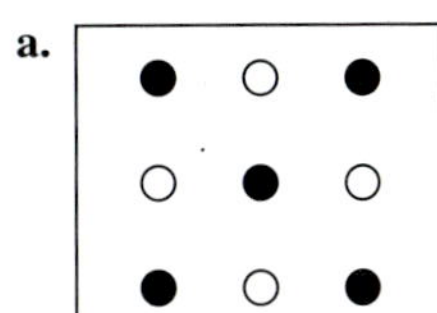

b.
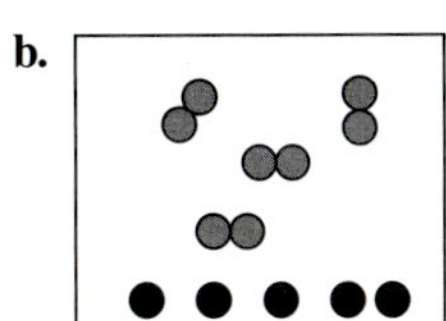

c.
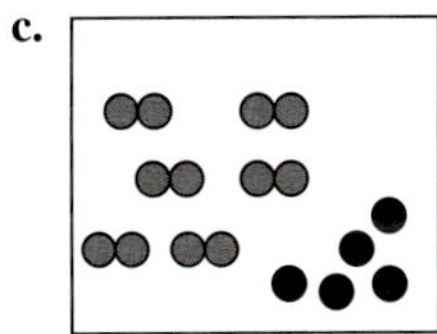

3.5 다음 각각을 균일 혼합물과 불균일 혼합물로 분류하라. (3.1)

a. 레몬즙이 들어간 물
b. 고기로 속을 채운 버섯 요리
c. 안약

3.6 다음 각각을 균일 혼합물과 불균일 혼합물로 분류하라. (3.1)

a. 케첩 **b.** 완숙 달걀 **c.** 옥수수 수프

3.7 섭씨 온도계의 온도를 읽고 화씨 단위 온도로 변환하라. (3.3)

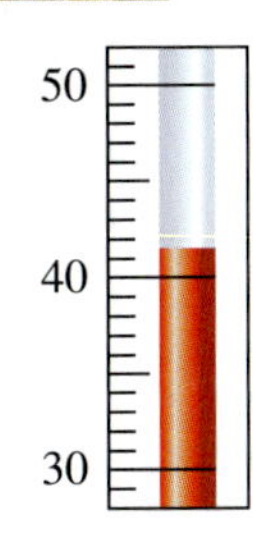

3.8 섭씨 온도계의 온도를 읽고 화씨 단위 온도로 변환하라. (3.3)

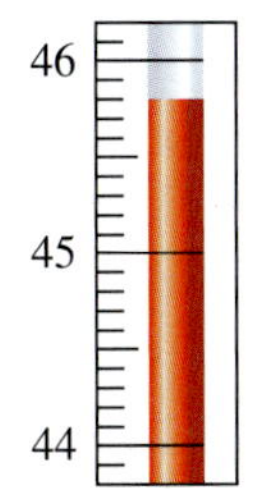

3.9 퇴비는 자른 잔디, 음식물 쓰레기, 낙엽을 이용하여 가정에서 만들 수 있다. 미생물이 유기 물질을 분해하면 열이 발생하여, 퇴비의 온도는 대부분의 미생물을 죽이는 온도인 155 °F에 도달할 수 있다. 이 온도는 섭씨와 절대(켈빈) 온도 단위로는 얼마인가? (3.3)

부패된 식물 재료로 만든 퇴비는 토양을 풍부하게 하는 데 사용된다.

3.10 일주일 후 퇴비의 생화학 반응은 느려지고 온도는 45 °C로 떨어진다. 유기물이 풍부한 짙은 갈색의 혼합물을 퇴비로 사용할 수 있다. 이 온도는 화씨와 절대 온도 단위로는 얼마인가? (3.3)

3.11 부피가 10.0 cm^3인 금과 알루미늄 입방체 각각을 15 °C에서 25 °C까지 가열하는 데 필요한 에너지를 J 단위로 계산하라. 표 2.10과 표 3.7 참조. (3.5)

3.12 부피가 10.0 cm^3인 은과 구리 입방체 각각을 15 °C에서 25 °C까지 가열하는 데 필요한 에너지를 J 단위로 계산하라. 표 2.10과 표 3.7 참조. (3.5)

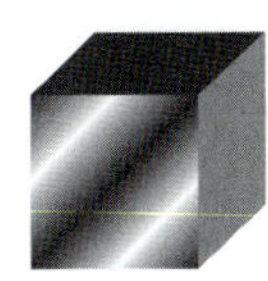

응용 문제

3.13 몸무게 70.0 kg인 사람이 점심 식사로 1/4 lb의 치즈버거, 감자튀김, 초콜릿 셰이크를 먹었다. (3.6)

음식	탄수화물(g)	지방(g)	단백질(g)
치즈버거	46	40.	47
감자튀김	47	16	44
초콜릿 셰이크	76	10.	10.

a. 표 3.8을 사용하여 각 음식의 열량을 kcal 단위로 계산하라(십의 자리로 반올림).

b. 이 식사의 총열량을 계산하라(십의 자리로 반올림).

c. 표 3.11을 사용하여 점심 식사의 총열량을 소비하기 위한 수면 시간을 계산하라.

d. 표 3.11을 사용하여 점심 식사의 총열량을 소비하기 위한 달리기 시간을 계산하라.

3.14 몸무게 70.0 kg인 사람이 점심 식사로 피자 한 조각, 콜라, 아이스크림을 먹었다. (3.6)

음식	탄수화물(g)	지방(g)	단백질(g)
피자	29	10.	13
콜라	51	0	0
아이스크림	44	28	8

a. 표 3.8을 사용하여 점심 식사로 먹은 각 음식의 열량을 kcal 단위로 계산하라(십의 자리로 반올림).

b. 점심 식사에서 얻은 총열량을 계산하라(십의 자리로 반올림).

c. 표 3.11을 사용하여 점심 식사의 총열량을 소비하기 위해 앉아 있는 시간을 계산하라.

d. 표 3.11을 사용하여 점심 식사의 총열량을 소비하기 위한 수영 시간을 계산하라.

추가 문제 _Additional Practice Problems

3.15 다음 각각을 원소, 화합물, 혼합물로 분류하라. (3.1)

a. 연필 속 탄소 심

b. 자동차 배기가스의 일산화 탄소(CO)

c. 오렌지 주스

3.16 다음 각각을 원소, 화합물, 혼합물로 분류하라. (3.1)

a. 전등 속 네온

b. 식용유와 식초가 혼합된 샐러드

c. 표백제 속 하이포아염소산 소듐(NaClO)

3.17 다음 각각을 균일 혼합물과 불균일 혼합물로 분류하라. (3.1)

a. 초콜릿을 얹은 아이스크림

b. 녹차

c. 식용유

3.18 다음 각각을 균일 혼합물과 불균일 혼합물로 분류하라. (3.1)

a. 물과 모래

b. 겨자

c. 파란색 잉크

3.19 다음 각각을 고체, 액체, 기체로 표시하라. (3.2)

a. 병에 담긴 비타민 알약

b. 풍선 속 헬륨

c. 병에 담긴 우유

d. 사람이 호흡하는 공기

e. 고기를 구울 때 사용되는 검은색 숯

3.20 다음 각각을 고체, 액체, 기체로 표시하라. (3.2)

a. 종이 봉지 속 팝콘

b. 정원 호스 속 물

c. 컴퓨터 마우스

d. 자동차 타이어 속 공기

e. 잔에 담긴 뜨거운 커피

3.21 다음 각각을 물리적 성질과 화학적 성질로 표시하라. (3.2)

a. 금은 광택이 있다.

b. 금은 1064 °C에서 녹는다.

c. 금은 전기전도성이 좋다.

d. 금이 황과 반응하여 검은 황화물로 변한다.

3.22 다음 각각을 물리적 성질과 화학적 성질로 표시하라. (3.2)

a. 초의 길이와 지름이 각각 10 cm와 2 cm이다.

b. 초가 연소한다.

c. 초는 더운 날에 물러진다.

d. 초의 색이 청색이다.

3.23 다음 각각을 물리적 변화와 화학적 변화로 표시하라. (3.2)

a. 나무에서 새로운 잎이 자란다.

b. 디저트를 위하여 초콜릿을 녹였다.

c. 통나무를 쪼개 장작으로 만들었다.

d. 장작을 난로에서 태웠다.

3.24 다음 각각을 물리적 변화와 화학적 변화로 표시하라. (3.2)

a. 아스피린 알약을 반으로 쪼갠다.

b. 샐러드를 만들기 위하여 당근을 강판에서 간다.

c. 맥주를 만들기 위해 엿기름을 발효시킨다.

d. 구리관의 표면이 공기와 반응하여 녹색으로 변한다.

3.25 다음 온도를 섭씨와 절대(켈빈) 단위 온도로 환산하라. (3.3)

a. 미국 대륙의 최고 온도 기록은 1913년 7월 10일에 캘리포니아 데스밸리에서 측정된 134 °F이다.

b. 미국 대륙에서 최저 온도 기록은 1954년 1월 20일에 몬타나 로저스 패스에서 측정된 −69.7 °F이었다.

3.26 다음 온도를 절대(켈빈)와 화씨 단위 온도로 환산하라. (3.3)

a. 세계 최고 온도 기록은 1922년 9월 13일에 리비아 엘 아지지아에서 측정된 58.0 °C이었다.

b. 세계 최저 온도 기록은 1983년 7월 21일에 남극 대륙 보스코에서 측정된 −89.2 °C이었다.

3.27 −15 °F는 섭씨와 절대(켈빈) 단위로는 각각 몇 도인가? (3.3)

3.28 56 °F는 섭씨와 절대(켈빈) 단위로는 각각 몇 도인가? (3.3)

3.29 더운 날 해변 모래는 뜨거워지지만, 물은 시원하게 유지된다. 이러한 사실로부터 모래의 비열이 물의 비열보다 더 높은지 또는 낮은지 예측하라. 그 이유를 설명하라. (3.5)

햇볕이 쬐는 날 모래는 뜨거워지지만 물은 시원하게 유지된다.

3.30 더운 날에 수영장에서 나와 아주 뜨거워진 금속 의자에 앉는다. 금속의 비열이 물의 비열보다 더 높은지 낮은지 예측하라. 그 이유를 설명하라. (3.5)

3.31 식물성 기름 시료 0.50 g을 열량계에 넣고 태웠더니 18.9 kJ의 열이 발생했다. 이 기름의 열량은 kcal/g 단위로 얼마인가? (3.6)

3.32 쌀 시료 1.3 g을 열량계에 넣고 태웠더니 22 kJ의 열이 발생하였다. 쌀의 열량은 kcal/g 단위로 얼마인가? (3.6)

응용 문제

3.33 보온용 물주머니에 65 °C의 물 725 g이 들어 있다. 물이 체온(37 °C)까지 냉각되면 근육에 전달되는 열량은 몇 kJ인가? (3.5)

3.34 사람이 생존한 최고 기록 체온은 46.5 °C이다. 이 온도를 화씨와 절대(켈빈) 단위 온도로 환산하라. (3.3)

3.35 물 함량이 15%인 체지방 1 lb를 감량하려면 몇 kcal의 열량을 소비해야 하는가? (3.6)

3.36 어떤 환자의 식단에는 우유가 포함되어 있다. 우유 한 잔에는 탄수화물 12 g, 지방 9 g, 단백질 9 g이 들어 있다면 우유 한 잔의 총열량을 kcal 단위로 계산하라. (각 식품 종류에 대한 답을 십의 자리로 반올림하라.) (3.6)

생각해 보기의 답 _Answers to Engage Questions

3.1 원소와 화합물 모두 원자 또는 분자 한 종류의 일정한 조성을 갖는다.

3.2 피자의 재료들이 균일하게 분포하지 않으므로 피자는 불균일하지만, 식초의 구성 성분은 균일하게 분포한다.

3.3 기체의 구성 입자는 모든 방향으로 빠르게 운동하므로, 용기의 부피와 모양을 갖는다.

3.4 소금의 분해 과정에서 생성된 생성물은 다른 성질을 갖는 새로운 물질이므로, 화학적 변화가 일어났음을 의미한다.

3.5 끓는점은 철의 고유한 물리적 성질이다. 철을 가열하여 부식 생성물인 Fe_2O_3가 생성되는 것은 철이 새로운 물질로 변화할 수 있는 화학적 성질의 한 예이다.

3.6 섭씨 단위계의 눈금 단위 간격이 더 크다: 화씨 단위계의 눈금 단위 간격의 1.8배이다.

3.7 $T_C = \dfrac{T_F - 32}{1.8} = \dfrac{-40 - 32}{1.8} = \dfrac{-72}{1.8} = -40.\ °C$

3.8 높은 탁자 위에 놓인 책이 방바닥에 놓인 책보다 더 높은 위치에 있으므로, 더 많은 퍼텐셜 에너지를 갖는다.

3.9 은의 비열이 철의 비열보다 작으므로, 400 J의 열을 흡수했을 때 은 1 g의 온도가 철 1 g의 온도보다 높다.

3.10 $m = \dfrac{q}{\Delta T \times SH}$

3.11 지방 1 g이 탄수화물이나 단백질 1 g에 비해 더 많은 열량을 갖는다.

선택된 문제의 답 _Answers to Selected Problems

3.3 **a.** 화합물. 입자는 2:1의 원자 조성비를 갖는다.
b. 혼합물. 서로 다른 두 종류의 입자로 구성되어 있다.
c. 원소. 한 종류의 원자로 구성되어 있다.

3.5 **a.** 균일 **b.** 불균일 **c.** 균일

3.7 41.5 °C, 106.7 °F

3.9 68.3 °C, 341 K

3.11 금 250 J 또는 60 cal; 알루미늄 240 J 또는 58 cal

3.13 **a.** 탄수화물 680 kcal; 지방 590 kcal; 단백질 240 kcal
b. 1510 kcal
c. 3×10^1 h
d. 2.0 h

3.15 **a.** 원소 **b.** 화합물 **c.** 혼합물

3.17 **a.** 불균일 **b.** 균일 **c.** 균일

3.19 **a.** 고체 **b.** 기체 **c.** 액체
d. 기체 **e.** 고체

3.21 **a.** 물리적 성질 **b.** 물리적 성질
c. 물리적 성질 **d.** 화학적 성질

3.23 **a.** 화학적 변화 **b.** 물리적 변화
c. 물리적 변화 **d.** 화학적 변화

3.25 **a.** 56.7 °C, 330 K
b. −56.5 °C, 217 K

3.27 −26 °C, 247 K

3.29 같은 양의 열은 물보다 모래의 온도를 더 크게 변화시킨다. 따라서 모래의 비열이 물의 비열보다 작다.

3.31 9.0 kcal/g

3.33 85 kJ

3.35 3500 kcal

원자와 원소

Atoms and Elements

제 4 장

존은 농장에 심을 작물의 양과 농장 위치를 고심하면서 다음 농사철을 준비하고 있다. 그는 pH, 수분의 양, 토양의 영양소 함량과 같은 토양의 질에 따라 결정하게 된다. 토양에 대해 화학적 시험을 한 뒤, 존은 농작물을 심기 전 밭에 비료가 더 필요하다고 생각했다. 존은 각 토양에 다른 영양분을 공급하여 작물 생산을 늘릴 수 있도록 여러 형태의 비료를 고려하고 있다. 식물의 성장에는 세 가지 기본 원소가 필요하다. 이 원소들은 포타슘, 질소, 인이다. 포타슘(주기율표에서 K)은 금속이지만 질소(N)와 인(P)은 비금속이다. 비료에는 칼슘(Ca), 마그네슘(Mg), 황(S) 등 몇 가지 다른 원소도 포함되어 있다. 존은 이러한 원소들이 모두 혼합되어 있는 비료를 토양에 뿌리고 며칠 내 토양 영양분 함량을 다시 점검할 계획이다.

관련 직업

농부

농사는 작물을 재배하고 동물을 키우는 것 이상을 포함한다. 농부들은 화학적 시험을 하는 방법과 토양에 비료를 적용하고 작물에 살충제나 제초제를 적용하는 방법을 이해해야 한다. 살충제는 작물을 망가트릴 수 있는 곤충을 죽이는 데 쓰이는 화학 물질이며, 제초제는 물과 영양 공급에 대해 작물과 경쟁하는 잡초를 죽이는 화학 물질이다. 농부들은 이러한 화학 물질을 안전하고 효율적으로 사용하는 방법을 알아야만 한다. 이러한 정보를 사용하여 농부들은 수확량이 더 높고, 영양가가 더 높으며, 맛이 더 나은 작물을 재배할 수 있다.

UPDATE 작물 생산 개선

작년에 존은 그의 여러 밭 중 한 군데에서 감자 잎에 갈색 반점이 있고 감자 크기가 작은 것을 발견했다. 지난 주에 그는 영양분 수준을 확인하기 위해 해당 밭에서 토양 샘플을 채취하였다. 존이 어떻게 토양과 작물 생산을 개선할 수 있었는지 109쪽의 **UPDATE 작물 생산 개선**에서 볼 수 있으며, 존이 사용한 비료의 종류와 양을 알 수 있다.

이 장의 차례

4.1 원소와 기호

학습 목표 원소명이 주어지면 올바른 기호를 쓸 수 있다. 기호로부터 올바른 이름을 쓸 수 있다.

모든 물질은 118가지 종류의 *원소*(element)로 구성된다. 이 중 88가지 원소는 천연에 존재하며 우리가 사는 세상의 모든 물질을 구성한다. 많은 원소가 이미 익숙할 것이다. 우리는 알루미늄을 포일 형태로 사용하거나 알루미늄 캔에 들어 있는 청량음료를 마신다. 금, 은, 백금으로 만든 반지나 목걸이를 가지고 있을 수도 있다. 테니스나 골프를 친다면 라켓이나 클럽은 타이타늄이나 탄소 원소로 만들어졌다는 것을 알고 있을 것이다. 우리 몸에서 칼슘과 인은 뼈와 치아의 구조를 형성하고, 철분과 구리는 적혈구 형성에 필요하며, 아이오딘은 갑상선이 제 기능을 하는 데 필요하다.

알루미늄(Al)

원소는 다른 모든 것들을 만드는 순물질이다. 원소는 더 간단한 물질로 분해할 수 없다. 수세기 동안 원소는 행성, 신화적 인물, 색, 광물, 지리적 위치, 유명한 사람의 이름을 따서 명명하였다. 원소 이름의 출처는 **표 4.1**에 나와 있다. 모든 원소와 기호의 전체 목록은 이 책 앞표지 안쪽에 실어 놓았다.

표 4.1 > 몇 가지 원소, 기호 및 이름의 유래

원소	기호	이름의 유래
우라늄(uranium)	U	행성 천왕성
타이타늄(titanium)	Ti	타이탄(신화)
염소(chlorine)	Cl	*Chloros*: 연두색(그리스어)
아이오딘(iodine)	I	*Ioeides*: 보라색(그리스어)
마그네슘(magnesium)	Mg	마그네시아, 광물
테네신(tennessine)	Ts	미국 테네시주
퀴륨(curium)	Cm	마리 퀴리와 피에르 퀴리
코페르니슘(copernicium)	Cn	니콜라스 코페르니쿠스

생각해 보기 4.1

매일 접하게 되는 몇몇 원소의 이름과 기호는 무엇인가?

화학 기호

금(Au)

화학 기호(chemical symbol)는 원소의 이름에 대한 1~2 글자의 알파벳 약자이다. 원소 기호의 첫 글자는 대문자로 표시한다. 기호에 두 번째 글자가 있으면 소문자이므로 언제 다른 원소가 표시되는지 알 수 있다. 두 글자를 대문자로 표기하면 두 가지 다른 원소의 기호를 나타낸다. 예를 들어, 코발트 원소의 기호는 Co이다. 그러나 두 대문자 CO는 탄소(C)와 산소(O)라는 두 가지 원소를 나타낸다.

대부분의 기호는 현재 이름의 문자를 사용하지만 일부는 고대 이름에서 파생되었다. 예를 들어 소듐의 기호인 Na는 라틴어 *natrium*에서 유래했다. 은의 기호 Ag는 라틴어 이름 *argentum*에서 파생되었다. 몇 가지 일반적인 원소의 이름과 기호를 **표 4.2**에 나열하였다. 이들의 이름과 기호를 익히는 것은 화학 공부에 크게 도움이 될 것이다.

표 4.2 > 몇 가지 흔한 원소의 이름과 기호

우리말 이름[†]	영어 이름*	기호	우리말 이름[†]	영어 이름*	기호
갈륨	gallium	Ga	아르곤	argon	Ar
구리	copper (*cuprum*)	Cu	아연	zinc	Zn
규소	silicon	Si	아이오딘	iodine	I
금	gold (*aurum*)	Au	알루미늄	aluminum	Al
납	lead (*plumbum*)	Pb	염소	chlorine	Cl
네온	neon	Ne	우라늄	uranium	U
니켈	nickel	Ni	은	silver (*argentum*)	Ag
라듐	radium	Ra	인	phosphorus	P
리튬	lithium	Li	주석	tin (*stannum*)	Sn
마그네슘	magnesium	Mg	질소	nitrogen	N
망가니즈	manganese	Mn	철	iron (*ferrum*)	Fe
바륨	barium	Ba	카드뮴	cadmium	Cd
백금	platinum	Pt	칼슘	calcium	Ca
붕소	boron	B	코발트	cobalt	Co
브로민	bromine	Br	크로뮴	chromium	Cr
비소	arsenic	As	타이타늄	titanium	Ti
산소	oxygen	O	탄소	carbon	C
소듐(나트륨)	sodium (*natrium*)	Na	포타슘(칼륨)	potassium (*kalium*)	K
수소	hydrogen	H	플루오린	fluorine	F
수은	mercury (*hydrargyrum*)	Hg	헬륨	helium	He
스트론튬	strontium	Sr	황	sulfur	S

[†]괄호 안의 우리말 이름은 대한화학회에서 혼용하기로 한 것임.
*괄호 안의 영어 이름은 고대 라틴어나 헬라어로부터 기호가 파생된 단어임.

탄소(C)

은(Ag)

황(S)

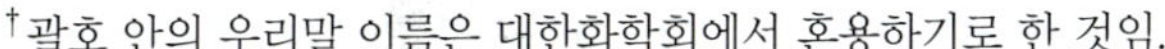

예제 4.1 화학 원소의 이름과 기호

먼저 해 보기!

각 원소의 올바른 이름이나 기호를 사용하여 다음 표를 완성하라.

이름	기호
니켈	
질소	
	Zn
	K

풀이

이름	기호
니켈	Ni
질소	N
아연	Zn
포타슘	K

확인 문제 4.1

규소, 셀레늄, 소듐, 시보귬 원소의 화학 기호를 각각 써라.

답

Si, Se, Na, Sg

4.2 주기율표

학습 목표 주기율표를 사용하여 원소의 족과 주기를 확인할 수 있다. 원소를 금속, 비금속, 준금속으로 분류할 수 있다.

1800년대 말까지 과학자들은 어떤 원소들은 비슷하게 보이고 거의 같은 방식으로 행동한다는 것을 알고 있었다. 1869년 러시아 화학자인 멘델레예프(Dmitri Mendeleev)는 당시 알려진 60가지 원소를 비슷한 성질의 군으로 배열하여 원자 질량이 증가하는 순서로 정리했다. 오늘날 118가지 원소의 배열은 **주기율표**(periodic table)로 알려져 있다(**그림 4.1** 참조).

족과 주기

생각해 보기 4.2

4주기, 1A(1)족에 있는 원소의 이름과 기호는 무엇인가?

주기율표의 각 세로 열은 비슷한 성질을 가진 원소의 **족**(group 또는 family)이다. **족 번호**(group number)는 주기율표 각 세로 열의 상단에 기록된다. 오랫동안, **전형 원소**(representative element)에는 1A~8A라는 족 번호를 사용했다. 주기율표 가운데에 **전이 원소**(transition element)로 알려진 원소 블록이 있는데, 원소의 족 번호 뒤에 문자 "B"를 붙인다. 새로

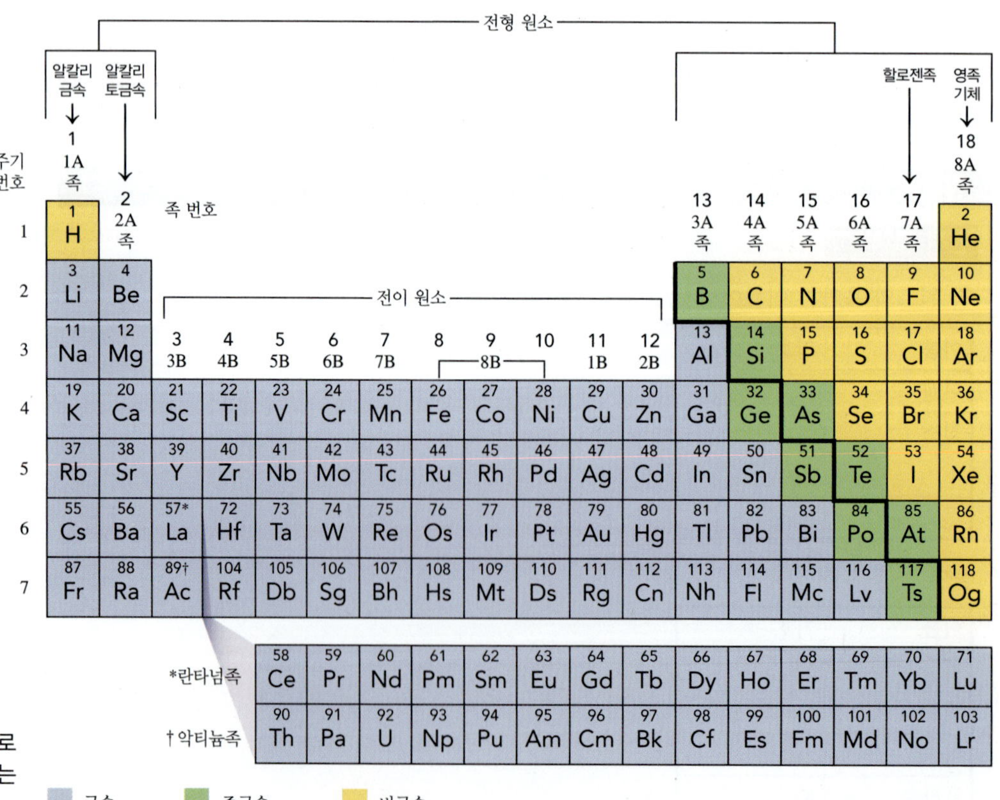

그림 4.1 ▸ 주기율표에서 족은 수직인 열로 배열된 원소들이며 주기는 수평인 행에 있는 원소들이다.

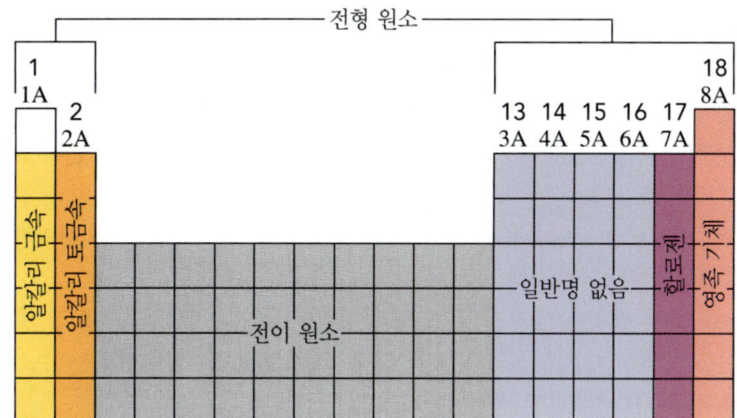

그림 4.2 ▸ 주기율표에서 특정 족에는 일반명이 있다.

운 체계에서는 주기율표의 왼쪽에서 오른쪽으로 가면서 모든 족에 1에서 18까지의 숫자를 할당한다. 현재 두 체계를 모두 사용하기 때문에 본문의 주기율표에 모두 표시하였으며 원소 및 족 번호에 대한 논의에 포함되어 있다.

주기율표의 각 수평 행은 **주기**(period)이다. 주기는 표 상단에서부터 1~7주기로 정한다. 1주기에는 수소(H)와 헬륨(He)의 두 원소가 있다. 2주기에는 리튬(Li), 베릴륨(Be), 붕소(B), 탄소(C), 질소(N), 산소(O), 플루오린(F), 네온(Ne)의 8개 원소가 있다. 3주기에는 소듐(Na)에서부터 아르곤(Ar)까지 8개의 원소가 있다. 포타슘(K)으로 시작되는 4주기와 루비듐(Rb)으로 시작되는 5주기에는 각각 18개의 원소가 있다. 세슘(Cs)으로 시작되는 6주기에는 32개의 원소가 있다. 7주기에는 32개의 원소가 있어 오늘날 총 118개의 원소가 알려져 있다. *란타넘족*(lanthanides, 원자번호 57~71)과 *악티늄족*(actinides, 원자번호 89~103)이라고 하는 14개 원소들은 6주기와 7주기의 일부로, 대개 페이지에 맞추어 주기율표 맨 아래로 옮겨 배치한다.

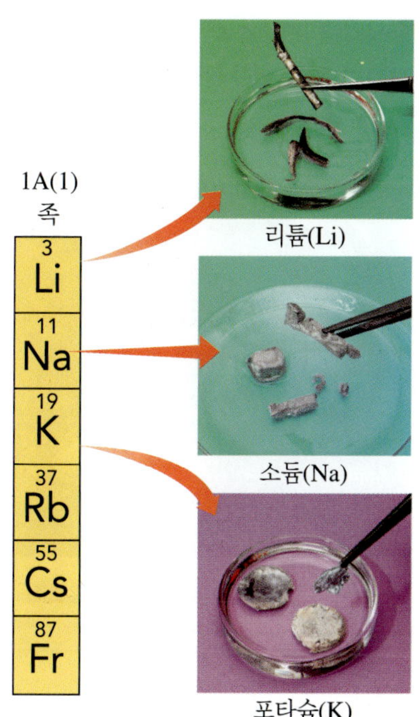

그림 4.3 ▸ 리튬(Li), 소듐(Na), 포타슘(K)은 1A(1)족의 알칼리 금속이다.

생각해 보기 4.3

알칼리 금속의 공통적인 성질은 무엇인가?

족 이름

주기율표에서 어떤 족들은 특별한 이름이 있다(**그림 4.2** 참조). 리튬(Li), 소듐(Na), 포타슘(K), 루비듐(Rb), 세슘(Cs), 프랑슘(Fr)과 같은 1A족 원소는 **알칼리 금속**(alkali metal)으로 알려진 원소 계열이다(**그림 4.3**). 이 족의 원소들은 부드럽고 빛나는 금속으로 열과 전기의 좋은 전도체이며 녹는점이 상대적으로 낮다. 알칼리 금속은 물과 격렬하게 반응하며 산소와 결합하면 흰색 생성물을 형성한다.

수소(H)는 1A(1)족의 상단에 있지만 알칼리 금속이 아니며 이 족의 나머지 원소와 성질이 매우 다르다. 따라서 수소는 알칼리 금속에 포함되지 않는다.

알칼리 토금속(alkaline earth metal)은 2A(2)족에서 발견된다. 여기에는 베릴륨(Be), 마그네슘(Mg), 칼슘(Ca), 스트론튬(Sr), 바륨(Ba), 라듐(Ra) 원소가 포함된다. 알칼리 토금속은 1A(1)족 금속처럼 광택이 나는 금속이지만 반응성은 작다.

할로젠(halogen)은 7A(17)족으로 주기율표 오른쪽에 있다. 여기에는 플루오린(F), 염소(Cl), 브로민(Br), 아이오딘(I), 아스타틴(At), 테네신(Ts)이 포함된다(**그림 4.4** 참조). 할로젠, 특히 플루오린과 염소는 반응성이 커서 대부분의 원소와 화합물을 형성한다.

영족 기체(noble gas)는 8A(18)족에서 발견된다. 여기에는 헬륨(He), 네온(Ne), 아르곤(Ar), 크립톤(Kr), 제논(Xe), 라돈(Ra), 오가네손(Og)이 포함된다. 이들은 반응성이 거의 없으며 다른 원소와 결합을 거의 형성하지 않는다.

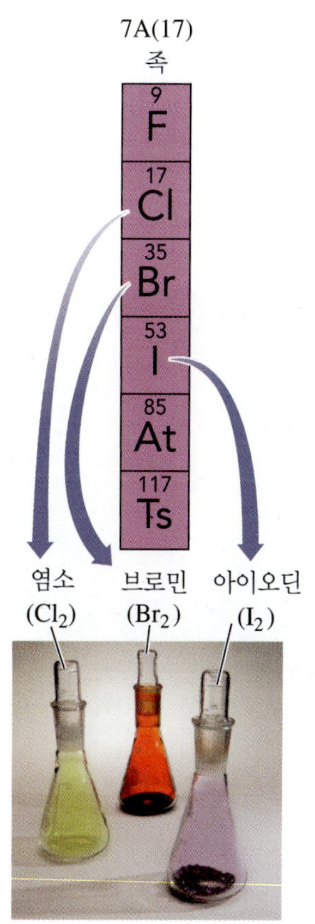

그림 4.4 ▸ 염소(Cl_2), 브로민(Br_2), 아이오딘(I_2)은 7A(17)족의 할로젠들이다.

생각해 보기 4.4

7A(17)족에는 어떤 원소들이 있는가?

은(Ag)은 금속이며 안티모니(Sb)는 준금속, 황(S)은 비금속이다.

준금속
5 B
14 Si
32 Ge 33 As
51 Sb 52 Te
84 Po 85 At
117 Ts
비금속
금속

계단 모양의 선 위의 준금속은 금속과 비금속의 특징들을 갖는다.

스트론튬(Sr)은 불꽃에서 빨간색을 낸다.

금속, 비금속, 준금속

원소 주기율표의 또 다른 특징은 원소를 *금속*과 *비금속*으로 분리하는 굵은 계단 모양의 선이다. 수소를 *제외*하고, 금속은 선 왼쪽에, 비금속은 선 오른쪽에 있다.

일반적으로 대부분의 **금속**(metal)은 구리(Cu), 금(Au), 은(Ag)과 같은 광택이 있는 고체이다. 금속은 선으로 만들거나(연성) 두들겨 평평하게 할 수 있다(전성). 금속은 열과 전기를 잘 통한다. 금속은 보통 비금속보다 높은 온도에서 녹는다. 액체인 수은(Hg)을 제외한 모든 금속은 실온에서 고체이다.

비금속(nonmetal)은 특히 광택을 띠지 않고, 연성과 전성이 없으며 열과 전기를 잘 통하지 않는다. 비금속은 일반적으로 녹는점과 밀도가 낮다. 비금속의 몇 가지 예로는 수소(H), 탄소(C), 질소(N), 산소(O), 염소(Cl), 황(S) 등이 있다.

굵은 선을 따라 위치한 원소 중 알루미늄과 오가네손을 제외한 붕소(B), 규소(Si), 저마늄(Ge), 비소(As), 안티모니(Sb), 텔루륨(Te), 폴로늄(Po), 아스타틴(At), 테네신(Ts)과 같은 원소는 **준금속**(metalloid)이다. 준금속은 몇 가지 금속의 전형적인 특징과 비금속의 특성을 나타내는 원소이다. 예를 들어, 준금속은 비금속보다 열과 전기를 더 잘 통하지만 금속만큼 잘 통하지는 않는다. 준금속은 도체나 절연체로 작용하도록 가공할 수 있기 때문에 *반도체*(semiconductor)이다. **표 4.3**은 금속인 은, 준금속인 안티모니, 비금속인 황의 몇 가지 특징들을 비교한 것이다.

표 4.3 > 금속, 준금속, 비금속의 몇 가지 특징

	은(Ag)	**안티모니(Sb)**	**황(S)**
형태	금속	준금속	비금속
광택	광택	청회색, 광택	흐릿함, 노란색
연성	연성이 매우 큼	깨어짐	깨어짐
전성	두드려 판으로 만들 수 있음	두드리면 깨어짐	두드리면 깨어짐
전도	열과 전기를 잘 통함	열과 전기가 잘 안 통함	열과 전기가 잘 안 통함
용도	동전, 보석, 주방용기 제조	납, 색 유리, 플라스틱 경화	화약, 고무, 곰팡이 제거제 제조
밀도	10.5 g/cm^3	6.7 g/cm^3	2.1 g/cm^3
녹는점	962 °C	630 °C	113 °C

예제 4.2 금속, 비금속, 준금속

먼저 해 보기!

주기율표를 사용하여 다음 각 원소를 족과 주기, 족 이름(있는 경우), 금속, 비금속, 준금속으로 분류하라.

a. 신경 자극에서 중요하고 혈압을 조절하는 Na
b. 갑상선 호르몬을 생산하는 데 필요한 I
c. 힘줄과 인대에 필요한 Si

풀이

a. Na(소듐)은 1A(1)족, 3주기의 알칼리 금속이다.
b. I(아이오딘)은 7A(17)족, 5주기의 할로젠 비금속이다.
c. Si(규소)는 4A(14)족, 3주기의 준금속이다.

확인 문제 4.2

스트론튬은 불꽃놀이에서 화려한 붉은색을 내는 원소이다.

a. 스트론튬은 어느 족에 위치하고 있는가?

b. 이 화학 계열의 이름은 무엇인가?

c. 스트론튬은 몇 주기 원소인가?

d. 스트론튬은 금속, 비금속, 준금속 중 어디에 속하는가?

답

a. 2A(2)족

b. 알칼리 토금속

c. 5주기

d. 금속

건강과 관련된 화학 _Chemistry Link to Health

건강에 필수적인 원소

모든 원소 중 20개 정도만이 인체의 건강과 생존에 필수적이다. 그 중에서도 주기율표 1주기와 2주기의 대표 원소인 산소, 탄소, 수소, 질소의 네 원소가 체중의 96%를 차지한다. 우리의 일상 식단에 있는 대부분의 음식이 이러한 원소들을 제공하여 건강한 몸을 유지하게 한다. 이들 원소는 탄수화물, 지방, 단백질에서 발견된다. 대부분의 수소와 산소는 물에서 발견되며 체중의 55~60%를 차지한다.

Ca, P, K, Cl, S, Na, Mg와 같은 *다량무기질*(macromineral)은 주기율표 3주기와 4주기에 해당하는 대표 원소이다. 이들은 뼈와 치아 형성, 심장과 혈관 유지, 근육 수축, 신경 자극, 체액의 산-염기 균형, 세포 대사 조절 등에 관여한다. 다량무기질은 주요 원소보다 소량 존재하므로 매일 식사에서 더 적은 양이 필요하다.

미량무기질(micromineral) 또는 *미량 원소*(trace element)라고 하는 다른 필수 원소는 3주기의 Si, 5 주기의 Mo 및 I와 대부분 4 주기의 전이 원소이다. 이들은 인체에 매우 적은 양(100 mg 미만) 존재한다. 최근 몇 년 동안 이러한 적은 양을 검출하는 기술이 향상되어 연구자가 미량 원소의 역할을 보다 쉽게 파악할 수 있게 되었다. 비소, 크로뮴, 셀레늄과 같은 일부 미량 원소는 높은 농도에서는 독성을 가지지만 우리 몸에 여전히 필요하다. 주석과 니켈 같은 다른 원소는 필수적이라고 생각되지만, 이들의 대사 작용에서의 역할은 아직 규명되지 않았다. **표 4.4**에 60 kg인 사람에 존재하는 몇 가지 예와 존재량을 나타내었다.

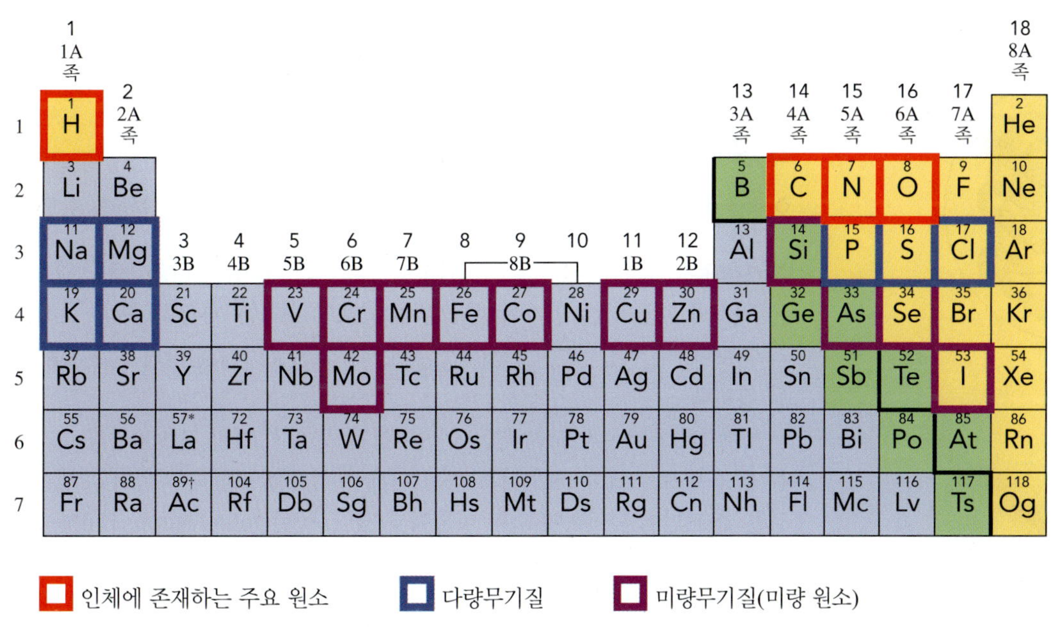

건강에 필수적인 원소들은 주요 원소(빨간색)인 수소, 탄소, 질소, 산소, 다량무기질(파란색), 미량무기질(보라색)을 포함한다.

표 4.4 > 60 kg 성인에 존재하는 필수 원소의 일반적인 양

원소	양	기능
주요 원소		
산소(O)	39 kg	생체 분자와 물(H_2O)의 구성 요소
탄소(C)	11 kg	유기 및 생체 분자의 구성 요소
수소(H)	6 kg	생체 분자 성분, 물(H_2O), 체액의 pH 조절, 위산(HCl)
질소(N)	2 kg	단백질 및 핵산 성분
다량무기질		
칼슘(Ca)	1000 g	뼈와 치아, 근육 수축, 신경 자극에 필요
인(P)	600 g	뼈와 치아, 핵산에 필요
포타슘(K)	120 g	세포에서 가장 흔한 양이온(K^+), 근육 수축, 신경 자극
염소(Cl)	100 g	세포 외부의 체액 중 가장 흔한 음이온(Cl^-), 위산(HCl)
황(S)	86 g	단백질, 간, 비타민 B_1, 인슐린 성분
소듐(Na)	60 g	세포 외부의 체액 중 가장 흔한 양이온(Na^+), 수분 균형, 근육 수축, 신경 자극
마그네슘(Mg)	36 g	뼈 성분, 대사 반응에 필요
미량무기질(미량 원소)		
철(Fe)	3600 mg	산소 운반체인 헤모글로빈의 성분
규소(Si)	3000 mg	뼈와 치아, 힘줄과 인대, 모발과 피부의 성장과 유지에 필요
아연(Zn)	2000 mg	세포의 대사 반응, DNA 합성, 뼈의 성장, 치아, 결합 조직, 면역계에 필요
구리(Cu)	240 mg	혈관, 혈압, 면역계에 필요
망가니즈(Mn)	60 mg	뼈의 성장, 혈액 응고, 대사 반응에 필요
아이오딘(I)	20 mg	적절한 갑상선 기능을 위해 필요
몰리브데넘(Mo)	12 mg	음식에서 Fe와 N 대사에 필요
비소(As)	3 mg	성장과 번식에 필요
크로뮴(Cr)	3 mg	혈당 수준 유지, 생체 분자 합성에 필요
코발트(Co)	3 mg	비타민 B_{12} 성분, 적혈구
셀레늄(Se)	2 mg	면역계, 심장, 췌장에 필요
바나듐(V)	2 mg	뼈와 치아 형성에 필요하며 음식에서 나오는 에너지

알루미늄 포일은 알루미늄 원자로 구성되어 있다.

4.3 원자

학습 목표 양성자, 중성자, 전자의 전하량과 원자 내에서의 위치를 설명할 수 있다.

주기율표에 나열된 모든 원소는 원자로 구성된다. **원자**(atom)는 해당 원소의 특성을 유지하는 원소의 가장 작은 입자이다. 알루미늄 포일 조각을 계속 더 작은 조각으로 찢는다고 생각해 보자. 더 이상 작게 자를 수 없는 아주 작은 조각이 된다면 알루미늄 원자 하나를 얻게 될 것이다.

원자의 개념은 비교적 최근에 이루어진 것이다. 기원 전 500년경 그리스 철학자들은 모든 것이 *아토모스*(*atomos*)라고 하는 미세한 입자를 포함해야 한다고 생각했지만 원자의 개념은 1808년이 되어서야 과학 이론이 되었다. 돌턴(John Dalton, 1766~1844)은 원자가 화합물에서 발견되는 원소의 조합을 이룬다는 원자 이론을 개발했다.

돌턴의 원자론

1. 모든 물질은 원자라고 하는 작은 입자들로 이루어져 있다.
2. 주어진 원소의 모든 원자는 서로 같고 다른 원소의 원자와는 다르다.
3. 둘 이상의 서로 다른 원소의 원자가 결합되어 화합물을 형성한다. 특정 화합물은 항상 같은 종류의 원자로 구성되며 항상 각 종류 원자의 수가 같다.
4. 화학 반응은 원자의 재배열, 분리 또는 조합이다. 원자는 화학 반응 중에 생성되거나 파괴되지 않는다.

돌턴의 이론 중 일부는 수정되었지만 돌턴의 원자론은 현재 원자 이론의 기초를 형성했다. 이제는 같은 원소의 원자가 서로 완전히 동일하지 않으며 더 작은 입자들로 구성된다는 것을 알고 있다. 그러나 원자는 여전히 원소의 성질을 유지하는 가장 작은 입자이다.

원자는 우리 주변에서 보는 모든 것의 구성 요소이지만 육안으로는 원자 한 개나 심지어 수십억 개의 원자도 볼 수 없다. 하지만 수십억 개의 원자가 함께 모여지면 각 원자의 특징이 더해져 원소와 관련된 특성을 볼 수 있다. 예를 들어, 금 원소의 작은 조각은 많은 금 원자로 이루어져 있다. *주사 터널 현미경*(scanning tunneling microscope, STM)이라고 하는 특별한 현미경은 각 원자의 이미지를 생성한다(**그림 4.5** 참조).

생각해 보기 4.5

돌턴의 원자론은 화합물 내 원자에 대해 무엇을 말해 주는가?

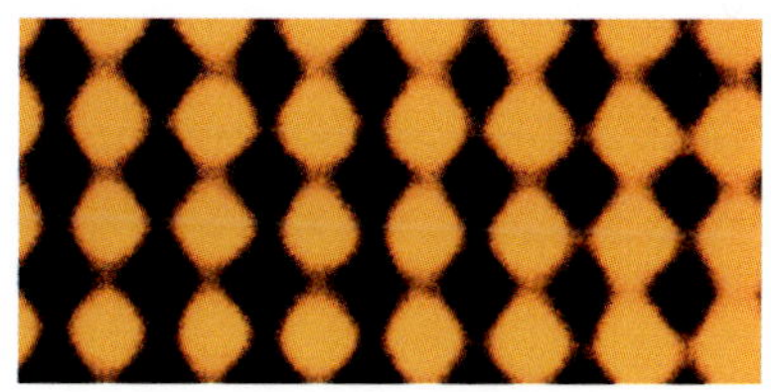

그림 4.5 ▸ 금 원자의 이미지는 주사 현미경으로 1600만 배 확대하여 얻은 것이다.

원자 내의 전하

1800년대 말, 실험 결과를 통해 원자가 단단한 공 모양이 아니라 **아원자 입자**(subatomic particle)라고 하는 물질의 더 작은 입자들로 구성되었다는 것이 밝혀졌다. 이 아원자 입자 중 3개는 *양성자*(proton), *중성자*(neutron), *전자*(electron)이다. 이 중 두 개는 전하를 가지고 있기 때문에 발견되었다.

전하는 양일 수도 음일 수도 있다. 실험에서 같은 전하는 서로 멀리 밀어낸다. 건조한 날 머리를 빗을 때 빗과 머리카락이 같은 전하를 띠게 된다. 그 결과, 머리카락이 빗에서 멀리 밀려간다. 하지만 반대, 즉 다른 전하는 서로 끌어당긴다. 의류 건조기에서 꺼낸 옷에서 나는 딱딱 소리는 전하가 있음을 나타낸다. 옷이 달라붙는 것은 반대되는 다른 전하의 인력 때문이다(**그림 4.6** 참조).

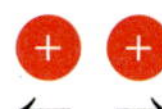

양전하들끼리는 밀어낸다.

음전하들끼리는 밀어낸다.

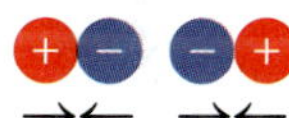

다른 전하는 끌어당긴다.

그림 4.6 ▸ 같은 전하끼리는 밀어내고 다른 전하는 끌어당긴다.

원자의 구조

1897년 영국 물리학자 톰슨(J. J. Thomson)은 유리관에 전기를 띠게 하여 *음극선*(cathode ray)이라는 작은 입자의 흐름을 만들어 냈다. 이 선이 양전하를 띤 전극에 끌리기 때문에 톰슨은 이 선의 입자가 음전하를 띠어야 한다고 생각했다. 더 많은 실험을 통해 **전자**(electron)라고 하는 이 입자는 원자보다 훨씬 더 작고 질량도 매우 적다는 것이 밝혀졌다. 원자는 중성이므로, 과학자들은 원자에는 전자보다 훨씬 무거운 **양성자**(proton)라고 하는 양전하를 띤 입자가 포함되어 있다는 것을 곧 발견하게 되었다.

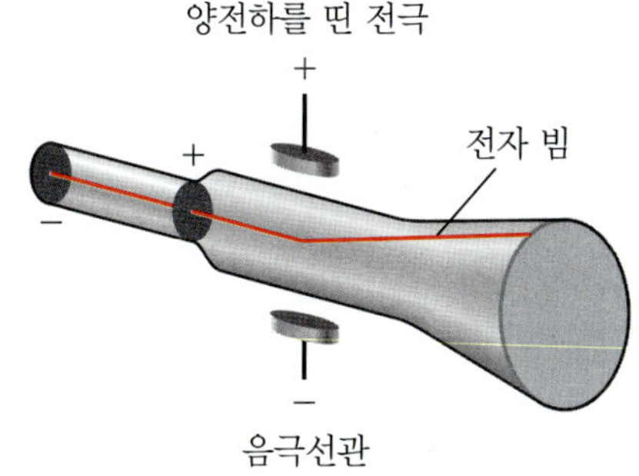

음으로 하전된 음극선(전자)은 양전하를 띤 전극 쪽으로 끌린다.

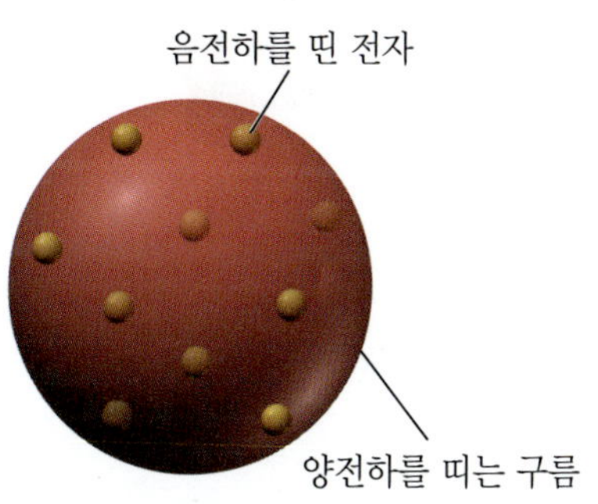

톰슨의 "자두 푸딩" 모형은 원자 내에서 전자들이 양전하를 띠는 구름 전체에 흩어져 있는 모양이다.

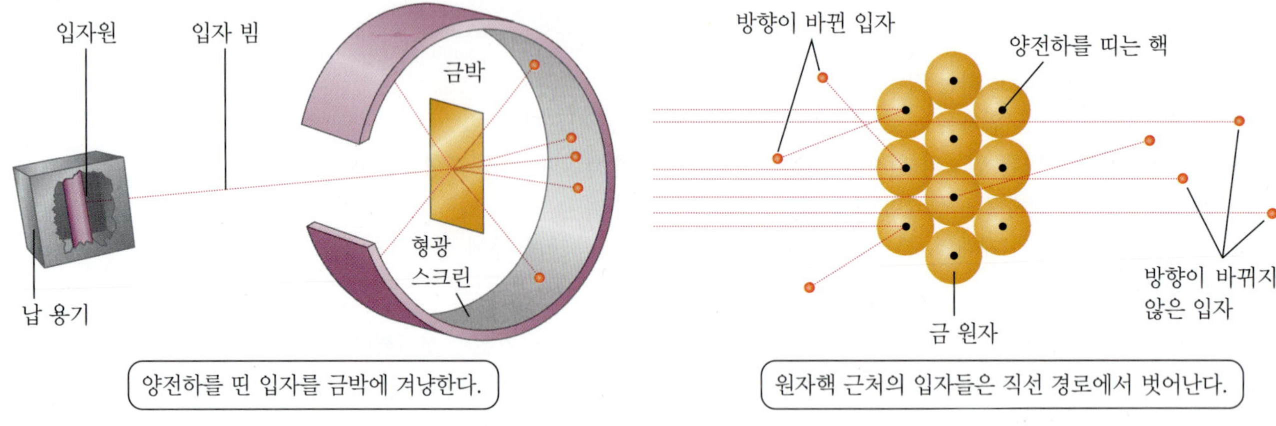

그림 4.7 ▸ 러더퍼드의 금박 실험

톰슨은 원자에 대해 양전하를 띤 구름 속에 전자가 분포되어 있는 모형을 제안했다. 톰슨의 원자 모형은 "자두 푸딩(plum-pudding)" 모형으로 알려져 있는데, 전자가 영국에서 식사 후 디저트인 자두 푸딩 속에 있는 자두를 연상시킨다고 해서 이러한 이름이 붙게 되었다. 1911년 러더퍼드(Ernest Rutherford)는 톰슨과 함께 이 모형을 시험하였다. 러더퍼드의 실험에서, 양전하를 띤 입자들로 얇은 금 박판을 겨냥했다(**그림 4.7** 참조). 톰슨 모형이 정확하다면 입자들은 금박을 통과해 직선 경로로 이동할 것이다. 금박을 통과할 때 입자 중 일부가 빗나가고 일부 입자는 매우 많이 빗나가 반대 방향으로 되돌아갔다는 사실에 러더퍼드는 크게 놀랐다. 러더퍼드에 따르면 마치 휴지 조각에 포탄을 쏘았는데, 그것이 그를 향해 튀어 돌아온 것 같았다는 것이다.

금박 실험을 통해 러더퍼드는 양성자가 원자의 중심에 있는 작고 양전하를 띤 영역에 포함되어야 한다는 것을 알았는데, 그는 그것을 **핵**(nucleus)이라고 불렀다. 그는 원자 내의 전자들이 핵을 둘러싼 공간을 차지하며, 그 공간을 통해 대부분의 입자가 방해받지 않고 이동했다고 제안하였다. 밀도가 큰 양전하를 띤 중심 부근에 있는 입자들만 빗나가게 되었다. 핵의 크기는 원자 전체 크기에 비해 매우 작다. 원자가 축구 경기장만 하다면, 핵은 경기장 중앙에 놓인 골프 공 크기 정도라고 할 수 있다.

후에 과학자들은 양성자들의 질량보다 핵이 더 무겁다는 것을 알게 되어, 다른 아원자 입자를 찾게 되었다. 마침내 핵 안에 **중성자**(neutron)라고 하는 중성 입자가 들어 있음을 발견했다.

생각해 보기 4.6

대부분의 입자들이 방향이 바뀌지 않고 금박을 통과하는 반면 왜 어떤 입자들은 방향이 바뀌는가?

원자의 질량

모든 아원자 입자는 우리 주변에서 보는 것들과 비교할 때 매우 작다(**그림 4.8** 참조). 양성자의 질량은 1.67×10^{-24} g이며, 중성자의 질량은 양성자와 거의 같다. 하지만 전자의 질량은 9.11×10^{-28} g으로, 양성자나 중성자의 질량보다 훨씬 작다. 아원자 입자의 질량이 너무 작기 때문에 화학자들은 **원자 질량 단위**(atomic mass unit, amu)라고 하는 매우 작은 질량 단위를 사용한다. 1 amu는 양성자 6개와 중성자 6개를 포함하는 핵을 가지는 탄소 원자의 질량의 1/12로 정의된다. 생물학에서는 원자 질량 단위를 돌턴을 기념하여 *돌턴*(Da)이라고 부른다. amu 규모에서 양성자와 중성자의 질량은 각각 약 1 amu이다. 전자의 질량은 너무 작기 때문에 보통 원자 질량 계산에서는 무시된다. **표 4.5**는 원자 내 아원자 입자에 관한 정보를 요약한 것이다.

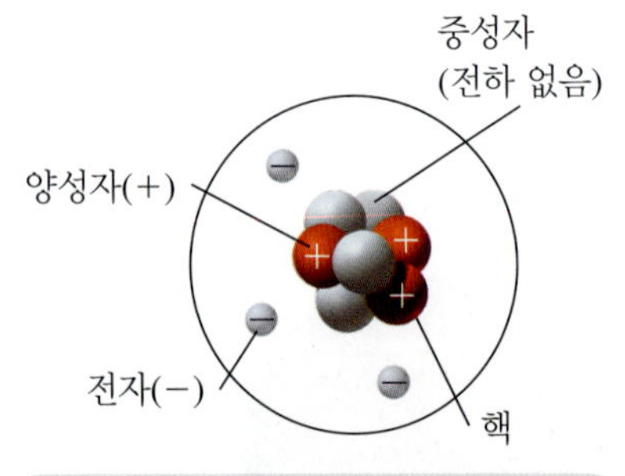

전형적인 리튬 원자의 핵은 양성자 3개와 중성자 4개를 포함하고 있다.

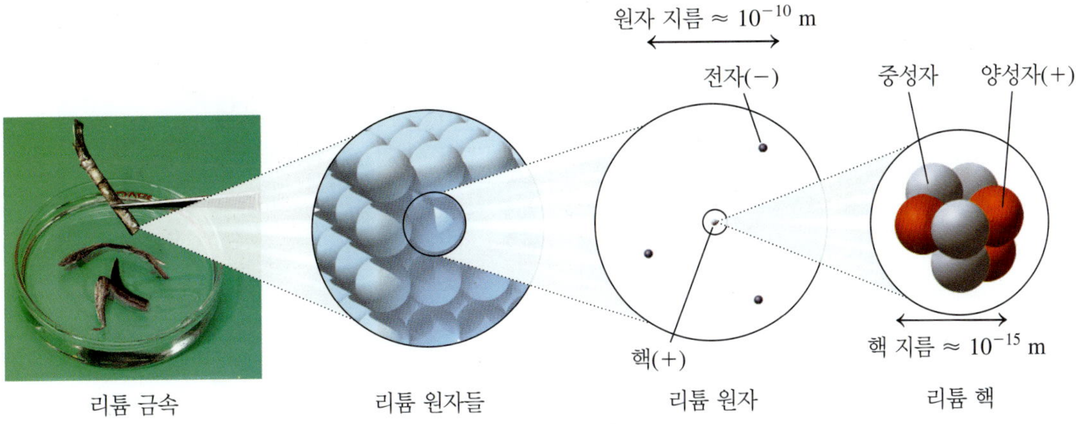

그림 4.8 ▸ 원자 내에서 거의 모든 질량을 구성하는 양성자와 중성자는 핵의 매우 작은 부피 안에 모여 있다. 빠르게 움직이는 전자(음전하)는 핵을 둘러싸고 원자의 큰 부피를 차지한다.

생각해 보기 4.7

왜 원자는 대부분 빈 공간이라고 할 수 있는가?

표 4.5 > 원자 내 아원자 입자

입자	기호	전하	질량(amu)	원자 내 위치
양성자	p 또는 p^+	1+	1.007	핵
중성자	n 또는 n^0	0	1.008	핵
전자	e^-	1−	0.000 55	핵 바깥쪽

4.4 원자 번호와 질량수

〉학습 목표 원자의 원자 번호와 질량수가 주어지면 양성자, 중성자, 전자의 수를 말할 수 있다.

같은 원소의 모든 원자는 항상 양성자 수가 같다. 이것은 한 원소의 원자를 다른 모든 원소의 원자와 구별한다.

원자 번호

핵심 화학 기술

양성자와 중성자 계산

어떤 원소의 **원자 번호**(atomic number)는 그 원소의 각 원자에 있는 양성자 수와 같다. 원자 번호는 주기율표의 각 원소 기호 위에 있는 정수이다.

원자 번호 = 원자 안에 있는 양성자 수

이 책 앞표지 안쪽에 있는 주기율표는 원자 번호 1~118까지의 원소를 보여준다. 원자 번호를 사용하여 모든 원소의 원자에서 양성자 수를 확인할 수 있다. 예를 들어, 원자 번호가 3인 리튬 원자에는 양성자가 3개 있다. 모든 리튬 원자는 양성자 3개만을 가진다. 양성자가 3개인 원자는 항상 리튬 원자이다. 같은 방식으로, 원자 번호 6인 탄소 원자는 양성자 6개를 가지고 있다고 결정한다. 모든 탄소 원자는 양성자 6개를 가지며, 양성자 6개인 원자는 탄소이다.

원자는 전기적으로 중성이다. 이것은 원자 안의 양성자 수가 전자 수와 같아서 각 원자의 전체 전하는 0이 된다는 뜻이다. 따라서 원자 번호는 각 원자에 대한 전자 수도 제공한다.

생각해 보기 4.8

왜 바륨 각 원자에는 양성자 56개와 전자 56개가 있는가?

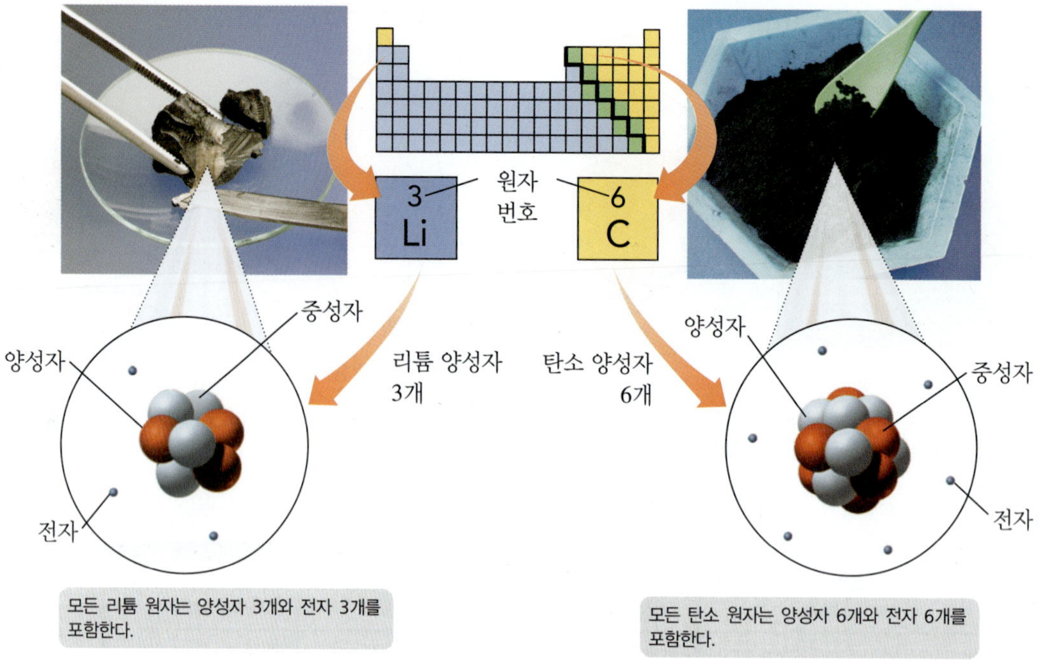

생각해 보기 4.9

원자 내 어떤 아원자 입자가 해당 원자의 질량수를 결정하는가?

생각해 보기 4.10

질량수 102인 주석 원자는 몇 개의 중성자를 갖는가?

질량수

이제 양성자와 중성자가 핵의 질량을 결정한다는 것을 알게 되었다. 따라서 어떤 단일 원자에 대해 **질량수**(mass number)를 정의하는데, 이는 핵에 있는 양성자와 중성자의 총 개수이다. *질량수*라는 용어가 원자핵에 양성자와 중성자가 얼마나 많이 있는지 알려준다는 것을 이해하는 것이 중요하다. 이들이 원자의 질량을 결정하는 주요 아원자 입자들이므로 양성자와 중성자의 수를 "질량"수라고 한다. 질량수는 단일 원자에만 적용되기 때문에 주기율표에는 나타나지 않는다.

질량수 = 양성자 수 + 중성자 수

예를 들어, 양성자 8개와 중성자 8개를 포함하는 산소 원자의 핵은 질량수가 16이다. 양성자 26개와 중성자 32개를 포함하는 철 원자의 질량수는 58이다.

원자의 질량수와 원자 번호가 주어지면 핵에 있는 중성자 수를 계산할 수 있다.

핵에 있는 중성자 수 = 질량수 − 양성자 수

예를 들어, 염소 원자(원자 번호 17)에 대해 질량수가 37이라면 핵에 있는 중성자 수를 다음과 같이 계산할 수 있다.

중성자 수 = 37 (질량수) − 17 (양성자) = 20 중성자

표 4.6은 서로 다른 원소에 대한 단일 원자의 예에서 원자 번호, 질량수, 양성자 수, 중성자 수, 전자 수 사이의 이러한 관계를 보여준다.

예제 4.3 양성자 수, 중성자 수, 전자 수 계산하기

먼저 해 보기!

미량무기질인 아연은 세포의 대사 반응, DNA 합성, 뼈, 치아, 결합 조직의 성장 및 면역계의 적절한 기능을 위해 필요하다. 질량수 68인 아연 원자에 대해 다음을 결정하라.

a. 양성자 수 **b.** 중성자 수 **c.** 전자 수

표 4.6 > 다른 원소의 몇몇 원자의 구성

원소	기호	원자 번호	질량수	양성자 수	중성자 수	전자 수
수소	H	1	1	1	0	1
질소	N	7	14	7	7	7
산소	O	8	16	8	8	8
염소	Cl	17	37	17	20	17
철	Fe	26	58	26	32	26
금	Au	79	197	79	118	79

풀이

문제 분석	주어진 것	필요한 것	연결
	아연(Zn), 질량수 68	양성자 수, 중성자 수, 전자 수	주기율표, 원자 번호

a. 원자 번호 30인 아연(Zn)에는 양성자 30개가 있다.

b. 이 원자의 중성자 수는 질량수에서 양성자 수(원자 번호)를 뺀 값이다.

질량수	−	원자 번호	=	중성자 수
68	−	30	=	38

c. 아연 원자는 중성이므로 전자 수는 양성자 수와 같다. 아연 원자에는 전자 30개가 있다.

확인 문제 4.3

a. 질량수 80인 브로민의 원자핵에 중성자는 몇 개 있는가?

b. 중성자 71개를 갖는 세슘 원자의 질량수는 얼마인가?

답

a. 45

b. 126

4.5 동위원소와 원자 질량

> 학습 목표 한 원소에서 하나 이상의 동위원소에 있는 양성자 수, 중성자 수, 전자 수를 결정할 수 있다. 천연 동위원소의 존재 비율과 질량을 사용하여 어떤 원소의 원자 질량을 계산할 수 있다.

같은 원소의 모든 원자는 양성자 수와 전자 수가 같음을 알게 되었다. 하지만 대부분의 원소의 원자들은 중성자 수가 다를 수 있기 때문에 어떤 한 원소의 원자들은 완전히 동일하지는 않다.

원자와 동위원소

동위원소(isotope)는 원자 번호는 같지만 중성자 수가 다른 같은 원소의 원자들이다. 예를 들어, 원소 마그네슘(Mg)의 모든 원자는 원자 번호가 12이다. 따라서 모든 마그네슘 원자에는 항상 양성자 12개가 있다. 하지만 일부 천연 마그네슘 원자에는 중성자가 12개 있으며, 다른 일부에는 중성자 13개가 있고, 또 다른 원자에는 중성자 14개가 있다. 중성자 수가 다르면 마그네슘 원자의 질량수는 달라지지만 화학적 거동이 변하지는 않는다.

핵심 화학 기술

동위원소에 대한 원자 기호 쓰기

한 원소의 다른 동위원소들을 구별하기 위해 왼쪽 상단에 질량수를, 왼쪽 하단에 원자 번호를 나타내는 특정 동위원소에 대한 **원자 기호**(atomic symbol)를 쓴다.

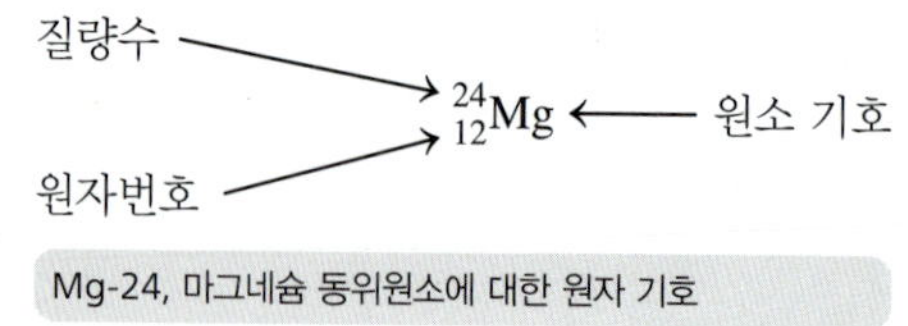

Mg-24, 마그네슘 동위원소에 대한 원자 기호

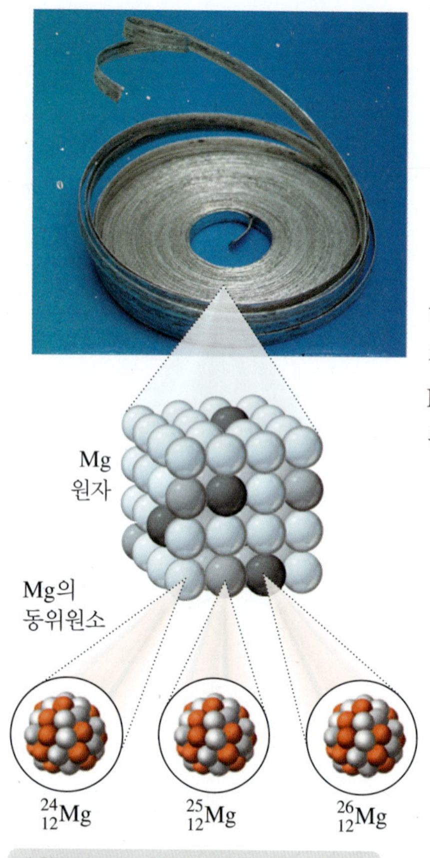

세 천연 마그네슘 동위원소의 핵은 양성자 수는 같지만 중성자 수가 다르다.

동위원소는 마그네슘-24나 Mg-24와 같이 그 이름이나 기호 뒤에 질량수를 써서 나타내기도 한다. 마그네슘은 **표 4.7**에 나타낸 바와 같이 3개의 천연 동위원소가 있다. 대량의 천연 마그네슘 원자 시료에서 각 형태의 동위원소는 특정 백분율로 존재한다. 예를 들어, Mg-24 동위 원소는 총 시료의 거의 80%를 구성하는 반면, Mg-25와 Mg-26은 총 마그네슘 원자 수의 약 10%만을 차지한다.

표 4.7 > 마그네슘의 동위원소

원자 기호	$^{24}_{12}Mg$	$^{25}_{12}Mg$	$^{26}_{12}Mg$
이름	Mg-24	Mg-25	Mg-26
양성자 수	12	12	12
전자 수	12	12	12
질량수	24	25	26
중성자 수	12	13	14
동위원소 질량(amu)	23.99	24.99	25.98
존재 백분율	78.70	10.13	11.17

예제 4.4 동위원소에서 양성자와 중성자 식별

먼저 해 보기!

혈당 수준을 유지하기 위해 필요한 미량무기질인 크로뮴에는 4개의 천연 동위원소가 있다. 다음 각 동위원소에서 양성자 수와 중성자 수를 계산하라.

a. $^{50}_{24}Cr$ **b.** $^{52}_{24}Cr$ **c.** $^{53}_{24}Cr$ **d.** $^{54}_{24}Cr$

풀이

문제 분석	주어진 것	필요한 것	연결
	크로뮴 동위원소들의 원자 기호	양성자 수, 중성자 수	원자 번호

원자 기호에서 기호의 왼쪽 위에 질량수를 표시하고 기호의 왼쪽 아래에 원자 번호를 표시한다. 따라서 원자 번호 24인 Cr의 각 동위원소에는 양성자 24개가 있다. 중성자 수는 각 동위원소의 질량수에서 양성자 수(24)를 뺀 값이다.

원자 기호	원자 번호	질량수	양성자 수	중성자 수
a. $^{50}_{24}Cr$	24	50	24	26(50 − 24)
b. $^{52}_{24}Cr$	24	52	24	28(52 − 24)
c. $^{53}_{24}Cr$	24	53	24	29(53 − 24)
d. $^{54}_{24}Cr$	24	54	24	30(54 − 24)

생각해 보기 4.11

원자 Sn-112와 원자 Sn-126의 공통점과 차이점은 무엇인가?

확인 문제 4.4

a. 바나듐은 뼈와 치아 형성에 필요한 미량무기질이다. 중성자 27개가 있는 바나듐의 동위원소에 대한 원자 기호를 써라.

b. 음식에서 Fe와 N 대사에 필요한 미량무기질인 몰리브데넘은 7개의 천연 동위원소가 있다. Mo-97과 Mo-98 두 동위원소의 원자 기호를 써라.

c. Mo-97 원자의 양성자 수와 중성자 수를 계산하라.

답

a. $^{50}_{23}V$ **b.** $^{97}_{42}Mo$, $^{98}_{42}Mo$ **c.** 양성자 42개, 중성자 55개

생각해 보기 4.12

질량수와 원자 질량 간의 차이는 무엇인가?

존재 백분율을 이용해서 8파운드와 14파운드 볼링공의 가중 평균을 계산할 수 있다.

핵심 화학 기술

원자 질량 계산

원자 질량

실험실에서 화학자는 일반적으로 한 원소의 다른 원자 즉, 동위원소를 모두 포함하는 많은 원자를 가진 시료를 사용한다. 각 동위 원소는 질량이 다르기 때문에 화학자들은 "평균 원자"에 대한 **원자 질량**(atomic mass)을 계산했는데, 이는 그 원소의 모든 천연 동위원소의 질량을 *가중 평균*(weighted average)한 것이다. 주기율표에서 원자 질량은 각 원소 기호 아래에 주어진 소수로 표시된 숫자이다. 대부분의 원소는 2개 이상의 동위원소로 구성되어 있어서 주기율표의 원자 질량은 거의 정수가 아니다.

가중 평균 유추

동위원소 군에 대한 가중 평균으로 원자 질량을 계산하는 방법을 이해하기 위해 무게가 서로 다른 볼링공을 사용해 설명해 보자. 볼링장에서 8파운드 볼링공 5개와 각각 14파운드 볼링공 20개를 주문했다. 8파운드 공보다 14파운드 공이 더 많다. 14파운드 공의 존재 백분율은 80.%(20/25)이고 8파운드 공이 20.%(5/25)이다. 이제 두 종류 볼링공의 무게와 백분율을 사용하여 "평균" 볼링공에 대한 가중 평균을 계산할 수 있다.

항목	무게(파운드)	존재 백분율	각 형태의 무게
14파운드 볼링공	14 ×	$\frac{80.}{100}$ =	11.2 lb
8파운드 볼링공	18 ×	$\frac{20.}{100}$ =	1.6 lb
		볼링공의 가중 평균 질량 =	12.8 lb
		볼링공의 "원자 질량" =	12.8 lb

원자 질량 계산

어떤 원소의 원자 질량을 계산하려면 각 동위원소의 질량과 존재 비율을 알아야 하는데, 이들은 둘 다 실험을 통해 결정해야 한다. 예를 들어, 천연 염소 원자 시료에는 $^{35}_{17}Cl$ 원자 75.76%, $^{37}_{17}Cl$ 원자가 24.24% 들어 있다. $^{35}_{17}Cl$ 동위원소의 질량은 34.97 amu이고 $^{37}_{17}Cl$ 동위원소의 질량은 36.97 amu이다.

$$\text{Cl의 원자 질량} = \underbrace{^{35}_{17}\text{Cl의 질량} \times \frac{^{35}_{17}\text{Cl\%}}{100\%}}_{^{35}_{17}\text{Cl로부터의 amu}} + \underbrace{^{37}_{17}\text{Cl의 질량} \times \frac{^{37}_{17}\text{Cl\%}}{100\%}}_{^{37}_{17}\text{Cl로부터의 amu}}$$

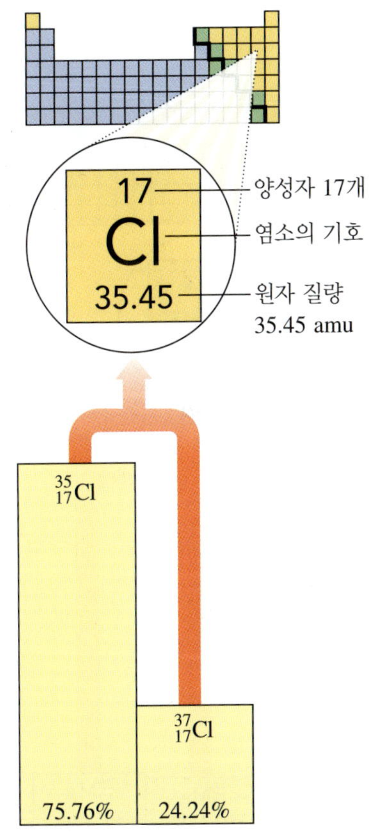

천연 동위원소 2개가 있는 염소는 원자 질량이 35.45 amu이다.

원자 기호	질량(amu)	존재비(%)	원자 질량에 대한 기여분
$^{35}_{17}Cl$	34.97 ×	$\frac{75.76}{100}$ =	26.49 amu
$^{37}_{17}Cl$	36.97 ×	$\frac{24.24}{100}$ =	8.962 amu
		Cl의 가중 평균 질량 =	35.45 amu
		Cl의 원자 질량 =	35.45 amu

원자 질량 35.45 amu는 Cl 원자 시료의 가중 평균 질량으로, 각 Cl 원자가 실제로 이 질량을 갖지는 않는다. 원자 질량 35.45는 Cl-35의 질량수에 더 가까운데, 이것은 또한 염소 시료 중에 $^{35}_{17}Cl$ 원자의 비율이 더 높다는 것을 나타낸다. 실제로, 염소 원자 시료에서 $^{37}_{17}Cl$ 원자 1개당 $^{35}_{17}Cl$ 원자 3개가 존재한다.

표 4.8은 몇 가지 선택된 원소의 천연 동위원소와 그들의 원자 질량을 나열한 것이다.

표 4.8 > 몇 가지 원소의 원자 질량

원소	천연 동위원소	원자 질량(가중 평균)
리튬	$^{6}_{3}Li$, $^{7}_{3}Li$	6.941 amu
탄소	$^{12}_{6}C$, $^{13}_{6}C$, $^{14}_{6}C$	12.01 amu
산소	$^{16}_{8}O$, $^{17}_{8}O$, $^{18}_{8}O$	16.00 amu
플루오린	$^{19}_{9}F$	19.00 amu
황	$^{32}_{16}S$, $^{33}_{16}S$, $^{34}_{16}S$, $^{36}_{16}S$	32.07 amu
포타슘	$^{39}_{19}K$, $^{40}_{19}K$, $^{41}_{19}K$	39.10 amu
구리	$^{63}_{29}Cu$, $^{65}_{29}Cu$	63.55 amu

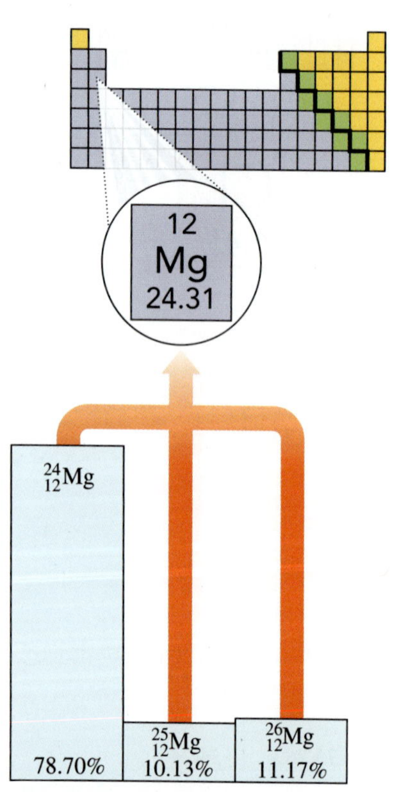

천연 동위원소 3개가 있는 마그네슘의 원자 질량은 24.31 amu이다.

예제 4.5 원자 질량 계산

먼저 해 보기!

마그네슘은 근육 수축과 대사 반응에 필요한 다량무기질이다. 표 4.7과 가중 평균 질량법을 사용하여 마그네슘의 원자 질량을 계산하라.

풀이

문제 분석	주어진 것	필요한 것	연결
	존재 백분율, 원자 질량	마그네슘의 원자 질량	가중 평균 질량

단계 1 각 동위원소의 질량에 백분율을 100으로 나눈 값을 곱한다.

원자 기호	질량(amu)	존재 비율(%)	원자 질량에 대한 기여분
$^{24}_{12}Mg$	23.99 ×	$\frac{78.70}{100}$ =	18.88 amu
$^{25}_{12}Mg$	24.99 ×	$\frac{10.13}{100}$ =	2.531 amu
$^{26}_{12}Mg$	25.98 ×	$\frac{11.17}{100}$ =	2.902 amu

단계 2 각 동위원소의 기여분을 더해 원자 질량을 구한다.

Mg의 원자 질량 = 18.88 amu + 2.531 amu + 2.902 amu
= 24.31 amu(가중 평균 질량)

확인 문제 4.5

붕소에는 2개의 천연 동위원소가 있다. 동위원소 $^{10}_{5}B$의 질량은 10.01 amu로 존재비가 19.80%이며, 동위원소 $^{11}_{5}B$의 질량은 11.01 amu로 존재비가 80.20%이다. 가중 평균 질량법을 사용하여 붕소의 원자 질량을 계산하라.

답

10.81 amu

UPDATE 작물 생산 개선

식물에서 포타슘(K)은 식물에서 성장 조절, 단백질 합성, 광합성, 이온 균형을 포함한 대사 과정에 필요하다. 포타슘이 부족한 감자 식물은 보라색이나 갈색 반점을 나타내며 식물, 뿌리, 종자의 성장이 감소할 수 있다. 존은 최근 감자 작물의 잎에 갈색 반점이 있으며 감자의 크기가 작고 작물 수확량이 낮다는 것을 알았다.

토양 시료를 시험한 결과 포타슘 수준이 100 ppm 미만으로, 포타슘을 보충해야 함이 나타났다. 존은 염화 포타슘(KCl)이 들어 있는 비료를 사용했다. 정확한 양의 포타슘을 얻기 위해 계산하여 헥타르 당 비료 170 kg이 필요함을 알게 되었다.

응용 문제

4.1 **a.** 포타슘이 포함되어 있는 족의 족 번호와 이름은 무엇인가?

b. 포타슘은 금속, 비금속, 준금속 중 어디에 속하는가?

c. 포타슘 원자에는 몇 개의 양성자가 있는가?

포타슘 무기질 부족으로 감자 잎에 갈색 반점이 생긴다.

d. 포타슘에는 3개의 천연 동위원소, K-39, K-40, K-41가 있다. 포타슘의 원자 질량을 이용하여 가장 풍부한 동위원소를 결정하라.

4.2 **a.** K-41에는 중성자가 몇 개 있는가?

b. 존의 감자 농장 면적이 34.5 헥타르라면, 존이 사용해야 하는 비료는 몇 파운드인가?

c. 포타슘은 3개의 천연 동위원소 K-39(93.26%, 38.964 amu), K-40(0.0117%, 39.964 amu), K-41(6.73%, 40.962 amu)가 존재한다. 주어진 각 동위원소의 존재 비율과 가중 평균 질량법을 사용하여 포타슘의 원자 질량을 계산하라.

제4장 복습하기 _Chapter Review

4.1 원소와 기호

학습 목표 원소의 이름이 주어지면 올바른 기호를 쓸 수 있다. 기호로부터 올바른 이름을 쓸 수 있다.

- 원소는 물질의 기본 물질이다.
- 화학 기호는 원소 이름의 1~2글자로 된 약자이다.

4.2 주기율표

학습 목표 주기율표를 사용하여 원소의 족과 주기를 확인할 수 있다. 원소를 금속, 비금속, 준금속으로 분류할 수 있다.

- 주기율표는 원자 번호가 증가하는 순서로 원소를 배열한 것이다.
- 수평 행을 *주기*(period)라고 한다.
- 비슷한 특성을 가진 원소를 포함하는 주기율표의 세로 열을 *족*(group)이라고 한다.

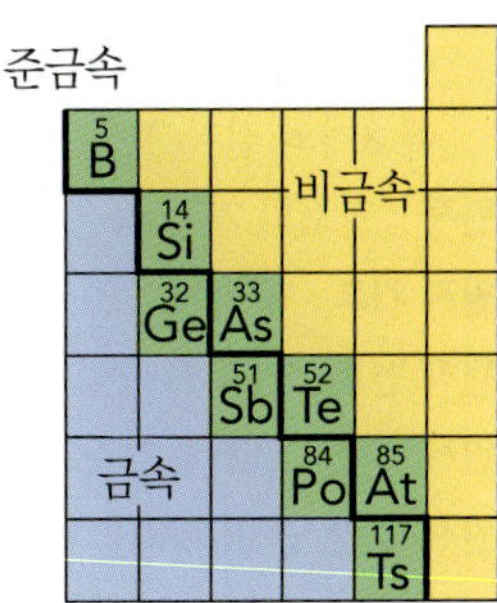

- 1A(1)족 원소는 *알칼리 금속*(alkali metal)이라고 부른다. 2A(2)족 원소는 *알칼리 토금속*(alkaline earth metal), 7A(17)족 원소는 *할로젠*(halogen), 8A(18)족 원소는 *영족 기체*(noble gas)라고 한다.
- 주기율표에서 *금속*(metal)은 굵은 계단 모양의 선 왼쪽에, *비금속*(nonmetal)은 선 오른쪽에 위치하고 있다.
- 알루미늄을 제외하고 굵은 계단 모양의 선을 따라 위치한 원소를 *준금속*(metalloid)이라고 한다.

4.3 원자

학습 목표 양성자, 중성자, 전자의 전하량과 원자 내에서의 위치를 설명할 수 있다.

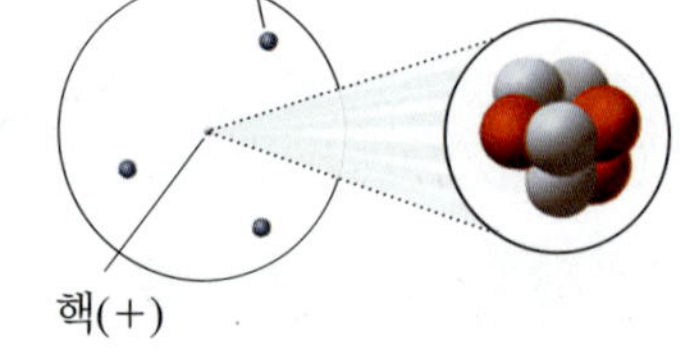

- 원자는 원소의 특성을 유지하는 가장 작은 입자이다.
- 원자는 3가지 형태의 아원자 입자로 구성된다.
- 양성자는 양전하(+)를, 전자는 음전하(−)를 띠며, 중성자는 전기적으로 중성이다.
- 양성자와 중성자는 작고 밀도가 큰 핵에서 발견되며, 전자는 핵 바깥쪽에 위치한다.

4.4 원자 번호와 질량수

학습 목표 원자의 원자 번호와 질량수가 주어지면 양성자, 중성자, 전자 수를 기술할 수 있다.

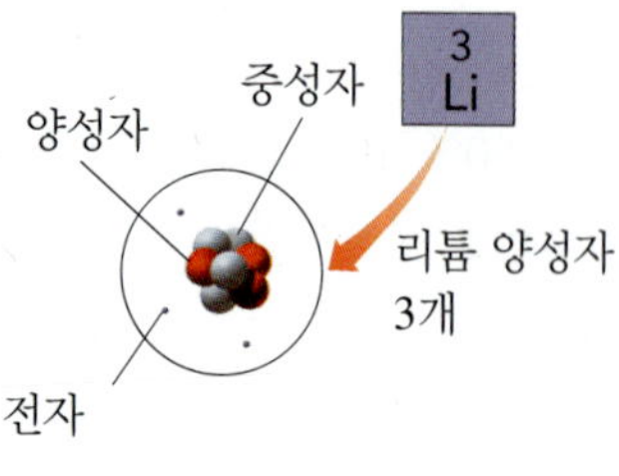

- 원자 번호는 동일한 원소의 모든 원자에서 양성자 수를 나타낸다.
- 중성 원자에서는 양성자 수와 전자 수가 같다.
- 질량수는 원자에서 양성자와 중성자의 총 개수이다.

4.5 동위원소와 원자 질량

학습 목표 한 원소에서 하나 이상의 동위원소에 있는 양성자 수, 중성자 수, 전자 수를 결정할 수 있다. 천연 동위원소의 존재비와 질량을 사용하여 어떤 원소의 원자 질량을 계산할 수 있다.

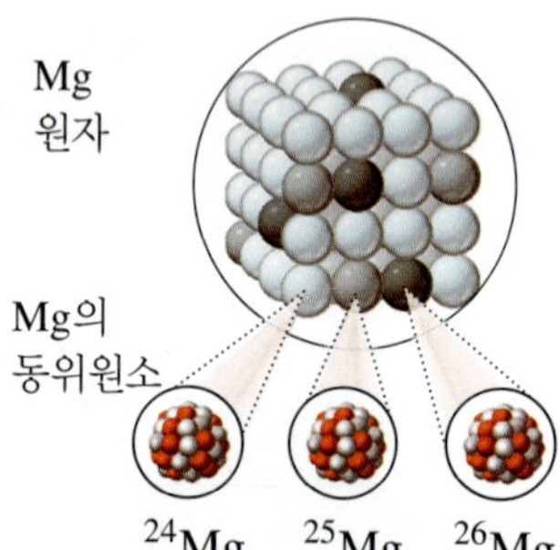

- 양성자 수는 같지만 중성자 수가 다른 원자를 *동위원소*(*isotope*)라고 한다.
- 원소의 원자 질량은 그 원소의 천연 시료 중 모든 동위원소의 가중 평균 질량이다.

주요 용어 _Key Terms

금속 빛나며, 연성과 전성이 있으며, 열과 전기의 좋은 전도체인 원소. 금속은 주기율표에서 굵은 계단 모양의 선 왼쪽에 위치하고 있다.

동위원소 동일한 원소의 다른 원자와 질량수가 다른 원자. 동위원소는 원자 번호(양성자 수)는 같지만 중성자 수가 다르다.

비금속 열과 전기를 잘 통하지 않으며, 광택이 거의 없거나 전혀 없는 원소. 비금속은 주기율표의 굵은 계단 모양의 선 오른쪽에 위치해 있다.

아원자 입자 원자 내의 입자. 양성자, 중성자, 전자는 아원자 입자이다.

알칼리 금속 수소를 제외한 1A(1)족 원소로 가장 바깥 쪽 에너지 준위에 1개의 전자를 갖는 부드럽고 광택이 나는 금속.

알칼리 토금속 가장 바깥 쪽 에너지 준위에 2개의 전자를 갖는 2A(2)족 원소.

양성자 질량이 약 1 amu이고 원자핵에서 발견되는 양으로 하전된 아원자 입자. 기호는 p 또는 p^+ 이다.

영족 기체 주기율표 상의 8A(18)족 원소로 일반적으로 반응성이 없으며 다른 원소와 결합을 거의 하지 않는다. 가장 바깥 쪽 에너지 준위에 8개의 전자(헬륨은 2개의 전자)를 갖는다.

원자 원소의 가장 작은 입자.

원자 기호 동위원소의 질량과 원자 번호를 나타내는 약어.

원자 번호 원자의 양성자 수와 같은 수.

원자 질량 원소의 모든 천연 동위원소의 가중 평균 질량.

원자 질량 단위(amu) 원자 및 아원자 입자와 같이 매우 작은 입자의 질량을 나타내는 데 사용되는 작은 질량 단위. 1 amu는 원자 질량의 1/12에 해당한다.

전이 원소 주기율표의 가운데에 있는 문자 "B" 또는 족 번호 3~12로 지정된 원소.

전자 질량 계산에서 일반적으로 무시될 정도로 질량이 작고 음으로 하전된 아원자 입자. 기호는 e^-이다.

전형 원소 주기율표의 왼쪽에 있는 처음 두 열과 오른쪽 마지막 6개 열에 있는 족 번호 1A~8A 또는 1, 2 및 13~18의 원소.

족 비슷한 물리적, 화학적 성질을 갖는 원소를 포함하는 주기율표의 세로 열.

족 번호 주기율표의 각 세로 열(족)상단에 나타내는 숫자로 가장 바깥 쪽 에너지 준위에 있는 전자 수를 나타낸다.

주기 주기율표에서 원소의 가로 행.

주기율표 비슷한 화학적 거동을 갖는 원소들이 수직 열로 족을 이루도록 원자 번호가 증가하는 순으로 원소들을 배열한 표.

준금속 주기율표의 굵은 계단 모양의 선을 따라 위치한 금속과 비금속의 성질을 띤 원소.

중성자 질량이 약 1 amu이며 원자핵에서 발견되는 중성의 아원자 입자. 기호는 n 또는 n^0이다.

질량수 원자핵 안에 있는 양성자와 중성자의 총 개수.

할로젠 7A(17)족에 있는 원소, 플루오린, 염소, 브로민, 아이오딘, 아스타틴, 테네신이 있으며 가장 바깥 쪽 에너지 준위에 전자 7개를 갖는다.

핵 원자에서 양성자와 중성자를 포함하는 작고 밀도가 매우 높은 원자의 중심.

화학 기호 원소의 이름을 나타내는 약어.

핵심 화학 기술 _Core Chemistry Skills

각 핵심 화학 기술을 포함하는 절을 각 제목 끝의 괄호 안에 나타내었다.

▷ 양성자 수와 중성자 수 계산(4.4)

- 원소의 원자 번호는 해당 원소의 모든 원자에 있는 양성자 수와 같다. 원자 번호는 주기율표의 각 원소 기호 위에 나타나는 정수이다.

  원자 번호 = 원자 내의 양성자 수

- 원자는 중성이기 때문에 전자 수는 양성자 수와 같다. 따라서 원자 번호는 전자 수를 제공한다.
- 질량수는 원자핵에 있는 양성자와 중성자의 총 개수이다.

  질량수 = 양성자 수 + 중성자 수

- 중성자 수는 질량수와 원자 번호로부터 계산할 수 있다.

  중성자 수 = 질량수 − 양성자 수

예: 질량수 80인 크립톤 원자에 있는 양성자 수, 중성자 수, 전자 수를 계산하라.

답:

원소	원자 번호	질량수	양성자 수	중성자 수	전자 수
Kr	36	80	원자 번호와 같음 36	질량수 − 양성자 수와 같음 80 − 36 = 44	양성자 수와 같음 36

▷ 동위원소에 대한 원자 기호 쓰기(4.5)

- 동위원소는 원자 번호가 같지만 중성자 수가 다른 동일한 원소의 원자이다.
- 원자 기호는 특정 동위원소에 대해 쓰는데, 질량수(양성자 수와 중성자 수)는 왼쪽 위에, 원자 번호(양성자 수)는 왼쪽 아래에 표시한다.

질량수 → $^{24}_{12}Mg$ ← 원소 기호

원자 번호 → $^{24}_{12}Mg$

예: 카드뮴의 동위원소에서 양성자 수와 중성자 수를 계산하라.

답:

원소	원자 번호	질량수	양성자 수	중성자 수
Kr	왼쪽 아래의 숫자 48	왼쪽 위의 숫자 112	원자 번호와 같음 48	질량수 − 양성자 수와 같음 112 − 48 = 64

▷ 원자 질량 계산(4.5)

- 원자 질량은 해당 원소의 동위원소들의 질량과 존재비율로부터 계산할 수 있다.

  원자 질량 = %/100 × 동위원소(1) + %/100 × 동위원소(2)...

예: 다음과 같은 2개의 천연 동위원소가 있는 레늄의 원자 질량을 계산하라. 37.40% Re-185(184.95 amu), 62.60% Re-187(186.96 amu).

답:

$$\text{원자 질량} = 37.40/100 \times 184.95\text{ amu} + 62.60/100 \times 186.96\text{ amu}$$
$$= 69.17\text{ amu} + 117.0\text{ amu}$$
$$= 186.2\text{ amu}$$

개념 이해 문제 _Understanding the Concepts

각 문제 끝에 복습할 절을 괄호 안에 표시하였다.

4.3 돌턴의 원자론에 따르면, 다음 중 어느 것이 *참*이고 어느 것이 *거짓*인가? 거짓인 경우 문장을 수정하여 참으로 만들어라. (4.3)

a. 한 원소의 원자는 다른 원소의 원자와 동일하다.
b. 모든 원소는 원자들로 이루어져 있다.
c. 서로 다른 원소의 원자들이 결합되어 화합물을 형성한다.
d. 화학 반응에서는 일부 원자가 사라지고 새로운 원자가 생겨난다.

4.4 러더퍼드의 금박 실험을 사용하여 다음 각각에 답하라. (4.3)

a. 러더퍼드는 금박에 입자를 겨냥했을 때 어떻게 될 것으로 예상했는가?
b. 결과는 그가 기대한 것과 어떻게 다른가?
c. 어떻게 그 결과를 사용하여 원자 모형을 제안했는가?

4.5 아원자 입자(**1~3**)를 다음 각 설명과 짝지어라. (4.4)

1. 양성자 **2.** 중성자 **3.** 전자

a. 원자 질량
b. 원자 번호
c. 양전하
d. 음전하
e. 질량수 − 원자 번호

4.6 아원자 입자(**1~3**)를 다음 각 설명과 짝지어라. (4.4)

1. 양성자 **2.** 중성자 **3.** 전자

a. 질량수
b. 핵을 둘러쌈
c. 핵 안에 있음
d. 전하 0
e. 전자 수와 같음

4.7 X가 원소의 화학 기호를 나타내는 다음 원자를 생각해 보자. (4.5)

$^{16}_{8}X$ $^{16}_{9}X$ $^{18}_{10}X$ $^{17}_{8}X$ $^{18}_{8}X$

a. 어느 원자들이 양성자 수가 같은가?
b. 어느 원자들이 동위원소인가? 어떤 원소의 동위원소인가?
c. 어느 원자들이 질량수가 같은가?

4.8 X가 원소의 화학 기호를 나타내는 다음 원자를 생각해 보자. (4.5)

$^{124}_{47}X$ $^{116}_{49}X$ $^{116}_{50}X$ $^{124}_{50}X$ $^{116}_{48}X$

a. 어느 원자들이 양성자 수가 같은가?
b. 어느 원자들이 동위원소인가? 어떤 원소의 동위원소인가?
c. 어느 원자들이 질량수가 같은가?

4.9 핵 **A~E**의 각 표현에 대해 원자 기호를 작성하고 동위원소를 식별하라. (4.5)

양성자
중성자

A B C D E

4.10 문제 4.57에서 주어진 핵 **A~E**에 해당하는 원소를 금속, 비금속, 준금속으로 식별하라. (4.2)

응용 문제

4.11 저마늄의 천연 동위원소 중 세 가지에 대해 다음 표를 완성하라. (4.5)

	원자 기호		
	$^{70}_{32}Ge$	$^{73}_{32}Ge$	$^{76}_{32}Ge$
원자 번호			
질량수			
양성자 수			
중성자 수			
전자 수			

4.12 컴퓨터 칩의 주요 구성 원소인 규소의 천연 동위 원소 세 가지에 대해 다음 표를 완성하라. (4.5)

	원자 기호		
	$^{28}_{14}Si$	$^{29}_{14}Si$	$^{30}_{14}Si$
원자 번호			
질량수			
양성자 수			
중성자 수			
전자 수			

컴퓨터 칩은 주로 규소 원소로 구성된다.

추가 문제 _Additional Practice Problems

4.13 다음 문장을 완성하라. (4.2, 4.4)

a. 원자 번호는 핵에 있는 ________ 수를 제공한다.
b. 원자에서 전자 수는 ________ 수와 같다.
c. 소듐과 포타슘은 ________ 원소의 예이다.

4.14 다음 문장을 완성하라. (4.2, 4.4)

a. 원자의 양성자 수와 중성자 수의 합은 ________ 수이다.
b. 7A(17)족 원소들은 ________라고 한다.
c. 광택이 나고 전도성이 있는 원소들은 ________라고 한다.

4.15 다음 각 원소에 대한 화학 기호, 족 번호, 주기 번호를 써라. (4.2)

a. 브로민
b. 아르곤
c. 리튬
d. 라듐

4.16 다음 각 원소에 대한 화학 기호, 족 번호, 주기 번호를 써라. (4.2)

a. 라돈
b. 주석
c. 탄소
d. 마그네슘

4.17 다음 미량 원소들은 인체의 기능에 있어 중요하다. 각각 금속, 비금속, 준금속 중 어디에 해당하는지 표시하라. (4.2)

a. 몰리브데넘
b. 바나듐
c. 규소
d. 아이오딘

4.18 다음 미량 원소들은 인체의 기능에 있어 중요하다. 각각 금속, 비금속, 준금속 중 어디에 해당하는지 표시하라. (4.2)

a. 구리
b. 셀레늄
c. 비소
d. 크로뮴

4.19 다음 각 문장이 참인지 거짓인지 표시하라. (4.3)

a. 양성자는 음으로 하전된 입자이다.
b. 중성자는 양성자보다 2000배 무겁다.
c. 원자 질량 단위는 양성자 6개와 중성자 6개를 가진 탄소 원자를 기초로 한다.
d. 핵은 원자에서 가장 큰 부분이다.
e. 전자는 핵 바깥에 위치한다.

4.20 다음 각 문장이 참인지 거짓인지 표시하라. (4.3)

a. 중성자는 전기적으로 중성이다.
b. 원자 질량의 대부분은 양성자와 중성자 때문이다.
c. 전자의 전하는 중성자의 전하와 같지만 반대이다.
d. 양성자와 전자는 질량이 거의 같다.
e. 질량수는 양성자 수이다.

4.21 다음 원자에 대해 양성자 수, 중성자 수, 전자 수를 구하라. (4.4, 4.5)

a. $^{114}_{48}Cd$ **b.** $^{98}_{43}Tc$
c. $^{199}_{79}Au$ **d.** $^{222}_{86}Rn$
e. $^{136}_{54}Xe$

4.22 다음 원자에 대해 양성자 수, 중성자 수, 전자 수를 구하라. (4.4, 4.5)

a. $^{202}_{80}Hg$ **b.** $^{127}_{53}I$
c. $^{75}_{35}Br$ **d.** $^{133}_{55}Cs$
e. $^{195}_{78}Pt$

4.23 다음 표를 완성하라. (4.4, 4.5)

원소명	원자 기호	양성자 수	중성자 수	전자 수
	$^{80}_{34}Se$			
		28	34	
마그네슘			14	
	$^{228}_{88}Ra$			

4.24 다음 표를 완성하라. (4.4, 4.5)

원소명	원자 기호	양성자 수	중성자 수	전자 수
포타슘			22	
	$^{51}_{23}V$			
		48	64	
바륨			82	

4.25 다음 각 경우에 대한 답을 써라. (4.2, 4.4)

a. 가장 가벼운 알칼리 금속의 원자 번호와 기호
b. 가장 무거운 영족 기체의 원자 번호와 기호
c. 3주기에 해당하는 알칼리 토금속의 원자 번호와 기호
d. 가장 적은 전자를 갖는 할로젠의 원자 번호와 기호

4.26 다음 각 경우에 대한 답을 써라. (4.2, 4.4)

a. 4A(14)족에서 가장 무거운 준금속의 원자 번호와 기호
b. 5A(15)족, 6주기에 해당하는 원소의 원자 번호와 기호
c. 4주기에 해당하는 알칼리 금속의 원자 번호와 기호
d. 3A(13)족에 해당하는 준금속

4.27 다음 원자 번호를 갖는 원소의 이름과 기호를 써라. (4.4)

a. 35 **b.** 57 **c.** 52
d. 33 **e.** 50 **f.** 55

4.28 다음 원자 번호를 갖는 원소의 이름과 기호를 써라. (4.4)

a. 22 **b.** 49 **c.** 26
d. 54 **e.** 78 **f.** 83

4.29 다음 각 원소의 중성 원자에는 양성자와 전자가 몇 개씩 있는가? (4.4)

a. Pt **b.** 인 **c.** Sr
d. Co **e.** 우라늄

4.30 다음 각 원소의 중성 원자에는 양성자와 전자가 몇 개씩 있는가? (4.4)

a. 크로뮴 **b.** Cs **c.** 구리
d. 염소 **e.** Ba

4.31 다음 각 경우에 대한 원자 기호를 써라. (4.5)

a. 양성자 22개와 중성자 26개를 갖는 원자
b. 양성자 12개와 중성자 14개를 갖는 원자
c. 질량수가 71인 갈륨 원자
d. 전자 30개와 중성자 40개를 갖는 원자

4.32 다음 각 경우에 대한 원자 기호를 써라. (4.5)

a. 중성자 14개를 갖는 알루미늄 원자
b. 원자 번호 26이면서 중성자 32개를 갖는 원자
c. 중성자 125개를 갖는 납 원자
d. 질량수 72이면서 원자 번호 33인 원자

4.33 납은 4개의 천연 동위원소가 있다. 가중 평균 질량법을 사용하여 납의 원자 질량을 계산하라. (4.5)

동위원소	질량(amu)	존재비(%)
$^{204}_{82}Pb$	204.0	1.40
$^{206}_{82}Pb$	206.0	24.10
$^{207}_{82}Pb$	207.0	22.10
$^{208}_{82}Pb$	208.0	52.40

4.34 인듐(In)은 In-113과 In-115, 2개의 천연 동위원소가 있다. In-113은 4.30%의 존재비와 112.9 amu의 질량을, In-115는 95.70%의 존재비와 114.9 amu의 질량을 갖는다. 가중 평균 질량법을 사용하여 인듐의 원자 질량을 계산하라. (4.5)

생각해 보기의 답 _Answers to Engage Questions

4.1 우리가 일상생활에서 매일 접하게 되는 대표적인 몇몇 원소들에는 알루미늄(Al), 칼슘(Ca), 은(Ag), 탄소(C), 산소(O)가 있다.

4.2 포타슘, K

4.3 광택이 나고 부드럽고, 열과 전기의 좋은 전도체이며 상대적으로 녹는점은 낮고 물과 격렬하게 반응하며 산소와 결합하면 흰색 생성물을 만든다.

4.4 플루오린, 염소, 브로민, 아이오딘, 아스타틴, 테네신

4.5 돌턴은 화합물은 항상 같은 종류와 수의 원자로 구성되어 있다고 말했다.

4.6 금 박판을 통과하는 입자들은 양전하를 띠는 핵에 매우 가깝게 접근할 때만 빗나가게 된다.

4.7 중성자와 양성자는 대부분이 빈 공간인 원자의 큰 부피를 차지하는 전자와 함께 매우 작은 핵에 포함된다.

4.8 원자는 중성이기 때문에 모든 바륨 원자는 양전하를 띠는 양성자 56개와 음전하를 띠는 전자 56개를 가지며, 전체 전하는 0이 된다.

4.9 양성자 수와 중성자 수가 원자의 질량수를 결정한다.

4.10 질량수 102인 주석은 양성자 50개와 중성자 52개를 갖는다.

4.11 Sn-112와 Sn-126 둘 다 양성자 50개를 갖는다. 차이점은 Sn-112는 62개의 중성자를, Sn-126은 76개의 중성자를 갖는다는 것이다.

4.12 질량수는 어떤 원자의 양성자 수와 중성자 수를 더한 값이다. 원자 질량은 어떤 원소의 모든 천연 동위원소들의 질량의 가중 평균이다.

선택된 문제의 답 _Answers to Selected Problems

4.3 **a.** 거짓. 주어진 원소의 모든 원자들은 다른 원소들의 원자들과 다르다.
b. 참
c. 참
d. 거짓. 화학 반응에서 원자들은 새롭게 생성되지도 소멸되지도 않는다.

4.5 **a.** 1 + 2 **b.** 1 **c.** 1
d. 3 **e.** 2

4.7 **a.** ${}^{16}_{8}X$, ${}^{17}_{8}X$, ${}^{18}_{8}X$ 모두 8개의 양성자를 갖는다.
b. ${}^{16}_{8}X$, ${}^{17}_{8}X$, ${}^{18}_{8}X$ 모두 산소의 동위원소이다.
c. ${}^{16}_{8}X$, ${}^{16}_{9}X$는 질량수 16을 ${}^{18}_{10}X$, ${}^{18}_{8}X$는 질량수 18을 갖는다.

4.9 **a.** ${}^{9}_{4}Be$ **b.** ${}^{11}_{5}B$ **c.** ${}^{13}_{6}C$
d. ${}^{10}_{5}B$ **e.** ${}^{12}_{6}C$

4.11

	원자 기호		
	${}^{70}_{32}Ge$	${}^{73}_{32}Ge$	${}^{76}_{32}Ge$
원자 번호	32	32	32
질량수	70	73	76
양성자 수	32	32	32
중성자 수	38	41	44
전자 수	32	32	32

4.13 **a.** 양성자 **b.** 양성자 **c.** 알칼리 금속

4.15 **a.** 7A(17)족, 4주기
b. 8A(18)족, 3주기
c. 1A(1)족, 2주기
d. 2A(2)족, 7주기

4.17 **a.** 금속
b. 금속
c. 준금속
d. 비금속

4.19 **a.** 거짓
b. 거짓
c. 참
d. 거짓
e. 참

4.21 **a.** 양성자 48개, 중성자 66개, 전자 48개
b. 양성자 43개, 중성자 55개, 전자 43개
c. 양성자 79개, 중성자 120개, 전자 79개
d. 양성자 86개, 중성자 136개, 전자 86개
e. 양성자 54개, 중성자 82개, 전자 54개

4.23

원소 이름	원자 기호	양성자 수	중성자 수	전자 수
셀레늄	${}^{80}_{34}Se$	34	46	34
니켈	${}^{62}_{28}Ni$	28	34	28
마그네슘	${}^{26}_{12}Mg$	12	14	12
라듐	${}^{228}_{88}Ra$	88	140	88

4.25 **a.** 3, Li **b.** 118, Og
c. 24.31 amu, Mg **d.** 19.00 amu, F

4.27 **a.** 브로민, Br **b.** 란타넘, La **c.** 텔루륨, Te
d. 비소, As **e.** 주석, Sn **f.** 세슘, Cs

4.29 **a.** 양성자 78개, 전자 78개
b. 양성자 15개, 전자 15개
c. 양성자 38개, 전자 38개
d. 양성자 27개, 전자 27개
e. 양성자 92개, 전자 92개

4.31 **a.** ${}^{48}_{22}Ti$ **b.** ${}^{26}_{12}Mg$ **c.** ${}^{71}_{31}Ga$ **d.** ${}^{70}_{30}Zn$

4.33 207.3 amu

원자의 전자 구조와 주기적 경향

Electronic Structure of Atoms and Periodic Trends

제5장

로버트와 제니퍼는 연구 실험실의 재료 과학 부서에서 일하고 있다. 재료 공학자로서 그들은 컴퓨터 칩, TV세트, 골프 클럽, 스키와 같은 소비재 제조에 사용되는 다양한 재료를 개발하고 시험한다. 이 공학자들은 기계, 화학, 전기 산업에 필요한 새로운 재료를 만든다. 종종 재료 공학자는 재료의 특성을 향상시키는 방법을 배우기 위해 원자 수준에서 재료를 연구한다.

로버트와 제니퍼는 주기율표에서 3A(13), 4A(14), 5A(15)족의 일부 원소를 연구하고 있다. 이러한 규소와 같은 원소는 좋은 반도체로서의 특성을 가지고 있다. 마이크로 칩은 순수 규소와 같은 반도체 단결정 성장이 요구된다. 마이크로 칩은 컴퓨터, 휴대전화, 인공위성, 텔레비전, 계산기, GPS 및 기타 여러 장치에서 사용하기 위해 제조된다. 로버트와 제니퍼는 새로운 응용 분야에 사용될 수 있는 더 고도화된 마이크로 칩 개발을 위한 재료에 대해 연구하고 있다.

› 관련 직업

재료 공학자

재료 공학자는 금속, 세라믹, 플라스틱, 반도체, 복합 소재를 다루며, 컴퓨터 칩, 항공기 재료, 테니스 라켓과 같은 새롭고 향상된 제품을 개발한다.

공학자는 수학, 화학 및 기타 과학의 원리를 사용하여 기술적 문제를 해결한다. 그들은 또한 신소재 개발 및 시험에 종사할 수 있다. 재료 공학자는 일반적으로 기계, 전기, 화학 공학 및 관련 분야에서 학사 학위를 취득한다.

UPDATE *컴퓨터 칩용 신소재 개발*

지난 주 로버트와 제니퍼는 반도체로서의 성질 변화를 시험하기 위해 규소에 불순물을 첨가하였다. 새로운 컴퓨터 칩을 만들기 위해 3A(13)족의 인듐(In)과 6A(16)족의 텔루륨(Te)를 어떻게 사용하였는지 137쪽의 **UPDATE 컴퓨터 칩용 신소재 개발**에서 확인할 수 있으며, 인듐과 텔루늄의 몇몇 성질들에 대해서도 배울 수 있다.

이 장의 차례

복습하기

과학적 표기법으로 숫자 쓰기(1.4)
표준 숫자와 과학적 표기법 간의 변환(1.4)
접두사 사용(2.4)

파장은 파동의 인접한 정점 사이의 거리이다.

생각해 보기 5.1

푸른 빛에 비해 붉은 빛의 파장은 어떨까?

생각해 보기 5.2

로마에서 로스앤젤레스까지 10 200 km 거리를 빛이 여행하는 데 몇 초 걸릴까?

5.1 전자기 복사

학습 목표 전자기 복사의 파장, 진동수, 에너지를 비교할 수 있다.

라디오를 듣고, 전자레인지를 사용하며, 조명을 켜거나, 무지개 색을 보거나, X선 촬영을 할 때, 다양한 형태의 **전자기 복사**(electromagnetic radiation)를 경험하고 있다. 빛을 포함하여 이러한 유형의 전자기 복사는 모두 에너지의 파동처럼 움직이는 입자로 구성된다.

파장과 진동수

바다에서 파도의 움직임에 익숙할 것이다. 해변에 해변에 가면 파도가 해안으로 들어올 때마다 파도의 물이 오르락 내리락 하는 것을 알 수 있다. 파도의 가장 높은 지점을 *마루*(crest)이라고 부르며 가장 낮은 지점은 *골짜기*(trough)라고 한다. 평온한 날에는 마루나 골짜기 사이에 거리가 멀 수 있다. 그러나 많은 에너지를 가진 폭풍이 몰아치면 마루와 골짜기가 훨씬 가깝다.

전자기 복사 파동에도 마루와 골짜기가 있다. **파장**(wavelength, 기호 λ, 람다)은 파동의 마루나 골짜기에서 다음 마루나 골짜기까지의 거리이다(**그림 5.1** 참조). 어떤 유형의 복사선에서는 마루와 골짜기가 멀리 떨어져 있는 반면 다른 유형에서는 가깝다.

진동수(frequency, 기호 ν, 뉴)는 파동의 마루가 1초에 한 점을 통과한 횟수이다. 모든 전자기 복사는 3.00×10^8 m/s의 일정한 값인 광속(빛의 속도, c)으로 이동한다. 수학적으로 *파동 방정식*(wave equation)은 빛의 속도(m/s)와 파장(m) 및 진동수(s^{-1})의 관계를 나타낸다.

$c = \lambda\nu$ 파동 방정식

광속$(c) = 3.00 \times 10^8$ m/s = 파장$(\lambda) \times$ 진동수(ν)

빛의 속도는 소리의 속도보다 약 백만 배 빠르며, 이는 폭풍우가 칠 때 천둥소리가 들리기 전에 번개가 먼저 보이는 이유이다.

전자기 스펙트럼

전자기 스펙트럼(electromagnetic spectrum)은 가장 긴 파장부터 가장 짧은 파장까지 전자기 복사의 여러 형태를 나열한 것이다. 파동 방정식에 따르면, 파장이 감소함에 따라 진동수는 증가하며, 파장이 증가함에 따라 진동수는 감소한다. 이러한 관계를 *반비례 관계*(inverse relationship)라고 한다.

과학자들은 전자기 복사의 에너지가 진동수와 직접 관련이 있다는 것을 밝혔는데, 이는 에너지가 파장과 반비례 관계에 있음을 의미한다. 따라서 복사선의 파장이 증가함에 따라

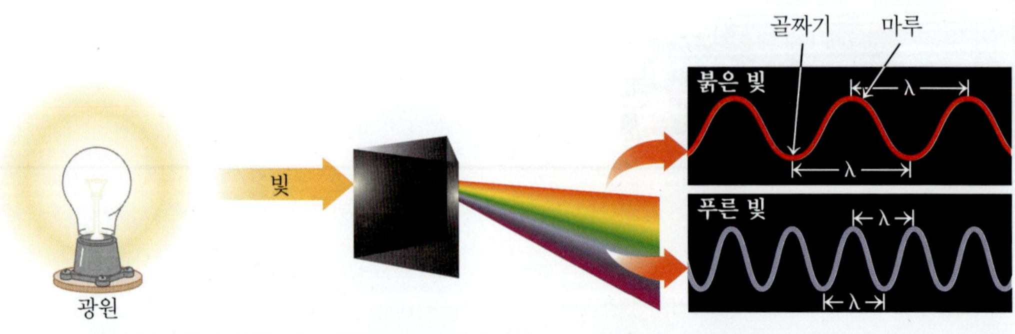

그림 5.1 ▸ 빛의 파장.

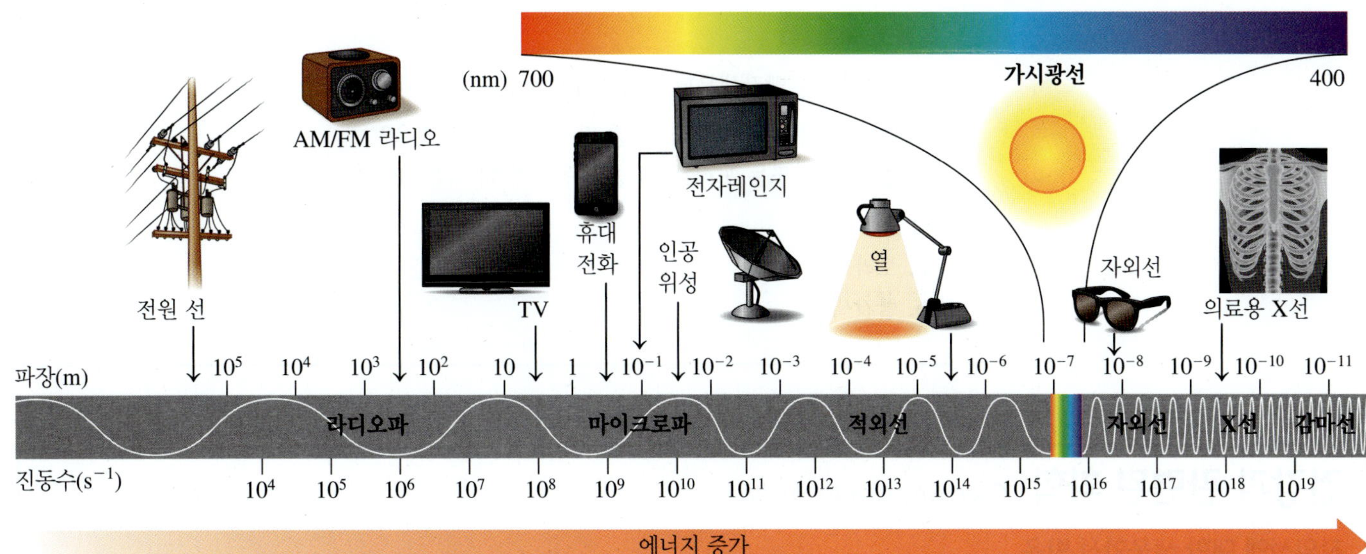

그림 5.2 ▸ 전자기 스펙트럼은 전자기 복사선의 파장 배열을 보여준다. 가시 영역은 파장 700~400 nm 영역이다.

진동수와 에너지는 감소한다.

전자기 스펙트럼의 한쪽 끝에는 AM 및 FM 라디오 대역, 휴대폰 및 TV 신호에 사용되는 *라디오파*(radio wave)와 같은 긴 파장의 복사선이 있다. 일반적인 AM 라디오파의 파장은 축구장 정도의 길이이다. *마이크로파*(microwave)는 라디오파보다 파장이 짧고 진동수가 크다. *적외선*(infrared radiation, IR)은 햇빛에서 느끼는 열과 식당에서 음식을 데우는 데 쓰이는 적외선 램프에서 나온다. TV의 음량이나 방송국을 변경할 때 리모컨을 사용하여 적외선 신호를 TV 수신기에 보낸다. 무선 기술은 적외선보다 진동수가 더 큰 복사선을 사용하여 휴대 전화, 휴대폰, 노트북 등 많은 전자 장치를 연결한다(**그림 5.2** 참조).

파장이 700~400 nm인 *가시광선*(visible light)은 우리 눈이 감지할 수 있는 유일한 복사선이다. 붉은색 빛은 700 nm로 파장이 가장 길다. 주황색 빛의 파장은 약 600 nm이며, 녹색 빛은 약 500 nm이다. 파장 400 nm인 보랏빛은 파장이 가장 짧은 가시광선이다. 물체가 우리 눈에 흡수되는 특정 파장만을 반사하기 때문에 물체를 다른 색으로 보게 된다.

자외선(ultraviolet, UV)은 가시광선 영역의 보랏빛보다 파장이 짧고 진동수가 크다. 햇빛 중에 있는 자외선은 심각한 화상과 피부암을 일으킬 수 있다. 태양으로부터 오는 자외선은 오존층에 의해 일부 차단되며, 화장품 업계에서는 피부에 자외선 흡수를 방지하기 위해 자외선 차단제를 개발했다. *X선*(X-ray)은 자외선보다 파장이 더 짧으며, 이는 가장 큰 진동수를 갖는 것을 의미한다. X선은 부드러운 물질을 통과할 수 있지만 금속이나 뼈는 통과하지 못하기 때문에 우리 몸의 뼈와 치아의 모양을 볼 수 있게 한다.

가열 램프에서 나오는 적외선은 음식을 적당한 온도로 유지시킨다.

생각해 보기 5.3

자외선과 적외선 중 어떤 형태의 전자기 복사가 진동수가 더 작은가?

파장이 약 1 cm인 마이크로파는 물 분자를 가열하여 음식물을 데운다.

예제 5.1 전자기 스펙트럼

먼저 해 보기!

X선, 자외선, FM 라디오파, 마이크로파를 파장이 감소하는 순서로 나열하라.

풀이

파장이 가장 긴 전자기 복사는 FM 라디오파, 다음이 마이크로파, 그 다음이 자외선이며, 파장이 가장 짧은 것은 X선이다.

확인 문제 5.1

가시광선에는 빨간색부터 보라색까지의 빛이 포함되어 있다.

a. 빨간색 빛 또는 보라색 빛 중 파장이 더 짧은 것은?

b. 빨간색 빛 또는 보라색 빛 중 진동수가 더 작은 것은?

답

a. 보라색 빛

b. 빨간색 빛

건강과 관련된 화학 _Chemistry Link to Health

자외선에 대한 생물학적 반응

우리 일상생활은 햇빛에 의존하고 있지만, 햇빛에 노출되면 살아 있는 세포에 해로운 영향이 미칠 수 있으며 너무 많이 노출되면 세포가 죽을 수도 있다. 빛 에너지, 특히 자외선(UV)은 전자를 들뜨게 하여 원하지 않는 화학 반응을 일으킬 수 있다. 햇빛으로 인해 피해를 받을 수 있는 것들로는 일광 화상, 주름, 피부의 조기 노화, 피부암을 일으킬 수 있는 세포의 DNA 변화, 눈의 염증, 백내장 등이 있다. 여드름 치료제인 아큐테인(Accutane)과 레틴 에이(Retin-A), 항생제, 이뇨제, 설폰아마이드, 에스트로젠 등의 일부 약물은 피부를 빛에 매우 민감하게 만든다.

광선 요법(phototherapy)은 빛을 사용하여 건선, 습진, 피부염 등 특정 피부 상태를 치료하는 것이다. 예를 들면 건선 치료에서 경구용 약물로 피부를 더욱 감광성으로 만들고 자외선에 노출시킨다. 파장이 390~470 nm인 저에너지 복사선(청색광)은 *신생아 황달*(neonatal jaundice)을 가진 아기를 치료하는 데 사용되는데, 이것은 높은 수준의 빌리루빈을 수용성 화합물로 전환시켜 신체에서 배설되도록 하는 방법이다. 햇빛은 또한 면역 체계를 자극하는 요소가 된다.

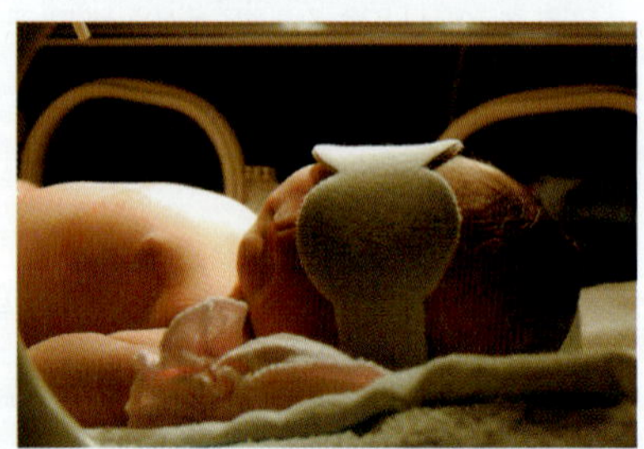

광선 요법으로 신생아 황달이 있는 아기를 치료한다.

계절성 정동 장애(seasonal affective disorder, SAD)라고 하는 우울증에서 사람들은 겨울 동안 기분 변화 및 우울증을 경험한다. 어떤 연구에서는 햇빛이 적을 때 세로토닌이 감소하여 멜라토닌이 증가한 결과로 SAD가 나타나는 것으로 알려졌다. SAD에 대한 한 가지 치료법은 라이트 박스라고 하는 램프에서 나오는 밝은 빛을 사용하는 치료법이다. 매일 30~60분간 청색광(460 nm)에 노출되면 SAD 증상이 감소하는 것으로 보인다.

라이트 박스로 빛을 쪼이면 SAD 증상이 줄어든다.

빛이 물방울을 통과할 때 무지개가 만들어진다.

5.2 원자 스펙트럼과 에너지 준위

학습 목표 원자 스펙트럼이 원자의 에너지 준위와 어떻게 관련되는지 설명할 수 있다.

태양이나 전구의 백색광이 프리즘이나 빗방울을 통과하면 무지개와 같은 *연속 스펙트럼*(continuous spectrum)을 생성한다. 원소의 원자가 가열되면, 또한 빛을 생성한다. 밤에는 소듐 가로등의 노란 색이나 네온 불빛의 붉은 색을 보았을 것이다.

광자

가로등이나 가열된 원자에서 방출되는 빛은 *광자*(photon)라고 하는 입자의 흐름이다. 광자는 광속으로 이동하는 입자와 파동의 특성을 모두 가진 에너지 꾸러미이다. 에너지가 큰 광자는 파장이 짧으며, 에너지가 작은 광자는 파장이 길다.

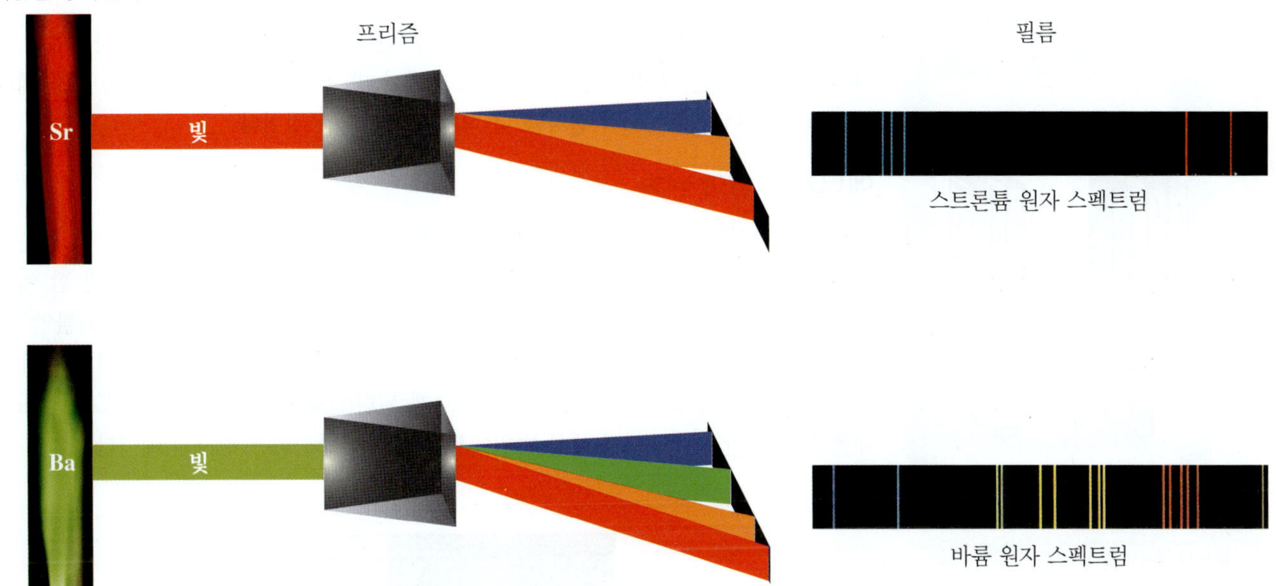

그림 5.3 ▸ 원자 스펙트럼에서 가열된 원소로부터의 빛이 특정한 선으로 분리된다.

광자는 현대 세계에서 중요한 역할을 하는데, 특히 파장 범위가 좁은 레이저 사용에 중요하다. 예를 들어, 레이저는 단일 진동수의 광자를 사용하여 식료품 구매 시 라벨의 바코드를 스캔한다. 병원에서는 X선과 감마선의 고에너지 광자를 사용하여 주변 조직을 손상시키지 않으면서 조직 내 종양에 도달하여 진단 또는 치료를 한다.

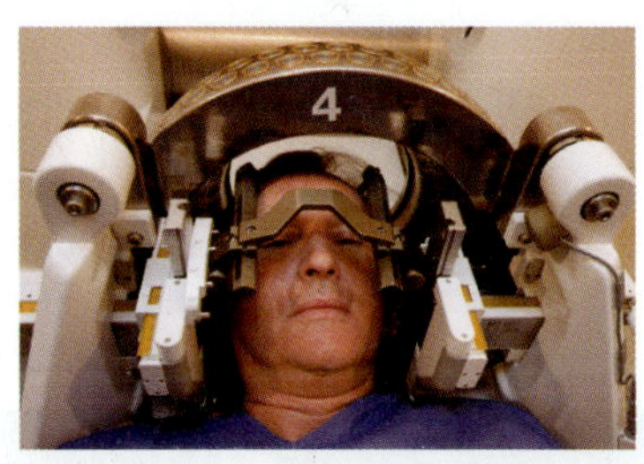

감마나이프 방사선 요법에서 감마 광자는 암 세포를 죽이거나 종양 크기를 줄이는 데 사용된다.

원자 스펙트럼

가열된 원소에서 방출된 빛을 프리즘에 통과시키면 연속 스펙트럼을 생성하지 않는다. 대신 어두운 영역으로 구분된 여러 색상의 선으로 이루어진 **원자 스펙트럼**(atomic spectrum)이 생성된다(**그림 5.3** 참조). 이러한 색상의 분리는 원소가 가열될 때 특정 파장의 빛만 생성되기 때문이며 이로 인해 각 원소가 고유한 원자 스펙트럼을 나타내게 된다.

생각해 보기 5.4

백색광은 연속 스펙트럼을 보이는 반면 가열된 원소로부터 방출된 빛은 왜 원자 스펙트럼을 보이는가?

전자 에너지 준위

과학자들은 이제 원자 스펙트럼의 선들이 전자의 에너지 변화와 관련이 있다고 판단했다. 원자에서, 각 전자는 **주양자수**(principal quantum number, n)($n = 1$, $n = 2$,..)라는 값이 할당된 특정 **에너지 준위**(energy level)를 갖는다. 일반적으로 낮은 에너지 준위의 전자는 핵에 더 가깝고 높은 에너지 준위의 전자는 더 멀리 떨어져 있다. 전자의 에너지는 *양자화*(quantized)되어 있는데, 이는 전자의 에너지가 특정 에너지 값만 가질 수 있고 이 값 사이 값은 가질 수 없다는 것을 의미한다.

주양자수(n)

$1 < 2 < 3 < 4 < 5 < 6 < 7$

최저 에너지 ⟶ 최고 에너지

동일한 에너지를 가진 모든 전자는 동일한 에너지 준위로 그룹화된다. 비유하면 책장의 선반과 유사하게 원자의 에너지 준위를 생각할 수 있다. 첫 번째 선반은 가장 낮은 에너지 준위이고, 두 번째 선반은 두 번째 에너지 준위, 계속해서 이런 식이다. 선반에 책을 배치할 때, 맨 아래 선반을 채우고 두 번째 선반을 채우는 등으로 한다면 에너지가 덜 들 것이다. 하

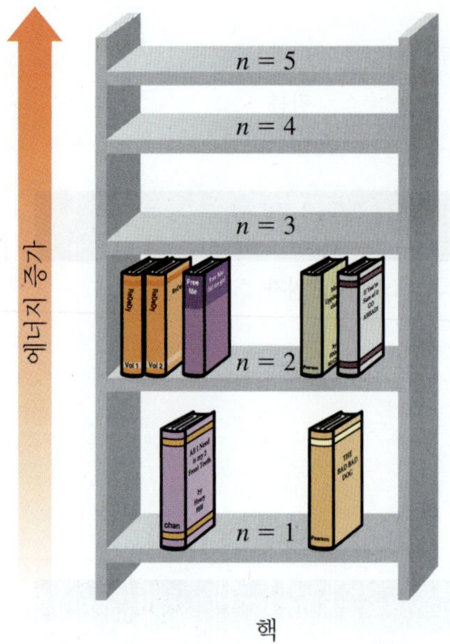

전자는 원자 내 에너지 준위 중 하나의 에너지만을 가진다.

지만 어떤 선반 사이의 공간에는 책을 둘 수 없다. 마찬가지로, 전자의 에너지는 특정 에너지 준위에 있어야 하며, 그 사이에는 있을 수 없다.

그러나 표준 책장과는 달리, 첫 번째와 두 번째 에너지 준위의 에너지 사이에는 큰 차이가 있지만 더 높은 에너지 준위들은 서로 가깝다. 또 다른 차이점은 더 낮은 전자 에너지 준위는 높은 에너지 준위보다 전자를 더 적게 보유한다는 것이다.

에너지 준위의 변화

원자가 에너지를 흡수하게 되면, 전자는 들뜬 *상태*(excited state)라고 하는 더 높은 에너지 준위로 이동한다. 전자는 에너지 준위 차와 같은 에너지를 흡수하는 경우에만 한 에너지 준위에서 더 높은 에너지 준위로 바뀔 수 있다. 하지만, 들뜬 상태의 전자는 더 불안정하므로 특정 에너지의 광자를 방출하고 낮은 에너지 상태로 떨어진다. 방출된 에너지가 가시광 범위에 있다면 가시광선의 색깔 중 하나를 보게 된다(**그림 5.4** 참조). 소듐 가로등의 노란색과 네온 등의 빨간색은 가시적 색상 범위에서 에너지를 방출하는 전자의 예이다.

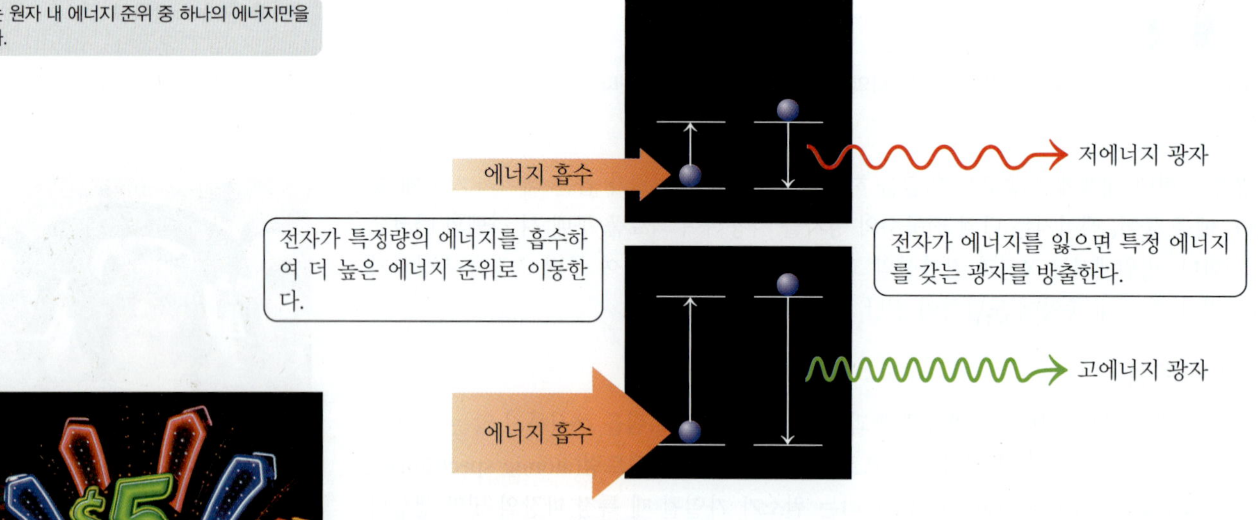

그림 5.4 ▸ **에너지 준위의 변화.**

전기가 영족 기체의 전자를 들뜨게 하면 색이 만들어진다.

생각해 보기 5.5

무엇이 전자를 더 높은 에너지 준위로 이동시키는가?

예제 5.2 에너지 준위의 변화

먼저 해 보기!

a. 언제 전자가 더 높은 에너지 준위로 이동하는가?

b. 전자가 더 낮은 에너지 준위로 떨어질 때 에너지가 어떻게 손실되는가?

풀이

a. 전자가 에너지 준위 차와 같은 양의 에너지를 흡수할 때 더 높은 에너지 준위로 이동한다.

b. 전자가 더 낮은 에너지 준위로 떨어지면 에너지 준위 차와 같은 에너지가 광자로 방출된다.

확인 문제 5.2

a. 왜 과학자들은 전자가 원자에서 특정 에너지 준위를 차지하고 있다고 제안했을까?

b. 저에너지 광자의 파장은 고에너지 광자의 파장과 비교하면 어떠한가?

답

a. 원소의 원자 스펙트럼이 불연속적으로 분리된 선으로만 이루어졌기 때문에 과학자들은 전자가 원자에서 특정 에너지 준위만을 차지한다고 결론 내렸다.

b. 저에너지 광자의 파장은 고에너지 광자의 파장보다 길다.

5.3 부준위와 궤도함수

학습 목표 원자 내 전자의 부준위와 궤도함수를 설명할 수 있다.

우리는 양성자와 중성자가 원자의 작고 조밀한 핵 내에 포함되어 있음을 보았다. 하지만 원소의 물리적, 화학적 성질을 결정하는 것은 원자 내에 있는 전자이다. 따라서 핵 주위의 넓은 공간에 있는 전자의 배열을 보기로 하자.

각 에너지 준위에서 허용되는 전자의 수에는 한계가 있다. 낮은 에너지 준위는 몇 개의 전자만으로 채울 수 있지만 더 높은 에너지 준위에는 더 많은 전자가 수용될 수 있다. 모든 에너지 준위에서 허용되는 최대 전자수는 공식 $2n^2$(주양자수 제곱의 2배)를 사용하여 계산된다. **표 5.1**은 처음 네 에너지 준위에서 허용되는 최대 전자 수를 보여준다.

표 5.1 ▸ 에너지 준위 1~4에서 허용되는 최대 전자 수

에너지 준위(n)	1	2	3	4
$2n^2$	$2(1)^2$	$2(2)^2$	$2(3)^2$	$2(4)^2$
최대 전자 수	2	8	18	32

부준위

각 에너지 준위는 동일한 에너지를 가진 전자가 발견되는 하나 이상의 **부준위**(sublevel)로 구성된다. 부준위는 s, p, d, f 문자로 식별된다. 에너지 준위 내 부준위의 수는 주양자수 n과 같다. 예를 들어, 첫 번째 에너지 준위(n = 1)에는 단 하나의 부준위인 1s가 있다. 두 번째 에너지 준위(n = 2)에는 2s와 2p의 부준위가 있다. 세 번째 에너지 준위(n = 3)에는 세 개의 부준위인 3s, 3p, 3d가 있다. 네 번째 에너지 준위(n = 4)에는 4s, 4p, 4d, 4f의 네 개의 부준위가 있다. n = 5, n = 6, n = 7의 에너지 준위도 n 값만큼 많은 부준위를 가지지만 118개의 알려진 원소의 원자에 전자를 넣기 위해 s, p, d, f 부준위만이 필요하다(**그림 5.5** 참조).

생각해 보기 5.6

n = 5인 에너지 준위에는 몇 개의 부준위가 있는가?

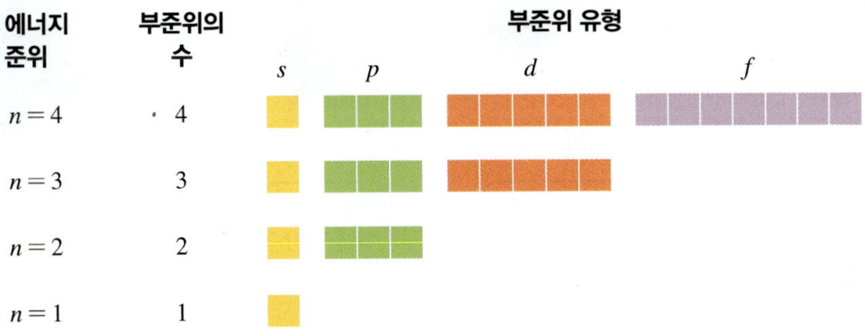

에너지 준위	부준위의 수	부준위 유형
		s p d f
$n=4$	4	s, p, d, f
$n=3$	3	s, p, d
$n=2$	2	s, p
$n=1$	1	s

그림 5.5 ▸ 한 에너지 준위에 있는 부준위의 수는 주양자수 n과 같다.

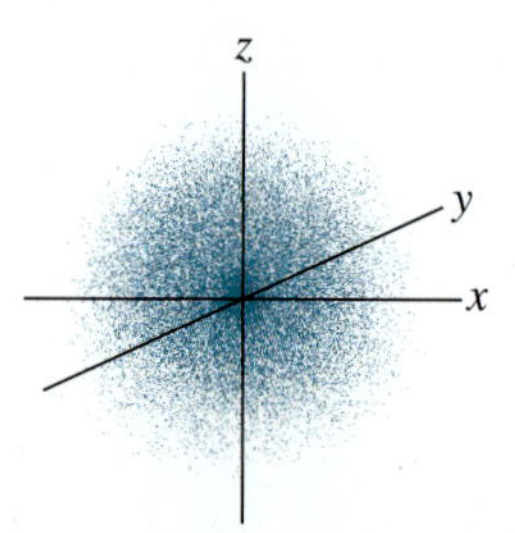

그림 5.6 ▸ *s* 궤도함수의 전자 구름은 구형이며 이는 핵 주위에서 *s* 전자를 발견할 확률이 더 높다는 것을 의미한다.

그림 5.7 ▸ 더 높은 에너지 준위에서 전자들을 포함하기 때문에 *s* 궤도함수의 크기가 커진다.

생각해 보기 5.7

n = 3인 에너지 준위에서 *p* 궤도함수들의 유사점과 차이점은 무엇인가?

각 에너지 준위 내에서 *s* 부준위의 에너지가 가장 낮다. 추가적인 부준위가 있다면, *p* 부준위가 그 다음으로 가장 낮은 에너지를 가지며, 그 다음이 *d* 부준위, 마지막으로 *f* 부준위가 그 다음에 온다.

에너지 준위에서 부준위 에너지 증가 순서

$s < p < d < f$

최저 에너지 ⟶ 최고 에너지

궤도함수

원자에서 전자의 정확한 위치를 알 수 있는 방법은 없다. 대신에 과학자들은 확률적 관점에서 전자의 위치를 설명한다. **궤도함수**(orbital)는 전자를 발견할 확률이 가장 높은 3차원 공간의 부피를 말한다.

이를 비유하자면 화학 강의를 하는 교실을 중심으로 반지름 100 m의 원을 그린다고 상상해 보자. 화학 강의가 있을 때는 그 원 안에서 당신을 찾을 확률이 높다. 하지만 때로는 아프거나 차가 시동이 걸리지 않아 그 원 바깥에 있을 수도 있다.

궤도함수의 모양

각 유형의 궤도함수는 독특한 3차원 모양을 가지고 있다. *s* 궤도함수의 전자는 구형 영역에서 가장 많이 발견된다. 한 시간 동안 매 초 단위로 s 궤도함수 안에 있는 전자들의 위치를 사진으로 찍는다고 상상해 보자. 이 모든 그림들을 겹치면 *확률 밀도*(probability density)라고 하는 결과가 **그림 5.6**의 전자 구름처럼 보이게 된다. 편의상 이 전자 구름을 *s* 궤도함수라고 하는 구형으로 그린다. n = 1부터 시작하는 모든 에너지 준위에 대해 *s* 궤도함수가 하나 있다. 예를 들어, 1, 2, 3번째 에너지 준위에는 1*s*, 2*s*, 3*s*로 지정된 *s* 궤도함수가 있다. 주양자수가 증가함에 따라 모양은 같더라도 *s* 궤도함수의 크기는 커진다(**그림 5.7** 참조).

p, *d*, *f* 전자가 차지하는 궤도함수는 *s* 전자가 차지하는 것과 다른 3차원 모양을 가진다. n = 2로 시작하는 *p* 궤도함수가 3개 있다. 각 *p* 궤도함수에는 가운데가 묶인 풍선처럼 두 개의 로브가 있다. 세 개의 *p* 궤도함수는 핵 주변의 *x*, *y*, *z*축을 따라 세 개의 수직 방향으로 정렬된다(**그림 5.8** 참조). *s* 궤도함수와 마찬가지로, *p* 궤도함수도 모양은 같지만 에너지 준위가 높을수록 부피가 증가한다.

요약하면 n = 2인 에너지 준위는 2*s*와 2*p* 부준위를 가지며 *s* 궤도함수 하나와 *p* 궤도함수 세 개로 구성된다.

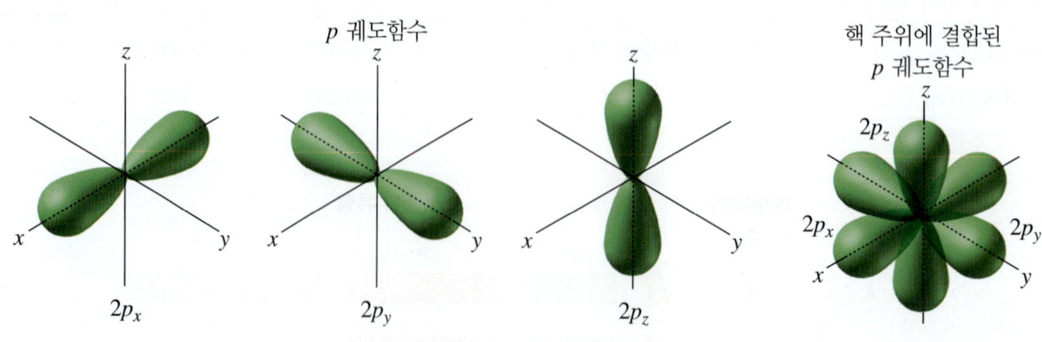

그림 5.8 ▸ *p* 궤도함수 모양.

n = 2인 에너지 준위는 2*s* 궤도함수 1개와 2*p* 궤도함수 3개로 이루어져 있다.

에너지 준위 $n = 3$은 세 개의 부준위인 *s*, *p*, *d*로 구성된다. *d* 부준위는 5개의 *d* 궤도함수를 포함한다(**그림 5.9** 참조).

에너지 준위 $n = 4$는 4개의 부준위 *s*, *p*, *d*, *f*로 구성된다. *f* 부준위에는 7개의 *f* 궤도함수가 있다. *f* 궤도함수의 모양은 복잡하기 때문에 이 책에서는 포함시키지 않았다.

생각해 보기 5.8

5*d* 부준위에는 몇 개의 궤도함수가 있는가?

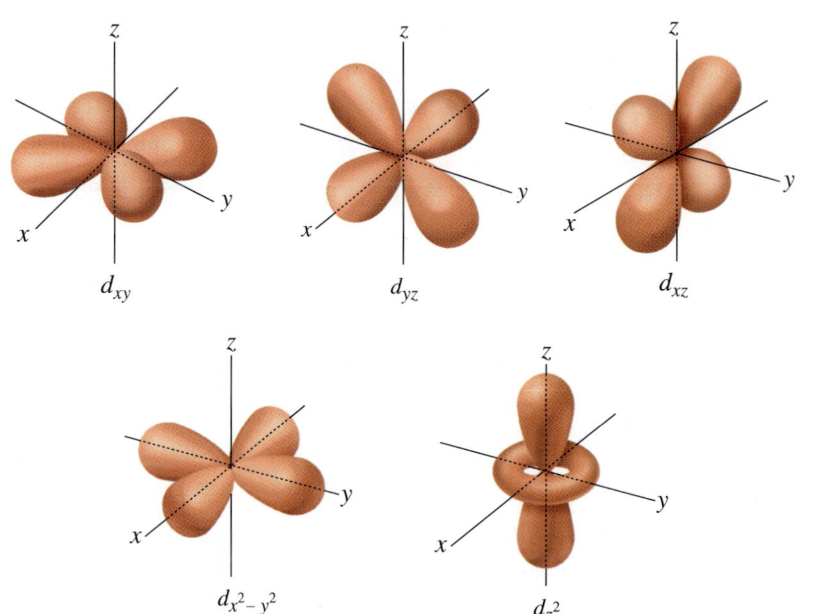

그림 5.9 ▸ 5개의 *d* 궤도함수 중 4개는 두 축이나 그 사이를 따라 배열된 4개의 로브로 이루어져 있다. 나머지 하나의 *d* 궤도함수는 두 로브와 그 중심을 주변에 도넛 형태 고리로 이루어져 있다.

예제 5.3 에너지 준위, 부준위, 궤도함수

먼저 해 보기!

다음 각 에너지 준위에서 궤도함수의 유형과 개수를 표시하라.

a. 3*p* 부준위 **b.** $n = 2$ **c.** $n = 3$ **d.** 4*d* 부준위

풀이

문제 분석	주어진 것	필요한 것	연결
	에너지 준위, 부준위	궤도함수	*n*과 *s*, *p*, *d*, *f* 궤도함수

a. 3*p* 부준위에는 세 개의 3*p* 궤도함수가 있다.

b. $n = 2$인 에너지 준위는 2*s* 궤도함수 하나와 2*p* 궤도함수 3개로 구성된다.

c. $n = 3$인 에너지 준위는 3*s* 궤도함수 하나와 3*p* 궤도함수 3개, 3*d* 궤도함수 5개로 구성된다.

d. 4*d* 부준위에는 5개의 4*d* 궤도함수가 있다.

확인 문제 5.3

a. 1*s*, 2*s*, 3*s* 궤도함수의 유사점과 차이점은 무엇인가??
b. 4*f* 부준위에는 몇 개의 궤도함수가 있는가?

답

a. 1*s*, 2*s*, 3*s* 궤도함수는 모두 구형이지만, 더 높은 에너지 준위에서는 전자가 핵으로부터 더 멀리 떨어져 있기 때문에 부피가 증가한다.
b. 4*f* 부준위에는 7개의 궤도함수가 있다.

반시계 방향 스핀을 가진 전자 　 시계 방향 스핀을 가진 전자

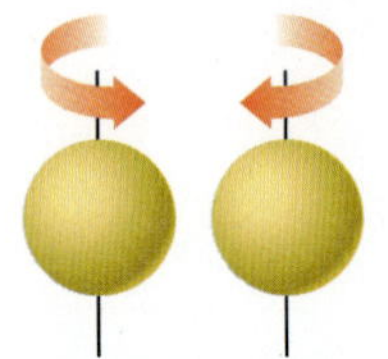

한 궤도함수에 있는 반대 스핀의 전자들

한 궤도에는 반대 스핀의 두 전자가 들어갈 수 있다.

궤도함수 용량 및 전자 스핀

파울리 배타 원리(Pauli exclusion principle)에 따르면 각 궤도함수는 최대 두 개의 전자를 보유할 수 있다. 전자 거동 모형에 따르면, 전자는 축에서 회전하여 자기장을 발생하는 것으로 관찰된다. 두 전자가 같은 궤도함수에 있을 때, 자기장이 상쇄되지 않으면 서로 밀어낼 것이다. 자기장 상쇄는 두 전자의 스핀이 반대 방향일 때에만 일어난다. 같은 궤도함수에 있는 전자의 스핀을 한 화살표는 위로 향하고 다른 하나는 아래로 향하게 하여 다음과 같이 나타낼 수 있다.

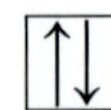

부준위의 전자 수

각 부준위를 차지할 수 있는 전자의 최대 개수가 있다. *s* 부준위는 1~2개의 전자를 보유한다. 각 *p* 궤도함수는 최대 두 개의 전자를 보유할 수 있기 때문에 *p* 부준위의 세 개의 *p* 궤도함수는 여섯 개의 전자를 수용할 수 있다. 5개의 *d* 궤도함수가 있는 *d* 부준위는 최대 10개의 전자를 보유할 수 있다. 7개의 *f* 궤도함수를 가지는 *f* 부준위는 14개의 전자를 보유할 수 있다.

앞에서 말한 바와 같이, $n = 5, 6, 7$과 같은 더 높은 에너지 준위는 5, 6, 7개의 부준위를 가지겠지만, 부준위 *f*를 넘는 준위는 오늘날 알려진 원소의 원자에 적용되지 않는다. 모든 부준위에 있는 전자의 총수를 더하면 한 에너지 준위에서 허용된 전자 수가 된다. 1~4번째 에너지 준위에 대한 부준위의 수, 궤도함수의 수 및 최대 전자 수를 **표 5.2**에 나타내었다.

표 5.2 > 1~4번째 에너지 준위에 대한 부준위의 전자 용량

에너지 준위(*n*)	부준위의 수	부준위의 유형	궤도함수의 수	최대 전자 수	총 전자 수
1	1	1*s*	1	2	2
2	2	2*s*	1	2	
		2*p*	3	6	8
3	3	3*s*	1	2	
		3*p*	3	6	
		3*d*	5	10	18
4	4	4*s*	1	2	
		4*p*	3	6	
		4*d*	5	10	
		4*f*	7	14	32

5.4 궤도함수 도표와 전자 배치

> **학습 목표** 원소에 대한 궤도함수 도표를 그리고 전자 배치를 쓸 수 있다.

이제 원자 내 궤도함수에서 전자가 어떻게 배열되는지 볼 수 있다. **궤도함수 도표**(orbital diagram)는 에너지가 증가하는 순서대로 궤도함수에서 전자 배치를 보여준다(**그림 5.10** 참조). 이 에너지 도표에서 1*s* 궤도함수에 있는 전자가 에너지가 가장 낮다는 것을 보여준다. 에너지 준위는 2*s* 오비탈에서 더 높고 2*p* 오비탈에서 더욱 높다.

궤도함수를 네모로 나타내는 궤도함수 도표를 사용하여 전자 배치에 대한 논의를 시작하고자 한다. 모든 오비탈은 최대 2개의 전자를 가질 수 있다.

궤도함수 도표를 그리려면 가장 낮은 에너지 궤도함수가 먼저 채워진다. 예를 들어 탄소에 대한 궤도함수 도표를 그릴 수 있다. 탄소는 원자 번호가 6인데, 이는 탄소 원자에 전자 6개가 있음을 뜻한다. 처음 두 전자는 1*s* 궤도함수에 들어가며, 다음 두 전자는 2*s* 궤도함수에 들어간다. 궤도함수 도표에서 1*s*와 2*s* 궤도함수에 있는 두 전자는 반대 스핀으로 표시된다. 첫 번째 화살표는 위쪽이고 두 번째 화살표는 아래쪽이다. 탄소의 마지막 두 전자는 다음으로 가장 에너지가 낮은 2*p* 부준위를 채우기 시작한다. 하지만 에너지가 동일한 2*p* 궤도함수는 3개가 있다. 음으로 하전된 전자들은 서로 반발하기 때문에, 이들은 다른 2*p* 궤도함수에 위치한다. *훈트 규칙*(Hund's rule)은 전자가 동일한 부준위의 다른 궤도함수에 놓일 때 반발이 덜하다고 기술한다. 몇 가지 예외 사항(이 장 뒷부분에서 설명)이 있지만 낮은 에

생각해 보기 5.9

4*s* 궤도함수 다음에 3*d* 궤도함수가 채워지는 이유는 무엇인가?

생각해 보기 5.10

궤도함수 도표를 그리면서 언제 훈트 규칙이 필요한가?

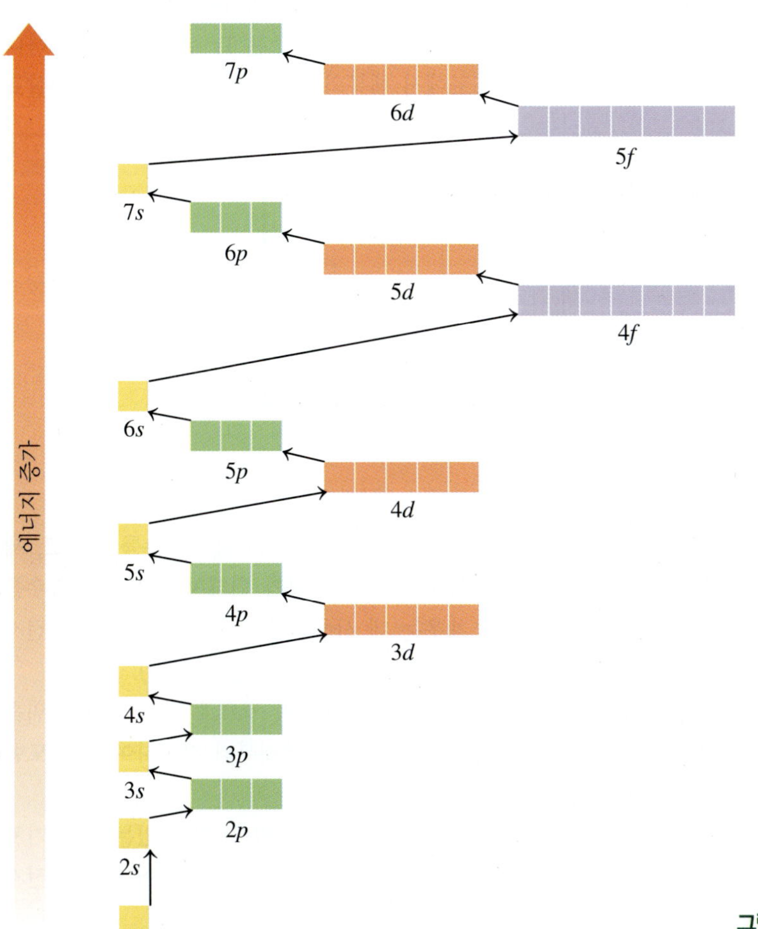

그림 5.10 ▸ 원자 안의 궤도함수는 1*s*부터 시작하여 에너지가 증가하는 순서로 채워지게 된다.

너지 부준위가 먼저 채워지고, 모든 전자가 배치될 때까지 다음으로 가장 낮은 에너지를 가지는 부준위에 전자가 계속 쌓이게 된다.

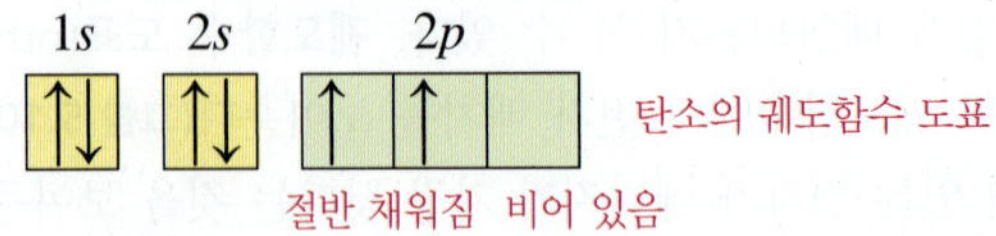

전자 배치

핵심 화학 기술
전자 배치 쓰기

화학자들은 에너지가 증가하는 순서로 원자의 전자 배열을 나타내기 위해 **전자 배치**(electron configuration)라는 표기법을 사용한다. 궤도함수 도표에서처럼, 전자 배치는 가장 낮은 에너지 부준위를 먼저 쓰고 그 다음으로 가장 낮은 에너지 부준위 순서로 쓴다. 각 부준위의 전자수는 위첨자로 표시한다.

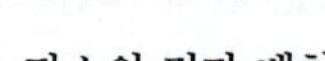
탄소의 전자 배치

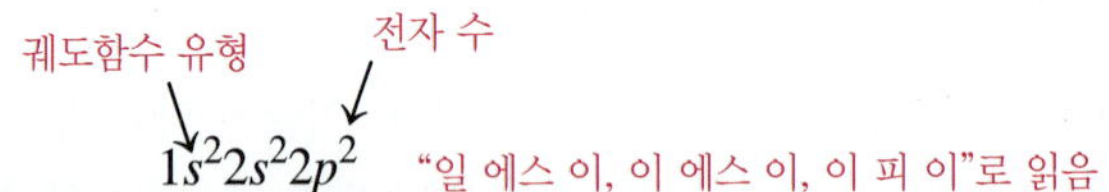

1주기: 수소와 헬륨

1주기에 있는 원소 H와 He에 대한 궤도함수 도표를 그리고 전자 배치를 쓰고자 한다. 1s 궤도함수(1s 부준위)가 에너지가 가장 낮기 때문에 먼저 쓴다. 수소는 1s 부준위에 전자 하나가 있다. 헬륨에는 두 개가 있다. 궤도함수 도표에서 헬륨의 두 전자는 반대 방향의 화살표로 표시한다.

원소	원자 번호	궤도함수 도표	전자 배치
H	1	1s [↑]	1s^1
He	2	[↑↓]	1s^2

2주기: 리튬~네온

2주기는 전자 세 개가 있는 리튬으로 시작한다. 처음 두 전자는 1s 궤도함수를 채우고, 세 번째 전자는 2s 궤도함수로 들어간다. 베릴륨에서는 다른 전자가 더해져서 2s 궤도함수를 완성한다. 다음 6개의 전자는 2p 궤도함수를 채우는 데 사용된다. 붕소에서 질소까지 전자가 각각의 p 궤도함수에 더해져서 세 2p 궤도함수가 반씩 채워진다(훈트 규칙).

산소에서 네온까지 나머지 세 전자가 반대 스핀을 사용하여 쌍으로 되어 2p 부준위를 완성한다. 2주기 원소에 대한 전자 배치를 쓸 때, 1s 궤도함수에서부터 시작하여 2s 궤도함수, 다음으로 2p 궤도함수 순으로 쓴다.

전자 배치도 *축약 배치*(abbreviated configuration)로 쓸 수 있다. 앞에 있는 영족 기체의 전자 배치를 대괄호 안에 그 원소 기호를 쓰는 것으로 대체한다. 예를 들어 리튬의 전자 배치 1$s^2$2s^1에서 1s^2를 [He]로 대체해서 [He]2s^1로 축약할 수 있다.

원소	원자 번호	궤도함수 도표	전자 배치	축약 전자 배치
Li	3	1s [↑↓] 2s [↑]	$1s^22s^1$	$[He]2s^1$
Be	4	[↑↓] [↑↓]	$1s^22s^2$	$[He]2s^2$
B	5	[↑↓] [↑↓] 2p [↑][ ][ ]	$1s^22s^22p^1$	$[He]2s^22p^1$
C	6	[↑↓] [↑↓] [↑][↑][ ]	$1s^22s^22p^2$	$[He]2s^22p^2$
N	7	[↑↓] [↑↓] [↑][↑][↑] 쌍을 이루지 않은 전자	$1s^22s^22p^3$	$[He]2s^22p^3$
O	8	[↑↓] [↑↓] [↑↓][↑][↑]	$1s^22s^22p^4$	$[He]2s^22p^4$
F	9	[↑↓] [↑↓] [↑↓][↑↓][↑]	$1s^22s^22p^5$	$[He]2s^22p^5$
Ne	10	[↑↓] [↑↓] [↑↓][↑↓][↑↓]	$1s^22s^22p^6$	$[He]2s^22p^6$

예제 5.4 궤도함수 도표 그리기

먼저 해 보기!

질소는 아미노산, 단백질, 핵산 형성에 사용되는 원소이다. 질소에 대한 궤도함수 도표를 그려라.

풀이

단계 1 **궤도함수를 나타내는 네모를 그린다.** 질소는 원자 번호가 7이므로 전자 7개가 있다. 궤도함수 도표로 1*s*, 2*s*, 2*p* 궤도함수를 나타내는 네모를 그린다.

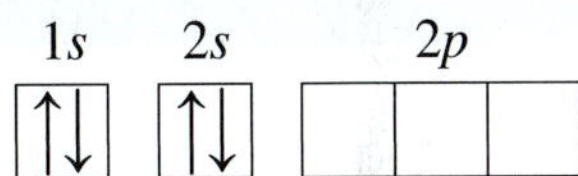

단계 2 **각각에 채워진 궤도함수에 반대 스핀을 가진 한 쌍의 전자를 놓는다.** 먼저 1*s*와 2*s* 궤도함수 모두에 반대 스핀을 가진 한 쌍의 전자를 배치한다.

1*s* [↑↓] 2*s* [↑↓] 2*p* [ ][ ][ ]

단계 3 **마지막으로 채워진 부준위의 나머지 전자들을 별도의 궤도함수에 놓는다.** 그런 다음 나머지 전자 세 개를 같은 방향의 화살표로 3개의 다른 2*p* 궤도함수에 배치한다.

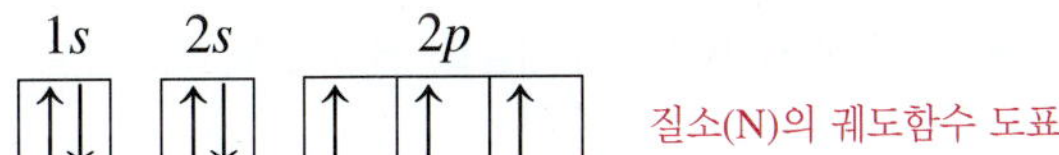

확인 문제 5.4

플루오린은 조리 기구에 달라붙지 않도록 코팅하는 데 사용된다. 플루오린에 대한 궤도함수 도표를 그려라.

플루오린은 조리 기구에 달라붙지 않도록 코팅하는 데 사용된다.

답

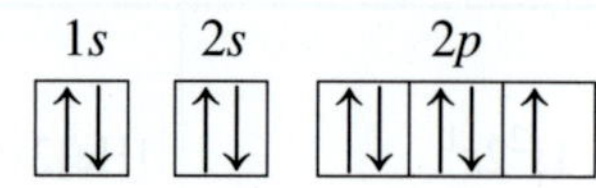

3주기: 소듐~아르곤

3주기에서는 전자가 3*s*와 3*p* 부준위의 궤도함수에 들어가지만 3*d* 부준위에는 들어가지 않는다. 2주기의 리튬에서 네온까지의 원소들의 바로 아래에 있는 소듐에서 아르곤까지의 원소들은 *s*와 *p* 궤도함수를 채우는 비슷한 패턴을 가짐을 알 수 있다. 소듐과 마그네슘에서는 1개와 2개의 전자가 3*s* 궤도함수에 들어간다. 알루미늄, 규소, 인의 전자는 별개의 3*p* 궤도함수로 들어간다. 황, 염소, 아르곤에 있는 나머지 전자들은 3*p* 궤도함수에 이미 있는 전자와 쌍을(반대 스핀) 이룬다. 3주기의 축약 전자 배치에서 [Ne] 기호는 $1s^22s^22p^6$을 대체한다.

원소	원자 번호	궤도함수 도표 (3*s*와 3*p* 궤도함수만) 3*s* 3*p*	전자 배치	축약 전자 배치
Na	11	[Ne] ↑ / _ _ _	$1s^22s^22p^63s^1$	$[Ne]3s^1$
Mg	12	[Ne] ↑↓ / _ _ _	$1s^22s^22p^63s^2$	$[Ne]3s^2$
Al	13	[Ne] ↑↓ / ↑ _ _	$1s^22s^22p^63s^23p^1$	$[Ne]3s^23p^1$
Si	14	[Ne] ↑↓ / ↑ ↑ _	$1s^22s^22p^63s^23p^2$	$[Ne]3s^23p^2$
P	15	[Ne] ↑↓ / ↑ ↑ ↑	$1s^22s^22p^63s^23p^3$	$[Ne]3s^23p^3$
S	16	[Ne] ↑↓ / ↑↓ ↑ ↑	$1s^22s^22p^63s^23p^4$	$[Ne]3s^23p^4$
Cl	17	[Ne] ↑↓ / ↑↓ ↑↓ ↑	$1s^22s^22p^63s^23p^5$	$[Ne]3s^23p^5$
Ar	18	[Ne] ↑↓ / ↑↓ ↑↓ ↑↓	$1s^22s^22p^63s^23p^6$	$[Ne]3s^23p^6$

예제 5.5 전자 배치

먼저 해 보기!

규소는 반도체의 기본이 된다. 규소에 대한 완전한 전자 배치와 축약 전자 배치를 써라.

풀이

문제 분석	주어진 것	필요한 것	연결
	규소(Si)	전자 배치, 축약 전자 배치	주기율표, 원자 번호, 궤도함수 채우는 순서

단계 1 **주기율표의 원자 번호로부터 전자 수를 쓴다.** 규소는 원자 번호가 14이므로 전자수도 14개이다.

단계 2 **다 채워질 때까지 에너지가 증가하는 순서로 각 궤도함수에 전자 수를 쓴다.**

$1s^22s^22p^63s^23p^2$ Si의 전자 배치

단계 3 앞선 영족 기체의 기호로 전자 배치를 대체하여 축약 전자 배치를 쓴다.

[Ne]$3s^2 3p^2$ Si의 축약 전자 배치

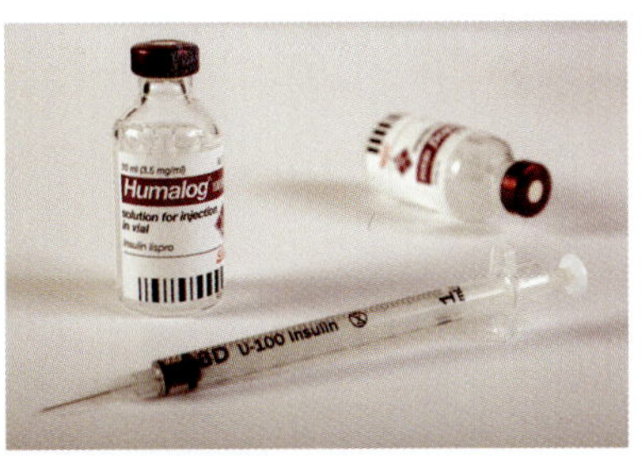

황 원자는 인간 인슐린 구조의 일부이다.

확인 문제 5.5

다음 각각에 대하여 완전한 전자 배치와 축약 전자 배치를 써라.

a. 단백질, 비타민 B_1, 인슐린의 다량무기물인 황

b. 식품으로부터 에너지를 추출하는 데 필요한 미량무기물인 바나듐

답

a. $1s^2 2s^2 2p^6 3s^2 3p^4$, [Ne]$3s^2 3p^4$

b. $1s^2 2s^2 2p^6 3s^2 3p^6 4s^2 3d^3$, [Ar]$4s^2 3d^3$

5.5 전자 배치와 주기율표

학습 목표 주기율표의 부준위 블록을 사용하여 원자의 전자 배치를 쓸 수 있다.

지금까지는 에너지 준위 도표를 사용하여 전자 배치를 썼다. 전자 배치가 더 많은 에너지 준위를 포함할수록 이것은 더 지루할 수 있다. 하지만 원소의 전자 배치는 주기율표상에서의 위치와 관련이 있다. 주기율표 내에 있는 다른 부분이나 블록은 *s*, *p*, *d*, *f* 부준위에 해당한다(**그림 5.11** 참조). 따라서 원자 번호가 증가하는 순서로 주기율표를 읽음으로써 원자의 전자 배치를 "구축"할 수 있다.

주기율표상의 블록

생각해 보기 5.11
네온의 1*s*, 2*s*, 2*p* 부준위의 전자 수를 결정하기 위해 주기율표를 어떻게 사용하는가?

생각해 보기 5.12
주기율표에서 *s* 블록, *p* 블록, *d* 블록을 이루는 족 번호는 무엇인가?

1. ***s* 블록**(*s* block)은 1A족(1족)과 2A족(2족) 원소뿐만 아니라 수소와 헬륨을 포함한다. 이것은 *s* 블록 원소에 있는 마지막 1~2개의 전자가 *s* 궤도에 있음을 의미한다. 주기 번호는 1*s*, 2*s* 등으로 채우고 있는 특정 *s* 궤도함수를 나타낸다.
2. ***p* 블록**(*p* block)은 3A족(13족)에서 8A족(18족)원소로 구성된다. 3개의 *p* 궤도함수에는 6개의 전자가 들어갈 수 있기 때문에 각 주기마다 6개의 *p* 블록 원소가 있다. 주기 번호는 2*p*, 3*p* 등으로 채우고 있는 특정 *p* 부준위를 나타낸다.

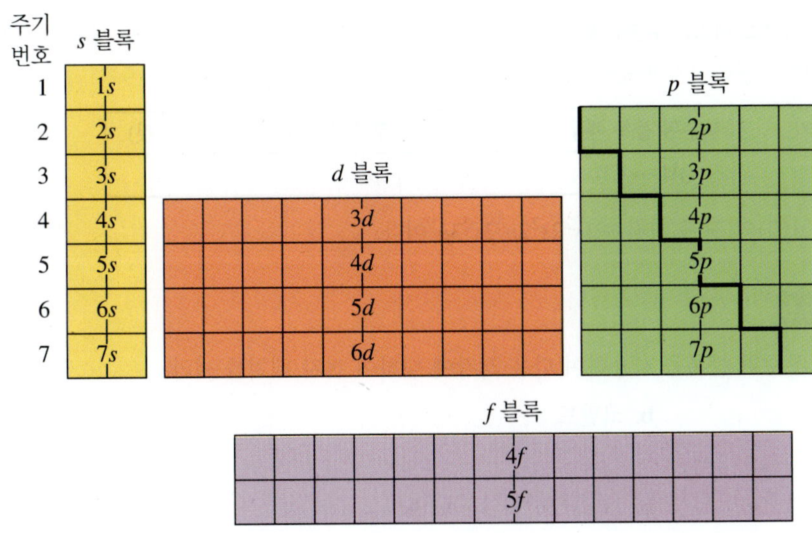

그림 5.11 ▸ 전자 배치는 주기율표에서 채워진 부준위 순서를 따른다.

3. 전이 원소를 포함하고 있는 ***d* 블록**(*d* block)은 칼슘(원자 번호 20) 다음에 있다. 5개의 *d* 궤도함수에는 전자 10개가 들어갈 수 있기 때문에 *d* 블록의 각 주기에는 10개의 원소가 있다. 특정 *d* 부준위는 주기 번호보다 1이 작다($n-1$). 예를 들어, 4주기에서 *d* 블록은 3*d* 부준위이다. 5주기에서 *d* 블록은 4*d* 부준위이다.
4. 내부 전이 원소인 ***f* 블록**(*f* block)은 주기율표 아래에 있는 두 줄이다. 7개의 *f* 궤도함수에 전자 14개가 들어갈 수 있기 때문에 각 *f* 블록에는 14개의 원소가 있다. 원자 번호가 57(La)보다 큰 원소는 4*f* 블록에 전자가 있다. 특정 *f* 부준위는 주기 번호보다 2가 작다($n-2$). 예를 들어, 6주기에서 *f* 블록은 4*f* 부준위이다. 7주기에서 *f* 블록은 5*f* 부준위이다.

부준위 블록을 사용하여 전자 배치 쓰기

핵심 화학 기술

주기율표를 사용하여 전자 배치 쓰기

이제 주기율표의 부준위 블록을 사용하여 전자 배치를 쓸 수 있다. 앞에서처럼 각 배치는 H에서 시작된다. 하지만 이제는 표를 가로질러 왼쪽에서 오른쪽으로 이동하여 전자 배치를 쓰는 원소에 도달할 때까지 오는 각 부준위 블록을 작성한다. 예제 5.6에서 주기율표의 부준위 블록에서 염소(원자 번호 17)의 전자 배치를 쓰는 방법을 보여준다.

예제 5.6 부준위 블록을 사용하여 전자 배치 쓰기

먼저 해 보기!

주기율표의 부준위 블록을 사용하여 염소의 전자 배치를 써라.

풀이

문제 분석	주어진 것	필요한 것	연결
	원소 염소	전자 배치	부준위 블록

단계 1 주기율표에서 원소를 찾는다. 염소(원자 번호 17)는 7A족(17족), 3주기에 있다.

단계 2 각 주기를 가로질러 채워진 부준위를 순서대로 쓴다.

주기	부준위 블록 채우기	부준위 블록 표기(채워진 것)
1	1*s* (H → He)	$1s^2$
2	2*s* (Li → Be) 및 2*p* (B → Ne)	$2s^22p^6$
3	3*s* (Na → Mg)	$3s^2$

단계 3 마지막으로 채워진 부준위 블록에 있는 전자를 세어 배치를 마친다. 염소가 3*p* 블록의 다섯 번째 원소이기 때문에 3*p* 부준위에 전자 5개가 있다.

주기	부준위 블록 채우기	부준위 블록 표기(채워진 것)
3	3*p* (Al → Cl)	$3p^5$

염소(Cl)의 전자 배치는 $1s^22s^22p^63s^23p^5$이다.

확인 문제 5.6

주기율표의 부준위 블록을 사용하여 다음 각각에 대하여 전자 배치를 써라.

a. 아르곤　　**b.** 코발트

답

a. $1s^22s^22p^63s^23p^6$　　**b.** $1s^22s^22p^63s^23p^64s^23d^7$

4주기 이상에 대한 전자 배치

4주기까지 부준위 채우기를 순서대로 진행하였다. 그런데 4주기의 부준위 블록을 살펴보면 4*s* 부준위가 3*d* 부준위보다 먼저 채워지는 것을 볼 수 있다. 이것은 4*s* 부준위의 전자가 3*d* 부준위의 전자보다 에너지가 약간 낮기 때문이다. 이러한 순서는 5주기에서도 나타나 5*s* 부준위가 4*d* 부준위보다 먼저 채워지며, 6주기에서도 5*d* 전에 6*s*가, 7주기에서도 6*d* 전에 7*s*가 먼저 채워진다.

4주기의 시작에서 포타슘(19)과 칼슘(20)의 전자는 4*s* 부준위로 들어간다. 스칸듐(21)에서는 4*s* 부준위가 채워진 후, 추가된 다음 전자가 3*d* 블록으로 들어간다. 3*d* 블록은 아연(30)에서 전자 10개로 완성될 때까지 계속 채워진다. 일단 3*d* 블록이 완료되면, 갈륨에서 크립톤까지 다음 6개의 전자는 4*p* 블록으로 들어간다.

생각해 보기 5.13

K에서 Zn까지 원소에 전자를 추가하는 데 어떤 부준위 블록이 사용되는가?

원소	원자 번호	전자 배치	축약 전자 배치	
4*s* 블록				
K	19	$1s^22s^22p^63s^23p^64s^1$	$[Ar]4s^1$	
Ca	20	$1s^22s^22p^63s^23p^64s^2$	$[Ar]4s^2$	
3*d* 블록				
Sc	21	$1s^22s^22p^63s^23p^64s^23d^1$	$[Ar]4s^23d^1$	
Ti	22	$1s^22s^22p^63s^23p^64s^23d^2$	$[Ar]4s^23d^2$	
V	23	$1s^22s^22p^63s^23p^64s^23d^3$	$[Ar]4s^23d^3$	
Cr*	24	$1s^22s^22p^63s^23p^64s^13d^5$	$[Ar]4s^13d^5$	(반이 채워진 *d* 부준위가 안정)
Mn	25	$1s^22s^22p^63s^23p^64s^23d^5$	$[Ar]4s^23d^5$	
Fe	26	$1s^22s^22p^63s^23p^64s^23d^6$	$[Ar]4s^23d^6$	
Co	27	$1s^22s^22p^63s^23p^64s^23d^7$	$[Ar]4s^23d^7$	
Ni	28	$1s^22s^22p^63s^23p^64s^23d^8$	$[Ar]4s^23d^8$	
Cu*	29	$1s^22s^22p^63s^23p^64s^13d^{10}$	$[Ar]4s^13d^{10}$	(채워진 *d* 부준위가 안정)
Zn	30	$1s^22s^22p^63s^23p^64s^23d^{10}$	$[Ar]4s^23d^{10}$	
4*p* 블록				
Ga	31	$1s^22s^22p^63s^23p^64s^23d^{10}4p^1$	$[Ar]4s^23d^{10}4p^1$	
Ge	32	$1s^22s^22p^63s^23p^64s^23d^{10}4p^2$	$[Ar]4s^23d^{10}4p^2$	
As	33	$1s^22s^22p^63s^23p^64s^23d^{10}4p^3$	$[Ar]4s^23d^{10}4p^3$	
Se	34	$1s^22s^22p^63s^23p^64s^23d^{10}4p^4$	$[Ar]4s^23d^{10}4p^4$	
Br	35	$1s^22s^22p^63s^23p^64s^23d^{10}4p^5$	$[Ar]4s^23d^{10}4p^5$	
Kr	36	$1s^22s^22p^63s^23p^64s^23d^{10}4p^6$	$[Ar]4s^23d^{10}4p^6$	
*채우는 순서에 예외				

예제 5.7에서는 주기율표의 부준위 블록을 사용하여 셀레늄(원자번호 34)의 전자 배치를 쓴다.

예제 5.7 부준위 블록을 사용하여 전자 배치 쓰기

먼저 해 보기!

셀레늄은 유리와 안료 제작에 사용된다. 주기율표의 부준위 블록을 사용하여 셀레늄에 대한 전자 배치를 써라.

풀이

문제 분석	주어진 것	필요한 것	연결
	셀레늄	전자 배치	부준위 블록

단계 1 **주기율표에서 원소를 찾는다.** 셀레늄은 6A족(16족), 4주기에 있다.

단계 2 **각 주기를 가로질러 채워진 부준위를 순서대로 쓴다.**

주기	부준위 블록 채우기	부준위 블록 표기(채워진 것)
1	$1s$ (H → He)	$1s^2$
2	$2s$ (Li → Be) 및 $2p$ (B → Ne)	$2s^22p^6$
3	$3s$ (Na → Mg) 및 $3p$ (Al → Ar)	$3s^23p^6$
	$4s$ (K → Ca) 및 $3d$ (Sc → Zn)	$4s^23d^{10}$

단계 3 **마지막으로 채워진 부준위 블록에 있는 전자를 세어 배치를 마친다.** 셀레늄은 $4p$ 블록의 네 번째 원소이기 때문에 $4p$ 부준위에 전자 4개가 있다.

주기	부준위 블록 채우기	부준위 블록 표기(채워진 것)
4	$4p$ (Ga → Se)	$4p^4$

셀레늄(Se)의 전자 배치는 $1s^22s^22p^63s^23p^64s^23d^{10}4p^4$이다.

확인 문제 5.7

a. 아이오딘은 갑상선 기능에 필요한 미량무기물이다. 주기율표의 부준위 블록을 사용하여 아이오딘의 전자 배치를 써라.

b. 망가니즈는 대사 기능에 필요한 미량무기물이다. 주기율표의 부준위 블록을 사용하여 망가니즈의 전자 배치를 써라.

아이오딘은 해산물, 달걀, 우유 등의 식품으로부터 섭취할 수 있다.

답

a. $1s^22s^22p^63s^23p^64s^23d^{10}4p^65s^24d^{10}5p^5$

b. $1s^22s^22p^63s^23p^64s^23d^5$

부준위 블록 순서의 일부 예외

$3d$ 부준위를 쓸 때 크로뮴과 구리에서 예외가 발생한다. Cr과 Cu에서 $3d$ 부준위는 절반이 채워지거나 완전히 채워진 것이 특히 안정하다. 따라서 크로뮴의 전자 배치는 $4s$ 부준위에 전자 하나만 있고 $3d$ 부준위에 전자 5개가 있어 d 부준위가 절반 채워짐으로써 추가적으로 안정해진다. 이것을 다음 크로뮴의 축약 궤도함수 도표에 나타내었다.

	4s	3d (절반 채워짐)	4p
[Ar]	↑	↑ ↑ ↑ ↑ ↑	

크로뮴의 축약 궤도함수 도표

구리가 $3d$ 부준위를 10개의 전자로 완전히 채워 안정한 부준위를 만들고 $4s$ 궤도함수에 전자 하나만 들어갈 때에도 비슷한 예외가 일어난다. 이것을 다음 구리의 축약 궤도함수 도표에 나타내었다.

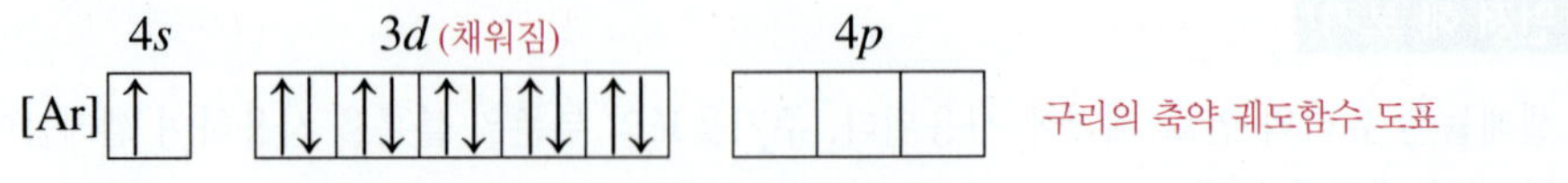

구리의 축약 궤도함수 도표

4*s*와 3*d* 부준위가 완료된 후, 갈륨에서 4주기를 완료하는 영족 기체인 크립톤까지 4*p* 부준위는 예상대로 채워진다. 또한 더 높은 *d* 및 *f* 전자 부준위를 채우는 데 예외가 있는데, 일부는 절반 채워진 껍질과 그 원인을 알 수 없는 다른 추가적인 안정성으로 인해 발생한다.

5.6 주기적 성질의 경향

학습 목표 원소의 전자 배치를 사용하여 주기적 성질의 경향을 설명할 수 있다.

원자의 전자 배치는 원소의 물리적·화학적 성질, 그리고 이들이 형성하는 화합물의 성질에 중요한 요소이다. 이 절에서는 원자의 *원자가전자*(valence electron) 및 *원자 크기*(atomic size), *이온화 에너지*(ionization energy), *금속성*(metallic character)의 경향을 살펴보고자 한다. 한 주기를 가로질러 한 족에서 다음 족으로 이러한 성질이 규칙적으로 변하는 패턴이 있다. *주기적 성질*(periodic property)로 알려진 각 속성은 한 주기를 가로지르며 증가하거나 감소하며 이러한 경향은 각 주기마다 반복된다. 주기적 성질에 대한 비유로 온도의 계절적 변화를 사용할 수 있다. 겨울에는 기온이 차갑고 봄에 더 따뜻해진다. 여름까지 바깥 기온은 뜨겁지만 가을에는 서늘해지기 시작한다. 겨울에는 다시 차가운 기온을 예상하며, 온도가 올라가고 내려가는 패턴이 다음 해에도 반복된다.

봄 여름 가을 겨울

계절에 따른 기온 변화는 주기적 성질이다.

족 번호와 원자가전자

전형 원소의 화학적 성질은 대부분 최외각 에너지 준위의 전자인 **원자가전자**(valence electron) 때문이다. 이 원자가전자는 가장 높은 주양자수 *n*을 갖는 *s*와 *p* 부준위를 차지한다. 족 번호는 각 수직 열의 원소에 대한 원자가전자(최외각 전자)의 수를 나타낸다. 예를 들어, 리튬, 소듐, 포타슘과 같은 1A족(1족) 원소는 모두 *s* 궤도함수에 전자가 하나씩 있다. 부준위 블록을 보면, 1A족(1족)의 알칼리 금속에서 원자가전자를 ns^1로 나타낼 수 있다. 알칼리 토금속인 2A족(2족)의 모든 원소는 두 개의 원자가전자 ns^2를 갖는다. 7A족(17족)의 할로젠은 7개의 원자가전자 ns^2np^5를 갖는다.

핵심 화학 기술

주기적 성질의 경향 파악

표 5.3에서 1~4주기 전형 원소에 대해 최외각 *s*와 *p* 전자의 반복을 볼 수 있다. 헬륨은 영족 기체이므로 8A족(18족)에 속해 있지만 전체 에너지 준위에서 전자가 두 개뿐이다.

생각해 보기 5.14

족 번호는 1A(1)족에서 8A(18)족에 있는 원소의 전자 배치에 대해 무엇을 나타내는가?

표 5.3 > 1~4주기 전형 원소에 대한 원자가전자 배치

1A (1)	2A (2)	3A (13)	4A (14)	5A (15)	6A (16)	7A (17)	8A (18)
1 H $1s^1$							2 He $1s^2$
3 Li $2s^1$	4 Be $2s^2$	5 B $2s^22p^1$	6 C $2s^22p^2$	7 N $2s^22p^3$	8 O $2s^22p^4$	9 F $2s^22p^5$	10 Ne $2s^22p^6$
11 Na $3s^1$	12 Mg $3s^2$	13 Al $3s^23p^1$	14 Si $3s^23p^2$	15 P $3s^23p^3$	16 S $3s^23p^4$	17 Cl $3s^23p^5$	18 Ar $3s^23p^6$
19 K $4s^1$	20 Ca $4s^2$	31 Ga $4s^24p^1$	32 Ge $4s^24p^2$	33 As $4s^24p^3$	34 Se $4s^24p^4$	35 Br $4s^24p^5$	36 Kr $4s^24p^6$

예제 5.8 족 번호 사용

먼저 해 보기!

주기율표를 사용하여 다음 각각에 대한 주기, 족 번호, 원자가전자 수, 원자가전자 배치를 써라.

a. 칼슘
b. 아이오딘
c. 납

풀이

원자가전자는 최외각 *s*와 *p* 전자이다. *d*나 *f* 부준위에 전자가 있더라도 이들은 원자가전자가 아니다.

a. 칼슘은 4주기, 2A족(2족)에 있으며, 원자가전자 2개가 있고 원자가전자 배치는 $4s^2$이다.
b. 아이오딘은 5주기, 7A족(17족)에 있으며, 원자가전자 7개가 있고 원자가전자 배치는 $5s^25p^5$이다.
c. 납은 6주기, 4A족(14족)에 있으며, 원자가전자 4개가 있고 원자가전자 배치는 $6s^26p^2$이다.

확인 문제 5.8

주기율표를 사용하여 다음 각각에 대한 주기, 족 번호, 원자가전자 수, 원자가전자 배치를 써라.

a. 황
b. 스트론튬

답

a. 황은 3주기, 6A족(16족)에 있으며, 원자가전자 6개가 있고 원자가전자 배치는 $3s^23p^4$이다.
b. 스트론튬은 5주기, 2A족(2족)에 있으며, 원자가전자 2개가 있고 원자가전자 배치는 $5s^2$이다.

원자 크기

한 원자의 **원자 크기**(atomic size)는 핵으로부터 원자가전자의 거리에 의해 결정된다. 각 족의 전형 원소에 대해, 원자 크기는 위에서 아래로 갈수록 *증가*하는데, 그 이유는 각 에너지 준위에서 최외각 전자가 핵으로부터 더 멀리 떨어져 있기 때문이다. 예를 들어, 1A족(1족)에서 Li는 두 번째 에너지 준위에 원자가전자가 있으며, Na는 세 번째 에너지 준위에 원자가전자가 있다. K는 네 번째 에너지 준위에 원자가전자가 있다. 이것은 K 원자가 Na 원자보다 크고 Na 원자가 Li 원자보다 큰 것을 의미한다(**그림 5.12** 참조).

전형 원소의 원자 크기는 최외각 전자와 핵에 있는 양성자 간의 인력에 영향을 받는다. 원소들을 한 주기에 걸쳐 살펴보면, 핵에서 양성자 수가 증가하면 핵의 양전하가 증가한다. 결과적으로, 전자는 핵에 더 가깝게 끌어당겨지는데, 이는 전형 원소의 원자 크기가 한 주기 내에서는 왼쪽에서 오른쪽으로 갈수록 감소한다는 것을 뜻한다.

같은 주기 내의 전이 원소의 원자 크기는 약간만 변하는데, 그것은 전자가 최외각 에너지 준위가 아니라 *d* 궤도함수를 채우기 때문이다. 핵 전하의 증가는 *d* 전자의 증가에 의해 상쇄되기 때문에 핵에 의한 원자가전자의 인력은 거의 같게 유지된다. 원자가전자에 대한

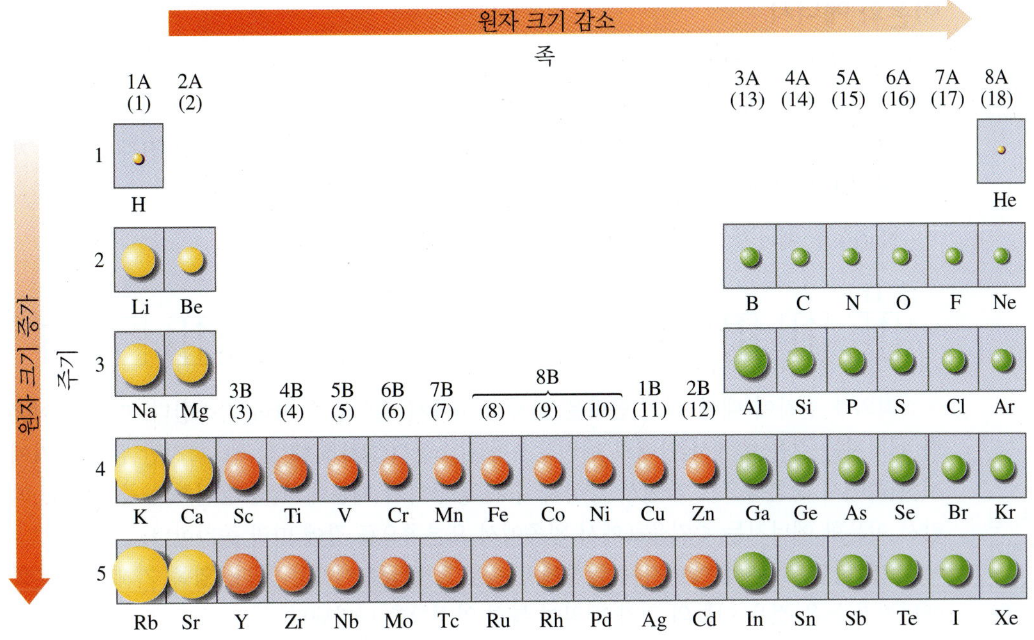

그림 5.12 ▸ 원자 크기는 같은 족에서는 아래로 갈수록 증가하고 같은 주기에서는 왼쪽에서 오른쪽으로 갈수록 감소한다.

핵 인력의 변화가 거의 없으므로, 원자 크기는 전이 원소에 대해 상대적으로 일정하게 유지된다.

예제 5.9 원자 크기

먼저 해 보기!

다음 각 쌍에서 더 작은 원자를 찾아라.

a. N 또는 F

b. K 또는 Kr

c. Ca 또는 Sr

풀이

a. F 원자는 핵에 더 큰 양전하를 띠므로 전자를 더 가까이 당겨 F 원자가 N 원자보다 작게 된다. 원자 크기는 같은 주기에서 왼쪽에서 오른쪽으로 갈수록 감소한다.

b. Kr 원자는 핵에 더 큰 양전하를 띠므로 전자를 더 가까이 당겨 Kr 원자가 K 원자보다 작게 된다. 원자 크기는 같은 주기에서 왼쪽에서 오른쪽으로 갈수록 감소한다.

c. Ca 원자의 외각 전자는 Sr 원자에 있는 것보다 핵에 더 가까워 Ca 원자가 Sr 원자보다 작게 된다. 같은 족에서 아래로 갈수록 원자 크기가 커진다.

확인 문제 5.9

다음 각각에 대하여 가장 큰 원자를 찾아라.

a. P, As, Se　　**b.** Mg, Si, S

답

a. As　　**b.** Mg

생각해 보기 5.15

왜 인 원자는 질소 원자보다 크지만 규소 원자보다는 작은가?

생각해 보기 5.16

마그네슘 원자가 이온화하여 마그네슘 이온 Mg^{2+}이 될 때 어떤 전자를 잃게 되는가?

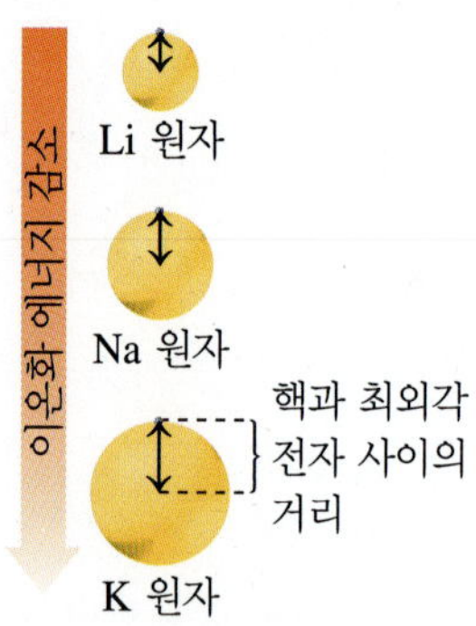

그림 5.13 ▸ 1A족(1족)에서 Li, Na, K 원자에 있는 핵과 최외각 전자 사이의 거리가 증가함에 따라 이온화 에너지는 감소하고 최외각 전자를 제거하는 데 필요한 에너지는 줄어든다.

생각해 보기 5.17

Cs가 K보다 이온화 에너지가 더 낮은 이유는 무엇인가?

이온화 에너지 증가

이온화 에너지 감소

이온화 에너지는 같은 족에서는 위에서 아래로 내려가면서 감소하고, 같은 주기에서는 왼쪽에서 오른쪽으로 가면서 증가한다.

이온화 에너지

원자에서 음으로 하전된 전자는 핵에 있는 양성자의 양전하에 끌린다. 따라서 원자에서 전자를 제거하려면 에너지가 필요하다. **이온화 에너지**(ionization energy)는 기체(g) 상태의 원자에서 하나의 전자를 제거하는 데 필요한 에너지이다. 중성 원자로부터 전자 하나가 제거되면, 1+의 전하를 갖는 양이온이 형성된다.

$$Na(g) + \text{에너지(이온화)} \longrightarrow Na^{+}(g) + e^{-}$$

1s	2s	2p			3s		1s	2s	2p			3s	
↑↓	↑↓	↑↓	↑↓	↑↓	↑		↑↓	↑↓	↑↓	↑↓	↑↓		+ ↑

최외각 전자에 대한 핵의 인력은 전자가 핵에서 멀어짐에 따라 감소한다. 따라서 이온화 에너지는 같은 족에서 아래로 내려갈수록 감소한다(**그림 5.13** 참조). 하지만 같은 주기에서 왼쪽에서 오른쪽으로 가면서 양성자 수가 증가하기 때문에 핵의 양전하가 증가한다. 따라서 이온화 에너지는 주기율표에서 왼쪽에서 오른쪽으로 감에 따라 증가한다.

요약하면, 이온화 에너지는 금속에서는 낮고 비금속에서는 높다. 영족 기체의 이온화 에너지가 높은 것은 이들의 전자 배열이 특히 안정함을 나타낸다.

예제 5.10 이온화 에너지

먼저 해 보기!

다음 각 세트에서 이온화 에너지가 더 높은 원소를 표시하고 그렇게 선택한 이유를 설명하라.

a. S 또는 Se
b. Mg 또는 Cl
c. F, N, C

풀이

a. S. S에서 전자는 핵에 가까운 부준위에서 제거되는데, Se에 비해 S에서 더 높은 이온화 에너지가 필요하다.
b. Cl. Cl의 핵전하가 더 커서 원자가전자들에 대한 인력이 증가하며, 이 때문에 Mg에 비해 Cl에서 더 높은 이온화 에너지가 필요하다.
c. F. F의 핵전하가 더 커서 원자가전자들에 대한 인력이 증가하며, 이 때문에 C나 N에 비해 F에서 더 높은 이온화 에너지가 필요하다.

확인 문제 5.10

a. Sr, I, Sn을 이온화 에너지가 증가하는 순서로 배열하라.
b. Ba, Mg, Ca를 이온화 에너지가 감소하는 순서로 배열하라.

답

a. Sr, Sn, I. 이온화 에너지는 같은 주기에서 왼쪽에서 오른쪽으로 갈수록 증가한다.
b. Mg, Ca, Ba. 이온화 에너지는 같은 족에서 위에서 아래로 내려갈수록 감소한다.

금속성

금속성(metallic character)을 갖는 원소는 원자가전자를 쉽게 잃는 원소이다. 금속성은 주기율표의 왼쪽에 있는 원소(금속)에서 더 크며, 한 주기에서는 왼쪽에서 오른쪽으로 갈수록 감소한다. 주기율표의 오른쪽에 있는 원소(비금속)는 쉽게 전자를 잃지 않으므로 금속성이 작다. 금속과 비금속 사이에 있는 준금속은 대부분 전자를 잃는 경향이 있지만 금속만큼 쉽지는 않다. 따라서 3주기에서는 가장 쉽게 전자를 잃는 소듐이 가장 금속성이 있다. 3주기에서 왼쪽에서 오른쪽으로 가면서, 금속성은 감소하며, 아르곤이 금속성이 가장 작다.

전형 원소에서 같은 족 원소의 경우, 금속성은 위에서 아래로 갈수록 증가한다. 어떤 족의 아래에 있는 원자는 전자 준위가 더 많아 전자를 쉽게 잃을 수 있다. 따라서 주기율표상의 같은 족에서는 아래쪽에 있는 원소가 위에 있는 원소에 비해 이온화 에너지가 낮고 금속성이 더 크다.

논의한 주기적 성질의 경향을 **표 5.4**에 요약하였다.

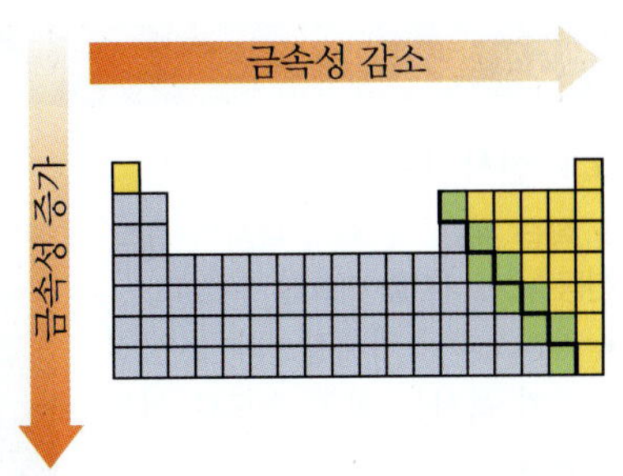

금속성은 같은 족에서는 내려가면서 증가하고, 같은 주기에서는 왼쪽에서 오른쪽으로 가면서 감소한다.

생각해 보기 5.18

왜 마그네슘이 알루미늄보다 금속성이 더 큰가?

표 5.4 ▸ 전형 원소에서 주기적 성질의 경향 요약

주기적 성질	같은 족에서 위에서 아래로	같은 주기에서 왼쪽에서 오른쪽으로
원자가전자	동일하게 유지	증가
원자 크기	에너지 준위 수가 증가하기 때문에 원자 크기 증가	양성자 수가 증가함에 따라 원자가전자에 대한 핵의 인력을 강화시키고 핵에 더 가까이 당겨 크기 감소
이온화 에너지	원자가전자가 핵에서 멀어질수록 쉽게 제거되기 때문에 감소	양성자 수가 증가함에 따라 원자가전자에 대한 핵의 인력을 강화시켜 원자가전자 제거에 더 많은 에너지가 필요하므로 증가
금속성	원자가전자가 원자핵에서 멀리 떨어져 있을 때 쉽게 제거되므로 금속성 증가	양성자 수가 증가함에 따라 원자가전자에 대한 핵의 인력을 강화시키고 원자가 전자를 제거하는 데 더 어려워 감소

UPDATE 컴퓨터 칩용 신소재 개발

새로운 연구 프로젝트의 일환으로 제니퍼와 로버트는 인듐(In)과 텔루륨(Te)의 특성을 조사하고자 하였다. 이 두 원소는 모두 컴퓨터 칩을 만드는 데 사용된다. 이 연구를 통해 제니퍼와 로버트는 더 빠르고 저렴하게 만들 수 있는 새로운 컴퓨터 칩 개발을 희망한다.

5.1 **a.** In의 원자 번호는 무엇인가?
b. In 원자에는 몇 개의 전자가 있는가?
c. 주기율표의 부준위 블록을 사용하여 In 원자에 대한 전자 배치와 축약 전자 배치를 써라.
d. 인듐 원자와 아이오딘 원자 중 어느 것이 더 큰가?
e. 인듐 원자와 아이오딘 원자 중 어느 것이 이온화 에너지가 더 높은가?

5.2 **a.** Te의 원자 번호는 무엇인가?
b. Te 원자에는 몇 개의 전자가 있는가?
c. 주기율표의 부준위 블록을 사용하여 Te 원자에 대한 전자 배치와 축약 전자 배치를 써라.
d. 셀레늄 원자와 텔루륨 원자 중 어느 것이 더 작은가?
e. 셀레늄 원자와 텔루륨 원자 중 어느 것이 이온화 에너지가 더 낮은가?

제5장 복습하기 _Chapter Review

5.1 전자기 복사

학습 목표 전자기 복사의 파장, 진동수, 에너지를 비교할 수 있다.

- 라디오파나 가시광선과 같은 전자기 복사는 빛의 속도로 이동한다.
- 특정 유형의 각 복사선은 특정한 파장과 진동수를 가진다.
- 파장(기호 λ, 람다)은 파동의 마루나 골짜기에서 다음 마루나 골짜기까지의 거리이다.
- 진동수(기호 ν, 뉴)는 1초 동안 특정 지점을 통과하는 파동의 수이다.
- 모든 전자기 복사는 3.00×10^8 m/s인 광속(c)으로 이동한다.
- 수학적으로 빛의 속도, 파장, 진동수의 관계는 $c = \lambda\nu$로 표현된다.
- 파장이 긴 복사선은 진동수가 낮고 파장이 짧은 복사선은 진동수가 높다.
- 진동수가 높은 복사선은 에너지가 높다.

5.2 원자 스펙트럼과 에너지 준위

학습 목표 원자 스펙트럼이 원자의 에너지 준위와 어떻게 관련되는지 설명할 수 있다.

- 원소의 원자 스펙트럼은 전자가 차지하는 특정 에너지 준위와 관련이 있다.
- 빛은 특정 에너지의 입자인 광자로 구성된다.
- 전자가 특정 에너지의 광자를 흡수하면 더 높은 에너지 준위를 얻는다. 전자가 낮은 에너지 준위로 떨어지면 특정 에너지의 광자가 방출된다.
- 각 원소는 고유한 원자 스펙트럼을 가진다.

5.3 부준위와 궤도함수

학습 목표 원자 내 전자의 부준위와 궤도함수를 설명할 수 있다.

- 궤도함수는 특정 에너지를 가진 전자가 가장 많이 발견될 수 있는 핵 주변의 영역이다.
- 각 궤도함수는 최대 두 개의 전자를 보유할 수 있으며 이들은 반대 스핀이어야 한다.
- 각 에너지 준위(n)에서 전자는 부준위 내에서 같은 에너지의 궤도함수를 차지한다.
- s 부준위에는 s 궤도함수 하나가 있고, p 부준위에는 p 궤도함수 3개가 있고, d 부준위에는 d 궤도함수 5개가 있으며, f 부준위에는 f 궤도함수 7개가 있다.
- 각 유형의 궤도함수는 독특한 모양을 가진다.

5.4 궤도함수 도표와 전자 배치

학습 목표 어떤 원소에 대한 궤도함수 도표를 그리고 전자 배치를 쓸 수 있다.

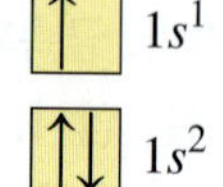

- 한 부준위 내에서 전자는 모든 궤도함수에 절반이 찰 때까지 한 번에 하나씩 같은 에너지 준위의 궤도함수에 들어간다.
- 그 부준위에 있는 궤도함수가 각각 두 개의 전자로 채워질 때까지 추가 전자는 반대 스핀으로 들어간다.
- 원소의 궤도함수 도표는 짝을 이룬 전자와 짝을 이루지 않은 전자가 차지하는 궤도함수를 보여준다.

  규소의 예:

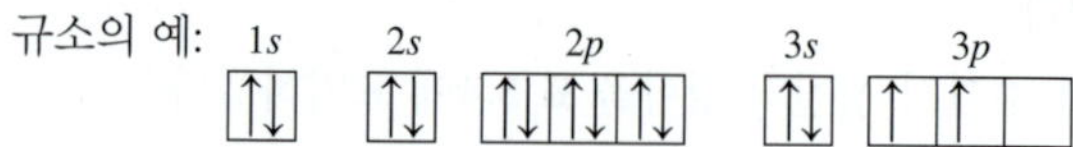

- 원소의 전자 배치는 각 부준위의 전자수를 나타낸다. 규소의 예: $1s^22s^22p^63s^23p^2$.
- 원소에 대한 축약 전자 배치는 채워진 부준위를 괄호 안에 영족 기체 기호로 나타낸다. 규소의 예: $[Ne]3s^23p^2$.

5.5 전자 배치와 주기율표

학습 목표 주기율표의 부준위 블록을 사용하여 원자의 전자 배치를 쓸 수 있다.

- 주기율표는 s, p, d, f 부준위 블록으로 구성된다.
- 전자 배치는 주기율표의 부준위 블록 순서에 따라 쓸 수 있다.
- 전자 배치는 $1s$부터 시작하여 그 원소에 도달할 때까지 주기율표의 각 주기를 가로지르는 부준위 블록을 순서대로 작성하여 얻어진다.

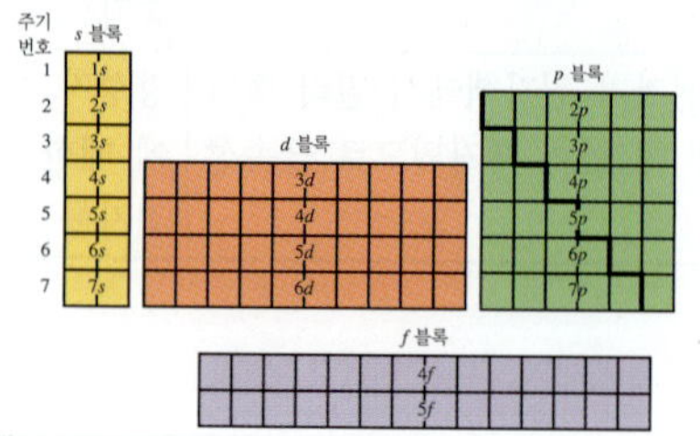

5.6 주기적 성질의 경향

학습 목표 원소의 전자 배치를 사용하여 주기적 성질의 경향을 설명할 수 있다.

Li 원자

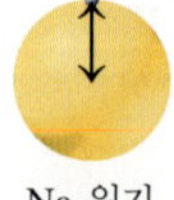
Na 원자

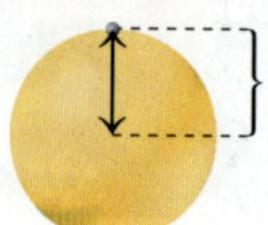

K 원자

- 원소의 성질은 그 원자의 원자가전자와 관련이 있다.
- 몇 가지 예외만을 제외하고 각 원소 족은 에너지 준위만 다르고 원자가 전자 배치가 같다.
- 원자 크기는 같은 족에서는 아래로 갈수록 증가하고, 같은 주기에서는 왼쪽에서 오른쪽으로 갈수록 감소한다.
- 원자가전자를 제거하는 데 필요한 에너지는 이온화 에너지로, 족을 따라 아래로 내려갈수록 감소하고, 같은 주기에서는 왼쪽에서 오른쪽으로 갈수록 증가한다.
- 어떤 원소의 금속성은 같은 족에서 아래로 갈수록 증가하고, 같은 주기에서는 왼쪽에서 오른쪽으로 갈수록 감소한다.

주요 용어 _Key Terms

광자 입자와 파동 특성을 모두 가지고 광속으로 움직이는 에너지 꾸러미.

궤도함수 특정 에너지의 전자가 가장 많이 발견될 수 있는 원자핵 주변의 영역. s 궤도함수는 구형이며, p 궤도함수는 두 개의 로브가 있다.

궤도함수 도표 에너지 준위의 궤도함수에서 전자 분포를 나타내는 도표.

금속성 원소가 원자가전자를 얼마나 쉽게 잃는지에 대한 척도.

d 블록 전자가 5개의 d 궤도함수를 채우는 3B족(3족)~2B족(12족)의 10개 원소.

부준위 에너지 준위 내에서 에너지가 같은 궤도함수의 그룹. 각 에너지 준위의 부준위 수는 주양자수(n)와 같다.

에너지 준위 비슷한 에너지를 지닌 전자 그룹.

s 블록 전자가 s 궤도함수를 채우는 1A족(1족)과 2A족(2족) 원소.

f 블록 전자가 7개의 $4f$와 $5f$ 궤도함수를 채우는 주기율표 맨 아래 행에 있는 14개 원소.

원자가전자 원자의 최고 에너지 준위에 있는 전자.

원자 스펙트럼 낮은 에너지 준위로 떨어지는 전자에 의해 방출된 광자에 의해 생성되는 각 원소에서 특정한 일련의 선.

원자 크기 최외각 전자와 핵 사이의 거리.

이온화 에너지 원자의 최외각 에너지 준위로부터 가장 약하게 결합된 전자를 제거하는 데 필요한 에너지.

전자기 복사선 가시광선, 마이크로파, 라디오파, 적외선, 자외선, X선과 같이 빛의 속도로 파동으로 이동하는 에너지 형태.

전자기 스펙트럼 장파장에서 단파장으로 복사선 형태의 배열.

전자 배치 원자 내의 각 부준위에 있는 전자의 수를 에너지 증가 순으로 나타내는 목록.

주양자수(n) 에너지 준위에 할당된 숫자(n = 1, n = 2,...).

진동수 파동의 마루가 1초 동안 한 점을 통과한 횟수.

파장 파동에서 인접한 마루나 골짜기 사이의 거리.

p 블록 전자가 p 궤도함수를 채우는 3A족(13족)~8A족(18족) 원소.

핵심 화학 기술 _Core Chemistry Skills

각 핵심 화학 기술을 포함하는 절을 각 제목의 끝에 괄호 안에 나타내었다.

▷ 전자 배치 쓰기(5.4)

- 원자의 전자 배치는 원자의 전자가 차지하는 에너지 준위와 부준위를 지정한다.
- 전자 배치는 가장 낮은 에너지 부준위로부터 시작하여 다음으로 가장 낮은 에너지 부준위 순으로 쓴다.
- 각 부준위의 전자수는 위첨자로 나타낸다.

예: 팔라듐의 전자 배치를 써라.

답: 팔라듐은 원자 번호 46으로 양성자 46개와 전자 46개가 있다.
$1s^22s^22p^63s^23p^64s^23d^{10}4p^65s^24d^8$

▷ 주기율표를 사용하여 전자 배치 쓰기(5.5)

전자 배치는 주기율표에서 원소의 위치에 해당하는데, 주기율표에 있는 다른 블록을 s, p, d, f 부준위로 식별한다.

예: 주기율표를 사용하여 황의 전자 배치를 써라.

답: 황(원자 번호 16)은 6A족(16족), 3주기에 있다.

주기	부준위 블록 채우기	부준위 블록 표기
1	$1s$ (H → He)	$1s^2$
2	$2s$ (Li → Be) 및 $2p$ (B → Ne)	$2s^22p^6$
3	$3s$ (Na → Mg) $3p$ (Al → S)	$3s^2$ $3p^4$

황(S)의 전자 배치는 $1s^22s^22p^63s^23p^4$이다.

▷ 주기적 성질의 경향 파악(5.6)

- 원자 크기는 같은 족에서 아래로 갈수록 증가하고, 같은 주기에서는 왼쪽에서 오른쪽으로 갈수록 감소한다.
- 이온화 에너지는 같은 족에서 아래로 갈수록 감소하고, 같은 주기에서는 왼쪽에서 오른쪽으로 갈수록 증가한다.
- 원소의 금속성은 같은 족에서 아래로 갈수록 증가하고, 같은 주기에서는 왼쪽에서 오른쪽으로 갈수록 감소한다.

예: Mg, P, Cl에 대해서 다음에 답하라.

a. 원자 크기가 가장 큰 것
b. 이온화 에너지가 가장 큰 것
c. 금속성이 가장 큰 것

답: **a.** Mg
b. Cl
c. Mg

개념 이해 문제 _Understanding the Concepts

각 문제 끝에 복습할 절을 괄호 안에 표시하였다.

문제 5.3과 5.4에 대해 다음 그림을 사용한다.

A.

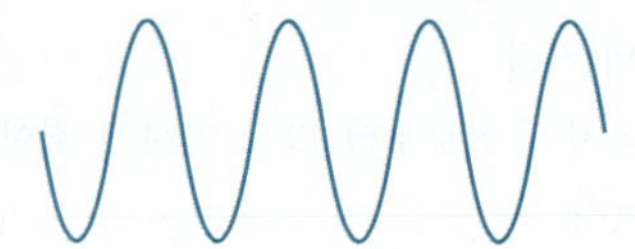

B.

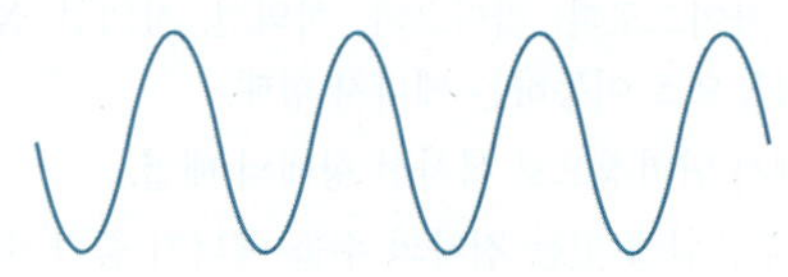

C.

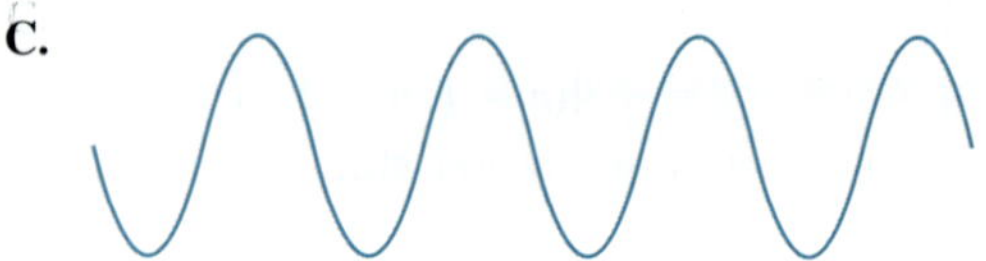

5.3 그림 **A**, **B**, **C** 중에서 선택하라. (5.1)

a. 파장이 가장 긴 것
b. 파장이 가장 짧은 것
c. 진동수가 가장 높은 것
d. 진동수가 가장 낮은 것

5.4 그림 **A**, **B**, **C** 중에서 선택하라. (5.1)

a. 에너지가 가장 높은 것
b. 에너지가 가장 낮은 것
c. 푸른 빛을 나타내는 것
d. 붉은 빛을 나타내는 것

5.5 다음을 *s* 또는 *p* 궤도함수와 짝지어라. (5.3)

a. 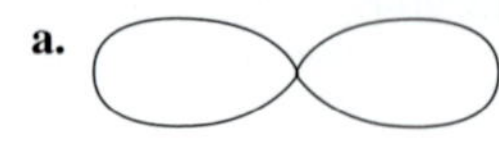 **b.**  **c.** 

5.6 다음을 *s* 또는 *p* 궤도함수와 짝지어라. (5.3)

a. 두 개의 로브
b. 구형
c. $n = 1$에서 발견됨
d. $n = 3$에서 발견됨

5.7 다음 궤도함수 도표가 가능한지 여부를 나타내고 그 이유를 설명하라. 가능하다면 그것이 나타내는 원소를 표시하라. (5.4)

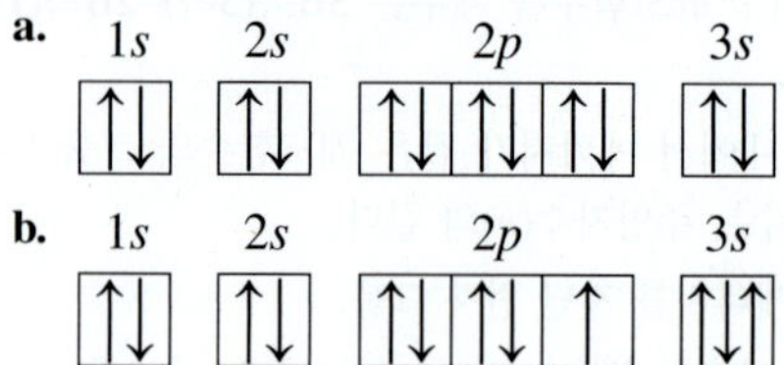

5.8 다음 축약 궤도함수 도표가 가능한지 여부를 나타내고 그 이유를 설명하라. 가능하다면 그것이 나타내는 원소를 표시하라. (5.4)

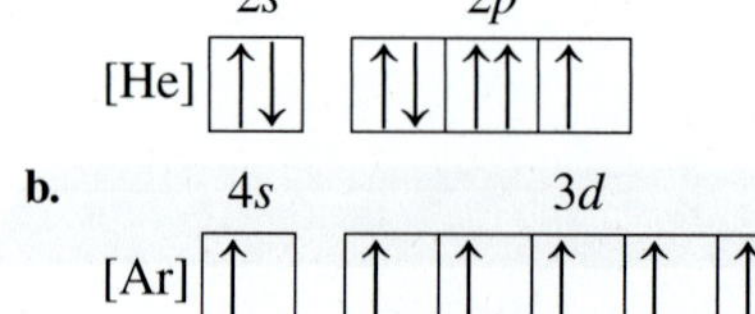

5.9 구 **A~D**와 Li, Na, K, Rb 원자를 짝지어라. (5.6)

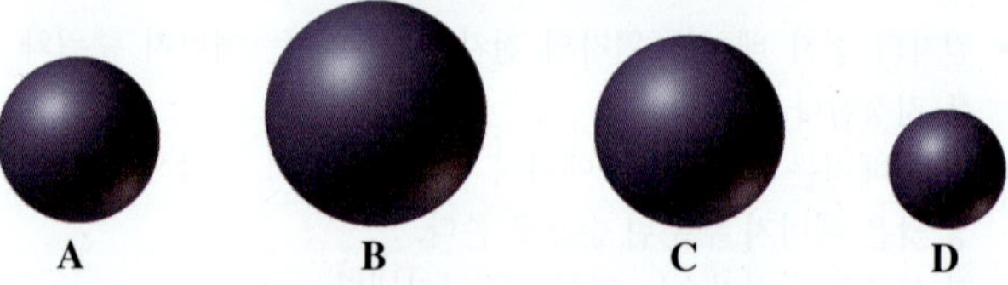

5.10 구 **A~D**와 K, Ge, Ca, Kr 원자를 짝지어라. (5.6)

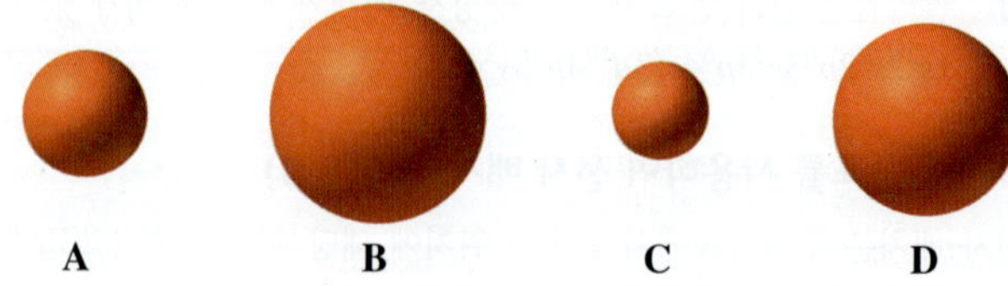

추가 문제 _Additional Practice Problems

5.11 연속 스펙트럼과 원자 스펙트럼의 차이점은 무엇인가? (5.1)

5.12 네온사인이 붉은 빛을 내는 이유는 무엇인가? (5.1)

5.13 파울리 배타 원리란 무엇인가? (5.3)

5.14 하나의 *d* 부준위에 짝지은 전자 없이 쌍을 이루지 않은 전자 5개가 존재하는 이유는 무엇인가? (5.3)

5.15 4*p*, 2*d*, 3*f*, 5*f* 중 원자에서 가능한 궤도함수는 어느 것인가? (5.3)

5.16 1*p*, 4*f*, 6*s*, 4*d* 중 원자에서 가능한 궤도함수는 어느 것인가? (5.3)

5.17 **a.** 3*s* 부준위를 채운 후 어떤 전자 부준위를 채우기 시작하는가? (5.4)
b. 4*p* 부준위를 채운 후 어떤 전자 부준위를 채우기 시작하는가?
c. 3*d* 부준위를 채운 후 어떤 전자 부준위를 채우기 시작하는가?
d. 3*p* 부준위를 채운 후 어떤 전자 부준위를 채우기 시작하는가?

5.18 **a.** 5*s* 부준위를 채운 후 어떤 전자 부준위를 채우기 시작하는가? (5.4)
b. 4*d* 부준위를 채운 후 어떤 전자 부준위를 채우기 시작하는가?
c. 4*f* 부준위를 채운 후 어떤 전자 부준위를 채우기 시작하는가?
d. 5*p* 부준위를 채운 후 어떤 전자 부준위를 채우기 시작하는가?

5.19 **a.** Fe에는 $3d$ 전자 몇 개가 있는가? (5.4)
b. Ba에는 $5p$ 전자 몇 개가 있는가?
c. I에는 $4d$ 전자 몇 개가 있는가?
d. Ra에는 $7s$ 전자 몇 개가 있는가?

5.20 **a.** Cd에는 $4d$ 전자 몇 개가 있는가? (5.4)
b. Br에는 $4p$ 전자 몇 개가 있는가?
c. Bi에는 $6p$ 전자 몇 개가 있는가?
d. Zn에는 $4s$ 전자 몇 개가 있는가?

5.21 다음 각 원소에 대한 축약 전자 배치와 족 번호를 써라. (5.4)
a. Si **b.** Se **c.** Mn **d.** Sb

5.22 다음 각 원소에 대한 축약 전자 배치와 족 번호를 써라. (5.4)
a. Br **b.** Rh **c.** Tc **d.** Ra

5.23 전자 배치에서 원소 Ca, Sr, Ba는 어떤 공통점이 있는가? 이들은 주기율표 어디에 위치하는가? (5.4, 5.5)

5.24 전자 배치에서 원소 O, S, Se는 어떤 공통점이 있는가? 이들은 주기율표 어디에 위치하는가? (5.4, 5.5)

5.25 다음 각각에 해당하는 원소의 이름을 써라. (5.4, 5.5, 5.6)
a. $1s^22s^22p^63s^23p^3$
b. 원자 크기가 가장 작은 알칼리 금속
c. $[Kr]5s^24d^{10}$
d. 이온화 에너지가 가장 큰 5A족(15족)원소
e. 원자 크기가 가장 큰 3주기 원소

5.26 다음 각각에 해당하는 원소의 이름을 써라. (5.4, 5.5, 5.6)
a. $1s^22s^22p^63s^23p^64s^13d^5$
b. $[Xe]6s^24f^{14}5d^{10}6p^5$
c. 이온화 에너지가 가장 높은 할로젠
d. 이온화 에너지가 가장 낮은 2A족(2족) 원소
e. 원자 크기가 가장 작은 4주기 원소

5.27 Ca의 이온화 에너지가 K의 이온화 에너지보다 크고 Mg의 이온화 에너지보다 작은 이유는 무엇인가? (5.6)

5.28 Br의 이온화 에너지가 Cl의 이온화 에너지보다 작지만 Se의 이온화 에너지보다 큰 이유는 무엇인가? (5.6)

5.29 다음 각 쌍에서 금속성이 더 큰 원소를 골라라. (5.6)
a. As 또는 Sb **b.** Sn 또는 Sb **c.** Cl 또는 P **d.** O 또는 P

5.30 다음 각 쌍에서 금속성이 더 큰 원소를 골라라. (5.6)
a. Sn 또는 As **b.** Cl 또는 I **c.** Ca 또는 Ba **d.** Ba 또는 Hg

5.31 원소 Na, P, Cl, F 중 다음 질문에 답하라. (5.6)
a. 금속인 것은 무엇인가?
b. 5A족(15족)에 있는 것은 무엇인가?
c. 이온화 에너지가 가장 큰 것은 무엇인가?
d. 전자 하나를 가장 쉽게 제거할 수 있는 것은 무엇인가?
e. 7A족(17족), 3주기에 있는 것은 무엇인가?

5.32 원소 K, Ca, Br, Kr 중 다음 질문에 답하라. (5.6)
a. 할로젠은 무엇인가?
b. 원자 크기가 가장 작은 것은 무엇인가?
c. 이온화 에너지가 가장 작은 것은 무엇인가?
d. 전자 하나를 제거하는 데 가장 많은 에너지가 필요한 것은 무엇인가?
e. 2A(2족), 4주기에 있는 것은 무엇인가?

5.33 다음 축약 전자 배치를 가지는 세 원소에 대해 생각해 보자. (5.4, 5.5, 5.6)

$X = [Ar]4s^2$ $Y = [Ne]3s^23p^4$ $Z = [Ar]4s^23d^{10}4p^4$

a. 각 원소를 금속, 비금속, 준금속으로 구분하라.
b. 원자 크기가 가장 큰 것은 무엇인가?
c. 이온화 에너지가 가장 큰 것은 무엇인가?
d. 원자 크기가 가장 작은 것은 무엇인가?

5.34 다음 축약 전자 배치를 가지는 세 원소에 대해 생각해 보자. (5.4, 5.5, 5.6)

$X = [Ar]4s^23d^5$ $Y = [Ar]4s^23d^{10}4p^1$ $Z = [Ar]4s^23d^{10}4p^6$

a. 각 원소를 금속, 비금속, 준금속으로 구분하라.
b. 원자 크기가 가장 작은 것은 무엇인가?
c. 이온화 에너지가 가장 큰 것은 무엇인가?
d. 절반이 채워진 부준위를 가지는 원소는 무엇인가?

생각해 보기의 답 _Answers to Engage Questions

5.1 붉은 빛의 파장(마루에서 마루까지의 거리)은 푸른 빛보다 길다.

5.2 $10\,200\ \cancel{km} \times 1000\ \cancel{m}/1\ \cancel{km} \times 1\ s/3.00 \times 10^8\ \cancel{m} = 0.034\ s$

5.3 적외선은 자외선보다 진동수가 낮다.

5.4 가열된 원소의 전자가 에너지를 흡수하면 더 높은 에너지 준위로 이동한 다음 낮은 에너지 준위로 떨어지면서 해당 에너지를 방출한다. 연속 에너지가 아닌 특정 에너지만 방출된다.

5.5 전자는 현재의 에너지 준위로부터 더 높은 에너지 준위 사이를 이동하기 위해 특정 양의 에너지를 흡수한다.

5.6 $n = 5$인 에너지 준위는 5개의 부준위를 가진다.

5.7 $n = 3$ 에너지 준위의 p 오비탈들은 모양과 에너지가 같다. 하지만 x, y, z 축을 따라 서로 다른 방향을 향하고 있다.

5.8 $5d$ 부준위에는 5개의 궤도함수가 있다.

5.9 $4s$ 부준위는 $3d$ 부준위보다 에너지가 낮기 때문에 $4s$ 에너지 준위가 $3d$ 부준위보다 먼저 채워진다.

5.10 훈트 규칙은 전자가 동일한 스핀으로 동일한 에너지의 궤도함수를 단독으로 차지할 때 전자들 사이의 반발이 적다는 것이다. 따라서 전자 배치에서 부준위의 궤도함수에 전자가 하나씩 완전히 채워진 다음 남은 전자가 채워지게 된다.

5.11 네온에서 $1s$ 블록과 $2s$ 블록에는 각각 두 개의 전자가 있다. 네온은 2주기의 끝에 위치하여 $2p$ 부준위에 6개의 전자를 갖는다.

5.12 s 블록에는 1족(1A) 및 2족(2A) 원소가 포함되고, p 블록에는 13족(3A)에서 18족(8A) 원소가, d 블록에는 3족(3B)에서 12족(2B) 원소가 포함된다.

5.13 원소 K에서 Zn의 경우 사용된 부준위 블록은 $4s$와 $3d$이다.

5.14 1A족에서 8A족은 해당 족의 원소에 대한 s 및 p 원자가전자의 수를 나타낸다.

5.15 원자 크기는 각 족의 위에서 아래로 갈수록 증가하기에 인 원자가 질소 원자보다 더 크다. 또한 원자 크기는 핵에 있는 양성자의 수가 증가함에 따라 한 주기에서 왼쪽에서 오른쪽으로 갈수록 감소한다. 따라서 더 많은 양성자를 가진 인 원자는 규소 원자보다 작다.

5.16 Cs에서 가장 바깥쪽의 전자는 핵에서 멀리 떨어져 있으며, 이는 해당 전자를 제거하는 데 필요한 에너지가 적음을 의미한다.

5.17 Mg에서 Mg^{2+}로의 이온화는 $3s$ 부준위에 있는 두 개의 가장 바깥쪽 전자가 제거됨으로써 발생한다.

5.18 한 주기에서 왼쪽에서 오른쪽으로 갈수록 금속성이 감소한다. 따라서 마그네슘은 알루미늄보다 금속성이 더 크다.

선택된 문제의 답 _Answers to Selected Problems

5.1 **a.** 49
b. 49
c. $1s^22s^22p^63s^23p^64s^23d^{10}4p^65s^24d^{10}5p^1$, $[Kr]5s^24d^{10}5p^1$
d. 3A족(13족)
e. 인듐
f. 아이오딘

5.3 **a.** C가 파장이 가장 길다.
b. A가 파장이 가장 짧다.
c. A가 진동수가 가장 크다.
d. C가 진동수가 가장 작다.

5.5 **a.** p **b.** s **c.** p

5.7 **a.** 가능하다. 이 원소는 마그네슘이다.
b. 가능하지 않다. $2p$ 부준위는 $3s$보다 먼저 채워지게 되며 하나의 s 궤도함수 안에는 두 개의 전자만 들어갈 수 있다.

5.9 Li는 **D**, Na는 **A**, K는 **C**, Rb는 **B**이다.

5.11 백색광으로부터 나오는 연속 스펙트럼은 모든 에너지의 파장을 포함하고 있다. 원자 스펙트럼은 전자가 더 높은 에너지 준위에서 더 낮은 준위로 떨어질 때 방출되는 에너지에 해당하는 일련의 선으로 된 선 스펙트럼이다.

5.13 파울리 배타원리는 같은 궤도함수 내에 있는 두 전자는 스핀이 반대여야 한다는 것이다.

5.15 $n = 4$인 에너지 준위에는 p 부준위를 포함하는 4개의 부준위가 있기 때문에 $4p$ 궤도함수는 가능하다. $n = 2$인 에너지 준위에는 s와 p 부준위만 있으므로 $2d$ 궤도함수는 가능하지 않다. $n = 3$인 에너지 준위에는 s, p, d 세 부준위만 있으므로 $3f$ 궤도함수는 가능하지 않다. $n = 5$인 에너지 준위에는 $5f$ 부준위를 포함하여 다섯 개의 부준위가 허용되므로 $5f$ 궤도함수는 가능하다.

5.17 **a.** $3p$ **b.** $5s$ **c.** $4p$ **d.** $4s$

5.19 **a.** 6 **b.** 6 **c.** 10 **d.** 2

5.21 **a.** $[Ne]3s^23p^2$; 4A족(14족)
b. $[Ar]4s^23d^{10}4p^4$; 6A족(16족)
c. $[Ar]4s^23d^5$; 7B족(7족)
d. $[Kr]5s^24d^{10}5p^3$; 5A족(15족)

5.23 Ca, Sr, Ba는 모두 2개의 원자가전자인 ns^2를 가지고 있어 2A족(2족)에 속한다.

5.25 **a.** 인 **b.** 리튬(H는 비금속)
c. 카드뮴 **d.** 질소 **e.** 소듐

5.27 Ca는 K보다 양성자 수가 더 많다. Ca 안에 가장 약하게 붙들려 있는 전자는 Mg에 있는 것보다 핵으로부터 더 멀리 떨어져 있어서, 제거하는 데 에너지가 적게 필요하다.

5.29 **a.** Sb **b.** Sn **c.** P **d.** P

5.31 **a.** Na **b.** P **c.** F
d. Na **e.** Cl

5.33 **a.** X는 금속이고 Y와 Z는 비금속이다.
b. X의 원자 크기가 가장 크다.
c. Y의 이온화 에너지가 가장 크다.
d. Y의 원자 크기가 가장 작다.

이온 결합 화합물과 분자 화합물

Ionic and Molecular Compounds

제 6 장

리처드의 담당 의사는 심장 마비나 뇌졸중을 예방하기 위해 저용량 아스피린(81 mg)을 매일 복용하도록 권장했다. 리처드는 아스피린 복용에 대해 우려하고 있으며 현지 약국에서 일하는 약사인 차베스에게 아스피린의 효과에 대해 질문했다. 차베스는 아스피린이 아세틸살리실산(acetylsalicylic acid)으로 화학식이 $C_9H_8O_4$라고 리처드에게 설명했다. 아스피린은 비금속인 탄소(C), 수소(H), 산소(O)를 함유하고 있기 때문에 유기 분자라고 하는 분자 화합물이다. 그녀는 아스피린이 경미한 통증을 완화하고 염증과 발열을 줄이며 혈액 응고를 늦추는 데 사용된다고 설명했다. 아스피린은 뇌에 통증 신호를 전달하고 열을 일으키는 화학 메신저인 프로스타글란딘 생성을 차단하여 통증과 발열을 줄이는 비스테로이드성 소염 진통제(NSAID) 중 하나이다. 아스피린의 잠재적 부작용으로는 가슴 앓이, 위장염, 메스꺼움, 위궤양의 위험이 있다.

관련 직업

약사

약사는 병원, 약국, 의원 및 장기 요양 시설에서 근무하며 의사의 지시에 따라 의약품을 준비하고 나누어주는 책임을 맡는다. 이들은 적절한 약물을 얻고 환자의 약물을 계산, 측정, 라벨링한다. 약사는 고객과 건강관리 종사자에게 있을 수 있는 부작용과 상호 작용은 물론 처방약과 처방전 없이 구입할 수 있는 의약품을 선택하고, 적절한 복용량, 노인병 고려 사항을 권고한다. 그들은 또한 예방 접종을 관리하고, 무균 혈관 주사제를 준비하며, 건강, 식이 요법 및 가정용 의료 장비에 관해 고객에게 조언하기도 한다. 약사는 또한 보험 청구를 준비하고 환자 프로파일을 작성하여 유지 관리한다.

UPDATE 약국에서의 화합물

2주 후에 리처드는 다시 약국에 왔다. 약사의 추천에 따라 그는 아픈 발가락 치료를 위한 엡솜(Epsom) 염, 속쓰림을 위한 제산제와 철분 보충제를 구매하였다. 구매한 약품들의 화학식은 **UPDATE 약국에서의 화합물**(163쪽)에서 확인할 수 있다.

이 장의 차례

복습하기

전자 배치 쓰기(4.7)

6.1 이온: 전자의 이동

학습 목표 전형 원소의 간단한 이온에 대한 기호를 쓸 수 있다.

영족 기체를 제외한 대부분의 원소는 천연에서 화합물로 결합된 형태로 발견된다. 영족 기체는 매우 안정하여 극한 조건에서만 화합물을 형성한다. 영족 기체가 안정한 이유는 이들의 원자가전자 에너지 준위가 채워진다는 것으로 설명할 수 있다.

화합물은 전자가 이동하거나 공유되어 원자가 안정한 전자 배열을 가질 때 만들어진다. *이온 결합*(ionic bond)이나 *공유 결합*(covalent bond)이 형성되면 원자가전자를 잃거나 얻거나 공유하여 8개의 원자가전자를 이루는 옥텟(octet)이 형성된다. 원자가 안정된 전자 배열을 얻는 이러한 경향은 **옥텟 규칙**(octet rule)으로 알려져 있으며 이를 통해 원자들이 결합하여 화합물을 형성하는 방식에 대해 이해할 수 있다. 몇몇 원소는 원자가전자가 2개인 헬륨의 안정성을 이룬다. 하지만 전이 원소에 대해서는 옥텟 규칙을 사용하지 않는다.

이온 결합(ionic bond)은 금속 원자의 원자가전자가 비금속의 원자로 옮겨지면서 이루어진다. 예를 들어, 소듐 원자는 전자를 잃고 염소 원자는 전자를 얻어 이온 결합 화합물인 NaCl을 형성한다. **공유 결합**(covalent bond)은 비금속 원자가 원자가전자를 공유할 때 형성된다. 분자 화합물인 H_2O와 C_3H_8에서 원자들은 전자를 공유한다(**표 6.1** 참고).

표 6.1 ▸ 입자의 형태와 화합물에서의 결합

유형	이온 화합물	분자 화합물	
입자	이온	분자	
결합	이온 결합	공유 결합	
예	Na^+ Cl^- 이온	H_2O 분자	C_3H_8분자

양이온: 전자를 잃음

이온 결합에서 원자가 전자를 잃거나 얻으면 전하를 갖는 **이온**(ion)이 형성되어 안정된 전

M은 금속,
Nm은 비금속이다.

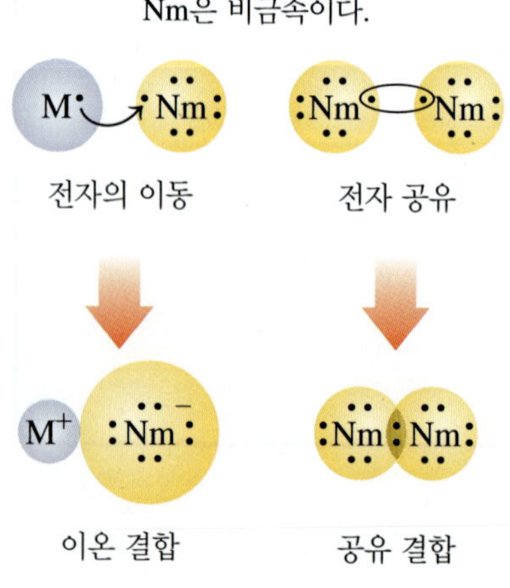

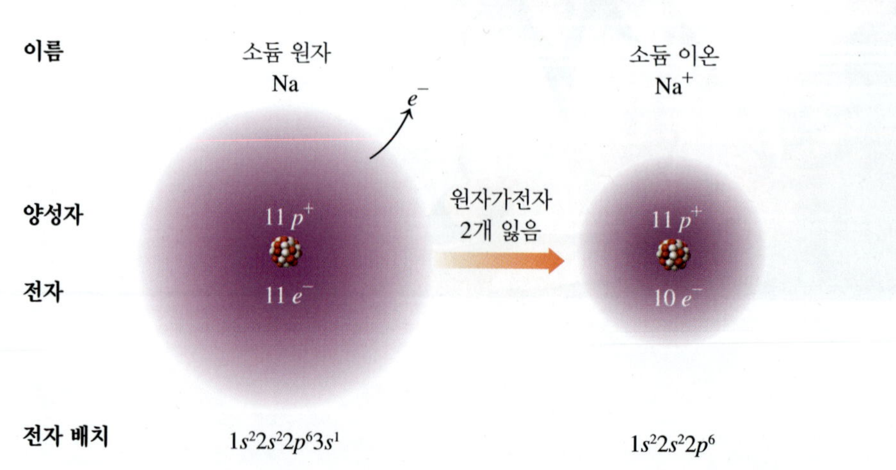

자 배열을 형성한다. 1A족(1족), 2A족(2족), 3A족(13족) 금속들은 이온화 에너지가 낮기 때문에 금속 원자는 쉽게 원자가전자를 잃게 된다. 그렇게 함으로써 이들은 양전하를 띤 이온을 형성한다. 금속 원자는 가장 가까운 영족 기체(보통 8개의 원자가전자)와 동일한 전자 배열을 얻는다. 예를 들어, 소듐 원자가 원자가전자 하나를 잃으면 나머지 전자는 안정된 전자 배열을 갖게 된다. 전자 하나를 잃어, 소듐은 음으로 하전된 전자가 11개가 아니라 10개를 갖는다. 핵에 양전하를 띤 양성자는 여전히 11개 있기 때문에 원자는 더 이상 중성이 아니다. 이제는 1+의 **이온 전하**(ionic charge)라고 하는 양전하를 띤 소듐 이온이 된다. 소듐 이온의 루이스 기호에서 1+의 이온 전하는 오른쪽 위에 Na^+로 쓰며, 여기서 1은 생략한다. 이온은 세 번째 에너지 준위에서 최외각 전자를 잃었기 때문에 소듐 이온은 소듐 원자보다 작다. 금속의 양으로 하전된 이온은 양이온(cation, *cat-eye-un*이라고 발음)이라고 부르며 원소의 이름을 사용한다.

이온 전하 = 양성자의 전하 + 전자의 전하
1+ = (11+) + (10−)

2A족(2족) 금속인 마그네슘은 원자가전자 2개를 잃어서 2+의 전하를 띤 마그네슘 이온(Mg^{2+})을 형성함으로써 안정된 전자 배열을 얻는다. 마그네슘 이온은 세 번째 에너지 준위의 최외각 전자가 제거되었기 때문에 마그네슘 원자보다 크기가 작다. 마그네슘 이온에서 옥텟은 두 번째 에너지 준위를 채우는 전자로 구성된다.

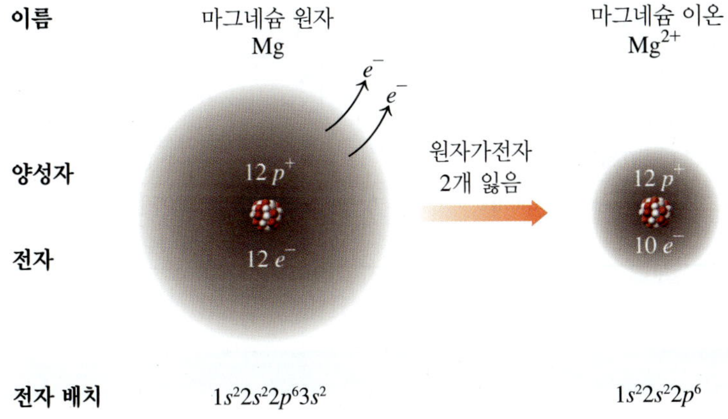

음이온: 전자를 얻음

5A족(15족), 6A족(16족), 7A족(17족)의 비금속 원자는 이온화 에너지가 크다. 이온성 화합물에서, 비금속 원자는 하나 이상의 원자가전자를 얻어 안정한 전자 배열을 한다. 전자를 얻음으로써, 비금속 원자는 음으로 하전된 이온을 형성한다. 예를 들어, 원자가전자 7개가 있는 염소 원자는 전자 하나를 얻어 옥텟을 형성한다. 이제 핵 안에 양성자 17개와 전자 18개가 있기 때문에 염소 원자는 더 이상 중성이 아니다. 이것은 1−의 이온 전하를 가진 *염화 이온*(chloride ion)으로, Cl^-라고 쓰며 1은 생략된다. **음이온**(anion, *an-eye-un*이라고 발음)이라고 부르는 음으로 하전된 이온은 원소 이름 뒤에 '*-화*'를 붙여 명명한다(영어명에서는 첫 음절 뒤에 *-ide*를 붙임). 이온은 추가적인 전자를 가져 최외각 에너지 준위를 완성하기 때문에 염화 이온은 염소 원자보다 크다.

이온 전하 = 양성자의 전하 + 전자의 전하
1− = (17+) + (18−)

생각해 보기 6.1

세슘 원자에는 양성자 55개와 전자 55개가 있다. 세슘 이온은 양성자 55개와 전자 54개가 있다. 세슘 이온이 1+의 전하를 띠는 이유는 무엇인가?

핵심 화학 기술

양이온 및 음이온 쓰기

생각해 보기 6.2

왜 Br은 음이온인 Br^-를 형성하고, Li은 양이온인 Li^+를 형성하는가?

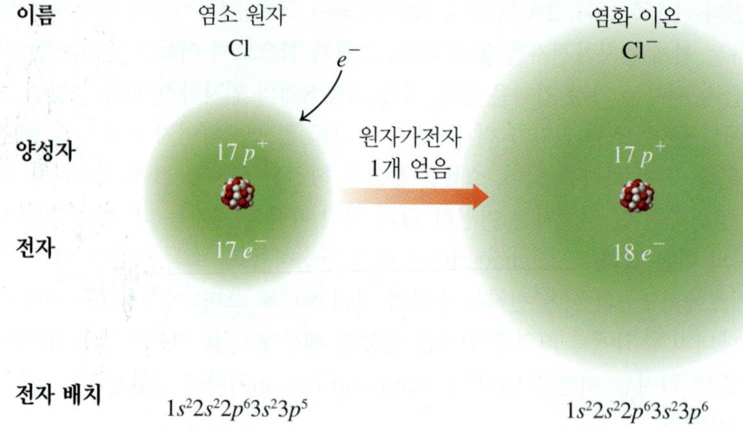

표 6.2는 몇 가지 중요한 금속과 비금속 이온의 이름을 나열한 것이다.

표 6.2 > 몇 가지 이온의 식과 이름

금속			비금속		
족 번호	양이온	양이온 이름	족 번호	음이온	음이온 이름
1A(1)	Li^+	리튬(lithium)	5A(15)	N^{3-}	질소화(nitride)
	Na^+	소듐(sodium)		P^{3-}	인화(phosphide)
	K^+	포타슘(potassium)	6A(16)	O^{2-}	산화(oxide)
2A(2)	Mg^{2+}	마그네슘(magnesium)		S^{2-}	황화(sulfide)
	Ca^{2+}	칼슘(calcium)	7A(17)	F^-	플루오린화(fluoride)
	Ba^{2+}	바륨(barium)		Cl^-	염화(chloride)
3A(13)	Al^{3+}	알루미늄(aluminum)		Br^-	브로민화(bromide)
				I^-	아이오딘화(iodide)

예제 6.1 이온

먼저 해 보기!

a. 양성자 7개와 전자 10개를 가진 이온의 기호와 이름을 써라.
b. 양성자 20개와 전자 18개를 가진 이온의 기호와 이름을 써라.

풀이

a. 양성자 7개를 가진 원소는 질소이다. 전자 10개를 가진 질소 이온에서, 이온 전하는 (7+) + (10−) = 3−가 될 것이다. N^{3-}로 쓰는 이온은 *질소화 이온*(nitride ion)이다.
b. 양성자 20개를 가진 원소는 칼슘이다. 전자 18개를 가진 칼슘 이온에서 이온 전하는 (20+) + (18−) = 2+가 될 것이다. Ca^{2+}로 쓰는 이온은 *칼슘 이온*(calcium ion)이다.

확인 문제 6.1

다음 각 이온에는 양성자와 전자가 몇 개씩 존재하는가?

a. Sr^{2+} **b.** Cl^- **c.** As^{3+}

답

a. 양성자 38개, 전자 36개 **b.** 양성자 17개, 전자 18개 **c.** 양성자 33개, 전자 30개

족 번호로부터 이온 전하

이온 결합 화합물에서 전형 원소는 보통 전자를 잃거나 얻어 가장 가까운 영족 기체와 같이 원자가전자가 8개(헬륨은 2개)로 된다. 주기율표의 족 번호를 사용하여 전형 원소의 이온에 대한 전하를 결정할 수 있다. 1A족(1족) 원소는 전자 하나를 잃어 1+ 전하를 가진 이온을 형성한다. 2A족(2족) 원소는 전자 2개를 잃어 2+ 전하를 가지는 이온을 형성한다. 3A족(13족) 원소는 전자 3개를 잃어 3+ 전하를 갖는 이온을 형성한다. 이 책에서는 전이 원소의 이온 전하는 족 번호를 사용하여 결정하지 않는다.

이온 결합 화합물에서 7A족(17족) 원소는 전자 하나를 얻고 1−의 전하를 가진 이온을 형성한다. 6A족(16족) 원소는 전자 2개를 얻어 2−의 전하를 가진 이온을 형성한다. 5A족(15족) 원소는 전자 3개를 얻어 3−의 전하를 가진 이온을 형성한다.

4A족(14족)의 비금속은 일반적으로 이온을 형성하지 않는다. 그러나 4A족(14족)의 금속인 Sn과 Pb는 전자를 잃어 양이온을 형성한다. **표 6.3**에는 전형 원소의 몇 가지 단원자 이온에 대한 이온 전하를 나열하였다.

표 6.3 > 단원자 이온의 예와 가장 가까운 영족 기체

	금속은 원자가전자를 잃는다.			비금속은 원자가전자를 얻는다.		
영족 기체	1A (1)	2A (2)	3A (13)	5A (15)	6A (16)	7A (17)
He	Li^+					
Ne	Na^+	Mg^{2+}	Al^{3+}	N^{3-}	O^{2-}	F^-
Ar	K^+	Ca^{2+}		P^{3-}	S^{2-}	Cl^-
Kr	Rb^+	Sr^{2+}			Se^{2-}	Br^-
Xe	Cs^+	Ba^{2+}				I^-

생각해 보기 6.3

왜 2A족(2족) 원자들은 모두 2+의 전하를 가지는 이온을 형성하는가?

예제 6.2 이온의 기호 쓰기

먼저 해 보기!

알루미늄과 산소 원소에 대해 답하라.

a. 각각을 금속과 비금속으로 구분하라.

b. 각각의 원자가전자 수를 써라.

c. 옥텟이 되기 위해 잃거나 얻어야 하는 전자 수를 써라.

d. 각 이온의 기호, 전하, 이름을 써라.

풀이

알루미늄	산소
a. 금속	비금속
b. 원자가전자 3개	원자가전자 6개
c. 전자 3개 잃음	전자 2개 얻음
d. Al^{3+}, [(13+) + (10−) = 3+], 알루미늄 이온	O^{2-}, [(8+) + (10−) = 2−], 산화 이온

확인 문제 6.2

황과 포타슘 원소에 대해 답하라.

a. 각각을 금속과 비금속으로 구분하라.

b. 각각의 원자가전자 수를 써라.

c. 옥텟이 되기 위해 잃거나 얻어야 하는 전자 수를 써라.

d. 각 이온의 기호, 전하, 이름을 써라.

답

a. 황은 비금속, 포타슘은 금속이다.

b. 황은 원자가전자 6개, 포타슘은 원자가전자 1개를 가지고 있다.

c. 황은 전자 2개를 얻고, 포타슘은 전자 1개를 잃는다.

d. S^{2-}, 황화 이온; K^+, 포타슘 이온

건강과 관련된 화학 _Chemistry Link to Health

체내에 있는 몇 가지 중요한 이온들

체액 중의 여러 이온은 중요한 생리적 기능과 대사 기능을 가지고 있다. 몇 가지를 **표 6.4**에 나타내었다.

바나나, 우유, 치즈, 감자와 같은 식품은 신체 기능을 조절하는 데 중요한 이온을 몸에 제공한다.

우유, 치즈, 바나나, 시리얼, 감자는 체내에 이온을 공급한다.

표 6.4 > 체내에 있는 이온들

이온	발생	기능	출처	너무 적은 결과	너무 많은 결과
Na^+	세포 외부의 주요 양이온	체액 조절	소금, 치즈, 피클	저소듐 혈증, 불안, 설사, 순환 장애, 체액 감소	고소듐 혈증, 소변량 감소, 갈증, 부종
K^+	세포 내부의 주요 양이온	체액 및 세포 기능 조절	바나나, 오렌지 주스, 우유, 자두, 감자	저포타슘 혈증, 혼수, 근력 약화, 신경 자극의 실패	고포타슘 혈증(고혈압), 과민성, 메스꺼움, 소변, 심장 마비
Ca^{2+}	세포 외부의 양이온, 뼈 속에 체내 칼슘의 90%	뼈의 주요 양이온, 근육 수축에 필요	우유, 요구르트, 치즈, 채소, 시금치	저칼슘 혈증, 손가락 끝, 근육 경련, 골다공증	고칼슘 혈증, 근육 이완, 신장 결석, 심부 통증
Mg^{2+}	세포 외부의 양이온, 뼈 속에 체내 마그네슘의 50%	특정 효소, 근육, 신경 조절에 필수적	넓게 분포(모든 녹색 식물의 엽록소 부분), 견과류, 전체 곡물	방향 감각 상실, 고혈압, 떨림, 느린 맥박	졸음
Cl^-	세포 외부의 주요 음이온	위액, 체액 조절	소금	Na^+와 같음	Na^+와 같음

6.2 이온 결합 화합물

> 학습 목표 전하 균형을 사용하여 이온 결합 화합물에 대한 올바른 식을 쓸 수 있다.

루비와 사파이어는 이온 결합 화합물인 산화 알루미늄(Al_2O_3)이다. 루비에는 크로뮴 이온이, 사파이어에는 타이타늄과 철 이온이 들어 있다.

우리는 소금(NaCl)이나 베이킹 소다($NaHCO_3$)와 같은 *이온 결합 화합물*을 매일 사용한다. 속이 거북할 때 가라앉히기 위해 마그네시아유[$Mg(OH)_2$]나 탄산 칼슘($CaCO_3$)을 복용하기도 한다. 미네랄 보충제에 철은 황산 철(II)($FeSO_4$)로, 아이오딘은 아이오딘화 포타슘(KI)으로, 망가니즈는 황산 망가니즈(II)($MnSO_4$)로 존재한다. 일부 자외선 차단제에는 산화 아연(ZnO)이 들어 있고 치약에 있는 플루오린화 주석(II)(SnF_2)은 불소(플루오린)를 제공하여 충치를 예방한다. 보석의 원석은 이온 결합 화합물로, 자르고 광을 내어 보석을 만든다. 예를 들어, 사파이어와 루비는 산화 알루미늄(Al_2O_3)이다. 불순물로 들어 있는 크로뮴 이온이 루비의 붉은색을 만들고, 불순물로 들어 있는 타이타늄 이온이 사파이어를 파랗게 만든다.

이온 결합 화합물의 성질

이온 결합 화합물(ionic compound)에서는 금속에서 비금속으로 전자가 한 개 이상 전이되어 양이온과 음이온을 형성한다. 이들 이온 사이의 인력에 의한 결합을 이온 결합(ionic bond)이라 한다.

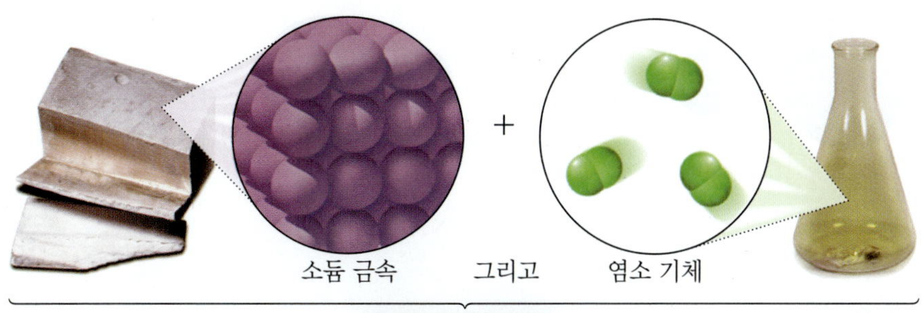

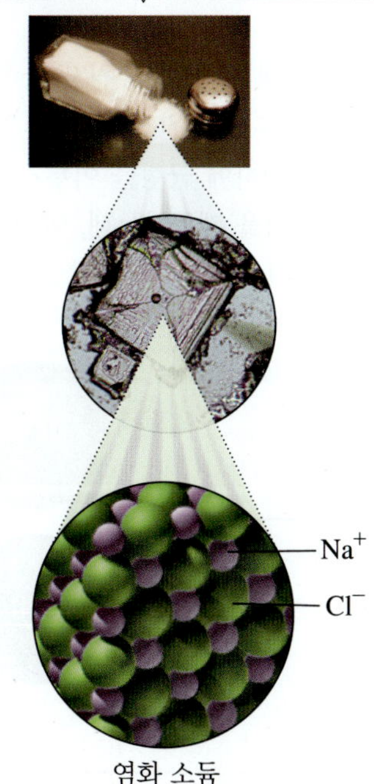

그림 6.1 ▸ 소듐과 염소 원소가 반응하여 식용 소금을 만드는 이온 결합 화합물인 염화 소듐을 형성한다. NaCl 결정을 확대한 그림은 Na^+와 Cl^- 이온의 배열을 보여준다.

생각해 보기 6.4

NaCl에서 Na^+와 Cl^- 이온 사이에 어떤 결합이 있는가?

NaCl과 같은 이온 결합 화합물의 물리적 성질과 화학적 성질은 원래 원소의 성질과 매우 다르다. 예를 들어 NaCl의 원래 원소는 부드럽고 빛나는 금속인 소듐과 연두색 유독성 기체인 염소이다. 하지만 이들이 반응하여 양이온과 음이온을 형성할 때 NaCl이 생성된다. 이 NaCl은 보통 식용 소금으로, 우리 식단에서 중요한 단단하고 하얀 결정성 물질이다.

NaCl 결정에서 더 큰 Cl^- 이온은 더 작은 Na^+ 이온이 Cl^- 이온 사이의 공간을 차지하는 3차원 구조로 배열된다(**그림 6.1** 참조). 이 결정에서 각 Na^+ 이온은 6개의 Cl^- 이온으로 둘러싸여 있으며 각 Cl^- 이온은 6개의 Na^+ 이온으로 둘러싸여 있다. 따라서 양이온과 음이온 사이에 많은 강한 인력이 있게 되는데, 이는 이온 결합 화합물의 녹는점이 높은 이유를 설명한다. 예를 들어, NaCl의 녹는점은 801°C이다. 상온에서 이온 결합 화합물들은 고체이다.

이온 결합 화합물의 화학식

어떤 화합물의 **화학식**(chemical formula)은 기호와 원자나 이온의 가장 작은 정수 비를 첨자로 나타낸다. 이온 결합 화합물의 화학식에서 이온 전하의 합은 항상 0이다. *따라서 양전하의 총량은 음전하의 총량과 같다.* 예를 들어, Na 원자(금속)는 원자가전자 하나를 잃어 Na^+를 형성하고, Cl 원자(비금속)는 전자 하나를 얻어 Cl^- 이온을 형성하여 안정한 전자 배열을 얻는다. 화학식 NaCl은 각 염화 이온 Cl^-에 대해 소듐 이온 Na^+ 하나가 있기 때문에 화합물에 전하 균형이 있음을 나타낸다. 이온은 양이나 음으로 하전되어 있지만, 화합물의 화학식에는 나타나지 않는다.

Na Cl → Na^+ Cl

전자 하나 잃음 e^- 전자 하나 얻음 e^-

Na^+ Cl^-
$1(1+) + 1(1-) = 0$
NaCl, 염화 소듐

식에서의 첨자

마그네슘과 염소의 화합물을 생각해 보자. Mg 원자(금속)는 원자가전자 2개를 잃어 Mg^{2+}를 형성하여 안정한 전자 배열을 한다. Cl 원자(비금속) 2개는 각각 전자 하나씩을 얻어 Cl^- 이온 2개를 형성한다. Mg^{2+}의 양전하에 균형을 이루기 위해 Cl^- 이온 2개가 필요하다. 이는 $MgCl_2$, 염화 마그네슘이라는 식을 제공하는데, 아래첨자 2는 전하 균형을 위해 Cl^- 이온 2개가 필요하다는 것을 나타낸다.

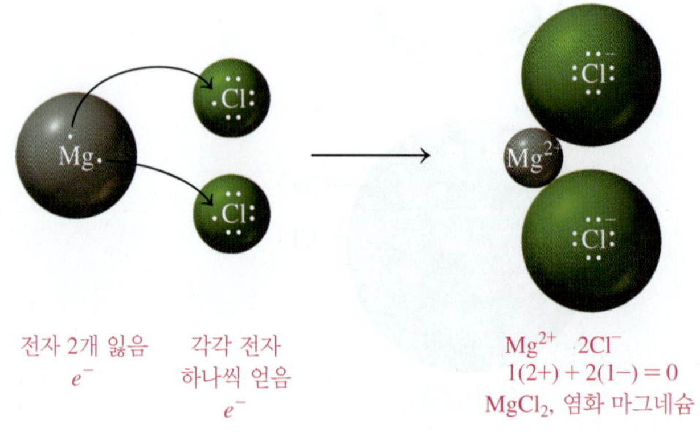

이온의 전하로부터 이온식 쓰기

핵심 화학 기술
이온식 쓰기

이온 결합 화합물의 화학식에서 아래첨자는 총 전하를 0으로 하는 양이온과 음이온의 수를 나타낸다. 따라서 이제 양이온과 음이온의 이온 전하로부터 식을 직접 쓸 수 있다. Na^+와 S^{2-} 이온을 포함하는 이온 화합물의 식을 쓰고자 한다고 해 보자. S^{2-} 이온의 이온 전하와 균형을 맞추기 위해 Na^+ 이온 2개를 넣어야 한다. 그러면 Na_2S가 얻어지는데, 이는 총 전하가 0이다. 이온 결합 화합물의 식에서 양이온을 먼저 쓰며 음이온을 뒤에 쓴다. 각 이온의 수를 나타내는 데 적절한 첨자를 사용한다. 이 식은 이온 결합 화합물에 있는 이온의 최저 비이다. 이온 결합 화합물은 분자로 존재하지 않기 때문에 이 이온의 최저 비를 *화학식 단위*(formula unit)라고 한다.

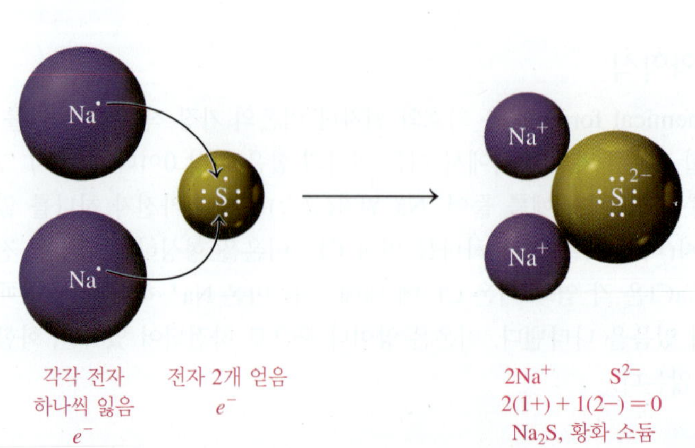

예제 6.3 이온의 전하로부터 식 쓰기

먼저 해 보기!

리튬과 질소가 반응할 때 형성되는 이온 결합 화합물에 대해 이온들의 기호와 옳은 식을 써라.

풀이

1A족(1족) 금속인 리튬은 Li^+를 형성하고, 5A족(5족) 비금속인 질소는 N^{3-}를 형성한다. 3− 전하는 Li^+ 이온 3개에 의해 균형을 이룬다.

$$3(1+) + 1(3-) = 0$$

양이온을 먼저 쓰고 음이온을 쓰면 식 Li_3N을 얻는다.

확인 문제 6.3

다음 각각이 반응할 때 형성되는 이온 결합 화합물에 대해 이온들의 기호와 옳은 식을 써라.

a. 칼슘과 산소 **b.** 마그네슘과 인

답

a. Ca^{2+}, O^{2-}, CaO **b.** Mg^{2+}, P^{3-}, Mg_3P_2

6.3 이온식 쓰고 명명하기

학습 목표 이온 결합 화합물의 식이 주어지면 정확한 이름을 쓸 수 있다. 이온 결합 화합물의 이름이 주어지면 올바른 식을 쓸 수 있다.

핵심 화학 기술

이온 결합 화합물 명명

두 가지 원소로 이루어진 이온 결합 화합물의 이름에서, 금속 이온의 이름은 그 원소의 이름과 같다. 비금속 이온의 이름은 원소 이름 뒤에 '화'를 붙인다. 영어명에서는 첫 번째 음절 다음에 *-ide*를 사용한다. 우리말 이름에서는 음이온을 먼저 쓰고 양이온을 쓰며, 영어명에서는 양이온을 먼저 쓰고 음이온을 쓴다. 이온 결합 화합물의 이름에서 두 이온의 이름 사이에는 공백을 둔다. 명명에 첨자는 사용하지 않으며, 화합물 내 이온의 전하 균형으로 이들을 이해할 수 있다(**표 6.5** 참조).

표 6.5 > 몇 가지 이온 결합 화합물의 이름

화합물	금속 이온	비금속 이온	이름
KI	K^+ 포타슘(potassium)	I^- 아이오딘화(iodide)	아이오딘화 포타슘 (potassium iodide)
$MgBr_2$	Mg^{2+} 마그네슘(magnesium)	Br^- 브로민화(bromide)	브로민화 마그네슘 (magnesium bromide)
Al_2O_3	Al^{3+} 알루미늄(aluminum)	O^{2-} 산화(oxide)	산화 알루미늄 (aluminum oxide)

아이오딘화 소금은 아이오딘 결핍을 예방하기 위해 KI를 포함하고 있다.

예제 6.4 이온 결합 화합물 명명

먼저 해 보기!

이온 결합 화합물인 Mg_3N_2을 명명하라.

풀이

문제 분석	주어진 것	필요한 것	연결
	Mg_3N_2	이름	양이온, 음이온

단계 1 **양이온과 음이온을 확인한다.** 양이온은 Mg^{2+}이고 음이온은 N^{3-}이다.

단계 2 **원소 이름으로 양이온을 명명한다.** 양이온 Mg^{2+}는 마그네슘(magnesium)이다.

단계 3 **원소 이름 뒤에 '화'를 붙여 음이온을 명명한다. 영어명에서는 원소 이름의 첫 번째 음절 뒤에 *-ide*를 붙여 음이온을 명명한다.** 음이온 N^{3-}는 질소화(nitride)이다.

단계 4 **음이온 이름 뒤에 양이온 이름을 쓴다. 영어명에서는 양이온 이름 뒤에 음이온 이름을 쓴다.** 질소화 마그네슘(magnesium nitride)

생각해 보기 6.5

이온 결합 화합물에서 양이온과 음이온은 어떻게 명명되는가?

생각해 보기 6.6

대부분의 전이 원소의 양이온 이름 뒤에 왜 로마 숫자를 쓰는가?

확인 문제 6.4

다음 각 이온 결합 화합물을 명명하라.

a. Ga_2S_3

b. Li_3P

답

a. 황화 갈륨(gallium sulfide)

b. 인화 리튬(lithium phosphide)

표 6.6 > 둘 이상의 양이온을 형성하는 몇 가지 금속

원소	가능한 이온	이온의 이름
구리 (Copper)	Cu^+	구리(I)
	Cu^{2+}	구리(II)
금 (Gold)	Au^+	금(I)
	Au^{3+}	금(III)
납 (Lead)	Pb^{2+}	납(II)
	Pb^{4+}	납(IV)
니켈 (Nickel)	Ni^{2+}	니켈(II)
	Ni^{3+}	니켈(III)
망가니즈 (Manganese)	Mn^{2+}	망가니즈(II)
	Mn^{3+}	망가니즈(III)
비스무트 (Bismuth)	Bi^{3+}	비스무트(III)
	Bi^{5+}	비스무트(V)
수은 (Mercury)	Hg_2^{2+}	수은(I)*
	Hg^{2+}	수은(II)
주석 (Tin)	Sn^{2+}	주석(II)
	Sn^{4+}	주석(IV)
철 (Iron)	Fe^{2+}	철(II)
	Fe^{3+}	철(III)
코발트 (Cobalt)	Co^{2+}	코발트(II)
	Co^{3+}	코발트(III)
크로뮴 (Chromium)	Cr^{2+}	크로뮴(II)
	Cr^{3+}	크로뮴(III)

*수은(I) 이온은 2+ 전하를 가지는 이온쌍을 형성한다.

여러 전하를 가지는 금속

전형 원소 이온의 전하는 족 번호로부터 얻을 수 있음을 보았다. 하지만 전이 원소는 일반적으로 둘 이상의 양이온을 형성하기 때문에 전하를 결정할 수 없다. 전이 원소는 가장 높은 에너지 준위의 전자를 잃지만, 때로는 더 낮은 에너지 준위에서도 잃게 된다. 이러한 사실은 Pb, Sn, Bi와 같은 4A족(14족) 및 5A족(15족) 전형 원소 금속에도 해당된다.

어떤 이온 결합 화합물에서 철은 Fe^{2+} 형태이지만 다른 화합물에서는 Fe^{3+} 형태를 가진다. 또한 구리는 Cu^+와 Cu^{2+}의 두 가지 다른 이온을 형성한다. 금속이 둘 이상의 이온을 형성할 수 있는 경우, 이는 *가변적인 전하*를 갖는다. 그렇게 되면 족 번호로부터 이온 전하를 예측할 수 없다.

둘 이상의 이온을 형성하는 금속의 경우 특정 양이온을 확인하기 위한 명명 시스템이 사용된다. 이를 위해 금속 이름 바로 뒤 괄호 안에 이온의 전하에 해당되는 로마 숫자를 나타낸다. 예를 들어 Fe^{2+}는 철(II)이고 Fe^{3+}는 철(III)이다. **표 6.6**에 둘 이상의 이온을 형성하는 몇 가지 금속 이온을 나타내었다.

전이 원소는 한 가지 이온만을 형성하는 아연(Zn^{2+}), 카드뮴(Cd^{2+}), 은(Ag^+)을 제외하고는 둘 이상의 양이온을 형성한다. 따라서 이온 결합 화합물에서 양이온을 명명할 때 아연, 카드뮴, 은은 로마 숫자를 사용하지 않는다. 4A족(14족)과 5A족(15족) 금속은 둘 이상의 양이온을 형성한다. 예를 들어 4A족(14족)의 납과 주석은 2+와 4+의 전하를 갖는 양이온을 형성하고 5A족(15족)의 비스무트는 3+와 5+의 전하를 갖는 양이온을 형성한다.

1 1A	2 2A	3 3B	4 4B	5 5B	6 6B	7 7B	8 8B	9 8B	10 8B	11 1B	12 2B	13 3A	14 4A	15 5A	16 6A	17 7A	18 8A
H^+																	
Li^+														N^{3-}	O^{2-}	F^-	
Na^+	Mg^{2+}											Al^{3+}		P^{3-}	S^{2-}	Cl^-	
K^+	Ca^{2+}				Cr^{2+} Cr^{3+}	Mn^{2+} Mn^{3+}	Fe^{2+} Fe^{3+}	Co^{2+} Co^{3+}	Ni^{2+} Ni^{3+}	Cu^+ Cu^{2+}	Zn^{2+}					Br^-	
Rb^+	Sr^{2+}									Ag^+	Cd^{2+}		Sn^{2+} Sn^{4+}			I^-	
Cs^+	Ba^{2+}									Au^+ Au^{3+}	Hg_2^{2+} Hg^{2+}		Pb^{2+} Pb^{4+}	Bi^{3+} Bi^{5+}			

금속 준금속 비금속

그림 6.2 ▸ 이온 결합 화합물에서 금속은 양이온, 비금속은 음이온을 형성한다.

가변 전하 결정

이온 결합 화합물을 명명할 때 금속이 전형 원소인지 전이 원소인지를 결정해야 한다. 금속이 아연, 카드뮴, 은을 제외한 전이 원소라면 이름에 로마 숫자로 이온 전하를 사용해야 한다. 이온 전하는 식에 있는 음이온의 음전하로 계산할 수 있다. 예를 들어, 전하 균형을 이용하여 이온 결합 화합물 $CuCl_2$에서 구리 양이온의 전하를 결정한다. 각각 1−의 전하를 갖는 염화 이온 2개가 있기 때문에 총 음전하는 2−이다. 이 2− 전하의 균형을 맞추기 위해 구리 이온은 2+의 전하를 가져야 하므로 Cu^{2+}이다.

$CuCl_2$

$Cu^?$ Cl^-

Cl^-

$$1(?) + 2(1-) = 0$$
$$? = 2+$$

구리 이온 Cu^{2+}에 대한 2+ 전하를 표시하기 위해 이 화합물의 이름을 쓸 때 구리 뒤에 로마 숫자 (II)를 넣어 염화 구리(II)로 쓴다. 주기율표에서 몇몇 이온과 그 위치를 **그림 6.2**에 나타내었다.

표 6.7에 전이 원소와 둘 이상의 양이온을 갖는 4A족(14족)과 5A족(15족) 금속의 몇몇 이온 결합 화합물의 이름을 나열하였다.

생각해 보기 6.7

이온 결합 화합물에서 구리와 산소에 의해 형성되는 이온들은 어떤 것들인가?

표 6.7 > 두 종류의 양이온을 형성하는 금속의 몇몇 이온 결합 화합물

화합물	체계명
$FeCl_2$	염화 철(II) [iron(II) chloride]
Fe_2O_3	산화 철(III) [iron(III) oxide]
Cu_3P	인화 구리(I) [copper(I) phosphide]
$CrBr_2$	브로민화 크로뮴(II) [chromium(II) bromide]
$SnCl_2$	염화 주석(II) [tin(II) chloride]
PbS_2	황화 납(II) [lead(II) sulfide]
BiF_3	플루오린화 비스무트(III) [bismuth(III) fluoride]

예제 6.5 가변 전하 금속 이온으로 된 이온 결합 화합물

먼저 해 보기!

오염 방지 페인트에는 Cu_2O가 들어 있어 배 바닥에 있는 조개껍데기와 조류의 번식을 방지한다. Cu_2O의 이름은 무엇인가?

풀이

	주어진 것	필요한 것	연결
문제 분석	Cu_2O	이름	양이온, 음이온, 전하 균형

보트 바닥에 Cu_2O 페인트를 사용하여 따개비 성장을 방지한다.

단계 1 **음이온으로부터 양이온의 전하를 결정한다.**

	금속	**비금속**
원소	구리(Cu)	산소(O)
족	전이 원소	6A족(16족)
이온	$Cu^{?}$	O^{2-}
전하 균형	$2Cu^{?} + 2- = 0$ $2Cu^{?} = 2+$ $\frac{2Cu^{?}}{2} = \frac{2+}{2} = 1+$	
이온	Cu^{+}	O^{2-}

단계 2 **원소 이름으로 양이온을 명명하고 괄호 안에 로마 숫자를 사용하여 전하를 쓴다.** 구리(I) [copper(I)]

단계 3 **원소 이름 뒤에 '화'를 붙여 음이온을 명명한다. 영어명에서는 원소 이름의 첫 번째 음절 뒤에 *-ide*를 붙여 음이온을 명명한다.** 산화(oxide)

단계 4 **음이온 이름 뒤에 양이온 이름을 쓴다. 영어명에서는 양이온 이름 뒤에 음이온 이름을 쓴다.** 산화 구리(I)[copper(I) oxide]

확인 문제 6.5

다음 각 화합물의 이름을 써라.

a. Mn_2S_3

b. SnF_4

답

a. 가변 전하 금속 이온 Mn^{3+}를 가지는 Mn_2S_3는 황화 망가니즈(III)[manganese(III) sulfide]로 명명한다.

b. 가변 전하 금속 이온 Sn^{4+}를 가지는 SnF_4는 플루오린화 주석(IV)[tin(IV) fluoride]로 명명한다.

이온 결합 화합물의 이름으로부터 화학식 쓰기

이온 결합 화합물의 식은 금속 이온을 설명하는 이름의 첫 부분(전하를 포함)과 비금속 이온을 지정하는 이름의 두 번째 부분으로부터 작성된다. 전하의 균형을 맞추기 위해 필요할 때 첨자가 추가된다. 이온 결합 화합물의 이름으로부터 식을 쓰는 단계가 예제 6.6에 나와 있다.

예제 6.6 이온 결합 화합물의 식 쓰기

먼저 해 보기!

염화 철(III)[iron(III) chloride]에 대한 올바른 식을 써라.

풀이

문제 분석	**주어진 것**	**필요한 것**	**연결**
	염화 철(III)	식	양이온, 음이온, 전하 균형

단계 1 **양이온과 음이온을 확인한다.**

이온 형태	양이온	음이온
이름	철(III)[iron(III)]	염화(chloride)
이온 기호	Fe^{3+}	Cl^-

단계 2 **전하의 균형을 맞춘다.** 3^+의 전하는 Cl^- 이온 3개로 균형을 이룬다.

$1(3+) + 3(1-) = 0$

단계 3 **양이온을 먼저 쓰고 전하 균형으로부터 첨자를 사용하여 식을 쓴다.** $FeCl_3$

안료 크롬 그린에는 산화 크로뮴(III)이 들어 있다.

확인 문제 6.6

다음 각 페인트 안료에 대한 올바른 식을 써라.

a. 크롬 그린, 산화 크로뮴(III)[chromium(III) oxide]

b. 타이타늄 화이트, 산화 타이타늄(IV)[titanium(IV) oxide]

답

a. Cr_2O_3

b. TiO_2

6.4 다원자 이온

학습 목표 다원자 이온을 포함하는 이온 결합 화합물의 이름과 식을 쓸 수 있다.

이온 결합 화합물에는 양이온이나 음이온 중 하나가 *다원자 이온*일 수 있다. **다원자 이온**(polyatomic ion)은 전체 이온 전하를 갖는 공유 결합된 원자단이다. 대부분의 다원자 이온은 산소 원자에 공유 결합된 인, 황, 탄소, 질소와 같은 비금속으로 구성된다.

거의 모든 다원자 이온은 1−, 2−, 3−의 전하를 띤 음이온이며, NH_4^+만이 양전하를 띤 다원자 이온이다. 일반적인 다원자 이온의 몇 가지 모형을 **그림 6.3**에 나타내었다.

그림 6.3 ▸ 많은 제품이 다원자 이온을 포함하는데, 이는 이온 전하를 갖는 원자단이다.

다원자 이온의 이름

"*-산*"(영어명에서는 *-ate*)으로 끝나는 가장 일반적인 다원자 이온의 이름은 **표 6.8**에서 굵은 글씨로 표시하였다. 산소 원자가 하나 적은 관련 이온은 "*아-산*"(영어명에서는 *-ite*)을 사용하여 명명한다. 같은 비금속에 대해 *산*(*-ate*) 이온과 *아-산*(*-ite*) 이온은 모두 이온 전하가 같다. 예를 들어, 황산 이온은 SO_4^{2-}이고, 아황산 이온은 산소 원자가 하나 더 적어 SO_3^{2-}이다.

식	전하	이름
SO_4^{2-}	2−	**황산**(sulf**ate**)
SO_3^{2-}	2−	**아황산**(sulf**ite**)

인산(phosphate) 이온과 아인산(phosphite) 이온은 전하가 각각 3−이다.

식	전하	이름
PO_4^{3-}	3−	**인산**(phosph**ate**)
PO_3^{3-}	3−	**아인산**(phosph**ite**)

탄산 수소, 즉 *중탄산*(bicarbonate) 이온의 식은 탄산 이온(CO_3^{2-}) 다원자 이온의 식 앞에 수소를 쓰며, 전하가 2−에서 1−로 감소되어 HCO_3^-가 된다.

식	전하	이름
CO_3^{2-}	2−	**탄산**(carbon**ate**)
HCO_3^-	1−	**탄산** 수소(hydrogen carbon**ate**)

생각해 보기 6.8

인산 이온에 있는 산소 원자의 수와 아인산 이온에 있는 산소 원자 수를 비교하면 어떠한가?

표 6.8 > 몇 가지 일반적인 다원자 이온의 이름과 식

비금속	이온의 식*	이온의 이름
수소	OH^-	수산화(hydroxide)
질소	NH_4^+	암모늄(ammonium)
	$\mathbf{NO_3^-}$	**질산(nitrate)**
	NO_2^-	아질산(nitrite)
염소	ClO_4^-	과염소산(perchlorate)
	$\mathbf{ClO_3^-}$	**염소산(chlorate)**
	ClO_2^-	아염소산(chlorite)
	ClO^-	하이포아염소산(hypochlorite)
탄소	$\mathbf{CO_3^{2-}}$	**탄산(carbonate)**
	HCO_3^-	탄산 수소(hydrogen carbonate) 또는 중탄산(bicarbonate)
	CN^-	사이안화(cyanide)
	$C_2H_3O_2^-$	아세트산(acetate)
황	$\mathbf{SO_4^{2-}}$	**황산(sulfate)**
	HSO_4^-	황산 수소(hydrogen sulfate) 또는 중황산(bisulfate)
	SO_3^{2-}	아황산(sulfite)
	HSO_3^-	아황산 수소(hydrogen sulfite) 또는 중아황산(bisulfite)
인	$\mathbf{PO_4^{3-}}$	**인산(phosphate)**
	HPO_4^{2-}	인산 수소(hydrogen phosphate)
	$H_2PO_4^-$	인산 이수소(dihydrogen phosphate)
	PO_3^{3-}	아인산(phosphite)

*굵은 글씨로 표시한 식과 이름은 그 원소에 대해 가장 흔한 다원자 이온을 나타낸다.

할로젠은 산소와 네 가지 다른 다원자 이온을 형성한다. "*산(-ate)*" 이온보다 산소 원자가 하나 많은 관련 이온은 접두사 "*과(per-)*"를 사용하고, "*아-산(-ite)*" 이온보다 산소 원자 하나가 적은 이온은 접두사 "*하이포(hypo-)*"를 사용하여 명명한다.

식	전하	이름
ClO_4^-	1−	**과**염소산(**per**chlor**ate**)
ClO_3^-	1−	염소**산**(chlor**ate**)
ClO_2^-	1−	**아**염소**산**(chlor**ite**)
ClO^-	1−	**하이포아**염소**산**(**hypo**chlor**ite**)

이러한 접두사 및 접미사를 이해하면 화합물 이름에서 다원자 이온을 구분하는 데 도움이 될 것이다. 수산화 이온(OH^-)과 사이안화 이온(CN^-)은 이러한 명명 형태에서 예외적이다.

다원자 이온을 포함하는 화합물의 식 쓰기

다원자 이온은 그 자체로 존재하지 않는다. 다른 이온처럼 다원자 이온은 반대 전하의 이온과 회합되어 있어야 한다. 다원자 이온과 다른 이온 사이의 결합은 전기적 인력 중 하나이다. 예를 들어, 화합물 아염소산 소듐(sodium chlorite)은 소듐 이온(Na^+)과 아염소산 이온(ClO_2^-)이 이온 결합으로 결합되어 있다.

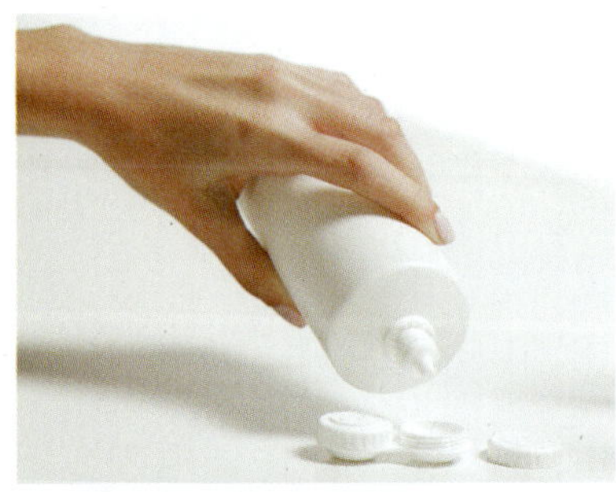

아염소산 소듐은 콘택트렌즈 세척액, 구강청결제의 소독제로 사용되며 근위축성 측삭 경화증(ALS) 치료제로 사용된다.

다원자 이온을 포함한 화합물에 대한 올바른 식을 쓰기 위해 간단한 이온 화합물의 식을 쓰는 데 사용한 것과 같은 전하 균형 규칙을 따른다. 총 음전하와 양전하의 합은 0이어야 한다. 예를 들어, 소듐 이온과 아염소산 이온을 포함한 화합물의 식을 생각해 보자. 이온은 다음과 같이 쓸 수 있다.

Na^+ (소듐 이온) ClO_2^- (아염소산 이온)

$(1+) + (1-) = 0$

각각의 이온 하나가 전하 균형을 맞추기 때문에, 식은 다음과 같이 쓸 수 있다.

$NaClO_2$
아염소산 소듐

전하 균형을 위해 둘 이상의 다원자 이온이 필요한 경우 괄호를 사용하여 이온식을 묶는다. 다원자 이온의 오른쪽 괄호 바깥쪽에 첨자를 써서 전하 균형에 필요한 수를 나타낸다. 질산 마그네슘의 식을 생각해 보자. 이 화합물의 이온은 마그네슘 이온과 다원자 이온인 질산 이온이다.

Mg^{2+} (마그네슘 이온) NO_3^- (질산 이온)

생각해 보기 6.9

질산 마그네슘의 식에 NO_3^- 이온 2개가 들어 있는 이유가 무엇인가?

마그네슘 이온에 있는 2+의 양전하를 균형잡기 위해 질산 이온 2개가 필요하다. 화합물의 식에서, 질산 이온 주위에 괄호를 하고, 오른쪽 괄호 바깥쪽에 아래첨자 2를 쓴다.

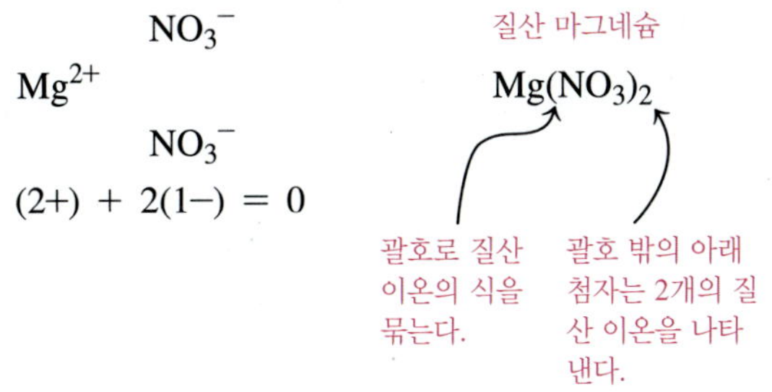

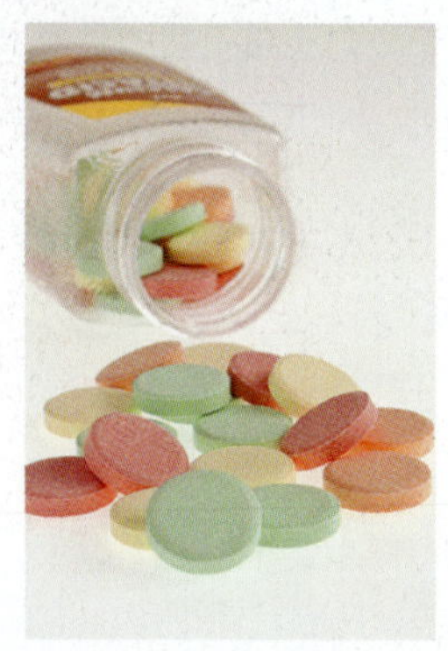

수산화 알루미늄은 산성 소화 불량을 치료하는 제산제이다.

예제 6.7 다원자 이온을 포함하는 식 쓰기

먼저 해 보기!

제산제에는 수산화 알루미늄이 들어 있는데, 이것은 산성 소화 불량과 가슴앓이를 치료한다. 수산화 알루미늄의 식을 써라.

풀이

	주어진 것	필요한 것	연결
문제 분석	수산화 알루미늄	식	양이온, 음이온, 전하 균형

단계 1 **양이온과 다원자 이온(음이온)을 확인한다.**

양이온	다원자 이온(음이온)
알루미늄	수산화
Al^{3+}	OH^-

단계 2 **전하의 균형을 잡는다.** 3^+의 전하는 OH^- 이온 3개에 의해 균형을 이룬다.

$\mathbf{1}(3+) + \mathbf{3}(1-) = 0$

단계 3 **전하 균형으로부터 첨자를 사용하여 식을 쓰는데, 양이온을 먼저 쓴다.** 화합물의 식은 수산화 이온의 식 OH^-를 괄호로 묶고 오른쪽 괄호 바깥에 아래첨자 3을 쓰면 된다.

$Al(OH)_3$

확인 문제 6.7

다음을 포함하는 화합물의 식을 써라.

a. 암모늄 이온과 인산 이온

b. 철(III) 이온과 중탄산 이온

답

a. $(NH_4)_3PO_4$

b. $Fe(HCO_3)_3$

다원자 이온을 포함하는 이온 결합 화합물의 명명

다원자 이온을 포함하는 이온 결합 화합물을 명명할 때에는 먼저 다원자 이온의 이름을 쓰고 그 다음에 양이온, 보통 금속을 쓴다. 영어명에서는 양이온을 먼저 쓰고, 그 다음에 다원자 이온의 이름을 쓴다. 식에서 다원자 이온을 인식하고 올바르게 명명하는 방법을 배우는 것이 중요하다.

Na_2SO_4	$FePO_4$	$Al_2(CO_3)_3$
$Na_2\boxed{SO_4}$	$Fe\boxed{PO_4}$	$Al_2(\boxed{CO_3})_3$
황산 소듐	인산 철(III)	탄산 알루미늄

표 6.9는 다원자 이온을 포함하며 의학과 산업 분야에서 사용되는 일부 이온 결합 화합물의 식과 이름을 나열한 것이다.

표 6.9 > 다원자 이온을 포함하는 몇 가지 이온 결합 화합물

식	우리말 이름	영어 이름	의학적 용도
$AlPO_4$	인산 알루미늄	aluminum phosphate	제산제
$Al_2(SO_4)_3$	황산 알루미늄	aluminum sulfate	제지 산업에서 pH 안정화제
$BaSO_4$	황산 바륨	barium sulfate	X선용 조영제
$CaCO_3$	탄산 칼슘	calcium carbonate	제산제, 칼슘 보충제
$Ca_3(PO_4)_2$	인산 칼슘	calcium phosphate	칼슘 식이 보충제
$Cr_2(SO_4)_2$	황산 크로뮴(III)	chromium(III) sulfate	페인트와 잉크의 녹색 안료
$MgSO_4$	황산 마그네슘	magnesium sulfate	엡솜염, 아픈 근육 진정시키는 데 사용
K_2CO_3	탄산 포타슘	potassium carbonate	알칼리화제, 이뇨제
$AgNO_3$	질산 은	silver nitrate	국소 항감염제
Na_2CO_3	탄산 소듐	sodium carbonate	유리 제조
$NaHCO_3$	탄산 수소 소듐 또는 중탄산 소듐	sodium hydrogen carbonate (sodium bicarbonate)	제산제, 베이킹파우더 제조에 사용
$Zn_3(PO_4)_2$	인산 아연	zinc phosphate	치과용 시멘트

엡솜(Epsom) 염이라고도 하는 황산 마그네슘($MgSO_4$) 용액을 사용하여 아픈 근육을 진정시킬 수 있다.

예제 6.8 다원자 이온을 포함하는 화합물 명명

먼저 해 보기!

다음 이온 결합 화합물을 명명하라.

a. 불꽃놀이에 사용하는 $Cu(NO_3)_2$

b. 항공기와 우주 정거장에서 산소 발생에 사용되는 $KClO_3$

풀이

문제 분석	주어진 것	필요한 것	연결
	식	이름	양이온, 다원자 이온

식	양이온	음이온	양이온의 이름	음이온의 이름	화합물의 이름
a. $Cu(NO_3)_2$	Cu^{2+}	NO_3^-	구리(II) 이온 copper(II) ion	질산 이온 nitrate ion	질산 구리(II) copper(ii) nitrate
b. $KClO_3$	K^+	ClO_3^-	포타슘 이온 potassium ion	염소산 이온 chlorate ion	염소산 포타슘 potassium chlorate

확인 문제 6.8

다음 각 화합물을 명명하라.

a. 코발트 바이올렛이라고 부르는 안료인 $Co_3(PO_4)_2$

b. pH 불균형을 바로잡는 $NaHCO_3$

답

a. 인산 코발트(II)[cobalt(II) phosphate]

b. 탄산 수소 소듐 또는 중탄산 소듐

6.5 분자 화합물: 전자 공유

> **학습 목표** 분자 화합물의 식을 보고 바르게 명명할 수 있다. 분자 화합물의 이름이 주어지면 그 식을 쓸 수 있다.

분자 화합물(molecular compound)은 하나 이상의 원자가전자를 공유하는 2개 이상의 비금속 원자로 구성된다. 공유된 원자는 *분자*(molecule)를 형성하는 **공유 결합**(covalent bond)에 의해 서로 결합되어 있다. 이온 결합 화합물보다 분자 화합물이 더 많다. 예를 들어, 물(H_2O)과 이산화 탄소(CO_2)는 모두 분자 화합물이다. 분자 화합물은 일정한 비율로 분리된 원자단인 분자로 이루어져 있다. 물(H_2O) 분자는 수소 원자 2개와 산소 원자 하나로 구성된다. 아이스 차를 마실 때 분자 화합물인 설탕 분자($C_{12}H_{22}O_{11}$)를 추가한다. 다른 친숙한 분자 화합물로는 프로페인(C_3H_8), 알코올(C_2H_6O), 항생제 아목시실린($C_{16}H_{19}N_3O_5S$), 항우울제 프로작(Prozac, $C_{17}H_{18}F_3NO$) 등이 있다.

분자 화합물의 이름과 식

핵심 화학 기술

분자 화합물의 이름과 식 쓰기

분자 화합물을 명명할 때 식에 있는 첫 번째 비금속은 원소의 이름으로 명명한다. 두 번째 비금속은 원소 이름의 첫 음절 다음에 '화'를 붙인다. 영문명에서는 두 번째 비금속은 원소 이름의 첫 음절 다음에 '*ide*'를 붙인다. 한 원소가 2개 이상의 원자로 되어 있어 첨자로 나타내는 경우 이름 앞에 접두사를 표시한다. **표 6.10**에 분자 화합물 명명에 사용되는 접두사를 나열하였다.

표 6.10 > 분자 화합물 명명에 사용되는 접두사

1	일	mono	6	육	hexa
2	이	di	7	칠	hepta
3	삼	tri	8	팔	octa
4	사	tetra	9	구	nona
5	오	penta	10	십	deca

같은 두 비금속으로부터 여러 다른 화합물이 형성될 수 있기 때문에 분자 화합물의 이름에는 접두사가 필요하다. 예를 들어, 탄소와 산소는 일산화 탄소(carbon monoxide, CO)와 이산화 탄소(carbon dioxide, CO_2)의 두 가지 화합물을 형성할 수 있다. 각 화합물에 있는 산소 원자 수는 이름에 접두사 *일*(*mono*)이나 *이*(*di*)로 표시된다.

영문명에서 모음 *o*와 *o* 또는 *a*와 *o*가 함께 있을 때 carbon monoxide에서와 같이 첫 번째 모음이 생략된다. 분자 화합물의 이름에서 접두어 *일*(*mono*)은 대개 산화 질소(nitrogen oxide, NO)와 같이 생략된다. 그러나 전통적으로 CO는 일산화 탄소(carbon monoxide)로 명명한다. **표 6.11**에 몇몇 분자 화합물의 식, 이름, 상업적 용도를 나열하였다.

표 6.11 > 몇 가지 일반적인 분자 화합물

식	우리말 이름	영문이름	상업적 용도
CO_2	이산화 탄소	carbon dioxide	소화기, 드라이아이스, 에어로졸 추진제, 음료 탄산화
CS_2	이황화 탄소	carbon disulfide	레이온 제조
N_2O	산화 이질소	dinitrogen oxide	흡입 마취제, "웃음 가스"
NO	산화 질소	nitrogen oxide	안정제, 세포 내 생화학 전령
SO_2	이산화 황	sulfur dioxide	과일, 채소 보존, 양조장 소독제, 섬유 표백
SF_6	육플루오린화 황	sulfur hexafluoride	전기 회로
SO_3	삼산화 황	sulfur trioxide	폭발물 제조

예제 6.9 분자 화합물 명명

먼저 해 보기!

분자 화합물 NCl_3을 명명하라.

풀이

문제 분석	주어진 것	필요한 것	연결
	NCl_3	이름	접두사

단계 1 **첫 번째 비금속을 원소 이름으로 명명한다.** NCl_3에서 첫 번째 비금속(N)은 질소(nitrogen)이다.

단계 2 **두 번째 비금속은 원소 이름의 첫 음절 다음에 '화'를 붙인다. 영문명에서는 두 번째 비금속은 원소 이름의 첫 음절 다음에 '*ide*'를 붙인다.** 두 번째 비금속(Cl)은 염화(chloride)로 명명한다.

단계 3 **접두사를 추가하여 원자 수(아래첨자)를 나타낸다.** 질소 원자는 하나만 있으므로 접두사가 필요하지 않다. Cl 원자에 대한 첨자 3은 접두사 *삼*(tri)으로 나타낸다. NCl_3의 이름은 삼염화 질소(nitrogen trichloride)이다.

생각해 보기 6.10

분자 화합물 명명에는 왜 접두사를 사용하는가?

확인 문제 6.9

다음 각 분자 화합물의 이름을 써라.

a. $SiBr_4$
b. Br_2O
c. S_3N_2

답

a. 사브로민화 규소(silicon tetrabromide)
b. 산화 이브로민(dibromine oxide)
c. 이질소화 삼황(trisulfur dinitride)

분자 화합물의 이름으로부터 식 쓰기

분자 화합물의 이름을 쓸 때에는, 두 비금속의 이름에 각 원자의 수에 해당하는 접두어를 사용한다. 이름으로부터 식을 쓰려면 각 원소 기호와 접두사가 둘 이상의 원자를 나타내는 경우 첨자로 나타낸다.

예제 6.10 분자 화합물의 식 쓰기

먼저 해 보기!

분자 화합물 삼산화 이붕소(diboron trioxide)의 식을 써라.

풀이

문제 분석	주어진 것	필요한 것	연결
	삼산화 이붕소	식	접두사로부터 아래첨자

단계 1 **이름에 있는 원소의 반대 순서로 기호를 쓴다. 영어명에서는 이름에 있는 원소 순으로 기호를 쓴다.**

원소명	붕소(boron)	산소(oxygen)
원소 기호	B	O

단계 2 **모든 접두사를 첨자로 쓴다.** *이*붕소(*di*boron)의 접두사 *이*(*di*)는 붕소 원자가 2개 있

음을 나타내며, 식에 아래첨자 2로 표시한다. *삼*산화(*tri*oxide)의 접두사 *삼*(*tri*)은 산소 원자가 3개 있음을 나타내며, 식에 아래첨자 3으로 표시한다. B_2O_3.

확인 문제 6.10

다음 각 분자 화합물의 식을 써라.

a. 오플루오린화 아이오딘(iodine pentafluoride)

b. 이셀레늄화 탄소(carbon diselenide)

답

a. IF_5

b. CSe_2

이온 결합 화합물과 분자 화합물의 명명 요약

이제까지 이온 결합 화합물과 분자 화합물의 명명 전략을 검토했다. 일반적으로, 두 원소로 된 화합물은 두 번째 원소 이름 뒤에 접미사 '*화*'를 붙이고 첫 번 원소의 이름을 붙인다. 영어명에서는 첫 번째 원소 이름 뒤에 두 번째 원소 이름 뒤에 접미사 *-ide*를 붙인다. 첫 번 원소가 금속이라면, 화합물은 주로 이온 결합 화합물이다. 첫 번 원소가 비금속이면 화합물은 보통 분자이다. 이온 결합 화합물의 경우 금속이 둘 이상의 양이온을 형성할 수 있는지 결정해야 한다. 만일 그렇다면 금속 이름 뒤에 로마 숫자로 특정 이온 전하를 나타낸다. 한 가지 예외는 암모늄 이온(ammonium ion, NH_4^+)이며, 이는 또한 양으로 하전된 다원자 이온으로 앞에 쓰이기도 한다. 3개 이상의 원소로 된 이온 결합 화합물은 어떤 형태의 다원자 이온을 포함한다. 이들은 이온 규칙에 따라 명명하지만 다원자 이온이 음전하를 띠면 *-산*(*-ate*), 또는 *아-산*(*-ite*)로 명명한다.

두 원소로 된 분자 화합물을 명명할 때에는 특정 식에 나타낸 각 비금속의 2개 이상의 원자를 나타내는 데 접두사가 필요하다(**그림 6.4** 참조).

예제 6.11 이온 결합 화합물과 분자 화합물 명명

먼저 해 보기!

다음 각 화합물이 이온 결합 화합물인지 분자 화합물인지 확인하고 그 이름을 써라.

a. $NiSO_4$

b. SO_3

생각해 보기 6.11

인산 소듐(sodium phosphate)은 이온 결합 화합물이고 오산화 이인(diphosphorus pentoxide)은 분자 화합물인 것을 어떻게 아는가?

풀이

a. 전이 원소의 양이온과 다원자 이온 SO_4^{2-}로 구성된 $NiSO_4$는 이온 결합 화합물이다. Ni는 전이 원소로서 둘 이상의 이온을 형성한다. 이 식에서, SO_4^{2-}의 2− 전하는 니켈 이온(Ni^{2+}) 하나에 의해 균형을 이룬다. 이름에서 금속 이름인 니켈(II) 다음에 쓰인 로마 숫자는 2+ 전하를 나타낸다. 음이온 SO_4^{2-}는 황산 이온(sulfate ion)이라고 하는 다원자 이온이다. 화합물은 황산 니켈(II)[nickel(II) sulfate]로 명명할 수 있다.

b. SO_3는 두 가지 비금속으로 이루어져 있으므로 분자 화합물이다. 첫 번째 원소 S는 황(sulfur)이다(접두사가 필요 없음). 두 번째 원소 O, 산화(oxide)에는 첨자 3이 있으므로, 이름에 접두사 삼(tri)이 필요하다. 이 화합물은 삼산화 황(sulfur trioxide)으로 명명할 수 있다.

확인 문제 6.11

다음 각 화합물을 명명하라.

a. IF_7

b. $Fe(NO_3)_3$

답

a. 칠플루오린화 아이오딘(iodine heptafluoride)

b. 질산 철(III)[iron(III) nitrate]

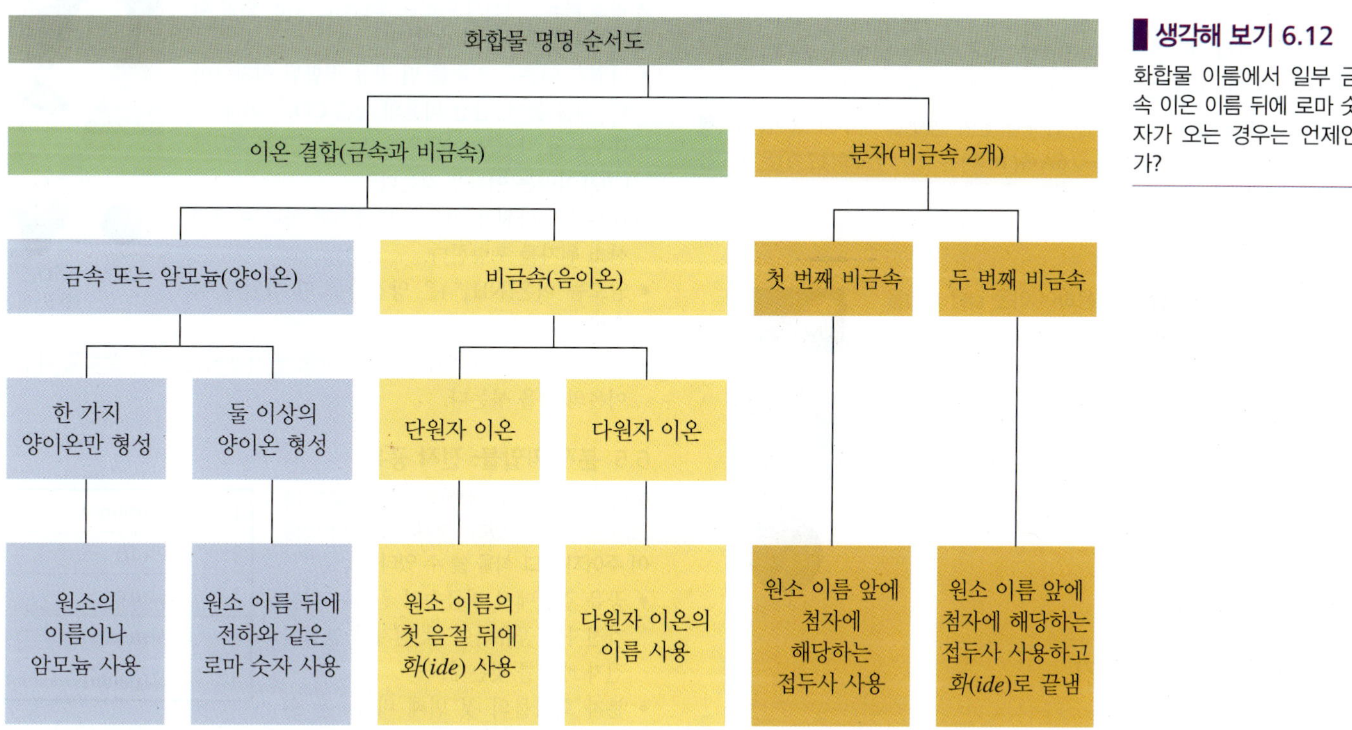

그림 6.4 ▸ 흐름도는 이온 화합물과 분자 화합물의 명명법을 보여준다.

생각해 보기 6.12

화합물 이름에서 일부 금속 이온 이름 뒤에 로마 숫자가 오는 경우는 언제인가?

UPDATE *약국에서의 화합물*

리처드는 자신의 아픈 발가락 치료법을 차베즈 박사와 상담하기 위해 약국으로 돌아갔다. 그녀는 황산 마그네슘인 엡솜(Epsom) 염 용액에 발을 담글 것을 추천했다. 리처드는 또한 차베즈 박사에게 속쓰림을 위한 제산제와 철분 보충제를 추천해 달라고 했다. 그녀는 탄산 칼슘과 수산화 알루미늄을 포함하는 제산제와 철 보충제인 황산 철(II)를 제안했다. 리처드는 또한 플루오린화 주석(II)를 함유한 치약과 이산화 탄소를 함유한 탄산수를 집어 들었다.

응용 문제

6.1 다음 각각의 화학식을 써라.

a. 황산 마그네슘(magnesium sulfate)

b. 플루오린화 주석(II)[tin(II) fluoride]

c. 수산화 알루미늄(aluminum hydroxide)

6.2 다음 각각에 대해 옳은 식을 써라.

a. 황산 철(II)[iron(II) sulfate]

b. 탄산 칼슘(calcium carbonate)

c. 이산화 탄소(carbon dioxide)

제6장 복습하기 _Chapter Review

6.1 이온: 전자의 이동

> 학습 목표 전형 원소의 간단한 이온에 대한 기호를 쓸 수 있다.

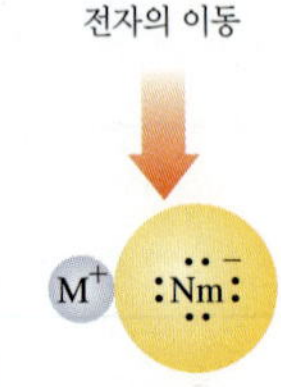

전자의 이동
이온 결합

- 영족 기체가 안정한 것은 최외각 에너지 준위에서 안정한 전자 배치와 관련이 있다.
- 전자 2개가 있는 헬륨을 제외하고 영족 기체는 원자가전자 8개로 옥텟을 이룬다.
- 1A~7A족(1족, 2족, 13~17족) 원소의 원자는 화합물을 형성할 때 원자가전자를 잃거나 얻거나 공유하여 안정하게 된다.
- 전형 원소의 금속은 원자가전자를 잃어 양이온이 된다. 1A족(1족)은 1+, 2A족(2족)은 2+, 3A족(13족)은 3+를 형성한다.
- 금속과 반응할 때 비금속은 전자를 얻어 옥텟을 이루며 음이온을 형성한다. 5A족(15족)은 3−, 6A족(16족)은 2−, 7A족(17족)은 1−을 형성한다.

6.2 이온 결합 화합물

> 학습 목표 전하 균형을 사용하여 이온 결합 화합물에 대한 올바른 식을 쓸 수 있다.

- 이온 결합 화합물의 식에 있는 양이온의 전하와 음이온의 전하는 균형을 이룬다.
- 식에서 전하 균형은 각 기호 다음에 첨자를 사용하여 전체 전하량이 0이 되도록 한다.

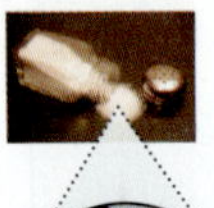

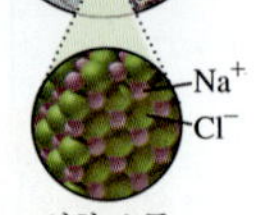

염화 소듐

6.3 이온식 쓰고 명명하기

> 학습 목표 이온 결합 화합물의 식이 주어지면 정확한 이름을 쓸 수 있다. 이온 결합 화합물의 이름이 주어지면 올바른 식을 쓸 수 있다.

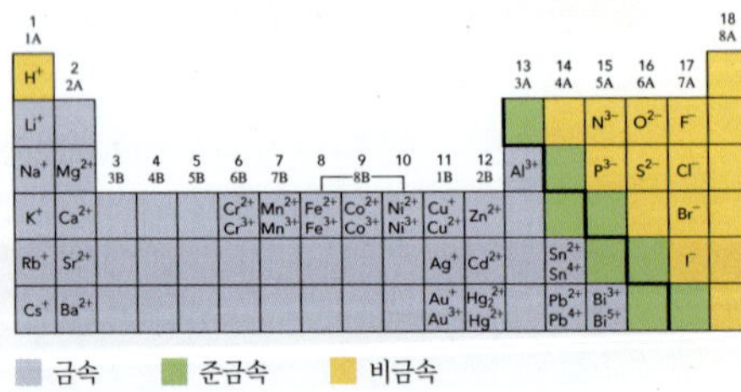

- 이온 결합 화합물을 명명할 때 음이온을 먼저 쓰고 양이온을 쓴다. 영어명에서는 양이온을 먼저 쓰고 음이온을 뒤에 쓴다.
- 두 원소로 된 이온 결합 화합물의 영문명은 *-ide*로 끝난다.
- Ag, Cd, Zn을 제외한 전이 원소는 2개 이상의 전하를 가진 양이온을 형성한다.
- 양이온의 전하는 식의 총 음전하에서부터 결정할 수 있으며 가변 전하를 띤 금속의 이름 뒤에는 로마 숫자를 쓴다.

6.4 다원자 이온

> 학습 목표 다원자 이온을 포함하는 이온 결합 화합물의 이름과 식을 쓸 수 있다.

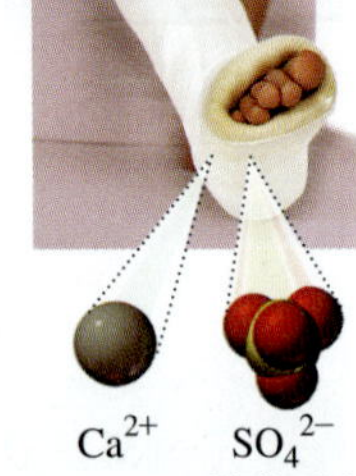

황산 이온

- 다원자 이온은 전하를 띤 공유 결합된 원자단이다. 예를 들어, 탄산 이온의 식은 CO_3^{2-}이다.
- 대부분의 다원자 이온은 '-산(*-ate*)' 또는 '아-산(*-ite*)'이라는 이름을 갖는다.
- 대부분의 다원자 이온은 비금속과 하나 이상의 산소 원자를 포함한다.
- 암모늄 이온(NH_4^+)은 양전하를 띤 다원자 이온이다.
- 둘 이상의 다원자 이온이 전하 균형에 사용되는 경우 괄호로 다원자 이온의 식을 묶는다.

6.5 분자 화합물: 전자 공유

> 학습 목표 분자 화합물의 식을 보고 바르게 명명할 수 있다. 분자 화합물의 이름이 주어지면 그 식을 쓸 수 있다.

1	일(mono)
2	이(di)
3	삼(tri)
4	사(tetra)
5	오(penta)

- 공유 결합에서 비금속의 원자는 원자가전자를 공유하여 각 원자가 안정된 전자 배치를 갖는다.
- 분자 화합물의 첫 번째 비금속은 원소 이름을 사용한다. 두 번째 비금속은 원소 이름의 첫 번째 음절 뒤에 '화'를 붙인다. 영어명에서는 *-ide*를 사용한다.
- 2개의 다른 원자를 갖는 분자 화합물의 이름은 접두사를 사용하여 식의 첨자를 나타낸다.

주요 용어 _Key Terms

공유 결합 원자에 의한 원자가전자의 공유

다원자 이온 전체적으로 전하를 띤 공유 결합된 비금속 원자단

분자 공유 결합으로 결합된 2개 이상 원자의 최소 단위

분자 화합물 전자를 공유함으로써 안정된 전자 배치가 이룬 원자들의 조합

양이온 Na^+, Mg^{2+}, Al^{3+}, NH_4^+와 같이 양으로 하전된 이온

옥텟 규칙 1A~7A족(1족, 2족, 13~17족)원소는 다른 원소와 반응하여 이온 결합이나 공유 결합을 형성함으로써 안정한 전자 배치를 형성한다. 보통 최외각에 전자 8개가 위치한다.

음이온 Cl^-, O^{2-}, SO_4^{2-}와 같이 음으로 하전된 이온

이온 전자를 잃거나 얻어 전하를 띤 원자나 원자단

이온 결합 금속에서 비금속으로 전자가 전달될 때 양이온과 음이온 사이의 인력

이온 결합 화합물 이온 결합으로 서로 결합된 양이온과 음이온의 화합물

이온 전하 원소나 다원자 이온 기호의 오른쪽 위에 기록된 양성자수(양전하)와 전자수(음전하)의 차

화학식 화합물의 원자 또는 이온을 나타내는 기호와 첨자

핵심 화학 기술 _Core Chemistry Skills

각 핵심 화학 기술을 포함하는 절을 각 제목의 끝에 괄호 안에 나타내었다.

▷ 양이온 및 음이온 쓰기(6.1)

- 이온 결합 형성에서 금속 원자는 전자를 잃고 비금속 원자는 원자가 전자를 얻어 보통 8개의 원자가전자로 안정한 전자 배치를 이룬다.
- 이렇게 원자가 안정된 전자 배치를 얻는 경향을 옥텟 규칙이라고 한다.

예: 다음 각각에 대해 안정한 전자 배치를 얻기 위해 원자가 잃거나 얻는 전자수와 이 때 형성된 이온을 써라.

a. Br **b.** Ca **c.** S

답: **a.** Br 원자는 전자 하나를 얻어 안정한 전자 배치인 Br^-를 이룬다.
b. Ca 원자는 전자 2개를 잃어 안정된 전자 배치인 Ca^{2+}를 이룬다.
c. S 원자는 전자 2개를 얻어 안정된 전자 배치인 S^{2-}를 이룬다.

▷ 이온식 쓰기(6.2)

- 화합물의 화학식은 원자나 이온 수의 최저비를 나타낸다.
- 이온 결합 화합물의 화학식에서 양전하와 음전하의 합은 항상 0이다.
- 따라서 이온 결합 화합물의 화학식에서 총 양전하는 총 음전하와 같다.

예: 인화 마그네슘(magnesium phosphide)의 식을 써라.

답: 인화 마그네슘은 이온 Mg^{2+}와 P^{3-}를 포함하는 이온 결합 화합물이다.
전하 균형을 사용하여 각 이온 형태의 수를 결정한다.
$3(2+) + 2(3-) = 0$
$3Mg^{2+}$와 $2P^{3-}$로부터 화학식 Mg_3P_2를 얻는다.

▷ 이온 결합 화합물 명명(6.3)

- 두 가지 원소로 구성된 이온 화합물의 이름에서, 뒤에(영문명에서는 앞에) 쓰는 금속 이온의 이름은 그 원소의 이름과 같다.
- 둘 이상의 이온을 형성하는 금속에 대해서는 금속 이름 바로 뒤 괄호 안에 이온 전하와 같은 로마 숫자를 표시한다.
- 비금속 이온의 이름은 첫 번째 음절 원소 이름 뒤에 '화(*ide*)'를 붙인다.
- 다원자 이온은 "-산(*ate*)"이나 "아-산(*ite*)"으로 명명한다.

예: $PbSO_4$의 이름은 무엇인가?

답: 이 화합물은 2−의 전하를 가지는 SO_4^{2-}를 포함한다.
전하 균형을 위해 양이온은 2+의 전하를 가져야 한다.
$Pb^? + (2-) = 0 \quad Pb = 2+$
납은 2개의 서로 다른 양이온을 형성할 수 있기 때문에 화합물 이름에 로마 숫자 (II)를 써서 황산 납(II)[lead(II) sulfate]라고 한다.

▷ 분자 화합물의 이름과 식 쓰기(6.5)

- 분자 화합물을 명명할 때 식의 첫 번째 비금속 이름은 원소 이름을 쓴다. 두 번째 비금속은 원소 이름의 첫 번째 음절과 뒤에 '화(*ide*)'를 붙여 명명한다.
- 첨자가 한 원소에서 둘 이상의 원자를 나타내는 경우 접두사를 이름 앞에 표시한다.

예: 분자 화합물 BrF_5을 명명하라.

답: 두 비금속은 전자를 공유하여 분자 화합물을 형성한다. Br(첫 번째 비금속)은 브로민(bromine)이다. F(두 번째 비금속)는 플루오린화(fluoride)이다. 분자 화합물의 이름에서는 접두사로 수식 아래첨자를 나타낸다. Br에는 아래첨자 1이 있는 것과 같다. 플루오린화의 첨자 5는 접두사 오(*penta*)를 쓴다. 따라서 이름은 오플루오린화 브로민(bromine pentafluoride)이다.

개념 이해 문제 _Understanding the Concepts

각 문제 끝에 복습할 절을 괄호 안에 표시하였다.

6.3 **a.** 옥텟 규칙으로 마그네슘 이온 형성을 어떻게 설명하는가? (6.1)
b. 마그네슘 이온과 전자 배열이 같은 영족 기체는 무엇인가?
c. 1A족(1족)과 2A족(2족) 원소는 많은 화합물에서 발견되지만 8A족(18)족 원소는 그렇지 않은 이유는 무엇인가?

6.4 **a.** 옥텟 규칙으로 염화 이온 형성을 어떻게 설명하는가? (6.1)
b. 염화 이온과 전자 배열이 같은 영족 기체는 무엇인가?
c. 7A족(17족) 원소는 많은 화합물에서 발견되지만 8A족(18족) 원소는 그렇지 않은 이유는 무엇인가?

6.5 다음 각 원자나 이온을 확인하라. (6.1)

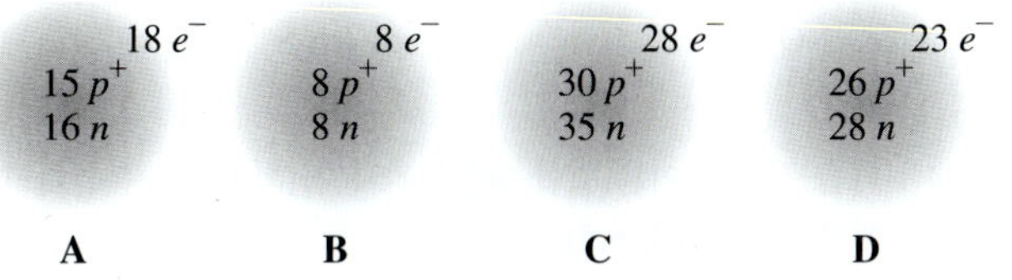

6.6 다음 각 원자나 이온을 확인하라. (6.1)

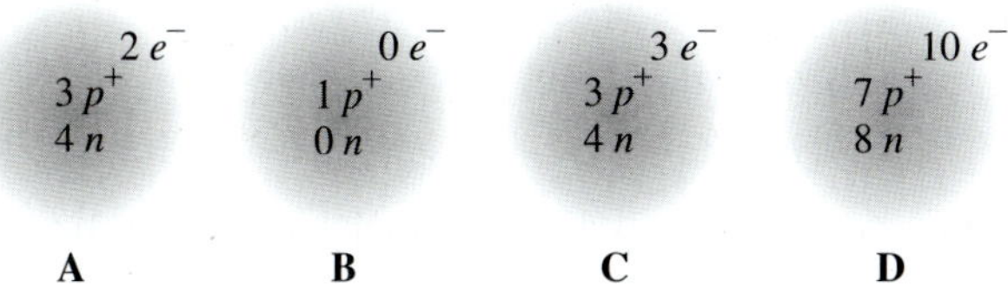

6.7 원소 X에는 원자가전자 1개, 원소 Y에는 원자가전자 6개가 있다.
a. X와 Y의 족 번호는 무엇인가?
b. X와 Y의 화합물은 이온 결합 화합물인가, 분자 화합물인가?
c. X와 Y는 어떤 이온들을 형성할까?
d. X와 Y의 화합물의 식은 무엇인가?
e. X와 황의 화합물의 식은 무엇인가?
f. Y와 염소의 화합물의 식은 무엇인가?
g. f번의 화합물은 이온 결합 화합물인가, 분자 화합물인가?

6.8 원소 X에는 원자가전자 2개가 있고 원소 Y에는 원자가전자 5개가 있다.

a. X와 Y의 족 번호는 무엇인가?
b. X와 Y의 화합물은 이온 결합 화합물인가, 분자 화합물인가?
c. X와 Y는 어떤 이온들을 형성할까?
d. X와 Y의 화합물의 식은 무엇인가?
e. X와 황의 화합물의 식은 무엇인가?
f. Y와 염소의 화합물의 식은 무엇인가?
g. f번의 화합물은 이온 결합 화합물인가, 분자 화합물인가?

6.9 다음 각 전자 배치를 사용하여 형성되는 양이온과 음이온의 화학식 및 이들이 형성하는 화합물의 식과 그 이름을 써라. (6.2, 6.3)

전자 배치		양이온	음이온	화합물의 식	화합물의 이름
$1s^22s^22p^63s^2$	$1s^22s^22p^3$				
$1s^22s^22p^63s^23p^64s^1$	$1s^22s^22p^4$				
$1s^22s^22p^63s^23p^1$	$1s^22s^22p^63s^23p^5$				

6.10 다음 각 전자 배치를 사용하여 형성되는 양이온과 음이온의 화학식 및 이들이 형성하는 화합물의 식과 그 이름을 써라. (6.2, 6.3)

전자 배치		양이온	음이온	화합물의 식	화합물의 이름
$1s^22s^22p^63s^1$	$1s^22s^22p^5$				
$1s^22s^22p^63s^23p^64s^2$	$1s^22s^22p^63s^23p^4$				
$1s^22s^1$	$1s^22s^22p^63s^23p^3$				

추가 문제 _Additional Practice Problems

6.11 다음 각 이온의 이름을 써라. (6.1)

a. N^{3-}
b. Mg^{2+}
c. O^{2-}
d. Al^{3+}

6.12 다음 각 이온의 이름을 써라. (6.1)

a. K^+
b. Na^+
c. Ba^{2+}
d. Cl^-

6.13 전형 원소로부터 형성된 기호 X^{2+}인 이온을 생각해 보자. (6.1, 6.2, 6.3)

a. 원소 X의 족 번호는 무엇인가?
b. X가 3주기 원소라면 이 원소는 무엇인가?
c. X와 질소화 이온(nitride ion)으로부터 형성된 화합물의 식은 무엇인가?

6.14 전형 원소로부터 형성된 기호 Y^{2-}인 이온을 생각해 보자. (6.1, 6.2, 6.3)

a. 원소 Y의 족 번호는 무엇인가?
b. Y가 3주기 원소라면 이 원소는 무엇인가?
c. 바륨 이온과 Y로부터 형성된 화합물의 식은 무엇인가?

6.15 주석의 이온 중 하나는 주석(IV)이다. (6.1, 6.2, 6.3)

a. 이 이온의 기호는 무엇인가?
b. 이 이온에는 양성자와 전자가 몇 개씩 있는가?
c. 산화 주석(IV)의 식은 무엇인가?
d. 인산 주석(IV)의 식은 무엇인가?

6.16 금의 이온 중 하나는 금(III)이다. (6.1, 6.2, 6.3)

a. 이 이온의 기호는 무엇인가?
b. 이 이온에는 양성자와 전자가 몇 개씩 있는가?
c. 황산 금(III)의 식은 무엇인가?
d. 질산 금(III)의 식은 무엇인가?

6.17 다음 각 이온 결합 화합물의 식을 써라. (6.2, 6.3)

a. 황화 주석(II)
b. 산화 납(IV)
c. 염화 은
d. 질소화 칼슘
e. 인화 구리(I)
f. 브로민화 크로뮴(II)

6.18 다음 각 이온 결합 화합물의 식을 써라. (6.2, 6.3)

a. 산화 니켈(III)
b. 황화 철(III)
c. 황산 납(II)
d. 아이오딘화 크로뮴(III)
e. 질소화 리튬
f. 산화 금(I)

6.19 다음 각 분자 화합물의 이름을 써라. (6.5)

a. NCl_3
b. N_2S_3
c. N_2O
d. IF
e. BF_3
f. P_2O_5

6.20 다음 각 분자 화합물의 이름을 써라. (6.5)

a. CF_4
b. SF_6
c. BrCl
d. N_2O_4
e. SO_2
f. CS_2

6.21 다음 각 분자 화합물의 식을 써라. (6.5)

a. 황화 탄소
b. 오산화 이인
c. 황화 이수소
d. 이염화 황

6.22 다음 각 분자 화합물의 식을 써라. (6.5)

a. 이산화 규소
b. 사브로민화 탄소
c. 사아이오딘화 이인
d. 삼산화 이질소

6.23 다음 각각을 이온 결합 화합물과 분자 화합물로 분류하고 그 이름을 써라. (6.3, 6.5)

a. $FeCl_3$
b. Na_2SO_4
c. NO_2
d. Rb_2S
e. PF_5
f. CF_4

6.24 다음 각각을 이온 결합 화합물과 분자 화합물로 분류하고 그 이름을 써라. (6.3, 6.5)

a. $Al_2(CO_3)_3$　　**b.** ClF_5
c. BCl_3　　**d.** Mg_3N_2
e. ClO_2　　**f.** $CrPO_4$

6.25 다음 각각의 식을 써라. (6.3, 6.4, 6.5)

a. 탄산 주석(II)　　**b.** 인화 리튬
c. 사염화 규소　　**d.** 산화 망가니즈(III)
e. 삼셀레늄화 사인　　**f.** 브로민화 칼슘

6.26 다음 각각의 식을 써라. (6.3, 6.4, 6.5)

a. 탄산 소듐　　**b.** 이산화 질소
c. 질산 알루미늄　　**d.** 질소화 구리(I)
e. 인산 포타슘　　**f.** 황산 코발트(III)

생각해 보기의 답 _Answers to Engage Questions

6.1 양성자 55개(55+)와 전자 54개(54−)를 가진 세슘 이온의 알짜 전하는 1+이다.

6.2 Li 원자는 전자 하나를 잃어 안정한 Li^+ 이온을 형성하는 반면 Br 원자는 전자 하나를 얻어 안정한 Br^- 이온을 형성한다.

6.3 2A(2)족 원자는 전자 2개를 잃어 안정한 2+ 이온을 형성한다.

6.4 NaCl에서 Na^+와 Cl^- 이온 사이의 결합은 이온 결합이다.

6.5 이온 결합 화합물에서 양이온의 이름은 원자와 같고 음이온의 이름은 원자 이름의 첫 음절 뒤에 화(ide)를 붙인다.

6.6 대부분의 전이 원소는 둘 이상의 양이온을 형성하므로 로마 숫자를 사용한다.

6.7 이온 결합 화합물에서 구리는 Cu^+와 Cu^{2+}의 두 가지 다른 이온을 형성할 수 있다. 산소는 O^{2-} 이온을 형성한다.

6.8 인산 이온에는 O 원자가 4개 있다. 아인산 이온에는 O 원자가 3개 있다.

6.9 마그네슘 이온의 2+ 전하는 질산 이온(NO_3^-) 두 개의 전하와 균형을 이루어야 한다.

6.10 두 비금속이 둘 이상의 분자 화합물을 형성할 수 있기 때문에 접두사를 사용한다.

6.11 인산 소듐은 금속 이온과 다원자 이온의 조합으로, 이온 결합 화합물이다. 오산화 이인은 두 가지 비금속의 조합으로 분자 화합물이다.

6.12 둘 이상의 양이온을 형성하는 전이 원소가 이온 결합 화합물에 존재할 때 로마 숫자를 사용한다.

선택된 문제의 답 _Answers to Selected Problems

6.1 **a.** $MgSO_4$　　**b.** SnF_2　　**c.** $Al(OH)_3$

6.3 **a.** 마그네슘은 세 번째 에너지 준위로부터 전자를 잃어 두 번째 에너지 준위에 옥텟을 이룬다.
b. 마그네슘 이온 Mg^{2+}는 Ne($1s^22s^22p^6$)과 같은 전자 배치를 가진다.
c. 1A족(1족)과 2A족(2족) 원소들은 전자를 잃고 옥텟을 이루어 화합물을 형성한다. 8A족(18족) 원소들은 옥텟(헬륨은 두 개의 전자)을 이루어 안정하다.

6.5 **a.** P^{3-} 이온
b. O 원자
c. Zn^{2+} 이온
d. Fe^{3+} 이온

6.7 **a.** X = 1A족(1족), Y = 6A족(16족)
b. 이온 결합 화합물
c. X^+와 Y^{2-}
d. X_2Y
e. X_2S
f. YCl_2
g. 분자 화합물

6.9

전자 배치		양이온	음이온	화합물의 식	화합물의 이름
$1s^22s^22p^63s^2$	$1s^22s^22p^3$	Mg^{2+}	N^{3-}	Mg_3N_2	질소화 마그네슘 Magnesium nitride
$1s^22s^22p^63s^23p^64s^1$	$1s^22s^22p^4$	K^+	O^{2-}	K_2O	산화 포타슘 Potassium oxide
$1s^22s^22p^63s^23p^1$	$1s^22s^22p^63s^23p^5$	Al^{3+}	Cl^-	$AlCl_3$	염화 알루미늄 Aluminum chloride

6.11 **a.** 질소화(nitride)
b. 마그네슘(magnesium)
c. 산화(oxide)
d. 알루미늄(aluminum)

6.13 **a.** 2A족(2족)　　**b.** Mg　　**c.** X_3N_2

6.15 **a.** Sn^{4+}
b. 양성자 50개와 전자 46개
c. SnO_2
d. $Sn_3(PO_4)_4$

6.17 **a.** SnS　　**b.** PbO_2　　**c.** AgCl
d. Ca_3N_2　　**e.** Cu_3P　　**f.** $CrBr_2$

6.19 **a.** 삼염화 질소(nitrogen trichloride)
b. 삼황화 이질소(dinitrogen trisulfide)
c. 산화 이질소(dinitrogen oxide)
d. 플루오린화 아이오딘(iodine fluoride)
e. 삼플루오린화 붕소(boron trifluoride)
f. 오산화 이인(diphosphorus pentoxide)

6.21 **a.** CS **b.** P_2O_5 **c.** H_2S **d.** SCl_2

6.23 **a.** 이온 결합, 염화 철(III)[iron(III) chloride]
b. 이온 결합, 황산 소듐(sodium sulfate)
c. 분자, 이산화 질소(nitrogen dioxide)
d. 이온 결합, 황화 루비듐(rubidium sulfide)
e. 분자, 오플루오린화 인(phosphorus pentafluoride)
f. 분자, 사플루오린화 탄소(carbon tetrafluoride)

6.25 **a.** $SnCO_3$ **b.** Li_3P **c.** $SiCl_4$
d. Mn_2O_3 **e.** P_4Se_3 **f.** $CaBr_2$

화학적 양

Chemical Quantities

제 7 장

여섯 살짜리 개 맥스는 무기력하고 물을 많이 마시며 밥을 먹지 않는다. 그의 주인은 맥스를 수의사인 에반스에게 데려가 검사를 의뢰했다. 에반스는 맥스의 체중을 측정하고 혈액의 화학 성분 분포를 검사할 혈액 시료를 얻었다. 이것으로부터 전반적인 건강을 결정하고 모든 대사 장애를 감지하며 전해질 농도를 측정한다.

맥스의 검사 결과는 백혈구 수치가 높아져 감염되었거나 염증이 있음을 나타냈다. 건강의 지표이기도 한 전해질은 모두 정상 범위였다. 전해질인 염화 이온(Cl^-)은 정상 범위인 0.106~0.118 mol/L이었고, 전해질인 소듐 이온(Na^+)도 정상 범위인 0.144~0.160 mol/L이었다. 또 다른 중요 전해질인 포타슘 이온(K^+)도 정상 범위인 0.0035~0.0058 mol/L이었다.

관련 직업

수의사

수의사는 개, 고양이, 쥐, 새와 같은 반려동물을 돌본다. 일부 수의사는 말이나 소같이 큰 동물 치료를 전문으로 한다. 수의사는 반려동물의 주인과 소통하면서 동물을 어떻게 먹이고, 동물의 행동이 무슨 의미이며, 어떻게 번식시키는지 등에 대하여 조언한다. 먹이 섭취량, 약물 복용, 식습관, 체중 및 질병의 징후 등, 여러 증상과 병력을 기록하면서 아픈 동물들을 평가한다.

동물의 건강 문제를 진단하기 위하여 수의사는 혈액에 대한 전체 검사와 소변 검사 같은 실험실 검사를 수행한다. 그들은 또한 조직 및 혈액 시료를 채취하고 디스템퍼(강아지 전염병), 광견병, 기타 질병에 대한 백신을 접종한다. 동물에게 감염이나 질병이 있는 경우에는 약물도 처방한다. 동물이 다친 경우 치료하고 골절을 맞춘다. 수의사는 또한 중성화나 불임 수술을 수행하고, 치아를 청결하게 하고, 종양을 제거하며, 동물을 안락사시키기도 한다.

UPDATE 맥스를 위한 처방전

맥스의 시료에 대한 시험 결과를 받은 후, 수의사 에반스는 맥스가 낮은 수준으로 감염되었다고 진단했다. 188쪽에 다시 나오는 **UPDATE 맥스를 위한 처방전** 부분을 보면, 맥스의 감염을 치료하기 위하여 수의사 에반스가 맥스에게 어떤 약물들을 처방했는지 알 수 있다.

이 장의 차례

복습하기

과학 표기법으로 숫자 쓰기(1.4)
유효숫자 세기(2.2)
계산에서 유효숫자 사용(2.3)
등가식으로부터 변환 인자 쓰기(2.5)
변환 인자 사용(2.6)

7.1 몰

학습 목표 아보가드로 수를 사용하여 주어진 몰수 안의 입자 수를 계산할 수 있다. 주어진 화합물의 몰수로부터 원소의 몰수를 계산할 수 있다.

식품점에서 달걀을 다스(dozen) 단위로 사거나, 음료수를 케이스(case) 단위로 산다. 문방구에서 연필은 그로스(gross, 12다스) 단위로, 종이는 연(連, ream: 종이의 양을 나타내는 단위로 보통 전지 500장) 단위로 주문한다. 제시되는 어떤 항목의 수를 세는 데 *다스*, *케이스*, 그로스, 연 등의 일반 용어가 사용된다. 예를 들어, 달걀 한 다스를 사면 상자 안에 달걀 12개가 들어 있을 것이다.

물품의 수를 세는 다스, 그로스, 연

아보가드로 수

핵심 화학 기술

입자수를 몰수로 변환

화학에서는 원자, 분자, 이온과 같은 입자를 **몰**(mole, 계산에서 약자 mol) 단위로 세는데, 1 mol은 6.022×10^{23}개의 입자를 포함한다. **아보가드로 수**(Avogadro's number)로 알려진 이 값은 매우 큰 수인데, 원자가 너무 작아 화학 반응에서 무게를 측정하고 사용하려면 엄청나게 많은 수의 원자가 필요하기 때문이다. 아보가드로 수는 이탈리아 물리학자인 아보가드로(Amedeo Avogadro, 1776~1856)의 이름을 기린 것이다.

아보가드로 수

$$6.022 \times 10^{23} = 602\,200\,000\,000\,000\,000\,000\,000$$

모든 원소 1 mol은 항상 아보가드로 수의 원자를 포함한다. 예를 들어, 탄소 1 mol은 탄소 원자 6.022×10^{23}개를 포함한다. 알루미늄 1 mol은 알루미늄 원자 6.022×10^{23}개를 포함한다. 황 1 mol은 황 원자 6.022×10^{23}개를 포함한다.

원소 1 mol = 원소의 원자 6.022×10^{23}개

황 1 mol은 황 원자 6.022×10^{23}개를 포함한다.

아보가드로 수는 어떤 화합물 1 mol 안에 그 화합물을 이루는 특정 형태의 입자 6.022×10^{23}개가 포함되어 있음을 말한다. 분자 화합물 1 mol은 아보가드로 수의 분자를 포함한다. 예를 들어, CO_2 1 mol은 CO_2 분자 6.022×10^{23}개를 포함한다. 이온 결합 화합물 1 mol은 간단한 식으로 표시된 이온들 묶음에 해당하는 화학식 단위(formula unit)를 아보가드로 수만큼 포함된다. 이온식 NaCl의 경우, 1 mol 안에 NaCl(Na^+, Cl^-) 묶음 화학식 단위가 6.022×10^{23}개 포함된다. **표 7.1**은 1 mol의 양에 들어 있는 입자 수의 몇 가지 예를 보여준다.

표 7.1 > 1 mol의 양에 들어 있는 입자 수

물질	입자의 형태와 개수
Al 1 mol	Al 원자 6.022×10^{23}개
Fe 1 mol	Fe 원자 6.022×10^{23}개
물(H_2O) 1 mol	H_2O 분자 6.022×10^{23}개
비타민 C($C_6H_8O_6$) 1 mol	비타민 C 분자 6.022×10^{23}개
NaCl 1 mol	NaCl 화학식 단위 6.022×10^{23}개
K_3PO_4 1 mol	K_3PO_4 화학식 단위 6.022×10^{23}개

아보가드로 수를 변환 인자로 사용

물질의 몰수와 그 안에 들어 있는 입자 수 사이의 변환 인자로 아보가드로 수를 사용할 수 있다.

$$\frac{6.022 \times 10^{23}\text{개}}{1\text{ mol}} \quad \text{그리고} \quad \frac{1\text{ mol}}{6.022 \times 10^{23}\text{개}}$$

예를 들어, 아보가드로 수를 사용하여 철 4.00 mol을 철 원자로 변환해 보자.

$$\cancel{\text{Fe}}\ 4.00\ \cancel{\text{mol}} \times \frac{\text{Fe 원자 } 6.022 \times 10^{23}\text{개}}{\cancel{\text{Fe}}\ 1\ \cancel{\text{mol}}} = \text{Fe 원자 } 2.41 \times 10^{24}\text{개}$$

변환 인자로 사용된 아보가드로 수

아보가드로 수를 사용하여 CO_2 분자 3.01×10^{24}개를 몰수로 변환할 수도 있다.

$$\cancel{\text{CO}_2\text{ 분자}}\ 3.01 \times 10^{24}\text{개}\ \frac{\text{CO}_2\ 1\text{ mol}}{\cancel{\text{CO}_2\text{ 분자}}\ 6.022 \times 10^{23}\text{개}} = \text{CO}_2\ 5.00\text{ mol}$$

변환 인자로 사용된 아보가드로 수

몰수를 입자수로 변환하는 계산에서, 몰수는 원자나 분자의 수에 비해 매우 작고, 따라서 원자나 분자 수는 예제 7.1에서 보는 것처럼 매우 커질 것이다.

생각해 보기 7.1

알루미늄 0.20 mol은 작은 수인 반면 0.20 mol에 있는 알루미늄 원자수(1.2×10^{23}개)는 매우 큰 수인 이유는 무엇인가?

예제 7.1 분자 수 계산

먼저 해 보기!

이산화 탄소 1.75 mol에는 분자들이 몇 개 존재하는가?

고체 형태의 이산화 탄소는 "드라이 아이스(dry ice)"로 알려져 있다.

풀이

단계 1 주어진 것과 필요한 것을 쓴다.

문제 분석	주어진 것	필요한 것	관계
	CO_2 1.75 mol	CO_2 분자 수	아보가드로 수

단계 2 몰수를 입자수로 변환하는 계획을 쓴다.

CO_2 몰수 → 아보가드로 수 → CO_2 분자 수

단계 3 아보가드로 수를 사용하여 변환 인자를 쓴다.

$$CO_2\ 1\ \text{mol} = CO_2\ \text{분자}\ 6.022 \times 10^{23}\text{개}$$

$$\frac{CO_2\ \text{분자}\ 6.022 \times 10^{23}\text{개}}{CO_2\ 1\ \text{mol}} \quad \text{그리고} \quad \frac{CO_2\ 1\ \text{mol}}{CO_2\ \text{분자}\ 6.022 \times 10^{23}\text{개}}$$

단계 4 문제를 풀어 입자수를 계산한다.

$$CO_2\ 1.75\ \text{mol} \times \frac{CO_2\ \text{분자}\ 6.022 \times 10^{23}\text{개}}{CO_2\ 1\ \text{mol}} = CO_2\ \text{분자}\ 1.05 \times 10^{24}\text{개}$$

확인 문제 7.1

a. 물(H_2O) 분자 2.60×10^{23}개는 물 몇 mol에 해당하는가?

b. 웃음 가스라고 부르는 마취제인 산화 이질소(N_2O) 2.65 mol 안에는 분자 몇 개가 있는가?

답

a. H_2O 0.432 mol **b.** N_2O 분자 1.60×10^{24}개

화합물 안에 있는 원소의 몰수

생각해 보기 7.2

화학식이 $Zn(C_2H_3O_2)_2$인 건강 보조식품 1 mol이 Zn 1 mol, C 4 mol, H 6 mol, O 4 mol을 포함하는 이유는 무엇인가?

화학식 안 원소 기호의 아래첨자가 그 화합물에 있는 각 원소의 원자 수를 나타낸다는 것을 알고 있다. 예를 들어, 몸의 통증과 염증을 줄이는 데 사용되는 약물인 아스피린($C_9H_8O_4$)의 화학식에서 아래첨자를 보면 탄소 원자 9개, 수소 원자 8개, 산소 원자 4개가 있음을 알 수 있다. 아스피린의 화학식 $C_9H_8O_4$에서 아래첨자는 또한 아스피린 1 mol당 각 원소의 몰수를 알려 준다(C 원자 9 mol, H 원자 8 mol, O 원자 4 mol).

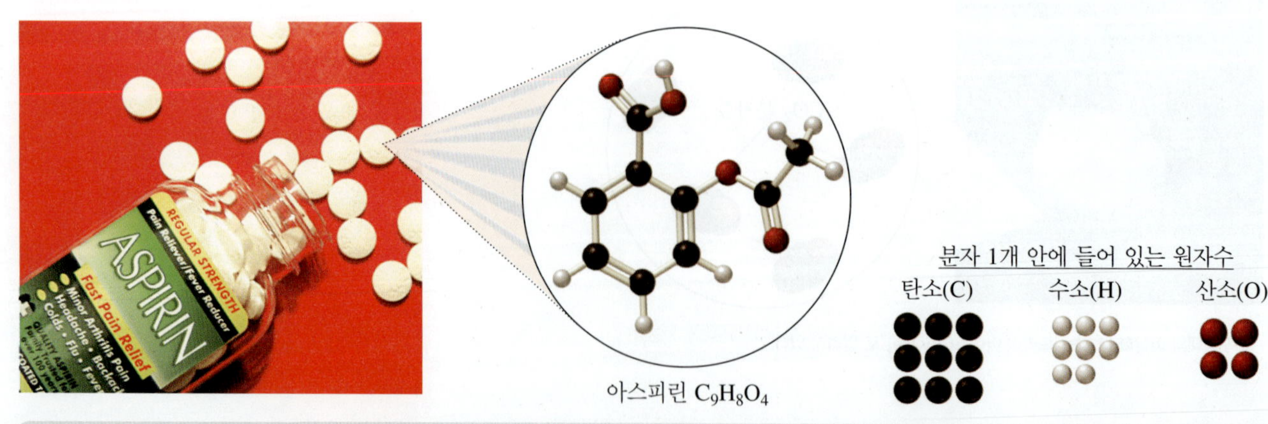

각 아스피린 분자($C_9H_8O_4$)는 C 원자 9개, H 원자 8개, O 원자 4개를 포함한다.

화학식의 아래첨자는 다음을 뜻한다.

분자 1개 안에 있는 원자수
1 mol 안에 있는 각 원소의 몰수

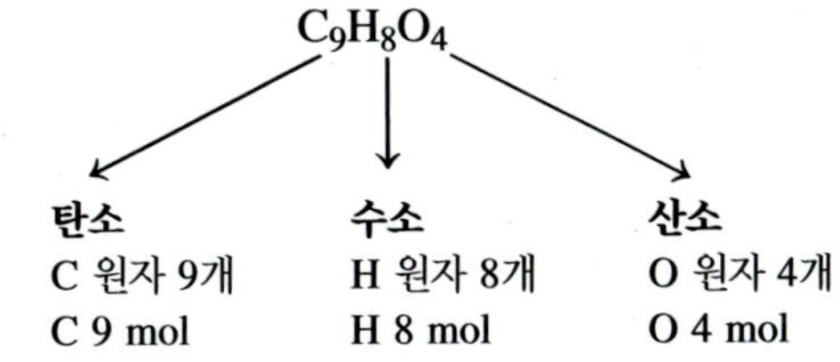

화학식을 사용하여 변환 인자 쓰기

화학식 $C_9H_8O_4$의 첨자를 사용하여 아스피린 1 mol당 각 원소의 변환 인자를 다음과 같이 쓸 수 있다.

$$\frac{\text{C 9 mol}}{C_9H_8O_4\text{ 1 mol}} \quad \frac{\text{H 8 mol}}{C_9H_8O_4\text{ 1 mol}} \quad \frac{\text{O 4 mol}}{C_9H_8O_4\text{ 1 mol}}$$

$$\frac{C_9H_8O_4\text{ 1 mol}}{\text{C 9 mol}} \quad \frac{C_9H_8O_4\text{ 1 mol}}{\text{H 8 mol}} \quad \frac{C_9H_8O_4\text{ 1 mol}}{\text{O 4 mol}}$$

예제 7.2 화합물에서 원소의 몰수 계산하기

먼저 해 보기!

아스피린 $C_9H_8O_4$ 1.50 mol에는 몇 mol의 탄소가 있는가?

풀이

단계 1 **주어진 것과 필요한 것을 쓴다.**

문제 분석	주어진 것	필요한 것	관계
	아스피린 $C_9H_8O_4$ 1.50 mol	C의 몰수	화학식의 아래첨자

단계 2 **화합물의 몰수를 원소의 몰수로 변환하는 계획을 쓴다.**

$C_9H_8O_4$의 몰수 → 아래첨자 → C의 몰수

단계 3 **아래첨자를 사용하여 등가식과 변환 인자를 쓴다.**

$$C_9H_8O_4\text{ 1 mol} = \text{C 9 mol}$$

$$\frac{\text{C 9 mol}}{C_9H_8O_4\text{ 1 mol}} \quad \text{그리고} \quad \frac{C_9H_8O_4\text{ 1 mol}}{\text{C 9 mol}}$$

단계 4 **문제를 풀어 원소의 몰수를 계산한다.**

$$\cancel{C_9H_8O_4}\text{ 1.50 }\cancel{\text{mol}} \times \frac{\text{C 9 mol}}{\cancel{C_9H_8O_4}\text{ 1 }\cancel{\text{mol}}} = \text{C 13.5 mol}$$

확인 문제 7.2

a. 산소(O) 0.489 mol을 포함하는 아스피린($C_9H_8O_4$)의 mol수는 얼마인가?
b. 아스피린 0.125 mol에는 탄소(C)가 몇 mol 들어 있는가?

답

a. 아스피린 0.120 mol **b.** 탄소 1.13 mol

7.2 몰질량

학습 목표 어떤 물질의 화학식이 주어지면, 그 물질의 몰질량을 계산할 수 있다.

단일 원자나 분자는 너무 작아서 가장 정확한 저울로도 질량을 측정할 수 없다. 사실, 우리가 물질을 볼 수 있는 정도가 되려면 엄청난 수의 원자나 분자가 필요하다. 아보가드로 수의 물 분자를 포함하는 물의 양은 단 몇 모금에 해당한다. 하지만 실험실에서는 저울을 사용하여 물질 1 mol의 아보가드로 수 입자를 측정할 수 있다.

어떤 원소의 **몰질량**(molar mass)이라는 양은 그 원소의 원자 질량과 같은 숫자의 그램(g) 단위 양이다. 몰질량과 같은 그램수를 계량할 때 그 원소의 원자 6.022×10^{23}개를 세고 있는 것이다. 예를 들어, 탄소는 주기율표에서 원자 질량이 12.01이다. 이는 탄소 원자 1 mol의 질량이 12.01 g이라는 것을 의미한다. 탄소 원자 1 mol을 얻기 위해서는 탄소 12.01 g을 저울로 재어야 한다. 따라서 탄소의 몰질량은 주기율표의 원자 질량을 보면 알 수 있다.

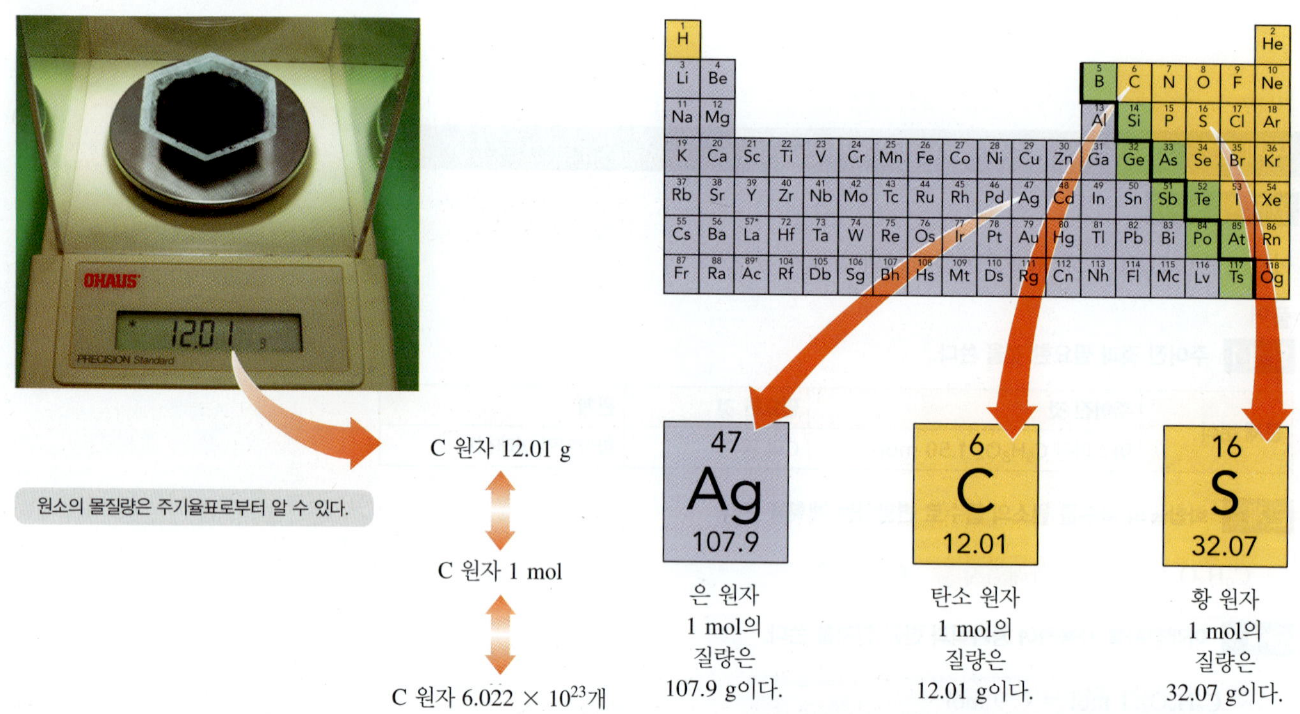

원소의 몰질량은 주기율표로부터 알 수 있다.

핵심 화학 기술
몰질량 계산

화합물의 몰질량

어떤 화합물의 몰질량을 결정하려면 각 원소의 몰질량에 화학식의 아래첨자를 곱한 후, 예제 7.3에 나타낸 것처럼 이 결과들을 모두 더한다. **이 책의 계산에서는 원소의 몰질량을 백분의 일(0.01) 자리에서 반올림하거나, 또는 최소 네 개까지의 유효숫자를 사용한다.** **그림 7.1**은 몇 가지 물질 1 mol의 양을 보여준다.

예제 7.3 화합물의 몰질량 계산하기

먼저 해 보기!

조울증 치료에 사용되는 탄산 리튬(Li_2CO_3)의 몰질량을 계산하라.

1 mol에 해당되는 양

S

(32.07 g)

Fe

(55.85 g)

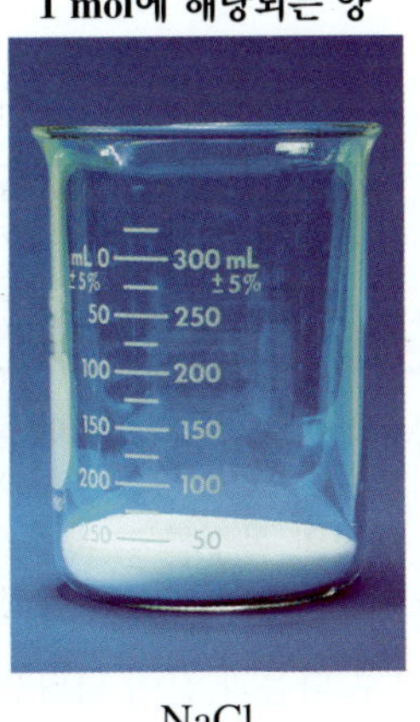

NaCl

(58.44 g)

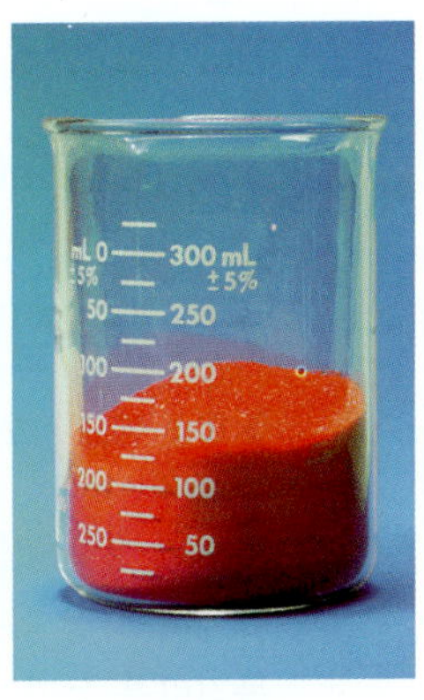

$K_2Cr_2O_7$

(294.2 g)

$C_{12}H_{22}O_{11}$

(342.3 g)

그림 7.1 ▸ 각 비커에는 원소나 화합물 1 mol이 들어 있다.

생각해 보기 7.3

중크롬산 포타슘($K_2Cr_2O_7$)의 몰질량은 어떻게 구하는가?

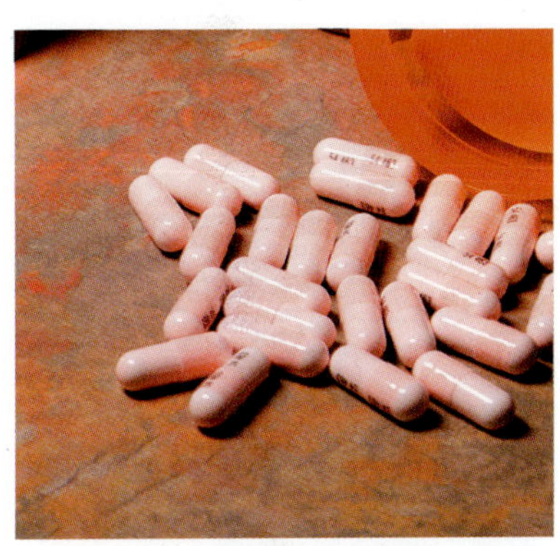

탄산 리튬은 양극성 질환인 조울증 치료에 사용된다.

풀이

문제 분석	주어진 것	필요한 것	연결
	화학식 Li_2CO_3	Li_2CO_3의 몰질량	주기율표

단계 1 각 원소의 몰질량을 찾는다.

$$\frac{\text{Li } 6.941 \text{ g}}{\text{Li } 1 \text{ mol}} \quad \frac{\text{C } 12.01 \text{ g}}{\text{C } 1 \text{ mol}} \quad \frac{\text{O } 16.00 \text{ g}}{\text{O } 1 \text{ mol}}$$

단계 2 각 원소의 몰질량에 화학식에 있는 아래첨자(몰수)를 곱한다.

Li 2 mol의 그램수

$$\cancel{\text{Li}}\ 2\ \cancel{\text{mol}} \times \frac{\text{Li } 6.941 \text{ g}}{\cancel{\text{Li}}\ 1\ \cancel{\text{mol}}} = \text{Li } 13.88 \text{ g}$$

C 1 mol의 그램수

$$\cancel{\text{C}}\ 1\ \cancel{\text{mol}} \times \frac{\text{C } 12.01 \text{ g}}{\cancel{\text{C}}\ 1\ \cancel{\text{mol}}} = \text{C } 12.01 \text{ g}$$

O 3 mol의 그램수

$$\cancel{\text{O}}\ 3\ \cancel{\text{mol}} \times \frac{\text{O } 16.00 \text{ g}}{\cancel{\text{O}}\ 1\ \cancel{\text{mol}}} = \text{O } 48.00 \text{ g}$$

단계 3 각 원소들의 질량을 모두 더하여 몰질량을 계산한다.

Li 2 mol	= Li 13.88 g
C 1 mol	= C 12.01 g
O 3 mol	= O 48.00 g
Li_2CO_3의 몰질량	= 73.89 g

확인 문제 7.3

다음 각 물질의 몰질량을 계산하라.

a. 여드름, 건선, 비듬 등의 피부 상태를 치료하는 데 사용되는 살리실산($C_7H_6O_3$)

b. 구루병을 예방하는 비타민 D_3($C_{27}H_{44}O$)

답

a. 138.12 g　　　**b.** 384.6 g

7.3 몰질량을 사용한 계산

학습 목표 그램수와 몰수 사이의 변환에 몰질량을 사용할 수 있다.

핵심 화학 기술

변환 인자로 몰질량 사용

원소의 몰질량은 물질의 몰수를 그램수로, 또는 그램수를 몰수로 변환할 수 있기 때문에 화학에서 가장 유용한 변환 인자이다. 예를 들어, 은(Ag) 1 mol의 질량은 107.9 g이다. Ag의 몰질량을 등가식으로 다음과 같이 나타낸다.

Ag 1 mol = Ag 107.9 g

몰질량에 대한 이 등가식으로부터 두 개의 변환 인자를 다음과 같이 쓸 수 있다.

$$\frac{\text{Ag 107.9 g}}{\text{Ag 1 mol}} \quad \text{그리고} \quad \frac{\text{Ag 1 mol}}{\text{Ag 107.9 g}}$$

예제 7.4는 은의 몰질량을 변환 인자로 어떻게 사용하는지 보여준다.

은(Ag) 금속은 보석류를 만드는 데 사용된다.

예제 7.4 몰수와 그램수 사이의 변환

먼저 해 보기!

은(Ag) 금속은 식기류, 거울, 보석, 치과용 합금의 제조에 사용된다. 보석 디자인에 은 0.750 mol이 필요하다면, 은 몇 그램이 필요한가?

풀이

단계 1 주어진 것과 필요한 것을 쓴다.

문제 분석	주어진 것	필요한 것	관계
	Ag 0.750 mol	Ag의 질량	몰질량

단계 2 몰수를 그램수로 변환하는 계획을 쓴다.

Ag의 몰수 → 몰질량 → Ag의 그램수

단계 3 몰질량을 결정하고 변환 인자를 쓴다.

Ag 1 mol = Ag 107.9 g

$$\frac{\text{Ag 107.9 g}}{\text{Ag 1 mol}} \quad \text{그리고} \quad \frac{\text{Ag 1 mol}}{\text{Ag 107.9 g}}$$

단계 4 몰수를 그램수로 변환하여 문제를 푼다.

$$\cancel{\text{Ag}}\ 0.75\ \cancel{\text{mol}} \times \frac{\text{Ag 107.9 g}}{\cancel{\text{Ag}}\ 1\ \cancel{\text{mol}}} = \text{Ag 80.9 g}$$

확인 문제 7.4

a. 치과 의사가 치과용 크라운과 충전재로 금(Au) 24.4 g을 주문하였다. 주문한 금의 몰수를 계산하라.

b. 연필심에는 탄소 원소인 흑연이 들어 있다. 탄소 0.520 mol의 질량수를 계산하라.

답

a. Au 0.124 mol **b.** C 6.25 g

화합물의 몰질량으로 변환 인자 쓰기

화합물의 변환 인자는 몰질량으로부터도 쓸 수 있다. 예를 들어, 화합물 H_2O의 몰질량은 다음과 같다.

$$H_2O\ 1\ \text{mol} = H_2O\ 18.02\ \text{g}$$

이 등가식으로부터 H_2O의 몰질량에 대한 변환 인자는 다음과 같이 쓸 수 있다.

$$\frac{H_2O\ 18.02\ \text{g}}{H_2O\ 1\ \text{mol}} \quad \text{그리고} \quad \frac{H_2O\ 1\ \text{mol}}{H_2O\ 18.02\ \text{g}}$$

이제 예제 7.5에 있는 화합물의 몰질량으로부터 유도된 변환 인자를 사용하여 몰수에서 그램수, 또는 그램수에서 몰수로 변환할 수 있다. (먼저 몰질량을 결정해야 함을 기억하라.)

예제 7.5 화합물의 질량을 몰수로 변환

먼저 해 보기!

식염 한 병에 NaCl 73.7 g이 들어 있다. 이 병에는 NaCl 몇 mol이 들어 있는가?

식염은 염화 소듐(NaCl)이다.

풀이

단계 1 주어진 것과 필요한 것을 쓴다.

문제 분석	주어진 것	필요한 것	관계
	NaCl 73.7 g	NaCl의 몰수	몰질량

단계 2 그램수를 몰수로 변환하는 계획을 쓴다.

NaCl의 그램수 → 몰질량 → NaCl의 몰수

단계 3 몰질량을 결정하고 변환 인자를 쓴다.

$$(1 \times 22.99) + (1 \times 35.45) = 58.44\ \text{g/mol}$$

$$\text{NaCl}\ 1\ \text{mol} = \text{NaCl}\ 58.44\ \text{g}$$

$$\frac{\text{NaCl}\ 58.44\ \text{g}}{\text{NaCl}\ 1\ \text{mol}} \quad \text{그리고} \quad \frac{\text{NaCl}\ 1\ \text{mol}}{\text{NaCl}\ 58.44\ \text{g}}$$

단계 4 그램수를 몰수로 변환하여 문제를 푼다.

$$\cancel{\text{NaCl}}\ 73.7\ \cancel{g} \times \frac{\text{NaCl}\ 1\ \text{mol}}{\cancel{\text{NaCl}}\ 58.44\ \cancel{g}} = \text{NaCl}\ 1.26\ \text{mol}$$

확인 문제 7.5

a. 제산제 한 알에는 $CaCO_3$ 680. mg이 들어 있다. $CaCO_3$ 몇 mol이 존재하는가?

b. 다른 상표의 제산제에는 6.9×10^{-3} mol의 $Mg(OH)_2$가 들어 있다. 여기에는 $Mg(OH)_2$이 몇 g 존재하는가?

답

a. $CaCO_3$ 0.006 79 mol, 즉 6.79×10^{-3} mol **b.** $Mg(OH)_2$ 0.40 g

---

생각해 보기 7.4

CH_4 5.00 g에 있는 H의 원자 수를 계산하는 데 어떤 변환 단계가 필요한가?

그림 7.2는 화합물의 몰수, 그램 단위 질량, 분자수(또는 이온이라면 화학식 단위)와 그 화합물에 있는 각 원소의 몰수와 원자수의 관련성을 보여주는 계산을 흐름도로 요약한 것이다.

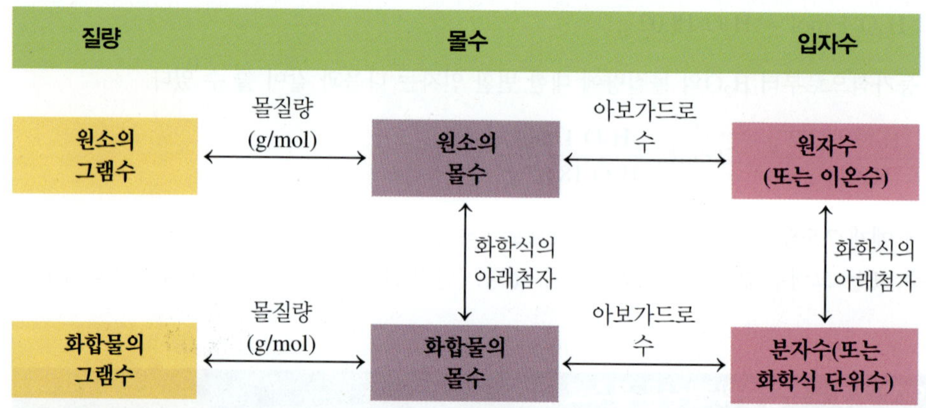

그림 7.2 ▸ 화합물의 몰수는 몰질량으로 그램 단위의 질량과 관련되고, 아보가드로 수로 분자수(또는 화학식 단위수)와 관련되며, 화학식의 아래첨자로 각 원소의 몰수와 관련된다.

이제 예제 7.6에서 보인 바와 같이 화합물의 그램 단위 질량을 화합물에 있는 원소 중 하나의 질량으로 변환할 수 있다.

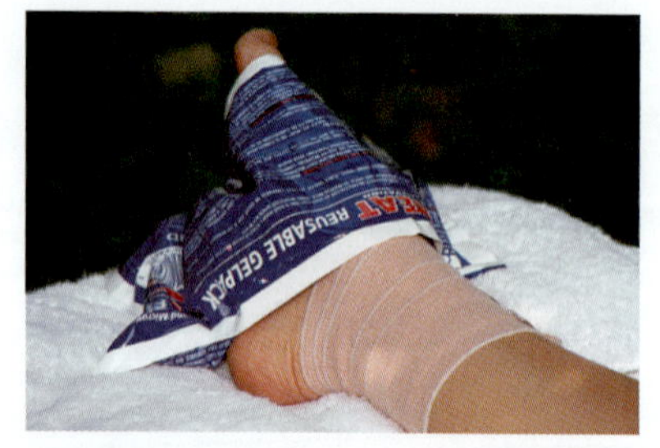

일부 열찜질 팩에서는 $CaCl_2$가 물에 용해되면서 열이 발생한다.

예제 7.6 화합물의 그램수를 원소의 그램수로 변환

먼저 해 보기!

열찜질 팩은 근육통, 염증, 근육 경련을 줄이기 위해 사용된다. 열찜질 팩은 물주머니와 $CaCl_2$ 10.2 g이 들어 있는 내부 봉투로 구성된다. 봉투를 부수면 $CaCl_2$가 물에 녹으면서 열이 방출된다. 내부 봉투에 있는 $CaCl_2$에는 Cl이 몇 그램 있는가?

풀이

단계 1 **주어진 것과 필요한 것을 쓴다.**

문제 분석	주어진 것	필요한 것	관계
	$CaCl_2$ 10.2 g	Cl의 그램수	몰질량, Cl의 아래첨자

단계 2 **화합물의 그램수를 원소의 그램수로 변환하는 계획을 쓴다.**

$CaCl_2$의 그램수 [몰질량] $CaCl_2$의 몰수 [몰 인자] Cl의 몰수 [몰질량] Cl의 그램수

단계 3 **등가식과 몰질량과 몰 인자의 변환 인자를 쓴다.**

$$CaCl_2\ 1\ \text{mol} = CaCl_2\ 110.98\ \text{g}$$
$$\frac{CaCl_2\ 110.98\ \text{g}}{CaCl_2\ 1\ \text{mol}} \quad \text{그리고} \quad \frac{CaCl_2\ 1\ \text{mol}}{CaCl_2\ 110.98\ \text{g}}$$

$$CaCl_2\ 1\ \text{mol} = \text{Cl}\ 2\ \text{mol}$$
$$\frac{\text{Cl}\ 2\ \text{mol}}{CaCl_2\ 1\ \text{mol}} \quad \text{그리고} \quad \frac{CaCl_2\ 1\ \text{mol}}{\text{Cl}\ 2\ \text{mol}}$$

생각해 보기 7.5

프레온-12(CCl_2F_2) 1 mol에 포함된 염소의 그램수는 왜 플루오린의 그램수보다 더 많은가?

$$\text{Cl 1 mol} = \text{Cl 35.45 g}$$

$$\frac{\text{Cl 35.45 g}}{\text{Cl 1 mol}} \quad \text{그리고} \quad \frac{\text{Cl 1 mol}}{\text{Cl 35.45 g}}$$

단계 4 **화합물의 그램수를 원소의 그램수로 변환하여 문제를 푼다.**

$$\cancel{CaCl_2}\ 10.2\ \cancel{g} \times \frac{\cancel{CaCl_2}\ 1\ \cancel{mol}}{\cancel{CaCl_2}\ 110.98\ \cancel{g}} \times \frac{\cancel{Cl}\ 2\ \cancel{mol}}{\cancel{CaCl_2}\ 1\ \cancel{mol}} \times \frac{\text{Cl 35.45 g}}{\cancel{Cl}\ 1\ \cancel{mol}} = \text{Cl 6.52 g}$$

확인 문제 7.6

a. 치아 에나멜을 강화하기 위해 플루오린화 주석(II)(SnF_2)를 치약에 첨가한다. F 1.46 g은 플루오린화 주석(II) 몇 g에 들어 있는가?

b. 햄과 핫도그의 저장 기간을 늘리기 위하여 아질산 소듐($NaNO_2$)이 사용된다. 핫도그 10개 묶음은 아질산 소듐 110 mg을 포함한다. 이 묶음에는 N이 몇 mg 있는가?

답

a. SnF_2 6.02 g **b.** N 22 mg

7.4 질량 백분율 조성

학습 목표 화합물의 화학식이 주어지면 질량 백분율 조성을 계산할 수 있다.

화합물 내에 있는 원소의 원자들은 항상 일정한 몰비로 결합되어 있기 때문에, 원소들은 질량에 대해서도 일정한 비율로 결합된다. 어떤 화합물 시료에 있는 원소의 질량을 알면 **질량 백분율 조성**(mass percent composition), 즉 **질량 백분율**(mass percent)을 계산할 수 있는데, 이것은 원소의 질량을 그 화합물의 총 질량으로 나누고 100%를 곱한 것이다. 예를 들어 외과와 치과에서 마취제로 사용되는 "웃음 기체(laughing gas)" N_2O 12.0 g에 N이 7.64 g 존재한다는 것을 실험으로 알았다면 N의 질량 백분율을 계산할 수 있다.

N과 N_2O의 그램수으로부터 다음과 같이 질소의 질량 백분율을 계산한다.

$$\text{원소의 질량 백분율} = \frac{\text{원소의 질량}}{\text{화합물의 총 질량}} \times 100\%$$

$$\text{N의 질량 백분율} = \frac{\text{N 7.64 g}}{\text{N}_2\text{O 12.0 g}} \times 100\% = \text{N 63.7\%}$$

몰질량을 사용한 질량 백분율 조성 계산

몰질량을 사용하여 화합물의 질량 백분율 조성을 계산할 수도 있다. 그러기 위해서는 화합물 내 특정 원소의 총 질량을 그 화합물의 몰질량으로 나눈 다음 100%를 곱한다.

핵심 화학 기술
질량 백분율 조성 계산

$$\text{질량 백분율 조성} = \frac{\text{각 원소의 질량}}{\text{화합물의 몰질량}} \times 100\%$$

배의 향은 아세트산 프로필($C_5H_{10}O_2$) 때문이다.

예제 7.7 몰질량으로부터 질량 백분율 조성 계산하기

먼저 해 보기!

배의 향은 화학식이 $C_5H_{10}O_2$인 아세트산 프로필 때문이다. 이 화합물의 질량 백분율 조성은 무엇인가?

풀이

문제 분석	주어진 것	필요한 것	연결
	$C_5H_{10}O_2$	질량 백분율 조성: %C, %H, %O	주기율표

단계 1 화학식의 몰질량 중 각 원소의 총 질량을 결정한다.

$$\cancel{C}\ 5\ \cancel{mol} \times \frac{C\ 12.01\ g}{\cancel{C}\ 1\ \cancel{mol}} = C\ 60.05\ g$$

$$\cancel{H}\ 10\ \cancel{mol} \times \frac{H\ 1.008\ g}{\cancel{H}\ 1\ \cancel{mol}} = H\ 10.08\ g$$

$$\cancel{O}\ 2\ \cancel{mol} \times \frac{O\ 16.00\ g}{\cancel{O}\ 1\ \cancel{mol}} = \underline{O\ 32.00\ g}$$

$$C_5H_{10}O_2\text{의 몰질량} = C_5H_{10}O_2\ 102.13\ g$$

단계 2 각 원소의 총 질량을 몰질량으로 나눈 다음 100%를 곱한다.

$$C\ \text{질량 백분율} = \frac{C\ 60.05\ g}{C_5H_{10}O_2\ 102.13\ g} \times 100\% = C\ 58.80\%$$

$$H\ \text{질량 백분율} = \frac{H\ 10.08\ g}{C_5H_{10}O_2\ 102.13\ g} \times 100\% = H\ 9.870\%$$

$$O\ \text{질량 백분율} = \frac{O\ 32.00\ g}{C_5H_{10}O_2\ 102.13\ g} \times 100\% = O\ 31.33\%$$

화합물에 있는 원소들의 질량 백분율을 모두 더하면 100%여야 한다. 어떤 경우에는 반올림 때문에 질량 백분율의 합이 정확히 100%가 되지 않을 수도 있다.

C 58.80% + H 9.870% + O 31.33% = 100.00%

확인 문제 7.7

a. 자동차 부동액으로 사용되는 에틸렌 글라이콜($C_2H_6O_2$)은 달콤한 맛의 액체로, 사람과 동물에게 유독하다. 에틸렌 글라이콜의 질량 백분율 조성은 무엇인가?

b. 황산 철(II)($FeSO_4$)는 다이어트 보충제이다. 황산 철(II)의 질량 백분율 조성은 무엇인가?

답

a. C 38.70%, H 9.744%, O 51.56%

b. Fe 36.76%, S 21.11%, O 42.13%

건강과 관련된 화학 _Chemistry Link to Health

비료

주택 소유주나 농부들은 비옥한 잔디밭과 더 많은 작물 생산을 위해 매년 봄 토양에 비료를 뿌린다. 식물은 여러 영양소를 요구하지만, 주요 영양소는 질소, 인, 포타슘이다. 질소는 녹색 성장을 촉진하고, 인은 식물을 강하게 하고 꽃을 풍성하게 하는 강력한 뿌리 발달을 촉진하며, 포타슘은 식물이 질병과 기상 이변에 맞서도록 돕는다. 복합 비료에 있는 숫자는 N, P, K 각각의 질량 백분율을 나타낸다. 예를 들어 숫자 30-3-4는 N이 30%, P가 3%, K가 4%인 비료를 나타낸다.

주요 영양소인 질소는 대기 중에 N_2로 대량 존재하지만, 이 형태로는 식물이 질소를 이용할 수 없다. 토양에 사는 박테리아가 *질소 고정*(nitrogen fixation)을 통해 대기 중의 질소를 사용 가능한 형태로 변환시킨다. 식물에 질소를 추가로 공급하기 위해, 암모니아, 질산염, 암모늄 화합물 등 질소를 함유하는 여러 유형의 화학 물질을 토양에 더한다. 질산염은 직접 흡수되지만, 암모니아와 암모늄염은 토양 박테리아에 의해 먼저 질산염으로 전환된다.

질소의 백분율은 비료에 사용된 질소 화합물의 유형에 따라 다르다. 각 유형의 질소의 질량 백분율은 질량 백분율 조성을 사용하여 계산된다.

비료의 선택은 용도와 편리성에 따른다. 비료는 결정 또는 분말이거나, 액체 용액 또는 암모니아와 같은 기체로 만들 수 있다. 암모니아와 암모늄 비료는 수용성이며 신속하게 작용한다. 다른 형태로는 수용성 암모늄염을 얇은 플라스틱 코팅으로 둘러싸서 천천히 녹아 나오도록 만들 수 있다. 가장 널리 사용되는 비료는 NH_4NO_3인데, 적용하기 쉽고 N의 질량 백분율이 높기 때문이다.

비료의 형태		질소의 질량 백분율
NH_3	$\dfrac{\text{N } 14.01\text{ g}}{\text{NH}_3\ 17.03\text{ g}}$	$\times 100\% = \text{N } 82.27\%$
NH_4NO_3	$\dfrac{\text{N } 28.02\text{ g}}{\text{NH}_4\text{NO}_3\ 80.05\text{ g}}$	$\times 100\% = \text{N } 35.00\%$
$(NH_4)_2HPO_4$	$\dfrac{\text{N } 28.02\text{ g}}{(\text{NH}_4)_2\text{HPO}_4\ 132.06\text{ g}}$	$\times 100\% = \text{N } 21.22\%$
$(NH_4)_2SO_4$	$\dfrac{\text{N } 28.02\text{ g}}{(\text{NH}_4)_2\text{SO}_4\ 132.15\text{ g}}$	$\times 100\% = \text{N } 21.20\%$

비료 봉투에 붙어 있는 라벨은 N, P, K의 질량 백분율을 나타낸다.

7.5 실험식

학습 목표 질량 백분율 조성으로부터 화합물의 실험식을 계산할 수 있다.

지금까지 본 화학식은 화합물의 실제에 해당하는 **분자식**(molecular formula)이었다. 한편, 화합물 안에 있는 원자의 가장 작은 정수 비로 나타내는 식을 **실험식**(empirical formula)이라고 한다. 예를 들어, 분자식이 C_6H_6인 화합물 벤젠의 실험식은 CH이다. 몇 가지 분자식과 그 실험식을 **표 7.2**에 나타내었다.

표 7.2 > 분자식과 실험식의 예

이름	분자식(실제 식)	실험식(가장 간단한 식)
아세틸렌(acetylene)	C_2H_2	CH
벤젠(benzene)	C_6H_6	CH
암모니아(ammonia)	NH_3	NH_3
하이드라진(hydrazine)	N_2H_4	NH_2
리보스(ribose)	$C_5H_{10}O_5$	CH_2O
글루코스(glucose)	$C_6H_{12}O_6$	CH_2O

핵심 화학 기술
실험식 계산

어떤 화합물의 실험식은, 예제 7.8에서와 같이, 각 원소의 그램수를 몰수로 변환하고 아래첨자로 사용할 가장 작은 정수비를 찾아서 결정한다.

수처리 설비에서는 화학 물질을 이용하여 하수 오물을 정화한다.

예제 7.8 실험식 계산

먼저 해 보기!

수처리 설비에서 물을 정화하는 데 철과 염소의 화합물을 사용한다. 실험 분석 결과, 이 화합물 시료에는 철 6.87 g과 염소 13.1 g이 포함되어 있다면, 실험식은 무엇인가?

풀이

문제 분석	주어진 것	필요한 것	연결
	Fe 6.87 g, Cl 13.1 g	실험식	몰질량

단계 1 **각 원소의 몰수를 계산한다.**

$$\cancel{Fe}\ 6.87\ \cancel{g} \times \frac{Fe\ 1\ mol}{\cancel{Fe}\ 55.85\ \cancel{g}} = Fe\ 0.123\ mol$$

$$\cancel{Cl}\ 13.1\ \cancel{g} \times \frac{Cl\ 1\ mol}{\cancel{Cl}\ 35.45\ \cancel{g}} = Cl\ 0.370\ mol$$

단계 2 **몰수 중 가장 작은 수로 나눈다.** 이 문제의 몰수 중 가장 작은 수는 0.123이다.

$$\frac{Fe\ 0.123\ mol}{0.123} = Fe\ 1.00\ mol$$

$$\frac{Cl\ 0.370\ mol}{0.123} = Cl\ 3.01\ mol$$

단계 3 **몰수의 가장 작은 정수비를 아래첨자로 사용한다.** Fe의 몰수와 Cl의 몰수는 1 : 3인데, 여기서 3은 3.01을 반올림한 것이다.

$Fe_{1.00}Cl_{3.01} \longrightarrow Fe_1Cl_3$, 이것을 $FeCl_3$로 적는다. 실험식

확인 문제 7.8

a. 포스핀(phosphine)은 해충과 설치류 구제에 사용되는 맹독성 화합물이다. 포스핀 시료에 P 0.456 g과 H 0.0440 g이 들어 있다면, 실험식은 무엇인가?

b. 타이타늄(Ti)과 산소(O)로 이루어진 화합물로 흰색 안료를 만든다. 이 시료에 Ti 1.21 g과 O 0.806 g이 들어 있다면, 실험식은 무엇인가?

답

a. PH_3　　**b.** TiO_2

종종 화합물에 있는 각 원소의 질량 백분율이 주어진다. 질량 백분율 조성은 화합물의 양과 관계없이 항상 일정하다. 예를 들어, 메테인(CH_4)의 질량 백분율 조성은 항상 C 74.9%와 H 25.1%이다. 따라서 화합물 시료 100.0 g이 있다고 가정하면, 그 시료에 들어 있는 각 원소의 그램 수를 바로 알 수 있고, 이를 사용하여 예제 7.9에 보인 것처럼 실험식을 계산할 수 있다.

수소
25.1%
탄소
74.9%

메테인(CH_4)의 질량 백분율 조성

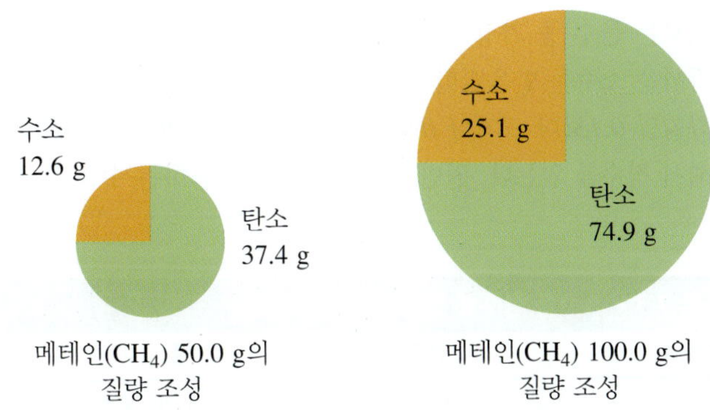

메테인(CH_4) 50.0 g의 질량 조성

메테인(CH_4) 100.0 g의 질량 조성

메테인 어떤 양에 대해서도 질량 백분율 조성은 항상 일정하다.

예제 7.9 질량 백분율 조성으로부터 실험식 계산

먼저 해 보기!

사염화에텐(tetrachloroethene)은 드라이클리닝에 사용되는 무색 액체이다. 질량 백분율 조성이 탄소(C) 14.5%와 염소(Cl) 85.5%라면 사염화에텐의 실험식은 무엇인가?

풀이

문제 분석	주어진 것	필요한 것	연결
	C 14.5%, Cl 85.5%	실험식	몰질량

단계 1 각 원소의 몰수를 계산한다. 이 화합물 시료 100. g에는 C 14.5 g과 Cl 85.5 g이 있다.

$$\cancel{C}\ 14.5\ \cancel{g} \times \frac{C\ 1\ mol}{\cancel{C}\ 12.01\ \cancel{g}} = C\ 1.21\ mol$$

$$\cancel{Cl}\ 85.5\ \cancel{g} \times \frac{Cl\ 1\ mol}{\cancel{Cl}\ 35.45\ \cancel{g}} = Cl\ 2.41\ mol$$

단계 2 몰수 중 가장 작은 수로 나눈다. 이 문제에서 가장 작은 몰수는 1.21이다.

$$\frac{C\ 1.21\ mol}{1.21} = C\ 1.00\ mol$$

$$\frac{Cl\ 2.41\ mol}{1.21} = Cl\ 1.99\ mol$$

단계 3 몰수의 가장 작은 정수비를 아래첨자로 사용한다.

$$C_{1.00}Cl_{1.99} \longrightarrow C_1Cl_2 = CCl_2$$

확인 문제 7.9

황산 칼리(sulfate of potash)는 황과 포타슘을 공급한다.

a. 황산 칼리(sulfate of potash)는 포타슘과 황을 공급하기 위해 비료에 사용하는 화합물

의 일반명이다. 질량 백분율 조성이 K 44.9%, S 18.4%, O 36.7%라면 이 화합물의 실험식은 무엇인가?

b. 아크릴로나이트릴(acrylonitrile)은 여러 고분자 제조에 사용되는 화합물이다. 질량 백분율 조성이 C 67.9%, H 5.7%, N 26.4%라면 이 화합물의 실험식은 무엇인가?

답

a. K_2SO_4 b. C_3H_3N

소수를 정수로 변환

때로는 몰수 중 가장 작은 수로 나눈 결과가 정수가 아니라 소수일 수도 있다. 정수에 매우 가까운 소수는 반올림할 수 있다. 예를 들어 2.04는 2로 반올림하고 6.98은 7로 반올림한다. *하지만 0.1보다 크거나 0.9보다 작은 소수는 반올림하지 않아야 한다.* 대신 작은 정수를 곱해서 정수를 얻는다. 일반적으로 사용되는 곱하는 수들을 표 7.3에 나열하였다.

표 7.3 > 소수를 정수로 만들 때 곱해주는 수

소수	곱하는 수	예		정수
0.20	5	1.20 × 5	=	6
0.25	4	2.25 × 4	=	9
0.33	3	1.33 × 3	=	4
0.50	2	2.50 × 2	=	5
0.67	3	1.67 × 3	=	5

생각해 보기 7.6

인(P) 1.0 mol과 산소(O) 2.5 mol의 비율을 얻었다면, 2를 곱하여 실험식 P_2O_5를 얻는 이유는 무엇인가?

계산에서 얻은 몰수로 아래첨자를 $C_{1.00}H_{2.33}O_{0.99}$로 쓴다고 보자. 0.99는 1로 반올림하지만 2.33은 반올림할 수 없다. 2.33 × 2를 하면 여전히 정수가 아닌 4.66을 얻는다. 2.33에 3을 곱하면 6.99로 7이 된다. 이 경우에 실험식을 완성하려면 *다른 모든 아래첨자에도 3을 곱해야 한다.*

$$C_{(1.00\times3)}H_{(2.33\times3)}O_{(0.99\times3)} = C_{3.00}H_{6.99}O_{2.97} \longrightarrow C_3H_7O_3$$

감귤류는 비타민 C의 좋은 공급원이다.

예제 7.10 곱하는 수를 사용하여 실험식 계산

먼저 해 보기!

감귤류 과일과 채소에서 발견되는 아스코르브산(비타민 C)은 신체의 대사 반응, 콜라젠 합성 및 괴혈병 예방에 중요하다. 아스코르브산의 질량 백분율 조성이 C 40.9%, H 4.58%, O 54.5%라면 아스코르브산의 실험식은 무엇인가?

풀이

	주어진 것	필요한 것	연결
문제 분석	C 40.9%, H 4.58%, O 54.5%	실험식	몰질량

단계 1 각 원소의 몰수를 계산한다. 이 화합물 시료 100. g에는 C 40.9 g, H 4.58 g, O 54.5 g이 있다.

$$\cancel{C}\ 40.9\ \cancel{g} \times \frac{C\ 1\ mol}{\cancel{C}\ 12.01\ \cancel{g}} = C\ 3.41\ mol$$

$$\cancel{H}\ 4.58\ \cancel{g} \times \frac{H\ 1\ mol}{\cancel{H}\ 1.008\ \cancel{g}} = H\ 4.54\ mol$$

$$\cancel{O}\ 54.5\ \cancel{g} \times \frac{O\ 1\ mol}{\cancel{O}\ 16.00\ \cancel{g}} = O\ 3.41\ mol$$

단계 2 **몰수 중 가장 작은 수로 나눈다.** 가장 작은 몰수는 3.41이다.

$$\frac{C\ 3.41\ mol}{3.41} = C\ 1.00\ mol$$

$$\frac{H\ 4.54\ mol}{3.41} = H\ 1.33\ mol$$

$$\frac{O\ 3.41\ mol}{3.41} = O\ 1.00\ mol$$

단계 3 **가장 작은 정수비를 아래첨자로 사용한다.** 계산된 몰비로부터 다음 식을 얻는다.

$C_{1.00}H_{1.33}O_{1.00}$

H의 아래첨자에는 0.1보다 크고 0.9보다 작은 소수가 있기 때문에 반올림해서는 안 된다. 그러므로 각 아래첨자에 3을 곱하여 H에 대한 정수 4를 얻는다. 따라서 아스코르브산의 실험식은 $C_3H_4O_3$이다.

$$C_{(1.00\times3)}H_{(1.33\times3)}O_{(1.00\times3)} = C_{3.00}H_{3.99}O_{3.00} \longrightarrow C_3H_4O_3$$

확인 문제 7.10

a. 글리옥실산(glyoxylic acid)은 식물과 박테리아에서 지방을 포도당으로 전환하는 데 사용된다. 글리옥실산의 질량 백분율 조성이 C 32.5%, H 2.70%, O 64.8%라면 실험식은 무엇인가?

b. 열 충격 강화 유리를 만들 때 붕소(B)와 산소(O)의 화합물이 사용된다. 이 화합물이 B 31.1%와 O 68.9%를 포함한다면, 실험식은 무엇인가?

답

a. $C_2H_2O_3$ **b.** B_2O_3

7.6 분자식

학습 목표 실험식과 몰질량으로부터 물질의 분자식을 결정할 수 있다.

실험식은 화합물에서 원자의 가장 작은 정수비를 나타낸다. 하지만 실험식이 반드시 분자 내에 있는 실제 원자수를 나타내는 것은 아니다. 분자식은 1, 2, 3과 같은 작은 정수로 실험식과 관련된다.

분자식 = 작은 정수 × 실험식

예를 들어, **표 7.4**는 실험식은 CH_2O로 같지만 서로 다른 여러 화합물을 보여준다. 분자식은 작은 정수로 실험식과 관련이 있다. 몰질량과 실험식 질량에도 같은 관계가 성립한다. 서로 다른 화합물 각각의 몰질량은 동일한 작은 정수로 실험식 질량(30.03 g)과 관련이 있다.

분자식

실험식

작은 정수

몰질량

실험식 질량

표 7.4 > 실험식이 CH_2O인 몇 가지 화합물의 몰질량 비교					
화합물	실험식	분자식	몰질량(g)	정수 × 실험식	정수 × 실험식 질량
폼알데하이드	CH_2O	CH_2O	30.03	$1(CH_2O)$	1 × 30.03
아세트산	CH_2O	$C_2H_4O_2$	60.06	$2(CH_2O)$	2 × 30.03
젖산	CH_2O	$C_3H_6O_3$	90.09	$3(CH_2O)$	3 × 30.03
에리스로스	CH_2O	$C_4H_8O_4$	120.12	$4(CH_2O)$	4 × 30.03
리보스	CH_2O	$C_5H_{10}O_5$	150.15	$5(CH_2O)$	5 × 30.03

생각해 보기 7.7

분자식 $C_2H_4O_2$와 $C_5H_{10}O_5$는 왜 실험식이 모두 CH_2O인가?

실험식과 분자식 관계

실험식을 결정하고 나면, 그램 단위의 실험식 질량을 계산할 수 있다. 화합물의 몰질량이 주어지면 작은 정수값을 계산할 수 있다.

$$\text{작은 정수} = \frac{\text{화합물의 몰질량}}{\text{실험식 질량}}$$

예를 들어, 리보스의 몰질량을 실험식 질량으로 나누면 정수는 5이다.

$$\text{작은 정수} = \frac{\text{리보스의 몰질량}}{CH_2O\text{의 실험식 질량}} = \frac{150.15\ g}{30.03\ g} = 5$$

실험식(CH_2O)의 아래첨자에 5를 곱하면 리보스의 분자식인 $C_5H_{10}O_5$가 나온다.

$$5 \times \text{실험식}\ (CH_2O) = \text{분자식}\ (C_5H_{10}O_5)$$

핵심 화학 기술

분자식 계산

분자식 계산

앞 예제 7.10에서 아스코르브산(비타민 C)의 실험식이 $C_3H_4O_3$임을 결정했다. 실험으로 정해진 아스코르브산의 몰질량 176.12 g으로부터, 다음과 같이 분자식을 계산할 수 있다.

실험식 $C_3H_4O_3$의 질량은 몰질량과 같은 방식으로 얻는다.

$$\text{실험식} = C\ 3\ mol + H\ 4\ mol + O\ 3\ mol$$

$$\text{실험식 질량} = (3 \times 12.01\ g) + (4 \times 1.008\ g) + (3 \times 16.00\ g) = 88.06\ g$$

$$\text{작은 정수} = \frac{\text{아스코르브산의 몰질량}}{C_3H_4O_2\text{의 실험식 질량}} = \frac{176.12\ g}{88.06\ g} = 2$$

아스코르브산의 실험식에 있는 모든 아래첨자에 2를 곱하면 그 분자식이 나온다.

$$C_{(3\times2)}H_{(4\times2)}O_{(3\times2)} = C_6H_8O_6 \quad \text{분자식}$$

예제 7.11 분자식 결정

먼저 해 보기!

접시나 장난감 같은 플라스틱 제품을 만들 때 사용되는 멜라민은 C 28.57%, H 4.80%, N 66.64%를 포함한다. 실험으로 구한 멜라민의 몰질량이 125 g이라면 멜라민의 분자식은 무엇인가?

밝은 색 접시는 멜라민으로 만든다.

풀이

	주어진 것	필요한 것	연결
문제 분석	C 28.57%, H 4.80%, N 66.64%, 몰질량 125 g	분자식	실험식 질량

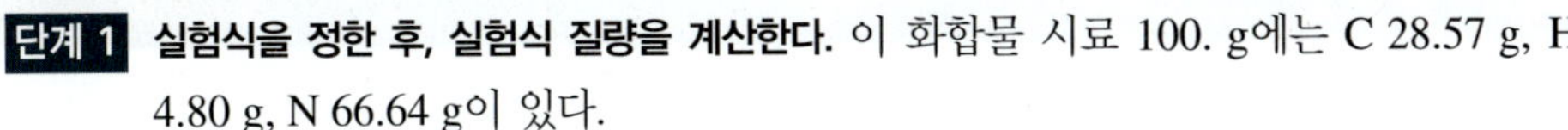

단계 1 **실험식을 정한 후, 실험식 질량을 계산한다.** 이 화합물 시료 100. g에는 C 28.57 g, H 4.80 g, N 66.64 g이 있다.

$$\cancel{C}\ 28.57\ \cancel{g} \times \frac{\text{C 1 mol}}{\cancel{C}\ 12.01\ \cancel{g}} = \text{C 2.38 mol}$$

$$\cancel{H}\ 4.80\ \cancel{g} \times \frac{\text{H 1 mol}}{\cancel{H}\ 1.008\ \cancel{g}} = \text{H 4.76 mol}$$

$$\cancel{N}\ 66.64\ \cancel{g} \times \frac{\text{N 1 mol}}{\cancel{N}\ 14.01\ \cancel{g}} = \text{N 4.76 mol}$$

각 원소의 몰수를 가장 작은 몰수(2.38)로 나누어 화학식에 포함되는 각 원소의 아래첨자를 얻는다.

$$\frac{\text{C 2.38 mol}}{2.38} = \text{C 1.00 mol}$$

$$\frac{\text{H 4.76 mol}}{2.38} = \text{H 2.00 mol}$$

$$\frac{\text{N 4.76 mol}}{2.38} = \text{N 2.00 mol}$$

이 값을 아래첨자로 사용하여 $C_{1.00}H_{2.00}N_{2.00}$으로 쓰면 멜라민의 실험식을 CH_2N_2로 쓴다.

이 실험식에 대한 몰질량을 다음과 같이 계산한다.

실험식 = C 1 mol + H 2 mol + N 2 mol

실험식 질량 = (1 × 12.01 g) + (2 × 1.008 g) + (2 × 14.01 g) = 42.05 g

단계 2 **몰질량을 실험식 질량으로 나누어 작은 정수를 얻는다.**

$$\text{작은 정수} = \frac{\text{멜라민의 몰질량}}{CH_2N_2\text{의 실험식 질량}} = \frac{125\ \cancel{g}}{42.05\ \cancel{g}} = 2.97$$

단계 3 **실험식에 작은 정수를 곱해 분자식을 얻는다.** 실험으로 구한 몰질량이 실험식 질량의 3배에 가깝기 때문에 실험식의 아래첨자에 3을 곱하여 분자식을 얻는다.

$$C_{(1\times3)}H_{(2\times3)}N_{(2\times3)} = C_3H_6N_6 \quad \text{분자식}$$

확인 문제 7.11

a. 살충제 린데인(lindane)의 질량 백분율 조성이 C 24.78%, H 2.08%, Cl 73.14%이다.

실험으로 구한 몰질량이 290 g이라면 분자식은 무엇인가?

b. 냉매로 사용되는 다이플루오로에테인(difluoroethane)의 질량 백분율 조성이 C 36.37%, H 6.10%, F 57.53%이다. 실험으로 구한 몰질량이 65 g이라면 분자식은 무엇인가?

답

a. $C_6H_6Cl_6$ **b.** $C_2H_4F_2$

UPDATE 맥스를 위한 처방전

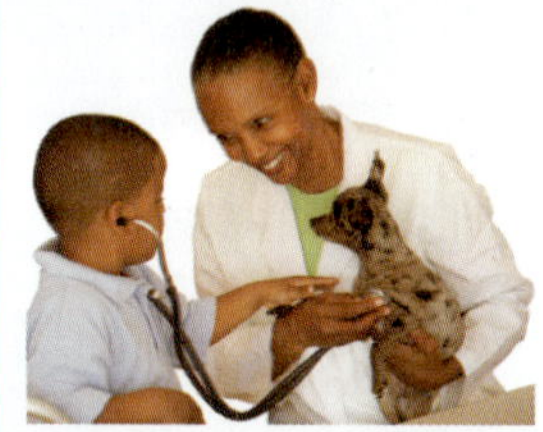

진단과 실험실 검사를 마친 후 수의사 에반스는 맥스에게 클라불란산(clavulanic acid)과 페닐프로판올아민(phenylpropanolamine)을 처방했다.

응용 문제

7.1 클라불란산(clavulanic acid)의 분자식은 $C_8H_9NO_5$이다.

a. 클라불란산의 몰질량은 얼마인가?

b. 클라불란산에서 C의 질량 백분율은 얼마인가?

c. 맥스의 무게는 12 kg이다. 클라불란산 복용량이 2.5 mg/kg이라면, 클라불란산 몇 mol이 투여되는가?

7.2 요로 감염증을 치료하기 위해 페닐프로판올아민(PPA)이 사용된다. PPA의 분자식은 $C_9H_{13}NO$이다.

a. PPA의 몰질량은 얼마인가?

b. PPA에서 N의 질량 백분율은 얼마인가?

c. 맥스의 무게는 12 kg이다. PPA의 복용량이 2.0 mg/kg이라면, PPA 몇 mol이 투여되는가?

제7장 복습하기 _Chapter Review

7.1 몰

› 학습 목표 아보가드로 수를 사용하여 주어진 몰수 안의 입자 수를 계산할 수 있다. 주어진 화합물의 몰수로부터 원소의 몰수를 계산할 수 있다.

- 원소 1 mol은 6.022×10^{23}개의 원자를 포함한다.
- 화합물 1 mol은 분자 또는 화학식 단위 6.022×10^{23}개를 포함한다.

7.2 몰질량

› 학습 목표 어떤 물질의 화학식이 주어지면, 그 물질의 몰질량을 계산할 수 있다.

- 어떤 물질의 몰질량(g/mol)은 원자 질량 또는 화학식의 아래첨자를 원자 질량에 곱한 값들을 합한 것과 같은 수치의 그램(g) 단위 양이다.

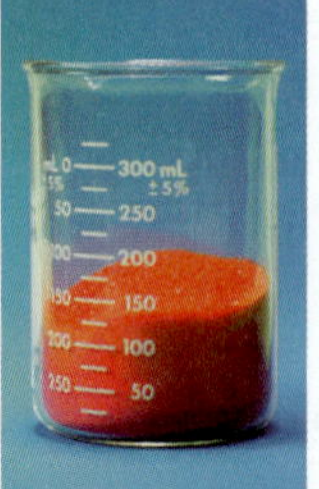

7.3 몰질량을 사용한 계산

› 학습 목표 몰질량을 사용하여 그램수와 몰수 사이를 변환할 수 있다.

- 몰질량은 주어진 양을 그램수에서 몰수로, 또는 몰수에서 그램수로 바꾸는 변환 인자로 사용된다.

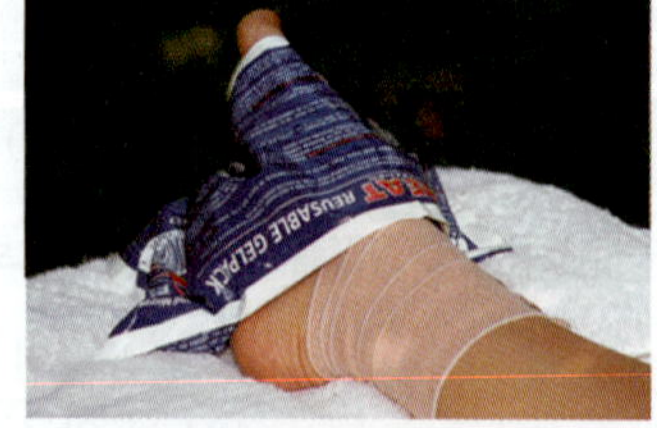

7.4 질량 백분율 조성

› 학습 목표 화합물의 화학식이 주어지면 질량 백분율 조성을 계산할 수 있다.

- 질량 백분율 조성은 화합물의 각 원소의 질량을 그 화합물의 전체 질량으로 나누어 구한다.

7.5 실험식

학습 목표 질량 백분율 조성으로부터, 그 화합물의 실험식을 계산할 수 있다.

- 실험식은 시료 안에 존재하는 원소들의 그램수로부터 가장 작은 정수인 몰비를 결정하여 계산한다.
- 실험식에서 몰비가 모두 정수가 아니면, 작은 정수를 곱하여 모든 값들을 정수로 만든다.

7.6 분자식

학습 목표 실험식과 몰질량으로부터 물질의 분자식을 결정할 수 있다.

- 분자식은 실험식과 같거나 실험식의 정수배이다.
- 몰질량은 별도의 실험으로 정해지며, 몰질량을 화학식 질량으로 나누어, 실험식을 분자식으로 변환하는 데 사용되는 작은 정수를 얻는다.

주요 용어 _Key Terms

몰 6.022×10^{23}개의 입자를 포함하는 원자, 분자, 화학식 단위들의 집합.

몰질량 원소 1 mol의 그램 단위 질량은 원자 질량과 수치가 같다. 화합물의 몰질량은 화학식에 있는 원소들의 원자 질량들을 모두 합한 것과 같다.

분자식 화합물에 있는 각 유형 원소의 실제 원자수를 제공하는 화학식.

실험식 화학식의 원자들 사이의 가장 작은, 즉 가장 간단한 정수비.

아보가드로 수 1 mol 안에 들어 있는 입자 수는 6.022×10^{23}개이다.

질량 백분율 조성 어떤 화학식에 포함된 원소의 질량 백분율.

핵심 화학 기술 _Core Chemistry Skills

**각 제목 끝의 괄호 안에 각 핵심 화학 기술을 포함하는 절을 나타내었다.*

입자수를 몰수로 변환(7.1)

- 화학에서 원자, 분자, 이온은 아보가드로 수 6.022×10^{23}개를 포함하는 단위인 mol로 계산한다.
- 예를 들어, 탄소 1 mol은 탄소 원자 6.022×10^{23}개를 포함하고, H_2O 1 mol은 H_2O 분자 6.022×10^{23}개를 포함한다.
- 아보가드로 수는 입자수와 몰수를 변환하는 데 사용된다.

예: Ni 원자 2.45×10^{24}개를 포함하는 니켈의 몰수는 얼마인가?

답: $\text{Ni 원자 } 2.45 \times 10^{24}\text{개} \times \dfrac{\text{Ni 1 mol}}{\text{Ni 원자 } 6.022 \times 10^{23}\text{개}}$

$= \text{Ni 4.07 mol}$

몰질량 계산(7.2)

- 원소의 몰질량은 원자량과 같은 수의 그램 질량이다.
- 화합물의 몰질량은 화학식에 있는 각 원소의 몰질량에 그 원소의 아래첨자를 곱한 후, 이들을 모두 더한 값이다.

예: 소나무 수액의 성분인 피넨($C_{10}H_{16}$)의 몰질량을 계산하라.

피넨(pinene)은 소나무 수액 물질이다.

답: $\text{C 10 mol} \times \dfrac{\text{C 12.01 g}}{\text{C 1 mol}} = \text{C 120.1 g}$

$\text{H 16 mol} \times \dfrac{\text{H 1.008 g}}{\text{H 1 mol}} = \text{H 16.13 g}$

$C_{16}H_{16}$의 몰질량 $= 136.2 \text{ g}$

변환 인자로 몰질량 사용(7.3)

- 몰질량은 물질의 몰수와 그램수 사이의 변환 인자로 사용된다.

예: 자전거 프레임에 알루미늄 6500 g이 들어 있다. 자전거 프레임에는 알루미늄이 몇 mol 들어 있는가?

경주용 자전거는 알루미늄 프레임으로 되어 있다.

답: 등가식: Al 1 mol = Al 26.98 g

변환 인자: $\dfrac{\text{Al 26.98 g}}{\text{Al 1 mol}}$ 그리고 $\dfrac{\text{Al 1 mol}}{\text{Al 26.98 g}}$

$\text{Al 6500 g} \times \dfrac{\text{Al 1 mol}}{\text{Al 26.98 g}} = \text{Al 240 mol}$

질량 백분율 조성 계산(7.4)

- 어떤 화합물의 질량은 각 원소의 질량을 일정한 비율로 포함한다.
- 화합물 안에 있는 각 원소의 질량 백분율은 그 원소의 질량을 화합물의 전체질량으로 나누어 계산한다.

$$\text{원소의 질량 백분율} = \frac{\text{원소의 질량}}{\text{화합물의 전체질량}} \times 100\%$$

예: 사산화 이질소(N_2O_4)는 로켓용 액체 연료에 사용된다. 이것의 몰질량이 92.02 g이라면, 질소의 질량 백분율은 얼마인가?

답: $\text{N의 질량 백분율} = \frac{\text{N 28.02 g}}{\text{N}_2\text{O}_4 \text{ 92.02 g}} \times 100\% = \text{N } 30.45\%$

▷ 실험식 계산(7.5)

- 실험식, 즉 가장 간단한 화학식은 원자들의 최소 정수비, 즉 화합물에 있는 원소들 몰수의 최소 정수비를 나타낸다.
- 예를 들어, 사산화 이질소(N_2O_4)의 실험식은 NO_2이다.
- 실험식을 계산하려면 각 원소의 그램수를 몰수로 변환하고, 가장 작은 몰수로 나누어 최소 정수비를 얻는다.

예: Cr 3.28 g과 Cl 6.72 g을 포함하는 화합물의 실험식을 계산하라.
답: 각 원소의 그램수를 몰수로 변환한다.

$$\cancel{\text{Cr}}\ 3.28\ \cancel{\text{g}} \times \frac{\text{Cr 1 mol}}{\cancel{\text{Cr}}\ 52.00\ \cancel{\text{g}}} = \text{Cr } 0.0631 \text{ mol}$$

$$\cancel{\text{Cl}}\ 6.72\ \cancel{\text{g}} \times \frac{\text{Cl 1 mol}}{\cancel{\text{Cl}}\ 35.45\ \cancel{\text{g}}} = \text{Cl } 0.190 \text{ mol}$$

최소 몰수(0.0631)로 나누어 실험식을 얻는다.

$$\frac{\text{Cr 0.0631 mol}}{0.0631} = \text{Cr 1.00 mol}$$

$$\frac{\text{Cl 0.190 mol}}{0.0631} = \text{Cl 3.01 mol}$$

몰수의 정수비를 사용하여 실험식을 쓴다.

$$Cr_{1.00}Cl_{3.01} \longrightarrow CrCl_3$$

▷ 분자식 계산(7.6)

- 분자식은 1, 2, 3과 같은 작은 정수로 실험식과 관련된다.

  분자식 = 작은 정수 × 실험식

- 어떤 화합물의 실험식 질량과 몰질량을 알고 있다면, 몰질량을 실험식 질량으로 나누어 작은 정수를 계산할 수 있다.

$$\text{작은 정수} = \frac{\text{화합물의 몰질량}}{\text{실험식 질량}}$$

예: 백리향의 기름 성분인 사이멘(cymene)은 실험식이 C_5H_7이고 실험으로 구한 몰질량이 135 g이다. 사이멘의 분자식은 무엇인가?

답:

$$\text{실험식} = \text{C 5 mol} + \text{H 7 mol}$$

$$\text{실험식 질량} = (5 \times 12.01\text{ g}) + (7 \times 1.008\text{ g}) = 67.11\text{ g}$$

$$\frac{\text{사이멘의 몰질량}}{\text{C}_5\text{H}_7\text{의 실험식 질량}} = \frac{135\ \cancel{\text{g}}}{67.11\ \cancel{\text{g}}} = 2.01(\text{반올림해서 } 2)$$

사이멘의 분자식은 실험식의 각 아래첨자에 2를 곱하여 계산한다.

$$C_{(5\times2)}H_{(7\times2)} = C_{10}H_{14}$$

개념 이해 문제 _Understanding the Concepts

*각 문제 끝에 괄호 안에 복습할 절을 표시하였다.

7.3 분자 모형(검은색 = C, 흰색 = H, 노란색 = S, 녹색 = Cl)을 사용하여 화합물 **1**과 **2**의 모형에 대하여 다음을 각각 결정하라. (7.2, 7.4, 7.5, 7.6)

1. **2.**

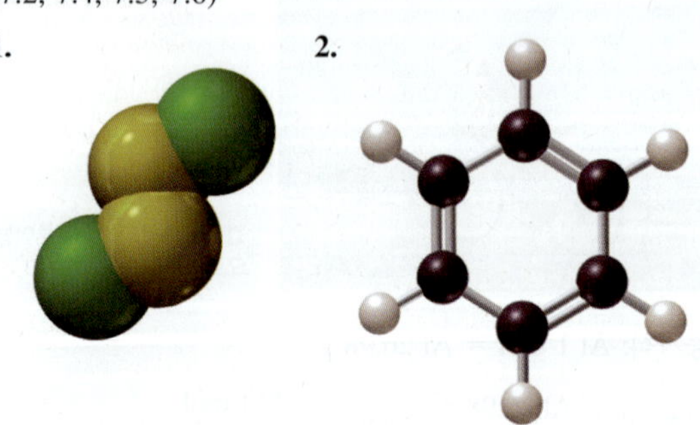

a. 분자식 **b.** 실험식
c. 몰질량 **d.** 질량 백분율 조성

7.4 분자 모형(검은색 = C, 흰색 = H, 노란색 = S, 빨간색 = O)을 사용하여 화합물 **1**과 **2**의 모형에 대하여 다음을 각각 결정하라. (7.2, 7.4, 7.5, 7.6)

1.

2.

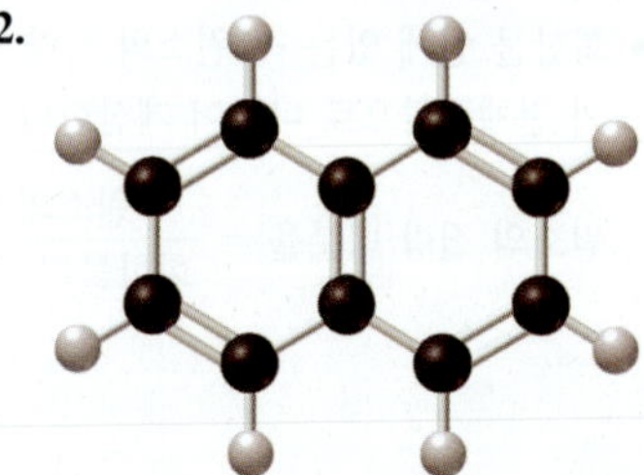

a. 분자식 **b.** 실험식
c. 몰질량 **d.** 질량 백분율 조성

응용 문제

7.5 비듬용 샴푸는 항균 및 항진균제인 다이피리티온(dipyrithione) $C_{10}H_8N_2O_2S_2$을 함유하고 있다. (7.1, 7.2, 7.3, 7.4, 7.5)

비듬용 샴푸는 다이피리티온(dipyrithione)을 함유하고 있다.

a. 다이피리티온의 실험식은 무엇인가?
b. 다이피리티온의 몰질량은 얼마인가?
c. 다이피리티온에서 O의 질량 백분율은 얼마인가?
d. 다이피리티온 25.0 g에 있는 C는 몇 그램인가?
e. 다이피리티온 25.0 g은 다이피리티온 몇 mol인가?

7.6 애드빌(Advil)에 있는 소염제인 이부프로펜(ibuprofen)은 화학식이 $C_{13}H_{18}O_2$이다. (7.1, 7.2, 7.3, 7.4, 7.5)

a. 이부프로펜의 실험식은 무엇인가?
b. 이부프로펜의 몰질량은 얼마인가?
c. 이부프로펜에서 O의 질량 백분율은 얼마인가?

d. 이부프로펜 0.425 g에 있는 C는 몇 그램인가?
e. 이부프로펜 2.45 g은 이부프로펜이 몇 mol인가?

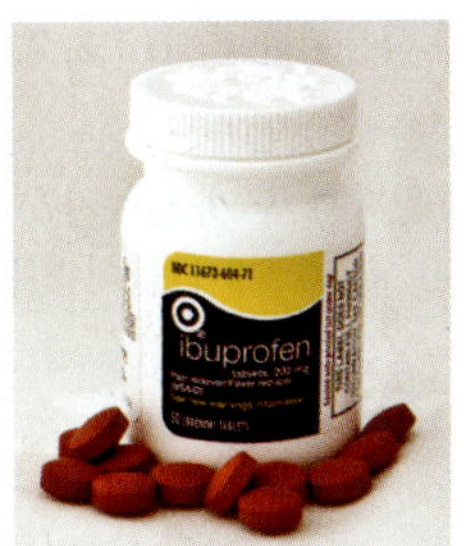

이부프로펜(ibuprofen)은 소염제이다.

추가 문제 _Additional Practice Problems

7.7 다음 각각에서 O의 질량을 그램 단위로 계산하라. (7.3)

a. H_2O 50.0 g b. CO_2 17.5 g
c. $C_7H_6O_2$ 48 g

7.8 다음 각각에서 Cu의 질량을 그램 단위로 계산하라. (7.3)

a. $CuCO_3$ 4.92 g b. Cu_2S 0.654 g
c. $Cu_3(PO_4)_2$ 89 g

7.9 다음 각 화합물에서 각 원소의 질량 백분율 조성을 계산하라. (7.4)

a. Ca 3.85 g, F 3.65 g
b. Na 0.389 g, O 0.271 g
c. K 12.4 g, Mn 17.4 g, O 20.3 g

7.10 다음 각 화합물에서 각 원소의 질량 백분율 조성을 계산하라. (7.4)

a. C 0.457 g, H 0.043 g
b. Na 3.65 g, S 2.54 g, O 3.81 g
c. Na 0.907 g, Cl 1.40 g, O 1.89 g

7.11 다음 각 화합물에서 각 원소의 질량 백분율 조성을 계산하라. (7.4)

a. K_2CrO_4 b. $Al(HCO_3)_3$ c. $C_6H_{12}O_6$

7.12 다음 각 화합물에서 각 원소의 질량 백분율 조성을 계산하라. (7.4)

a. $CaCO_3$ b. $NaC_2H_3O_2$ c. $Ba(NO_3)_2$

7.13 어떤 혼합물이 Mn_2O_3 0.250 mol과 MnO_2 20.0 g을 포함한다. (7.1, 7.2, 7.3)

a. 이 혼합물에는 O가 몇 mol 들어 있는가?
b. 이 혼합물에는 Mn이 몇 그램 들어 있는가?

7.14 어떤 혼합물이 PCl_3 분자 4.00×10^{23}개와 PCl_5 분자 0.250 mol을 포함한다. (7.1, 7.2, 7.3)

a. 이 혼합물에는 Cl이 몇 그램 들어 있는가?
b. 이 혼합물에는 P가 몇 mol 들어 있는가?

7.15 다음 각 화합물의 실험식을 써라. (7.5)

a. S 2.20 g, F 7.81 g
b. Ag 6.35 g, N 0.825 g, O 2.83 g
c. P 43.6%, O 56.4%
d. Al 22.1%, P 25.4%, O 52.5%

7.16 다음 각 화합물의 실험식을 써라. (7.5)

a. Cr 5.13 g, O 2.37 g
b. K 2.82 g, C 0.870 g, O 2.31 g
c. Sn 61.0%, F 39.0%
d. N 25.9%, O 74.1%

7.17 석신산(호박산, succinic acid)의 질량 백분율 조성은 C 40.7%, H 5.12%, O 54.2%이다. 실험으로 구한 이 물질의 몰질량이 118 g이라면, 실험식과 분자식은 무엇인가? (7.4, 7.5, 7.6)

7.18 어떤 화합물의 질량 백분율 조성이 Hg 70.6%, Cl 12.5%, O 16.9%이다. 실험으로 구한 이 물질의 몰질량이 568 g이라면, 실험식과 분자식은 무엇인가? (7.4, 7.5, 7.6)

7.19 어떤 화합물 시료가 C 원자 1.65×10^{23}개, H 0.552 g, O 4.39 g을 포함하고 있다. 화합물 1 mol에 O 4 mol이 들어 있다면 이 화합물의 분자식과 몰질량은 얼마인가? (7.4, 7.5, 7.6)

7.20 어떤 화합물 0.500 mol이 Sr 0.500 mol, O 원자 1.81×10^{24}개, Cl 35.5 g을 포함하고 있다면 이 화합물의 분자식은 무엇인가? (7.4, 7.5, 7.6)

응용 문제

7.21 다음 각각의 몰질량을 계산하라. (7.2)

a. 아연 보충제인 황산 아연($ZnSO_4$)
b. 식염에 첨가되는 아이오딘 성분인 아이오딘산 칼슘[$Ca(IO_3)_2$]
c. 향기 증진제인 글루탐산 소듐(MSG, $C_5H_8NNaO_4$)
d. 인공 과일시럽의 제조에 사용되는 폼산 아이소아밀(isoamyl formate, $C_6H_{12}O_2$)

7.22 다음 각각의 몰질량을 계산하라. (7.2)

a. 제산제인 탄산 마그네슘($MgCO_3$)
b. 금도금에 사용하는 수산화 금(III)[$Au(OH)_3$]
c. 올리브유 속의 올레산($C_{18}H_{34}O_2$)
d. 소염제인 프레드니손(prednisone, $C_{21}H_{26}O_5$)

7.23 아스피린($C_9H_8O_4$)은 염증 완화와 해열제로 사용된다. (7.1, 7.2, 7.3, 7.4)

a. 아스피린의 질량 백분율 조성은 무엇인가?
b. 아스피린 몇 mol이 C 원자 5.0×10^{24}개를 포함하는가?
c. 아스피린 7.50 g 중에 O는 몇 그램인가?
d. 아스피린 분자 몇 개에 H가 2.50 g 들어 있는가?

7.24 황산 암모늄[$(NH_4)_2SO_4$]은 비료에 사용된다. (7.1, 7.2, 7.3, 7.4)

a. $(NH_4)_2SO_4$의 질량 백분율 조성은 무엇인가?

b. 0.75 mol의 $(NH_4)_2SO_4$에는 H 원자가 몇 개 있는가?

c. $(NH_4)_2SO_4$의 화학식 단위 4.50×10^{23}개에 들어 있는 O는 몇 그램인가?

d. $(NH_4)_2SO_4$ 몇 g에 S 원소 2.50 g이 들어 있는가?

7.25 다음 각각의 실험식을 써라. (7.5)

a. RNA와 DNA에서 발견되는 아데닌($C_5H_5N_5$)

b. 사진 현상액인 옥살산 철(II)(FeC_2O_4)

c. 동물용 항생제인 스틸바미딘(stilbamidine, $C_{16}H_{16}N_4$)

d. 성장에 필요한 아미노산인 라이신($C_6H_{14}N_2O_2$)

7.26 다음 각각의 실험식을 써라. (7.5)

a. 골격근 이완제인 카리소프로돌(carisoprodol, $C_{12}H_{24}N_2O_4$)

b. 결핵 치료제 합성에 사용되는 오피안산(opianic acid, $C_{10}H_{10}O_5$)

c. 크로뮴 도금에 사용되는 염화 크로뮴(III)($CrCl_3$)

d. 곰팡이 종류인 맥각(ergot)의 조절 물질인 리세르그산(lysergic acid, $C_{16}H_{16}N_2O_2$)

7.27 올리브유의 성분인 올레산은 C 76.54%, H 12.13%, O 11.33%이다. 실험으로 구한 몰질량이 282 g이다. (7.1, 7.2, 7.3, 7.4, 7.5, 7.6)

a. 올레산의 분자식은 무엇인가?

b. 올레산의 밀도가 0.895 g/mL라면 올레산 3.00 mL에 들어 있는 올레산 분자는 몇 개인가?

7.28 흔히 "바보의 금(fool's gold)"이라고 알려진 황철광(iron pyrite)은 Fe 46.5%, S 53.5%로 되어 있다. (7.1, 7.2, 7.3, 7.4, 7.5, 7.6)

a. 실험식과 분자식이 같다면, 이 화합물의 분자식은 무엇인가?

b. 황철광 결정에 철이 4.85 g 포함되어 있다면, 이 결정에 S는 몇 g 들어 있는가?

황철광은 흔히 "바보의 금(fool's gold)"으로 알려져 있다.

생각해 보기의 답 _Answers to Engage Questions

7.1 1 mol에는 매우 많은 수인 6.022×10^{23}개의 원자가 포함되어 있다. 적은 수의 mol수에는 많은 수의 원자가 포함된다.

7.2 건강 보조식품인 아세트산 아연의 화학식 $Zn(C_2H_3O_2)_2$은 이 물질 1 mol 안에 Zn은 1 mol, C는 2 × 2 = 4 mol, H는 3 × 2 = 6 mol, O는 2 × 2 = 4 mol 포함된다는 것을 보여준다.

7.3 화합물의 몰질량은 각 원소의 몰질량에 그 원소 기호의 아래첨자를 곱한 후, 이들을 모두 합하여 구한다. 따라서 $K_2Cr_2O_7$의 몰질량은 2 × 39.10 g + 2 × 52.00 g + 7 × 16.00 g = 294.2 g이 된다.

7.4 CH_4 5.00 g에 있는 H의 원자수를 계산하려면 먼저 CH_4의 몰수를 계산하고, 그 다음에 H의 몰수를 계산한 후, 마지막으로 H의 원자수를 계산한다.

7.5 프레온-12 1 mol에는 플루오린과 염소가 똑같이 2 mol씩 들어 있다. 그러나 염소의 몰질량은 플루오린 몰질량의 거의 두 배이기 때문에, 염소의 질량이 더 많다.

7.6 화합물 내 원자의 수는 정수여야 하므로, 양쪽에 2를 곱하면 2 대 5의 정수비가 된다.

7.7 분자식 $C_2H_4O_2$의 아래첨자들을 모두 2로 나누고, $C_5H_{10}O_5$의 아래첨자들을 모두 5로 나누면 두 가지 분자식의 실험식은 모두 같은 CH_2O임을 알 수 있다.

선택된 문제의 답 _Answers to Selected Problems

7.1 **a.** 199.16 g **b.** C 48.24% **c.** 1.5×10^{-4} mol

7.3 **1.** **a.** S_2Cl_2 **b.** SCl **c.** 135.04 g **d.** S 47.50%; Cl 52.50%

2. **a.** C_6H_6 **b.** CH **c.** 78.11 g **d.** C 92.25%; H 7.743%

7.5 **a.** C_5H_4NOS **b.** 252.3 g **c.** O 12.68% **d.** C 11.9 g **e.** 다이피리티온 0.0991 mol

7.7 **a.** 44.4 g **b.** 12.7 g **c.** 13 g

7.9 **a.** Ca 51.3%; F 48.7%
b. Na 58.9%; O 41.1%
c. K 24.8%; Mn 34.7%; O 40.5%

7.11 **a.** K 40.27%; Cr 26.78%; O 32.96%
b. Al 12.85%; H 1.440%; C 17.16%; O 68.57%
c. C 40.00%; H 6.716%; O 53.29%

7.13 **a.** O 1.210 mol **b.** Mn 40.1 g

7.15 **a.** SF_6 **b.** $AgNO_3$ **c.** P_2O_5 **d.** $AlPO_4$

7.17 실험식은 $C_2H_3O_2$이고, 분자식은 $C_4H_6O_4$이다.

7.19 분자식은 $C_4H_8O_4$이고, 몰질량은 120.10 g이다.

7.21 **a.** 161.48 g **b.** 389.9 g **c.** 169.11 g **d.** 116.16 g

7.23 **a.** C 59.99%; H 4.475%; O 35.52%
b. 아스피린 0.92 mol
c. O 2.66 g
d. 아스피린 분자 1.87×10^{23}개

7.25 **a.** CHN **b.** FeC_2O_4
c. C_4H_4N **d.** C_3H_7NO

7.27 **a.** $C_{18}H_{34}O_2$ **b.** 올레산 분자 5.73×10^{21}개

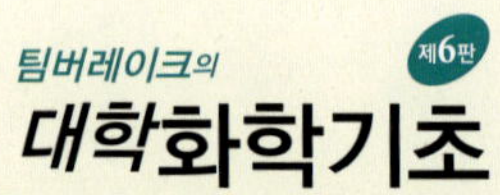
팀버레이크의
제6판
대학화학기초

화학 반응

Chemical Reactions

제 8 장

나탈리는 간접 흡연으로 인해 최근 가벼운 폐 질환을 진단받았다. 그녀는 운동 생리학자인 안젤라를 소개받았다. 안젤라는 심전도(electrocardiogram, ECG 또는 EKG), 맥박산소측정기, 혈압계를 연결하여 나탈리의 상태를 평가하기 시작하였다. 심전도는 나탈리 심장의 전기 활동을 기록하여 심장 박동의 속도와 리듬, 그리고 심장마비의 가능성을 측정하는 데 사용된다. 맥박 산소 측정기는 그녀의 맥박과 동맥혈의 산소 포화도(O_2로 포화된 헤모글로빈의 백분율)를 측정한다. 혈압계는 심장을 통해 혈액을 뿜어내는 압력을 측정한다.

심장 질환의 가능성을 확인하기 위해 러닝머신에서 운동 스트레스 검사를 실시하는데, 러닝머신의 경사도가 증가함에 따라 걷는 속도를 높일 때 심박수와 혈압이 어떻게 반응하는지를 측정한다. 안젤라는 먼저 휴식 상태에서 심박수와 혈압을 측정한 다음 러닝머신에서 심박수와 혈압을 측정하였다. 얼굴에 쓰는 마스크를 이용하여 내쉰 공기를 모으고, 나탈리의 최대 산소 섭취량($V_{O_2\ 최대}$)을 측정하였다.

관련 직업

운동 생리학자

운동 생리학자는 당뇨병, 심장 질환, 폐 질환 또는 기타 만성 장애나 질병으로 진단받은 환자뿐만 아니라 운동선수와도 함께 일한다. 일반적으로 이러한 질병 중 하나를 가지고 있는 환자에게는 치료의 한 방법으로 운동이 처방되고 운동 생리학자에게 보낸다. 운동 생리학자는 환자의 전반적인 건강 상태를 평가한 다음 그 환자 개인을 위한 맞춤형 운동 프로그램을 만든다. 운동선수를 위한 프로그램은 부상을 줄이는 데 중점을 둘 수 있지만, 심장병 환자를 위한 프로그램은 심장 근육을 강화하는 데 중점을 둔다. 운동 생리학자는 또한 환자 상태가 개선되는지를 관찰하고 운동이 질병의 진행을 감소시키거나 건강한 상태로 되돌리는 데 도움이 되는지 여부를 결정한다.

UPDATE 나탈리의 전반적인 체력 향상

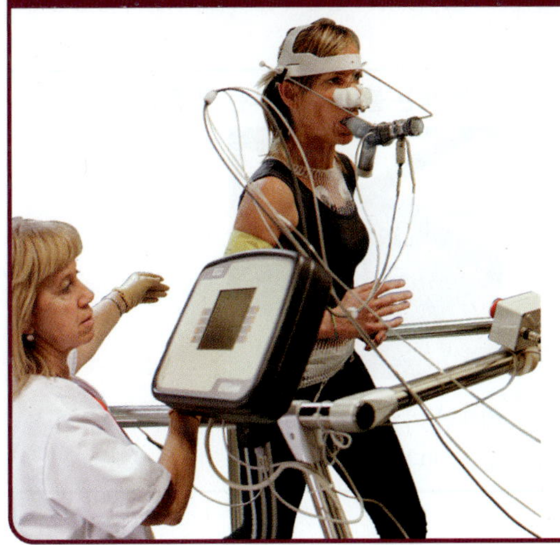

나탈리의 검사 결과에 의하면 그녀의 혈중 산소 수치는 정상보다 낮다. 나탈리의 검사 결과와 폐 기능 검사를 212쪽의 **UPDATE 나탈리의 전반적인 체력 향상**에서 확인할 수 있다. 검사 결과를 검토한 후 안젤라는 나탈리에게 호흡과 전반적인 체력을 향상시킬 수 있는 방법을 가르친다.

이 장의 차례

복습하기

이온 결합 화합물의 식 쓰기(6.2)
이온 결합 화합물 명명하기(6.3)
분자 화합물의 이름과 식 쓰기(6.5)

8.1 화학 반응식

학습 목표 화학 반응식의 균형을 맞추고, 반응물과 생성물에 있는 원자의 수를 결정할 수 있다.

화학 반응은 어디서나 일어난다. 자동차의 연료는 산소와 함께 연소하여 자동차를 움직이고 에어컨을 작동시킨다. 음식을 요리하거나 머리카락을 표백할 때에도 화학 반응이 일어난다. 우리 몸에서 화학 반응은 음식을 분자로 변환시켜 근육을 만들고 움직이게 한다. 나무와 식물의 잎에서 이산화 탄소와 물은 탄수화물로 변환된다. 어떤 화학 반응은 간단하지만 다른 화학 반응은 매우 복잡하다. 하지만 이들은 모두 화학자들이 화학 반응을 기술하기 위해 사용하는 화학 반응식으로 쓸 수 있다. 모든 화학 반응에서, *반응물*(reactant)이라고 하는 반응하는 물질 내 원자들이 재조합되어 *생성물*(product)이라고 하는 새로운 물질을 생성한다.

어떤 물질이 하나 이상의 새로운 물질로 변환될 때 *화학적 변화*(chemical change)가 일어난다. 예를 들어, 은이 변색될 때, 빛나는 금속 은(Ag)은 황(S)과 반응하여 녹이라고 하는 광택이 없는 검은 색 물질(Ag_2S)이 된다(**그림 8.1** 참조).

반응물의 원자가 새로운 성질을 가진 새로운 조합을 형성하기 때문에 *화학 반응*(chemical reaction)은 항상 화학적 변화를 수반한다. 예를 들어, 한 조각의 철(Fe)이 공기 중의 산소(O_2)와 결합하여 적갈색을 띤 새로운 물질인 녹(Fe_2O_3)을 생성할 때 화학 반응이 일어난다. 화학적 변화가 일어나는 동안 새로운 성질이 나타나는데, 이는 화학 반응이 일어났음을 나타낸다(**표 8.1** 참조).

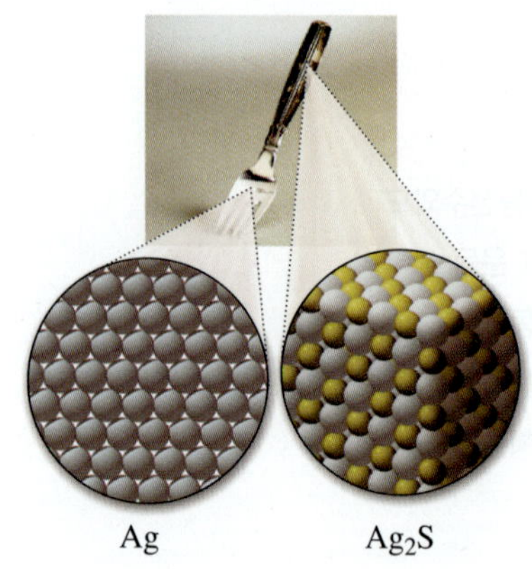

그림 8.1 ▸ 은의 변색은 새로운 성질을 가진 새로운 물질을 생성하는 화학적 변화이다.

표 8.1 ▸ 화학 반응의 증거 형태

1. 색 변화  철못이 산소와 반응하여 녹을 형성하면서 색이 변한다.	**2. 기체(기포) 형성** 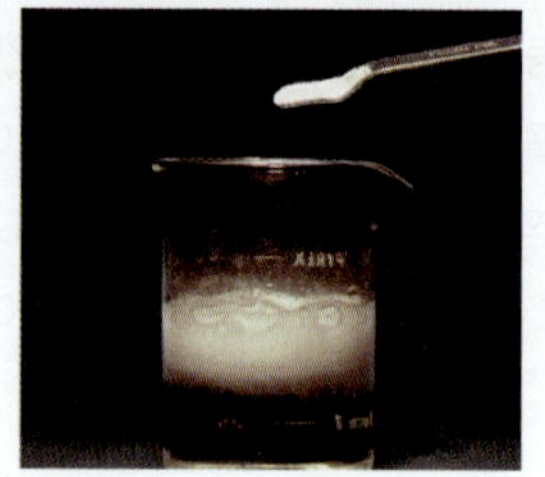 $CaCO_3$가 산과 반응하면 거품(기체)이 형성된다.
3. 고체(침전물) 형성 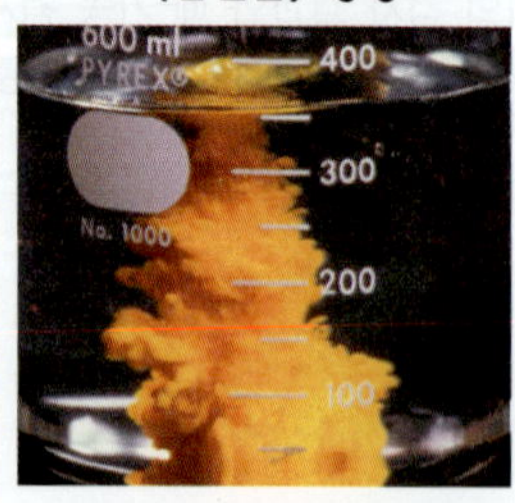 아이오딘화 포타슘을 질산 납에 가하면 노란색 고체가 형성된다.	**4. 열(또는 불꽃) 생성 또는 열 흡수**  메테인 기체가 공기 중에서 연소하여 고온의 불꽃을 낸다.

생각해 보기 8.1

녹이 생성되는 것이 화학적 변화인 이유는 무엇인가?

화학 반응식 쓰기

모형 비행기를 만들거나, 새로운 요리법을 준비하거나, 약물을 혼합할 때 우리는 일련의 지시를 따르게 된다. 이러한 지시 사항에는 어떠한 재료를 사용할지와 얻게 될 생성물을 알려준다. 화학에서, *화학 반응식*(chemical equation)은 필요한 재료와 형성될 생성물을 알려준다.

바퀴와 몸체를 조립해 자전거를 만드는 가게에서 일한다고 가정해 보자. 이 과정은 다음과 같이 간단한 식으로 표현할 수 있다.

식: 바퀴 2개 + 몸체 1개 ⟶ 자전거 1대

반응물 생성물

그릴에서 숯을 태울 때, 숯의 탄소는 산소와 결합하여 이산화 탄소를 형성한다. 이 반응을 다음과 같은 화학 반응식으로 나타낼 수 있다.

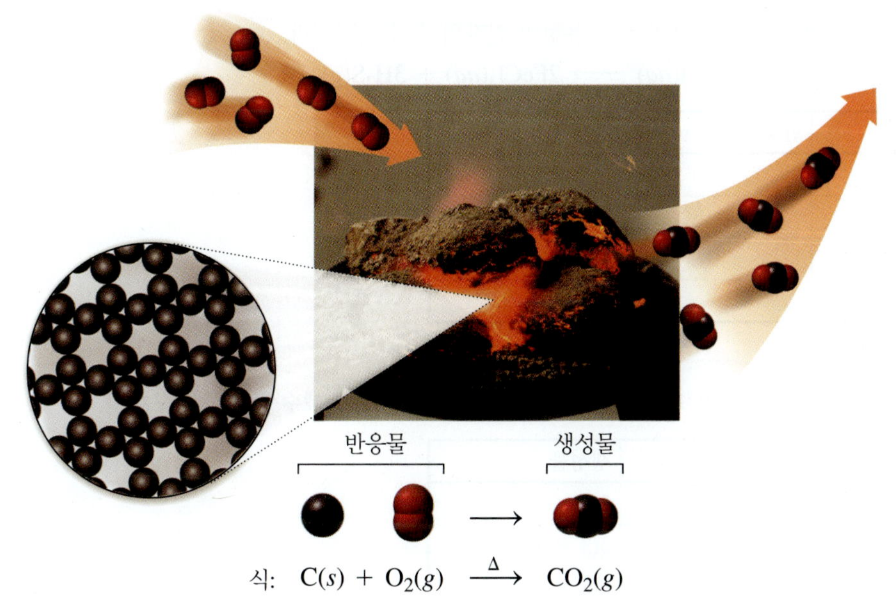

화학 반응식에서, 반응물의 화학식은 화살표 왼쪽에 쓰고 생성물의 화학식은 화살표 오른쪽에 쓴다.

화학 반응식(chemical equation)에서, **반응물**(reactant)의 화학식은 화살표 왼쪽에 쓰고 **생성물**(product)의 화학식은 화살표 오른쪽에 쓴다. 같은 쪽에 두 개 이상의 화학식이 있으면, 더하기 기호(+)로 구분한다. 탄소의 연소에 대한 화학 반응식은 반응물과 생성물 양쪽 모두에 탄소 원자 1개와 산소 원자 2개가 있기 때문에 *균형이 맞춰져*(balanced) 있다.

일반적으로 반응식에 있는 각각의 화학식 뒤에는 괄호 안에 물질의 물리적 상태를 나타내는 약어로 고체(s), 액체(l), 기체(g)를 쓴다. 물질이 물에 녹으면, 그 물질은 수용액(aq)에 존재한다. 델타 기호(Δ)는 반응을 시작하기 위해 열이 사용되었음을 나타낸다. **표 8.2**는 반응식에 사용되는 기호 중 일부를 요약한 것이다.

표 8.2 > 반응식 작성 시 사용되는 기호

기호	의미
+	둘 이상의 화학식을 구분
⟶	반응하여 생성물을 형성
(s)	고체(solid)
(l)	액체(liquid)
(g)	기체(gas)
(aq)	수용액(aqueous)
$\xrightarrow{\Delta}$	반응물을 가열

균형 화학 반응식 알아내기

화학 반응이 일어나면 반응물의 원자 사이의 결합이 끊어지고 새로운 결합이 생성되어 생성물이 만들어진다. 모든 원자는 보존되므로, 원자를 얻거나 잃거나 다른 형태의 원자로 바뀔 수 없다. 모든 화학 반응은 반응물과 생성물의 각 원소에 대해 같은 수의 원자를 나타내는 **균형 반응식**(balanced equation)으로 작성해야 한다.

이제 수소와 산소가 반응하여 물을 형성하는 다음과 같은 균형 반응을 생각해 보자.

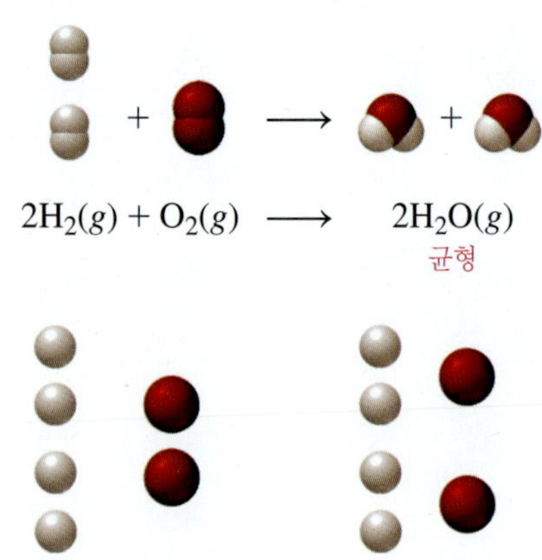

H O H O

반응물 원자 수 = 생성물 원자 수

▌생각해 보기 8.2

화학 반응식이 균형을 이루고 있는지 어떻게 알 수 있을까?

$$H_2(g) + O_2(g) \longrightarrow H_2O(g) \quad \text{불균형}$$

균형 반응식에는, 화학식 앞에 정수로 된 **계수**(coefficient)가 있다. 반응물 쪽에서 화학식 H_2 앞의 계수 2는 수소 분자 2개, 즉 H 원자 4개를 나타낸다. O_2의 경우에는 계수 1이 생략되어 있는데, 이는 O 원자 2개를 제공한다. 생성물 쪽에서는 화학식 H_2O 앞의 계수 2는 물 분자 2개를 나타낸다. 계수 2가 H_2O의 모든 원자에 곱해지기 때문에 생성물에는 수소 원자 4개와 산소 원자 2개가 있다. 반응물에 있는 수소 원자와 산소 원자의 수가 생성물에 있는 수와 같으므로 이 반응식의 균형이 이루어졌다는 것을 알 수 있다. 이것은 화학 반응 중에 물질이 생성되거나 파괴될 수 없다는 *물질 보존 법칙*(law of conservation of matter)을 나타낸다.

예제 8.1 균형 화학 반응식에 있는 원자의 수

먼저 해 보기!

다음 균형 화학 반응식에서 각 유형의 원자의 수를 나타내라.

$$Fe_2S_3(s) + 6HCl(aq) \longrightarrow 2FeCl_3(aq) + 3H_2S(g)$$

	반응물	생성물
Fe		
S		
H		
Cl		

풀이

각 화학식에 있는 총 원자수는 화학식에 있는 각 첨자에 계수를 곱하여 구한다.

	반응물	생성물
Fe	2(1 × 2)	2(2 × 1)
S	3(1 × 3)	3(3 × 1)
H	6(6 × 1)	6(3 × 2)
Cl	6(6 × 1)	6(2 × 3)

확인 문제 8.1

다음 각각에 대해 반응물과 생성물에 들어 있는 각 원소의 원자 수를 써라.

a. 에테인(C_2H_6)이 산소 중에서 탈 때, 생성물은 이산화 탄소와 물이다. 균형 반응식은 다음과 같다.

$$2C_2H_6(g) + 7O_2(g) \xrightarrow{\Delta} 4CO_2(g) + 6H_2O(g)$$

b. 산화 철(III)은 일산화 탄소와 반응하여 철과 이산화 탄소를 생성한다. 균형 반응식은 다음과 같다.

$$Fe_2O_3(s) + 3CO(g) \longrightarrow 2Fe(s) + 3CO_2(g)$$

답

a. 반응물과 생성물 모두에서 C 원자 4개, H 원자 12개, O 원자 14개가 존재한다.

b. 반응물과 생성물 모두에서 Fe 원자 2개, O 원자 6개, C 원자 3개가 존재한다.

8.2 화학 반응식 균형 맞추기

학습 목표 화학 반응에 대한 반응물과 생성물의 화학식으로부터 균형 화학 반응식을 작성할 수 있다.

실험실에서 사용하는 가스버너나 가스레인지의 불꽃에서 일어나는 화학 반응은 메테인 기체(CH_4)와 산소가 반응하여 이산화 탄소와 물이 생성되는 반응이다. 예제 8.2에서 이 반응에 대한 화학 반응식을 쓰고 균형을 맞추는 과정을 보여준다.

핵심 화학 기술

화학 반응식 균형 맞추기

예제 8.2 화학 반응식을 쓰고 균형 맞추기

먼저 해 보기!

메테인 기체(CH_4)와 산소 기체(O_2)가 반응하여 이산화 탄소(CO_2)와 수증기(H_2O)를 생성한다. 이 반응에 대한 균형 화학 반응식을 써라.

풀이

문제 분석	주어진 것	필요한 것	연결
	반응물, 생성물	균형 반응식	반응물과 생성물 안에 있는 원자수가 같음

단계 1 **반응물과 생성물에 대한 올바른 화학식을 사용하여 반응식을 작성한다.**

$$CH_4(g) + O_2(g) \xrightarrow{\Delta} CO_2(g) + H_2O(g)$$

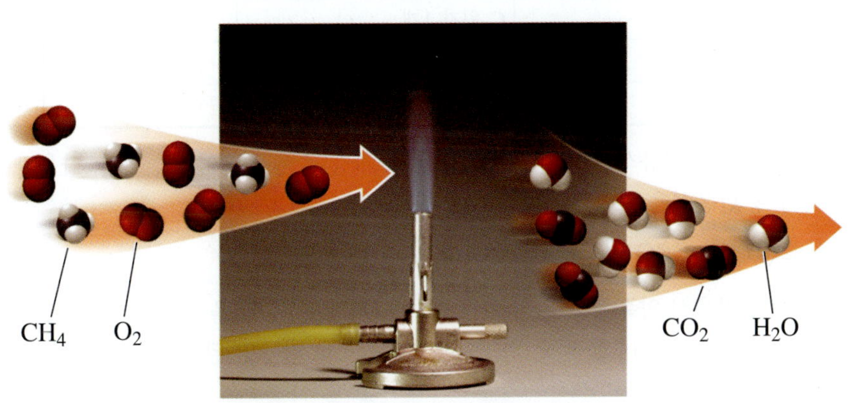

균형 화학 반응식에서, 반응물과 생성물에 있는 각 유형의 원자 수는 같아야 한다.

단계 2 **반응물과 생성물에 있는 각 원소의 원자수를 센다.** 반응물 쪽 원자와 생성물 쪽 원자를 비교하면, 반응물 쪽에는 H 원자가 더 많이 있고 생성물 쪽에는 O 원자가 더 많이 있음을 알 수 있다.

$$CH_4(g) + O_2(g) \xrightarrow{\Delta} CO_2(g) + H_2O(g)$$

반응물	생성물	
C 원자 1개	C 원자 1개	균형
H 원자 4개	H 원자 2개	불균형
O 원자 2개	O 원자 3개	불균형

단계 3 **계수를 사용하여 각 원소의 균형을 맞춘다.** 원자수가 가장 많은 CH_4에 들어 있는 H 원자의 균형을 맞추는 것부터 시작한다. 화학식 H_2O 앞에 계수 2를 놓으면, 생성물에는 총 4개의 H 원자가 얻어진다. *오직 계수만을 사용하여 반응식의 균형을 맞춰야*

한다. 어떤 첨자도 바꿔서는 안 된다. 첨자를 바꾸는 것은 반응물이나 생성물의 화학식을 바꾸는 것이다.

$$CH_4(g) + O_2(g) \xrightarrow{\Delta} CO_2(g) + 2H_2O(g)$$

반응물	생성물	
C 원자 1개	C 원자 1개	균형
H 원자 4개	H 원자 4개	균형
O 원자 2개	O 원자 4개	불균형

화학식 O_2 앞에 계수 2를 써서 반응물 쪽 O 원자의 균형을 맞출 수 있다. 이제 반응물과 생성물 양쪽에 4개의 O 원자가 존재한다.

$$CH_4(g) + 2O_2(g) \xrightarrow{\Delta} CO_2(g) + 2H_2O(g)$$ 균형

단계 4 최종 반응식이 균형을 이루는지 확인한다.

$$CH_4(g) + 2O_2(g) \xrightarrow{\Delta} CO_2(g) + 2H_2O(g)$$ 이 반응식은 균형을 이루고 있다.

반응물	생성물	
C 원자 1개	C 원자 1개	균형
H 원자 4개	H 원자 4개	균형
O 원자 4개	O 원자 4개	균형

균형 화학 반응식에서 계수는 *가능한 한 가장 작은 정수*이어야 한다. 다음과 같은 균형 반응식을 얻었다고 가정해 보자.

$$2CH_4(g) + 4O_2(g) \xrightarrow{\Delta} 2CO_2(g) + 4H_2O(g)$$ 옳지 않음

비록 반응식 양쪽에 같은 수의 원자가 있지만, 이것은 옳은 것이 아니다. 가장 작은 정수로 된 계수를 얻으려면 모든 계수를 2로 나누면 된다.

확인 문제 8.2

다음 화학 반응식의 균형을 맞춰라.

a. $Al(s) + Cl_2(g) \longrightarrow AlCl_3(s)$

b. $Cr_2O_3(s) + CCl_4(l) \longrightarrow CrCl_3(s) + COCl_2(g)$

답

a. $2Al(s) + 3Cl_2(g) \longrightarrow 2AlCl_3(s)$

b. $Cr_2O_3(s) + 3CCl_4(l) \longrightarrow 2CrCl_3(s) + 3COCl_2(g)$

정수 계수

때로는 반응식의 계수를 정수로 만들기 위해 화합물의 계수를 늘릴 필요가 있다. 그런 다음 예제 8.3에서와 같이 계수를 조정하고 양변의 총 원자 수를 다시 한 번 확인할 필요가 있다.

예제 8.3 정수 계수로 화학 반응식의 균형 맞추기

먼저 해 보기!

아세틸렌(C_2H_2)은 용접용 고온을 만드는 데 사용되며 O_2와 반응하여 CO_2와 H_2O를 생성한다. 모든 화합물은 기체이다. 이 반응에 대해 정수 계수로 된 균형 화학 반응식을 써라.

풀이

문제 분석	주어진 것	필요한 것	연결
	반응물, 생성물	균형 반응식	반응물과 생성물 안에 있는 원자수가 같음

단계 1 **반응물과 생성물에 대한 올바른 화학식을 사용하여 반응식을 쓴다.**

$$\underset{\text{아세틸렌}}{C_2H_2(g)} + O_2(g) \xrightarrow{\Delta} CO_2(g) + H_2O(g) \quad \text{불균형}$$

단계 2 **반응물과 생성물에 있는 각 원소의 원자수를 센다.** 반응물 쪽 원자와 생성물 쪽 원자를 비교하면, 반응물에는 C 원자가 더 많고 생성물에는 O 원자가 더 많이 있다는 것을 알 수 있다.

$$C_2H_2(g) + O_2(g) \xrightarrow{\Delta} CO_2(g) + H_2O(g)$$

반응물	생성물	
C 원자 2개	C 원자 1개	불균형
H 원자 2개	H 원자 2개	균형
O 원자 2개	O 원자 3개	불균형

단계 3 **계수를 사용하여 각 원소의 균형을 맞춘다.** 화학식 CO_2 앞에 계수 2를 놓아 C_2H_2에 있는 C 원자의 균형을 맞추는 것으로부터 시작한다. 모든 원자를 다시 점검해 보면, 반응물과 생성물 모두에 C 원자 2개와 H 원자 2개가 있다.

$$C_2H_2(g) + O_2(g) \xrightarrow{\Delta} 2CO_2(g) + H_2O(g)$$

반응물	생성물	
C 원자 2개	C 원자 2개	균형
H 원자 2개	H 원자 2개	균형
O 원자 2개	O 원자 5개	불균형

O 원자의 균형을 맞추기 위해, 화학식 O_2 앞에 계수 $\frac{5}{2}$를 쓰면 반응식의 양쪽에 O 원자가 5개씩 있게 된다.

$$C_2H_2(g) + \frac{5}{2}O_2(g) \xrightarrow{\Delta} 2CO_2(g) + H_2O(g)$$

반응물	생성물	
C 원자 2개	C 원자 2개	균형
H 원자 2개	H 원자 2개	균형
O 원자 5개	O 원자 5개	균형

이제 반응식의 원자들이 균형은 맞추어졌지만 O_2의 계수가 분수이다. 모든 계수를 정수로 만들기 위해, 모든 계수에 2를 곱한다.

$$2C_2H_2(g) + 5O_2(g) \xrightarrow{\Delta} 4CO_2(g) + 2H_2O(g)$$

단계 4 **최종 반응식이 균형을 이루는지 확인한다.** 원자들의 총 수를 확인해 보면 반응식이 이제 정수 계수로 균형을 이루고 있다는 것을 알 수 있다.

$$2C_2H_2(g) + 5O_2(g) \xrightarrow{\Delta} 4CO_2(g) + 2H_2O(g)$$

반응물	생성물	
C 원자 4개	C 원자 4개	균형
H 원자 4개	H 원자 4개	균형
O 원자 10개	O 원자 10개	균형

확인 문제 8.3

다음 화학 반응식의 균형을 맞춰라.

a. $NO_2(g) + H_2(g) \longrightarrow NH_3(g) + H_2O(g)$

b. $Fe(aq) + F_2(g) \longrightarrow FeF_3(s)$

답

a. $2NO_2(g) + 7H_2(g) \longrightarrow 2NH_3(g) + 4H_2O(g)$

b. $2Fe(aq) + 3F_2(g) \longrightarrow 2FeF_3(s)$

다원자 이온으로 된 반응식

때로는 반응식에서 반응물과 생성물 모두에 같은 다원자 이온이 포함되는 경우가 있다. 그런 경우에는 예제 8.4에서와 같이 반응식 양쪽에 있는 다원자 이온을 하나의 그룹으로 생각하여 균형을 맞출 수 있다.

예제 8.4 다원자 이온으로 된 화학 반응식 균형 맞추기

먼저 해 보기!

다음 화학 반응식의 균형을 맞춰라.

$$Na_3PO_4(aq) + MgCl_2(aq) \longrightarrow Mg_3(PO_4)_2(s) + NaCl(aq)$$

풀이

문제 분석	주어진 것	필요한 것	연결
	반응물, 생성물	균형 반응식	반응물과 생성물 안에 있는 원자수가 같음

단계 1 **반응물과 생성물에 대한 올바른 화학식을 사용하여 반응식을 작성한다.**

$$Na_3PO_4(aq) + MgCl_2(aq) \longrightarrow Mg_3(PO_4)_2(s) + NaCl(aq) \quad \text{불균형}$$

단계 2 **반응물과 생성물에 있는 각 원소의 원자수를 센다.** 반응물과 생성물에 있는 이온수를 비교하면, 반응식의 균형이 맞지 않음을 알 수 있다. 이 반응식에서는, 반응식 양쪽에 모두 인산 이온이 있으므로 인산 이온을 하나의 원자단으로 간주하여 균형을 맞출 수 있다.

$$Na_3PO_4(aq) + MgCl_2(aq) \longrightarrow Mg_3(PO_4)_2(s) + NaCl(aq)$$

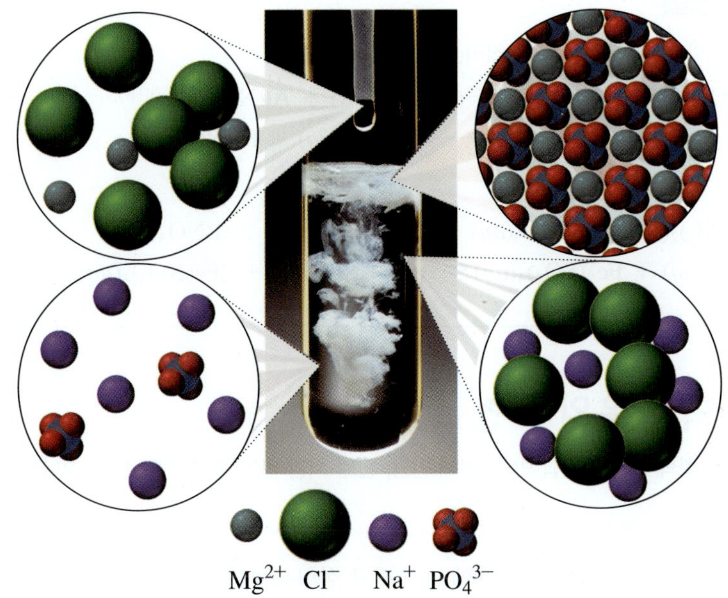

생각해 보기 8.3

$Na_3PO_4(aq)$와 $MgCl_2(aq)$를 혼합하였을 때 화학 반응이 일어난다는 증거는 무엇인가?

반응물	생성물	
Na^+ 3개	Na^+ 1개	불균형
$\mathbf{PO_4^{3-}}$ 1개	$\mathbf{PO_4^{3-}}$ 2개	불균형
Mg^{2+} 1개	Mg^{2+} 3개	불균형
Cl^- 2개	Cl^- 1개	불균형

단계 3 **계수를 사용하여 각 원소의 균형을 맞춘다.** 이 반응에서 가장 큰 아래첨자를 가지고 있는 화학식 $Mg_3(PO_4)_2$에서부터 시작한다. $Mg_3(PO_4)_2$의 아래첨자 3을 $MgCl_2$의 계수로 사용하여 마그네슘의 균형을 맞춘다. $Mg_3(PO_4)_2$의 아래첨자 2를 Na_3PO_4의 계수로 사용하여 인산 이온의 균형을 맞춘다.

$$2Na_3PO_4(aq) + 3MgCl_2(aq) \longrightarrow Mg_3(PO_4)_2(s) + NaCl(aq)$$

반응물	생성물	
Na^+ 6개	Na^+ 1개	불균형
$\mathbf{PO_4^{3-}}$ 2개	$\mathbf{PO_4^{3-}}$ 2개	균형
Mg^{2+} 3개	Mg^{2+} 3개	균형
Cl^- 6개	Cl^- 1개	불균형

반응물과 생성물에서, 소듐 이온과 염화 이온의 균형이 아직 맞지 않는다는 것을 알 수 있다. NaCl 앞에 계수 6을 써서 반응식의 균형을 맞춘다.

$$2Na_3PO_4(aq) + 3MgCl_2(aq) \longrightarrow Mg_3(PO_4)_2(s) + 6NaCl(aq)$$

단계 4 **최종 반응식이 균형을 이루는지 확인한다.** 원자들의 총 수를 확인해 보면 반응식의 균형이 맞춰졌다는 것을 확인할 수 있다. 계수 1은 생략하고 보통 쓰지 않는다.

$$2Na_3PO_4(aq) + 3MgCl_2(aq) \longrightarrow Mg_3(PO_4)_2(s) + 6NaCl(aq)$$

반응물	생성물	
Na^+ 6개	Na^+ 6개	균형
$\mathbf{PO_4^{3-}}$ 2개	$\mathbf{PO_4^{3-}}$ 2개	균형
Mg^{2+} 3개	Mg^{2+} 3개	균형
Cl^- 6개	Cl^- 6개	균형

확인 문제 8.4

다음 화학 반응식의 균형을 맞춰라.

a. $Pb(NO_3)_2(aq) + AlBr_3(aq) \longrightarrow PbBr_2(s) + Al(NO_3)_3(aq)$

b. $HNO_3(aq) + Fe_2(SO_4)_3(aq) \longrightarrow H_2SO_4(aq) + Fe(NO_3)_3(aq)$

답

a. $3Pb(NO_3)_2(aq) + 2AlBr_3(aq) \longrightarrow 3PbBr_2(s) + 2Al(NO_3)_3(aq)$

b. $6HNO_3(aq) + Fe_2(SO_4)_3(aq) \longrightarrow 3H_2SO_4(aq) + 2Fe(NO_3)_3(aq)$

8.3 화학 반응의 유형

학습 목표 화학 반응을 결합 반응, 분해 반응, 단일 치환 반응, 이중 치환 반응, 연소 반응으로 식별할 수 있다.

핵심 화학 기술

화학 반응의 유형을 분류하기

많은 화학 반응이 자연에서, 생물계에서 그리고 실험실에서 일어난다. 하지만 반응을 5가지 일반적인 유형으로 분류하는 데 도움이 되는 몇 가지 일반적인 패턴이 있다.

결합 반응

결합 반응(combination reaction)에서는 둘 이상의 원소나 화합물이 결합하여 하나의 생성물을 형성한다. 예를 들어, 황과 산소가 결합하여 생성물로 이산화 황을 형성한다.

$$S(s) + O_2(g) \longrightarrow SO_2(g)$$

결합 반응

둘 이상의 반응물이 / 결합되어 / 단일 생성물을 만든다

A + B ⟶ AB

그림 8.2에서, 마그네슘 원소와 산소 원소가 결합하여 단일 생성물을 형성하는데, 이것은 Mg^{2+}와 O^{2-} 이온으로부터 형성된 이온 결합 화합물인 산화 마그네슘이다.

$$2Mg(s) + O_2(g) \longrightarrow 2MgO(s)$$

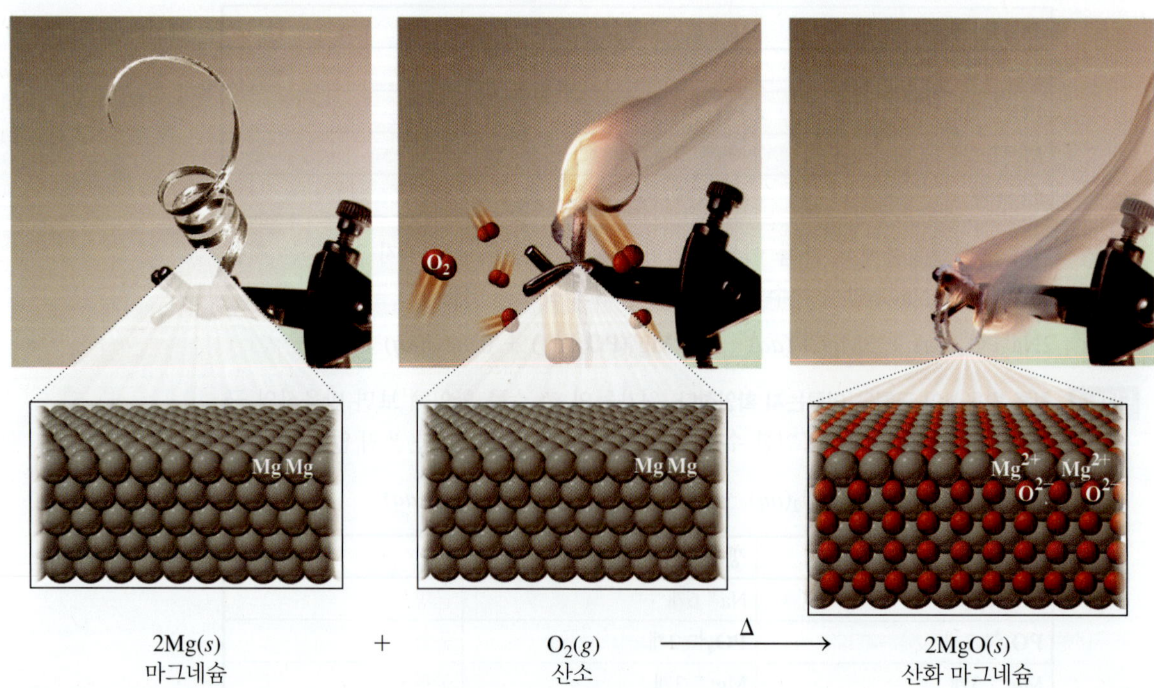

그림 8.2 ▸ 결합 반응에서는, 둘 이상의 물질이 결합하여 생성물로 하나의 물질을 형성한다.

결합 반응의 다른 예에서는, 원소나 화합물이 결합하여 단일 생성물을 형성한다.

$$N_2(g) + 3H_2(g) \longrightarrow 2NH_3(g)$$
$$Cu(s) + S(s) \longrightarrow CuS(s)$$
$$MgO(s) + CO_2(g) \longrightarrow MgCO_3(s)$$

생각해 보기 8.4

결합 반응에서 반응물의 원자는 어떻게 되는가?

분해 반응

분해 반응(decomposition reaction)에서는, 반응물이 둘 이상의 더 간단한 생성물로 분리된다. 예를 들어, 산화 수은(II)를 가열하면 화합물은 수은 원자와 산소로 분해된다(**그림 8.3** 참조).

$$2HgO(s) \xrightarrow{\Delta} 2Hg(l) + O_2(g)$$

분해 반응

하나의 반응물이 / 분해되어 / 둘 이상의 생성물을 만든다

 ⟶  + 

생각해 보기 8.5

반응물과 생성물의 차이로부터 어떤 반응이 분해 반응인지를 어떻게 알 수 있을까?

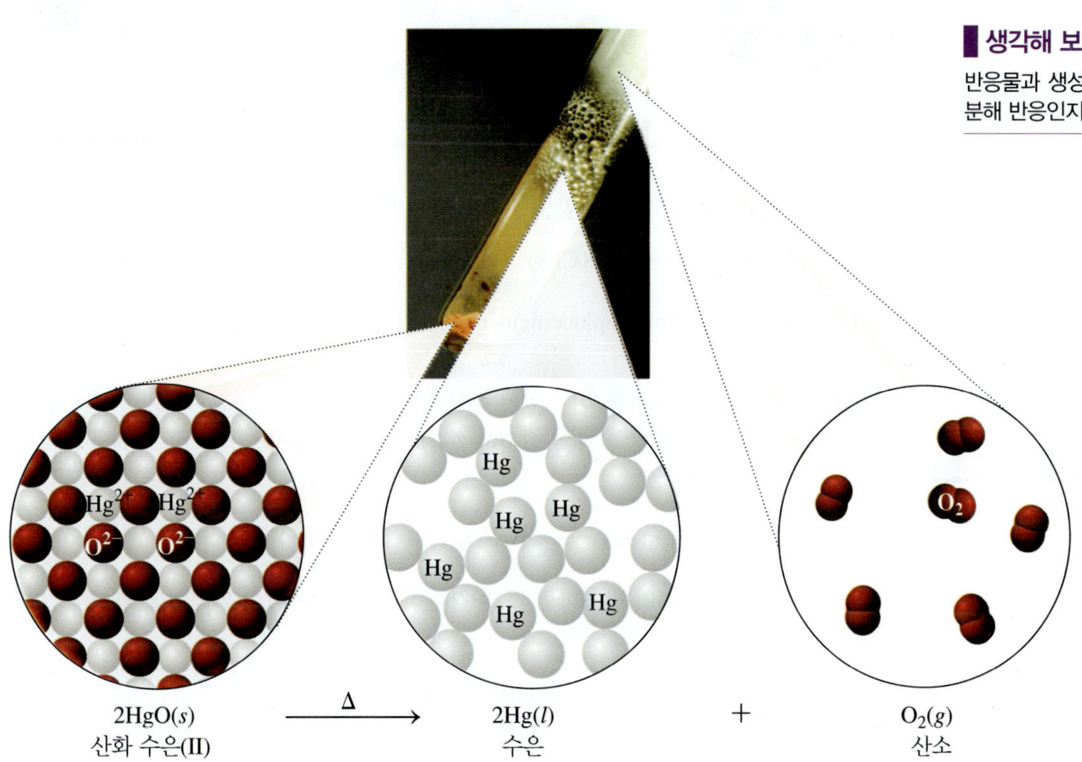

그림 8.3 ▸ 분해 반응에서는 하나의 반응물이 둘 이상의 생성물로 분해된다.

분해 반응의 또 다른 예에서, 탄산 칼슘을 가열하면 더 간단한 화합물인 산화 칼슘과 이산화 탄소로 분해된다.

$$CaCO_3(s) \xrightarrow{\Delta} CaO(s) + CO_2(g)$$

치환 반응

치환 반응(replacement reaction)에서는, 화합물에 들어 있는 원소가 다른 원소로 치환된다. **단일 치환 반응**(single replacement reaction)에서는, 반응 원소가 또 다른 반응 화합물에 있는 원소로 치환된다.

그림 8.4의 단일 치환 반응에서, 아연은 염산 HCl(*aq*)에 있는 수소를 치환한다.

$$Zn(s) + 2HCl(aq) \longrightarrow H_2(g) + ZnCl_2(aq)$$

단일 치환 반응

한 원소가 / 치환 한다 / 다른 원소를

생각해 보기 8.6

반응물 화학식의 어떤 변화가 이 반응식이 단일 치환 반응인지를 알려주는가?

Zn H^+ Cl^- Zn^{2+} Cl^- H_2

$Zn(s)$ 아연 + $2HCl(aq)$ 염산 ⟶ $H_2(g)$ 수소 + $ZnCl_2(aq)$ 염화 아연

그림 8.4 ▸ 단일 치환 반응에서는, 원자나 이온이 화합물에 있는 원자나 이온과 치환된다.

또 다른 단일 치환 반응에서는, 화합물 브로민화 포타슘에 포함된 브로민을 염소가 치환한다.

$$Cl_2(g) + 2KBr(s) \longrightarrow 2KCl(s) + Br_2(l)$$

이중 치환 반응(double replacement reaction)에서는, 반응하는 두 화합물의 양이온이 치환된다.

이중 치환 반응

두 원소가 치환한다 서로를

AB + CD ⟶ AD + CB

그림 8.5의 반응에서, 바륨 이온은 반응물에 있는 소듐 이온과 자리를 바꾸어 염화 소듐과 황산 바륨의 흰색 고체 침전을 형성한다. 생성물의 화학식은 이온의 전하에 따라 달라진다.

$$BaCl_2(aq) + Na_2SO_4(aq) \longrightarrow BaSO_4(s) + 2NaCl(aq)$$

수산화 소듐과 염산(HCl)이 반응하면, 소듐 이온과 수소 이온이 치환되어 물과 염화 소듐을 형성한다.

$$HCl(aq) + NaOH(aq) \longrightarrow H_2O(l) + NaCl(aq)$$

생각해 보기 8.7

이중 치환 반응에서 반응물의 화학식은 어떻게 바뀌는가?

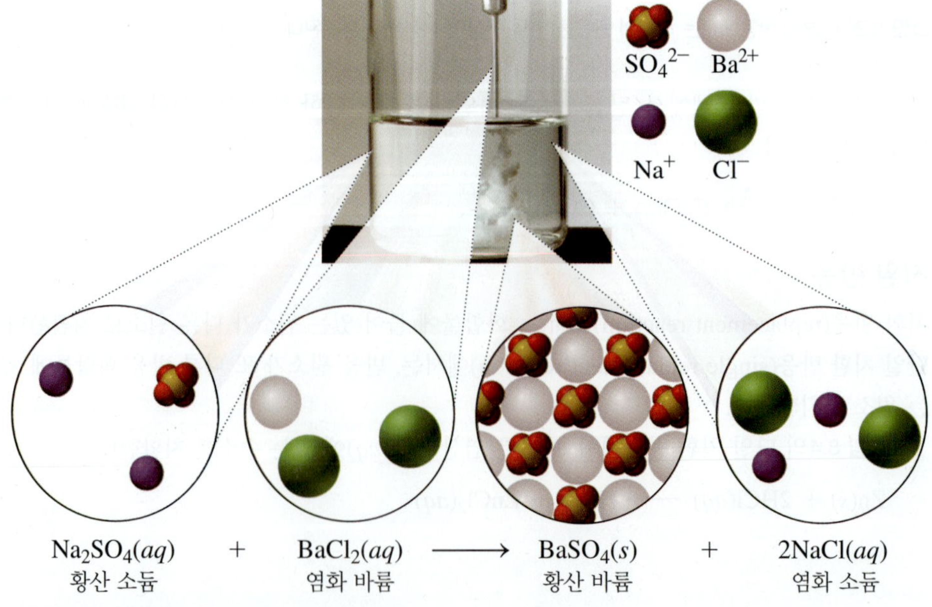

그림 8.5 ▸ 이중 치환 반응에서는 반응물의 양이온이 서로 바뀐다.

연소 반응

양초가 타거나 자동차 엔진에서 연료가 연소하는 것은 연소 반응의 예이다. **연소 반응**(combustion reaction)에서는 흔히 탄소를 포함하는 화합물인 연료를 공기의 산소 중에서 태워서 이산화 탄소(CO_2), 물(H_2O)과 열이나 불꽃 형태의 에너지를 생성한다. 예를 들어, 가스레인지에서 음식을 요리하거나 난방을 할 때 메테인 기체(CH_4)를 연소시킨다. 메테인의 연소 반응식에서, 연료(CH_4)의 각 원소는 산소와 결합하여 화합물을 형성한다.

$$\underset{\text{메테인}}{CH_4(g)} + 2O_2(g) \xrightarrow{\Delta} CO_2(g) + 2H_2O(g) + \text{에너지}$$

연소 반응에서, 양초는 공기 중의 산소와 반응하여 연소한다.

프로페인(C_3H_8)의 연소에 대한 균형 반응식은 다음과 같다.

$$C_3H_8(g) + 5O_2(g) \xrightarrow{\Delta} 3CO_2(g) + 4H_2O(g) + \text{에너지}$$

프로페인은 휴대용 난로와 가스 바비큐의 연료로 사용된다. 액체 탄화수소의 혼합물인 휘발유는 자동차, 잔디 깎는 기계 및 제설기에 동력을 공급하는 연료이다.

표 8.3에 반응 유형을 요약하고 예를 나타내었다.

표 8.3 > 반응 유형 요약

반응 유형	예
결합 $A + B \longrightarrow AB$	$Ca(s) + Cl_2(g) \longrightarrow CaCl_2(s)$
분해 $AB \longrightarrow A + B$	$Fe_2S_3(s) \longrightarrow 2Fe(s) + 3S(s)$
단일 치환 $A + BC \longrightarrow AC + B$	$Cu(s) + 2AgNO_3(aq) \longrightarrow 2Ag(s) + Cu(NO_3)_2(aq)$
이중 치환 $AB + CD \longrightarrow AD + CB$	$BaCl_2(aq) + K_2SO_4(aq) \longrightarrow BaSO_4(s) + 2KCl(aq)$
연소 $C_XH_Y + ZO_2(g) \xrightarrow{\Delta} XCO_2(g) + \frac{Y}{2}H_2O(g) + \text{에너지}$	$CH_4(g) + 2O_2(g) \xrightarrow{\Delta} CO_2(g) + 2H_2O(g) + \text{에너지}$

예제 8.5 반응의 유형 확인

먼저 해 보기!

다음 각각을 결합, 분해, 단일 치환, 이중 치환 또는 연소 반응으로 분류하라.

a. $2Fe_2O_3(s) + 3C(s) \longrightarrow 3CO_2(g) + 4Fe(s)$

b. $2KClO_3(s) \xrightarrow{\Delta} 2KCl(s) + 3O_2(g)$

c. $2C_3H_6(g) + 9O_2(g) \xrightarrow{\Delta} 6CO_2(g) + 6H_2O(g) + \text{에너지}$

풀이

a. C 원자가 Fe_2O_3의 Fe를 치환하여 화합물 CO_2와 Fe 원자를 형성하는 이 반응은 단일 치환 반응이다.

b. 하나의 반응물이 분해되어 두 개의 생성물을 생성하는 이 반응은 분해 반응이다.

c. 탄소 화합물과 산소가 반응하여 이산화 탄소, 물, 에너지를 생성하는 이 반응은 연소 반응이다.

확인 문제 8.5

a. 질소 기체(N_2)와 산소 기체(O_2)가 반응하여 이산화 질소 기체가 생성된다. 반응물과

생성물의 올바른 화학식을 사용하여 균형 화학 반응식을 쓰고 반응의 유형을 확인하라.

b. 스트론튬 금속과 $HCl(aq)$이 반응하여 수소 기체와 염화 스트론튬 수용액이 생성된다. 반응물과 생성물의 올바른 화학식을 사용하여 균형 화학 반응식을 쓰고 반응의 유형을 확인하라.

답

a. $N_2(g) + 2O_2(g) \longrightarrow 2NO_2(g)$ 결합 반응

b. $2HCl(aq) + Sr(s) \longrightarrow H_2(g) + SrCl_2(aq)$ 단일 치환 반응

건강과 관련된 화학 _Chemistry Link to Health

불완전 연소: 일산화 탄소의 독성

폐쇄된 방에서 프로페인 난로, 벽난로, 장작 난로 등을 사용하는 경우 환기가 적절하게 이루어져야 한다. 산소 공급이 제한적이면 가스, 석유, 목재가 탈 때 불완전 연소로 인해 일산화 탄소가 생성된다. 천연가스에 들어 있는 메테인의 불완전 연소는 다음과 같다.

$$2CH_4(g) + \underset{\text{제한된 산소 공급}}{3O_2(g)} \xrightarrow{\Delta} \underset{\text{일산화 탄소}}{2CO(g)} + 4H_2O(g) + \text{에너지}$$

일산화 탄소(CO)는 무색, 무취의 유독한 기체이다. CO를 들이마시면 혈액 속으로 들어가 헤모글로빈에 부착되어 세포에 도달하는 산소(O_2)의 양을 감소시킨다. 결과적으로 운동 능력, 시각, 손재주의 감소가 일어날 수 있다.

헤모글로빈은 혈액에서 산소를 운반하는 단백질이다. CO가 결합된 헤모글로빈(COHb)의 양이 약 10%가 되면, 호흡 곤란, 가벼운 두통, 졸음을 경험할 수 있다. 담배를 많이 피우는 사람은 혈중 COHb 수준이 9%까지 높아질 수 있다. 헤모글로빈의 30% 정도가 CO와 결합되면, 현기증, 정신 혼란, 심한 두통, 메스꺼움 등 더욱 심각한 증상이 나타날 수 있다. 헤모글로빈의 50% 이상이 CO와 결합되면, 의식을 잃고 즉시 산소로 치료하지 않으면 사망할 수도 있다.

캠핑에서 뷰테인 카트리지가 휴대용 버너에 연료를 공급한다.

예제 8.6 연소 반응식 쓰기

먼저 해 보기!

휴대용 버너의 연료로는 뷰테인(C_4H_{10})이 사용된다. 뷰테인이 완전 연소할 때의 반응물과 생성물을 쓰고 반응식의 균형을 맞춰라.

풀이

	주어진 것	필요한 것	연결
문제 분석	C_4H_{10}	연소의 균형 반응식	반응물: 탄소 화합물 + O_2 생성물: $CO_2 + H_2O$

연소 반응에서, 뷰테인 기체는 기체 O_2와 반응하여 CO_2, H_2O 기체와 에너지를 생성한다. 불균형 반응식은 다음과 같다.

$$C_4H_{10}(g) + O_2(g) \xrightarrow{\Delta} CO_2(g) + H_2O(g) + \text{에너지}$$

C_4H_{10}의 첨자를 사용하여 CO_2의 C 원자와 H_2O의 H 원자의 균형을 맞추는 것에서 시작한다. 하지만 이렇게 되면 총 13개의 O 원자가 생성된다. O_2의 화학식 앞에 계수 $\frac{13}{2}$을 써서 균형을 맞춘다.

$$C_4H_{10}(g) + \frac{13}{2}O_2(g) \xrightarrow{\Delta} \underbrace{4CO_2(g) + 5H_2O(g)}_{\text{O 원자 13개}} + \text{에너지}$$

O_2의 계수를 정수로 만들기 위해 모든 계수에 2를 곱한다.

$$2C_4H_{10}(g) + 13O_2(g) \xrightarrow{\Delta} 8CO_2(g) + 10H_2O(g) + \text{에너지}$$

확인 문제 8.6

a. 과일 숙성에 사용되는 에텐의 화학식은 C_2H_4이다. 에텐의 완전 연소에 대한 균형 화학 반응식을 써라.

b. 헵테인(C_7H_{16})은 휘발유의 옥탄가를 결정하는 데 사용된다. 헵테인의 완전 연소에 대한 균형 화학 반응식을 써라.

답

a. $C_2H_4(g) + 3O_2(g) \xrightarrow{\Delta} 2CO_2(g) + 2H_2O(g) + \text{에너지}$

b. $C_7H_{16}(l) + 11O_2(g) \xrightarrow{\Delta} 7CO_2(g) + 8H_2O(g) + \text{에너지}$

8.4 산화–환원 반응

학습 목표 산화와 환원이라는 용어를 정의할 수 있다. 산화되는 반응물과 환원되는 반응물을 확인할 수 있다.

공기 중의 산소가 철과 반응하면 녹이 형성된다.

산화 반응과 환원 반응에 대해 들어본 적이 없을 수도 있다. 하지만 이러한 유형의 반응은 일상생활에서 중요한 응용 분야를 많이 가지고 있다. 녹슨 못, 은수저의 녹, 금속의 부식이 바로 산화 현상이다.

$$4Fe(s) + 3O_2(g) \longrightarrow 2Fe_2O_3(s)$$

Fe는 산화됨 / Fe_2O_3: 녹

자동차의 전등을 켤 때, 자동차 배터리 내에서 일어나는 산화–환원 반응이 전기를 제공한다. 추운 겨울 날 불을 피우면, 나무가 타면서 산소는 탄소와 수소와 결합하여 이산화 탄소와 물 그리고 열을 생성한다. 앞 절에서는 이 반응을 연소 반응이라 불렀는데 이것은 *산화–환원 반응*(oxidation–reduction)이기도 하다. 녹말이 들어 있는 음식을 먹으면, 녹말은 포도당으로 분해되고, 포도당은 세포 내에서 산화되어 이산화 탄소와 물, 그리고 에너지를 제공한다. 우리가 호흡할 때마다 공급되는 산소로 인해 세포 안에서 산화가 일어난다.

$$C_6H_{12}O_6(aq) + 6O_2(g) \longrightarrow 6CO_2(g) + 6H_2O(l) + \text{에너지}$$

$C_6H_{12}O_6$: 포도당

산화–환원 반응

산화–환원 반응(oxidation–reduction, redox)에서는 한 물질에서 다른 물질로 전자가 이동한다. 한 물질이 전자를 잃으면, 다른 물질은 전자를 얻어야 한다. **산화**(oxidation)는 전자를 *잃는 것*(loss)으로 정의되고, **환원**(reduction)은 전자를 *얻는 것*(gain)이다.

산화(전자를 잃음)

e^-

A B A B

산화된 **환원된**

환원(전자를 얻음)

일반적으로 금속 원자는 전자를 잃어 양이온을 형성하며, 비금속은 전자를 얻어 음이온을 형성한다. 즉, 금속은 산화되고 비금속은 환원된다고 말할 수 있다.

풍화 작용으로 구리 표면에 나타나는 녹색은 *녹청*(patina)이라고도 하는데, 이는 $CuCO_3$와 CuO의 혼합물이다. 이제, 구리 금속이 공기 중의 산소와 반응하여 산화 구리(II)를 생성할 때 일어나는 산화와 환원 반응을 살펴볼 수 있다.

$$2Cu(s) + O_2(g) \longrightarrow 2CuO(s)$$

구리의 청녹은 산화 때문이다.

반응물의 원소 Cu는 전하가 0이지만, 생성물인 CuO에서는 2+ 전하를 갖는 Cu^{2+}로 존재한다. Cu 원자가전자 두 개를 잃었기 때문에 Cu는 이 반응에서 산화되었다.

$$Cu^0(s) \longrightarrow Cu^{2+}(s) + 2\,e^- \quad \text{산화: Cu가 전자를 잃음}$$

동시에, 반응물 중 원소 O는 전하가 0이지만, 생성물인 CuO에서는 2− 전하를 갖는 O^{2-}로 존재한다. O 원자는 전자 두 개를 얻었으므로 O는 이 반응에서 환원되었다.

$$O_2{}^0(g) + 4\,e^- \longrightarrow 2O^{2-}(s) \quad \text{환원: O가 전자를 얻음}$$

따라서 CuO가 형성되는 전체 식에서는 산화와 환원이 동시에 일어난다. 모든 산화–환원 반응에서, 잃은 전자의 수는 얻은 전자의 수와 같아야 한다. 따라서 Cu의 산화 반응에 2를 곱한다. 양변에서 $4e^-$를 소거하면, CuO 형성에 대한 전체 산화–환원 반응식을 얻게 된다.

$$2Cu(s) \longrightarrow 2Cu^{2+}(s) + \cancel{4e^-} \quad \text{산화}$$

$$O_2(g) + \cancel{4e^-} \longrightarrow 2O^{2-}(s) \quad \text{환원}$$

$$2Cu(s) + O_2(g) \longrightarrow 2CuO(s) \quad \text{산화–환원 반응식}$$

환원됨		산화됨
Na	산화: 전자 잃음 e^- →	$Na^+ + e^-$
Ca		$Ca^{2+} + 2\,e^-$
$2Br^-$	← 환원: 전자 얻음 e^-	$Br_2 + 2\,e^-$
Fe^{2+}		$Fe^{3+} + e^-$

산화는 전자를 잃는 것이며, 환원은 전자를 얻는 것이다.

아연과 황산 구리(II) 사이의 다음 반응에서 알 수 있듯이, 모든 환원 반응에는 언제나 산화 반응이 함께 일어난다(**그림 8.6** 참조).

$$Zn(s) + CuSO_4(aq) \longrightarrow ZnSO_4(aq) + Cu(s)$$

원자와 이온을 나타내는 반응식으로 다시 쓰면 다음과 같다.

$$\mathbf{Zn}(s) + \mathbf{Cu^{2+}}(aq) + SO_4{}^{2-}(aq) \longrightarrow \mathbf{Zn^{2+}}(aq) + SO_4{}^{2-}(aq) + \mathbf{Cu}(s)$$

이 반응에서 Zn 원자는 전자 2개를 잃고 Zn^{2+}를 형성하는데, 이것은 Zn이 산화됨을 나타낸다. 동시에, Cu^{2+}는 전자 두 개를 얻는데, 이것은 Cu가 환원됨을 의미한다. $SO_4{}^{2-}$ 이온은 반응물과 생성물 모두에 존재하며 변하지 않는 *구경꾼 이온*(spectator ion)이다.

$$Zn(s) \longrightarrow Zn^{2+}(aq) + 2\,e^- \quad \text{Zn의 산화}$$

$$Cu^{2+}(aq) + 2\,e^- \longrightarrow Cu(s) \quad Cu^{2+}\text{의 환원}$$

이 단일 치환 반응에서, 아연은 산화되었고 구리(II) 이온은 환원되었다.

핵심 화학 기술

산화된 물질과 환원된 물질 확인하기

생물학적 계의 산화와 환원

산화는 또한 산소와 결합하거나 수소를 잃는 것이며, 환원은 산소를 잃거나 수소를 얻는 것이다. 신체 세포 안에서 유기(탄소) 화합물의 산화는 전자와 양성자로 이루어진 수소 원자(H)의 이동을 수반한다. 예를 들어, 전형적인 생화학 분자의 산화에서는 수소 원자 2개(또는 $2H^+$와 $2e^-$)가 보조효소인 FAD (flavin adenine dinucleotide)와 같은 수소 이온 수용체로 전달된다. 이 보조효소는 $FADH_2$로 환원된다.

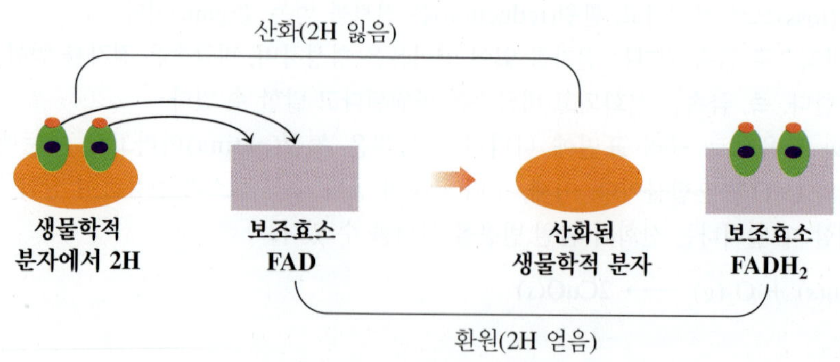

그림 8.6 ▸ 이 단일 치환 반응에서, Zn(*s*)가 $Zn^{2+}(aq)$로 산화될 때 방출되는 2개의 전자는 $Cu^{2+}(aq)$를 Cu(*s*)로 환원시킨다. $Zn(s) + Cu^{2+}(aq) \longrightarrow Zn^{2+}(aq) + Cu(s)$

생각해 보기 8.8

이 반응에서 Cu^{2+}가 환원된다는 것을 어떻게 판단할 수 있을까?

많은 생화학적 산화–환원 반응에서, 세포에서의 에너지 생성에 수소 원자의 전달은 필수적이다. 예를 들어, 독성 물질인 메틸 알코올(CH_4O)은 다음 반응에 의해 체내에서 대사된다.

$$\underset{\text{메틸 알코올}}{CH_4O} \longrightarrow \underset{\text{폼알데하이드}}{CH_2O} + 2H \quad \text{산화: H 원자 잃음}$$

폼알데하이드는 산소의 첨가에 의해 추가로 산화되어 폼산을 생성할 수 있다.

$$\underset{\text{폼알데하이드}}{2CH_2O} + O_2 \longrightarrow \underset{\text{폼산}}{2CH_2O_2} \quad \text{산화: O 원자 첨가}$$

마지막으로, 폼산은 이산화 탄소와 물로 산화된다.

$$\underset{\text{폼산}}{2CH_2O_2} + O_2 \longrightarrow 2CO_2 + 2H_2O \quad \text{산화: O 원자 첨가}$$

메틸 알코올 산화의 중간 생성물은 상당한 독성이 있어서 신체 세포에서 주요 반응을 방해하므로 실명과 사망을 일으킬 수도 있다.

요약하면, 우리가 사용하는 산화와 환원의 특정한 정의는 반응에서 일어나는 과정에 달려 있다. 이러한 정의를 **표 8.4**에 요약하였다. 산화는 항상 전자를 잃지만, 산소를 얻거나 수소 원자를 잃는 것으로 볼 수도 있다. 환원은 항상 전자를 얻지만 산소를 잃거나 수소를 얻는 것으로 볼 수도 있다.

표 8.4 산화와 환원의 특징

항상 관련	관련이 있을 수 있음
산화	
전자를 잃음	산소를 얻음
	수소를 잃음
환원	
전자를 얻음	산소를 잃음
	수소를 얻음

예제 8.7 산화와 환원

먼저 해 보기!

다음 각 반응에 대해, 잃거나 얻은 전자 수를 결정하고 산화인지 환원인지 구별하라.

a. $Mg^{2+}(aq) \longrightarrow Mg(s)$

b. $Fe(s) \longrightarrow Fe^{3+}(aq)$

풀이

a. $Mg^{2+}(aq) + 2\,e^- \longrightarrow Mg(s)$ 환원

b. $Fe(s) \longrightarrow Fe^{3+}(aq) + 3\,e^-$ 산화

확인 문제 8.7

다음 각 반응이 산화인지 환원인지 구별하라.

a. $Co^{3+}(aq) + e^- \longrightarrow Co^{2+}(aq)$

b. $2I^-(aq) \longrightarrow I_2(s) + 2\,e^-$

답

a. 환원

b. 산화

UPDATE 나탈리의 전반적인 체력 향상

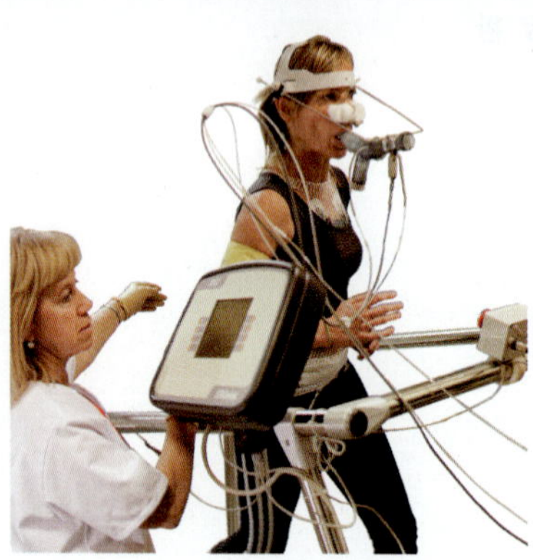

나탈리의 검사 결과에 따르면 그녀의 혈중 산소 농도는 89%이다. 맥박 산소 농도계 판독값의 정상치는 95~100%이며, 이는 나탈리의 O_2 포화도가 낮음을 의미한다. 따라서 나탈리는 혈액에 적절한 양의 O_2를 갖고 있지 않다. 이것은 그녀가 호흡곤란과 마른 기침을 일으킨 이유가 될 수 있다. 그녀의 의사는 폐 조직의 상처인 *간질성 폐 질환*으로 진단했다.

안젤라는 나탈리에게 더 많은 공기와 더 많은 산소로 폐를 채우기 위해 더 천천히 그리고 더 많이 숨을 들이마시고 내뱉도록 가르친다. 안젤라는 또한 나탈리의 전반적인 체력 수준을 높이기 위한 운동 프로그램을 개발한다. 운동하는 동안 나탈리가 산소 결핍으로 인해 근육을 파괴하지 않고 더 강해질 수 있는 수준으로 운동하고 있는지 확인하기 위해 안젤라는 나탈리의 심박수, 혈중 산소 농도, 혈압 등을 지속적으로 관찰한다.

나탈리의 운동 프로그램 초기에는 저강도의 운동이 사용된다.

응용 문제

8.1 **a.** 세포 호흡 중에는 세포 내의 수용성 $C_6H_{12}O_6$(포도당)이 연소된다. 포도당 반응에 대한 화학 반응식을 쓰고 균형을 맞춰라.

b. 식물에서는, 이산화 탄소 기체와 액체 물이 산소 기체와 포도당($C_6H_{12}O_6$)으로 전환된다. 식물에서 포도당 생성에 대한 화학 반응식을 쓰고 균형을 맞춰라.

8.2 수용성 지방산은 산소 기체와 반응하여 기체 이산화 탄소와 액체 물을 형성한다.

a. 지방산인 카프르산($C_{10}H_{20}O_2$)의 연소 반응식을 쓰고 균형을 맞춰라.

b. 지방산인 미리스트산($C_{14}H_{28}O_2$)의 연소 반응식을 쓰고 균형을 맞춰라.

제8장 복습하기 _Chapter Review

8.1 화학 반응식

> 학습 목표 화학 반응식의 균형을 맞추고, 반응물과 생성물에 있는 원자의 수를 결정할 수 있다.

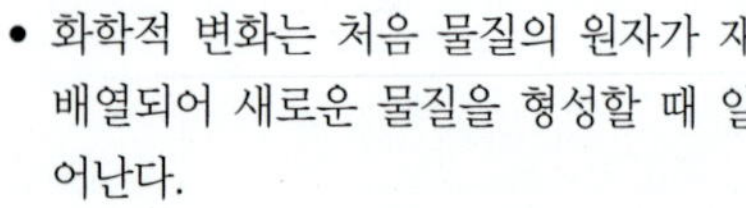

$2H_2(g) + O_2(g) \longrightarrow 2H_2O(g)$

균형

- 화학적 변화는 처음 물질의 원자가 재배열되어 새로운 물질을 형성할 때 일어난다.
- 화학 반응식은 반응 화살표 왼쪽에는 반응물의 화학식을 보여주고 반응 화살표 오른쪽에는 생성되는 생성물을 보여준다.

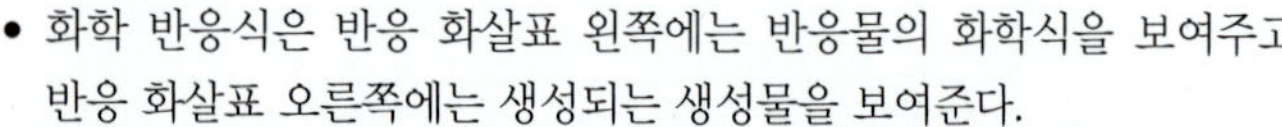

8.2 화학 반응식 균형 맞추기

> 학습 목표 화학 반응에 대한 반응물과 생성물의 화학식으로부터 균형 화학 반응식을 작성할 수 있다.

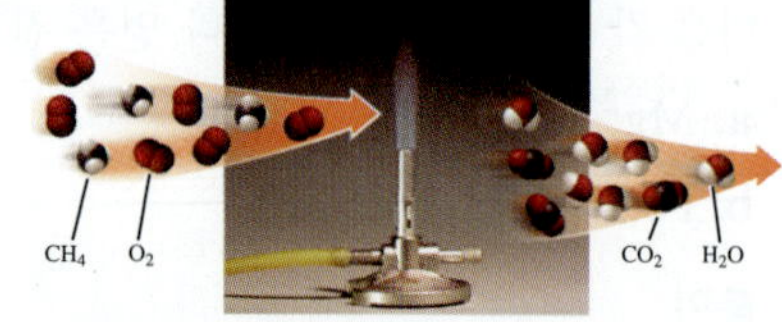

- 화학 반응식은 반응물과 생성물에 있는 각 원소의 원자 수가 같도록 화학식 앞에 작은 정수인 계수를 써서 균형을 맞춘다.

8.3 화학 반응의 유형

> 학습 목표 화학 반응을 결합 반응, 분해 반응, 단일 치환 반응, 이중 치환 반응, 연소 반응으로 식별할 수 있다.

단일 치환 반응

한 원소가 치환한다 다른 원소를

A + BC ⟶ AC + B

- 많은 화학 반응은 반응 유형별로 결합, 분해, 단일 치환, 이중 치환 또는 연소 반응으로 나눌 수 있다.

8.4 산화-환원 반응

> 학습 목표 산화와 환원이라는 용어를 정의할 수 있다. 산화되는 반응물과 환원되는 반응물을 확인할 수 있다

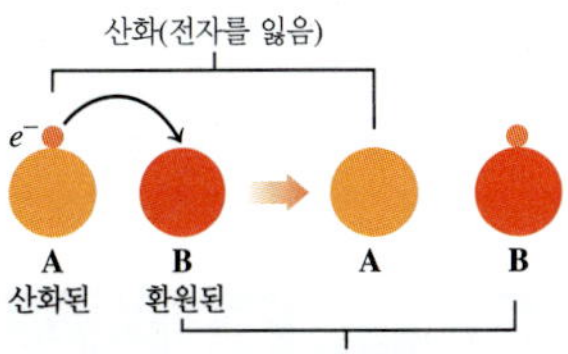

- 어떤 반응에서 전자가 전달되면, 그 반응은 산화-환원 반응이다.

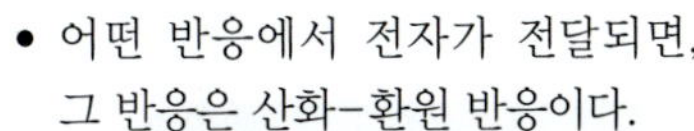

- 한 반응물이 전자를 잃으면, 다른 반응물은 전자를 얻는다.

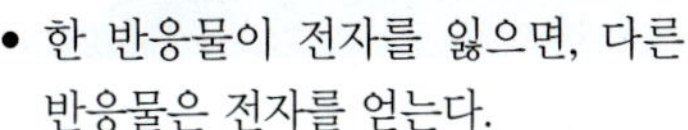

- 전체적으로, 잃어버린 전자 수와 얻은 전자 수는 같다.

주요 용어 _Key Terms

결합 반응 반응물들이 결합하여 단일 생성물을 형성하는 화학 반응.

계수 반응식의 양쪽에 있는 각 원소의 원자 수나 몰수의 균형을 맞추기 위해 화학식 앞에 쓰는 정수.

균형 반응식 반응물과 생성물에 있는 각 원소의 원자 수가 같은 화학 반응식의 최종 형태.

단일 치환 반응 한 원소가 화합물에 있는 다른 원소를 치환하는 반응.

반응물 화학 반응에서 변화하는 초기 물질.

분해 반응 단일 반응물이 둘 이상의 더 간단한 물질로 분해되는 반응.

산화 어떤 물질이 전자를 잃음. 생물학적 산화는 산소와 결합하거나 수소를 잃는 것이다.

산화-환원 반응 한 반응물이 산화되면 항상 다른 반응물의 환원이 수반되는 반응.

생성물 화학 반응의 결과로 생성된 물질.

연소 반응 탄소를 포함하고 있는 연료가 산소와 반응하여 CO_2, H_2O 및 에너지를 생성하는 화학 반응.

이중 치환 반응 반응하는 화합물의 양이온들이 교환되는 반응.

화학 반응식 반응물과 생성물을 나타내는 화학식과 반응비를 나타내는 계수를 사용하여 화학 반응을 표현하는 약식 표현법.

환원 어떤 물질이 전자를 얻음. 생물학적 환원은 산소를 잃거나 수소를 얻는 것이다.

핵심 화학 기술 _Core Chemistry Skills

**각 핵심 화학 기술을 포함하는 절을 각 제목의 끝에 괄호 안에 나타내었다.*

▷ 화학 반응식 균형 맞추기(8.2)

- *균형*(balanced) 화학 반응식에서, 계수라고 하는 정수는 화학식의 각 원자를 곱하여 반응물에 있는 각 종류의 원자 수가 생성물에 있는 동일한 종류의 원자 수와 같도록 만든다.

예: 다음 화학 반응식의 균형을 맞춰라.

$$SnCl_4(s) + H_2O(l) \longrightarrow Sn(OH)_4(s) + HCl(aq)$$ 불균형

답: 반응물과 생성물 쪽 원자를 비교해 보면, 반응물에는 Cl 원자가 많고 생성물에는 O 원자와 H 원자가 더 많다는 것을 알 수 있다.

반응식의 균형을 맞추려면, Cl 원자, H 원자, O 원자가 있는 화학식 앞에 계수가 필요하다.

- 화학식 HCl 앞에 4를 넣어 생성물에 총 8개의 H 원자와 4개의 Cl 원자가 되게 한다.

$$SnCl_4(s) + H_2O(l) \longrightarrow Sn(OH)_4(s) + 4HCl(aq)$$

- 화학식 H_2O 앞에 4를 써서 반응물에 8개의 H 원자와 4개의 O 원자가 되게 한다.

$$SnCl_4(s) + 4H_2O(l) \longrightarrow Sn(OH)_4(s) + 4HCl(aq)$$

- Sn(1), Cl(4), H(8), O(4) 원자의 총 개수는 반응식의 양쪽에서 같다.

$$SnCl_4(s) + 4H_2O(l) \longrightarrow Sn(OH)_4(s) + 4HCl(aq)$$

화학 반응의 분류(8.3)

- 화학 반응은 반응식의 일반적인 양식을 보고 분류한다.
- 결합 반응에서는, 둘 이상의 원소나 화합물이 결합하여 하나의 생성물을 형성한다.
- 분해 반응에서는, 한 개의 반응물이 둘 이상의 생성물로 쪼개진다.
- 단일 치환 반응에서는, 결합되지 않은 원소가 화합물의 원소를 치환한다.
- 이중 치환 반응에서는, 반응하는 화합물의 양이온이 서로 바뀐다.
- 연소 반응에서는, 탄소와 수소를 포함하고 있는 연료가 공기 중의 산소와 반응하여 이산화 탄소(CO_2)와 물(H_2O), 그리고 에너지를 생성한다.

예: 다음 반응의 유형을 분류하라.

$$2Al(s) + Fe_2O_3(s) \xrightarrow{\Delta} Al_2O_3(s) + 2Fe(l)$$

답: 산화 철(III)의 철이 알루미늄으로 치환되므로, 이 반응은 단일 치환 반응이다.

산화되는 물질 및 환원되는 물질 확인(8.4)

- 산화-환원(약칭 *redox*) 반응에서는, 한 반응물이 전자를 잃어 산화되는 동안 다른 반응물은 전자를 얻어 환원된다.
- 산화는 전자를 *잃는*(loss) 것이며, 환원은 전자를 *얻는*(gain) 것이다.

예: 다음 산화-환원 반응에서 산화되는 반응물과 환원되는 반응물을 확인하라.

$$Fe(s) + Cu^{2+}(aq) \longrightarrow Fe^{2+}(aq) + Cu(s)$$

답: $Fe^0(s) \longrightarrow Fe^{2+}(aq) + 2\,e^-$
Fe는 전자를 잃어 산화된다.

$Cu^{2+}(aq) + 2\,e^- \longrightarrow Cu^0(s)$
Cu^{2+}는 전자를 얻어 환원된다.

개념 이해 문제 _Understanding the Concepts

*각 문제 끝에 복습할 절을 괄호 안에 표시하였다.

8.3 계수를 더하여 다음 각 반응의 균형을 맞추고, 반응의 유형을 구별하라. (8.1, 8.2, 8.3)

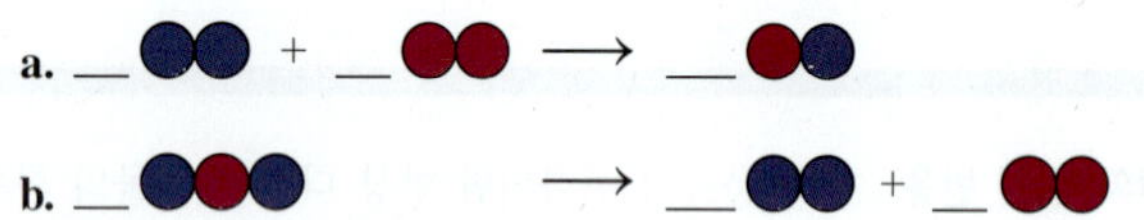

8.4 계수를 더하여 다음 각 반응의 균형을 맞추고, 반응의 유형을 구별하라. (8.1, 8.2, 8.3)

a. ___ + ___ ⟶ ___ + ___

b. ___ + ___ ⟶ ___

8.5 빨간 공은 산소 원자, 파란 공은 질소 원자를 나타내고 모든 분자가 기체라면 다음 질문에 답하라. (8.1, 8.2, 8.3)

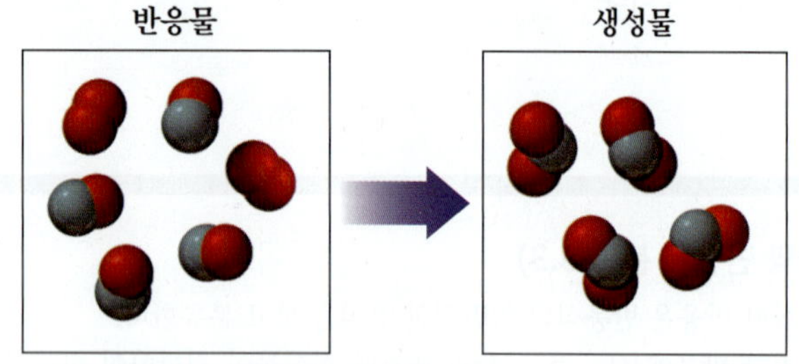

a. 각 반응물과 생성물의 식을 써라.
b. 반응에 대한 균형 반응식을 써라.
c. 결합, 분해, 단일 치환, 이중 치환, 연소 중에서 반응의 유형을 골라라.

8.6 보라색 공은 아이오딘 원자, 흰색 공은 수소 원자를 나타내고 모든 반응하는 분자는 고체, 생성물은 기체라면 다음 질문에 답하라. (8.1, 8.2, 8.3)

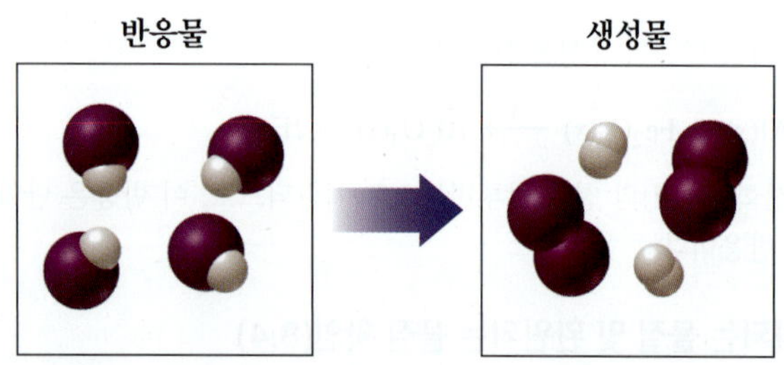

a. 각 반응물과 생성물의 식을 써라.
b. 반응에 대한 균형 반응식을 써라.
c. 결합, 분해, 단일 치환, 이중 치환, 연소 중에서 반응의 유형을 골라라.

8.7 파란 공은 질소 원자, 보라색 공은 아이오딘 원자를 나타내고 반응 분자는 고체이고 생성물은 기체일 때 다음 질문에 답하라. (8.1, 8.2, 8.3)

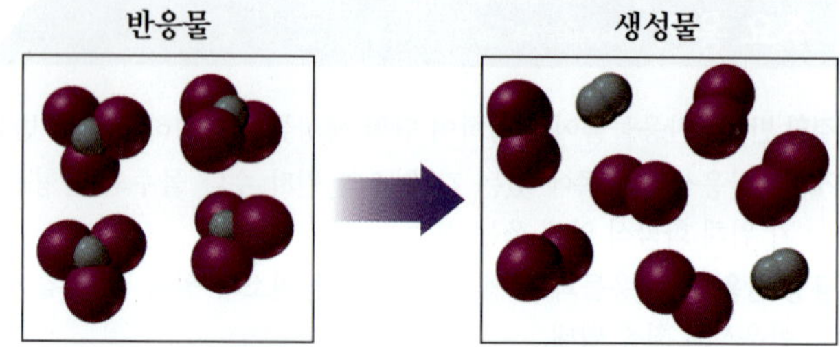

a. 각 반응물과 생성물의 식을 써라.
b. 반응에 대한 균형 반응식을 써라.
c. 결합, 분해, 단일 치환, 이중 치환, 연소 중에서 반응의 유형을 골라라.

8.8 녹색 공은 염소 원자, 연두색 공은 플루오린 원자, 흰색 공은 수소 원자를 나타내고, 모든 분자가 기체라면 다음 질문에 답하라. (8.1, 8.2, 8.3)

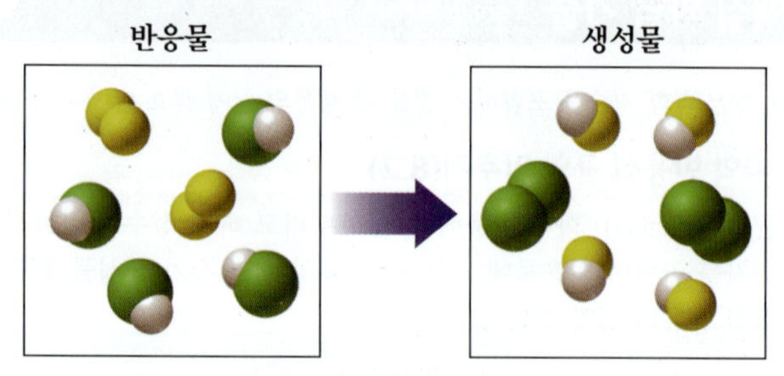

a. 각 반응물과 생성물의 식을 써라.
b. 반응에 대한 균형 반응식을 써라.
c. 결합, 분해, 단일 치환, 이중 치환, 연소 중에서 반응의 유형을 골라라.

8.9 녹색 공은 염소 원자, 빨간 공은 산소 원자를 나타내고, 모든 분자가 기체라면 다음 질문에 답하라. (8.1, 8.2, 8.3)

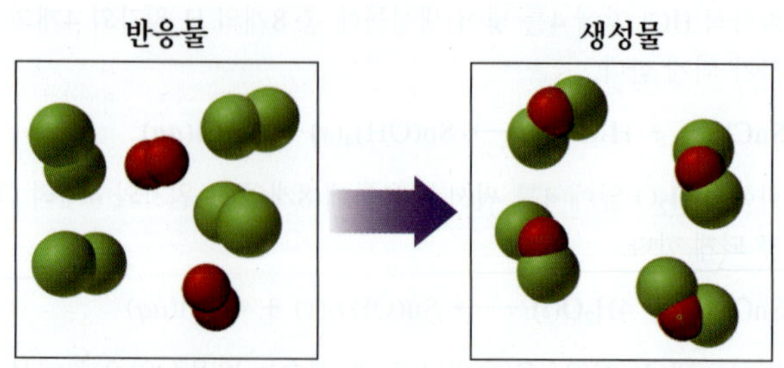

a. 각 반응물과 생성물의 식을 써라.
b. 반응에 대한 균형 반응식을 써라.

c. 결합, 분해, 단일 치환, 이중 치환, 연소 중에서 반응의 유형을 골라라.

8.10 파란 공은 질소 원자, 보라색 공은 아이오딘 원자를 나타내고, 반응하는 분자는 기체, 생성물은 고체라면 다음 질문에 답하라. (8.1, 8.2, 8.3)

a. 각 반응물과 생성물의 식을 써라.
b. 반응에 대한 균형 반응식을 써라.
c. 결합, 분해, 단일 치환, 이중 치환, 연소 중에서 반응의 유형을 골라라.

추가 문제 _Additional Practice Problems

8.11 결합, 분해, 단일 치환, 이중 치환, 연소 중에서 다음 각 반응의 유형을 골라라. (8.3)

a. 금속과 비금속이 이온 결합 화합물을 형성한다.
b. 수소와 탄소의 화합물이 산소와 반응하여 이산화 탄소와 물을 생성한다.
c. 탄산 마그네슘을 가열하면 산화 마그네슘과 이산화 탄소가 생성된다.
d. 아연이 $Cu(NO_3)_2$의 구리를 치환한다.

8.12 결합, 분해, 단일 치환, 이중 치환, 연소 중에서 다음 각 반응의 유형을 골라라. (8.3)

a. 화합물이 원소로 분해된다.
b. 구리와 브로민이 브로민화 구리(II)를 형성한다.
c. 아황산 철(II)가 산화 철(II)와 이산화 황으로 분해된다.
d. $AgNO_3(aq)$의 은 이온은 $KBr(aq)$의 브로민화 이온과 고체를 형성한다.

8.13 다음 화학 반응식의 균형을 맞추고, 각 반응의 유형을 확인하라. (8.1, 8.2, 8.3)

a. $NH_3(g) + HCl(g) \longrightarrow NH_4Cl(s)$
b. $C_4H_8(g) + O_2(g) \xrightarrow{\Delta} CO_2(g) + H_2O(g)$
c. $Sb(s) + Cl_2(g) \longrightarrow SbCl_3(s)$
d. $NI_3(s) \longrightarrow N_2(g) + I_2(g)$
e. $KBr(aq) + Cl_2(aq) \longrightarrow KCl(aq) + Br_2(l)$
f. $H_2SO_4(aq) + Fe(s) \longrightarrow H_2(g) + Fe_2(SO_4)_3(aq)$
g. $Al_2(SO_4)_3(aq) + NaOH(aq) \longrightarrow Al(OH)_3(s) + Na_2SO_4(aq)$

8.14 다음 화학 반응식의 균형을 맞추고, 각 반응의 유형을 확인하라. (8.1, 8.2, 8.3)

a. $Si_3N_4(s) \longrightarrow Si(s) + N_2(g)$
b. $Mg(s) + N_2(g) \longrightarrow Mg_3N_2(s)$
c. $H_3PO_4(aq) + Al(s) \longrightarrow H_2(g) + AlPO_4(aq)$
d. $C_3H_4(g) + O_2(g) \xrightarrow{\Delta} CO_2(g) + H_2O(g)$
e. $Cr_2O_3(s) + H_2(g) \longrightarrow Cr(s) + H_2O(g)$
f. $Al(s) + Cl_2(g) \longrightarrow AlCl_3(s)$
g. $MgCl_2(aq) + AgNO_3(aq) \longrightarrow AgCl(s) + Mg(NO_3)_2(aq)$

8.15 다음 각각에 대해 생성물을 예측하고 균형 반응식을 써라. (8.1, 8.2, 8.3)

a. 단일 치환: $HCl(aq) + Zn(s) \longrightarrow$ _____ + _____
b. 분해: $BaCO_3(s) \xrightarrow{\Delta}$ _____ + _____
c. 이중 치환: $HCl(aq) + NaOH(aq) \longrightarrow$ _____ + _____
d. 결합: $Al(s) + F_2(g) \longrightarrow$ _____

8.16 다음 각각에 대해 생성물을 예측하고 균형 반응식을 써라. (8.1, 8.2, 8.3)

a. 분해: $NaCl(s) \xrightarrow{\text{전기}}$ _____ + _____
b. 결합: $Ca(s) + Br_2(l) \longrightarrow$ _____
c. 연소: $C_2H_4(g) + O_2(g) \xrightarrow{\Delta}$ _____ + _____
d. 이중 치환: $NiCl_2(aq) + NaOH(aq) \longrightarrow$ _____ + _____

8.17 다음 각 반응에 대해 균형 반응식을 쓰고 반응 유형을 확인하라. (8.1, 8.2, 8.3)

a. 소듐 금속이 산소 기체와 반응하여 고체 산화 소듐을 형성한다.
b. 염화 소듐 수용액과 질산 은 수용액이 반응하여 고체 염화 은과 질산 소듐 수용액을 형성한다.
c. 가소홀(gasohol)은 액체 에탄올(C_2H_6O)을 포함하는 연료로, 산소 기체 중에서 연소되어 이산화 탄소와 수증기 기체를 형성한다.

8.18 다음 각 반응에 대해 균형 반응식을 쓰고 반응 유형을 확인하라. (8.1, 8.2, 8.3)

a. 고체 염소산 포타슘을 가열하면 고체 염화 포타슘과 산소 기체가 생성된다.
b. 일산화 탄소 기체가 산소 기체와 결합하여 이산화 탄소 기체를 형성한다.
c. 에텐(C_2H_4) 기체가 염소(Cl_2) 기체와 반응하여 다이클로로에테인($C_2H_4Cl_2$)을 형성한다.

8.19 다음 각 반응에서 산화되는 반응물과 환원되는 반응물을 확인하라. (8.4)

a. $N_2(g) + 2O_2(g) \longrightarrow 2NO_2(g)$

b. $CO(g) + 3H_2(g) \longrightarrow CH_4(g) + H_2O(g)$

c. $Mg(s) + Br_2(l) \longrightarrow MgBr_2(s)$

8.20 다음 각 반응에서 산화되는 반응물과 환원되는 반응물을 확인하라. (8.4)

a. $2Al(s) + 3F_2(g) \longrightarrow 2AlF_3(s)$

b. $ZnO(s) + H_2(g) \longrightarrow Zn(s) + H_2O(g)$

c. $2CuS(s) + 3O_2(g) \longrightarrow 2CuO(s) + 2SO_2(g)$

생각해 보기의 답 _Answers to Engage Questions

8.1 녹이 생성될 때 색이 변하는 것은 화학적 변화를 나타낸다.

8.2 반응물과 생성물에 있는 각 원소의 원자 수가 같고 계수는 가장 작은 정수일 때, 화학식의 균형이 맞춰진다.

8.3 반응물과 화학식이 다른 흰색의 고체(침전물) 생성물이 형성되는 것이 화학 반응의 증거이다.

8.4 결합 반응에서는, 반응물의 원자들이 결합하여 생성물을 형성한다.

8.5 분해 반응에서는, 반응물이 둘 이상의 더 간단한 생성물로 분리된다.

8.6 단일 치환 반응에서는, 반응물에 있는 한 원소가 또 다른 반응 화합물에 있는 원소와 자리를 바꾼다.

8.7 이중 치환 반응에서는, 반응하는 두 화합물의 양이온이 치환된다.

8.8 Cu^{2+}가 전자 2개를 얻어서 Cu^0를 형성할 때, 이것은 환원이다.

선택된 문제의 답 _Answers to Selected Problems

8.1 **a.** $C_6H_{12}O_6(aq) + 6O_2(g) \longrightarrow 6CO_2(g) + 6H_2O(l)$

b. $6CO_2(g) + 6H_2O(l) \longrightarrow C_6H_{12}O_6(aq) + 6O_2(g)$

8.3 **a.** 1,1,2 결합 반응

b. 2,2,1 분해 반응

8.5 **a.** 반응물 NO와 O_2, 생성물 NO_2

b. $2NO(g) + O_2(g) \longrightarrow 2NO_2(g)$

c. 결합

8.7 **a.** 반응물 NI_3, 생성물 N_2와 I_2

b. $2NI_3(s) \longrightarrow N_2(g) + 3I_2(g)$

8.9 **a.** 반응물 Cl_2와 O_2, 생성물 OCl_2

b. $2Cl_2(g) + O_2(g) \longrightarrow 2OCl_2(g)$

c. 결합 반응

8.11 **a.** 결합 반응

b. 연소 반응

c. 분해 반응

d. 단일 치환 반응

8.13 **a.** $NH_3(g) + HCl(g) \longrightarrow NH_4Cl(s)$ 결합 반응

b. $C_4H_8(g) + 6O_2(g) \xrightarrow{\Delta} 4CO_2(g) + 4H_2O(g)$ 연소 반응

c. $2Sb(s) + 3Cl_2(g) \longrightarrow 2SbCl_3(s)$ 결합 반응

d. $2NI_3(s) \longrightarrow N_2(g) + 3I_2(g)$ 분해 반응

e. $2KBr(aq) + Cl_2(aq) \longrightarrow 2KCl(aq) + Br_2(l)$ 단일 치환 반응

f. $3H_2SO_4(aq) + 2Fe(s) \longrightarrow 3H_2(g) + Fe_2(SO_4)_3(aq)$ 단일 치환 반응

g. $Al_2(SO_4)_3(aq) + 6NaOH(aq) \longrightarrow 2Al(OH)_3(s) + 3Na_2SO_4(aq)$ 이중 치환 반응

8.15 **a.** $2HCl(aq) + Zn(s) \longrightarrow H_2(g) + ZnCl_2(aq)$

b. $BaCO_3(s) \xrightarrow{\Delta} BaO(s) + CO_2(g)$

c. $HCl(aq) + NaOH(aq) \longrightarrow H_2O(l) + NaCl(aq)$

d. $2Al(s) + 3F_2(g) \longrightarrow 2AlF_3(s)$

8.17 **a.** $4Na(s) + O_2(g) \longrightarrow 2Na_2O(s)$ 결합 반응

b. $NaCl(aq) + AgNO_3(aq) \longrightarrow AgCl(s) + NaNO_3(aq)$ 이중 치환 반응

c. $C_2H_6O(l) + 3O_2(g) \xrightarrow{\Delta} 2CO_2(g) + 3H_2O(g)$ 연소 반응

8.19 **a.** N_2는 산화되고, O_2는 환원된다.

b. H_2는 산화되고, CO의 C는 환원된다.

c. Mg는 산화되고, Br_2는 환원된다.

반응에서의 화학적 양

Chemical Quantities in Reactions

환경학자인 랜스(Lance)는 인근 농장에서 흙과 물 시료를 모아 농약과 의약품의 존재 여부와 농도를 시험한다. 농부들은 동물 관련 질병을 치료 및 예방하기 위해 의약품을 사용하고 식품 생산을 늘리기 위해 살충제를 사용한다. 이러한 화학물질을 자주 사용함으로 인해 이들이 토양이나 상수원으로 들어갈 수 있으며 잠재적으로 환경을 오염시키고 건강 문제를 일으킬 수 있다.

최근 한 농부는 목화와 콩밭에 세빈(Sevin, carbaryl)이라는 살충제를 뿌렸다. 며칠 후 랜스는 토양과 물 시료를 채취하여 소량의 세빈을 검출했다. 아세틸콜린 에스테라제 억제제인 세빈은 인체 내에서 두통, 메스꺼움 및 호흡계 마비를 일으킬 수 있다. 세빈은 물에 매우 잘 녹기 때문에 잔류 농약이 상수원을 오염시키지 않는 것이 중요하다. 랜스는 농부에게 농약 수위를 낮추기 위해 농작물에 사용하는 살충제의 양을 줄이도록 권고했다. 그는 일주일 안에 돌아와 토양과 물의 세빈 재검사를 실시하겠다고 말했다.

관련 직업

환경학자

환경과학은 화학, 생물학, 생태학, 지질학 등을 결합한 종합 분야로 환경 문제를 연구한다. 환경학자들은 환경오염을 감시하여 대중의 건강을 보호한다. 환경학자들은 특수 장비를 사용하여 토양, 대기, 물의 오염 수준은 물론 소음 및 방사능 수준을 측정한다. 대기 질이나 유해 폐기물, 고형 폐기물과 같은 특정 분야를 전문으로 하기도 한다. 예를 들어 대기 전문가는 알레르기 항원, 곰팡이, 독소에 대한 실내 공기를 모니터링한다. 그들은 기업, 차량 및 농업에서 만들어진 실외 공기 오염 물질을 측정한다. 환경학자들은 잠재적으로 위험한 물질을 함유하는 시료를 취급하므로 안전 수칙에 대해 잘 알고 있어야 하며 개인 보호 장비를 착용해야 한다. 그들은 또한 다양한 오염 물질을 줄이기 위한 방법을 추천하고 청소 및 개선 노력을 도울 수 있다.

UPDATE 살충제에 대한 물 시료 검사

지난 주 랜스의 측정 결과 살충제 수치가 정부 지침을 초과한 것으로 나타났다. 랜스는 이번 주에 농장을 방문하여 토양과 물의 살충제 농도를 재점검하고 있는데, 수치가 훨씬 낮아져 정부 지침 범위 내에 있음을 확인하였다. 이 정보는 235쪽에 있는 **UPDATE 살충제에 대한 물 시료 검사**에서 확인할 수 있다.

이 장의 차례

9.1 질량 보존

> 학습 목표 균형 화학 반응식에서 반응물의 총 질량과 생성물의 총 질량을 계산할 수 있다.

모든 화학 반응에서 반응물의 총량은 생성물의 총량과 같다. 따라서 모든 반응물의 총 질량은 모든 생성물의 총 질량과 같아야 한다. 이것은 **질량 보존 법칙**(law of conservation of mass)으로 알려져 있는데, 이는 균형 화학 반응에서 반응하는 물질의 총 질량에 변화가 없다는 것이다. 따라서 원래의 물질이 새로운 물질로 변화함에 따라 물질이 사라지거나 얻어지지 않는다. 예를 들어, 은이 황과 반응하여 황화 은을 형성할 때 변색되어 Ag_2S이 형성된다.

$$2Ag(s) + S(s) \longrightarrow Ag_2S(s)$$

Ag와 S의 화학 반응에서 반응물들의 질량은 생성물인 Ag_2S의 질량과 같다.

이 반응에서 반응하는 은 원자의 수는 황 원자의 수의 두 배이다. 은 원자 200개가 반응할 때, 황 원자 100개가 필요하다. 하지만 실제 화학 반응에서는 은과 황 원자가 훨씬 더 많이 반응한다. 만약 몰량을 다루고 있다면, 반응식의 계수를 몰수로 해석할 수 있다. 따라서 은 2 mol이 황 1 mol과 반응하여 황화 은(Ag_2S) 1 mol을 생성한다. 각각의 몰질량을 결정할 수 있기 때문에, 은, 황, 황화 은의 몰수는 각각의 그램 단위로 질량으로 표시할 수 있다. 따라서 은 215.8 g과 황 32.1 g이 반응하여 황화 은 247.9 g을 형성한다. 반응물의 총 질량(247.9 g)은 생성물의 질량(247.9 g)과 같다. 화학 반응식을 해석할 수 있는 다양한 방법을 **표 9.1**에 나타내었다.

생각해 보기 9.1
왜 반응물의 총 질량은 생성물의 총 질량과 같은가?

표 9.1 > 균형 반응식으로부터 얻을 수 있는 정보

	반응물		생성물
반응식	$2Ag(s)$	$+ S(s)$	$\longrightarrow Ag_2S(s)$
원자/실험식 단위	Ag 원자 2개	+ S 원자 1개	$\longrightarrow Ag_2S(s)$ 화학식 단위 1개
	Ag 원자 200개	+ S 원자 100개	$\longrightarrow Ag_2S(s)$ 화학식 단위 100개
원자의 아보가드로 수	Ag 원자 2 (6.022×10^{23})개	+ S 원자 1 (6.022×10^{23})개	$\longrightarrow Ag_2S(s)$ 화학식 단위 1(6.022×10^{23})개
몰수	Ag 2 mol	+ S 1 mol	$\longrightarrow Ag_2S$ 1 mol
질량(g)	Ag 2(107.9 g)	+ S 1(32.1 g)	$\longrightarrow Ag_2S$ 1(247.9 g)
총 질량(g)	247.9 g		$\longrightarrow$ 247.9 g

예제 9.1 질량 보존

먼저 해 보기!

메테인(CH_4)이 산소와 연소하면 이산화 탄소, 물, 에너지를 생산한다. CH_4 1 mol이 반응할 때 다음 반응식에서 반응물과 생성물의 총 질량을 계산하라.

$$CH_4(g) + 2O_2(g) \xrightarrow{\Delta} CO_2(g) + 2H_2O(g)$$

풀이

각 물질의 몰수로 표시된 반응식의 계수를 그 몰질량과 곱하면 반응물과 생성물의 총 질량이 얻어진다. 균형 반응식의 계수가 정확하기 때문에 몰수도 정확하다.

	반응물		생성물
반응식	$CH_4(g) + 2O_2(g)$	$\xrightarrow{\Delta}$	$CO_2(g) + 2H_2O(g)$
몰수	CH_4 1 mol + O_2 2 mol	⟶	CO_2 1 mol + H_2O 2 mol
질량	CH_4 16.04 g + O_2 64.00 g	⟶	CO_2 44.01 g + H_2O 36.03 g
총 질량	반응물 80.04 g	=	생성물 80.04 g

확인 문제 9.1

다음 각 반응식에서 반응물과 생성물의 총 질량을 계산하라.

a. $4K(s) + O_2(g) \longrightarrow 2K_2O(s)$

b. $6HCl(aq) + 2Al(s) \longrightarrow 3H_2(g) + 2AlCl_3(aq)$

답

a. 반응물 188.40 g과 생성물 188.40 g

b. 반응물 272.71 g과 생성물 272.71 g

9.2 몰–몰 인자를 사용하여 몰수 계산하기

학습 목표 균형 화학 반응식의 몰–몰 인자를 사용하여 반응에서 다른 물질의 몰수를 계산할 수 있다.

철이 황과 반응할 때 생성물은 황화 철(III)이다.

$$2Fe(s) + 3S(s) \longrightarrow Fe_2S_3(s)$$

균형 반응식으로부터 철 2 mol이 황 3 mol과 반응하여 황화 철(III) 1 mol을 형성한다는 것을 알 수 있다. 사실, 철이나 황이 임의의 양 사용될 수 있지만 철과 황의 *비율*은 항상 같다. 계수로부터 반응물 사이와 반응물과 생성물 사이의 **몰–몰 인자**(mole–mole factor)를 쓸 수 있다. 몰–몰 인자에 사용된 계수는 정확한 수이다. 이들은 유효숫자의 수를 제한하지 않는다.

$$\text{Fe와 S:}\quad \frac{\text{Fe 2 mol}}{\text{S 3 mol}} \quad \text{그리고} \quad \frac{\text{S 3 mol}}{\text{Fe 2 mol}}$$

$$\text{Fe와 }Fe_2S_3\text{:}\quad \frac{\text{Fe 2 mol}}{Fe_2S_3\text{ 1 mol}} \quad \text{그리고} \quad \frac{Fe_2S_3\text{ 1 mol}}{\text{Fe 2 mol}}$$

$$\text{S와 }Fe_2S_3\text{:}\quad \frac{\text{S 3 mol}}{Fe_2S_3\text{ 1 mol}} \quad \text{그리고} \quad \frac{Fe_2S_3\text{ 1 mol}}{\text{S 3 mol}}$$

철(Fe) 황(S) 황화 철(III) (Fe_2S_3)

$2Fe(s) + 3S(s) \longrightarrow Fe_2S_3(s)$

Fe와 S의 화학 반응에서 반응물들의 질량은 생성물인 Fe_2S_3의 질량과 같다.

계산에 몰–몰 인자 사용

핵심 화학 기술

몰–몰 인자 사용

조리법을 준비하거나, 연료와 공기의 적절한 혼합물을 위해 엔진을 조정하거나, 제약 실험실에서 의약품을 합성할 때마다 사용할 반응물의 적정량과 형성될 생성물의 양을 알아야 한다. 균형 반응식 $2Fe(s) + 3S(s) \longrightarrow Fe_2S_3(s)$에 대한 가능한 모든 환산 인자를 작성했으니 예제 9.2의 화학 계산에서 이 몰–몰 인자를 사용하기로 한다.

예제 9.2 반응물의 몰수 계산

먼저 해 보기!

철과 황의 화학 반응에서 철 1.42 mol과 반응하기 위해 황 몇 mol이 필요한가?

$$2Fe(s) + 3S(s) \longrightarrow Fe_2S_3(s)$$

풀이

단계 1 주어진 것과 필요한 것(몰수)을 쓴다.

문제 분석	주어진 것	필요한 것	연결
	Fe 1.42 mol	S의 몰수	몰–몰 인자
	식		
	$2Fe(s) + 3S(s) \longrightarrow Fe_2S_3(s)$		

단계 2 주어진 것을 필요한 것(몰수)으로 바꾸는 계획을 쓴다.

Fe의 몰수 → 몰–몰 인자 → S의 몰수

단계 3 계수를 사용하여 몰–몰 인자를 쓴다.

$$\text{Fe 2 mol} = \text{S 3 mol}$$

$$\frac{\text{Fe 2 mol}}{\text{S 3 mol}} \text{ 그리고 } \frac{\text{S 3 mol}}{\text{Fe 2 mol}}$$

단계 4 문제를 풀어 필요한 것(몰수)을 얻는다.

$$\cancel{\text{Fe}}\ 1.42\ \cancel{\text{mol}} \times \frac{\text{S 3 mol}}{\cancel{\text{Fe}}\ 2\ \cancel{\text{mol}}} = \text{S 2.13 mol}$$

유효숫자 3개 / 정확한 수 / 유효숫자 3개

확인 문제 9.2

예제 9.2의 반응식을 사용하여 다음 각각을 계산하라.

a. 황 2.75 mol과 반응하는 데 필요한 철의 몰수

b. 황 0.758 mol이 반응하여 얻어지는 황화 철(III)의 몰수

답

a. 철 1.83 mol

b. 황화 철(III) 0.253 mol

예제 9.3 생성물의 몰수 계산

먼저 해 보기!

야영용 난로, 납땜 토치, 특수 장착된 자동차에 연료로 사용되는 프로페인 기체(C_3H_8)는 산소와 반응하여 이산화 탄소, 물, 에너지를 생성한다. C_3H_8 2.25 mol이 반응할 때 이산화 탄소 몇 mol이 생성될 수 있는가?

$$C_3H_8(g) + 5O_2(g) \xrightarrow{\Delta} 3CO_2(g) + 4H_2O(g)$$

프로페인 연료가 공기 중에서 O_2와 반응하여 CO_2, H_2O와 에너지를 낸다.

풀이

단계 1 **주어진 것과 필요한 것(몰수)을 쓴다.**

문제 분석	주어진 것	필요한 것	연결
	C_3H_8 2.25 mol	CO_2의 몰수	몰-몰 인자
	식		
	$C_3H_8(g) + 5O_2(g) \xrightarrow{\Delta} 3CO_2(g) + 4H_2O(g)$		

단계 2 **주어진 것을 필요한 것(몰수)으로 바꾸는 계획을 쓴다.**

C_3H_8의 몰수 → 몰-몰 인자 → CO_2의 몰수

단계 3 **계수를 사용하여 몰-몰 인자를 쓴다.**

$$C_3H_8\ 1\ mol = CO_2\ 3\ mol$$

$$\frac{CO_2\ 3\ mol}{C_3H_8\ 1\ mol} \quad 그리고 \quad \frac{C_3H_8\ 1\ mol}{CO_2\ 3\ mol}$$

단계 4 **문제를 풀어 필요한 것(몰수)을 얻는다.**

$$\underset{\text{유효숫자 3개}}{\cancel{C_3H_8}\ 2.25\ \cancel{mol}} \times \overset{\text{정확한 수}}{\underset{\text{정확한 수}}{\frac{CO_2\ 3\ mol}{\cancel{C_3H_8}\ 1\ \cancel{mol}}}} = \underset{\text{유효숫자 3개}}{CO_2\ 6.75\ mol}$$

확인 문제 9.3

예제 9.3의 반응식을 사용하여 다음에 필요한 산소의 몰수를 계산하라.

a. 물 0.756 mol을 얻기 위해

b. C_3H_8 0.243 mol과 반응하기 위해

답

a. O_2 0.945 mol

b. O_2 1.22 mol

9.3 반응에 대한 질량 계산

학습 목표 반응에서 물질의 그램 단위 질량이 주어지면, 반응에서 다른 물질의 그램수를 계산할 수 있다.

복습하기

유효숫자 헤아리기(2.2)
계산에서 유효숫자 사용하기(2.3)
등가식으로부터 변환 인자 쓰기(2.5)
변환 인자 사용하기(2.6)
몰질량 계산(7.2)
몰질량을 변환 인자로 사용하기(7.3)

어떤 반응의 균형 화학 반응식이 있으면, 반응에서 물질 중 하나(A)의 질량을 사용하여 반응에서 다른 물질(B)의 질량을 계산할 수 있다. 하지만 계산은 A의 몰질량을 사용해서 A의 질량을 A의 몰수로 변환해야 한다. 그런 다음 물질 A와 물질 B를 연결하는 몰–몰 인자를 사용하는데, 이것은 균형 반응식의 계수에서 구한다. 이 몰–몰 인자(B/A)는 A의 몰수를 B의 몰수로 변환한다. 그런 다음 B의 몰질량을 사용하여 물질 B의 그램수를 계산한다.

물질 A **물질 B**

A의 그램수 → [A의 몰질량] → A의 몰수 → [몰–몰 인자 B/A] → B의 몰수 → [B의 몰질량] → B의 그램수

금속을 용접하는 동안 아세틸렌과 산소의 혼합물을 연소한다.

핵심 화학 기술

그램수를 그램수로 변환

예제 9.4 생성물의 질량 계산

먼저 해 보기!

아세틸렌(C_2H_2)이 산소 중에서 연소할 때 고온이 발생하여 금속 용접에 사용된다.

$$2C_2H_2(g) + 5O_2(g) \longrightarrow 4CO_2(g) + 2H_2O(g)$$

C_2H_2 54.6 g이 연소되면 이산화 탄소 몇 그램이 생성되는가?

풀이

단계 1 주어진 것과 필요한 것(그램수)을 쓴다.

	주어진 것	필요한 것	연결
문제 분석	C_2H_2 54.6 g	CO_2의 그램수	몰질량, 몰–몰 인자
	식		
	$2C_2H_2(g) + 5O_2(g) \longrightarrow 4CO_2(g) + 2H_2O(g)$		

단계 2 주어진 것을 필요한 것(그램수)으로 바꾸는 계획을 쓴다.

C_2H_2의 그램수 → [몰질량] → C_2H_2의 몰수 → [몰–몰 인자] → CO_2의 몰수 → [몰질량] → CO_2의 그램수

단계 3 계수를 사용하여 몰–몰 인자를 쓰고, 몰질량을 쓴다.

$$C_2H_2\ 1\ \text{mol} = C_2H_2\ 26.04\ \text{g}$$
$$\frac{C_2H_2\ 26.04\ \text{g}}{C_2H_2\ 1\ \text{mol}} \quad 그리고 \quad \frac{C_2H_2\ 1\ \text{mol}}{C_2H_2\ 26.04\ \text{g}}$$

$$CO_2\ 1\ \text{mol} = CO_2\ 44.01\ \text{g}$$
$$\frac{CO_2\ 44.01\ \text{g}}{CO_2\ 1\ \text{mol}} \quad 그리고 \quad \frac{CO_2\ 1\ \text{mol}}{CO_2\ 44.01\ \text{g}}$$

$$C_2H_2\ 2\ \text{mol} = CO_2\ 4\ \text{mol}$$
$$\frac{C_2H_2\ 2\ \text{mol}}{CO_2\ 4\ \text{mol}} \quad 그리고 \quad \frac{CO_2\ 4\ \text{mol}}{C_2H_2\ 2\ \text{mol}}$$

생각해 보기 9.2

반응물의 그램수를 생성물의 그램수로 변환하는 문제에서 왜 몰–몰 인자가 필요한가?

단계 4 문제를 풀어 필요한 것(그램수)을 얻는다.

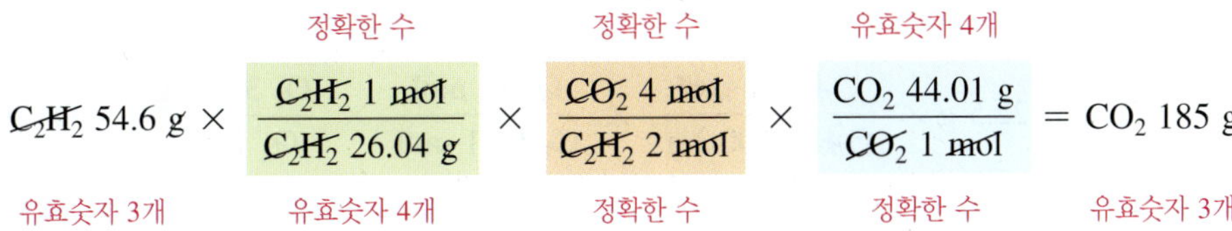

확인 문제 9.4

예제 9.4의 반응식을 사용하여 다음 각각을 계산하라.

a. O_2 25.0 g이 반응할 때 생성될 수 있는 CO_2의 그램수

b. H_2O 65.0 g을 얻으려 할 때 필요한 C_2H_2의 그램수

답

a. CO_2 27.5 g

b. C_2H_2 93.9 g

예제 9.5 반응물의 질량 계산

먼저 해 보기!

연료 헵테인(C_7H_{16})은 휘발유의 옥탄가 등급에서 영점으로 평가된다. 헵테인은 빠르게 연소되어 엔진 노킹을 유발하기 때문에 휘발유에서 바람직하지 않은 화합물이다. C_7H_{16} 22.5 g과 반응하려면 O_2 몇 그램이 필요한가?

$$C_7H_{16}(l) + 11O_2(g) \xrightarrow{\Delta} 7CO_2(g) + 8H_2O(g)$$

옥탄가(octane rating)는 엔진 안에서 연료가 얼마나 잘 연소되는지 측정한 것이다.

풀이

단계 1 주어진 것과 필요한 것(그램수)을 쓴다.

문제 분석	주어진 것	필요한 것	연결
	C_7H_{16} 22.5 g	O_2의 그램수	몰질량, 몰–몰 인자
	식		
	$C_7H_{16}(l) + 11O_2(g) \xrightarrow{\Delta} 7CO_2(g) + 8H_2O(g)$		

단계 2 주어진 것을 필요한 것(그램수)으로 바꾸는 계획을 쓴다.

C_7H_{16}의 그램수 → 몰질량 → C_7H_{16}의 몰수 → 몰–몰 인자 → O_2의 몰수 → 몰질량 → O_2의 그램수

단계 3 계수를 사용하여 몰–몰 인자를 쓰고, 몰질량을 쓴다.

C_7H_{16} 1 mol = C_7H_{16} 100.2 g

$\frac{C_7H_{16}\ 100.2\ g}{C_7H_{16}\ 1\ mol}$ 그리고 $\frac{C_7H_{16}\ 1\ mol}{C_7H_{16}\ 100.2\ g}$

O_2 1 mol = O_2 32.00 g

$\frac{O_2\ 32.00\ g}{O_2\ 1\ mol}$ 그리고 $\frac{O_2\ 1\ mol}{O_2\ 32.00\ g}$

C_7H_{16} 1 mol = O_2 11 mol

$\frac{O_2\ 11\ mol}{C_7H_{16}\ 1\ mol}$ 그리고 $\frac{C_7H_{16}\ 1\ mol}{O_2\ 11\ mol}$

단계 4 문제를 풀어 필요한 것(그램수)을 얻는다.

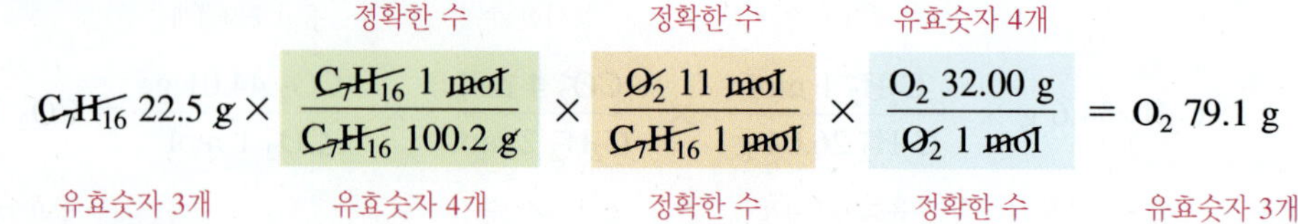

$$\cancel{C_7H_{16}}\ 22.5\ g \times \frac{\cancel{C_7H_{16}}\ 1\ \cancel{mol}}{\cancel{C_7H_{16}}\ 100.2\ \cancel{g}} \times \frac{\cancel{O_2}\ 11\ \cancel{mol}}{\cancel{C_7H_{16}}\ 1\ \cancel{mol}} \times \frac{O_2\ 32.00\ g}{\cancel{O_2}\ 1\ \cancel{mol}} = O_2\ 79.1\ g$$

확인 문제 9.5

예제 9.5의 반응식을 사용하여 다음 각각을 계산하라.

a. H_2O 15.0 g을 얻는 데 필요한 C_7H_{16}의 그램수

b. C_7H_{16} 25.0 g의 반응으로 얻어지는 CO_2의 그램수

답

a. C_7H_{16} 10.4 g

b. CO_2 76.9 g

9.4 한계 반응물

학습 목표 두 가지 반응물의 양이 주어지면 한계 반응물을 확인할 수 있다. 한계 반응물로부터 형성되는 생성물의 양을 계산할 수 있다.

점심 식사를 위해 땅콩버터 샌드위치를 만들 때 각 샌드위치에 식빵 2개와 땅콩버터 1스푼이 필요하다. 이것을 식으로 다음과 같이 쓸 수 있다.

식빵 2개 + 땅콩버터 1스푼 ⟶ 땅콩버터 샌드위치 1개

식빵 8개와 땅콩버터가 병에 가득 있다면 땅콩버터 샌드위치를 4개 만들고 식빵이 다 소모될 것이다. 병에 땅콩버터가 많이 남아 있어도 식빵이 다 소모되면 샌드위치를 더 이상 만들 수 없다. 식빵의 수가 만들 수 있는 샌드위치의 수를 제한했다.

어떤 날에는 식빵 8개가 있지만, 병에 남은 땅콩버터가 한 스푼 밖에 없다. 그러면 땅콩버터 샌드위치 1개만을 만들고 나면 땅콩버터가 떨어져 식빵 6개는 남을 것이다. 사용할 수 있는 적은 양의 땅콩버터가 만들 수 있는 샌드위치의 수를 제한한다.

완전히 소진된 반응물을 **한계 반응물**(limiting reactant)이라고 한다. 완전히 반응하지 않고 남아 있는 반응물을 *초과 반응물*(excess reagent)이라고 한다.

식빵	땅콩버터	샌드위치	한계 반응물	초과 반응물
1봉지(20개)	1스푼	1개	땅콩버터	식빵
4개	1병 가득	2개	식빵	땅콩버터
8개	1병 가득	4개	식빵	땅콩버터

생각해 보기 9.3

소풍용 숟가락 10개, 포크 8개, 나이프 6개가 있다. 각자가 숟가락 1개, 포크 1개, 나이프 1개가 필요하다면, 소풍에서 왜 6명만 사용할 수 있는가?

한계 반응물로부터 생성물의 몰수 계산

비슷한 방식으로, 어떤 화학 반응에서의 반응물은 항상 정확히 동시에 각각 소모될 수 있는 양으로 제공되지 않는다. 많은 반응에서 형성될 수 있는 생성물의 양을 결정하는 한계 반응물이 있다. 어떤 화학 반응에서 반응물의 양을 알 때, 그것이 완전히 소모된다면 각 반응물로부터 가능한 생성물의 양을 계산한다. *한계 반응물*(limiting reactant)을 찾는데, 이것은 먼저 소모되어 더 적은 양의 생성물을 생산하게 된다.

핵심 화학 기술

한계 반응물로부터 생성물의 양 계산

예제 9.6 한계 반응물로부터 반응물의 몰수

먼저 해 보기!

메탄올(CH_4O) 생산에 일산화 탄소와 수소가 사용된다. 균형 화학 반응식은 다음과 같다.

$$CO(g) + 2H_2(g) \longrightarrow CH_4O(g)$$

CO 3.00 mol과 H_2 5.00 mol이 초기 반응물이라면, 한계 반응물은 무엇이며 생성될 수 있는 메탄올은 몇 mol인가?

풀이

단계 1 주어진 것과 필요한 것(몰수)을 쓴다.

	주어진 것	필요한 것	연결
문제 분석	CO 3.00 mol, H_2 5.00 mol	한계 반응물, 생성되는 CH_4O의 몰수	몰-몰 인자
	식		
	$CO(g) + 2H_2(g) \longrightarrow CH_4O(g)$		

단계 2 각 반응물의 양(몰수)을 생성물의 양(몰수)으로 바꾸는 계획을 쓴다.

CO의 몰수 → 몰-몰 인자 → CH_4O의 몰수

H_2의 몰수 → 몰-몰 인자 → CH_4O의 몰수

단계 3 계수를 사용하여 몰-몰 인자를 쓴다.

$$CO\ 1\ mol = CH_4O\ 1\ mol$$

$$\frac{CO\ 1\ mol}{CH_4O\ 1\ mol} \text{ 그리고 } \frac{CH_4O\ 1\ mol}{CO\ 1\ mol}$$

$$H_2\ 2\ mol = CH_4O\ 1\ mol$$

$$\frac{H_2\ 2\ mol}{CH_4O\ 1\ mol} \text{ 그리고 } \frac{CH_4O\ 1\ mol}{H_2\ 2\ mol}$$

단계 4 **각 반응물로부터 생성물의 양(몰수)을 계산하고 더 작은 양(몰수)을 한계 반응물로 선택한다.**

CO로부터 CH_4O(생성물)의 몰수:

$$\underset{\text{유효숫자 3개}}{\cancel{CO}\ 3.00\ \cancel{mol}} \times \overset{\text{정확한 수}}{\underset{\text{정확한 수}}{\frac{CH_4O\ 1\ mol}{\cancel{CO}\ 1\ \cancel{mol}}}} = \underset{\text{유효숫자 3개}}{CH_4O\ 3.00\ mol}$$

H_2로부터 CH_4O(생성물)의 몰수:

$$\overset{\text{유효숫자 3개}}{\underset{\text{한계 반응물}}{\cancel{H_2}\ 5.00\ \cancel{mol}}} \times \overset{\text{정확한 수}}{\underset{\text{정확한 수}}{\frac{CH_4O\ 1\ mol}{\cancel{H_2}\ 2\ \cancel{mol}}}} = \underset{\text{유효숫자 3개}}{CH_4O\ 2.50\ mol} \quad \text{생성물이 더 작은 양}$$

한계 반응물인 H_2가 완전히 소모되기 때문에 더 적은 양(CH_4O 2.50 mol)이 한계 반응물로부터 얻을 수 있는 최대 양이다.

확인 문제 9.6

a. 예제 9.6에 대한 반응물의 초기 혼합물에 CO 4.00 mol과 H_2 4.00 mol이 들어 있다면, 한계 반응물은 무엇이며 메탄올은 몇 mol 생성될 수 있는가?

b. 예제 9.6에 대한 반응물의 초기 혼합물에 CO 1.50 mol과 H_2 6.00 mol이 들어 있다면, 한계 반응물은 무엇이며 메탄올은 몇 mol 생성될 수 있는가?

답

a. H_2가 한계 반응물이다. 메탄올 2.00 mol이 생성된다.

b. CO가 한계 반응물이다. 메탄올 1.50 mol이 생성된다.

한계 반응물로부터 생성물 질량 계산

반응물의 양은 그램 단위로도 주어질 수 있다. 한계 반응물을 확인하기 위한 계산은 이전과 같지만 각 반응물의 그램수를 먼저 몰수로 변환한 다음 생성물의 몰수로 변환하고, 마지막으로 생성물의 그램수로 변환해야 한다. 그런 다음 한계 반응물이 완전히 사용되었을 때 생성되는 더 작은 질량을 선택한다. 이 계산은 예제 9.7에 있다.

자동차의 세라믹 브레이크 디스크는 1400°C의 온도를 견딜 수 있다.

예제 9.7 한계 반응물로부터 생성물의 질량

먼저 해 보기!

이산화 규소(모래)와 탄소를 가열할 때 생성물은 탄화 규소(SiC)와 일산화 탄소이다. 탄화 규소는 극한의 온도를 견딜 수 있는 세라믹 소재로 연마제와 스포츠카의 브레이크 디스크에 사용된다. SiO_2 70.0 g과 C 50.0 g으로부터 CO 몇 그램이 형성되는가?

$$SiO_2(s) + 3C(s) \xrightarrow{\Delta} SiC(s) + 2CO(g)$$

풀이

단계 1 **주어진 것과 필요한 것(그램수)을 쓴다.**

문제 분석	주어진 것	필요한 것	연결
	SiO_2 70.0 g, C 50.0 g	한계 반응물로부터 CO의 그램수	몰질량, 몰–몰 인자
	식		
	$SiO_2(s) + 3C(s) \xrightarrow{\Delta} SiC(s) + 2CO(g)$		

단계 2 **각 반응물의 양(몰수)을 생성물의 양(그램수)으로 바꾸는 계획을 쓴다.**

SiO_2의 그램수 → 몰질량 → SiO_2의 몰수 → 몰–몰 인자 → CO의 몰수 → 몰질량 → CO의 그램수

C의 그램수 → 몰질량 → C의 몰수 → 몰–몰 인자 → CO의 몰수 → 몰질량 → CO의 그램수

단계 3 **계수를 사용하여 몰–몰 인자를 쓴다. 몰질량을 쓴다.**

SiO_2 1 mol = SiO_2 60.09 g
$\frac{SiO_2\ 60.09\ g}{SiO_2\ 1\ mol}$ 그리고 $\frac{SiO_2\ 1\ mol}{SiO_2\ 60.09\ g}$

C 1 mol = C 12.01 g
$\frac{C\ 12.01\ g}{C\ 1\ mol}$ 그리고 $\frac{C\ 1\ mol}{C\ 12.01\ g}$

CO 1 mol = CO 28.01 g
$\frac{CO\ 28.01\ g}{CO\ 1\ mol}$ 그리고 $\frac{CO\ 1\ mol}{CO\ 28.01\ g}$

CO 2 mol = SiO_2 1 mol
$\frac{CO\ 2\ mol}{SiO_2\ 1\ mol}$ 그리고 $\frac{SiO_2\ 1\ mol}{CO\ 2\ mol}$

CO 2 mol = C 3 mol
$\frac{CO\ 2\ mol}{C\ 3\ mol}$ 그리고 $\frac{C\ 3\ mol}{CO\ 2\ mol}$

단계 4 **각 반응물로부터 생성물의 양(그램수)을 계산하고 더 적은 양(그램수)을 한계 반응물로 선택한다.**

SiO_2로부터 CO(생성물)의 그램수:

유효숫자 3개 정확한 수 정확한 수 유효숫자 4개 유효숫자 3개

$$\cancel{SiO_2}\ 70.0\ \cancel{g} \times \frac{\cancel{SiO_2}\ 1\ \cancel{mol}}{\cancel{SiO_2}\ 60.09\ \cancel{g}} \times \frac{\cancel{CO}\ 2\ \cancel{mol}}{\cancel{SiO_2}\ 1\ \cancel{mol}} \times \frac{CO\ 28.01\ g}{\cancel{CO}\ 1\ \cancel{mol}} = CO\ 65.3\ g$$

한계 반응물 유효숫자 4개 정확한 수 정확한 수 생성물이 더 작은 양

C로부터 CO(생성물)의 그램수:

유효숫자 3개 정확한 수 정확한 수 유효숫자 4개 유효숫자 3개

$$\cancel{C}\ 50.0\ \cancel{g} \times \frac{\cancel{C}\ 1\ \cancel{mol}}{\cancel{C}\ 12.01\ \cancel{g}} \times \frac{\cancel{CO}\ 2\ \cancel{mol}}{\cancel{C}\ 3\ \cancel{mol}} \times \frac{CO\ 28.01\ g}{\cancel{CO}\ 1\ \cancel{mol}} = CO\ 77.7\ g$$

유효숫자 4개 정확한 수 정확한 수

더 적은 양(CO 65.3 g)이 생성될 수 있는 CO의 최대 양이다. 이것은 또한 SiO_2가 한계 반응물이라는 것을 의미한다.

확인 문제 9.7

황화 수소는 산소와 함께 연소하면 이산화 황과 물을 생성한다.

$$2H_2S(g) + 3O_2(g) \xrightarrow{\Delta} 2SO_2(g) + 2H_2O(g)$$

a. H_2S 8.52 g과 O_2 9.60 g의 반응으로 SO_2는 몇 그램 형성되는가?

b. H_2S 15.0 g과 O_2 25.0 g의 반응으로 H_2O는 몇 그램 형성되는가?

답

a. SO_2 12.8 g **b.** H_2O 7.93 g

9.5 수득 백분율

학습 목표 생성물의 실제 양이 주어지면 반응에 대한 수득 백분율을 결정할 수 있다.

지금까지의 문제에서는 모든 반응물이 생성물로 완전히 변화하였다고 가정했다. 따라서 생성물의 양을 가능한 최대량, 즉 100%로 계산했다. 이것은 이상적인 상황이지만 일반적으로는 일어나지 않는다. 반응을 수행하고 한 용기에서 다른 용기로 생성물을 옮길 때 일반적으로 일부 생성물이 손실된다. 상업적으로뿐만 아니라 실험실에서도 출발 물질이 완전히 순수하지 않을 수 있으며, 부반응이 일어나 일부 반응물은 원하지 않는 생성물을 만들게 된다. 따라서 실제로 원하는 생성물이 100% 얻어지지 않는다.

실험실에서 화학 반응을 할 때, 특정 양의 반응물을 측정한다. 모든 반응물이 원하는 생성물로 변환된다고 할 때 예상되는 생성물의 양(100%)인 반응의 **이론적 수득량**(theoretical yield)을 계산한다. 반응이 끝나면 생성물을 모아 질량을 측정한다. 이것이 생성물의 **실제 수득량**(actual yield)이다. 대개 일부 생성물이 소실되기 때문에 실제 수득량은 이론적 수득량보다 적다. 생성물의 실제 수득량과 이론적 수득량을 사용하여 **수득 백분율**(percent yield)을 계산할 수 있다.

$$\text{수득 백분율(\%)} = \frac{\text{실제 수득량}}{\text{이론적 수득량}} \times 100\%$$

생각해 보기 9.4

파티를 위해 쿠키 5다스를 만들기 위해 쿠키 반죽을 준비했다. 하지만 쿠키 중 12개가 타서 버렸다. 쿠키의 수득 백분율은 왜 80%인가?

핵심 화학 기술

수득 백분율 계산

우주 왕복선에서 캐니스터에 있는 LiOH가 공기 중 CO_2를 제거한다.

예제 9.8 수득 백분율 계산

먼저 해 보기!

우주 왕복선에서 LiOH는 숨쉬는 공기에서 내뱉은 CO_2를 흡수하여 $LiHCO_3$를 형성하는 데 사용된다.

$$LiOH(s) + CO_2(g) \longrightarrow LiHCO_3(s)$$

LiOH 50.0 g이 $LiHCO_3$ 72.8 g을 만든다면 반응에서 $LiHCO_3$의 수득 백분율은 얼마인가?

풀이

단계 1 주어진 것과 필요한 것을 쓴다.

	주어진 것	필요한 것	연결
문제 분석	LiOH 50.0 g, $LiHCO_3$ 72.8 g(실제 수득량)	$LiHCO_3$의 수득 백분율	몰질량, 몰-몰 인자, 수득 백분율 식
	식		
	$LiOH(s) + CO_2(g) \longrightarrow LiHCO_3(s)$		

단계 2 이론적 수득량과 수득 백분율을 계산하기 위한 계획을 쓴다.

LiOH의 그램수 → 몰질량 → LiOH의 몰수 → 몰-몰 인자 → $LiHCO_3$의 몰수 → 몰질량 → $LiHCO_3$의 그램수 (이론적 수득량)

단계 3 계수를 사용하여 몰-몰 인자를 쓴다. 몰질량을 쓴다.

LiOH 1 mol = LiOH 23.95 g

$$\frac{\text{LiOH 23.95 g}}{\text{LiOH 1 mol}} \quad \text{그리고} \quad \frac{\text{LiOH 1 mol}}{\text{LiOH 23.95 g}}$$

$LiHCO_3$ 1 mol = $LiHCO_3$ 67.96 g

$$\frac{LiHCO_3\ 67.96\ g}{LiHCO_3\ 1\ mol} \quad \text{그리고} \quad \frac{LiHCO_3\ 1\ mol}{LiHCO_3\ 67.96\ g}$$

$LiHCO_3$ 1 mol = LiOH 1 mol

$$\frac{LiHCO_3\ 1\ mol}{LiOH\ 1\ mol} \quad \text{그리고} \quad \frac{LiOH\ 1\ mol}{LiHCO_3\ 1\ mol}$$

단계 4 **실제 수득량(주어짐)을 이론적 수득량으로 나누고 100%를 곱하여 수득 백분율을 계산한다.**

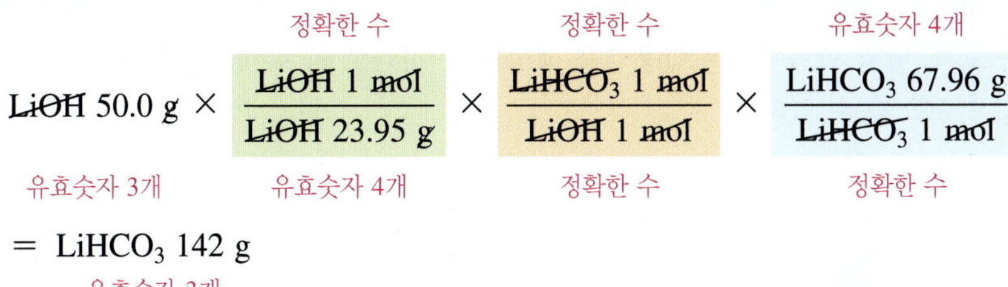

$$\text{LiOH } 50.0\text{ g} \times \frac{\text{LiOH } 1\text{ mol}}{\text{LiOH } 23.95\text{ g}} \times \frac{\text{LiHCO}_3\text{ } 1\text{ mol}}{\text{LiOH } 1\text{ mol}} \times \frac{\text{LiHCO}_3\text{ } 67.96\text{ g}}{\text{LiHCO}_3\text{ } 1\text{ mol}}$$

$= \text{LiHCO}_3\ 142\text{ g}$

유효숫자 3개

수득 백분율 계산:

$$\frac{\text{실제 수득량(주어진 것)}}{\text{이론적 수득량(계산된 것)}} \times 100\% = \frac{\text{LiHCO}_3\ 72.8\text{ g}}{\text{LiHCO}_3\ 142\text{ g}} \times 100\% = 51.3\%$$

유효숫자 3개 / 유효숫자 3개 / 유효숫자 3개

수득 백분율이 51.3%라는 것은 $LiHCO_3$의 이론적 수득량인 142 g 중 실제 반응에 의해 72.8 g이 생성되었음을 의미한다.

확인 문제 9.8

예제 9.8의 식을 이용하여 다음 각 계산을 하라.

a. CO_2 8.00 g이 $LiHCO_3$ 10.5 g을 생성한다면 $LiHCO_3$의 수득 백분율은?

b. LiOH 76.6 g이 $LiHCO_3$ 35.0 g을 생성한다면 $LiHCO_3$의 수득 백분율은?

답

a. 84.7% **b.** 77.1%

9.6 화학 반응의 에너지

▮복습하기

에너지 단위 사용(3.4)

학습 목표 반응열(엔탈피 변화)이 주어지면 발열 반응이나 흡열 반응에서 얻거나 잃은 열을 계산할 수 있다.

거의 모든 화학 반응은 에너지 손실이나 증가를 수반한다. 반응의 에너지 변화(엔탈피 변화)를 논의하기 위해 화학 반응 중에 흡수되거나 손실되는 에너지를 살펴보자.

화학 반응에서 에너지 단위

에너지의 SI 단위는 *줄*(joule, J)이다. 반응에서 에너지 변화를 나타내는 데 종종 *킬로줄*(kilojoule, kJ) 단위를 사용하기도 한다.

1 킬로줄(kJ) = 1000 줄(J)

반응열(엔탈피 변화)

반응열(heat of reaction)은 일정 압력에서 일어나는 반응 중에 흡수되거나 방출되는 열의 양이다. 반응물이 상호 작용하고 결합이 끊어지며 생성물이 형성됨에 따라 에너지 변화가 일어난다. 생성물과 반응물의 에너지의 차이로 반응열(기호 ΔH)을 결정한다.

$$\Delta H = H_{\text{생성물}} - H_{\text{반응물}}$$

발열 반응

발열 반응(exothermic reaction, *exo*는 "바깥쪽"을 뜻함)에서는 생성물의 에너지가 반응물의 에너지보다 낮다. 이것은 형성되는 생성물과 함께 열이 방출됨을 뜻한다. 수소 1 mol과 염소 1 mol이 반응하여 염화 수소 2 mol을 형성할 때 185 kJ의 열이 방출되는 발열 반응의 반응식을 보자. 발열 반응에서는 반응열을 생성물 중 하나로 쓸 수 있다. 음의 부호(−)와 함께 ΔH 값으로도 쓸 수 있다.

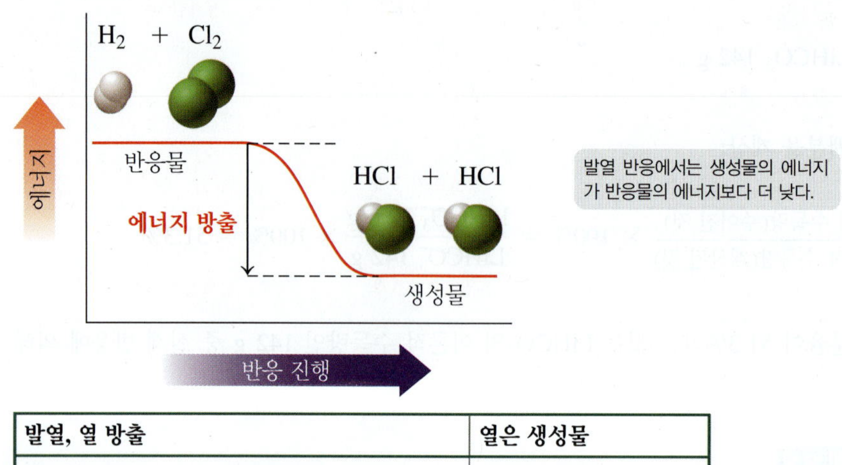

발열, 열 방출	열은 생성물
$H_2(g) + Cl_2(g) \longrightarrow 2HCl(g) + 185\text{ kJ}$	$\Delta H = -185\text{ kJ}$ 음의 부호

흡열 반응

흡열 반응(endothermic reaction, *endo*는 "안쪽"을 뜻함)에서는 생성물의 에너지가 반응물의 에너지보다 높다. 반응물을 생성물로 전환하려면 열이 필요하다. 질소 1 mol과 산소 1 mol을 산화 질소 2 mol로 변환하는 데 180 kJ의 열을 필요로 하는 흡열 반응의 반응식을 살펴 보자. 흡열 반응에서는 반응열을 반응물의 하나로 쓸 수 있다. 또한 양의 부호(+)를 가지는 ΔH 값으로 쓸 수도 있다.

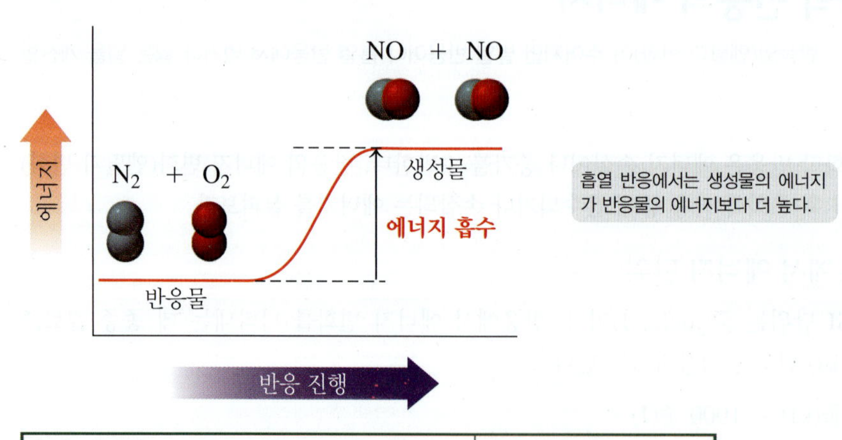

흡열, 열 흡수	열은 반응물
$N_2(g) + O_2(g) + 180\text{ kJ} \longrightarrow 2NO(g)$	$\Delta H = +180\text{ kJ}$ 양의 부호

반응	에너지 변화	반응식에서 열	ΔH의 부호
발열	열 방출	생성물 쪽	음의 부호(−)
흡열	열 흡수	반응물 쪽	양의 부호(+)

예제 9.9 발열 반응과 흡열 반응

먼저 해 보기!

고체 탄소 1 mol과 산소 기체 1 mol의 반응에서 생성된 이산화 탄소 기체의 에너지는 반응물들의 에너지보다 394 kJ 낮다.

a. 반응은 발열인가, 흡열인가?
b. 반응열을 포함한 균형 화학 반응식을 써라.
c. ΔH의 부호는 양인가 음인가?

풀이

a. 생성물들의 에너지가 반응물들의 에너지보다 낮으면 발열 반응이다.
b. $C(s) + O_2(g) \longrightarrow CO_2(g) + 394\ kJ$
c. 음

확인 문제 9.9

고체 탄소 1 mol과 고체 황 2 mol의 반응에서 생성된 이황화 탄소 액체의 에너지는 반응물들의 에너지보다 92.0 kJ 높다.

a. 반응은 발열인가, 흡열인가?
b. 반응열을 포함한 균형 화학 반응식을 써라.
c. ΔH의 부호는 양인가 음인가?

답

a. 생성물들의 에너지가 반응물들의 에너지보다 높으면 흡열 반응이다.
b. $C(s) + 2S(s) + 92.0\ kJ \longrightarrow CS_2(l)$
c. 양

반응열 계산

핵심 화학 기술
반응열 사용

ΔH 값은 반응에 대한 균형 반응식에서 각 물질에 대한 열 변화를 킬로줄(kJ) 단위로 나타낸 것이다. 다음 분해 반응을 생각해 보자.

$$2H_2O(l) \longrightarrow 2H_2(g) + O_2(g) \quad \Delta H = +572\ kJ$$
$$2H_2O(l) + 572\ kJ \longrightarrow 2H_2(g) + O_2(g)$$

이 반응에서, 572 kJ는 H_2O 2 mol에 의해 흡수되어 H_2 2 mol과 O_2 1 mol을 생성한다. 이 반응에서 각 물질에 대한 두 개의 열 변환 인자를 다음과 같이 쓸 수 있다.

$$\frac{+572\ kJ}{H_2O\ 2\ mol} \text{ 그리고 } \frac{H_2O\ 2\ mol}{+572\ kJ} \qquad \frac{+572\ kJ}{H_2\ 2\ mol} \text{ 그리고 } \frac{H_2\ 2\ mol}{+572\ kJ} \qquad \frac{+572\ kJ}{O_2\ 1\ mol} \text{ 그리고 } \frac{O_2\ 1\ mol}{+572\ kJ}$$

생각해 보기 9.5
반응에서 가능한 열 변환 인자가 두 가지 이상인데, 반응열은 왜 하나인가?

이 반응에서 H_2O 9.00 g이 반응한다고 가정해 보자. 흡수된 열량을 다음과 같이 계산할 수 있다.

$$\cancel{H_2O}\ 9.00\ \cancel{g} \times \frac{\cancel{H_2O}\ 1\ \cancel{mol}}{\cancel{H_2O}\ 18.02\ \cancel{g}} \times \frac{+572\ kJ}{\cancel{H_2O}\ 2\ \cancel{mol}} = +143\ kJ$$

예제 9.10 반응열 계산

먼저 해 보기!

질소와 수소가 반응하여 암모니아 50.0 g을 형성할 때 방출되는 열은 몇 kJ인가?

$$N_2(g) + 3H_2(g) \longrightarrow 2NH_3(g) \qquad \Delta H = -92.2 \text{ kJ}$$

풀이

단계 1 주어진 것과 필요한 것을 쓴다.

	주어진 것	필요한 것	연결
문제 분석	NH_3 50.0 g	방출된 열(kJ 단위)	몰질량, $\Delta H = -92.2$ kJ
	식		
	$N_2(g) + 3H_2(g) \longrightarrow 2NH_3(g)$		

단계 2 반응열과 필요한 몰질량을 사용하여 계획을 쓴다.

NH_3의 그램수 → 몰질량 → NH_3의 몰수 → 반응열 → 킬로줄

단계 3 반응열을 포함한 환산 인자를 쓴다.

$$NH_3 \text{ 1 mol} = NH_3 \text{ 17.03 g}$$
$$\frac{NH_3 \text{ 17.03 g}}{NH_3 \text{ 1 mol}} \text{ 그리고 } \frac{NH_3 \text{ 1 mol}}{NH_3 \text{ 17.03 g}}$$

$$NH_3 \text{ 2 mol} = -92.2 \text{ kJ}$$
$$\frac{-92.2 \text{ kJ}}{NH_3 \text{ 2 mol}} \text{ 그리고 } \frac{NH_3 \text{ 2 mol}}{-92.2 \text{ kJ}}$$

단계 4 문제를 풀어 열을 계산한다.

$$NH_3 \text{ 50.0 g} \times \frac{NH_3 \text{ 1 mol}}{NH_3 \text{ 17.03 g}} \times \frac{-92.2 \text{ kJ}}{NH_3 \text{ 2 mol}} = -135 \text{ kJ}$$

유효숫자 3개 / 정확한 수, 유효숫자 4개 / 유효숫자 3개, 정확한 수 / 유효숫자 3개

확인 문제 9.10

산화 수은(II)는 수은과 산소로 분해된다.

$$2HgO(s) \longrightarrow 2Hg(l) + O_2(g) \qquad \Delta H = +182 \text{ kJ}$$

a. 이 반응은 발열인가, 흡열인가?

b. 산화 수은(II) 25.0 g이 반응할 때 몇 kJ이 필요한가?

답

a. 흡열 **b.** 20.5 kJ

헤스 법칙

헤스 법칙(Hess's law)에 따르면 열은 단일 화학 반응이나 여러 단계로 흡수되거나 방출될 수 있다. 반응에 둘 이상의 단계가 있을 때, 전체 엔탈피 변화는 모든 단계가 같은 온도에서 일어난다면 해당 단계 엔탈피 변화의 합이다.

헤스 법칙과 관련된 문제 풀이 단계:

1. 화학 반응식을 반대로 쓰면 ΔH의 부호도 반대로 해야 한다.
2. 화학 반응식에 몇 가지 인자를 곱하면, ΔH에 같은 인자를 곱해야 한다.

건강과 관련된 화학 _Chemistry Link to Health

콜드팩과 핫팩

병원, 응급처치 시설, 운동경기 등에서 즉시 콜드팩(cold pack)을 사용하면 부상으로 인한 붓기를 가라앉히거나 염증에서 열을 제거하거나 모세혈관의 크기를 줄여 출혈의 영향을 줄일 수 있다. 콜드팩의 플라스틱 용기 안에는 물이 들어 있는 곳과 분리되어 고체 질산 암모늄(NH_4NO_3)이 들어 있는 곳이 있다. 팩을 세게 쳐서 가운데 벽을 부수고 질산 암모늄이 물(반응 화살표 위에 H_2O로 표시)과 섞이도록 하면 활성화된다. 흡열 과정에서 NH_4NO_3 1 mol이 용해되면서 26 kJ의 열을 흡수한다. 온도가 약 4~5°C로 떨어지면 사용할 수 있게 된다.

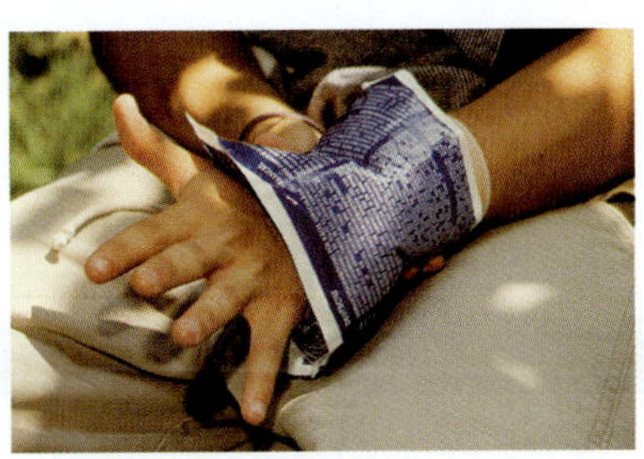
콜드팩은 흡열 반응을 이용한다.

콜드팩에서의 흡열 반응

$$NH_4NO_3(s) + 26\text{ kJ} \xrightarrow{H_2O} NH_4NO_3(aq)$$

핫팩(hot pack)은 근육을 이완시키고, 아픔과 경련을 감소시키며, 모세혈관을 확장하여 혈액 순환을 높이는 데 사용된다. 콜드팩과 같은 방식으로 제작된 핫팩에는 $CaCl_2$와 같은 염이 들어 있다. $CaCl_2$ 1 mol이 물에 용해되면 82 kJ이 열로 방출된다. 온도가 66°C까지 올라가 사용할 수 있게 된다.

핫팩에서의 발열 반응

$$CaCl_2(s) \xrightarrow{H_2O} CaCl_2(aq) + 82\text{ kJ}$$

예제 9.11에서 특정 반응에 대한 엔탈피 변화가 어떻게 둘 이상의 반응의 합인지 볼 수 있다.

예제 9.11 헤스 법칙과 반응열 계산하기

먼저 해 보기!

다음 화학 반응에 대한 ΔH 값을 계산하라.

$$C(s) + 2H_2O(g) \longrightarrow CO_2(g) + 2H_2(g)$$

반응식 1: $C(s) + O_2(g) \longrightarrow CO_2(g)$ $\quad \Delta H = -394\text{ kJ}$

반응식 2: $2H_2(g) + O_2(g) \longrightarrow 2H_2O(g)$ $\quad \Delta H = -484\text{ kJ}$

풀이

	주어진 것	필요한 것	연결
문제 분석	전체 반응, 반응식 1과 2	반응열	반응식 결합, 전체 반응열

단계 1 **반응물을 왼쪽에, 생성물을 오른쪽에 놓이도록 주어진 반응식을 배열한다.** 반응물로 $C(s)$가, 생성물로 $CO_2(g)$가 쓰인 반응식 1을 사용한다.

$$C(s) + O_2(g) \longrightarrow CO_2(g) \qquad \Delta H = -394\text{ kJ}$$

반응식 2를 반대로 하여 반응물로 $H_2O(g)$, 생성물로 $H_2(g)$가 되게 하고 ΔH의 부호를 바꾼다.

$$2H_2O(g) \longrightarrow 2H_2(g) + O_2(g) \qquad \Delta H = +484\text{ kJ}$$ 바뀐 부호

단계 2 **반응식에 균형 계수를 곱하면 ΔH에 같은 수를 곱한다.** $C(s)$와 $2H_2O(g)$가 반응물이고 $CO_2(g)$와 $2H_2(g)$가 생성물이므로 더 바꿀 필요 없다.

단계 3 **반응식을 더하여 양쪽에 공통인 모든 물질을 소거하고, ΔH 값들을 더한다.**

$$C(s) + \cancel{O_2(g)} \longrightarrow CO_2(g) \qquad \Delta H = -394\ kJ$$
$$2H_2O(g) \longrightarrow 2H_2(g) + \cancel{O_2(g)} \qquad \Delta H = +484\ kJ$$
$$C(s) + 2H_2O(g) \longrightarrow CO_2(g) + 2H_2(g) \qquad \Delta H = +90.\ kJ$$

확인 문제 9.11

다음 화학 반응에 대해 ΔH 값을 계산하라.

$$2NO(g) + O_2(g) \longrightarrow N_2O_4(g)$$

반응식 1: $N_2O_4(g) \longrightarrow 2NO_2(g) \qquad \Delta H = +57.2\ kJ$

반응식 2: $2NO(g) + O_2(g) \longrightarrow 2NO_2(g) \qquad \Delta H = -114.0\ kJ$

답

$\Delta H = -171.2\ kJ$

예제 9.12 반응열 계산하기

먼저 해 보기!

다음 화학 반응에 대한 ΔH 값을 계산하라.

$$CS_2(l) + 3O_2(g) \longrightarrow CO_2(g) + 2SO_2(g)$$

반응식 1: $C(s) + O_2(g) \longrightarrow CO_2(g) \qquad \Delta H = -394\ kJ$

반응식 2: $S(s) + O_2(g) \longrightarrow SO_2(g) \qquad \Delta H = -297\ kJ$

반응식 3: $C(s) + 2S(s) \longrightarrow CS_2(l) \qquad \Delta H = +88\ kJ$

풀이

문제 분석	주어진 것	필요한 것	연결
	전체 반응, 반응식 1, 2, 3	반응열	반응식 결합, 전체 반응열

단계 1 **반응물을 왼쪽에, 생성물을 오른쪽에 놓이도록 주어진 반응식을 배열한다.**

생성물로 $CO_2(g)$가 쓰인 반응식 1을 사용한다.

$$C(s) + O_2(g) \longrightarrow CO_2(g) \qquad \Delta H = -394\ kJ$$

생성물로 $SO_2(g)$가 쓰인 반응식 2를 사용한다.

$$S(s) + O_2(g) \longrightarrow SO_2(g) \qquad \Delta H = -297\ kJ$$

반응식 3을 반대로 하여 반응물로 $CS_2(l)$가 되게 하고 ΔH의 부호를 바꾼다.

$$CS_2(l) \longrightarrow C(s) + 2S(s) \qquad \Delta H = -88\ kJ$$

단계 2 **반응식에 균형 계수를 곱하면 ΔH에 같은 수를 곱한다.** 반응식 2와 ΔH에 2를 곱하여 생성물 쪽이 $2SO_2(g)$가 되게 한다.

$$2S(s) + 2O_2(g) \longrightarrow 2SO_2(g) \qquad \Delta H = -594\ kJ$$

단계 3 **반응식을 더하여 양쪽에 공통인 모든 물질을 소거하고, ΔH 값들을 더한다.** $C(s)$와 $2S(s)$를 소거한다.

$$\cancel{C(s)} + O_2(g) \longrightarrow CO_2(g) \qquad \Delta H = -394\ kJ$$
$$\cancel{2S(s)} + 2O_2(g) \longrightarrow 2SO_2(g) \qquad \Delta H = -594\ kJ$$
$$CS_2(l) \longrightarrow \cancel{C(s)} + \cancel{2S(s)} \qquad \Delta H = -88\ kJ$$
$$CS_2(l) + 3O_2(g) \longrightarrow CO_2(g) + 2SO_2(g) \qquad \Delta H = -1076\ kJ$$

확인 문제 9.12

다음 화학 반응에 대해 ΔH 값을 계산하라.

$C(s) + 2H_2(g) \longrightarrow CH_4(g)$

반응식 1: $C(s) + O_2(g) \longrightarrow CO_2(g) \quad \Delta H = -394\ kJ$

반응식 2: $2H_2(g) + O_2(g) \longrightarrow 2H_2O(g) \quad \Delta H = -484\ kJ$

반응식 3: $CH_4(g) + 2O_2(g) \longrightarrow CO_2(g) + 2H_2O(g) \quad \Delta H = -802\ kJ$

답

−76 kJ

UPDATE 살충제에 대한 물 시료 검사

랜스가 주시한 문제 중 하나는 정부 규제를 초과하는 살충제에 의한 수질 오염이었다. 이들 살충제는 더 작은 분자를 결합하여 단계적으로 더 큰 분자를 형성하는 유기 합성에 의해 만들어진다.

응용 문제

9.1 살충제 세빈 합성의 한 단계에서, 나프톨은 다음과 같이 포스겐과 반응한다.

$$\underset{\text{나프톨}}{C_{10}H_8O} + \underset{\text{포스겐}}{COCl_2} \longrightarrow C_{11}H_7O_2Cl + HCl$$

a. 나프톨 2.2×10^2 kg으로부터 $C_{11}H_7O_2Cl$ 몇 킬로그램이 형성되는가?

b. 나프톨 100. g과 포스젠 100. g이 반응한다면 $C_{11}H_7O_2Cl$의 이론적 수득량은 얼마인가?

c. b에서 $C_{11}H_7O_2Cl$의 실제 수득량이 115 g이라면 수득 백분율은 얼마인가?

9.2 또 다른 널리 쓰이는 살충제는 매우 독성이 강한 살충제인 카보퓨란(carbofuran, Furadan)이다. 카보퓨란 합성의 한 단계에서 다음 반응이 사용된다.

$$C_6H_6O_2 + C_4H_7Cl \rightarrow C_{10}H_{12}O_2 + HCl$$

a. $C_{10}H_{12}O_2$ 3.8×10^3 g을 얻으려면 $C_6H_6O_2$ 몇 그램이 필요한가?

b. $C_6H_6O_2$ 67.0 g과 C_4H_7Cl 51.0 g이 반응한다면 $C_{10}H_{12}O_2$의 이론적 수득량은 얼마인가?

c. b에서 $C_{10}H_{12}O_2$의 실제 수득량이 85.7 g이라면 수득 백분율은 얼마인가?

제9장 복습하기 _Chapter Review

9.1 질량 보존

› 학습 목표 균형 화학 반응식에서 반응물의 총 질량과 생성물의 총 질량을 계산할 수 있다.

$2Ag(s)$ + $S(s)$ ⟶ $Ag_2S(s)$

반응물의 질량 = 생성물의 질량

- 균형 반응식에서 반응물의 총 질량은 생성물의 총 질량과 같다.

9.2 몰–몰 인자를 사용하여 몰수 계산하기

› 학습 목표 균형 화학 반응식의 몰–몰 인자를 사용하여 반응에서 다른 물질의 몰수를 계산할 수 있다.

Fe와 S: $\frac{\text{Fe 2 mol}}{\text{S 3 mol}}$ 그리고 $\frac{\text{S 3 mol}}{\text{Fe 2 mol}}$

- 어느 두 구성물의 몰수 사이의 관계를 설명하는 반응식의 계수는 몰–몰 인자를 쓰는 데 사용된다.
- 한 물질에 대한 몰수를 알고 있을 때, 몰–몰 인자를 사용하여 반응에서 다른 물질의 몰수를 찾는다.

9.3 반응에 대한 질량 계산

› 학습 목표 반응에서 물질의 그램 단위 질량이 주어지면, 반응에서 다른 물질의 그램수를 계산할 수 있다.

- 반응식을 사용하여 계산할 때, 물질의 몰질량과 몰비 인자를 사용하여 한 물질의 그램수를 다른 물질의 그램수로 변환한다.

9.4 한계 반응물

› 학습 목표 두 가지 반응물의 양이 주어지면 한계 반응물을 확인할 수 있다. 한계 반응물로부터 형성되는 생성물의 양을 계산할 수 있다.

- 한계 반응물은 다른 반응물을 남기면서 더 적은 양의 생성물을 생성하는 반응물이다.
- 두 반응물의 질량이 주어지면, 생성물의 질량은 한계 반응물로부터 계산된다.

9.5 수득 백분율

› 학습 목표 생성물의 실제 양이 주어지면 반응에 대한 수득 백분율을 결정할 수 있다.

- 어떤 반응에서 수득 백분율은 반응 중에 실제로 생성된 생성물의 백분율을 나타낸다.

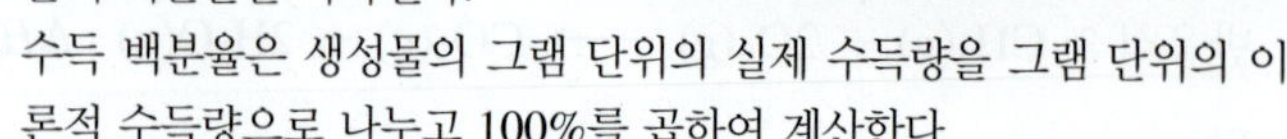

- 수득 백분율은 생성물의 그램 단위의 실제 수득량을 그램 단위의 이론적 수득량으로 나누고 100%를 곱하여 계산한다.

9.6 화학 반응의 에너지

› 학습 목표 반응열이 주어지면 발열 반응이나 흡열 반응에서 얻거나 잃은 열을 계산할 수 있다.

- 화학 반응에서 반응열(ΔH)은 생성물과 반응물 간 에너지 차이이다.
- 발열 반응에서 생성물의 에너지는 반응물의 에너지보다 낮다. 열은 방출되고, ΔH는 음수이다.
- 흡열 반응에서 생성물의 에너지는 반응물의 에너지보다 높다. 열은 흡수되고, ΔH는 양이다.
- 헤스 법칙에 의하면 열은 단일 단계나 여러 단계로 흡수 또는 방출될 수 있다.

주요 용어 _Key Terms

몰-몰 인자 반응식에서 계수로부터 유도된 두 화합물의 몰수를 관련짓는 변환 인자.

반응열 일정한 압력에서 반응이 일어났을 때 흡수되거나 방출되는 열(기호 ΔH).

발열 반응 생성물의 에너지가 반응물의 에너지보다 낮은 반응.

수득 백분율 반응에 대한 이론적인 수득량에 대한 반응에서 실제 수득량의 비율.

실제 수득량 반응에 의해 생성된 실제 생성물의 양.

이론적 수득량 주어진 양의 반응물로부터 생성될 수 있는 생성물의 최대 양.

질량 보존 법칙 화학 반응에서 반응물의 총 질량은 생성물의 총 질량과 같다. 물질은 잃어버리지도 않고 얻어지지도 않는다.

한계 반응물 화학 반응 중 모두 소모되어 생성될 수 있는 생성물의 양을 제한하는 반응물.

헤스 법칙 열은 단일 화학 반응이나 여러 단계로 흡수 또는 방출될 수 있다.

흡열 반응 생성물의 에너지가 반응물의 에너지보다 높은 반응.

핵심 화학 기술 _Core Chemistry Skills

각 핵심 화학 기술을 포함하는 절을 각 제목의 끝에 괄호 안에 나타내었다.

▷ 몰-몰 인자 사용(9.2)

다음 균형 화학 반응식을 생각해 보자.

$$4Na(s) + O_2(g) \rightarrow 2Na_2O(s)$$

- 균형 화학 반응식의 계수는 반응물의 몰수와 생성물의 몰수를 나타낸다. 따라서 Na 4 mol이 O_2 1 mol과 반응하여 Na_2O 2 mol을 형성한다.
- 계수로부터 어느 두 물질에 대한 몰-몰 인자는 다음과 같이 쓸 수 있다.

Na와 O_2 $\dfrac{\text{Na 4 mol}}{O_2\text{ 1 mol}}$ 그리고 $\dfrac{O_2\text{ 1 mol}}{\text{Na 4 mol}}$

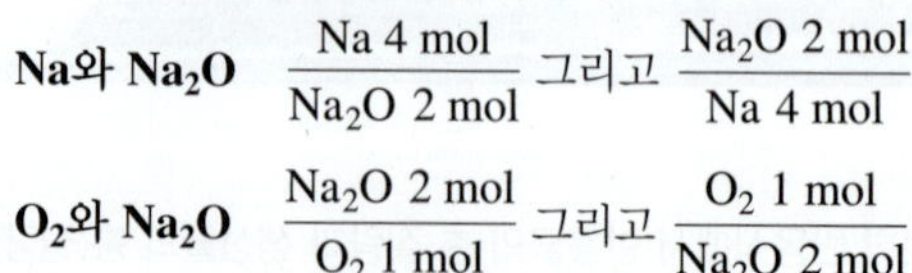

Na와 Na_2O $\dfrac{\text{Na 4 mol}}{Na_2O\text{ 2 mol}}$ 그리고 $\dfrac{Na_2O\text{ 2 mol}}{\text{Na 4 mol}}$

O_2와 Na_2O $\dfrac{Na_2O\text{ 2 mol}}{O_2\text{ 1 mol}}$ 그리고 $\dfrac{O_2\text{ 1 mol}}{Na_2O\text{ 2 mol}}$

- 몰-몰 인자는 어떤 반응에서 한 물질의 몰수를 다른 물질의 몰수로 변환하는 데 사용된다.

예: 산화 소듐 3.5 mol을 생산하는 데 필요한 소듐의 몰수는 얼마인가?

답:

주어진 것	필요한 것	연결
Na_2O 3.5 mol	Na의 몰수	몰-몰 인자

$$\underset{\text{유효숫자 2개}}{\cancel{Na_2O}\ 3.5\ \cancel{mol}} \times \frac{\overset{\text{정확한 수}}{Na\ 4\ mol}}{\underset{\text{정확한 수}}{\cancel{Na_2O}\ 2\ \cancel{mol}}} = \underset{\text{유효숫자 2개}}{Na\ 7.0\ mol}$$

▷ 그램수를 그램수로 변환(9.3)

어떤 반응의 균형 화학 반응식이 있을 때, 물질 A의 질량을 사용하여 B의 질량을 계산할 수 있다. 과정은 다음과 같다.

- A의 몰질량을 사용하여 A의 질량(그램 단위)을 A의 몰수로 변환한다.
- A의 몰수를 B의 몰수로 변환하는 몰–몰 인자를 사용한다.
- B의 몰질량을 사용하여 B의 질량(그램 단위)을 계산한다.

$$\text{A의 그램수} \xrightarrow{\text{A의 몰질량}} \text{A의 몰수} \xrightarrow{\text{몰–몰 인자}} \text{B의 몰수} \xrightarrow{\text{B의 몰질량}} \text{B의 그램수}$$

예: Na 14.6 g과 완전히 반응하려면 O_2 몇 그램이 필요한가?

$$4Na(s) + O_2(g) \longrightarrow 2Na_2O(s)$$

답: $$\underset{\text{유효숫자 3개}}{\cancel{Na}\ 14.6\ \cancel{g}} \times \frac{\overset{\text{정확한 수}}{\cancel{Na}\ 1\ \cancel{mol}}}{\underset{\text{유효숫자 4개}}{\cancel{Na}\ 22.99\ \cancel{g}}} \times \frac{\overset{\text{정확한 수}}{\cancel{O_2}\ 1\ \cancel{mol}}}{\underset{\text{정확한 수}}{\cancel{Na}\ 4\ \cancel{mol}}} \times \frac{\overset{\text{유효숫자 4개}}{32.00\ g\ O_2}}{\underset{\text{정확한 수}}{\cancel{O_2}\ 1\ \cancel{mol}}}$$

$$= \underset{\text{유효숫자 3개}}{O_2\ 5.08\ g}$$

▷ 한계 반응물로부터 생성물의 양 계산(9.4)

반응에서 종종 반응물들은 두 반응물 모두가 완전히 소모되는 양으로 존재하지 않는다. 그러면 *한계 반응물*(limiting agent)이라고 부르는 반응물 중 하나가 생성될 수 있는 생성물의 최대 양을 결정하게 된다.

- 한계 반응물을 결정하려면 각 반응물로부터 가능한 생성물의 양을 계산한다.
- 한계 반응물은 더 적은 양의 생성물을 생산하는 반응물이다.

예: S 12.5 g이 O_2 17.2 g과 반응한다면 한계 반응물은 무엇이며 생성되는 SO_3는 몇 그램인가?

$$2S(s) + 3O_2(g) \longrightarrow 2SO_3(g)$$

답:

S로부터 SO_3의 질량:

$$\underset{\text{유효숫자 3개}}{\cancel{S}\ 12.5\ \cancel{g}} \times \frac{\overset{\text{정확한 수}}{\cancel{S}\ 1\ \cancel{mol}}}{\underset{\text{유효숫자 4개}}{\cancel{S}\ 32.07\ \cancel{g}}} \times \frac{\overset{\text{정확한 수}}{\cancel{SO_3}\ 2\ \cancel{mol}}}{\underset{\text{정확한 수}}{\cancel{S}\ 2\ \cancel{mol}}} \times \frac{\overset{\text{유효숫자 4개}}{SO_3\ 80.07\ g}}{\underset{\text{정확한 수}}{\cancel{SO_3}\ 1\ \cancel{mol}}}$$

$$= \underset{\text{유효숫자 3개}}{SO_3\ 31.2\ g}$$

O_2로부터 SO_3의 질량:

$$\underset{\text{유효숫자 3개}}{\cancel{O_2}\ 17.2\ \cancel{g}} \times \frac{\overset{\text{정확한 수}}{\cancel{O_2}\ 1\ \cancel{mol}}}{\underset{\text{유효숫자 4개}}{\cancel{O_2}\ 32.00\ \cancel{g}}} \times \frac{\overset{\text{정확한 수}}{\cancel{SO_3}\ 2\ \cancel{mol}}}{\underset{\text{정확한 수}}{\cancel{O_2}\ 3\ \cancel{mol}}} \times \frac{\overset{\text{유효숫자 4개}}{SO_3\ 80.07\ g}}{\underset{\text{정확한 수}}{\cancel{SO_3}\ 1\ \cancel{mol}}}$$

$$= \underset{\text{유효숫자 3개}}{SO_3\ 28.7\ g}$$

따라서 O_2가 한계 반응물이고 SO_3 28.7 g이 생성될 수 있다.

▷ 수득 백분율 계산(9.5)

- 반응에 대한 *이론적 수득량*(theoretical yield)은 모든 반응물이 원하는 생성물로 전환될 때 생성되는 생성물의 양(100%)이다.
- 반응의 *실제 수득량*(actual yield)은 실험이 끝날 때 얻어진 생성물의 질량(그램 단위)이다. 일부 생성물이 대개 소실되기 때문에 실제 수득량은 이론적 수득량보다 적다.
- *수득 백분율*(percent yield)은 실제 수득량을 이론적 수득량으로 나눈 값에 100%를 곱한 값으로 계산된다.

$$\text{수득 백분율(\%)} = \frac{\text{실제 수득량}}{\text{이론적 수득량}} \times 100\%$$

예: Al 22.6 g이 O_2와 완전히 반응하고 Al_2O_3 37.8 g이 얻어졌다면, Al_2O_3의 수득 백분율은 얼마인가?

$$4Al(s) + 3O_2(g) \longrightarrow 2Al_2O_3(s)$$

답:

이론적 수득량 계산:

$$\underset{\text{유효숫자 3개}}{\cancel{Al}\ 22.6\ \cancel{g}} \times \frac{\overset{\text{정확한 수}}{\cancel{Al}\ 1\ \cancel{mol}}}{\underset{\text{유효숫자 4개}}{\cancel{Al}\ 26.98\ \cancel{g}}} \times \frac{\overset{\text{정확한 수}}{\cancel{Al_2O_3}\ 2\ \cancel{mol}}}{\underset{\text{정확한 수}}{\cancel{Al}\ 4\ \cancel{mol}}} \times \frac{\overset{\text{유효숫자 5개}}{Al_2O_3\ 101.96\ g}}{\underset{\text{정확한 수}}{\cancel{Al_2O_3}\ 1\ \cancel{mol}}}$$

$$= \underset{\text{유효숫자 3개}}{Al_2O_3\ 42.7\ g}\quad \text{이론적 수득량}$$

수득 백분율 계산:

$$\text{수득 백분율(\%)} = \frac{\text{실제 수득량(주어짐)}}{\text{이론적 수득량(계산됨)}} \times 100\%$$

$$= \frac{\overset{\text{유효숫자 3개}}{\cancel{Al_2O_3}\ 37.8\ \cancel{g}}}{\underset{\text{유효숫자 3개}}{\cancel{Al_2O_3}\ 42.7\ \cancel{g}}} \times 100\% = \underset{\text{유효숫자 3개}}{88.5\%}$$

▷ 반응열 사용(9.6)

- 반응열은 반응 중에 흡수되거나 방출되는 열량(일반적으로 kJ)이다.
- 반응열 또는 엔탈피 변화(enthalpy change, 기호 ΔH)는 생성물과 반응물의 에너지 차이이다.

$$\Delta H = H_{\text{생성물}} - H_{\text{반응물}}$$

- 발열 반응에서는 생성물의 에너지가 반응물의 에너지보다 낮다. 이것은 형성되는 생성물과 함께 열이 방출됨을 의미한다. 그러면 반응열(ΔH)의 부호는 음수이다.
- 흡열 반응에서는 생성물의 에너지가 반응물의 에너지보다 높다. 반응물을 생성물로 전환시키려면 열이 필요하다. 그러면 반응열(ΔH)의 부호는 양수이다.

예: CH_4 3.50 g이 연소될 때 몇 킬로줄이 방출되는가?

$$CH_4(g) + 2O_2(g) \longrightarrow CO_2(g) + 2H_2O(g) \quad \Delta H = -802\ kJ$$

답: $$\underset{\text{유효숫자 3개}}{\cancel{CH_4}\ 3.50\ \cancel{g}} \times \frac{\overset{\text{정확한 수}}{\cancel{CH_4}\ 1\ \cancel{mol}}}{\underset{\text{유효숫자 4개}}{\cancel{CH_4}\ 16.04\ \cancel{g}}} \times \frac{\overset{\text{유효숫자 3개}}{-802\ kJ}}{\underset{\text{정확한 수}}{\cancel{CH_4}\ 1\ \cancel{mol}}}$$

$$= \underset{\text{유효숫자 3개}}{-175\ kJ}$$

따라서 175 kJ이 방출된다.

개념 이해 문제 _Understanding the Concepts

*각 문제 끝에 복습할 절을 괄호 안에 표시하였다.

9.3 빨간색 공은 산소 원자, 파란색 공은 질소 원자를 나타내고 모든 분자가 기체라면 다음 질문에 답하라. (9.2, 9.4)

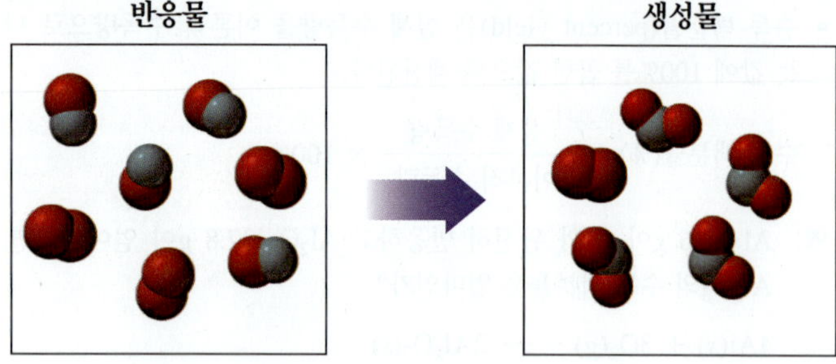

a. 반응에 대한 균형 반응식을 써라.

b. 한계 반응물을 확인하라.

9.4 녹색 공은 염소 원자, 연두색 공은 플루오린 원자, 흰색 공은 수소 원자를 나타내고 모든 분자가 기체라면 다음 질문에 답하라. (9.2, 9.4)

a. 반응에 대한 균형 반응식을 써라.

b. 한계 반응물을 확인하라.

9.5 파란색 공은 질소 원자, 흰색 공은 수소 원자를 나타내고 모든 분자가 기체라면 다음 질문에 답하라. (9.2, 9.4)

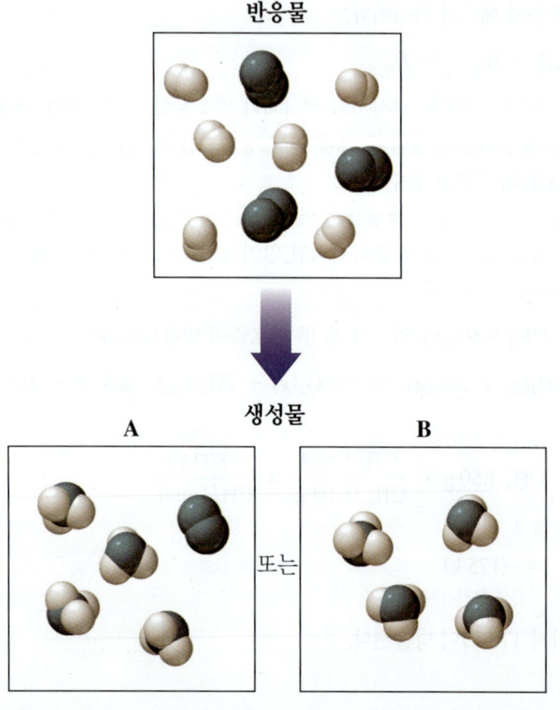

a. 반응에 대한 균형 반응식을 써라

b. 생성물을 나타내는 그림을 확인하라.

9.6 보라색 공은 아이오딘 원자, 흰색 공은 수소 원자를 나타내고 모든 분자가 기체라면 다음 질문에 답하라. (9.2, 9.4)

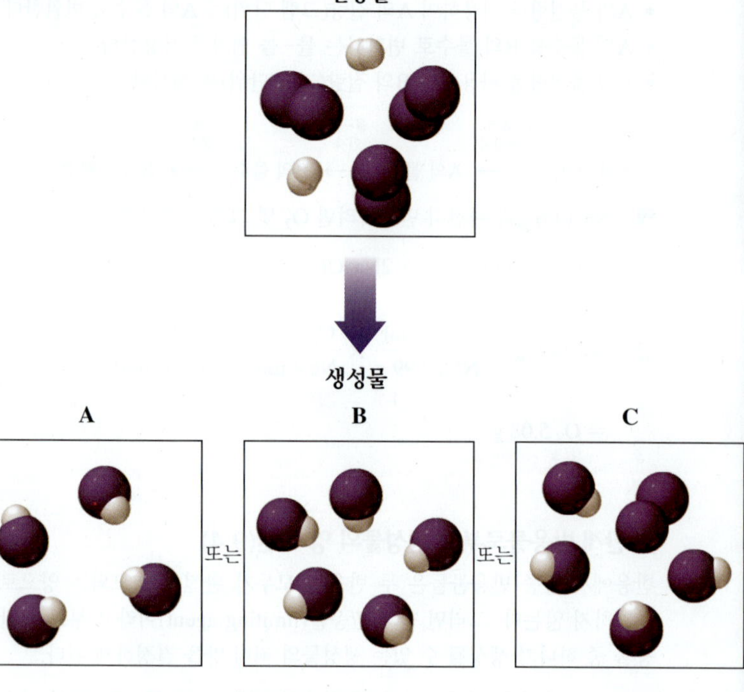

a. 반응에 대한 균형 반응식을 써라.

b. 생성물을 나타내는 그림을 확인하라.

9.7 파란색 공은 질소 원자, 보라색 공은 아이오딘 원자를 나타내고 반응 분자는 고체, 생성물들은 기체라면 다음 질문에 답하라. (9.2, 9.4, 9.5)

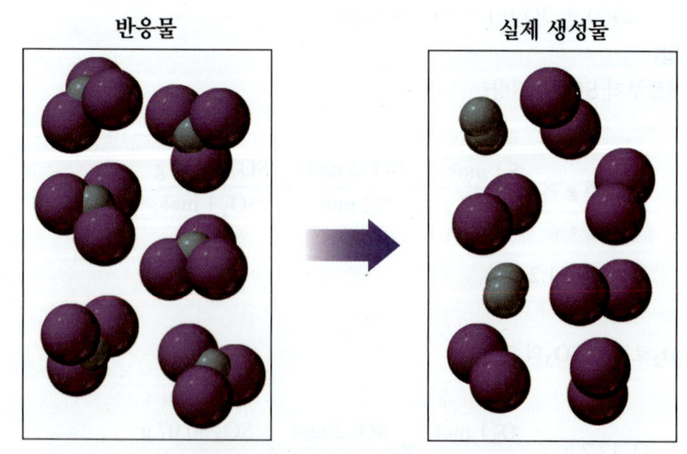

a. 반응에 대한 균형 반응식을 써라.

b. 결과적으로 실제 생성물을 나타내는 그림으로부터 반응의 수득 백분율을 계산하라.

9.8 녹색 공은 염소 원자, 빨간색 공은 산소 원자를 나타내고 모든 분자가 기체라면 다음 질문에 답하라. (9.2, 9.4, 9.5)

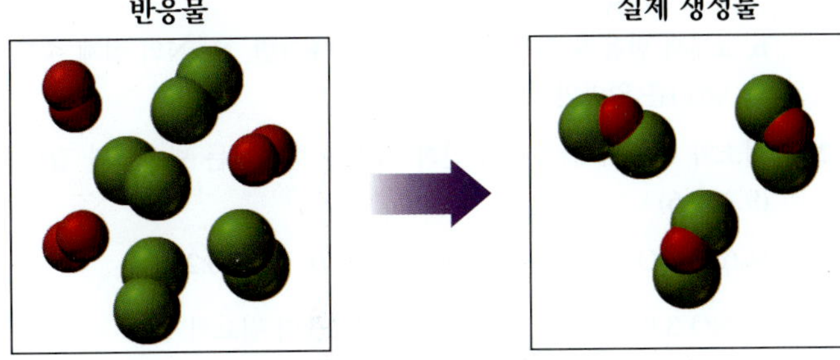

a. 반응에 대한 균형 반응식을 써라.
b. 한계 반응물을 확인하라.
c. 결과적으로 실제 생성물을 나타내는 그림으로부터 반응의 수득 백분율을 계산하라.

9.9 균형 화학 반응식을 사용하여 다음 표를 완성하라. (9.1, 9.2)

$$2FeS(s) + 3O_2(g) \longrightarrow 2FeO(s) + 2SO_2(g)$$

FeS	O_2	FeO	SO_2
2.0 mol	_______ mol	_______ mol	_______ mol
_______ mol	_______ mol	_______ mol	4.6 mol

9.10 균형 화학 반응식을 사용하여 다음 표를 완성하라. (9.1, 9.2)

$$2C_2H_6(g) + 7O_2(g) \xrightarrow{\Delta} 4CO_2(g) + 6H_2O(g)$$

C_2H_6	O_2	CO_2	H_2O
_______ mol	_______ mol	3.2 mol	_______ mol
_______ mol	2.8 mol	_______ mol	_______ mol

추가 문제 _Additional Practice Problems

9.11 암모니아(NH_3)가 플루오린(F_2)과 반응할 때, 생성물은 사플루오린화 이질소와 플루오린화 수소이다. (9.2, 9.3)

$$2NH_3(g) + 5F_2(g) \longrightarrow N_2F_4(g) + 6HF(g)$$

a. HF 4.00 mol을 생성하는 데 필요한 각 반응물의 몰수는?
b. NH_3 25.5 g과 반응하는 데 F_2 몇 그램이 필요한가?
c. NH_3 3.40 g이 반응할 때 N_2F_4 몇 그램을 얻을 수 있는가?

9.12 가소홀(gasohol)은 산소(O_2) 중에서 연소되어 이산화 탄소와 물을 생성하는 에탄올(C_2H_6O)이 들어 있는 연료이다. (9.2, 9.3)

$$C_2H_6O(g) + 3O_2(g) \xrightarrow{\Delta} 2CO_2(g) + 3H_2O(g)$$

a. C_2H_6O 4.0 mol이 완전히 반응하려면 O_2 몇 mol이 필요한가?
b. 자동차에서 이산화 탄소 88 g이 생성된다면 반응에서 O_2 몇 그램이 소모되는가?
c. C_2H_6O 125 g을 연료에 첨가하면 반응에서 CO_2 몇 그램이 생성되는가?

9.13 과산화 수소(H_2O_2)가 로켓 연료에 사용되면 물과 산소(O_2)가 생성된다. (9.2, 9.3)

$$2H_2O_2(l) \longrightarrow 2H_2O(l) + O_2(g)$$

a. H_2O 3.00 mol을 생성하려면 H_2O_2 몇 mol이 필요한가?
b. O_2 36.5 g을 생성하려면 H_2O_2 몇 그램이 필요한가?
c. H_2O_2 12.2 g이 반응할 때 H_2O 몇 그램이 생성되는가?

9.14 프로페인 기체(C_3H_8)는 산소와 반응하여 이산화 탄소와 물을 생성한다. (9.2, 9.3)

$$C_3H_8(g) + 5O_2(g) \xrightarrow{\Delta} 3CO_2(g) + 4H_2O(g)$$

a. C_3H_8 5.00 mol이 완전히 반응할 때 H_2O 몇 mol이 생성되는가?
b. 산소 기체 18.5 g으로부터 이산화 탄소 몇 그램이 생성되는가?
c. C_3H_8 46.3 g이 반응할 때 물 몇 그램이 생성될 수 있는가?

9.15 Na 12.8 g과 Cl_2 10.2 g이 반응할 때 생성되는 NaCl은 몇 그램인가? (9.2, 9.3, 9.4)

$$2Na(s) + Cl_2(g) \longrightarrow 2NaCl(s)$$

9.16 CH_4 35.8 g과 S 75.5 g이 반응할 때 H_2S 몇 그램이 생성되는가? (9.2, 9.3, 9.4)

$$CH_4(g) + 4S(g) \longrightarrow CS_2(g) + 2H_2S(g)$$

9.17 펜테인 기체(C_5H_{12})는 산소와 반응하여 이산화 탄소와 물을 생성한다. (9.2, 9.3, 9.4)

$$C_5H_{12}(g) + 8O_2(g) \xrightarrow{\Delta} 5CO_2(g) + 6H_2O(g)$$

a. 물 4.00 mol을 생성하려면 C_5H_{12} 몇 mol이 반응해야 하는가?
b. O_2 32.0 g으로부터 이산화 탄소 몇 그램이 생성되는가?
c. C_5H_{12} 44.5 g을 O_2 108 g과 혼합하면 이산화 탄소 몇 그램이 형성되는가?

9.18 자동차 배기가스에서 나오는 이산화 질소(NO_2)가 공기 중의 물과 결합하면 산성비를 유발하는 산화 질소와 질산(HNO_3)을 형성한다. (9.2, 9.3, 9.4)

$$3NO_2(g) + H_2O(l) \longrightarrow NO(g) + 2HNO_3(aq)$$

a. H_2O 0.250 mol과 반응시키려면 NO_2 몇 mol이 필요한가?
b. 이산화 질소 60.0 g이 완전히 반응할 때 HNO_3 몇 그램이 생성되는가?
c. NO_2 225 g과 H_2O 55.2 g을 혼합하면 HNO_3 몇 그램이 생성될 수 있는가?

9.19 용접기 토치에 사용되는 아세틸렌(C_2H_2)은 다음 식에 따라 연소한다. (9.2, 9.3, 9.4, 9.5)

$$2C_2H_2(g) + 5O_2(g) \xrightarrow{\Delta} 4CO_2(g) + 2H_2O(g)$$

a. C_2H_2 22.0 g이 완전히 반응한다면 이산화 탄소의 이론적 수득량은 몇 그램인가?

b. **a**에서 실제 수득량이 64.0 g이라면 반응에서 이산화 탄소의 수득 백분율은 얼마인가?

9.20 염소산 포타슘의 분해 반응식은 다음과 같다. (9.2, 9.3, 9.4, 9.5)

$$2KClO_3(s) \xrightarrow{\Delta} 2KCl(s) + 3O_2(g)$$

a. $KClO_3$ 46.0 g이 완전히 분해될 때, 이론적 수득량(g 단위)은 얼마인가?

b. **a**에서 실제 수득량이 12.1 g이라면 O_2의 수득 백분율은 얼마인가?

9.21 아세틸렌 28.0 g을 수소와 반응시키면 에테인 24.5 g이 생성된다. 반응에 대한 C_2H_6의 수득 백분율은 얼마인가? (9.2, 9.3, 9.4, 9.5)

$$C_2H_2(g) + 2H_2(g) \xrightarrow{Pt} C_2H_6(g)$$

9.22 산화 철(III) 50.0 g이 일산화 탄소와 반응할 때, 철 32.8 g이 생성된다. 반응에 대한 Fe의 수득 백분율은 얼마인가? (9.2, 9.3, 9.4, 9.5)

$$Fe_2O_3(s) + 3CO(g) \longrightarrow 2Fe(s) + 3CO_2(g)$$

9.23 질소와 수소가 결합하여 암모니아를 형성한다. (9.2, 9.3, 9.4, 9.5)

$$N_2(g) + 3H_2(g) \longrightarrow 2NH_3(g)$$

a. N_2 50.0 g을 H_2 20.0 g과 혼합하면 NH_3의 이론적 수득량은 몇 그램인가?

b. **a**에서 반응의 수득 백분율이 62.0%라면, 암모니아의 실제 수득량(g)은 얼마인가?

9.24 소듐과 질소가 결합하여 질소화 소듐을 형성한다. (9.2, 9.3, 9.4, 9.5)

$$6Na(s) + N_2(g) \longrightarrow 2Na_3N(s)$$

a. Na 80.0 g을 질소 기체 20.0 g과 혼합하면 Na_3N의 이론적 수득량(g)은 얼마인가?

b. **a**에서 반응의 수득 백분율이 75.0%라면, Na_3N의 실제 수득량(g)은 얼마인가?

9.25 질소와 산소가 반응하여 산화 질소를 형성하는 반응식과 같다. (9.2, 9.6)

$$N_2(g) + O_2(g) \longrightarrow 2NO(g) \quad \Delta H = +90.2 \text{ kJ}$$

a. NO 3.00 g을 형성하는 데 몇 킬로줄이 필요한가?

b. 66.0 kJ이 흡수될 때 NO는 몇 그램 형성되는가?

9.26 철과 산소 기체가 녹(Fe_2O_3)을 형성하는 반응식은 다음과 같다. (9.2, 9.6)

$$4Fe(s) + 3O_2(g) \longrightarrow 2Fe_2O_3(s) \quad \Delta H = -1.7 \times 10^3 \text{ kJ}$$

a. Fe 2.00 g이 반응할 때 몇 킬로줄이 방출되는가?

b. 150 kJ이 방출될 때 Fe_2O_3 몇 그램이 형성되는가?

응용문제

9.27 다음은 체내 세포에서 일어나는 반응이다. 발열인지, 흡열인지 확인하라. (9.6)

a. 석시닐 CoA + H_2O ⟶ 석신산 + CoA + 37 kJ

b. GDP + P_i + 34 kJ ⟶ GTP + H_2O

9.28 다음은 체내 세포에서 일어나는 반응이다. 발열인지, 흡열인지 확인하라. (9.6)

a. 포스포크레아틴 + H_2O ⟶ 크레아틴 + P_i + 42.7 kJ

b. 프룩토스-6-인산 + P_i + 16 kJ ⟶ 프룩토스-1,6-이인산

생각해 보기의 답 _Answers to Engage Questions

9.1 질량 보존 법칙에 따르면, 화학 반응에서 반응물의 총 질량은 생성물의 총 질량과 같아야 한다. 원래의 물질이 새로운 물질로 바뀌면서 물질이 손실되거나 얻어지는 것이 없다.

9.2 몰-몰 계수는 반응물과 생성물의 몰수와 관련이 있다. 그램수를 먼저 몰수로 바꾼 다음 몰–몰 계수를 사용한다.

9.3 칼 6개를 사용하면 더 이상의 사람에게 제공할 수 없다. 숟가락과 포크가 남는다.

9.4 쿠키를 다섯 다스, 즉 60개 만들기에 충분한 반죽을 준비했다. 12개가 불에 탔다면 48개가 만들어졌다.

48/60 × 100% = 80% 수득률

9.5 반응열은 반응에서 각 반응물 및 생성물과 관련될 수 있으므로, 여러 열 변환 인자가 가능하다.

선택된 문제의 답 _Answers to Selected Problems

9.1 **a.** 3.2×10^2 kg
b. 143 g
c. 80.4%

9.3 **a.** $2NO(g) + O_2(g) \longrightarrow 2NO_2(g)$
b. NO가 한계 반응물이다.

9.5 **a.** $N_2(g) + 3H_2(g) \longrightarrow 2NH_3(g)$
b. A

9.7 **a.** $2NI_3(g) \longrightarrow N_2(g) + 3I_2(g)$
b. 67%

9.9

FeS	O_2	FeO	SO_2
2.0 mol	3.0 mol	2.0 mol	2.0 mol
4.6 mol	6.9 mol	4.6 mol	4.6 mol

9.11 **a.** NH_3 1.33 mol과 F_2 3.33 mol
b. F_2 142 g
c. N_2F_4 10.4 g

9.13 **a.** H_2O_2 3.00 mol
b. H_2O_2 77.6 g
c. H_2O 6.46 g

9.15 NaCl 16.8 g

9.17 **a.** C_5H_{12} 0.667 mol
b. CO_2 27.5 g
c. CO_2 92.8 g

9.19 **a.** CO_2 74.4 g
b. 86.0%

9.21 75.9%

9.23 **a.** NH_3 60.8 g
b. NH_3 37.7 g

9.25 **a.** 4.51 kJ
b. NO 43.9 g

9.27 **a.** 발열
b. 흡열

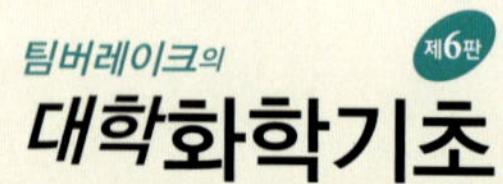
팀버레이크의
제6판
대학화학기초

제 10 장

고체와 액체의 결합과 성질

Bonding and Properties of Solids and Liquids

빌은 피부암의 가장 흔한 형태인 기저세포 암종을 진단받았다. 그는 자신의 어깨에서 발견한 암을 제거하기 위해 전문 시술인 모스 수술 계획을 잡았다. 외과 의사는 주변(경계) 조직의 얇은 층을 포함하여 비정상적인 성장을 제거한 후 조직학자인 리사에게 보냈다. 리사는 병리학자가 볼 수 있도록 조직 표본을 준비한다. 조직을 매우 얇은 절편(일반적으로 약 0.001 cm)으로 잘라 현미경 슬라이드에 장착한다.

리사는 병리학자가 비정상적인 세포를 더 쉽게 볼 수 있도록 세포를 염색하는 염료로 조직을 처리한다. 병리학자는 조직 표본을 검사하여 외과 의사에게 보고한다. 암세포가 발견되지 않으면 더 이상 조직을 제거할 필요가 없다. 암세포가 아직 존재한다면 외과 의사가 주변 조직을 더 채취할 것이다.

관련 직업

조직학자

조직학자는 조직, 세포, 체액의 미세한 구성을 연구하여 특정 질환의 존재를 감지하고 식별한다. 그들은 혈액형과 혈중 약물 및 기타 물질의 농도를 결정한다. 표본 준비는 조직학자의 직무 중 중요한 요소로, 그들은 인간, 동물, 식물의 조직 표본을 준비한다. 조직 표본을 매우 얇은 절편으로 절단하여 장착하고, 여러 화학 염료를 사용하여 염색한다. 염료는 세포를 볼 수 있도록 대비시키고, 존재할 수 있는 모든 이상을 강조한다. 다양한 염료를 이용하기 위해 조직학자는 용액 제조와 잠재 위험이 있는 화학 물질 취급에 익숙해야 한다.

UPDATE 조직학자가 염료로 조직 염색

리사가 조직 표본을 얻으면 염색하기 위한 얇은 조직 조각을 얻기 위해 동결한다. 병리학자를 위해 빌의 수술에서 나온 조직을 리사가 어떻게 준비하였는가 하는 방법에 대한 자세한 내용은 271쪽에 있는 **UPDATE 조직학자가 염료로 조직 염색**에서 확인할 수 있다.

이 장의 차례

복습하기

전자 배열 쓰기(5.4)
주기율표를 사용하여 전자 배열 쓰기(5.5)
이온 식 쓰기(6.2)

10.1 분자 및 다원자 이온의 루이스 구조

학습 목표 단일 결합과 다중 결합을 갖는 분자 화합물이나 다원자 이온의 루이스 구조를 그릴 수 있다.

이제 보다 복잡한 화학 결합과 이들이 분자나 다원자 이온의 구조에 어떻게 기여하는지를 연구할 수 있다. 분자와 다원자 이온에서 원자가전자 공유를 도표화하여 단일 결합과 다중 결합의 존재를 확인할 것이다.

루이스 기호

루이스 기호(Lewis symbol)는 원소 기호의 위, 아래, 옆에 원자가전자를 점으로 나타내는 편리한 방법이다. 1~4개의 원자가전자는 하나의 점으로 배열한다. 전자가 5~8개 있으면 하나 이상의 전자가 쌍을 이룬다. 마그네슘은 원자가전자가 두 개 있는데, 마그네슘의 루이스 구조로 다음 그림 어느 것이라도 적합하다.

마그네슘의 루이스 구조

Mg·   Mg   ·Mg   ·Mg·   Mg·   ·Mg

몇 가지 원소에 대한 루이스 기호가 **표 10.1**에 나와 있다.

표 10.1 몇 가지 1~4 주기 원소의 루이스 기호

족 번호 원자가전자 수	1A(1) 1	2A(2) 2	3A(13) 3	4A(14) 4	5A(15) 5	6A(16) 6	7A(17) 7	8A(18) 8
	원자가전자 수 증가 →							
루이스 기호	H·							He:*
	Li·	Be·	·B·	·C·	·N:	·O:	·F:	:Ne:
	Na·	Mg·	·Al·	·Si·	·P·	·S:	·Cl:	:Ar:
	K·	Ca·	·Ga·	·Ge·	·As·	·Se:	·Br:	:Kr:

*헬륨(He)은 원자가전자 두 개로 안정하다.

핵심 화학 기술

루이스 구조 그리기

예제 10.1 루이스 구조 그리기

먼저 해 보기!

다음 각각의 루이스 구조를 그려라.

a. 브로민 **b.** 알루미늄

풀이

a. 브로민은 7A족(17족)에 속하며, 루이스 구조에 원자가전자 7개가 있다. 따라서 세 쌍과 하나의 단일점을 Br 기호 옆에다 그린다

·Br:

b. 알루미늄은 3A족(13족)에 속하며, 루이스 구조에 원자가전자 3개가 있다. 이 전자들은 Al 기호 옆에 단일점으로 그린다.

·Al·

생각해 보기 10.1

질소, 인, 비소가 루이스 구조에서 점이 5개인 이유는 무엇인가?

확인 문제 10.1

다음 각각의 루이스 구조를 그려라.

a. 뼈와 치아에 필요한 다량무기질인 인

b. 면역계에 필요한 미량무기질인 셀레늄

답

a. ·P̈· (점 5개) **b.** ·S̈e: (점 6개)

이온 결합 화합물의 루이스 구조

이온 결합 화합물은 금속의 원자가전자가 비금속으로 전이될 때 형성된다. 예를 들어, 소듐으로부터 염소에게로 원자가전자 하나가 이동하면 모두가 옥텟을 만족하게 된다. 소듐이 전자를 잃으면 소듐 이온이 생성되고, 염소가 전자를 얻으면 염화 이온이 생성된다. 루이스 기호를 사용하여 이것을 나타낼 수 있다. 화합물 NaCl의 *루이스 구조*(Lewis structure)를 보면 염화 이온을 괄호 안에 쓰고 오른쪽 위에 음전하를 나타낸다.

$$\text{Na}\cdot + \cdot\ddot{\underset{\cdot\cdot}{\text{Cl}}}: \longrightarrow \text{Na}^+ \left[:\ddot{\underset{\cdot\cdot}{\text{Cl}}}:\right]^-$$ 루이스 구조

분자 화합물의 루이스 구조

핵심 화학 기술

루이스 구조 그리기

가장 간단한 분자는 수소(H_2)이다. 두 개의 H 원자가 멀리 떨어지면 그들 사이에 아무런 인력이 없다. H 원자가 가까워짐에 따라 각 핵의 양전하가 다른 원자의 전자를 끌어당긴다. 이 인력은 원자가전자들 사이의 반발력보다 더 큰데, 한 쌍의 원자가전자를 공유할 때까지 H 원자들을 더 가까이 끌어당긴다(**그림 10.1** 참조). 그 결과를 *공유 결합*(covalent bond)이라 부르는데, 여기서는 공유된 전자가 *각* H 원자에 대해 He의 안정된 전자 배열을 제공한다. H 원자가 H_2를 형성할 때, 이들은 두 개별적인 H 원자보다 더 안정하다.

생각해 보기 10.2

무엇이 두 H 원자들 사이에 인력을 결정하는가?

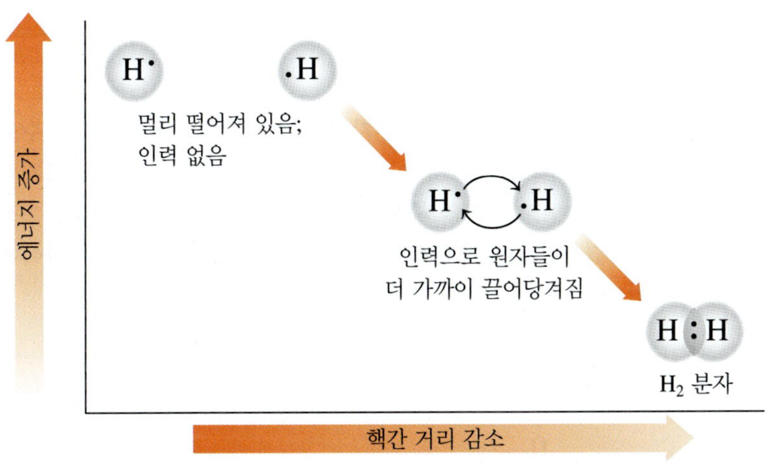

그림 10.1 ▸ H 원자들이 서로 가까워져 전자를 공유하게 되어 공유 결합을 형성한다.

원자가전자가 2개인 수소를 제외하고, 분자는 모든 원자의 원자가전자가 옥텟을 만족하도록 배열된 **루이스 구조**(Lewis structure)로 표현된다. 공유 전자, 즉 *결합 쌍*(bonding pair)은 원자 사이에 2개의 점이나 하나의 선으로 표시한다. 비공유 전자쌍, 즉 *고립쌍*(lone pair)은 바깥에 위치한다. 예를 들어, 플루오린 분자(F_2)는 플루오린 원자 2개로 구성되며, 7A족(17족)에 각각 7개의 원자가전자가 있다. F_2 분자의 루이스 구조에서 각 F 원자는 짝을 이루지 않은 원자가전자를 공유하여 옥텟을 이룬다.

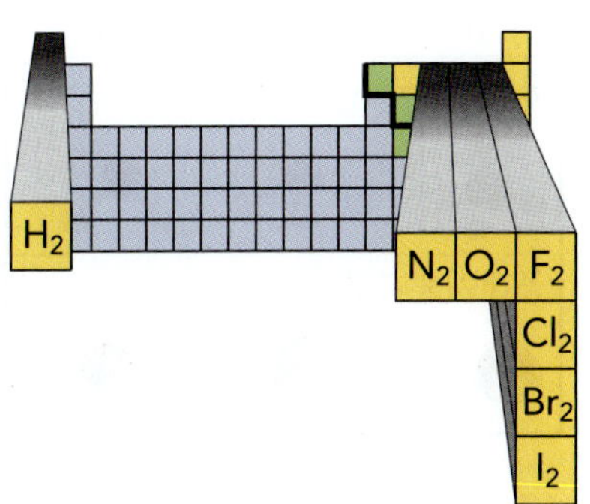

수소, 질소, 산소, 플루오린, 염소, 브로민, 아이오딘 원소는 이원자 분자로 존재한다.

표 10.2 이원자 분자로 존재하는 원소

이원자 분자	이름
H_2	수소
N_2	질소
O_2	산소
F_2	플루오린
Cl_2	염소
Br_2	브로민
I_2	아이오딘

$$:\ddot{\underset{..}{F}}\cdot + \cdot\ddot{\underset{..}{F}}: \longrightarrow :\ddot{\underset{..}{F}}:\ddot{\underset{..}{F}}: \quad :\ddot{\underset{..}{F}}-\ddot{\underset{..}{F}}: = F_2$$

고립쌍, 결합 쌍, 공유하는 전자, 공유 전자쌍, 공유 결합, 루이스 구조, 플루오린 분자의 공-막대 모형, 플루오린 분자의 공간 채움 모형

수소(H_2)와 플루오린(F_2)은 천연 상태가 두 개의 같은 원자를 포함하는 이원자 비금속 원소의 예이다. 이원자 분자로 존재하는 원소를 **표 10.2**에 나열하였다.

다른 원소 원자 사이의 전자 공유

비금속 원자가 공유하는 전자 수와 그것이 형성하는 공유 결합 수는 일반적으로 안정적인 전자 구성을 이루는 데 필요한 전자 수와 같다. **표 10.3**은 몇 가지 비금속에 대한 가장 일반적인 결합 패턴을 보여준다.

표 10.3 몇 가지 비금속의 일반적인 결합 패턴

1A(1)족	3A(13)족	4A(14)족	5A(15)족	6A(16)족	7A(17)족
*H 결합 1개					
	*B 결합 3개	C 결합 4개	N 결합 3개	O 결합 2개	F 결합 1개
		Si 결합 4개	P 결합 3개	S 결합 2개	Cl 결합 1개

*H와 B는 옥텟을 형성하지 않는다. H 원자들은 전자쌍 한 쌍을 공유한다. B 원자들은 3개의 전자쌍을 공유하여 육전자계를 이룬다.

루이스 구조 그리기

CH_4의 루이스 구조를 그리려면 먼저 탄소와 수소에 대한 루이스 기호를 그린다.

$$\cdot\dot{\underset{\cdot}{C}}\cdot \qquad \cdot H$$

그런 다음 탄소와 수소에 필요한 원자가전자 수를 결정한다. 탄소 원자가 수소 원자 4개와 전자 4개를 공유하면, 탄소는 옥텟을 이루며 각 수소 원자는 공유 전자 2개씩을 가지고 완성된다. 루이스 구조는 탄소 원자를 중심 원자로 하여 각각의 가장자리에 수소 원자가 그려져 있다. 단일 공유 결합인 전자의 결합 쌍은 탄소 원자와 각 수소 원자 사이에 하나의 선으로 표시할 수도 있다.

$$H:\overset{H}{\underset{H}{\ddot{\underset{..}{C}}}}:H \qquad H-\overset{H}{\underset{H}{\overset{|}{\underset{|}{C}}}}-H$$

루이스 구조 외에도 3차원 모형을 사용하여 분자 화합물을 나타낼 수 있다. *공-막대 모형*(ball-and-stick model)에서는 원자를 공으로, 결합 전자 쌍을 막대로 하여 분자 모양을 나타낸다. *공간 채움 모형*(space-filling model)에서 원자는 원자의 실제 크기에 비례하는 부분 구로 표시한다. 결합은 채워진 공간 안에 있어서 보이지 않는다.

표 10.4는 몇 가지 분자의 루이스 구조와 분자 모형의 예이다.

표 10.4 몇 가지 분자 화합물의 루이스 구조

CH_4 메테인 분자	NH_3 암모니아 분자	H_2O 물 분자
루이스 구조		
$H:\overset{H}{\underset{H}{\ddot{C}}}:H$	$H:\overset{..}{\underset{H}{\ddot{N}}}:H$	$:\overset{..}{\underset{H}{\ddot{O}}}:H$
$H-\overset{H}{\underset{H}{C}}-H$	$H-\overset{..}{\underset{H}{N}}-H$	$:\overset{..}{\underset{H}{O}}-H$
공-막대 모형		
공간 채움 모형		

분자나 다원자 이온의 루이스 구조를 그릴 때 원자의 순서, 원자들 사이에 공유된 전자의 결합 쌍, 비결합(고립 전자쌍)을 나타낸다. 식으로부터 원자 개수가 더 적은 원소인 중심

원자를 찾는다. 그런 다음 예제 10.2에서처럼 중심 원자에 다른 원자를 결합시킨다.

예제 10.2 루이스 구조 그리기

먼저 해 보기!

살충제와 난연제 합성에 사용되는 삼염화 인(PCl_3)의 루이스 구조를 그려라.

풀이

문제 분석	주어진 것	필요한 것	연결
	PCl_3	루이스 구조	총 원자가전자 수

단계 1 **원자 배열을 결정한다.** PCl_3에는 P 원자가 하나 밖에 없기 때문에 중심 원자는 P이다.

Cl P Cl
Cl

단계 2 **총 원자가전자 수를 결정한다.** 족 번호를 사용하여 분자 내에 있는 각 원자의 원자가전자 수를 결정한다.

원소	족	원자 수		원자가전자 수		총 개수
P	5A족(15족)	1 P	×	5 e^-	=	5 e^-
Cl	7A족(17족)	3 Cl	×	7 e^-	=	21 e^-
				PCl_3의 총 원자가전자 수	=	26 e^-

단계 3 **한 쌍의 전자로 중심 원자에 결합된 각 원자를 결합한다.** 각 결합 쌍을 결합 선으로 나타낼 수도 있다.

Cl:P:Cl 또는 Cl—P—Cl
Cl | Cl

중심 P 원자에 Cl 원자 3개를 결합하는 데 전자 6개(3 × 2e^-)가 사용된다.
원자가전자 20개가 남는다.

원자가전자 26개 − 결합 전자 6개 = 남은 전자 20개

단계 4 **남은 전자를 사용하여 옥텟을 완성한다.** 남은 전자 20개를 고립 쌍으로 사용하여 바깥쪽 Cl 원자 주변과 P 원자 위에 배열하면 모든 원자가 옥텟을 만족하게 된다.

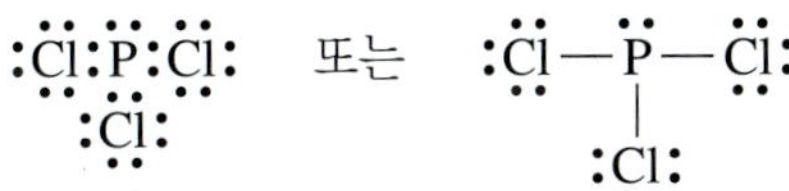

생각해 보기 10.3

어떤 분자의 총 원자가전자 수는 어떻게 결정하는가?

PCl_3 공-막대 모형

PCl_3 공간 채움 모형

확인 문제 10.2

Cl_2O에 대해 전자점을 이용하여 하나, 결합 쌍을 선으로 하여 다른 하나의 루이스 구조를 그려라.

답

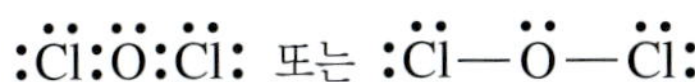

Cl_2O 공-막대 모형

예제 10.3 다원자 이온의 루이스 구조 그리기

먼저 해 보기!

아염소산 소듐($NaClO_2$)은 구강 세정제, 치약, 콘택트렌즈 세정액의 구성 성분이다. 아염소산 이온(ClO_2^-)의 루이스 구조를 그려라.

풀이

문제 분석	주어진 것	필요한 것	연결
	ClO_2^-	루이스 구조	총 원자가전자 수

단계 1 **원자 배열을 결정한다.** 다원자 이온 ClO_2^-에는 Cl 원자가 하나 밖에 없기 때문에 중심 원자는 Cl이다. 다원자 이온에 대해 원자와 전자들을 괄호 안에 쓰고 전하를 괄호 바깥 오른쪽 위에 쓴다.

$[O\ \ Cl\ \ O]^-$

단계 2 **원자가전자의 총 수를 결정한다.** 족 번호를 사용하여 이온 내에 있는 각 원자의 원자가전자 수를 결정한다. 이온이 음전하를 띠므로 원자가전자에 전자 하나를 더한다.

원소	족	원자 수		원자가전자 수		총 개수
Cl	7A족(17족)	1 Cl	×	7 e^-	=	7 e^-
O	6A족(16족)	2 O	×	6 e^-	=	12 e^-
이온 전하(음전하)를 더한다.				1 e^-	=	1 e^-
				ClO_2^-의 총 원자가전자 수	=	20 e^-

단계 3 **한 쌍의 전자로 중심 원자에 결합된 각 원자를 결합한다.** 각 결합 쌍을 단일 결합을 나타내는 결합 선으로 나타낼 수도 있다.

$[O:Cl:O]^-$ 또는 $[O—Cl—O]^-$

ClO_2^- 공-막대 모형

중심 Cl 원자에 O 원자들을 결합하는 데 전자 4개(2 × 2 e^-)가 사용되어 원자가전자 16개가 남는다.

단계 4 **단일 결합을 사용하여 나머지 전자를 배열하여 옥텟을 완성한다.** 남은 전자 16개를 고립 쌍으로 사용한다. 전자 12개를 고립 쌍으로 그려 O 원자의 옥텟을 완성한다.

$[:\ddot{\underset{..}{O}}:Cl:\ddot{\underset{..}{O}}:]^-$ 또는 $[:\ddot{\underset{..}{O}}—Cl—\ddot{\underset{..}{O}}:]^-$

ClO_2^- 공간 채움 모형

남은 전자 4개는 중심 Cl 원자 위에 두 고립 쌍으로 배열한다.

$[:\ddot{\underset{..}{O}}:\ddot{\underset{..}{Cl}}:\ddot{\underset{..}{O}}:]^-$ 또는 $[:\ddot{\underset{..}{O}}—\ddot{\underset{..}{Cl}}—\ddot{\underset{..}{O}}:]^-$

확인 문제 10.3

다원자 이온인 NH_2^-에 대해 전자점을 이용하여 하나, 결합 쌍을 선으로 하여 다른 하나의 루이스 구조를 그려라.

답

$[H:\ddot{\underset{..}{N}}:H]^-$ 또는 $[H—\ddot{\underset{..}{N}}—H]^-$

NH_2^- 공-막대 모형

이중 결합과 삼중 결합

이제까지는 단일 결합만으로 된 분자의 결합을 보았다. 많은 분자 화합물에서 원자들은 2~3 쌍의 전자를 공유하여 옥텟을 완성한다.

원자가전자 수가 분자 내 모든 원자의 옥텟을 완성하기에 충분하지 않을 때, 이중 결합과 삼중 결합을 형성한다. 그런 다음 중심 원자에 결합된 원자로부터 하나 이상의 고립 전자쌍이 중심 원자와 공유된다. **이중 결합**(double bond)은 두 쌍의 전자가 공유될 때 만들어진다. **삼중 결합**(triple bond)에서는 세 쌍의 전자가 공유된다. 탄소, 산소, 질소, 황 원자는 다중 결합을 형성할 가능성이 가장 크다.

수소 원자와 할로젠 원자는 이중 결합이나 삼중 결합을 형성하지 않는다. 다중 결합으로 루이스 구조를 그리는 과정이 예제 10.4에 나와 있다.

예제 10.4 다중 결합이 있는 루이스 구조 그리기

먼저 해 보기!

이산화 탄소(CO_2)의 루이스 구조를 그려라.

풀이

문제 분석	주어진 것	필요한 것	연결
	CO_2	루이스 구조	총 원자가전자 수

단계 1 원자 배열을 결정한다. CO_2에서 C 원자가 하나만 있으므로 중심 원자는 C이다.

O C O

단계 2 총 원자가전자 수를 결정한다. 족 번호를 사용하여 분자 내에 있는 각 원자의 원자가전자 수를 결정한다.

원소	족	원자 수		원자가전자 수		합
C	4A족(14족)	1 C	×	4 e^-	=	4 e^-
O	6A족(16족)	2 O	×	6 e^-	=	12 e^-
				CO_2의 총 원자가전자 수	=	16 e^-

단계 3 한 쌍의 전자로 중심 원자에 결합된 각 원자를 결합한다.

O:C:O 또는 O—C—O

중심 C 원자에 두 O 원자를 결합하는 데 전자 4개가 사용된다.

단계 4 필요하면 다중 결합을 그리면서 나머지 전자를 사용하여 옥텟을 완성한다.

남은 전자 12개를 바깥쪽에 있는 O 원자 위에 6개의 고립 쌍으로 배열한다. 하지만 이렇게 해도 C 원자의 옥텟을 완성하지 못한다.

:Ö:C:Ö: 또는 :Ö—C—Ö:

옥텟을 얻으려면 C 원자는 각각의 O 원자로부터 고립 전자쌍을 공유해야 한다. 원자들 사이에 2개의 결합 쌍이 생기면 이중 결합이라고 한다.

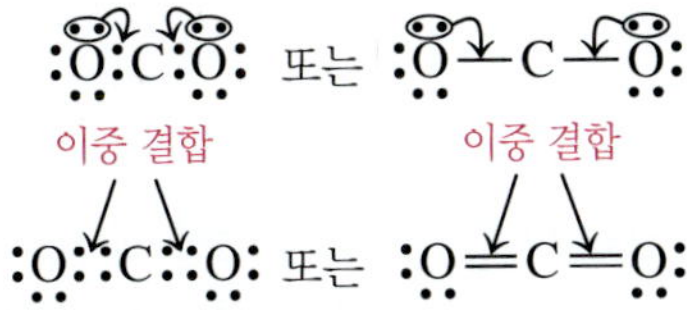

CO_2 공-막대 모형

CO_2 공간 채움 모형

생각해 보기 10.4

루이스 구조를 완성하기 위해 하나 이상의 다중 결합을 추가해야 할 때 어떻게 알 수 있는가?

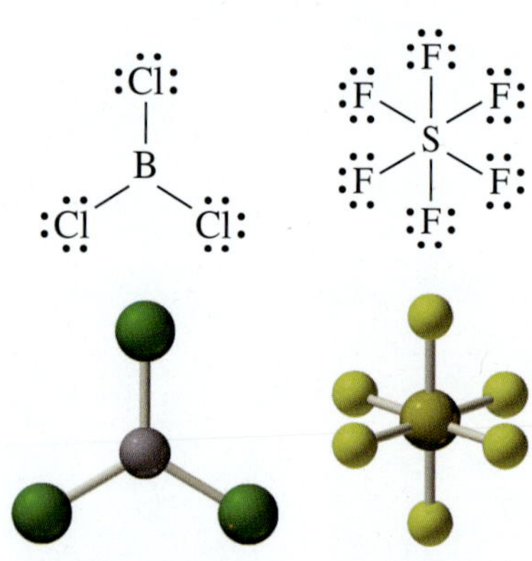

BCl_3에서 중심 B 원자는 Cl 원자 3개에 결합되어 있다.

SF_6에서 중심 S 원자는 F 원자 6개에 결합되어 있다.

확인 문제 10.4

삼중 결합을 가지는 HCN의 루이스 구조를 그려라. 전자점을 이용하여 하나의 루이스 구조를 그리고, 결합 쌍을 선으로 하여 다른 하나를 그려라.

답

H:C⋮⋮N: 또는 H—C≡N:

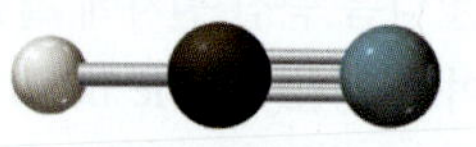

HCN 공-막대 모형

HCN 공간 채움 모형

옥텟 규칙의 예외

옥텟 규칙은 많은 화합물에서 결합에 유용하지만 예외가 있다. 수소 분자(H_2)가 2개의 전자 즉, 단일 결합만을 필요로 한다는 것을 이미 보았다. 보통 비금속은 옥텟을 형성한다. 하지만 BCl_3에서 B 원자는 공유할 원자가전자를 3개만 가지고 있다. 붕소 화합물은 전형적으로 중심 B 원자에 원자가전자 6개를 가지며 3개의 결합만을 형성한다. 옥텟을 이룬 P, S, Cl, Br, I의 화합물을 일반적으로 볼 수 있지만 더 많은 원자가전자를 공유하는 분자를 형성할 수도 있다. 이것은 원자가전자를 10개, 12개 또는 심지어 14개로 확장시킨다. 예를 들어, PCl_3의 P 원자는 옥텟을 이루지만 PCl_5의 P 원자는 원자가전자 10개를 가진 5개의 결합을 가지고 있음을 보았다. H_2S에서 S 원자는 옥텟을 이루지만 SF_6에서는 원자가전자가 12개 있는 황에 6개의 결합이 있다.

10.2 공명 구조

학습 목표 둘 이상의 공명 구조를 갖는 분자나 다원자 이온의 루이스 구조를 그릴 수 있다.

핵심 화학 기술
공명 구조 그리기

어떤 분자나 다원자 이온이 다중 결합을 포함할 때, 둘 이상의 루이스 구조를 그릴 수 있는 경우도 있다. 태양의 자외선으로부터 우리를 보호하는 성층권 구성 요소인 오존(O_3)의 루이스 구조를 그려보면 이것이 어떻게 되는지 알 수 있다.

O_3의 루이스 구조를 그리기 위해 O 원자의 원자가전자 수를 정하고 O_3의 원자가전자 총 수를 결정한다. O는 6A족(16족)에 있으므로 원자가전자가 6개 있다. 따라서 화합물 O_3는 원자가전자가 총 18개이다.

원소	족	원자 수		원자가전자 수		합계
O	6A족(16족)	3 O	×	6 e^-	=	18 e^-

O_3의 루이스 구조를 위해 O 원자 3개를 연속으로 배치한다. 원자가전자 4개를 사용하여, 양 끝의 O 원자와 중심 O 원자 사이에 결합 쌍을 그린다. 2개의 결합 쌍을 그리려면 원자가전자 4개가 필요하다.

O—O—O

나머지 원자가전자(14개)는 루이스 구조의 양 끝에 있는 O 원자 주위에 고립 전자쌍으로 놓이고, 고립 쌍 하나는 중심 O 원자로 간다.

:Ö—Ö—Ö:

중심 O 원자에 옥텟을 완성하기 위해서는, 끝에 있는 O 원자로부터 전자 한 쌍이 공유되어야 한다. 하지만 어떤 고립 쌍이 사용되어야 할까? 한 가지 가능성은 중심 O 원자와 왼쪽 O 사이에 이중 결합을 형성하는 것이고, 다른 가능성은 중심 O 원자와 오른쪽 O 사이에 이중 결합을 형성하는 것이다.

:Ö—Ö—Ö: 또는 :Ö—Ö—Ö:

따라서 O_3와 같은 분자나 다원자 이온에 대해 둘 이상의 루이스 구조를 그릴 수 있다. 이것이 일어날 때 모든 루이스 구조를 **공명 구조**(resonance structure)라고 하며, 이들 사이의 관계는 이들 사이에 양방향 화살표를 그려 나타낸다.

:Ö=Ö—Ö: ⟷ :Ö—Ö=Ö:

공명 구조

실험에 따르면 오존의 실제 결합 길이는 중심 O 원자와 양쪽 말단 O 원자 사이에 "1.5" 결합을 갖는 분자와 같다. 실제 오존 분자에서 전자는 모든 O 원자에 똑같이 퍼져 있다. 분자나 다원자 이온의 공명 구조를 그릴 때, 실제 구조는 실제로 이러한 구조들의 평균이다.

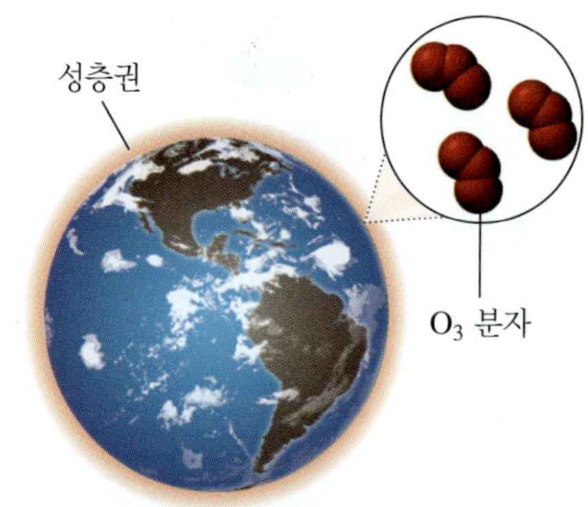

오존(O_3)은 태양의 자외선으로부터 우리를 보호하는 성층권의 구성 요소이다.

생각해 보기 10.5

오존에 이중 결합을 형성할 수 있는 두 가지 방법이 있는 이유는 무엇인가?

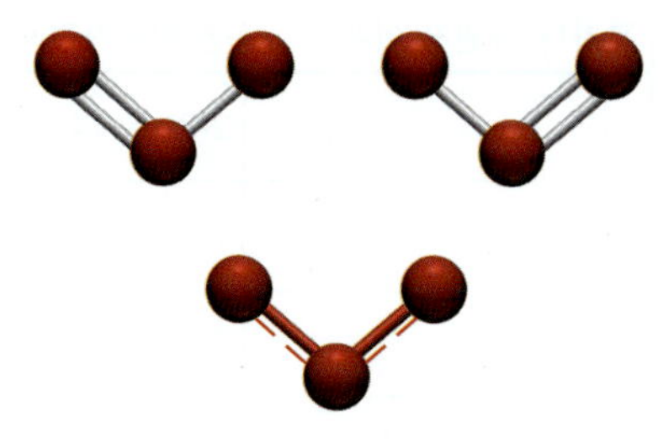

O_3 분자 표현법

예제 10.5 공명 구조 그리기

먼저 해 보기!

이산화 황은 화산 활동이나 황을 함유하는 석탄의 연소에 의해 생성된다. 먼저 대기 중에서 SO_2가 SO_3로 변환되고 물과 결합하여 산성비 성분인 황산(H_2SO_4)을 형성한다. 이산화 황의 두 공명 구조를 그려라.

풀이

문제 분석	주어진 것	필요한 것	연결
	SO_2	공명 구조	총 원자가전자 수

단계 1 **원자 배열을 결정한다.** SO_2에서 S 원자가 하나뿐이므로 S 원자가 중심 원자이다.

O S O

단계 2 **총 원자가전자 수를 결정한다.** 족 번호를 사용하여 분자 내에 있는 각 원자의 원자가전자 수를 결정한다.

원소	족	원자 수		원자가전자 수		합
S	6A족(16족)	1 S	×	$6\ e^-$	=	$6\ e^-$
O	6A족(16족)	2 O	×	$6\ e^-$	=	$12\ e^-$
				SO_2의 총 원자가전자 수	=	$18\ e^-$

단계 3 **한 쌍의 전자로 중심 원자에 결합된 각 원자를 결합한다.**

O—S—O

전자 4개를 사용하여 중심 S 원자와 O 원자에 단일 결합을 형성한다.

단계 4 **단일 결합이나 다중 결합을 사용하여 나머지 전자를 배열하여 옥텟을 완성한다.** 남은 전자 14개를 고립 쌍으로 배열하면 O 원자의 옥텟은 완성하지만 S 원자의 옥텟을 완성하지 못한다.

:Ö—S̈—Ö:

S에 대한 옥텟을 완성하기 위해 O 원자 중 하나로부터 한 쌍의 전자를 공유하여 이중 결합을 형성한다. 한 가지 가능성은 중심 S 원자와 왼쪽 O 사이에 이중 결합을 형성하는 것

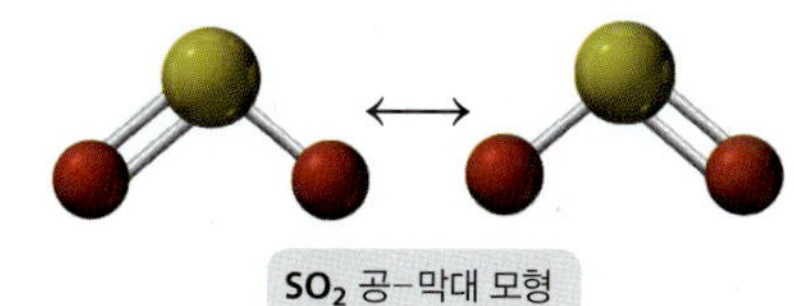

SO_2 공-막대 모형

SO₂ 공간 채움 모형

생각해 보기 10.6

SO_2에는 공명 구조가 있지만 SCl_2는 없는 이유를 설명하라.

이며, 다른 가능성은 중심 S 원자와 오른쪽 O 사이에 이중 결합을 형성하는 것이다.

:Ö=S̈—Ö: ⟷ :Ö—S̈=Ö:

확인 문제 10.5

SO_3에 대한 공명 구조 3개를 그려라.

답

:Ö—S=Ö: (S—:Ö:) ⟷ :Ö—S—Ö: (S=:O:) ⟷ :O=S—Ö: (S—:Ö:)

표 10.5는 여러 분자와 이온에 대한 루이스 구조를 그리는 방법을 요약한 것이다.

표 10.5 원자가전자를 이용해 루이스 구조 그리기

분자나 다원자 이온	총 원자가전자 수	원자가 결합되어 단일 결합 형성 (사용되는 전자 수)	남은 전자 수	완성된 옥텟 (또는 H:)
Cl_2	2(7) = 14	Cl—Cl (2 e^-)	14 − 2 = 12	:C̈l—C̈l:
HCl	1 + 7 = 8	H—Cl (2 e^-)	8 − 2 = 6	H—C̈l:
H_2O	2(1) + 6 = 8	H—O—H (4 e^-)	8 − 4 = 4	H—Ö—H
PCl_3	5 + 3(7) = 26	Cl—P(—Cl)—Cl (6 e^-)	26 − 6 = 20	:C̈l—P̈(—:C̈l:)—C̈l:
ClO_3^-	7 + 3(6) + 1 = 26	[O—Cl(—O)—O]⁻ (6 e^-)	26 − 6 = 20	[:Ö—C̈l(—:Ö:)—Ö:]⁻
NO_2^-	5 + 2(6) + 1 = 18	[O—N—O]⁻ (4 e^-)	18 − 4 = 14	[:Ö—N̈=Ö:]⁻ ↕ [:Ö=N̈—Ö:]⁻

10.3 분자 및 다원자 이온의 모양(VSEPR 이론)

학습 목표 분자나 다원자 이온의 3차원 구조를 예측할 수 있다.

핵심 화학 기술

모양 예측하기

루이스 구조를 사용하여 많은 분자와 다원자 이온의 3차원 모양을 예측할 수 있다. 분자의 모양은 분자가 효소나 특정 항생제와 어떻게 상호작용하는지 또는 우리의 미각과 후각을 만드는지를 이해하는 데 중요하다.

어떤 분자나 다원자 이온의 3차원 모양은 그 루이스 구조를 그리고 중심 원자 주위에 있는 전자단(하나 이상의 전자 쌍)의 수를 확인함으로써 결정된다. 고립 전자쌍, 단일 결합, 이중 결합, 삼중 결합은 *하나의* 전자단으로 간주한다. **원자가껍질 전자쌍 반발 이론**(valence shell electron-pair repulsion theory, VSEPR theory)에서 전자단은 중심 원자 주위에서 음전하 사이의 반발을 최소화하기 위해 가능한 한 멀리 배열되어 있다. 먼저 중심 원자를 둘러싼 전자단의 수를 세면 중심 원자에 결합된 원자 수로부터 특정한 모양을 결정할 수 있다.

전자단이 2개 있는 중심 원자

CO_2의 루이스 구조에서는 중심 원자에 결합된 2개의 전자단(2개의 이중 결합)이 있다. VSEPR 이론에 따르면, 두 전자단이 중심 C 원자의 반대편에 있을 때 반발이 최소화된다. 이러한 이유로 CO_2 분자는 선형 전자단 기하 구조와 결합각이 180°인 *선형*(linear)이 된다.

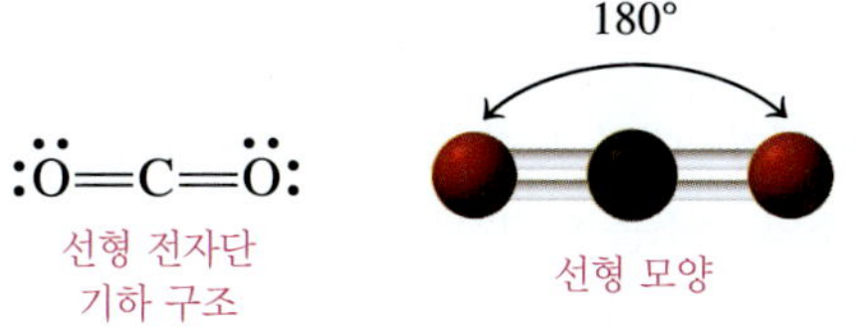

전자단이 3개 있는 중심 원자

폼알데하이드(H_2CO)의 루이스 구조에서 중심 원자 C는 H 원자 2개에 단일 결합으로, O 원자에 이중 결합으로 결합된다. 세 전자단이 중심 C 원자 주위에서 120° 결합각을 가지며 가능한 멀리 떨어져있을 때 반발이 최소화된다. 이 유형의 전자단 기하 구조는 *삼각 평면*이며, H_2CO의 모양을 **삼각 평면**(trigonal planar)이라고 한다. 중심 원자에 결합된 원자 수와 전자단의 수가 같으면, 모양과 전자단 기하 구조가 같다.

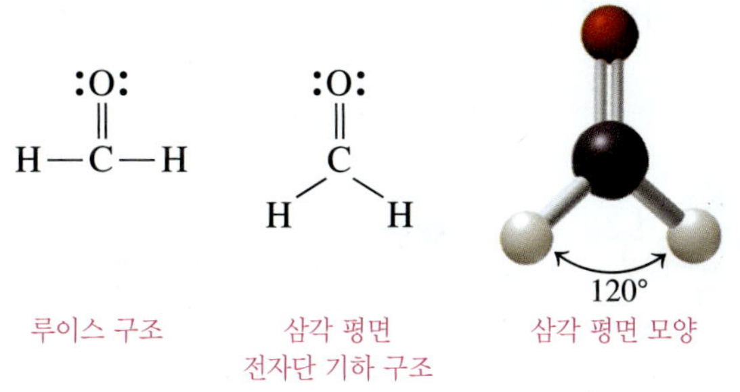

SO_2의 루이스 구조에서 중심 S 원자 주위에 O 원자에 대한 단일 결합, 다른 O 원자에 대한 이중 결합 및 전자의 단독 전자쌍의 세 전자단이 있다. H_2CO에서처럼 세 전자단은 삼각 평면 전자단 기하 구조를 형성할 때 반발이 최소화된다. 하지만 SO_2에서 전자단 중 하나는 고립 전자쌍이다. 따라서 SO_2 분자의 모양은 중심 S 원자에 결합된 두 O 원자에 의해 결정되며, 이러한 이유로 SO_2 분자는 결합각 120°로 **굽은**(bent) 모양이 된다. 중심 원자에 결합된 원자보다 전자단이 더 많으면, 그 모양과 전자단 기하 구조가 다르게 된다.

:Ö—S̈=O: :O: S O: 120°

루이스 구조 삼각 평면 전자단 기하 구조 굽은 모양

전자단이 4개 있는 중심 원자

메테인(CH_4) 분자에서 중심 C 원자는 H 원자 4개에 결합되어 있다. 루이스 구조를 보면 CH_4는 결합각 90°인 평면이라고 생각할 수 있다. 하지만 반발력이 최소가 되는 가장 좋은 기하 구조는 *사면체*이며 결합각은 109°이다. 네 전자단에 붙어 있는 원자가 네 개 있으면 그 분자의 모양은 **사면체**(tetrahedral)이다.

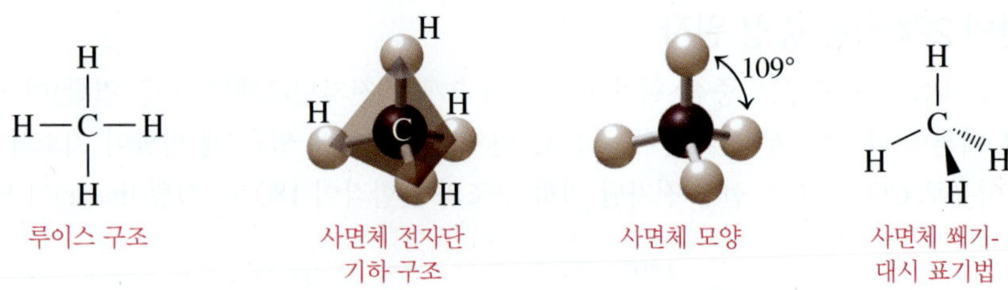

메테인의 3차원 구조를 표시하는 방법은 *쐐기-대시 표기법*(wedge–dash notation)을 사용하는 것이다. 이 표기법에서 실선으로 탄소와 수소를 연결하는 두 결합은 종이 면에 있다. 쐐기는 종이 면에서 앞으로 나오는 탄소-수소 결합을 나타내며, 대시는 종이 면 안쪽으로 들어가는 탄소-수소 결합을 나타낸다.

이제 하나 이상의 고립 전자쌍이 있는 네 전자단을 가진 분자를 보자. 중심 원자에는 2~3개의 원자만 붙어 있다. 예를 들어, 암모니아(NH_3)의 루이스 구조에서 네 전자단은 사면체 전자단 기하 구조를 갖는다. 하지만 NH_3에서 전자단 하나는 고립 전자쌍이다. 따라서 NH_3의 형태는 중심 N 원자에 결합된 3개의 H 원자에 의해 결정된다. 그러므로 NH_3 분자의 모양은 **삼각뿔**(trigonal pyramidal)이며 결합각은 109°이다. 쐐기-대시 표기법으로도 평면에 N—H 결합 하나가 있고, N—H 결합 하나는 앞으로 나오고, N—H 결합 하나는 뒤로 들어간 암모니아의 3차원 구조를 나타낼 수 있다.

생각해 보기 10.7

PH_3 분자의 네 전자단이 사면체 기하 구조를 가진다면 PH_3 분자는 왜 사면체 형태가 아닌 삼각뿔 모양을 가지게 되는가?

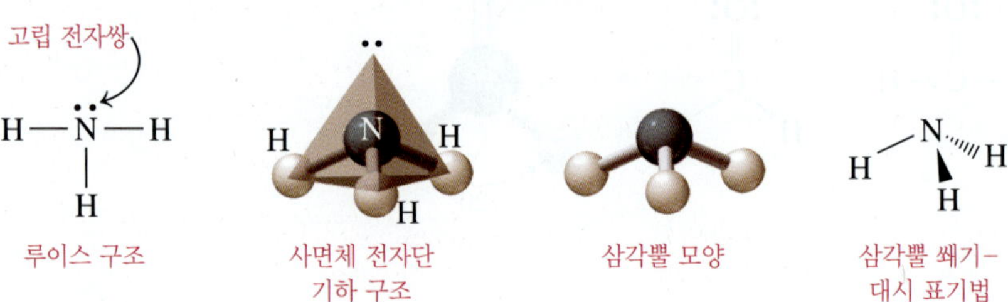

물(H_2O)의 루이스 구조에서도 전자단 네 개가 있어, 전자단 기하 구조가 사면체일 때 반발력이 최소가 된다. 하지만 H_2O에서는 전자단 중 2개가 고립 전자쌍이다. H_2O의 모양은 중심 O 원자에 결합된 두 H 원자에 의해 결정되기 때문에 H_2O 분자는 결합각이 109°인 *굽은 모양*(bent shape)을 갖는다. **표 10.6**은 결합된 원자가 2개, 3개, 4개인 분자의 형태를 나타낸 것이다.

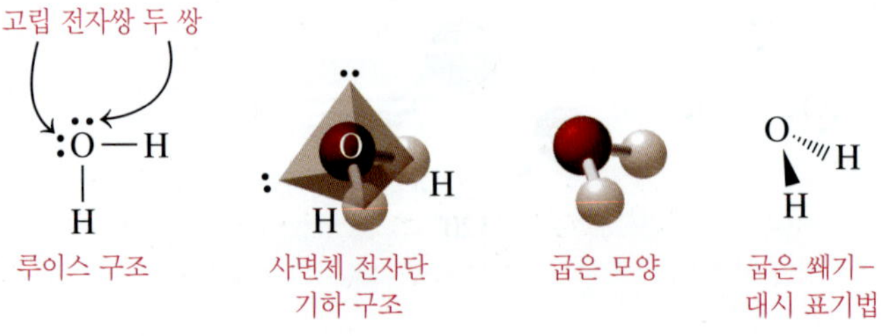

표 10.6 2, 3, 4개의 원자가 결합된 중심 원자의 분자 모양

전자단 수	전자단 기하 구조	결합 원자 수	고립쌍 수	결합각*	분자 모양	예	3차원 모형 공-막대 모형	공간 채움 모형
2	선형	2	0	180°	선형	CO_2		
3	삼각 평면	3	0	120°	삼각 평면	H_2CO		
3	삼각 평면	2	1	120°	굽은 모양	SO_2		
4	사면체	4	0	109°	사면체	CH_4		
4	사면체	3	1	109°	삼각뿔	NH_3		
4	사면체	2	2	109°	굽은 모양	H_2O		

*실제 분자의 결합각은 약간 다를 수도 있다.

예제 10.6 분자 모양

먼저 해 보기!

VSEPR 이론을 사용하여 $SiCl_4$ 분자의 모양을 예측하라.

풀이

	주어진 것	필요한 것	연결
문제 분석	$SiCl_4$	모양	루이스 구조, 전자단 수, 결합된 원자 수

단계 1 루이스 구조를 그린다.

원소	족	원자 수		원자가전자 수		합
Si	4A족(14족)	1 Si	×	4 e^-	=	4 e^-
Cl	7A족(17족)	4 Cl	×	7 e^-	=	28 e^-
				$SiCl_4$의 총 원자가전자 수	=	32 e^-

32 e^-를 사용하여 $SiCl_4$의 루이스 구조에서 결합과 고립쌍을 그린다.

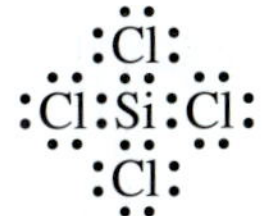

단계 2 반발이 최소화되도록 중심 원자 주위에 전자단을 배열한다. $SiCl_4$의 루이스 구조에서 중심 Si 원자 주위에 전자단이 4개 있다. 반발을 최소화하기 위해 네 전자단은 사면체 기하 구조를 한다.

단계 3 **중심 원자에 결합된 원자들을 사용하여 모양을 결정한다.** 중심 Si 원자가 원자 4개와 결합하고 고립 전자쌍이 없으므로 $SiCl_4$ 분자는 사면체 모양이다.

확인 문제 10.6

VSEPR 이론을 사용하여 SCl_2의 모양을 예측하라.

답

중심 원자 S에는 4개의 전자단, 즉 결합된 원자 2개와 고립 전자쌍 2개가 있다. SCl_2의 모양은 109°로 굽은 모양이다.

예제 10.7 이온의 모양 예측

먼저 해 보기!

VSEPR 이론을 사용하여 다원자 이온인 NO_3^-의 모양을 예측하라.

풀이

문제 분석	주어진 것	필요한 것	연결
	NO_3^-	모양	루이스 구조, 전자단 수, 결합된 원자 수

단계 1 **루이스 구조를 그린다.**

원소	족	원자 수		원자가전자 수		합
N	5A족(15족)	1 N	×	5 e^-	=	5 e^-
O	6A족(16족)	3 O	×	6 e^-	=	18 e^-
				이온 전하(음전하)로 1 e^- 더함	=	1 e^-
				NO_3^-의 총 원자가전자 수	=	24 e^-

다원자 이온 NO_3^-는 3개의 전자단(중심 N 원자와 O 원자 사이에 단일 결합 2개과 N과 O 사이에 이중 결합 1개)을 포함한다. 이중 결합이 어떤 O 원자에 오든지 상관없으며, 이로 인해 3개의 공명 구조가 유도됨을 주목하라. 하지만 구조를 예측하기 위해서는 구조 중 하나만 필요하다.

```
[ :Ö—N=Ö: ]⁻
      |
     :Ö:
```

단계 2 **반발이 최소화하도록 중심 원자 주위에 전자단을 배열한다.** NO_3^-의 루이스 구조에서 중심 N 원자 주위에 전자단이 3개 있다. 반발을 최소화하기 위해 세 전자단은 삼각 평면 기하 구조를 가진다.

단계 3 **중심 원자에 결합된 원자들을 사용하여 모양을 결정한다.** NO_3^-가 원자 3개와 결합하고 고립 전자쌍이 없으므로 삼각 평면 모양을 갖는다.

확인 문제 10.7

VSEPR 이론을 사용하여 다음 각각의 모양을 예측하라.

a. ClO_2^-(Cl이 중심 원자) **b.** PO_2^+

답

a. 중심 원자 Cl에 4개의 전자단, 즉 결합된 원자 2개와 고립 전자쌍 2개가 있어서 ClO_2^-의 모양은 109°로 굽은 모양이다.

b. 중심 원자 P에 결합된 원자가 2개 있고 고립 전자쌍은 없으므로 PO_2^+의 모양은 선형이다.

10.4 전기음성도와 결합의 극성

학습 목표 전기음성도를 사용하여 결합의 극성을 결정할 수 있다.

원자들 사이에서 전자들이 공유되는 방법을 관찰함으로써 화합물의 화학에 대해 더 많이 배울 수 있다. 결합 전자는 동일한 비금속 원자 사이의 결합에서 똑같이 공유된다. 하지만 결합이 다른 원소의 원자 사이에 있을 때, 전자쌍은 보통 불균등하게 공유된다. 그러면 공유된 전자쌍은 결합 내의 한 원자에 다른 전자보다 더 끌리게 된다.

원자의 **전기음성도**(electronegativity)는 화학 결합에서 공유 전자를 끌어당기는 능력이다. 비금속은 금속보다 전자에 대한 인력이 더 크기 때문에 비금속이 금속보다 전기음성도가 크다. 전기음성도 값은 플루오린을 4.0으로 정하고, 공유 전자에 대한 플루오린의 인력과 비교하여 모든 다른 원소에 대한 전기음성도를 결정하였다. 전기음성도가 가장 높은(4.0) 비금속 플루오린은 주기율표의 오른쪽 위쪽에 위치하고 있다. 전기음성도가 가장 낮은(0.7) 금속 세슘은 주기율표의 왼쪽 아래에 위치한다. 전형 원소에 대한 전기음성도를 **그림 10.2**에 나타내었다. 영족 기체는 보통 결합을 형성하지 않기 때문에 전기음성도 값이 없다는 점에 유의하라. 전이 원소의 전기음성도 값도 낮지만 여기서는 다루지 않는다.

핵심 화학 기술

전기음성도 사용

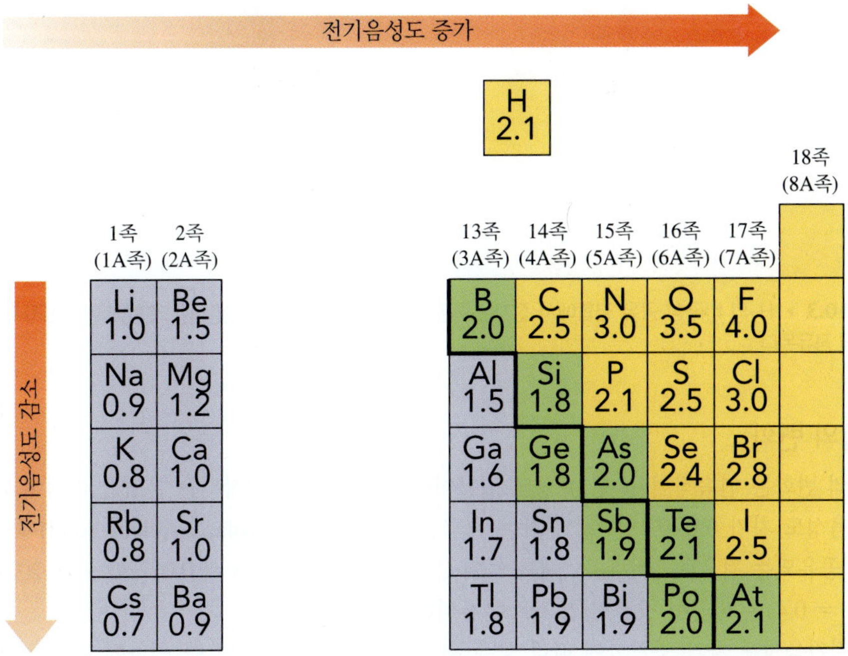

전기음성도 증가 →

전기음성도 감소 ↓

H 2.1

1족 (1A족)	2족 (2A족)	13족 (3A족)	14족 (4A족)	15족 (5A족)	16족 (6A족)	17족 (7A족)	18족 (8A족)
Li 1.0	Be 1.5	B 2.0	C 2.5	N 3.0	O 3.5	F 4.0	
Na 0.9	Mg 1.2	Al 1.5	Si 1.8	P 2.1	S 2.5	Cl 3.0	
K 0.8	Ca 1.0	Ga 1.6	Ge 1.8	As 2.0	Se 2.4	Br 2.8	
Rb 0.8	Sr 1.0	In 1.7	Sn 1.8	Sb 1.9	Te 2.1	I 2.5	
Cs 0.7	Ba 0.9	Tl 1.8	Pb 1.9	Bi 1.9	Po 2.0	At 2.1	

그림 10.2 ▸ 1A족(1족)~7A족(17족)에서 전형 원소들의 전기음성도 값은 공유 전자를 끌어당기는 원자의 능력을 나타내며, 같은 주기에서는 왼쪽에서 오른쪽으로 갈수록, 같은 족에서는 아래로 갈수록 감소한다.

생각해 보기 10.8

주기율표에서의 위치로부터 염소 원자의 전기음성도가 아이오딘 원자의 전기음성도보다 더 큰 이유는?

결합의 극성

두 원자의 전기음성도 값의 차이로 이온 결합이나 공유 결합의 형태를 예측하는 데 사용할 수 있다. H—H 결합의 경우 전기음성도 차는 0(2.1 − 2.1)이며, 이는 결합 전자가 똑같이 공유됨을 의미한다. H 원자 주위에 대칭적인 전자 구름을 그려서 이것을 설명한다. 전기음성도 값이 같거나 매우 비슷한 원자 사이의 결합은 **비극성 공유 결합**(nonpolar covalent bond)이다. 하지만 전기음성도 값이 다른 원자 사이의 공유 결합에서는 전자가 불균일하게 공유되어 결합은 **극성 공유 결합**(polar covalent bond)이 된다. 극성 공유 결합에 대한 전자 구름은 비대칭이다. H—Cl 결합의 경우 전기음성도 차는 3.0(Cl) − 2.1(H) = 0.9이며, 이는 H—Cl 결합이 극성 공유 결합임을 뜻한다(**그림 10.3** 참조). 전기음성도 차를 볼 때 항상 전기음성도가 더 큰 값에서 더 작은 값을 빼므로, 차는 항상 양수이다.

결합의 **극성**(polarity)은 원자의 전기음성도 값의 차에 달려 있다. 극성 공유 결합에서 공유 전자는 전기음성도가 더 큰 원자에 끌려 그 원자 주위에 음으로 하전된 전자가 있기 때문에 부분적으로 음의 값을 갖는다. 결합의 다른 끝에 전기음성도가 더 작은 원자는 그 원자에 전자가 부족해져서 부분적으로 양성이 된다.

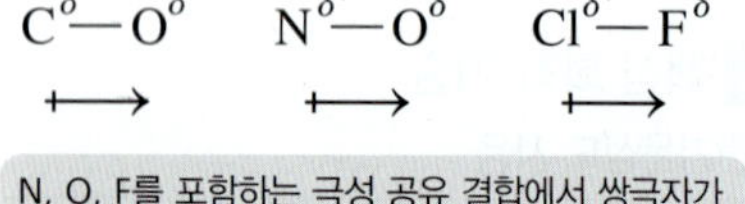

N, O, F를 포함하는 극성 공유 결합에서 쌍극자가 존재한다.

어떤 결합에서 전기음성도 차이가 증가함에 따라 결합의 *극성*(polar)이 높아진다. 전하가 분리된 극성 공유 결합을 **쌍극자**(dipole)라고 한다. 쌍극자에서 양의 말단과 음의 말단은 양이나 음의 부호와 소문자의 그리스 문자 델타(δ^+와 δ^-)로 표시한다. 때로는 양전하에서 음전하 방향으로 화살표(⟼)를 사용하여 쌍극자를 나타낸다.

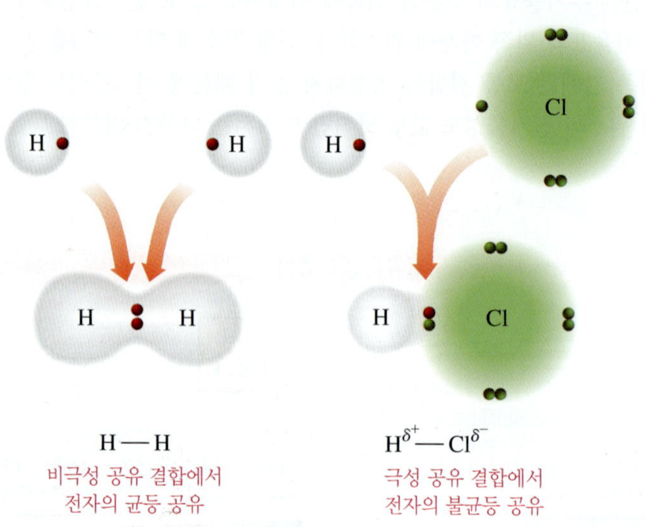

그림 10.3 ▸ H_2의 비극성 공유 결합에서 전자는 똑같이 공유된다. HCl의 극성 공유 결합에서는 전자가 불균등하게 공유된다.

결합의 변화

결합의 변화는 연속적이다. 한 유형의 결합이 끝나고 다음이 시작되는 분명한 지점이 없다. 전기음성도 차가 0.0~0.4일 때, 전자는 *비극성 공유 결합*(nonpolar covalent bond)에서 똑같이 공유되는 것으로 간주된다. 예를 들어 C—C 결합(2.5 − 2.5 = 0.0)과 C—H 결합(2.5 − 2.1 = 0.4)은 비극성 공유 결합으로 분류된다.

전기음성도 차가 증가함에 따라 공유 전자는 전기음성도가 더 큰 원자에 더 강하게 끌리며, 이는 결합의 극성을 증가시킨다. 전기음성도 차가 0.5~1.8이면, 결합은 *극성 공유 결합*(polar covalent bond)이다. 예를 들어, O—H 결합(3.5 − 2.1 = 1.4)은 극성 공유 결합으로 분류된다(**표 10.7** 참조).

생각해 보기 10.9

전기음성도 차를 사용하여 Si—S 결합이 극성 공유 결합이고 Si—P 결합이 비극성 공유 결합인 이유를 설명하라.

표 10.7 전기음성도 차와 결합 유형

전기음성도 차	0.0~0.4	0.5~1.8	1.9~3.3
결합 유형	비극성 공유 결합	극성 공유 결합	이온 결합
결합되는 전자	똑같이 공유	불균등하게 공유	전자 이동
		δ^+ δ^-	+ −

전기음성도 차가 1.8보다 크면, 전자는 한 원자에서 다른 원자로 옮겨지며, *이온 결합*(ionic bond)이 만들어진다. 예를 들어, 이온 결합 화합물 NaCl에 대한 전기음성도 차는 3.0 − 0.9 = 2.1이다. 따라서 전기음성도 차가 크므로 이온 결합을 예측할 수 있다(**표 10.8** 참조).

표 10.8 전기음성도 차로 인한 결합 유형 예측

식	결합	전기음성도 차*	결합 유형
H_2	H—H	2.1 − 2.1 = 0.0	비극성 공유 결합
BrCl	Br—Cl	3.0 − 2.8 = 0.2	비극성 공유 결합
HBr	$H^{\delta+}$—$Br^{\delta-}$	2.8 − 2.1 = 0.7	극성 공유 결합
HCl	$H^{\delta+}$—$Cl^{\delta-}$	3.0 − 2.1 = 0.9	극성 공유 결합
NaCl	Na^+Cl^-	3.0 − 0.9 = 2.1	이온 결합
MgO	$Mg^{2+}O^{2-}$	3.5 − 1.2 = 2.3	이온 결합

*값은 그림 10.2에서 취함

예제 10.8 결합의 극성

먼저 해 보기!

전기음성도 값을 이용하여 다음 각 결합을 비극성 공유, 극성 공유, 이온 결합으로 분류하고 극성 공유 결합에 δ^+와 δ^-로 표시하고 쌍극자 방향을 보여라.

a. K와 O　　**b.** As와 Cl

c. N과 N　　**d.** P와 Br

풀이

문제 분석	주어진 것	필요한 것	연결
	원자 쌍	결합 유형	전기음성도 값

각 원자 쌍에 대해 전기음성도 값을 이용하여 전기음성도 차를 계산한다.

원자	전기음성도 차	결합 유형	쌍극자
a. K와 O	3.5 − 0.8 = 2.7	이온 결합	
b. As와 Cl	3.0 − 2.0 = 1.0	극성 공유 결합	$As^{\delta+}$—$Cl^{\delta-}$ $\longleftrightarrow$
c. N과 N	3.0 − 3.0 = 0.0	비극성 공유 결합	
d. P와 Br	2.8 − 2.1 = 0.7	극성 공유 결합	$P^{\delta+}$—Br^{δ} $\longleftrightarrow$

확인 문제 10.8

전기음성도 값을 이용하여 다음 각 결합을 비극성 공유, 극성 공유, 이온 결합으로 분류하고 극성 공유 결합에 δ^+와 δ^-로 표시하고 쌍극자 방향을 보여라.

a. P와 Cl　　**b.** Br과 Br
c. Na와 O　　**d.** O와 I

답

a. 극성 공유 결합(0.9) $\overset{\delta^+}{P}—\overset{\delta^-}{Cl}$ (+⟶)　　**b.** 비극성 공유 결합(0.0)

c. 이온 결합(2.6)　　**d.** 극성 공유 결합(1.0) $\overset{\delta^-}{O}—\overset{\delta^+}{I}$ (⟵+)

10.5 분자의 극성

학습 목표 분자의 3차원 구조를 사용하여 극성과 비극성으로 분류할 수 있다.

핵심 화학 기술
분자의 극성 확인

분자 내의 공유 결합이 극성이나 비극성일 수 있음을 확인하였다. 이제 분자 내 결합과 그 모양으로 그 분자를 극성과 비극성으로 어떻게 분류하는지 살펴보기로 하자.

비극성 분자

비극성 분자(nonpolar molecule)에서는 모든 결합이 비극성이거나 극성 결합이 서로 상쇄된다. H_2, Cl_2, CH_4와 같은 분자는 비극성 공유 결합만을 포함하기 때문에 비극성이다. *비극성 분자*는 대칭 배열이기 때문에 극성 결합(쌍극자)이 서로 상쇄할 때에도 일어난다. 예를 들어, 선형 분자인 CO_2는 쌍극자가 반대 방향을 가리키는 2개의 동등한 극성 공유 결합을 포함한다. 그 결과, 쌍극자들이 상쇄되어 CO_2 분자는 비극성이 된다.

두 개의 C—O 쌍극자가 상쇄된다. CO_2는 비극성이다.

비극성 분자의 또 다른 예는 CCl_4 분자인데, 중심 C 원자 주위에 대칭으로 배열된 4개의 극성 결합을 갖는다. 각 C—Cl 결합은 같은 극성이지만 사면체 배열을 하기 때문에, 반대 극성의 쌍극자들이 상쇄된다. 그 결과 CCl_4 분자는 비극성이다.

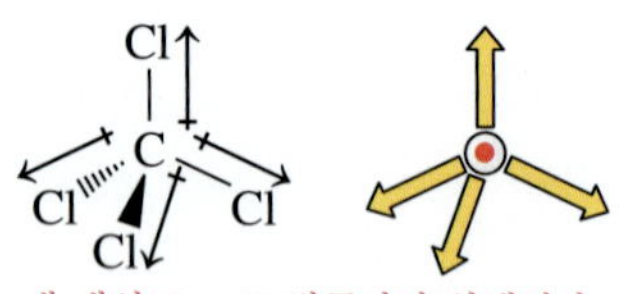

네 개의 C—Cl 쌍극자가 상쇄된다. CCl_4는 비극성이다.

극성 분자

극성 분자(polar molecule)에서는 분자의 한쪽 말단이 다른 말단보다 더 음전하를 띤다. 분자의 극성은 각 극성 결합의 쌍극자가 서로 상쇄하지 않을 때 일어난다. 예를 들어, HCl은 극성 공유 결합 하나가 있기 때문에 극성 분자이다.

하나의 쌍극자는 상쇄되지 않는다. HCl은 극성이다.

전자단이 2개 이상 있는 분자에서 굽은 모양이나 삼각뿔과 같은 모양이 쌍극자가 상쇄되는지 여부를 결정한다. 예를 들어, H_2O는 굽은 모양이다. 따라서 물 분자는 각 쌍극자가 상쇄되지 않기 때문에 극성이다.

쌍극자가 상쇄되지 않는다. H_2O는 극성이다.

NH_3 분자는 3개의 결합된 원자가 있고, 사면체 전자 기하 구조를 가지며, 삼각뿔 모양을 한다. 따라서 각 N—H 쌍극자가 상쇄되지 않으므로 NH_3 분자는 극성이다.

분자에서 더 음전하를 띠는 말단

분자에서 더 양전하를 띠는 말단

쌍극자가 상쇄되지 않는다. NH_3는 극성이다.

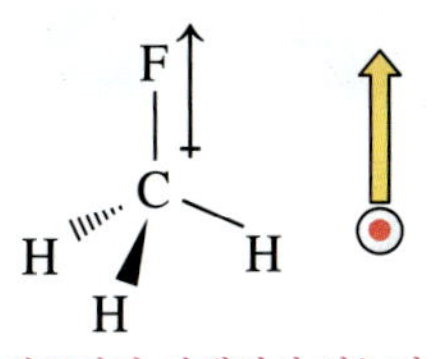

쌍극자가 상쇄되지 않는다. CH_3F는 극성 분자이다.

분자 CH_3F에서 C—F 결합은 극성 공유 결합이지만, 3개의 C—H 결합은 비극성 공유 결합이다. CH_3F에는 하나의 쌍극자만 있어 상쇄되지 않기 때문에, CH_3F는 극성 분자이다.

예제 10.9 분자의 극성

먼저 해 보기!

OF_2 분자가 극성인지 비극성인지 결정하라.

풀이

	주어진 것	필요한 것	연결
문제 분석	OF_2	극성도	루이스 구조, 결합의 극성

단계 1 **결합이 극성 공유 결합인지 비극성 공유 결합인지 결정한다.** 그림 10.2에서 F와 O의 전기음성도 차는 0.5 (4.0 − 3.5 = 0.5)이므로 각 O—F 결합은 극성 공유 결합이다.

단계 2 **극성 공유 결합이라면, 루이스 구조를 그리고 쌍극자가 상쇄되는지 결정한다.** OF_2의 루이스 구조에는 전자단 4개와 결합된 원자 2개가 있다. 분자는 O—F 결합의 쌍극자가 상쇄되지 않는 굽은 모양을 하고 있다. OF_2 분자는 극성이다.

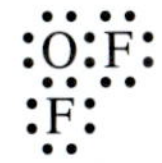

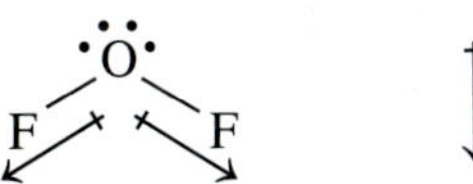

쌍극자가 상쇄되지 않는다. OF_2는 극성 분자이다.

확인 문제 10.9

다음 각각이 극성인지 비극성인지 결정하라.

a. PCl_3 **b.** Cl_2

답

a. 극성 **b.** 비극성

10.6 원자나 분자 사이의 분자간 힘

학습 목표 이온, 극성 공유 분자, 비극성 공유 분자 사이의 분자간 힘을 설명할 수 있다.

핵심 화학 기술

분자간 힘 확인

화합물에서 원자 또는 이온을 함께 유지하는 힘을 *분자내 힘*(intramolecular force)이라고 한다. 이온 결합 화합물에서 전기음성도의 차가 크면 양이온과 음이온을 생성되어 서로 끌어당기는 것을 보았다. 이온 결합은 화합물에서 가장 강한 힘이다. 분자에서는 전자를 공유하는 원자에 의해 공유 결합이 형성되는 것을 보았다. 이온 결합과 공유 결합은 화합물의 모양과 극성에 관여한다.

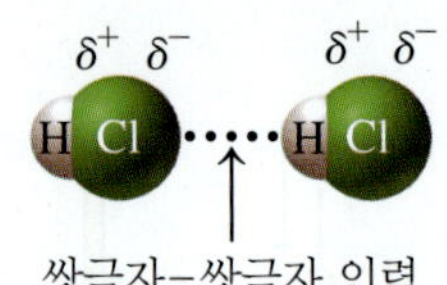

고체와 액체에서는 공유 결합 사이에서 *쌍극자−쌍극자 인력*(dipole−dipole interaction), *수소 결합*(hydrogen bonding), *분산력*(dispersion force)과 같은 분자간 힘(intermolecular force)이 있어 이들이 서로 가깝게 유지하게 된다. 이들은 분자내 힘보다는 훨씬 약하지만 녹는점이나 끓는점 같은 물리적 성질에서 중요하다.

쌍극자−쌍극자 인력

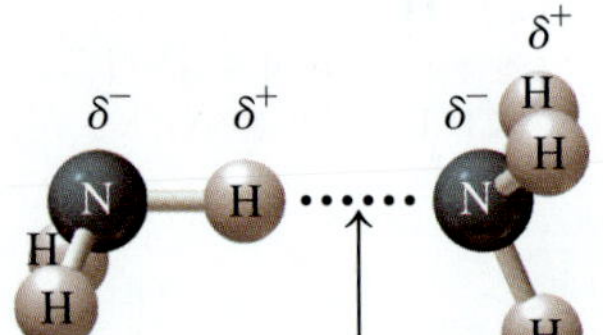

모든 극성 분자는 한 분자의 양성 말단과 다른 분자의 음성 말단 사이에서 **쌍극자−쌍극자 인력**(dipole−dipole interaction)이라는 분자간 힘이 발생한다. HCl과 같은 쌍극자를 가지는 극성 분자에서, 한 HCl 분자의 부분적으로 양전하를 띠는 H 원자가 다른 HCl 분자의 부분적으로 음전하를 띠는 Cl 원자를 끌어당긴다.

수소 결합

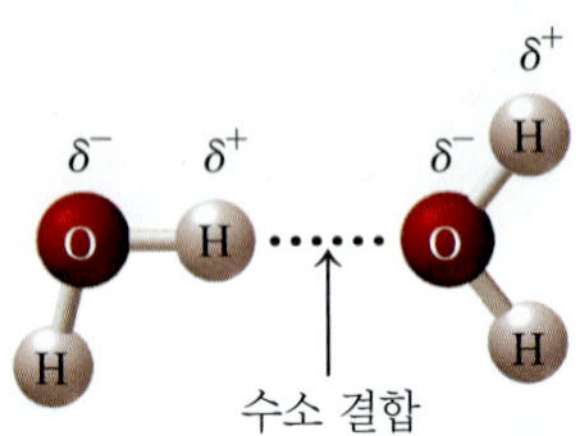

전기음성도가 큰 질소, 산소, 플루오린 원자에 결합된 수소 원자를 포함하는 극성 분자는 특히 강한 쌍극자−쌍극자 인력을 형성한다. **수소 결합**(hydrogen bond)이라고 하는 이러한 유형의 분자간 힘은 한 분자의 부분적으로 양전하를 띤 수소 원자와 다른 분자의 부분적으로 음전하를 띤 질소, 산소, 플루오린 원자 사이에서 일어난다. 수소 결합은 극성 공유 분자 사이에서 가장 강한 형태의 분자간 힘이다. 이것은 단백질과 DNA와 같은 생물학적 분자의 형성과 구조에서 중요한 요소이다.

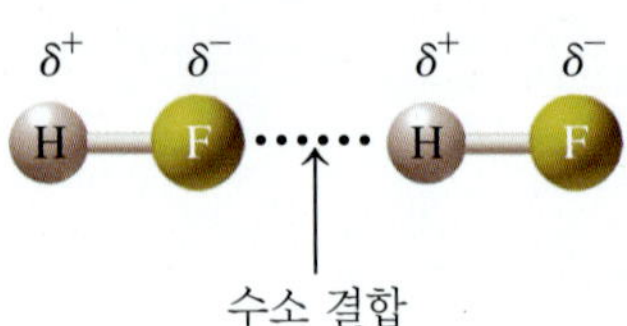

분산력

분산력(dispersion force)이라고 하는 매우 약한 인력은 비극성 분자 사이에서 발생하는 유일한 분자간 힘이다. 비극성 공유 결합 분자 내의 전자들은 주로 대칭적으로 분포한다. 하지만 전자의 움직임으로 인해 *순간 쌍극자*(temporary dipole)를 형성하여 분자의 어떤 부분에 전자가 더 많이 배치될 수 있다. 이러한 순간 쌍극자는 분자를 정렬하여 한 분자의 양성 말단이 다른 분자의 음성 말단으로 끌리게 한다. 분산력은 매우 약하지만, 이로 인해 비극성 분자가 액체와 고체를 형성할 수 있다.

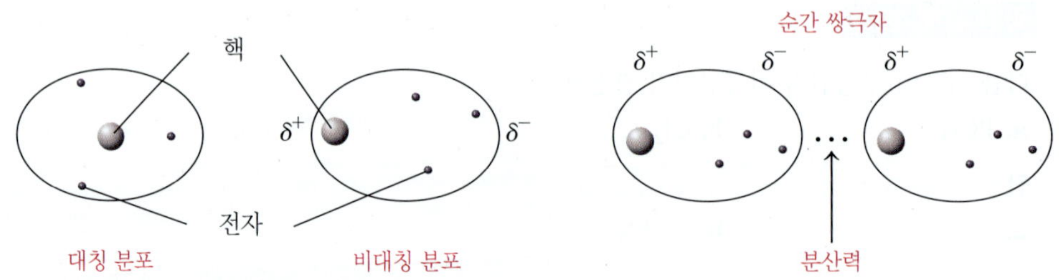

비극성 공유 분자들은 순간 쌍극자가 형성될 때 약한 인력을 갖는다.

표 10.9는 분자내 결합과 분자간 결합의 유형을 비교한 것이다.

분자간 힘과 녹는점

물질의 녹는점은 그 입자들 사이의 분자간 힘의 세기와 관련이 있다. 분산력과 같이 분자간 힘이 약한 화합물은 분자를 분리하여 액체를 형성하는 데 필요한 에너지가 적기 때문에 녹는점이 낮다. 쌍극자−쌍극자 인력을 가진 화합물은 분자 사이의 분자간 힘을 끊는 데 더 많은 에너지가 필요하다. 수소 결합을 가진 화합물은 분자 사이에 존재하는 분자간 힘을 극복하기 위해 훨씬 더 많은 에너지가 필요하다. **표 10.10**에 몇 가지 물질의 녹는점을 비교하였다.

표 10.9 결합 분자간 힘 비교

힘의 유형	입자 배열	예	세기
원자나 이온 사이(분자내)			강함
이온 결합	+ − + / − + −	$Na^+ Cl^-$	
공유 결합 (X = 비금속)	X:X	Cl—Cl	
분자 사이 (분자간)			
수소 결합 (X = N, O, F)	δ^+ δ^- H X ··· δ^+ δ^- H X	$H^{\delta+}—F^{\delta-} \cdots H^{\delta+}—F^{\delta-}$	
쌍극자–쌍극자 상호작용 (X와 Y = 비금속)	δ^+ δ^- Y X ··· δ^+ δ^- Y X	$H^{\delta+}—Cl^{\delta-} \cdots H^{\delta+}—Cl^{\delta-}$	
분산력 (비극성 결합에서 전자의 일시적 이동)	δ^+ δ^- X :X ··· δ^+ δ^- X :X (순간 쌍극자)	$F^{\delta+}—F^{\delta-} \cdots F^{\delta+}—F^{\delta-}$	약함

크기, 질량, 녹는점, 끓는점

비슷한 유형의 분자 화합물의 크기와 질량이 증가함에 따라 더 강한 순간 쌍극자를 생성하는 전자가 더 많이 존재한다. 비슷한 화합물에서 몰질량이 증가함에 따라 전자 수가 증가하므로 분산력도 증가한다. 일반적으로 몰질량이 더 큰 비극성 분자는 녹는점과 끓는점이 더 높다.

표 10.10 몇 가지 물질의 녹는점

물질	녹는점(°C)
수소 결합	
H_2O	0
NH_3	−78
쌍극자–쌍극자 인력	
HI	−51
HBr	−89
HCl	−115
분산력	
Br_2	−7
Cl_2	−101
F_2	−220

예제 10.10 입자 사이의 분자간 힘

먼저 해 보기!

다음 각각에서 예상되는 분자간 힘의 주요 유형(쌍극자–쌍극자 인력, 수소 결합, 분산력)을 나타내어라.

a. HF **b.** Br_2 **c.** PCl_3

풀이

a. HF는 수소 결합에 의해 다른 HF 분자와 상호 작용하는 극성 분자이다.

b. Br_2는 비극성이므로 분산력만이 일시적인 분자간 힘을 제공한다.

c. PCl_3 분자의 극성으로 쌍극자–쌍극자 인력을 나타낸다.

확인 문제 10.10

다음 각각에서 분자간 힘의 주요 형태를 나타내어라.

a. H_2S **b.** H_2O

답

a. 쌍극자–쌍극자 인력 **b.** 수소 결합

생각해 보기 10.10

GeH_4가 CH_4보다 끓는점이 높은 이유는 무엇인가?

10.7 상태 변화

학습 목표 고체, 액체, 기체 사이의 상태 변화를 설명하고, 관련 에너지를 계산할 수 있다.

기체, 액체, 고체의 상태 및 특성은 입자 사이의 인력의 유형에 따라 달라진다. 물질은 한 상태에서 다른 상태로 변환될 때 **상태 변화**(change of state)를 겪는다(**그림 10.4** 참조).

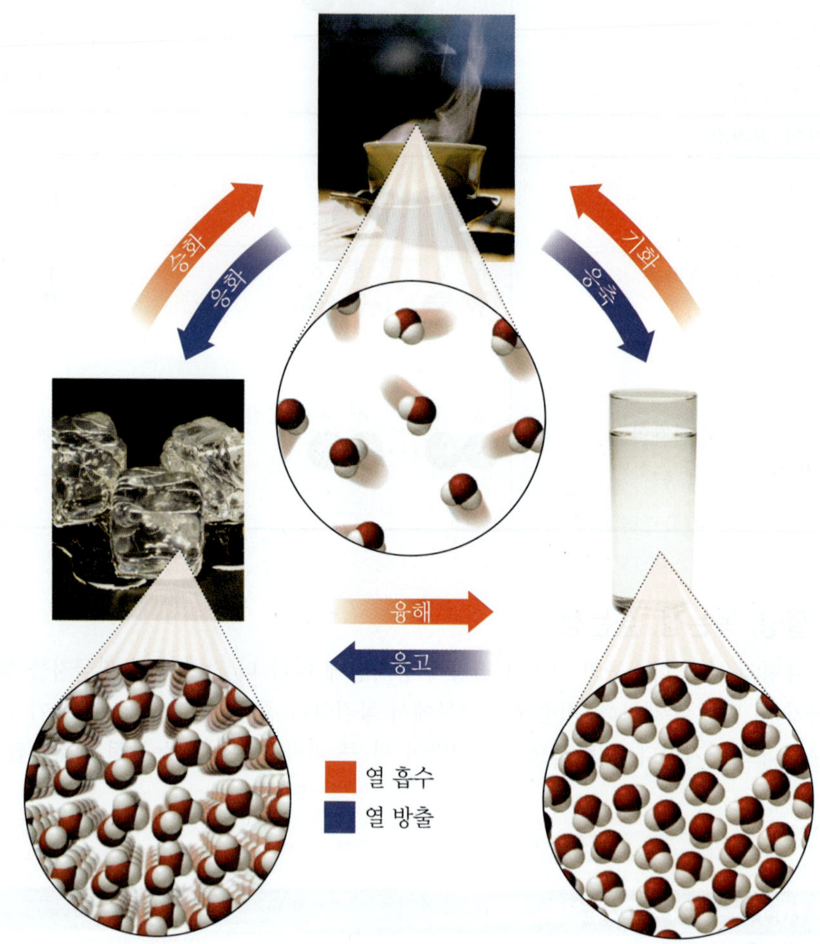

그림 10.4 ▸ 상태 변화는 용융과 응고, 기화와 응축, 승화(昇華)와 응화(凝華)를 포함한다.

생각해 보기 10.11
액체 물이 얼 때 열이 가해지는가, 방출되는가?

융해와 응고

고체에 열을 가하면 입자가 더 빨리 움직인다. **녹는점**(melting point, mp)이라는 온도에서, 고체 입자는 이들을 유지하는 인력을 극복하는 데 충분한 에너지를 얻는다. 고체 입자가 분리되어 무작위한 패턴으로 움직인다. 물질이 **융해**(melting)되어 고체에서 액체로 변한다.

액체의 온도가 낮아지면, 반대 과정이 일어난다. 운동 에너지가 손실되고, 입자가 느려지며, 인력이 입자를 가깝게 당긴다. 물질이 **응고**(freezing)된다. 액체는 **어는점**(freezing point, fp)에서 고체로 변하는데 녹는점과 같은 온도이다. 모든 물질은 자체의 어는점(녹는점)이 있다. 고체 상태의 물(얼음)은 열을 가하면 0 °C에서 녹고 열을 제거하면 0 °C에서 언다. 금은 열을 가하면 1064 °C에서 녹고 열을 제거하면 1064 °C에서 언다.

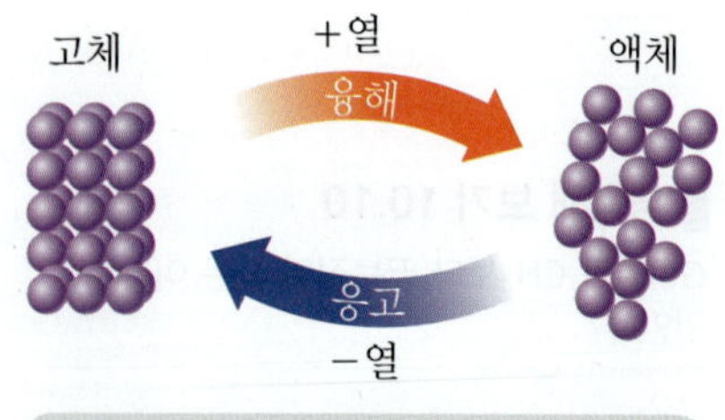

융해와 응고는 가역 과정이다.

상태가 변하는 동안 물질의 온도는 일정하게 유지된다. 유리잔에 얼음과 물이 들어 있다고 가정해 보자. 0 °C에서 열을 가하면 얼음이 녹아 액체가 생성된다. 0 °C에서 열을 제거하면 액체 상태의 물이 얼어 고체가 된다. 녹는 과정에는 열이 필요하다. 어는 과정은 열을 방출한다. 용융과 응고는 0 °C에서 가역적이다.

융해열

융해되는 동안 **융해열**(heat of fusion)은 녹는점에서 고체 정확히 1 g을 액체로 변환하기 위해 가해야 하는 에너지이다. 예를 들어, 녹는점(0 °C)에서 얼음 정확히 1 g을 녹이기 위해 334 J의 열이 필요하다.

$$H_2O(s) + 334\ J/g \longrightarrow H_2O(l)$$ 흡열

물의 융해열

$$\frac{334\ J}{H_2O\ 1\ g} \text{ 그리고 } \frac{H_2O\ 1\ g}{334\ J}$$

융해열은 또한 어는점(0 °C)에서 정확히 1 그램의 물을 얼리기 위해 제거해야 하는 열량이다.

때로 겨울철에 과일 과수원에 물을 뿌린다. 기온이 0 °C 아래로 떨어지면 물이 얼기 시작한다. 물 분자가 얼음 고체를 형성함에 따라 열이 방출되기 때문에 공기는 0 °C 이상으로 따뜻해져 열매를 보호한다.

$$H_2O(l) \longrightarrow H_2O(s) + 334\ J/g$$ 발열

융해열은 계산에서 변환 인자로 사용할 수 있다. 예를 들어, 얼음 시료를 녹이는 데 필요한 열을 결정하기 위해 얼음의 질량(그램 단위)에 융해열을 곱한다. 예제 10.10에서와 같이 얼음이 녹는 동안에는 온도가 일정하게 유지되므로 계산에서 온도 변화는 없다.

물을 녹이기(또는 얼리기) 위한 열 계산

$$\text{열} = \text{질량} \times \text{융해열}$$

$$J = \cancel{g} \times \frac{334\ J}{\cancel{g}}$$

승화와 응화

승화(sublimation)라는 과정에서 고체 표면의 입자는 온도 변화가 없이 액체 상태를 거치지 않고 기체로 직접 변화한다. 응화(deposition)라고 하는 역과정에서 기체 입자는 직접 고체로 변화한다. 예를 들어, 고체 이산화 탄소인 드라이아이스는 −78 °C에서 승화한다. 열을 가해도 액체를 형성하지 않기 때문에 "드라이(dry)"라는 말을 사용한다. 매우 추운 지역에서는 눈이 녹지 않고 수증기로 직접 승화한다. [*역자 주*: 기체에서 고체로의 상태 변화를 나타내는 우리말 용어는 승화이지만 이는 고체에서 기체로 변화를 나타내는 승화(昇華)와 혼동의 우려가 있어 중국과 일본에서 사용하는 응화(凝華)로 번역함.]

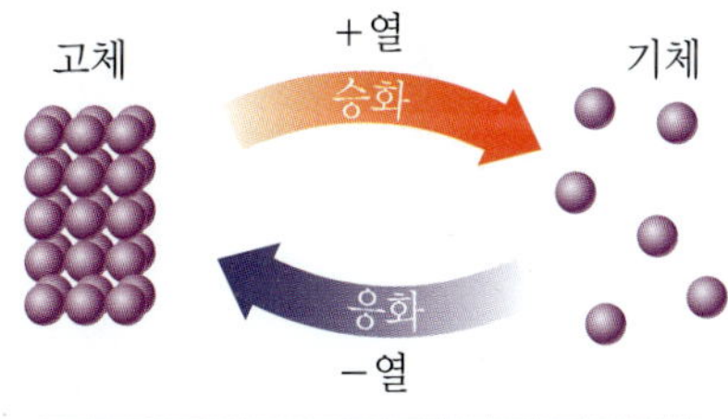

승화와 응화는 가역 과정이다.

냉동식품을 냉동실에 오랫동안 방치하면 매우 많은 물이 승화되어 식품, 특히 육류를 건조 및 수축시켜 *냉동 화상*(freezer burn)이라고 하는 상태가 된다. 냉동실에서 수증기가 냉동 봉지와 냉동식품 표면에 얼음 결정을 형성할 때 응화가 일어난다.

승화로 처리된 동결 건조식품은 장기 보관과 캠핑 및 하이킹에 편리하다. 냉동된 식품은 얼음이 승화되면서 건조되는 진공 챔버에 보관한다. 건조된 식품은 영양가가 모두 유지되며 먹을 수 있도록 하기 위해 물만 필요하다. 세균은 수분 없이는 자랄 수 없기 때문에 동결 건조식품은 냉장 보관할 필요가 없다.

차가운 표면에 닿으면 수증기가 고체로 변한다.

증발, 끓음, 응축

진흙 웅덩이에 있던 물이 사라지고, 밀봉하지 않은 음식물이 말라버리며, 줄에 걸린 옷이 마른다. **증발**(evaporation)은 충분한 에너지를 가진 물 분자가 액체 표면에서 빠져 나와 기체 상으로 들어갈 때 일어난다(**그림 10.5** 참조). "뜨거운" 물 분자의 손실로 열이 제거되면 남아 있는 액체 상태의 물을 냉각시킨다. 열을 가할수록 점점 더 많은 물 분자가 증발하기에 충분

한 에너지를 얻는다. **끓는점**(boiling point, bp)에서 액체 내 분자들은 그들의 인력을 극복하고 기체가 되기에 충분한 에너지를 갖는다. 액체에 기체 거품이 형성되어 표면으로 올라가서 빠져나갈 때 물과 같은 액체가 **끓음**(boiling)을 관찰한다.

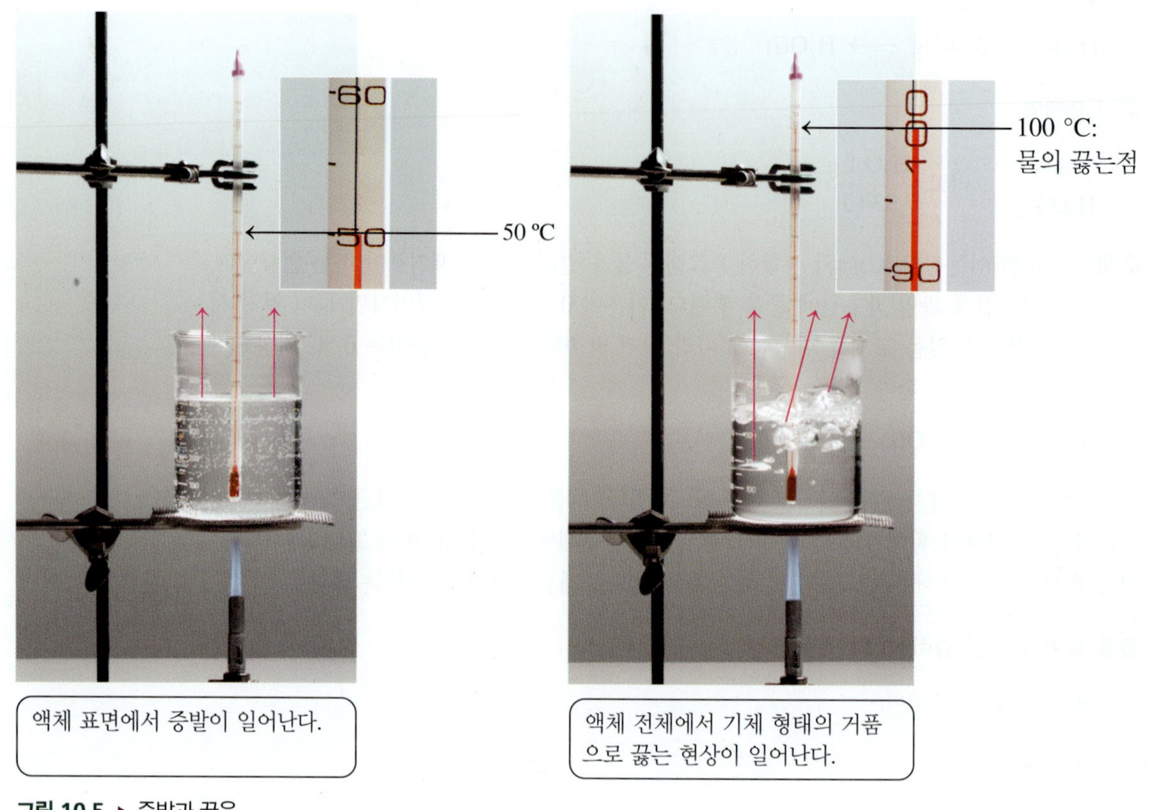

그림 10.5 ▸ 증발과 끓음

열이 제거될 때에는 반대 과정이 일어난다. **응축**(condensation) 과정에서는 물 분자가 운동 에너지를 잃고 속도가 느려짐에 따라 수증기는 액체로 변환된다. 응축은 끓음과 같은 온도에서 일어나지만 열이 제거되기 때문에 다르다. 뜨거운 물로 샤워하고 수증기가 거울에 물방울을 형성할 때 응축 현상이 나타날 수 있다. 물질은 응축됨에 따라 열을 잃기 때문에 주위가 더워진다. 그래서 비가 올 때 기체 상태의 물 분자가 응축되어 공기가 따뜻해진 것을 느낄 수 있게 된다.

기화열과 응축열

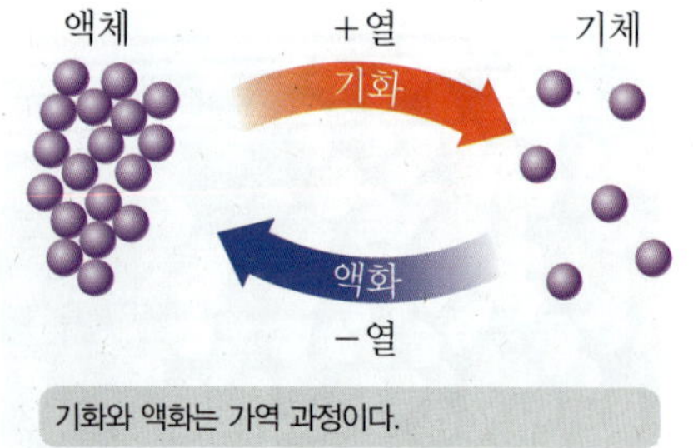

기화와 액화는 가역 과정이다.

기화열(heat of vaporization)은 정확히 1 g의 액체를 끓는점에서 기체로 변환하기 위해 가해야 하는 에너지이다. 물의 경우 물 1 g을 100 °C의 증기로 변환하려면 2260 J이 필요하다.

$$H_2O(l) + 2260\ J/g \longrightarrow H_2O(g) \quad \text{흡열}$$

100 °C에서 수증기(기체) 1 g이 액체로 바뀔 때 같은 양의 열이 방출된다.

$$H_2O(g) \longrightarrow H_2O(l) + 2260\ J/g \quad \text{발열}$$

따라서 2260 J/g은 또한 물의 *응축열*(heat of condensation)이다.

물의 기화열

$$\frac{2260\ J}{H_2O\ 1\ g} \text{ 그리고 } \frac{H_2O\ 1\ g}{2260\ J}$$

물질의 녹는점과 끓는점이 다른 것과 마찬가지로 융해열과 기화열도 다르다. **그림 10.6**에서 볼 수 있듯 기화열은 융해열보다 크다.

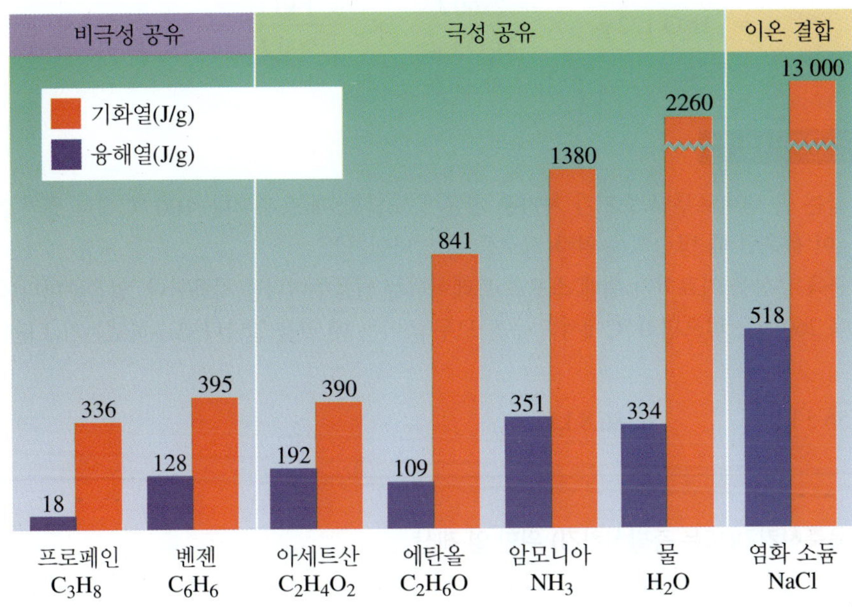

그림 10.6 ▸ 모든 물질에서 기화열이 융해열보다 크다.

물 시료를 끓이는 데 필요한 열을 결정하려면 질량(그램 단위)에 증발열을 곱한다. 예제 10.11에서 보듯 상태 변화(융해, 응고, 기화, 응축) 동안 온도가 일정하므로 계산 시 온도 변화는 없다.

예제 10.11 상태 변화에서 열 계산하기

먼저 해 보기!

사우나 안에서 100 °C에서 물 122 g이 증기로 변환된다. 몇 킬로줄이 필요한가?

풀이

단계 1 **주어진 양과 필요한 양을 쓴다.**

	주어진 것	필요한 것	연결
문제 분석	100 °C 물 122 g	100 °C에서 증기로 변환하기 위한 킬로줄	기화열, 2260 J/g

단계 2 **주어진 양을 필요한 양으로 변환하기 위한 계획을 쓴다.**

물의 그램수 → 기화열 → 줄 → 미터법 인자 → 킬로줄

단계 3 **열 변환 인자와 미터법 인자를 쓴다.**

$$H_2O\ 1\ g\ (l \longrightarrow g) = 2260\ J$$
$$\frac{2260\ J}{H_2O\ 1\ g} \text{ 그리고 } \frac{H_2O\ 1\ g}{2260\ J}$$

$$1\ kJ = 1000\ J$$
$$\frac{1000\ J}{1\ kJ} \text{ 그리고 } \frac{1\ kJ}{1000\ J}$$

생각해 보기 10.12

상태 변화와 관련된 계산에서는 왜 온도를 사용하지 않는가?

단계 4 문제를 풀어 필요한 양을 계산한다.

$$\text{열} = \cancel{H_2O}\ 122\ \cancel{g} \times \frac{2260\ \cancel{J}}{\cancel{H_2O}\ 1\ \cancel{g}} \times \frac{1\ kJ}{1000\ \cancel{J}} = 276\ kJ$$

(122 g: 유효숫자 3개; 2260 J: 유효숫자 3개; H_2O 1 g: 정확한 수; 1 kJ / 1000 J: 정확한 수; 276 kJ: 유효숫자 3개)

확인 문제 10.11

얼음주머니는 스포츠 부상을 치료하는 데 사용된다.

a. 끓는 물 냄비로부터 증기가 차가운 창문에 도달할 때 응축된다. 100 °C에서 증기 25.0 g이 응축될 때 방출되는 열량(킬로줄)은 얼마인가?

b. 근육 부상을 치료하기 위해 스포츠 트레이너는 얼음주머니를 사용한다. 얼음주머니에 얼음 260. g을 넣으면 0 °C에서 얼음을 모두 녹이는 데 열을 얼마나 흡수하겠는가(J 단위)?

답

a. 56.5 kJ **b.** 86.8 kJ

물을 응축시키기(또는 증발시키기) 위한 열 계산

열 = 질량 × 기화열

$$J = \cancel{g} \times \frac{2260\ J}{\cancel{g}}$$

가열 및 냉각 곡선

물질을 가열하거나 냉각하는 동안 모든 상태 변화를 시각적으로 설명할 수 있다. **가열 곡선**(heating curve)이나 **냉각 곡선**(cooling curve)에서 온도는 수직 축에, 열 손실이나 이득은 수평 축에 표시한다.

가열 곡선의 단계

첫 번 사선은 열이 가해짐에 따라 고체가 데워짐을 나타낸다. 녹는점에 이르렀을 때 수평선은 고체가 녹고 있음을 나타낸다. 녹음이 진행됨에 따라 고체는 온도 변화 없이 액체로 변한다(**그림 10.7** 참조).

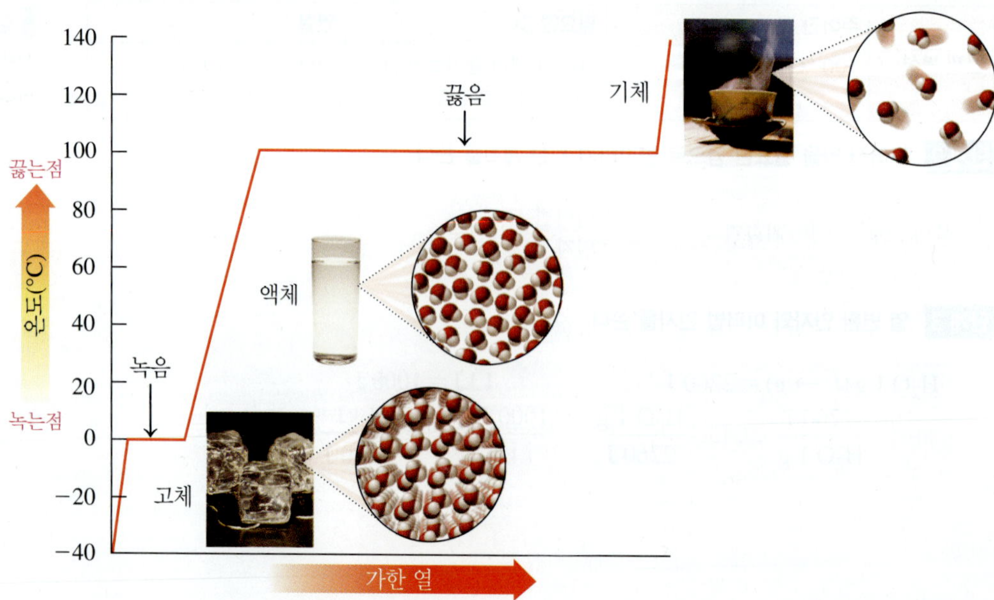

그림 10.7 ▸ 가열 곡선은 열을 가함에 따라 온도 증가와 상태 변화를 나타낸다.

일단 모든 입자가 액체 상태에 있게 되면, 가해진 열은 액체의 온도를 증가시킨다. 이 온도 증가는 녹는점에서 끓는점까지 사선으로 그려진다. 액체가 끓는점에 도달하면 수평선은 액체가 기체로 변하는 동안 온도가 일정함을 나타낸다. 증발열이 융해열보다 크기 때문에, 끓는점의 수평선은 녹는점의 수평선보다 길다. 일단 모든 액체가 기체로 되고 열을 더 가하면 기체의 온도가 증가한다.

냉각 곡선의 단계

냉각 곡선은 열이 제거됨에 따라 온도가 감소하는 냉각 과정의 그림이다. 처음에 응축되기 시작할 때까지 기체에서 열이 제거됨을 나타내기 위해 사선을 그린다. 응축점에서 수평선은 기체가 응축되어 액체를 형성할 때 상태 변화를 나타낸다. 모든 기체가 액체 상태로 바뀐 후 더 냉각하면 온도가 낮아진다. 온도의 감소는 응축점에서 어는점까지 사선으로 표시된다. 어는점에서 또 하나의 수평선은 어는점에서 액체가 고체로 변하고 있음을 나타낸다. 일단 모든 물질이 얼고 열을 더 제거하면 어는점 아래 고체의 온도가 낮아져 어는점 아래에 사선으로 표시된다.

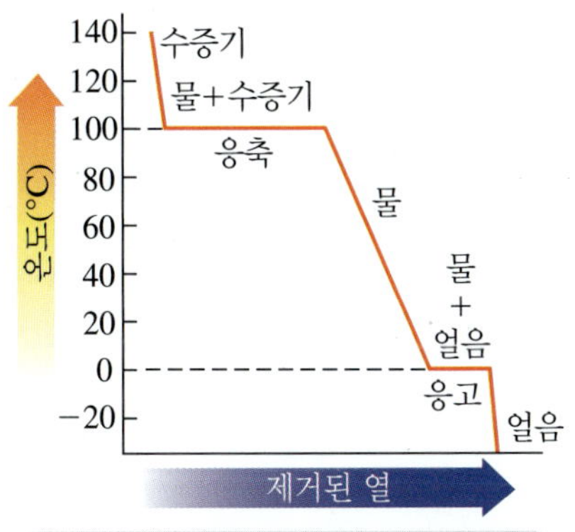

물의 냉각 곡선은 열을 제거함에 따라 온도 감소와 상태 변화를 나타낸다.

에너지 계산 결합하기

지금까지는 가열 곡선이나 냉각 곡선에서 한 단계에 대해 계산했다. 하지만 어떤 문제에서는 물질의 상태 변화뿐만 아니라 온도 변화를 포함하는 여러 단계의 조합이 필요할 수 있다. 예제 10.12에서 보는 바와 같이 각 단계에 대해 개별적으로 열을 계산하고 이 결과들을 서로 더해 총 에너지를 얻는다.

예제 10.12 열 계산 결합하기

먼저 해 보기!

찰스는 운동을 더 많이 해서 활동량을 늘렸다. 웨이트 후에 그는 팔에 통증을 느꼈다. 얼음주머니에 0 °C 얼음 125 g이 채워져 있다. 얼음을 녹이고 물의 온도를 체온인 37.0 °C로 올리기 위해 흡수되는 열량은 몇 킬로줄인가?

풀이

단계 1 주어진 양과 필요한 양을 쓴다.

	주어진 것	필요한 것	연결
문제 분석	0 °C 얼음 125 g	0 °C에서 얼음을 녹이고 물의 온도를 37.0 °C로 올리는 데 필요한 총 킬로줄	상태 변화(융해열)와 온도 변화(물의 비열)로부터 열 결합

단계 2 주어진 양을 필요한 양으로 변환할 계획을 세운다.

총 열량 = 0 °C에서 얼음을 녹이고 물의 온도를 0 °C로부터 37.0 °C로 올리는 데 필요한 총 킬로줄

단계 3 필요한 열 변환 인자와 미터법 인자를 쓴다.

H_2O 1 g ($s \rightarrow l$) = 334 J	물의 비열 = $\frac{4.184\ \text{J}}{\text{g}\ °\text{C}}$	1 kJ = 1000 J
$\frac{334\ \text{J}}{H_2O\ 1\ \text{g}}$ 그리고 $\frac{H_2O\ 1\ \text{g}}{334\ \text{J}}$	$\frac{4.184\ \text{J}}{\text{g}\ °\text{C}}$ 그리고 $\frac{\text{g}\ °\text{C}}{4.184\ \text{J}}$	$\frac{1000\ \text{J}}{1\ \text{kJ}}$ 그리고 $\frac{1\ \text{kJ}}{1000\ \text{J}}$

단계 4 **문제를 풀어 필요한 양을 계산한다.**

$\Delta T = 37.0\ °C - 0\ °C = 37.0\ °C$

0 °C에서 얼음(고체)을 물(액체)로 바꾸는 데 필요한 에너지

$$\text{열} = \text{얼음}\ 125\ g \times \frac{334\ J}{\text{얼음}\ 1\ g} \times \frac{1\ kJ}{1000\ J} = 41.8\ kJ$$

유효숫자 3개 / 유효숫자 3개 / 정확한 수 / 정확한 수 / 유효숫자 3개

0 °C 물(액체)을 37.0 °C 물(액체)로 바꾸는 데 필요한 에너지

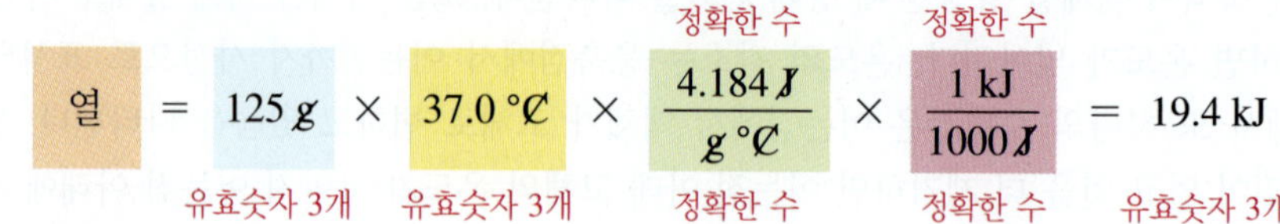

총 열량 계산:

0 °C 얼음을 녹임	41.8 kJ
물을 가열(0 °C에서 37.0 °C로)	19.4 kJ
필요한 총 열량	61.2 kJ

확인 문제 10.12

a. 100 °C 수증기 75.0g이 응축되고 0 °C로 냉각되어 얼었을 때 몇 킬로줄이 방출되는가? (*힌트*: 3가지 에너지 계산이 필요)

b. 0 °C 얼음 18 g을 100 °C 수증기로 변환할 때 몇 킬로칼로리가 필요한가? (*힌트*: 3가지 에너지 계산이 필요)

답

a. 226 kJ **b.** 13 kcal

건강과 관련된 화학 _Chemistry Link to Health

증기 화상

100 °C의 뜨거운 물은 화상을 입거나 피부를 손상시킬 수 있다. 하지만 피부에 증기가 닿으면 훨씬 더 위험하다. 100 °C의 뜨거운 물 25 g이 사람 피부에 떨어지면 물의 온도가 체온인 37 °C로 내려간다. 냉각 중 방출되는 열이 심한 화상을 일으킬 수 있다. 열량은 질량, 온도 변화(100 °C − 37 °C = 63 °C) 및 물의 비열(4.184 J/g°C)로부터 계산할 수 있다.

$$25\ \cancel{g} \times 63\ \cancel{°C} \times \frac{4.184\ J}{\cancel{g}\ \cancel{°C}} = 6600\ J$$

물이 냉각될 때 방출되는 열

하지만 피부에 증기가 닿으면 훨씬 더 위험하다. 100 °C에서 같은 양의 증기가 액체로 응축하면 열이 거의 10배나 더 많이 방출된다. 이 열량은 100 °C에서 물의 경우 2260 J/g인 기화열을 사용하여 계산할 수 있다.

$$25\ \cancel{g} \times \frac{2260\ J}{1\ \cancel{g}} = 57\ 000\ J$$

100 °C에서 물(기체)이 액체 물로 응축될 때 방출되는 열

방출되는 총 열량은 100 °C에서 응축될 때의 열과 100 °C로부터 37 °C(체온)까지 냉각될 때의 열을 더하여 계산된다. 열의 대부분이 증기 응축에 의한 것임을 알 수 있다.

응축(100 °C)	= 57 000 J
냉각(100 °C로부터 37 °C로)	= 6 600 J
방출된 열	= 64 000 J (천의 자리에서 반올림)

증기에서 방출되는 열의 양은 같은 양의 뜨거운 물에서 나오는 열의 양보다 거의 10배 더 크다. 이 많은 양의 열이 피부에 방출되어 증기 화상으로 인해 손상을 입게 된다.

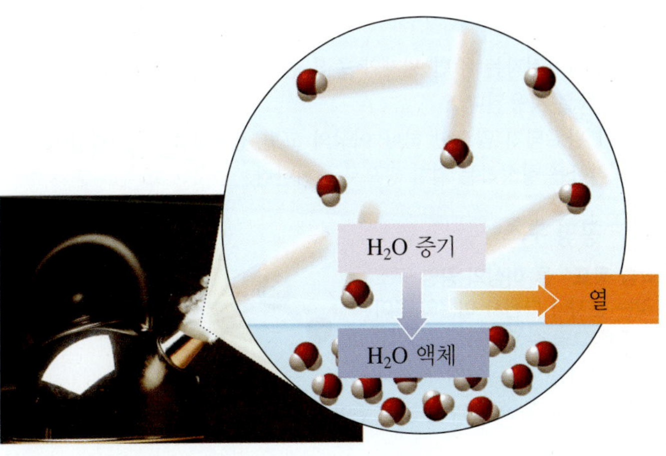

증기 1 g이 응축되면 2260 J(540 cal)이 방출된다.

UPDATE 조직학자가 염료로 조직 염색

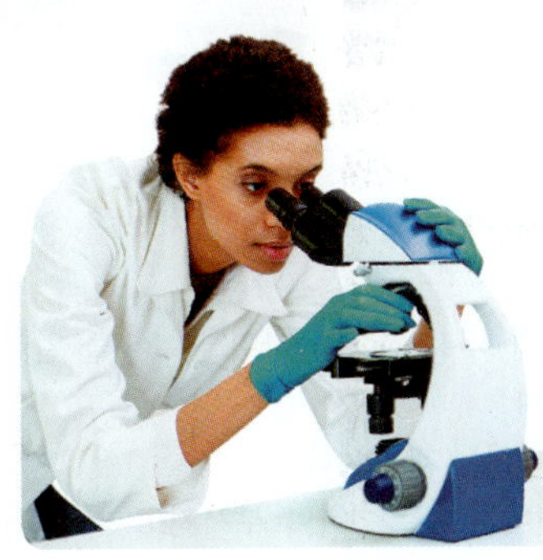

리사가 빌의 수술로부터 조직 표본을 받으면 표본을 끓는점 −196 °C에서 기화열이 198 J/g인 액체 질소에 보관한다. 조직이 얼면 리사는 조직을 마이크로톰 위에 놓고 얇은 조각으로 잘라 유리 슬라이드 위에 각각을 올려놓는다. 병리학자가 어떤 이상이 있는지 볼 수 있도록 하기 위해 리사가 사용하는 염료 중 하나는 화학식이 $C_{20}H_6Br_4Na_2O_5$인 에오신(Eosin)이다. 리사는 조직을 염색하기 위해 탄산 리튬과 중탄산 소듐 용액을 사용한다.

병리학자는 조직 시료를 검사하고 주변 조직에 비정상 세포가 없다는 것을 외과 의사에게 알린다. 더 이상 조직을 제거할 필요가 없다.

응용 문제

10.1 질소(N_2)의 끓는점에서 N_2 15.8 g을 기화시키려면 몇 J이 필요한가?

10.2 액체 질소를 준비할 때 액체 N_2를 만들기 위해 끓는점에서 N_2 기체 112 g에서 몇 kJ을 제거해야 하는가?

10.3 그림 10.2의 전기음성도 값을 사용하여, 에오신에서 발견되는 다음 각 결합에 대해 전기음성도 차를 계산하고 결합이 비극성 공유, 극성 공유, 이온 결합 중 어느 것인지 예측하라.
a. C와 C **b.** C와 H **c.** C와 O

10.4 그림 10.2의 전기음성도 값을 사용하여, 에오신에서 발견되는 다음 각 결합에 대해 전기음성도 차를 계산하고 결합이 비극성 공유, 극성 공유, 이온 결합 중 어느 것인지 예측하라.
a. O와 H **b.** Na와 O **c.** C와 Br

10.5 **a.** 탄산 이온(CO_3^{2-})의 세 가지 공명 구조를 그려라.
b. 탄산 이온의 모양을 결정하라.

10.6 **a.** 중심 C 원자와 O 원자들 중 하나에 H 원자가 결합된 중탄산 이온(HCO_3^-)의 공명 구조를 그려라.
b. C 원자 주변의 중탄산염 이온의 모양을 결정하라.

제10장 복습하기 _Chapter Review

10.1 분자 및 다원자 이온의 루이스 구조

학습 목표 단일 결합과 다중 결합을 갖는 분자 화합물이나 다원자 이온의 루이스 구조를 그릴 수 있다.

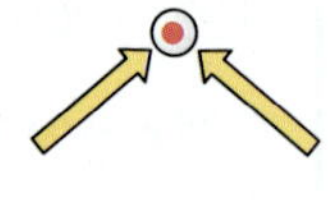

- 루이스 기호는 기호 주위에 점으로 원자가전자를 나타낸 원소 기호이다.
- 분자나 다원자 이온의 모든 원자에 대해 원자가전자의 총 수를 결정한다.
- 음전하가 있으면 총 원자가전자에 더하고, 양전하가 있으면 뺀다.
- 루이스 구조에서 중심 원자와 결합된 원자 사이에 결합 전자쌍을 놓는다.
- 남은 원자가전자는 주변 원자와 중심 원자의 옥텟을 완성하기 위해 고립쌍으로 사용된다.
- 옥텟이 완료되지 않으면 하나 이상의 고립 전자쌍을 이중 결합이나 삼중 결합을 형성하는 결합 쌍으로 배치한다.

10.2 공명 구조

학습 목표 둘 이상의 공명 구조를 갖는 분자나 다원자 이온의 루이스 구조를 그릴 수 있다.

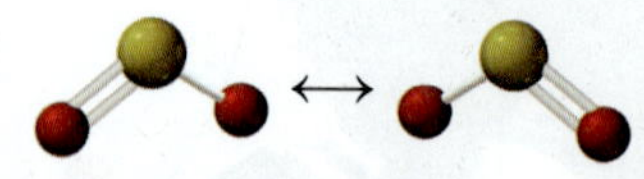

- 다중 결합을 갖는 어떤 분자나 이온에 대해 둘 이상의 동등한 루이스 구조가 있는 경우 공명 구조를 그릴 수 있다.

10.3 분자 및 다원자 이온의 모양(VSEPR 이론)

학습 목표 분자나 다원자 이온의 3차원 구조를 예측할 수 있다.

사면체 모양

- 분자의 모양은 루이스 구조, 전자단 기하구조 및 결합된 원자의 수에 의해 결정된다.
- 전자단 두 개를 가진 중심 원자 주위의 전자단 기하구조는 선형이다. 전자단 세 개를 가진 경우 기하 구조는 삼각 평면이며, 전자단 네 개를 가진 경우 기하 구조는 사면체이다.
- 모든 전자단이 원자에 결합된 경우 그 모양은 전자 배열과 같은 이름을 갖는다.
- 전자단 세 개와 결합된 원자 두 개가 있는 중심 원자는 굽은 모양(120°)이다.
- 전자단 네 개와 결합된 원자 세 개가 있는 중심 원자는 삼각뿔 모양이다.
- 전자단 네 개와 결합된 원자 두 개가 있는 중심 원자는 굽은 모양(109°)이다.

10.4 전기음성도와 결합의 극성

학습 목표 전기음성도를 사용하여 결합의 극성을 결정할 수 있다.

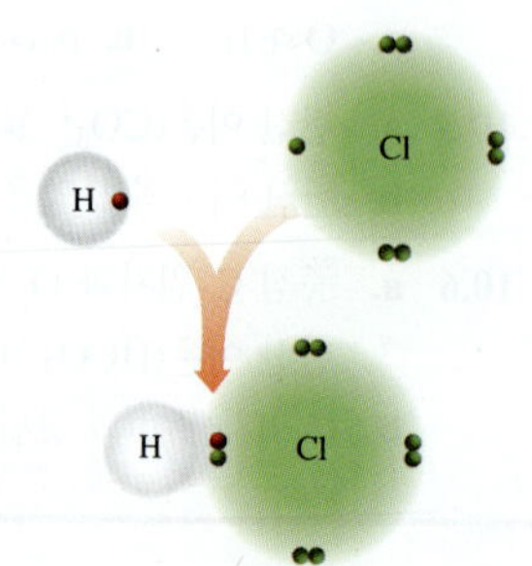

- 전기음성도는 원자가 다른 원자와 공유하는 전자를 끌어당길 수 있는 능력이다. 일반적으로, 금속은 전기음성도가 낮고 비금속은 높다.
- 비극성 공유 결합에서 원자는 전자를 균등하게 공유한다.
- 극성 공유 결합에서 전자는 전기음성도가 더 큰 원자에 끌리기 때문에 불균등하게 공유된다.
- 전기음성도가 작은 극성 결합의 원자는 부분적으로 양성(δ^+)이고 전기음성도가 큰 원자는 부분적으로 음성(δ^-)이다.
- 이온 결합을 형성하는 원자들은 전기음성도의 차이가 크다.

10.5 분자의 극성

학습 목표 분자의 3차원 구조를 사용하여 극성과 비극성으로 분류할 수 있다.

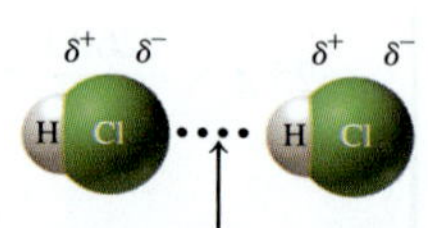

- 비극성 분자는 비극성 공유 결합을 포함하거나 결합된 원자들이 쌍극자가 상쇄되는 배열을 하고 있다.
- 극성 분자에서는 쌍극자가 상쇄되지 않는다.

10.6 원자나 분자 사이의 분자간 힘

학습 목표 이온, 극성 공유 분자, 비극성 공유 분자 사이의 분자간 힘을 설명할 수 있다.

- 이온성 고체에서, 반대로 하전된 이온은 이온 결합에 의해 단단한 구조로 유지된다.
- 쌍극자−쌍극자 인력과 수소 결합이라고 하는 분자간 힘은 극성 분자 화합물의 고체 및 액체 상태를 함께 유지한다.
- 비극성 화합물은 분산력이라고 하는 순간 쌍극자 사이의 약한 인력에 의해 고체와 액체를 형성한다.

10.7 상태 변화

학습 목표 고체, 액체, 기체 사이의 상태 변화를 설명하고, 관련 에너지를 계산할 수 있다.

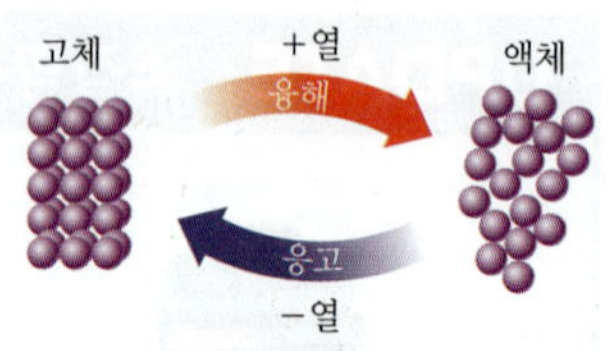

- 융해는 고체 입자들이 충분한 에너지를 흡수하여 부서져 액체를 형성할 때 일어난다.
- 정확히 1 g의 고체를 액체로 변환하는 데 필요한 에너지 양을 융해열이라고 한다.
- 물의 경우 얼음 1 g을 녹이는 데 334 J가 필요하며 물 1 g을 얼리기 위해서는 334 J을 제거해야 한다.
- 승화는 고체가 기체로 직접 변화하는 과정이다.
- 증발은 액체 입자가 충분한 에너지를 흡수하여 부서지고 기체 입자를 형성할 때 일어난다.
- 끓음은 끓는점에서 액체가 증발하는 것이다. 증발열은 정확히 1 g의 액체를 증기로 변환하는 데 필요한 열량이다.
- 물의 경우 물 1 g을 증발시키려면 2260 J이 필요하며 수증기 1 g을 응축하려면 그만큼 제거해야 한다.
- 가열 곡선이나 냉각 곡선은 물질에 열을 가하거나 제거할 때 온도와 상태 변화를 보여준다. 그래프에서 평평한 곳은 상태 변화를 나타낸다.
- 온도 변화와 상태 변화를 겪는 물질에서 흡수되거나 제거되는 총 열량은 상태 변화와 온도 변화에 대한 에너지 계산의 합계이다.

주요 용어 _Key Terms

가열 곡선 어떤 물질을 가열함에 따라 온도 변화와 상태 변화를 나타낸 도표.

공명 구조 서로 다른 원자 사이에 다중 결합을 위치시켜 분자나 다원자 이온에 대해 그릴 수 있는 둘 이상의 루이스 구조.

굽은 모양 1~2개의 고립 전자쌍과 두 개의 결합된 원자를 가진 분자의 모양.

극성 전자의 불균등 공유에 대한 척도로서, 전기음성도의 차이로 나타낸다.

극성 공유 결합 전자가 원자들 간에 불균등하게 공유되는 공유 결합.

극성 분자 결합 쌍극자가 상쇄되지 않는 분자.

기화열 끓는점에서 어떤 물질 1 g을 증발시키는 데 필요한 에너지. 물의 경우 정확히 1 g의 물을 증발시키려면 2260 J이 필요하다. 수증기 1 g이 응축될 때에는 2260 J을 방출한다.

끓는점(bp) 액체가 기체로 변하고(끓음) 기체가 액체로 변하는(응축) 온도.

끓음 액체 전체에 기체의 거품 형성

냉각 곡선 열이 제거됨에 따라 물질의 온도 변화와 상태 변화를 나타낸 도표.

녹는점(mp) 고체가 액체로 되는(융해) 온도. 어는점과 같은 온도이다.

루이스 구조 수소에 대해 두 개의 전자를 제외하고 모든 원자의 원자가 전자가 옥텟을 제공하도록 배열된 구조.

분산력 비극성 분자에서 순간 분극으로 인한 약한 쌍극자 결합.

비극성 공유 결합 전자가 원자들 사이에서 균등하게 공유되는 공유 결합.

비극성 분자 비극성 결합만을 갖거나 결합 쌍극자가 상쇄되는 분자.

사면체 4개의 원자가 결합된 분자의 모양.

삼각뿔 모양 3개의 결합된 원자와 하나의 고립 전자쌍을 갖는 분자의 모양.

삼각 평면 3개의 결합된 원자가 있고 고립 전자쌍이 없는 분자의 모양.

삼중 결합 두 원자가 세 쌍의 전자를 공유.

상태 변화 고체에서 액체, 액체에서 고체, 액체에서 기체 등 어떤 상태에서 다른 상태로 변환.

선형 두 원자가 결합되어 있고 고립 전자쌍이 없는 분자의 모양.

수소 결합 부분적으로 양성인 H 원자와 전기음성도가 큰 N, O, F 원자 사이의 인력

승화 액체가 먼저 생성되지 않고 고체가 기체로 직접 변환되는 상태 변화.

쌍극자 더 양성인 원자에서 더 음성인 원자를 향한 화살표로 표시하는 극성 결합에서의 양전하와 음전하의 분리.

쌍극자–쌍극자 인력 반대 극성의 극성 분자 말단 사이의 인력.

어는점(fp) 액체가 고체로 변하고(응고) 고체가 액체로 변하는(융해) 온도.

원자가껍질 전자쌍 반발(VSEPR) 이론 전자의 상호 반발을 최소화하기 위해 중심 원자에서 전자단을 최대한 멀리 떨어뜨려 분자의 모양을 예측하는 이론.

융해 고체에서 액체로의 상태 변화.

융해열 녹는점에서 정확히 1 g의 물질을 녹이는 데 필요한 에너지. 물의 경우 얼음 1 g을 녹이려면 334 J이 필요하다. 물 1 g이 얼 때에는 334 J이 방출된다.

응고 액체에서 고체로의 상태 변화.

응축 기체에서 액체로의 상태 변화.

응화 기체에서 고체로의 직접적인 변화. 승화의 반대.

이중 결합 두 원자에서 두 쌍의 전자를 공유.

전기음성도 한 결합에서 전자를 끌어당기는 원소의 상대적 능력.

증발 액체 표면에서 에너지가 높은 분자가 빠져나가 기체(증기) 형성.

핵심 화학 기술 _Core Chemistry Skills

**각 핵심 화학 기술을 포함하는 절을 각 제목의 끝에 괄호 안에 나타내었다.*

▷ 루이스 기호 그리기(10.1)

- 원자가전자는 맨 바깥쪽 에너지 준위의 전자이다.
- 원자가전자 수는 전형 원소의 족 번호와 같다.
- 루이스 기호는 원소 기호 주위에 점으로 원자가전자 수를 나타낸다.

예: 다음 각각에 대해 족 번호와 원자가전자 수를 쓰고 루이스 기호를 그려라.

a. Rb **b.** Se **c.** Xe

답: **a.** 1A족(1족), 원자가전자 1개, Rb·

b. 6A족(16족), 원자가전자 6개, ·Ṡ̤e:

c. 8A족(18족), 원자가전자 8개, :Ẋ̤e:

▷ 루이스 구조 그리기(10.1)

- 분자나 다원자 이온에 대한 루이스 구조는 원자들의 순서, 원자들 사이에 공유된 전자들의 결합쌍, 비결합쌍. 즉 *고립 전자쌍*을 나타낸다.
- 두 번째나 세 번째 전자쌍이 같은 원자 간에 공유되어 옥텟이 완성되면 이중 결합이나 삼중 결합이 생성된다.

예: CS_2에 대한 루이스 구조를 그려라.

답: 원자 배열에서 중심 원자는 C이다.

S C S

총 원자가전자 수를 결정한다.

$2\,S \times 6\,e^- = 12\,e^-$

$1\,C \times 4\,e^- = \underline{\ 4\,e^-}$

합 $= 16\,e^-$

한 쌍의 전자를 사용하여 결합된 각 원자를 중심 원자에 붙인다. 두 결합쌍은 네 개의 전자를 사용한다.

S:C:S

남아 있는 12개의 전자를 S 원자 주위에 고립쌍으로 배치한다.

:S:C:S:

C에 대한 옥텟을 완성하기 위해 각 S 원자로부터의 고립 전자쌍을 C와 공유하여 두 개의 이중 결합을 형성한다.

:S::C::S: 또는 :S=C=S:

▷ 공명 구조 그리기(10.2)

- 분자나 다원자 이온에 다중 결합이 포함된 경우, 공명 구조하고 부르는 둘 이상의 루이스 구조를 그릴 수 있다.

예: NO_2^-에 대한 공명 구조를 그려라.

답: 원자 배열에서 중심 원자는 N이다.

O N O

총 원자가전자 수를 결정한다.

$$\begin{aligned} 1\,N \times 5\,e^- &= \ \ 5\,e^- \\ 2\,O \times 6\,e^- &= 12\,e^- \\ \text{음전하} &= \ \ 1\,e^- \\ \text{합} &= 18\,e^- \end{aligned}$$

전자쌍을 사용하여 각 결합된 원자를 중심 원자에 붙인다. 두 결합쌍은 네 개의 전자를 사용한다.

O:N:O

남은 14개의 전자를 O와 N 원자 주위에 고립쌍으로 배치한다.

$[:\ddot{O}:\ddot{N}:\ddot{O}:]^-$

N에 대한 옥텟을 완성하기 위해, 한 O 원자로부터의 고립쌍을 N과 공유하여 하나의 이중 결합을 형성한다. O 원자가 2개 있기 때문에 2개의 공명 구조가 있다.

$[:\ddot{O}=\ddot{N}-\ddot{O}:]^- \longleftrightarrow [:\ddot{O}-\ddot{N}=\ddot{O}:]^-$

▷ 모양 예측하기(10.3)

- 분자나 다원자 이온의 3차원 모양은 루이스 구조를 그리고 중심 원자 주위의 전자단(하나 이상의 전자쌍)과 결합된 원자의 수를 확인하여 결정할 수 있다.
- 원자가껍질 전자쌍 반발(VSEPR) 이론에서 반발을 최소화하기 위해 전자단은 가능한 한 멀리 중심 원자 주위로 배열된다.
- 두 전자단이 두 원자가 결합되어 있는 중심 원자는 선형이다. 3개의 전자단이 3개의 원자에 결합된 중심 원자는 삼각 평면이며 두 원자는 굽은 모양이다(120°). 4개의 전자단이 4개의 원자에 결합된 중심 원자는 사면체이며, 3개의 원자에 결합되면 삼각뿔이고, 2개의 원자에 결합되면 굽은 모양이다(109°).

예: NO_2^-의 모양을 예측하라.

답: NO_2^-에 대해 그린 공명 구조를 사용하여, 중심 N 원자 주위에 3개의 전자단으로 하나의 이중 결합, 하나의 단일 결합과 하나의 고립 전자쌍을 세었다.

$[:\ddot{O}=\ddot{N}-\ddot{O}:]^-$ 또는 $[:\ddot{O}-\ddot{N}=\ddot{O}:]^-$

전자단 기하 구조는 삼각 평면이지만, 2개의 O 원자에 결합된 중심 N 원자와 함께 그 모양은 굽은 모양(120°)이다.

$\left[\ :\ddot{O} \diagup \ddot{N} \diagdown\!\!= \ddot{O}:\ \right]^-$

▷ 전기음성도 사용(10.4)

- 전기음성도 값은 공유 전자를 끌어당기는 원자의 능력을 나타낸다.
- 전기음성도 값은 한 주기에서 왼쪽에서 오른쪽으로 갈수록 증가하고 한 족에서는 아래로 갈수록 감소한다.
- 비극성 공유 결합은 전기음성도 차가 0.0~0.4로 전기음성도 값이 같거나 매우 비슷한 원자 사이에서 일어난다.
- 극성 공유 결합은 전형적으로 전기음성도 차가 0.5~1.8인 원자 사이에서 전자가 균등하게 공유될 때 일어난다.
- 이온 결합은 일반적으로 두 원자의 전기음성도 차가 1.8보다 클 때 일어난다.

예: 전기음성도 값을 사용하여 다음 각 결합을 비극성 공유, 극성 공유, 이온 결합으로 분류하라.

a. Sr과 Cl **b.** C와 S **c.** O와 Br

답: **a.** 전기음성도 차가 2.0(Cl 3.0 − Sr 1.0)이면 이온 결합을 만든다.

b. 전기음성도 차가 0.0 (C 2.5 − S 2.5)이면 비극성 공유 결합을 만든다.

c. 전기음성도 차가 0.7(O 3.5 − Br 2.8)이면 극성 공유 결합을 만든다.

▷ 분자의 극성 확인(10.5)

- 모든 결합이 비극성이거나 극성 결합이 상쇄되면 분자는 비극성이 된다. CCl_4는 4개의 극성 결합으로 구성된 비극성 분자이다.

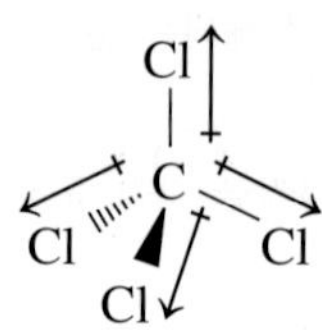

- 상쇄되지 않는 극성 결합이 있으면 분자는 극성이다. H_2O는 극성 분자로, 상쇄되지 않는 극성 결합으로 이루어져 있다.

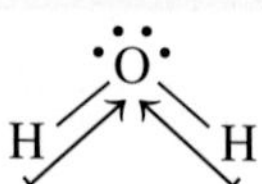

예: $AsCl_3$가 극성인지 비극성인지 예측하라.

답: 루이스 구조에서, $AsCl_3$가 결합된 원자 3개를 갖는 4개의 전자단이 있다는 것을 알 수 있다.

:Cl:As:Cl:
　　:Cl:

$AsCl_3$ 분자의 모양은 3개의 극성 결합(As과 Cl = 3.0 − 2.0 = 1.0)을 갖는 삼각뿔 형태로 상쇄되지 않는다. 따라서 극성 분자이다.

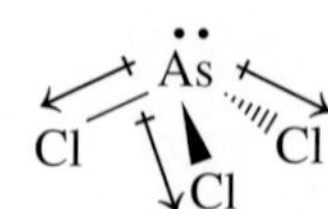

▷ 분자간 힘 확인(10.6)

- 극성 화합물의 쌍극자 사이에 쌍극자–쌍극자 인력이 발생한다. 한 분자의 양으로 하전된 말단이 다른 분자의 음으로 하전된 말단으로 끌리기 때문이다.

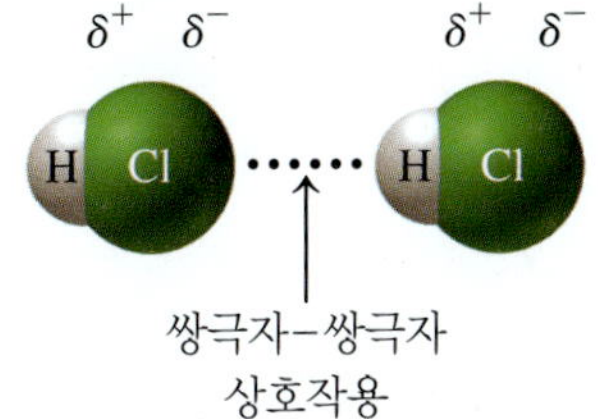

- H가 N, O, F에 결합된 화합물에서 수소 결합이라고 하는 강한 쌍극자–쌍극자 인력이 발생한다. 한 분자의 부분적으로 양전하를 띤 H 원자는 다른 분자의 부분적으로 음전하를 띤 N, O, F에 강하게 끌린다.
- 분산력은 전자가 비대칭적으로 분포될 때 순간 쌍극자가 형성될 때 생기는 비극성 분자 사이의 매우 약한 인력이다.

예: 다음 중 가장 강한 분자간 힘의 유형을 확인하라.

a. HF **b.** F_2 **c.** NF_3

답: **a.** F에 결합된 H를 가지는 극성 HF 분자는 수소 결합을 갖는다.
b. 비극성 F_2 분자는 분산력만을 갖는다.
c. 극성인 NF_3 분자는 쌍극자–쌍극자 인력을 갖는다.

- 이온 결합을 갖는 물질은 녹는점과 끓는점이 가장 높다. 수소 결합을 갖는 물질은 쌍극자–쌍극자 인력만 갖는 화합물보다 녹는점과 끓는점이 더 높다. 분산력만을 갖는 물질은 전형적으로 녹는점과 끓는점이 가장 낮으며 이들은 몰질량이 증가함에 따라 증가한다.

예: 다음 중 가장 끓는점이 높은 화합물을 확인하라.

a. HI, HBr, HF **b.** F_2, Cl_2, I_2

답: **a.** HBr과 HI는 쌍극자–쌍극자 인력을 갖지만, HF는 수소 결합을 가지고 있어 HF가 끓는점이 가장 높다.
b. F_2, Cl_2, I_2는 분산력만을 갖기 때문에, 몰질량이 가장 큰 I_2의 끓는점이 가장 높다.

▷ 상태 변화 열 계산(10.7)

- 녹는점/어는점에서 융해열이 흡수/방출되어 고체 1 g을 액체로 또는 액체 1 g을 고체로 변환시킨다.
- 예를 들어, 녹는점(어는점)(0 °C)에서 정확히 1 g의 얼음을 녹이기(얼리기) 위해 334 J의 열이 필요하다.
- 끓는점/응축점에서 증발열을 흡수/방출하여 정확히 1 g의 액체를 기체로 또는 1 g의 기체를 액체로 변환시킨다.
- 예를 들어 100 °C의 끓는점(응축점)에서 정확히 1 g의 물/수증기를 끓이기(응축)위해 2260 J의 열이 필요하다.

예: 수증기(물) 45.8 g이 끓는점(응축점)에서 응축될 때 방출되는 열량은 몇 킬로줄인가

답: $$\cancel{\text{수증기}}\ 45.8\ \cancel{\text{g}} \times \frac{2260\ \cancel{\text{J}}}{\cancel{\text{수증기}}\ 1\ \cancel{\text{g}}} \times \frac{1\ \text{kJ}}{1000\ \cancel{\text{J}}} = 104\ \text{kJ}$$

유효숫자 3개 (45.8 g) / 유효숫자 3개 (2260 J) / 정확한 수 (1 g) / 정확한 수 (1 kJ, 1000 J) / 유효숫자 3개 (104 kJ)

개념 이해 문제 _Understanding the Concepts

각 문제 끝에 복습할 절을 괄호 안에 표시하였다.

10.7 다음 각 루이스 구조에서 원자가전자, 결합쌍, 고립쌍의 수를 기술하라. (10.1)

a. H:H **b.** H:B̤r̤: **c.** :B̤r̤:B̤r̤:

10.8 다음 각 루이스 구조에서 원자가전자, 결합쌍, 고립쌍의 수를 기술하라. (10.1)

a. H:Ö:H (H 위) **b.** H:N̈:H (H 아래) **c.** :B̤r̤:Ö:B̤r̤:

10.9 각 루이스 구조(**a~c**)를 모양의 올바른 그림(**1~3**)과 일치시키고 모양의 이름을 지정하라. 각 분자가 극성인지 비극성인지 나타내어라. X와 Y는 비금속이고 모든 결합은 극성 공유 결합이라고 가정한다. (10.1, 10.3, 10.5)

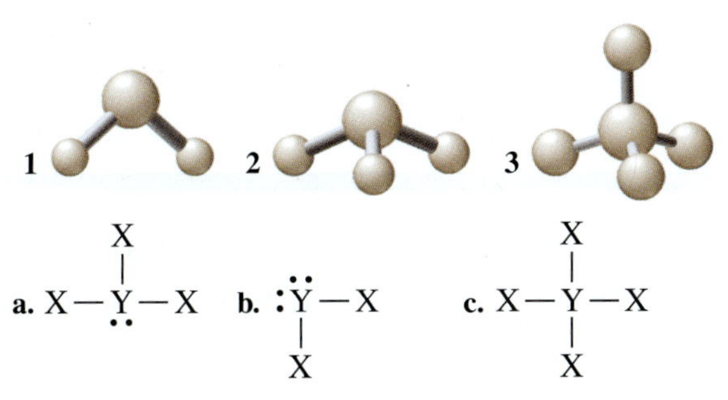

10.10 각 식(**a~c**)을 모양의 올바른 그림(**1~3**)과 일치시키고 모양의 이름을 지정하라. 각 분자가 극성인지 비극성인지 나타내어라. (10.1, 10.3, 10.4, 10.5)

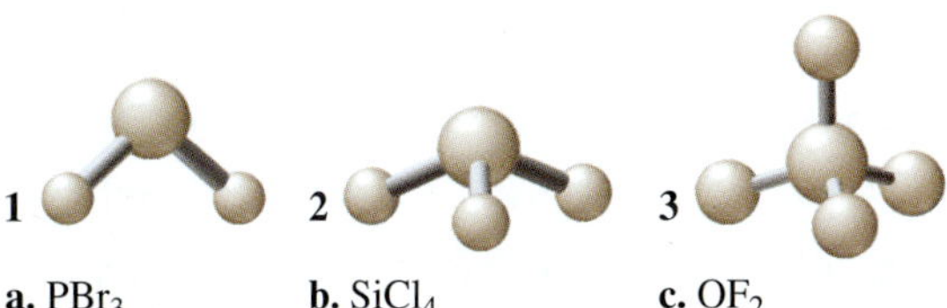

a. PBr_3 **b.** $SiCl_4$ **c.** OF_2

10.11 다음 Ca와 O, C와 O, K와 O, O와 O, N과 O 결합을 생각해 보자. (10.4)

a. 어떤 결합이 극성 공유 결합인가?
b. 어떤 결합이 비극성 공유 결합인가?
c. 어떤 결합이 이온 결합인가?
d. 극성이 감소하는 순서로 공유 결합을 배열하라.

10.12 다음 F와 Cl, Cl과 Cl, Cs와 Cl O와 Cl, Ca와 Cl 결합을 생각해 보자. (10.4)

a. 어떤 결합이 극성 공유 결합인가?
b. 어떤 결합이 비극성 공유 결합인가?
c. 어떤 결합이 이온 결합인가?
d. 극성이 감소하는 순서로 공유 결합을 배열하라.

10.13 다음 원자나 분자들 사이의 주요 분자간 힘들을 확인하라. (10.6)

a. PH_3 **b.** NO_2
c. CH_3NH_2 **d.** Ar

10.14 다음 원자나 분자들 사이의 주요 분자간 힘들을 확인하라. (10.6)

a. He **b.** HBr
c. SnH_4 **d.** $CH_3CH_2CH_2OH$

10.15 상태 변화에 대한 지식을 사용하여 다음을 설명하라. (10.7)

격한 운동을 하는 동안 피부에 땀이 난다.

a. 격한 운동을 하는 동안 땀이 어떻게 몸을 어떻게 차갑게 하는가?
b. 추운 겨울 날보다 더운 여름 날 수건이 더 빨리 마르는 이유는 무엇인가?
c. 비닐봉지 안에서는 왜 젖은 옷이 젖은 채로 있는가?

10.16 상태 변화에 대한 지식을 사용하여 다음을 설명하라. (10.7)

스프레이를 사용하여 스포츠 부상 시 감각을 잃게 한다.

a. 경기 중 부상에서 감각을 잃게 하는 데 염화 에틸과 같이 빨리 증발하는 스프레이를 사용하는 이유는 무엇인가?
b. 넓고 평평한 얇은 접시에 담긴 물이 크고 좁은 꽃병에 있는 같은 양의 물보다 빨리 증발하는 이유는 무엇인가?
c. 접시에 있는 샌드위치가 비닐 포장된 샌드위치보다 빨리 마르는 이유는 무엇인가?

10.17 −20 °C에서 150 °C까지 가열된 얼음 시료에 대한 가열 곡선을 그려라. 다음 각각에 해당하는 그래프 구간을 나타내어라. (10.7)

a. 고체 **b.** 녹음 **c.** 액체
d. 끓음 **e.** 기체

10.18 110 °C에서 −10 °C까지 냉각되는 증기 시료에 대한 냉각 곡선을 그려라. 다음 각각에 해당하는 그래프 구간을 나타내어라. (10.7)

a. 고체 **b.** 응고 **c.** 액체
d. 응축 **e.** 기체

10.19 다음은 지방, 오일, 왁스용 용매인 클로로폼의 가열 곡선이다. (10.5, 10.7)

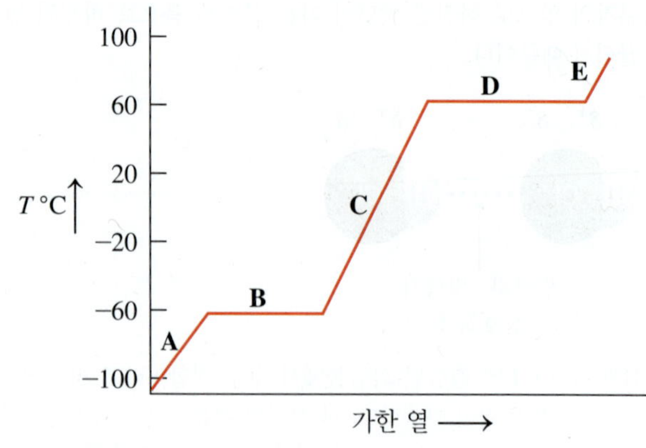

a. 클로로폼의 대략적인 녹는점은 얼마인가?
b. 클로로폼의 대략적인 끓는점은 얼마인가?
c. 가열 곡선에서 구간 **A, B, C, D, E**를 고체, 액체, 기체, 융해, 끓음으로 구분하라.
d. 다음 온도에서 클로로폼은 고체, 액체, 기체 중 어느 상태인가? −80 °C, −40 °C, 25 °C, 80 °C

10.20 비커의 내용물(**1~5**)을 물의 가열 곡선상의 구간(**A~E**)과 연결하라. (10.7)

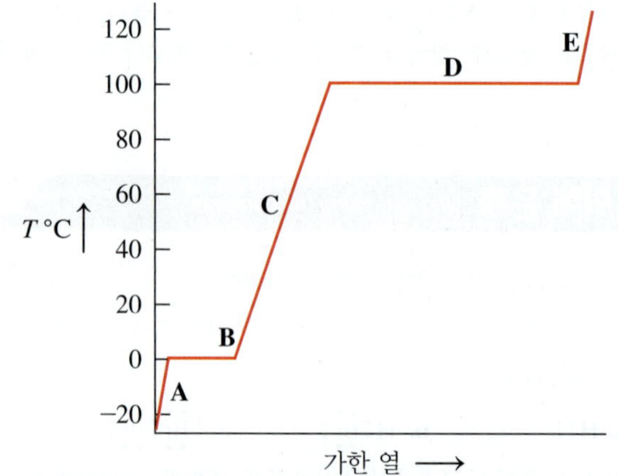

추가 문제 _Additional Practice Problems

10.21 다음 각 경우에 총 원자가전자 수를 결정하라. (10.1)

a. HNO_2 **b.** CH_3CHO **c.** PH_4^+ **d.** SO_3^{2-}

10.22 다음 각 경우에 총 원자가전자 수를 결정하라. (10.1)

a. $COCl_2$ **b.** N_2O **c.** BrO_2^- **d.** $SeCl_2$

10.23 다음 각각에 대한 루이스 구조를 그려라. (10.1)

a. BF_4^- **b.** Cl_2O
c. H_2NOH (N이 중심 원자) **d.** H_2CCCl_2

10.24 다음 각각에 대한 루이스 구조를 그려라. (10.1)

a. H_3COCH_3 (원자는 C O C 순서)
b. HNO_2 (원자는 H O N O 순서)
c. IO_3^-
d. BrO^-

10.25 다음 각각에 대한 공명 구조를 그려라. (10.2)

a. N_3^- **b.** NO_2^+ **c.** HCO_2^-

10.26 다음 각각에 대한 공명 구조를 그려라. (10.2)

a. NO_3^- **b.** CO_3^{2-} **c.** SCN^-

10.27 주기율표를 사용하여 다음 원자를 전기음성도가 증가하는 순서로 배열하라. (10.4)

a. I, F, Cl **b.** Li, K, S, Cl **c.** Mg, Sr, Ba, Be

10.28 주기율표를 사용하여 다음 원자를 전기음성도가 증가하는 순서로 배열하라. (10.4)

a. Cl, Br, Se **b.** Na, Cs, O, S **c.** O, F, B, Li

10.29 다음 각 쌍에서 극성이 더 큰 결합을 선택하라. (10.4)

a. C와 N 또는 C와 O **b.** N과 F 또는 N과 Br
c. Br과 Cl 또는 S와 Cl **d.** Br과 Cl 또는 Br과 I
e. N과 F 또는 N과 O

10.30 다음 각 쌍에서 극성이 더 큰 결합을 선택하라. (10.4)

a. C와 C 또는 C와 O **b.** P와 Cl 또는 P와 Br
c. Si와 S 또는 Si와 Cl **d.** F와 Cl 또는 F와 Br
e. P와 O 또는 P와 S

10.31 다음 각 결합에 대한 쌍극자 화살표를 표시하라. (10.4)

a. Si와 Cl **b.** C와 N **c.** F와 Cl
d. C와 F **e.** N과 O

10.32 다음 각 결합에 대한 쌍극자 화살표를 표시하라. (10.4)

a. P와 O **b.** N과 F **c.** O와 Cl
d. S와 Cl **e.** P와 F

10.33 전기음성도 차를 계산하고 다음 각 결합을 비극성 공유 결합, 극성 공유 결합, 이온 결합으로 분류하라. (10.4)

a. Si와 Cl **b.** C와 C **c.** Na와 Cl
d. C와 H **e.** F와 F

10.34 전기음성도 차를 계산하고 다음 각 결합을 비극성 공유 결합, 극성 공유 결합, 이온 결합으로 분류하라. (10.4)

a. C와 N **b.** Cl과 Cl **c.** K와 Br
d. H와 H **e.** N과 F

10.35 다음 각각에 대해 루이스 구조를 그리고 모양을 결정하라. (10.1, 10.3)

a. NF_3 **b.** $SiBr_4$ **c.** CSe_2 **d.** SO_2

10.36 다음 각각에 대해 루이스 구조를 그리고 모양을 결정하라. (10.1, 10.3)

a. PCl_4^+ **b.** O_2^{2-}
c. $COCl_2$ (C가 중심 원자)
d. HCCH

10.37 루이스 구조를 사용하여 다음 각 분자나 다원자 이온에 대한 모양을 결정하라. (10.1, 10.3)

a. BrO_2^- **b.** H_2O **c.** CBr_4 **d.** PO_3^{3-}

10.38 루이스 구조를 사용하여 다음 각 분자나 다원자 이온에 대한 모양을 결정하라. (10.1, 10.3)

a. PH_3 **b.** NO_3^-
c. HCN **d.** SO_3^{2-}

10.39 극성 공유 결합을 갖는 다음 각 분자의 모양과 극성을 예측하라. (10.3, 10.5)

a. 같은 원자 3개가 결합되고 고립 전자쌍 한 쌍을 갖는 중심 원자.
b. 원자 2개와 결합되고 고립 전자쌍 두 쌍을 갖는 중심 원자.

10.40 극성 공유 결합을 갖는 다음 각 분자의 모양과 극성을 예측하라. (10.3, 10.5)

a. 같은 원자 4개가 결합되고 고립 전자쌍이 없는 중심 원자.
b. 동일하지 않은 4개의 원자가 결합되고 고립 전자쌍이 없는 중심 원자.

10.41 다음 각 분자를 극성 또는 비극성으로 분류하라. (10.3, 10.4, 10.5)

a. HBr **b.** SiO_2 **c.** NCl_3
d. CH_3Cl **e.** NI_3 **f.** H_2O

10.42 다음 각 분자를 극성 또는 비극성으로 분류하라. (10.3, 10.4, 10.5)

a. GeH_4 **b.** I_2 **c.** CF_3Cl
d. PCl_3 **e.** BCl_3 **f.** SCl_2

10.43 다음 입자 사이에서 발생하는 분자간 힘의 주요 유형을 (1) 이온 결합, (2) 쌍극자-쌍극자 인력, (3) 수소 결합, (4) 분산력으로 나타내어라.

a. NF_3 **b.** ClF **c.** Br_2
d. Cs_2O **e.** C_4H_{10} **f.** CH_3OH

10.44 다음 입자 사이에서 발생하는 분자간 힘의 주요 유형을 (1) 이온 결합, (2) 쌍극자-쌍극자 인력, (3) 수소 결합, (4) 분산력으로 나타내어라.

a. $CHCl_3$ **b.** H_2O **c.** LiCl
d. OBr_2 **e.** HBr **f.** IBr

10.45 비가 오거나 눈이 내리면 기온이 오르는 이유를 설명하라. (10.7)

10.46 과수원에서 기온이 어는점 근처로 내려가면 바닥에 물을 뿌려서 결빙이 생기지 않게 한다. 설명하라. (10.7)

10.47 그림 10.6을 사용하여, 1540 J이 흡수될 때 0 °C에서 녹을 얼음의 그램 수를 계산하라. (10.7)

10.48 그림 10.6을 사용하여, 4620 J이 흡수될 때 끓는점에서 증발하는 에탄올의 그램 수를 계산하라. (10.7)

10.49 그림 10.6을 사용하여, 5.25 kJ이 제거될 때 어는점에서 동결되는 아세트산의 그램 수를 계산하라. (10.7)

10.50 그림 10.6을 사용하여, 8.46 kJ이 제거될 때 끓는점에서 응축되는 벤젠의 그램 수를 계산하라. (10.7)

생각해 보기의 답 _Answers to Engage Questions

10.1 질소, 인, 비소는 모두 5A(15)족에 속하며 원자가전자 5개를 갖는다.

10.2 각 H 원자의 핵에 있는 양성자의 양전하는 다른 H 원자의 음전자에 끌린다.

10.3 분자 내 원자가전자의 총 개수는 분자 내 모든 원자의 원자가전자를 더한 것이다.

10.4 모든 원자에 대해 옥텟이 완전하지 않을 때, 일부 전자들이 공유되어 다중 결합을 형성한다.

10.5 두 쌍의 전자는 중심 O 원자 및 다른 두 O 원자 중 하나 사이에 공유될 수 있다.

10.6 SO_2는 S 원자와 두 개의 O 원자 중 하나가 이중 결합을 할 수 있다. 따라서 SO_2에 대해 두 가지 루이스 구조를 그릴 수 있다. SCl_2는 S와 Cl 사이에 단일 결합만 있으므로 한 가지 루이스 구조만 가능하다.

10.7 PH3의 중심 P에 4개의 전자단이 결합되어 있다. 그러나 하나는 전자쌍이고, 세 개의 H 원자가 삼각뿔 모양을 결정한다.

10.8 염소는 7A(17)족에서 아이오딘 위에 있다. 따라서 원자가전자들이 핵에 더 가깝고 공유 전자에 더 큰 인력을 갖는다.

10.9 Si와 S의 전기음성도 차이는 0.7로, Si—S 결합을 극성 공유 결합이 되게 된다. Si와 P의 전기음성도 차이는 0.3으로, Si—P 결합을 비극성으로 만든다.

10.10 GeH_4와 CH_4는 모두 비극성 공유결합을 가지지만 GeH_4가 몰질량이 더 크고 전자가 더 많아서 더 많은 분산력을 생성한다.

10.11 액체 상태의 물이 얼 때 열이 방출된다.

10.12 어떤 물질의 상태가 변할 때에는 온도 변화가 없다. 따라서 기화가 일어나는 온도는 계산에 사용되지 않는다.

선택된 문제의 답 _Answers to Selected Problems

10.1 3130 J

10.3 **a.** 0.0, 비극성 공유 결합
b. 0.4, 비극성 공유 결합
c. 1.0, 극성 공유 결합

10.5 **a.**

[:Ö=C—Ö:]²⁻ (C 아래 :Ö:) ↔ [:Ö—C—Ö:]²⁻ (C 아래 :O:) ↔ [:Ö—C=Ö:]²⁻ (C 아래 :Ö:)

b. 탄산 이온은 삼각 평면이다.

10.7 **a.** 원자가전자 2개, 전자쌍 하나, 고립 전자쌍 없음
b. 원자가전자 8개, 전자쌍 하나, 고립 전자쌍 3개
c. 원자가전자 14개, 전자쌍 하나, 고립 전자쌍 6개

10.9 **a.** 2, 삼각뿔, 극성
b. 1, 굽은 모양(109°), 극성
c. 3, 사면체, 비극성

10.11 **a.** C와 O, N과 O
b. O와 O
c. Ca와 O, K와 O
d. C와 O, O와 O, N과 O

10.13 **a.** 분산력
b. 쌍극자-쌍극자 인력
c. 수소 결합
d. 분산력

10.15 **a.** 피부로부터의 열이 물을 증발하는 데 사용된다(발한). 따라서 피부는 시원해진다.
b. 더운 날 수증기가 되기에 충분한 에너지를 가지는 분자가 더 많다.
c. 비닐봉지 안에서는 약간의 분자가 증발하지만 빠져나가지 못하고 다시 액체로 응축된다. 옷은 마르지 않을 것이다.

10.17

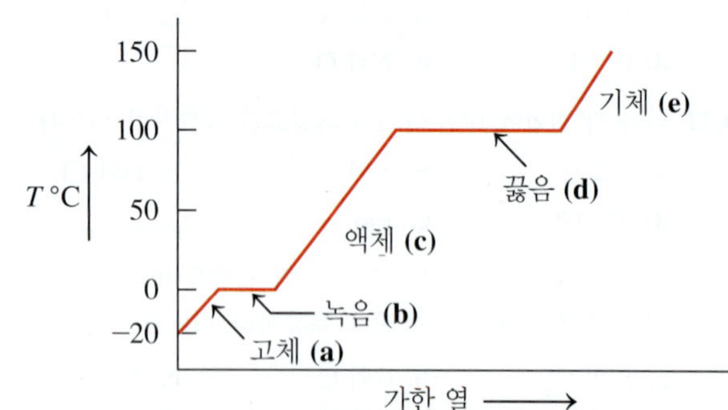

10.19 **a.** 약 −60 °C **b.** 약 60 °C
c. 사선 A는 온도가 올라가는 동안 고체 상태를 나타낸다. 수평선 B는 고체에서 액체로의 변화 즉, 물질의 융해를 나타낸다. 사선 C는 온도가 올라가는 동안 액체 상태를 나타낸다. 수평선 D는 액체에서 기체로의 변화 즉, 액체의 끓음을 나타낸다. 사선 E는 온도가 올라가는 동안 기체 상태를 나타낸다.
d. −80 °C에서 고체, −40 °C에서 액체, 25 °C에서 액체, 80 °C에서 기체

10.21 **a.** 1 + 5 + 2(6) = 18 원자가전자

b. 2(4) + 4(1) + 6 = 18 원자가전자

c. 5 + 4(1) − 1 = 8 원자가전자

d. 6 + 3(6) + 2 = 26 원자가전자

10.23 a. BF_4^- (32 e^-) $[:F:B:F:]^-$ 또는 $[F—B—F]^-$ (B에 F 네 개 결합)

b. Cl_2O (20 e^-) :Cl:O:Cl: 또는 :Cl—O—Cl:

c. H_2NOH (14 e^-) H:N:O:H 또는 H—N—O—H (N에 H 결합)

d.

H_2CCl_2 (24 e^-) H:C::C:Cl: 또는 H—C=C—Cl: (H, Cl 결합)

10.25 a. (16 e^-) $[:N::N::N:]^-$ 또는

$[:N—N\equiv N:]^- \leftrightarrow [:N=N=N:]^- \leftrightarrow [:N\equiv N—N:]^-$

b. (16 e^-) $[:O::N::O:]^+$ 또는

$[:O—N\equiv O:]^+ \leftrightarrow [:O=N=O:]^+ \leftrightarrow [:O\equiv N—O:]^+$

c. (18 e^-) $[H:C:O:]^-$ (C에 :O: 결합) 또는 $[H—C—O:]^-$ (C=O) $\leftrightarrow$ $[H—C=O:]^-$ (C—O:)

10.27 a. I, Cl, F **b.** K, Li, S, Cl **c.** Ba, Sr, Mg, Be

10.29 a. C와 O **b.** N과 F

c. S와 Cl **d.** Br과 I

e. N과 F

10.31 a. Si—Cl (→) **b.** C—N (→)

c. F—Cl (←) **d.** C—F (→)

e. N—O (→)

10.33 a. 극성 공유 결합 **b.** 비극성 공유 결합

c. 이온 결합 **d.** 비극성 공유 결합

e. 비극성 공유 결합

10.35 a. NF_3 (26 e^-) :F—N—F: (N에 F 결합) 삼각뿔

b. $SiBr_4$ (32 e^-) :Br—Si—Br: (Si에 Br 네 개 결합) 사면체

c. CSe_2 (16 e^-) :Se=C=Se: 선형

d. SO_2 (18 e^-) :O=S—O: $\longleftrightarrow$:O—S=O:

굽은 모양 (120°)

10.37 a. 굽은 모양(109°) **b.** 굽은 모양(109°)

c. 사면체 **d.** 삼각뿔

10.39 a. 삼각뿔, 극성

b. 굽은 모양(109°), 극성

10.41 a. 극성 **b.** 비극성

c. 비극성 **d.** 극성

e. 극성 **f.** 극성

10.43 a. (2) 쌍극자–쌍극자 인력

b. (2) 쌍극자–쌍극자 인력

c. (4) 분산력

d. (1) 이온 결합

e. (4) 분산력

f. (3) 수소 결합

10.45 수증기가 응축되거나 물이 얼 때 열이 방출되어 공기가 데워진다.

10.47 물 4.61 g

10.49 아세트산 27.3 g

팀버레이크의 제6판

대학화학기초

기체

Gases

축구 연습 후 루이자는 호흡 곤란을 호소했다. 아버지는 루이자를 응급실로 데려가 호흡요법사인 샘에게 검진을 받게 했다. 샘은 청진기로 그녀의 가슴 소리를 듣고 폐활량계를 사용하여 폐활량을 측정했다. 그리고 호흡 곤란과 가슴에서 나는 쌕쌕거리는 소리로 보아 천식이라는 진단을 내렸다.

샘은 기관지 확장제가 들어 있는 분무기를 루이사에게 건넸다. 이런 조치는 기도를 열어 공기가 더 많이 폐 안으로 들어가게 한다. 호흡 치료 중 그는 혈액 내 산소(O_2)의 양을 측정했다. 그리고 루이자의 아버지에게 공기는 질소(N_2) 78%와 산소 21%를 포함하는 기체 혼합물이라고 설명했다. 루이자가 충분한 산소를 얻는 데 어려움이 있어 산소마스크로 산소를 공급했고, 얼마 지나지 않아 호흡은 정상으로 돌아왔다. 그는 폐가 보일 법칙에 따라 작용한다는 설명을 덧붙였다. 들숨으로 폐의 부피가 증가하면 압력이 감소되어 공기가 들어올 수 있게 된다. 하지만 천식 발작이 일어나면 기도가 협착하게 되어 폐의 부피 확장이 더욱 어려워진다.

관련 직업

호흡요법사

호흡요법사는 폐가 발달하지 못한 조산아, 천식 환자, 폐기종 환자, 낭포성 섬유증 환자 등 다양한 환자들을 진단하고 치료한다. 이들은 환자의 상태를 진단하기 위해 혈액의 pH, 폐활량, 혈중 이산화 탄소 및 산소 농도와 같은 다양한 진단 테스트를 시행한다. 뿐만 아니라 폐 분비물을 제거하기 위해 흉부 물리요법을 실시하거나 환자에게 산소, 에어로졸 약제를 투여한다. 또한 환자에게 흡입기를 제대로 이용할 수 있도록 교육도 실시한다.

UPDATE 운동 유발성 천식

루이자 담당 의사는 운동을 시작하기 전에 기도를 열어주는 흡입제를 처방했다. 307쪽에 있는 **UPDATE 운동 유발성 천식**에서 루이자 약물의 영향을 보고 운동 유발 천식을 예방하는 데 도움이 되는 다른 치료법에 대해 알아볼 수 있다.

이 장의 차례

복습하기

계산에서 유효숫자 사용(2.3)
등가식으로부터 변환 인자 쓰기(2.5)
변환 인자 사용(2.6)

11.1 기체의 성질

학습 목표 기체의 분자 운동론 및 기체에서 사용되는 측정 단위에 대해 설명할 수 있다.

인간은 대기라 부르는 기체의 바다에서 살아간다. 이 중 가장 중요한 기체는 대기의 약 21%를 차지하는 산소이다. 산소가 없으면 지구상의 생명체는 존재할 수 없을 것이다. 산소는 식물과 동물의 생명 주기에서 필수 요소이다. 오존(O_3)은 대기권 상층부에서 산소와 자외선의 상호작용으로 형성되며, 유해한 방사선이 지구 표면에 도달하기 전에 흡수하는 역할을 한다. 대기 중에 존재하는 다른 기체로는 질소(78%), 아르곤, 이산화 탄소(CO_2), 수증기 등이 있다. 연소와 대사의 생성물인 이산화 탄소는 식물의 광합성에 이용되는데, 광합성은 인간과 동물에게 필수적인 산소를 생산한다.

기체는 고체나 액체와 매우 다르게 거동한다. 기체 입자들은 멀리 떨어져 있지만 액체와 고체 입자들은 가까이 결합해 있다. 기체는 일정한 모양과 부피가 없고 용기를 완전히 채운다. 기체 입자 간의 거리는 상당히 멀어서 기체의 밀도는 고체나 액체에 비해 낮으며 압축하기 쉽다. 기체 모형인 **기체 분자 운동론**(kinetic molecular theory of gases)은 그 거동에 대한 이해를 돕는다.

기체 분자 운동론

1. **기체는 빠른 속도로 무작위 운동을 하는 작은 입자(원자 또는 분자)로 구성된다.** 빠른 속도로 자유롭게 운동하는 기체 분자는 용기 부피 전체를 채운다.
2. **기체 입자 사이의 인력은 매우 작다.** 기체 입자 간의 간격은 매우 크므로 어떤 크기와 모양의 용기든지 가득 채운다.
3. **기체 분자가 차지하는 실제 부피는 기체가 차지하는 부피에 비해 매우 작다.** 기체의 부피는 용기의 부피와 동일하다. 기체가 차지하는 공간은 대부분 비어 있고 쉽게 압축된다.
4. **기체 입체는 직선 경로로 끊임없이 빠르게 이동한다.** 기체 입자끼리 충돌하면 기체들은 튕겨나가 새로운 방향으로 이동한다. 기체가 용기 내부의 벽과 충돌할 때마다 압력이 생긴다. 용기의 벽과 충돌하는 힘과 횟수가 증가하면 기체의 압력이 커진다.
5. **기체 분자의 평균 운동 에너지는 켈빈 온도에 비례한다.** 온도가 증가하면 기체 입자는 더 빠르게 움직인다. 온도가 증가할수록 기체 입자는 용기의 벽과 더 자주 충돌하게 되므로 압력이 증가된다.

생각해 보기 11.1

분자 운동론을 이용해서 기체가 크기나 모양에 관계없이 모든 용기를 완전히 채울 수 있는 이유에 대해 설명하라.

분자 운동론은 기체의 몇 가지 특성을 설명하는 데 도움을 준다. 예를 들어, 방 안에서 누군가 향수병을 열면 반대편에 있는 사람도 향수 냄새를 맡을 수 있다. 향수 입자가 모든 방향으로 빠르게 움직이기 때문이다. 상온에서 공기 분자는 450 m/s의 속도로 움직인다. 공기 분자는 온도를 높이면 더 빨리, 온도를 낮추면 더 천천히 움직인다. 온도가 너무 높으면, 타이어나 기체를 채운 용기가 폭발하기도 한다. 분자 운동론에 따르면 가열된 기체 입자는 더 빠르게 움직이고, 용기의 벽과 더 강하게 충돌하게 되므로 용기 내부의 압력을 높인다.

기체에 대해 말할 때에는 압력, 부피, 온도, 기체의 양 등 네 가지 성질로 기술한다.

그림 11.1 ▸ 용기 안에서 직선 경로로 움직이는 기체 입자가 용기의 벽과 충돌할 때 압력이 나타난다.

압력(*P*)

기체 입자는 매우 작으며 빠르게 움직인다. 기체 입자가 용기의 벽에 충돌할 때 **압력**(pressure)이 생긴다(**그림 11.1**). 용기를 가열하면 분자들은 더 빨리 움직이고 용기의 벽과 더 큰 힘으로 충돌하므로 압력이 증가된다. 공기는 대부분 산소와 질소로 이루어져 있는데 공기 중의 기체 입자들이 나타내는 압력을 **대기압**(atmospheric pressure)이라 부른다(**그림 11.2**). 고도가 높은 곳에서 공기 중의 입자 수가 감소하므로 대기압도 낮아진다. 일반적으로 기체 압력 단위로 *기압*(atmosphere, atm)과 mmHg를 사용한다. TV에서 기상 리포터가 대기압을 헥

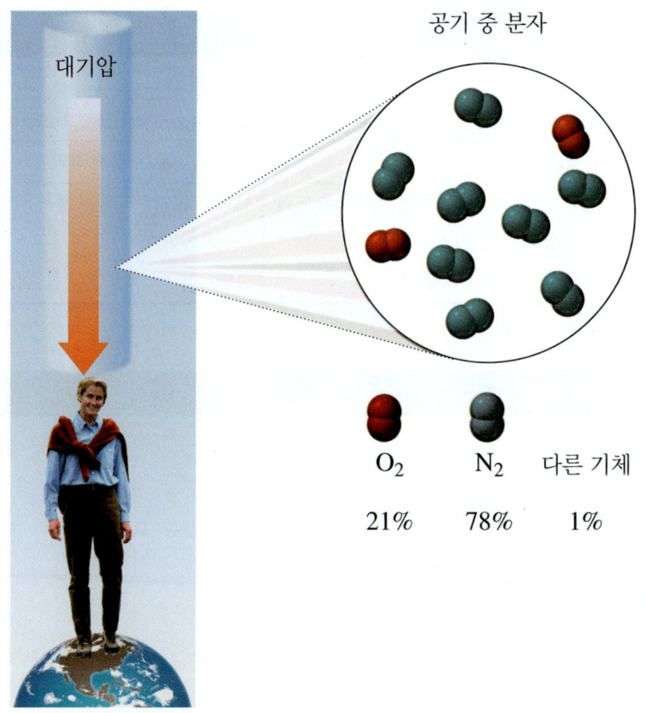

그림 11.2 ▸ 대기권 상층으로부터 지표면에 이르는 공기 기둥에 의한 압력은 대략 1 atm이다.

생각해 보기 11.2

더 높은 고도에서 압력이 더 낮은 이유는 무엇인가?

토파스칼(hectopascal) 단위로 말하는 것을 보거나 들은 적이 있을 것이다. 병원에서는 토르(Torr)나 평방인치당 파운드(pounds per square inch, psi) 단위를 사용하기도 한다.

부피(*V*)

기체의 부피는 기체를 채운 용기의 크기와 같다. 타이어나 농구공에 바람을 넣을 때 더 많은 기체 입자를 넣는 것이다. 타이어나 농구공의 벽에 충돌하는 입자 수가 증가하면 기체의 부피도 증가한다. 추운 날 아침, 타이어가 편평해 보일 때가 있다. 낮은 온도에서 분자의 속도가 감소하기 때문에 타이어 벽에 충돌하는 힘이 감소되고 타이어의 부피가 줄어든 것이다. 기체 부피 측정의 가장 일반적인 단위는 리터(L)와 밀리리터(mL)이다.

온도(*T*)

기체의 온도는 입자의 운동 에너지와 관련이 있다. 예를 들어, 온도 200 K인 기체가 400 K로 가열되면 기체 입자의 운동 에너지는 2배가 된다. 다시 말해, 기체의 부피와 양이 변하지 않는다면 400 K에서 기체 압력은 200 K에서의 2배에 해당된다. 기체의 온도를 섭씨 온도계로 측정하지만 기체 거동을 비교할 때나 온도와 관련된 계산 과정에서는 켈빈 온도가 이용된다. 아무도 0 K(절대 영도)를 만들어 내지 못했지만, 과학자들은 0 K에서 입자의 운동 에너지와 압력은 0일 것으로 예측한다.

기체의 양(*n*)

자전거 타이어에 바람을 넣을 때 공기의 양을 증가시켜 타이어의 압력을 높이는 과정이라 볼 수 있다. 기체의 양은 일반적으로 질량(g 단위)으로 측정된다. 기체 법칙의 계산 과정 중에 기체의 질량을 몰수로 바꾸는 것이 필요하다.

표 11.1에 기체의 네 가지 성질에 대한 정의 및 단위를 요약했다.

표 11.1 ▸ 기체를 설명하는 성질		
성질	**설명**	**측정 단위**
압력(P)	용기의 벽에 충돌하는 기체의 힘	기압(atm), mmHg, Torr, 파스칼(Pa)
부피(V)	기체가 채우는 공간	L(리터), mL(밀리리터)
온도(T)	운동 에너지와 기체 입자의 운동 속도에 의해 결정되는 인자	섭씨 온도(°C), *계산에서는* 켈빈(K)이 필요
양(n)	용기 내에 존재하는 기체 양	그램(g), *계산에서는* 몰수(n)가 필요함

예제 11.1 기체의 성질

먼저 해 보기!

다음 각 내용이 설명하는 기체의 성질을 제시하라.

a. 기체 입자의 운동 에너지를 증가시킨다.

b. 용기의 벽과 충돌하는 기체 입자의 힘

c. 기체가 채우는 공간

풀이

a. 온도 **b.** 압력 **c.** 부피

확인 문제 11.1

다음 각각이 설명하는 기체의 성질은 무엇인가?

a. 풍선에 헬륨을 넣는다.

b. 풍선이 올라가면서 팽창한다.

답

a. 양 **b.** 부피

기체 압력 측정

수십억 개의 기체 입자들이 용기의 벽과 충돌할 때 압력이 생긴다. 압력은 일정 면적에 작용하는 힘이다.

$$압력(P) = \frac{힘}{면적}$$

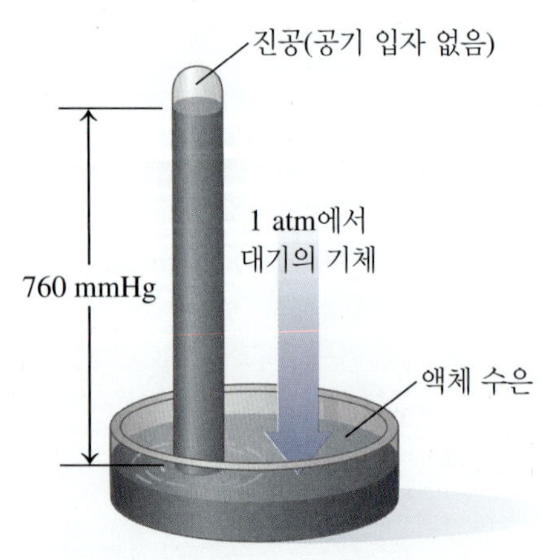

그림 11.3 ▸ **기압계:** 대기 중 기체의 압력은 닫힌 유리관 속 수은 기둥이 내려가려는 압력과 같다. 수은 기둥의 높이를 mmHg로 측정한 값을 대기압이라 한다.

대기압은 기압계(barometer)를 이용해 측정된다(**그림 11.3**). 정확히 1기압(atm)에서 거꾸로 놓은 관 속 수은 기둥의 높이는 *정확히* 760 mm이다. 1**기압**(atmosphere, atm)은 *정확히* 760 mmHg로 정의된다. 1기압은 또한 760토르(Torr)이다. 토르(Torr)는 기압계를 발명한 토리첼리(Evangelista Torricelli)의 이름을 따서 명명된 압력 단위이다. 토르와 mmHg는 동일한 단위이므로 계산할 때 교환해 쓸 수 있다. 1 기압은 또한 29.2 inHg와도 같다.

1 atm = 760 mmHg = 760 Torr(정확)

1 atm = 29.9 inHg

1 mmHg = 1 Torr(정확)

SI 단위계에서 압력은 파스칼(pascal, Pa)로 측정된다. 1 atm은 101 325 Pa와 같다. 파스칼은 매우 작은 단위이므로 킬로파스칼(kPa)이 주로 이용된다.

$$1\ \text{atm} = 101\ 325\ \text{Pa} = 101.325\ \text{kPa}$$

미국에서 사용하는 단위로 1기압은 14.7 lb/in.^{2}(psi)이다. 압력계를 사용하여 자동차 타이어의 공기압을 점검할 때 30~35 psi로 읽는다. 이 값은 타이어 외부에 작용하는 대기압보다 30~35 psi만큼 높은 값이다.

$$1\ \text{atm} = 14.7\ \text{lb/in.}^2$$

표 11.2는 압력 측정에 사용되는 여러 단위를 요약한 것이다.

표 11.2 > 압력 측정에 사용되는 단위

단위	약자	1 atm과 같은 단위
기압	atm	1 atm(정확)
수은의 높이(mm)	mmHg	760 mmHg(정확)
토르(Torr)	Torr	760 Torr(정확)
수은의 높이(인치)	inHg	29.9 inHg
제곱인치당 파운드	lb/in.^{2} (psi)	14.7 lb/in.^{2}
파스칼(pascal)	Pa	101 325 Pa
헥토파스칼(hectopascal)	hPa	1013.25 hPa

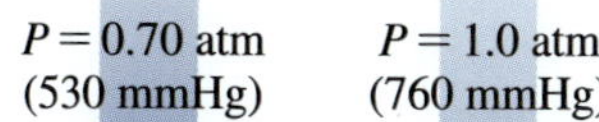

대기압은 고도가 증가할수록 감소한다.

대기압은 날씨와 고도 변화에 따라 달라진다. 햇빛이 강하고 더운 날에는 수은 기둥의 높이가 올라가 고기압을 나타낸다. 비 오는 날에는 대기압이 낮아 수은 기둥의 높이가 낮아진다. 이러한 날씨를 일기예보에서는 *저기압*(low-pressure system)이라 부른다. 해수면보다 높은 곳에서는 공기 중 기체의 밀도가 감소하여 대기압이 낮아진다. 사해는 해수면보다 낮기 때문에 대기압이 760 mmHg보다 높다(**표 11.3**).

표 11.3 > 고도와 대기압

장소	고도(km)	대기압(mmHg)
사해	−0.40	800
해수면	0.00	760
로스앤젤레스	0.09	752
라스베이거스	0.70	700
덴버	1.60	630
휘트니 산	4.50	440
에베레스트 산	8.90	253

잠수부들은 물속에 들어갈 때 귀와 폐에 압력이 증가하므로 주의를 기울여야 한다. 물은 공기보다 밀도가 높기 때문에 물 속 깊이 들어갈수록 잠수부가 받는 압력은 빠르게 증가한다. 잠수부가 해수면에서 10 m 내려가면 1 atm의 압력을 더 받게 된다. 즉, 10 m 깊이에서 잠수부가 받는 압력은 총 2 atm이다. 한편, 30 m 깊이에서 잠수부가 받는 압력은 4 atm이다. 잠수부들은 조절기로 공기 혼합물의 압력을 증가되는 압력과 계속 맞춘다.

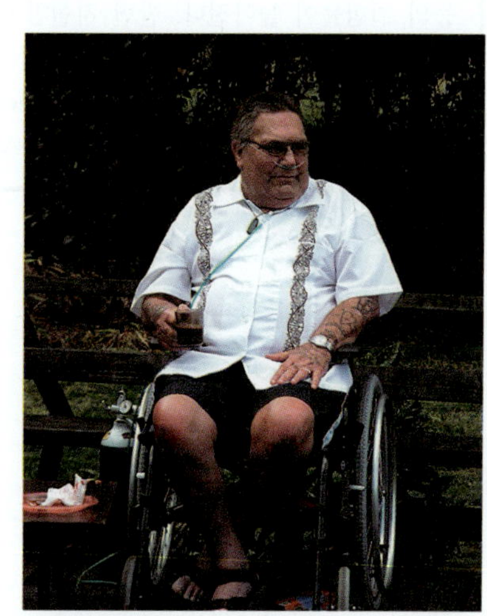

중증 만성폐쇄성질환(COPD)을 앓고 있는 환자가 산소 탱크로부터 산소를 공급받고 있다.

예제 11.2 압력의 단위

먼저 해 보기!

병원 내 호흡치료 병동에 산소 탱크가 있다. 이 산소 탱크의 압력이 4820 mmHg일 때 이 값을 기압(atm)으로 환산하라.

풀이

1 atm = 760 mmHg이므로 다음 변환 인자를 쓸 수 있다.

$$\frac{760\ \text{mmHg}}{1\ \text{atm}} \quad \text{그리고} \quad \frac{1\ \text{atm}}{760\ \text{mmHg}}$$

이 변환 인자를 이용해 다음과 같은 식을 세울 수 있다.

$$4820\ \cancel{\text{mmHg}} \times \frac{1\ \text{atm}}{760\ \cancel{\text{mmHg}}} = 6.34\ \text{atm}$$

확인 문제 11.2

마취제로 이용되는 아산화 질소(N_2O)가 들어 있는 탱크의 압력이 48 psi이다.

a. 이 압력을 기압(atm)으로 환산하라.

b. 이 압력을 토르(torr)로 환산하라.

답

a. 3.3 atm **b.** 2500 (2.5×10^3) Torr

건강과 관련된 화학_Chemistry Link to Health

혈압 측정

혈압은 생명 징후(vital sign) 중 하나로 의사나 간호사들이 신체검사 중 행하는 주요 측정 항목이다. 이것은 실제로는 두 개의 개별적인 측정으로 이루어져 있다. 체내의 펌프와 같은 역할을 하는 심장은 수축하면서 혈액을 순환계로 밀어내는 압력을 만든다. 수축할 때 혈압이 최고치가 되는데, 이를 *수축기 혈압*(systolic pressure)이라고 한다. 심장 근육이 이완할 때에는 혈압은 낮아지며 이를 *확장기 혈압*(diastolic pressure)라고 부른다. 수축기 혈압의 정상 범위는 90~120 mmHg이고, 확장기 혈압의 정상 범위는 60~80 mmHg이다. 보통 혈압은 100/80과 같이 비율로 나타낸다. 혈압은 나이가 들수록 다소 높아진다. 혈압이 140/90 정도로 상승하면 뇌졸중, 심장마비, 신장 손상 등의 위험률이 높아진다. 반면 저혈압이면 충분한 산소가 뇌에 공급되지 않아 현기증이 일어나거나 실신할 수도 있다.

혈압은 *혈압계*(sphygmomanometer)로 측정하는데, 이는 청진기와 수은 압력계와 연결된 압박대로 구성된다. 환자의 팔에 압박대를 두른 후 혈액의 흐름이 끊길 때까지 공기를 주입한다. 압박대의 공기를 서서히 빼다 어느 순간, 청진기로 혈액이 다시 흐르는 소리를 듣게 되는데 이때의 압력이 수축기 혈압이다. 확장기 혈압은 공기가 빠지면서 동맥에서 어떤 소리가 들리지 않을 때의 측정값이다.

디지털 혈압계 사용이 점점 더 보편화되고 있다. 하지만 디지털 혈압계 이용 시 검증이 이루어지지 않은 상황이 발생할 수 있으며 종종 부정확한 측정값이 나온다.

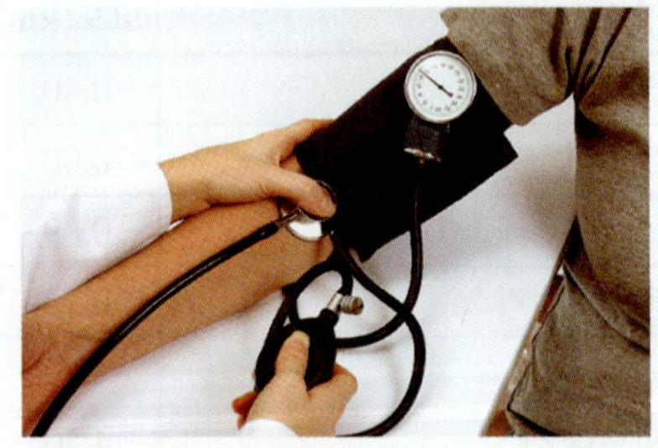

혈압 측정은 일상적인 신체검사의 일부이다.

11.2 압력과 부피(보일 법칙)

학습 목표 기체의 온도와 양이 변하지 않을 때 압력-부피 관계(보일 법칙)를 사용해 미지의 압력이나 부피를 계산할 수 있다.

자전거 타이어 펌프 내부의 벽면에 충돌하고 있는 공기 입자를 눈으로 볼 수 있다고 생각해 보자. 손잡이를 누르면 펌프 내부의 압력은 어떻게 될까? 부피가 감소함에 따라 용기의 표면적은 줄어든다. 공기 입자들이 밀집하면서 충돌은 더 빈번히 일어나고 용기 내부의 압력이 증가한다.

어떤 성질(이 경우에 부피)의 변화가 다른 성질(이 경우에 압력)의 변화를 초래한다면 두 성질은 서로 연관성이 있다. 변화가 반대 방향으로 일어난다면 **반비례 관계**(inverse relationship)를 보인다. 기체의 압력과 부피 간의 반비례 관계를 **보일 법칙**(Boyle's law)이라 부른다. 이 법칙에 따르면 **그림 11.4**에 나타낸 바와 같이 온도(T)와 기체의 양(n)이 일정할 때 기체의 부피(V)와 압력(P)은 반비례한다.

온도와 기체의 양이 변하지 않으면서 기체의 부피나 압력이 변하면 최종 압력과 부피의 곱은 초기 압력과 부피의 곱과 같다. 그렇다면 초기와 최종 PV 곱은 서로 같다고 할 수 있다. 보일 법칙을 나타내는 식에서 초기 압력과 부피를 각각 P_1, V_1, 최종 압력과 부피를 각각 P_2, V_2라 표기한다.

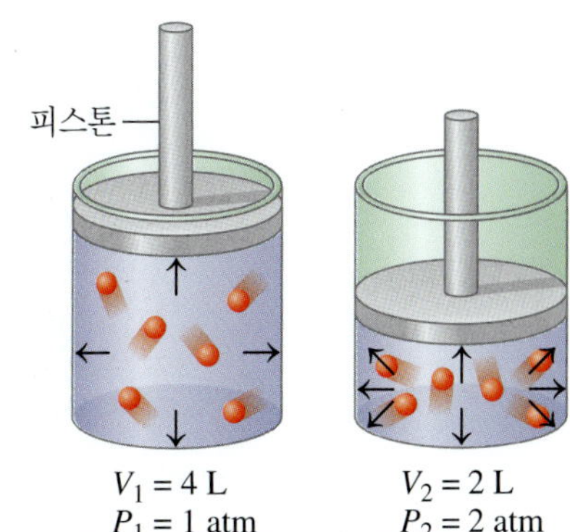

그림 11.4 ▸ 보일 법칙: 부피가 감소함에 따라 기체 분자가 밀집되어 압력이 증가된다. 압력과 부피는 반비례 관계이다.

보일 법칙

$$P_1V_1 = P_2V_2$$ 온도와 몰수의 변화가 없다

핵심 화학 기술

기체 법칙 이용

예제 11.3 압력이 변화할 때 부피 계산

먼저 해 보기!

루이자가 천식 발작을 일으켰을 때 얼굴에 마스크를 씌우고 산소를 공급하였다. 이때 압축 산소 탱크의 부피는 12 L, 압력은 3800 mmHg이다. 기체의 온도와 양이 변하지 않을 때, 최종 압력이 570 mmHg에서 산소 기체가 차지하는 부피를 계산하라.

풀이

단계 1 **주어진 것과 필요한 것을 쓴다.** 초기 압력과 부피를 P_1, V_1으로, 최종 압력과 부피를 P_2, V_2로 쓰고 표 안에 자료를 정리한다. 압력이 3800 mmHg에서 570 mmHg로 감소하였다. 보일 법칙을 이용해 부피가 증가할 것이라고 예상할 수 있다.

	주어진 것	필요한 것	연결
문제 분석	P_1 = 3800 mmHg, P_2 = 570 mmHg, V_1 = 12 L **변하지 않는 인자:** T와 n	V_2	보일 법칙, $P_1V_1 = P_2V_2$ **예측:** P가 감소하면, V는 증가한다.

단계 2 **미지 값에 대해 기체 법칙을 재배열한다.** PV 관계에서 보일 법칙을 이용해 양변을 P_2로 나누어 V_2에 대해 푼다.

$$P_1V_1 = P_2V_2$$

$$\frac{P_1V_1}{P_2} = \frac{\cancel{P_2}V_2}{\cancel{P_2}}$$

$$V_2 = V_1 \times \frac{P_1}{P_2}$$

단계 3 **기체 법칙 식에 주어진 값을 대입하여 계산한다.** 압력 단위를 mmHg로 식에 대입하면 압력의 비가 1보다 커서 예상한 대로 부피가 증가한다.

$$V_2 = 12\ \text{L} \times \frac{3800\ \cancel{\text{mmHg}}}{570\ \cancel{\text{mmHg}}} = 80.\ \text{L}$$

압력 인자가 부피를 증가시킨다.

확인 문제 11.3

압력이 1.60 atm일 때 지하에 매장된 메테인(CH_4) 기체 기포의 부피가 45.0 mL이다.

산소 요법(oxygen therapy)은 체내 조직의 유효 산소를 증가시킨다.

생각해 보기 11.3

온도와 기체의 양이 일정할 때, 기체의 부피가 증가하면 압력은 어떻게 변화하는가?

a. 온도와 기체의 양이 일정하다면 대기압이 744 mmHg인 지표면에 도달했을 때 메테인 기체 기포가 차지하는 부피(mL)를 구하라.

b. 온도와 기체의 양이 일정하다면 메테인 기포의 부피가 125 mL로 팽창했을 때 새로운 압력(atm 단위)을 구하라.

답

a. 73.5 mL **b.** 0.576 atm

건강과 관련된 화학_*Chemistry Link to Health*

호흡에서 압력-부피 관계

호흡의 메커니즘을 살펴보면 보일 법칙의 중요성이 드러난다. 폐는 탄성을 갖는 풍선과 비슷한 구조로 흉강이라고 하는 기밀실(airtight chamber) 내에 위치한다. 횡격막은 흉강의 바닥을 형성한다.

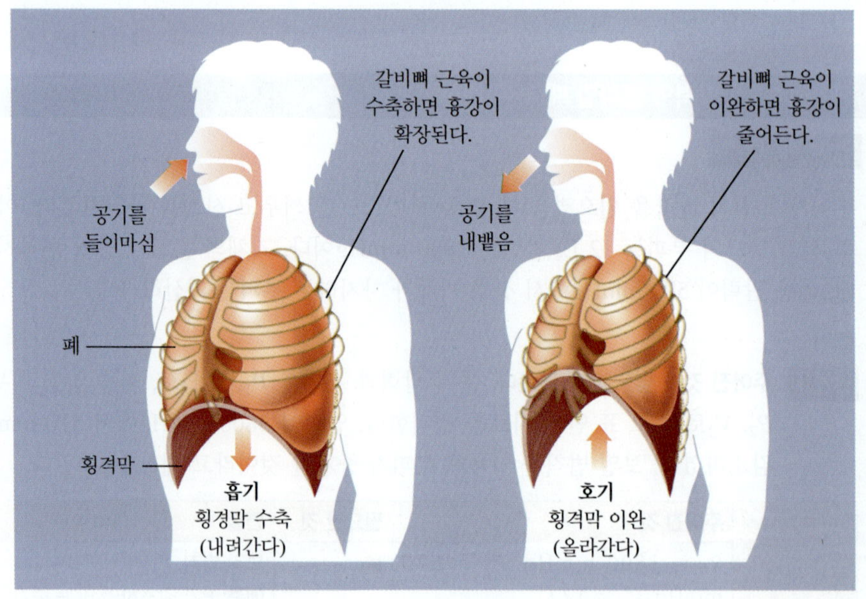

흡기

횡격막이 수축되고 흉곽이 확장되어 흉강의 부피가 늘어나면 공기를 들이마시는 과정이 시작된다. 폐는 탄력이 있어 흉강이 확장될 때 팽창이 일어난다. 보일 법칙에 따르면, 부피가 증가하면 폐 내부의 압력이 감소하여 대기압보다 낮아지게 된다. 이 압력 차가 폐와 대기 사이의 *압력 구배*(pressure gradient)를 만든다. 압력 구배 때문에 분자는 압력이 높은 곳에서 압력이 낮은 곳으로 흐른다. 호흡의 흡입 단계에서 폐 속 압력이 대기압과 같아질 때까지 공기는 폐 안으로 들어간다[*흡기*, *들숨*(inspiration)].

호기

횡격막이 이완되어 흉강 내로 다시 올라와 휴식 위치로 이동할 때 호기(expiration), 즉 날숨 단계가 일어난다. 흉강의 부피가 감소하여 폐를 압박하고 부피를 감소시킨다. 이제 폐의 압력이 대기의 압력보다 높아 공기가 폐에서 흘러나온다. 따라서 호흡은 부피와 압력의 변화 때문에 폐와 환경 사이에 계속적으로 압력 구배가 이루어지는 과정이다.

열기구 풍선 내 기체를 가열하면 풍선이 팽창한다.

11.3 온도와 부피(샤를 법칙)

학습 목표 기체의 압력과 양이 변하지 않을 때 온도-부피 관계(샤를 법칙)를 사용해 미지의 온도나 부피를 계산할 수 있다.

열기구를 탄다고 가정해 보자. 기장은 먼저 프로페인 버너를 켜서 열기구 내부의 공기를 데울 것이다. 공기가 가열되면 팽창되어 외부 공기보다 밀도가 낮아져 열기구와 승객을 들어 올릴 수 있게 된다. 1787년, 물리학자이자 열기구 여행가인 샤를(Jacques Charles)은 기체의 부피와 온도가 관련되어 있다고 제안하였다. 이 제안은 후에 **샤를 법칙**(Charles's law)이 되는데, 이는 기체의 압력(P)과 양(n)이 일정할 때 기체의 부피(V)는 온도(T)에 비례한다는 것이다. **비례 관계**(direct relationship)란 연관된 변수가 함께 증가하거나 감소하는 관계를 말한다. 초기와 최종 두 조건으로부터 샤를 법칙을 다음과 같이 쓸 수 있다.

샤를 법칙

$$\frac{V_1}{T_1} = \frac{V_2}{T_2}$$ 압력과 양의 변화가 없다.

기체 법칙 계산에 사용되는 모든 온도는 켈빈(K) 온도로 바꾸어야 한다.

온도와 부피 간의 관계를 결정하려면 기체의 압력과 양은 일정하게 유지되어야 한다. 기체의 온도가 높아지면 기체 분자 운동론에 따라 기체 입자의 움직임(운동 에너지)이 증가한다. 압력을 일정하게 유지하려면 용기의 부피가 커져야 한다(**그림 11.5**). 기체의 양과 압력이 일정할 때 기체의 온도가 낮아지면 같은 압력을 유지하기 위해 용기의 부피도 감소해야 한다.

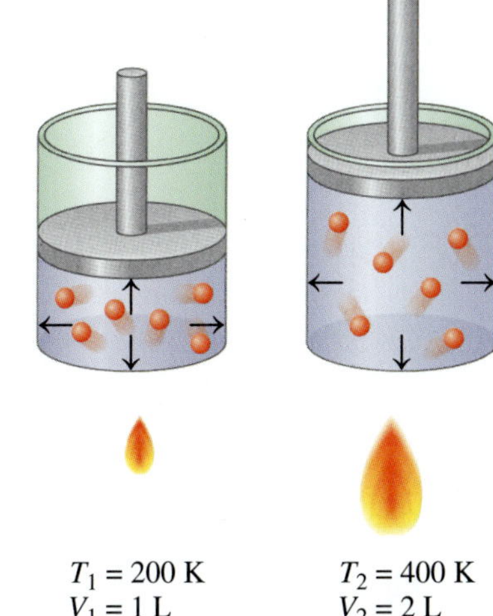

그림 11.5 ▸ **샤를 법칙:** 부체의 압력과 양이 변하지 않을 때 기체의 켈빈 온도는 기체의 부피에 비례한다.

예제 11.4 온도가 변할 때 부피 계산

먼저 해 보기!

헬륨은 복강경 수술 시 공간을 확보하려는 목적으로 이용되는 기체이다. 15 °C에서 헬륨 시료의 부피가 5.40 L이다. 기체의 압력과 양이 일정한 조건에서, 온도를 42 °C로 올리면 최종 부피는 몇 리터로 되겠는가?

풀이

단계 1 **주어진 것과 필요한 것을 쓴다.** 초기 온도와 부피를 T_1, V_1으로, 최종 온도와 부피를 T_2, V_2로 쓰고 표 안에 자료를 정리한다. 온도가 15 °C에서 42 °C로 상승하였다. 샤를 법칙을 이용해 부피가 증가할 것이라고 예상할 수 있다.

$$T_1 = 15\,°\text{C} + 273 = 288\text{ K}$$

$$T_2 = 42\,°\text{C} + 273 = 315\text{ K}$$

	주어진 것	필요한 것	연결
문제 분석	T_1 = 288 K, T_2 = 315 K V_1 = 5.40 L **변하지 않는 인자:** P와 n	V_2	샤를 법칙, $\frac{V_1}{T_1} = \frac{V_2}{T_2}$ **예측:** V는 증가한다.

단계 2 **미지 값에 대해 기체 법칙을 재배열한다.** 이 문제에서는 온도가 상승할 때 최종 부피(V_2)를 알고자 한다. 샤를 법칙을 이용하여 양변에 T_2를 곱해 V_2에 대해 푼다.

$$\frac{V_1}{T_1} = \frac{V_2}{T_2}$$

$$\frac{V_1}{T_1} \times T_2 = \frac{V_2}{\cancel{T_2}} \times \cancel{T_2}$$

$$V_2 = V_1 \times \frac{T_2}{T_1}$$

단계 3 **기체 법칙 식에 주어진 값을 대입하여 계산한다.** 표로부터 온도가 상승했음을 알 수 있다. 온도는 부피와 비례하므로 부피도 증가해야 한다. 값을 대입하면 온도의 비(온도 인자)가 1보다 크므로 예상한 대로 부피가 증가한다.

$$V_2 = 5.40\text{ L} \times \frac{315\,\cancel{\text{K}}}{288\,\cancel{\text{K}}} = 5.91\text{ L}$$

온도 인자가 부피를 증가시킨다.

생각해 보기 11.4

기체의 양과 압력이 일정하다면, 온도가 상승할 때 헬륨 기체의 부피가 증가할 것이라고 예측할 수 있는 이유는 무엇인가?

확인 문제 11.4

a. 한 등반가가 −8 °C의 기체를 들이마신다. 기체의 압력과 양이 일정할 때 체온인 37 °C에서 폐 속 공기의 최종 부피가 569 mL라면 등반가가 들이마신 기체의 초기 부피(mL)를 구하라.

b. 한 등산객이 공기 598 mL를 흡입한다. 체온인 37 °C에서 폐에 있는 공기의 최종 부피가 612 mL라면 공기의 초기 온도를 구하라.

답

a. 486 mL　　**b.** 30 °C

11.4 온도와 압력(게이뤼삭 법칙)

학습 목표 기체의 부피와 양이 일정할 때 온도-압력 관계(게이뤼삭 법칙)를 이용하여 미지의 온도나 압력을 계산할 수 있다.

온도가 상승하는 동안 기체 분자를 관찰할 수 있다면 기체 분자가 처음보다 빨리 움직여 용기 벽에 더 빈번히, 더 큰 힘으로 충돌한다는 것을 알게 될 것이다. 기체의 부피와 양이 일정할 때 온도가 증가하면 압력 역시 증가할 것이다. **게이뤼삭 법칙**(Gay-Lussac's law)이라 알려진 온도-압력 관계에 의하면 기체의 압력은 켈빈 온도에 비례한다. 이것은 기체의 부피와 양이 일정할 때 온도가 증가하면 기체의 압력이 높아지고 온도가 낮아지면 압력이 감소한다는 의미이다(**그림 11.6**).

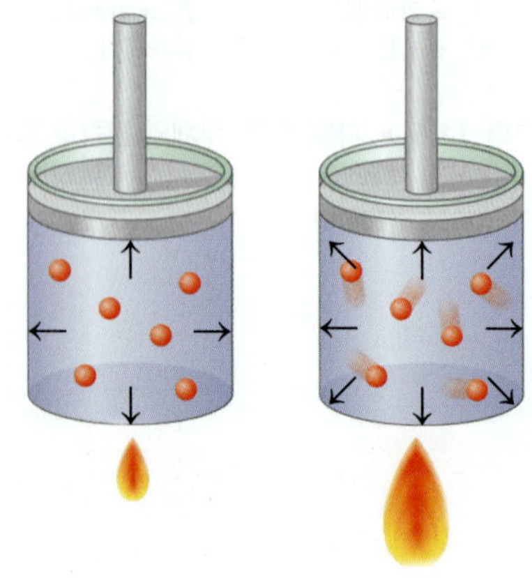

그림 11.6 ▸ **게이뤼삭 법칙:** 기체의 부피와 양이 일정할 때, 켈빈 온도가 2배로 되면 압력도 2배가 된다.

게이뤼삭 법칙

$$\frac{P_1}{T_1} = \frac{P_2}{T_2}$$ 부피와 몰수의 변화는 없다.

기체 법칙 계산에 쓰이는 모든 온도는 켈빈(K) 온도로 변환해야 한다.

예제 11.5 온도가 변화할 때 압력 계산하기

먼저 해 보기!

가정용 산소 탱크가 가열되면 폭발할 수 있어 매우 위험하다. 어떤 산소 탱크의 압력이 실온(25 °C)에서 120 atm라고 하자. 기체의 부피와 양이 일정하다고 하면 방 안에 화재가 일어나 탱크 내부의 온도가 402 °C에 도달했을 때 압력을 구하라. 산소 탱크의 압력이 180 atm을 넘으면 파열될 수 있다. 이 화재로 산소 탱크는 파열될까?

풀이

단계 1 **주어진 것과 필요한 것을 쓴다.** 초기 온도와 압력을 T_1, P_1으로, 최종 온도와 압력을 T_2, P_2로 쓰고 표 안에 자료를 정리한다. 온도가 25 °C에서 402 °C로 상승하였다. 게이뤼삭 법칙을 이용해 압력이 증가할 것이라고 예상할 수 있다.

T_1 = 25 °C + 273 = 298 K

T_2 = 402 °C + 273 = 675 K

	주어진 것	필요한 것	연결
문제 분석	P_1 = 120 atm T_1 = 298 K　T_2 = 675 K **변하지 않는 인자:** V와 n	P_2	게이뤼삭 법칙, $\frac{P_1}{T_1} = \frac{P_2}{T_2}$ **예측:** P는 증가한다.

생각해 보기 11.5

기체의 부피와 양이 일정하다면 기체 온도가 상승할 때 산소 탱크의 압력이 증가할 것이라고 예측할 수 있는 이유는 무엇인가?

단계 2 **미지 값에 대해 기체 법칙을 재배열한다.** 게이뤼삭 법칙을 이용하여 양변에 T_2를 곱해 P_2에 대해 푼다.

$$\frac{P_1}{T_1} = \frac{P_2}{T_2}$$

$$\frac{P_1}{T_1} \times T_2 = \frac{P_2}{\cancel{T_2}} \times \cancel{T_2}$$

$$P_2 = P_1 \times \frac{T_2}{T_1}$$

단계 3 **기체 법칙 식에 주어진 값을 대입하여 계산한다.** 값을 대입하면 온도의 비(온도 인자)가 1보다 크므로 예상한 대로 압력이 증가한다.

$$P_2 = 120 \text{ atm} \times \frac{675 \cancel{\text{K}}}{298 \cancel{\text{K}}} = 270 \text{ atm}$$

온도 인자가 부피를 증가시킨다.

계산된 압력(270 atm)이 180 atm을 초과하므로 이 산소 탱크는 파열될 것으로 예상된다.

확인 문제 11.5

어떤 병원 저장고의 온도가 55 °C가 되었을 때 15.0-L들이 강철 실린더에 들어 있는 산소 기체의 압력이 965 Torr이다.

a. 기체의 부피와 양이 변하지 않을 때, 압력을 850 Torr로 낮추려면 산소 기체는 섭씨 몇 도로 식혀야 하겠는가?

b. 산소 기체의 온도가 24 °C로 떨어지고 기체의 부피와 양이 변하지 않을 때 최종 압력(mmHg)을 구하라.

답

a. 16 °C　　**b.** 874 mmHg

산소 기체가 들어 있는 통이 병원 보관창고에 놓여 있다.

증기압과 끓는점

운동 에너지가 충분한 액체 분자가 액체 표면을 벗어날 때 기체 입자, 즉 증기가 된다. 용기가 열려 있다면 액체가 모두 증발할 것이다. 용기가 닫혀 있다면 증기가 축적되어 **증기압**(vapor pressure)이 생긴다. 모든 액체는 주어진 온도에서 특정 증기압을 갖는다. 온도가 상승할수록 증기가 더 많이 생기고 증기압이 증가한다. **표 11.4**는 여러 온도에서 물의 증기압을 나타낸 것이다.

액체는 증기압이 외부 압력과 같아질 때 끓는점에 도달한다. 끓을 때 기포가 액체 내부에 형성되어 표면으로 빠르게 올라온다. 예를 들어, 대기압이 760 mmHg일 때 물은 100 °C에서 끓는데, 이 온도에서 증기압이 760 mmHg에 도달한다.

고도가 높은 곳에서 대기압은 760 mmHg보다 낮고 물의 끓는점도 100 °C보다 낮다. 높은 산 위에서는 대기압이 700 mmHg 미만일 수 있다. 이러한 곳에서는 증기압이 700 mmHg만 되어도 물이 끓는다는 말이다. **표 11.5**에서 압력이 증가함에 따라 물의 끓는점이 높아짐을 보여준다.

압력솥 같은 닫힌 용기에서는 1 atm보다 큰 압력을 얻을 수 있으며 이런 닫힌 용기 내의 물은 100 °C보다 높은 온도에서 끓는다. 실험실과 병원에서는 *고압 멸균기*(autoclave)라는 닫힌 용기를 사용하여 실험용 및 수술용 장비를 소독한다.

표 11.4 > 온도에 따른 물의 증기압

온도(°C)	증기압(mmHg)
0	5
10	9
20	18
30	32
37*	47
40	55
50	93
60	149
70	234
80	355
90	528
100	760

*정상 체온

표 11.5 > 압력과 물의 끓는점

압력(mmHg)	끓는점(°C)
270	70
467	87
630	95
752	99
760	100
900	105
1075	110
1520 (2 atm)	120
3800 (5 atm)	160
7600 (10 atm)	180

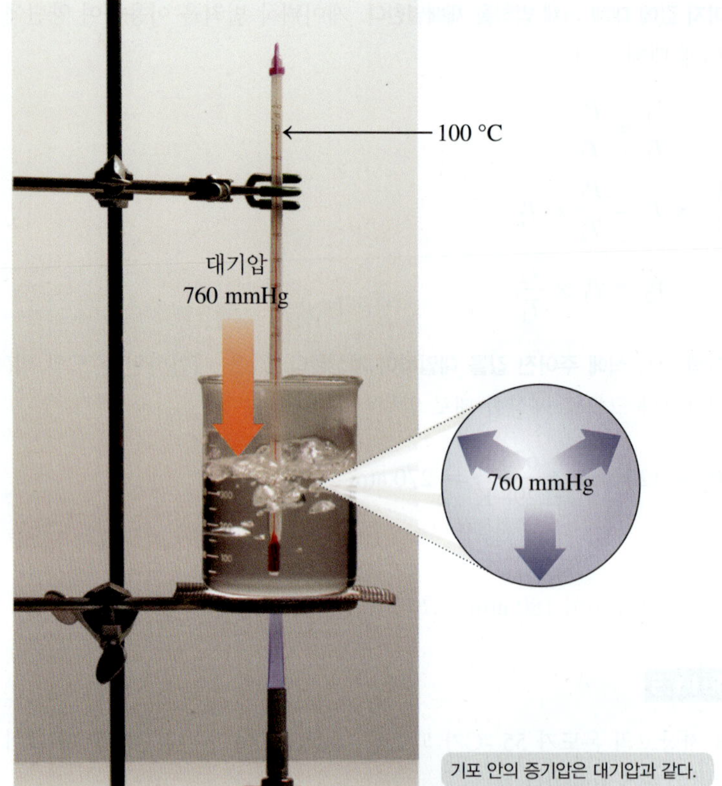

기포 안의 증기압은 대기압과 같다.

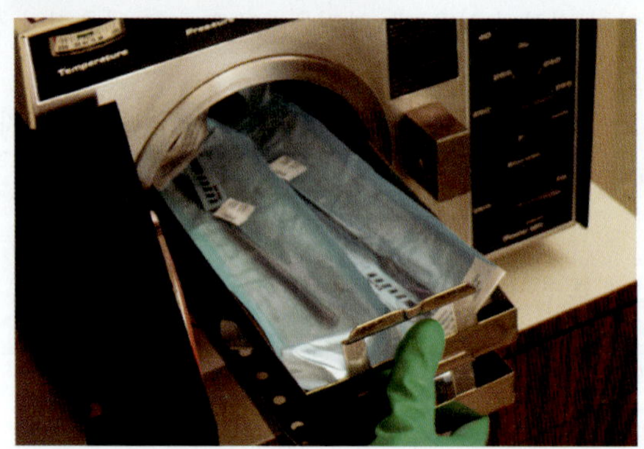
장비 살균 소독에 사용되는 고압 멸균기로 100 °C보다 높은 온도를 얻는다.

11.5 결합 기체 법칙

학습 목표 둘 이상의 성질이 주어지고 기체의 양이 일정할 때 결합 기체 법칙을 사용하여 어떤 기체에 대해 미지의 압력, 부피, 온도를 계산할 수 있다.

앞서 배웠던 기체에 관한 압력−부피−온도 관계는 **결합 기체 법칙**(combined gas law)으로 정리될 수 있다. 이 식은 기체의 양(몰수)이 일정할 때 압력, 부피, 온도 중 두 변수의 변화가 미지의 변수에 미치는 영향을 찾을 때 유용하다.

결합 기체 법칙

$$\frac{P_1V_1}{T_1} = \frac{P_2V_2}{T_2}$$ 기체의 몰수는 변하지 않는다.

표 11.6에 보인 바와 같이 결합 기체 법칙을 사용하여 변하지 않는 성질을 소거하면 앞서 배운 기체 법칙들을 유도할 수 있다.

표 11.6 > 기체 법칙 요약

결합 기체 법칙	변하지 않는 성질	관계	기체 법칙의 이름
$\frac{P_1V_1}{\cancel{T_1}} = \frac{P_2V_2}{\cancel{T_2}}$	T, n	$P_1V_1 = P_2V_2$	보일 법칙
$\frac{\cancel{P_1}V_1}{T_1} = \frac{\cancel{P_2}V_2}{T_2}$	P, n	$\frac{V_1}{T_1} = \frac{V_2}{T_2}$	샤를 법칙
$\frac{P_1\cancel{V_1}}{T_1} = \frac{P_2\cancel{V_2}}{T_2}$	V, n	$\frac{P_1}{T_1} = \frac{P_2}{T_2}$	게이 뤼삭 법칙

생각해 보기 11.6

기체의 양이 변하지 않는다면, 기체의 부피가 두 배가 되고 켈빈 온도가 절반으로 줄어들 때 기체의 압력이 초기 압력의 1/4로 줄어드는 이유는 무엇인가?

예제 11.6 결합 기체 법칙의 이용

먼저 해 보기!

온도 11 °C, 압력 4.00 atm인 잠수부의 공기 탱크로부터 25.0 mL의 기포가 나오고 있다. 해수면에 도달했을 때 압력 1.00 atm, 온도 18 °C일 때 기포의 부피(mL)를 구하라. (기포에 있는 기체의 양은 변하지 않는다고 가정한다.)

물속에서 잠수부가 느끼는 압력은 대기압에서보다 크다.

풀이

단계 1 주어진 것과 필요한 것을 쓴다. 변하는 성질인 압력, 부피, 온도가 나와 있다. 섭씨 온도는 켈빈으로 변환해야 한다.

$$T_1 = 11\ °\text{C} + 273 = 284\ \text{K}$$
$$T_2 = 18\ °\text{C} + 273 = 291\ \text{K}$$

	주어진 것	필요한 것	연결
문제 분석	$P_1 = 4.00$ atm $P_2 = 1.00$ atm $V_1 = 25.0$ mL $T_1 = 284$ K $T_2 = 291$ K **변하지 않는 인자:** n	V_2	결합 기체 법칙, $\frac{P_1V_1}{T_1} = \frac{P_2V_2}{T_2}$

단계 2 미지 값에 대해 기체 법칙을 재배열한다. 결합 기체 법칙을 이용하여 양변에 T_2를 곱하고 P_2로 나누어 V_2에 대해 푼다.

$$\frac{P_1V_1}{T_1} = \frac{P_2V_2}{T_2}$$

$$\frac{P_1V_1}{T_1} \times \frac{T_2}{P_2} = \frac{\cancel{P_2}V_2}{\cancel{T_2}} \times \frac{\cancel{T_2}}{\cancel{P_2}}$$

$$V_2 = V_1 \times \frac{P_1}{P_2} \times \frac{T_2}{T_1}$$

생각해 보기 11.7

T_1을 풀 수 있도록 결합 기체 법칙을 다시 정리해 보라.

단계 3 기체 법칙 식에 주어진 값을 대입하여 계산한다. 표의 자료로부터 압력 감소와 온도 증가 모두 부피를 증가시킬 것이다.

$$V_2 = 25.0\ \text{mL} \times \frac{4.00\ \cancel{\text{atm}}}{1.00\ \cancel{\text{atm}}} \times \frac{291\ \cancel{\text{K}}}{284\ \cancel{\text{K}}} = 102\ \text{mL}$$

압력 인자가 부피를 증가시킨다. 온도 인자가 부피를 증가시킨다.

하지만 한 변화로 인해 미지의 값이 감소하고 다른 변화로 인해 증가하는 경우에는 미지의 값에 대해 전체 변화를 예측하기는 어렵다.

확인 문제 11.6

온도 25 °C, 압력 685 mmHg에서, 어떤 기상 관측 기구에 헬륨 기체 15.0 L가 채워져 있다.

a. 기체의 양이 변하지 않는다면 대기권 상층부에서 기상 관측 기구의 최종 온도가 −35 °C, 최종 부피가 34.0 L일 때 기구 내 헬륨의 압력은 몇 mmHg이겠는가?

b. 기체의 양이 변하지 않는다면, 풍선 안 헬륨의 최종 부피가 22.0 L이고 최종 압력이 426 mmHg일 때 온도는 몇 °C이겠는가?

답

a. 241 mmHg **b.** −1 °C

11.6 부피와 몰수(아보가드로 법칙)

학습 목표 압력과 온도가 일정할 때 아보가드로 법칙을 이용하여 기체의 부피나 양을 계산할 수 있다.

기체 법칙을 공부하면서 기체의 양(n)이 일정한 경우에 대해서 학습했다. 이제 기체의 몰수나 질량의 변화가 있을 때 기체 성질이 어떻게 변하는지 살펴보자.

풍선을 불면 공기 분자들이 증가되므로 부피가 커진다. 풍선에 작은 구멍이 있다면 구멍으로 공기가 새어나가 부피는 점점 줄어든다. 1811년 아보가드로(Amedeo Avogadro)는 **아보가드로 법칙**(Avogadro's law)을 발표했는데, 이 법칙에 따르면 기체의 온도와 압력이 일정할 때 기체의 부피는 기체의 몰수와 비례한다. 즉, 기체의 온도와 압력이 일정한 조건에서 기체의 몰수가 2배로 되면 부피도 2배로 증가한다(**그림 11.7**). 기체의 온도와 압력이 일정한 조건에서 아보가드로 법칙은 다음 식으로 나타낼 수 있다.

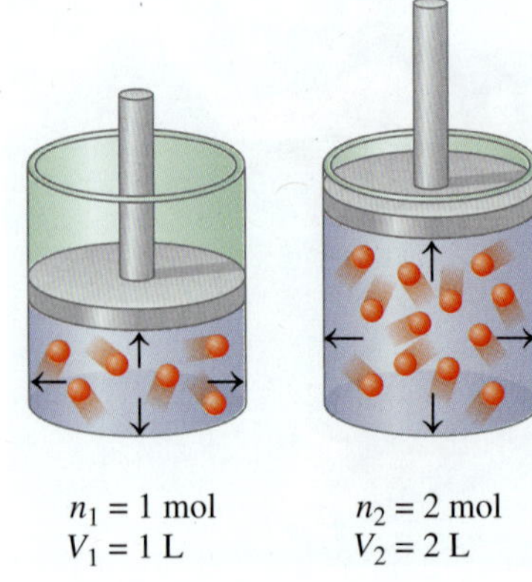

그림 11.7 ▸ 아보가드로 법칙: 기체의 부피는 몰수에 비례한다. 온도와 압력이 일정할 때 몰수가 2배로 증가하면 부피 역시 2배로 증가된다.

아보가드로 법칙

$$\frac{V_1}{n_1} = \frac{V_2}{n_2}$$ 기체의 온도와 압력이 변하지 않는다.

예제 11.7 몰수 변화에 따른 부피 계산

먼저 해 보기!

부피 44 L인 기상 관측 기구에 헬륨 2.0 mol이 들어 있다. 압력과 온도가 변하지 않을 때 헬륨을 더 넣어 총 5.0 mol이 된다면 최종 부피는 몇 리터인가?

풀이

단계 1 **주어진 것과 필요한 것을 쓴다.** 변하는 성질인 부피와 양(몰수)이 나와 있다. 기체의 몰수가 증가하기 때문에 부피 증가를 예측할 수 있다.

	주어진 것	필요한 것	연결
문제 분석	V_1 = 44 L n_1 = 2.0 mol n_2 = 5.0 mol **변하지 않는 인자:** P와 T	V_2	아보가드로 법칙, $\frac{V_1}{n_1} = \frac{V_2}{n_2}$ **예측:** V는 증가한다.

생각해 보기 11.8

기체의 압력과 온도가 일정하다면 기체의 몰수가 증가할 때 풍선의 부피가 커질 것이라고 예측할 수 있는 이유는 무엇인가?

단계 2 **미지 값에 대해 기체 법칙을 재배열한다.** 아보가드로 법칙을 이용하여 양변에 n_2를 곱해 V_2에 대해 푼다.

$$\frac{V_1}{n_1} = \frac{V_2}{n_2}$$

$$\frac{V_1}{n_1} \times n_2 = \frac{V_2}{\cancel{n_2}} \times \cancel{n_2}$$

$$V_2 = V_1 \times \frac{n_2}{n_1}$$

단계 3 **기체 법칙 식에 주어진 값을 대입하여 계산한다.** 값을 대입하면 몰비(몰 인자)가 1보다 크므로 예상한 대로 부피가 증가한다.

$$V_2 = 44 \text{ L} \times \frac{5.0 \cancel{\text{mol}}}{2.0 \cancel{\text{mol}}} = 110 \text{ L}$$

몰 인자가
부피를 증가시킨다.

확인 문제 11.7

산소 기체 8.00 g이 들어 있는 풍선의 부피가 5.00 L이다.

a. 온도와 압력이 변하지 않을 때, 산소 기체 8.00 g이 든 풍선에 산소 기체 4.00 g을 더 채워 넣는다면 부피는 몇 리터가 되겠는가?

b. 부피가 12.6 L가 될 때까지 산소 기체를 더 넣어주었다. 온도와 압력이 변하지 않을 때, 풍선에 든 산소 기체는 몇 그램인가?

답

a. 7.50 L **b.** 산소 20.2 g

STP와 몰부피

아보가드로 법칙을 사용하여 온도와 압력이 같을 때 두 기체의 몰수가 같다면 어떤 기체이든 종류에 관계없이 부피가 같다고 말할 수 있다. 과학자들은 각 기체들을 쉽게 비교하기 위해 *표준 온도*(standard temperature, 273 K)와 *표준 압력*(standard pressure, 1 atm)의 개념을 도입했다. 이를 약자로 **STP**라고 부른다.

STP 상태에서, 기체의 몰부피는 농구공 3개를 합친 것과 비슷하다.

STP 조건

표준 온도는 *정확히* 0 °C(273 K)이다.
표준 압력은 *정확히* 1 atm(760 mmHg)이다.

STP에서 어떤 기체든 1 mol의 부피는 22.4 L이다. 이것은 농구공 3개를 합쳐 놓은 부피와 비슷하다. 이 부피, 즉 22.4 L를 **몰부피**(molar volume)라 부른다(**그림 11.8**). 어떤 기체가 STP 조건(0 °C, 1 atm)에 있다면 기체의 몰수와 부피(L) 사이의 변환 인자를 쓰기 위해 몰부피를 사용할 수 있다.

몰부피 변환 인자

기체 1 mol = 22.4 L (STP)

$$\frac{22.4 \text{ L (STP)}}{\text{기체 } 1 \text{ mol}} \quad \text{그리고} \quad \frac{\text{기체 } 1 \text{ mol}}{22.4 \text{ L (STP)}}$$

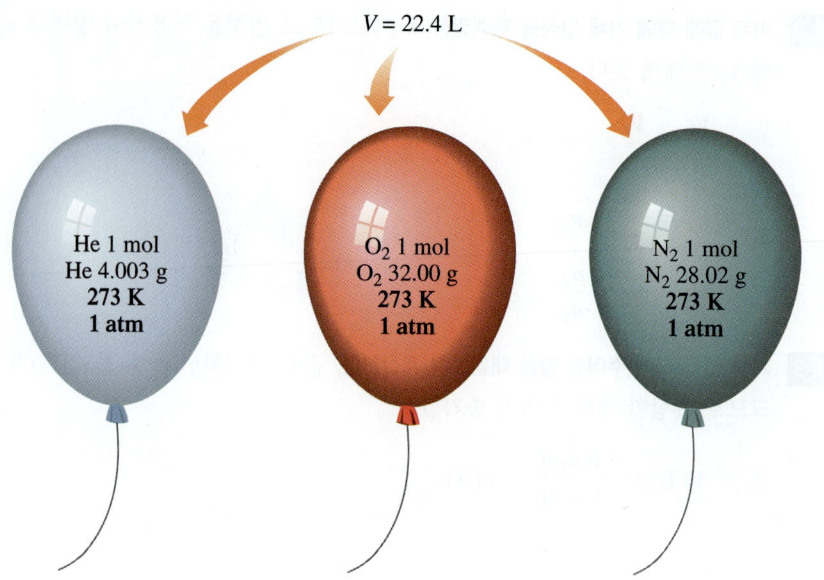

그림 11.8 ▸ 아보가드로 법칙에 따르면 STP 상태에서 어떤 기체 1 mol의 부피는 22.4 L이다.

생각해 보기 11.9

압력 1 atm, 온도 100 °C에서 어떤 기체의 몰부피가 22.4 L/mol보다 큰 이유는 무엇일까?

예제 11.8 몰부피 이용

먼저 해 보기!

STP에서 산소 기체(O_2) 64.0 g의 부피를 구하라.

풀이

단계 1 주어진 것과 필요한 것을 쓴다.

	주어진 것	필요한 것	연결
문제 분석	STP에서 $O_2(g)$ 64.0 g	STP에서 $O_2(g)$ 기체의 부피 (리터)	몰질량, 몰부피(STP)

단계 2 필요한 것을 계산할 계획을 세운다.

O_2의 질량 → 몰질량 → O_2의 몰수 → 몰부피 → O_2의 부피(L)

단계 3 등식과 STP에서 22.4 L/mol 등의 변환 인자를 쓴다.

$$O_2\ 1\ \text{mol} = O_2\ 32.00\ \text{g}$$
$$\frac{O_2\ 32.00\ \text{g}}{O_2\ 1\ \text{mol}} \quad \text{그리고} \quad \frac{O_2\ 1\ \text{mol}}{O_2\ 32.00\ \text{g}}$$

$$O_2\ 1\ \text{mol} = O_2\ 22.4\ \text{L (STP)}$$
$$\frac{O_2\ 22.4\ \text{L (STP)}}{O_2\ 1\ \text{mol}} \quad \text{그리고} \quad \frac{O_2\ 1\ \text{mol}}{O_2\ 22.4\ \text{L (STP)}}$$

단계 4 단위를 소거하는 인자를 써서 문제를 푼다.

$$\cancel{O_2}\ 64.0\ \cancel{\text{g}} \times \frac{\cancel{O_2}\ 1\ \cancel{\text{mol}}}{\cancel{O_2}\ 32.00\ \cancel{\text{g}}} \times \frac{O_2\ 22.4\ \text{L (STP)}}{\cancel{O_2}\ 1\ \cancel{\text{mol}}} = O_2\ \text{(STP)}\ 44.8\ \text{L}$$

확인 문제 11.8

a. STP에서 $Cl_2(g)$ 5.00 L는 몇 그램인가?

b. STP에서 $O_2(g)$ 42.4 g은 몇 리터인가?

답

a. Cl_2 15.8 g **b.** O_2 29.7 L

11.7 이상 기체 법칙

학습 목표 이상 기체 방정식을 이용하여 이상 기체 방정식에 있는 네 가지 값 P, V, T, n 중 세 가지가 주어졌을 때 미지의 값을 구할 수 있다. 기체의 몰질량을 계산할 수 있다.

이상 기체 법칙(ideal gas law)은 네 가지 기체의 성질 즉, 압력(P), 부피(V), 온도(T), 기체의 양(n) 사이의 관계식이다.

이상 기체 법칙

$$PV = nRT$$

이상 기체 방정식을 재배열하면 **이상 기체 상수**(ideal gas constant) $\boldsymbol{R}$에 관한 다음 식을 얻을 수 있다.

$$\frac{PV}{nT} = R$$

R 값을 계산하려면 STP 상태에서의 몰부피를 대입한다. STP(273 K, 1.00 atm)에서 기체 1 mol의 부피는 22.4 L이다.

$$R = \frac{(1.00\ \text{atm})(22.4\ \text{L})}{(1.00\ \text{mol})(273\ \text{K})} = \frac{0.0821\ \text{L}\cdot\text{atm}}{\text{mol}\cdot\text{K}}$$

R은 0.0821 L·atm/mol·K이다. 압력을 760 mmHg로 사용한다면 다른 유용한 값인 R = 62.4 L·mmHg/mol·K를 얻는다.

$$R = \frac{(760.\ \text{mmHg})(22.4\ \text{L})}{(1.00\ \text{mol})(273\ \text{K})} = \frac{62.4\ \text{L}\cdot\text{mmHg}}{\text{mol}\cdot\text{K}}$$

생각해 보기 11.10

R 값으로 0.0821을 사용할 때에 압력의 단위는 무엇을 사용해야 하는가?

이상 기체 법칙은 기체의 네 가지 성질 중 세 개가 주어졌을 때 미지의 값을 찾는 데 유용하다. 물론 실제 기체의 거동은 이상 기체와 어느 정도 편차가 있지만 이상 기체 법칙은 일반 조건에서 실제 기체 거동과 거의 비슷하다. 이상 기체 법칙을 이용할 때는 선택한 기체 상수 R이 계산에서 이용한 각 성질들의 단위와 일치해야 한다.

기체 상수(R)	$\frac{0.0821\ \text{L}\cdot\text{atm}}{\text{mol}\cdot\text{K}}$	$\frac{62.4\ \text{L}\cdot\text{mmHg}}{\text{mol}\cdot\text{K}}$
압력(P)	atm	mmHg
부피(V)	L	L
양(n)	mol	mol
온도(T)	K	K

핵심 화학 기술

이상 기체 법칙 사용

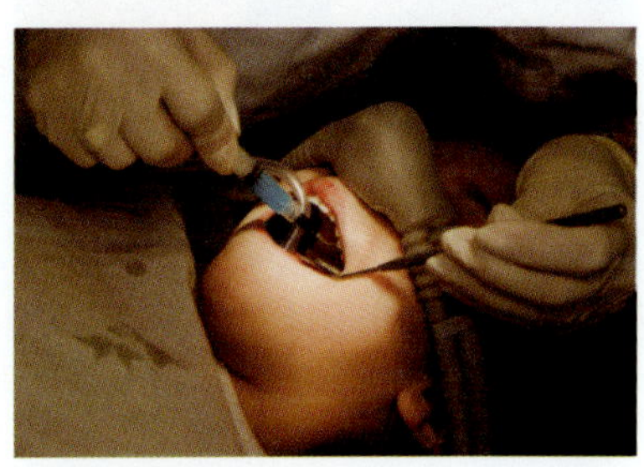

산화 이질소(dinitrogen oxide)는 치과에서 마취제로 사용된다.

예제 11.9 이상 기체 법칙 이용하기

먼저 해 보기!

웃음 기체라고 하는 산화 이질소(N_2O)는 치과에서 마취제로 사용된다. 22 °C에서 5.00-L들이 용기에 N_2O 0.350 mol이 들어 있을 때 압력(atm)을 구하라.

풀이

단계 1 **주어진 것과 필요한 것을 쓴다.** 기체의 네 성질(P, V, n, T) 중 세 개가 주어졌을 때 이상 기체 법칙을 이용하여 미지의 값을 찾는다. 자료를 표로 정리하는 것이 좋다. 온도는 섭씨 온도에서 켈빈 온도로 변환하여 V, n, T의 단위가 기체 상수 R의 단위와 같도록 한다.

문제 분석	주어진 것	필요한 것	연결
	$V = 5.00$ L $n = 0.350$ mol $T = 22$ °C + 273 = 295 K	P	$R = \frac{0.0821\ \text{L}\cdot\text{atm}}{\text{mol}\cdot\text{K}}$ 이상 기체 법칙, $PV = nRT$

단계 2 **필요한 것을 풀기 위해 이상 기체 법칙을 미지 값에 대해 정리한다.** 이상 기체 방정식에서 양변을 V로 나누고 압력 P에 대해 정리한다.

$$PV = nRT \quad \text{이상 기체 방정식}$$

$$\frac{P\cancel{V}}{\cancel{V}} = \frac{nRT}{V}$$

$$P = \frac{nRT}{V}$$

단계 3 **주어진 값들을 식에 대입하여 미지 값을 계산한다.**

$$P = \frac{0.350\ \cancel{\text{mol}} \times \frac{0.0821\ \cancel{\text{L}}\cdot\text{atm}}{\cancel{\text{mol}}\cdot\cancel{\text{K}}} \times 295\ \cancel{\text{K}}}{5.00\ \cancel{\text{L}}} = 1.70\ \text{atm}$$

에어로졸 스프레이 캔에는 내용물을 밀어내는 기체가 들어 있다.

확인 문제 11.9

a. 염소 기체(Cl_2)는 수영장 물 소독에 사용된다. 온도 24 °C, 압력 865 mmHg에서 7.00-L 들이 탱크에 들어 있는 염소 기체의 몰수를 계산하라.

b. 아이소뷰테인 기체(C_4H_{10})는 휘핑크림, 면도 크림 및 선탠 스프레이의 에어로졸 캔의 추진제로 사용된다. 21 °C에서 부피가 465 mL인 에어로졸 캔에 들어 있는 아이소뷰테인 0.125 mol의 대기압은 얼마인가?

답

a. Cl_2 0.327 mol **b.** 6.49 atm

기체의 양을 그램 단위로 구할 때에는 예제 11.10처럼 이상 기체 법칙을 기체의 양(n)에 대해 정리한 후 몰질량을 이용해 이를 질량(g 단위)으로 바꾸는 과정을 거치게 된다.

뷰테인은 캠핑용 스토브의 연료로 이용된다.

예제 11.10 이상 기체 법칙을 이용한 질량 계산

먼저 해 보기!

뷰테인(C_4H_{10})은 캠핑용 스토브의 연료로 널리 이용된다. 압력 715 mmHg, 온도 25 °C일 때 뷰테인 기체 108 mL의 질량(g 단위)을 구하라.

풀이

단계 1 **주어진 것과 필요한 것을 쓴다.** 세 가지 성질(P, V, T)가 주어졌을 때 이상 기체 법칙을 이용하여 몰수(n)를 계산한다. 밀리리터(mL)로 주어진 부피 단위는 리터(L)로 변환한다. 온도는 섭씨 온도를 켈빈으로 변환한다.

문제 분석	주어진 것	필요한 것	연결
	$P = 715$ mmHg $V = 108$ mL (0.108 L) $T = 25$ °C + 273 = 298 K	n	이상 기체 법칙, $PV = nRT$ $R = \frac{62.4\ \text{L}\cdot\text{mmHg}}{\text{mol}\cdot\text{K}}$ 몰질량

단계 2 **필요한 것을 풀기 위해 이상 기체 법칙을 미지 값에 대해 정리한다.** 이상 기체 방정식의 양변을 RT로 나누고 몰수 n에 대해 정리한다.

$$PV = nRT \quad \text{이상 기체 방정식}$$

$$\frac{PV}{RT} = \frac{n\cancel{RT}}{\cancel{RT}}$$

$$n = \frac{PV}{RT}$$

단계 3 **주어진 값들을 식에 대입하여 미지 값을 계산한다.**

$$n = \frac{715\ \cancel{\text{mmHg}} \times 0.108\ \cancel{\text{L}}}{\dfrac{62.4\ \cancel{\text{L}}\cdot\cancel{\text{mmHg}}}{\text{mol}\cdot\cancel{\text{K}}} \times 298\ \cancel{\text{K}}} = 0.004\ 15\ \text{mol}\ (4.15 \times 10^{-3}\ \text{mol})$$

뷰테인의 몰질량 58.12 g/mol을 이용해 몰수를 질량으로 바꾼다.

$$0.004\ 15\ \cancel{\text{mol C}_4\text{H}_{10}} \times \frac{58.12\ \text{g C}_4\text{H}_{10}}{1\ \cancel{\text{mol C}_4\text{H}_{10}}} = \text{C}_4\text{H}_{10}\ 0.241\ \text{g}$$

확인 문제 11.10

a. 압력이 724 mmHg일 때 8 °C에서 일산화 탄소 1.20 g의 부피(L)는 얼마인가?

b. 37 °C에서 3.22-L 들이 용기에 들어 있는 CH_4 1.23 g의 압력은 몇 atm인가?

답

a. 1.04 L **b.** 0.606 atm

기체의 몰질량

이상 기체 법칙을 이용하면 기체의 몰질량을 구할 수 있다. 기체의 질량을 알고 있다면 이상 기체 법칙을 이용해 몰수를 계산한다. 그 다음 질량을 몰수로 나누어 몰질량(g/mol)을 구할 수 있다.

예제 11.11 이상 기체 법칙을 이용하여 기체의 몰질량 계산하기

먼저 해 보기!

압력 0.750 atm, 온도 45 °C에서 어떤 기체 3.16 g의 부피가 2.05 L이다. 이 기체의 몰질량을 계산하라.

풀이

단계 1 **주어진 것과 필요한 것을 쓴다.**

	주어진 것	필요한 것	연결
문제 분석	P = 0.750 atm V = 2.05 L T = 45 °C + 273 = 318 K 질량 = 3.16 g	n 몰질량	이상 기체 법칙, $PV = nRT$ $R = \dfrac{0.0821\ \text{L}\cdot\text{atm}}{\text{mol}\cdot\text{K}}$

단계 2 **몰수를 계산하기 위해 이상 기체 법칙 식을 정리한다.** 몰수 n을 계산하기 위해 이상 기체 방정식의 양변을 RT로 나눈다.

$$PV = nRT \quad \text{이상 기체 방정식}$$

$$\frac{PV}{RT} = \frac{n\cancel{RT}}{\cancel{RT}}$$

$$n = \frac{PV}{RT}$$

$$n = \frac{0.750\ \cancel{\text{atm}} \times 2.05\ \cancel{\text{L}}}{\dfrac{0.0821\ \cancel{\text{L}} \cdot \cancel{\text{atm}}}{\text{mol} \cdot \cancel{\text{K}}} \times 318\ \cancel{\text{K}}} = 0.0589\ \text{mol}$$

단계 3 기체의 질량을 몰수로 나누어 몰질량을 구한다.

$$\text{몰질량} = \frac{\text{질량}}{\text{몰수}} = \frac{3.16\ \text{g}}{0.0589\ \text{mol}} = 53.7\ \text{g/mol}$$

확인 문제 11.11

a. 19 °C, 0.0750 atm의 압력에서 질량이 0.488 g인 어떤 기체가 1.50-L 들이 용기에 들어 있을 때 이 기체의 몰질량(g/mol)을 계산하라.

b. 25 °C, 46.5 mmHg의 압력에서 기체의 질량이 0.213 g일 때 부피가 0.583 L인 미지 기체의 몰질량(g/mol)을 계산하라.

답

a. 104 g/mol **b.** 146 g/mol

11.8 기체 법칙과 화학 반응

학습 목표 화학 반응식에서 반응하거나 생성되는 기체의 부피나 질량을 구할 수 있다.

핵심 화학 기술

화학 반응에서 기체의 질량이나 부피 계산하기

기체는 반응물이나 생성물로 여러 화학 반응에서 관여한다. 예를 들어, 유기 연료와 산소 기체의 연소 반응을 통해 이산화 탄소와 수증기가 생성된다. 결합 반응에서 수소 기체와 질소 기체가 반응하여 암모니아 기체를 생성하고, 수소 기체와 산소 기체와 반응하여 물을 생성한다. 일반적으로 반응에서 어떤 기체에 대해 주어지는 정보는 압력(P), 부피(V), 온도(T)이다. 따라서 이상 기체 법칙을 이용하여 기체의 몰수(n)를 구할 수 있다. 어떤 반응에서 한 기체의 몰수를 알면 몰–몰 인자를 이용해, 다른 물질의 몰수를 계산할 수 있다.

예제 11.12 기체의 화학 반응

먼저 해 보기!

석회석($CaCO_3$)이 HCl과 반응하면 다음 식처럼 염화 칼슘, 이산화 탄소, 물이 생성된다.

$$2HCl(aq) + CaCO_3(s) \longrightarrow CO_2(g) + H_2O(l) + CaCl_2(aq)$$

24 °C, 752 mmHg에서, 석회석 25.0 g 시료로부터 생성되는 이산화 탄소의 부피(L)를 구하라.

풀이

단계 1 주어진 것과 필요한 것을 쓴다.

문제 분석	주어진 것	필요한 것	연결
	$CaCO_3$ 25.0 g P = 752 mmHg T = 24 °C + 273 = 297 K	$CO_2(g)$의 부피(V)	이상 기체 법칙, $PV = nRT$ $R = \frac{62.4\ L \cdot mmHg}{mol \cdot K}$ 몰질량
	식		
	$2HCl(aq) + CaCO_3(s) \longrightarrow CO_2(g) + H_2O(l) + CaCl_2(aq)$		

단계 2 주어진 것을 필요한 몰수로 변환할 계획을 세운다.

$CaCO_3$의 질량 → 몰질량 → $CaCO_3$의 몰수 → 몰-몰 인자 → CO_2의 몰수

단계 3 등가식과 몰질량과 몰-몰 인자 등 변환 인자를 쓴다.

$$CaCO_3\ 1\ mol = CaCO_3\ 100.09\ g$$
$$\frac{CaCO_3\ 100.09\ g}{CaCO_3\ 1\ mol} \text{ 그리고 } \frac{CaCO_3\ 1\ mol}{CaCO_3\ 100.09\ g}$$

$$CaCO_3\ 1\ mol = CO_2\ 1\ mol$$
$$\frac{CaCO_3\ 1\ mol}{CO_2\ 1\ mol} \text{ 그리고 } \frac{CO_2\ 1\ mol}{CaCO_3\ 1\ mol}$$

단계 4 문제를 풀어 필요한 것의 몰수를 계산한다.

$$\cancel{CaCO_3}\ 25.0\ \cancel{g} \times \frac{\cancel{CaCO_3}\ 1\ \cancel{mol}}{\cancel{CaCO_3}\ 100.09\ \cancel{g}} \times \frac{CO_2\ 1\ mol}{\cancel{CaCO_3}\ 1\ \cancel{mol}} = CO_2\ 0.250\ mol$$

단계 5 이상 기체 방정식을 이용해 필요한 것의 몰수를 부피로 변환한다.

$$V = \frac{nRT}{P}$$

$$V = \frac{0.250\ \cancel{mol} \times \frac{62.4\ L \cdot \cancel{mmHg}}{\cancel{mol} \cdot \cancel{K}} \times 297\ \cancel{K}}{752\ \cancel{mmHg}} = CO_2\ 6.16\ L$$

확인 문제 11.12

a. 19 °C, 715 mmHg에서 알루미늄 12.8 g이 HCl과 반응할 때 생성되는 H_2의 부피를 계산하라.

$$6HCl(aq) + 2Al(s) \longrightarrow 3H_2(g) + 2AlCl_3(aq)$$

b. 24 °C, 1.20 atm에서 H_2 9.28 L가 얻어졌다면 알루미늄 몇 그램이 반응하였을까?

답

a. H_2 18.1 L **b.** Al 8.22 g

알루미늄이 HCl과 반응하면 H_2 기포가 생긴다.

11.9 부분 압력(돌턴 법칙)

학습 목표 돌턴의 부분 압력 법칙을 이용해 기체 혼합물의 전체 압력을 구할 수 있다.

많은 기체 시료는 기체의 혼합물이다. 예를 들어, 우리가 숨 쉬는 공기는 대부분 산소와 질소 기체로 구성된 혼합물이다. 과학자들은 이상 기체 혼합물에서 모든 기체 입자들이 같은 방식으로 거동한다는 것을 관찰하였다. 따라서 혼합물에 있는 기체의 전체 압력은 기체의

종류와는 무관하며 입자들에 충돌의 결과로 나타난다.

기체 혼합물에서 각 기체는 **부분 압력**(partial pressure)을 갖게 되는데, 이것은 용기 내에 단일 기체로 존재할 때의 압력을 의미한다. **돌턴 법칙**(Dalton's law)에 의하면 기체 혼합물의 전체 압력은 혼합물에 존재하는 단일 기체의 부분 압력들을 모두 합한 것과 같다.

핵심 화학 기술

부분 압력 계산하기

돌턴 법칙

$$P_{\text{전체}} = P_1 + P_2 + P_3 + \cdots$$

기체 혼합물의 전체 압력 = 혼합물을 구성하는 단일 기체의 부분 압력의 총합

생각해 보기 11.11

압력 2.0 atm인 헬륨과 압력 4.0 atm인 아르곤을 혼합하면 전체 압력이 6.0 atm인 기체 혼합물이 생기는 이유는 무엇인가?

두 개의 기체 탱크가 있다. 첫 번째 탱크에는 압력 2.0 atm의 헬륨이 들어 있고, 두 번째 탱크에는 압력이 4.0 atm인 아르곤이 들어 있다. 같은 부피와 온도 조건에서 두 기체를 하나의 탱크에 혼합할 때, 용기 내 압력은 기체의 종류가 아니라 기체 분자 수에 의해 결정된다. 기체 혼합물의 압력은 각 단일 기체의 부분 압력의 합인 6.0 atm이 된다.

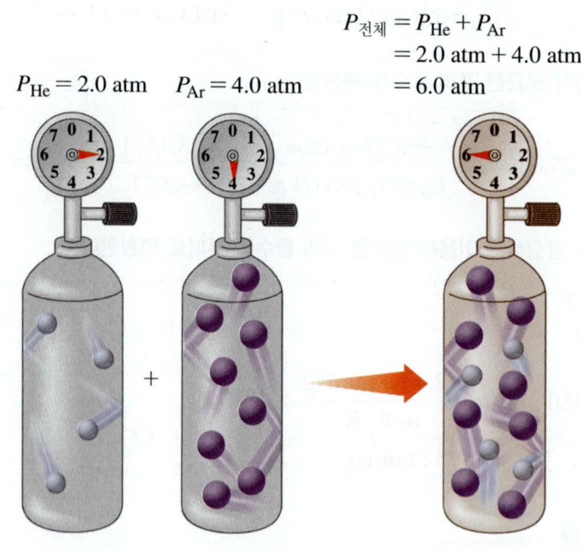

두 기체 혼합물의 전체 압력은 단일 기체의 부분 압력을 합한 것과 같다.

공기는 기체 혼합물이다

우리가 숨 쉬는 공기는 여러 기체의 혼합물이다. 따라서 *대기압*(atmospheric pressure)은 공기를 구성하는 기체들의 부분 압력을 모두 합한 것과 같다. **표 11.7**에 공기를 구성하는 기체들의 전형적인 부분 압력을 나타내었다.

표 11.7 > 공기의 조성

기체	부분 압력(mmHg)	백분율(%)
질소(N_2)	594	78.2
산소(O_2)	160.	21.0
이산화 탄소(CO_2) 아르곤(Ar) 수증기(H_2O)	6	0.8
전체 공기	760.	100

건강과 관련된 화학 _Chemistry Link to Health

혈액 기체

우리 세포는 지속적으로 산소를 사용하고 이산화 탄소를 생성한다. 두 기체는 모두 폐의 기도 끝에 있는 작은 기낭인 폐포의 막을 통해 폐 안팎으로 이동한다. 세포에서 생성된 이산화 탄소가 폐로 운반되어 내쉬고, 공기로부터 산소가 폐와 혈액으로 확산되는 과정에서 기체 교환이 일어난다. **표 11.8**에 우리가 들이마시는 공기(흡기) 중의 기체, 폐포 속의 공기, 내쉬는 공기(호기)에 대한 부분 압력을 나타내었다.

해수면에서 일반적으로 폐의 폐포에서 산소의 부분 압력은 100 mmHg이다. 정맥혈에서는 산소의 부분 압력이 40 mmHg이므로 산소가 폐포에서 혈류로 확산된다. 산소는 헤모글로빈과 결합하여 산소 부분 압력이 30 mmHg 미만으로 매우 낮은 신체 조직으로 운반된다. 산소는 O_2 부분 압력이 높은 혈액으로부터 O_2 압력이 낮은 조직으로 확산된다.

대사 과정에서 산소가 신체의 세포에서 사용되면서 이산화 탄소가 생성되므로 CO_2의 부분 압력은 50 mmHg 이상으로 높을 수 있다. 이산화 탄소는 조직으로부터 혈류로 확산되어 폐로 운반된다. 그곳에서 CO_2의 부분 압력이 46 mmHg인 혈액으로부터 CO_2의 부분 압력이 40 mmHg인 폐포로 확산되며 내쉬게 된다. **표 11.9**는 조직 내에서와, 산소가 공급되고 산소가 제거된 혈액에서 혈액 기체의 부분 압력을 나타낸 것이다.

표 11.8 > 호흡하는 동안 기체의 부분 압력

기체	부분 압력(mmHg)		
	흡기	폐포	호기
질소(N_2)	594	573	569
산소(O_2)	160.	100.	116
이산화 탄소(CO_2)	0.3	40.	28
수증기(H_2O)	5.7	47	47
합	760.	760.	760.

표 11.9 > 혈액과 조직에서 산소와 이산화 탄소의 부분 압력

기체	부분 압력(mmHg)		
	산소가 공급된 혈액	산소가 제거된 혈액	조직
O_2	100	40	30 이하
CO_2	40	46	50 이상

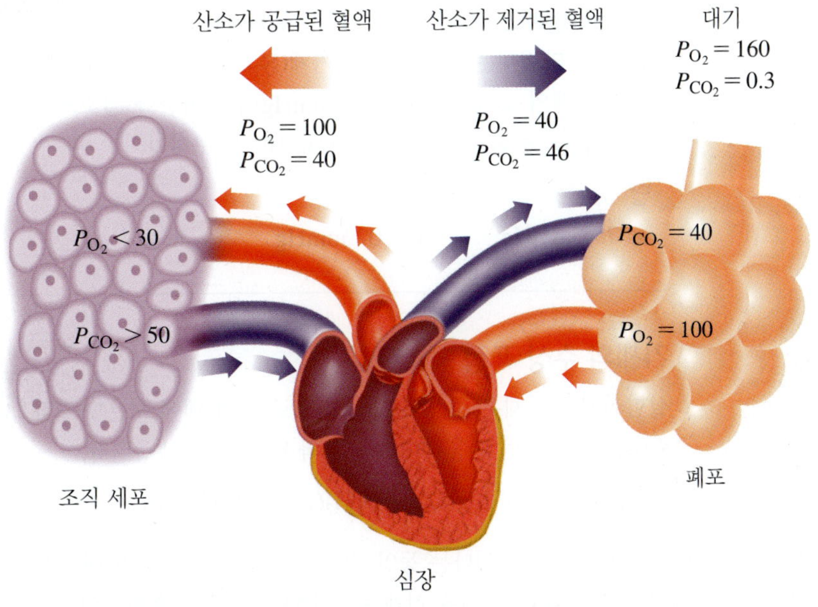

예제 11.13 혼합물 중 기체의 부분 압력

먼저 해 보기!

만성폐색성 폐질환(Chronic obstructive pulmonary disease, COPD) 환자들을 위해 산소와 헬륨의 혼합물인 헬리옥스가 준비되어 있다. 기체 혼합물의 전체 압력은 7.00 atm이다. 탱크 속 산소의 부분 압력이 1140 mmHg라면 이 기체 혼합물 중 헬륨의 부분 압력(atm)을 구하라.

풀이

문제 분석	주어진 것	필요한 것	연결
	$P_{전체}$ = 7.00 atm P_{O_2} = 1140 mmHg	He의 부분 압력	돌턴 법칙

단계 1 **부분 압력의 합을 구하는 식을 쓴다.**

$$P_{전체} = P_{O_2} + P_{He} \quad \text{돌턴 법칙}$$

단계 2 **미지의 압력을 풀기 위해 식을 정리한다.** 헬륨의 부분 압력(P_{He})을 구하기 위해 식을 다음과 같이 정리한다.

$$P_{He} = P_{전체} + P_{O_2}$$

단위를 atm으로 바꾼다.

$$P_{O_2} = 1140\ \cancel{\text{mmHg}} \times \frac{1\ \text{atm}}{760\ \cancel{\text{mmHg}}} = 1.50\ \text{atm}$$

단계 3 **알고 있는 압력을 식에 대입하여 미지의 압력을 계산한다.**

$$P_{He} = P_{전체} - P_{O_2}$$

$$P_{He} = 7.00\ \text{atm} - 1.50\ \text{atm} = 5.50\ \text{atm}$$

확인 문제 11.13

a. 어떤 마취제는 사이클로프로페인 기체(C_3H_6)와 산소 기체(O_2)의 혼합물로 이루어져 있다. 이 마취제의 전체 압력은 1.09 atm이고 사이클로프로페인의 부분 압력이 73 mmHg라면 산소의 부분 압력(mmHg)을 구하라.

b. 다른 마취제는 아산화 질소 기체(N_2O)와 산소 기체(O_2)의 혼합물로 이루어져 있다. 이 마취제의 전체 압력은 786 mmHg이고 아산화 질소의 부분 압력이 0.110 atm이라면 혼합물 중 산소의 부분 압력(mmHg)을 구하라.

답

a. 755 mmHg **b.** 702 mmHg

기체의 수상 포집

실험실에서 기체는 종종 수상 포집으로 용기 내에 모은다(**그림 11.9**). 어떤 반응에서 마그네슘(Mg)과 HCl이 반응하여 $MgCl_2$와 H_2 기체가 생성된다.

$$2HCl(aq) + Mg(s) \longrightarrow H_2(g) + MgCl_2(aq)$$

이 반응이 일어나는 동안 수소가 생성되는데, 용기 내에 약간의 물이 들어가게 된다. 물의 증기압 때문에 모은 기체는 수소와 수증기의 혼합물이다. 계산 과정에서는 건조된 수소 기체의 압력이 필요하다. 실험 온도에서 수증기압(표 11.4 참조)을 찾아 이를 기체의 전체 압력에서 뺀다. 그러면 이상 기체 법칙을 이용해 모인 수소 기체의 몰수나 그램수를 계산할 수 있다.

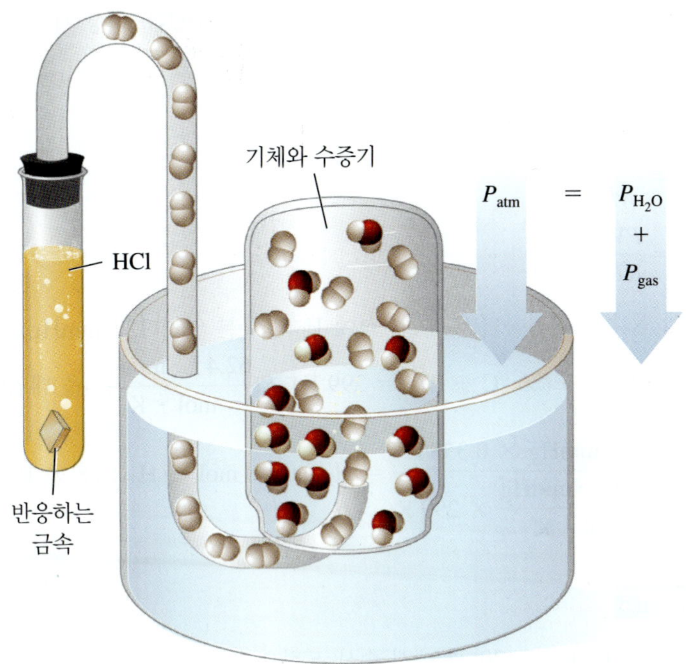

그림 11.9 ▸ 반응에서 생성된 기체를 수상 포집으로 모은다. 물의 증발 때문에 전체 압력은 포집 기체의 부분 압력과 수증기압의 합이다.

예제 11.14 수상 포집된 기체의 몰수

먼저 해 보기!

마그네슘과 HCl이 반응할 때 26 °C에서 수소 기체 0.355 L가 얻어진다. 26 °C에서 수증기압은 25 mmHg이다.

$$2HCl(aq) + Mg(s) \longrightarrow H_2(g) + MgCl_2(aq)$$

전체 압력이 752 mmHg라면 생성된 H_2의 몰수를 구하라.

풀이

	주어진 것	필요한 것	연결
문제 분석	$V = 0.355$ L H_2 $P = 752$ mmHg $T = 26$ °C + 273 = 299 K $P_{H_2O} = 25$ mmHg	H_2의 몰수 n	돌턴 법칙 이상 기체 법칙, $PV = nRT$ $R = \frac{62.4\ L \cdot mmHg}{mol \cdot K}$

단계 1 **물의 증기압을 구한다.** 26 °C에서 수증기압은 25 mmHg이다.

단계 2 **전체 압력에서 수증기압을 빼서 필요한 기체의 부분 압력을 구한다.** 돌턴의 부분 압력 법칙을 이용해 H_2의 부분 압력을 구한다.

$$P_{전체} = P_{H_2} + P_{H_2O}$$

이 식을 H_2의 부분 압력에 대해 풀면,

$$P_{H_2} = P_{전체} - P_{H_2O}$$
$$P_{H_2} = 752\ mmHg - 25\ mmHg$$
$$= 727\ mmHg$$

생각해 보기 11.12

수상 포집한 기체의 전체 압력에서 물의 증기압을 빼는 이유는 무엇인가?

단계 3 **이상 기체 법칙을 이용해 $P_{기체}$를 모은 기체의 몰수로 변환한다.** 이상 기체 방정식의 양변을 RT로 나누어 기체의 몰수 n을 푼다.

$PV = nRT$ 이상 기체 방정식

$$\frac{PV}{RT} = \frac{nRT}{RT}$$

$$n = \frac{PV}{RT}$$

H_2의 몰수를 계산하기 위해 이 식에 H_2의 부분 압력(727 mmHg), 용기의 부피(0.355 L), 온도(26 °C + 273 = 299 K), $R(\frac{62.4\ \text{L} \cdot \text{mmHg}}{\text{mol} \cdot \text{K}})$을 대입한다.

$$n = \frac{727\ \text{mmHg} \times 0.355\ \text{L}}{\frac{62.4\ \text{L} \cdot \text{mmHg}}{\text{mol} \cdot \text{K}} \times 299\ \text{K}} = H_2\ 0.0138\ \text{mol} \quad (H_2\ 1.38 \times 10^{-2}\ \text{mol})$$

확인 문제 11.14

a. 압력 744 mmHg과 온도 20. °C에서 수상 포집으로 산소 기체(O_2) 시료 456 mL를 얻었다. 건조 산소 기체의 질량(g)을 구하라(표 11.4 참조)

b. 압력 766 mmHg과 온도 30. °C에서 수상 포집으로 질소 기체(N_2) 시료 376 mL를 얻었다. 건조 질소 기체의 질량(g)을 구하라(표 11.4 참조)

답

a. O_2 0.579 g **b.** N_2 0.409 g

건강과 관련된 화학 _Chemistry Link to Health

고압실

화상 환자는 *고압실*에서 화상 및 감염 치료를 받아야 할 수도 있다. 고압실은 대기압보다 2~3배 정도 높은 압력 환경이 조성된다. 산소의 압력이 증가되면 세균 감염과 겨루는 혈액과 조직 중의 용존 산소 준위가 높아진다. 고준위의 산소는 많은 종류의 세균에 독성을 띤다. 고압실은 수술, 일산화 탄소(CO) 중독 및 일부 암의 치료에도 사용된다.

혈액은 보통 산소를 95%까지 용해시킬 수 있다. 그러므로 산소의 부분 압력이 2280 mmHg(3 atm)이면 2170 mmHg의 산소가 혈액에 녹아 조직에 포화된다. 일산화 탄소 중독 치료 과정에서도 고압 산소는 1 atm에 순수 산소를 호흡하는 것보다 빠르게 헤모글로빈과 결합한 일산화 탄소를 치환한다.

고압실에서 치료받은 환자는 혈액 내 용존 산소의 농도를 천천히 낮출 수 있도록 압력 조건을 감소시켜야 한다. 감압 속도가 너무 빠르면 혈액 안에 용존 산소가 순환계 내에 기포를 만들 수 있다.

비슷한 예로, 잠수부가 천천히 감압하지 않으면 잠수병(bends)에 걸릴 수 있다. 잠수부는 해수면 아래에서 고압의 기체 혼합물을 호흡한다. 혼합물에 질소가 존재하면 상당량의 질소 기체가 혈액에 녹아든다. 잠수부가 표면으로 너무 빨리 올라오면 용존 질소가 기포를 형성해 혈관이 폐색되거나 관절, 조직 내 혈류를 방해한다. 잠수병에 걸린 잠수부는 즉시 감압실로 옮겨 압력을 올렸다가 천천히 압력을 내려야 한다. 용해된 질소는 폐를 통해 대기압과 같아질 때까지 확산되어 빠져 나간다.

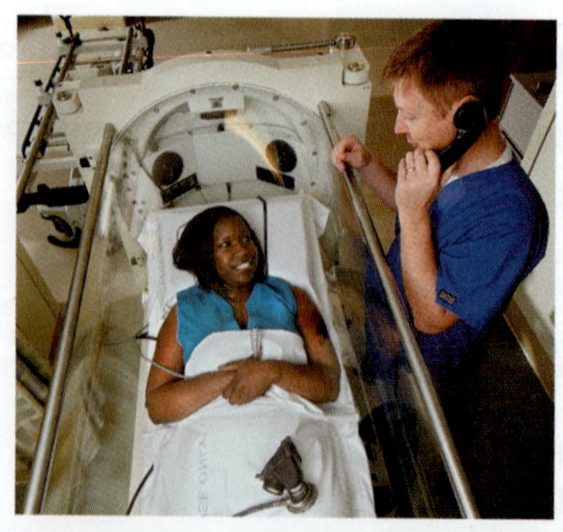

특정 질병 치료에 고압실이 사용된다.

UPDATE 운동 유발성 천식

강도 높은 신체 활동을 동반한 격렬한 운동은 아이들에게 천식을 유발할 수 있다. 루이자가 천식 발작을 일으키는 동안 호흡은 빨라지고 기도 내 온도가 증가했다. 기관지 주변의 근육이 수축되고 기도협착 증상이 나타났다. 또한 격렬한 운동 후 5~20분 이내에 숨 가쁨, 천명, 기침과 같은 증세를 보였다.

루이자는 운동 유발성 천식을 막기 위해 여러 노력을 기울이고 있다. 운동 시작 전 흡입용 약제를 사용한다. 이 약제는 근육의 긴장을 풀고 기도를 여는 역할을 한다. 그 다음에 준비 운동을 실시한다. 꽃가루 날림이 심한 날에는 외부 활동을 삼가고 있다.

응용 문제

11.1 루이자의 폐활량은 37 °C, 745 mmHg에서 3.2 L이다. STP에서 폐활량은 몇 리터인가?

11.2 공기가 78% 질소를 포함한다면 문제 11.1의 답을 이용하여 STP에서 루이자의 폐에 있는 질소는 몇 그램인가?

제11장 복습하기 _Chapter Review

11.1 기체의 성질

학습 목표 기체의 측정 단위 및 분자 운동론에 대해 설명할 수 있다.

- 기체 입자들은 서로 멀리 떨어져 있고 매우 빠르게 움직여 입자 간 인력은 무시할 만하다.
- 기체는 압력(P), 부피(V), 온도(T), 몰수(n)와 같은 물리적 성질로 설명한다.
- 기체의 압력은 용기의 표면과 충돌하는 기체 입자의 힘이다.
- 기체 압력은 torr, mmHg, atm, Pa 같은 단위로 측정된다.

11.2 압력과 부피(보일 법칙)

학습 목표 보일 법칙을 사용해 온도와 몰수가 일정한 조건에서 압력이나 부피를 구할 수 있다.

- 기체의 양과 온도가 일정할 때 기체의 부피(V)는 압력(P)과 반비례한다.

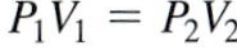

$$P_1V_1 = P_2V_2$$

- 기체의 부피가 증가하면 압력이 감소한다. 반대로 부피가 감소하면 압력이 증가한다.

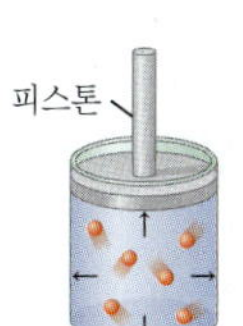

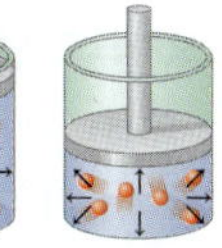

11.3 온도와 부피(샤를 법칙)

학습 목표 기체의 압력과 몰수가 일정할 때 온도-부피 관계(샤를 법칙)를 이용해 미지의 온도나 부피를 구할 수 있다.

- 기체의 양과 압력이 일정할 때 기체의 부피(V)는 켈빈 온도(T)에 비례한다.

$$\frac{V_1}{T_1} = \frac{V_2}{T_2}$$

- 기체의 온도가 증가하면 기체의 부피가 증가한다. 온도가 감소할 때 부피도 감소한다.

$T_1 = 200$ K, $V_1 = 1$ L　$T_2 = 400$ K, $V_2 = 2$ L

11.4 온도와 압력(게이뤼삭 법칙)

학습 목표 온도-압력 관계(게이뤼삭 법칙)를 이용하여 기체의 부피와 양이 일정할 때 미지의 온도나 압력을 계산할 수 있다.

- 기체의 압력(P)은 켈빈 온도(T)에 비례한다.

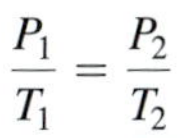

$$\frac{P_1}{T_1} = \frac{P_2}{T_2}$$

$T_1 = 200$ K, $P_1 = 1$ atm　$T_2 = 400$ K, $P_2 = 2$ atm

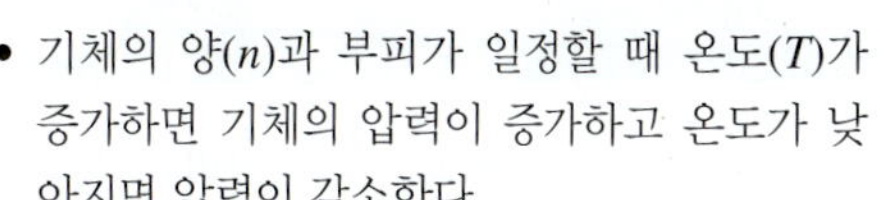

- 기체의 양(n)과 부피가 일정할 때 온도(T)가 증가하면 기체의 압력이 증가하고 온도가 낮아지면 압력이 감소한다.

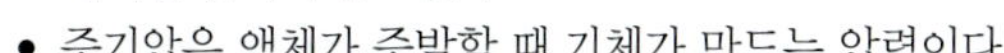

- 증기압은 액체가 증발할 때 기체가 만드는 압력이다.
- 액체의 끓는점에서 증기압은 외부 압력과 동일하다.

11.5 결합 기체 법칙

학습 목표 둘 이상의 성질이 주어지고 기체의 양이 일정할 때 결합 기체 법칙을 사용하여 어떤 기체에 대해 미지의 압력, 부피, 온도를 계산할 수 있다.

- 결합 기체 법칙은 일정한 양의 기체의 대해 압력(P), 부피(V), 온도(T)의 관계를 나타낸다.

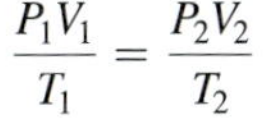

$$\frac{P_1V_1}{T_1} = \frac{P_2V_2}{T_2}$$

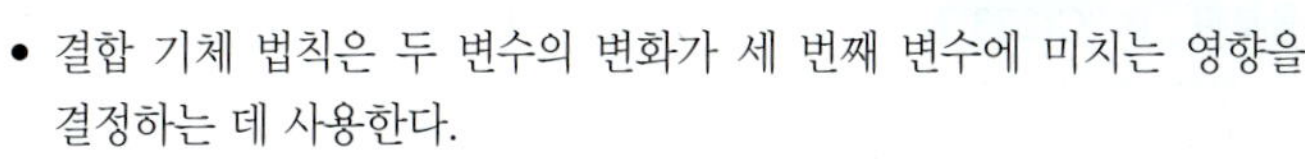

- 결합 기체 법칙은 두 변수의 변화가 세 번째 변수에 미치는 영향을 결정하는 데 사용한다.

11.6 부피와 몰수(아보가드로 법칙)

학습 목표 압력과 온도가 일정할 때 아보가드로 법칙을 이용하여 기체의 부피나 양을 계산할 수 있다.

- 기체의 압력과 온도가 일정할 때 기체의 부피(V)는 몰수(n)와 비례한다.

$$\frac{V_1}{n_1} = \frac{V_2}{n_2}$$

- 기체의 몰수가 증가하면 부피는 증가하고 기체의 몰수가 감소하면 부피는 감소한다.

- STP라고 하는 표준 온도(273 K)와 표준 압력(1 atm)에서 모든 기체 1 mol의 부피는 22.4 L이다.

11.7 이상 기체 법칙

학습 목표 이상 기체 방정식을 이용하여 이상 기체 방정식에 있는 네 가지 값 P, V, T, n 중 세 가지가 주어졌을 때 미지의 값을 구할 수 있다. 기체의 몰질량을 계산할 수 있다.

- 이상 기체 법칙은 P, V, n, T 간의 다음 관계를 보여준다.

$$PV = nRT$$

- 세 변수의 값을 알면 나머지 한 변수의 값도 구할 수 있다.
- 기체의 몰질량은 STP 상태의 몰부피와 이상 기체 법칙으로 계산할 수 있다.

11.8 기체 법칙과 화학 반응

학습 목표 화학 반응식에서 반응하거나 생성되는 기체의 부피나 질량을 구할 수 있다.

- 이상 기체 법칙은 화학 반응에서 기체의 성질(P, V, T)을 몰수로 변환하는 데 사용한다.
- 기체의 몰수는 반응에서 다른 물질의 몰수를 계산하는 데 사용된다.

11.9 부분 압력(돌턴 법칙)

학습 목표 돌턴의 부분 압력 법칙을 이용해 기체 혼합물의 전체 압력을 구할 수 있다.

- 두 개 이상의 기체 혼합물에서 전체 압력은 단일 기체 부분 압력의 합이다.

$$P_{전체} = P_1 + P_2 + P_3 + \cdots$$

- 혼합물에 있는 기체의 부분 압력은 단일 기체만 용기 안에 있을 때 나타나는 압력이다.
- 수상 포집으로 얻은 기체에 대해 전체 압력에서 수증기압을 빼서 건조한 기체의 부분 압력을 구한다.

주요 용어 _Key Terms

게이뤼삭 법칙 기체의 몰수와 부피가 일정할 때 기체의 압력은 켈빈 온도와 비례한다.

결합 기체 법칙 몰수가 일정할 때 압력, 부피, 온도에 관한 기체 법칙들을 통합한 관계

$$\frac{P_1V_1}{T_1} = \frac{P_2V_2}{T_2}$$

기압(atm) 수은 기둥 760 mm가 가하는 압력과 동일한 압력 단위

기체 분자 운동론 기체의 거동을 설명하는 모형

대기압 대기가 가하는 압력

돌턴 법칙 용기 안에 있는 기체 혼합물의 전체 압력은 각 기체들이 가하는 부분 압력의 합과 같다.

몰부피 0 °C(273 K), 1 atm(STP 상태)에서 기체 1 mol이 차지하는 부피, 22.4 L

반비례 관계 두 가지 성질이 반대로 변하는 관계

보일 법칙 기체의 온도와 몰수가 일정할 때 기체의 부피와 압력은 반비례한다.

부분 압력 기체 혼합물에 있는 단일 기체가 나타내는 압력

비례 관계 두 가지의 성질이 같이 증가하거나 감소하는 관계

샤를 법칙 기체의 압력과 몰수가 일정할 때 기체의 부피는 켈빈 온도에 비례한다.

아보가드로 법칙 압력과 온도가 일정할 때 기체의 부피는 몰수에 비례한다.

압력 용기의 벽과 충돌하는 기체 입자들이 가하는 힘

이상 기체 법칙 기체의 네 가지 성질을 통합한 법칙. $PV = nRT$

이상 기체 상수(R) 이상 기체 법칙 $PV = nRT$에서 P, V, n, T과 관련된 상수

증기압 액체 표면 위의 증기 입자가 가하는 압력

표준 온도와 압력(STP) 기체들의 비교를 위한 표준 상태, 0 °C(273 K)와 1 atm

토르 mmHg과 동일한 압력 단위, 760 Torr = 1 atm

핵심 화학 기술 _Core Chemistry Skills

각 핵심 화학 기술을 포함하는 절을 각 제목의 끝에 괄호 안에 나타내었다.

기체 법칙의 이용(11.2)

- 보일, 샤를, 게이뤼삭, 아보가드로 법칙은 기체의 두 성질 간의 관계를 보여준다.

$$P_1V_1 = P_2V_2 \quad \text{보일 법칙}$$

$$\frac{V_1}{T_1} = \frac{V_2}{T_2} \quad \text{샤를 법칙}$$

$$\frac{P_1}{T_1} = \frac{P_2}{T_2}$$ 게이뤼삭 법칙

$$\frac{V_1}{n_1} = \frac{V_2}{n_2}$$ 아보가드로 법칙

- 결합 기체 법칙은 기체의 P, V, T 간의 관계를 보여준다.

$$\frac{P_1V_1}{T_1} = \frac{P_2V_2}{T_2}$$

- 조건이 변화될 때, 초기 조건과 최종 조건을 정리해 표로 만들 수 있다.

예: 헬륨 기체(He) 시료 6.8 mL가 2.5 atm의 압력을 나타낸다. 이 시료의 압력을 1.2 atm으로 변화시킬 때 부피를 구하라(단, 온도와 기체 양은 일정).

답:

	주어진 것	필요한 것	연결
문제 분석	P_1 = 2.5 atm P_2 = 1.2 atm V_1 = 6.8 L **일정하게 유지되는 것:** T와 n	V_2	보일 법칙, $P_1V_1 = P_2V_2$ **예상:** P가 감소하면 V가 증가한다.

보일 법칙을 이용해 V_2에 관한 식을 전개할 수 있다. 이때 미지의 부피는 초기 값에 비해 증가할 것으로 예측된다.

$$V_2 = V_1 \times \frac{P_1}{P_2}$$

$$V_2 = 6.8\text{ L} \times \frac{2.5\text{ }\cancel{\text{atm}}}{1.2\text{ }\cancel{\text{atm}}} = 14\text{ L}$$

▷ 이상 기체 법칙 사용(11.7)

- 이상 기체 방정식은 기체의 네 성질의 관계를 한 식으로 통합한 식이다.

$$PV = nRT$$

- 네 가지 성질 중 세 가지가 주어졌을 때 이상 기체 방정식을 이용해 미지의 값에 대해 정리할 수 있다.

예: 295 K, 1340 mmHg에서 CO_2 0.750 mol의 부피를 계산하라.

답:

$$V = \frac{nRT}{P}$$

$$= \frac{0.750\text{ }\cancel{\text{mol}} \times \dfrac{62.4\text{ L}\cdot\cancel{\text{mmHg}}}{\cancel{\text{mol}}\cdot\cancel{\text{K}}} \times 295\text{ }\cancel{\text{K}}}{1340\text{ }\cancel{\text{mmHg}}} = 10.3\text{ L}$$

▷ 화학 반응에서 기체의 질량이나 부피 계산하기(11.8)

- 화학 반응식에서 이상 기체 방정식을 이용하여 기체의 부피나 질량을 계산한다.

예: 압력 1.2 atm, 온도 303 K에서 마그네슘 18.5 g이 반응하는 데 필요한 N_2의 부피를 계산하라.

$$3\text{Mg}(s) + \text{N}_2(g) \longrightarrow \text{Mg}_3\text{N}_2(s)$$

답: 먼저, Mg의 질량을 몰수로 바꾼다. 위 화학식에서 몰비를 이용해 N_2의 몰수를 계산한다.

$$\cancel{\text{Mg}}\ 18.5\text{ g} \times \frac{\cancel{\text{Mg}}\ 1\ \cancel{\text{mol}}}{\cancel{\text{Mg}}\ 24.31\ \cancel{\text{g}}} \times \frac{\text{N}_2\ 1\text{ mol}}{\cancel{\text{Mg}}\ 3\ \cancel{\text{mol}}} = \text{N}_2\ 0.254\text{ mol}$$

이상 기체 방정식을 이용해 미지의 부피를 구한다.

$$V = \frac{nRT}{P}$$

$$= \frac{\cancel{\text{N}_2}\ 0.254\ \cancel{\text{mol}} \times \dfrac{0.0821\text{ L}\cdot\cancel{\text{atm}}}{\cancel{\text{mol}}\cdot\cancel{\text{K}}} \times 303\ \cancel{\text{K}}}{1.20\ \cancel{\text{atm}}} = 5.27\text{ L}$$

▷ 부분 압력 계산하기(11.9)

- 기체 혼합물에서 각 기체는 부분 압력을 갖는다. 부분 압력은 용기에 단일 기체가 존재할 때의 압력이다.
- 돌턴 법칙에 의하면 기체 혼합물에서 전체 압력은 각 기체에 대한 부분 압력들의 합과 같다.

$$P_{\text{전체}} = P_1 + P_2 + P_3 + \cdots$$

예: 전체 압력이 1.18 atm인 기체 혼합물이 질소와 부분 압력이 465 mmHg인 헬륨을 포함하고 있다. 질소 기체의 부분 압력(atm)을 구하라.

답: 먼저, 헬륨 기체의 부분 압력을 mmHg에서 atm으로 바꾼다.

$$465\ \cancel{\text{mmHg}} \times \frac{1\text{ atm}}{760\ \cancel{\text{mmHg}}} = \text{He 기체 } 0.612\text{ atm}$$

돌턴 법칙을 이용해 P_{N_2}에 대해 푼다.

$$P_{\text{전체}} = P_{N_2} + P_{He}$$

$$P_{N_2} = P_{\text{전체}} - P_{He}$$

$$P_{N_2} = 1.18\text{ atm} - 0.612\text{ atm} = 0.57\text{ atm}$$

개념 이해 문제 _Understanding the Concepts

각 문제 끝에 복습할 절을 괄호 안에 표시하였다.

11.3 같은 온도 조건에서 같은 부피의 두 플라스크 안에 다른 기체가 들어 있다. 한 플라스크에는 Ne 10.0 g이 들어 있고, 다른 플라스크에는 He 10.0 g이 들어 있다. 다음 내용이 *참*인지 *거짓*인지 제시하라. (11.1)

a. He이 들어 있는 플라스크가 Ne이 들어 있는 플라스크보다 더 압력이 높다.

b. 기체들의 밀도는 같다.

11.4 같은 온도 조건에서 같은 부피의 두 플라스크 안에 다른 기체가 들어 있다. 한 플라스크에는 O_2 5.0 g이 들어 있고, 다른 플라스크에는 H_2 5.0 g이 들어 있다. 다음 내용이 *참*인지 *거짓*인지 제시하라. (11.1)

a. 두 플라스크는 같은 수의 분자를 포함한다.

b. 플라스크의 압력은 같다.

11.5 100 °C에서 그림(**1~3**) 중 다음 설명을 나타내는 기체 시료는? (11.1)

a. 가장 압력이 낮은 것 **b.** 가장 압력이 높은 것

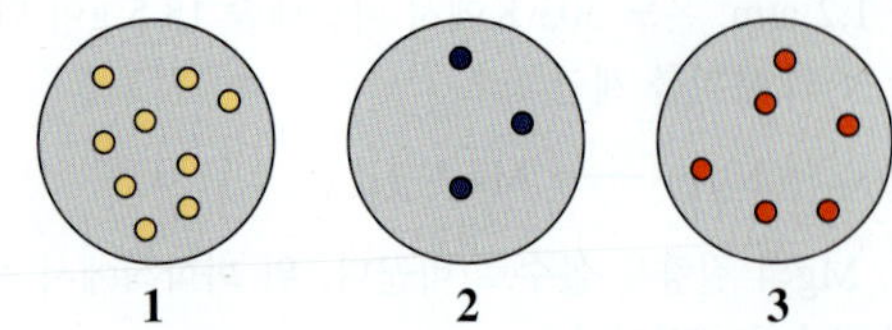

11.6 다음과 같은 변화가 일어났을 때(**a~d**), 신축성 있는 용기에 들어 있는 기체 시료의 부피에 대해 적절하게 묘사한 것(**1~3**)은 어떤 것인가? (11.2, 11.3)

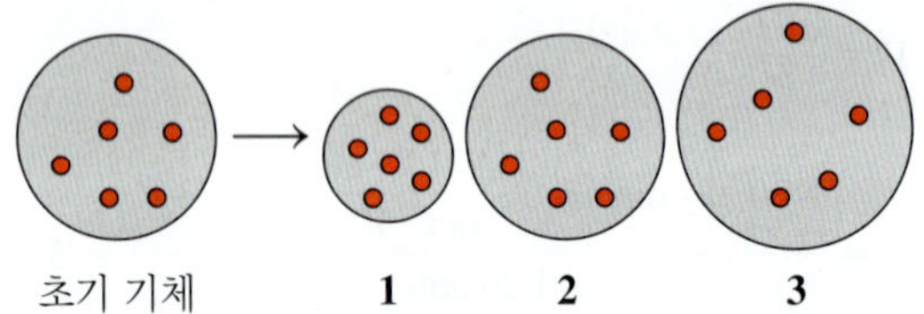

a. 일정한 압력에서 온도가 증가한다.
b. 일정한 압력에서 온도가 낮아진다.
c. 일정한 온도에서 압력이 감소된다.
d. 압력과 켈빈 온도가 두 배가 된다.

11.7 풍선 안에 부분 압력 1.00 atm인 헬륨 기체와 부분 압력 0.50 atm인 네온 기체가 들어 있다. 다음 변화를 주었을 때(**a~e**) 풍선의 최종 부피를 나타내는 그림(**A~C**)은 어떤 것인가? (11.2, 11.3, 11.6)

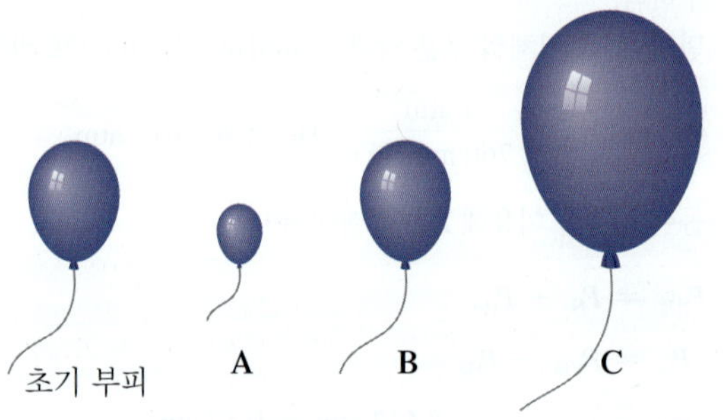

a. 풍선을 냉동고에 넣었다(P, n 일정).
b. 풍선이 날아가 압력이 낮은 높은 고도로 올라가 버렸다(T, n 일정).
c. 헬륨 기체를 모두 빼버렸다(T, P 일정).
d. 켈빈 온도를 두 배 올리고 기체의 절반이 새어나가도록 두었다(P 일정).
e. O_2 기체 2.0 mol을 첨가했다(T, P 일정).

11.8 다음 각 경우에 압력이 *증가*하는지, *감소*하는지, *유지*되는지 제시하라. (11.2, 11.4, 11.6)

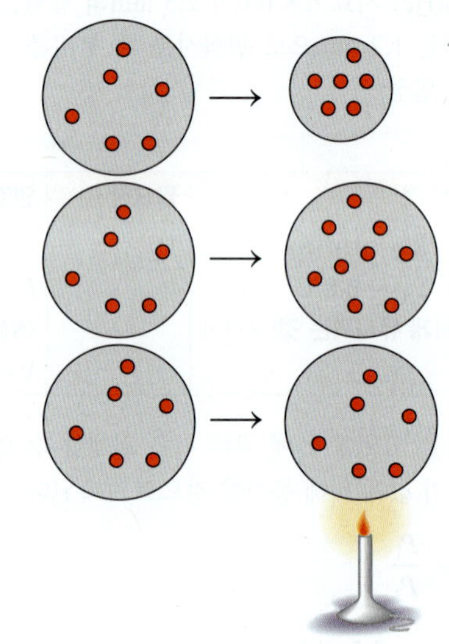

추가 문제 _Additional Practice Problems

11.9 15°C, 745 mmHg에서 어떤 기체 시료의 부피가 4250 mL이다. 기체의 양이 일정할 때 부피 2.50 L이고 압력 1.20 atm인 다른 용기에 시료를 옮긴 후 최종 온도를 섭씨 온도로 계산하라. (11.5)

11.10 포도당 발효(포도주 제조)에서 CO_2 기체 780 mL가 37°C, 1.00 atm에서 생성되었다. 기체의 양이 일정할 때 22 °C, 675 mmHg에서 기체의 최종 부피는 몇 리터인가? (11.5)

11.11 복강경 수술 중 이산화 탄소 기체로 복부를 확장하여 작업 공간을 더 크게 만든다. 18 °C, 785 mmHg에서 CO_2 기체 4.80 L를 사용한다면, CO_2의 양이 일정하다고 할 때 37 °C, 745 mmHg의 압력에서 기체의 최종 부피는 몇 리터인가? (11.5)

11.12 380 Torr의 압력과 8 °C에서 헬륨으로 채워진 기상 관측 기구의 부피가 750 L이다. 기체의 양이 일정하다면 압력이 0.20 atm이고 온도가 −45 °C일 때 풍선의 최종 부피는 몇 리터인가? (11.5)

11.13 1783년, 샤를은 공기보다 가벼운 수소 기체로 채운 첫 번째 열기구를 하늘에 띄웠다. 압력 755 mmHg, 온도 22 °C인 조건에서 열기구 풍선의 부피는 31 000 L였다. 풍선을 채우는 데 필요한 수소는 몇 킬로그램이었을까? (11.7)

1783년에 자크 샤를은 수소를 사용해 기구를 띄웠다.

11.14 문제 11.13의 풍선이 고도 1000 m에 도달했을 때 압력이 658 mmHg이고 온도가 −8 °C였다. 수소의 양이 일정하다면 이 조건에서 풍선의 부피는 얼마인가? (11.5)

11.15 행성 X에 대한 연구를 하고 있다. 우주 정거장의 내부 온도는 24 °C로 조심스럽게 조절되고 압력은 755 mmHg이다. 부피 850. mL인 풍선이 우주 정거장 안에서 에어록에 삽입되어 행성 X로 떠 있다고 가정하자. 행성 X의 대기압이 0.150 atm이고 풍선의 부피가 3.22 L로 변할 때, 행성 X의 온도(섭씨)는 얼마인가(단 기체의 양은 일정)? (11.5)

11.16 우주선이 화성에 있는 우주 정거장에 도킹하였다. 우주 정거장의 내부 온도는 24 °C로 조심스럽게 조절되고 압력은 755 mmHg이다. 부피 425 mL인 풍선이 온도 −95 °C, 압력 0.115 atm인 기밀실로 들어갔다. 기체의 양이 일정하고 풍선의 탄성이 매우 좋다고 한다면 이 풍선의 최종 부피는 몇 밀리리터로 되겠는가? (11.5)

11.17 2500. mmHg의 압력과 18°C의 온도에서 2.00-L 들이 용기에 메테인 기체(CH_4)가 채워져 있다. 용기에 메테인 몇 그램이 들어 있는가? (11.7)

11.18 부피가 15.0 L인 강철 실린더에 25 °C의 질소 기체 50.0 g이 채워져 있다. 실린더에 있는 N_2 기체의 압력은 몇 기압(atm)인가? (11.7)

11.19 질량 1.62 g인 어떤 기체 시료가 748 Torr의 압력과 20.0°C의 온도에서 941 mL의 부피를 차지한다. 기체의 몰질량은 얼마인가? (11.7)

11.20 0 °C, 1.00 atm(STP)에서 어떤 기체 1.15 g의 부피가 8 mL라면, 이 기체의 몰질량은 얼마인가? (11.7)

11.21 1.20 atm, 5 °C에서 $CO_2(g)$ 35.0 L에는 CO_2가 몇 그램 있는가? (11.7)

11.22 5 °C, 845 mmHg에서 어떤 용기가 O_2 0.644 g으로 채워져 있다. 이 용기의 부피는 몇 밀리리터인가? (11.7)

11.23 Zn 25.0 g으로부터 0 °C, 1.00 atm(STP)에서 H_2 기체가 몇 리터 생성될 수 있는가? (11.7, 11.8)

$$2HCl(aq) + Zn(s) \longrightarrow H_2(g) + ZnCl_2(aq)$$

11.24 스모그 형성에서 질소와 산소 기체가 반응하여 이산화 질소를 형성한다. 840 mmHg, 24 °C에서 질소 2.0 L가 완전히 반응하면 이산화 질소 몇 그램이 생성되는가? (11.7, 11.8)

$$N_2(g) + 2O_2(g) \longrightarrow 2NO_2(g)$$

11.25 이산화 질소는 물과 반응하여 산소와 암모니아를 생성한다. 375 °C의 온도와 725 mmHg의 압력에서 $H_2O(g)$ 시료 5.00 L가 반응한다. NH_3 몇 그램을 생산할 수 있을까? (11.7, 11.8)

$$4NO_2(g) + 6H_2O(g) \longrightarrow 7O_2(g) + 4NH_3(g)$$

11.26 수소 기체는 금속 마그네슘과 염산의 반응을 통해 실험실에서 만들 수 있다. Mg 12.0 g이 반응할 때 24 °C, 835 mmHg에서 생성되는 H_2 기체의 부피는 몇 리터인가? (11.7, 11.8)

$$2HCl(aq) + Mg(s) \longrightarrow H_2(g) + MgCl_2(aq)$$

11.27 어떤 스쿠버 다이버가 총 압력이 2400 Torr인 기체 혼합물을 사용한다. 혼합물에 헬륨 2.0 mol과 산소 6.0 mol이 포함되어 있을 때 시료에 포함된 각 기체의 부분 압력은 몇 torr인가? (11.9)

11.28 어떤 병원에서 총 압력이 4.6 atm인 기체 혼합물을 사용한다. 혼합물에 질소 5.4 mol과 산소 1.4 mol이 포함되어 있을 때 시료에 포함된 각 기체의 압력은 몇 atm인가? (11.9)

11.29 어떤 기체 혼합물이 부분 압력이 0.60 atm와 425 mmHg인 산소와 아르곤을 포함한다. 시료에 추가된 질소 기체가 총 압력을 1250 Torr로 증가시킨다면 추가된 질소의 부분 압력은 몇 torr인가? (11.9)

11.30 아르곤 기체 0.25 atm, 헬륨 기체 350 mmHg, 질소 기체 360 Torr를 포함하는 기체 혼합물의 총 압력은 몇 mmHg인가? (11.9)

생각해 보기의 답 _Answers to Engage Questions

11.1 분자 운동론에 따르면, 기체 분자는 모든 방향으로 빠르게 움직여 용기의 크기와 모양을 완전히 채운다.

11.2 더 높은 고도에서는 기체 분자가 더 적게 있는데, 이는 압력이 더 낮다는 것을 의미한다.

11.3 보일 법칙에 따르면, 기체의 온도와 양이 변하지 않으면 부피가 증가할 때 기체의 압력이 감소한다.

11.4 샤를 법칙에 따르면, 기체의 압력과 양이 변하지 않으면 온도가 상승할 때 기체의 부피가 증가한다.

11.5 게이 뤼삭 법칙에 따르면, 기체의 부피와 양이 변하지 않으면 온도가 상승할 때 기체의 압력이 증가한다.

11.6 기체의 양이 변하지 않는다면, 부피가 2배가 될 때 기체의 압력이 1/2로 감소한다. 또한 그 기체의 켈빈 온도가 1/2로 감소할 때 그 압력은 절반으로 감소한다. 총 압력 감소는 기체의 초기 압력의 1/2 × 1/2, 즉 1/4이다.

11.7 $T_1 = T_2 \times \dfrac{P_1}{P_2} \times \dfrac{V_1}{V_2}$

11.8 아보가드로 법칙에 따르면, 기체의 압력과 온도가 변하지 않으

면 풍선 안에 있는 기체의 몰수(또는 분자수)가 증가할 때 풍선의 부피는 증가한다.

11.9 온도가 0 °C에서 100 °C로 증가할 때 몰 부피는 증가한다.

11.10 *R* 값으로 0.0821을 사용한다면 압력의 단위는 기압(atm)이어야 한다.

11.11 돌턴 법칙에 따르면, 부분 압력은 더할 수 있다. 헬륨 2.0 atm, 아르곤 4.0 atm인 용기 내 총 압력은 6.0 atm이다.

11.12 돌턴 법칙에 따르면, 물 위에서 수집된 기체의 총 압력은 수증기의 부분 압력을 포함한다. 기체의 부분 압력을 얻으려면, 전체 압력에서 물의 부분 압력을 빼면 된다.

선택된 문제의 답 _Answers to Selected Problems

11.1 2.8 L

11.3 **a.** 참. 헬륨이 들어 있는 플라스크에 더 많은 몰수의 헬륨이 있으므로 더 많은 헬륨 원자가 있다.

b. 참. 각각의 질량과 부피는 같으며, 이는 두 플라스크에서 질량/부피 비, 즉 밀도가 같음을 의미한다.

11.5 **a.** 2 **b.** 1

11.7 **a.** A **b.** C **c.** A **d.** B **e.** C

11.9 −66 °C

11.11 CO_2 5.39 L

11.13 H_2 2.6 kg

11.15 −103 °C

11.17 CH_4 4.41 g

11.19 42.1 g/mol

11.21 CO_2 81.0 g

11.23 H_2 8.56 L

11.25 NH_3 1.02 g

11.27 He 600 Torr, O_2 1800 Torr

11.29 370 Torr

제 12 장

용액

Solutions

우리 신장은 소변을 생산하여 노폐물과 과량의 수분을 몸에서 배출시킨다. 신장은 또한 포타슘과 같은 전해질을 재흡수하고 혈압과 혈중 칼슘 농도를 조절하는 호르몬을 생산한다. 신장의 기능은 당뇨병이나 고혈압 같은 질병으로 인해 저하될 수 있다. 신장 기능이 잘 작동하지 않을 때 소변 내의 단백질 검출, 혈액 내 요소 함량의 비정상적 수준, 잦은 배뇨 및 발이 붓는 증상 등이 나타난다. 신부전이 발생하면 투석이나 신장 이식으로 치료할 수 있다.

미셸은 어릴 때 앓았던 심각한 패혈성 인두염 때문에 얻은 신장 질환으로 고통 받고 있다. 신장이 기능을 멈추자 미셸은 매주 세 번씩 투석을 받았다. 그녀가 투석기에 들어가면, 투석 간호사인 아만다는 그녀에게 느낌이 어떤지 묻는다. 미셸은 자신이 오늘 피곤함을 느끼고, 발목 주위가 매우 심하게 부었다는 것을 알고 있다. 아만다는 세포 내 물의 함량을 조절하는 기능이 저하되어 나타나는 부작용이라고 그녀에게 이야기했다. 세포 내 물의 함량은 체액의 전해질 농도와 폐기물이 몸에서 제거되는 속도에 의해 조절된다고 설명했다. 물은 신체에서 발생하는 많은 화학 반응에 필수적이지만 다양한 질병 때문에 물의 양이 너무 많거나 적을 수 있다고 설명했다. 미셸의 신장은 투석의 기능을 잃어버렸기 때문에 체액 내 전해질과 노폐물의 양을 조절할 수 없게 되었다. 결과적으로, 그녀는 전해질 불균형과 노폐물이 계속 남아 있는 상황이다. 아만다는 투석기가 신장을 대신하여, 체액 내 전해질과 노폐물의 양을 줄인다고 설명했다.

관련 직업

투석 간호사

투석 간호사는 신장 질환 환자의 투석을 돕는 전문인이다. 이를 위해 투석 전과 투석 중, 그리고 이후의 혈압 강하나 경련과 같은 합병증에 대비하여 환자와 함께 해야 한다. 투석 간호사는 감염을 방지하기 위해 깨끗하게 유지된 투석 카테터를 환자의 목이나 가슴에 삽입하고, 투석 장치에 연결한다. 투석 간호사는 투석 장치가 항상 올바르게 작동되고 있는지에 대해 충분한 지식을 가지고 있어야 한다.

UPDATE 신부전 환자의 투석

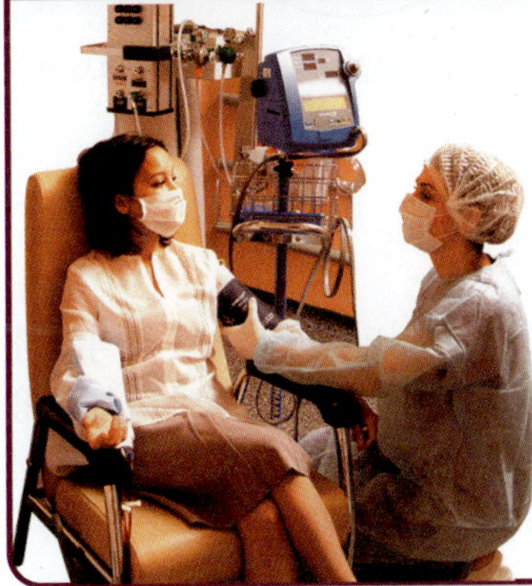

미셸은 계속해서 매주 세 번씩 투석 치료를 받고 있다. 미셸의 투석에 대한 자세한 내용은 348쪽의 UPDATE 신부전 환자의 투석에서 볼 수 있으며 투석에는 미셸의 혈액을 정상 혈청 수준으로 조정하기 위해 전해질이 포함된 120 L의 액체가 필요하다는 것을 알 수 있다.

이 장의 차례

복습하기

분자의 극성 식별(10.5)
분자 간 힘 식별(10.6)

12.1 용액

학습 목표 용액에서 용질과 용매를 구분하고, 용액의 형성에 대해 설명할 수 있다.

용액은 우리 주변 어디에나 있다. 우리가 볼 수 있는 대부분의 기체, 액체, 고체들은 최소한 한 가지 물질이 다른 물질에 녹아 있는 혼합물이다. 다른 형태의 용액도 있다. 우리가 숨 쉬는 공기는 주로 산소와 질소 기체로 이루어진 용액이다. 물에 녹은 이산화 탄소 기체는 탄산음료를 만든다. 커피나 차 용액을 만들 때는 뜨거운 물을 사용해 커피콩이나 찻잎에 있는 물질들을 녹인다. 바다 역시 염화 소듐 같은 많은 이온 결합 화합물들이 물에 녹아 있는 용액이다. 약장에 있는 소독제인 요오드팅크도 에탄올에 아이오딘이 녹아 있는 용액이다.

용액(solution)은 **용질**(solute)이라고 부르는 한 물질이 **용매**(solvent)라고 하는 다른 물질에 균일하게 분포되어 있는 균일 혼합물이다. 용질과 용매는 서로 반응하지 않기 때문에 다양한 비율로 섞일 수 있다. 물에 소금이 조금 녹으면 약간 짠 맛이 난다. 소금을 더 넣으면 매우 짠 맛이 난다. 용질(이 경우 소금)은 양이 더 적은 물질이고 용매(이 경우 물)는 양이 더 많은 물질이다. 예를 들어 용액에 소금 5.0 g과 물 50.0 g이 들어 있다면, 소금이 용질이고 물이 용매이다. 용액에서 용질 입자는 용매 분자 사이에 균일하게 분포되어 있다(**그림 12.1** 참조).

용액에는 용매에 적어도 하나의 용질이 분포되어 있다.

생각해 보기 12.1

오른쪽 눈금 실린더의 균일한 파란색은 무엇을 나타내는가?

그림 12.1 ▸ 용질 입자들이 결정으로부터 떨어지면서 용매(물) 분자 사이에 균일하게 분포하게 되면서 황산구리(II)($CuSO_4$) 용액이 형성된다.

용질과 용매의 형태

용질과 용매는 고체일 수도, 액체일 수도, 기체일 수도 있다. 형성되는 용액은 물리적 상태가 용매와 같다. 설탕이 물에 녹아 생기는 설탕 용액은 액체이다. 설탕이 용질이고 물은 용매이다. 소다수와 탄산음료는 이산화 탄소를 물에 녹여 만든다. 이산화 탄소 기체가 용질이고 물이 용매이다. **표 12.1**에 몇 가지 용액과 그들의 용질과 용매를 나열하였다.

용매로서의 물

물은 자연에서 가장 흔한 물질 중 하나이다. H_2O의 분자 구조를 보면 산소 원자가 수소 원자 두 개와 전자를 공유하고 있다. 산소는 수소보다 전기음성도가 크기 때문에 O—H는 극성 결합이다. 각 극성 결합에서 산소 원자는 부분적인 음전하(δ^-)를 띠고 수소 원자는 부분

표 12.1 > 용액의 몇 가지 예

형태	예	용질	용매
기체 용액			
기체 안의 기체	공기	$O_2(g)$	$N_2(g)$
액체 용액			
액체 안의 기체	탄산음료	$CO_2(g)$	$H_2O(l)$
	가정용 암모니아	$NH_3(g)$	$H_2O(l)$
액체 안의 액체	식초	$HC_2H_3O_2(l)$	$H_2O(l)$
액체 안의 고체	바닷물	$NaCl(s)$	$H_2O(l)$
	요오드팅크	$I_2(s)$	$C_2H_6O(l)$
고체 용액			
고체 안의 고체	놋쇠	$Zn(s)$	$Cu(s)$
	강철	$C(s)$	$Fe(s)$

적인 양전하(δ^+)를 띤다. 물 분자는 굽은 모양이므로 물 분자의 쌍극자 모멘트는 0이 아니다. 따라서 물은 *극성 용매*(polar solvent)이다.

수소 *결합*(hydrogen bond)이라고 알려진 인력은 부분적으로 양전하를 띤 수소 원자가 부분적으로 음전하를 띤 원자 N, O, F에 끌리는 분자 간에 발생한다. 그림에서 보는 바와 같이 수소 결합은 점선으로 나타낸다. 수소 결합은 공유 결합이나 이온 결합보다 훨씬 약하지만 물 분자를 서로 많이 연결한다. 수소 결합은 단백질, 탄수화물, DNA와 같은 생물학적 화합물의 성질에서 중요하다.

물에서 수소 결합은 한 물 분자의 산소 원자와 다른 물 분자의 수소 원자 사이에서 형성된다.

건강과 관련된 화학 _Chemistry Link to Health

몸 안의 물

물은 평균 성인 몸무게의 60%, 평균 유아 몸무게의 75%를 차지한다. 몸 속 물의 60%는 세포내 세포액으로 존재하고, 나머지 40%는 조직액, 혈액의 혈장 등 세포외액을 구성한다. 이러한 세포외액은 세포와 순환계 사이에서 영양분과 노폐물을 운반한다.

사람들은 매일 1500~3000 mL의 물을 신장에서 소변으로, 피부에서 땀으로, 폐에서 숨을 내쉴 때, 위장관을 통해 배출한다. 총 체액의 10%를 잃으면 심각한 탈수증이 생기고 20%를 잃으면 생명을 잃는다. 유아는 체액의 5~10%를 잃으면 심각한 탈수증이 생긴다.

24시간 동안 물의 흡수와 배출

물 흡수	
음료	1000 mL
식품	1200 mL
대사	300 mL
총량	2500 mL

물 배출	
소변	1500 mL
땀	300 mL
호흡	600 mL
대변	100 mL
총량	2500 mL

몸이 배출하는 물은 음료 섭취로 보충된다.

손실되는 물은 음료나 식품을 통해서 또는 세포 안에서 물을 생성하는 대사 과정을 통해 끊임없이 보충된다. **표 12.2**에 일부 식품에 들어 있는 수분의 양을 질량 백분율로 나타내었다.

표 12.2 ▸ 몇 가지 식품 속 수분 함량(%)

식품	물(질량%)	식품	물(질량%)
채소		**고기/생선**	
당근	88	요리된 닭	71
샐러리	94	구운 햄버거	60
오이	96	연어	71
토마토	94		
과일		**유제품**	
사과	85	코티지치즈	78
칸탈루프	91	우유	87
오렌지	86	요구르트	88
딸기	90		
수박	93		

용액의 형성

용질과 용매 사이의 상호 작용이 용액의 형성 여부를 결정한다. 초기에는 용질 입자와 용매 입자를 분리하는 데 에너지가 필요하다. 용질 입자가 용매 입자의 사이로 헤집고 들어가면서 에너지가 방출되며 용액을 형성한다. 그러나 초기 분리를 위한 에너지를 제공하기 위해서 용질과 용매 입자 사이의 인력이 반드시 필요하다. 이러한 인력은 용질과 용매가 비슷한 극성을 가질 때 생긴다. "비슷한 것이 비슷한 것을 녹인다"라는 표현은 용액이 형성되기 위해서는 용질과 용매가 극성이 비슷해야 함을 나타낸다(**그림 12.2** 참조). 용질과 용매 사이에 인력이 없다면 용액이 생성될 충분한 에너지가 없다(**표 12.3** 참조).

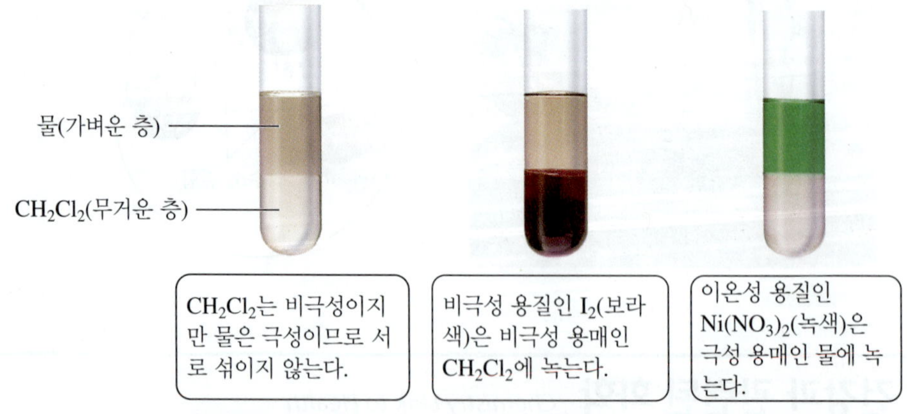

그림 12.2 ▸ 비슷한 것이 비슷한 것을 녹인다. 각 시험관에서 아래층은 CH_2Cl_2(무거운 층), 위층은 물(가벼운 층)이다.

표 12.3 ▸ 용질과 용매의 가능한 조합

용액 형성		용액이 형성되지 않음	
용질	**용매**	**용질**	**용매**
극성	극성	극성	비극성
비극성	비극성	비극성	극성

이온성과 극성 용질을 가진 용액

염화 소듐(NaCl) 같은 이온성 용질은 양전하를 띤 Na^+ 이온과 음전하를 띤 Cl^- 이온 사이에 강한 이온 결합을 이루고 있다. 극성 용매인 물에서는 수소 결합이 강한 용매-용매 인력을 제공한다. NaCl 결정을 물에 넣으면 부분 음전하를 띤 물 분자의 산소 원자가 양전하를 띤 Na^+ 이온을 끌어당기고 부분 양전하를 띤 물 분자의 수소 원자가 음전하를 띤 Cl^- 이온을 끌어당긴다(**그림 12.3**). Na^+ 이온과 Cl^- 이온이 용액을 형성하자마자 물 분자가 이온들을 둘러싸면서 **수화**(hydration)가 일어난다. 이온의 수화는 이온과 이온 사이의 인력을 감소시켜 이온들을 용액 상태로 머무르게 한다.

NaCl 용액을 형성하는 반응식은 고체와 수용액 상태의 NaCl을 쓰고 화살표 위에 H_2O를 쓴다. 이것은 물이 반응물이 아니라 해리 과정에 필요함을 나타낸다.

$$\text{NaCl}(s) \xrightarrow[\text{해리}]{H_2O} \text{Na}^+(aq) + \text{Cl}^-(aq)$$

다른 예로 메탄올(CH_4O)과 같은 극성 분자 화합물은 물에 용해되는데, 메탄올에는 물과 수소 결합을 형성할 수 있는 극성인 —OH가 있기 때문이다(**그림 12.4** 참조). 용액이 형성되기 위해 극성 용질은 극성 용매가 필요하다.

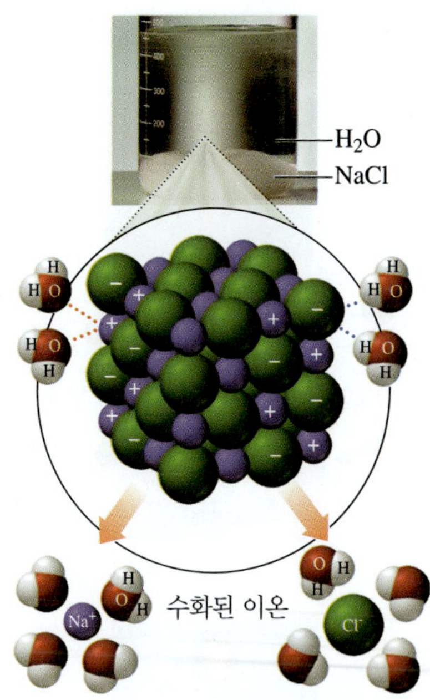

그림 12.3 ▸ 극성 물 분자가 NaCl 결정 표면에 있는 이온들을 잡아당겨 용액 안으로 끌어당기고 이들을 둘러싸면서 물에 녹게 된다.

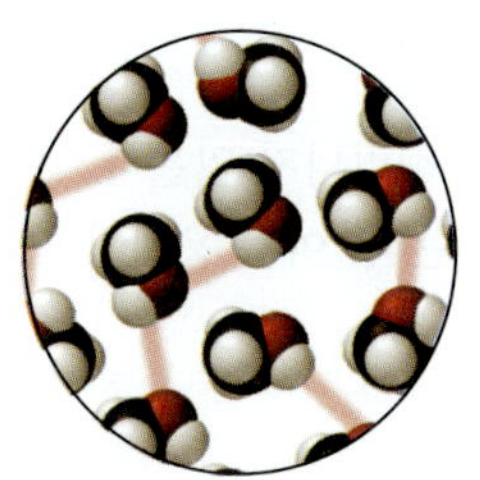
메탄올 (CH_4O) 용질

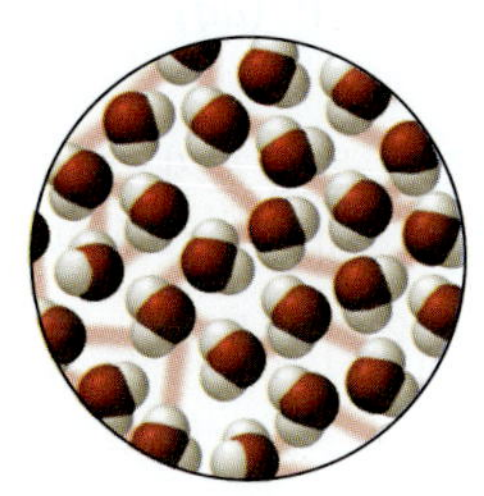
물 용매

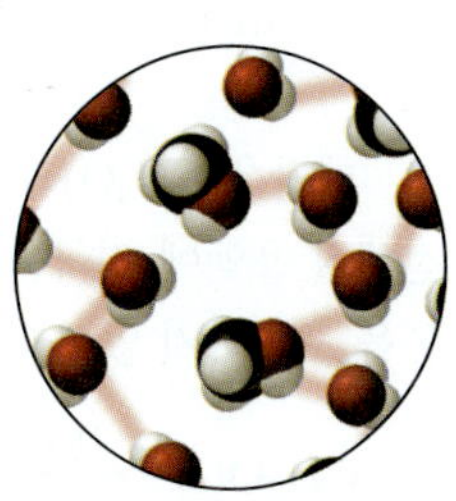
수소 결합을 하고 있는 메탄올 수용액

그림 12.4 ▸ 메탄올(CH_4O)의 극성 분자는 극성 물 분자와 수소 결합을 형성하여 메탄올 수용액을 형성한다.

생각해 보기 12.2

KCl(s)는 물과 용액을 형성하지만, 비극성인 헥세인(C_6H_{14})은 물과 용액을 형성하지 않는 이유는 무엇일까?

비극성 용질을 가진 용액

아이오딘(I_2), 기름, 그리스 같은 비극성 분자는 물에 녹지 않는다. 비극성 용질과 극성 용매 사이에 인력이 거의 없기 때문이다. 비극성 용질이 용액을 형성하려면 비극성 용매가 필요하다.

12.2 전해질과 비전해질

학습 목표 용질을 전해질과 비전해질로 구분할 수 있다.

복습하기

등가식으로부터 변환 인자 쓰기(2.5)
변환 인자 사용(2.6)
양이온과 음이온 쓰기(6.1)

용질은 전류를 흐르게 하는 능력에 따라 분류될 수 있다. **전해질**(electrolyte)이 물에 녹으면 *해리*(dissociation) 과정을 통해 이온으로 분해되어 용액이 전류를 흐르도록 한다. **비전해질**(nonelectrolyte)이 물에 녹으면 이온으로 분해되지 않아 용액에 전류가 흐르지 않는다.

전지, 전극 한 쌍, 전구를 연결한 기구를 이용하여 용액에 이온이 존재하는지 확인할 수 있다. 전류가 흐르면 전구에 불이 들어오게 되는데, 전해질이 전극으로 이동하는 이온을 제공하여 회로를 완성할 때에만 일어난다.

전해질의 종류

전해질은 *강전해질*과 *약전해질*로 구분된다. 염화 소듐(NaCl) 같은 **강전해질**(strong electro-

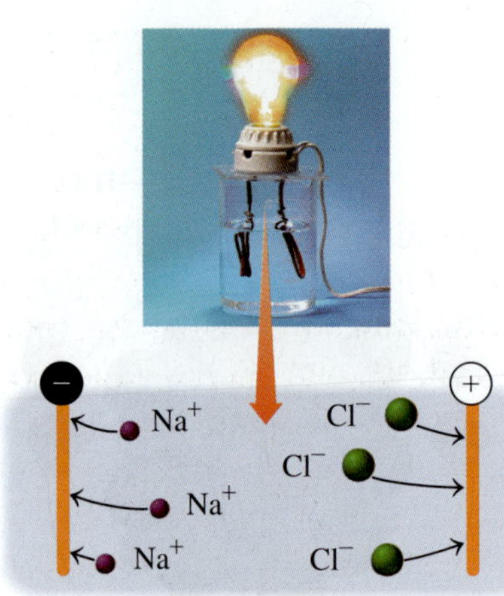

강전해질

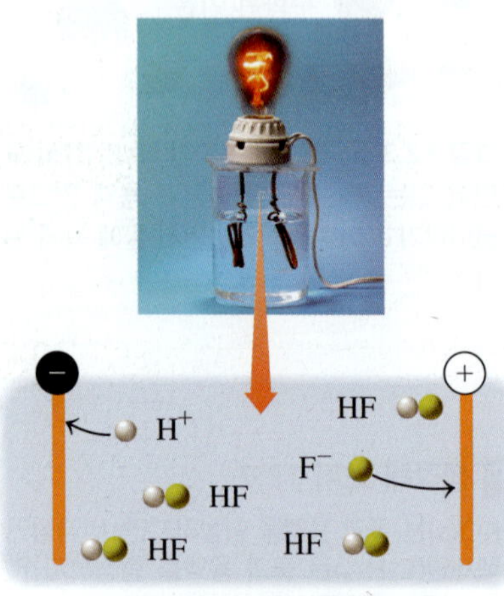

약전해질

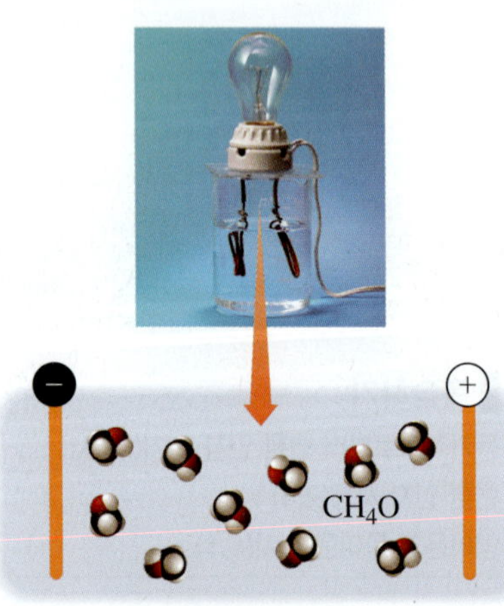

비전해질

lyte)은 용질이 100% 이온으로 해리된다. 전구에 연결된 전극을 NaCl 용액에 담그면 전구에 불이 밝게 들어온다.

수용액에서의 해리 반응식은 전하 균형이 맞아야 한다. 예를 들어 질산 마그네슘은 마그네슘 이온 1개와 질산 이온 2개를 낸다. 하지만 Mg^{2+}와 NO_3^- 사이의 이온 결합만 끊어지고 다원자 이온의 공유 결합이 끊어지지 않는다. $Mg(NO_3)_2$의 해리는 다음과 같이 쓸 수 있다.

$$Mg(NO_3)_2(s) \xrightarrow[\text{해리}]{H_2O} Mg^{2+}(aq) + 2NO_3^-(aq)$$

약전해질(weak electrolyte)은 대부분 분자 상태로 물에 녹은 화합물이다. 용해된 용질 중 일부만이 이온으로 해리되어 적은 수의 이온만이 용액에 존재한다. 따라서 약전해질 용액은 강전해질 용액처럼 전류를 잘 흘려주지 못한다. 약전해질에 전극을 넣고 전류를 흘리면 전구의 불빛이 약하다. 약전해질인 HF 수용액 안에서 소량의 HF 분자만이 H^+와 F^- 이온으로 해리된다. 더 많은 H^+와 F^- 이온이 생성되어도 HF 분자로 재결합한다. 이러한 분자에서 이온으로의 정방향과 역방향 반응은 반응물과 생성물 사이에 서로 반대 방향을 가리키는 두 개의 화살표로 표시할 수 있다.

$$HF(aq) \underset{\text{재결합}}{\overset{\text{해리}}{\rightleftharpoons}} H^+(aq) + F^-(aq)$$

메탄올(CH_4O)과 같은 비전해질은 물에 분자로만 녹고 이온으로 해리되지 않는다. 비전해질 용액에 전극을 담그고 전류를 흘리면 전구에 불이 들어오지 않는다. 이는 용액이 이온을 포함하지 않아서 전류가 흐르지 않기 때문이다.

$$CH_4O(l) \xrightarrow{H_2O} CH_4O(aq)$$

표 12.4에 수용액 중 용질들의 분류를 요약하였다.

표 12.4 > 수용액 중 용질의 분류

용질의 종류	용액 안에서	용액 중 입자 형태	전기 전도?	예
강전해질	완전히 해리	이온만	전기 통함	NaCl, KBr, $MgCl_2$, $NaNO_3$와 같은 이온 결합 화합물 NaOH, KOH과 같은 염기 HCl, HBr, HI, HNO_3, $HClO_4$, H_2SO_4과 같은 산
약전해질	부분적으로 이온화	대부분 분자이고 소수만 이온	약하게 통함	HF, H_2O, NH_3, $HC_2H_3O_2$(아세트산)
비전해질	해리되지 않음	분자만	통하지 않음	CH_4O(메탄올), C_2H_6O(에탄올), $C_{12}H_{22}O_{11}$(수크로스), CH_4N_2O(요소)와 같은 탄소 화합물

예제 12.1 전해질과 비전해질 용액

먼저 해 보기!

다음 각 물질의 용액이 이온만을 포함하는지, 분자만 포함하는지, 대부분 분자와 약간의 이온만을 포함하는지 나타내라. 또한 다음 각각에 대해 용액 형성에 대한 식을 써라.

a. $Na_2SO_4(s)$, 강전해질

b. 수크로스, $C_{12}H_{22}O_{11}(s)$, 비전해질
c. 아세트산, $HC_2H_3O_2(l)$, 약전해질

풀이

a. $Na_2SO_4(s)$의 수용액은 Na^+와 SO_4^{2-} 이온만을 포함한다.

$$Na_2SO_4(s) \xrightarrow{H_2O} 2Na^+(aq) + SO_4^{2-}(aq)$$

b. 수크로스[$C_{12}H_{22}O_{11}(s)$]와 같은 비전해질은 물에 녹을 때 분자만을 포함한다.

$$C_{12}H_{22}O_{11}(s) \xrightarrow{H_2O} C_{12}H_{22}O_{11}(aq)$$

c. 아세트산[$HC_2H_3O_2(l)$]과 같은 약전해질은 물에 녹을 때 대부분 분자와 약간의 이온을 포함한다.

$$HC_2H_3O_2(l) \overset{H_2O}{\rightleftarrows} H^+(aq) + C_2H_3O_2^-(aq)$$

확인 문제 12.1

a. 붕산[$H_3BO_3(s)$]은 약전해질이다. 붕산 용액은 이온만을 포함하는가, 분자만을 포함하는가, 대부분 분자와 약간의 이온을 포함하겠는가?
b. 염산(HCl)은 강전해질이다. 염산 용액은 이온만을 포함하는가, 분자만을 포함하는가, 대부분 분자와 약간의 이온을 포함하겠는가?

답

a. 약전해질의 용액은 대부분 분자와 약간의 이온을 포함할 것이다.
b. 강전해질의 용액은 이온만을 포함할 것이다.

생각해 보기 12.3

강전해질인 $LiNO_3$ 용액에는 이온만 존재하지만, 비전해질인 요소(CH_4N_2O) 용액에는 분자만 존재하는 이유는 무엇인가?

12.3 용해도

학습 목표 용해도를 정의하고 불포화 용액과 포화 용액을 구분할 수 있다. 이온 결합 화합물을 가용성과 불용성으로 구분할 수 있다.

*용해도*라는 용어는 주어진 양의 용매에 녹을 수 있는 용질의 양을 나타내는 데 사용한다. 용질의 종류, 용매의 종류, 온도와 같은 많은 요소들이 용질의 용해도에 영향을 미친다. **용해도(solubility)**는 주로 용매 100 g에 녹는 용질의 그램수로 나타내는데, 특정한 온도에서 녹

건강과 관련된 화학 _Chemistry Link to Health

체액 중 전해질

몸 속 전해질은 세포와 기관이 적절한 기능을 유지하는 데 중요한 역할을 한다. 일반적으로 소듐, 포타슘, 염화 이온, 중탄산 이온 같은 전해질은 혈액 검사로 측정한다. 소듐 이온은 신체의 수분 함량을 조절하며, 신경계를 통해 전기 신호를 전달하는 데 중요한 역할을 한다. 포타슘 이온 또한 전기 신호의 전달에 관여하며, 정기적인 심장 박동의 유지하는 역할을 한다. 염화 이온은 체내의 체액의 균형을 조절한다. 중탄산 이온은 혈액의 적절한 pH를 유지하는 데 중요하다. 구토, 설사, 땀 분비 등이 과도하면 특정 이온의 양이 감소할 수 있다. 그러면 전해질 음료를 통해 전해질 수준을 정상으로 되돌릴 수 있다.

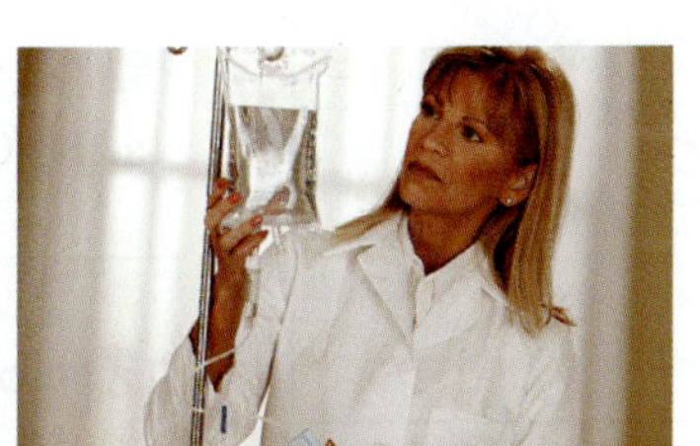
정맥 주사에 사용되는 용액은 체내 전해질을 대체하는 데 사용된다.

불포화 용액에 용질을 더 가하면 녹지만 포화 용액에는 용질을 더 녹일 수 없다.

을 수 있는 용질의 최대량이다. 용질을 용매에 넣었을 때 용질이 잘 녹는다면 용액은 용질을 최대로 함유하고 있는 것이 아니다. 이런 용액을 **불포화 용액**(unsaturated solution)이라고 한다.

녹일 수 있는 최대량의 용질을 포함한 용액을 **포화 용액**(saturated solution)이라고 한다. 용액이 포화되었을 때 용질이 녹는 속도는 고체로 석출되는 *결정화*(crystallization) 속도와 같다. 이때 용액에 녹아 있는 용질의 양은 변화가 없다.

$$\text{용질} + \text{용매} \underset{\text{용질 결정화}}{\overset{\text{용질 녹음}}{\rightleftarrows}} \text{포화 용액}$$

포화 용액은 용해도보다 더 많은 양의 용질을 가하여 얻을 수 있다. 용액을 저어서 용질을 최대로 녹이고 과량의 용질은 용기 바닥에 남는다. 일단 용액이 포화된 뒤 용질을 더 넣으면 녹지 않은 용질만 증가될 뿐이다.

예제 12.2 포화 용액

먼저 해 보기!

20 °C에서 KCl의 물에 대한 용해도는 34 g/100. g이다. 같은 온도에서 KCl 75 g을 물 200. g에 넣고 저어주었다.

a. KCl은 얼마나 물에 녹겠는가?

b. 이 용액은 포화인가, 불포화인가?

c. 녹지 않고 바닥에 남아 있는 KCl의 양은 몇 그램인가?

풀이

a. 20 °C에서 KCl 34 g이 100. g의 물에 녹을 수 있으므로, 이 용해도를 통하여 환산하게 되면 물 200. g에 녹을 수 있는 최대 KCl의 양을 계산할 수 있다.

$$200.\ \text{g}\ \cancel{H_2O} \times \frac{34\ \text{g KCl}}{100.\ \text{g}\ \cancel{H_2O}} = \text{KCl}\ \ 68\ \text{g}$$

b. KCl 75 g은 물 200. g에 최대로 녹을 수 있는 양인 68 g보다 많기 때문에 이 용액은 포화 상태이다.

c. KCl 75 g을 물 200. g에 가하면 KCl이 68 g 밖에 녹지 않으며, 나머지 7 g(75 g − 68 g)은 녹지 않고 고체 KCl 상태로 용기 바닥에 남는다.

확인 문제 12.2

40 °C에서 KNO_3의 물에 대한 용해도는 65 g/100. g이다.

a. 40 °C에서 물 120 g에는 KNO_3 몇 그램이 녹을 수 있는가?

b. 20 °C에서 KNO_3 110 g을 완전히 녹이려면 H_2O 몇 그램이 필요할까?

답

a. KNO_3 78 g　　**b.** H_2O 170 g

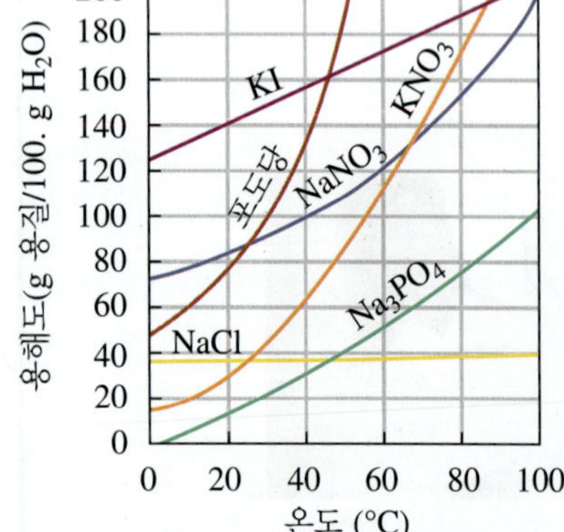

그림 12.5 ▸ 물에서 일반적인 고체의 용해도는 대부분 온도가 올라감에 따라 증가한다.

용해도에 미치는 온도의 영향

대부분의 고체는 온도가 증가하면 용해도가 증가한다. 이것은 높은 온도에서 용액에 용해된 용질이 많다는 뜻이다. 소수의 물질만이 높은 온도에서 용해도가 변하지 않거나 용해도가 작아진다(**그림 12.5** 참조). 예를 들어, 아이스티에 설탕을 넣으면 유리잔의 바닥에 녹지 않은

건강과 관련된 화학 _Chemistry Link to Health

통풍과 신장 결석: 체액에서의 포화 문제

통풍과 신장 결석은 몸 안에서 용해도를 초과하여 고체를 형성하는 화합물 때문에 생긴다. 통풍은 40세 이상의 성인 남자에게 주로 생긴다. 통풍은 혈장 내 요산의 농도가 용해도(37 °C에서 7 mg/100 mL)를 넘을 때 생길 수 있다. 바늘 모양의 요산 결정이 연골, 힘줄, 연조직 등에 생겨 통증을 유발한다. 요산 결정이 신장 조직에도 생겨 신장 손상을 일으킬 수 있다. 몸 안에 요산 수준이 높아지는 것은 요산 생산이 증가하거나, 요산을 신장이 제거하지 못하거나 몸 안에서 요산으로 대사되는 퓨린을 함유한 식품을 많이 섭취하기 때문이다. 요산 수준을 높이는 식품은 고기, 정어리, 버섯, 아스파라거스, 콩 등이다. 음주는 요산을 많이 증가시키고 통풍을 일으킨다.

통풍은 약과 식이요법으로 치료한다. 요산 수준에 따라 신장에서 요산을 제거하는 데 도움을 주는 프로베네시드(probenecid)나 몸 안에서 요산 생성을 막는 알로퓨리놀(allopurinol) 같은 의약품을 사용한다.

신장 결석은 요로에서 형성되는 고체 물질이다. 고체 요산일 수도 있지만 대부분의 신장 결석은 인산 칼슘, 옥살산 칼슘이다. 무기질을 과도하게 섭취하거나 물을 충분히 마시지 않으면 무기질 염의 농도가 높아져 신장 결석이 생긴다. 신장 결석이 요도를 통과할 때 심각한 고통으로 진통제를 사용하거나 수술이 필요하다. 때로 초음파를 이용해서 신장 결석을 부수기도 한다. 신장 결석이 잘 생기는 사람은 매일 물을 6~8잔 정도 마셔서 소변의 무기질이 포화 수준에 이르지 않도록 해야 한다.

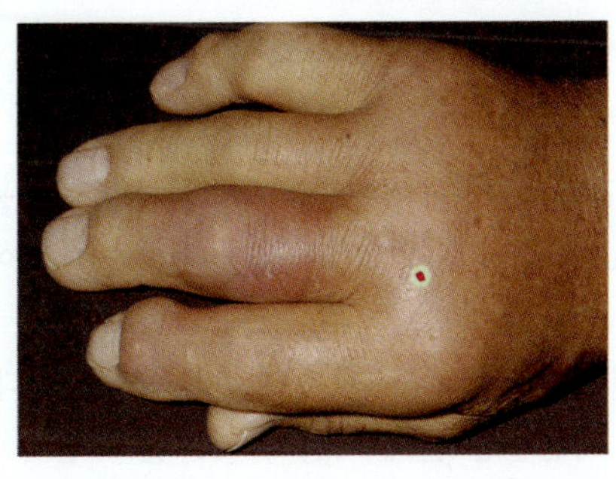

통풍은 혈장 내 요산이 용해도를 초과할 때 생긴다.

신장 결석은 인산 칼슘이 용해도를 초과할 때 생긴다.

설탕이 가라앉을 수 있다. 그러나 뜨거운 차에 설탕을 넣으면 녹지 않은 설탕이 나타날 때까지 많은 설탕을 넣어야 한다. 높은 온도에서 설탕의 용해도가 훨씬 크기 때문에 뜨거운 차는 아이스티보다 더 많은 설탕을 녹인다. 포화 용액을 조심스럽게 식히면 용해도보다 더 많은 용질을 가진 과포화 용액이 된다. 이런 용액은 불안정하여 용액을 휘젓거나 용질 결정을 넣으면 과량의 용질은 석출되고 다시 포화 용액이 만들어진다.

포화 용액을 조심스럽게 냉각하면 용해도보다 더 많은 용질이 녹아 있는 상태인 *과포화 용액*(supersaturated solution)이 형성된다. 이러한 용액은 불안정하며, 용액을 흔들거나 용질 결정을 첨가하면 과량의 용질이 결정화되어 포화 용액 상태로 다시 돌아간다.

이와는 반대로, 기체의 물에 대한 용해도는 온도가 올라갈수록 감소한다. 높은 온도에서는 더 많은 기체 분자들이 용액에서 탈출할 수 있는 에너지를 갖는다. 차가운 탄산음료가 따뜻해지면서 발생하는 기포들을 본 적이 있을 것이다. 높은 온도에서는 탄산음료 병이 폭발할 수도 있다. 많은 기체 분자들이 용액을 떠나 병 안 기체 압력이 증가하기 때문이다. 생물학자들은 강과 호수의 온도가 올라가면 물 속 산소량이 줄어 생물들이 살 수 없다는 것을 발견했다. 발전소에서는 냉각탑으로 사용할 자체 저수조를 필수적으로 갖추어 열오염 위험을 감소시켜야 한다.

생각해 보기 12.4

20 °C와 60 °C에서 $NaNO_3$의 용해도를 비교하라.

헨리 법칙

헨리 법칙(Henry's law)에 따르면 액체에 대한 기체의 용해도는 액체 위 기체의 압력과 비례한다. 높은 압력에서는 더 많은 기체 분자가 액체에 녹아 들어간다. 탄산음료 캔은 CO_2의 용해도를 높이기 위해 고압에서 CO_2를 첨가한 것이다. 대기압에서 캔을 열면 CO_2 압력이 줄어들고 CO_2의 용해도도 줄어든다. 그 결과 CO_2 기체는 용액에서 빠르게 탈출한다. 따뜻한 탄산음료 캔을 따면 기포가 더 많이 터져 나오는 것이 보일 것이다.

물에서 기체의 용해도는 온도가 올라감에 따라 감소한다.

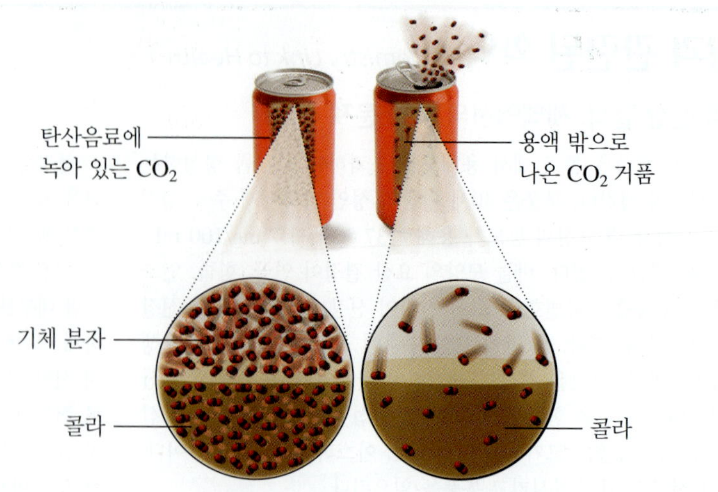

용액 위 기체 압력이 줄어들면 용액 안 기체의 용해도도 줄어든다.

가용성과 불용성 이온 결합 화합물

지금까지는 물에 녹는 이온 결합 화합물을 살펴보았다. 하지만 어떤 이온 결합 화합물은 물에서 이온으로 해리되지 않는다. **용해도 법칙**(solubility rule)은 이온 결합 화합물의 물에 대한 용해도의 지침을 보여준다.

보통 물에 녹는 이온 결합 화합물은 **표 12.5**에 있는 이온 중 한 가지 이상을 포함한다. *가용성 양이온이나 음이온을 포함하는 이온 결합 화합물만 물에 녹는다.* Cl^-를 포함하는 대부분의 이온 결합 화합물은 물에 녹지만, AgCl, $PbCl_2$, Hg_2Cl_2는 불용성이다. 비슷하게 SO_4^{2-}를 함유한 대부분의 이온 결합 화합물은 물에 녹지만, 몇 개는 불용성이다(**그림 12.6**). 불용성 염은 양이온과 음이온 사이의 인력이 너무 강해서 극성인 물 분자가 이 인력을 깨지 못한다. 어떤 고체 이온 화합물이 물에 녹을지는 용해도 규칙을 이용하여 예측할 수 있다. **표 12.6**에 이 규칙을 사용하는 예를 나타내었다.

핵심 화학 기술

용해도 법칙 이용하기

생각해 보기 12.5

$PbCl_2$는 물에 녹지 않지만, K_2S는 녹는 이유는 무엇일까?

생각해 보기 12.6

그림 12.6에 있는 이온 결합 화합물들이 물에 녹지 않는 이유는 무엇인가?

표 12.5 ▸ 이온 결합 화합물의 물에 대한 용해도 규칙

어떤 이온 결합 화합물이 다음 중 하나를 포함한다면 물에 녹는다.	
양이온	Li^+, Na^+, K^+, Rb^+, Cs^+, NH_4^+
음이온	NO_3^-, $C_2H_3O_2^-$ Cl^-, Br^-, I^- (Ag^+, Pb^{2+}, Hg_2^{2+}와 결합된 경우는 예외) SO_4^{2-} (Ba^{2+}, Pb^{2+}, Ca^{2+}, Sr^{2+}, Hg_2^{2+}와 결합된 경우는 예외)
위 이온 중 하나라도 포함되어 있지 않는 이온 결합 화합물은 대개 불용성이다.	

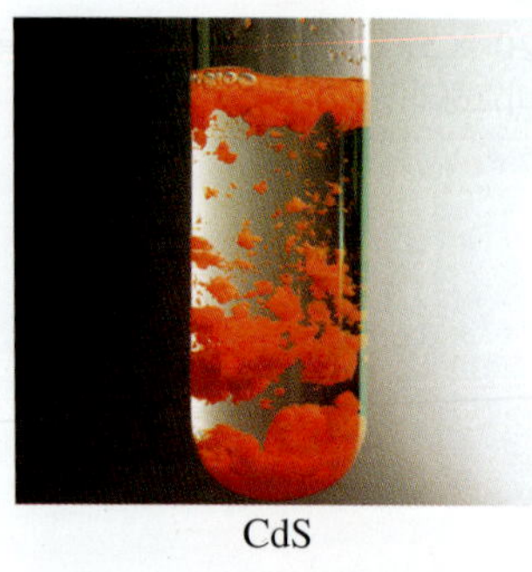
CdS

FeS

PbI_2

$Ni(OH)_2$

그림 12.6 ▸ 불용성 양이온과 음이온의 결합으로 이온 결합 화합물이 형성되면, 이러한 물질은 물에 녹지 않는다. 예를 들어 카드뮴과 황화 이온, 철과 황화 이온, 납과 아이오딘화 이온, 니켈과 수산화 이온 등의 조합에서는 가용성 이온이 포함되지 않는다. 따라서 불용성 이온 결합 화합물을 형성한다.

표 12.6 ▸ 용해도 규칙의 이용

이온 결합 화합물	물에 대한 용해도	이유
K_2S	가용성	K^+ 포함
$Ca(NO_3)_2$	가용성	NO_3^- 포함
$PbCl_2$	불용성	불용성 염화물
NaOH	가용성	Na^+ 포함
$AlPO_4$	불용성	가용성 이온 불포함

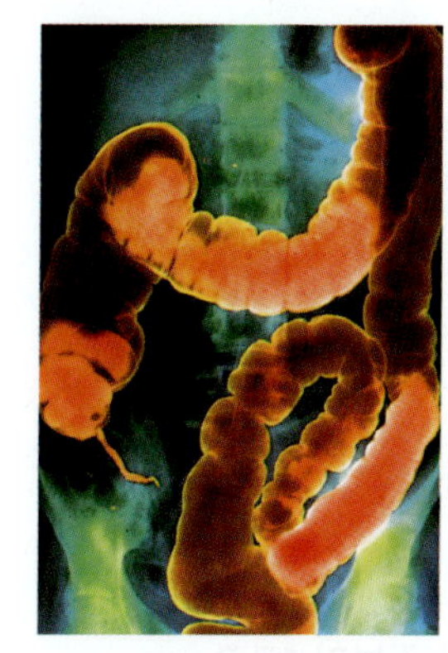

그림 12.7 ▸ 복부 X선 촬영을 통한 한 대장 사진에서 황산 바륨이 사진을 선명하게 한다.

의료계에서 위장관의 X선을 선명하게 하기 위해 불용성 $BaSO_4$ 현탁액을 사용한다(**그림 12.7**). $BaSO_4$는 불용성이므로 위액에 녹지 않는다. 다른 바륨의 이온 결합 화합물을 사용하면 안 된다. 물에 녹아 독성이 있는 Ba^{2+}를 방출하기 때문이다.

예제 12.3 이온 결합 화합물의 가용성, 불용성

먼저 해 보기!

다음 이온 결합 화합물이 물에 녹는지 예측하고 그 이유를 설명하라.

a. Na_3PO_4 **b.** $CaCO_3$

풀이

a. 이온 결합 화합물 Na_3PO_4는 물에 녹는다. Na^+ 이온을 포함하는 모든 화합물은 가용성이기 때문이다.

b. 이온 결합 화합물 $CaCO_3$는 물에 녹지 않는다. 이 화합물은 가용성 양이온을 포함하지 않으므로 Ca^{2+}와 CO_3^{2-}을 포함하는 이온 결합 화합물은 물에 녹지 않는다.

확인 문제 12.3

a. 일부 이온 음료에서 마그네슘을 공급하기 위해 $MgCl_2$를 첨가한다. $MgCl_2$가 물에 녹을 것이라고 예상할 수 있는 이유는 무엇일까?

b. 바륨 이온을 섭취하게 되면 독성이 있지만, 황산 바륨을 환자에게 투여하여 하부 위장관의 X선 촬영을 할 수 있는 이유는 무엇인가?

답

a. $MgCl_2$는 물에 녹는데 이는 Cl^- 이온을 포함하는 이온 결합 화합물은 Ag^+, Pb^{2+}, Hg_2^{2+}를 포함하는 경우가 아니면 가용성이기 때문이다.

b. 황산 바륨은 물에 용해되지 않으므로, X선 촬영 중 하부 위장관을 통과할 때 바륨 이온을 생성하지 않는다.

고체 형성

예제 12.4에서 보인 것처럼, 용해도 규칙을 사용하여 가용성 반응물을 포함하는 두 용액을 섞었을 때 *침전물*(precipitate)이라고 하는 고체가 형성되는지 예측할 수 있다.

예제 12.4 불용성 이온 결합 화합물의 형성에 대한 반응식 쓰기

먼저 해 보기!

NaCl과 $AgNO_3$ 용액을 섞으면 흰 고체가 생성된다. 이온 반응식과 알짜 이온 반응식을 써라.

풀이

단계 1 **반응하는 이온을 쓴다.**

반응물
(초기 조합)

$Ag^{+}(aq) + NO_3^{-}(aq)$

$Na^{+}(aq) + Cl^{-}(aq)$

생각해 보기 12.7

$Pb(NO_3)_2$ 용액과 NaBr 용액을 혼합할 때 형성되는 고체가 $PbBr_2$인지 어떻게 알 수 있는가?

단계 2 **이온들의 조합을 쓰고 불용성인 것이 있는지 살펴본다.** 각 용액의 이온들을 보면, Ag^{+}와 Cl^{-}의 조합으로 불용성 이온 결합 화합물이 형성된다.

혼합물(새로운 조합)	생성물	가용성
$Ag^{+}(aq) + Cl^{-}(aq)$	AgCl	아니오
$Na^{+}(aq) + NO_3^{-}(aq)$	$NaNO_3$	예

단계 3 **고체를 포함한 이온 반응식을 쓴다.** *이온 반응식*(ionic equation)에서는 모든 반응물 이온을 나타낸다. 생성물에서는 남아 있는 이온인 Na^{+}와 NO_3^{-}와 형성된 고체 AgCl를 포함한다.

$$Ag^{+}(aq) + NO_3^{-}(aq) + Na^{+}(aq) + Cl^{-}(aq) \longrightarrow AgCl(s) + Na^{+}(aq) + NO_3^{-}(aq)$$

단계 4 **알짜 이온 반응식을 쓴다.** 변하지 않는 *구경꾼 이온*(spectator ion)인 Na^{+}와 NO_3^{-}를 소거한다. 고체 침전물을 형성하는 이온만을 나타내는 *알짜 이온 반응식*(net ionic equation)을 쓸 수 있다.

$$Ag^{+}(aq) + \underbrace{\cancel{NO_3^{-}(aq)} + \cancel{Na^{+}(aq)}}_{\text{구경꾼 이온}} + Cl^{-}(aq) \longrightarrow AgCl(s) + \underbrace{\cancel{Na^{+}(aq)} + \cancel{NO_3^{-}(aq)}}_{\text{구경꾼 이온}}$$

$$Ag^{+}(aq) + Cl^{-}(aq) \longrightarrow AgCl(s) \quad \text{알짜 이온 반응식}$$

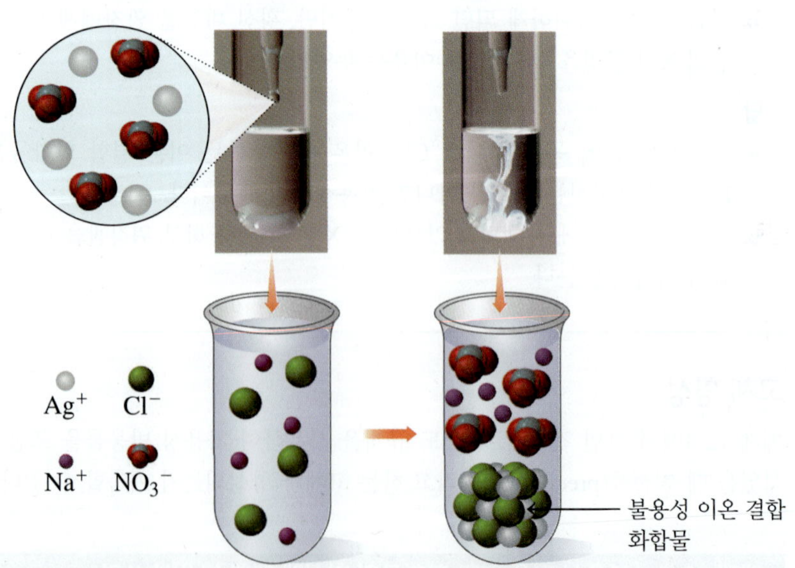

식 형태	
화학 반응식	$AgNO_3(aq) + NaCl(aq) \longrightarrow AgCl(s) + NaNO_3(aq)$
이온 반응식	$Ag^{+}(aq) + NO_3^{-}(aq) + Na^{+}(aq) + Cl^{-}(aq) \rightarrow AgCl(s) + Na^{+}(aq) + NO_3^{-}(aq)$
알짜 이온 반응식	$Ag^{+}(aq) + Cl^{-}(aq) \longrightarrow AgCl(s)$

확인 문제 12.4

다음 각 용액을 섞었을 때 고체가 형성되는지 예측하라. 형성된다면 반응에 대한 알짜 이온 반응식을 써라.

a. $NH_4Cl(aq) + Ca(NO_3)_2(aq)$ **b.** $Pb(NO_3)_2(aq) + KCl(aq)$

답

a. 고체가 형성되지 않는다. $NH_4NO_3(aq)$와 $CaCl_2(aq)$는 모두 가용성이다.

b. $Pb^{2+}(aq) + 2Cl^-(aq) \longrightarrow PbCl_2(s)$

12.4 용액의 농도

복습하기

변환 인자로 몰질량 사용(7.3)

몰-몰 인자 사용(9.2)

학습 목표 용액 중 용질의 농도를 계산할 수 있다. 농도를 변환 인자로 사용하여 용액 중에 포함된 용질과 용매의 양을 계산할 수 있다.

우리 체액에는 물과 포도당, 요소 및 K^+, Na^+, Cl^-, Mg^{2+}, HCO_3^-, HPO_4^{2-}와 같은 전해질 등 녹아 있는 물질이 있다. 이들 용해된 물질과 물은 각각 체액에서 적절한 양으로 유지되어야 한다. 전해질 양의 작은 변화도 세포의 기능과 변화 과정에 크게 영향을 미치며, 우리 건강을 위협할 수 있다. 용액은 정해진 양의 용액 중 용질의 양인 **농도**(concentration)로 나타낼 수 있다.

여기서는 **표 12.7**에 나타낸 바와 같이 주어진 양의 용액에서 일정한 양의 용질의 비율을 농도를 표현하는 방법을 살펴볼 것이다. 용질의 양은 그램, 밀리리터 또는 몰 단위로 표시된다. 용액의 양은 그램, 밀리리터, 리터 단위로 표시된다.

핵심 화학 기술

농도 계산

$$\text{용액의 농도} = \frac{\text{용질의 양}}{\text{용액의 양}}$$

표 12.7 > 농도 표시의 종류와 단위 요약

농도 단위	질량 백분율 (m/m)	부피 백분율 (v/v)	질량/부피 백분율 (m/v)	몰농도 (M)
용질	g	mL	g	mol
용액	g	mL	mL	L

질량 백분율(m/m) 농도

질량 백분율(mass percent, **m/m**)은 용액 100. g에 대한 용질의 질량으로 나타낸다. 질량 백분율은 용질의 질량을 용액의 질량으로 나누고 100%를 곱하여 계산한다. 질량 백분율(m/m)을 계산할 때 용질과 용액의 질량 단위는 같아야 한다. 용질의 질량이 그램으로 주어지면 용액의 질량도 그램으로 주어져야 한다. 용액의 질량은 용질의 질량과 용매의 질량의 합이다.

$$\text{질량 백분율(m/m)} = \frac{\text{용질의 질량(g)}}{\text{용질의 질량(g)} + \text{용매의 질량(g)}} \times 100\%$$

$$= \frac{\text{용질의 질량(g)}}{\text{용액의 질량(g)}} \times 100\%$$

KCl(용질) 8.00 g과 물(용매) 42.00 g을 섞어 용액을 만들었다. 이를 합하여 용질의 질량과 용매의 질량을 합하면 용액의 질량이 된다(8.00 g + 42.00 g = 50.00 g). 질량 백분율은 식에 필요한 값을 대입하여 얻는다.

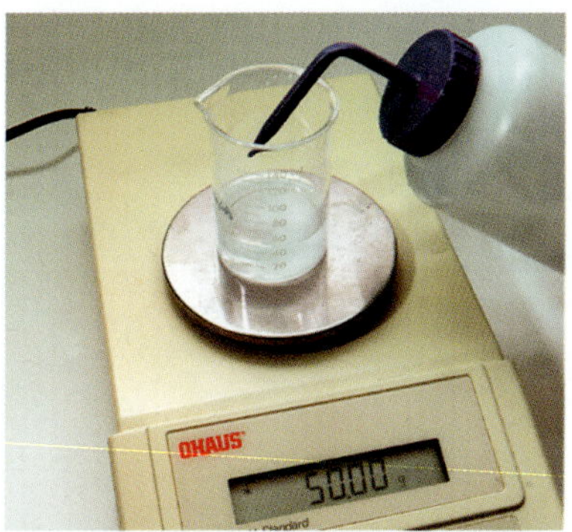

KCl 8.00 g에 물을 가하여 KCl 용액 50.00 g을 형성할 때 질량 백분율 농도는 16.0% (m/m)이다.

$$\frac{\text{KCl 8.00 g}}{\text{용액 50.00 g}} \times 100\% = 16.0\%\ \text{(m/m) KCl 용액}$$

$$\underbrace{\text{KCl 8.00 g}}_{\text{용질}} + \underbrace{H_2O\ \text{42.00 g}}_{\text{용매}}$$

예제 12.5 질량 백분율(m/m) 농도 계산

먼저 해 보기!

NaOH 30.0 g을 H_2O 120.0 g에 녹여 만든 용액의 질량 백분율(m/m)을 구하라.

풀이

단계 1 **주어진 것과 필요한 것을 쓴다.**

	주어진 것	필요한 것	연결
문제 분석	NaOH 30.0 g, H_2O 120.0 g	질량 백분율(m/m)	$\frac{\text{용질의 질량(g)}}{\text{용액의 질량(g)}} \times 100\%$

단계 2 **농도 식을 쓴다.**

$$\text{질량 백분율(m/m)} = \frac{\text{용질의 질량(g)}}{\text{용액의 질량(g)}} \times 100\%$$

단계 3 **용질과 용액의 양을 식에 대입하여 계산한다.** 용액의 질량은 용질과 용매의 질량의 합으로 구할 수 있다.

$$\text{용액의 질량} = \text{NaOH 30.0 g} + H_2O\ \text{120.0 g} = \text{NaOH 용액 150.0 g}$$

$$\text{질량 백분율(m/m)} = \frac{\overset{\text{유효숫자 3개}}{\text{NaOH 30.0 g}}}{\underset{\text{유효숫자 4개}}{\text{용액 150.0 g}}} \times 100\%$$

$$= \underset{\text{유효숫자 3개}}{20.0\%}\ \text{(m/m) NaOH 용액}$$

확인 문제 12.5

a. NaCl 2.0 g을 H_2O 56.0 g에 녹여 만든 NaCl 용액의 질량 백분율(m/m)을 구하라.
b. $MgCl_2$ 1.8 g을 H_2O 18.5 g에 녹여 만든 $MgCl_2$ 용액의 질량 백분율(m/m)을 구하라.

답

a. 3.4% (m/m) NaCl 용액 **b.** 8.9% (m/m) $MgCl_2$ 용액

질량 백분율을 변환 인자로 사용하기

핵심 화학 기술
농도를 변환 인자로 사용

용액을 만들 때 용질 또는 용액의 양을 계산할 필요가 있을 때가 있다. 이때 농도는 예제 12.6에서와 같이 변환 인자로 유용하다.

예제 12.6 질량 백분율을 이용하여 용질의 질량 계산

먼저 해 보기!

네오스포린이라는 항생제 연고는 3.5% (m/m) 네오마이신 용액이다. 연고 64 g에는 네오마이신 몇 그램이 있는가?

풀이

단계 1 **주어진 것과 필요한 것을 쓴다.**

	주어진 것	필요한 것	연결
문제 분석	3.5% (m/m) 네오마이신 용액 64 g	네오마이신의 그램 수	질량 백분율 인자 $\frac{\text{용액의 질량(g)}}{\text{용액 100. g}} \times 100$

단계 2 **질량을 계산할 계획을 세운다.**

연고의 그램 수 → 질량 %(m/m) 인자 → 네오마이신의 그램 수

단계 3 **용질과 용액의 양을 식에 대입하여 계산한다.** 질량 백분율(m/m)은 용액 100. g당 용질의 그램 수를 나타낸다. 질량 백분율(3.5% m/m)은 두 개의 변환 인자로 쓸 수 있다.

$$\text{네오마이신 } 3.5\text{ g} = \text{연고 } 100.\text{ g}$$

$$\frac{\text{네오마이신 } 3.5\text{ g}}{\text{연고 } 100.\text{ g}} \quad \text{그리고} \quad \frac{\text{연고 } 100.\text{ g}}{\text{네오마이신 } 3.5\text{ g}}$$

단계 4 **문제를 풀어 질량을 계산한다.**

$$\cancel{\text{연고}}\ 64\ \cancel{\text{g}} \times \frac{\text{네오마이신 } 3.5\text{ g}}{\cancel{\text{연고}}\ 100.\ \cancel{\text{g}}} = \text{네오마이신 } 2.2\text{ g}$$

(64 g: 유효숫자 2개; 네오마이신 3.5 g: 유효숫자 2개; 100. g: 정확한 수; 결과: 유효숫자 2개)

확인 문제 12.6

a. 8.00% (m/m) KCl 용액 225 g 중에 있는 KCl의 질량(g)을 계산하라.

b. 1.85% (m/m) KNO_3 용액 45.0 g 중에 있는 KNO_3의 질량(g)을 계산하라.

답

a. KCl 18.0 g **b.** KNO_3 0.833 g

생각해 보기 12.8

용액의 질량을 용질의 그램수로 변환하는 데 용액의 질량 백분율(m/m)을 어떻게 사용하는가?

부피 백분율(v/v) 농도

액체와 기체의 부피는 쉽게 측정할 수 있으므로 이들 용액의 부피는 종종 **부피 백분율**(volume percent, **v/v**)로 나타낸다. 비율에 사용되는 부피의 단위는 같아야 한다. 예를 들어, 모두 밀리리터(mL)이거나 리터(L) 단위이어야 한다.

$$\text{부피 백분율(v/v)} = \frac{\text{용질의 부피}}{\text{용액의 부피}} \times 100\%$$

부피 백분율은 용액 100. mL에 들어 있는 용질의 부피를 나타낸다. 바닐라 추출액 병의 라벨에 쓰여 있는 알코올 35%(v/v)는 바닐라 용액 100. mL에 에탄올 35 mL가 포함되어 있다는 뜻이다.

라벨은 바닐라 추출액이 35%(v/v)의 알코올을 포함하고 있음을 나타낸다.

예제 12.7 부피 백분율(v/v) 농도 계산

먼저 해 보기!

어떤 레몬 추출 용액 병에 용액 59 mL가 들어 있다. 추출액에 알코올이 49 mL 포함되어 있다면, 이 용액의 알코올 부피 백분율(v/v) 농도는 얼마인가?

레몬 추출액은 레몬 향의 알코올 용액이다.

풀이

단계 1 주어진 것과 필요한 것을 쓴다.

문제 분석	주어진 것	필요한 것	연결
	알코올 49 mL, 용액 59 mL	부피 백분율(v/v)	$\dfrac{\text{용질의 부피}}{\text{용액의 부피}} \times 100\%$

단계 2 농도 식을 쓴다.

$$\text{부피 백분율(v/v)} = \frac{\text{용질의 부피}}{\text{용액의 부피}} \times 100\%$$

단계 3 용질과 용액의 양을 식에 대입하여 계산한다.

$$\text{부피 백분율(v/v)} = \frac{\overset{\text{유효숫자 2개}}{\text{알코올 49 mL}}}{\underset{\text{유효숫자 2개}}{\text{용액 59 mL}}} \times 100\% = \underset{\text{유효숫자 2개}}{83\%\text{(v/v)}} \text{ 알코올 용액}$$

확인 문제 12.7

a. 액체 브로민(Br_2) 12 mL를 사염화 탄소(CCl_4) 용매에 녹여 250 mL의 용액을 만들었다면, 용액 중 Br_2의 부피 백분율(v/v)은 얼마인가?

b. 용액 20 mL 중 아이소프로필 알코올 14 mL를 포함하는 "소독용 알코올(rubbing alcohol)" 용액의 부피 백분율(v/v)은 얼마인가?

답

a. 4.8% (v/v) Br_2 용액 **b.** 70.%(v/v) 아이소프로필 알코올 용액

질량/부피 백분율(m/v) 농도

질량/부피 백분율(mass/volume percent, **m/v**)은 용액 100 mL에 들어 있는 용질의 질량을 나타낸다. 질량/부피 백분율의 계산에서 용질의 질량 단위는 그램으로, 용액의 부피 단위는 밀리리터를 사용한다.

$$\text{질량/부피 백분율(m/v)} = \frac{\text{용질의 질량(g)}}{\text{용액의 부피(mL)}} \times 100\%$$

생각해 보기 12.9

3.0% (m/v) 용액에 어떤 단위를 사용해야 할까?

질량/부피 백분율은 병원이나 약국에서 사용하는 정맥주사 용액이나, 의약품에 널리 사용된다. 예를 들어 5% (m/v) 포도당 용액은 용액 100. mL에 포도당 5 g을 함유한다. 용액의 부피는 포도당과 물이 혼합된 부피를 말한다.

예제 12.8 질량/부피 백분율(m/v) 농도 계산

먼저 해 보기!

아이오딘화 포타슘 용액은 아이오딘 함량이 낮은 식단에 사용될 수 있다. KI 5.0 g을 충분한 양의 물에 녹여 만든 KI 용액 부피가 250 mL라면, KI 용액의 질량/부피 백분율(m/v)은 얼마인가?

풀이

단계 1 주어진 것과 필요한 것을 쓴다.

문제 분석	주어진 것	필요한 것	연결
	KI 용질 5.0 g, KI 용액 250 mL	질량/부피 백분율(m/v)	$\frac{\text{용질의 질량}}{\text{용액의 부피}} \times 100\%$

단계 2 **농도 식을 쓴다.**

$$\text{질량/부피 백분율(m/v)} = \frac{\text{용질의 질량(g)}}{\text{용액의 부피(mL)}} \times 100\%$$

단계 3 **용질과 용액의 양을 식에 대입하여 계산한다.**

$$\text{질량/부피 백분율(m/v)} = \frac{\overset{\text{유효숫자 2개}}{\text{KI 5.0 g}}}{\underset{\text{유효숫자 2개}}{\text{용액 250 mL}}} \times 100\% = \underset{\text{유효숫자 2개}}{2.0\%}\text{(m/v) KI 용액}$$

확인 문제 12.8

a. NaOH 12 g을 충분한 양의 물에 녹여 220 mL의 용액을 만들었다면, 녹아 있는 NaOH의 질량/부피 백분율 농도는 얼마인가?

b. $MgCl_2$ 3.25 g을 충분한 양의 물에 녹여 125 mL의 용액을 만들었다면, 녹아 있는 $MgCl_2$의 질량/부피 백분율 농도는 얼마인가?

답

a. 5.58% (m/v) NaOH 용액 **b.** 2.60% (m/v) $MgCl_2$ 용액

예제 12.9 질량/부피 백분율을 이용하여 용질의 양 구하기

먼저 해 보기!

국부 항생제로 1.0% (m/v) 클리다마이신 용액을 사용한다. 1.0% (m/v) 클리다마이신 용액 60. mL에는 클리다마이신 몇 그램이 들어 있는가?

풀이

단계 1 **주어진 것과 필요한 것을 쓴다.**

문제 분석	주어진 것	필요한 것	연결
	1.0% (m/v) 클리다마이신 용액 60. mL	클리다마이신의 그램 수	% (m/v) 인자

단계 2 **질량을 계산할 계획을 세운다.**

용액의 부피 → % (m/v) 인자 → 클리다마이신의 그램 수

단계 3 **등식과 변환 인자를 쓴다.** 질량/부피 백분율(m/v)은 용액 100. mL에 들어 있는 용질의 그램 수를 나타낸다. 1.0% (m/v)는 두 가지 변환 인자로 쓸 수 있다.

$$\text{클리다마이신 1.0 g} = \text{용액 100. mL}$$

$$\frac{\text{클리다마이신 1.0 g}}{\text{용액 100. mL}} \quad \text{그리고} \quad \frac{\text{용액 100. mL}}{\text{클리다마이신 1.0 g}}$$

단계 4 **문제를 풀어 질량을 계산한다.** 변환 인자를 이용하여 mL 단위를 소거하여 용액의 부피를 용질의 질량으로 전환한다.

$$\text{용액 } 60.\ \cancel{\text{mL}} \times \frac{\text{클리다마이신 } 1.0\text{ g}}{\text{용액 } 100.\ \cancel{\text{mL}}} = \text{클리다마이신 } 0.60\text{ g}$$

(60. mL: 유효숫자 2개, 1.0 g: 유효숫자 2개, 100. mL: 정확한 수, 0.60 g: 유효숫자 2개)

확인 문제 12.9

a. 2010년에 미국 FDA는 2.0% (m/v) 모르핀 경구 용액을 중증 또는 만성 통증을 치료하기 위하여 승인하였다. 모르핀 용액 2.0% (m/v) 0.60 mL을 처방받았다면 환자가 몇 그램의 모르핀을 섭취하게 되는가?

b. 피부 감염으로 의사가 암피실린 300 mg을 처방한다. 5.0%(m/v) 암피실린 몇 밀리리터를 투여해야 하는가?

답

a. 모르핀 0.012 g **b.** 6 mL

몰농도(M)

화학자들은 용액을 다룰 때, 주로 **몰농도**(molarity, **M**)를 사용한다. 이는 정확히 1 L 용액에 포함된 용질의 몰수로 표현되는 농도이다.

$$\text{몰농도(M)} = \frac{\text{용질의 몰수}}{\text{용액의 부피(L)}}$$

용액의 몰농도는 용질의 몰수와 용액의 부피를 리터 단위로 알 때 계산할 수 있다. 예를 들어 NaCl 1.0 mol에 충분한 물을 사용하여 1.0 L의 용액을 만들었을 때 이 NaCl 용액의 몰농도는 1.0 M이다. 약자 M은 리터당 몰(mol/L) 단위이다.

$$\text{M} = \frac{\text{용질의 몰수}}{\text{용액의 부피(L)}} = \frac{\text{NaCl } 1.0\text{ mol}}{\text{용액 } 1\text{ L}} = 1.0\text{ M NaCl 용액}$$

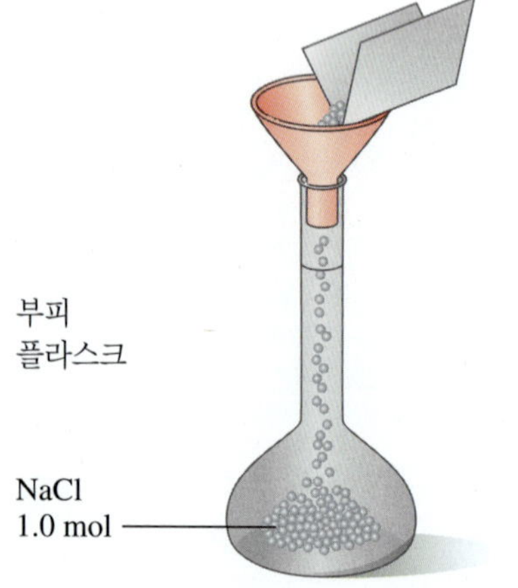

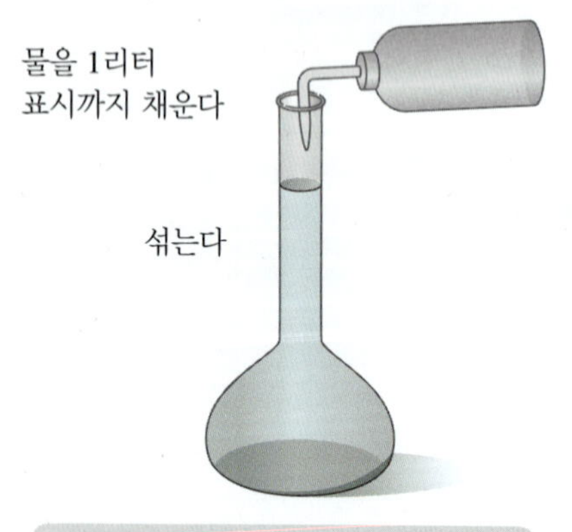

1.0 M NaCl 용액

예제 12.10 몰농도 계산

먼저 해 보기!

NaOH 용액 0.250 L에 NaOH 60.0 g이 녹아 있을 때 몰농도를 구하라.

풀이

단계 1 **주어진 것과 필요한 것을 쓴다.**

	주어진 것	필요한 것	연결
문제 분석	NaOH 60.0 g, NaOH 용액 0.250 L	몰농도(mol/L)	NaOH의 몰질량, $\frac{\text{용질의 몰수}}{\text{용액의 부피(L)}}$

NaOH의 몰수를 계산하기 위해 등가식과 NaOH의 몰질량의 변환 인자를 써야 한다. 그러면 NaOH 60.0 g의 몰수를 계산할 수 있다.

$$\text{NaOH } 1\text{ mol} = \text{NaOH } 40.00\text{ g}$$

$$\frac{\text{NaOH } 40.00\text{ g}}{\text{NaOH } 1\text{ mol}} \quad \text{그리고} \quad \frac{\text{NaOH } 1\text{ mol}}{\text{NaOH } 40.00\text{ g}}$$

$$\text{NaOH 몰수} = \cancel{\text{NaOH}}\ 60.0\ \text{g} \times \frac{\text{NaOH 1 mol}}{\cancel{\text{NaOH}}\ 40.00\ \text{g}}$$

$$= \text{NaOH 1.50 mol}$$

$$\text{용액의 부피} = \text{NaOH 용액 0.250 L}$$

단계 2 **농도 식을 쓴다.**

$$\text{몰농도(M)} = \frac{\text{용질의 몰수}}{\text{용액의 부피(L)}}$$

단계 3 **용질과 용액의 양을 식에 대입하여 계산한다.**

$$\text{M} = \frac{\text{NaOH 1.50 mol}}{\text{용액 0.250 L}} = \frac{\text{NaOH 6.00 mol}}{\text{용액 1 L}} = \text{6.00 M NaOH 용액}$$

생각해 보기 12.10

4.0 L KCl 용액에 KCl 2.0 mol을 포함하는 용액의 몰농도가 0.50 M인 이유는 무엇인가?

확인 문제 12.10

a. 0.350 L 용액에 KNO_3 75.0 g이 녹아 있는 용액의 몰농도를 구하라.
b. 2.00 L 용액에 살균제 티몰($C_{10}H_{14}O$)을 함유한 구강 세척 용액의 몰농도를 구하라.

답

a. 2.12 M KNO_3 용액 **b.** 0.0213 M 티몰 용액

예제 12.11 몰농도를 사용하여 용액의 부피 구하기

먼저 해 보기!

NaCl 67.3 g을 얻기 위해 필요한 2.00 M NaCl 용액의 부피(L)를 구하라.

풀이

단계 1 **주어진 것과 필요한 것을 쓴다.**

	주어진 것	필요한 것	연결
문제 분석	NaCl 67.3 g, 2.00 M NaCl 용액	NaCl 용액의 부피(L)	NaCl의 몰질량, 몰농도

단계 2 **부피를 계산할 계획을 세운다.**

NaCl의 그램수 → 몰질량 → NaCl의 몰수 → 몰농도 → NaCl 용액의 부피(L)

단계 3 **등식과 변환 인자를 쓴다.**

$$\text{NaCl 1 mol} = \text{NaCl 58.44 g}$$
$$\frac{\text{NaCl 58.44 g}}{\text{NaCl 1 mol}} \text{ 그리고 } \frac{\text{NaCl 1 mol}}{\text{NaCl 58.44 g}}$$

$$\text{NaCl 용액 1 L} = \text{NaCl 2.00 mol}$$
$$\frac{\text{NaCl 2.00 mol}}{\text{NaCl 용액 1 L}} \text{ 그리고 } \frac{\text{NaCl 용액 1 L}}{\text{NaCl 2.00 mol}}$$

단계 4 **문제를 풀어 부피를 계산한다.**

$$\cancel{\text{NaCl}}\ 67.3\ \text{g} \times \frac{\cancel{\text{NaCl}}\ 1\ \cancel{\text{mol}}}{\cancel{\text{NaCl}}\ 58.44\ \text{g}} \times \frac{\text{NaCl 용액 1 L}}{\cancel{\text{NaCl}}\ 2.00\ \cancel{\text{mol}}} = \text{NaCl 용액 0.576 L}$$

확인 문제 12.11

a. HCl 164 g을 얻으려면 6.0 M HCl 용액 몇 밀리리터가 필요한가?

b. 2.50 M NaOH 몇 밀리리터에 NaOH 12.5 g이 들어 있을까?

답

a. HCl 용액 750 mL　　**b.** NaOH 용액 125 mL

백분율 농도와 몰농도, 이들의 의미 및 변환 인자를 **표 12.8**에 요약하였다.

표 12.8 > 농도 표시의 종류와 단위 요약

백분율 농도	의미	변환 인자
10%(m/m) KCl 용액	용액 100. g 중 KCl 10 g	$\frac{\text{KCl 10 g}}{\text{용액 100. g}}$ 그리고 $\frac{\text{용액 100. g}}{\text{KCl 10 g}}$
12%(v/v) 에탄올 용액	용액 100. mL 중 에탄올 12 mL	$\frac{\text{에탄올 12 mL}}{\text{용액 100. mL}}$ 그리고 $\frac{\text{용액 100. mL}}{\text{에탄올 12 mL}}$
5%(m/v) 포도당 용액	용액 100. mL 중 포도당 5 g	$\frac{\text{포도당 5 g}}{\text{용액 100. mL}}$ 그리고 $\frac{\text{용액 100. mL}}{\text{포도당 5 g}}$
몰농도	**의미**	**변환 인자**
6.0 M HCl 용액	용액 1 L 중 HCl 6.0 mol	$\frac{\text{HCl 6.0 mol}}{\text{용액 1 L}}$ 그리고 $\frac{\text{용액 1 L}}{\text{HCl 6.0 mol}}$

12.5 용액의 희석

> 학습 목표 용액의 희석을 설명하고, 용액이 희석될 때 미지 농도와 부피를 계산할 수 있다.

화학과 생물학에서는 흔히 진한 용액으로부터 희석된 용액은 만든다. **희석**(dilution)이라는 과정은 용매(보통 물)를 용액에 첨가하여 부피를 증가시킨다. 그 결과 용액의 농도가 감소한다. 일상생활에서 예를 보면 농축 오렌지 주스 한 캔에 물 세 캔을 첨가할 때 희석을 하는 것이다.

용액을 희석할 때 용매를 가하면 부피가 늘어나고 농도는 감소하게 된다.

용매를 가하면 부피가 증가하지만 용질의 양은 변하지 않는다. 희석 전후의 용질의 양은 같다(**그림 12.8** 참조).

$$\underset{\text{진한 용액}}{\text{용질의 그램수 또는 몰수}} = \underset{\text{묽은 용액}}{\text{용질의 그램수 또는 몰수}}$$

이 식을 농도 C와 용액의 부피 *V*로 나타낼 수 있다. 농도 C는 백분율 농도이거나 몰농도이다.

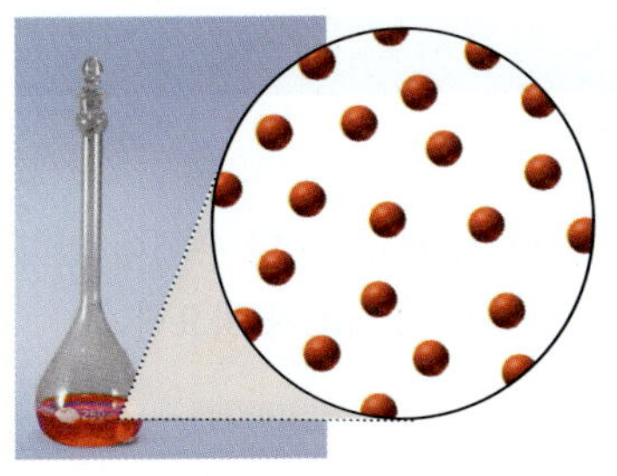

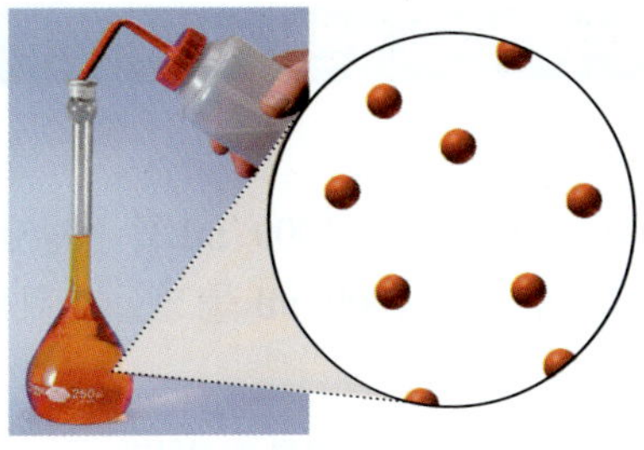

그림 12.8 ▸ 진한 용액에 물을 가해도 입자 수에는 변화가 없다. 다만, 묽은 용액의 부피가 커짐에 따라 용질 입자는 확산된다.

$$\underset{\text{진한 용액}}{C_1V_1} = \underset{\text{묽은 용액}}{C_2V_2}$$

위 식에서 네 개의 항(C_1, C_2, V_1, V_2) 중 3개의 값을 알면 예제 12.12와 12.13에 보인 바와 같이 미지의 값에 대하여 식을 재배열하여 풀 수 있다.

예제 12.12 용액의 농도와 관련된 계산

먼저 해 보기!

4.00 M KCl 용액 75.0 mL를 500. mL로 희석하였을 때 용액의 몰농도를 구하라.

풀이

단계 1 **용액의 농도와 부피에 대한 표를 작성한다.**

문제 분석	주어진 것	필요한 것	연결
	$C_1 = 4.00$ M $V_1 = 75.0$ mL $V_2 = 500.$ mL	C_2	$C_1V_1 = C_2V_2$ **예상:** C_2가 감소

단계 2 **미지의 값을 계산하기 위해 희석 식을 재배열한다.**

$$C_1V_1 = C_2V_2$$

$$\frac{C_1V_1}{V_2} = \frac{C_2\cancel{V_2}}{\cancel{V_2}} \quad \text{양변을 } V_2\text{로 나눔}$$

$$C_2 = C_1 \times \frac{V_1}{V_2}$$

단계 3 **주어진 값을 희석 식에 대입하여 계산한다.**

$$C_2 = 4.00\text{ M} \times \frac{75.0\ \cancel{\text{mL}}}{500.\ \cancel{\text{mL}}} = 0.600\text{ M (희석된 KCl 용액)}$$

유효숫자 3개 (4.00 M), 유효숫자 3개 (75.0 mL), 유효숫자 3개 (500. mL), 유효숫자 3개 (0.600 M)

부피 인자가 농도를 감소시킨다.

초기 몰농도(C_1)에 1보다 작은 부피 비(부피 계수)를 곱하면, 단계 1에서 예측한 바와 같이 희석된 용액의 몰농도(C_2)는 감소한다.

생각해 보기 12.11

이 KCl 용액을 희석하면 몰농도가 더 낮아질지 어떻게 알 수 있는가?

확인 문제 12.12

a. 4.00 M KOH 용액 50.0 mL를 200. mL로 희석한 후의 몰농도는 얼마인가?

b. 12% (m/v) NaCl 용액 18 mL를 부피 85 mL로 희석한 후의 최종 농도(m/v)는 얼마인가?

답

a. 1.00 M KOH 용액 **b.** 2.5% (m/v) NaCl 용액

예제 12.13 용액의 부피와 관련된 계산

먼저 해 보기!

의사가 35% (m/v) 포도당 용액 1000. mL를 처방했다. 50.0% (m/v) 포도당 용액이 있다면, 35% (m/v) 포도당 용액 1000. mL를 만들기 위해 포도당 용액 몇 mL가 필요한가?

풀이

단계 1 용액의 농도와 부피에 대한 표를 작성한다.

	주어진 것	필요한 것	연결
문제 분석	$C_1 = 50.0\%$ (m/v) $C_2 = 35.0\%$ (m/v) $V_2 = 1000.$ mL	V_1	$C_1V_1 = C_2V_2$ **예상:** V_1은 감소

단계 2 미지의 값을 계산하기 위해 희석 식을 재배열한다.

$$C_1V_1 = C_2V_2$$

$$\frac{\cancel{C_1}V_1}{\cancel{C_1}} = \frac{C_2V_2}{C_1} \quad \text{양변을 } C_1\text{로 나눔}$$

$$V_1 = V_2 \times \frac{C_2}{C_1}$$

단계 3 주어진 값을 희석 식에 대입하여 계산한다.

$$V_1 = 1000.\ \text{mL} \times \frac{35.0\%}{50.0\%} = 700.\ \text{mL 포도당 용액}$$

유효숫자 3개 (35.0%)

유효숫자 4개 (1000. mL) 유효숫자 3개 (50.0%) 유효숫자 3개 (700. mL)

농도 인자가 부피를 감소시킨다.

최종 부피(V_2)에 1보다 작은 농도 비(농도 계수)를 곱하면, 단계 1에서 예측한 바와 같이 초기 부피(V_1)는 최종 부피(V_2)보다 작다.

확인 문제 12.13

a. 3.0% (m/v) 마노스 용액 125 mL를 제조하는 데 필요한 15% (m/v)의 마노스 용액의 희석 전 부피는 몇 밀리리터인가?

b. 0.600 M NaCl 용액 80.0 mL를 제조하는 데 필요한 2.40 M NaCl 용액의 희석 전 부피는 몇 밀리리터인가?

답

a. 15% (m/v) 마노스 용액 25 mL **b.** 2.40 M NaCl 용액 20.0 mL

12.6 용액에서의 화학 반응

학습 목표 화학 반응에서 용액의 부피와 농도가 주어지면 반응물과 생성물의 양을 계산할 수 있다.

화학 반응이 수용액 중에서 일어날 때 몰농도, 부피, 균형 화학 반응식을 이용하여 반응물과 생성물의 몰수 또는 질량을 계산한다. 예를 들어 예제 12.14에서와 같이 몰농도와 몰수를 이용하여 반응물 또는 생성물 용액의 부피를 구할 수 있다.

예제 12.14 반응에서 용액과 관련된 계산

먼저 해 보기!

HCl은 아연과 반응하여 수소 기체(H_2)와 $ZnCl_2$를 생성한다.

$$2HCl(aq) + Zn(s) \longrightarrow H_2(g) + ZnCl_2(aq)$$

아연 5.32 g와 반응하는 데 필요한 1.50 M HCl 용액의 부피(L)를 구하라.

아연이 HCl 용액에 들어가면 반응하기 시작한다.

풀이

단계 1 주어진 것과 필요한 것을 쓴다.

문제 분석	주어진 것	필요한 것	연결
	Zn 5.32 g, 1.50 M HCl 용액	HCl 용액의 부피(L)	Zn의 몰질량, 몰농도, 몰–몰 인자
	반응식		
	$2HCl(aq) + Zn(s) \longrightarrow H_2(g) + ZnCl_2(aq)$		

단계 2 필요한 양을 계산할 계획을 세운다.

Zn의 그램수 → 몰질량 → Zn의 몰수 → 몰–몰 인자 → HCl의 몰수 → 몰농도 → HCl 용액의 부피(L)

단계 3 몰–몰과 농도 인자를 포함한 등식과 변환 인자를 쓴다.

Zn 1 mol = Zn 65.41 g

$$\frac{\text{Zn } 65.41\text{ g}}{\text{Zn } 1\text{ mol}} \text{ 그리고 } \frac{\text{Zn } 1\text{ mol}}{\text{Zn } 65.41\text{ g}}$$

Zn 1 mol = HCl 2 mol

$$\frac{\text{HCl } 2\text{ mol}}{\text{Zn } 1\text{ mol}} \text{ 그리고 } \frac{\text{Zn } 1\text{ mol}}{\text{HCl } 2\text{ mol}}$$

용액 1 L = HCl 1.50 mol

$$\frac{\text{HCl } 1.50\text{ mol}}{\text{용액 } 1\text{ L}} \text{ 그리고 } \frac{\text{용액 } 1\text{ L}}{\text{HCl } 1.50\text{ mol}}$$

핵심 화학 기술

용액의 화학 반응에서 반응물과 생성물의 양 계산

단계 4 문제를 풀어 필요한 양을 계산한다.

$$\text{Zn } 5.32\text{ g} \times \frac{\text{Zn } 1\text{ mol}}{\text{Zn } 65.41\text{ g}} \times \frac{\text{HCl } 2\text{ mol}}{\text{Zn } 1\text{ mol}} \times \frac{\text{용액 } 1\text{ L}}{\text{HCl } 1.50\text{ mol}} = 0.108\text{ L HCl 용액}$$

확인 문제 12.14

a. 예제 12.14의 반응을 이용해서 0.200 M HCl 용액 225 mL와 반응하는 아연의 질량(g)을 구하라.

b. 예제 12.14의 반응을 이용해서 아연 0.426 g과 반응하는 0.235 M HCl 용액의 부피(mL)를 구하라.

답

a. Zn 1.47 g **b.** HCl 용액 28.6 mL

예제 12.15 반응에서 용액과 관련된 계산

먼저 해 보기!

0.160 M Na_2SO_4 용액 0.0325 L와 반응하는 데 필요한 0.250 M $BaCl_2$ 용액의 부피(mL)를 구하라.

$BaCl_2$ 용액을 Na_2SO_4 용액에 가하면 흰색 고체 $BaSO_4$가 생긴다.

$$Na_2SO_4(aq) + BaCl_2(aq) \longrightarrow BaSO_4(s) + 2NaCl(aq)$$

풀이

단계 1 주어진 것과 필요한 것을 쓴다.

문제 분석	주어진 것	필요한 것	연결
	0.160 M Na_2SO_4 용액 0.0325 L, 0.250 M $BaCl_2$ 용액	$BaCl_2$ 용액의 부피(mL)	몰–몰 인자, 미터법 인자
	반응식		
	$Na_2SO_4(aq) + BaCl_2(aq) \longrightarrow BaSO_4(s) + 2NaCl(aq)$		

단계 2 필요한 양을 계산할 계획을 세운다.

Na_2SO_4 용액의 부피(L) → 몰농도 → Na_2SO_4의 몰수 → 몰–몰 인자 → $BaCl_2$의 몰수

→ 몰농도 → $BaCl_2$ 용액의 부피(L) → 미터법 인자 → $BaCl_2$ 용액의 부피(mL)

단계 3 몰–몰 인자와 농도 인자를 포함한 등식과 변환 인자를 쓴다.

$$\text{용액 } 1\text{ L} = Na_2SO_4\ 0.160\text{ mol}$$
$$\frac{Na_2SO_4\ 0.160\text{ mol}}{\text{용액 } 1\text{ L}} \quad \text{그리고} \quad \frac{\text{용액 } 1\text{ L}}{Na_2SO_4\ 0.160\text{ mol}}$$

$$Na_2SO_4\ 1\text{ mol} = BaCl_2\ 1\text{ mol}$$
$$\frac{BaCl_2\ 1\text{ mol}}{Na_2SO_4\ 1\text{ mol}} \quad \text{그리고} \quad \frac{Na_2SO_4\ 1\text{ mol}}{BaCl_2\ 1\text{ mol}}$$

$$\text{용액 } 1\text{ L} = BaCl_2\ 0.250\text{ mol}$$
$$\frac{BaCl_2\ 0.250\text{ mol}}{\text{용액 } 1\text{ L}} \quad \text{그리고} \quad \frac{\text{용액 } 1\text{ L}}{BaCl_2\ 0.250\text{ mol}}$$

$$1\text{ L} = 1000\text{ mL}$$
$$\frac{1000\text{ mL}}{1\text{ L}} \quad \text{그리고} \quad \frac{1\text{ L}}{1000\text{ mL}}$$

단계 4 문제를 풀어 필요한 양을 계산한다.

$$\text{용액 } 0.0325\text{ L} \times \frac{Na_2SO_4\ 0.160\text{ mol}}{\text{용액 } 1\text{ L}} \times \frac{BaCl_2\ 1\text{ mol}}{Na_2SO_4\ 1\text{ mol}} \times \frac{\text{용액 } 1\text{ L}}{BaCl_2\ 0.250\text{ mol}}$$
$$\times \frac{BaCl_2\text{ 용액 } 1000\text{ mL}}{\text{용액 } 1\text{ L}} = BaCl_2\text{ 용액 } 20.8\text{ mL}$$

확인 문제 12.15

a. 예제 12.15의 반응에서 0.216 M $BaCl_2$ 용액 26.8 mL과 반응하는 데 필요한 0.330 M Na_2SO_4 용액의 부피(mL)를 구하라.

b. 0.225 M Na_2SO_4 용액 15.0 mL와 반응하는 데 $BaCl_2$ 용액 19.4 mL과 필요했다면, 예제 12.15의 반응을 이용하여 $BaCl_2$ 용액의 몰농도를 구하라.

답

a. Na_2SO_4 용액 17.5 mL　　**b.** 0.174 M $BaCl_2$ 용액

예제 12.16 용액에서의 반응으로부터 기체 부피

먼저 해 보기!

산성비는 이산화 질소와 공기 중의 물이 반응하여 생성된다.

$$3NO_2(g) + H_2O(l) \longrightarrow 2HNO_3(aq) + NO(g)$$

STP 상태에서 0.400 M HNO_3 용액 0.275 L를 만드는 데 필요한 NO_2 기체의 부피(L)를 구하라.

풀이

단계 1 주어진 것과 필요한 것을 쓴다.

문제 분석	주어진 것	필요한 것	연결
	0.400 M HNO_3 용액 0.275 L	STP에서 NO_2 기체의 부피(L)	몰-몰 인자, 몰부피
	반응식		
	$3NO_2(g) + H_2O(l) \longrightarrow 2HNO_3(aq) + NO(g)$		

단계 2 필요한 양을 계산할 계획을 세운다. HNO_3 용액의 부피와 몰농도로부터 몰수를 계산한다. 그리고 몰-몰 인자와 몰부피를 이용하여 NO_2 기체의 부피를 계산한다.

용액의 부피(L) → 몰농도 → HNO_3의 몰수 → 몰-몰 인자 → NO_2의 몰수 → 몰부피 → STP에서 NO_2의 부피

단계 3 몰-몰 인자와 농도 인자를 포함한 등식과 변환 인자를 쓴다.

$$\text{용액 } 1\text{ L} = HNO_3\ 0.400\text{ mol}$$
$$\frac{HNO_3\ 0.400\text{ mol}}{\text{용액 } 1\text{ L}} \quad \text{그리고} \quad \frac{\text{용액 } 1\text{ L}}{HNO_3\ 0.400\text{ mol}}$$

$$NO_2\ 3\text{ mol} = HNO_3\ 2\text{ mol}$$
$$\frac{NO_2\ 3\text{ mol}}{HNO_3\ 2\text{ mol}} \quad \text{그리고} \quad \frac{HNO_3\ 2\text{ mol}}{NO_2\ 3\text{ mol}}$$

$$NO_2\ 1\text{ mol} = NO_2\ 22.4\text{ L(STP)}$$
$$\frac{NO_2\ 22.4\text{ L(STP)}}{NO_2\ 1\text{ mol}} \quad \text{그리고} \quad \frac{NO_2\ 1\text{ mol}}{NO_2\ 22.4\text{ L(STP)}}$$

단계 4 문제를 풀어 필요한 양을 계산한다.

$$\text{용액 } 0.275\ \cancel{\text{L}} \times \frac{\cancel{HNO_3}\ 0.400\ \cancel{\text{mol}}}{\text{용액 } 1\ \cancel{\text{L}}} \times \frac{\cancel{NO_2}\ 3\ \cancel{\text{mol}}}{\cancel{HNO_3}\ 2\ \cancel{\text{mol}}} \times \frac{NO_2\ 22.4\text{ L(STP)}}{\cancel{NO_2}\ 1\ \cancel{\text{mol}}}$$

$$= NO_2\ 3.70\text{ L (STP)}$$

확인 문제 12.16

a. 예제 12.16의 반응식을 이용하여 1.50 M HNO_3 용액 2.20 L를 만들 때 100 °C, 1.20 atm에서 NO의 부피를 구하라.

b. 예제 12.16의 반응을 이용하여 0.800 atm, 20. °C에서 NO_2 기체 1.40 L가 반응할 때 0.344 M HNO_3 용액 몇 mL가 얻어지는가?

답

a. NO 42.1 L **b.** HNO_3 용액 90.3 mL

생각해 보기 12.12

다음 반응에서 2.00 M HCl 용액 1.50 L와 반응하는 데 필요한 $CaCO_3$의 그램 수를 계산하기 위해 어떤 순서로 변환 인자를 사용해야 하는가?

$2HCl(aq) + CaCO_3(s) \longrightarrow CaCl_2(aq) + CO_2(g) + H_2O(l)$

그림 12.9에 화학 반응과 관련된 물질과 용액에 대해 필요한 경로와 변환 인자를 요약하였다.

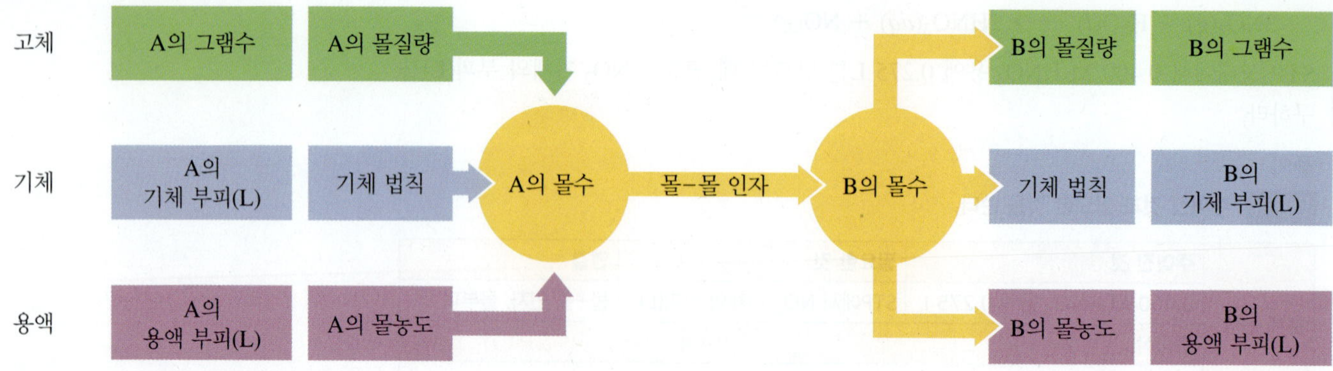

그림 12.9 ▸ 화학 반응과 관련된 계산에서 물질 A의 몰수는 몰질량(고체인 경우), 기체 법칙(기체인 경우), 몰농도(용액인 경우)를 이용하여 구한다. 그 다음 A의 몰수를 B의 몰수로 변환하고 고체의 그램 수, 기체의 부피(L), 용액의 부피(L) 등 필요한 것으로 환산한다.

12.7 몰랄농도와 어는점 내림/끓는점 오름

〉학습 목표 혼합물을 용액, 콜로이드, 현탁액 등으로 구분하고, 몰랄농도를 이용하여 용액의 새로운 어는점과 끓는점을 계산할 수 있다.

서로 다른 형태의 혼합물에서 녹아 있는 용질 입자의 크기와 개수는 혼합물의 특성을 결정하는 데 중요한 역할을 한다.

용액

지금까지 배운 용액들은 용질들이 작은 입자로 녹아서 용매 전체에 균일하게 분산된 균일 용액이다. 소금물과 같은 용액을 관찰해보면 용질과 용매를 눈으로 구분할 수 없다. 용액은 투명하지만, 색을 띨 수는 있다. 용액 안의 입자들은 아주 작아서 필터나 몸 안의 세포벽 같은 *반투막*(semipermeable membrane)을 통과한다. 반투막은 물과 같은 용매와 매우 작은 용질 입자는 통과시키지만, 상대적으로 큰 용질 입자는 통과시키지 않는다.

콜로이드

콜로이드(colloid) 안의 입자들은 용액에서의 용질 입자들보다 훨씬 크다. 콜로이드 입자는 단백질 같은 큰 분자, 분자단 또는 이온이다. 콜로이드는 용액과 비슷하게 균일한 혼합물로서 분리되거나 침전되지 않는다. 콜로이드 입자는 필터를 통과할 정도로 작지만 반투막을 통과하기에는 크다. **표 12.9**에 콜로이드의 예를 나열하였다.

표 12.9 ▸ 콜로이드의 예

콜로이드	분산질	분산매
안개, 구름, 스프레이	액체	기체
먼지, 연기	고체	기체
스티로폼, 마시멜로	기체	고체
면도 크림, 휘핑크림, 비누 거품	기체	액체
마요네즈, 버터, 균질 우유	액체	액체
치즈, 버터	액체	고체
혈장, 라텍스 페인트, 젤라틴	고체	액체

현탁액

현탁액(suspension)은 불균일한 혼합물로 용액이나 콜로이드와는 매우 다르다. 현탁액의 입자들 매우 커서 눈에 잘 보이며, 필터에 걸러지거나 반투막을 통하여 걸러낼 수 있다.

부유된 용질 입자의 무게로 인하여 섞인 후에 바로 가라앉는 물질이 생긴다. 흙탕물을 저으면 혼합되지만 빠르게 분리되어 바닥에 가라앉는다. 카오펙테이트(설사약), 칼라민 로션(피부 소염제), 제산제 혼합물, 액체 페니실린 같은 현탁액 약품을 병원이나 구급함에서 본 적이 있을 것이다. 현탁액으로 만들어진 약은 사용 전에 "잘 흔들어서 사용"하는 것이 중요하다.

정수장에서는 현탁액의 성질을 이용하여 물을 정수한다. 오수에 황산 알루미늄이나 황산 철(III) 같은 화학 물질을 첨가하면 작은 입자와 반응하여 *플록*(floc)이라고 하는 커다란 현탁 입자를 만든다. 현탁 입자들은 정수장 필터에 걸러지고 깨끗한 물은 통과한다.

표 12.10에 혼합물의 종류를 비교하였고 **그림 12.10**에 용액, 콜로이드, 현탁액의 성질을 나타내었다.

현탁액은 여과로 제거할 수 있는 고체와 물로 분리된다.

표 12.10 ▸ 용액, 콜로이드, 현탁액 비교

혼합물의 종류	입자의 종류	침전	분리
용액	원자, 이온, 작은 분자 같은 작은 입자들	침전되지 않음	입자들이 여과나 반투막에 의해 분리되지 않는다.
콜로이드	분자나 이온의 더 큰 분자 또는 분자단	침전되지 않음	입자들은 반투막에 의해 분리되지만 여과로는 분리되지 않는다.
현탁액	눈으로 볼 수도 있는 매우 큰 입자	빠르게 침전	입자들은 여과에 의해 분리할 수 있다.

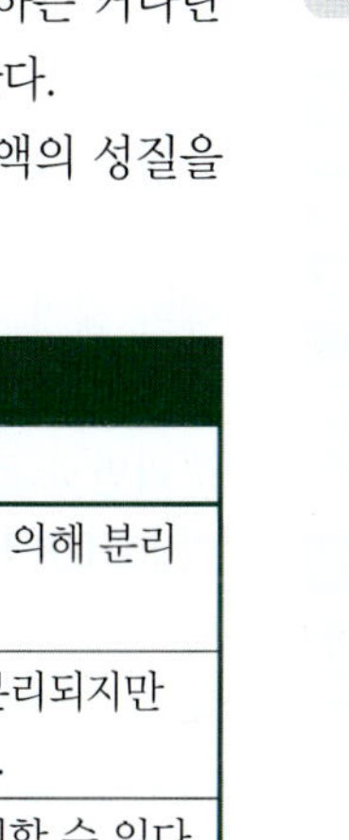

그림 12.10 ▸ 다른 종류 혼합물들의 성질

생각해 보기 12.13

현탁액 입자를 용액으로부터 분리하는 데에는 여과를 사용할 수 있지만, 용액으로부터 콜로이드를 분리하기 위해서는 반투막이 필요하다. 설명하라.

어는점 내림과 끓는점 오름

용질을 물에 넣으면 증기압이 변화하고, 어는점과 끓는점이 달라진다. 이러한 종류의 물리적 성질 변화를 *총괄성*(colligative property)이라고 한다. 총괄성은 용액 안에 있는 용질 입자의 수에 의존한다.

순수한 용매에서 증발하는 용매 분자의 수와 비휘발성의 용질이 녹은 용액에서 증발하는 용매 분자의 수를 비교하여 이러한 물리적 특성이 어떻게 나타나는지 설명할 수 있다. 용액에서는 녹아 있는 용질이 표면의 일부 공간을 차지하기 때문에 용액 표면에 용매 분자의 수가 더 적게 된다. 결과적으로 순수한 용매에 비하여 증발할 수 있는 용매 분자의 수가

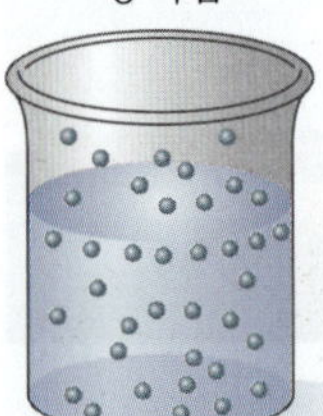

알래스카 유피스 딱정벌레의 경우 어는점 이하의 온도에서 생존을 위해 생물학적 부동액을 만들어 낸다.

에틸렌 글라이콜을 라디에이터에 넣으면 물보다 어는점이 더 낮고 끓는점이 더 높은 수용액을 만든다.

줄어들고, 용액의 증기압은 낮아지게 된다. 용질 분자를 더 녹이면 용액의 증기압은 더 낮아진다.

용매의 어는점의 경우 비휘발성 용질이 녹게 되면 낮아진다. 이 경우 용질의 입자가 고체를 형성하는 데 필요한 용매 분자의 배치를 방해한다. 따라서 용매 분자가 얼어 고체를 구성하는 데 더 낮은 온도가 필요하다.

영하의 기온에 있는 곤충과 물고기의 경우 글리세롤, 단백질, 글루코스 같은 당류 등의 생물학적 부동액을 생성하여 얼음 형성을 억제시킨다. 어떤 곤충의 경우 −60 °C보다 낮은 온도에서도 생존할 수 있다. 이러한 형태의 생물학적 부동액은 미래 인체의 장기 보존에 사용될 수 있다.

비휘발성 용질이 녹았을 때 용매의 끓는점이 올라간다. 용매의 증기압은 대기압에 도달해야 끓기 시작한다. 그러나 용질이 용매의 증기압을 낮추어서 순수한 용매의 끓는점보다 더 높은 온도에서 용액이 끓게 된다. 기온이 영하로 내려가는 날 얼어 있는 도로에 소금을 뿌리면 소금 입자가 물과 결합하여 어는점을 낮추어 얼음을 녹는다. 다른 예는 에틸렌 글라이콜($HOCH_2CH_2OH$) 같은 부동액을 자동차 라디에이터에 있는 물에 넣는 것이다. 에틸렌 글라이콜과 물을 약 50~50% 질량비로 섞으면 온도가 −36 °C가 될 때까지 얼지 않고 123 °C가 될 때까지 끓지 않는다. 라디에이터 용액은 추운 날 라디에이터가 얼지 않게 해 주고 더운 날 끓지 않도록 해준다.

용액 안의 입자

용질이 비전해질이면 분자 자체로 녹게 되지만, 용질이 강전해질이면 완전히 이온 상태로 녹는다. 보통 부동액의 용질로 쓰이는 에틸렌 글라이콜($HOCH_2CH_2OH$)은 비전해질이어서 물에 분자 상태로 녹는다.

비전해질: $C_2H_6O_2(l)$ 1 mol = $C_2H_6O_2(aq)$ 1 mol

그러나 NaCl이나 $CaCl_2$ 같은 강전해질 1 mol이 물에 녹으면 NaCl 용액은 2 mol, $CaCl_2$ 용액은 3 mol의 입자를 포함하게 될 것이다.

강전해질:

$$\text{NaCl}(s)\ 1\ \text{mol} = \underbrace{\text{Na}^+(aq)\ 1\ \text{mol} + \text{Cl}^-(aq)\ 1\ \text{mol}}_{\text{입자}(aq)\ 2\ \text{mol}}$$

$$\text{CaCl}_2(s)\ 1\ \text{mol} = \underbrace{\text{Ca}^{2+}(aq)\ 1\ \text{mol} + \text{Cl}^-(aq)\ 2\ \text{mol}}_{\text{입자}(aq)\ 3\ \text{mol}}$$

몰랄농도(m)

어는점 내림과 끓는점 오름 계산은 *몰랄농도*를 사용한다. **몰랄농도**(molality, ***m***)는 용매 1 kg 당 용질의 몰수로 정의한다. 이는 몰농도와 비슷하게 보이지만 몰랄농도는 용액의 부피가 아닌 용매의 질량을 이용한다.

$$\text{몰랄농도}(m) = \frac{\text{용질 입자의 몰수}}{\text{용매의 질량(kg)}}$$

예제 12.17 몰랄농도 계산

먼저 해 보기!

물 0.400 kg에 글루코스($C_6H_{12}O_6$) 35.5 g이 녹아 있는 용액의 몰랄농도를 계산하라.

풀이

단계 1 **주어진 것과 필요한 것을 쓴다.**

	주어진 것	필요한 것	연결
문제 분석	글루코스($C_6H_{12}O_6$) 35.5 g, 물 0.400 kg	몰랄농도(m)	글루코스의 몰질량

단계 2 **몰랄농도 식을 쓴다.**

$$\text{글루코스 용액의 몰랄농도}(m) = \frac{\text{글루코스의 몰수}}{\text{몰의 질량(kg)}}$$

단계 3 **용질과 용매의 양을 식에 대입하여 계산한다.** 몰랄농도의 몰 단위를 맞추기 위하여 몰질량 값을 이용하여 글루코스의 질량(g)을 몰수로 바꾸어야 한다.

$$\text{글루코스 } 1 \text{ mol} = \text{글루코스 } 180.16 \text{ g}$$

$$\frac{\text{글루코스 } 180.16 \text{ g}}{\text{글루코스 } 1 \text{ mol}} \quad \text{그리고} \quad \frac{\text{글루코스 } 1 \text{ mol}}{\text{글루코스 } 180.16 \text{ g}}$$

$$\text{글루코스의 몰수} = \cancel{\text{글루코스}}\ 35.5\ \cancel{\text{g}} \times \frac{\text{글루코스 } 1 \text{ mol}}{\cancel{\text{글루코스}}\ 180.16\ \cancel{\text{g}}} = \text{글루코스 } 0.197 \text{ mol}$$

$$\text{몰랄농도}(m) = \frac{\text{글루코스 } 0.197 \text{ mol}}{\text{물 } 0.400 \text{ kg}} = 0.493\ m$$

확인 문제 12.17

다음 각 용액의 몰랄농도를 계산하라.

a. 비전해질인 요소(CH_4N_2O) 15.8 g을 물 250. g에 녹인 용액

b. 비전해질인 에탄올(C_2H_6O) 44.6 g을 물 340. g에 녹인 용액

답

a. 1.05 m **b.** 2.84 m

어는점 내림

용매의 어는점 온도의 변화(ΔT_f)는 용액 중 용질 입자의 몰랄농도와 어는점 상수 K_f에 따라 결정된다.

$$\Delta T_f = m \times K_f$$

물의 어는점 상수(K_f)는 실험을 통해 결정되는데, $\frac{1.86\ ^\circ\text{C}}{m}$이다.

1 m 용액의 경우 어는점 변화를 다음과 같이 계산할 수 있다.

$$\Delta T_f = m \times K_f = 1\ \cancel{m} \times \frac{1.86\ ^\circ\text{C}}{\cancel{m}} = 1.86\ ^\circ\text{C}$$

따라서 새로운 어는점은

$$\begin{aligned} T_{\text{용액}} &= T_{\text{물}} - \Delta T_f \\ &= 0.00\ ^\circ\text{C} - 1.86\ ^\circ\text{C} \\ &= -1.86\ ^\circ\text{C} \end{aligned}$$

핵심 화학 기술

용액의 어는점과 녹는점 계산

생각해 보기 12.14

강전해질인 KBr 1 m 용액이 비전해질인 요소 1 m 용액보다 녹는점을 더 낮추는 이유는 무엇일까?

눈을 녹이기 위해 트럭이 염화 칼슘을 도로에 뿌리고 있다.

예제 12.18 용액의 어는점 계산

먼저 해 보기!

겨울철 기온이 영하로 내려가면 얼음을 녹이기 위해 도로에 $CaCl_2$를 뿌린다. 물 500. g에 $CaCl_2$ 225 g이 녹아 있는 용액의 어는점 내림을 구하라.

풀이

단계 1 **주어진 것과 필요한 것을 쓴다.**

	주어진 것	필요한 것	연결
문제 분석	$CaCl_2$ 225 g, 물 500. g = 물 0.500 kg	ΔT_f, 어는점	몰질량, $\Delta T_f = m \times K_f$

$$CaCl_2(s) \longrightarrow Ca^{2+}(aq) + 2Cl^-(aq) = \text{용질 입자 3 mol}$$

$$CaCl_2\ 1\ mol = CaCl_2\ 110.98\ g$$
$$\frac{CaCl_2\ 110.98\ g}{CaCl_2\ 1\ mol} \text{ 그리고 } \frac{CaCl_2\ 1\ mol}{CaCl_2\ 110.98\ g}$$

$$CaCl_2\ 1\ mol = \text{용질 입자 3 mol}$$
$$\frac{\text{용질 입자 3 mol}}{CaCl_2\ 1\ mol} \text{ 그리고 } \frac{CaCl_2\ 1\ mol}{\text{용질 입자 3 mol}}$$

단계 2 **용질 입자의 몰수를 결정하고 몰랄농도를 계산한다.**

몰질량을 이용하여 $CaCl_2$의 몰수를 계산한다. 여기에 3을 곱하여 $CaCl_2$ 1 mol이 생성하는 이온(입자)의 몰수를 구한다.

$$\text{입자의 몰수} = \cancel{CaCl_2}\ 225\ \cancel{g} \times \frac{\cancel{CaCl_2}\ 1\ \cancel{mol}}{\cancel{CaCl_2}\ 110.98\ \cancel{g}} \times \frac{\text{입자 3 mol}}{\cancel{CaCl_2}\ 1\ \cancel{mol}}$$
$$= \text{입자 6.08 mol}$$

용액 내 입자의 몰랄농도(m)는 입자의 몰수를 물의 질량(kg)으로 나누어 계산한다.

$$m = \frac{\text{입자의 몰수}}{\text{물의 질량(kg)}}$$

$$\text{몰랄농도}(m) = \frac{\text{입자 6.08 mol}}{\text{물 0.500 kg}} = 12.2\ m$$

단계 3 **온도 변화를 계산해서, 원래 어는점에서 뺀다.** 어는점 내림은 몰랄농도와 어는점 내림 상수를 이용하여 구한다. 마지막으로 어는점 내림을 0.00 °C에서 빼서 새로운 $CaCl_2$ 용액의 어는점을 구한다.

$$\Delta T_f = m \times K_f$$
$$\Delta T_f = 12.2\ \cancel{m} \times \frac{1.86\ °C}{\cancel{m}} = 22.7\ °C$$
$$T_{용액} = T_{물} - \Delta T_f$$
$$= 0.00\ °C - 22.7\ °C = -22.7\ °C$$

확인 문제 12.18

다음 각 용액의 어는점을 계산하라.

a. 비전해질인 에틸렌 글라이콜($C_2H_6O_2$)을 라디에이터에 있는 물에 가해 물 565 g에 에틸렌 글라이콜 315 g을 포함하는 용액을 만들었다.

b. 강전해질인 질산 소듐($NaNO_3$)을 물에 가해 물 565 g에 질산 소듐 315 g을 포함하는 용액을 만들었다.

답

a. −16.7 °C **b.** −24.4 °C

끓는점 오름

물의 끓는점도 비슷한 변화가 일어난다. 물의 끓는점 오름(ΔT_b)은 용액에서 입자의 몰랄농도(m)와 물의 끓는점 상수($K_b = \frac{0.51\ ^\circ C}{m}$)에서부터 결정된다.

$$\Delta T_b = m \times K_b$$

어는점과 끓는점에 몇 가지 용액의 영향을 **표 12.11**에 요약하였다.

표 12.11 > 물 1 kg의 어는점과 끓는점에 미치는 용질 농도의 영향

용질/물 kg	용질의 종류	몰랄농도	어는점	끓는점
순수한 물	없음	0	0.00 °C	100.00 °C
$C_2H_6O_2$ 1 mol	비전해질	1 m	−1.86 °C	100.51 °C
NaCl 1 mol	강전해질	2 m	−3.72 °C	101.02 °C
$CaCl_2$ 1 mol	강전해질	3 m	−5.58 °C	101.53 °C

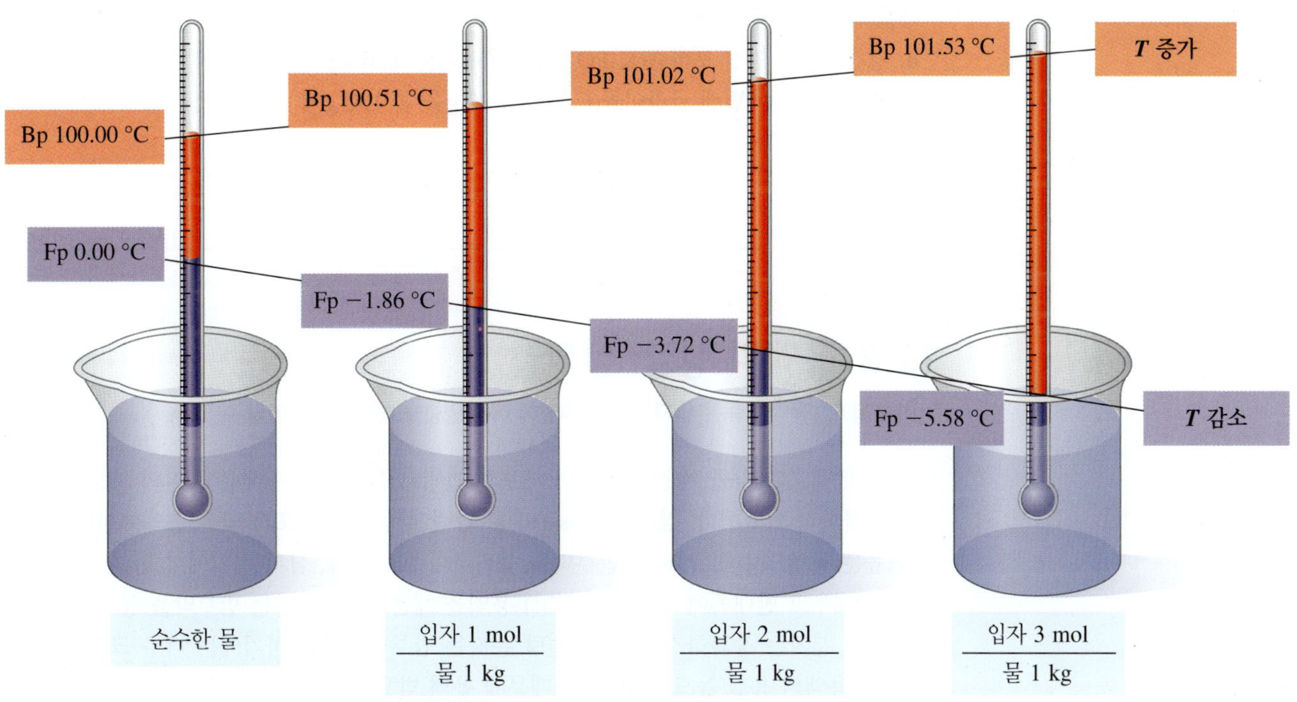

용액의 농도가 증가함에 따라 어는점은 낮아지고 끓는점은 높아진다.

예제 12.19 용액의 끓는점 계산

먼저 해 보기!

프로필렌 글라이콜($C_3H_8O_2$)은 끓는점을 높이기 위해 라디에이터 물에 첨가하는 비전해액이다. 라디에이터에 있는 물(용매) 1.55 kg에 프로필렌 글라이콜 4.6 mol을 첨가할 경우 용액의 끓는점은 얼마가 되겠는가?

풀이

단계 1 **주어진 것과 필요한 것을 쓴다.**

문제 분석	주어진 것	필요한 것	연결
	프로필렌 글라이콜 4.6 mol, 물 1.55 kg	끓는점	$\Delta T_b = m \times K_b$

단계 2 **용질 입자의 몰수를 결정하고 몰랄농도를 계산한다.** 프로필렌 글라이콜은 비전해질이므로, 프로필렌 글라이콜의 몰수는 입자의 몰수와 같다.

$$m = \frac{\text{입자의 몰수}}{\text{물의 질량(kg)}} = \frac{4.6 \text{ mol}}{1.55 \text{ kg}} = 3.0\, m$$

단계 3 **온도 변화를 계산해서, 끓는점에 더한다.**

$$\Delta T_b = m \times K_b = 3.0\, \cancel{m} \times \frac{0.51\ ^\circ\text{C}}{\cancel{m}} = 1.5\ ^\circ\text{C}$$

$$\begin{aligned} T_{\text{용액}} &= T_{\text{물}} + \Delta T_b \\ &= 100.0\ ^\circ\text{C} + 1.5\ ^\circ\text{C} \\ &= 101.5\ ^\circ\text{C} \end{aligned}$$

확인 문제 12.19

다음 각 용액의 끓는점을 계산하라.

a. 강전해질인 인산 포타슘(K_3PO_4) 1.2 mol을 물 0.26 kg에 가한 용액

b. 비전해질인 에틸렌 글라이콜($C_2H_6O_2$) 36 g을 물 130 g에 가한 용액

답

a. −109.6 °C **b.** −102.3 °C

12.8 용액의 성질: 삼투압

학습 목표 용액에 녹은 입자 수가 삼투압에 어떤 영향을 미치는지 설명할 수 있다.

우리 몸의 세포나 식물 세포에서 물이 세포의 안팎으로 이동하는 것은 용질의 농도에 의존하는 생물학적 과정이다. **삼투**(osmosis)라는 과정에서 용질 농도가 낮은 용액에서 용질 농도가 높은 용액으로 물 분자가 반투막을 통과하여 이동한다. 삼투 장치에서 반투막의 한쪽에 물을 채우고 반대쪽에 수크로스(설탕) 용액을 채운다. 물 분자는 반투막을 통과할 수 있지만 설탕 분자는 통과하지 못한다. 설탕 분자는 반투막을 통과하기에는 너무 크기 때문이다. 설탕 용액의 용질 농도가 더 높기 때문에 용액 밖으로 흘러나가는 물 분자보다 용액 안으로 흘러들어오는 물 분자가 더 많다. 수크로스 용액의 부피는 늘어나고 물의 부피는 줄어든다. 물이 늘어나면 수크로스 용액이 묽어져 반투막 양쪽의 농도가 같아지게 된다.

결국 수크로스 용액의 높이 때문에 양쪽의 물 흐름을 같게 하기에 충분한 압력이 만들어진다. **삼투압**(osmotic pressure)이라고 하는 이 압력은 농도가 진한 쪽으로 추가적인 물의 흐름을 막는다. 결국 두 용액의 부피는 더 이상 변하지 않는다. 삼투압은 용액에 있는 용질 입자의 농도에 의존한다. 녹아 있는 입자 수가 많을수록 삼투압은 더 크다. 이 예에서 수크로스 용액의 삼투압은 순수한 물보다 더 높다. 순수한 물의 삼투압은 0이다.

역삼투(reverse osmosis)라고 하는 과정에서 삼투압보다 더 큰 압력이 용액에 가해져 정수막을 통과하게 된다. 물은 역방향으로 흘러 용질 농도가 높은 용액에서 흘러나간다. 용

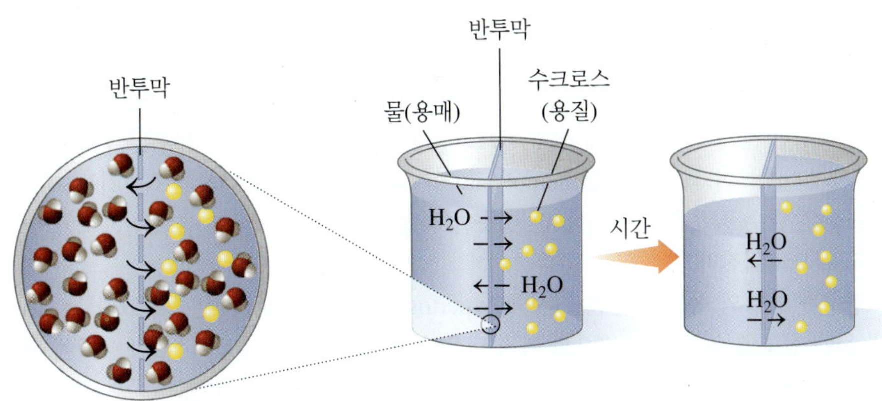

양쪽에서 물의 흐름이 같아질 때까지 용질의 농도가 더 높은 용액으로 물이 흘러 들어간다.

액 내 분자와 이온은 물이 막을 통과하는 동안 막에 의해 갇히게 된다. 이 역삼투 과정은 해수(염수)에서 순수한 물을 얻기 위한 담수화 설비에 사용된다. 하지만, 많은 에너지가 소모되는 큰 압력이 필요하기 때문에 순수한 물을 얻기 위한 방법으로 아직은 경제적이지 못한 방법이다.

등장액

생물학적 계에서 세포막은 반투막이기 때문에 삼투가 항상 진행 중이다. 혈액, 조직액, 림프, 혈장 같은 체액에 있는 용질은 모두 삼투압을 갖는다. 병원에서 사용하는 대부분의 정맥 주사 용액은 *등장액*(isotonic solution)으로, 혈액과 같은 체액과 같은 삼투압을 갖는다. 정맥 주사 용액의 백분율 농도는 질량/부피(m/v)를 이용한다. 가장 전형적인 등장액은 0.9% (m/v) NaCl(NaCl 0.9 g/용액 100. mL) 용액과 5% (m/v) 글루코스(글루코스 5 g/용액 100. mL) 용액이다. 용질의 종류는 다르지만 0.9% (m/v) NaCl 용액과 5% (m/v) 글루코스 용액은 모두 0.3 M이다(Na^+와 Cl^- 이온 또는 글루코스 분자). 등장액에 적혈구를 넣으면 물이 세포 안으로 흘러 들어가는 속도와 밖으로 흘러나가는 속도가 같기 때문에 적혈구의 부피가 유지된다(**그림 12.11a** 참조).

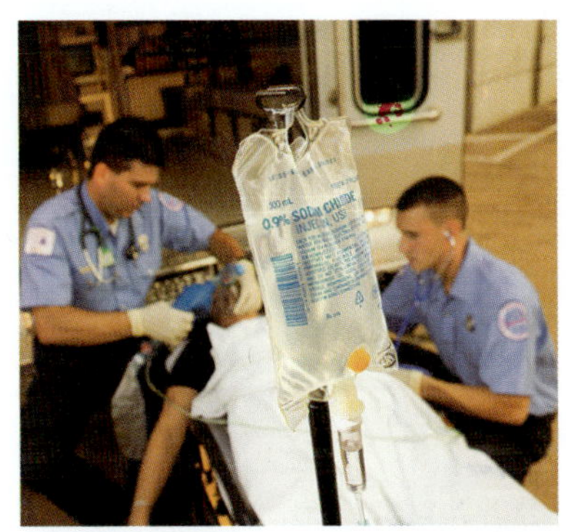

0.9% NaCl 용액은 인체의 혈액 세포의 용질 농도와 같은 농도이다.

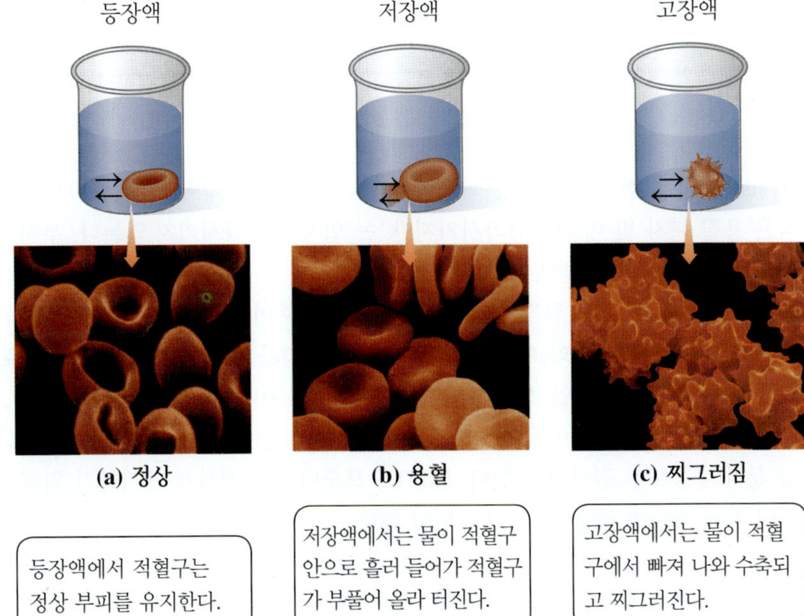

그림 12.11 ▸ 등장액, 저장액, 고장액에 있는 적혈구

저장액과 고장액

적혈구를 등장액이 아닌 용액에 넣으면 세포의 안과 밖의 삼투압 때문에 세포의 부피가 극적으로 변한다. 적혈구를 용질의 농도가 낮은 *저장액*(hypotonic solution, *hypo*는 "더 낮다"는 뜻)에 넣으면 물은 삼투에 의해 세포 안으로 흘러 들어간다. 그 결과 세포는 부풀어 올라 결국 터지게 된다. 이 과정을 *용혈*(hemolysis)이라고 한다(**그림 12.11b** 참조). 건포도나 말린 과일 같은 탈수 식품을 물에 넣으면 비슷한 과정이 일어난다. 물이 세포 안으로 들어가 통통하고 부드러워진다.

적혈구를 용질의 농도가 높은 *고장액*(hypertonic solution, *hyper*는 "더 크다"는 뜻)에 넣으면 물은 삼투에 의해 세포 밖으로 빠져 나온다. 적혈구를 10% (m/v) NaCl 용액에 넣었다고 하자. 세포 안의 삼투압은 0.9% (m/v) NaCl 용액과 같기 때문에 세포는 수축된다. 이 과정을 *찌그러짐*(crenation)이라고 한다(**그림 12.11c** 참조). 피클을 만들 때 비슷한 일이 일어난다. 오이는 고장액 속에서 물을 잃고 쭈글쭈글해진다.

생각해 보기 12.15

4% NaCl 용액에 적혈구를 넣으면 어떻게 되는가?

예제 12.20 등장액, 저장액, 고장액

먼저 해 보기!

다음의 경우 등장액, 저장액, 고장액 중 어느 것인지 설명하라. 각 용액에 적혈구를 넣으면 어떤 변화가 있을지 설명하라.

a. 5% (m/v) 글루코스 용액 **b.** 0.2% (m/v) NaCl 용액

풀이

a. 5% (m/v) 글루코스 용액은 등장액이다. 적혈구는 아무런 변화가 없을 것이다.

b. 0.2% (m/v) NaCl 용액은 저장액이다. 적혈구는 용혈된다.

확인 문제 12.20

a. 10% (m/v) 포도당 용액에 적혈구를 넣으면 어떤 변화가 있을까?

b. 1.0% (m/v) 포도당 용액에 적혈구를 넣으면 어떤 변화가 있을까?

답

a. 적혈구는 찌그러질 것이다.

b. 적혈구는 용혈될 것이다.

투석

투석(dialysis)은 삼투 현상과 비슷한 과정이다. 투석에서 투석막이라 하는 반투막은 물과 크기가 작은 용질 분자 및 이온을 통과시키지만, 큰 입자는 통과시키지 않는다. 투석은 용액을 콜로이드로부터 분리하는 방법이다.

NaCl, 포도당, 전분, 단백질을 물에 녹이고 셀로판 주머니에 채웠다고 가정하자. 셀로판 막은 투석막이며, 소듐, 염화 이온과 포도당 분자는 막을 통과하여 바깥쪽의 물로 향한다. 하지만, 큰 콜로이드 입자인 전분과 단백질은 셀로판 주머니 내부에 남아 있다. 그리고 물이 셀로판 주머니 안으로 들어간다. 결과적으로 투석 주머니 안팎의 소듐 이온, 염화 이온 및 포도당 분자의 농도는 같아지게 된다. NaCl과 포도당을 완전하게 제거하기 위해서는 셀로판 주머니 안에 순수한 물을 더 채워 넣어야 한다.

● Na^+, Cl^-와 같은 용해된 입자
● 단백질, 녹말 같은 콜로이드 입자

용액 입자들은 투석 막을 통과하지만, 콜로이드 입자는 안에 남는다.

건강과 관련된 화학 _Chemistry Link to Health

신장과 인공 신장에 의한 투석

성인에게서 각 신장에는 약 2백만 개의 네프론이 있다. 네프론 위에는 *사구체*(glomerulus)라고 하는 동맥 모세혈관 망이 있다. 혈액이 사구체로 흘러 들어가면 아미노산, 글루코스, 요소, 물, 이온 같은 작은 입자들이 모세관 막을 통해 네프론으로 들어간다. 이 용액이 네프론 안으로 들어갔을 때 몸에 필요한 물질(아미노산, 글루코스, 특정 이온, 물 99%)은 다시 흡수된다. 주요 노폐물인 요소는 소변으로 배출된다. 신장이 노폐물을 투석하는 데 실패하면 짧은 시간 안에 요소 수치가 올라가 생명의 위협이 된다.

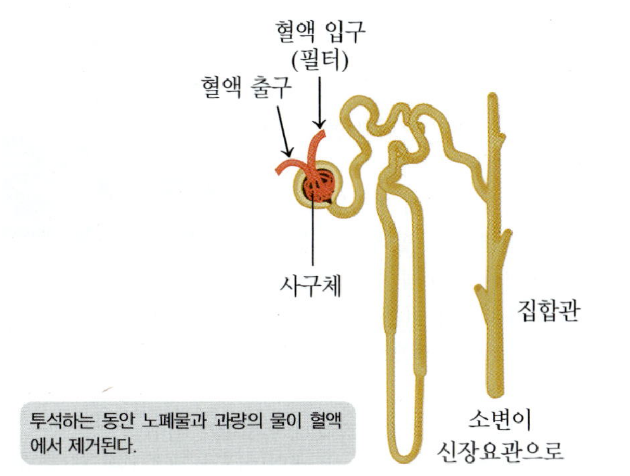

투석하는 동안 노폐물과 과량의 물이 혈액에서 제거된다.

신장 기능에 문제가 있는 사람은 인공 신장을 이용해야 한다. 인공 신장은 *혈액 투석*(hemodialysis)을 통해 혈액을 정화한다. 인공 신장에는 선택된 전해질이 녹아 있는 물 100 L 정도가 담긴 큰 탱크가 있다. 이 탱크(투석액)의 중심에 셀룰로스 관으로 만들어진 투석코일 또는 투석막이 있다. 환자의 혈액이 투석 코일로 들어가면 높은 농도의 노폐물이 혈액에서 투석되어 나온다. 혈액은 빠져 나오지 못한다. 투석막은 적혈구 같은 큰 입자는 통과시키지 않기 때문이다. 투석 환자는 소변이 많이 생기지 않는다. 그 결과 투석 치료를 받기 전까지 많은 양의 물이 몸에 남아 심장에 무리를 준다. 투석 환자는 하루에 티스푼 몇 개로 물의 섭취를 제한받는다. 투석 과정에서 혈액이 투석코일을 순환할 때 혈압을 증가시켜 물은 혈액에서 빠져나간다. 어떤 투석 환자들은 한 번 투석 치료를 할 때 물 2~10 L가 빠져나간다. 투석 환자들은 보통 일주일에 3번의 투석 치료를 받으며, 한 번 투석 치료를 할 때 각각 4시간이 걸린다. 많은 환자들이 가정용 투석기를 이용해 매일 집에서 1.5~2시간씩 투석을 한다.

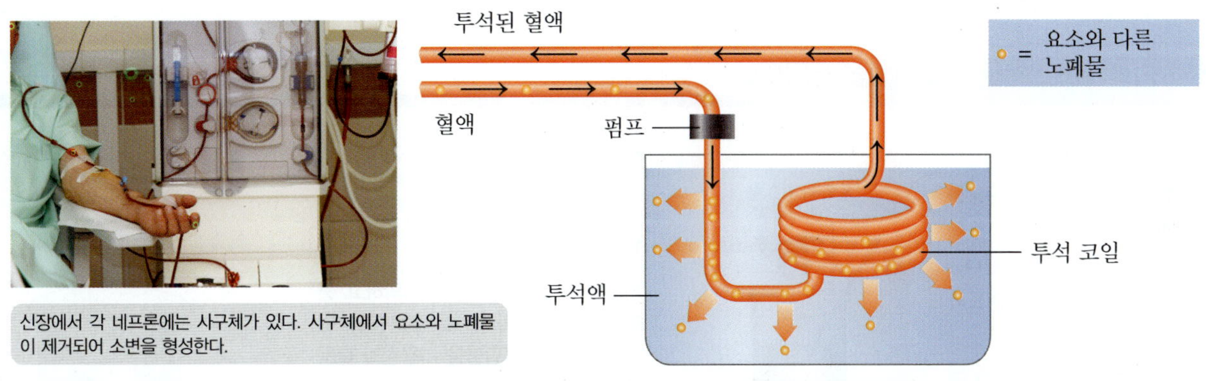

신장에서 각 네프론에는 사구체가 있다. 사구체에서 요소와 노폐물이 제거되어 소변을 형성한다.

UPDATE 신부전 환자의 투석

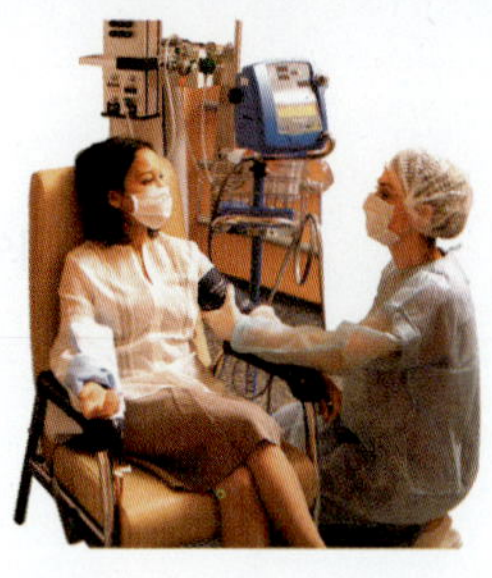

투석 환자인 미셸(Michelle)은 일주일에 세 번씩 4시간 투석 치료를 받는다. 그녀가 투석 클리닉에 도착하면 체중, 체온, 혈압을 측정하고 혈중 전해질과 요소 수치를 측정하기 위해 혈액 검사를 한다. 투석센터에서는 투석기에 연결된 튜브를 그녀에게 이식되어 있는 카테터에 연결한다. 혈액은 여과막이 있는 투석기를 통해 몸 밖으로 펌핑되어 나왔다가 다시 들어간다. 미셸의 혈액이 투석기를 통과하면서 투석액의 전해질이 혈액으로 옮겨지고, 혈액 속의 노폐물이 투석액으로 이동하며 재생된다.

정상적인 혈청 전해질 수준에 도달하기 위해 투석액에는 혈장 농도와 같은 소듐, 마그네슘 및 염화 이온이 포함되어 있다. 이 전해질은 농도가 정상보다 높은 경우에나 혈액에서 제거된다. 일반적으로 투석 환자는 포타슘 이온 수치가 일반인보다 높다. 따라서 초기 투석은 투석액의 포타슘 이온 농도가 낮을 때 시작될 수 있다. 투석 중에 과량의 액체는 삼투압에 의해 제거된다. 4시간의 투석에는 최소 120 L의 투석액이 필요하며, 투석 중에 투석액의 전해질 농도는 정상 혈청과 동일한 수준에 도달할 때까지 조절된다. 투석액에는 HCO_3^-, K^+, Na^+, Ca^{2+}, Mg^{2+}, Cl^-, 글루코스와 같은 물질이 포함되어 있다.

응용 문제

12.1 한 의사가 정신 분열증 치료에 사용되는 클로르프로마진(chlorpromazine) 0.075 g을 처방한다. 원액이 2.5% (m/v)이라면 환자에게 몇 mL를 투여해야 하는가?

12.2 한 의사가 메스꺼움, 현기증, 편두통 치료에 사용되는 화합물 5.0 mg을 처방한다. 원액이 2.5% (m/v)이면 환자에게 몇 mL를 투여해야 하는가?

12.3 칼슘의 혈중 농도를 높이기 위해 $CaCl_2$ 용액이 제공된다. 환자에게 10.% (m/v) $CaCl_2$ 용액 5.0 mL가 투여된다면 $CaCl_2$ 몇 그램을 투여한 것인가?

12.4 소듐과 염화물의 손실을 증가시키는 이뇨제로 만니톨 용액을 환자에게 정맥 주사로 투여한다. 환자에게 25.0% (m/v) 만니톨 용액 30.0 mL를 주사했다면 만니톨 몇 그램을 투여한 것인가?

제12장 복습하기 _Chapter Review

12.1 용액

> 학습 목표 용액에서 용질과 용매를 구분하고, 용액의 형성에 대해 설명할 수 있다.

- 용액은 용질이 용매에 녹아서 형성된다.
- 용액에서 용질 입자는 균일하게 분포되어 있다.
- 용질과 용매는 고체일 수도 액체일 수도 기체일 수도 있다.
- 극성인 O—H 결합은 물 분자 사이에 수소 결합을 만든다.
- 이온성 용질은 극성 용매인 물에 녹는다. 극성인 물 분자가 이온을 용액 안으로 끌어들여 수화되기 때문이다.
- "비슷한 것은 비슷한 것을 녹인다"라는 말의 의미는 극성 또는 이온 용질은 극성 용매에 녹고 비극성 용질은 비극성 용매에 녹는다는 뜻이다.

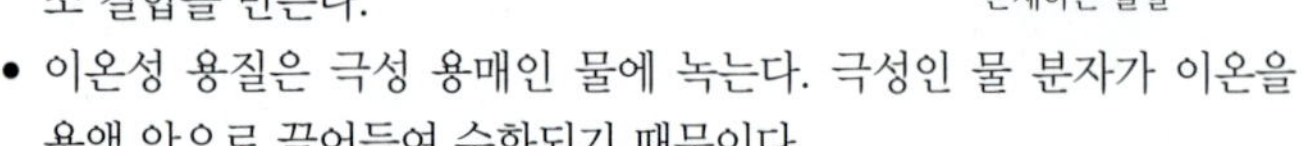

12.2 전해질과 비전해질

> 학습 목표 용질을 전해질과 비전해질로 구분할 수 있다.

- 이온을 생성하는 물질은 용액에 전류가 흐르기 때문에 전해질이라고 한다.
- 강전해질은 완전히 이온화되며, 약전해질은 부분적으로 이온화된다.

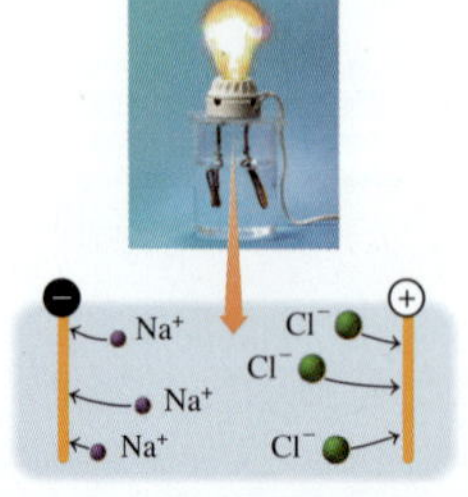

강전해질

- 비전해질은 물에 녹아 분자를 생성하는 물질이어서 용액에 전류가 흐르지 않는다.

12.3 용해도

> 학습 목표 용해도를 정의하고 불포화 용액과 포화 용액을 구분할 수 있다. 이온 결합 화합물을 가용성과 불용성으로 구분할 수 있다.

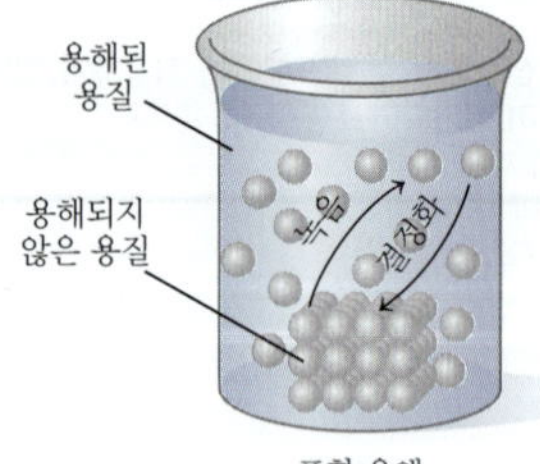

포화 용액

- 용질의 용해도는 용매 100 g에 녹을 수 있는 용질의 최대 양이다.
- 용질의 최대로 녹은 용액을 포화 용액이라고 한다.
- 용질이 최대로 녹지 않은 용액을 불포화되었다고 한다.
- 물에서는 대부분의 고체는 온도를 높이면 용해도가 증가하고 기체는 온도를 높이면 용해도가 감소한다.
- 물에 녹는 이온 결합 화합물은 보통 Li^+, Na^+, K^+, NH_4^+, NO_3^-, $C_2H_3O_2^-$(아세트산)를 포함한다.
- 두 용액을 섞을 때 용해도 규칙을 사용하여 침전이 형성될지 여부를 예측할 수 있다.

12.4 용액의 농도

> 학습 목표 용액 중 용질의 농도를 계산할 수 있다. 농도를 변환 인자로 사용하여 용액 중에 포함된 용질과 용매의 양을 계산할 수 있다.

- 질량 백분율(m/m)는 용질의 질량과 용액의 질량비에 100을 곱하여

얻는다.

- 백분율 농도는 부피/부피(v/v) 또는 질량/부피(m/v) 비율로 표시할 수 있다.
- 몰농도는 용액 1 리터에 들어 있는 용질의 몰수이다.
- 용질 또는 용액의 질량(g)이나 부피(mL)의 계산에서 농도는 변환 인자로 사용된다.
- 몰농도(mol/L)는 용질의 몰수와 용액의 부피에 대한 변환 인자이다.

12.5 용액의 희석

> 학습 목표 용액의 희석을 설명하고, 용액이 희석될 때 미지의 농도와 부피를 계산할 수 있다.

- 희석하게 되면 물과 같은 용매의 양이 늘어나면서 용액의 부피가 커지고 농도가 줄어든다.

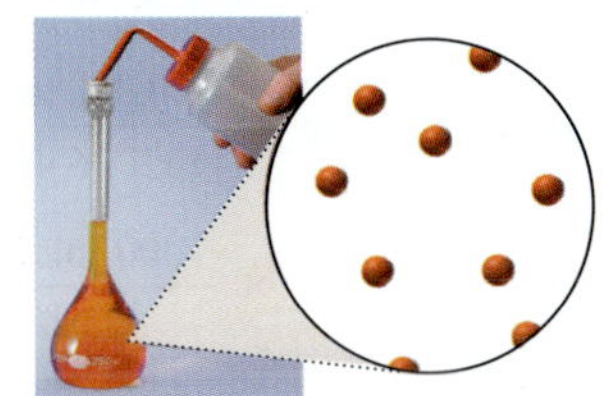

12.6 용액에서의 화학 반응

> 학습 목표 화학 반응에서 용액의 부피와 농도가 주어지면 반응물과 생성물의 양을 계산할 수 있다.

- 화학 반응에서 용액이 관련되면 용액 안에 있는 물질의 몰수는 용액의 부피와 몰농도로부터 계산한다.
- 반응하는 물질의 질량, 부피, 몰농도가 주어지면 균형 반응식을 이용하여 반응에 있는 다른 물질의 양 또는 농도를 계산한다.

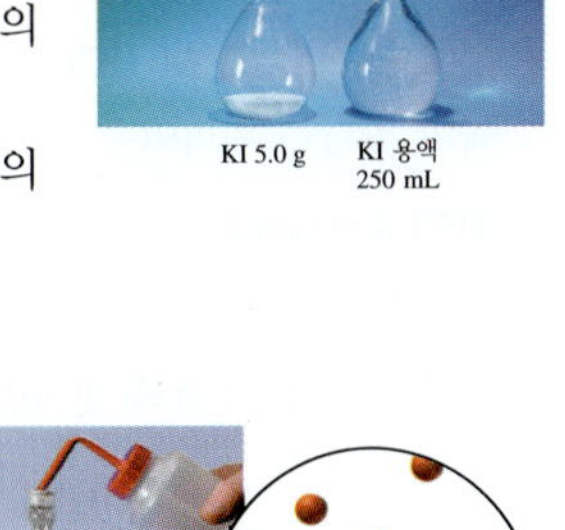

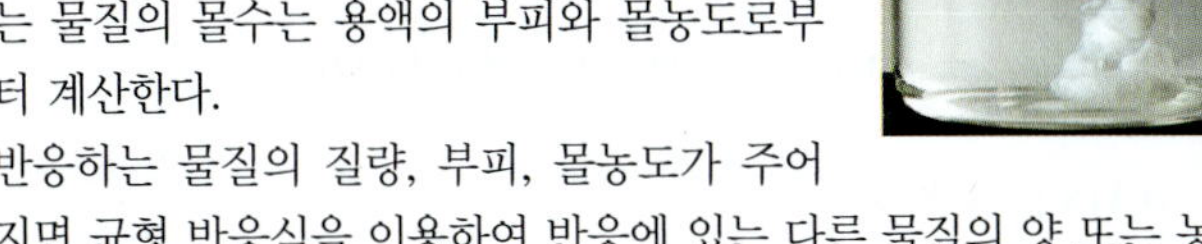

12.7 몰랄농도와 어는점 내림/끓는점 오름

> 학습 목표 혼합물을 용액, 콜로이드, 현탁액 등으로 구분하고, 몰랄농도를 이용하여 용액의 새로운 어는점과 끓는점을 계산할 수 있다.

- 콜로이드 입자는 대부분의 여과지를 통과하는 입자를 포함하지만 가라앉지 않고 반투막을 통과하지 않는다.
- 현탁액 입자는 매우 커서 용액에서 가라앉는다.
- 용액의 입자는 증기압을 낮춰서 어는점을 내리고 끓는점을 올린다.
- 몰랄농도는 물과 같은 용매 1 kg에 녹은 용질의 몰수이다.

12.8 용액의 성질: 삼투압

> 학습 목표 용액에 녹은 입자 수가 삼투압에 어떤 영향을 미치는지 설명할 수 있다.

반투막

- 용액 내의 용질 입자는 삼투압을 증가시킨다.
- 삼투는 삼투압이 낮은 용액(낮은 용질 농도)에서 삼투압이 높은 용액(높은 용질 농도)으로 용매(물)가 반투막을 통과하여 흐른다.
- 등장액은 체액과 삼투압이 같다.
- 등장액에서 적혈구는 부피를 유지하고 저장액에서는 부풀어 오르며 고장액에서는 수축된다.
- 투석에서는 물과 작은 용질 입자들이 투석막을 통과하고, 큰 입자들은 남게 된다.

주요 용어 _Key Terms

강전해질 물에 녹았을 때 완전히 이온화하는 화합물. 강전해질 용액은 좋은 전도체이다.

농도 특정한 양의 용액에 녹아 있는 용질의 양을 측정하는 것

몰농도(M) 용액 1 L에 녹아 있는 용질의 몰수

몰랄농도(m) 용매 1 kg에 녹아 있는 용질의 몰수

부피 백분율(v/v) 용질의 부피와 용액의 부피를 이용하는 백분율 농도

불포화 용액 녹을 수 있는 양보다 용질의 양이 적은 용액

비전해질 분자로 물에 녹는 물질. 비전해질 용액은 전류가 흐르지 않는다.

삼투 반투막을 통과하는 물과 같은 용매의 흐름으로, 용질의 농도가 더 진한 쪽으로 흐른다.

삼투압 더 진한 용액으로 물의 흐름을 방해하는 압력

수화 용해된 이온이 물 분자에 의해 둘러싸이는 과정

약전해질 물에 녹았을 때 분자 상태로 주로 녹고 약간의 이온만을 생성하는 물질. 약전해질 용액은 약한 전도체이다.

용매 용질이 해리되는 물질. 더 많은 양 존재하는 성분이다.

용액 작은 입자(이온 또는 분자)를 용질로 가진 균일 혼합물로 여과지나 반투막을 모두 통과한다.

용질 용액 안에 더 적은 양 존재하는 물질

용해도 주어진 온도에서 용매(보통 물) 100 g에 녹은 용질의 최대량

용해도 규칙 이온성 화합물이 물에 녹는지 녹지 않는지에 대한 지침

전해질 물에 녹았을 때 이온을 생성하는 물질. 전해질 용액은 전류를 통한다.

질량 백분율(m/m) 용액 100 g 중에 녹아 있는 용질의 그램수

질량/부피 백분율(m/v) 용액 100 mL 중에 녹아 있는 용질의 그램수

콜로이드 혼합물 중 입자가 어느 정도 큰 물질로, 콜로이드는 여과지는 통과하나, 반투막은 통과하지 못한다.

투석 물과 작은 입자들을 반투막으로 통과시키는 과정

포화 용액 주어진 온도에서 녹을 수 있는 최대한의 용질을 포함한 용액. 용질을 더 넣으면 녹지 않는다.

해리 용질이 물에 녹았을 때 이온으로 분리되는 것

헨리 법칙 액체에 대한 기체의 용해도는 액체 위의 기체 압력에 비례한다.

현탁액 용질 입자가 매우 크고 무거워서 가라앉을 수 있고, 여과지나 반투막에 걸러지는 혼합물

희석 용액에 물(용매)을 넣어 부피를 증가시키고 용질 농도를 감소시키는 과정

핵심 화학 기술 _Core Chemistry Skills

각 핵심 화학 기술을 포함하는 절을 각 제목의 끝에 괄호 안에 나타내었다.

▷ 용해도 규칙 이용하기(12.3)

- 물에 녹는 이온 결합 화합물은 Li^+, Na^+, K^+, NH_4^+, NO_3^-, $C_2H_3O_2^-$(아세트산)를 포함한다.
- Cl^-, Br^-, I^-을 포함하는 이온 결합 화합물은 물에 녹지만, 이들이 Ag^+, Pb^{2+}, Hg_2^{2+}와 결합하는 경우는 녹지 않는다.
- 대부분의 SO_4^{2-}를 포함하는 화합물은 녹지만, Ba^{2+}, Pb^{2+}, Ca^{2+}, Sr^{2+}, Hg_2^{2+}와 결합하는 경우는 녹지 않는다.
- CO_3^{2-}, S^{2-}, PO_4^{3-}, OH^- 등의 음이온을 포함하는 화합물은 대부분 불용성이다.
- 불용성 이온 결합 화합물이 형성되는 화학식 또는 이온 반응식을 쓰기 위해서는 어떤 양이온과 음이온이 결합하여 불용성 화합물이 형성될 수 있는지 알아내야 한다.

예: $CaCl_2$와 K_2CO_3 용액을 섞었을 때 불용성 이온 결합 화합물이 형성되는지 확인하라. 만일 그렇다면 알짜 이온 반응식을 써라.

답: 반응식에서 모든 이온 반응물을 나타내고, $CaCO_3$가 고체로 형성되는 것을 나타낸다.

$$Ca^{2+}(aq) + 2Cl^-(aq) + 2K^+(aq) + CO_3^{2-}(aq) \longrightarrow CaCO_3(s) + 2K^+(aq) + 2Cl^-(aq)$$

알짜 이온 반응식은, 구경꾼 이온을 제거하고 나머지 부분이다.

$$Ca^{2+}(aq) + CO_3^{2-}(aq) \longrightarrow CaCO_3(s)$$

▷ 농도 계산(12.4)

특정 양의 용액 중에 녹아 있는 용질의 양을 용액의 농도라고 한다.

- 질량 백분율(m/m) $= \dfrac{\text{용질의 질량(g)}}{\text{용액의 질량(g)}} \times 100\%$
- 부피 백분율(v/v) $= \dfrac{\text{용질의 부피}}{\text{용액의 부피}} \times 100\%$
- 질량/부피 백분율(m/v) $= \dfrac{\text{용질의 질량(g)}}{\text{용액의 부피(mL)}} \times 100\%$
- 몰농도(M) $= \dfrac{\text{용질의 몰수}}{\text{용액의 부피(L)}}$

예: LiCl 17.1 g이 포함된 225 mL(0.225 L) LiCl 용액의 질량/부피 백분율(m/v)과 몰농도(M)를 계산하라.

답: 질량/부피 백분율(m/v) $= \dfrac{\text{용질의 질량(g)}}{\text{용액의 부피(mL)}} \times 100\%$

$$= \frac{\text{LiCl 17.1 g}}{\text{용액 225 mL}} \times 100\% = 7.60\%\ \text{(m/v) LiCl 용액}$$

$$\text{LiCl의 몰수} = \text{LiCl 17.1}\ \cancel{g} \times \frac{\text{LiCl 1 mol}}{\text{LiCl 42.39}\ \cancel{g}} = \text{LiCl 0.403 mol}$$

$$\text{몰농도(M)} = \frac{\text{용질의 몰수}}{\text{용액의 부피(L)}} = \frac{\text{LiCl 0.403 mol}}{\text{0.0225 L 용액}} = \text{1.79 M LiCl 용액}$$

▷ 농도를 변환 인자로 사용(12.4)

- 용질이나 용액의 양을 계산해야 할 때 용액의 농도를 변환 인자로 사용한다.
- 예를 들어 4.50 M HCl 용액의 농도는 HCl 4.50 mol이 용액 1 L에 녹아 있다는 의미이다. 두 가지 변환 인자를 사용할 수 있다.

$$\frac{\text{HCl 4.50 mol}}{\text{1 L 용액}} \quad \text{그리고} \quad \frac{\text{1 L 용액}}{\text{HCl 4.50 mol}}$$

예: 4.50 M HCl 용액 몇 mL가 HCl 41.2 g을 제공하는가

답: $\cancel{\text{HCl}}\ 41.2\ \cancel{g} \times \dfrac{\cancel{\text{HCl 1 mol}}}{\cancel{\text{HCl}}\ 36.46\ \cancel{g}} \times \dfrac{1\ \cancel{\text{L 용액}}}{\cancel{\text{HCl 4.50 mol}}} \times \dfrac{\text{1000 mL 용액}}{1\ \cancel{\text{L 용액}}} = \text{251 mL HCl 용액}$

▷ 용액의 화학 반응에서 반응물과 생성물 양 계산(12.6)

- 수용액에서 화학 반응이 일어날 때, 균형 반응식과 몰농도, 부피를 이용하여 각 반응물과 생성물의 몰수, 질량을 계산할 수 있다.

예: 1.20 M HCl 용액 0.315 L와 반응할 수 있는 아연 금속의 양(g)을 계산하라.

$$2HCl(aq) + Zn(s) \longrightarrow H_2(g) + ZnCl_2(aq)$$

답: $0.315\ \cancel{\text{L 용액}} \times \dfrac{\cancel{\text{HCl 1.20 mol}}}{1\ \cancel{\text{L 용액}}} \times \dfrac{\cancel{\text{Zn 1 mol}}}{\cancel{\text{HCl 2 mol}}} \times \dfrac{\text{Zn 65.41 g}}{\cancel{\text{Zn 1 mol}}}$

$= \text{Zn 12.4 g}$

▷ 용액의 어는점과 녹는점 계산(12.7)

- 용액에 녹아 있는 입자는 어는점을 내리고, 끓는점을 올리며, 삼투압을 증가시킨다.
- 어는점 내림은(ΔT_f)은 용액 안 입자의 몰랄농도(m)와 어는점 상수(K_f)에 따라 결정된다.

  $\Delta T_f = m \times K_f$

- 끓는점 오름(ΔT_b)은 용액 안 입자의 몰랄농도(m)와 끓는점 상수(K_b)에 따라 결정된다.

  $\Delta T_b = m \times K_b$

예: 강전해질인 KCl 1.5 mol이 물 1 kg에 녹았을 때 용액의 끓는점은?

답: 강전해질인 KCl 1.5 mol이 완전히 녹아 3.0 mol(K^+ 1.5 mol, Cl^- 1.5 mol)의 입자를 포함하게 되므로, 농도는 3.0 m 용액이다.

$$\Delta T_b = m \times K_b = 3.0\ \cancel{m} \times \frac{0.51\ ℃}{\cancel{m}} = 1.5\ ℃$$

$$T_{\text{용액}} = T_{\text{물}} + \Delta T_b = 100.0\ ℃ + 1.5\ ℃ = 101.5\ ℃$$

개념 이해 문제 _Understanding the Concepts

*각 문제 끝에 복습할 절을 괄호 안에 표시하였다.

12.5 다음 설명과 맞는 그림을 골라라. (12.1)

a. 극성 용질과 극성 용매
b. 비극성 용질과 극성 용매
c. 비극성 용질과 비극성 용매

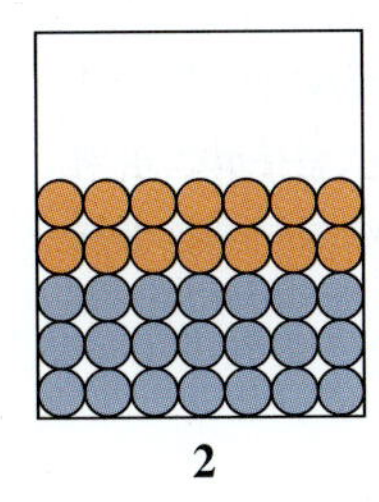

12.6 용액 **1**은 완전히 녹은 용액이다. 다음 변환을 위해서는 가열해야 하는가, 냉각해야 하는가? (12.3)

a. 2 → 3 **b. 2 → 1**

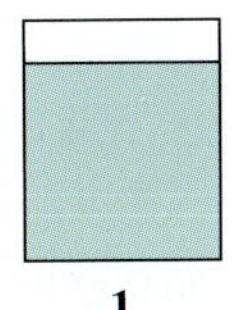

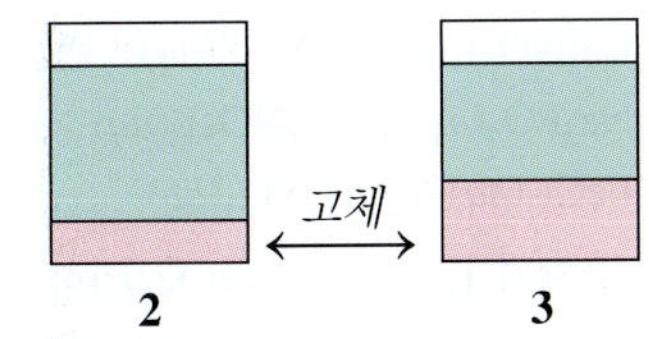

12.7 용질 ●●으로 이루어진 용액을 설명하는 그림을 골라라. (12.2)

a. 비전해질로 이루어진 용액
b. 약전해질로 이루어진 용액
c. 강전해질로 이루어진 용액

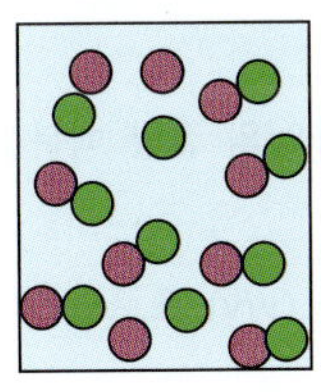

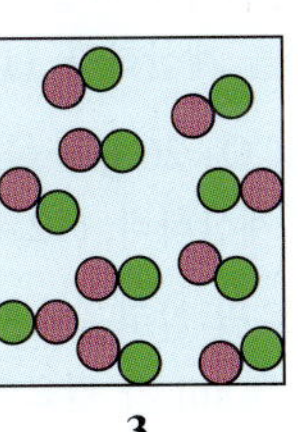

12.8 4% (m/m) KCl 용액을 다음 그림과 같이 희석시켰을 때 맞는 그림을 골라라. (12.5)

a. 2% (m/v) KCl 용액
b. 1% (m/v) KCl 용액

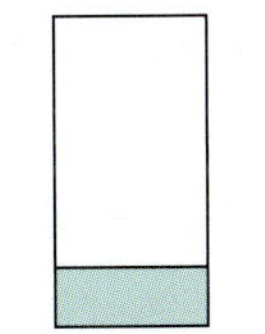

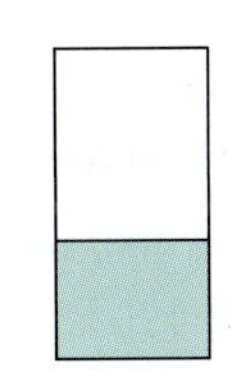

문제 12.9와 12.10에 대해 다음 비커와 용액 그림을 사용하라.

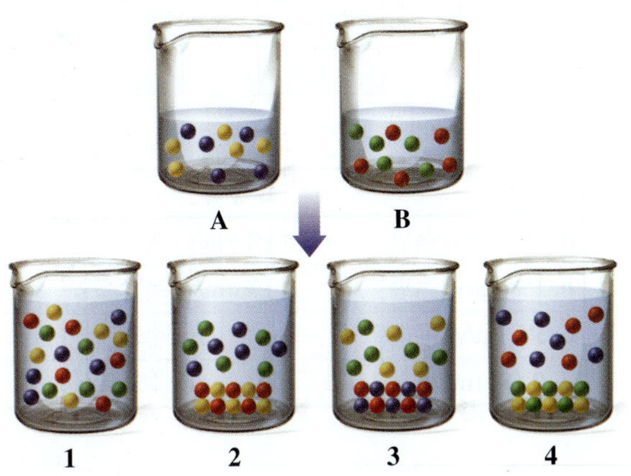

12.9 다음 이온을 사용하였을 때, (12.3)

a. 비커 **A**와 **B**를 섞었을 때 생성물을 포함한 비커는 **1**, **2**, **3**, **4** 중 어느 것인가?
b. 불용성 염이 생긴다면 이온 반응식을 써라.
c. 반응이 일어난다면 알짜 이온 반응식을 써라.

12.10 다음 이온을 사용하였을 때, (12.3)

a. 비커 **A**와 **B**를 섞었을 때 생성물을 포함한 비커는 **1**, **2**, **3**, **4** 중 어느 것인가?
b. 불용성 염이 생긴다면 이온 반응식을 써라.
c. 반응이 일어난다면 알짜 이온 반응식을 써라.

12.11 피클은 오이를 소금물에 담가 만든다. 매끈한 오이에 주름이 잡히는 이유는 무엇인가? (12.6)

12.12 샐러드에 있는 상추 잎에 소금이 들어 있는 비네그레트 드레싱을 첨가하면 왜 시들해지는가? (12.8)

12.13 **A**, **B** 두 구획 사이에 반투막이 위치하고 있다. **A**와 **B**의 높이가 처음에는 같았다면, 다음 **a~d**의 경우에 어떤 그림과 일치하겠는가? (12.8)

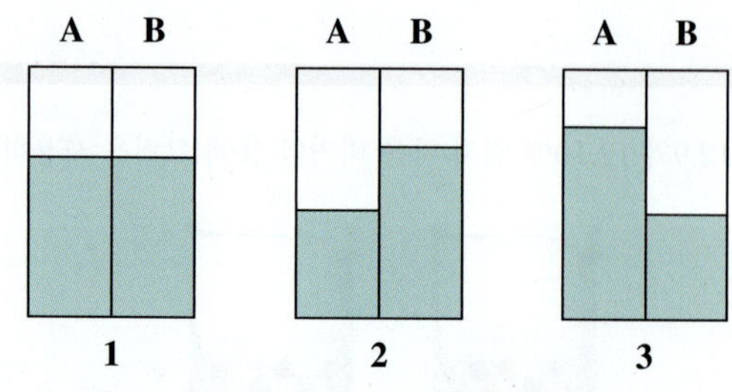

A 용액	B 용액
a. 2% (m/v) 녹말	8% (m/v) 녹말
b. 1% (m/v) 녹말	1% (m/v) 녹말
c. 5% (m/v) 수크로스	1% (m/v) 수크로스
d. 0.1% (m/v) 수크로스	1% (m/v) 수크로스

12.14 다음 a~e 용액에 적혈구를 넣었을 때 맞는 모양을 골라라. (12.8)

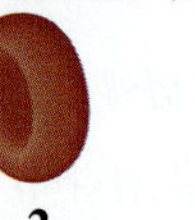

a. 0.9% (m/v) NaCl 용액
b. 10% (m/v) 글루코스 용액
c. 0.01% (m/v) NaCl 용액
d. 5% (m/v) 글루코스 용액
e. 1% (m/v) 글루코스 용액

추가 문제 _Additional Practice Problems

12.15 아이오딘(I_2)이 헥세인에는 녹고 물에는 녹지 않는 이유는 무엇인가? (12.1)

12.16 물에 대한 고체와 기체의 용해도에 온도와 압력이 미치는 영향을 설명하라. (12.3)

12.17 20 °C에서 H_2O 100. g에 KNO_3의 용해도는 32 g이다. 다음 혼합물이 포화인지 불포화인지 밝혀라. (12.3)

a. H_2O 200. g에 KNO_3 32 g 첨가
b. H_2O 50. g에 KNO_3 19 g 첨가
c. H_2O 150. g에 KNO_3 68 g 첨가

12.18 50. °C에서 H_2O 100. g에 염화 포타슘(KCl)의 용해도는 43 g이다. 다음 혼합물이 포화인지, 불포화인지 밝혀라. (12.3)

a. H_2O 100. g에 KCl 25 g 첨가
b. H_2O 25 g에 KCl 15 g 첨가
c. H_2O 150. g에 KCl 86 g 첨가

12.19 다음 각 이온 결합 화합물이 물에 녹는지 녹지 않는지 나타내라. (12.3)

a. KCl **b.** $MgSO_4$ **c.** CuS
d. $AgNO_3$ **e.** $Ca(OH)_2$

12.20 다음 각 이온 결합 화합물이 물에 녹는지 녹지 않는지 나타내라. (12.3)

a. $CuCO_3$ **b.** FeO **c.** $Mg_3(PO_4)_2$
d. $(NH_4)_2SO_4$ **e.** $NaHCO_3$

12.21 다음 용액을 섞었을 때 고체(이온 결합 화합물) 형성에 대한 알짜 이온 반응식을 써라. 고체가 형성되지 않으면 "없음"이라고 써라. (12.3)

a. $AgNO_3(aq)$와 $LiCl(aq)$
b. $NaCl(aq)$과 $KNO_3(aq)$
c. $Na_2SO_4(aq)$와 $BaCl_2(aq)$

12.22 다음 용액을 섞었을 때 고체(이온 결합 화합물) 형성에 대한 알짜 이온 반응식을 써라. 고체가 형성되지 않으면 "없음"이라고 써라. (12.3)

a. $Ca(NO_3)_2(aq)$와 $Na_2S(aq)$
b. $Na_3PO_4(aq)$와 $Pb(NO_3)_2(aq)$
c. $FeCl_3(aq)$와 $NH_4NO_3(aq)$

12.23 20 °C에서 H_2O 100. g에 NaCl의 용해도는 36.0 g이다. NaCl 80.0 g을 포함하는 포화 용액을 만들기 위해 필요한 물은 몇 그램인가? (12.3)

12.24 NaCl 포화 용액에 고체 NaCl이 계속 녹는다고 하자. 그러나 NaCl 용액의 농도가 변하지 않는 이유는 무엇인가? (12.3)

12.25 Na_2SO_4 15.5 g과 물 75.5 g을 포함하는 용액의 질량 백분율(m/m)를 계산하라. (12.4)

12.26 K_2CO_3 26 g과 물 724 g을 포함하는 용액의 질량 백분율(m/m)을 계산하라. (12.4)

12.27 프로필 알코올 4.5 mL를 얻으려면 12% (v/v) 프로필 알코올 용액 몇 mL가 필요한가? (12.4)

12.28 80도의 브랜디는 40.%(v/v) 에탄올 용액이다. 알코올 도수는 알코올 음료에 있는 알코올 백분율 농도의 2배이다. 브랜디 750. mL에 있는 알코올의 부피(mL)는 얼마인가? (12.4)

12.29 KOH 86.0 g을 얻기 위하여 12% (m/v) KOH 용액 몇 mL가 필요한가? (12.4)

12.30 글루코스 75 g을 얻기 위하여 5.0% (m/v) 글루코스 용액 몇 L가 필요한가? (12.4)

12.31 NaOH 용액 400. mL에 NaOH 8.0 g을 포함하는 용액의 몰농도(M)는 얼마인가? (12.4)

12.32 KCl 용액 274 mL에 KCl 15.6 g을 포함하는 용액의 몰농도(M)는 얼마인가? (12.4)

12.33 LiCl 15.2 g을 포함하는 1.75 M LiCl 용액의 부피(mL)는 얼마인가? (12.4)

12.34 NaBr 75.0 g을 포함하는 1.50 M NaBr 용액의 부피(mL)는 얼

마인가? (12.4)

12.35 KNO_3 60.0 g으로부터 2.50 M KNO_3 용액 몇 리터를 만들 수 있는가? (12.4)

12.36 4.00 M NaCl 용액 몇 리터가 NaCl 25.0 g을 제공할 수 있는가? (12.4)

12.37 다음 용액에서 용질 몇 g이 필요한가? (12.4)

a. 3.0 M $Al(NO_3)_3$ 용액 2.5 L
b. 0.50 M $C_6H_{12}O_6$ 용액 75 mL
c. 1.80 M LiCl 용액 235 mL

12.38 다음 각 용액에 들어 있는 용질의 그램 수를 구하라. (12.4)

a. 0.450 M K_2CO_3 용액 0.428 L
b. 2.50 M $AgNO_3$ 용액 10.5 mL
c. 6.00 M H_3PO_4 용액 28.4 mL

12.39 물을 넣어 다음과 같이 희석하였을 때 용액의 몰농도(M)를 구하라. (12.5)

a. 0.200 M NaBr 용액 25.0 mL를 50.0 mL로 희석하였다.
b. 12.0% (m/v) K_2SO_4 용액 15.0 mL를 40.0 mL로 희석하였다.
c. 6.00 M NaOH 용액 75.0 mL를 255 mL로 희석하였다.

12.40 물을 넣어 다음과 같이 희석하였을 때 용액의 몰농도(M)를 구하라. (12.5)

a. 18.0 M HCl 용액 25.0 mL를 500. mL로 희석하였다.
b. 15.0% (m/v) NH_4Cl 용액 50.0 mL를 125 mL로 희석하였다.
c. 8.50 M KOH 용액 4.50 mL를 75.0 mL로 희석하였다.

12.41 다음 희석된 용액의 초기 부피(mL)를 계산하라. (12.5)

a. 10.0% (m/v) HCl 용액을 3.0% (m/v) 250 mL로 희석하였다.
b. 5.0% (m/v) NaCl 용액을 0.90% (m/v) 500. mL로 희석하였다.
c. 6.00 M NaOH 용액을 2.00 M 350. mL로 희석하였다.

12.42 다음 희석된 용액의 초기 부피(mL)를 계산하라. (12.5)

a. 20.% (m/v) 글루코스 용액을 5.0% (m/v) 250 mL로 희석하였다.
b. 5.0% (m/v) $CaCl_2$ 용액을 1.0% (m/v) 45.0 mL로 희석하였다.
c. 18.0 M H_2SO_4 용액을 6.00 M 100. mL로 희석하였다.

12.43 다음 각 용액 25.0 mL을 다음 용액으로 희석하였을 때 최종 부피(mL)를 구하라. (12.5)

a. 10.0% (m/v) HCl 용액을 2.50% (m/v) 용액으로 희석
b. 5.00 M HCl 용액을 1.00 M 용액으로 희석
c. 6.00 M HCl 용액을 0.500 M 용액으로 희석

12.44 다음 각 5.00 mL 용액을 다음 용액으로 희석하였을 때 최종 부피(mL)를 구하라. (12.5)

a. 20.0% (m/v) NaOH 용액을 4.00% (m/v) 용액으로 희석
b. 0.600 M NaOH 용액을 0.100 M 용액으로 희석
c. 16.0% (m/v) NaOH 용액을 2.00% (m/v) 용액으로 희석

12.45 제산제 암포젤에는 수산화 알루미늄[$Al(OH)_3$]이 들어 있다. 2.00 M $Al(OH)_3$ 용액 60.0 mL와 반응하는 데 필요한 6.00 M HCl의 부피(mL)를 구하라. (12.6)

$$3HCl(aq) + Al(OH)_3(s) \longrightarrow 3H_2O(l) + AlCl_3(aq)$$

12.46 카드뮴은 HCl과 반응하여 염화 카드뮴과 수소 기체를 발생한다. HCl 용액 250. mL가 과량의 카드뮴과 반응하여 STP 상태에서 H_2 기체 4.20 L를 생성했을 때 HCl 용액의 몰농도를 구하라. (12.6)

$$2HCl(aq) + Cd(s) \longrightarrow H_2(g) + CdCl_2(aq)$$

12.47 다음 각 용액의 어는점을 계산하라. (12.7)

a. 비전해질인 락토스 0.580 mol을 물 1.00 kg에 녹였을 때
b. 강전해질인 KCl 45.0 g을 물 1.00 kg에 녹였을 때
c. 강전해질인 K_3PO_4 1.5 mol을 물 1.00 kg에 녹였을 때

12.48 다음 각 용액의 끓는점을 계산하라. (12.7)

a. 비전해질인 글루코스($C_6H_{12}O_6$) 175 g을 물 1.00 kg에 녹였을 때
b. 강전해질인 $CaCl_2$ 1.8 mol을 물 1.00 kg에 녹였을 때
c. 강전해질인 $LiNO_3$ 50.0 g을 물 1.00 kg에 녹였을 때

응용 문제

12.49 암포젤 같은 제산제 알약은 과량으로 분비된 위산(0.20 M HCl)을 제어한다. 암포젤 알약 하나에 $Al(OH)_3$ 450 mg이 들어 있다면, 몇 mL의 위산 용액을 중화할 수 있는가? (12.6)

$$3HCl(aq) + Al(OH)_3(s) \longrightarrow 3H_2O(l) + AlCl_3(aq)$$

12.50 탄산 칼슘($CaCO_3$)은 다음 반응식에 따라 위산(HCl)과 반응한다. (12.6)

$$2HCl(aq) + CaCO_3(s) \longrightarrow CO_2(g) + H_2O(l) + CaCl_2(aq)$$

제산제 텀스 1정에는 $CaCO_3$ 500.0 mg이 들어 있다. 텀스 1정을 0.400 M HCl 용액 20.0 mL에 가하면 STP 상태에서 CO_2 기체 몇 리터(L)가 발생하겠는가?

생각해 보기의 답 _Answers to Engage Questions

12.1 균일한 파란색은 용질 입자가 용매 입자 사이에 고르게 분산되어 있음을 나타낸다.

12.2 KCl은 극성 용질이고, 물은 극성 용매이다.

12.3 수용액에서 $LiNO_3$와 같은 강전해질은 Li^+와 NO_3^- 이온으로 해리되는 반면 CH_4N_2O와 같은 극성 비전해질은 분자로만 용해된다.

12.4 $NaNO_3$의 용해도는 20 °C에서 85 g/100 g H_2O이고, 60°C에서 120 g/100 g H_2O이다.

12.5 K^+가 가용성 양이온이어서 어떤 화합물이든 가용성을 만들기 때문에 K_2S는 물에 용해된다.

12.6 각 시험관에는 용해되지 않는 화합물을 형성하는 양이온이나 음이온 또는 둘 다가 들어있다.

12.7 Pb^{2+}와 Br^-가 조합되면 불용성 화합물이 형성된다.

12.8 용액의 질량 백분율(m/m)은 용액 정확히 100 g 중 용질의 질량과 같다. 용액의 질량과 백분율 계수(g 용질/100. g 용액)를 곱하여 용질의 질량(g)을 얻는다.

12.9 용액의 질량/부피 백분율 단위는 용액 100. mL 중 용질의 그램수이다. 3.0% 용액은 용액 100. mL 중 용질 3.0 g을 포함한다.

12.10 용액 4.00 L 중 KCl 2.0 mol은 2.0 mol/4.0 L = 0.50 mol/L = 0.50 M이다.

12.11 희석하는 동안 부피가 증가하면 KCl의 mol/L 농도는 감소한다.

12.12 $\dfrac{\text{HCl } 2.00 \text{ mol}}{\text{용액 } 1 \text{ L}}$, $\dfrac{\text{CaCO}_3 \text{ } 1 \text{ mol}}{\text{HCl } 2.00 \text{ mol}}$, $\dfrac{\text{CaCO}_3 \text{ } 100.09 \text{ g}}{\text{CaCO}_3 \text{ } 1 \text{ mol}}$

12.13 현탁액 입자는 매우 커서 여과로 분리할 수 있다. 콜로이드는 더 작기 때문에 콜로이드와 용질을 분리하기 위해서는 반투과성 막이 필요하다.

12.14 KBr 1 *m* 용액에는 물 1 L에 입자(K^+와 Br^-) 2 mol이 들어 있는 반면, 비전해질인 요소 1 m 용액은 물 1 L에 분자 1 mol이 들어 있다. 따라서 입자(KBr) 2 mol은 입자(요소) 1 mol보다 물의 어는점을 낮춘다.

12.15 4% NaCl 용액은 고장액이다. 이 용액에서는 적혈구가 찌그러진다.

선택된 문제의 답 _Answers to Selected Problems

12.1 클로르프로마진 용액 3.0 mL

12.3 $CaCl_2$ 0.50 g

12.5 **a.** 1 **b.** 2 **c.** 1

12.7 **a.** 3 **b.** 1 **c.** 2

12.9 **a.** 3번 비커

b. $Na^+(aq) + Cl^-(aq) + Ag^+(aq) + NO_3^-(aq) \longrightarrow AgCl(s) + Na^+(aq) + NO_3^-(aq)$

c. $Ag^+(aq) + Cl^-(aq) \longrightarrow AgCl(s)$

12.11 오이의 표면이 반투막과 같은 역할을 하여, 안쪽에 있는 더 묽은 용액이 소금물 용액 쪽으로 흐른다.

12.13 **a.** 2 **b.** 1 **c.** 3 **d.** 2

12.15 아이오딘은 비극성 분자이므로 비극성 용매인 헥세인에 녹는다. 물은 극성 용매이므로 아이오딘은 물에는 녹지 않는다.

12.17 **a.** 불포화 용액 **b.** 포화 용액 **c.** 포화 용액

12.19 **a.** 녹음 **b.** 녹음 **c.** 녹지 않음 **d.** 녹음 **e.** 녹지 않음

12.21 **a.** $Ag^+(aq) + Cl^-(aq) \rightarrow AgCl(s)$

b. 없음

c. $Ba^{2+}(aq) + SO_4^{2-}(aq) \longrightarrow BaSO_4(s)$

12.23 물 222 g

12.25 Na_2SO_4 용액 17.0% (m/m)

12.27 프로필 알코올 용액 38 mL

12.29 KOH 용액 0.72 L

12.31 0.500 M NaOH 용액

12.33 LiCl 용액 205 mL

12.35 KNO_3 용액 0.237 L

12.37 **a.** $Al(NO_3)_3$ 1600 g **b.** $C_6H_{12}O_6$ 6.8 g **c.** LiCl 17.9 g

12.39 **a.** 0.100 M NaBr 용액 **b.** 4.50% (m/v) K_2SO_4 용액 **c.** 1.76 M NaOH 용액

12.41 **a.** 10.0% (m/v) HCl 용액 75 mL

b. 5.0% (m/v) NaCl 용액 90. mL

c. 6.00 M NaOH 용액 117 mL

12.43 **a.** 100. mL **b.** 125 mL **c.** 300. mL

12.45 HCl 용액 60.0 mL

12.47 **a.** −1.08 °C **b.** −2.25 °C **c.** −11 °C

12.49 HCl 용액 87 mL

반응 속도와 화학 평형

Reaction Rates and Chemical Equilibrium

제 13 장

화학해양학자인 피터는 용해된 기체, 특히 대서양에서의 이산화 탄소(CO_2)의 양과 관련된 자료를 수집하고 있다. 연구에 의하면, 대기 중 CO_2는 18세기 이후 최대 25% 증가했다고 하는데, 이는 그 영향에 관한 과학적 논쟁으로 이어졌다. 피터의 연구는 바다에 용해되어 있는 CO_2의 양을 측정하고 그 영향을 알아내는 것이다. 바다는 기체, 원소, 광물, 유기물질 및 과립 등 많은 다른 화합물들의 복잡한 혼합물이다. 피터는 CO_2를 HCO_3^-로 전환하는 일련의 평형 반응을 통해 CO_2가 바다에 흡수된다는 것은 알고 있다.

$$CO_2(g) + H_2O(l) \rightleftharpoons HCO_3^-(aq) + H^+(aq)$$

평형 반응은 가역 반응으로, 생성물과 반응물이 동시에 존재하는 반응을 말한다. 평형 반응이 르샤틀리에 원리에 따라 이동하기 때문에, CO_2 농도가 증가하면 결국 산호초나 조개껍데기를 형성하는 탄산 칼슘($CaCO_3$)의 용해량이 증가할 수 있다.

› 관련 직업

화학해양학자

화학해양학자는 해양화학자라고도 하며, 바다에 관련된 화학을 연구한다. 해양화학의 한 분야에서는 어떻게 화학물질이나 오염 물질이 바다로 유입되어 영향을 미치는지를 연구한다. 이러한 물질에는 하수 오물, 기름이나 연료, 화학비료, 그리고 빗물에 의해 넘친 배수가 포함된다. 해양학자들은 이러한 화학물질들이 어떻게 바닷물, 해양생물 및 침전물과 상호작용하는지를 분석한다. 이러한 화학물질들은 바다의 변화한 환경 조건에 따라 상이하게 거동하기 때문이다. 화학해양학자들은 다양한 원소들이 바다 내부에서 어떻게 재활용되는지도 연구한다. 예를 들어, 해양학자들은 결국 심해로 전달되는 이산화 탄소가 얼마나 많이 그리고 얼마나 빨리 해수면에서 흡수되는지를 정량적으로 측정한다. 화학해양학자들은 해양공학자들이 자료를 수집하고, 지금까지 알려지지 않은 해양생물체를 발견하는 데 사용되는 기기나 용기를 개발하는 데에도 도움을 준다.

UPDATE *바다에서의 CO_2 평형*

피터는 바닷물의 산도의 변화가 산호초에 미치는 영향을 연구한다. 대양에 녹아 있는 CO_2가 어떻게 pH를 변화시키는지에 관해 378쪽의 **UPDATE 바다에서의 CO_2 평형**을 읽어 보라.

이 장의 차례

13.1 반응 속도

학습 목표 온도, 농도, 촉매가 어떻게 반응 속도에 영향을 미치는지 설명할 수 있다.

앞에서 화학 반응을 살펴보고 반응하는 물질과 생성되는 생성물의 양을 결정하였다. 이제 반응이 얼마나 빨리 진행되는지 살펴보자. 약이 몸에 얼마나 빨리 작용하는지를 안다면 약을 복용하는 시간을 조절할 수 있을 것이다. 폭발이나 용액에서의 침전 형성 같은 반응은 매우 빠르다. 칠면조를 굽거나 케이크를 구울 때 반응은 느리다. 은의 변색이나 신체의 노화 같은 반응은 훨씬 더 느리다(**그림 13.1** 참조). 어떤 반응에서는 에너지가 필요하지만 어떤 반응에서는 에너지가 생성되는지는 이미 보아 왔다. 또한 이 장에서는 반응물이나 생성물 농도의 변화가 반응 속도에 미치는 영향을 살펴볼 것이다.

그림 13.1 ▸ 반응 속도는 일상생활의 여러 과정에서 매우 다르다. 바나나는 며칠 만에 숙성되고, 은은 몇 달이 걸려서 변색되지만, 사람의 노화 과정은 수십 년에 걸쳐 일어난다.

어떤 화학 반응이 일어나려면 반응물 분자가 서로 접촉해야 한다. **충돌 이론**(collision theory)에 따르면 분자들이 충분한 에너지를 가지고 적절한 방향으로 충돌할 때 반응이 일어난다고 한다. 많은 충돌이 일어나지만, 실제로는 아주 소수만이 생성물로 변한다. 예를 들어, 질소와 산소 분자의 반응을 생각해 보자(**그림 13.2** 참조). 생성물인 산화 질소를 형성하기 위해서는 원자들이 적절한 방향으로 정렬된 상태에서 N_2와 O_2 분자의 충돌이 일어나야 한다. 분자들이 적당한 방향으로 정렬되지 않는다면 반응은 일어나지 않는다.

활성화 에너지

충돌이 적당한 방향을 가져도 충분한 에너지가 있어야 반응물 원자들 사이의 결합이 끊어질 수 있다. **활성화 에너지**(activation energy)는 반응물 원자 사이의 결합을 끊는 데 필요한 에너지이다. 활성화 에너지 개념은 언덕을 오르는 것과 비슷하다. 반대쪽에 있는 목적지에 도달하기 위해서는 언덕 정상에 오를 수 있는 에너지를 가져야 한다. 일단 정상에 오르면 반대편으로 뛰어 내려갈 수 있다. 출발점으로부터 언덕 정상에 이르는 데 필요한 에너지가 활성화 에너지이다.

충돌이 반응물을 에너지 언덕의 정상으로 밀어 올리는 데 충분한 에너지를 제공해야 한다. 그렇게 되면 반응물은 생성물로 전환될 수 있다. 충돌에 의해 공급되는 에너지가 활성화

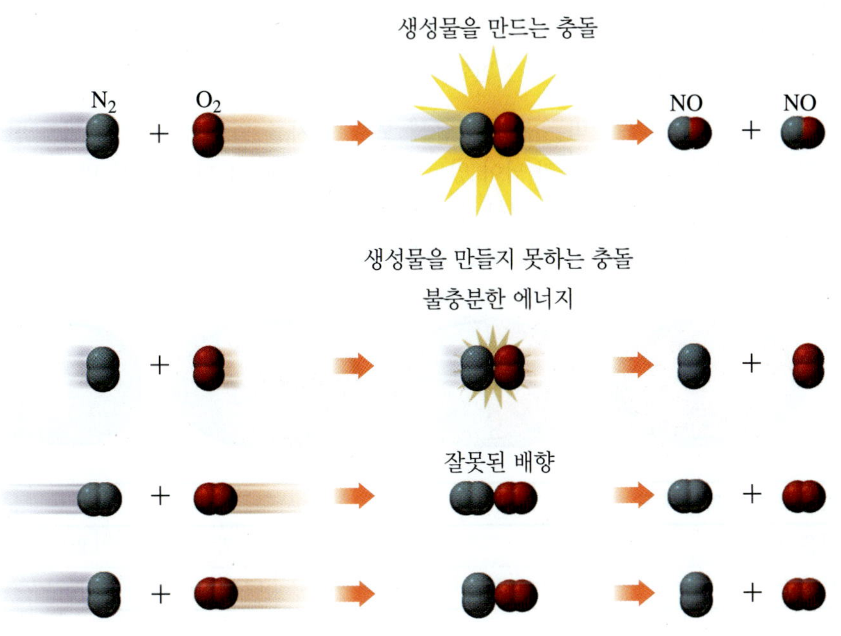

그림 13.2 ▸ 생성물을 만들려면 반응하는 분자들이 반드시 충돌하되, 최소한의 에너지를 가지고, 적절한 배향을 이루어야 한다.

에너지보다 작다면 분자들은 서로 튕겨나갈 뿐 반응이 일어나지 않는다. 성공적인 반응에 필요한 특징을 다음에 요약하였다(**그림 13.3** 참조).

생각해 보기 13.1

반응하는 분자들이 충돌할 때 적절한 배향을 갖지만, 최소 활성화 에너지를 갖지 못한다면 어떤 일이 일어나는가?

반응이 일어나는 데 필요한 3가지 조건

1. **충돌** 반응물이 충돌해야 한다.
2. **배향** 결합이 끊어지고 생성되기에 적절한 방향으로 반응물이 정렬해야 한다.
3. **에너지** 충돌이 활성화 에너지를 제공해야 한다.

반응 속도

반응 속도(rate of reaction)는 소모되는 반응물의 양을 측정하거나 생성되는 생성물의 양을 특정 시간 동안 측정하여 결정한다.

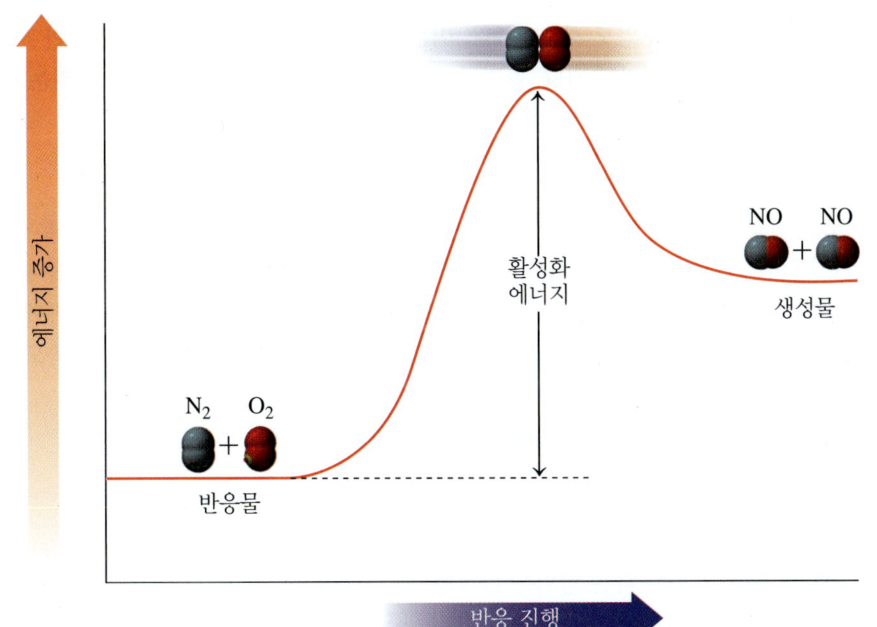

그림 13.3 ▸ 활성화 에너지는 충돌하는 분자가 생성물로 전환되는 데 필요한 최소 에너지이다.

$$\text{반응 속도} = \frac{\text{반응물 또는 생성물의 농도 변화}}{\text{시간 변화}}$$

반응 속도를 피자를 먹는 것에 비유해 보자. 피자를 먹기 시작할 때 피자 한 판 전체가 있다. 시간이 지나감에 따라 남아 있는 피자 조각은 줄어든다. 피자를 먹는 데 걸리는 시간을 알면 피자를 먹는 속도를 구할 수 있다. 8분마다 4조각을 먹는다고 가정해 보자. 이는 1분 동안 ½ 조각을 먹은 것이다. 16분 후에는 피자 8조각을 모두 먹을 것이다.

피자 조각을 먹는 속도				
먹은 조각 수	0	4조각	6조각	8조각
시간(분)	0	8분	12분	16분

반응 속도에 영향을 미치는 요소

활성화 에너지가 작은 반응은 활성화 에너지가 큰 반응보다 더 빨리 진행된다. 어떤 반응은 매우 빠르고, 어떤 반응은 매우 느리다. 어떤 반응이라도 반응 속도는 온도, 반응물의 농도, 촉매의 첨가에 의해 영향을 받는다.

온도

생각해 보기 13.2

온도가 상승하면 반응 속도는 왜 증가할까?

온도가 높아지면 운동 에너지가 증가하여 반응물들이 더 빨리 움직이고 더 자주 충돌하게 되어, 필요한 활성화 에너지를 갖는 충돌도 더 많아진다. 온도가 10 °C 증가할 때마다 대부분의 반응 속도는 약 2배가 된다. 요리를 빨리하고 싶다면 열을 더 가하여 온도를 올리면 된다. 체온이 올라가면 맥박 수, 호흡 수, 대사 속도가 빨라진다. 극한의 열에 노출되면 *열사병*(heat stroke)에 걸릴 수 있는데, 체온이 40.5 °C(105 °F) 이상이 되면 발생하는 상태이다. 신체가 온도 조절 능력을 상실하고, 체온이 계속 상승하면, 뇌와 장기 손상을 초래할 수 있다. 반면 온도를 내리면 반응이 느려진다. 상할 수 있는 음식을 냉장 보관하여 오래 보존하는 것이 그 예이다. 어떤 심장 수술에서는 체온을 28 °C로 낮춰서 심장 박동을 중지시키고, 뇌가 필요로 하는 산소의 양도 감소시킨다. 이는 차가운 호수에 오랫동안 빠져 있던 사람들이 생존할 수 있는 이유이기도 하다. 고열이나 열사병에 걸린 사람들의 체온을 내리는 데 차가운 물이나 얼음 팩을 사용하기도 한다.

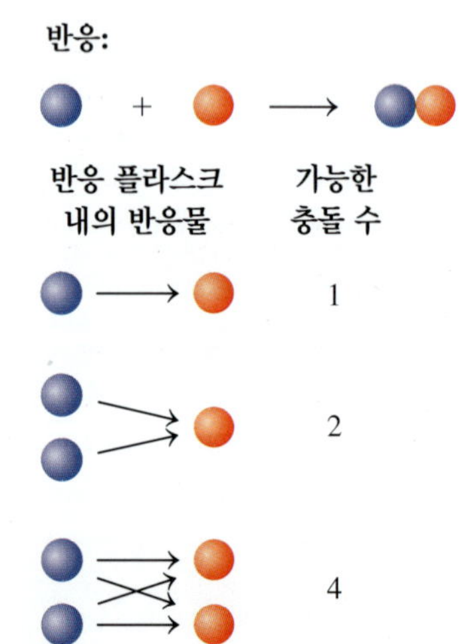

그림 13.4 ▸ 반응물의 농도를 증가시키면, 가능한 충돌 수가 증가한다.

반응물의 농도

거의 모든 반응에서 반응물의 농도가 증가하면 반응 속도도 증가한다. 반응하는 분자들이 많으면 충돌이 더 많이 일어나고 반응은 더 빨리 진행한다(**그림 13.4** 참조). 예를 들어 호흡 곤란이 있는 환자에게는 대기보다 더 많은 산소가 들어 있는 호흡용 기체를 준다. 폐에서 산소 분자 수가 증가하면 헤모글로빈과 결합하는 속도가 증가한다. 혈액의 산소화 속도가 증가하면 환자가 호흡을 쉽게 할 수 있게 된다.

$$\underset{\text{헤모글로빈}}{Hb(aq)} + \underset{\text{산소}}{O_2(g)} \longrightarrow \underset{\text{옥시헤모글로빈}}{HbO_2(aq)}$$

촉매

반응 속도를 빠르게 하는 다른 방법은 *활성화 에너지*(energy of activation)를 낮추는 것이다. 활성화 에너지는 반응하는 분자들의 결합을 끊는 데 필요한 최소한의 에너지이다. 충돌이 활성화 에너지보다 낮은 에너지를 제공하면 결합은 끊어지지 않고 반응 분자들은 그냥 튕겨 나간다. **촉매**(catalyst)는 활성화 에너지가 낮은 다른 경로를 제공하여 반응 속도를 빠르게 한다. 활성화 에너지가 낮아지면 더 많은 충돌들이 반응물이 생성물로 변하게 하는 데 충분한 에너지를 공급할 것이다. 반응이 일어나는 동안 촉매는 변하거나 소모되지 않는다.

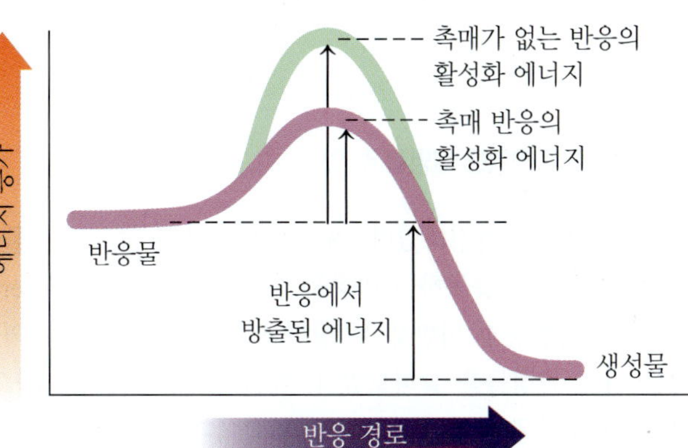

촉매가 활성화 에너지를 낮추면 반응이 더 빠른 속도로 일어난다.

생각해 보기 13.3

반응물의 농도를 감소시키면, 왜 반응 속도가 감소하는가?

촉매는 산업에서 많은 용도로 쓰인다. 마가린을 만들 때 식물성 기름에 수소(H_2)를 첨가한다. 보통 이 반응은 활성화 에너지가 높기 때문에 매우 느리다. 하지만 백금(Pt)을 촉매로 첨가하면 반응이 빨리 일어난다. 몸에서는 *효소*(enzyme)라고 하는 생촉매가 대부분의 대사 반응을 정상적인 세포 활동에 필요한 속도로 진행하게 한다. 효소는 세제에도 첨가되어 단백질(프로테이즈, protease), 녹말(아밀레이즈, amylase), 또는 기름때(리페이즈, lipase)를 분해하기도 한다. 이러한 효소들은 낮은 온도에서도 기능을 하기 때문에, 가정용 세탁기에서 사용할 수 있으며, 생분해성이기도 하다.

반응 속도에 영향을 미치는 요소들을 **표 13.1**에 요약하였다.

표 13.1 > 반응 속도를 증가시키는 요인들

요인	이유
온도 상승	충돌 수 증가, 활성화 에너지를 넘는 충돌 수 증가
반응물 농도 증가	충돌 수 증가
촉매 첨가	활성화 에너지 감소

예제 13.1 반응 속도에 영향을 미치는 요인들

먼저 해 보기!

다음 변화가 반응 속도를 증가시키는지, 감소시키는지, 아니면 아무런 영향이 없는지 설명하라.

a. 온도 증가
b. 반응 분자 수 감소
c. 촉매 첨가

풀이

a. 더 높은 온도에서는 입자들의 운동 에너지가 증가하고, 이는 충돌 수를 증가시켜 효과적인 충돌이 많아지게 하여 반응 속도를 증가시킨다.
b. 반응 분자 수가 감소하면, 충돌 수가 감소하여 반응 속도가 감소한다.
c. 촉매가 첨가되면, 활성화 에너지가 감소하여 생성물을 형성하는 충돌 수가 증가하고 반응 속도가 증가한다.

확인 문제 13.1

a. 환자에게 아이스팩을 사용하면 신체의 대사 속도에 어떤 영향을 미치는가?
b. 반응물을 첨가하면 반응 속도에 어떤 영향을 미치는가?

답

a. 체온을 내리면 대사 속도가 감소한다.

b. 반응물을 더 넣으면 반응 속도는 증가한다.

반응이 진행되면서 정반응 속도는 감소하고, 역반응 속도는 증가한다. 평형에서, 정반응과 역반응 속도는 같다.

반응물과 생성물의 농도가 더 이상 변하지 않을 때, 평형에 도달한다.

13.2 화학 평형

학습 목표 가역 반응의 개념을 사용하여 화학 평형을 설명할 수 있다.

앞에서는 모든 반응물이 생성물로 전환된다고 가정하였다. 하지만 대부분의 경우 반응물이 완전히 생성물로 전환되지는 않는다. 생성물이 충돌하여 반응물을 형성하는 *역반응*(reverse reaction)이 일어나기 때문이다. 반응이 정반응과 역반응 두 방향 모두로 진행할 때 *가역적*(reversible)이라고 한다. 이미 다른 가역 과정들을 살펴보았다. 예를 들면, 고체가 녹아 액체가 형성되고, 액체가 얼어 고체가 되는 것은 가역적인 물리적 변화이다. 일상에서도 가역적 사건이 일어난다. 집에서 학교에 가고 학교에서 집으로 돌아간다. 에스컬레이터를 타고 위로 올라갔다가 다시 내려온다. 은행에 돈을 입금하고 출금한다.

정반응과 역반응에 대한 비유는 다음과 같은 말로 할 수 있다. "식품 가게에 갈 것이다." 여기서는 한 방향으로의 이동만 말하였지만, 식품 가게에서 집으로 돌아올 것이라는 것을 안다. 식품 가게에 다녀오는 것은 정방향과 역방향이 있기 때문에 가역 과정이라고 말할 수 있다. 식품 가게에서 영원히 머무를 가능성은 별로 없다.

식품 가게에 다녀오는 것을 가역 반응의 다른 면을 설명하는 데 사용할 수 있다. 식품 가게는 가까이에 있어 주로 걸어간다. 하지만 우리 속도를 변화할 수 있다. 어느 날 차를 타고 가게에 간다면 속도가 빨라져 가게에 더 빨리 도착할 것이다. 차를 타면 집에 돌아오는 속도도 빨라지게 될 것이다.

가역적 화학 반응

가역 반응(reversible reaction)은 정방향과 역방향으로 양쪽 모두 진행한다. 이것은 반응 속도가 두 개임을 뜻한다. 하나는 정반응 속도이고, 다른 하나는 역반응 속도이다. 분자들이 반응하기 시작할 때, 정반응 속도는 역반응 속도보다 빠르다. 반응물이 소모되고 생성물이 누적되면서, 정반응 속도는 감소하고 역반응 속도는 증가한다.

평형

결국 정반응 속도와 역반응 속도가 같아진다. 생성물이 반응물을 형성하는 속도로 반응물이 생성물을 형성한다. 두 반응이 크기는 같고 방향은 반대로 계속되지만, 반응물과 생성물의 농도는 더 이상 변화하지 않을 때, 반응은 **화학 평형**(chemical equilibrium)에 도달한다.

평형에서:

- 정반응 속도와 역반응 속도가 같다.
- 속도는 같고 방향이 반대인 두 반응이 계속되지만, 반응물과 생성물의 농도는 더 이상 변하지 않는다.

생각해 보기 13.4

평형에 도달하기 전에는, 반응물의 농도가 왜 감소하는가?

생각해 보기 13.5

화학 반응이 평형에 도달하면, 정반응과 역반응의 속도는 어떻게 비교되는가?

H_2와 I_2의 반응이 평형을 향해 진행하는 과정을 살펴보자. 초기에는 H_2와 I_2만 존재한다. 곧, 정반응에 의해 HI 분자가 몇 개 생긴다. 시간이 좀 더 지나면 HI 분자가 더 많이 생긴다. HI 농도가 증가하게 되면서, 더 많은 HI 분자들이 충돌하고 역반응이 일어난다. HI가 더 많이 생길수록 역반응 속도는 증가하고 정반응 속도는 감소한다. 결국, 두 반응 속도는 같아

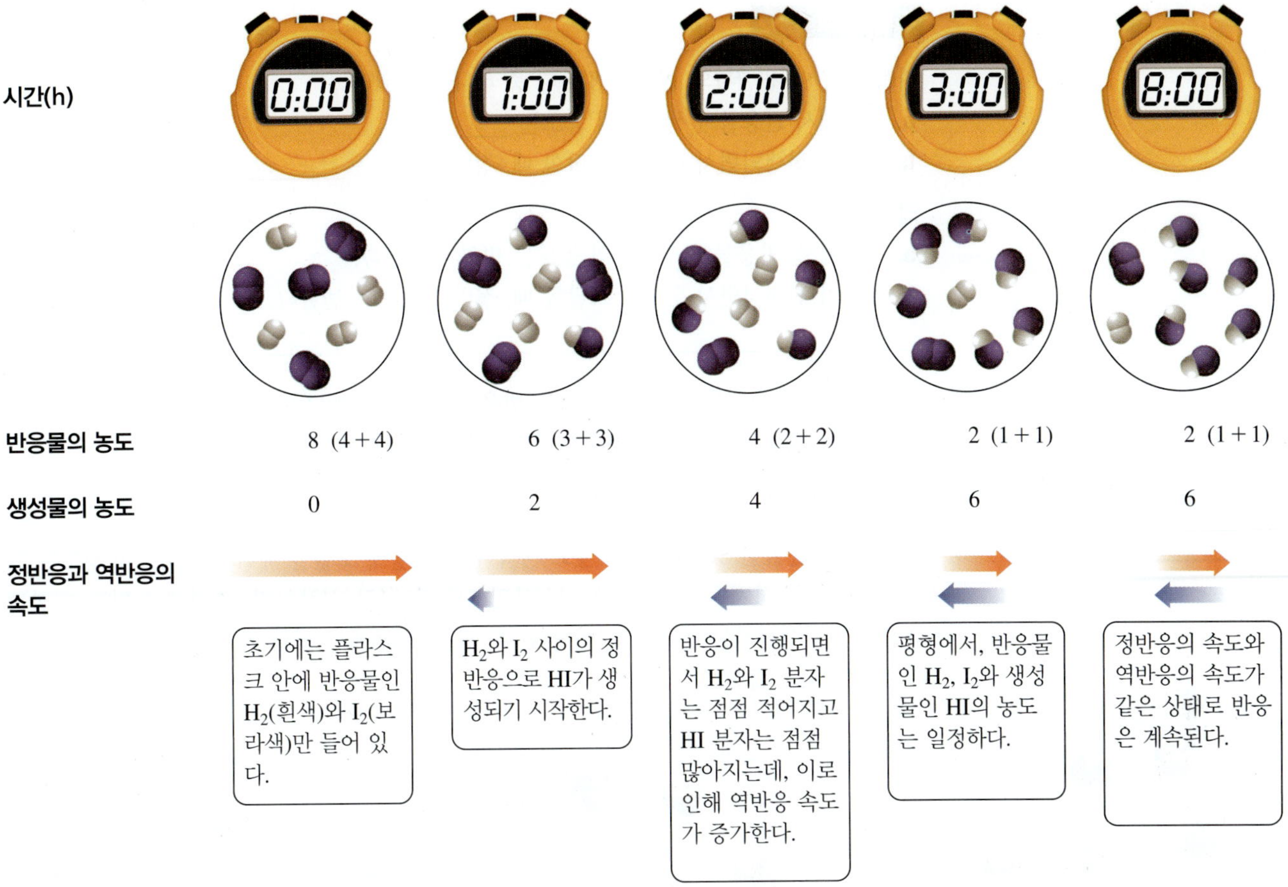

시간(h)	0:00	1:00	2:00	3:00	8:00
반응물의 농도	8 (4 + 4)	6 (3 + 3)	4 (2 + 2)	2 (1 + 1)	2 (1 + 1)
생성물의 농도	0	2	4	6	6
정반응과 역반응의 속도	초기에는 플라스크 안에 반응물인 H_2(흰색)와 I_2(보라색)만 들어 있다.	H_2와 I_2 사이의 정반응으로 HI가 생성되기 시작한다.	반응이 진행되면서 H_2와 I_2 분자는 점점 적어지고 HI 분자는 점점 많아지는데, 이로 인해 역반응 속도가 증가한다.	평형에서, 반응물인 H_2, I_2와 생성물인 HI의 농도는 일정하다.	정반응의 속도와 역반응의 속도가 같은 상태로 반응은 계속된다.

그림 13.5 ▸ 반응물과 생성물의 농도 변화

지고 평형에 도달한다. 평형에서 농도는 일정하지만 정반응과 역반응은 계속해서 일어난다. 정반응과 역반응은 보통 이중 화살표를 이용하여 하나의 반응식으로 나타낸다. 가역 반응은 동시에 일어나는 두 반대 방향의 반응이다(**그림 13.5**).

$$H_2(g) + I_2(g) \underset{\text{역반응}}{\overset{\text{정반응}}{\rightleftarrows}} 2HI(g)$$

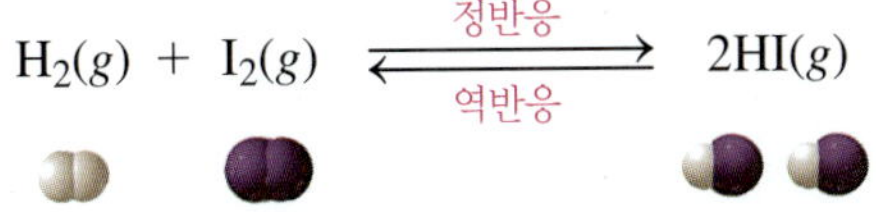

예제 13.2 반응 속도와 평형

먼저 해 보기!

다음 빈 칸에 *변한다*, *변하지 않는다*, *더 빠르다*, *더 느리다*, *같다*, *같지 않다* 중 하나를 채워라.

a. 평형에 도달하기 전, 반응물과 생성물의 농도는 ______________.

b. 초기에, 용기에 들어 있는 반응물의 반응 속도는 생성물의 반응 속도보다 __________.

c. 평형에서, 정반응 속도와 역반응 속도는 ______________.

풀이

a. 평형에 도달하기 전, 반응물과 생성물의 농도는 *변한다*.

b. 초기에, 용기에 들어 있는 반응물의 반응 속도는 생성물의 반응 속도보다 *빠르다*.

c. 평형에서, 정반응 속도와 역반응 속도는 *같다*.

확인 문제 13.2

다음 빈 칸을 *변한다*와 *변하지 않는다* 중 하나로 채워라.

a. 평형에서 반응물과 생성물의 농도는 ________.

b. 반응이 진행되면서 평형에 도달할 때, 정반응 속도는 ________.

답

a. 평형에서, 반응물과 생성물의 농도는 *변하지 않는다*.

b. 반응이 진행되면서 평형에 도달할 때, 정반응 속도는 *변한다*.

반응물이나 생성물만으로 시작하는 반응을 준비할 수도 있다. 정반응과 역반응에서 초기 반응물과 형성되는 평형 혼합물을 살펴보자(**그림 13.6** 참조).

$$2SO_2(g) + O_2(g) \rightleftharpoons 2SO_3(g)$$

용기 안에 반응물인 SO_2와 O_2만 넣고 시작하면, 평형에 도달할 때까지 SO_3를 형성하는 반응이 일어난다. 하지만 용기 안에 생성물인 SO_3만 넣고 시작하면, 평형에 도달할 때까지 SO_2와 O_2를 형성하는 반응이 일어난다. 두 용기 모두에서 평형 혼합물에는 같은 농도의 SO_2, O_2, SO_3가 들어 있다.

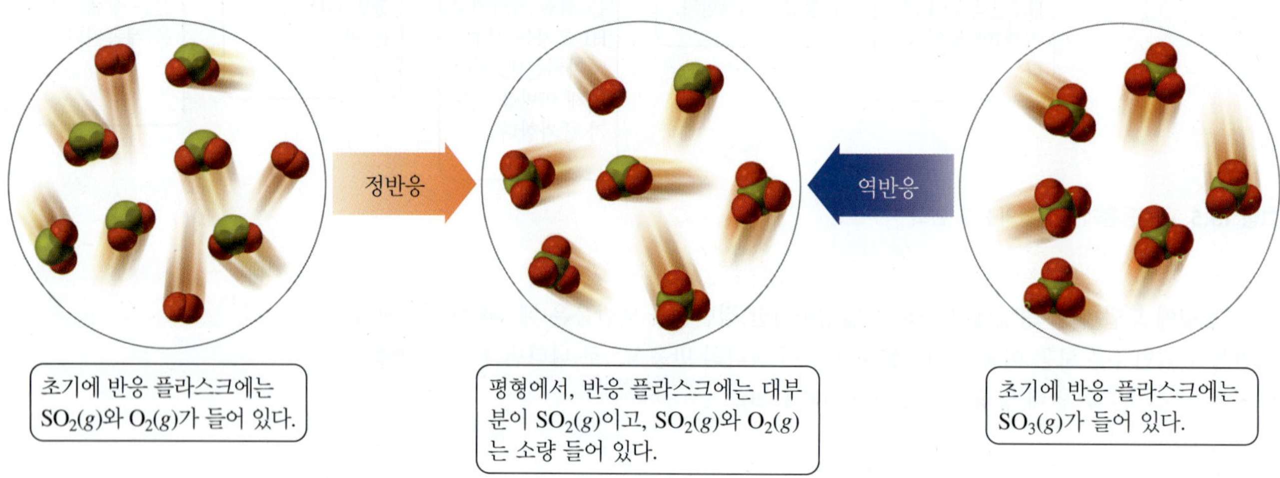

그림 13.6 ▸ $SO_2(g)$와 $O_2(g)$ 또는 $SO_3(g)$의 반응은 동일한 평형 혼합물에 도달한다.

복습하기

계산에서 유효숫자 사용(2.3)

화학 반응식 균형 맞추기(8.2)

용액의 농도 계산하기(12.4)

평형에서는 스키 리프트를 타고 산 위로 오르는 사람의 수와 스키를 타고 산을 내려오는 사람의 수가 일정하다.

13.3 평형 상수

학습 목표 평형에서 반응물과 생성물의 농도로부터 가역 반응의 평형 상수를 계산할 수 있다.

평형에서 반응물과 생성물의 농도는 일정하다. 이를 스키 리프트에 비유할 수 있다. 이른 아침, 스키를 타는 사람들이 스키 리프트를 타고 산 위로 올라가기 시작한다. 산 위에 올라간 뒤에는 스키를 타고 내려온다. 결국, 스키 리프트를 타고 산 위로 오르는 사람의 수와 스키를 타고 산을 내려오는 사람의 수가 같아진다. 슬로프에 있는 스키 타는 사람들의 수는 더 이상 변하지 않는 것이다. 계가 평형에 이른 것이다.

평형식

평형에서는 농도를 사용하여 생성물과 반응물간의 관계식을 세울 수 있다. 반응물 A와 B가 반응하여 생성물 C와 D가 생기는 반응을 써보자. 이탤릭체 소문자는 균형 반응식의 계수이다.

$$aA + bB \rightleftharpoons cC + dD$$

가역 화학 반응의 **평형식**(equilibrium expression, K_c)은 생성물의 농도의 곱을 반응물의 농도의 곱으로 나눈 것과 같다. 각 농도는 균형 반응식의 계수만큼 거듭제곱된다. 각 물질에 대괄호로 표시한 것은 농도를 mol/L로 나타냈음을 뜻한다. 일반적인 반응에 대해 다음과 같이 쓸 수 있다.

$$K_c = \frac{[\text{생성물}]}{[\text{반응물}]} = \frac{[C]^c\,[D]^d}{[A]^a\,[B]^b}$$

계수

평형식

핵심 화학 기술

평형식 쓰기

이제 H_2와 I_2이 HI를 형성하는 반응의 평형식을 어떻게 쓰는지 설명할 수 있다. 반응물과 생성물 사이에 이중 화살표로 사용하여 균형 화학 반응식을 쓴다.

$$H_2(g) + I_2(g) \rightleftharpoons 2HI(g)$$

생성물의 농도는 대괄호를 사용하여 분자에 쓰고, 반응물의 농도는 대괄호를 사용하여 분모에 쓰고, 계수가 있으면 농도의 지수로 쓴다(계수가 없으면 1).

$$K_c = \frac{[HI]^2}{[H_2][I_2]}$$

HI의 계수

생각해 보기 13.6

화학 반응식에서의 계수가 어떻게 평형식에서 표현되는가?

예제 13.3 평형식 쓰기

먼저 해 보기!

다음 반응의 평형식을 써라.

$$2SO_2(g) + O_2(g) \rightleftharpoons 2SO_3(g)$$

풀이

	주어진 것	필요한 것	연결
문제 분석	반응식	평형식	$\frac{[\text{생성물}]}{[\text{반응물}]}$

단계 1 **균형 화학 반응식을 쓴다.**

$$2SO_2(g) + O_2(g) \rightleftharpoons 2SO_3(g)$$

단계 2 **생성물의 농도는 분자에, 반응물의 농도는 분모에 쓴다.**

$$\frac{[\text{생성물}]}{[\text{반응물}]} \longrightarrow \frac{[SO_3]}{[SO_2][O_2]}$$

단계 3 **반응식에 계수가 있으면 지수로 쓴다.**

$$K_c = \frac{[SO_3]^2}{[SO_2]^2[O_2]}$$

확인 문제 13.3

다음 반응의 평형식을 써라.

a. $2NO(g) + O_2(g) \rightleftharpoons 2NO_2(g)$ **b.** $2N_2O_5(g) \rightleftharpoons 4NO_2(g) + O_2(g)$

답

a. $K_c = \frac{[NO_2]^2}{[NO]^2[O_2]}$ **b.** $K_c = \frac{[NO_2]^4[O_2]}{[N_2O_5]^2}$

평형 상수 계산

핵심 화학 기술

평형 상수 계산하기

평형 상수(equilibrium constant, K_c)는 실험적으로 측정된 평형에서의 몰농도를 평형식에 대입하여 얻은 값이다. 예를 들어, H_2와 I_2의 반응 평형식은 다음과 같이 쓸 수 있다.

$$H_2(g) + I_2(g) \rightleftharpoons 2HI(g) \qquad K_c = \frac{[HI]^2}{[H_2][I_2]}$$

첫 번 실험에서 반응물과 생성물의 평형 상태에서 몰농도가 $[H_2] = 0.10$ M, $[I_2] = 0.20$ M, $[HI] = 1.04$ M로 측정되었다. 이 값들을 평형식에 대입하면, K_c의 값을 구할 수 있다.

두 번째와 세 번째 추가적 실험에서는, 동일한 온도에서 반응 혼합물이 첫 번째 실험과는 다른 평형 농도를 이루었다. 하지만 이러한 농도들을 사용하여 평형 상수를 계산해도, 모든 실험에서 같은 K_c 값을 얻게 된다(**표 13.2** 참조). *따라서 특정 온도에서 반응의 평형 상수는 오직 하나의 값을 가진다.*

표 13.2 ▸ 427 °C에서 반응 $H_2(g) + I_2(g) \rightleftharpoons 2HI(g)$의 평형 상수

실험	평형에서의 농도			평형 상수
	H_2	I_2	HI	$K_c = \frac{[HI]^2}{[H_2][I_2]}$
1	0.10 M	0.20 M	1.04 M	$K_c = \frac{[1.04]^2}{[0.10][0.20]} = 54$
2	0.20 M	0.20 M	1.47 M	$K_c = \frac{[1.47]^2}{[0.20][0.20]} = 54$
3	0.30 M	0.17 M	1.66 M	$K_c = \frac{[1.66]^2}{[0.30][0.17]} = 54$

K_c의 단위는 반응식에 따라 다르다. 이 예에서는, 단위가 $[M]^2/[M]^2$로 상쇄되어 54라는 값만 남는다. 다른 반응식에서는 농도 단위가 상쇄되지 않을 수도 있다. 하지만 이 책에서는 예제 13.4에서처럼 아무 단위 없이 수치만 주어질 것이다.

예제 13.4 평형 상수 계산

먼저 해 보기!

사산화 이질소가 분해되면 이산화 질소를 생성한다.

$$N_2O_4(g) \rightleftharpoons 2NO_2(g)$$

평형에서 $[N_2O_4] = 0.45$ M이고 $[NO_2] = 0.31$ M이라면, 100 °C에서 K_c는 얼마인가?

풀이

단계 1 주어진 것과 필요한 것을 쓴다.

문제 분석	주어진 것	필요한 것	연결
	0.45 M N_2O_4, 0.31 M NO_2	K_c	평형식
	식		
	$N_2O_4(g) \rightleftharpoons 2NO_2(g)$		

단계 2 평형식을 쓴다.

$$K_c = \frac{[NO_2]^2}{[N_2O_4]}$$

단계 3 **평형 (몰)농도를 대입하여 K_c를 계산한다.**

$$K_c = \frac{[0.31]^2}{[0.45]} = 0.21$$

확인 문제 13.4

a. 어떤 평형 혼합물에 0.040 M NH_3, 0.60 M H_2, 0.20 M N_2가 들어 있다면, 평형 상수 K_c를 계산하라.

$$2NH_3(g) \rightleftharpoons 3H_2(g) + N_2(g)$$

b. 어떤 평형 혼합물에 0.20 M ICl, 0.010 M I_2, 0.048 M Cl_2가 들어 있다면, 평형 상수 K_c를 계산하라.

$$2ICl(g) \rightleftharpoons I_2(g) + Cl_2(g)$$

답

a. $K_c = 27$ **b.** $K_c = 0.012$

불균일 평형

지금까지는 기체만을 포함한 반응을 살펴보았다. 모든 반응물과 생성물이 같은 상태에 있는 반응은 **균일 평형**(homogeneous equilibrium)에 도달한다. 반응물과 생성물이 두 가지 이상의 상태에 있을 때는 **불균일 평형**(heterogeneous equilibrium)이라는 용어를 사용한다. 다음 반응에서 고체 탄산 칼슘은 고체 산화 칼슘 및 이산화 탄소 기체와 불균일 평형을 이룬다(**그림 13.7** 참조).

$$CaCO_3(s) \rightleftharpoons CaO(s) + CO_2(g)$$

기체와는 달리 순수한 고체와 순수한 액체의 농도는 일정하다. 즉, 변하지 않는다. 따라서 순수한 고체와 순수한 액체는 평형 상수식에 들어가지 않는다. 위의 불균일 평형에서 K_c는 $CaCO_3(s)$나 $CaO(s)$를 포함하지 않는다. 따라서 $K_c = [CO_2]$로 쓸 수 있다.

$CaCO_3(s) \rightleftharpoons CaO(s) + CO_2(g)$

T = 800 °C

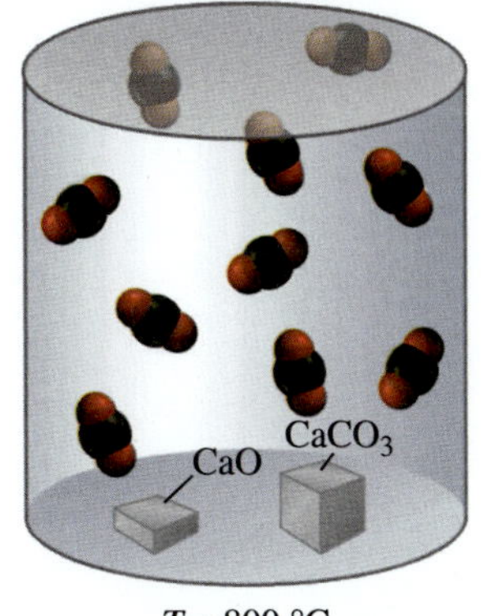

T = 800 °C

그림 13.7 ▸ 일정한 온도에서의 평형에서, 용기 안의 $CaCO_3(s)$나 $CaO(s)$의 양과 관계없이 $CO_2(g)$의 농도는 일정하다.

예제 13.5 불균일 평형식

먼저 해 보기!

평형에서 다음 반응의 평형식을 써라.

$$4HCl(g) + O_2(g) \rightleftharpoons 2H_2O(l) + 2Cl_2(g)$$

풀이

단계 1 **균형 화학 반응식을 쓴다.**

$$4HCl(g) + O_2(g) \rightleftharpoons 2H_2O(l) + 2Cl_2(g)$$

단계 2 **생성물의 농도는 분자에, 반응물의 농도는 분모에 쓴다.** 이 불균일 반응에서 순수한 액체인 H_2O의 농도는 평형식에 포함되지 않는다.

$$\frac{[\text{생성물}]}{[\text{반응물}]} \longrightarrow \frac{[Cl_2]}{[HCl][O_2]}$$

단계 3 **반응식에 계수가 있으면 지수로 쓴다.**

$$K_c = \frac{[Cl_2]^2}{[HCl]^4[O_2]}$$

확인 문제 13.5

a. 산화 철(II) 고체와 일산화 탄소 기체를 반응하면 고체 철과 이산화 탄소 기체가 생성된다. 균형 화학 반응식과 평형에서의 이 반응의 평형식을 써라.

b. 탄산 수소 소듐 고체를 가열하면 탄산 소듐 고체와 수증기 및 이산화 탄소 기체로 분해된다. 균형 화학 반응식과 평형에서 이 반응의 평형식을 써라.

답

a. $FeO(s) + CO(g) \rightleftharpoons Fe(s) + CO_2(g) \qquad K_c = \frac{[CO_2]}{[CO]}$

b. $2NaHCO_3(s) \rightleftharpoons Na_2CO_3(s) + H_2O(g) + CO_2(g) \qquad K_c = [H_2O][CO_2]$

생각해 보기 13.7

$CaCO_3(s)$의 분해 반응에서 $CaO(s)$와 $CaCO_3(s)$의 농도는 왜 K_c에 포함되지 않는가?

13.4 평형 상수의 이용

학습 목표 평형 상수를 사용하여 반응의 진척을 예상하고 평형 농도를 계산할 수 있다.

K_c 값은 클 수도 있고 작을 수도 있다. 평형 상수의 크기는 평형 상태에 도달했을 때 생성물이 더 많은지, 반응물이 더 많은지에 달려 있다. 하지만 평형 상수의 크기는 얼마나 빠르게 평형에 도달하는지에는 영향을 미치지 않는다.

K_c가 큰 평형

어떤 반응의 평형 상수가 크다는 것은 평형에 도달했을 때 정반응에 의해 생성물이 상당량 생성되었다는 것을 의미한다. 그러면 평형 혼합물은 생성물이 대부분을 차지하고, 분자에 있는 생성물의 농도가 분모에 있는 반응물의 농도보다 커지게 된다. 그러면, 평형에서 이 반응은 큰 K_c 값을 가진다. K_c가 큰 SO_2와 O_2의 반응을 생각해 보자. 평형에서 반응 혼합물은 대부분이 생성물이고 반응물은 거의 없다(**그림 13.8** 참조).

생각해 보기 13.8

평형 혼합물의 대부분이 생성물이면, 왜 K_c가 커지는가?

$$2SO_2(g) + O_2(g) \rightleftharpoons 2SO_3(g)$$

$$K_c = \frac{[SO_3]^2}{[SO_2]^2[O_2]} \qquad \frac{\text{생성물 대부분}}{\text{반응물 소량}} = 3.4 \times 10^2$$

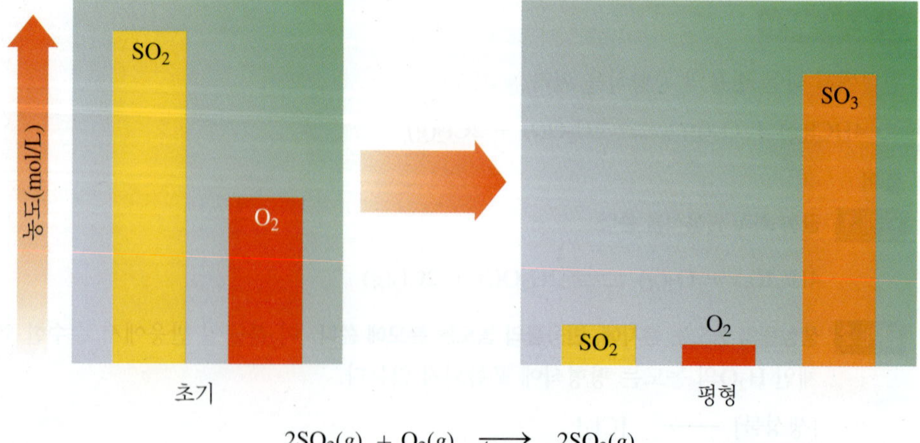

그림 13.8 ▸ $SO_2(g)$와 $O_2(g)$의 반응에서 평형 혼합물에는 생성물인 $SO_3(g)$가 대부분이고, 이에 따라 K_c가 커진다.

K_c가 작은 평형

평형 상수가 작은 반응은 평형 혼합물에 반응물의 농도가 높고 생성물의 농도는 작다. 그러면, 평형식에서 이 반응은 K_c는 작게 된다(**그림 13.9** 참조).

$$N_2(g) + O_2(g) \rightleftharpoons 2NO(g)$$

$$K_c = \frac{[NO]^2}{[N_2][O_2]} \qquad \frac{\text{생성물 소량}}{\text{반응물 대부분}} = 2 \times 10^{-9}$$

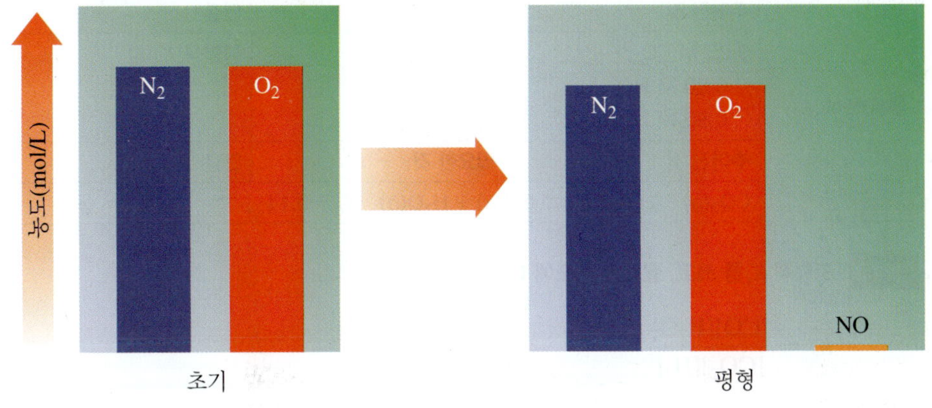

그림 13.9 ▸ 평형 혼합물에는 생성물인 NO가 극소량 들어 있고, 반응물인 N_2와 O_2가 다량 들어 있어서, K_c가 작아진다.

어떤 반응은 평형 상수가 1에 가까운데, 이는 반응물과 생성물의 농도가 거의 같다는 뜻이다. 적당량의 반응물이 평형에 도달하면서 생성물로 전환된다(**그림 13.10** 참조).

작은 K_c	$K_c \approx 1$	큰 K_c
◀ 대부분 반응물		대부분 생성물 ▶
생성물 << 반응물 반응이 거의 일어나지 않는다.	반응물 ≈ 생성물 중간 정도의 반응	생성물 >> 반응물 반응이 완전히 종결된다.

그림 13.10 ▸ 평형에서, K_c가 큰 반응은 대부분이 생성물 상태이고, K_c가 작은 반응은 대부분이 반응물 상태이다.

생각해 보기 13.9

K_c = 1.2인 반응은 평형에서 반응물이 대부분인가, 생성물이 대부분인가, 반응물과 생성물의 양이 비슷한가?

표 13.3에 평형 상수와 그 반응의 진척 정도를 나열하였다.

표 13.3 ▸ K_c 값이 크거나 작은 반응의 예

반응물		생성물	K_c	평형 혼합물 성분
$2CO(g) + O_2(g)$	$\rightleftharpoons$	$2CO_2(g)$	2×10^{11}	대부분 생성물
$2H_2(g) + S_2(g)$	$\rightleftharpoons$	$2H_2S(g)$	1.1×10^{7}	대부분 생성물
$N_2(g) + 3H_2(g)$	$\rightleftharpoons$	$2NH_3(g)$	1.6×10^{2}	대부분 생성물
$PCl_5(g)$	$\rightleftharpoons$	$PCl_3(g) + Cl_2(g)$	1.2×10^{-2}	대부분 반응물
$N_2(g) + O_2(g)$	$\rightleftharpoons$	$2NO(g)$	2×10^{-9}	대부분 반응물

생각해 보기 13.10

$K_c = 2 \times 10^{-9}$인 반응의 평형 혼합물은 왜 대부분이 반응물이고 생성물은 거의 없는가?

평형 농도 계산

평형 상수의 값을 알고 한 물질을 제외한 모든 평형 농도를 알면 예제 13.6에서처럼 미지의 농도를 계산할 수 있다.

핵심 화학 기술

평형 농도 계산하기

예제 13.6 평형 상수를 사용하여 농도 계산하기

먼저 해 보기!

이산화 탄소와 수소의 반응에서 평형 농도는 0.25 M CO_2, 0.80 M H_2, 0.50 M H_2O이다.

$CO(g)$의 평형 농도는 얼마인가?

$$CO_2(g) + H_2(g) \rightleftharpoons CO(g) + H_2O(g) \qquad K_c = 0.11$$

풀이

단계 1 주어진 것과 필요한 것을 쓴다.

	주어진 것	필요한 것	연결
문제 분석	0.25 M CO_2, 0.80 M H_2, 0.50 M H_2O	[CO]	평형식, K_c 값
	주어진 것	필요한 것	연결
	$CO_2(g) + H_2(g) \rightleftharpoons CO(g) + H_2O(g) \quad K_c = 0.11$		

단계 2 평형식 K_c를 쓰고, 필요한 농도에 대해 푼다.

$$K_c = \frac{[CO][H_2O]}{[CO_2][H_2]}$$

K_c 식을 재배열하여, 다음과 같이 미지의 [CO]에 대해 푼다. 양변에 $[CO_2][H_2]$를 곱한다.

$$K_c \times [CO_2][H_2] = \frac{[CO][H_2O]}{\cancel{[CO_2]}\cancel{[H_2]}} \times \cancel{[CO_2]}\cancel{[H_2]}$$

$$K_c \times [CO_2][H_2] = [CO][H_2O]$$

양변을 $[H_2O]$로 나눈다.

$$K_c \times \frac{[CO_2][H_2]}{[H_2O]} = \frac{[CO]\cancel{[H_2O]}}{\cancel{[H_2O]}}$$

$$[CO] = K_c \times \frac{[CO_2][H_2]}{[H_2O]}$$

단계 3 평형 (몰)농도를 대입하고, 필요한 농도를 계산한다.

$$[CO] = K_c \times \frac{[CO_2][H_2]}{[H_2O]} = 0.11 \times \frac{[0.25][0.80]}{[0.50]} = 0.044\ M$$

확인 문제 13.6

a. 에텐(C_2H_4)이 수증기와 반응하면, 에탄올(C_2H_6O)이 생성된다. 평형 혼합물에 0.020 M C_2H_4와 0.015 M H_2O가 들어 있다면, C_2H_6O의 평형 농도는 얼마인가? 327 °C에서 K_c는 9.0×10^3이다.

$$C_2H_4(g) + H_2O(g) \rightleftharpoons C_2H_6O(g)$$

b. $NO(g)$와 $Br_2(g)$가 반응하여 $NOBr(g)$을 형성한다.

$$2NO(g) + Br_2(g) \rightleftharpoons 2NOBr(g)$$

평형 혼합물에 0.70 M NO와 0.060 M NOBr가 들어 있다면, Br_2의 평형 농도는 얼마인가? 1000 K에서 K_c는 1.3×10^{-2}이다.

답

a. $[C_2H_6O] = 2.7\ M$ **b.** $[Br_2] = 0.57\ M$

13.5 평형 상태의 변화: 르샤틀리에 원리

학습 목표 르샤틀리에 원리를 사용하여 반응 상태가 변화할 때 평형 농도에 일어나는 변화를 설명할 수 있다.

반응이 평형에 도달하였을 때 정반응과 역반응의 속도는 같고 농도는 일정하다는 것을 배웠다. 이제 온도, 농도, 압력과 같은 반응 상태의 변화에 따라 평형 상태에 있는 계에 무슨 일이 생기는지 살펴보자.

르샤틀리에 원리

평형에 있는 계의 상태 중 하나를 바꾸면 정반응과 역반응의 속도는 더 이상 같지 않게 된다. 이를 평형에 *스트레스*(stress)를 가한다고 한다. 그러면 계는 정반응과 역반응의 속도를 변화시키는 반응을 보이는데, 이는 스트레스를 줄이고 평형을 다시 이루는 방향으로 일어난다. **르샤틀리에 원리**(Le Châterlier principle)을 이용할 수 있는데, 이 원리에 의하면 평형에 있는 계가 교란을 당하게 되면, 계는 주어진 스트레스를 줄이는 방향으로 이동하게 된다.

르샤틀리에 원리:
평형에 있는 반응에 스트레스(조건의 변화)를 가하면, 평형은 스트레스를 줄이는 방향으로 이동한다.

물탱크 두 개가 파이프로 연결되어 있다고 생각해 보자. 두 물탱크의 수위가 같으면, 물탱크 A에서 물탱크 B로 물이 흐르는 정방향 속도는 물탱크 B에서 물탱크 A로 흐르는 역방향 속도와 같다. 물탱크 A에 물을 더 넣었다고 하자. 물탱크 A의 수위가 높으므로, 물탱크 A에서 물탱크 B로 흐르는 정방향 속도는 물탱크 B에서 물탱크 A로 흐르는 역방향 속도보다 빠르게 된다. 이는 좀 더 긴 화살표로 표시하였다. 결국엔, 양쪽 물탱크의 수위가 같아지면서 평형에 도달하게 되는데, 이 수위는 이전보다는 높다. 이렇게 되면, 물탱크 A와 물탱크 B 사이의 양방향 물 흐름 속도는 같아진다.

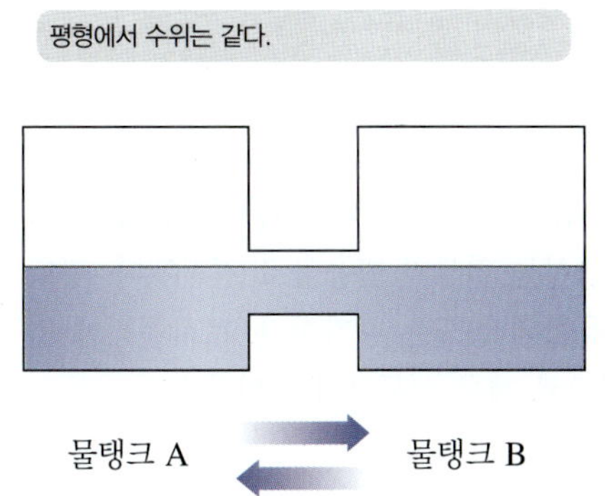

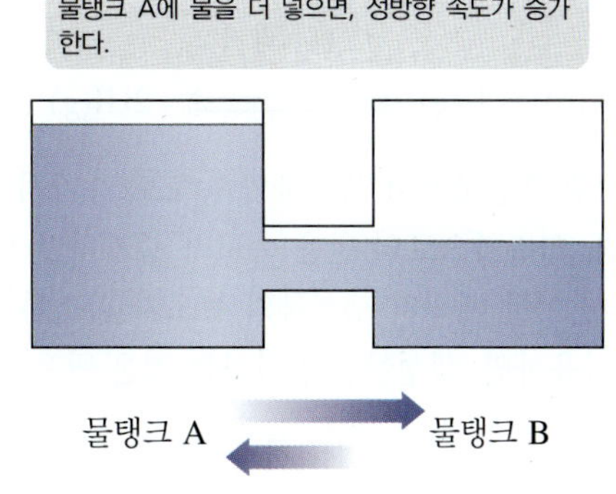

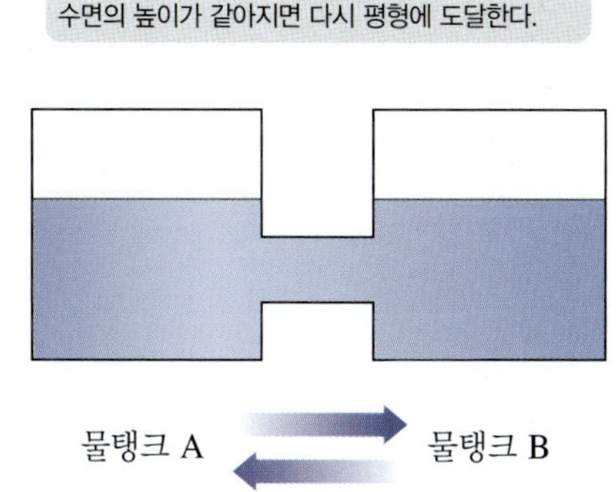

농도 변화가 평형에 미치는 영향

이제 H_2와 I_2의 반응을 사용하여 농도 변화가 어떻게 평형을 교란시키고, 계가 그 스트레스에 어떻게 반응하는지 설명해 보자.

$$H_2(g) + I_2(g) \rightleftharpoons 2HI(g)$$

평형 혼합물에 반응물 H_2를 첨가하여 H_2의 농도가 높아졌다고 하자. 주어진 온도에서 반응의 K_c는 변할 수 없으므로, H_2가 첨가된 것은 계에 스트레스로 작용한다(**그림 13.11** 참조). 이렇게 되면, 계는 스트레스를 감소시키기 위해 정반응 속도를 증가시키는데, 이를 큰

핵심 화학 기술
르샤틀리에 원리 활용하기

생각해 보기 13.11
생성물인 HI를 첨가하면 평형은 반응물 쪽으로 이동하겠는가, 생성물 쪽으로 이동하겠는가?

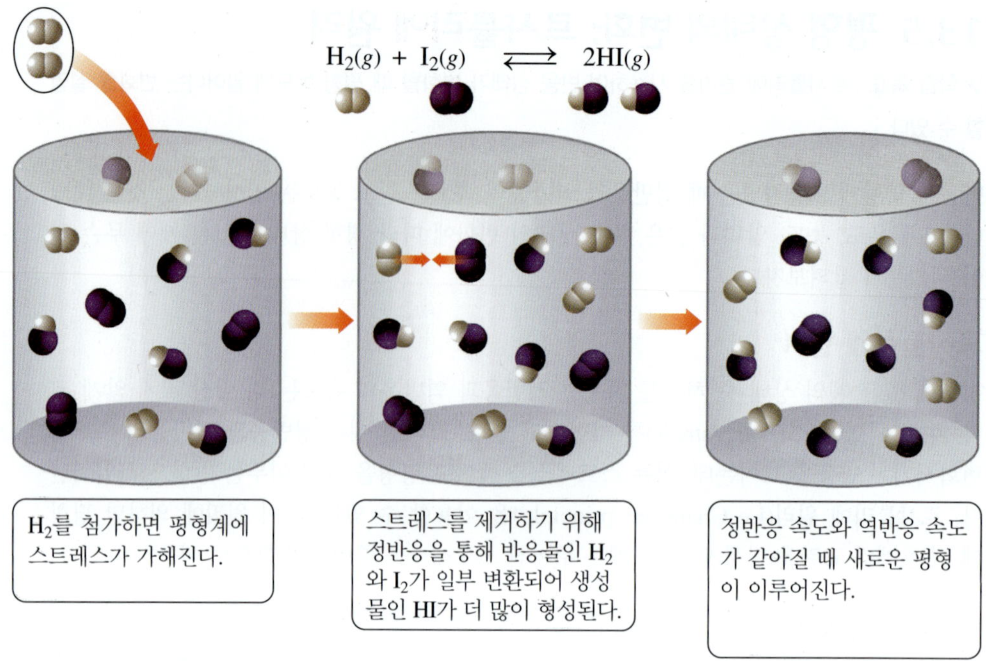

그림 13.11 ▸ 평형에서 계에 반응물을 첨가할 때의 효과.

화살표 방향으로 나타내었다. 따라서 계가 평형을 다시 이룰 때까지 생성물이 더 만들어진다. 르샤틀리에 원리에 따르면, 반응물을 첨가하는 것은 평형이 다시 이루어질 때까지 계를 생성물 방향으로 *이동*(shift)시킨다.

$$H_2(g) + I_2(g) \xrightleftharpoons{H_2\ 첨가} 2HI(g)$$

이제 평형에 있는 반응 혼합물에서 H_2 일부를 제거하여, H_2 농도를 감소시켜, 정반응 속도를 느려지게 했다고 가정하자. 르샤틀리에 원리를 사용하면, 반응물 일부가 제거되었을 때, 다시 평형이 이루어질 때까지, 계는 반응물 방향으로 *이동*할 것이라는 것을 알 수 있다.

$$H_2(g) + I_2(g) \xrightleftharpoons{H_2\ 제거} 2HI(g)$$

평형 혼합물에서 생성물의 농도도 증가시키거나 감소시킬 수 있다. 예를 들어, HI를 첨가하면, 역방향으로의 반응 속도가 증가하게 되고, 생성물 일부가 반응물로 전환된다. 평형을 다시 이룰 때까지 생성물의 농도가 감소하고, 반응물의 농도는 증가한다. 르샤틀리에 원리를 사용하면, 생성물을 첨가하는 것은 반응물 방향으로 계를 *이동*시키게 된다.

$$H_2(g) + I_2(g) \xrightleftharpoons{HI\ 첨가} 2HI(g)$$

다른 예로, 평형 혼합물에서 HI 일부를 제거할 수 있는데, 이는 생성물의 농도를 감소시키게 된다. 이렇게 되면 평형을 다시 이루기 위해 생성물 방향으로 이동하게 된다.

$$H_2(g) + I_2(g) \xrightleftharpoons{HI\ 제거} 2HI(g)$$

요약하면, 르샤틀리에 원리가 알려주는 것은, 평형에서 물질을 첨가하여 생긴 스트레스는 그 물질에서 멀어지는 방향으로 평형계를 이동시킬 때 줄일 수 있다는 것이다. 반응물이 첨가되면 정반응을 증가시켜 생성물을 만들게 한다. 생성물을 첨가하면 역반응을 증가시켜 반응물을 만들게 한다. 어떤 물질 일부를 제거하면 평형계는 그 물질 방향으로 이동한다. 르샤틀리에 원리의 특성을 **표 13.4**에 요약하였다.

표 13.4 > 농도 변화가 $H_2(g) + I_2(g) \rightleftharpoons 2HI(g)$ 평형에 미치는 영향

스트레스	이동 방향
$[H_2]$ 증가	생성물
$[H_2]$ 감소	반응물
$[I_2]$ 증가	생성물
$[I_2]$ 감소	반응물
$[HI]$ 증가	반응물
$[HI]$ 감소	생성물

촉매가 평형에 미치는 영향

때로는 활성화 에너지를 낮추어 반응 속도를 증가시키기 위해 반응에 촉매를 첨가하기도 한다. 이 결과 정반응과 역반응의 속도가 모두 증가한다. 평형에 도달하는 데 걸리는 시간은 짧아지지만, 생성물과 반응물의 비율은 동일하게 유지된다. 따라서 촉매는 정반응과 역반응 속도를 모두 빠르게 하지만 평형 혼합물에는 아무런 영향을 미치지 못한다.

부피 변화가 평형에 미치는 영향

평형에 있는 기체 혼합물에 부피의 변화가 생기면, 그 기체들의 농도에도 변화가 생긴다. 부피가 감소하면 기체 농도가 증가할 것이고, 부피가 증가하면 기체 농도가 감소할 것이다. 이렇게 되면 계는 평형을 다시 이루기 위해 반응하게 된다.

다음 반응의 평형 혼합물의 부피를 감소시키면 어떤 영향이 있는지 살펴보자.

$$2CO(g) + O_2(g) \rightleftharpoons 2CO_2(g)$$

부피를 감소시키면 모든 농도가 증가한다. 르샤틀리에 원리에 의하면, 전체 몰수를 줄이는 방향으로 계가 이동할 때 농도 증가의 효과를 없앨 수 있다.

V 감소

$$\underset{\text{기체 3 mol}}{2CO(g) + O_2(g)} \rightleftharpoons \underset{\text{기체 2 mol}}{2CO_2(g)}$$

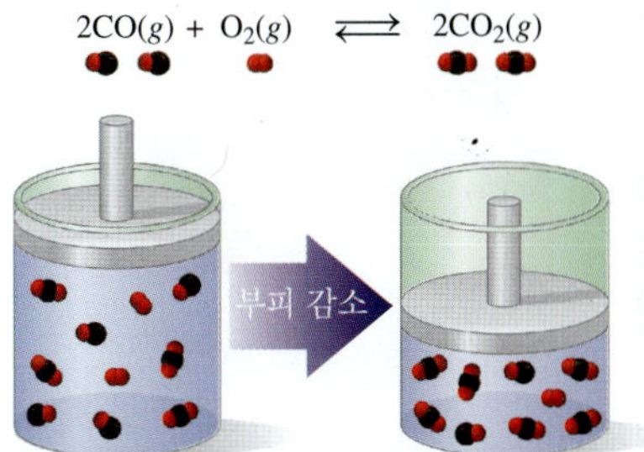

용기의 부피를 감소시키면 기체의 몰수가 적은 쪽으로 평형이 이동한다.

반대로 평형 기체 혼합물의 부피를 증가시키면, 모든 기체의 농도가 감소하게 된다. 그러면 평형을 다시 이루기 위해 전체 몰수를 늘리는 방향으로 계가 이동한다.

V 증가

$$\underset{\text{기체 3 mol}}{2CO(g) + O_2(g)} \rightleftharpoons \underset{\text{기체 2 mol}}{2CO_2(g)}$$

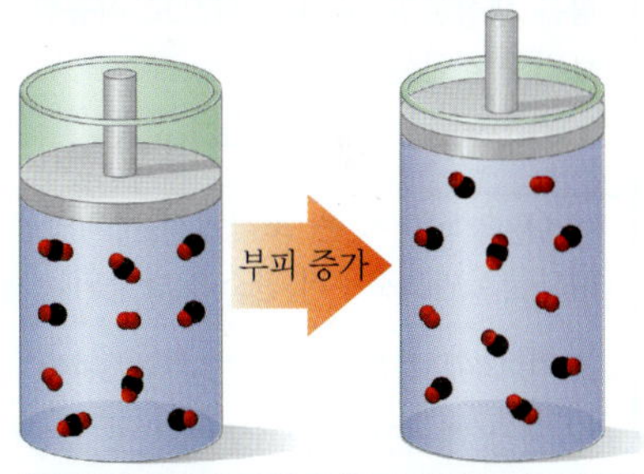

용기의 부피를 증가시키면 기체의 몰수가 큰 쪽으로 평형이 이동한다.

반응물의 몰수가 생성물의 몰수가 같은 반응이라면 부피의 변화는 평형 혼합물에 아무런 영향을 미치지 못하는데, 이는 반응물이나 생성물의 농도 모두 같은 방향으로 변하기 때문이다.

$$\underset{\text{기체 2 mol}}{H_2(g) + I_2(g)} \rightleftharpoons \underset{\text{기체 2 mol}}{2HI(g)}$$

온도 변화가 평형에 미치는 영향

열을 반응에서 반응물이나 생성물로 취급할 수 있다. 예를 들어, 흡열 반응의 반응식에서는 열은 반응물 쪽에 쓸 수 있다. 흡열 반응에서 온도를 높이면, 계는 생성물 방향으로 이동하여 열을 제거하는 반응을 한다.

온도 증가

$$N_2(g) + O_2(g) + \text{열} \rightleftharpoons 2NO(g)$$

흡열 반응에서 온도를 낮추면, 이는 열이 감소하는 것이다. 이렇게 되면 계는 반응물 방향으로 이동하여 열을 만들어 낸다.

온도 감소

$$N_2(g) + O_2(g) + \text{열} \rightleftharpoons 2NO(g)$$

건강과 관련된 화학 _Chemistry Link to Health

산소–헤모글로빈 평형과 저산소증

혈액을 통한 산소의 운반은 헤모글로빈(Hb), 산소, 옥시헤모글로빈(HbO_2) 사이의 평형과 관련이 있다. 철을 포함한 단백질인 헤모글로빈은 적혈구 안에 있는데, 폐로부터 신체의 근육과 조직으로 산소를 운반한다. 헤모글로빈 분자에는 철을 함유한 헴(heme) 기가 4개 들어 있다. 폐에서 헴 기 1개가 산소 1개와 결합할 수 있으므로, 헤모글로빈 1개는 최대 산소 분자 4개를 운반할 수 있다. 산소의 운반은 반응물인 Hb, O_2와 생성물인 HbO_2 사이의 평형 반응을 수반한다.

$$\mathrm{Hb}(aq) + \mathrm{O_2}(g) \rightleftharpoons \mathrm{HbO_2}(aq)$$

평형식은 다음과 같이 쓸 수 있다.

$$K_c = \frac{[\mathrm{HbO_2}]}{[\mathrm{Hb}][\mathrm{O_2}]}$$

르샤틀리에 원리에 의해, 산소의 감소는 반응물 방향으로 평형이 이동할 것이라는 것을 알 수 있다. 이러한 이동으로 인해 HbO_2 농도가 소진되어 저산소증을 초래한다.

O_2 제거

$$\mathrm{Hb}(aq) + \mathrm{O_2}(g) \rightleftharpoons \mathrm{HbO_2}(aq)$$

고산병의 즉각적인 처치법으로는 물을 마시고 쉬어야 하며, 필요하면 낮은 고도로 내려와야 한다. 낮아진 산소 농도에 신체가 적응하려면 약 10일 정도가 필요하다. 이 기간 골수에서는 적혈구 생성이 증가하여 더 많은 적혈구 세포와 헤모글로빈을 제공한다. 높은 고도에 사는 사람은 해수면에 사는 사람보다 적혈구 세포가 50% 더 많다. 헤모글로빈의 증가는 평형을 HbO_2 쪽으로 이동시킨다. 결국 HbO_2 농도가 높아져서 조직에 더 많은 산소를 공급하고 저산소증 증상은 완화된다.

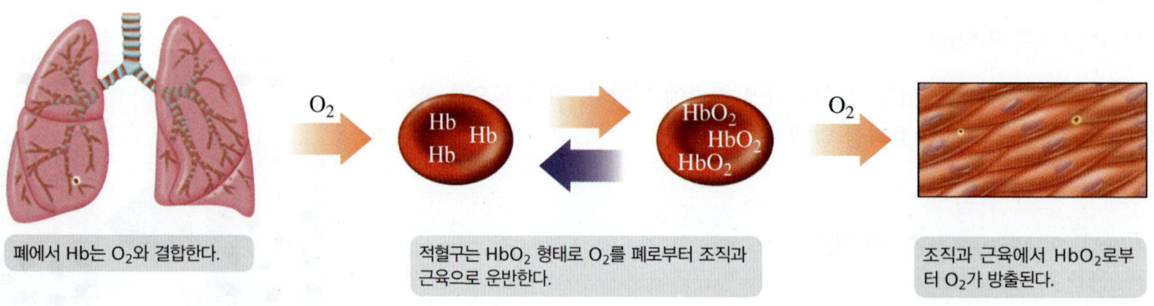

폐에서 Hb는 O_2와 결합한다.

적혈구는 HbO_2 형태로 O_2를 폐로부터 조직과 근육으로 운반한다.

조직과 근육에서 HbO_2로부터 O_2가 방출된다.

O_2 농도가 높은 폐의 폐포에서는 정반응 속도가 더 빠르기 때문에, 평형은 생성물인 HbO_2 방향으로 이동한다. 따라서 폐에서 O_2는 헤모글로빈과 결합한다.

$$\mathrm{Hb}(aq) + \mathrm{O_2}(g) \longrightarrow \mathrm{HbO_2}(aq)$$

O_2 농도가 낮은 조직에서는 역반응이 더 빠르기 때문에, 평형은 헤모글로빈으로부터 산소가 방출되는 방향으로 이동한다.

$$\mathrm{Hb}(aq) + \mathrm{O_2}(g) \longleftarrow \mathrm{HbO_2}(aq)$$

정상 대기압에서 폐포의 산소 분압이 혈액의 산소 분압보다 높기 때문에 산소는 혈액으로 확산되어 들어간다. 고도가 2500 m보다 높아지면, 대기압의 감소로 인해 산소의 분압이 심각한 수준으로 감소하여, 혈액과 신체 조직에 공급될 수 있는 산소량이 적어진다. 높은 고도에서 대기압이 감소하면, 흡입하는 산소의 분압이 감소하며, 이는 폐에서 기체 교환이 일어나게 하는 압력이 줄어든다는 것을 의미한다. 5000 m 고도에서는 산소 흡수량이 약 30% 줄어든다. 산소 수치가 떨어지면 저산소증을 겪을 수 있다. 저산소증 증상으로, 호흡 속도가 빨라지고, 두통이 생기며, 정신이 혼미해지고, 피로하며, 신체 기능 조절이 감소하고, 메스꺼움, 구토, 청색증 등이 나타난다. 폐포 내 기체 확산이 손상된 폐 질환 이력이 있는 사람이나 흡연자처럼 적혈구 수가 감소한 사람에게서 이와 유사한 문제가 발생한다.

Hb 첨가

$$\mathrm{Hb}(aq) + \mathrm{O_2}(g) \rightleftharpoons \mathrm{HbO_2}(aq)$$

높은 산을 등반하는 사람은 고도가 높아짐에 따라 중간 중간 멈추고 며칠간 적응하는 것이 중요하다. 매우 높은 고도에서는 산소 탱크가 필요할 수도 있다.

높은 고도에서는 산소 농도의 감소로 저산소증이 생길 수 있다.

발열 반응의 반응식에서는 열을 생성물 쪽에 쓸 수 있다. 발열 반응의 온도를 높이면, 계는 반응물 방향으로 이동하여 열을 제거하는 반응을 한다.

온도 증가 (←)

$$2SO_2(g) + O_2(g) \rightleftarrows 2SO_3(g) + \text{열}$$

발열 반응에서 온도를 낮추면, 이는 열이 감소하는 것이다. 이렇게 되면 계는 생성물 방향으로 이동하여 열을 만들어 낸다.

온도 감소 (→)

$$2SO_2(g) + O_2(g) \rightleftarrows 2SO_3(g) + \text{열}$$

표 13.5에 조건의 변화에 의해 발생한 스트레스를 줄이는 평형의 이동을 르샤틀리에 원리를 사용해 결정하는 방법을 요약하였다.

생각해 보기 13.12

발열 반응에서 생성물의 양을 줄이고 싶으면, 온도를 올려야 하는가 아니면 내려야 하는가?

표 13.5 > 조건 변화가 평형에 미치는 영향

조건	변화(스트레스)	이동 방향
농도	반응물 첨가	생성물(정반응)
	반응물 제거	반응물(역반응)
	생성물 첨가	반응물(역반응)
	생성물 제거	생성물(정반응)
부피(용기)	부피 감소	기체 몰수 감소
	부피 증가	기체 몰수 증가
온도	**흡열 반응**	
	온도 증가	생성물(정반응)
	온도 감소	반응물(역반응)
	발열 반응	
	온도 증가	반응물(역반응)
	온도 감소	생성물(정반응)
촉매	양방향 속도 같게 증가	영향 없음

예제 13.7 르샤틀리에 원리 적용하기

먼저 해 보기!

메탄올(CH_4O)은 연료첨가제로 사용된다. 메탄올의 연소 반응에서 다음 변화가 평형 혼합물에 미치는 영향을 설명하라.

$$2CH_4O(g) + 3O_2(g) \rightleftarrows 2CO_2(g) + 4H_2O(g) + 1450\ \text{kJ}$$

a. $CO_2(g)$ 첨가
b. $O_2(g)$ 첨가
c. 용기의 부피 증가
d. 온도 상승
e. 촉매 첨가

풀이

a. 생성물인 CO_2의 농도가 증가하면, 반응물 방향으로 평형이 이동한다.
b. 반응물인 O_2의 농도가 증가하면, 생성물 방향으로 평형이 이동한다.
c. 부피가 증가하면, 기체의 몰수가 큰 쪽인 생성물 방향으로 평형이 이동한다.

d. 발열 반응에서 온도가 증가하면, 열을 제거하기 위해 반응물 방향으로 평형이 이동한다.
e. 촉매가 첨가되어도, 평형 혼합물에는 아무런 변화가 없다.

확인 문제 13.7

다음 반응에 대해 다음 변화가 평형 혼합물에 미치는 영향을 설명하라.

$$2HF(g) + Cl_2(g) + 357\ kJ \rightleftharpoons 2HCl(g) + F_2(g)$$

a. $Cl_2(g)$ 첨가
b. 용기의 부피 감소
c. 온도 감소

답

a. 반응물인 Cl_2의 농도가 증가하면, 생성물 방향으로 평형이 이동한다.
b. 반응물의 몰수와 생성물의 몰수가 같기 때문에, 평형 혼합물에는 아무런 변화가 없다.
c. 흡열 반응에서 온도가 감소하면, 열을 생성하기 위해 반응물 방향으로 평형이 이동한다.

건강과 관련된 화학 _Chemistry Link to Health

항상성: 체온 조절

생리학적 계에서는 *항상성*(homeostasis)이라는 평형을 이루는데, 환경의 변화가 신체의 변화에 의해 균형이 맞추어진다. 열 출입의 균형을 맞추는 것은 우리 생존에 아주 중요하다. 충분한 열을 잃지 않는다면 체온이 올라간다. 높은 온도에서 신체는 대사 반응을 조절할 수 없다. 열을 너무 많이 잃으면 체온이 떨어진다. 낮은 온도에서 필수적인 기능이 너무 느리게 진행된다.

피부는 체온을 유지하는 데 중요한 역할을 한다. 외부 온도가 올라가면, 피부에 있는 수용체가 뇌에 신호를 보낸다. 뇌의 온도 조절 부분은 땀샘을 자극하여 땀을 생산한다. 땀이 피부에서 증발하면서 열이 제거되고 체온은 내려간다.

낮은 온도에서는 에피네프린이 분비되어 대사 속도가 빨라져 열이 생산된다. 피부에 있는 수용체는 뇌에 신호를 보내 혈관을 수축시킨다. 피부를 통과하는 혈액이 줄어들어, 열이 보존된다. 땀 생산이 멈춰서 증발에 의한 열 손실을 줄이게 된다.

13.6 포화 용액의 평형

학습 목표 난용성 이온 화합물의 용해도곱 식을 쓰고, K_{sp}를 계산할 수 있다. K_{sp}를 사용하여 용해도를 결정할 수 있다.

핵심 화학 기술
용해도곱 식 쓰기

지금까지 주로 기체를 포함한 평형계를 살펴보았다. 그러나 수용성 포화 용액을 포함하는 평형계도 있는데, 이 포화 용액은 난용성 이온 화합물의 고체상 용질과 그 이온들로 이루어져 있다. 일상에서 볼 수 있는 용액에서의 용해도 평형의 예는 뼈와 담석이다. 뼈는 인산 칼슘[$Ca_3(PO_4)_2$]으로 구성되어 있는데, 뼈가 손실될 때 이온을 생성한다. 담석은 옥살산 칼슘[CaC_2O_4]와 같은 화합물로 구성되어 있다.

용해도곱 식

포화 용액에서는 고체상 난용성 이온 화합물이 그 이온들과 평형을 이루고 있다. 온도가 일정하게 유지되는 한 포화 용액 내의 이온 농도는 일정하다. CaC_2O_4의 용해도 평형 반응식을 살펴보자. 고체 용질은 왼쪽에 적고 용액 안의 이온은 오른쪽에 적는다.

$$CaC_2O_4(s) \rightleftharpoons Ca^{2+}(aq) + C_2O_4^{2-}(aq)$$

물질의 *용해도*(solubility)는 포화 용액을 형성하기 위해 용해되는 양을 말한다. 고체 CaC_2O_4의 포화 수용액에서의 용해도를 **용해도곱 식**(solubility product expression, K_{sp})으로 나타내는데, 이는 이온 농도의 곱이다. 다른 불균일 평형에서처럼 고체 CaC_2O_4의 농도는 일정하므로 용해도곱 식에 포함되지 않는다.

$$K_{sp} = [Ca^{2+}][C_2O_4^{2-}]$$

또 다른 예로 고체 인산 칼슘과 그 이온들인 Ca^{2+}와 PO_4^{3-}의 평형을 살펴보자.

$$Ca_3(PO_4)_2(s) \rightleftharpoons 3Ca^{2+}(aq) + 2PO_4^{3-}(aq)$$

다른 평형식에서처럼 생성된 각 이온의 농도는 균형 평형식에서의 계수만큼 거듭제곱한다. 이 평형 반응식에는, 용해도곱 식에는 $[Ca^{2+}]$의 세제곱과 $[PO_4^{3-}]$의 제곱이 들어 있다.

$$K_{sp} = [Ca^{2+}]^3[PO_4^{3-}]^2$$

옥살산 칼슘은 수용액에 미량의 Ca^{2+}와 $C_2O_4^{2-}$를 생산한다.

생각해 보기 13.13

Cu_2CO_3의 용해도곱 식은 왜 $K_{sp} = [Cu^+]^2[CO_3^{2-}]$로 쓰는가?

핵심 화학 기술

용해도곱 상수 계산하기

용해도곱 상수 계산

용해도곱 식의 값이 **용해도곱 상수**(solubility product constant, K_{sp})이다. 이 책에서는 용해도를 몰용해도로 표현하는데, 이는 포화 용액 1 L에 녹아 있는 용질의 몰수이다. 용해도곱 상수의 계산은 예제 13.8에 나와 있다.

예제 13.8 용해도곱 상수 계산하기

먼저 해 보기!

고체 $BaCO_3$에 물을 넣어 평형에 도달할 때까지 저어주면 $BaCO_3$ 포화 용액을 만들 수 있다. 평형 혼합물에 Ba^{2+} 5.1×10^{-5} M과 CO_3^{2-} 5.1×10^{-5} M이 들어 있다면 $BaCO_3$의 K_{sp} 값은 얼마인가?

풀이

단계 1 **주어진 것과 필요한 것을 쓴다.**

	주어진 것	필요한 것	연결
문제 분석	$[Ba^{2+}] = 5.1 \times 10^{-5}$ M, $[CO_3^{2-}] = 5.1 \times 10^{-5}$ M	K_{sp} 값	용해도곱 식

단계 2 **난용성 이온 화합물의 해리에 대한 평형 반응식을 쓴다.**

$$BaCO_3(s) \rightleftharpoons Ba^{2+}(aq) + CO_3^{2-}(aq)$$

단계 3 **용해도곱 식 K_{sp}를 쓴다.**

$$K_{sp} = [Ba^{2+}][CO_3^{2-}]$$

단계 4 **각 이온의 몰농도를 K_{sp} 식에 대입하여 계산한다.**

$$K_{sp} = [5.1 \times 10^{-5}][5.1 \times 10^{-5}] = 2.6 \times 10^{-9}$$

튀르키예 파묵칼레 지방의 테라스는 난용성염인 탄산 칼슘으로 만들어져 있다.

표 13.6 > 용해도곱 상수(K_{sp})의 예

화학식	K_{sp}
AgCl	1.8×10^{-10}
Ag_2SO_4	1.2×10^{-5}
$BaSO_4$	1.1×10^{-10}
$CaCO_3$	5.0×10^{-9}
CaF_2	3.2×10^{-11}
$Ca(OH)_2$	6.5×10^{-6}
$CaSO_4$	2.4×10^{-5}
$PbCl_2$	1.5×10^{-6}
$PbCO_3$	7.4×10^{-14}

확인 문제 13.8

a. AgBr 포화 용액에는 Ag^+ 7.3×10^{-7} M과 Br^- 7.3×10^{-7} M이 들어 있다. AgBr의 K_{sp} 값은 얼마인가?

b. CoS 포화용액에는 Co^{2+} 6.3×10^{-11} M과 S^{2-} 6.3×10^{-11} M이 들어 있다. CoS의 K_{sp} 값은 얼마인가?

답

a. $K_{sp} = 5.3 \times 10^{-13}$　　**b.** $K_{sp} = 4.0 \times 10^{-21}$

표 13.6에 몇 가지 난용성 이온 화합물에 대한 25 °C에서 K_{sp} 값을 나타내었다.

예제 13.9 계수를 이용한 용해도곱 상수 계산

먼저 해 보기!

플루오린화 스트론튬(SrF_2) 포화 용액에는 Sr^{2+} 8.7×10^{-4} M, F^- 1.7×10^{-3} M이 들어 있다. SrF_2의 K_{sp} 값은 얼마인가?

풀이

단계 1 주어진 것과 필요한 것을 쓴다.

	주어진 것	필요한 것	연결
문제 분석	$[Sr^{2+}] = 8.7 \times 10^{-4}$ M, $[F^-] = 1.7 \times 10^{-3}$ M	K_{sp} 값	용해도곱 식

단계 2 난용성 이온 화합물의 해리에 대한 평형 반응식을 쓴다.

$$SrF_2(s) \rightleftharpoons Sr^{2+}(aq) + 2F^-(aq)$$

단계 3 용해도곱 식 K_{sp}를 쓴다.

$$K_{sp} = [Sr^{2+}][F^-]^2$$

단계 4 각 이온의 몰농도를 K_{sp} 식에 대입하여 계산한다.

$$K_{sp} = [8.7 \times 10^{-4}][1.7 \times 10^{-3}]^2 = 2.5 \times 10^{-9}$$

확인 문제 13.9

a. 옥살산 은($Ag_2C_2O_4$) 포화 용액에 Ag^+ 2.2×10^{-4} M, $C_2O_4^{2-}$ 1.1×10^{-4} M이 들어 있다면, $Ag_2C_2O_4$의 K_{sp} 값은 얼마인가?

b. 아이오딘화 납(II)(PbI_2) 포화 용액에 Pb^{2+} 1.2×10^{-3} M, I^- 2.4×10^{-3} M이 들어 있다면, PbI_2의 K_{sp} 값은 얼마인가?

답

a. $K_{sp} = 5.3 \times 10^{-12}$　　**b.** $K_{sp} = 6.9 \times 10^{-9}$

몰용해도, *S*

난용성 이온 화합물의 몰용해도(*S*)는 용액 1 L에 녹은 용질의 몰수이다. 예를 들어 CdS의 몰용해도는 실험적으로 1×10^{-12} M라고 알려져 있다.

$$CdS(s) \rightleftharpoons Cd^{2+}(aq) + S^{2-}(aq)$$

CdS가 Cd^{2+}과 S^{2-} 이온으로 해리되므로 각각의 농도는 용해도 *S*와 같다.

$$S = [Cd^{2+}] = [S^{2-}] = 1 \times 10^{-12}\ \text{M}$$

난용성 이온 화합물의 K_{sp}를 알면 예제 13.10에 나타낸 것처럼 몰용해도를 계산할 수 있다.

황화 카드뮴은 난용성이다.

핵심 화학 기술

몰용해도 계산

예제 13.10 K_{sp}로부터 몰용해도 계산하기

먼저 해 보기!

$PbSO_4$의 몰용해도(*S*)를 계산하라. $K_{sp} = 1.6 \times 10^{-8}$이다.

풀이

단계 1 주어진 것과 필요한 것을 쓴다.

문제 분석	주어진 것	필요한 것	연결
	$K_{sp} = 1.6 \times 10^{-8}$	$PbSO_4$의 몰용해도(*S*)	용해도곱 식

단계 2 난용성 이온 화합물의 해리에 대한 평형 반응식을 쓴다.

$$PbSO_4(s) \rightleftharpoons Pb^{2+}(aq) + SO_4^{2-}(aq)$$

단계 3 *S*를 사용하여 용해도곱 식 K_{sp}를 쓴다.

$$K_{sp} = [Pb^{2+}][SO_4^{2-}] = S \times S = S^2 = 1.6 \times 10^{-8}$$

단계 4 몰용해도 *S*를 계산한다.

$$S^2 = 1.6 \times 10^{-8}$$

$$S = \sqrt{1.6 \times 10^{-8}} = 1.3 \times 10^{-4}\ \text{M}$$

따라서 $PbSO_4$ 1.3×10^{-4} mol이 용액 1 L에 녹아 있을 것이다.

확인 문제 13.10

a. MnS의 몰용해도(*S*)를 계산하라. $K_{sp} = 2.5 \times 10^{-10}$이다.
b. AgOH의 몰용해도(*S*)를 계산하라. $K_{sp} = 2.0 \times 10^{-8}$이다.

답

a. $S = 1.6 \times 10^{-5}$ M **b.** $S = 1.4 \times 10^{-4}$ M

UPDATE 바다에서의 CO_2 평형

화석연료의 연소와 숲 지대의 감소로 지난 몇 십년간 대기의 CO_2 수준이 증가하였다. 대기로 방출된 CO_2의 약 35%가 바다로 녹아들어, $H_2CO_3(aq)$를 형성하는데, 이는 $H^+(aq)$와 $HCO_3^-(aq)$로 갈라진다. H^+의 증가는 바닷물을 더 산성으로 만든다. 피터의 연구 프로젝트 중 하나는 바닷물의 산도(acidity)가 탄산 칼슘 골격을 가진 산호초에 미치는 영향을 연구하는 것이다.

응용 문제

13.1 **a.** 난용성 이온 화합물인 탄산 칼슘($CaCO_3$)의 해리 반응식을 써라.

b. $CaCO_3$의 용해도곱 식 K_{sp}를 써라.

13.2 **a.** 평형 혼합물의 $[Ca^{2+}]$와 $[CO_3^{2-}]$가 모두 7.1×10^{-5} M이라면, $CaCO_3$의 K_{sp} 값은 얼마인가?

b. 바닷물의 산도가 증가하면 CO_3^{2-} 농도가 감소한다고 한다. 산도가 증가함에 따라 탄산 칼슘은 더 녹겠는가, 덜 녹겠는가?

산호초는 바닷물의 산도 변화에 영향을 받는다.

제13장 복습하기 _Chapter Review

13.1 반응 속도

학습 목표 온도, 농도, 촉매가 어떻게 반응 속도에 영향을 미치는지 설명할 수 있다.

- 반응 속도는 반응물이 생성물로 전환되는 속도이다.
- 반응물의 농도를 증가시키거나, 온도를 올리거나, 촉매를 첨가하면 반응 속도가 빨라진다.

에너지 증가
촉매가 없는 반응의 활성화 에너지
촉매 반응의 활성화 에너지
반응물
반응에서 방출된 에너지
생성물
반응 진행

13.2 화학 평형

학습 목표 가역 반응의 개념을 사용하여 화학 평형을 설명할 수 있다.

- 화학 평형은 정반응 속도가 역반응 속도와 같아지는 가역 반응에서 일어난다.
- 평형에서는 정반응과 역반응이 계속되면서 반응물과 생성물의 농도가 변하지 않는다.

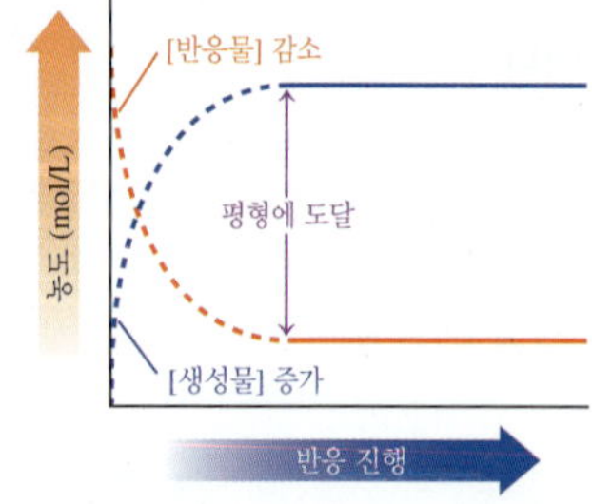

13.3 평형 상수

학습 목표 평형에서 반응물과 생성물의 농도로부터 가역 반응의 평형 상수를 계산할 수 있다.

- 평형 상수 K_c는 생성물의 농도와 반응물의 농도비인데, 화학 반응식의 계수를 각 농도의 지수로 쓴다.
- 불균일 반응에서는 기체의 몰농도만을 평형 상수 식에 쓴다.

13.4 평형 상수의 이용

학습 목표 평형 상수를 사용하여 반응의 진척을 예상하고 평형 농도를 계산할 수 있다.

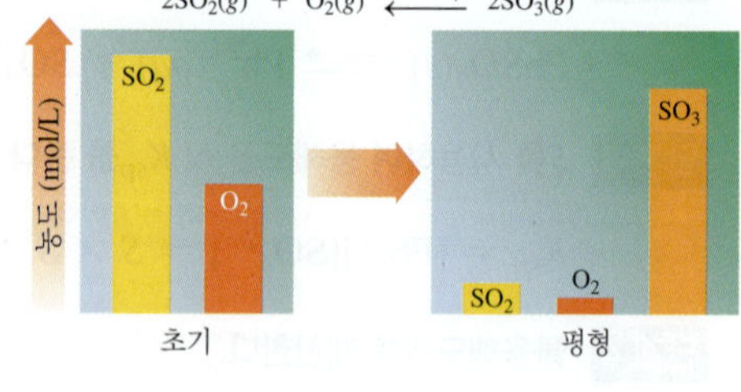

- K_c 값이 크다는 것은 평형 혼합물의 대부분이 생성물이고, 반응물은 거의 없다는 것을 뜻하고, K_c 값이 작다는 것은 평형 혼합물의 대부분이 반응물이라는 것을 뜻한다.
- 평형 상수를 이용하여 평형 혼합물에 있는 성분들의 농도를 계산할 수 있다.

13.5 평형 상태의 변화: 르샤틀리에 원리

학습 목표 르샤틀리에 원리를 사용하여 반응 상태가 변화할 때 평형 농도에 일어나는 변화를 설명할 수 있다.

- 평형 혼합물에서 반응물을 제거하거나 생성물을 첨가하면, 반응물 방향으로 계가 이동한다.
- 평형 혼합물에서 반응물이 첨가되거나 생성물을 제거하면, 생성물 방향으로 계가 이동한다.
- 반응 용기의 부피를 줄이면, 기체의 몰수가 작아지는 방향으로 이동한다.
- 반응 용기의 부피를 늘리면, 기체의 몰수가 커지는 방향으로 이동한다.
- 흡열 반응에서 온도를 올리거나 발열 반응에서 온도를 내리면 생성물 방향으로 계가 이동한다.

- 흡열 반응에서 온도를 내리거나 발열 반응에서 온도를 올리면 반응물 방향으로 계가 이동한다.

13.6 포화 용액의 평형

학습 목표 난용성 이온 화합물의 용해도곱 식을 쓰고, K_{sp}를 계산할 수 있다. K_{sp}를 사용하여 용해도를 결정할 수 있다.

- 난용성 염은 포화 용액에서 그 이온들과 평형을 이룬다.
- 포화 용액에서 난용성 염에서 나온 이온들의 농도는 일정하고, 용해도곱 상수 K_{sp}를 계산하는 데 사용할 수 있다.
- 난용성 염의 K_{sp}을 알면, 용해도를 계산할 수 있다.

주요 용어 _Key Terms

가역 반응 반응물에서 생성물을 형성하는 정반응과 생성물에서 반응물을 형성하는 역반응이 일어나는 반응.

균일 평형 모든 성분들이 같은 상태에 있는 평형계.

르샤틀리에 원리 평형을 이루고 있는 계에 스트레스를 가하면 평형은 스트레스를 없애는 방향으로 이동한다.

반응 속도 반응물이 생성물을 형성하는 속도.

불균일 평형 성분들이 다른 상태에 있는 평형계.

용해도곱 상수(K_{sp}) 난용성 이온 결합 화합물의 포화 용액에 존재하는 이온 농도의 곱으로, 균형 평형 반응식의 계수만큼 각 농도를 거듭제곱한다.

용해도곱 식 균형 화학 반응식의 계수를 지수로 한 이온 농도들의 곱.

촉매 활성화 에너지를 낮추어 반응 속도를 증가시키는 물질.

충돌 이론 생성물을 형성하기 위해서 분자들은 충분한 에너지로 적당한 방향에서 충돌해야 한다는 화학 반응 모형.

평형 상수(K_c) 평형 상수 식에 각 성분의 평형 농도를 대입하여 얻는 값.

평형식 생성물 농도와 반응물 농도의 비로, 각 성분은 균형 화학 반응식의 계수만큼 거듭제곱한다.

화학 평형 정반응과 역반응이 같은 속도로 일어나서 반응물과 생성물의 농도 변화가 일어나지 않는 지점.

활성화 에너지 반응하는 분자들의 결합을 끊기 위해 충돌에 의해 제공되어야 하는 에너지

핵심 화학 기술 _Core Chemistry Skills

각 핵심 화학 기술을 포함하는 절을 각 제목의 끝에 괄호 안에 나타내었다.

평형식 쓰기(13.3)

- 가역 반응의 평형식은 생성물의 농도 곱을 분자에 쓰고, 반응물의 농도 곱을 분모에 쓴다.
- 각 농도는 균형 화학 반응식의 계수만큼 거듭제곱한다.

$$K_c = \frac{[\text{생성물}]}{[\text{반응물}]} = \frac{[C]^c\,[D]^d}{[A]^a\,[B]^b}$$ ← 계수

예: 다음 화학 반응의 평형식을 써라.

$$2NO_2(g) \rightleftarrows N_2O_4(g)$$

답: $K_c = \dfrac{[N_2O_4]}{[NO_2]^2}$

평형 상수 계산(13.3)

- 평형 상수 K_c는 실험적으로 측정된 평형에서의 몰농도를 평형식에 대입하여 구한다.

예: 평형 혼합물에 NO_2 0.025 M과 N_2O_4 0.087 M이 들어 있을 때, 다음 반응의 K_c 값을 계산하라.

$$2NO_2(g) \rightleftarrows N_2O_4(g)$$

답: 평형식을 쓰고, 몰농도를 대입하여 계산한다.

$$K_c = \frac{[N_2O_4]}{[NO_2]^2} = \frac{[0.087]}{[0.025]^2} = 140$$

평형 농도 계산(13.4)

- 평형에서 평형식을 사용하여 미지 농도에 대해 풀어 생성물이나 반응물의 농도를 결정한다.

예: $K_c = 2.0$이고 평형 혼합물에 0.10 M COF_2와 0.050 M CO_2가 들어 있을 때, CF_4의 평형 농도를 계산하라.

$$2COF_2(g) \rightleftarrows CO_2(g) + CF_4(g)$$

답: 평형식을 쓴다.

$$K_c = \frac{[CO_2][CF_4]}{[COF_2]^2}$$

식을 재배열하고, 몰농도를 대입하여 계산한다.

$$[CF_4] = K_c \times \frac{[COF_2]^2}{[CO_2]} = 2.0 \times \frac{[0.10]^2}{[0.050]} = 0.40\ M$$

르샤틀리에 원리 활용(13.5)

- 르샤틀리에 원리는, 평형에 있는 계가 농도, 부피, 온도의 변화에 의해 교란되면, 계는 그 스트레스를 줄이는 방향으로 이동한다는 것이다.

예: 질소와 산소는 발열 반응에 의해 오산화 이질소를 형성한다.

$2N_2(g) + 5O_2(g) \rightleftharpoons 2N_2O_5(g)$ + 열

평형에서 다음 변화에 대해, 평형이 생성물 방향으로 이동할지, 반응물 방향으로 이동할지, 아무런 변화가 없을지 설명하라.

a. $N_2(g)$를 일부 제거한다.

b. 온도를 낮춘다.

c. 용기의 부피를 늘린다.

답: **a.** 반응물을 제거하면 평형은 반응물 방향으로 이동한다.

b. 발열 반응에서 온도를 낮추면 평형은 열을 만들어내는 생성물 방향으로 이동한다.

c. 용기의 부피를 늘리면 기체의 몰수가 커지는 방향으로 평형이 이동하는데, 여기서는 반응물 방향이다.

▷ 용해도곱 식 쓰기(13.6)

- 포화 용액에서 난용성 이온 화합물은 자신의 이온들과 평형을 이룬다.

$FeF_2(s) \rightleftharpoons Fe^{2+}(aq) + 2F^-(aq)$

포화 수용액에서 고체 FeF_2의 용해도를 용해도곱 식 K_{sp}로 나타내는데, 이 식은 이온 농도를 계수만큼 거듭제곱하여 곱한 것이다.

$K_{sp} = [Fe^{2+}][F^-]^2$

예: 난용성 이온 화합물 PbI_2의 해리에 관한 평형 반응식과 용해도곱 식을 써라.

답: $PbI_2(s) \rightleftharpoons Pb^{2+}(aq) + 2I^-(aq)$ $\quad K_{sp} = [Pb^{2+}][I^-]^2$

▷ 용해도곱 상수 계산(13.6)

- 용해도곱 상수 K_{sp}는 용해도곱 식에 이온의 몰농도를 대입하여 계산한다.

예: PbI_2 포화 용액에 Pb^{2+} 1.3×10^{-3} M과 I^- 2.6×10^{-3} M이 들어 있을 때, K_{sp} 값은 얼마인가?

답: K_{sp}는 용해도곱 식에 몰농도를 대입하여 계산한다.

$$K_{sp} = [Pb^{2+}][I^-]^2 = [1.3 \times 10^{-3}][2.6 \times 10^{-3}]^2 = 8.8 \times 10^{-9}$$

▷ 몰용해도 계산(13.8)

- 난용성 이온 화합물의 몰용해도 S는 용액 1 L에 녹아 있는 용질의 몰수이다.
- 난용성 이온 화합물의 K_{sp}를 알면, 난용성 이온 화합물의 몰용해도 S를 계산할 수 있다.

예: K_{sp}가 4.0×10^{-20}인 NiS의 용해도곱 식과 몰용해도 S는 얼마인가?

답: $K_{sp} = [Ni^{2+}][S^{2-}] = S \times S = S^2 = 4.0 \times 10^{-20}$

$S = \sqrt{4.0 \times 10^{-20}} = 2.0 \times 10^{-10}$ M

따라서 1 L 포화 용액에 NiS는 2.0×10^{-10} mol 녹는다.

개념 이해 문제 _Understanding the Concepts

*각 문제 끝에 복습할 절을 괄호 안에 표시하였다.

13.3 다음 반응에 대한 평형 상수식을 써라. (13.3)

a. $CH_4(g) + 2O_2(g) \rightleftharpoons CO_2(g) + 2H_2O(g)$

b. $4NH_3(g) + 3O_2(g) \rightleftharpoons 2N_2(g) + 6H_2O(g)$

c. $C(s) + 2H_2(g) \rightleftharpoons CH_4(g)$

13.4 다음 반응에 대한 평형 상수식을 써라. (13.3)

a. $2C_2H_6(g) + 7O_2(g) \rightleftharpoons 4CO_2(g) + 6H_2O(g)$

b. $2KHCO_3(s) \rightleftharpoons K_2CO_3(s) + CO_2(g) + H_2O(g)$

c. $4NH_3(g) + 5O_2(g) \rightleftharpoons 4NO(g) + 6H_2O(g)$

13.5 다음 그림으로 표현된 반응의 평형 상수(K_c)는 크겠는가, 작겠는가? (13.4)

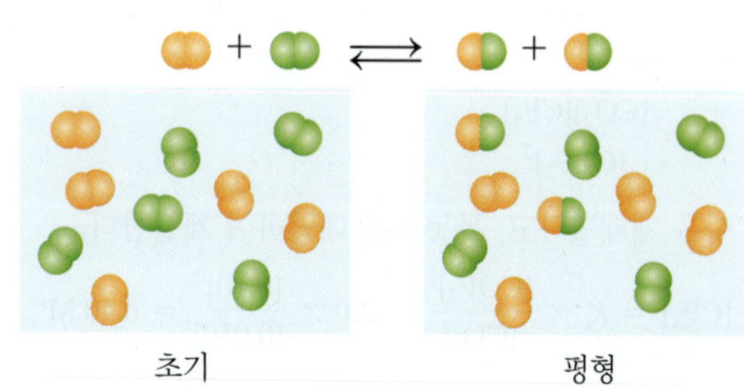

13.6 다음 그림으로 표현된 반응의 평형 상수(K_c)는 크겠는가, 작겠는가? (13.4)

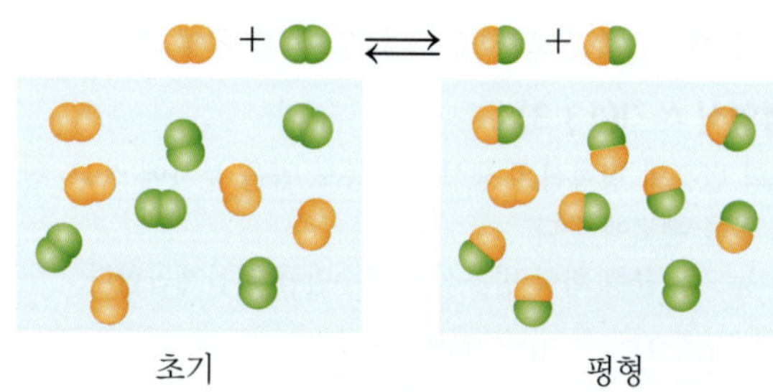

13.7 다음 그림으로 표현된 반응에서 T_2는 T_1보다 높겠는가, 낮겠는가? (13.5)

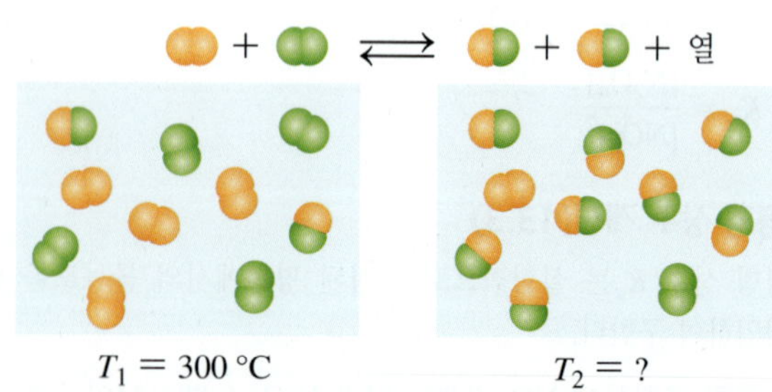

13.8 다음 그림으로 표현된 반응은 발열 반응인가, 흡열 반응인가? (13.5)

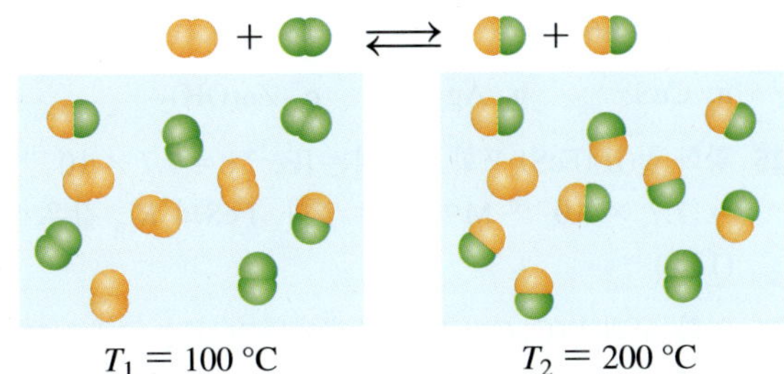

추가 문제 _Additional Practice Problems

13.9 평형에서 다음과 같은 변화에 대해, 평형은 생성물 방향으로 이동하겠는가, 반응물 방향으로 이동하겠는가, 변화가 없겠는가? (13.5)

$C_2H_4(g) + Cl_2(g) \rightleftharpoons C_2H_4Cl_2(g)$ + 열

a. 반응 온도를 높인다.
b. 반응 용기의 부피를 줄인다.
c. 촉매를 첨가한다.
d. $Cl_2(g)$를 더 첨가한다.

13.10 평형에서 다음과 같은 변화에 대해 평형은 생성물 방향으로 이동하겠는가, 반응물 방향으로 이동하겠는가, 변화가 없겠는가? (13.5)

$N_2(g) + O_2(g)$ + 열 $\rightleftharpoons 2NO(g)$

a. 반응 온도를 높인다.
b. 반응 용기의 부피를 줄인다.
c. 촉매를 첨가한다.
d. $N_2(g)$를 더 첨가한다.

13.11 다음 반응에서 평형 혼합물은 대부분 생성물인가, 반응물인가, 반응물과 생성물이 비슷하게 존재하는가? (13.4)

a. $H_2(g) + Cl_2(g) \rightleftharpoons 2HCl(g)$ $K_c = 1.3 \times 10^{34}$
b. $2NOBr(g) \rightleftharpoons 2NO(g) + Br_2(g)$ $K_c = 2.0$
c. $2H_2S(g) + CH_4(g) \rightleftharpoons CS_2(g) + 4H_2(g)$ $K_c = 5.3 \times 10^{-8}$
d. $C(s) + H_2O(g) \rightleftharpoons CO(g) + H_2(g)$ $K_c = 6.3 \times 10^{-1}$

13.12 다음 반응에서 평형 혼합물은 대부분 생성물인가, 반응물인가, 반응물과 생성물이 비슷하게 존재하는가? (13.4)

a. $2H_2O(g) \rightleftharpoons 2H_2(g) + O_2(g)$ $K_c = 4 \times 10^{-48}$
b. $N_2(g) + 3H_2(g) \rightleftharpoons 2NH_3(g)$ $K_c = 0.30$
c. $2SO_2(g) + O_2(g) \rightleftharpoons 2SO_3(g)$ $K_c = 1.2 \times 10^9$
d. $H_2(g) + S(s) \rightleftharpoons 2H_2S(g)$ $K_c = 7.8 \times 10^5$

13.13 다음 반응을 생각해 보자. (13.3)

$2NH_3(g) \rightleftharpoons N_2(g) + 3H_2(g)$

a. 평형 상수 식을 써라.
b. 평형에서의 농도가 NH_3 0.20 M, N_2 3.0 M, H_2 0.50 M이라면, 이 반응의 K_c 값은 얼마인가?

13.14 다음 반응을 생각해 보자. (13.3)

$2SO_2(g) + O_2(g) \rightleftharpoons 2SO_3(g)$

a. 평형 상수 식을 써라.
b. 평형에서의 농도가 SO_2 0.10 M, O_2 0.12 M, SO_3 0.60 M이라면, 이 반응의 K_c 값은 얼마인가?

13.15 다음 반응의 K_c 값은 100 °C에서 5.0이다. 평형 혼합물에 NO_2 0.50 M이 들어 있다면, N_2O_4의 몰농도는 얼마인가? (13.3, 13.4)

$2NO_2(g) \rightleftharpoons N_2O_4(g)$

13.16 다음 반응의 K_c 값은 220 °C에서 15이다. 평형 혼합물에 CO 0.40 M과 H_2 0.20 M이 들어 있다면, CH_4O의 몰농도는 얼마인가? (13.3, 13.4)

$CO(g) + 2H_2(g) \rightleftharpoons CH_4O(g)$

13.17 르샤틀리에 원리에 따르면 다음 반응의 평형 혼합물에 O_2를 첨가했을 때, 평형은 생성물 방향으로 이동하는가, 반응물 방향으로 이동하는가? (13.5)

a. $3O_2(g) \rightleftharpoons 2O_3(g)$
b. $2CO_2(g) \rightleftharpoons 2CO(g) + O_2(g)$
c. $2SO_2(g) + O_2(g) \rightleftharpoons 2SO_3(g)$
d. $2SO_2(g) + 2H_2O(g) \rightleftharpoons 2H_2S(g) + 3O_2(g)$

13.18 르샤틀리에 원리에 따르면 다음 반응의 평형 혼합물에 N_2를 첨가했을 때, 평형은 생성물 방향으로 이동하는가, 반응물 방향으로 이동하는가? (13.5)

a. $2NH_3(g) \rightleftharpoons 3H_2(g) + N_2(g)$
b. $N_2(g) + O_2(g) \rightleftharpoons 2NO(g)$
c. $2NO_2(g) \rightleftharpoons N_2(g) + 2O_2(g)$
d. $4NH_3(g) + 3O_2(g) \rightleftharpoons 2N_2(g) + 6H_2O(g)$

13.19 르샤틀리에 원리에 따르면 다음 반응이 일어나는 용기의 부피를 줄였을 때, 평형은 생성물 방향으로 이동하는가, 반응물 방향으로 이동하는가, 변하지 않는가? (13.5)

a. $3O_2(g) \rightleftharpoons 2O_3(g)$
b. $2CO_2(g) \rightleftharpoons 2CO(g) + O_2(g)$

c. $P_4(g) + 5O_2(g) \rightleftharpoons P_4O_{10}(s)$
d. $2SO_2(g) + 2H_2O(g) \rightleftharpoons 2H_2S(g) + 3O_2(g)$

13.20 르샤틀리에 원리에 따르면 다음 반응이 일어나는 용기의 부피를 늘렸을 때, 평형은 생성물 방향으로 이동하는가, 반응물 방향으로 이동하는가, 변하지 않는가? (13.5)

a. $2NH_3(g) \rightleftharpoons 3H_2(g) + N_2(g)$
b. $N_2(g) + O_2(g) \rightleftharpoons 2NO(g)$
c. $N_2(g) + 2O_2(g) \rightleftharpoons 2NO_2(g)$
d. $4NH_3(g) + 3O_2(g) \rightleftharpoons 2N_2(g) + 6H_2O(g)$

13.21 $COCl_2$가 CO와 Cl_2로 분해되는 반응의 평형 상수 K_c는 0.68이다. 평형 혼합물에 CO 0.40 M과 Cl_2 0.74 M이 들어 있다면, $COCl_2$의 몰농도는 얼마인가? (13.3, 13.4)

$COCl_2(g) \rightleftharpoons CO(g) + Cl_2(g)$

13.22 탄소와 물이 반응하여 일산화 탄소와 수소를 형성하는 반응의 평형 상수 K_c는 1000 °C에서 0.20이다. 평형 혼합물에 고체 탄소, H_2O 0.40 M, CO 0.40 M이 들어 있다면, H_2의 몰농도는 얼마인가? (13.3,13.4)

$C(s) + H_2O(g) \rightleftharpoons CO(g) + H_2(g)$

13.23 다음 난용성 이온 화합물에 대해, 해리 평형식과 용해도곱 식을 써라. (13.6)

a. $CuCO_3$ b. PbF_2 c. $Fe(OH)_3$

13.24 다음 난용성 이온 화합물에 대해, 해리 평형식과 용해도곱 식을 써라. (13.6)

a. CuS b. Ag_2SO_4 c. $Zn(OH)_2$

13.25 황화 철(II)(FeS) 포화 용액에는 $[Fe^{2+}] = 7.7 \times 10^{-10}$ M, $[S^{2-}] = 7.7 \times 10^{-10}$ M이 들어 있다. FeS의 K_{sp} 값은 얼마인가? (13.6)

13.26 염화 구리(I)(CuCl) 포화 용액에는 $[Cu^+] = 1.1 \times 10^{-3}$ M, $[Cl^-] = 1.1 \times 10^{-3}$ M이 들어 있다. CuCl의 K_{sp} 값은 얼마인가? (13.6)

13.27 수산화 망가니즈(II)[$Mn(OH)_2$] 포화 용액에는 $[Mn^{2+}] = 3.7 \times 10^{-5}$ M, $[OH^-] = 7.4 \times 10^{-5}$ M이 들어 있다. $Mn(OH)_2$의 K_{sp} 값은 얼마인가? (13.6)

13.28 크로뮴산 은(Ag_2CrO_4) 포화 용액에는 $[Ag^+] = 1.3 \times 10^{-4}$ M, $[CrO_4^{2-}] = 6.5 \times 10^{-5}$ M이 들어 있다. Ag_2CrO_4의 K_{sp} 값은 얼마인가? (13.6)

13.29 CdS의 K_{sp}가 1.0×10^{-24}이라면, 몰용해도 S는 얼마인가? (13.6)

13.30 $CuCO_3$의 K_{sp}가 1×10^{-26}이라면, 몰용해도 S는 얼마인가? (13.6)

생각해 보기의 답 _Answers to Engage Questions

13.1 분자들이 최소 활성화 에너지 미만의 에너지로 충돌하면, 반응하지 않는다.

13.2 온도가 상승하면 반응 속도가 증가하는데, 이는 분자들이 더 높은 에너지로 더 빨리 움직이고, 필요한 활성화 에너지를 가진 충돌이 더 많아지기 때문이다.

13.3 반응물 농도가 줄어들면 반응 속도가 감소하는데, 이는 충돌할 수 있는 분자의 수가 더 적기 때문이다.

13.4 평형에 도달하기 전에는 정반응이 빠르고, 이에 따라 반응물의 농도가 감소한다.

13.5 일단 화학 반응이 평형에 도달하면, 정반응과 역반응의 속도는 같아진다.

13.6 화학 반응식의 계수는 평형식에서 지수로 나타난다.

13.7 고체나 액체의 농도는 변하지 않기 때문에 평형 상수식 K_c에 쓰지 않는다.

13.8 평형식의 분자에는 생성물의 농도, 분모에는 반응물의 농도가 들어 있으므로 주로 생성물로 구성된 평형 혼합물의 K_c 값은 클 것이다.

13.9 평형 상수가 1에 가까운 $K_c = 1.2$라면 반응물과 생성물의 농도가 거의 같은 만큼 들어 있다.

13.10 평형 상수식의 분자에는 생성물의 농도, 분모에는 반응물의 농도가 들어 있다. K_c가 2×10^{-9}인 평형 혼합물은 분자가 분모(반응물) 보다 훨씬 작다는 것을 뜻한다.

13.11 HI가 생성물이므로, HI를 더 첨가하면 평형이 반응물 쪽으로 이동한다.

13.12 발열 반응에서는 열이 생성물이다. 생성물을 감소시키려면, 온도가 낮아져야 한다.

13.13 난용성 염인 Cu_2CO_3가 용해되는 반응식에서, Cu^+의 계수는 2이고, CO_3^{2-}의 계수는 1이다. 따라서 K_{sp} 식은 $K_{sp} = [Cu^+]^2[CO_3^{2-}]$로 쓸 수 있다.

선택된 문제의 답 _Answers to Selected Problems

13.1 a. $CaCO_3(s) \rightleftharpoons Ca^{2+}(aq) + CO_3^{2-}(aq)$
b. $K_{sp} = [Ca^{2+}][CO_3^{2-}]$

13.3 a. $K_c = \dfrac{[CO_2][H_2O]^2}{[CH_4][O_2]^2}$ b. $K_c = \dfrac{[N_2]^2[H_2O]^6}{[NH_3]^4[O_2]^3}$

c. $K_c = \dfrac{[CH_4]}{[H_2]^2}$

13.5 반응의 평형 상수는 작은 값일 것이다.

13.7 T_2가 T_1보다 낮다.

13.9 **a.** 평형은 반응물 쪽으로 이동한다.
b. 평형은 생성물 쪽으로 이동한다.
c. 평형의 이동은 없다.
d. 평형은 생성물 쪽으로 이동한다.

13.11 **a.** 대부분 생성물
b. 반응물과 생성물 모두
c. 대부분 반응물
d. 반응물과 생성물 모두

13.13 **a.** $K_c = \dfrac{[N_2][H_2]^3}{[NH_3]^2}$ **b.** $K_c = 9.4$

13.15 $[N_2O_4] = 1.3$ M

13.17 **a.** 평형은 생성물 쪽으로 이동한다.
b. 평형은 반응물 쪽으로 이동한다.
c. 평형은 생성물 쪽으로 이동한다.
d. 평형은 반응물 쪽으로 이동한다.

13.19 **a.** 평형은 생성물 쪽으로 이동한다.
b. 평형은 반응물 쪽으로 이동한다.
c. 평형은 생성물 쪽으로 이동한다.
d. 평형은 반응물 쪽으로 이동한다.

13.21 $[COCl_2] = 0.44$ M

13.23 **a.** $CuCO_3(s) \rightleftharpoons Cu^{2+}(aq) + CO_3^{2-}(aq)$;
$K_{sp} = [Cu^{2+}][CO_3^{2-}]$
b. $PbF_2(s) \rightleftharpoons Pb^{2+}(aq) + 2F^-(aq)$;
$K_{sp} = [Pb^{2+}][F^-]^2$
c. $Fe(OH)_3(s) \rightleftharpoons Fe^{3+}(aq) + 3OH^-(aq)$;
$K_{sp} = [Fe^{3+}][OH^-]^3$

13.25 $K_{sp} = 5.9 \times 10^{-19}$

13.27 $K_{sp} = 2.0 \times 10^{-13}$

13.29 $S = 1.0 \times 10^{-12}$ M

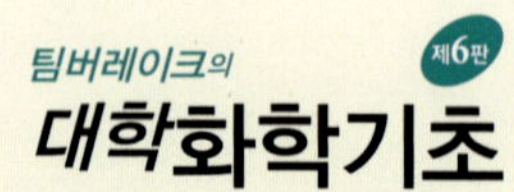
팀버레이크의
제6판
대학화학기초

산과 염기

Acids and Bases

교통사고를 당한 30세 남성 래리가 의식이 없는 채로 응급실로 실려 왔다. 응급실 간호사가 혈액 시료를 채취하여 임상병리사인 브리애나에게 보내면 임상병리사는 pH, O_2와 CO_2의 부분 압력, 포도당과 전해질 농도의 분석 과정을 시작한다.

브리애나는 래리 혈액의 pH는 7.30, CO_2 기체의 부분 압력은 요구 수준보다 높은 상태라고 결정한다. 일반적으로 혈액의 pH는 7.35~7.45이며, pH가 7.35보다 낮으면 산증(acidosis) 상태를 나타낸다. 호흡성 산증은 혈류내 CO_2 기체의 부분 압력의 증가가 H_2CO_3의 농도를 증가시킴으로써 H_3O^+의 농도의 증가를 유발시켜 일어난다.

브리애나는 이러한 증상을 인지하고 즉시 응급실에 연락하여 래리의 기도가 막힐 수 있음을 알렸다. 응급실에서는 혈액의 pH를 높이기 위해 래리에게 탄산 수소 염이 들어 있는 링거 주사를 투여하였고, 기도가 막히지 않게 유지하는 과정을 시작하였다. 잠시 후 래리의 기도가 확보되고, 혈액의 pH와 CO_2 기체의 부분 압력이 정상으로 돌아왔다.

관련 직업

임상병리사

임상병리사는 환자의 진단과 치료에 도움이 되는 다양한 체액 검사 및 세포 검사를 수행한다. 포도당과 콜레스테롤의 혈중 농도 측정부터 이식 환자나 치료 중에 있는 환자의 혈액에서 약물 농도 측정까지 다양한 검사가 있다. 임상병리사는 암 종양 검출 시 시편을 준비하기도 하고, 수혈을 위해 혈액 시료의 혈액형을 검사하기도 한다. 또한 임상병리사는 검사 결과를 해석하고 분석하여 그 결과를 의사에게 전달해야 한다.

UPDATE 위산 역류

래리는 퇴원 후 목이 아프고 마른 기침을 호소했는데, 의사는 이것을 위산 역류라고 진단했다. **UPDATE 위산 역류**(415쪽)에서 역류성 식도염(gastroesophageal reflux disease, GERD)의 증상과 위에서의 pH의 변화와 이 질환의 치료법에 대해 배울 수 있다.

이 장의 차례

복습하기

이온식 쓰기(6.2)

감귤류 과일은 산 때문에 신맛이 난다.

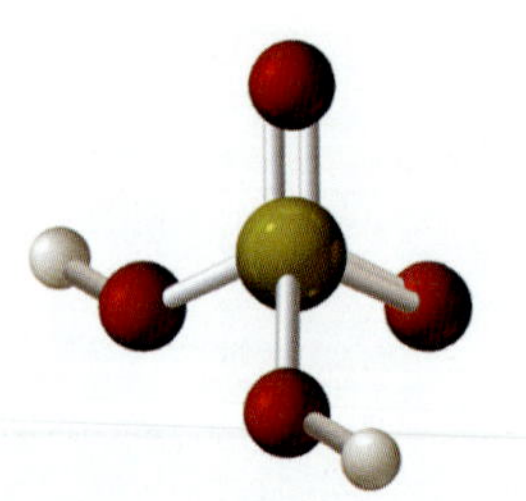

황산은 물에 녹아 1~2개의 H^+ 이온과 음이온을 생성한다.

14.1 산과 염기

학습 목표 산과 염기를 설명하고 명명할 수 있다.

산과 염기는 보건, 산업, 환경에 중요한 물질이다. 산의 가장 대표적 특징 중 하나는 신맛이다. 레몬과 자몽은 구연산과 아스코브산(비타민 C)과 같은 유기산을 함유하고 있어서 신맛이 난다. 식초는 아세트산 때문에 신맛이 난다. 운동을 하면 근육에 젖산이 생성된다. 요거트와 코티지치즈를 만들 때 박테리아로부터 생성되는 산은 우유를 시게 만든다. 우리 위에는 염산이 들어 있어서 음식의 소화를 돕는다. 때로 제산제를 복용한다. 제산제는 탄산 수소 소듐, 마그네시아유제와 같은 염기이며, 지나치게 과다한 위산의 효과를 중화한다.

산(acid)이란 말은 "시다"는 뜻의 라틴어 *acidus*에서 왔다. 우리는 식초, 레몬, 식품에 있는 산의 신맛에 익숙하다.

1887년 스웨덴 화학자인 아레니우스는 **산**(acid)을 물에 녹아 수소 이온(H^+)을 생성하는 물질로 정의하였다. 산은 물에서 이온을 생성하기 때문에 전해질이기도 하다. 예를 들어, 염화 수소는 물에서 수소 이온(H^+)과 염화 이온(Cl^-)으로 해리된다. 산이 신맛이 나고, 푸른색의 리트머스 지시약을 붉은색으로 변화시키고, 일부 금속을 부식시키는 것은 수소 이온 때문이다.

$$HCl(g) \xrightarrow{H_2O} H^+(aq) + Cl^-(aq)$$

극성 분자 화합물   해리   수소 이온

산의 명명

산은 물에 녹아 수소 이온과 함께 간단한 비금속 음이온이나 다원자 음이온을 생성한다. 산이 물에 녹아 수소 이온과 간단한 비금속 음이온을 생성하는 경우 산의 이름은 화합물의 이름 뒤에 '-산'을 붙인다. 예를 들어 염화 수소(HCl)는 물에 녹아 HCl(*aq*)을 형성하고 이름은 염화 수소산(간단히 염산)이다. 다원자 음이온을 갖는 사이안화 수소(HCN)는 사이안화 수소산으로 부른다. 영문 이름은 비금속의 이름 앞에 접두사 *hydro*를 붙이고 접미사 *-ide*를 *-ic acid*로 바꾼다. 예를 들어, hydrogen chloride(HCl)는 hydrochloric acid를 형성한다. 다원자 음이온을 갖는 hydrogen cyanide(HCN)의 경우 예외적으로 간단한 비금속으로 간주하여 hydrocyanic acid라고 한다.

산이 산소를 포함하면 물에 녹아 수소 이온과 산소를 포함한 다원자 이온을 생성한다. 산소를 포함하는 산의 가장 보편적인 형태는 '-산'으로 쓴다. 이러한 다원자 이온의 이름은 '-산 이온'으로 쓴다. 산이 '아-산 이온'으로 쓰는 다원자 이온을 포함하면 산의 이름은 '아-산'으로 쓴다. 영문명에서는 산소를 포함하는 산의 가장 보편적인 형태는 어미가 *-ic acid*로 끝난다. 이러한 산의 다원자 이온의 이름은 *-ate*로 끝난다. 산이 *-ite*로 끝나는 다원자 이온을 포함하면 산의 이름은 *-ous acid*로 끝난다. 흔히 사용하는 산과 그 음이온의 이름을 **표 14.1**에 나타내었다.

7A(17)족 할로젠은 산소를 포함한 산을 2개 이상 형성할 수 있다. 염소의 경우 다원자 이온인 염소산 이온(ClO_3^-, chlorate ion)을 포함한 염소산($HClO_3$, chloric acid)이 보편적 형태이다. 보편적 형태보다 산소를 하나 더 가지면 접두사 '과(per-)'를 붙인다. $HClO_4$은 *과염소산*(perchloric acid)이라고 한다. 다원자 이온이 보편적인 형태보다 산소를 하나 덜 가지면 우리말 명명법에서는 접두사 '아-'를 쓰며, 영어 명명법에서는 접미사 *-ous*를 쓴다. 따라서 $HClO_2$은 아염소산(chlorous acid)이라 명명하며, 아염소산 이온(ClO_2^-, chlorite)을 갖는다. 보편적인 형태보다 산소가 두 개 적으면 접두사 '*하이포아*'를 쓰며, 영어명에서는 접두사 *hypo-*를 쓴다. HClO은 하이포아염소산(hypochlorous acid)이라고 명명한다.

표 14.1 > 흔히 사용하는 산과 그 음이온의 이름

산	산의 이름	음이온	음이온의 이름
HF	플루오린화 수소산(**hydro**fluor**ic acid**)	F^-	플루오린화(fluor**ide**) 이온
HCl	염화 수소산(**hydro**chlor**ic acid**)	Cl^-	염화(chlor**ide**) 이온
HBr	브로민화 수소산(**hydro**brom**ic acid**)	Br^-	브로민화(brom**ide**) 이온
HI	아이오딘화 수소산(**hydro**iod**ic acid**)	I^-	아이오딘화(iod**ide**) 이온
HCN	사이안화 수소산(**hydro**cyan**ic acid**)	CN^-	사이안화(cyan**ide**) 이온
HNO_3	질산(nitr**ic acid**)	NO_3^-	질산(nitr**ate**) 이온
HNO_2	아질산(nitr**ous acid**)	NO_2^-	아질산(nitr**ite**) 이온
H_2SO_4	황산(sulfur**ic acid**)	SO_4^{2-}	황산(sulf**ate**) 이온
H_2SO_3	아황산(sulfur**ous acid**)	SO_3^{2-}	아황산(sulf**ite**) 이온
H_2CO_3	탄산(carbon**ic acid**)	CO_3^{2-}	탄산(carbon**ate**) 이온
$HC_2H_3O_2$	아세트산(acet**ic acid**)	$C_2H_3O_2^-$	아세트산(acet**ate**) 이온
H_3PO_4	인산(phosphor**ic acid**)	PO_4^{3-}	인산(phosph**ate**) 이온
H_3PO_3	아인산(phosphor**ous acid**)	PO_3^{3-}	아인산(phosph**ite**) 이온

일반적인 산과 음이온의 이름

산	산의 이름	음이온	음이온의 이름
$HClO_4$	과염소산(**per**chlor**ic acid**)	ClO_4^-	과염소산(**per**chlor**ate**) 이온
$HClO_3$	염소산(chlor**ic acid**)	ClO_3^-	염소산(chlor**ate**) 이온
$HClO_2$	아염소산(chlor**ous acid**)	ClO_2^-	아염소산(chlor**ite**) 이온
HClO	하이포아염소산(**hypo**chlor**ous acid**)	ClO^-	하이포아염소산(**hypo**chlor**ite**) 이온

생각해 보기 14.1

왜 HBr은 브로민화 수소산(hydrobromic acid)이라고 명명하는가?

염기

제산제, 배수관이 막혔을 때 뚫는 약품, 오븐 세정제 같은 염기는 우리에게 친숙한 제품이다. 아레니우스 이론에 따르면 **염기**(base)는 물에 녹아 양이온과 수산화 이온(OH^-)으로 해리되는 이온 결합 화합물이다. 염기 역시 일종의 강전해질이다. 예를 들어, 수산화 소듐은 물에 녹아 소듐 이온(Na^+)과 수산화 이온(OH^-)으로 완전히 해리되는 아레니우스 염기이다.

대부분의 아레니우스 염기는 NaOH, KOH, LiOH, $Ca(OH)_2$와 같이 1A족(1족)과 2A족(2족) 금속 원소로부터 만들어진다. 수산화 이온(OH^-)을 갖는 아레니우스 염기의 공통적인 특징은 쓴맛과 미끌거리는 느낌이다. 염기는 리트머스 지시약을 푸른색으로 변하게 하고 페놀프탈레인 지시약을 분홍색으로 변하게 한다. 산과 염기의 몇 가지 특징을 **표 14.2**에 비교하여 정리하였다.

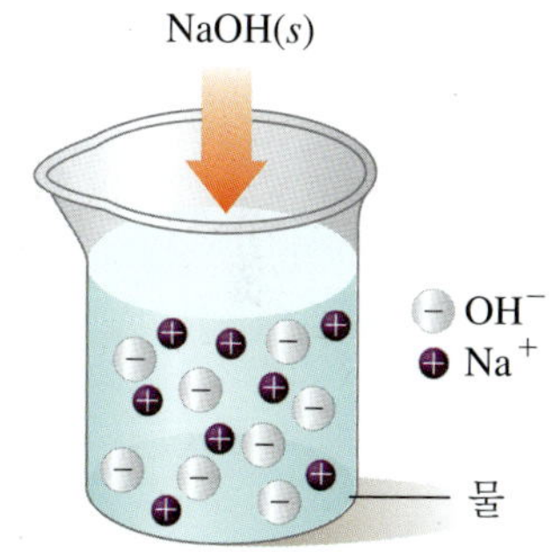

$$NaOH(s) \xrightarrow{H_2O} Na^+(aq) + OH^-(aq)$$

이온 결합 화합물 / 해리 / 수산화 이온

아레니우스 염기는 수용액에서 양이온과 OH^- 이온을 생성한다.

표 14.2 > 산과 염기의 몇 가지 특징

특징	산	염기
아레니우스 정의	H^+ 생성	OH^- 생성
전해질 여부	전해질	전해질
맛	신맛	쓴맛
느낌	따끔거릴 수 있음	미끈거림
리트머스 지시약	붉은색	푸른색
페놀프탈레인 지시약	무색	분홍색
중화	염기를 중화	산을 중화

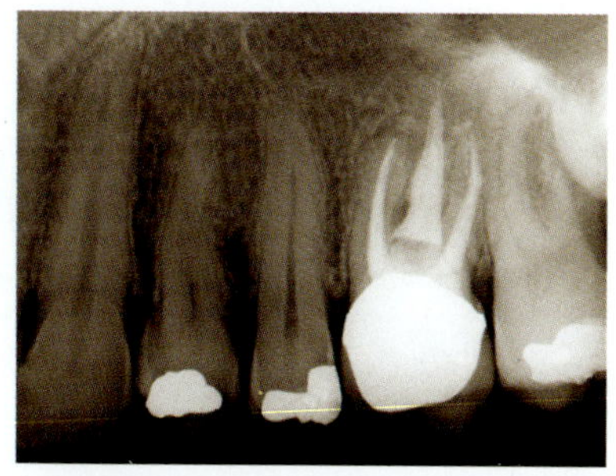

수산화 칼슘[$Ca(OH)_2$]은 식품 산업에서는 음료수를 생산하는 데 사용되고, 치과에서는 근관 충전재로 사용된다.

염기의 명명

전형적인 아레니우스 염기는 *수산화*(hydroxide)로 명명한다.

염기	이름
LiOH	수산화 리튬(lithium **hydroxide**)
NaOH	수산화 소듐(sodium **hydroxide**)
KOH	수산화 포타슘(potassium **hydroxide**)
$Ca(OH)_2$	수산화 칼슘(calcium **hydroxide**)
$Al(OH)_3$	수산화 알루미늄(aluminum **hydroxide**)

청량음료에는 H_3PO_4와 H_2CO_3가 들어 있다.

예제 14.1 산과 염기의 이름과 화학식

먼저 해 보기!

a. 다음 각 물질을 산이나 염기로 구별하고 이름을 써라.

1. H_3PO_4, 청량음료의 성분 **2.** NaOH, 오븐 세정제의 성분

b. 다음 각 이름에 해당하는 물질의 화학식을 써라.

1. 수산화 마그네슘, 제산제 성분

2. 브로민화 화합물을 제조하기 위해 공업적으로 사용하는 브로민화 수소산

풀이

a. 1. 산, 인산 **2.** 염기, 수산화 소듐

b. 1. $Mg(OH)_2$ **2.** HBr

확인 문제 14.1

a. H_2CO_3가 산인지 염기인지 구별하고 이름을 써라.

b. 수산화 철(III)가 산인지 염기인지 구별하고 화학식을 써라.

답

a. 산, 탄산 **b.** 염기, $Fe(OH)_3$

14.2 브뢴스테드–로리 산과 염기

학습 목표 브뢴스테드–로리 산과 염기에 대한 짝산–짝염기 쌍을 정할 수 있다.

1923년 덴마크의 브뢴스테드(J. N. Brønsted)와 영국의 로리(T. M. Lowry)는 산과 염기의 정의를 확장하여 OH^- 이온을 갖지 않는 물질도 염기로 포함시킬 수 있도록 하였다. **브뢴스테드–로리 산**(Brønsted–Lowry acid)은 다른 물질에 수소 이온(H^+)을 주고, **브뢴스테드–로리 염기**(Brønsted–Lowry base)는 다른 물질로부터 수소 이온을 받는다.

브뢴스테드–로리 산은 H^+을 주는 물질이다.

브뢴스테드–로리 염기는 H^+을 받는 물질이다.

실제로 물속에서는 자유롭게 해리된 수소 이온은 존재하지는 않는다. 극성인 물 분자와 H^+ 이온 사이의 인력이 강하여 H^+ 이온과 물 분자가 결합된 **하이드로늄 이온**(hydronium ion, $\mathbf{H_3O^+}$)을 형성한다.

$$\mathrm{H-\ddot{O}:} + \mathrm{H^+} \longrightarrow \left[\mathrm{H-\ddot{O}-H}\right]^+$$
(각 O 원자 아래에 H 결합)

물 수소 이온 하이드로늄 이온

염화 수소에서 물로 H^+ 이온이 전달되는 것으로 염산 용액의 형성 과정을 나타낼 수 있다. 반응에서 물은 H^+ 이온을 받아 브뢴스테드-로리 개념의 염기로 작용한다.

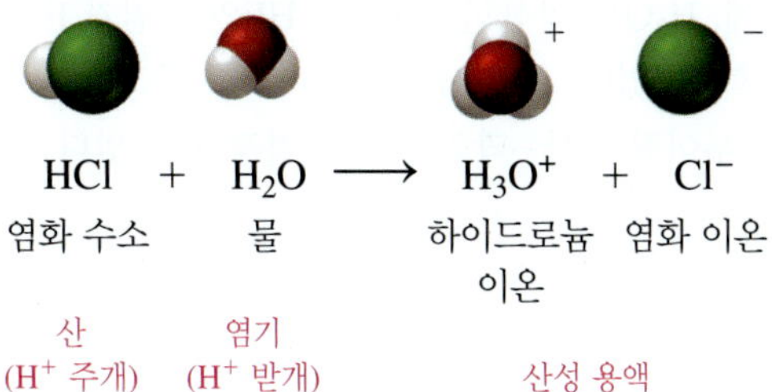

$HCl + H_2O \longrightarrow H_3O^+ + Cl^-$

염화 수소 물 하이드로늄 이온 염화 이온

산 (H^+ 주개) 염기 (H^+ 받개) 산성 용액

다른 반응의 예에서 암모니아(NH_3)는 물과 반응할 때 H^+ 이온을 받아 염기로 작용한다. NH_3의 질소 원자는 물의 산소 원자보다 H^+ 이온을 더 강하게 끌어당기기 때문에 물은 H^+ 이온을 주는 산으로 작용한다.

$NH_3 + H_2O \rightleftharpoons NH_4^+ + OH^-$

암모니아 물 암모늄 이온 수산화 이온

염기 (H^+ 받개) 산 (H^+ 주개) 염기성 용액

예제 14.2 산과 염기

먼저 해 보기!

다음 각 화학 반응식에서 브뢴스테드-로리 산인 반응물과 브뢴스테드-로리 염기인 반응물을 각각 정하라.

a. $HBr(aq) + H_2O(l) \longrightarrow H_3O^+(aq) + Br^-(aq)$

b. $CN^-(aq) + H_2O(l) \rightleftharpoons HCN(aq) + OH^-(aq)$

풀이

a. HBr, 브뢴스테드-로리 산; H_2O, 브뢴스테드-로리 염기

b. H_2O, 브뢴스테드-로리 산; CN^-, 브뢴스테드-로리 염기

확인 문제 14.2

a. 질산(HNO_3)이 물과 반응할 때, 물은 브뢴스테드-로리 염기로 작용한다. 이 반응에 대한 반응식을 써라.

b. 하이포아염소산 이온(ClO^-)이 물과 반응할 때, 물은 브뢴스테드-로리 산으로 작용한다. 이 반응에 대한 반응식을 써라.

답

a. $HNO_3(aq) + H_2O(l) \longrightarrow H_3O^+(aq) + NO_3^-(aq)$

b. $ClO^-(aq) + H_2O(l) \rightleftharpoons HClO(aq) + OH^-(aq)$

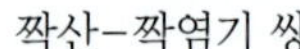

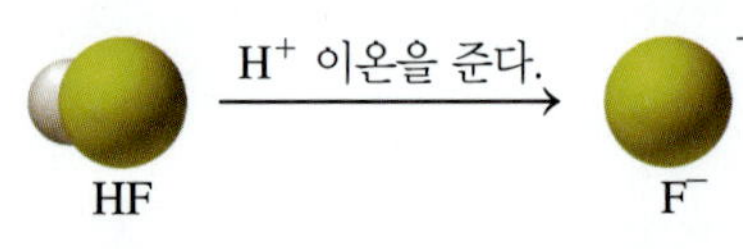

짝산–짝염기 쌍

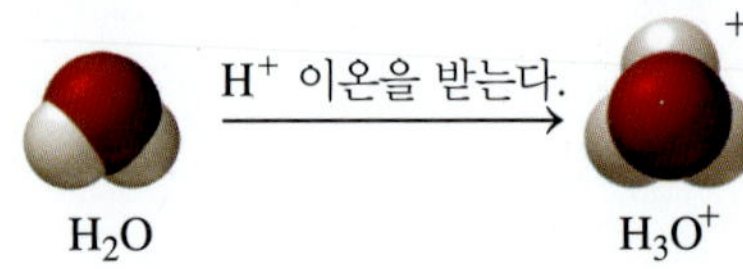

짝산–짝염기 쌍

브뢴스테드–로리 이론에 따르면, **짝산–짝염기 쌍**(conjugate acid–base pair)은 산이 H^+ 하나를 잃을 때 생기는 염기, 또는 염기가 H^+ 하나를 얻을 때 생기는 산과 같은 관계를 갖는 분자나 이온의 쌍을 말한다. 정반응과 역반응 모두에서 H^+ 이온 전달이 일어나기 때문에 모든 산–염기 반응에는 두 짝산–짝염기 쌍이 존재한다. HF와 같은 산은 H^+ 이온 하나를 잃고 짝염기 F^-을 형성한다. 염기 H_2O는 H^+ 이온 하나를 얻어, 짝산 H_3O^+ 이온을 형성한다.

HF의 전체 반응이 *가역적*이기 때문에, H_2O의 짝산인 H_3O^+는 HF의 짝염기 F^-에 H^+를 주어 다시 산 HF와 염기 H_2O를 생성할 수 있다. 서로 H^+ 이온 하나를 주고받는 관계를 이용하여 HF/F^-와 함께 H_3O^+/H_2O로 이루어진 짝산–짝염기 쌍을 결정할 수 있다.

핵심 화학 기술

짝산–짝염기 쌍 결정하기

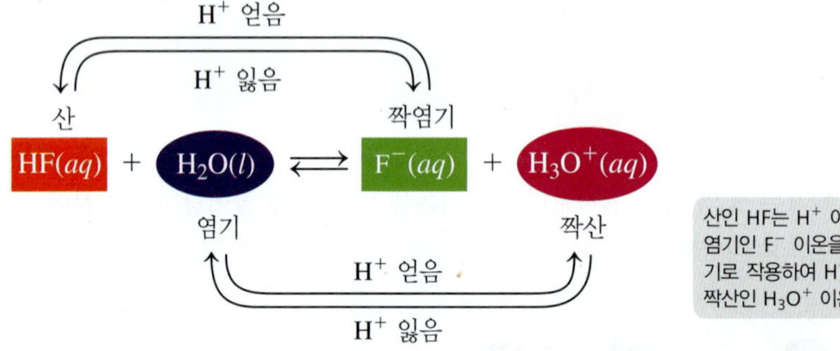

산인 HF는 H^+ 이온 하나를 잃고 짝염기인 F^- 이온을 형성한다. 물은 염기로 작용하여 H^+ 이온 하나를 얻어 짝산인 H_3O^+ 이온을 형성한다.

생각해 보기 14.2

$HBrO_2$이 BrO_2^-의 짝산인 이유는 무엇인가?

다른 반응의 예로, 암모니아(NH_3)는 H_2O로부터 H^+를 받아 짝산 NH_4^+과 짝염기 OH^-을 형성한다. 각 짝산–짝염기 쌍 NH_4^+/NH_3와 H_2O/OH^-에서 짝산과 짝염기는 H^+ 하나를 주고받는 관계이다.

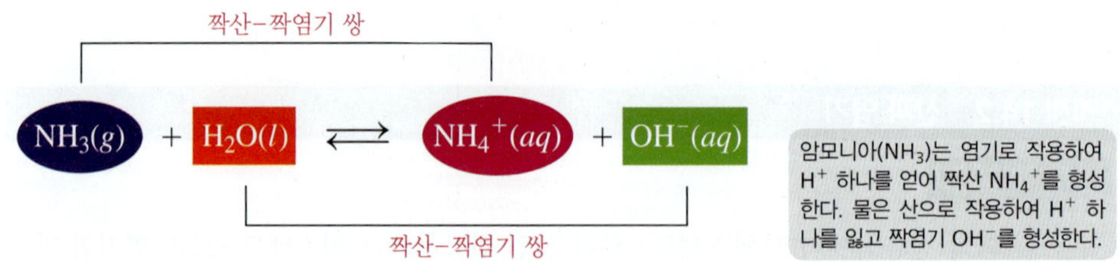

암모니아(NH_3)는 염기로 작용하여 H^+ 하나를 얻어 짝산 NH_4^+를 형성한다. 물은 산으로 작용하여 H^+ 하나를 잃고 짝염기 OH^-를 형성한다.

생각해 보기 14.3

H_2O가 H_3O^+의 짝염기로 작용하고, OH^-의 짝산으로 작용할 수 이유는 무엇인가?

앞의 두 예에서 물은 H^+를 줄 때는 산으로 작용하고 H^+를 받을 때는 염기로 작용한다는 것을 알았다. 산과 염기로 모두 작용하는 물질을 **양쪽성**(amphoteric 또는 amphiprotic)이라고 한다. 가장 대표적인 양쪽성 물질인 물이 산으로 작용할지 또는 염기로 작용할지는 다른 반응 물질의 산–염기 성질에 의해 결정된다. 물은 강염기와 반응하면 H^+을 주고, 강산과 반응하면 H^+를 받는다. 양쪽성 물질의 또 다른 예는 탄산 수소 이온(HCO_3^-)이다. 염기와 반응하면 HCO_3^-는 산으로 작용하여 H^+ 하나를 주고 CO_3^{2-}를 형성한다. 하지만 산과 반응하면 HCO_3^-는 염기로 작용하여 H^+ 하나를 받고 H_2CO_3를 형성한다.

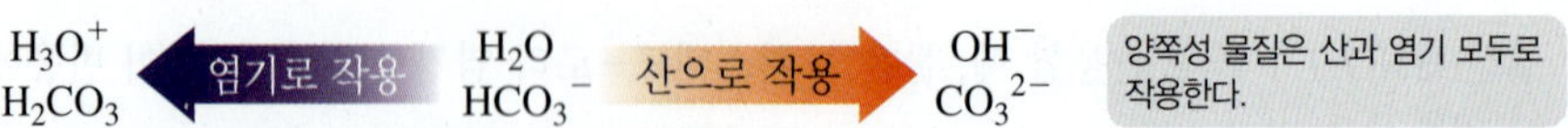

양쪽성 물질은 산과 염기 모두로 작용한다.

예제 14.3 짝산–짝염기 쌍 결정

먼저 해 보기!

다음 반응식에서 짝산–짝염기 쌍을 결정하라.

$$HBr(aq) + NH_3(aq) \longrightarrow Br^-(aq) + NH_4^+(aq)$$

풀이

문제 분석	주어진 것		필요한 것	연결
	HBr NH_3	Br^- NH_4^+	짝산–짝염기 쌍	H^+ 하나를 잃음/얻음

단계 1 **H^+를 잃은 반응물을 산으로 결정한다.** 반응에서 HBr은 H^+를 주고 생성물 Br^-를 형성한다. 따라서 HBr은 산이고 Br^-는 짝염기이다.

단계 2 **H^+을 얻은 반응물을 염기로 결정한다.** 반응에서 NH_3는 H^+를 얻고 생성물 NH_4^+를 형성한다. 따라서 NH_3는 염기이고 NH_4^+는 짝산이다.

단계 3 **짝산–짝염기 쌍을 쓴다.**

HBr/Br^-와 NH_4^+/NH_3

확인 문제 14.3

다음 반응식에서 짝산–짝염기 쌍을 결정하라.

a. $HCN(aq) + SO_4^{2-}(aq) \rightleftharpoons CN^-(aq) + HSO_4^-(aq)$

b. $H_2O(l) + S^{2-}(aq) \rightleftharpoons OH^-(aq) + HS^-(aq)$

답

a. 짝산–짝염기 쌍은 HCN/CN^-와 HSO_4^-/SO_4^{2-}이다.

b. 짝산–짝염기 쌍은 H_2O/OH^-와 HS^-/S^{2-}이다.

14.3 산과 염기의 세기

학습 목표 강산과 약산의 해리 반응식을 쓰고 반응의 방향을 결정할 수 있다.

산과 염기는 물에서 **해리**(dissociation)라는 과정을 통해 이온으로 분리된다. 산의 *세기*(strength)는 산 1 mol이 녹을 때 생성되는 H_3O^+의 몰수로 결정된다. 염기의 *세기*는 염기 1 mol이 녹을 때 생성되는 OH^-의 몰수로 결정된다. 강산과 강염기는 물에서 완전히 해리되는 반면, 약산과 약염기는 물에서 일부만 해리되고 녹아 있는 산과 염기는 대부분 해리되지 않은 채로 존재한다.

강산과 약산

강산(strong acid)은 물속에서 H^+를 아주 쉽게 내어 놓아 거의 완전하게 해리되기 때문에 강전해질이다. 예를 들어, 강산인 HCl이 물에서 해리되면 H^+가 H_2O로 전달되어 용액 안에는 거의 H_3O^+와 Cl^-만 존재한다. H_2O에서 HCl의 반응은 100% 생성물로 진행된다고 간주한다. 따라서 강산 1 mol이 물에서 해리되면 H_3O^+ 1 mol과 강산의 짝염기 1 mol이 얻어진다. HCl와 같은 강산의 반응식은 생성물을 향하는 하나의 화살표로 나타낸다.

$$HCl(g) + H_2O(l) \longrightarrow H_3O^+(aq) + Cl^-(aq)$$

흔히 사용하는 산 중에서 H_3O^+보다 더 강한 산은 6개만 있다. 다른 산들은 모두 약산이다. **표 14.3**에 산과 염기의 상대적 세기를 나타내었다. **약산**(weak acid)은 물에서 일부만 해리되어 소량의 H_3O^+ 이온만을 형성하기 때문에 약전해질이다. 약산의 짝염기는 강염기인데, 이 때문에 역반응이 더 우세하다. 약산의 농도가 높아도 생성되는 H_3O^+ 이온의 농도는 낮다(**그림 14.1** 참조).

생각해 보기 14.4
강산과 약산의 차이는 무엇인가?

생각해 보기 14.5

H_2SO_4와 H_2S 중 어느 것이 더 약한 산인가?

표 14.3 > 산과 염기의 상대적 세기

산		짝염기	
강산		**약염기**	
아이오딘화 수소산	HI	I^-	아이오딘화 이온
브로민화 수소산	HBr	Br^-	브로민화 이온
과염소산	$HClO_4$	ClO_4^-	과염소산 이온
염화 수소산	HCl	Cl^-	염화 이온
황산	H_2SO_4	HSO_4^-	황산 수소 이온
질산	HNO_3	NO_3^-	질산 이온
하이드로늄 이온	H_3O^+	H_2O	물
약산		**강염기**	
황산 수소 이온	HSO_4^-	SO_4^{2-}	황산 이온
인산	H_3PO_4	$H_2PO_4^-$	인산 이수소 이온
아질산	HNO_2	NO_2^-	아질산 이온
플루오린화 수소산	HF	F^-	플루오린화 이온
아세트산	$HC_2H_3O_2$	$C_2H_3O_2^-$	아세트산 이온
탄산	H_2CO_3	HCO_3^-	탄산 수소 이온
황화 수소산	H_2S	HS^-	황화 수소 이온
인산 이수소 이온	$H_2PO_4^-$	HPO_4^{2-}	인산 수소 이온
암모늄 이온	NH_4^+	NH_3	암모니아
사이안화 수소산	HCN	CN^-	사이안화 이온
탄산 수소 이온	HCO_3^-	CO_3^{2-}	탄산 이온
메틸암모늄 이온	$CH_3—NH_3^+$	$CH_3—NH_2$	메틸아민
인산 수소 이온	HPO_4^{2-}	PO_4^{3-}	인산 이온
황화 수소 이온	HS^-	S^{2-}	황화 이온
물	H_2O	OH^-	수산화 이온

산의 세기 증가 (↑) / 산의 세기 감소 (↓)

약산은 식품이나 가정용품에서 찾아볼 수 있다.

집에서 사용하는 많은 제품에는 약산이 포함되어 있다. 구연산은 레몬, 오렌지, 자몽과 같은 과일과 과일주스에 들어 있는 약산이다. 샐러드드레싱에 사용되는 식초는 일반적으로 5% (m/v) 아세트산($HC_2H_3O_2$) 용액이다. 물에서 소량의 $HC_2H_3O_2$ 분자가 H_2O에 H^+를 주어 H_3O^+ 이온과 아세트산 이온($C_2H_3O_2^-$)을 형성한다. 물론 역반응도 일어나 H_3O^+ 이온과 아세트산 이온($C_2H_3O_2^-$)이 만나 다시 반응물로 바뀐다. 식초가 만드는 하이드로늄 이온 때문에 식초의 신맛을 느끼게 된다. 수용액에서 약산에 대한 화학 반응식은 양방향 화살표를 사용하여 나타내는데, 이는 정반응과 역반응이 평형 상태에 있음을 나타내기 위함이다.

$$\underset{\text{아세트산}}{HC_2H_3O_2(aq)} + H_2O(l) \rightleftharpoons \underset{\text{아세트산 이온}}{C_2H_3O_2^-(aq)} + H_3O^+(aq)$$

이양성자산

탄산과 같은 일부 약산은 2개의 H^+를 가지는 *이양성자산*(diprotic acid)으로 한 번에 하나씩 해리된다. 예를 들어, 탄산이 포함된 청량음료는 탄산(H_2CO_3)을 형성하기 위해 물에 CO_2를 용해시켜 만든다. H_2CO_3과 같은 약산은 대부분 해리되지 않은 H_2CO_3 분자와 H_3O^+ 이온과 HCO_3^- 사이에서 평형에 도달한다.

$$\underset{\text{탄산}}{H_2CO_3(aq)} + H_2O(l) \rightleftharpoons H_3O^+(aq) + \underset{\text{중탄산 이온 (탄산 수소 이온)}}{HCO_3^-(aq)}$$

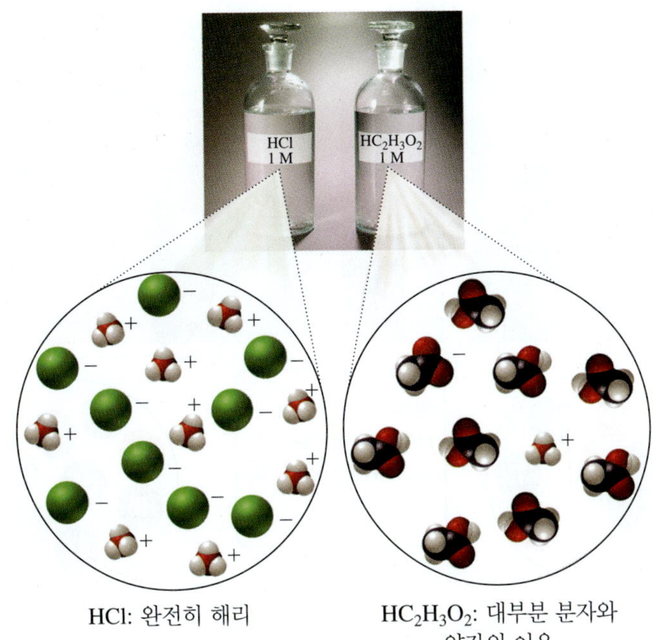

그림 14.1 ▸ HCl와 같은 강산은 완전히(≈100%) 해리되는 반면, $HC_2H_3O_2$과 같은 약산은 대부분 분자로 존재하고 일부만이 해리되어 소량의 이온을 포함하고 있다.

HCO_3^-도 약산이기 때문에 두 번째 해리가 일어나 또 다른 하이드로늄 이온과 탄산 이온(CO_3^{2-})을 생성한다.

$$\underset{\text{중탄산 이온 (탄산 수소 이온)}}{HCO_3^-(aq)} + H_2O(l) \rightleftharpoons H_3O^+(aq) + \underset{\text{탄산 이온}}{CO_3^{2-}(aq)}$$

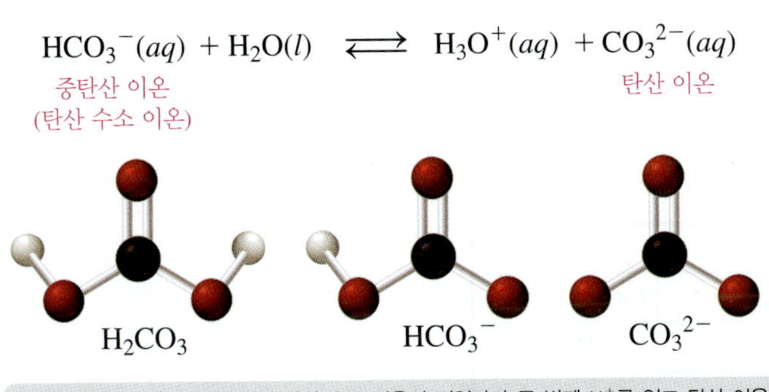

약산인 탄산은 H^+ 하나를 잃어 탄산 수소 이온이 되었다가 두 번째 H^+를 잃고 탄산 이온을 형성한다.

황산(H_2SO_4) 역시 이양성자성 산이다. 하지만 H_2SO_4는 강산이기 때문에 첫 번째 해리는 완결(100%)된다. 생성물인 황산 수소 이온(HSO_4^-)은 또 다시 해리될 수 있지만 황산 수소 이온은 약산이므로 약간만 해리된다.

$$\underset{\text{황산}}{H_2SO_4(aq)} + H_2O(l) \longrightarrow H_3O^+(aq) + \underset{\text{황산 수소 이온 (중황산염 이온)}}{HSO_4^-(aq)}$$

$$\underset{\text{황산 수소 이온 (중황산염 이온)}}{HSO_4^-(aq)} + H_2O(l) \rightleftharpoons H_3O^+(aq) + \underset{\text{황산 이온}}{SO_4^{2-}(aq)}$$

요약하면, 물에서 HI와 같은 강산은 완전히 해리되어 H_3O^+ 이온과 I^- 이온의 수용액을 형성한다. HF와 같은 약산은 물에서 일부만 해리되어 대부분 HF 분자와 소량의 H_3O^+ 이온과 F^- 이온으로 구성된 수용액을 형성한다(**그림 14.2** 참조).

강산: $HI(aq) + H_2O(l) \longrightarrow H_3O^+(aq) + I^-(aq)$ 완전히 해리됨

약산: $HF(aq) + H_2O(l) \rightleftharpoons H_3O^+(aq) + F^-(aq)$ 일부만 해리됨

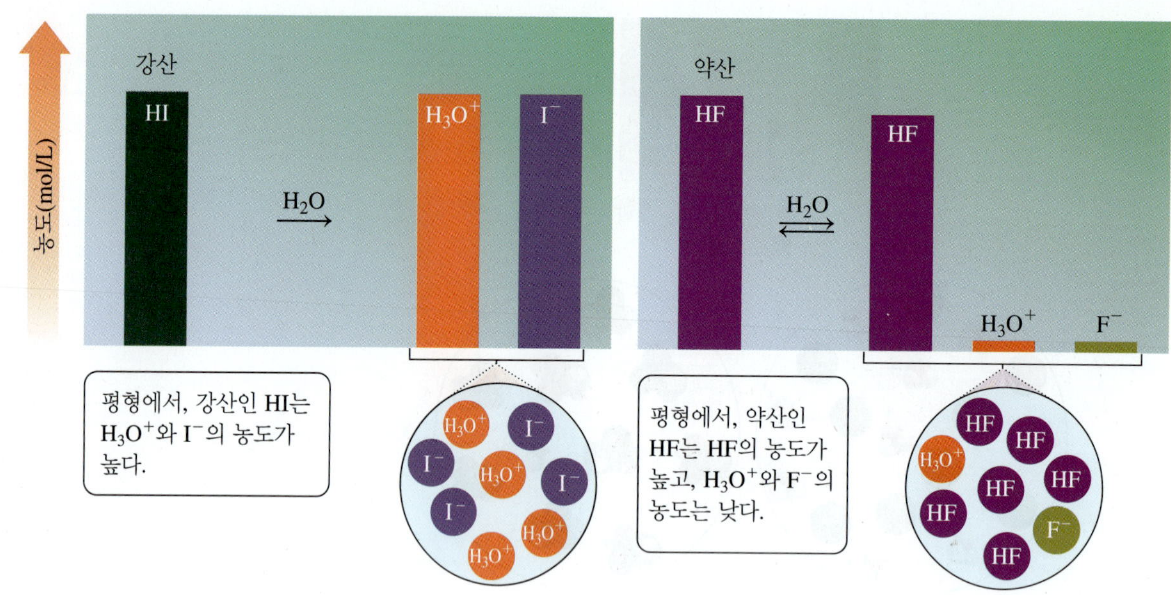

그림 14.2 ▸ 물에서 강산과 약산.

강염기와 약염기

강염기(strong base)는 강전해질로 물에서 완전히 해리한다. 강염기는 이온 결합 화합물이기 때문에 물에서 해리되어 금속 이온과 수산화 이온의 수용액을 만든다. 1A족(1족) 금속의 수산화물은 물에 매우 잘 녹으며 높은 농도의 OH^- 이온을 생성할 수 있다. 몇몇 강염기는 물에 대한 용해도는 작지만, 용해된 염기는 완전히 이온으로 해리된다. 예를 들어, KOH가 KOH 수용액을 형성할 때, 수용액에는 K^+ 이온과 OH^- 이온만이 존재한다.

$$KOH(s) \xrightarrow{H_2O} K^+(aq) + OH^-(aq)$$

강염기	
수산화 리튬	LiOH
수산화 소듐	NaOH
수산화 포타슘	KOH
수산화 루비듐	RbOH
수산화 세슘	CsOH
수산화 칼슘	$Ca(OH)_2$*
수산화 스트론튬	$Sr(OH)_2$*
수산화 바륨	$Ba(OH)_2$*
*용해도가 낮지만 완전히 해리됨	

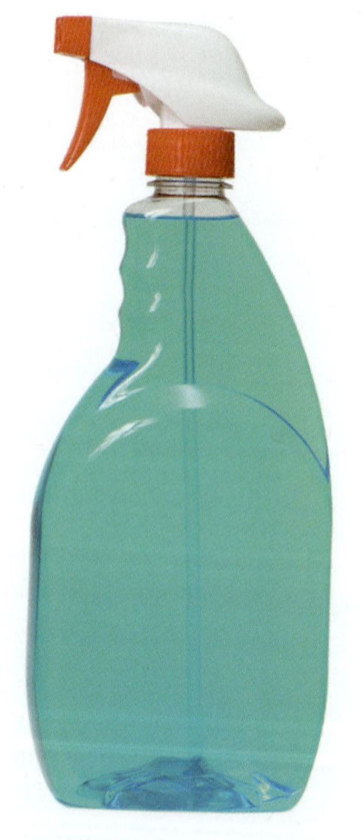

가정용 제품에 들어 있는 염기는 기름기 제거에 사용된다.

가정용 제품에 들어 있는 염기

약염기
유리 세정제, 암모니아(NH_3)
표백제, NaOCl
세탁용 세제, Na_2CO_3, Na_3PO_4
치약과 베이킹 소다, $NaHCO_3$
베이킹 파우더와 광택분, Na_2CO_3
잔디와 농업용 석회, $CaCO_3$
완하제, 제산제, $Mg(OH)_2$, $Al(OH)_3$

강염기
하수구 세정제, 오븐 세정제, NaOH

약염기(weak base)는 약전해질로 수소 이온을 잘 받아들이지 못하며, 수용액에서 극소량의 이온을 생성한다. 전형적인 약염기인 암모니아(NH_3)는 유리 세정제에 들어 있다. 수용액에서 소량의 암모니아 분자만이 수소 이온을 받아들여 NH_4^+와 OH^-를 형성한다.

$$\underset{\text{암모니아}}{NH_3(g)} + H_2O(l) \rightleftharpoons \underset{\text{수산화 암모늄}}{NH_4^+(aq) + OH^-(aq)}$$

반응의 방향

각 짝산-짝염기 쌍을 이루는 성분 사이에는 정해진 관계가 있다. 강산의 짝염기는 H^+를 잘 받아들이지 않는 약염기이다. 산의 세기가 감소할수록 짝염기의 세기는 증가한다.

산-염기 반응에서 산과 염기는 각각 2개씩 존재한다. 하지만 이 중 한 산은 다른 산보다 더 강하고, 한 염기는 다른 염기보다 더 강하다. 이들의 상대적인 세기에 따라 반응의 방향이 결정된다. 예를 들어, 강산인 H_2SO_4은 물에 H^+를 잘 내어 놓는다. 생성된 하이드로늄 이온(H_3O^+)은 H_2SO_4보다 더 약한 산이고, 짝염기인 HSO_4^-는 물보다 더 약한 염기이다.

$$H_2SO_4(aq) + H_2O(l) \longrightarrow H_3O^+(aq) + HSO_4^-(aq)$$ 대부분 생성물로 존재

더 강한 산 / 더 강한 염기 / 더 약한 산 / 더 약한 염기

다른 반응으로 물이 H^+ 하나를 탄산 이온(CO_3^{2-})에게 주어 HCO_3^-와 OH^-를 형성하는 반응을 살펴보자. **표 14.3**으로부터 HCO_3^-는 H_2O보다 더 강한 산임을 알 수 있다. 또한 OH^-는 CO_3^{2-}보다 더 강한 염기라는 것을 알 수 있다. 평형에 도달하기 위해 더 강한 산과 더 강한 염기가 반응하여 더 약한 산과 더 약한 염기를 생성하는 방향으로 반응은 진행된다.

$$CO_3^{2-}(aq) + H_2O(l) \longleftarrow HCO_3^-(aq) + OH^-(aq)$$ 대부분 반응물로 존재

더 약한 염기 / 더 약한 산 / 더 강한 산 / 더 강한 염기

예제 14.4 반응의 방향

먼저 해 보기!

다음 반응의 평형 혼합물은 대부분 반응물로 존재하는가, 생성물로 존재하는가?

$$HF(aq) + H_2O(l) \rightleftarrows H_3O^+(aq) + F^-(aq)$$

풀이

표 14.3으로부터 HF는 H_3O^+보다 더 약한 산이고, H_2O는 F^-보다 더 약한 염기임을 알 수 있다. 따라서 평형 혼합물은 대부분 반응물로 존재한다.

$$HF(aq) + H_2O(l) \rightleftarrows H_3O^+(aq) + F^-(aq)$$

더 약한 산 / 더 약한 염기 / 더 강한 산 / 더 강한 염기

확인 문제 14.4

질산과 물이 반응하여 얻어진 평형 혼합물은 대부분 반응물로 존재하는가, 생성물로 존재하는가?

답

$$HNO_3(aq) + H_2O(l) \longrightarrow H_3O^+(aq) + NO_3^-(aq)$$

HNO_3은 H_3O^+보다 더 강한 산이고 H_2O는 NO_3^-보다 더 강한 염기이기 때문에 평형 혼합물은 대부분 생성물로 존재한다.

플루오린화 수소산은 할로젠 산 중 유일하게 약산이다.

14.4 약산과 약염기의 해리

학습 목표 약산과 약염기에 대한 해리 상수식을 쓸 수 있다.

복습하기
평형 상수 쓰기(13.3)
르샤틀리에 원리 사용하기(13.5)

앞에서 살펴본 바와 같이 산은 물에서 해리되는 정도에 따라 세기가 달라진다. 물에서는 강산의 해리가 본질적으로 완결되기 때문에 이에 대한 반응은 평형 상태로 간주되지 않는다. 하지만 약산은 물에서 약간만 해리되기 때문에 이온 생성물은 해리되지 않은 약산 분자와 평형을 이룬다. 예를 들어, 벌과 개미에 들어 있는 산인 폼산($HCHO_2$)은 약산이다. 폼산은 물에서 해리되어 하이드로늄 이온(H_3O^+)과 폼산 이온(CHO_2^-)을 형성하는 약산이다.

$$HCHO_2(aq) + H_2O(l) \rightleftharpoons H_3O^+(aq) + CHO_2^-(aq)$$

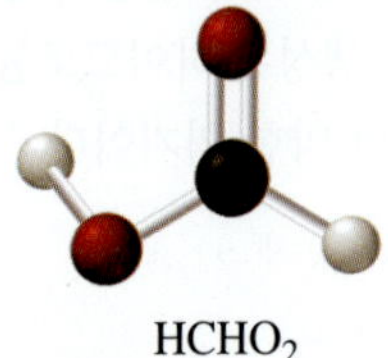

$HCHO_2$

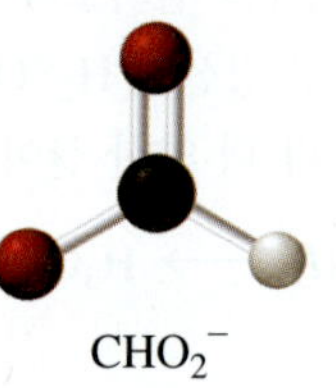

CHO_2^-

약산인 폼산은 H^+ 하나를 잃고 폼산 이온을 형성한다.

해리 상수의 표현

약산에 대한 산 해리식(acid dissociation expression, K_a)은 약산의 반응물에 대한 생성물의 농도 비로 나타낼 수 있다. 다른 해리 상수와 마찬가지로 생성물의 몰농도를 반응물의 몰농도로 나눈다. (평형 식에서 대괄호는 반응물과 생성물의 몰농도를 나타낸다.) 물은 일정한 농도의 순수한 액체이기 때문에 생략된다.

$$K_a = \frac{[H_3O^+][CHO_2^-]}{[HCHO_2]}$$ 산 해리식

산 해리 표현식의 수치값을 **산 해리 상수**(acid dissociation constant, $\boldsymbol{K_a}$)라고 한다. 25 °C에서 폼산에 대한 K_a 값은 실험에 의해 1.8×10^{-4}으로 결정되었다. 따라서 약산인 $HCHO_2$에 대한 K_a는 다음과 같다.

$$K_a = \frac{[H_3O^+][CHO_2^-]}{[HCHO_2]} = 1.8 \times 10^{-4}$$ 산 해리 상수

폼산의 K_a 값이 작은 것으로부터 폼산이 물에 녹아 형성된 평형 혼합물에는 대부분 반응물이 존재하고 소량의 생성물만이 포함되어 있음을 알 수 있다. 약산의 K_a 값은 작다. 하지만 본질적으로 100% 해리되는 강산의 K_a 값은 매우 크지만 보통 이러한 K_a 값은 주어지지 않는다. 몇 가지 약산과 약염기에 대한 K_a와 K_b 값을 **표 14.4**에 나타내었다.

약산에 대해 우리가 살펴본 바와 비슷하게, 약염기는 K_b 값이 작다. 본질적으로 100% 해리되는 강염기의 K_b 값은 매우 크지만 이러한 값은 보통 주어지지 않는다.

이제 약염기인 메틸아민의 해리를 살펴보자.

$$CH_3-NH_2(aq) + H_2O(l) \rightleftharpoons CH_3-NH_3^+(aq) + OH^-(aq)$$

물의 농도는 산 해리 표현식에서 생략된 것 같이 염기 해리식에서도 생략된다. 메틸아민의 **염기 해리 상수**(base dissociation constant, $\boldsymbol{K_b}$)는 다음과 같이 나타낸다.

$$K_b = \frac{[CH_3-NH_3^+][OH^-]}{[CH_3-NH_2]} = 4.4 \times 10^{-4}$$

표 14.4에 몇 가지 약산과 약염기에 대한 $\boldsymbol{K_a}$와 $\boldsymbol{K_b}$ 값을 나타내었다.

표 14.4 > 몇 가지 약산과 약염기에 대한 K_a와 K_b 값

산		K_a
인산	H_3PO_4	7.5×10^{-3}
아질산	HNO_2	4.5×10^{-4}
플루오린화 수소산	HF	3.5×10^{-4}
폼산	$HCHO_2$	1.8×10^{-4}
아세트산	$HC_2H_3O_2$	1.8×10^{-5}

(계속)

산		K_a
탄산	H_2CO_3	4.3×10^{-7}
황화 수소산	H_2S	9.1×10^{-8}
인산 이수소 이온	$H_2PO_4^-$	6.2×10^{-8}
하이포아염소산	$HClO$	3.0×10^{-8}
사이안화 수소산	HCN	4.9×10^{-10}
탄산 수소 이온	HCO_3^-	5.6×10^{-11}
인산 수소 이온	HPO_4^{2-}	2.2×10^{-13}
염기		K_b
메틸아민	$CH_3—NH_2$	4.4×10^{-4}
탄산 이온	CO_3^{2-}	2.2×10^{-4}
암모니아	NH_3	1.8×10^{-5}

표 14.5에 산과 염기의 특성을 세기와 평형의 위치로 정리하였다.

표 14.5 > 산과 염기의 특성

특성	**강산**	**약산**
평형 위치	생성물 쪽	반응물 쪽
K_a	크다	작다
$[H_3O^+]$와 $[A^-]$	[HA]는 100% 해리	소량의 [HA]만 해리
짝염기	약함	강함
특성	**강염기**	**약염기**
평형 위치	생성물 쪽	반응물 쪽
K_b	크다	작다
$[BH^+]$와 $[OH^-]$	[B]는 100% 반응	소량의 [B]만 반응
짝산	약함	강함

예제 14.5 산 해리식 쓰기

먼저 해 보기!

약산인 아질산의 산 해리식을 써라.

풀이

아질산의 해리에 대한 반응식은 다음과 같다.

$$HNO_2(aq) + H_2O(l) \rightleftarrows H_3O^+(aq) + NO_2^-(aq)$$

산 해리 표현식은 생성물의 농도를 해리되지 않은 약산의 농도로 나눈 식이다.

$$K_a = \frac{[H_3O^+][NO_2^-]}{[HNO_2]}$$

확인 문제 14.5

다음 각각의 산 해리식을 써라.

a. 인산 수소 이온(HPO_4^{2-})

b. 하이포아염소산

답

a. $K_a = \dfrac{[H_3O^+][PO_4^{3-}]}{[HPO_4^{2-}]}$

b. $K_a = \dfrac{[H_3O^+][ClO^-]}{[HClO]}$

14.5 물의 이온화

학습 목표 물의 해리 상수식을 이용하여 수용액에서 $[H_3O^+]$와 $[OH^-]$를 계산할 수 있다.

생각해 보기 14.6

순수한 물에서 $[H_3O^+]$ 값과 $[OH^-]$ 값이 같은 이유는 무엇인가?

많은 산-염기 반응에서 물은 산이나 염기로 작용할 수 있는 *양쪽성*(amphoteric)이다. 순수한 물에서 두 개의 물 분자 중 한 분자에서 다른 분자로 H^+이 전달되는 정반응을 한다. 한 분자는 H^+를 잃어 산으로 작용하고, H^+를 얻는 물 분자는 염기로 작용한다. 두 물 분자 사이에서 H^+를 주고받으면 생성물 중 하나는 항상 H_3O^+이고 다른 하나는 OH^-이다. H_3O^+와 OH^-는 역반응으로 반응하여 다시 두 물 분자를 만든다. 따라서 물의 짝산-짝염기 쌍 사이에 평형이 이루어진다.

짝산-짝염기 쌍

$$H{-}O{-}H + H{-}O{-}H \rightleftharpoons H{-}\overset{|}{O}(H){-}H^+ + {}^-O{-}H$$

짝산-짝염기 쌍

산(H^+ 주개) 염기(H^+ 받개) 산(H^+ 주개) 염기(H^+ 받개)

물의 해리 표현식 K_w 쓰기

평형 상태에서 물의 해리 반응식을 이용하여 생성물의 농도를 반응물의 농도로 나누어 평형 표현식을 나타낼 수 있다.

$$H_2O(l) + H_2O(l) \rightleftharpoons H_3O^+(aq) + OH^-(aq)$$

$$K = \frac{[H_3O^+][OH^-]}{[H_2O][H_2O]}$$

순수한 물은 농도가 일정하므로 생략하면 **물의 해리식**(water dissociation expression, K_w)은 다음과 같이 나타낼 수 있다.

$$K_w = [H_3O^+][OH^-]$$

순수한 물에서 실험으로 얻은 H_3O^+과 OH^-의 농도는 25 °C에서 각각 1.0×10^{-7} M이다.

순수한 물 $[H_3O^+] = [OH^-] = 1.0 \times 10^{-7}$ M

$[H_3O^+]$와 $[OH^-]$ 값을 물의 해리 표현식에 넣으면 **물 해리 상수**(water dissociation constant, K_w) 값은 25 °C에서 1.0×10^{-14}이다. 앞에서와 마찬가지로 K_w 값에서 농도 단위는 생략된다.

$$K_w = [H_3O^+][OH^-] = [1.0 \times 10^{-7}][1.0 \times 10^{-7}] = 1.0 \times 10^{-14}$$

중성 용액, 산성 용액, 염기성 용액

모든 수용액이 H_3O^+와 OH^-를 모두 포함하기 때문에 K_w 값(25 °C에서 1.0×10^{-14})은

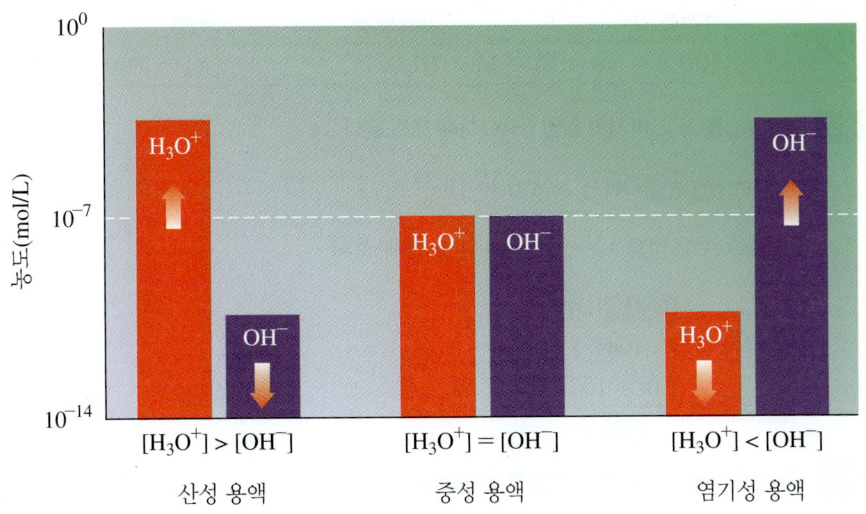

그림 14.3 ▸ 중성 용액에서 $[H_3O^+]$와 $[OH^-]$는 같다. 산성 용액에서는 $[H_3O^+]$가 $[OH^-]$보다 더 크다. 염기성 용액에서는 $[OH^-]$가 $[H_3O^+]$보다 더 크다.

모든 수용액에 적용된다(**그림 14.3** 참조). 용액에서 $[H_3O^+]$와 $[OH^-]$가 같을 때, 용액은 **중성**(neutral)이다. 하지만 대부분의 용액은 중성이 아니다. 중성이 아닌 용액에서는 $[H_3O^+]$와 $[OH^-]$가 서로 다르다. 물에 산을 첨가하면 $[H_3O^+]$는 증가하고 $[OH^-]$는 감소하여 산성 용액이 된다. 물에 염기를 첨가하면 $[OH^-]$는 증가하고 $[H_3O^+]$는 감소하여 염기성 용액이 된다. 그러나 수용액에 대해 용액의 중성, 산성, 염기성 여부에 관계없이 H_3O^+와 OH^-의 농도 곱 $[H_3O^+][OH^-]$는 K_w(25 °C에서 1.0×10^{-14})와 같다(**표 14.6** 참조).

생각해 보기 14.7

$[H_3O^+]$가 1.0×10^{-3} M인 용액은 산성인가, 염기성인가, 중성인가?

표 14.6 ▸ 중성 용액, 산성 용액, 염기성 용액에서 $[H_3O^+]$와 $[OH^-]$의 예

용액의 유형	$[H_3O^+]$	$[OH^-]$	K_w (25 °C)
중성	1.0×10^{-7} M	1.0×10^{-7} M	1.0×10^{-14}
산성	1.0×10^{-2} M	1.0×10^{-12} M	1.0×10^{-14}
산성	2.5×10^{-5} M	4.0×10^{-10} M	1.0×10^{-14}
염기성	1.0×10^{-8} M	1.0×10^{-6} M	1.0×10^{-14}
염기성	5.0×10^{-11} M	2.0×10^{-4} M	1.0×10^{-14}

K_w를 이용한 수용액의 $[H_3O^+]$와 $[OH^-]$의 계산

용액의 $[H_3O^+]$를 알면 K_w를 이용하여 $[OH^-]$를 계산할 수 있다. 용액의 $[OH^-]$를 알면 예제 14.6에 나타낸 바와 같이 K_w 관계식으로부터 $[H_3O^+]$를 계산할 수 있다.

$$K_w = [H_3O^+][OH^-]$$

$$[OH^-] = \frac{K_w}{[H_3O^+]} \qquad [H_3O^+] = \frac{K_w}{[OH^-]}$$

핵심 화학 기술

용액에서 $[H_3O^+]$와 $[OH^-]$ 계산

생각해 보기 14.8

용액의 $[H_3O^+]$를 알면 K_w를 이용해 $[OH^-]$를 어떻게 계산하는가?

예제 14.6 용액의 $[H_3O^+]$ 계산

먼저 해 보기!

25 °C에서 식초 용액의 $[OH^-] = 5.0 \times 10^{-12}$ M이다. 식초 용액의 $[H_3O^+]$는 얼마인가? 용액은 산성인가, 염기성인가, 중성인가?

풀이

단계 1 주어진 것과 필요한 것을 쓴다.

문제 분석	주어진 것	필요한 것	연결
	$[OH^-] = 5.0 \times 10^{-12}$ M	$[H_3O^+]$	$K_w = [H_3O^+][OH^-]$

단계 2 **물의 K_w를 쓰고 미지의 값인 $[H_3O^+]$에 대해 푼다.**

$$K_w = [H_3O^+][OH^-] = 1.0 \times 10^{-14}$$

양변을 $[OH^-]$로 나누어 $[H_3O^+]$에 대해 푼다.

$$\frac{K_w}{[OH^-]} = \frac{[H_3O^+][OH^-]}{[OH^-]}$$

$$[H_3O^+] = \frac{1.0 \times 10^{-14}}{[OH^-]}$$

단계 3 **주어진 $[OH^-]$ 값을 식에 대입한 후 계산한다.**

$$[H_3O^+] = \frac{1.0 \times 10^{-14}}{5.0 \times 10^{-12}} = 2.0 \times 10^{-3}\ \text{M}$$

2.0×10^{-3} M $[H_3O^+]$가 5.0×10^{-12} M $[OH^-]$보다 더 많은 양이기 때문에 용액은 산성이다.

생각해 보기 14.9

수용액의 $[OH^-]$가 감소하면 $[H_3O^+]$는 증가하는 이유가 무엇인가?

확인 문제 14.6

a. $[OH^-] = 4.0 \times 10^{-4}$ M인 암모니아 세정 용액의 $[H_3O^+]$는 얼마인가? 용액은 산성인가, 염기성인가, 중성인가?

b. $[H_3O^+] = 6.3 \times 10^{-5}$ M인 토마토 주스의 $[OH^-]$는 얼마인가? 용액은 산성인가, 염기성인가, 중성인가?

답

a. $[H_3O^+] = 2.5 \times 10^{-11}$ M, 염기성 **b.** $[OH^-] = 1.6 \times 10^{-10}$ M, 산성

14.6 pH 척도

학습 목표 $[H_3O^+]$로 pH를 계산하고, 주어진 pH로 용액의 $[H_3O^+]$와 $[OH^-]$를 계산할 수 있다.

비의 산성도, 즉 pH는 환경에 중요한 영향을 미칠 수 있다. 비가 지나치게 산성이면 대리석으로 만든 조각상을 녹일 수도 있고 금속의 부식을 촉진시킬 수 있다. 호수와 연못에서는 물의 산성도에 따라 식물과 물고기의 생존 능력이 영향을 받는다. 식물 주변 토양의 산성도는 식물의 성장에 영향을 준다. 토양의 pH가 지나치게 산성이거나 지나치게 염기성이면, 식물의 뿌리는 일부 영양분을 받아들일 수 없다. 난초, 동백, 블루베리와 같은 특정 식물은 약산성 토양이 필요하지만, 대부분의 식물은 거의 중성 pH를 갖는 토양에서 자란다.

보통 H_3O^+와 OH^-를 몰농도로 나타내지만, *pH 척도*(pH scale)를 사용하여 용액의 산성도를 기술하는 것이 더 편리하다. 이 척도에서 일반적인 용액에 대한 H_3O^+ 농도는 0~14의 숫자로 나타낸다. 중성 용액은 25 °C에서 pH 7.0이다. 산성 용액의 pH는 7.0보다 작고, 염기성 용액의 pH는 7.0보다 크다(**그림 14.4** 참조).

산성도와 pH 사이에는 한 값이 증가하면 다른 값이 감소하는 관계가 성립된다. 순수한 물에 산을 첨가하면 용액의 $[H_3O^+]$(산성도)는 증가하지만 pH는 감소한다. 순수한 물에 염기를 첨가하면 염기성이 높아지므로 산성도는 감소하고 pH는 증가한다.

실험실에서는 일반적으로 pH 미터를 사용하여 용액의 pH를 측정한다. pH 값이 다른

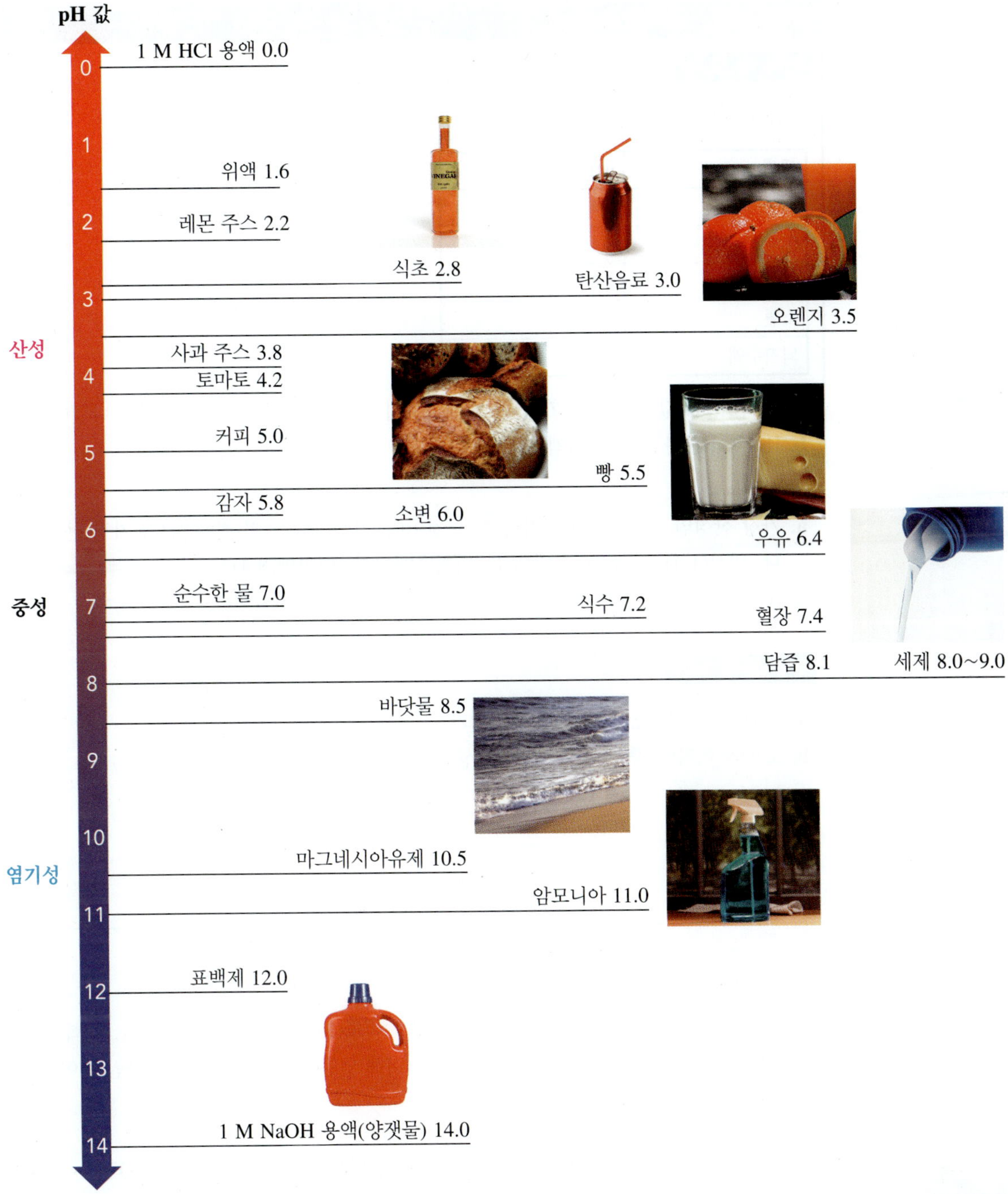

pH 값
1 M HCl 용액 0.0
위액 1.6
레몬 주스 2.2
식초 2.8
탄산음료 3.0
오렌지 3.5
산성
사과 주스 3.8
토마토 4.2
커피 5.0
빵 5.5
감자 5.8
소변 6.0
우유 6.4
중성
순수한 물 7.0
식수 7.2
혈장 7.4
담즙 8.1
세제 8.0~9.0
바닷물 8.5
염기성
마그네시아유제 10.5
암모니아 11.0
표백제 12.0
1 M NaOH 용액(양잿물) 14.0
0
1
2
3
4
5
6
7
8
9
10
11
12
13
14

그림 14.4 ▸ pH 척도에서 7.0보다 작은 값은 산성이고, 7.0은 중성이며, 7.0보다 큰 값은 염기성이다.

용액에서 특정한 색상 변화를 일으키는 다양한 지시약과 pH 시험지가 있다. 시험지의 색이나 용액의 색을 색도표와 비교함으로써 pH를 알 수 있다(**그림 14.5** 참조).

생각해 보기 14.10

사과 주스는 산성인가, 중성인가, 염기성인가?

BECKMAN
pHydrion Papers

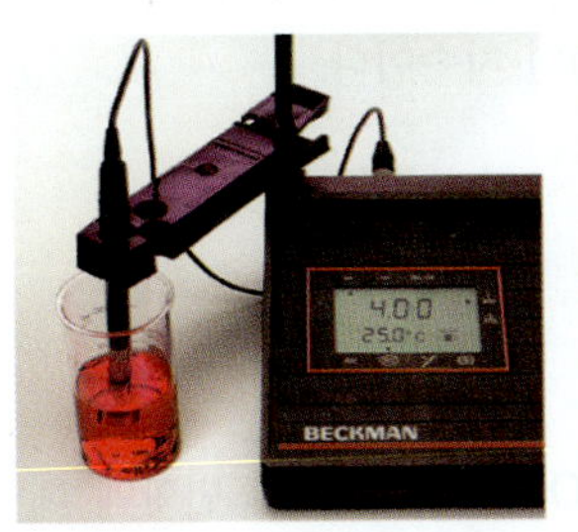

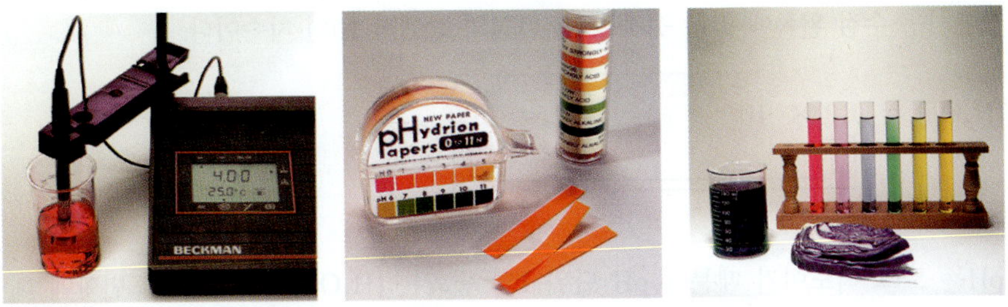

pH 미터 pH 시험지 pH 지시약

그림 14.5 ▸ 용액의 pH는 여러 방법을 사용하여 결정할 수 있다.

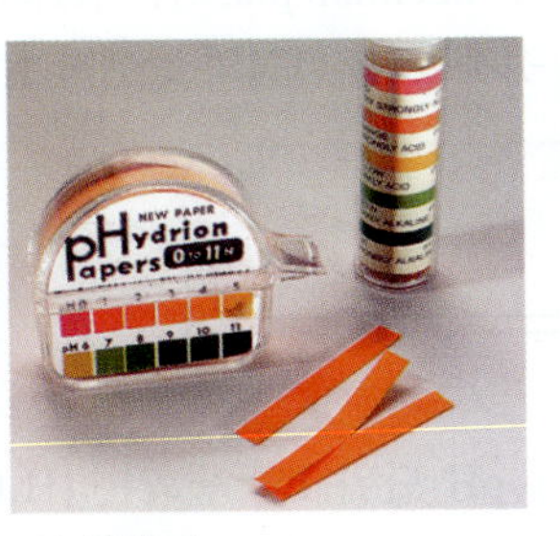

생각해 보기 14.11

pH 미터에 4.00으로 나타났다면 이 용액은 왜 산성인가?

예제 14.7 용액의 pH

먼저 해 보기!

다음 체액의 pH를 생각해 보자.

체액	pH
위산	1.4
이자액	8.4
땀	4.8
소변	5.3
뇌척수액	7.3

a. 체액의 pH 값을 산성이 가장 큰 것에서부터 염기성이 증가하는 순서대로 나열하라.
b. $[H_3O^+]$가 가장 높은 체액은 무엇인가?

풀이

a. 가장 산성인 체액은 pH가 가장 작은 것이며, 가장 염기성인 것은 pH가 가장 큰 체액이다. 위산(1.4), 땀(4.8), 소변(5.3), 뇌척수액(7.3), 이자액(8.4).
b. $[H_3O^+]$가 가장 높은 체액은 가장 낮은 pH 값을 갖는 위산이다.

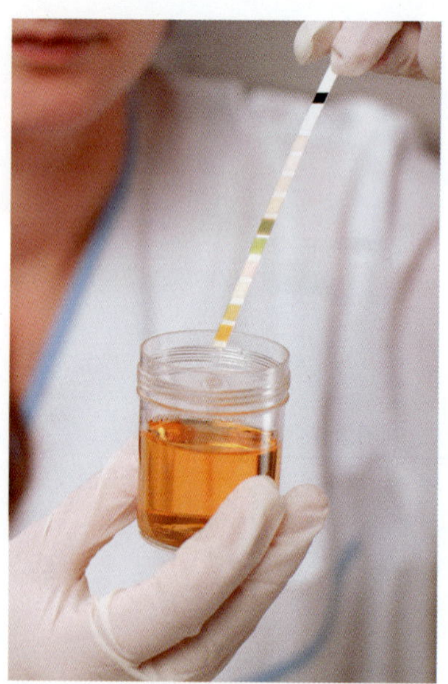

소변 검사용 스틱을 사용하여 소변 시료의 pH를 측정한다.

확인 문제 14.7

a. $[OH^-]$가 가장 높은 체액은 무엇인가?
b. 소변과 이자액 중 어느 것이 더 산성인 체액인가?

답

a. 이자액
b. 소변

용액의 pH 계산

pH 척도는 수용액의 $[H_3O^+]$에 상응하는 *로그 척도*(logarithmic scale)이다. 수학적으로 **pH**는 $[H_3O^+]$에 밑이 10인 로그(상용 로그)를 취해 얻은 값에 음의 부호를 붙인 것이다.

$$\text{pH} = -\log[H_3O^+]$$

근본적으로 몰농도에서 10의 음의 지수가 양수로 변환된다. 예를 들어, $[H_3O^+] = 1.0 \times 10^{-2}$ M인 레몬 주스 용액의 pH는 2.00이다. pH 식을 이용하여 이를 계산할 수 있다.

$$\text{pH} = -\log[1.0 \times 10^{-2}]$$
$$\text{pH} = -(-2.00) = 2.00$$

토양이 지나치게 산성이면 영양분이 작물에 흡수되지 않는다. 그런 경우 염기 역할을 하는 석회($CaCO_3$)를 뿌려 토양의 pH를 높인다.

pH 값의 *소수점 이하 자리수*(decimal place)는 $[H_3O^+]$ 값의 유효숫자 개수와 같다. pH 값에서 소수점 왼쪽에 있는 숫자는 $[H_3O^+]$의 값에서 10의 지수이다.

$$[H_3O^+] = 1.0 \times 10^{-2} \qquad \text{pH} = 2.00$$

유효숫자 2개 → 유효숫자 2개

생각해 보기 14.12

$[H_3O^+] = 1.0 \times 10^{-6}$ M에 대한 옳은 pH 값은 왜 6.0이 아니라 6.00인가?

pH는 로그 척도이기 때문에 pH 단위 1의 변화는 $[H_3O^+]$에서는 10배 변화에 해당한다. $[H_3O^+]$가 증가함에 따라 pH가 감소한다는 점에 주목해야 한다. 예를 들어, pH 2.00인 용액은 pH 3.00인 용액보다 10배 큰 $[H_3O^+]$를 포함하고, pH 4.00인 용액보다는 100배 큰 $[H_3O^+]$를 포함한다. 용액의 pH는 예제 14.8에 나타낸 것과 같이 계산기에 $[H_3O^+]$ 값을 입력한 후 *log* 키를 누른 후 얻어지는 값의 부호를 바꾸면 된다.

예제 14.8 $[H_3O^+]$로부터 pH 계산

먼저 해 보기!

아세틸살리실산인 아스피린은 통증과 발열을 완화시키는 데 사용된 최초의 비스테로이드성 항염증약(nonsteroidal anti-inflammatory drug, NSAID)이었다. 아스피린 용액의 $[H_3O^+] = 1.7 \times 10^{-3}$ M일 때, 용액의 pH는 얼마인가?

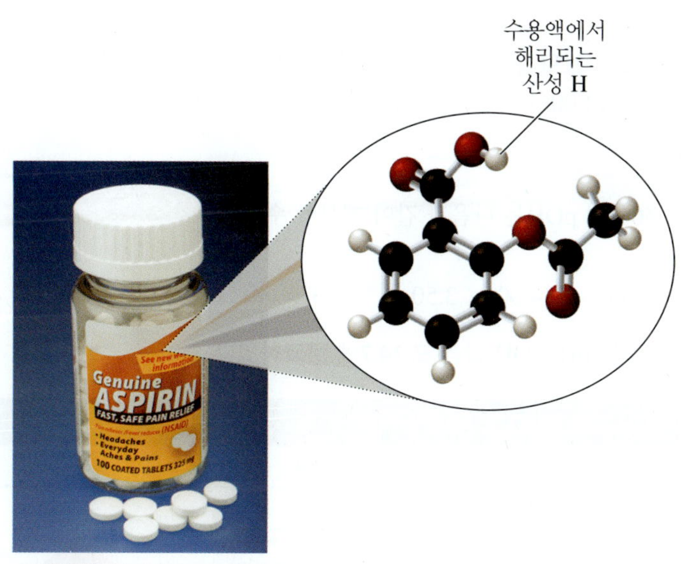

아세틸살리실산인 아스피린은 약산이다.

풀이

단계 1 **주어진 것과 필요한 것을 쓴다.**

문제 분석	주어진 것	필요한 것	연결
	$[H_3O^+] = 1.7 \times 10^{-3}$ M	pH	pH 식

단계 2 **pH 식에 $[H_3O^+]$를 대입하여 계산한다.**

$$pH = -\log[H_3O^+] = -\log[1.7 \times 10^{-3}]$$

계산기 계산 절차 **계산기 계산 결과**

1.7 [EE or EXP] [+/–] 3 [log] [+/–] [=] 또는 [+/–] [log] 1.7 [EE or EXP] [+/–] 3 [=] 2.769551079

자기 계산기 사용법을 확인하라.

단계 3 **소수점 오른쪽의 유효숫자 개수를 조정한다.** pH 값에서 소수점 *왼쪽*에 있는 숫자는 10의 지수에서 온 *정수* 부분이다. 따라서 과학적 표기법의 계수 부분의 유효숫자 두 자리는 pH 값의 소수점 오른쪽에 있는 자릿수 두 개를 결정한다.

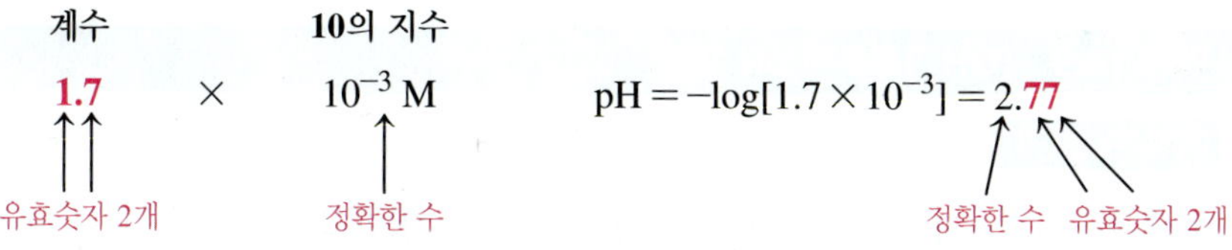

확인 문제 14.8

a. $[H_3O^+] = 4.2 \times 10^{-12}$ M인 표백제의 pH는 얼마인가?

b. $[H_3O^+] = 6.1 \times 10^{-10}$ M인 붕사 용액의 pH는 얼마인가?

답

a. pH = 11.38 **b.** pH = 9.21

pOH

pOH 척도는 수용액의 $[OH^-]$와 관련되어 있으며 pH 척도와 계산 방법이 비슷하다.

$$pOH = -\log[OH^-]$$

$[OH^-]$가 높은 용액은 pOH 값이 낮다. $[OH^-]$가 낮은 용액은 높은 pOH 값을 갖는다. 모든 수용액에서 pH와 pOH의 합은 14.00이며, 14.00은 K_w의 음의 로그값이다.

$$pH + pOH = 14.00$$

예를 들어, 용액의 pH가 3.50이면 pOH는 다음과 같이 계산할 수 있다.

$$pH + pOH = 14.00$$
$$pOH = 14.00 - pH = 14.00 - 3.50 = 10.50$$

$[H_3O^+]$, $[OH^-]$와 상응하는 pH, pOH 값을 **표 14.7**에 비교하였다.

과일은 산 때문에 신맛이 난다.

표 14.7 > 25 °C에서 pH, pOH 값과 $[H_3O^+]$, $[OH^-]$ 비교

pH	$[H_3O^+]$	$[OH^-]$	pOH	
0	10^0	10^{-14}	14	
1	10^{-1}	10^{-13}	13	
2	10^{-2}	10^{-12}	12	
3	10^{-3}	10^{-11}	11	
4	10^{-4}	10^{-10}	10	산성
5	10^{-5}	10^{-9}	9	
6	10^{-6}	10^{-8}	8	
7	10^{-7}	10^{-7}	7	중성
8	10^{-8}	10^{-6}	6	
9	10^{-9}	10^{-5}	5	
10	10^{-10}	10^{-4}	4	염기성
11	10^{-11}	10^{-3}	3	
12	10^{-12}	10^{-2}	2	
13	10^{-13}	10^{-1}	1	
14	10^{-14}	10^0	0	

$[OH^-]$로부터 pH를 계산할 필요가 있을 때, 예제 14.9와 같이 K_w를 이용하여 $[H_3O^+]$를 계산하고, 그 값을 pH 식에 넣어 용액의 pH를 계산한다.

예제 14.9 $[OH^-]$로부터 pH 계산

먼저 해 보기!

$[OH^-] = 3.7 \times 10^{-3}$ M인 암모니아 용액의 pH는 얼마인가?

풀이

단계 1 **주어진 것과 필요한 것을 쓴다.**

	주어진 것	필요한 것	연결
문제 분석	$[OH^-] = 3.7 \times 10^{-3}$ M	$[H_3O^+]$, pH	$K_w = [H_3O^+][OH^-]$, pH 식

단계 2 **pH 식에 $[H_3O^+]$를 대입하여 계산한다.** 암모니아 용액에 대한 $[OH^-]$가 주어졌으므로 그 값으로부터 $[H_3O^+]$를 계산한다. 물의 해리 식 K_w를 이용하여 양변을 $[OH^-]$로 나누어 $[H_3O^+]$를 얻는다.

$$K_w = [H_3O^+][OH^-] = 1.0 \times 10^{-14}$$

$$\frac{K_w}{[OH^-]} = \frac{[H_3O^+][\cancel{OH^-}]}{[\cancel{OH^-}]}$$

$$[H_3O^+] = \frac{1.0 \times 10^{-14}}{3.7 \times 10^{-3}} = 2.7 \times 10^{-12}\ \text{M}$$

이제 pH 식에 $[H_3O^+]$를 대입한다.

$$\text{pH} = -\log[H_3O^+] = -\log[2.7 \times 10^{-12}]$$

계산기 계산 절차 **계산기 계산 결과**

2.7 [EE or EXP] [+/−] 12 [log] [+/−] [=] 또는 [+/−] [log] 2.7 [EE or EXP] [+/−] 12 [=] 11.56863624

단계 3 **소수점 오른쪽의 유효숫자 개수를 조정한다.**

2.7×10^{-12} M　　pH = 11.57

유효숫자 2개　　소수점 오른쪽 유효숫자 2개

확인 문제 14.9

a. $[OH^-] = 1.3 \times 10^{-6}$ M인 담즙 시료의 pH를 계산하라.

b. $[OH^-] = 1.2 \times 10^{-5}$ M인 달걀 흰자의 pH는 얼마인가?

답

a. pH = 8.11　　**b.** pH = 9.08

---

pH로부터 $[H_3O^+]$ 계산

용액의 pH가 주어지고 $[H_3O^+]$를 계산할 때, pH 계산 과정의 역과정으로 $[H_3O^+]$를 계산할 수 있다.

$$[H_3O^+] = 10^{-\text{pH}}$$

예를 들어, 용액의 pH가 3.0이라면 이 식에 대입하면 된다. $[H_3O^+]$의 유효숫자 개수는 pH 값의 소수점 이하 자릿수와 같다.

$$[H_3O^+] = 10^{-\text{pH}} = 10^{-3.0} = 1 \times 10^{-3}\ \text{M}$$

pH 값이 정수가 아닌 경우의 계산에는 일반적으로 계산기의 *두 번째 기능키*(2nd function key)인 10^x 키를 사용해야 한다. 일부 계산기에서는 예제 14.10에서와 같이 역 로그식을 사용하여 이 과정을 수행한다.

예제 14.10 pH로부터 $[H_3O^+]$ 계산

먼저 해 보기!

pH 7.5인 소변 시료의 $[H_3O^+]$를 계산하라.

풀이

단계 1 **주어진 것과 필요한 것을 쓴다.**

문제 분석	주어진 것	필요한 것	연결
	pH = 7.5	$[H_3O^+]$	$[H_3O^+] = 10^{-pH}$

단계 2 **역로그 식에 pH를 대입하여 계산한다.**

$$[H_3O^+] = 10^{-pH} = 10^{-7.5}$$

계산기 계산 절차 / 계산기 계산 결과

2nd log +/− 7.5 = 또는 7.5 +/− 2nd log =

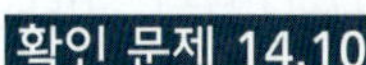

단계 3 **계수의 유효숫자 개수를 조정한다.** pH 값 7.5는 소수점 오른쪽에 한 자리를 가지므로 $[H_3O^+]$의 계수 부분은 유효숫자 1개로 쓴다.

$$[H_3O^+] = 3 \times 10^{-8}\ M$$

유효숫자 1개

확인 문제 14.10

a. pH 3.17인 콜라의 $[H_3O^+]$와 $[OH^-]$는 얼마인가?

b. pH 8.3인 이자액(pancreatic juice)의 $[H_3O^+]$와 $[OH^-]$는 얼마인가?

답

a. $[H_3O^+] = 6.8 \times 10^{-4}$ M, $[OH^-] = 1.5 \times 10^{-11}$ M

b. $[H_3O^+] = 5 \times 10^{-9}$ M, $[OH^-] = 2 \times 10^{-6}$ M

액체의 pH를 pH 미터로 측정한다.

14.7 산과 염기의 반응

학습 목표 산과 금속, 탄산 이온, 탄산 수소 이온, 염기와의 반응에 대한 균형 화학 반응식을 쓸 수 있다.

복습하기

화학 반응식 균형 맞추기(8.2)

산과 염기의 전형적인 반응에는 산과 금속의 반응, 산과 탄산 이온의 반응, 산과 탄산 수소 이온의 반응, 산과 염기의 반응 등이 있다. 예를 들어, 물에 제산제 알약 하나를 떨어뜨리면 알약에 들어 있는 탄산 수소 이온과 구연산이 반응하여 이산화 탄소 거품과 물, 그리고 염을 생성된다. **염**(salt)은 H^+ 이외의 양이온과 OH^- 이외의 음이온으로 구성된 이온 결합 화합물이다.

산과 금속

마그네슘은 산과 격렬하게 반응하여 H_2 기체와 마그네슘 염을 생성한다.

산은 특정 금속과 반응하여 수소 기체(H_2)와 염을 생성한다. 포타슘, 소듐, 칼슘, 마그네슘, 알루미늄, 아연, 철, 주석 등이 산과 반응하는 활성 금속이다. 이와 같은 단일 치환 반응에서 금속 이온은 산의 수소를 치환한다.

$$\underset{\text{산}}{2HCl(aq)} + \underset{\text{금속}}{Mg(s)} \longrightarrow \underset{\text{수소}}{H_2(g)} + \underset{\text{염}}{MgCl_2(aq)}$$

$$\underset{\text{산}}{2HNO_3(aq)} + \underset{\text{금속}}{Zn(s)} \longrightarrow \underset{\text{수소}}{H_2(g)} + \underset{\text{염}}{Zn(NO_3)_2(aq)}$$

건강과 관련된 화학 _Chemistry Link to Health

위산, HCl

HCl을 포함하는 위산은 위를 둘러싸고 있는 위벽 세포(parietal cell)에서 만들어진다. 음식을 먹어 위장이 팽창하면 위샘(gastric gland)은 강산성 HCl 용액을 분비하기 시작한다. 위액은 염산, 뮤신(mucin), 효소인 펩신(pepsin)과 리페이즈(lipase)를 포함하고 있는데 사람은 보통 하루에 2000 mL의 위액을 분비한다.

위액의 HCl은 주세포(chief cell)에서 *펩시노젠*(pepsinogen)이라는 소화 효소를 활성화시켜 *펩신*(pepsin)을 형성한다. 펩신은 위에 들어오는 음식에 들어 있는 단백질을 분해한다. 위 내벽에 궤양을 만들지 않고 소화 효소를 활성화시키는 데 최적 조건인 pH 약 2가 될 때까지 HCl 분비는 계속된다. 또한 낮은 pH는 위장에 들어오는 박테리아를 파괴한다. 일반적으로 다량의 점성이 높은 점액이 위장 내에서 분비되어 산에 의한 손상이나 효소에 의한 손상으로부터 위 내벽을 보호한다. 신경계가 HCl 생산을 활성화할 때 스트레스 조건에서 위산이 형성될 수도 있다. 위장의 내용물이 소장으로 이동함에 따라 세포는 탄산 수소 이온을 생성하여 pH 약 5가 될 때까지 위산을 중화시킨다.

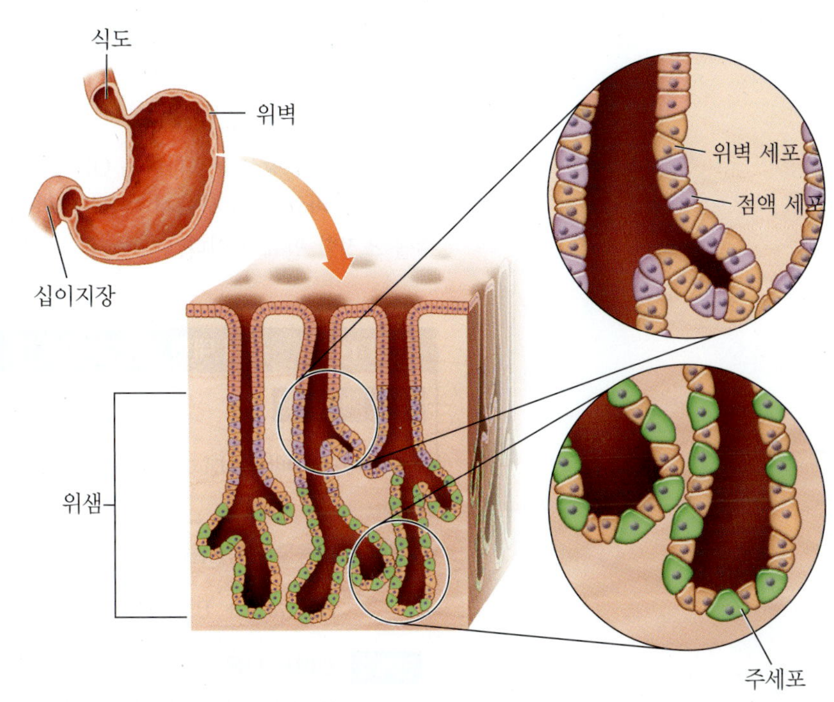

위 내벽의 위벽 세포에서 위산 HCl이 분비된다.

산은 탄산염이나 탄산 수소염과 반응한다

산을 탄산염이나 탄산 수소염에 가하면 생성물은 이산화 탄소 기체, 물, 염이다. 산은 CO_3^{2-} 또는 HCO_3^-와 반응하여 탄산(H_2CO_3)을 만들고, 탄산은 CO_2와 H_2O로 빠르게 분해된다.

$$\underset{\text{산}}{2HCl(aq)} + \underset{\text{탄산염}}{Na_2CO_3(aq)} \longrightarrow \underset{\text{이산화 탄소}}{CO_2(g)} + \underset{\text{물}}{H_2O(l)} + \underset{\text{염}}{2NaCl(aq)}$$

$$\underset{\text{산}}{HBr(aq)} + \underset{\text{탄산 수소염}}{NaHCO_3(aq)} \longrightarrow \underset{\text{이산화 탄소}}{CO_2(g)} + \underset{\text{물}}{H_2O(l)} + \underset{\text{염}}{NaBr(aq)}$$

탄산 수소 소듐(베이킹 소다)이 산(식초)과 반응할 때 생성물은 이산화 탄소 기체, 물, 염이다.

산과 수산화물: 중화

중화(neutralization)는 강염기와 강산 또는 강염기와 약산 사이에 반응이 일어나서 물과 염을 생성하는 반응이다. 산의 H^+와 염기의 OH^-가 결합하여 물을 형성한다. 염은 염기의 양이온과 산의 음이온이 결합하여 생성된다. HCl와 NaOH 사이의 중화 반응을 다음 반응식으로 나타낼 수 있다.

$$\underset{\text{산}}{HCl(aq)} + \underset{\text{염기}}{NaOH(aq)} \longrightarrow \underset{\text{물}}{H_2O(l)} + \underset{\text{염}}{NaCl(aq)}$$

핵심 화학 기술

산과 염기의 반응에 대한 화학 반응식 쓰기

강산 HCl와 강염기 NaOH을 이온으로 쓰면 H^+가 OH^-와 결합하여 물을 형성하고, Na^+와 Cl^-는 용액에 남게 된다.

$$H^+(aq) + Cl^-(aq) + Na^+(aq) + OH^-(aq) \longrightarrow H_2O(l) + Na^+(aq) + Cl^-(aq)$$

반응이 일어나는 동안 변화가 없는 이온[*구경꾼 이온*(spectator ion)]을 소거하면 *알짜 이온 반응식*(net ionic equation)이 얻어진다.

$$H^+(aq) + \cancel{Cl^-(aq)} + \cancel{Na^+(aq)} + OH^-(aq) \longrightarrow H_2O(l) + \cancel{Na^+(aq)} + \cancel{Cl^-(aq)}$$

H^+와 OH^-가 중화 반응을 통해 H_2O를 형성하는 반응의 알짜 이온 반응식은 다음과 같다.

$$H^+(aq) + OH^-(aq) \longrightarrow H_2O(l)$$ 알짜 이온 반응식

중화 반응식 균형 맞추기

중화 반응에서 항상 H^+ 하나는 OH^- 하나와 반응한다. 그러므로 중화 반응식은 예제 14.11에 나타낸 바와 같이 산에서 나온 H^+와 염기에서 나온 OH^- 사이의 균형을 맞추기 위해 계수를 조정할 필요가 있다.

예제 14.11 산에 대한 균형 반응식

먼저 해 보기!

$HCl(aq)$과 $Ba(OH)_2(s)$의 중화에 대한 균형 화학 반응식을 작성하라.

풀이

단계 1 **반응물과 생성물을 쓴다.**

$$HCl(aq) + Ba(OH)_2(s) \longrightarrow H_2O(l) + 염$$

단계 2 **산에서 나온 H^+와 염기에서 나온 OH^-의 균형을 맞춘다.** HCl 앞에 계수 2를 써서 $Ba(OH)_2$에서 나오는 $2OH^-$에 대해 $2H^+$를 제공한다.

$$2HCl(aq) + Ba(OH)_2(s) \longrightarrow H_2O(l) + 염$$

단계 3 **H^+와 OH^-으로 물의 균형을 맞춘다.** H_2O 앞에 계수 2를 써서 $2H^+$ 및 $2OH^-$와 균형을 맞춘다.

$$2HCl(aq) + Ba(OH)_2(s) \longrightarrow 2H_2O(l) + 염$$

단계 4 **나머지 이온으로 염의 화학식을 쓴다.** Ba^{2+}와 $2Cl^-$ 이온을 사용하여 염에 대한 화학식 $BaCl_2$을 쓴다.

$$2HCl(aq) + Ba(OH)_2(s) \longrightarrow 2H_2O(l) + BaCl_2(aq)$$

확인 문제 14.11

다음 각 반응에 대한 균형 화학 반응식을 써라.

a. $H_2SO_4(aq)$와 $K_2CO_3(s)$

b. $H_3PO_4(aq)$와 $LiOH(aq)$

답

a. $H_2SO_4(aq) + K_2CO_3(s) \longrightarrow CO_2(g) + H_2O(l) + K_2SO_4(aq)$

b. $H_3PO_4(aq) + 3LiOH(aq) \longrightarrow Li_3PO_4(aq) + 3H_2O(l)$

생각해 보기 14.13

KOH가 H_2SO_4를 완전히 중화시킬 때 생성되는 염은 무엇인가?

복습하기

농도를 변환 인자로 사용(12.4)

14.8 산–염기 적정

학습 목표 적정 자료로부터 산이나 염기 용액의 몰농도나 부피를 계산할 수 있다.

농도를 알지 못하는 HCl 용액의 몰농도를 구해야 한다고 가정해 보자. 양을 알고 있는 염기로 산 시료를 중화하는 **적정**(titration) 실험을 통해 산의 농도를 구할 수 있다. 적정에서 산

건강과 관련된 화학 _Chemistry Link to Health

제산제

제산제(antacid)는 과량의 위산(HCl)을 중화시키는 데 사용되는 물질이다. 일부 제산제는 수산화 알루미늄과 수산화 마그네슘의 혼합물이다. 이 수산화물들은 물에 잘 녹지 않으므로 이용 가능한 OH^- 수준은 위장관의 손상을 주지 않는다. 하지만 수산화 알루미늄은 변비를 일으키고 위장관 내에서 인산염과 결합하는 부작용을 나타내어 식욕을 떨어뜨리거나 식욕을 잃게 할 수 있다. 수산화 마그네슘은 완하제 효과(변을 부드럽게 하여 배설시키는 효과)가 있다. 두 산화물을 조합하여 제산제로 사용하면 이러한 부작용의 발생 가능성은 적다.

$$3HCl(aq) + Al(OH)_3(s) \longrightarrow 3H_2O(l) + AlCl_3(aq)$$

$$2HCl(aq) + Mg(OH)_2(s) \longrightarrow 2H_2O(l) + MgCl_2(aq)$$

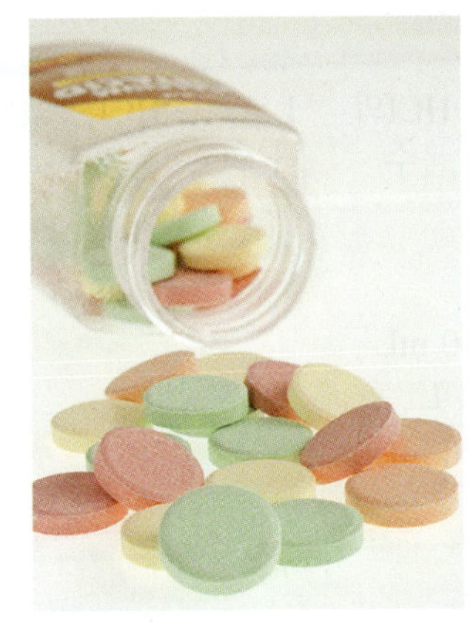

제산제는 과다한 위산을 중화한다.

일부 제산제는 탄산 칼슘을 사용하여 과량의 위산을 중화한다. 칼슘의 약 10%가 혈류로 흡수되어 혈청 칼슘 농도를 높인다. 소화성 궤양이 있거나 일반적으로 불용성 칼슘 염으로 이루어진 신장 결석을 형성하는 경향이 있는 환자에게는 탄산 칼슘을 권하지 않는다.

$$2HCl(aq) + CaCO_3(s) \longrightarrow CO_2(g) + H_2O(l) + CaCl_2(aq)$$

또 다른 제산제는 탄산 수소 소듐을 포함하고 있다. 이러한 제산제는 과량의 위산을 중화시키고 혈액의 pH를 상승시키지만 체액의 소듐 농도도 상승시킨다. 이 제산제 또한 소화성 궤양 치료를 하고 있는 환자에게는 권하지 않는다.

$$HCl(aq) + NaHCO_3(s) \longrightarrow CO_2(g) + H_2O(l) + NaCl(aq)$$

일부 제산제용 제제에 들어 있는 중화 물질을 **표 14.8**에 나타내었다.

표 14.8 ▸ 일부 제산제에 들어 있는 염기성 물질

제산제	염기(*s*)
암포젤	$Al(OH)_3$
마그네시아유제	$Mg(OH)_2$
미란타, 말록스, 디-젤, 젤루실, 리오판	$Mg(OH)_2$, $Al(OH)_3$
비소돌, 롤레이드	$CaCO_3$, $Mg(OH)_2$
티트라락, 텀스, 펩토-비즈몰	$CaCO_3$
알카-셀처	$NaHCO_3$, $KHCO_3$

의 부피를 정확하게 측정하여 플라스크에 넣고 페놀프탈레인 같은 *지시약*(indicator) 몇 방울을 가한다. 지시약은 용액의 pH가 바뀌면 급격히 색이 변하는 화합물이며, 페놀프탈레인은 산성 용액에서 무색이다. 그런 다음 몰농도를 알고 있는 NaOH 용액을 뷰렛에 채우고 NaOH 용액을 조심스럽게 플라스크에 넣어 그 안에 들어 있는 산을 중화시킨다(**그림 14.6** 참조). 용액에 들어 있는 페놀프탈레인이 무색에서 분홍색으로 바뀌면 중화가 완결되었다는 것을 나타낸다. 이를 중화 **종말점**(endpoint)이라고 한다. 측정된 NaOH 용액의 부피와 몰농도로부터 NaOH의 몰수, 산의 몰수를 계산하고, 측정된 산의 부피를 사용하여 산의 농도를 계산한다.

생각해 보기 14.14

플라스크에 들어 있는 산의 몰농도를 결정하기 위해 어떤 자료가 필요한가?

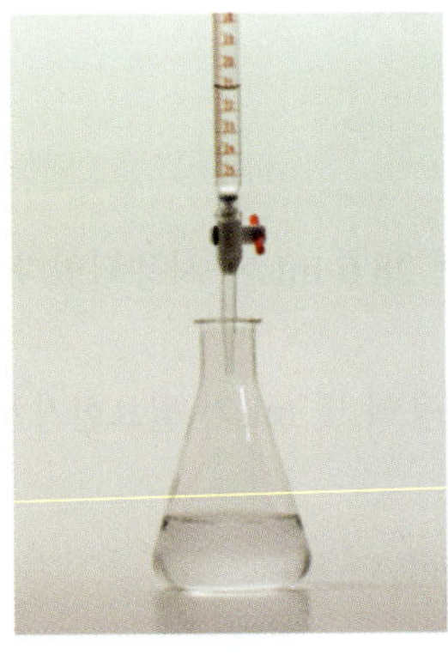

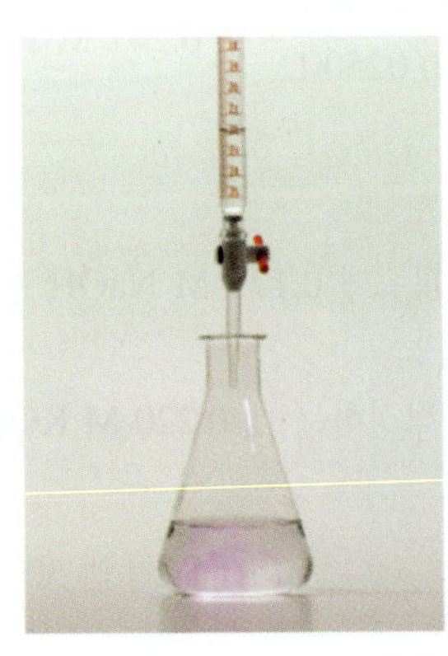

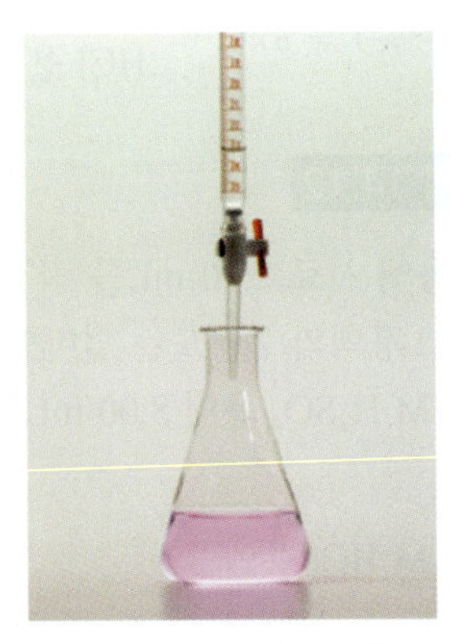

그림 14.6 ▸ 산의 적정. 부피를 알고 있는 산을 지시약과 함께 플라스크에 넣고 NaOH와 같은 염기 용액으로 적정하여 중화 종말점에서 염기의 부피를 측정한다.

핵심 화학 기술

적정에서 산이나 염기의 몰농도나 부피 계산하기

예제 14.12 산의 적정

먼저 해 보기!

위액 0.0250 L에 들어 있는 HCl를 적정하는 데 0.185 M $Sr(OH)_2$ 용액 16.3 mL가 사용되었다. HCl 용액의 몰농도는 얼마인가?

$$2HCl(aq) + Sr(OH)_2(aq) \longrightarrow 2H_2O(l) + SrCl_2(aq)$$

풀이

단계 1 주어진 것, 필요한 것과 농도를 쓴다.

문제 분석	주어진 것	필요한 것	연결
	0.185 M $Sr(OH)_2$ 용액 16.3 mL, HCl 용액 0.0250 L	HCl 용액의 몰농도	몰농도, 몰–몰 인자
	중화 반응식		
	$2HCl(aq) + Sr(OH)_2(aq) \longrightarrow 2H_2O(l) + SrCl_2(aq)$		

단계 2 몰농도를 계산할 계획을 쓴다.

$Sr(OH)_2$ 용액의 부피(mL) → 미터법 인자 → $Sr(OH)_2$ 용액의 부피(L) → 몰농도 → $Sr(OH)_2$의 몰수 → 몰–몰 인자 → HCl의 몰수 → L로 나눔 → HCl 용액의 몰농도

단계 3 농도를 포함한 등가식과 변환 인자를 쓴다.

$$Sr(OH)_2 \text{ 용액 } 1\ L = Sr(OH)_2 \text{ 용액 } 1000\ mL$$
$$\frac{Sr(OH)_2 \text{ 용액 } 1000\ mL}{Sr(OH)_2 \text{ 용액 } 1\ L} \text{ 그리고 } \frac{Sr(OH)_2 \text{ 용액 } 1\ L}{Sr(OH)_2 \text{ 용액 } 1000\ mL}$$

$$Sr(OH)_2 \text{ 용액 } 1\ L = Sr(OH)_2 \text{ 용액 } 0.185\ mol$$
$$\frac{Sr(OH)_2\ 0.185\ mol}{Sr(OH)_2 \text{ 용액 } 1\ L} \text{ 그리고 } \frac{Sr(OH)_2 \text{ 용액 } 1\ L}{Sr(OH)_2\ 0.185\ mol}$$

$$HCl\ 2\ mol = Sr(OH)_2\ 1\ mol$$
$$\frac{HCl\ 2\ mol}{Sr(OH)_2\ 1\ mol} \text{ 그리고 } \frac{Sr(OH)_2\ 1\ mol}{HCl\ 2\ mol}$$

단계 4 필요한 양을 계산하여 문제를 푼다.

$$Sr(OH)_2 \text{ 용액 } 16.3\ mL \times \frac{Sr(OH)_2 \text{ 용액 } 1\ L}{Sr(OH)_2 \text{ 용액 } 1000\ mL} \times \frac{Sr(OH)_2\ 0.185\ mol}{Sr(OH)_2 \text{ 용액 } 1\ L}$$
$$\times \frac{HCl\ 2\ mol}{Sr(OH)_2\ 1\ mol} = HCl\ 0.006\ 03\ mol$$

$$HCl \text{ 용액의 몰농도} = \frac{HCl\ 0.006\ 03\ mol}{HCl \text{ 용액 } 0.0250\ L} = 0.241\ M\ HCl \text{ 용액}$$

확인 문제 14.12

a. HCl 용액 시료 25.0 mL를 적정하는 데 0.175 M NaOH 용액 28.6 mL가 사용되었다면 HCl 용액의 몰농도는 얼마인가?

b. 0.425 M H_2SO_4 용액 8.00 mL를 적정하는 데 0.220 M KOH 용액 몇 mL가 필요한가?

답

a. 0.200 M HCl 용액 **b.** KOH 용액 30.9 mL

14.9 완충 용액

학습 목표 용액의 pH를 유지하는 완충 용액의 역할을 설명하고 완충 용액의 pH를 계산할 수 있다.

폐와 신장은 혈액과 소변을 포함한 체액의 pH를 조절하는 주요 기관이다. 체액의 커다란 pH 변화는 세포 내 생물학적 활성에 심각한 영향을 줄 수 있다. *완충 용액*은 pH의 큰 변동을 막기 위해 존재한다.

산이나 염기를 소량 첨가하면 물과 대부분 용액의 pH는 급격히 변한다. 하지만 완충 용액에 산이나 염기를 첨가하면, pH의 변화가 거의 없다. **완충 용액**(buffer solution)은 첨가된 소량의 산이나 염기를 중화시켜 용액의 pH를 유지한다. 인체의 전체 혈액에는 혈장, 백혈구, 혈소판, 적혈구가 들어 있다. 혈장에는 pH를 약 7.4로 일정하게 유지하는 완충 용액이 들어 있다. 혈장의 pH가 7.4보다 약간 높아지거나 낮아지면, 우리 몸의 산소 수준과 대사 과정에 변화가 일어나 사망에 이를 수도 있다. 우리 몸은 음식과 세포 반응을 통해 산과 염기를 얻고, 체내의 완충계가 그 화합물들을 효과적으로 흡수하기 때문에 혈장의 pH는 본질적으로 변하지 않는다(**그림 14.7** 참조).

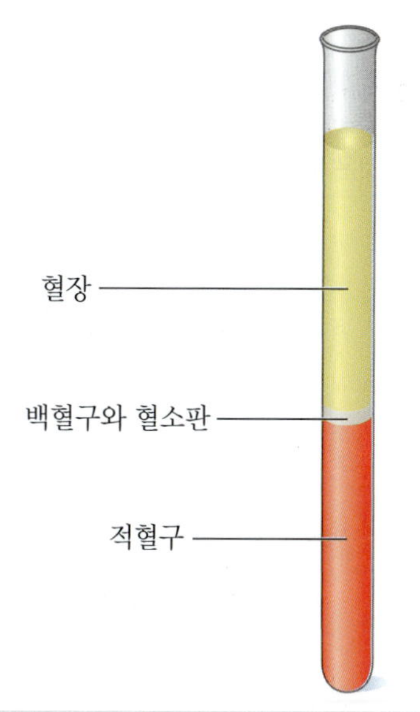

전체 혈액은 혈장, 백혈구, 혈소판, 적혈구로 구성되어 있다.

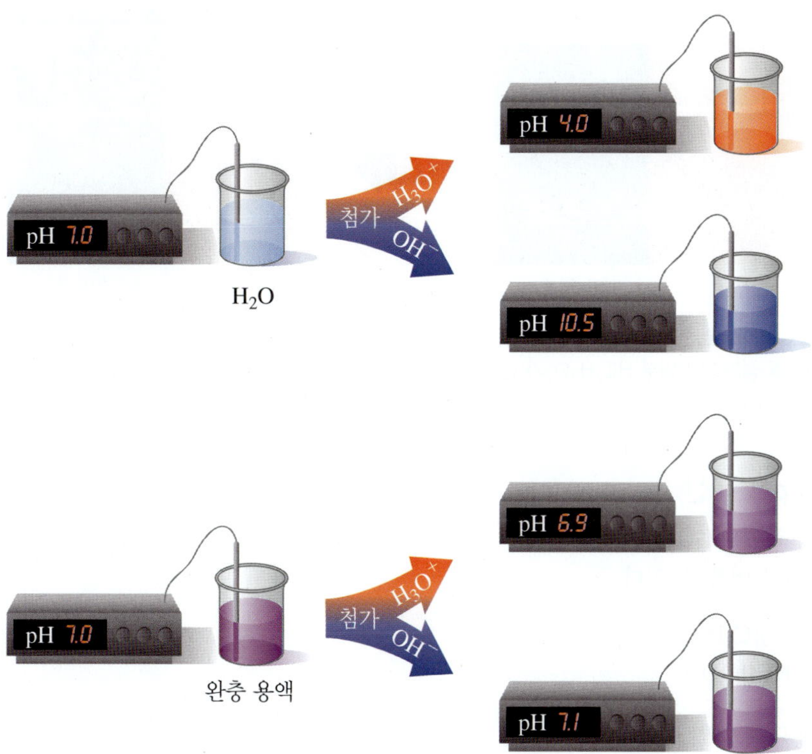

그림 14.7 ▸ 물에 산이나 염기를 가하면 pH가 급격히 변하지만 완충 용액에 산이나 염기를 소량 가해도 pH 변화는 매우 작다.

완충 용액에는 첨가되는 OH^-와 반응할 수 있는 산이 반드시 있어야 하고, 첨가되는 H_3O^+와 반응할 수 있는 염기가 반드시 있어야 한다. 하지만 완충 용액에 들어 있는 산과 염기는 서로 중화해서는 안 된다. 따라서 짝산–짝염기 쌍을 조합하여 완충 용액을 만든다. 대부분의 완충 용액은 거의 같은 농도의 약산과 그 짝염기가 포함된 염으로 구성된다. 완충 용액은 약염기와 그 짝산을 포함하는 약염기의 염의 쌍으로도 만든다.

예를 들어, 전형적인 완충 용액은 약산 아세트산($HC_2H_3O_2$)과 그 염인 아세트산 소듐($NaC_2H_3O_2$)으로 만들 수 있다. 약산인 아세트산은 물에서 약간 해리되어 H_3O^+와 매우 적은 양의 $C_2H_3O_2^-$를 형성한다. 그 염인 아세트산 소듐을 첨가하면 완충 용량에 필요한 매우 높은 농도의 아세트산 이온($C_2H_3O_2^-$)을 수용액에 공급한다.

$$\underset{\text{많은 양}}{HC_2H_3O_2(aq)} + H_2O(l) \rightleftharpoons H_3O^+(aq) + \underset{\text{많은 양}}{C_2H_3O_2^-(aq)}$$

생각해 보기 14.15

완충 용액에 약산과 그 짝염기의 염 또는 약염기과 그 짝산의 염의 조합이 필요한 이유는 무엇인가?

생각해 보기 14.16

완충 용액의 성분 중 첨가된 H_3O^+를 중화하는 것은 무엇인가?

이제 완충 용액이 $[H_3O^+]$를 일정하게 유지하는 방법을 설명하고자 한다. 완충 용액에 소량의 산을 가하면 늘어난 H_3O^+은 아세트산 이온($C_2H_3O_2^-$)과 결합하여 평형은 반응물(아세트산과 물) 쪽으로 이동한다. $[C_2H_3O_2^-]$는 약간 감소하고 $[HC_2H_3O_2]$는 약간 증가하지만 용액의 $[H_3O^+]$와 pH는 모두 유지된다.

$$HC_2H_3O_2(aq) + H_2O(l) \longleftarrow H_3O^+(aq) + C_2H_3O_2^-(aq)$$

평형은 반응물 쪽으로 이동한다.

소량의 염기가 아세트산-아세트산 이온 완충 용액에 첨가되면 아세트산($HC_2H_3O_2$)에 의해 중화되어 평형은 생성물인 아세트산 이온과 물 쪽으로 이동한다. $[HC_2H_3O_2]$는 약간 감소하고 $[C_2H_3O_2^-]$는 약간 증가하지만 앞에서와 같이 용액의 $[H_3O^+]$와 pH는 모두 유지된다(**그림 14.8** 참조).

$$HC_2H_3O_2(aq) + OH^-(aq) \longrightarrow H_2O(l) + C_2H_3O_2^-(aq)$$

평형은 생성물 쪽으로 이동한다.

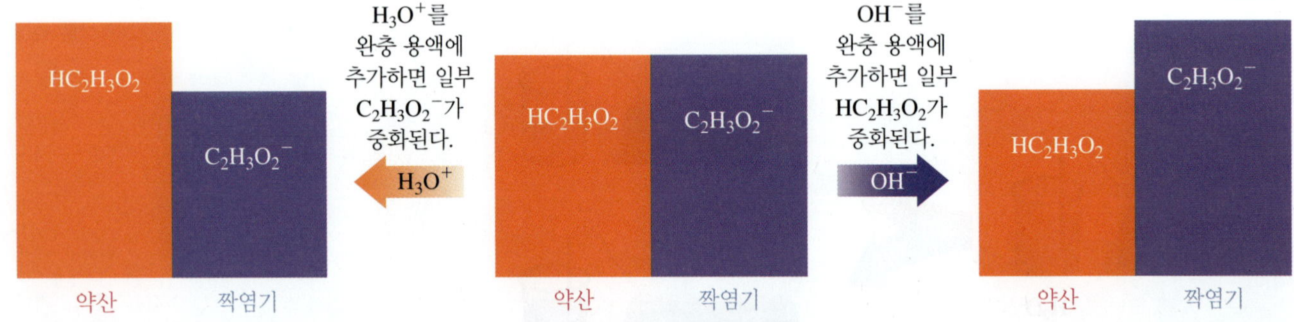

그림 14.8 ▸ 여기서 설명하는 완충 용액은 거의 같은 농도의 아세트산($HC_2H_3O_2$)과 그 짝염기인 아세트산 이온($C_2H_3O_2^-$)으로 구성된 것이다. 완충 용액에 H_3O^+를 첨가하면 일부$C_2H_3O_2^-$가 중화되고, OH^-를 첨가하면 일부 $HC_2H_3O_2$가 중화된다. 첨가되는 산이나 염기의 양이 완충 용액을 이루고 있는 성분들의 농도에 비해 적은 양이면 용액의 pH는 유지된다.

완충 용액의 pH 계산

핵심 화학 기술

완충 용액의 pH 계산

K_a 식을 재배열하여 $[H_3O^+]$에 대해 풀면 아세트산/아세트산 이온으로 구성된 완충 용액에서 각 물질의 비를 얻을 수 있다.

$$K_a = \frac{[H_3O^+][C_2H_3O_2^-]}{[HC_2H_3O_2]}$$

$[H_3O^+]$에 대해 풀면 다음과 같다.

$$[H_3O^+] = K_a \times \frac{[HC_2H_3O_2]}{[C_2H_3O_2^-]} \begin{matrix} \longleftarrow \text{약산} \\ \longleftarrow \text{짝염기} \end{matrix}$$

K_a를 재배열한 이 식에서 약산은 분자에 위치하고 짝염기는 분모에 위치한다. 이제 예제 14.13에 나타낸 바와 같이 아세트산 완충 용액에 대한 $[H_3O^+]$와 pH를 계산할 수 있다.

예제 14.13 완충 용액의 pH 계산

먼저 해 보기!

아세트산($HC_2H_3O_2$)의 K_a는 1.8×10^{-5}이다. 1.0 M $HC_2H_3O_2$와 1.0 M $C_2H_3O_2^-$로 만든 완충 용액의 pH는 얼마인가?

$$HC_2H_3O_2(aq) + H_2O(l) \rightleftarrows H_3O^+(aq) + C_2H_3O_2^-(aq)$$

풀이

단계 1 **주어진 것과 필요한 것을 쓴다.**

	주어진 것	필요한 것	연결
문제 분석	1.0 M $HC_2H_3O_2$, 1.0 M $C_2H_3O_2^-$	pH	K_a 식
	중화 반응식		
	$HC_2H_3O_2(aq) + H_2O(l) \rightleftarrows H_3O^+(aq) + C_2H_3O_2^-(aq)$		

단계 2 **K_a 식을 쓰고 $[H_3O^+]$에 대해 푼다.**

$$K_a = \frac{[H_3O^+][C_2H_3O_2^-]}{[HC_2H_3O_2]}$$

$$[H_3O^+] = K_a \times \frac{[HC_2H_3O_2]}{[C_2H_3O_2^-]}$$

단계 3 **K_a 식에 [HA] 값과 $[A^-]$ 값을 대입한다.**

$$[H_3O^+] = 1.8 \times 10^{-5} \times \frac{1.0}{1.0}$$

$$[H_3O^+] = 1.8 \times 10^{-5}\ M$$

단계 4 **$[H_3O^+]$ 값을 이용하여 pH를 구한다.** pH 식에 $[H_3O^+]$를 넣으면 완충 용액의 pH가 얻어진다.

$$pH = -\log[1.8 \times 10^{-5}] = 4.74$$

확인 문제 14.13

a. 혈장의 완충계를 이루는 짝산-짝염기 쌍 중 하나는 $H_2PO_4^-/HPO_4^{2-}$이다. $H_2PO_4^-$의 K_a는 6.2×10^{-8}이다. 0.10 M $H_2PO_4^-$와 0.50 M HPO_4^{2-}로 만든 완충 용액의 pH는 얼마인가?

b. 0.10 M 폼산($HCHO_2$)과 0.010 M 폼산 이온(CHO_2^-)으로 만든 완충 용액의 pH는 얼마인가? 폼산의 K_a는 1.8×10^{-4}이다.

답

a. pH = 7.91 **b.** pH =2.74

주어진 온도에서 K_a는 일정하기 때문에 $[H_3O^+]$는 비 $[HC_2H_3O_2]/[C_2H_3O_2^-]$에 의해 결정된다. 소량의 산이나 염기를 첨가하여 $[HC_2H_3O_2]/[C_2H_3O_2^-]$ 비의 변화가 아주 작은 경우 $[H_3O^+]$의 변화는 작고 pH는 유지된다. 산이나 염기가 다량 첨가되면 완충계의 *완충 용량*(buffering capacity)을 넘어설 수가 있다. 완충 용액은 $H_2PO_4^-/HPO_4^{2-}$, HPO_4^{2-}/PO_4^{3-}, HCO_3^-/CO_3^{2-}, NH_4^+/NH_3와 같은 짝산-짝염기 쌍으로 제조할 수 있다. 완충 용액의 pH는 선정된 짝산-짝염기 쌍에 따라 달라진다.

생물학적 시료에 많이 사용하는 일반적인 인산염 완충 용액을 사용하여 $[H_2PO_4^-]/[HPO_4^{2-}]$의 비를 달리하면 $[H_3O^+]$와 pH가 달라지는 효과를 관찰할 수 있다. $H_2PO_4^-$의 K_a는 6.2×10^{-8}이다. 반응식과 $[H_3O^+]$에 대한 식을 다음과 같이 나타낼 수 있다.

$$H_2PO_4^-(aq) + H_2O(l) \rightleftarrows H_3O^+(aq) + HPO_4^{2-}(aq)$$

$$[H_3O^+] = K_a \times \frac{[H_2PO_4^-]}{[HPO_4^{2-}]}$$

생각해 보기 14.17

$H_2PO_4^-$와 HPO_4^{2-}로 구성된 용액이 완충 용액 역할을 할 수 있는 이유를 설명하라.

K_a	$\frac{[H_2PO_4^-]}{[HPO_4^{2-}]}$	비	$[H_3O^+]$	pH
6.2×10^{-8}	$\frac{1.0\ M}{0.10\ M}$	$\frac{10}{1}$	6.2×10^{-7}	6.21
6.2×10^{-8}	$\frac{1.0\ M}{1.0\ M}$	$\frac{1}{1}$	6.2×10^{-8}	7.21
6.2×10^{-8}	$\frac{0.10\ M}{1.0\ M}$	$\frac{1}{10}$	6.2×10^{-9}	8.21

1.0 M $H_2PO_4^-$와 1.0 M HPO_4^{2-}와 같이 짝산-짝염기의 비율이 거의 동일한 농도 조건으로 선택하여 생물학적 시료의 pH인 7.4에 가까운 pH를 갖는 인산염 완충 용액을 만든다.

건강과 관련된 화학 _Chemistry Link to Health

혈장의 완충계

동맥 혈장의 정상 pH는 7.35~7.45이다. H_3O^+ 변화로 pH가 6.8 미만이거나 8.0 이상이 되면 세포가 제대로 기능하지 못해 사망할 수 있다. 인간의 세포에서 CO_2는 세포 대사의 최종 생성물로 지속적으로 생성된다. 일부 CO_2는 폐로 이동하여 제거되고, 나머지는 혈장이나 침과 같은 체액에 용해되어 탄산(H_2CO_3)을 형성한다. 약산인 탄산은 해리되어 탄산 수소 이온(HCO_3^-)과 H_3O^+를 생성한다. 신장에서 더 많은 양의 음이온 HCO_3^-가 공급되어 체액에 중요한 완충계인 H_2CO_3/HCO_3^- 완충 용액이 만들어진다.

$$CO_2(g) + H_2O(l) \rightleftarrows H_2CO_3(aq) \rightleftarrows H_3O^+(aq) + HCO_3^-(aq)$$

체액에 들어가는 과량의 H_3O^+은 HCO_3^-과 반응하고, 과량의 OH^-은 탄산과 반응한다.

$$H_2CO_3(aq) + H_2O(l) \longleftarrow H_3O^+(aq) + HCO_3^-(aq)$$

평형은 반응물 쪽으로 이동한다.

$$H_2CO_3(aq) + OH^-(aq) \longrightarrow H_2O(l) + HCO_3^-(aq)$$

평형은 생성물 쪽으로 이동한다.

탄산에 대한 평형 식은 다음과 같이 쓸 수 있다.

$$K_a = \frac{[H_3O^+][HCO_3^-]}{[H_2CO_3]}$$

정상 혈장의 pH(7.35~7.45)를 유지하기 위해 $[H_2CO_3]/[HCO_3^-]$의 비는 약 1대 20이어야 한다. 혈장에서 0.0024 M H_2CO_3와 0.024 M HCO_3^-의 농도로부터 그 비가 얻어진다.

$$[H_3O^+] = K_a \times \frac{[H_2CO_3]}{[HCO_3^-]}$$

$$[H_3O^+] = 4.3 \times 10^{-7} \times \frac{[0.0024]}{[0.024]}$$

$$= 4.3 \times 10^{-7} \times 0.10 = 4.3 \times 10^{-8}\ M$$

$$pH = -\log[4.3 \times 10^{-8}] = 7.37$$

몸 안의 탄산 농도는 CO_2의 부분 압력(P_{CO_2})과 밀접한 관련이 있다. 동맥혈에 대한 정상 수치를 **표 14.9**에 나타내었다. CO_2 수준이 상승하고 $[H_2CO_3]$가 증가하면 평형이 이동하여 더 많은 H_3O^+가 생성되어 pH가 낮아진다. 이 상태를 *산증*(acidosis)이라고 한다. 환기나 기체 확산이 곤란하면 호흡성 산증이 유발될 수 있다. 호흡성 산증은 폐기종이나 사고가 났을 때 또는 우울증 약물이 뇌의 수질에 영향을 줄 때 발생할 수 있다.

이산화 탄소 농도가 낮아지면 혈액의 pH가 높아지는데 이를 *알칼리증*(alkalosis) 상태라고 한다. 흥분, 외상 또는 고온으로 과호흡증이 유발되면 다량의 이산화 탄소(CO_2)가 배출된다. 혈액 내 CO_2의 부분 압력이 정상보다 낮으면 평형은 H_2CO_3에서 CO_2와 H_2O 쪽으로 이동한다. 이와 같은 평형의 이동으로 $[H_3O^+]$가 감소되고 pH가 상승된다. 신장도 H_3O^+와 HCO_3^-를 조절하지만, 환기하는 동안 폐에서 조절하는 것보다 느리다.

혈액의 pH 변화를 일으키는 일부 조건과 가능한 치료법의 일부를 **표 14.10**에 나타내었다.

표 14.9 > 동맥혈의 완충 용액에 대한 정상 수치

P_{CO_2}	40 mmHg
H_2CO_3	2.4 mmol/L 혈장
HCO_3^-	24 mmol/L 혈장
pH	7.35~7.45

(계속)

표 14.10 > 산증과 알칼리증: 증상, 원인 및 치료법

호흡성 산증: CO_2 ↑ pH ↓	
증상	환기 실패, 호흡 억제, 방향 감각 상실, 허약함, 혼수 상태
원인	폐 질환으로 인한 기체 확산의 차단(예: 폐기종, 폐렴, 기관지염, 천식); 마약, 심폐 소생술, 뇌졸중, 소아마비 또는 신경계 질환에 의한 호흡계의 기능 저하
치료법	질병의 치료, 탄산 수소 이온 주입
대사성 산증: H^+ ↑ pH ↓	
증상	환기 증가, 피로감, 정신 상태 혼란
원인	간염과 간경변을 포함한 신장 질환 당뇨병으로 산 생성의 증가, 갑상선 기능항진증, 알코올 중독, 기아 설사로 인한 알칼리 손실, 신부전증
치료법	경구용 탄산 수소 소듐 투여, 신부전증 투석, 당뇨병 케톤증용 인슐린 치료
호흡성 알칼리증: CO_2 ↓ pH ↑	
증상	호흡이 잦아지고 심호흡을 함, 무감각, 가벼운 우울증, 근육 강직성 경련
원인	불안, 히스테리, 열, 운동으로 인한 심한 과호흡증, 살리실산염, 퀴닌, 항히스타민제와 같은 약물에 대한 반응, 저산소증을 유발하는 조건(예: 폐렴, 폐부종, 심장 질환)
치료법	불안감을 유발하는 상태를 제거하고 종이 봉투를 입에 대고 호흡한다.
대사성 알칼리증: H^+ ↓ pH ↑	
증상	호흡 저하, 무감각, 정신 상태 혼란
원인	구토, 부신의 질병, 과량의 알칼리 섭취
치료법	생리 식염수 주입, 기저 질환 치료

UPDATE *위산 역류*

래리는 최근에 기분이 좋지 않았다. 래리는 가슴이 불편하고 타는 듯한 느낌이 있고, 목구멍과 입에서 신맛이 느껴진다고 주치의에게 말했다. 음식을 많이 먹은 후에는 복부 팽만감을 느끼고 마른 기침을 하거나 가렵기도 하고 때로는 인후통도 있다고 말하였다. 제산제를 사용해 왔지만 아무런 도움이 되지 않았다. 의사는 래리에게 위산 역류가 있는 것 같다고 말하였다.

식도를 지나 위로 음식이 지나가면 정상적으로 닫히는 하부 식도 괄약근이 위의 상부에 있어 밸브 역할을 한다. 하지만 밸브가 완전히 닫히지 않으면 음식을 소화하기 위해 위에서 생성된 산이 식도로 올라갈 수 있다. 이 상태를 *위산 역류*(acid reflux)라고 한다. 염산(HCl)인 위산은 위장에서 생성되어 박테리아, 미생물을 죽이고 음식을 분해하기 위해 필요한 효소를 활성화시킨다.

위산 역류가 발생하면 강산인 HCl이 식도의 내층과 접촉하여 자극을 유발하고 가슴이 타는 듯한 느낌을 준다. 이와 같은 가슴 통증을 *heartburn*이라고 한다. HCl이 역류되어 목구멍까지 도달하면 입 안에서 신맛을 느낄 수도 있다. 이러한 증상이 일주일에 세 번 이상 발생하면 래리에게 *역류성 식도염*(gastroesophageal reflux disease, GERD)이라는 만성 질환이 있을 수 있다.

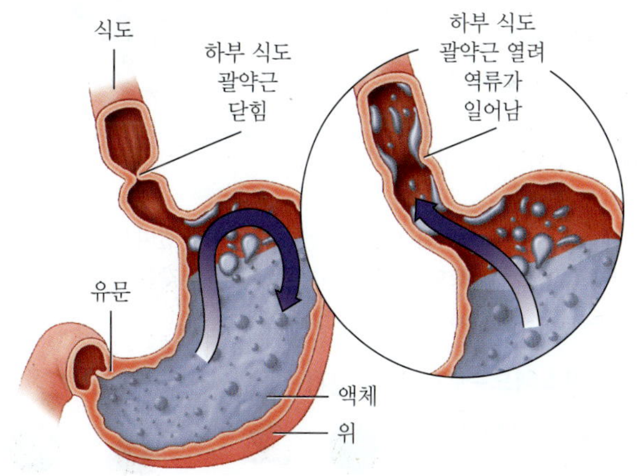

역류성 식도염에서 하부 식도 괄약근이 열리면 위의 산성 유체가 식도로 들어갈 수 있다.

래리의 주치의는 위로부터 식도로 들어가는 산의 양을 24시간 이상 측정하는 *식도 pH 검사*를 지시하였다. pH를 측정하는 탐침을 식도 괄약근 위 하부 식도에 삽입한다. pH를 측정하여 pH가 4 이하로 떨어지면 *역류*가 일어나는 것을 나타낸다.

24시간 동안 래리에게는 여러 번의 역류 증상이 나타났으며, 의사는 만성 역류성 식도염이 있다고 진단하였다. 의사는 래리에게 식사량을 줄이고, 식사 후 3시간 동안 누워 있지 말고, 식이 요법을 바

(계속)

꾸고, 체중을 줄이는 등 역류성 식도염 치료법에 대해 설명하였다. 제산제는 위에서 나오는 산을 중화시키는 데 사용된다. 프리로섹과 넥슘과 같은 *양성자 펌프 억제제*(proton pump inhibitor, PPI)로 알려진 약은 위에서 위산 생성을 억제하기 위해 사용되며(위벽 세포), 위의 pH를 4~5 정도로 높여 식도 치료 시간을 만들어준다. 넥슘은 하루 40 mg씩 4주간 경구 투여할 수 있다. 심한 역류성 식도염의 경우 위 상부에 인공 밸브를 만들어 하부 식도 괄약근을 강화할 수도 있다.

응용 문제

14.1 쉬고 있을 때 위액의 $[H_3O^+]$는 2.0×10^{-4} M이다. 위액의 pH는 얼마인가?

14.2 음식물이 위에 들어가면 HCl이 방출되어 위액의 $[H_3O^+]$가 4.2×10^{-2} M까지 올라간다. 먹는 동안 위의 pH는 얼마인가?

14.3 래리의 식도 pH 검사에서 식도 내 pH 값은 3.60으로 기록되었다. 식도에서의 $[H_3O^+]$는 얼마인가?

14.4 래리가 4주간 넥슘(Nexium)을 복용한 후 위에서의 pH가 4.52로 올랐다. 위에서의 $[H_3O^+]$는 얼마인가?

14.5 일부 제산제의 성분인 $CaCO_3$와 위산 HCl의 중화 반응에 대한 균형 화학 반응식을 써라.

14.6 일부 제산제의 성분인 $Al(OH)_3$와 위산 HCl의 중화 반응에 대한 균형 화학 반응식을 써라.

14.7 0.0400 M HCl에 해당하는 위산 HCl 100.00 mL를 중화하는 데 필요한 $CaCO_3$은 몇 그램인가?

14.8 pH 1.50인 위산 HCl 150.00 mL를 중화하는 데 필요한 $Al(OH)_3$은 몇 그램인가?

제14장 복습하기 _Chapter Review

14.1 산과 염기

학습 목표 산과 염기를 설명하고 명명할 수 있다.

- 아레니우스 산은 수용액에서 H^+를 생성하고 아레니우스 염기는 수용액에서 OH^-를 생성한다.
- 산은 신맛이 나고 따끔거릴 수 있고 염기를 중화한다.
- 염기는 쓴맛이 나고 미끈거리고 산을 중화한다.
- 간단한 음이온을 포함하는 산은 화합물의 이름에 접미사 '-산(hydro)'을 붙이고, 산소를 포함하는 다원자 음이온을 갖는 산은 '-산(-ic acid)' 또는 '아-산(-ous acid)'으로 명명한다.

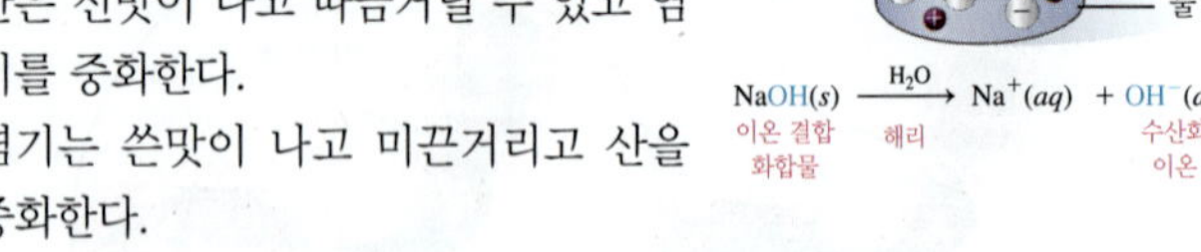

14.2 브뢴스테드-로리 산과 염기

학습 목표 브뢴스테드-로리 산과 염기에 대한 짝산-짝염기 쌍을 정할 수 있다.

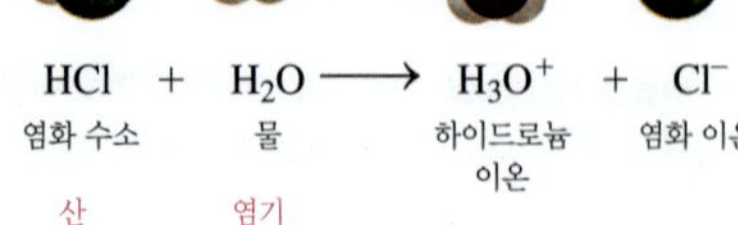

- 브뢴스테드-로리 이론에 의하면 산은 H^+ 주개이고 염기는 H^+ 받개이다.
- 짝산-짝염기 쌍에서 하나는 H^+를 잃고 다른 하나는 H^+를 받는 관계이다.
- 예를 들어, 산 HF가 H^+를 줄 때 F^-는 짝염기이다. 다른 짝산-짝염기 쌍은 H_3O^+/H_2O이다.

$$HF(aq) + H_2O(l) \rightleftharpoons H_3O^+(aq) + F^-(aq)$$

14.3 산과 염기의 세기

학습 목표 강산과 약산의 해리 반응식을 쓰고 반응의 방향을 결정할 수 있다.

- 강산은 물에서 완전히 해리되고, 염기 역할을 하는 H_2O가 H^+를 받아들인다.
- 약산은 물에서 약간 해리되어 소량의 H_3O^+만을 생성한다.
- 강염기는 물에서 완전히 해리되는 1A족(1족) 수산화물과 2A족(2족) 수산화물이다.
- 중요한 약염기는 암모니아(NH_3)이다.

14.4 약산과 약염기의 해리

학습 목표 약산과 약염기에 대한 해리 상수식을 쓸 수 있다.

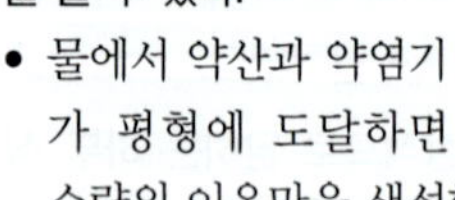

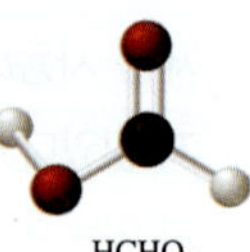

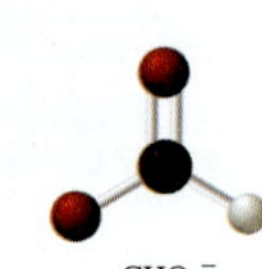

- 물에서 약산과 약염기가 평형에 도달하면 소량의 이온만을 생성한다.
- 약산의 K_a 값은 작지만 본질적으로 100% 해리되는 강산의 K_a 값은 매우 크다.
- 약산에 대한 반응은 다음과 같이 나타낼 수 있다.

$$HA + H_2O \rightleftharpoons H_3O^+ + A^-$$

- 산 해리식은 다음과 같다.

$$K_a = \frac{[H_3O^+][A^-]}{[HA]}$$

- 약염기에 대한 반응은 $B + H_2O \rightleftharpoons BH^+ + OH^-$로 나타낼 수 있다. 염기 해리식은 다음과 같다.

$$K_b = \frac{[BH^+][OH^-]}{[B]}$$

14.5 물의 이온화

> 학습 목표 물의 해리 상수식을 이용하여 수용액에서 $[H_3O^+]$와 $[OH^-]$를 계산할 수 있다.

- 순수한 물에서는 소량의 물 분자가 H^+를 다른 물 분자로 전달하여 소량이지만 같은 양의 $[H_3O^+]$와 $[OH^-]$를 생성한다.
- 순수한 물에서 H_3O^+와 OH^-의 몰농도는 각각 1.0×10^{-7} mol/L이다.
- 물의 이온화 식은 $K_w = [H_3O^+][OH^-]$이다.
- 25 °C에서 $K_w = 1.0 \times 10^{-14}$
- 산성 용액에서는 $[H_3O^+]$가 $[OH^-]$보다 크다.
- 염기 용액에서는 $[OH^-]$가 $[H_3O^+]$보다 크다.

$[H_3O^+] = [OH^-]$

14.6 pH 척도

> 학습 목표 $[H_3O^+]$로 pH를 계산하고, 주어진 pH로 용액의 $[H_3O^+]$와 $[OH^-]$를 계산할 수 있다.

- pH 척도는 일반적으로 용액의 $[H_3O^+]$를 나타내는 0~14의 숫자이다.
- 중성 용액의 pH는 7.0이다. 산성 용액의 pH는 7.0보다 작다. 염기성 용액의 pH는 7.0보다 크다.
- 수학적으로 pH는 하이드로늄 이온 농도에 로그를 취해 얻은 값에 음의 부호를 붙인 것이고, 다음과 같이 나타낸다. $pH = -\log[H_3O^+]$
- pOH는 수산화 이온 농도에 로그를 취해 얻은 값에 음의 부호를 붙인 것이고, 다음과 같이 나타낸다. $pOH = -\log[OH^-]$
- pH + pOH = 14.00이다.

14.7 산과 염기의 반응

> 학습 목표 산과 금속, 탄산 이온, 탄산 수소 이온, 염기와의 반응에 대한 균형 화학 반응식을 쓸 수 있다.

- 산은 금속과 반응하여 수소 기체와 염을 생성한다.
- 산은 탄산 이온이나 탄산 수소 이온과의 반응으로 이산화 탄소, 물, 염을 생성한다.

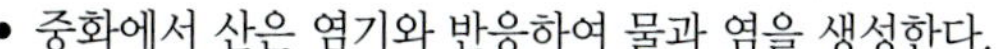

- 중화에서 산은 염기와 반응하여 물과 염을 생성한다.

14.8 산-염기 적정

> 학습 목표 적정 자료로부터 산이나 염기 용액의 몰농도나 부피를 계산할 수 있다.

- 적정에서 산 시료는 양을 알고 있는 염기로 중화된다.
- 염기의 부피와 몰농도로부터 산의 농도를 계산한다.

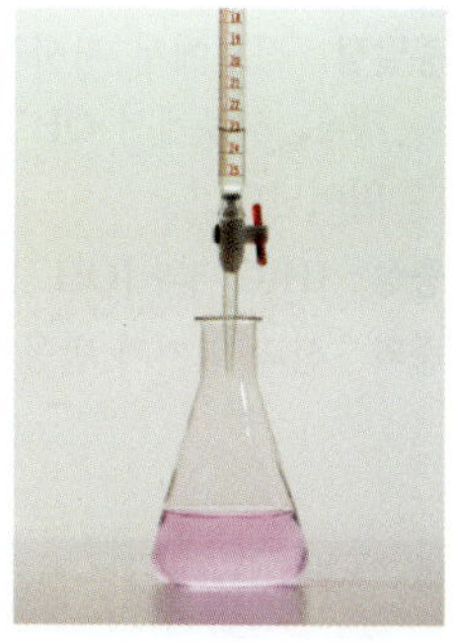

14.9 완충 용액

> 학습 목표 용액의 pH를 유지하는 완충 용액의 역할을 설명하고 완충 용액의 pH를 계산할 수 있다.

- 완충 용액은 소량의 산이나 염기가 첨가될 때 pH의 변화가 작은 용액이다.
- 완충 용액에는 약산과 그 짝염기의 염 또는 약염기와 그 짝산의 염이 포함되어 있다.
- 완충 용액에서 약산은 첨가된 OH^-와 반응하고, 염의 음이온은 첨가된 H_3O^+와 반응한다.
- 대부분의 완충 용액은 거의 같은 농도의 약산과 그 짝염기가 들어 있는 염으로 구성된다.
- 완충 용액의 pH는 K_a 식을 $[H_3O^+]$에 대해 풀어서 계산한다.

주요 용어 _Key Terms

강산 물에서 완전히 해리되는 산

강염기 물에서 완전히 해리되는 염기

물 해리 상수(K_w) 용액에서 $[H_3O^+]$와 $[OH^-]$의 곱의 수. $K_w = 1.0 \times 10^{-14}$

물 해리식(K_w) 용액에서 $[H_3O^+]$와 $[OH^-]$의 곱. $K_w = [H_3O^+][OH^-]$

브뢴스테드-로리 산-염기 산은 수소 이온 주개이고 염기는 수소 이온 받개이다.

산 아레니우스 이론에 따라 물에 녹아 수소 이온(H^+)을 생성하는 물질. 브뢴스테드-로리 이론에 따라 모든 산은 수소 이온 주개이다.

산 해리식(K_a) 약산의 해리로부터 생성된 이온의 농도 곱을 약산의 농도로 나눈 값

약산 약한 H^+ 주개이고, 물에서 소량만이 해리되는 산

약염기 약한 H^+ 받개이고, 물에서 소량의 이온만을 생성하는 염기

양쪽성 물에서 산이나 염기로 작용할 수 있는 물질

염 H^+ 이외의 양이온(금속 이온이나 NH_4^+)과 OH^- 이외의 음이온(비금속 이온이나 다원자 이온)으로 구성된 이온 결합 화합물

염기 아레니우스 이론에 따라 물에 녹아 수산화 이온(OH^-)을 생성하는 물질. 브뢴스테드-로리 이론에 따라 모든 염기는 수소 이온 받개이다.

염기 해리식(K_b) 약염기의 해리로부터 생성된 이온의 농도 곱을 약염기의 농도로 나눈 값

완충 용액 첨가된 산이나 염기를 중화시켜 pH를 유지시키는 약산과 그 짝염기의 용액 또는 약염기와 그 짝산의 용액

적정 산의 농도를 결정하기 위해 산 시료에 염기를 첨가하는 것

종말점 적정에서 지시약의 색깔이 바뀌는 점. 지시약이 페놀프탈레인 경우, 시료에서 OH^-의 몰수가 H_3O^+의 몰수와 같을 때 색 변화가 일어난다.

중성 $[H_3O^+]$와 $[OH^-]$가 같은 농도의 용액을 나타내는 용어

중화 산과 염기가 반응하여 물과 염을 형성하는 반응

지시약 적정 시료에 첨가되어 용액의 pH가 변할 때 색이 변하는 물질

pH 용액에서 $[H_3O^+]$의 표현. $pH = -\log[H_3O^+]$

pOH 용액에서 $[OH^-]$의 표현. $pOH = -\log[OH^-]$

짝산-짝염기 쌍 H^+ 한 개만큼 차이나는 산과 염기. 산이 수소 이온을 제공하면 생성물은 그 산의 짝염기이며, 짝염기는 역반응에서 수소 이온을 받아들인다.

하이드로늄 이온 수소 이온(H^+)이 물 분자에 붙어서 생성되는 이온

해리 산이나 염기가 물에서 이온으로 분리되는 것

핵심 화학 기술 _Core Chemistry Skills

**각 핵심 화학 기술을 포함하는 절을 각 제목의 끝에 괄호 안에 나타내었다.*

▷ 짝산-짝염기 쌍 확인(14.2)

- 브뢴스테드-로리 이론에 따르면 짝산-짝염기 쌍(conjugate acid-base pair)은 산이 H^+ 하나를 잃을 때 생기는 염기, 또는 염기가 H^+ 하나를 얻을 때 생기는 산과 같은 관계를 갖는 분자나 이온의 쌍을 말한다.
- 모든 산-염기 반응에서 정방향은 물론 역방향으로 H^+가 전달되기 때문에 항상 두 개의 짝산-짝염기 쌍이 있다.
- HF와 같은 산이 하나의 H^+를 잃으면 짝염기 F^-가 생성된다. H_2O가 염기로 작용할 때 H_2O는 하나의 H^+를 얻고 짝산 H_3O^+를 형성한다.

예: 다음 반응에서 짝산-짝염기 쌍을 결정하라.

$$H_2SO_4(aq) + H_2O(l) \rightleftharpoons HSO_4^-(aq) + H_3O^+(aq)$$

답: $H_2SO_4(aq)$ (산) + $H_2O(l)$ (염기) $\rightleftharpoons$ $HSO_4^-(aq)$ (짝염기) + $H_3O^+(aq)$ (짝산)

짝산-짝염기 쌍: H_2SO_4/HSO_4^-와 H_3O^+/H_2O

▷ 용액에서 $[H_3O^+]$와 $[OH^-]$ 계산(14.5)

- 모든 수용액에서 $[H_3O^+]$와 $[OH^-]$의 곱은 물 해리식 K_w와 같다.

$$K_w = [H_3O^+][OH^-]$$

- 순수한 물에서 OH^- 이온과 H_3O^+ 이온의 몰농도는 같은 값인 1.0×10^{-7} M이기 때문에 K_w 값은 25 °C에서 1.0×10^{-14}이다.

$$K_w = [H_3O^+][OH^-] = [1.0 \times 10^{-7}][1.0 \times 10^{-7}] = 1.0 \times 10^{-14}$$

- 용액의 $[H_3O^+]$를 알면 K_w 식을 사용하여 $[OH^-]$를 계산할 수 있다. 용액의 $[OH^-]$를 알면 K_w 식을 사용하여 $[H_3O^+]$를 계산할 수 있다.

$$[OH^-] = \frac{K_w}{[H_3O^+]} \quad [H_3O^+] = \frac{K_w}{[OH^-]}$$

예: $[H_3O^+] = 2.4 \times 10^{-11}$ M인 용액에서 $[OH^-]$는 얼마인가? 용액은 산성인가, 염기성인가?

답: K_w 식을 $[OH^-]$에 대해 풀고 제시된 K_w와 $[H_3O^+]$의 값을 대입한다.

$$[OH^-] = \frac{K_w}{[H_3O^+]} = \frac{1.0 \times 10^{-14}}{[2.4 \times 10^{-11}]} = 4.2 \times 10^{-4}\ M$$

$[OH^-]$가 $[H_3O^+]$보다 크기 때문에 이 용액은 염기성 용액이다.

▷ 산과 염기의 반응식 작성하기(14.7)

- 산은 특정 금속과 반응하여 수소 기체(H_2)와 염을 생성한다.

$2HCl(aq)$ (산) + $Mg(s)$ (금속) $\longrightarrow$ $H_2(g)$ (수소) + $MgCl_2(aq)$ (염)

- 탄산염이나 탄산 수소염에 산을 첨가하면 생성물은 이산화 탄소 기체, 물, 염이다.

$2HCl(aq)$ (산) + $Na_2CO_3(aq)$ (탄산염) $\longrightarrow$ $CO_2(g)$ (이산화 탄소) + $H_2O(l)$ (물) + $2NaCl(aq)$ (염)

- 중화는 강산과 강염기의 반응이나 약산과 강염기의 반응으로 물과 염을 생성하는 반응이다.

$HCl(aq)$ (산) + $NaOH(aq)$ (염기) $\longrightarrow$ $H_2O(l)$ (물) + $NaCl(aq)$ (염)

예: $ZnCO_3(s)$과 브로민화 수소산 $HBr(aq)$의 반응에 대한 균형 화학 반응식을 써라.

답: $2HBr(aq) + ZnCO_3(s) \longrightarrow CO_2(g) + H_2O(l) + ZnBr_2(aq)$

▷ 적정에서 산이나 염기의 몰농도와 부피 계산(14.8)

- 적정에서는 정확하게 측정된 부피만큼의 산을 몰농도를 알고 있는 강염기 용액으로 중화한다.
- 적정 과정에서 종말점까지 측정된 강염기 용액의 부피와 몰농도로부터 강염기의 몰수, 산의 몰수, 산의 농도를 계산한다.

예: H_2SO_4 용액 시료 15.0 mL를 0.245 M NaOH 용액 24.0 mL로 적정하였다. H_2SO_4 용액의 몰농도는 얼마인가

$$H_2SO_4(aq) + 2NaOH(aq) \longrightarrow 2H_2O(l) + Na_2SO_4(aq)$$

답:

$$\text{NaOH 용액 } 24.0\ \text{mL} \times \frac{\text{NaOH 용액 } 1\ \text{L}}{\text{NaOH 용액 } 1000\ \text{mL}}$$

$$\times \frac{\text{NaOH } 0.245\ \text{mol}}{\text{NaOH 용액 } 1\ \text{L}} \times \frac{H_2SO_4\ 1\ \text{mol}}{\text{NaOH } 2\ \text{mol}} = H_2SO_4\ 0.002\ 94\ \text{mol}$$

$$\text{몰농도(M)} = \frac{H_2SO_4\ 0.002\ 94\ \text{mol}}{H_2SO_4\ \text{용액 } 0.0150\ \text{L}} = 0.196\ \text{M } H_2SO_4\ \text{용액}$$

▷ 완충 용액의 pH 계산(14.9)

- 완충 용액은 첨가된 소량의 산이나 염기를 중화시킴으로써 pH를 유지한다.
- 대부분의 완충 용액은 아세트산($HC_2H_3O_2$)과 아세트산 염($NaC_2H_3O_2$)

과 같이 약산과 그 짝염기를 포함하는 염을 거의 같은 농도로 구성한다.

- K_a 식을 $[H_3O^+]$에 대해 풀고 [HA], $[A^-]$, K_a 값을 대입하여 $[H_3O^+]$를 계산한다.

$$K_a = \frac{[H_3O^+][C_2H_3O_2^-]}{[HC_2H_3O_2]}$$

$[H_3O^+]$에 대해 풀면 다음과 같다.

$$[H_3O^+] = K_a \times \frac{[HC_2H_3O_2]}{[C_2H_3O_2^-]} \begin{matrix} \longleftarrow \text{약산} \\ \longleftarrow \text{짝염기} \end{matrix}$$

완충 용액의 pH는 $[H_3O^+]$로부터 계산한다.

$$pH = -\log[H_3O^+]$$

예: 아세트산의 K_a가 1.8×10^{-5}이라면, 0.40 M $HC_2H_3O_2$과 0.20 M $C_2H_3O_2^-$로 만든 완충 용액의 pH는 얼마인가

답: $[H_3O^+] = K_a \times \frac{[HC_2H_3O_2]}{[C_2H_3O_2^-]} = 1.8 \times 10^{-5} \times \frac{[0.40]}{[0.20]}$

$= 3.6 \times 10^{-5}$ M

$pH = -\log[3.6 \times 10^{-5}] = 4.44$

개념 이해 문제 _Understanding the Concepts

*각 문제 끝에 복습할 절을 괄호 안에 표시하였다.

14.9 다음 각 그림에서 강산인지 약산인지를 결정하라. 산의 화학식은 HX이다. (14.3)

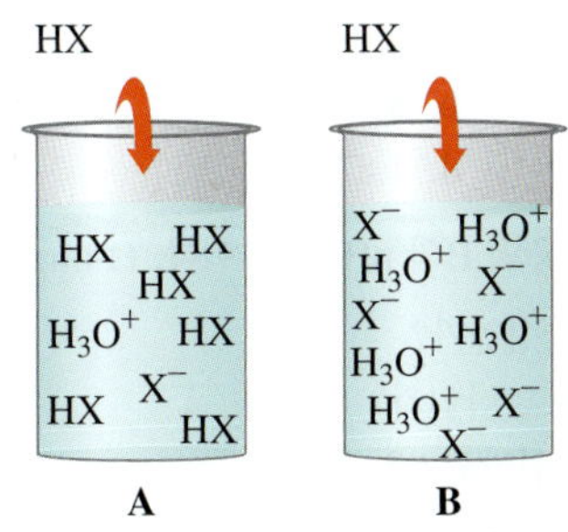

14.10 물에 강산을 몇 방울 떨어뜨리면 pH가 상당히 낮아진다. 그러나 완충 용액에 같은 방울 수의 산을 첨가해도 pH는 크게 변하지 않는다. 이유를 설명하라. (14.9)

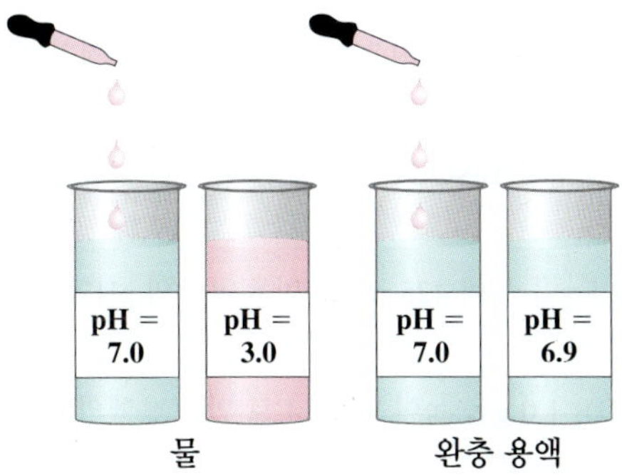

14.11 다음 화합물이 산인지 염기인지 구분하라. (14.1)

a. H_2SO_4 **b.** RbOH
c. $Ca(OH)_2$ **d.** HI

14.12 다음 화합물이 산인지 염기인지 구분하라. (14.1)

a. $Sr(OH)_2$ **b.** H_2SO_3
c. $HC_2H_3O_2$ **d.** CsOH

14.13 다음 표를 완성하라. (14.2)

산	짝염기
H_2O	
	CN^-
HNO_2	
	$H_2PO_4^-$

14.14 다음 표를 완성하라. (14.2)

염기	짝산
	HS^-
	H_3O^+
NH_3	
HCO_3^-	

응용 문제

14.15 다음 각 용액을 산성, 염기성, 중성으로 구분하라. (14.6)

a. 땀, pH 5.2 **b.** 눈물, pH 7.5
c. 담즙, pH 8.1 **d.** 위산, pH 2.5

14.16 다음 각 용액을 산성, 염기성, 중성으로 구분하라. (14.6)

a. 침, pH 6.8 **b.** 소변, pH 5.9
c. 췌액, pH 8.0 **d.** 혈액, pH 7.45

14.17 사람이 스트레스나 외상을 입으면 때로 과호흡 증세가 시작된다. 과호흡인 사람이 졸도하는 것을 막기 위해 종이봉투에 대고 호흡하면 증세가 호전될 수 있다. (14.9)

a. 과호흡 중 혈액의 pH에는 어떤 변화가 일어나는가?
b. 종이봉투에 대고 호흡하면 혈액의 pH가 정상으로 되돌아오는 이유는 무엇인가?

종이 봉투에 대고 호흡하면 과호흡 증세가 있는 사람을 도울 수 있다.

14.18 혈장의 pH는 탄산-탄산 수소 이온 완충계에 의해 유지된다. (14.9)

a. 완충계에 산이 첨가될 때 pH는 어떻게 유지되는가?
b. 완충계에 염기가 첨가될 때 pH는 어떻게 유지되는가?

추가 문제 _Additional Practice Problems

14.19 다음 화합물을 산, 염기, 염으로 구분하고 명명하라. (14.1)

a. $HBrO_2$ **b.** CsOH
c. $Mg(NO_3)_2$ **d.** $HClO_4$

14.20 다음 화합물을 산, 염기, 염으로 구분하고 명명하라. (14.1)

a. HNO_2 **b.** $MgBr_2$
c. NH_3 **d.** Li_2SO_3

14.21 다음 표를 완성하라. (14.2)

산	짝염기
HI	
	Cl^-
NH_4^+	
	HS^-

14.22 다음 표를 완성하라. (14.2)

염기	짝산
F^-	
	$HC_2H_3O_2$
	HSO_3^-
ClO^-	

14.23 표 14.3을 이용하여 다음 각 쌍에서 어느 것이 더 강한 산인지 판단하라. (14.3)

a. HF와 HCN **b.** H_3O^+와 H_2S
c. HNO_2와 $HC_2H_3O_2$ **d.** H_2O와 HCO_3^-

14.24 표 14.3을 이용하여 다음 각 쌍에서 어느 것이 더 강한 염기인지 판단하라. (14.3)

a. H_2O와 Cl^- **b.** OH^-와 NH_3
c. SO_4^{2-}와 NO_2^- **d.** CO_3^{2-}와 H_2O

14.25 다음 각 용액의 pH와 pOH를 계산하라. (14.6)

a. $[H_3O^+] = 2.0 \times 10^{-8}$ M
b. $[H_3O^+] = 5.0 \times 10^{-2}$ M
c. $[OH^-] = 3.5 \times 10^{-4}$ M
d. $[OH^-] = 0.0054$ M

14.26 다음 각 용액의 pH와 pOH를 계산하라. (14.6)

a. $[OH^-] = 1.0 \times 10^{-7}$ M
b. $[H_3O^+] = 4.2 \times 10^{-3}$ M
c. $[H_3O^+] = 0.0001$ M
d. $[OH^-] = 8.5 \times 10^{-9}$ M

14.27 문제 14.25의 각 용액은 산성인가, 염기성인가, 중성인가? (14.6)

14.28 문제 14.26의 각 용액은 산성인가, 염기성인가, 중성인가? (14.6)

14.29 다음에 주어진 pH 값을 갖는 각 용액에 대해 $[H_3O^+]$와 $[OH^-]$를 계산하라. (14.6)

a. 3.00 **b.** 6.2
c. 8.85 **d.** 11.00

14.30 다음에 주어진 pH 값을 갖는 각 용액에 대해 $[H_3O^+]$와 $[OH^-]$를 계산하라. (14.6)

a. 10.00 **b.** 5.0
c. 6.54 **d.** 1.82

14.31 용액 A의 pH는 4.5이고, 용액 B의 pH는 6.7이다. (14.6)

a. 어느 용액이 더 강한 산성인가?
b. 각 용액에서 $[H_3O^+]$는 얼마인가?
c. 각 용액에서 $[OH^-]$는 얼마인가?

14.32 용액 X의 pH는 9.5이고, 용액 Y의 pH는 7.5이다. (14.6)

a. 어느 용액이 더 강한 산성인가?
b. 각 용액에서 $[H_3O^+]$는 얼마인가?
c. 각 용액에서 $[OH^-]$는 얼마인가?

14.33 0.250 L 용액 중에 NaOH 0.225 g을 포함하는 용액의 $[OH^-]$는 얼마인가?

14.34 0.500 L 용액 중에 HNO_3 1.54 g을 포함하는 용액의 $[H_3O^+]$는 얼마인가?

14.35 물에 HCl 2.5 g을 녹여 425 mL로 만든 용액의 pH와 pOH는 얼마인가? (14.6)

14.36 물에 $Ca(OH)_2$ 1.0 g을 녹여 875 mL로 만든 용액의 pH와 pOH는 얼마인가? (14.6)

생각해 보기의 답 _Answers to Engage Questions

14.1 수소 이온과 단순 비금속 음이온으로 이루어진 산은 비금속 이름 뒤에 '-화 수소산'을 붙인다. 영어 이름에서는 비금속 이름 앞에 *hydro*-라는 접두사를 붙이고, 가장 일반적인 형태의 *ide* 어미를 *ic acid*로 바꾼다.

14.2 염기 BrO_2^-는 H^+를 받아 짝산인 $HBrO_2$를 형성한다.

14.3 H_2O는 H^+ 하나를 잃으면 OH^-를 형성하지만, H^+ 하나를 얻으면 H_3O^+를 형성한다.

14.4 강산은 거의 100% 해리되어 H^+와 음이온을 형성하고, 약산은 물에서 약간만 해리되어 소량의 H^+와 음이온을 형성한다.

14.5 표 14.3에 따르면 H_2SO_4는 H_2S보다 더 강한 산이다.

14.6 순수한 물에서 한 H_2O 분자가 다른 물 분자에 H^+를 줄 때, H_3O^+와 OH^-가 같은 양이 형성된다.

14.7 $[H_3O^+]$가 1.0×10^{-3} M인 용액은 $[OH^-]$가 1.0×10^{-11} M이 된다. $[H_3O^+] > [OH^-]$이므로 산성 용액이다.

14.8 K_w를 용액의 $[H_3O^+]$로 나누어 용액의 $[OH^-]$를 구한다.

14.9 $[H_3O^+]$와 $[OH^-]$ 사이에는 역관계가 존재하므로, $[OH^-]$가 감소하면 $[H_3O^+]$가 증가해야 한다.

14.10 그림 14.4에 따르면 사과 주스는 산성이다.

14.11 pH 4.00은 7.0보다 작으므로 산성이다.

14.12 $[H_3O^+]$가 1.0×10^{-6} M인 용액의 pH는 6.00이다. 계수 1.0에 유효숫자 두 개가 있으므로 소수점 아래에 0 두 개를 쓴다.

14.13 KOH가 H_2SO_4를 완전히 중화시킬 때 생성되는 염은 K_2SO_4이다.

14.14 어떤 산 용액의 몰농도를 측정하기 위해서는 산의 부피와 그 산을 중화시키는 데 사용된 염기의 부피와 몰농도가 필요하다.

14.15 첨가된 산 또는 염기와 반응하기 위해서는 완충 용액에 약산이나 약염기와 그 약산이나 약염기의 염이 필요하다.

14.16 완충 용액에 H_3O^+를 첨가하면 약염기나 약산의 염에 의해 중화된다.

14.17 $H_2PO_4^-$와 HPO_4^{2-}의 용액은 완충 용액으로 작용한다. $H_2PO_4^-$는 첨가된 OH^-를 중화시키고, HPO_4^{2-}는 첨가된 H_3O^+를 중화시킨다.

선택된 문제의 답 _Answers to Selected Problems

14.1 pH = 3.70

14.3 2.5×10^{-4} M

14.5 $2HCl(aq) + CaCO_3(s) \longrightarrow CO_2(g) + H_2O(l) + CaCl_2(aq)$

14.7 $CaCO_3$ 0.200 g

14.9 **a.** 이 그림은 약산을 나타낸 것이다. 소량의 HX 분자만이 H_3O^+와 X^- 이온으로 분리되었다.
b. 이 그림은 강산을 나타낸 것이다. HX 분자가 모두 H_3O^+와 X^- 이온으로 분리되었다.

14.11 **a.** 산 **b.** 염기
c. 염기 **d.** 산

14.13

산	짝염기
H_2O	OH^-
HCN	CN^-
HNO_2	NO_2^-
H_3PO_4	$H_2PO_4^-$

14.15 **a.** 산성 **b.** 염기성
c. 염기성 **d.** 산성

14.17 **a.** 과호흡을 하는 동안 CO_2를 잃어 혈액의 pH가 증가한다.
b. 종이봉투 안에서 호흡하면 CO_2 농도가 증가해 혈액의 pH가 낮아지게 된다.

14.19 **a.** 산, 아브로민산 **b.** 염기, 수산화 세슘
c. 염, 질산 마그네슘 **d.** 산, 과염소산

14.21

산	짝염기
HI	I^-
HCl	Cl^-
NH_4^+	NH_3
H_2S	HS^-

14.23 **a.** HF **b.** H_3O^+
c. HNO_2 **d.** HCO_3^-

14.25 **a.** pH = 7.70, pOH = 6.30
b. pH = 1.30, pOH = 12.70
c. pH = 10.54, pOH = 3.46
d. pH = 11.73, pOH = 2.27

14.27 **a.** 염기성 **b.** 산성
c. 염기성 **d.** 염기성

14.29 **a.** $[H_3O^+] = 1.0 \times 10^{-3}$ M, $[OH^-] = 1.0 \times 10^{-11}$ M
b. $[H_3O^+] = 6 \times 10^{-7}$ M, $[OH^-] = 2 \times 10^{-8}$ M
c. $[H_3O^+] = 1.4 \times 10^{-9}$ M, $[OH^-] = 7.1 \times 10^{-6}$ M
d. $[H_3O^+] = 1.0 \times 10^{-11}$ M, $[OH^-] = 1.0 \times 10^{-3}$ M

14.31 **a.** 용액 A
b. 용액 A $[H_3O^+] = 3 \times 10^{-5}$ M
용액 B $[H_3O^+] = 2 \times 10^{-7}$ M
c. 용액 A $[OH^-] = 3 \times 10^{-10}$ M
용액 B $[OH^-] = 5 \times 10^{-8}$ M

14.33 $[OH^-] = 0.0225$ M

14.35 pH = 0.80, pOH = 13.20

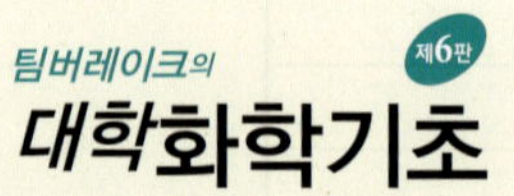

제 15 장

산화와 환원

Oxidation and Reduction

킴벌리의 치아는 법랑질 표면에 층을 형성한 식품, 커피, 음료수에 의해 변색되었다. 킴벌리의 담당 치과의사인 제인은 치아를 긁어내어 이 층의 일부를 제거한 다음 연마 치약으로 치아를 문질렀다. 그 후 제인은 킴벌리의 치아를 미백하는 과정을 시작한다. 제인은 킴벌리에게 35% 과산화 수소(H_2O_2)가 포함된 젤을 사용하게 되며, 이것은 치아의 법랑질로 들어가 치아 미백을 위한 화학 반응을 일으키게 된다고 설명한다. 이러한 화학 반응을 산화–환원 반응이라고 하며, 이 화학 반응에서 한 화학물질(과산화 수소)은 환원되고 다른 화학물질(커피 얼룩)은 산화된다. 산화되는 동안 치아 표면에 있던 커피 얼룩은 옅어지거나 색이 없어지게 되며 치아는 하얗게 된다.

관련 직업

치과의사

치과의사는 치아, 잇몸, 입, 턱뼈의 건강을 조사하고 유지하는 일을 한다. 치과의사는 X선을 이용하여 치아와 잇몸에 질병이나 손상이 있는지 알아본다. 치과의사는 부식된 치아 일부분을 제거하고 비어 있는 부분을 채우며 필요하다면 치아를 뽑기도 한다. 때로는 치과 치료 중에 부분마취를 사용하기도 한다. 치과의사는 또한 환자에게 적절한 치아 및 잇몸 관리법을 교육한다. 많은 치과의사는 치위생사와 치기공사를 비롯한 많은 직원과 함께 자신의 병원을 운영한다. 치과의사는 치의학의 한 분야를 전공할 수도 있다. 치과교정전문의는 치아를 곧게 하거나 올바르게 씹을 수 있도록 철사로 환자의 치아를 교정한다. 치주전문의는 잇몸에 관련된 문제를 담당한다. 소아치과 전문의는 아이들의 치아를 담당한다.

UPDATE 킴벌리의 치아 미백

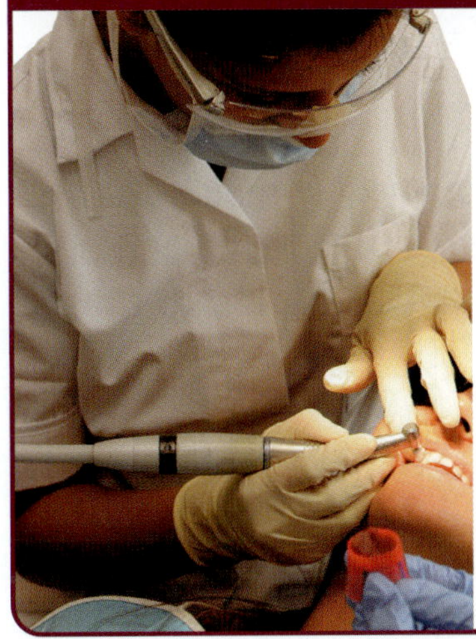

킴벌리의 치아를 소독하고 미백을 한 뒤, 의사는 그녀에게 치아를 튼튼하게 할 수 있는 치약을 추천한다. 치아미백 과정에 대한 더 자세한 내용은 444쪽, UPDATE 킴벌리의 치아 미백에서 볼 수 있고, 치아와 치약의 구성 성분에 대해 알 수 있다.

이 장의 차례

복습하기

양이온 및 음이온 쓰기(6.1)
이온식 쓰기(6.2)
화학 반응식 균형 맞추기(8.2)
산화된 물질과 환원된 물질 확인하기(8.4)

햇빛에 노출되었을 때 어두워지는 변색 안경

생각해 보기 15.1

환원인 반쪽 반응은 어떻게 확인할 수 있는가?

15.1 산화와 환원

학습 목표 어떤 반응이 산화인지 또는 환원인지 확인할 수 있다. 산화수를 지정할 수 있고 이를 이용하여 산화되거나 환원된 원소를 확인할 수 있다.

산화(oxidation)와 *환원*(reduction)은 우리 일상생활에서 종종 관찰할 수 있는 화학 반응 중 하나의 형태이다. 가정 난방을 위해 천연가스를 이용할 때, 컴퓨터를 켜거나 자동차의 시동을 걸 때, 또는 음식을 먹을 때 우리는 산화와 환원 과정으로부터 나오는 에너지를 이용한다.

이런 모든 과정에서 산화와 환원이 일어나는 동안에 전자가 이동한다. **산화**(oxidation) 반응에서 반응물은 하나 이상의 전자를 잃어서 그 물질은 *산화된다*(oxidized). **환원**(reduction) 반응에서 반응물은 하나 이상의 전자를 얻어서 그 물질은 *환원된다*(reduced). 어떤 물질이 산화되면서 내놓는 전자는 반드시 다른 물질이 받아서 환원되어야 한다. **산화-환원 반응**(oxidation-reduction reaction)에서 산화와 환원 과정은 반드시 동시에 일어나야 한다. 가끔은 이것을 줄여서 *redox reaction*이라고도 한다.

산화와 환원 반응 쓰기

태양으로부터 자외선을 받으면 검게 변하는 변색 렌즈를 사용한 안경을 보았을 것이다. 안경을 쓴 사람이 실내로 들어오면 안경은 다시 밝아진다. 밝은 색에서 검은색으로 그리고 다시 밝게 되는 변화는 산화와 환원 반응의 결과이다. 산화와 환원 반응을 설명하기 위해 변색 렌즈의 화합물을 예로 들 수 있다.

빛에 민감한 렌즈를 만들기 위해서 염화 은(AgCl)과 염화 구리(I)(CuCl)가 렌즈 재료에 포함된다. 햇빛을 받지 않으면 가시광선은 밝은 렌즈를 통과한다. 그러나 햇빛에 노출되면 자외선이 AgCl에 흡수되어 산화-환원 반응이 일어나고 Cl 원자와 Ag 원자가 생성된다. 렌즈를 검고 어둡게 만드는 것이 바로 은 원자이다. 이와 같은 산화-환원 반응은 다음과 같이 쓸 수 있다.

$$\mathrm{AgCl} \longrightarrow \mathrm{Ag} + \mathrm{Cl} \quad \text{또는}$$

$$\mathrm{Ag^+} + \mathrm{Cl^-} \longrightarrow \mathrm{Ag} + \mathrm{Cl} \qquad \text{산화-환원 반응}$$

염화 이온(Cl^-)은 전자를 잃고 산화된다. 은 이온(Ag^+)은 전자를 얻고 환원된다.

반쪽 반응

산화와 환원 반응을 확인하기 위해 반응물을 생성물과 함께 *반쪽 반응*(half-reaction)으로 적는다. Cl^-에 대한 반쪽 반응은 산화 반응이다. 왜냐하면, Cl이 형성될 때 Cl^-가 전자를 잃기 때문이다. Ag^+에 대한 반쪽 반응은 환원 반응이다. 왜냐하면, Ag가 형성될 때 Ag^+가 전자를 얻기 때문이다.

$$\mathrm{Cl^-} \longrightarrow \mathrm{Cl} + e^- \qquad \text{산화, 전자를 잃음}$$

$$\mathrm{Ag^+} + e^- \longrightarrow \mathrm{Ag} \qquad \text{환원, 전자를 얻음, 렌즈가 어두워짐}$$

렌즈가 바로 투명해지는 것을 막기 위해 약간의 Cu^+ 이온을 렌즈에 첨가한다. 이러한 Cu^+ 이온은 렌즈가 어두워지는 과정에서 생성된 Cl 원자들을 다시 Cl^- 이온으로 전환한다.

$$\mathrm{Cu^+} + \mathrm{Cl} \longrightarrow \mathrm{Cu^{2+}} + \mathrm{Cl^-}$$

$$\mathrm{Cu^+} \longrightarrow \mathrm{Cu^{2+}} + e^- \qquad \text{산화}$$

$$\mathrm{Cl} + e^- \longrightarrow \mathrm{Cl^-} \qquad \text{환원}$$

안경을 쓴 사람이 햇빛에서 벗어나면 반응은 반대 방향으로 일어난다. Cu^{2+} 이온이 은 원자와 결합하여 Cu^+와 Ag^+를 다시 형성하고 렌즈는 다시 밝아진다.

$$Cu^{2+} + Ag \longrightarrow Cu^{+} + Ag^{+}$$

$$Ag \longrightarrow Ag^{+} + e^{-}$$ 산화, 렌즈가 밝아짐

$$Cu^{2+} + e^{-} \longrightarrow Cu^{+}$$ 환원

예제 15.1 산화, 환원 반응 확인하기

먼저 해 보기!

다음 각 반응이 산화 반응인지, 환원 반응인지 확인하라.

a. $Cu^{2+}(aq) + 2e^{-} \longrightarrow Cu(s)$

b. $Fe(s) \longrightarrow Fe^{3+}(aq) + 3e^{-}$

c. $Cr^{2+}(aq) \longrightarrow Cr^{3+}(aq) + e^{-}$

d. $Li^{+}(aq) + e^{-} \longrightarrow Li(s)$

풀이

a. Cu^{2+}가 전자를 얻었으므로, 이 반응은 환원 반응이다.

b. Fe가 전자를 잃었으므로, 이 반응은 산화 반응이다.

c. Cr^{2+}가 전자를 잃었으므로, 이 반응은 산화 반응이다.

d. Li^{+}가 전자를 얻었으므로, 이 반응은 환원 반응이다.

확인 문제 15.1

다음 각 반응이 산화 반응인지 환원 반응인지 확인하라.

a. $Na(s) \longrightarrow Na^{+}(aq) + e^{-}$　　**b.** $Zn^{2+}(aq) + 2e^{-} \longrightarrow Zn(s)$

답

a. 산화　　**b.** 환원

산화수

좀 더 복잡한 산화-환원 반응에서는 산화된 물질과 환원된 물질을 확인하는 것이 늘 분명한 것은 아니다. 산화되거나 환원된 원자 또는 이온을 찾기 위해서 반응물과 생성물에 있는 원소에 **산화수**(oxidation number, *산화 상태*라고도 함)를 결정해야 한다. 산화수가 실제 전하와 항상 일치하는 것은 아니다. 그러나 산화수는 전자를 잃거나 얻는 것을 확인하는 데 도움이 된다.

산화수를 부여하는 규칙

반응물과 생성물에 있는 원자나 이온에 산화수를 정하는 규칙을 **표 15.1**에 나타내었다.

핵심 화학 기술

산화수 정하기

생각해 보기 15.2

Mg^{2+}와 Ba^{2+}에는 산화수 +2가 주어지지만 Mg와 Ba에는 산화수 0이 주어지는 이유는 무엇인가?

표 15.1 > 산화수 결정 규칙
1. 분자 안에 있는 산화수의 합은 0이다. 다원자 이온의 산화수의 합은 이온 전하와 같다.
2. (단원자 또는 이원자) 원소의 산화수는 0이다.
3. 단원자 이온의 산화수는 그 이온의 전하와 같다.
4. 화합물에서 1A족(1족) 금속의 산화수는 +1이고 2A족(2족) 금속의 산화수는 +2이다.
5. 화합물에서 플루오린의 산화수는 −1이다. 7A족(17족)에 있는 다른 비금속 원소들은 산소나 플루오린과 결합할 때를 제외하고는 −1이다.
6. 화합물에서 산소의 산화수는 보통 −2이다. 예외적으로 OF_2에서는 O가 +2이고, H_2O_2와 다른 과산화물에서는 O가 −1이다.
7. 비금속과의 화합물에서 수소의 산화수는 +1이다. 금속과의 화합물에서 수소의 산화수는 −1이다.

이러한 규칙들이 산화수를 정하는 데 어떻게 사용되는지 살펴보자. 산화수는 각 화학식의 원소 기호 아래에 나타내었다(**표 15.2**).

표 15.2 > 산화수를 부여하는 규칙의 사용 예

화학식	산화수	설명
Br_2	Br_2 0	이원자 원소 브로민에 있는 각 Br 원자의 산화수는 0이다(규칙 2).
Ba^{2+}	Ba^{2+} +2	단원자 이온 Ba^{2+}의 산화수는 그 이온의 전하와 같다(규칙 3).
CO_2	CO_2 +4−2	화합물에서 O의 산화수는 −2이다(규칙 6). CO_2는 중성이므로 C의 산화수는 +4이다(규칙 1). $C + 2O = 0$ $C + 2(-2) = 0$ $C = +4$
Al_2O_3	Al_2O_3 +3−2	화합물에서 O의 산화수는 −2이다(규칙 6). Al_2O_3(중성)에서 Al의 산화수는 +3이다(규칙 1). $2Al + 3O = 0$ $2Al + 3(-2) = 0$ $2Al = +6$ $Al = +3$
$HClO_3$	$HClO_3$ +1+5−2	화합물에서 H의 산화수는 +1이고(규칙 7), O의 산화수는 −2이다(규칙 6). $HClO_3$(중성)에서 Cl의 산화수는 +5이다(규칙 1). $H + Cl + 3O = 0$ $(+1) + Cl + 3(-2) = 0$ $Cl - 5 = 0$ $Cl = +5$
SO_4^{2-}	SO_4^{2-} +6−2	O의 산화수는 −2이다(규칙 6). SO_4^{2-}(−2 전하)에서 S의 산화수는 +6이다(규칙 1). $S + 4O = -2$ $S + 4(-2) = -2$ $S = +6$
CH_2O	CH_2O 0+1−2	화합물에서 H의 산화수는 +1이고(규칙 7), O의 산화수는 −2이다(규칙 6). CH_2O(중성)에서 C의 산화수는 0이다(규칙 1). $C + 2H + O = 0$ $C + 2(+1) + (-2) = 0$ $C = 0$

생각해 보기 15.3

화학식 H_2SO_3에서 S의 산화수는 왜 +4인가?

예제 15.2 산화수 정하기

먼저 해 보기!

다음 각 화학식에서 원소들의 산화수를 정하라.

a. NCl_3 **b.** CO_3^{2-}

풀이

a. NCl_3: Cl의 산화수는 −1이다(규칙 5). NCl_3(중성)에서 N과 3Cl의 산화수 합은 0이어야 한다(규칙 1). 따라서 N의 산화수는 +3으로 계산된다.

$$N + 3Cl = 0$$
$$N + 3(-1) = 0$$
$$N = +3$$

산화수는 다음과 같다.

$\underset{+3-1}{NCl_3}$

b. CO_3^{2-}: O의 산화수는 −2이다(규칙 6). CO_3^{2-}에서 산화수의 합은 −2이다(규칙 1). 따라서 C의 산화수는 +4로 계산된다.

$$C + 3O = -2$$
$$C + 3(-2) = -2$$
$$C = +4$$

산화수는 다음과 같다.

$\underset{+4-2}{CO_3^{2-}}$

확인 문제 15.2

다음 각 화학식에서 원소들의 산화수를 정하라.

a. H_3PO_4 **b.** MnO_4^-

답

a. H는 산화수가 +1이고 O는 −2이기 때문에 중성 전하를 유지하기 위해 P의 산화수는 +5가 되어야 한다.

$\underset{+1+5-2}{H_3PO_4}$

b. O의 산화수가 −2이고 전체 전하가 −1이기 때문에 Mn의 산화수는 +7이 되어야 한다.

$\underset{+7-2}{MnO_4^-}$

산화수를 이용하여 산화–환원 찾기

산화수는 반응에서 산화된 원소와 환원된 원소를 찾기 위해서 사용될 수 있다. 산화에서 전자를 잃는 것은 산화수를 증가시킨다. 따라서 산화수는 반응물보다 생성물에서 더 증가한다(더 양의 전하를 가짐). 환원에서 전자를 얻는 것은 산화수를 감소시킨다. 따라서 산화수는 반응물보다 생성물에서 더 감소한다(더 음의 전하를 가짐).

핵심 화학 기술

산화수 이용

산화 반응은 전하가 더 양의 전하가 될 때 일어난다. 환원 반응은 전하가 더 음의 전하가 될 때 일어난다.

생각해 보기 15.4

H_2에서 수소 원자가 수소 이온($2H^+$)이 되는 반응을 왜 산화 반응이라고 부르는가?

예제 15.3 산화, 환원을 결정하기 위한 산화수의 활용

먼저 해 보기!

다음 화학 반응식에서 산화된 원소와 환원된 원소를 찾아라.

$$CO_2(g) + H_2(g) \longrightarrow CO(g) + H_2O(g)$$

풀이

단계 1 **각 원소의 산화수를 정한다.** H_2에서 H의 산화수는 0이다. H_2O에서 H의 산화수는 +1이다. CO_2, CO, H_2O에서 O의 산화수는 −2이다. O의 산화수 −2를 이용하면 CO_2에서 C의 산화수는 +4이고, CO에서 C의 산화수는 +2이다.

$$\underset{+4\ -2}{CO_2(g)} + \underset{0}{H_2(g)} \longrightarrow \underset{+2\ -2}{CO(g)} + \underset{+1\ -2}{H_2O(g)} \quad \text{산화수}$$

단계 2 **산화수가 증가하면 산화, 산화수가 감소하면 환원으로 확인한다.** H는 산화수가 0에서 +1로 증가하기 때문에 산화된다. C는 산화수가 +4에서 +2로 감소하기 때문에 환원된다.

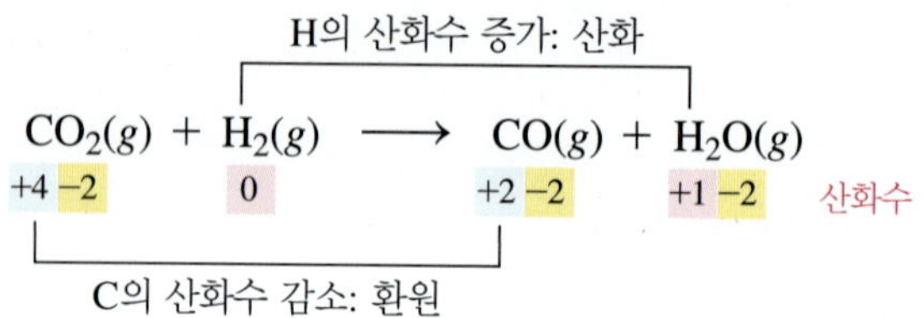

확인 문제 15.3

a. 다음 반응식에서 어떤 반응물이 산화되는가?

$$2Al(s) + 3Sn^{2+}(aq) \longrightarrow 2Al^{3+}(aq) + 3Sn(s)$$

b. 다음 반응식에서 어떤 반응물이 환원되는가?

$$Al(s) + 3Ag^{+}(aq) \longrightarrow Al^{3+}(aq) + 3Ag(s)$$

답

a. Al의 산화수는 0에서 +3으로 증가하므로 Al은 산화된다.

b. Ag^+의 산화수는 +1에서 0으로 감소하므로 Ag^+는 환원된다.

산화제와 환원제

산화 반응은 항상 환원 반응과 동시에 일어난다. 전자를 잃는 물질은 산화되고, 전자를 얻는 물질은 환원된다. 예를 들어 Zn은 전자 2개를 잃고 Zn^{2+}로 산화되며 Cl_2는 전자 2개를 얻어서 $2Cl^-$로 환원된다.

$$Zn(s) + Cl_2(g) \longrightarrow ZnCl_2(s)$$

산화–환원 반응에서 산화되는 물질은 환원을 위한 전자를 제공하기 때문에 **환원제**(reducing agent)라고 한다. 환원되는 물질은 산화로부터 전자를 받아들이기 때문에 **산화제**(oxidizing agent)라고 한다. 이 반응에서 Zn은 산화되기 때문에 *환원제*이다. 같은 반응에서 Cl_2는 환원되기 때문에 *산화제*이다.

$Zn(s) \longrightarrow Zn^{2+}(aq) + 2e^-$ Zn은 산화된다. Zn은 *환원제*이다.

$Cl_2(g) + 2e^- \longrightarrow 2Cl^-(aq)$ Cl_2의 Cl은 환원된다. Cl_2는 *산화제*이다.

산화와 환원을 나타내는 데 사용하는 용어들이 옆 칸에 요약되어 있다.

핵심 화학 기술

산화제와 환원제 찾기

생각해 보기 15.5

다음 산화–환원 반응에서 왜 Zn이 환원제이고 Co^{2+}가 산화제인가?

$$Zn(s) + CoBr_2(aq) \longrightarrow ZnBr_2(aq) + Co(s)$$

산화–환원 용어

산화	환원
전자를 잃음	전자를 얻음
산화수 증가	산화수 감소
환원제	산화제

예제 15.4 산화제와 환원제 확인하기

먼저 해 보기!

산화 납(II)와 일산화 탄소의 반응에서 산화제와 환원제를 확인하라.

$$PbO(s) + CO(g) \longrightarrow Pb(s) + CO_2(g)$$

한 때 페인트에 사용되던 산화 납은 납의 독성 때문에 지금은 사용이 금지되었다.

풀이

문제 분석	주어진 것	필요한 것	연결
	화학 반응식	산화제, 환원제	산화수

단계 1 **각 원소의 산화수를 정한다.** 산소의 산화수 −2를 이용하면 PbO에서 Pb의 산화수는 +2, CO에서 C의 산화수는 +2, CO_2에서 C의 산화수는 +4이다. 원소인 Pb의 산화수는 0이다.

$$PbO(s) + CO(g) \longrightarrow Pb(s) + CO_2(g)$$

+2 −2   +2 −2   0   +4 −2 산화수

단계 2 **산화수가 증가하면 산화, 산화수가 감소하면 환원으로 확인한다.** C의 산화수는 +2에서 +4로 증가하기 때문에 CO에서 C는 산화된다. Pb의 산화수는 +2에서 0으로 감소하기 때문에 PbO에서 Pb는 환원된다.

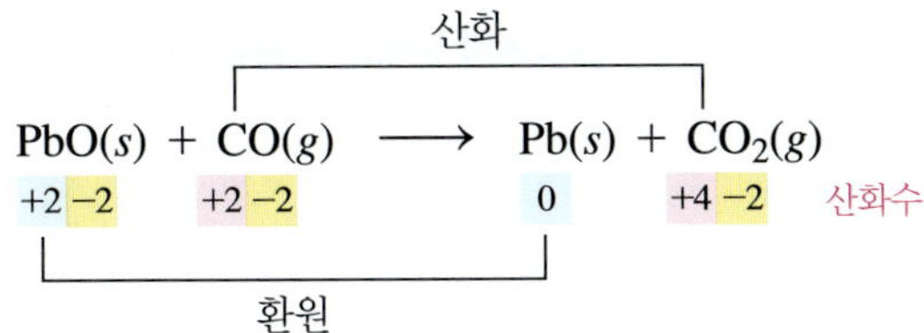

단계 3 **산화된 물질은 환원제로, 환원된 물질은 산화제로 확인한다.** 화합물 CO는 산화되므로 환원제이다. 화합물 PbO는 환원되므로 산화제이다.

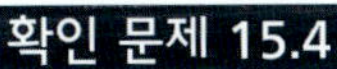

다음 각 반응식에서 산화제와 환원제를 확인하라.

a. $2Al(s) + 3CuO(s) \longrightarrow Al_2O_3(s) + 3Cu(s)$

b. $2HCl(aq) + Mg(s) \longrightarrow MgCl_2(aq) + H_2(g)$

답

a. CuO는 산화제이고 Al은 환원제이다.

b. HCl은 산화제이고 Mg는 환원제이다.

15.2 반쪽 반응을 이용하여 산화–환원 반응식 균형 맞추기

핵심 화학 기술

반쪽 반응을 이용하여 산화–환원 반응식 균형 맞추기

학습 목표 반쪽 반응법을 이용하여 산화–환원 반응식의 균형을 맞출 수 있다.

반응식의 균형을 맞추기 위한 **반쪽 반응법**(half-reaction method)에서 산화–환원 반응은 2개의 *반쪽 반응*(half-reaction)으로 쓴다. 반쪽 반응법은 각 반쪽 반응의 균형을 맞추기 위해 이온 전하와 전자를 이용한다. 산화수는 사용되지 않는다. 반응물이 전자를 잃는 것으로 산화를 확인하고, 다른 반응물이 전자를 얻는 것으로 환원을 확인한다. 일단 반쪽 반응에 대해 전자를 잃고 얻는 것이 같아지면, 두 반쪽 반응식을 더하여 전체 균형 반응식을 구한다.

반쪽 반응법은 흔히 이온 반응식의 균형을 맞추기 위해 사용된다. 예제 15.5에 있는 알루미늄 금속과 Cu^{2+} 용액 사이의 반응을 생각해 보자.

예제 15.5 반쪽 반응을 이용하여 화학 반응식 균형 맞추기

먼저 해 보기!

반쪽 반응을 이용하여 다음 반응식의 균형을 맞춰라.

$$Al(s) + Cu^{2+}(aq) \longrightarrow Al^{3+}(aq) + Cu(s)$$

풀이

	주어진 것	필요한 것	연결
문제 분석	화학 반응식: $Al(s) + Cu^{2+}(aq) \longrightarrow Al^{3+}(aq) + Cu(s)$	균형 화학 반응식	반쪽 반응, 전자 균형

단계 1 **반응식에 대한 두 반쪽 반응식을 쓴다.**

$$Al(s) \longrightarrow Al^{3+}(aq)$$
$$Cu^{2+}(aq) \longrightarrow Cu(s)$$

단계 2 **각 반쪽 반응에서 H와 O를 제외한 나머지 원소들의 균형을 맞춘다.** 이 반쪽 반응에서는 이미 Al과 Cu는 균형이 맞추어져 있다.

$$Al(s) \longrightarrow Al^{3+}(aq)$$
$$Cu^{2+}(aq) \longrightarrow Cu(s)$$

단계 3 **전자를 더해서 각 반쪽 반응의 전하 균형을 맞춘다.** 알루미늄의 반쪽 반응에서 전하를 맞추기 위해서는 생성물 쪽에 전자 3개를 더해야 한다. 전자를 잃으므로 이것은 산화이다.

$$Al(s) \longrightarrow \underbrace{Al^{3+}(aq) + \mathbf{3\,e^-}}_{\text{전하 } 0} \quad \text{산화}$$

전하 0 = 전하 0

Cu^{2+} 반쪽 반응에서 전하의 균형을 맞추기 위해서는 반응물 쪽에 전자 두 개를 더해야 한다. 전자를 얻으므로 이것은 환원이다.

$$\underbrace{Cu^{2+}(aq) + \mathbf{2\,e^-}}_{\text{전하 } 0} \longrightarrow Cu(s) \quad \text{환원}$$

전하 0 = 전하 0

단계 4 **잃은 전자와 얻은 전자의 수가 같아지도록 각 반쪽 반응에 계수를 곱한다.** 각 반쪽 반응에서 전자의 수가 같아지도록 산화 반쪽 반응에는 2, 환원 반쪽 반응에는 3을 곱한다.

$$\mathbf{2} \times [Al(s) \longrightarrow Al^{3+}(aq) + \mathbf{3\,e^-}]$$
$$2Al(s) \longrightarrow 2Al^{3+}(aq) + \mathbf{6\,e^-} \quad 6\,e^- \text{를 잃음}$$
$$\mathbf{3} \times [Cu^{2+}(aq) + \mathbf{2\,e^-} \longrightarrow Cu(s)]$$
$$3Cu^{2+}(aq) + \mathbf{6\,e^-} \longrightarrow 3Cu(s) \quad 6\,e^- \text{를 얻음}$$

단계 5 **반쪽 반응을 더하여 같은 이온과 전자를 소거한다.** 원자와 전하의 균형을 확인한다.

$$2Al(s) \longrightarrow 2Al^{3+}(aq) + \mathbf{6\,e^-}$$
$$3Cu^{2+}(aq) + \mathbf{6\,e^-} \longrightarrow 3Cu(s)$$
$$2Al(s) + 3Cu^{2+}(aq) + \cancel{\mathbf{6\,e^-}} \longrightarrow 2Al^{3+}(aq) + \cancel{\mathbf{6\,e^-}} + 3Cu(s)$$

최종 균형 반응식:

$2Al(s) + 3Cu^{2+}(aq) \longrightarrow 2Al^{3+}(aq) + 3Cu(s)$

원자와 전하의 균형 확인

	반응물		생성물
	2Al	=	**2Al**
	3Cu	=	**3Cu**
전하:	**6+**	=	**6+**

생각해 보기 15.6

최종 산화-환원 반응식이 균형을 이루었다는 것을 어떻게 알 수 있는가?

확인 문제 15.5

반쪽 반응법을 사용하여 다음 반응식의 균형을 맞춰라.

a. $Zn(s) + Fe^{3+}(aq) \longrightarrow Zn^{2+}(aq) + Fe^{2+}(aq)$

b. $Ag^{+}(aq) + Sn(s) \longrightarrow Ag(s) + Sn^{4+}(aq)$

답

a. $Zn(s) + 2Fe^{3+}(aq) \longrightarrow Zn^{2+}(aq) + 2Fe^{2+}(aq)$

b. $4Ag^{+}(aq) + Sn(s) \longrightarrow 4Ag(s) + Sn^{4+}(aq)$

산성 용액에서 산화-환원 반응 균형 맞추기

산성 용액에서 반쪽 반응법을 이용하여 산화-환원 반응의 균형을 맞출 때는 예제 15.6에서처럼 H_2O를 더하여 O의 균형을 맞추고 H^+를 더하여 H의 균형을 맞춘다.

예제 15.6 산성 용액에서 반쪽 반응을 사용하여 화학식 균형 맞추기

먼저 해 보기!

반쪽 반응을 이용하여 산성 용액에서 일어나고 있는 다음 반응식의 균형을 맞춰라.

$I^{-}(aq) + Cr_2O_7^{2-}(aq) \longrightarrow I_2(s) + Cr^{3+}(aq)$

다이크로뮴산염 용액(노란색)과 아이오딘화물 용액(무색)은 Cr^{3+}와 아이오딘(I_2)의 갈색 용액을 형성한다.

풀이

단계 1 **반응식에 대한 두 반쪽 반응식을 쓴다.**

$I^{-}(aq) \longrightarrow I_2(s)$

$Cr_2O_7^{2-}(aq) \longrightarrow Cr^{3+}(aq)$

단계 2 **각 반쪽 반응에서 H와 O를 제외한 나머지 원소들의 균형을 맞춘다. H_2O를 더하여 O의 균형을 맞추고 H^+를 더하여 H의 균형을 맞춘다.** I_2의 I 원자 두 개는 I^-에 계수 2를 적용하여 균형을 맞출 수 있다.

$2I^{-}(aq) \longrightarrow I_2(s)$

두 개의 Cr 원자는 Cr^{3+}에 계수 2를 붙여 균형을 맞출 수 있다.

$Cr_2O_7^{2-}(aq) \longrightarrow 2Cr^{3+}(aq)$

생성물 쪽에 H_2O를 더해서 O의 균형을 맞춘다.

$Cr_2O_7^{2-}(aq) \longrightarrow 2Cr^{3+}(aq) + \mathbf{7H_2O}(l)$ H_2O로 O의 균형을 맞춘다.

반응물 쪽에 H^+를 더해서 H의 균형을 맞춘다.

$\mathbf{14H^{+}}(aq) + Cr_2O_7^{2-}(aq) \longrightarrow 2Cr^{3+}(aq) + 7H_2O(l)$ H^+로 H의 균형을 맞춘다.

생각해 보기 15.7

이 반쪽 반응에서 왜 $7H_2O$를 생성물 쪽에 더했는가?

단계 3 **전자를 더해서 각 반쪽 반응의 전하 균형을 맞춘다.** 전하 −2는 생성물 쪽에 전자 두 개를 더하여 균형을 맞출 수 있다.

$$2I^-(aq) \longrightarrow I_2(s) + \mathbf{2\,e^-} \quad \text{산화}$$
$$-2 \quad = \quad -2$$

반응물 쪽에 전자 6개를 더하면 생성물 쪽의 전하는 +6이 된다.

$$\mathbf{6\,e^-} + 14H^+(aq) + Cr_2O_7^{\ 2-}(aq) \longrightarrow 2Cr^{3+}(aq) + 7H_2O(l) \quad \text{환원}$$
$$+6 \quad = \quad +6$$

생각해 보기 15.8

이 반쪽 반응에서 왜 6e⁻를 반응물 쪽에 더했는가?

단계 4 **각 반쪽 반응에 계수를 곱해서 잃은 전자의 개수와 얻은 전자의 개수를 일치시킨다.** Cr 반쪽 반응에 의해 얻어진 전자 6개와 일치시키기 위해 I 반쪽 반응에 3을 곱한다.

$$\mathbf{3} \times [2I^-(aq) \longrightarrow I_2(s) + \mathbf{2\,e^-}]$$
$$6I^-(aq) \longrightarrow 3I_2(s) + \mathbf{6\,e^-} \quad 6\,e^-\text{를 잃음}$$
$$\mathbf{6\,e^-} + 14H^+(aq) + Cr_2O_7^{\ 2-}(aq) \longrightarrow 2Cr^{3+}(aq) + 7H_2O(l) \quad 6\,e^-\text{를 얻음}$$

단계 5 **반쪽 반응을 더해 같은 이온, 분자, 전자를 서로 소거한다.** 원자와 전하의 균형을 확인한다.

$$6I^-(aq) \longrightarrow 3I_2(s) + \mathbf{6\,e^-}$$
$$\mathbf{6\,e^-} + 14H^+(aq) + Cr_2O_7^{\ 2-}(aq) \longrightarrow 2Cr^{3+}(aq) + 7H_2O(l)$$
$$\cancel{6\,e^-} + 14H^+(aq) + Cr_2O_7^{\ 2-}(aq) + 6I^-(aq) \longrightarrow 2Cr^{3+}(aq) + 3I_2(s) + 7H_2O(l) + \cancel{6\,e^-}$$

최종 균형 반응식:

$$14H^+(aq) + Cr_2O_7^{\ 2-}(aq) + 6I^-(aq) \longrightarrow 2Cr^{3+}(aq) + 3I_2(s) + 7H_2O(l)$$

원자와 전하의 균형을 확인한다.

	반응물		생성물
	6I	=	**6I**
	2Cr	=	**2Cr**
	14H	=	**14H**
	7O	=	**7O**
전하:	**6+**	=	**6+**

확인 문제 15.6

반쪽 반응을 사용하여 산성 용액에서 다음 각 반응식의 균형을 맞춰라.

a. $Fe^{2+}(aq) + IO_3^{\ -}(aq) \longrightarrow Fe^{3+}(aq) + I_2(s)$

b. $Mn^{2+}(aq) + BIO_3^{\ -}(aq) \longrightarrow MnO_4^{\ -}(aq) + Bi^{2+}(aq)$

답

a. $12H^+(aq) + 10Fe^{2+}(aq) + 2IO_3^{\ -}(aq) \longrightarrow 10Fe^{3+}(aq) + I_2(s) + 6H_2O(l)$

b. $6H^+(aq) + 3Mn^{2+}(aq) + 5BiO_3^{\ -}(aq) \longrightarrow 3MnO_4^{\ -}(aq) + 5Bi^{2+}(aq) + 3H_2O(l)$

염기성 용액에서 산화–환원 반응식 균형 맞추기

산화–환원 반응은 염기성 용액에서도 일어날 수 있다. 이 경우에 같은 반쪽 반응법을 이용하지만 일단 반응식의 균형을 맞춘 뒤에 H^+를 OH^-로 중화하여 물을 형성한다. 예제 15.7과 같이 반응식의 양쪽에서 H^+는 OH^-로 중화되고 물이 형성된다.

예제 15.7 염기성 용액에서 반쪽 반응을 사용하여 화학식 균형 맞추기

먼저 해 보기!

반쪽 반응을 이용하여 염기성 용액에서 다음 반응식의 균형을 맞춰라.

$$Fe^{2+}(aq) + MnO_4^-(aq) \longrightarrow Fe^{3+}(aq) + MnO_2(s)$$

풀이

단계 1 **반응식에 대한 두 반쪽 반응식을 쓴다.**

$$Fe^{2+}(aq) \longrightarrow Fe^{3+}(aq)$$
$$MnO_4^-(aq) \longrightarrow MnO_2(s)$$

단계 2 **각 반쪽 반응에서 H와 O를 제외한 나머지 원소들의 균형을 맞춘다. H_2O를 더해서 O의 균형을 맞추고, H^+를 더해서 H의 균형을 맞춘다.**

$$Fe^{2+}(aq) \longrightarrow Fe^{3+}(aq)$$
$$MnO_4^-(aq) \longrightarrow MnO_2(s) + \mathbf{2H_2O}(l)$$ H_2O로 O의 균형을 맞춘다.
$$\mathbf{4H^+}(aq) + MnO_4^-(aq) \longrightarrow MnO_2(s) + 2H_2O(l)$$ H^+로 H의 균형을 맞춘다.

단계 3 **전자를 더해서 각 반쪽 반응의 전하 균형을 맞춘다.**

$$Fe^{2+}(aq) \longrightarrow Fe^{3+}(aq) + e^-$$ 산화

+2 = +2

$$3e^- + 4H^+(aq) + MnO_4^-(aq) \longrightarrow MnO_2(s) + 2H_2O(l)$$ 환원

전하 0 = 전하 0

단계 4 **각 반쪽 반응에 계수를 곱해서 잃은 전자의 개수와 얻은 전자의 개수를 일치시킨다.** Mn이 얻은 전자 3개와 맞추기 위해 Fe 반쪽 반응에 3을 곱한다.

$$\mathbf{3} \times [Fe^{2+}(aq) \longrightarrow Fe^{3+}(aq) + e^-]$$
$$3Fe^{2+}(aq) \longrightarrow 3Fe^{3+}(aq) + \mathbf{3e^-}$$ $3e^-$를 잃음
$$\mathbf{3e^-} + 4H^+(aq) + MnO_4^-(aq) \longrightarrow MnO_2(s) + 2H_2O(l)$$ $3e^-$를 얻음

단계 5 **반쪽 반응을 더해 같은 이온, 분자, 전자를 소거한다. 원자와 전하의 균형을 확인한다.**

$$3Fe^{2+}(aq) \longrightarrow 3Fe^{3+}(aq) + 3e^-$$
$$3e^- + 4H^+(aq) + MnO_4^-(aq) \longrightarrow MnO_2(s) + 2H_2O(l)$$
$$\cancel{3e^-} + 4H^+(aq) + 3Fe^{2+}(aq) + MnO_4^-(aq) \longrightarrow 3Fe^{3+}(aq) + MnO_2(s) + 2H_2O(l) + \cancel{3e^-}$$

최종 균형 반응식:

$$4H^+(aq) + 3Fe^{2+}(aq) + MnO_4^-(aq) \longrightarrow 3Fe^{3+}(aq) + MnO_2(s) + 2H_2O(l)$$

이 식을 염기성 용액의 산화–환원 반응식으로 바꾸기 위해서 H^+를 OH^-로 중화시켜 물을 형성한다. 이 반응식 양쪽에 $4OH^-(aq)$를 더한다.

$$\mathbf{4OH^-}(aq) + 4H^+(aq) + 3Fe^{2+}(aq) + MnO_4^-(aq) \longrightarrow 3Fe^{3+}(aq) + MnO_2(s) + 2H_2O(l) + \mathbf{4OH^-}(aq)$$

반응물 쪽에서 $4H^+$와 $4OH^-$는 결합하여 $4H_2O$가 된다.

$$4H_2O(l) + 3Fe^{2+}(aq) + MnO_4^-(aq) \longrightarrow 3Fe^{3+}(aq) + MnO_2(s) + 2H_2O(l) + 4OH^-(aq)$$

반응물과 생성물 쪽에서 $2H_2O$를 지우면 염기성 용액에서 균형 반응식이 된다.

생각해 보기 15.9

이 반응에서 왜 $4OH^-$를 생성물 쪽에 더하였는가?

최종 균형 반응식:

$$2H_2O(l) + 3Fe^{2+}(aq) + MnO_4^-(aq) \longrightarrow 3Fe^{3+}(aq) + MnO_2(s) + 4OH^-(aq)$$

원자와 전하의 균형을 확인한다.

	반응물		생성물
	3Fe	=	3Fe
	1Mn	=	1Mn
	4H	=	4H
	6O	=	6O
전하:	5+	=	5+

확인 문제 15.7

염기성 용액에서 다음 반응식에 대해 답하라.

$N_2O(g) + ClO^-(aq) \longrightarrow NO_2^-(aq) + Cl^-(aq)$

a. 균형 반쪽 반응식을 써라.
b. 균형 화학 반응식을 써라.

답

a. $3H_2O(l) + N_2O(g) \longrightarrow 2NO_2^-(aq) + 6H^+(aq) + 4\,e^-$
$2\,e^- + 2H^+(aq) + ClO^-(aq) \longrightarrow Cl^-(aq) + H_2O(l)$

b. $N_2O(g) + 2ClO^-(aq) + 2OH^-(aq) \longrightarrow 2Cl^-(aq) + 2NO_2^-(aq) + H_2O(l)$

15.3 산화–환원 반응과 전기 에너지

학습 목표 활동도 서열을 이용하여 산화–환원 반응이 자발적인지 결정할 수 있다. 볼타 전지에서 일어나는 반쪽 반응들과 전지 표기를 쓸 수 있다.

핵심 화학 기술
자발적 반응 확인

활동도 서열에서 Zn이 Cu 위에 있기 때문에 자발적인 산화–환원 반응이 일어난다

Cu^{2+} 용액에 아연 금속 조각을 넣으면 다음과 같은 자발적 반응이 일어나 적갈색 Cu 금속이 Zn 조각 위에 덮인다.

$$Zn(s) + Cu^{2+}(aq) \longrightarrow Zn^{2+}(aq) + Cu(s) \quad \text{자발적}$$

하지만 Zn^{2+} 용액에 Cu 금속 조각을 넣으면 아무 일도 생기지 않는다. Cu가 Zn처럼 쉽게 전자를 잃지 않기 때문에 이 반응의 역반응은 자발적으로 일어나지 않는다.

활동도 서열(activity series)에서 위에 놓인 금속은 쉽게 전자를 잃지만 아래에 놓인 금속은 쉽게 전자를 잃지 않는다. 따라서 더 쉽게 산화되는 금속은 이온이 쉽게 환원되는 금속보다 더 위쪽에 있다(**표 15.3**). 활동도가 큰 금속에는 K, Na, Ca, Mg, Al, Zn, Fe, Sn이 포함된다. 단일 치환 반응에서 금속 이온은 산의 H를 치환한다. $H_2(g)$ 아래의 금속은 산의 H^+와 반응하지 않는다.

활동도 서열에 따르면 어떤 금속이 활동도 서열 밑에 있는 금속과 반쪽 반응의 역으로 결합하면 자발적으로 산화한다. 두 비커가 있다고 생각해 보자. 한 비커에는 Ni^{2+} 용액에 Mg 조각이 들어 있다. 다른 비커에는 Mg^{2+} 용액에 Ni 조각이 들어 있다. 활동도 서열을 보면 Mg의 산화 반쪽 반응이 Ni보다 위쪽에 있으며, 이것은 Mg가 더 높은 활동도를 갖는 금속이고, Ni보다 더 쉽게 전자를 잃는다는 것을 의미한다. 활동도 표를 이용하면 두 반쪽 반응을 다음과 같이 쓸 수 있다.

$$Mg(s) \longrightarrow Mg^{2+}(aq) + 2\,e^-$$
$$Ni(s) \longrightarrow Ni^{2+}(aq) + 2\,e^-$$

Mg의 산화와 결합한 Ni^{2+}의 역반응(환원)은 자발적으로 일어난다.

$$Mg(s) \longrightarrow Mg^{2+}(aq) + 2\,e^-$$
$$Ni^{2+}(aq) + 2\,e^- \longrightarrow Ni(s)$$

표 15.3 > 몇 가지 금속과 수소의 활동도 서열

	금속		이온
반응성이 가장 큼	$Li(s)$	$\longrightarrow$	$Li^+(aq) + e^-$
↓ 산화 용이성 감소	$K(s)$	$\longrightarrow$	$K^+(aq) + e^-$
	$Ca(s)$	$\longrightarrow$	$Ca^{2+}(aq) + 2\,e^-$
	$Na(s)$	$\longrightarrow$	$Na^+(aq) + e^-$
	$Mg(s)$	$\longrightarrow$	$Mg^{2+}(aq) + 2\,e^-$
	$Al(s)$	$\longrightarrow$	$Al^{3+}(aq) + 3\,e^-$
	$Zn(s)$	$\longrightarrow$	$Zn^{2+}(aq) + 2\,e^-$
	$Cr(s)$	$\longrightarrow$	$Cr^{3+}(aq) + 3\,e^-$
	$Fe(s)$	$\longrightarrow$	$Fe^{2+}(aq) + 2\,e^-$
	$Ni(s)$	$\longrightarrow$	$Ni^{2+}(aq) + 2\,e^-$
	$Sn(s)$	$\longrightarrow$	$Sn^{2+}(aq) + 2\,e^-$
	$Pb(s)$	$\longrightarrow$	$Pb^{2+}(aq) + 2\,e^-$
	$H_2(s)$	$\longrightarrow$	$2H^+(aq) + 2\,e^-$
	$Cu(s)$	$\longrightarrow$	$Cu^{2+}(aq) + 2\,e^-$
	$Ag(s)$	$\longrightarrow$	$Ag^+(aq) + e^-$
반응성이 가장 낮음	$Au(s)$	$\longrightarrow$	$Au^{3+}(aq) + 3\,e^-$

따라서 반쪽 반응을 결합시키면 다음과 같은 전체 반응이 자발적으로 일어난다.

$$Mg(s) + Ni^{2+}(aq) + \cancel{2e^-} \longrightarrow Mg^{2+}(aq) + Ni(s) + \cancel{2e^-}$$
$$Mg(s) + Ni^{2+}(aq) \longrightarrow Mg^{2+}(aq) + Ni(s) \quad \text{자발적}$$

그러나 Mg 조각과 K^+ 이온 용액 사이의 반응은 자발적으로 일어나지 않는다. 필요한 두 반쪽 반응을 조사하여 이것을 결정할 수 있다.

$$Mg(s) \longrightarrow Mg^{2+}(aq) + 2\,e^-$$
$$K^+(aq) + e^- \longrightarrow K(s)$$

K의 산화 반쪽 반응이 Mg의 산화 반쪽 반응보다 위쪽에 있기 때문에 Mg와 K^+ 사이의 반응은 자발적으로 일어나지 않을 것이다.

$$Mg(s) + 2K^+(aq) \not\longrightarrow Mg^{2+}(aq) + 2K(s) \quad \text{비자발적}$$

생각해 보기 15.10

다음 산화–환원 반응이 자발적인 이유는 무엇인가?

$$Fe(s) + Pb^{2+}(aq) \longrightarrow Fe^{2+}(aq) + Pb(s)$$

예제 15.8 반응의 자발성 예측

먼저 해 보기!

다음 금속과 $HCl(H^+)$ 용액의 반응이 자발적인지 결정하라.

a. $Zn(s) + 2H^+(aq) \longrightarrow Zn^{2+}(aq) + H_2(g)$
b. $Cu(s) + 2H^+(aq) \longrightarrow Cu^{2+}(aq) + H_2(g)$

풀이

a. 활동도 서열(표 15.3)을 이용하면 Zn이 H_2보다 쉽게 산화되는 것을 알 수 있다. 따라서 Zn에 대한 산화 반쪽 반응을 H_2에 대한 반쪽 반응의 역과 결합시킨다.

$$Zn(s) \longrightarrow Zn^{2+}(aq) + 2e^-$$
$$2H^+(aq) + 2e^- \longrightarrow H_2(g)$$
$$Zn(s) + 2H^+(aq) \longrightarrow Zn^{2+}(aq) + H_2(g) \quad \text{자발적}$$

b. 활동도 서열(표 15.3)을 이용하면 H_2가 Cu보다 쉽게 산화되는 것을 알 수 있다. 따라서 산화 반쪽 반응을 활동도 서열에서 위쪽에 있는 것과 결합시키게 될 것이다.

$$2H^+(aq) + 2e^- \longrightarrow H_2(g)$$
$$Cu(s) \longrightarrow Cu^{2+}(aq) + 2e^-$$
$$Cu(s) + 2H^+(aq) \not\longrightarrow Cu^{2+}(aq) + H_2(g) \quad \text{비자발적}$$

확인 문제 15.8

다음 반응이 자발적인지 결정하라.
a. $2Al(s) + 3Cu^{2+}(aq) \longrightarrow 2Al^{3+}(aq) + 3Cu(s)$
b. $Fe(s) + Mg^{2+}(aq) \longrightarrow Fe^{2+}(aq) + Mg(s)$

답
a. 이 반응은 자발적이다. **b.** 이 반응은 비자발적이다.

볼타 전지

볼타 전지(voltaic cell)를 사용하면 자발적인 산화–환원 반응으로 전기 에너지를 발생시킬 수 있다. Cu^{2+} 용액에 아연 금속 조각을 넣으면 푸른색(Cu^{2+})이 없어지면서 아연이 갈색 Cu로 덮이게 된다. 아연 금속의 산화는 Cu^{2+} 이온을 환원하는 전자를 제공한다. 두 반쪽 반응을 다음과 같이 쓸 수 있다.

$$Zn(s) \longrightarrow Zn^{2+}(aq) + 2e^- \quad \text{산화}$$
$$Cu^{2+}(aq) + 2e^- \longrightarrow Cu(s) \quad \text{환원}$$

전체 반응은

$$Zn(s) + Cu^{2+}(aq) \longrightarrow Zn^{2+}(aq) + Cu(s)$$

Zn 금속과 Cu^{2+} 이온이 같은 용기에 있으면 전자는 Zn에서 Cu^{2+}로 직접 전달된다. **볼타 전지**(voltaic cell)에서는 두 반쪽 반응 성분이 *반쪽 전지*(half-cell)로 분리되어 있다. 전자는 하나의 반쪽 전지에서 다른 반쪽 전지로 흐르면서 전류를 생성할 수 있다. 각 반쪽 전지에는 *전극*(electrode)이라는 금속 조각이 이온 용액에 담겨 있다. 산화가 일어나는 전극을 **산화 전극**(anode)이라고 한다. 환원이 일어나는 전극을 **환원 전극**(cathode)이라고 한다. 예에서 산화 전극은 $Zn^{2+}(ZnSO_4)$ 용액에 담긴 아연 금속이다. 환원 전극은 $Cu^{2+}(CuSO_4)$ 용액에 담긴 구리 금속이다. 볼타 전지는 Zn 산화 전극과 Cu 환원 전극이 전선으로 연결되어 있고 전자는 산화 반쪽 전지에서 환원 반쪽 전지로 흐른다.

산화 전극에서는

산화가 일어난다.
전자가 생성된다. } $Zn(s) \longrightarrow Zn^{2+}(aq) + 2e^-$

생각해 보기 15.11

볼타 전지에서 염다리의 목적은 무엇인가?

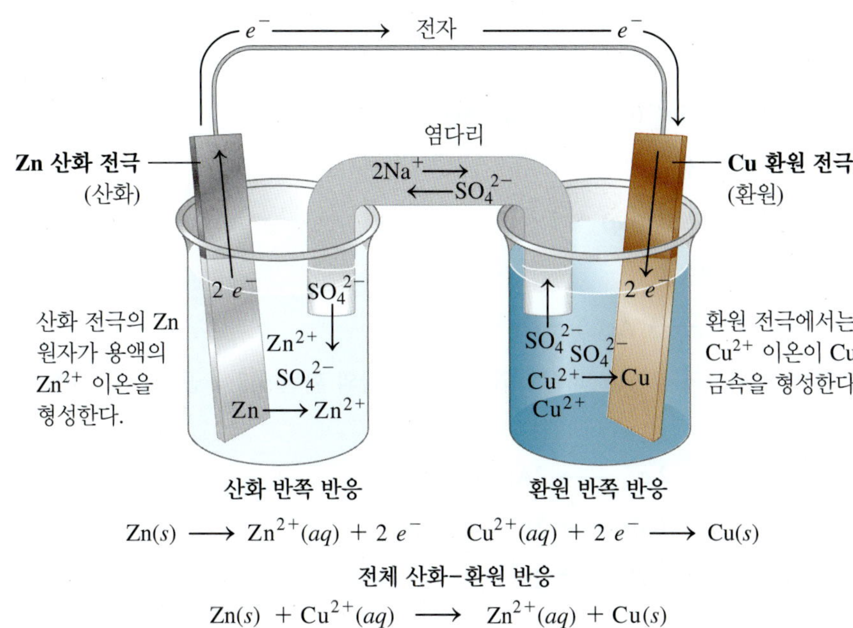

그림 15.1 ▸ 이 볼타 전지에서 Zn 산화 전극은 Zn^{2+} 용액에 들어 있다. Cu 환원 전극은 Cu^{2+} 용액에 들어 있다. Zn의 산화로 생성된 전자는 Zn 산화 전극에서 나와 전선을 타고 Cu 환원 전극으로 들어가 Cu^{2+}를 Cu로 환원한다. 전자가 전선으로 흐를 때 염다리를 통해 SO_4^{2-}가 흐르면서 회로가 완성된다.

생각해 보기 15.12

그림 15.1의 반응이 끝나면 어느 전극이 더 무거워질까?

환원 전극에서는

환원이 일어난다.
전자가 소모된다. } $Cu^{2+}(aq) + 2\,e^- \longrightarrow Cu(s)$

회로는 *염다리*(salt bridge)로 완성된다. 염다리에는 반쪽 전지 용액에 담겨 있는 양이온과 음이온이 들어 있다. 염다리의 목적은 Na^+와 SO_4^{2-} 같은 이온을 제공하여 각 반쪽 전지 용액의 전기적 균형을 유지하는 것이다. Zn 산화 전극에서 산화가 일어날 때 Zn^{2+} 이온이 증가하는데 이는 염다리에서 오는 SO_4^{2-} 음이온에 의해 균형이 맞추어진다. 환원 전극에서는 Cu^{2+}가 Cu로 환원되는데, 용액에 있는 SO_4^{2-}가 염다리로 이동해 들어가면서 균형이 맞추어진다. 산화 전극에서 환원 전극으로 전자가 흐르고 환원 용액에서 산화 용액으로 음이온이 흐르면서 회로가 완성된다(**그림 15.1** 참조).

전지에서 일어나는 산화와 환원 반응을 *약식 표기법*(shorthand notation)을 사용하여 다음과 같이 나타낼 수 있다.

$$Zn(s)\,|\,Zn^{2+}(aq)\,\|\,Cu^{2+}(aq)\,|\,Cu(s)$$

이 표시법에서 산화 반쪽 전지(산화 전극)의 성분은 왼쪽에, 환원 반쪽 전지의 성분은 오른쪽에 쓴다. 단일선은 고체 Zn 산화 전극과 Zn^{2+} 용액을 분리하고 Cu^{2+} 용액과 Cu 환원 전극을 분리한다. 이중선은 두 반쪽 전지를 분리한다.

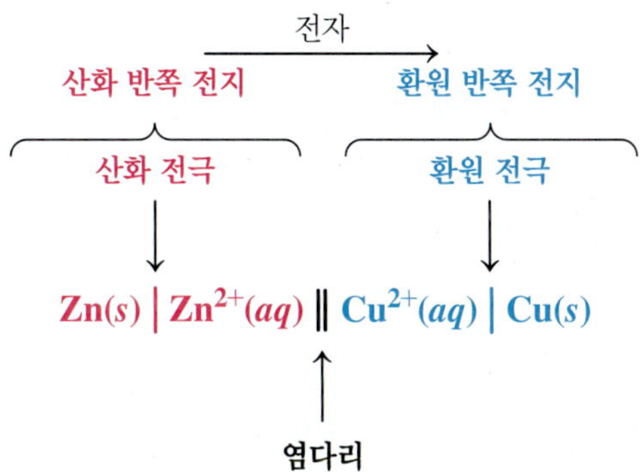

어떤 볼타 전지는 전극으로 사용할 수 있는 반쪽 반응 성분이 없다. 이 경우에는 흑연이나 백금으로 만들어진 반응성이 없는 전극이 전자 이동에 이용된다. 전지 안에 이온 성분이 두 가지가 있으면 쉼표(,)로 분리한다. 예를 들어 Sn^{2+} 용액에 백금 산화 전극이 있고 Ag^{+} 용액에 은 환원 전극이 있다면, 이 전지는 다음과 같이 표시한다.

$$Pt(s)\,|\,Sn^{2+}(aq), Sn^{4+}(aq)\,\|\,Ag^{+}(aq)\,|\,Ag(s)$$

산화 전극의 산화 반응은

$$Sn^{2+}(aq) \longrightarrow Sn^{4+}(aq) + 2\,e^{-}$$

환원 전극의 환원 반응은

$$Ag^{+}(aq) + e^{-} \longrightarrow Ag(s)$$

전체 전지 반응의 균형을 맞추기 위해 환원 전극의 환원에 2를 곱하고 두 반쪽 반응을 더한다.

$$\begin{array}{rll} 2Ag^{+}(aq) + \mathbf{2\,e^{-}} & \longrightarrow 2Ag(s) & \text{환원} \\ Sn^{2+}(aq) & \longrightarrow Sn^{4+}(aq) + \mathbf{2\,e^{-}} & \text{산화} \\ \hline Sn^{2+}(aq) + 2Ag^{+}(aq) & \longrightarrow Sn^{4+}(aq) + 2Ag(s) & \text{산화-환원 반응} \end{array}$$

예제 15.9 볼타 전지 표시하기

먼저 해 보기!

철(Fe) 산화 전극이 Fe^{2+} 용액에 있고 주석(Sn) 환원 전극이 Sn^{2+} 용액에 있다. 전지 표시법으로 이 전지를 표시하고 산화와 환원 반쪽 반응과 전체 전지 반응을 써라.

풀이

전지 표시법으로 쓰면

$$Fe(s)\,|\,Fe^{2+}(aq)\,\|\,Sn^{2+}(aq)\,|\,Sn(s)$$

산화 전극의 산화 반응은

$$Fe(s) \longrightarrow Fe^{2+}(aq) + 2\,e^{-}$$

환원 전극의 환원 반응은

$$Sn^{2+}(aq) + 2\,e^{-} \longrightarrow Sn(s)$$

전체 전지 반응은 두 반쪽 반응을 더한다.

$$\begin{array}{rll} Fe(s) & \longrightarrow Fe^{2+}(aq) + 2\,e^{-} & \text{산화} \\ Sn^{2+}(aq) + 2\,e^{-} & \longrightarrow Sn(s) & \text{환원} \\ \hline Fe(s) + Sn^{2+}(aq) & \longrightarrow Fe^{2+}(aq) + Sn(s) & \text{산화-환원 반응} \end{array}$$

확인 문제 15.9

다음과 같이 표시된 볼타 전지를 사용하여 다음 질문에 답하라.

$$Co(s)\,|\,Co^{2+}(aq)\,\|\,Cu^{2+}(aq)\,|\,Cu(s)$$

a. 산화 전극에서 반쪽 반응과 환원 전극에서 반쪽 반응

b. 전체 전지 반응

답

a. 산화 전극 반응: $Co(s) \longrightarrow Co^{2+}(aq) + 2\,e^{-}$

환원 전극 반응: $Cu^{2+}(aq) + 2\,e^{-} \longrightarrow Cu(s)$

b. 전체 전지 반응: $Co(s) + Cu^{2+}(aq) \longrightarrow Co^{2+}(aq) + Cu(s)$

배터리

다양한 모양과 크기의 배터리가 있다.

휴대전화, 시계, 계산기를 작동하기 위해서는 배터리가 필요하다. 배터리는 또한 자동차의 시동을 걸 때나 손전등의 빛을 내는 데도 쓰인다. 이런 배터리 안에는 전기 에너지를 생성하는 볼타 전지가 들어 있다. 흔하게 쓰이는 배터리의 예를 살펴보자.

납 축전지

납 축전지는 차 안의 전기장치 작동에 이용된다. 엔진 시동을 걸 때, 라이트를 켤 때, 라디오를 작동시킬 때 자동차 배터리를 이용한다. 배터리가 소모되면 자동차의 시동이 걸리지 않으며, 라이트는 켜지지 않는다. 납 축전지는 볼타 전지의 한 종류이다. 보통 12-V 배터리에는 6개의 볼타 전지가 연결되어 있다. 각 전지에는 산화 전극으로 작용하는 납(Pb) 판과 환원 전극으로 작용하는 산화 납(IV)(PbO_2) 판이 들어 있다. 두 반쪽 전지 모두가 황산(H_2SO_4) 용액을 함유한다. 자동차 배터리가 전기 에너지를 생산할 때(방전) 다음 반쪽 반응들이 일어난다.

산화 전극(산화): $Pb(s) + SO_4^{2-}(aq) \longrightarrow PbSO_4(s) + \mathbf{2\,e^-}$

환원 전극(환원): $\mathbf{2\,e^-} + 4H^+(aq) + PbO_2(s) + SO_4^{2-}(aq) \longrightarrow PbSO_4(s) + 2H_2O(l)$

전체 전지 반응: $4H^+(aq) + Pb(s) + PbO_2(s) + 2SO_4^{2-}(aq) \longrightarrow 2PbSO_4(s) + 2H_2O(l)$

두 반쪽 반응에서 Pb^{2+}가 생성되고, 이는 SO_4^{2-}와 결합하여 불용성 염인 $PbSO_4(s)$가 된다. 배터리가 소모되면서 전극에는 $PbSO_4$가 쌓인다. 이와 동시에 황산 성분 H^+와 SO_4^{2-}의 농도는 감소한다. 자동차가 달릴 때 배터리는 엔진에 의해 작동되는 발전기에 의해 끊임없이 재충전된다. 충전 반응은 H_2SO_4뿐만 아니라 Pb와 PbO_2를 회복시킨다. 충전을 하지 않으면 자동차 배터리는 전기 에너지 생산을 계속할 수 없다.

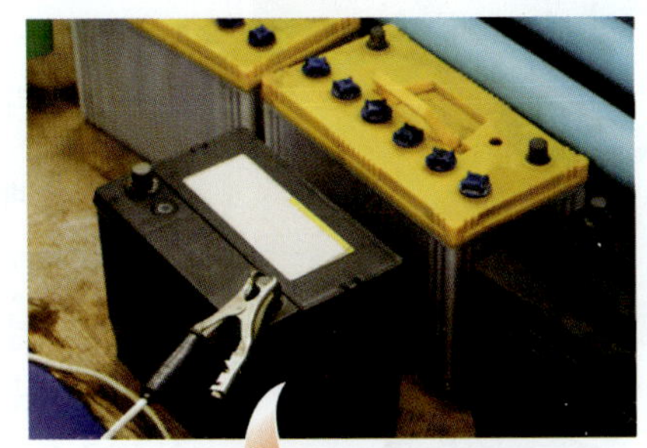

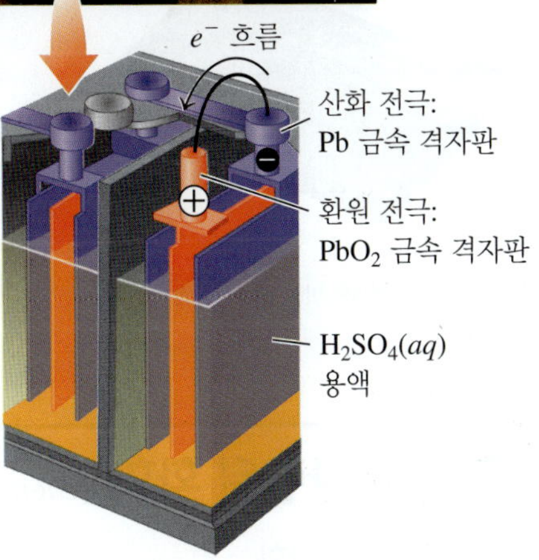

12-볼트 자동차 배터리는 납 축전지이다.

건전지

건전지는 계산기, 시계, 손전등, 장난감 등에 쓰인다. *건전지*(dry cell)는 수용액 대신 반죽을 이용한다. 건전지는 산성과 알칼리성이 있다. 산성 건전지의 산화 전극은 아연 금속 용기이다. 용기 안에는 MnO_2, NH_4Cl, $ZnCl_2$, H_2O, 전분 등이 반죽되어 들어 있다. 이 MnO_2 전해질 혼합물 안에는 흑연 환원 전극이 들어 있다.

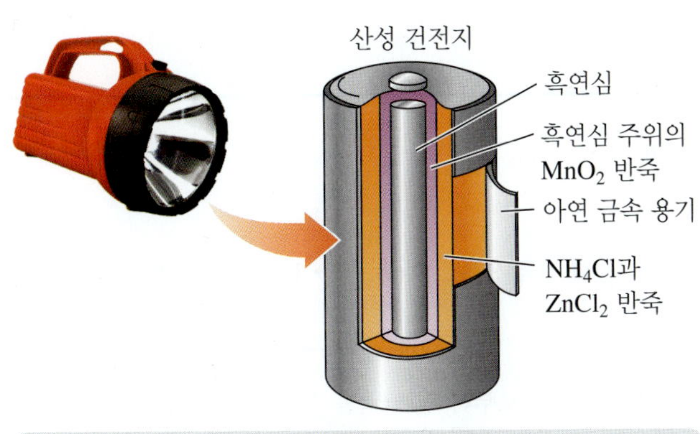

산성 건전지에서 환원 전극은 흑연이며 산화 전극은 아연 용기이다.

산화 전극(산화): $Zn(s) \longrightarrow Zn^{2+}(aq) + \mathbf{2\,e^-}$

환원 전극(환원): $\mathbf{2\,e^-} + 2MnO_2(s) + 2NH_4^+(aq) \longrightarrow Mn_2O_3(s) + 2NH_3(aq) + H_2O(l)$

전체 전지 반응: $Zn(s) + 2MnO_2(s) + 2NH_4^+(aq) \longrightarrow Zn^{2+}(aq) + Mn_2O_3(s) + 2NH_3(aq) + H_2O(l)$

알칼리 전지는 NH_4Cl 전해질 대신에 NaOH나 KOH가 사용된다는 것 외에는 비슷한 성분을 갖는다. 염기성 조건에서 산화 생성물은 산화 아연(ZnO)이다. 알칼리 건전지는 산성 건전지보다 더 오래 가고 더 많은 출력을 내기 때문에 좀 더 비싸다.

$$\text{산화 전극(산화):} \quad Zn(s) + 2OH^-(aq) \longrightarrow ZnO(s) + H_2O(l) + \mathbf{2\,e^-}$$
$$\text{환원 전극(환원):} \quad \mathbf{2\,e^-} + 2MnO_2(s) + H_2O(l) \longrightarrow Mn_2O_3(s) + 2OH^-(aq)$$
$$\text{전체 전지 반응:} \quad Zn(s) + 2MnO_2(s) \longrightarrow ZnO(s) + Mn_2O_3(s)$$

니켈–카드뮴(NiCad) 배터리

무선의 전원으로 사용되는 니켈–카드뮴(NiCad) 배터리는 재충전할 수 있다. 산화 전극은 카드뮴이고 환원 전극은 고체 산화 니켈[NiO(OH)(*s*)]로 구성되어 있다.

$$\text{산화 전극(산화):} \quad Cd(s) + 2OH^-(aq) \longrightarrow Cd(OH)_2(s) + \mathbf{2\,e^-}$$
$$\text{환원 전극(환원):} \quad \mathbf{2\,e^-} + 2NiO(OH)(s) + 2H_2O(l) \longrightarrow 2Ni(OH)_2(s) + 2OH^-(aq)$$
$$\text{전체 전지 반응:} \quad Cd(s) + 2NiO(OH)(s) + 2H_2O(l) \longrightarrow Cd(OH)_2(s) + 2Ni(OH)_2(s)$$

휴대 전화의 배터리는 여러 번 재충전할 수 있다.

니켈–카드뮴 배터리는 비싸지만 여러 번 재충전할 수 있다. 충전기가 전류를 공급하여 니켈–카드뮴 배터리 안에 있는 $Cd(OH)_2$와 $Ni(OH)_2$ 생성물을 반응물로 되돌린다. 니켈–카드뮴 배터리는 독성이 있는 카드뮴을 포함하므로 적절하게 폐기해야 한다.

리튬 이온 배터리

요즘 리튬 이온 배터리는 휴대폰, 노트북, 디지털 카메라 및 태블릿을 포함하는 여러 전자 장치에서 널리 사용되고 있다. 리튬 이온 배터리는 빠르게 충전되고 더 오래 지속되며, 충전식이고, 리튬의 밀도가 작아 가볍다. 배터리를 사용할 때와 방전될 때, 리튬 코발트 산화물인 $LiCoO_2(s)$의 일부에서 리튬 이온이 산화 전극에서 환원 전극으로 이동한다. 전자는 회로를 통해 흘러서 장치에 에너지를 공급한다. 리튬 이온 배터리가 충전 중일 때는 리튬 이온이 환원 전극에서 산화 전극으로 반대 방향으로 이동하여 전하를 축적한다. 이것을 다음과 같이 간단하게 나타낼 수 있다.

$$Li(s) + CoO_2(s) \underset{\text{방전}}{\overset{\text{충전}}{\rightleftarrows}} LiCoO_2(s)$$

환경과 관련된 화학 _Chemistry Link to Environment

부식: 금속의 산화

철과 같이 건축 재료로 사용되는 금속은 결국 산화되고 이것은 금속을 망가뜨린다. *부식*(corrosion)이라고 알려진 이러한 산화 과정은 자동차, 다리, 선박, 지중 파이프를 녹슬게 한다.

$$4Fe(s) + 3O_2(g) \longrightarrow \underset{\text{녹}}{2Fe_2O_3(s)}$$

녹의 생성은 산소와 물을 모두 필요로 한다. 녹이 생기는 과정은 표면에서 다른 곳에 위치한 산화 전극과 환원 전극이 필요하다. *산화 전극 부위*(anode region)라고 하는 철 표면의 한 부분에서 산화 반쪽 반응이 일어난다(**그림 15.2**).

$$\text{산화 전극(산화):} \quad Fe(s) \longrightarrow Fe^{2+}(aq) + 2\,e^-$$
또는
$$2Fe(s) \longrightarrow 2Fe^{2+}(aq) + 4\,e^-$$

산화 전극으로부터 철 금속을 통해 이동한 전자는 *환원 전극 부위*(cathode region)로 이동하여 물에 녹아 있는 산소를 물로 환원시킨다.

$$\text{환원 전극(환원):} \quad 4\,e^- + 4H^+(aq) + O_2(g) \longrightarrow 2H_2O(l)$$

산화 전극 부위와 환원 전극 부위에서 일어나는 반쪽 반응을 더하면 전체 산화–환원 반응식을 쓸 수 있다.

(계속)

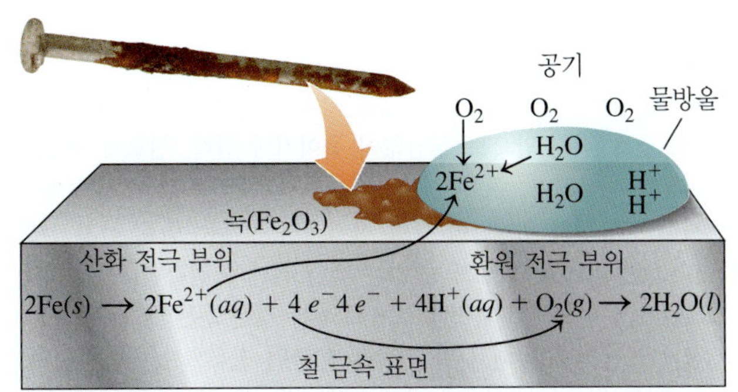

그림 15.2 ▸ Fe의 산화로부터 생성된 전자가 산화 전극 부위에서 산소가 환원되는 환원 전극 부위로 흐를 때 녹이 생성된다. Fe^{2+} 이온이 O_2 및 H_2O와 접촉하면 녹이 생성된다.

$$2Fe(s) + 4H^+(aq) + O_2(g) \longrightarrow 2Fe^{2+}(aq) + 2H_2O(l)$$

녹은 Fe^{2+} 이온이 산화 전극 부위에서 나와서 녹아 있는 산소(O_2)와 접촉할 때 생긴다. Fe^{2+} 이온은 Fe^{3+} 이온으로 산화되고 Fe^{3+} 이온은 산소와 접촉하여 녹을 생성한다.

$$4H_2O(l) + 4Fe^{2+}(aq) + O_2(g) \longrightarrow \underset{\text{녹}}{2Fe_2O_3(s)} + 8H^+(aq)$$

고체 Fe에서 시작하여 O_2와 반응하여 생기는 녹의 형성을 다음과 같이 쓸 수 있다. 생성되는 H^+와 소모되는 H^+가 양이 같기 때문에 전체 반응에서 H^+는 없다.

철의 부식

$$4Fe(s) + 3O_2(g) \longrightarrow \underset{\text{녹}}{2Fe_2O_3(s)}$$

알루미늄, 구리, 은과 같은 다른 금속들도 부식되지만 철보다는 속도가 느리다. 알루미늄 물체 표면에서 Al의 산화는 Al^{3+}를 생성한다. Al^{3+}는 공기 중의 산소와 반응하여 Al_2O_3 코팅을 형성한다. Al_2O_3 코팅은 코팅 밑의 알루미늄 부식을 막는다.

$$Al(s) \longrightarrow Al^{3+}(aq) + 3e^-$$

지붕, 돔, 첨탑 등에 쓰인 구리는 Cu^{2+}로 산화한다. Cu^{2+}는 녹청 [$Cu_2(OH)_2CO_3$]으로 전환된다.

$$Cu(s) \longrightarrow Cu^{2+}(aq) + 2e^-$$

은 접시나 기구를 사용할 때 산화 반응에서 생긴 Ag^+ 이온은 식품의 황 이온과 반응하여 Ag_2S를 생성한다. 이것을 은의 변색이라고 한다.

$$Ag(s) \longrightarrow Ag^+(aq) + e^-$$

부식 방지

매년 수십억 달러의 돈이 철로 만들어진 건축 자재의 부식을 막고 수리하는 데 쓰인다. 부식을 막는 한 가지 방법은 다리, 자동차, 선박에 H_2O와 O_2로부터 철 표면을 보호하는 물질로 페인트칠을 하는 것이다. 그러나 페인트칠을 자주 다시 해 주어야 하고 페인트에 흠집이 나면 철이 노출되어 녹스는 과정이 시작된다.

부식을 막는 더 효과적인 방법은 철의 산화 전극 부위를 대신할 금속과 철을 접촉시키는 것이다. Zn, Mg, Al 같은 금속은 철보다 전자를 쉽게 잃는다. 이들 금속 중에서 하나가 철과 접촉하면 철 대신 산화 전극 역할을 한다. 예를 들어, *아연 도금법*(galvanization)에서는 철로 만들어진 물질을 아연으로 도금한다. 아연은 철보다 전자를 더 쉽게 잃기 때문에 아연이 산화 전극이 된다. 철이 산화 전극으로 작용하지 않는 한 녹이 슬지 않는다.

환원 전극 보호(cathodic protection)는 철 파이프와 지하 저장 용기 같은 구조물을 Mg, Al, Zn 같은 금속 조각과 접촉시킨다. *희생 산화 전극*(sacrificial anode)이라고 하는 금속은 Fe보다 전자를 쉽게 잃기 때문에 산화 전극이 되고 철이 녹스는 것을 막는다. 선체에 용접되거나 볼트로 붙여 놓은 마그네슘 판은 철이나 강철보다 전자를 쉽게 잃기 때문에 선체가 녹스는 것을 예방한다. 마그네슘은 소모되는 것이기 때문에 가끔 새 마그네슘 판으로 교환해 주어야 한다. 마그네슘 말뚝을 땅에 박고 파이프나 저장 용기와 연결해 놓으면 부식으로 인한 손상을 예방할 수 있다.

금속 표면에 페인트를 칠하여 산화(부식)를 방지한다.

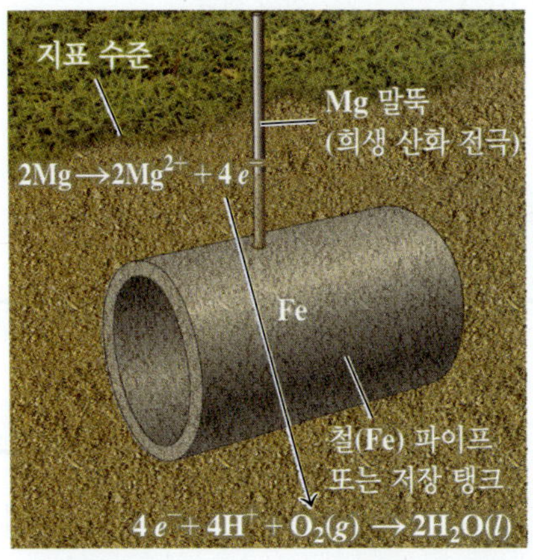

철 파이프의 녹은 철보다 더 쉽게 산화하는 마그네슘 조각을 부착하여 방지한다.

환경과 관련된 화학 _Chemistry Link to Environment

연료 전지: 미래의 청정 에너지

연료 전지는 과학자들에게 관심의 대상이다. 연료 전지는 더 효율적이며 기름을 사용하지 않고 대기를 오염시키지 않는 생성물을 발생시키는 대체 전기 에너지원이다. 연료 전지는 청정 에너지를 생산하는 방법으로 생각된다.

다른 전지처럼 연료 전지도 산화 전극과 환원 전극이 전선으로 연결되어 있다. 그러나 다른 전지와는 달리 에너지를 생산하기 위해 반응물이 연료 전지 안으로 끊임없이 들어가야 한다. 연료가 공급되는 한 전류가 생성된다. 수소–산소 연료 전지 종류 중 한 가지가 자동차에 시험 사용되고 있다. 이 수소 전지에서 기체는 연료 전지 안으로 들어가고 플라스틱 막에 박혀 있는 백금 촉매에 접촉한다. 이 촉매는 수소 원자가 수소 이온과 전자로 산화되는 것을 돕는다(**그림 15.3**).

산화
$2H_2(g) \longrightarrow 4\,e^- + 4H^+(aq)$

환원
$4\,e^- + 4H^+(aq) + O_2(g) \longrightarrow 2H_2O(l)$

그림 15.3 ▸ 수소와 산소가 공급되면 연료 전지는 전기를 계속하여 생산할 수 있다.

전자가 전선을 통해 산화 전극에서 환원 전극으로 이동하면서 전류를 생성한다. 수소 이온은 플라스틱 막을 통과하여 환원 전극으로 흐른다. 환원 전극에서 산소 분자가 산화 이온으로 환원되고, 이것이 수소 이온과 결합하여 물을 형성한다. 전체 수소–산소 연료 전지 반응은 다음과 같이 쓸 수 있다.

$$2H_2(g) + O_2(g) \longrightarrow 2H_2O(l)$$

연료 전지는 우주 정거장에서 전력으로 이미 사용되었고 현재 자동차와 버스의 에너지로 사용되고 있다. 연료 전지를 사용하는 자동차의 장점은 수소 연료가 물과 열만을 생성하고 오염물을 전혀 생성하지 않는다는 점이다.

가정에서는 연료 전지가 언젠가 휴대폰, DVD 플레이어, 노트북 같은 곳에 쓰이는 배터리를 대체할 것이다. 연료 전지 설계는 아직 기초 단계에 있지만 많은 관심이 주어지고 있다. 이미 작동은 확인되었지만 값싸고 우리 일상생활에 쓰이는 것이 나오기 전에 더 개선되어야 할 것이다.

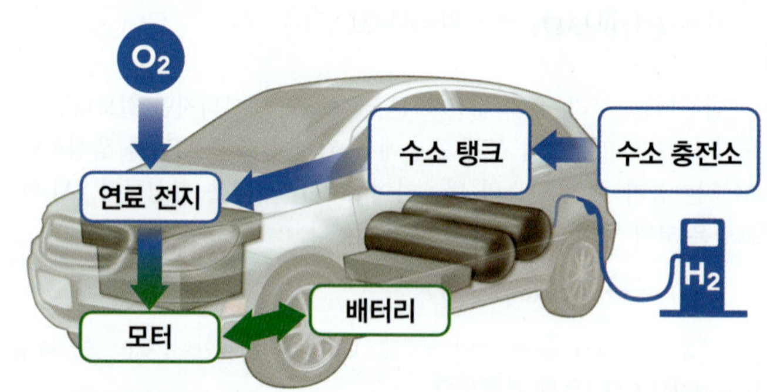

자동차의 연료 전지는 연료로 수소를 사용하며 물과 열을 생산한다.

15.4 전기 에너지가 필요한 산화–환원 반응

학습 목표 전기 분해에서 일어나는 반쪽 반응과 전체 반응을 나타낼 수 있다.

표 15.3의 활동도 서열을 보면 Cu의 산화는 Zn보다 아래에 있다. 이것은 다음 산화–환원 반응이 자발적이지 않다는 것을 의미한다.

$$\underset{\text{활동도가 더 낮음}}{Cu(s)} + Zn^{2+}(aq) \longrightarrow Cu^{2+}(aq) + \underset{\text{활동도가 더 높음}}{Zn(s)} \quad \text{비자발적}$$

비자발적인 반응을 일어나게 하려면 전류를 이용하는 **전해 전지**(electrolysis cell)가 필요하다. 이 과정을 **전기 분해**(electrolysis)라고 한다(**그림 15.4** 참조).

생각해 보기 15.13

전해 전지의 반응에서 전류를 필요로 하는 이유는 무엇인가?

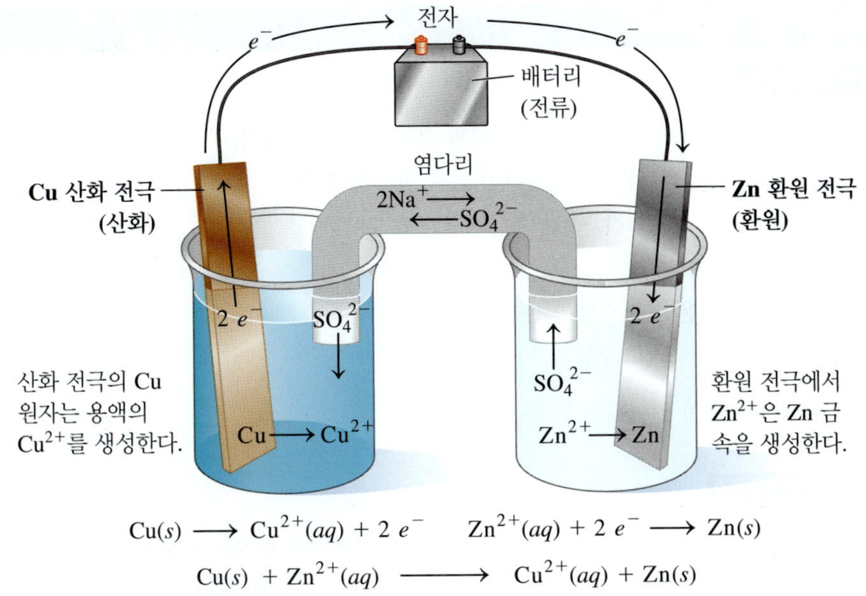

그림 15.4 ▸ 이 전해 전지에서 Cu 산화 전극은 Cu^{2+} 용액 안에 있고, Zn 환원 전극은 Zn^{2+} 용액 안에 있다. 배터리가 제공하는 전자는 Zn^{2+}를 Zn으로 환원하고 Cu 산화 전극에서는 Cu가 Cu^{2+}로 산화되는 것을 촉진한다.

염화 소듐의 전기 분해

용융 염화 소듐을 전기 분해하면 생성물은 소듐 금속과 염소 기체이다. 전해 전지에서는 전극을 Na^+와 Cl^- 혼합물에 넣고 배터리에 연결한다. 이 전해 전지의 생성물은 서로 반응하는 것을 막기 위해 분리된다. 환원 전극으로 전자가 흘러 들어가면 Na^+는 소듐 금속으로 환원된다. 동시에 Cl^-가 Cl_2로 산화되면서 전자는 산화 전극을 떠난다. 반쪽 반응과 전체 반응은 다음과 같다.

산화 전극(산화): $2Cl^-(l) \longrightarrow Cl_2(g) + \mathbf{2e^-}$

환원 전극(환원): $2Na^+(l) + \mathbf{2e^-} \longrightarrow 2Na(l)$

전체 전지 반응: $2Na^+(l) + 2Cl^-(l) \longrightarrow 2Na(l) + Cl_2(g)$ 비자발적

전기 에너지 →

도금

도금 과정은 전해 전지를 이용하여 은, 백금, 금 같은 금속의 얇은 층을 다른 금속에 입힌다. 강철로 된 물체는 녹을 방지하기 위해 크로뮴을 도금한다. 은 도금된 부엌 용품, 그릇, 접시는 전해 전지를 이용하여 만든다.

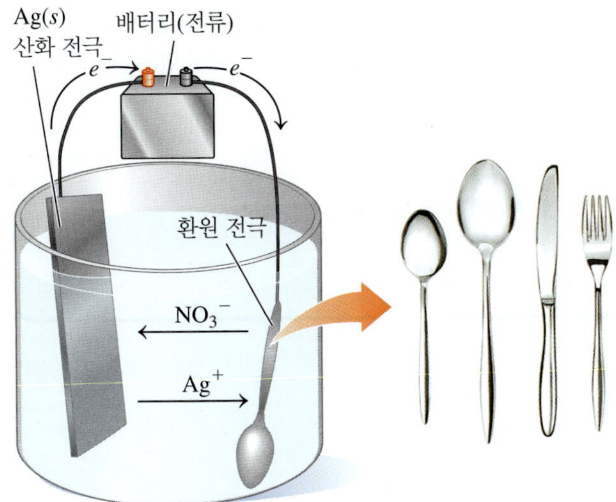

전기 분해에 의해 식기가 은 도금된다.

전기 분해를 이용하여 얇은 크로뮴 층이 타이어의 휠캡에 도금된다.

예제 15.10 전기 분해

먼저 해 보기!

철 휠캡을 Cr^{3+} 용액에 넣어 전기 분해하면 크로뮴 도금이 된다.

a. 철 휠캡을 금속 크로뮴으로 도금하는 반쪽 반응을 써라.

b. 철 휠캡은 산화 전극인가, 환원 전극인가?

풀이

a. 용액의 Cr^{3+} 이온은 전자를 얻는다(환원).

$$Cr^{3+}(aq) + 3\,e^- \longrightarrow Cr(s)$$

b. 철 휠캡은 환원이 일어나는 환원 전극이다.

확인 문제 15.10

a. 예제 15.10에서 철을 크로뮴 도금할 때 에너지가 필요한 이유는 무엇인가?

b. 크로뮴 막대가 반응에서 산화 전극으로 사용된 이유는 무엇인가?

답

a. 활동도 서열에서 Fe는 Cr보다 아래에 있으므로 Cr^{3+}를 Fe 표면에 도금하는 것은 자발적이 아니다. 반응을 진행시키려면 에너지가 필요하다.

b. 도금 반응에 Cr^{3+}를 제공하기 위해서 크로뮴 막대를 반응에서 산화 전극으로 사용한다. 산화 전극에서 일어나는 반응은 다음과 같다. $Cr(s) \longrightarrow Cr^{3+}(aq) + 3e^-$.

UPDATE *킴벌리의 치아 미백*

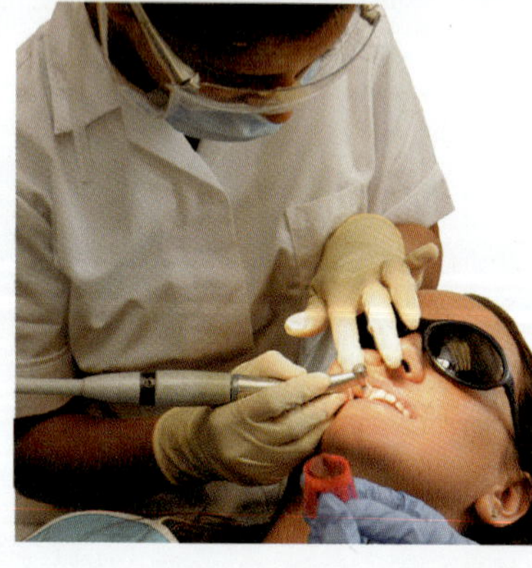

킴벌리의 치아에서 일어난 과산화 수소[$H_2O_2(aq)$]의 반응은 물[$H_2O(l)$]과 산소 기체를 생성한다. 킴벌리의 치아를 청소하고 미백한 다음에 제인은 킴벌리에게 플루오린화 주석(II)가 포함된 치약을 사용하라고 권장하였다. 하이드록시아파타이트[$Ca_5(PO_4)_3OH$]로 구성된 치아의 법랑질은 플루오린화 이온과 반응하여 플루오로아파타이트[$Ca_5(PO_4)_3F$]를 형성하면 강화된다.

15.1 수용성 H_2O_2을 생산하는 단순화된 반응은 H_2 기체와 O_2 기체를 결합시키는 것이다.

a. 이 반응에서 어떤 반응물이 산화되고 어떤 반응물이 환원되는가?

b. 산화제는 무엇인가?

c. 환원제는 무엇인가?

d. 반응에 대한 균형 화학 반응식을 써라.

15.2 고체 Sn과 F_2 기체의 반응으로 고체 SnF_2가 형성된다.

a. 이 반응에서 어떤 반응물이 산화되고 어떤 반응물이 환원되는가?

b. 산화제는 무엇인가?

c. 환원제는 무엇인가?

d. 반응에 대한 균형 화학 반응식을 써라.

제15장 복습하기 _Chapter Review

15.1 산화와 환원

학습 목표 산화 또는 환원으로 반응을 확인하고, 산화수를 부여하고 이용하여 산화되거나 환원된 원소를 확인할 수 있다.

- 산화–환원 반응에서 전자들은 한 반응물에서 다른 반응물로 전달된다.
- 전자를 잃는 반응물은 산화되는 것이고 전자를 얻는 반응물은 환원되는 것이다.
- 원소의 산화수로 전자를 잃고 얻는 변화를 추적할 수 있다.
- 산화는 산화수가 증가하는 것이고, 환원은 산화수가 감소하는 것이다.
- 환원제는 환원을 위한 전자를 제공하는 물질이다.
- 산화제는 산화에서 나온 전자를 받아들이는 물질이다.
- 공유 화합물과 다원자 이온에서 몇 가지 규칙을 이용하여 산화수를 정한다.
- 원소의 산화수는 0이고, 단원자 이온의 산화수는 이온의 전하와 같다.
- 화합물의 산화수 합은 0이고 다원자 이온의 산화수 합은 전체 전하와 같다.
- 산화수를 이용하여 산화–환원 반응의 균형을 맞추는 방법은 다음과 같다.

  1. 산화수를 정한다.
  2. 전자를 얻고 잃는 것을 결정한다.
  3. 전자를 얻고 잃는 것을 같게 만든다.
  4. 남아 있는 물질들의 균형이 맞는지 검토한다.

15.2 반쪽 반응을 이용하여 산화–환원 반응식 균형 맞추기

학습 목표 반쪽 반응법을 이용하여 산화–환원 반응식의 균형을 맞출 수 있다.

- 반쪽 반응을 이용하여 산화–환원 반응의 균형 맞추는 방법은 다음과 같다.

  1. 반응을 반쪽 반응으로 나눈다.
  2. H와 O를 제외한 원소의 균형을 맞춘다.
  3. H_2O로 O의 균형을, H^+로 H의 균형을 맞춘다.
  4. 전자로 전하의 균형을 맞춘다.
  5. 전자를 얻고 잃는 것을 같게 만든다.
  6. 반쪽 반응을 합하여 전자를 소거하고 H_2O와 H^+를 더한다.
  7. 염기성 용액에서 일어나는 산화–환원 반응에 대해서는 OH^-로 H^+를 중화하여 H_2O로 만든다.

15.3 산화–환원 반응과 전기 에너지

학습 목표 활동도 서열을 이용하여 산화–환원 반응이 자발적인지 결정할 수 있다. 볼타 전지에서 일어나는 반쪽 반응들과 전지 표기를 쓸 수 있다.

- 쉽게 산화되는 순서로 금속을 나열한 활동도 서열은 자발적인 반응을 예측하는 데 쓰인다.
- 볼타 전지는 자발적인 산화–환원 반응이 일어나는 두 반쪽 반응 성분이 반쪽 전지라고 하는 분리된 용기에 놓여 있다.
- 반쪽 반응을 전선으로 연결하면 산화 전극에서 나온 전자들이 환원 전극으로 이동할 때 전류가 생성된다.

15.4 전기 에너지가 필요한 산화–환원 반응

학습 목표 전기 분해에서 일어나는 반쪽 반응과 전체 반응을 나타낼 수 있다.

- 전해 전지는 외부 전원을 이용하여 자발적이지 않은 반응을 일어나게 한다.
- 전기 분해는 휠캡에 크로뮴 도금을 할 때, 철에 아연 도금을 할 때, 스테인리스 장신구에 금 도금을 할 때 쓰인다.

주요 용어 _Key Terms

반쪽 반응법 산화–환원 반응 균형을 맞추는 방법으로 반쪽 반응의 균형을 맞춘 뒤에 더하여 완전한 반응식을 쓴다.

볼타 전지 자발적인 산화–환원 반응을 이용하여 전기 에너지를 생산하는 전기 화학 전지의 한 종류

산화 물질이 전자를 잃는 것

산화수 원소의 산화수는 0이다. 단원자 이온은 이온 전하와 같다. 공유 화합물과 다원자 이온에서 산화수는 몇 가지 규칙을 이용하여 정한다.

산화 전극 산화가 일어나는 전극

산화제 전자를 얻고 산화되는 반응물

산화–환원 반응 한 반응물에서 다른 반응물로 전자를 전달하는 것

전기 분해 전기 에너지를 이용하여 비자발적인 산화–환원 반응을 전해 전지에서 일어나게 한다.

전기화학 전지 자발적인 산화–환원으로부터 전기 에너지를 생산하는 장치 또는 전기 에너지를 이용하여 비자발적인 산화–환원 반응을 일어나게 한다.

전해 전지 전기 에너지를 이용하여 비자발적인 산화–환원 반응을 일어나게 하는 전지

환원 물질이 전자를 얻는 것

환원 전극 환원이 일어나는 전극

환원제 전자를 잃고 산화되는 반응물

활동도 서열 가장 산화되기 쉬운 금속이 맨 위에 오고 쉽게 산화되지 않은 금속이 아래에 오게 한 반쪽 반응의 표

핵심 화학 기술 _Core Chemistry Skills

*각 핵심 화학 기술을 포함하는 절을 각 제목의 끝에 괄호 안에 나타내었다.

▷ 산화수 부여(15.1)

- 반응에서 산화되거나 환원되는 물질을 결정하기 위해 원자나 이온에 산화수를 부여한다.

1. 분자에서 산화수의 합은 0이다. 다원자 이온에서 산화수의 합은 이온 전하와 같다.
2. 원소의 산화수는 0이다.
3. 단원자 이온의 산화수는 전하와 같다.
4. 1A족(1족) 금속의 산화수는 +1이고 2A족(2족) 금속의 산화수는 +2이다.
5. 플루오린의 산화수는 항상 −1이다. 7A족(17족) 원소는 O나 F와 결합할 때를 제외하면 항상 −1이다.
6. 산소의 산화수는 OF_2나 과산화물을 제외하고는 −2이다.
7. 비금속과 결합할 때 H의 산화수는 +1이다. 금속과 결합할 때 H의 산화수는 −1이다.

예: 다음 각 원소에 대한 산화수를 결정하라.

a. Sn^{4+} **b.** Mn **c.** MnO_2 **d.** $MgCO_3$

답: **a.** $\underset{+4}{Sn^{4+}}$ **b.** $\underset{0}{Mn}$ **c.** $\underset{+4-2}{MnO_2}$ **d.** $\underset{+2+4-2}{MgCO_3}$

▷ 산화수 이용(15.1)

- 원자가 반응물에서 생성물로 가면서 산화수가 증가하면 산화된다.
- 원자가 반응물에서 생성물로 가면서 산화수가 감소하면 환원된다.

예: 각 원소에 산화수를 부여하고 산화되는 것과 환원되는 것을 찾아라.

$$Fe_2O_3(s) + 2Al(s) \longrightarrow Al_2O_3(s) + 2Fe(l)$$

답: $$\underset{+3-2}{Fe_2O_3(s)} + \underset{0}{2Al(s)} \longrightarrow \underset{+3-2}{Al_2O_3(s)} + \underset{0}{2Fe(l)}$$

$Fe(+3) \longrightarrow Fe(0)$ Fe가 환원된다.

$Al(0) \longrightarrow Al(+3)$ Al이 환원된다.

▷ 산화제와 환원제 찾기(15.1)

- 산화-환원 반응에서 환원되는 물질은 산화제이다.
- 산화-환원 반응에서 산화되는 물질은 환원제이다.

예: 다음에서 산화제와 환원제를 찾아라.

$$SnO_2(s) + 2H_2(g) \longrightarrow Sn(s) + 2H_2O(l)$$

답: 산화수를 부여하여 환원제로서 산화되는 물질과 산화제로서 환원되는 물질을 찾는다.

$$\underset{+4-2}{SnO_2(s)} + \underset{0}{2H_2(g)} \longrightarrow \underset{0}{Sn(s)} + \underset{+1-2}{2H_2O(l)}$$

$Sn(+4) \longrightarrow Sn(0)$

Sn은 환원되었다. SnO_2는 산화제이다.

$H(0) \longrightarrow H(+1)$

H는 산화되었다. H_2는 환원제이다.

▷ 반쪽 반응을 이용하여 산화-환원 반응식 균형 맞추기(15.2)

- 반응식의 균형을 맞추기 위한 반쪽 반응법에는 다음이 포함된다.

1. 산화-환원 반응을 두 개의 *반쪽 반응*(half reaction)으로 분리한다.
2. 각 반쪽 반응에서 H와 O를 제외한 원소들의 균형을 맞춘다. 반응이 산이나 염기에서 일어난다면 O가 필요한 쪽에 H_2O를 더하고 H가 필요한 쪽에 H^+를 더하여 균형을 맞춘다.
3. 전자를 더하여 각 반쪽 반응의 전하 균형을 맞춘다.
4. 잃은 전자 수와 얻은 전자 수가 같도록 각 반쪽 반응에 인수를 곱한다.
5. 반쪽 반응을 더하여 전자, 같은 이온이나 분자를 소거한다. H^+를 중화하기 위해 OH^-를 더한다.

예: 반쪽 반응법을 이용해 산성 용액에서 일어나는 다음 산화-환원 반응식의 균형을 맞춰라.

$$NO_3^-(aq) + Sn^{2+}(aq) \longrightarrow NO(g) + Sn^{4+}(aq)$$

답:

1. $$NO_3^-(aq) \longrightarrow NO(g)$$
$$Sn^{2+}(aq) \longrightarrow Sn^{4+}(aq)$$

2. $$4H^+(aq) + NO_3^-(aq) \longrightarrow NO(g) + 2H_2O(l)$$
$$Sn^{2+}(aq) \longrightarrow Sn^{4+}(aq)$$

3. $$\mathbf{3e^-} + 4H^+(aq) + NO_3^-(aq) \longrightarrow NO(g) + 2H_2O(l)$$
$$Sn^{2+}(aq) \longrightarrow Sn^{4+}(aq) + \mathbf{2e^-}$$

4. $$\mathbf{2} \times [\mathbf{3e^-} + 4H^+(aq) + NO_3^-(aq) \longrightarrow NO(g) + 2H_2O(l)]$$
$$\mathbf{6e^-} + 8H^+(aq) + 2NO_3^-(aq) \longrightarrow 2NO(g) + 4H_2O(l)$$
$$\mathbf{3} \times [Sn^{2+}(aq) \longrightarrow Sn^{4+}(aq) + \mathbf{2e^-}]$$
$$3Sn^{2+}(aq) \longrightarrow 3Sn^{4+}(aq) + \mathbf{6e^-}$$

5. $$8H^+(aq) + 2NO_3^-(aq) + 3Sn^{2+}(aq) \longrightarrow 2NO(g) + 3Sn^{4+}(aq) + 4H_2O(l)$$

▷ 자발적 반응 확인(15.3)

- 표 15.3의 활동도 서열은 가장 산화되기 쉬운 금속을 맨 위에, 쉽게 산화되지 않는 금속을 아래에 배열하였다.
- 금속은 표 15.3의 활동도 서열에서 그 아래 놓인 금속의 반쪽 반응의 역과 결합되면 자발적으로 산화될 것이다.

예: 표 15.3의 활동도 서열에 있는 다음 반쪽 반응들에 대해 자발적 반응을 일으키는 균형 맞춘 산화-환원 반응식을 써라.

$$Ca(s) \longrightarrow Ca^{2+}(aq) + 2e^-$$
$$Ni(s) \longrightarrow Ni^{2+}(aq) + 2e^-$$

답: 자발적 반응은 활동 서열에서 더 높은 산화 반쪽 반응과 그 아래에 있는 반쪽 반응의 역과의 결합이다.

$$Ca(s) \longrightarrow Ca^{2+}(aq) + 2e^- \quad \text{산화}$$
$$Ni^{2+}(aq) + 2e^- \longrightarrow Ni(s) \quad \text{환원}$$
$$Ca(s) + Ni^{2+}(aq) \longrightarrow Ca^{2+}(aq) + Ni(s) \quad \text{자발적 반응}$$

개념 이해 문제 _Understanding the Concepts

각 문제 끝에 복습할 절을 괄호 안에 표시하였다.

15.3 다음을 산화와 환원으로 분류하라. (15.1)

a. 전자를 잃는다.
b. 산화제의 반응
c. $O_2(g) \longrightarrow OH^-(aq)$
d. $Br_2(l) \longrightarrow 2Br^-(aq)$
e. $Sn^{2+}(aq) \longrightarrow Sn^{4+}(aq)$

15.44 다음을 산화와 환원으로 분류하라. (15.1)

a. 전자를 얻는다.
b. 환원제의 반응
c. $Ni(s) \longrightarrow Ni^{2+}(aq)$
d. $MnO_4^-(aq) \longrightarrow MnO_2(s)$
e. $Sn^{4+}(aq) \longrightarrow Sn^{2+}(aq)$

15.5 다음 각 경우에 원소의 산화수를 정하라. (15.1)

a. VO_2 **b.** Ag_2CrO_4
c. $S_2O_8^{2-}$ **d.** $FeSO_4$

15.6 다음 각 경우에 원소의 산화수를 정하라. (15.1)

a. $NbCl_3$ **b.** NbO
c. NbO_2 **d.** Nb_2O_5

15.7 다음 중 어느 것이 산화-환원 반응인가? (15.1)

a. $Ca(s) + 2H_2O(l) \longrightarrow Ca(OH)_2(aq) + H_2(g)$
b. $CaCO_3(s) \longrightarrow CaO(s) + CO_2(g)$
c. $4Al(s) + 3O_2(g) \longrightarrow 2Al_2O_3(s)$

15.8 다음 중 어느 것이 산화-환원 반응인가? (15.1)

a. $BaCl_2(aq) + Na_2SO_4(aq) \longrightarrow BaSO_4(s) + 2NaCl(aq)$
b. $Cl_2(g) + 2NaBr(aq) \longrightarrow Br_2(l) + 2NaCl(aq)$
c. $2KClO_3(s) \longrightarrow 2KCl(s) + 3O_2(g)$

15.9 다음 반응에 대해 아래의 것을 각각 찾아라. (15.1)

$$2Cr_2O_3(s) + 3Si(s) \longrightarrow 4Cr(s) + 3SiO_2(s)$$

a. 환원되는 물질 **b.** 산화되는 물질
c. 산화제 **d.** 환원제

산화 크로뮴(III)과 규소는 산화-환원 반응을 한다.

15.10 다음 반응에 대해 아래의 것을 각각 찾아라. (15.1)

$$C_2H_4(g) + 3O_2(g) \xrightarrow{\Delta} 2CO_2(g) + 2H_2O(g)$$

a. 환원되는 물질 **b.** 산화되는 물질
c. 산화제 **d.** 환원제

15.11 산성 용액에서 일어나는 다음 반쪽 반응의 균형을 맞춰라. (15.2)

a. $Zn(s) \longrightarrow Zn^{2+}(aq)$
b. $SnO_2^{2-}(aq) \longrightarrow SnO_3^{2-}(aq)$
c. $SO_3^{2-}(aq) \longrightarrow SO_4^{2-}(aq)$
d. $NO_3^-(aq) \longrightarrow NO(g)$

15.12 산성 용액에서 일어나는 다음 반쪽 반응의 균형을 맞춰라. (15.2)

a. $I_2(s) \longrightarrow I^-(aq)$
b. $MnO_4^-(aq) \longrightarrow Mn^{2+}(aq)$
c. $Br_2(l) \longrightarrow BrO_3^-(aq)$
d. $ClO_3^-(aq) \longrightarrow ClO_4^-(aq)$

15.13 다음 볼타 전지를 보고 물음에 답하라. (15.3)

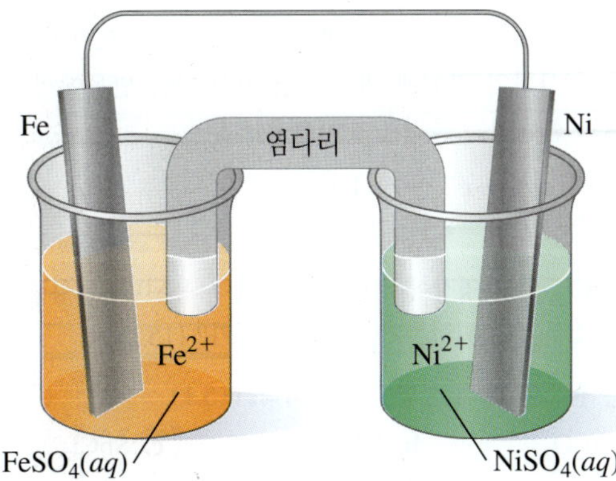

a. 산화 반쪽 반응은 무엇인가?
b. 환원 반쪽 반응은 무엇인가?
c. 어느 금속이 산화 전극인가?
d. 어느 금속이 환원 전극인가?
e. 전자는 어느 방향으로 흐르는가?
f. 전체 반응식을 써라.
g. 표준 전지 표시법으로 써라.

15.14 다음 볼타 전지를 보고 물음에 답하라. (15.3)

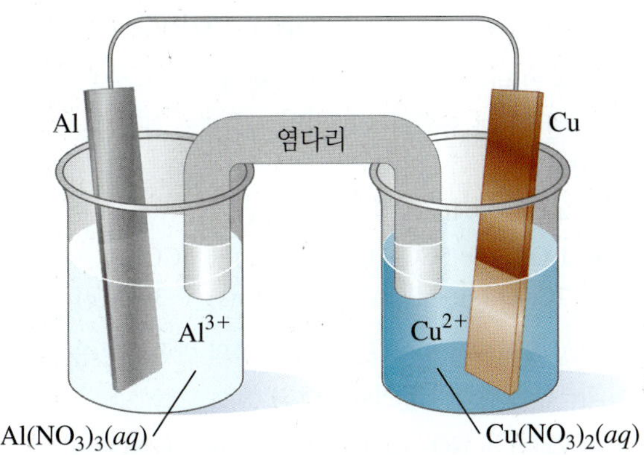

a. 산화 반쪽 반응은 무엇인가?
b. 환원 반쪽 반응은 무엇인가?
c. 어느 금속이 산화 전극인가?
d. 어느 금속이 환원 전극인가?
e. 전자는 어느 방향으로 흐르는가?
f. 전체 반응식을 써라.
g. 표준 전지 표시법으로 써라.

추가 문제 _Additional Practice Problems

15.15 다음 중 산화–환원 반응은 어느 것인가? (15.1)

a. $AgNO_3(aq) + NaCl(aq) \longrightarrow AgCl(s) + NaNO_3(aq)$
b. $6Li(s) + N_2(g) \longrightarrow 2Li_3N(s)$
c. $Ni(s) + Pb(NO_3)_2(aq) \longrightarrow Ni(NO_3)_2(aq) + Pb(s)$
d. $2K(s) + 2H_2O(l) \longrightarrow 2KOH(aq) + H_2(g)$

15.16 다음 중 산화–환원 반응은 어느 것인가? (15.1)

a. $Ca(s) + F_2(g) \longrightarrow CaF_2(s)$
b. $Fe(s) + 2HCl(aq) \longrightarrow FeCl_2(aq) + H_2(g)$
c. $2NaCl(aq) + Pb(NO_3)_2(aq) \longrightarrow PbCl_2(s) + 2NaNO_3(aq)$
d. $2CuCl(aq) \longrightarrow Cu(s) + CuCl_2(aq)$

15.17 사람 세포의 미토콘드리아에서 에너지는 사이토크롬에 있는 철 이온의 산화와 환원에 의해 공급된다. 다음 반응에서 산화되는 물질과 환원되는 물질을 찾아라. (15.1)

a. $Fe^{3+}(aq) + e^- \longrightarrow Fe^{2+}(aq)$
b. $Fe^{2+}(aq) \longrightarrow Fe^{3+}(aq) + e^-$

15.18 염소(Cl_2)는 수영장에서 살균을 위해 사용된다. 생성물이 Cl^-라면 염소는 산화되었는가, 환원되었는가? (15.1)

15.19 모든 원소에 대해 산화수를 정하라. (15.1)

a. Co_2O_3 **b.** $KMnO_4$ **c.** $SbCl_5$
d. ClO_3^- **e.** PO_4^{3-}

15.20 모든 원소에 대해 산화수를 정하라. (15.1)

a. PO_3^{2-} **b.** NH_4^+ **c.** $Fe(OH)_2$
d. HNO_3 **e.** H_2CO

15.21 다음 각 반응에 있는 모든 원소에 대해 산화수를 정하라. 산화되는 반응물과 환원되는 반응물, 산화제와 환원제는 어느 것인가? (15.1).

a. $2FeCl_2(aq) + Cl_2(g) \longrightarrow 2FeCl_3(aq)$
b. $2H_2S(g) + 3O_2(g) \longrightarrow 2H_2O(l) + 2SO_2(g)$
c. $P_2O_5(s) + 5C(s) \longrightarrow 2P(s) + 5CO(g)$

15.22 다음 각 반응에 있는 모든 원소에 대해 산화수를 정하라. 산화되는 반응물과 환원되는 반응물, 산화제와 환원제는 어느 것인가? (15.1).

a. $4Al(s) + 3O_2(g) \longrightarrow 2Al_2O_3(s)$
b. $I_2O_5(s) + 5CO(g) \longrightarrow I_2(g) + 5CO_2(g)$
c. $2Cr_2O_3(s) + 3C(s) \longrightarrow 4Cr(s) + 3CO_2(g)$

15.23 산성 용액에서 일어나는 다음 반응의 반쪽 반응을 적고 균형 산화–환원 반응식을 써라. (15.2)

a. $Zn(s) + NO_3^-(aq) \longrightarrow Zn^{2+}(aq) + NO_2(g)$
b. $MnO_4^-(aq) + SO_3^{2-}(aq) \longrightarrow Mn^{2+}(aq) + SO_4^{2-}(aq)$
c. $ClO_3^-(aq) + I^-(aq) \longrightarrow Cl^-(aq) + I_2(s)$
d. $Cr_2O_7^{2-}(aq) + C_2O_4^{2-}(aq) \longrightarrow Cr^{3+}(aq) + CO_2(g)$

15.24 산성 용액에서 일어나는 다음 반응의 반쪽 반응을 적고 균형 산화–환원 반응식을 써라. (15.2)

a. $Sn^{2+}(aq) + IO_4^-(aq) \longrightarrow Sn^{4+}(aq) + I^-(aq)$
b. $S_2O_3^{2-}(aq) + I_2(s) \longrightarrow S_4O_6^{2-}(aq) + I^-(aq)$
c. $Mg(s) + VO_4^{3-}(aq) \longrightarrow Mg^{2+}(aq) + V^{2+}(aq)$
d. $Al(s) + Cr_2O_7^{2-}(aq) \longrightarrow Al^{3+}(aq) + Cr^{3+}(aq)$

15.25 표 15.3의 활동도 서열을 이용하여 다음 반응이 자발적으로 일어날지 예측하라. (15.3)

a. $2Cr(s) + 3Ni^{2+}(aq) \longrightarrow 2Cr^{3+}(aq) + 3Ni(s)$
b. $Cu(s) + Zn^{2+}(aq) \longrightarrow Cu^{2+}(aq) + Zn(s)$
c. $Zn(s) + Pb^{2+}(aq) \longrightarrow Zn^{2+}(aq) + Pb(s)$

15.26 표 15.3의 활동도 서열을 이용하여 다음 반응이 자발적으로 일어날지 예측하라. (15.3)

a. $Zn(s) + Mg^{2+}(aq) \longrightarrow Zn^{2+}(aq) + Mg(s)$
b. $3Na(s) + Al^{3+}(aq) \longrightarrow 3Na^+(aq) + Al(s)$
c. $Mg(s) + Ni^{2+}(aq) \longrightarrow Mg^{2+}(aq) + Ni(s)$

15.27 볼타 전지에서 반쪽 전지 중 하나는 Ni^{2+} 용액 안의 니켈 금속으로, 다른 반쪽 전지는 Mg^{2+} 용액 안의 마그네슘 금속으로 구성된다. 다음을 찾아라. (15.3)

a. 산화 전극
b. 환원 전극
c. 산화 전극의 반쪽 반응
d. 환원 전극의 반쪽 반응
e. 전체 반응
f. 약식 표기법

15.28 볼타 전지에서 반쪽 전지 중 하나는 Zn^{2+} 용액 안의 아연 금속으로, 다른 반쪽 전지는 Cu^{2+} 용액 안의 구리 금속으로 구성된다. 다음을 찾아라. (15.3)

a. 산화 전극
b. 환원 전극
c. 산화 전극의 반쪽 반응
d. 환원 전극의 반쪽 반응
e. 전체 반응
f. 약식 표기법

15.29 표 15.3의 활동도 서열을 이용하여 다음 이온의 수용액에 철 조각을 넣었을 때 다음 이온이 환원될지 결정하라. (15.3)

a. $Ca^{2+}(aq)$ **b.** $Ag^+(aq)$ **c.** $Ni^{2+}(aq)$
d. $Al^{3+}(aq)$ **e.** $Pb^{2+}(aq)$

15.30 표 15.3의 활동도 서열을 이용하여 다음 이온의 수용액에 알루미늄 조각을 넣었을 때 다음 이온이 환원될지 결정하라. (15.3)

a. $Fe^{2+}(aq)$ **b.** $Au^{3+}(aq)$ **c.** $Mg^{2+}(aq)$
d. $H^+(aq)$ **e.** $Pb^{2+}(aq)$

15.31 납 축전지에서 다음 균형을 맞추지 않은 반쪽 반응이 일어난다. (15.3)

$$Pb(s) + SO_4^{2-}(aq) \longrightarrow PbSO_4(s)$$

a. 반쪽 반응의 균형을 맞춰라.
b. $Pb(s)$는 산화되는가, 환원되는가?
c. 이 반쪽 반응은 산화 전극에서 일어나는가, 환원 전극에서 일어나는가?

15.32 산성 건전지에서 다음 균형을 맞추지 않은 반쪽 반응이 산성 용액에서 일어난다. (15.3)

$$MnO_2(s) \longrightarrow Mn_2O_3(s)$$

a. 반쪽 반응의 균형을 맞춰라.

b. $MnO_2(s)$는 산화되는가, 환원되는가?

c. 이 반쪽 반응은 산화 전극에서 일어나는가, 환원 전극에서 일어나는가?

15.33 배의 강철 볼트는 아연 도금을 한다. 강철 볼트를 아연 도금하는 다음 전해 전지의 그림에 필요한 성분(전극, 전선, 배터리) 등을 그려 넣어라. 용액은 질산 아연이다. (15.3, 15.4)

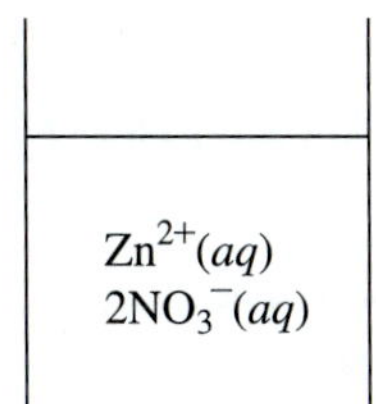

a. 산화 전극은 어느 것인가?

b. 환원 전극은 어느 것인가?

c. 산화 전극에서 일어나는 반쪽 반응을 써라.

d. 환원 전극에서 일어나는 반쪽 반응을 써라.

e. 강철의 주성분이 철이라면 아연 도금을 하는 이유는 무엇인가?

15.34 주방용 구리 냄비는 구리 도금이 된 스테인리스 철 냄비이다. 스테인리스 철 냄비를 구리 도금하는 다음 전해 전지의 그림에 필요한 성분(전극, 전선, 배터리) 등을 그려 넣어라. 용액은 질산 구리(II)이다. (15.3, 15.4)

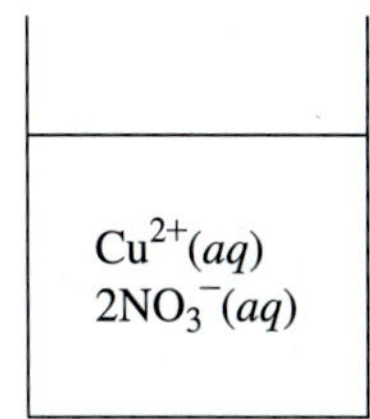

a. 산화 전극은 어느 것인가?

b. 환원 전극은 어느 것인가?

c. 산화 전극에서 일어나는 반쪽 반응을 써라.

d. 환원 전극에서 일어나는 반쪽 반응을 써라.

생각해 보기의 답 _Answers to Engage Questions

15.1 환원 반쪽 반응에서 반응물 중 하나는 전자를 얻는다.

15.2 Mg와 Ba는 원소이므로 산화수가 0이다. Mg와 Ba 이온은 단원자 이온 Mg^{2+}, Ba^{2+}의 산화수를 갖는다.

15.3 H_2SO_3에서 S의 산화수는 다음과 같이 계산한다. 2H의 +2와 3O의 −6을 더하면 −4이다. H_2SO_3는 전체적으로 전하가 0이므로 S의 산화수는 +4여야 한다.

15.4 H_2에서 $2H^+$로의 반응은 H의 산화수가 0에서 +1로 증가하므로 산화이다.

15.5 Zn이 전자를 잃고 산화되어 Zn^{2+}를 생성하므로 환원제이다. Co^{2+}가 전자를 얻고 환원되어 Co를 생성하므로 산화제이다.

15.6 최종 산화−환원 반응이 균형을 이루었는지 알아보기 위해 모든 원자와 모든 전하의 균형을 검사한다.

15.7 반쪽 반응의 생성물 쪽에 $7H_2O$를 더하여 $Cr_2O_7^{2-}$의 7O가 반응물 쪽과 균형을 이루게 한다.

15.8 반쪽 반응의 생성물 쪽에서 전하는 +6이다. 반응물 쪽에서 전하는 +14 + (−2) = +12이다. 양쪽의 균형을 이루기 위해 $-6(6e^-)$가 반응물 쪽에 더해져야 한다.

15.9 $4H^+$를 중화하기 위해 반응식의 생성물 쪽에 $4OH^-$를 더해야 한다.

15.10 활동도 서열에서 Fe가 Pb 위쪽에 있으므로 $Fe(s) + Pb^{2+}(aq) \longrightarrow Fe^{2+}(aq) + Pb(s)$ 반응은 자발적이다.

15.11 염다리는 이온이 전지의 한 쪽에서 다른 쪽으로 이동하여 전지 회로를 완성하게 한다.

15.12 고체 구리가 석출되기 때문에 구리 전극이 더 무거워질 것이다.

15.13 전해 전지는 비자발적 반응을 이용하며 진행하기 위해서는 외부 에너지원인 전류가 필요하다.

선택된 문제의 답 _Answers to Selected Problems

15.1 **a.** H_2는 산화되고 O_2는 환원된다.
b. O_2가 산화제이다.
c. H_2가 환원제이다.
d. $H_2(g) + O_2(g) \longrightarrow H_2O_2(aq)$

15.3 **a.** 산화 **b.** 환원 **c.** 환원
d. 환원 **e.** 산화

15.5 **a.** V = +4, O = −2
b. Ag = +1, Cr = +6, O = −2
c. S = +7, O = −2
d. Fe = +2, S = +6, O = −2

15.7 반응 **a**와 **c**는 전자를 잃고 얻는 것과 관련이 있다. **a**와 **c**는 산화−환원 반응이다.

15.9 **a.** Cr_2O_3에 있는 Cr은 환원된다.
b. Si는 산화된다.
c. Cr_2O_3는 산화제이다.
d. Si는 환원제이다.

15.11 **a.** $Zn(s) \longrightarrow Zn^{2+}(aq) + 2\,e^-$
b. $SnO_2^{2-}(aq) + H_2O(l) \longrightarrow SnO_3^{2-}(aq) + 2H^+(aq) + 2\,e^-$
c. $SO_3^{2-}(aq) + H_2O(l) \longrightarrow SO_4^{2-}(aq) + 2H^+(aq) + 2\,e^-$
d. $3\,e^- + 4H^+(aq) + NO_3^-(aq) \longrightarrow NO(g) + 2H_2O(l)$

15.13 **a.** $Fe(s) \longrightarrow Fe^{2+}(aq) + 2\,e^-$
b. $Ni^{2+}(aq) + 2\,e^- \longrightarrow Ni(s)$
c. Fe가 산화 전극이다.
d. Ni가 환원 전극이다.
e. 전자는 Fe에서 Ni로 흐른다.
f. $Fe(s) + Ni^{2+}(aq) \longrightarrow Fe^{2+}(aq) + Ni(s)$
g. $Fe(s)|Fe^{2+}(aq)\|Ni^{2+}(aq)|Ni(s)$

15.15 반응 **b**, **c**, **d**는 모두 전자를 잃고 얻는 것과 관련이 있다. **b**, **c**, **d**는 산화–환원 반응이다.

15.17 **a.** Fe^{3+}는 전자를 얻는다. 이것은 환원이다.
b. Fe^{2+}는 전자를 잃는다. 이것은 산화이다.

15.19 **a.** Co = +3, O = −2 **b.** K = +1, Mn = +7, O = −2
c. Sb = +5, Cl = −1 **d.** Cl = +5, O = −2
e. P = +5, O = −2

15.21 **a.** $\underset{+2\,-1}{2FeCl_2(aq)} + \underset{0}{Cl_2(g)} \longrightarrow \underset{+3\,-1}{2FeCl_3(aq)}$
$FeCl_2$에 있는 Fe는 산화된다. $FeCl_2$는 환원제이다.
Cl_2에 있는 Cl은 환원된다. Cl_2는 산화제이다.

b. $\underset{+1\,-2}{2H_2S(g)} + \underset{0}{3O_2(g)} \longrightarrow \underset{+1\,-2}{2H_2O(l)} + \underset{+4\,-2}{2SO_2(g)}$
H_2S에 있는 S는 산화된다. H_2S는 환원제이다
O_2에 있는 O는 환원된다. O_2는 산화제이다.

c. $\underset{+5\,-2}{P_2O_5(s)} + \underset{0}{5C(s)} \longrightarrow \underset{0}{2P(s)} + \underset{+2\,-2}{5CO(g)}$
C는 산화된다. C는 환원제이다.
P_2O_5에 있는 P는 환원된다. P_2O_5는 산화제이다.

15.23 **a.** $Zn(s) \longrightarrow Zn^{2+}(aq) + 2\,e^-$;
$e^- + 2H^+(aq) + NO_3^-(aq) \longrightarrow NO_2(g) + H_2O(l)$
전체 반응:
$4H^+(aq) + Zn(s) + 2NO_3^-(aq) \longrightarrow Zn^{2+}(aq) + 2NO_2(g) + 2H_2O(l)$

b. $5\,e^- + 8H^+(aq) + MnO_4^-(aq) \longrightarrow Mn^{2+}(aq) + 4H_2O(l)$;
$SO_3^{2-}(aq) + H_2O(l) \longrightarrow SO_4^{2-}(aq) + 2H^+(aq) + 2\,e^-$

전체 반응:

$6H^+(aq) + 2MnO_4^-(aq) + 5SO_3^{2-}(aq) \longrightarrow 2Mn^{2+}(aq) + 5SO_4^{2-}(aq) + 3H_2O(l)$

c. $2I^-(aq) \longrightarrow I_2(s) + 2\,e^-$;
$6\,e^- + 6H^+(aq) + ClO_3^-(aq) \longrightarrow Cl^-(aq) + 3H_2O(l)$

전체 반응:

$6H^+(aq) + ClO_3^-(aq) + 6I^-(aq) \longrightarrow Cl^-(aq) + 3I_2(s) + 3H_2O(l)$

d. $C_2O_4^{2-}(aq) \longrightarrow 2CO_2(g) + 2\,e^-$;
$6\,e^- + 14H^+(aq) + Cr_2O_7^{2-}(aq) \longrightarrow 2Cr^{3+}(aq) + 7H_2O(l)$

전체 반응:

$14H^+(aq) + Cr_2O_7^{2-}(aq) + 3C_2O_4^{2-}(aq) \longrightarrow 2Cr^{3+}(aq) + 6CO_2(g) + 7H_2O(l)$

15.25 **a.** 활동도 서열에서 Cr이 Ni보다 위에 있으므로 반응은 자발적이다.
b. 활동도 서열에서 Cu가 Zn보다 아래에 있으므로 반응은 자발적이 아니다.
c. 활동도 서열에서 Zn이 Pb보다 위에 있으므로 반응은 자발적이다.

15.27 **a.** 산화 전극은 Mg이다.
b. 환원 전극은 Ni이다.
c. 산화 전극에서의 반쪽 반응은 $Mg(s) \longrightarrow Mg^{2+}(aq) + 2\,e^-$이다.
d. 환원 전극에서의 반쪽 반응은 $Ni^{2+}(aq) + 2\,e^- \longrightarrow Ni(s)$이다.
e. 전체 반응은 $Mg(s) + Ni^{2+}(aq) \longrightarrow Mg^{2+}(aq) + Ni(s)$이다.
f. 약식 표기법은 다음과 같다
$Mg(s)|Mg^{2+}(aq)\|Ni^{2+}(aq)|Ni(s)$

15.29 **a.** $Ca^{2+}(aq)$는 철 조각에 의해 환원되지 않는다.
b. $Ag^+(aq)$는 철 조각에 의해 환원된다.
c. $Ni^{2+}(aq)$는 철 조각에 의해 환원된다.
d. $Al^{3+}(aq)$는 철 조각에 의해 환원되지 않는다.
e. $Pb^{2+}(aq)$는 철 조각에 의해 환원된다.

15.31 **a.** $Pb(s) + SO_4^{2-}(aq) \longrightarrow PbSO_4(s) + 2\,e^-$
b. Pb(s)는 산화된다.
c. 이 반쪽 반응은 산화전극에서 일어난다.

15.33 **a.** 산화 전극은 아연 막대이다.
b. 환원 전극은 강철 볼트이다.
c. 산화 전극에서의 반쪽 반응은 $Zn(s) \longrightarrow Zn^{2+}(aq) + 2\,e^-$이다.
d. 환원 전극에서의 반쪽 반응은 $Zn^{2+}(aq) + 2\,e^- \longrightarrow Zn(s)$이다.
e. 아연 도금의 목적은 H_2O와 O_2 모두에 의한 녹을 방지하기 위해서이다.

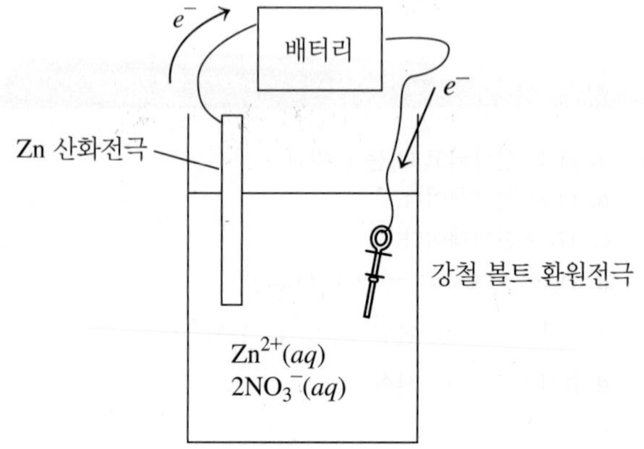

제 16 장

핵화학

Nuclear Chemistry

시몬의 담당 의사는 관상 동맥 심장 질환과 심장마비로 이어질 수 있는 콜레스테롤 수치 상승에 대해 우려하고 있다. 그는 그녀를 핵의학 센터에 보내 심장마비 테스트를 받도록 한다. 방사선사인 폴린은 시몬에게 스트레스 테스트가 휴식을 취할 때와 스트레스를 받을 때의 심장 근육으로 가는 혈류를 측정한다고 설명한다. 이 검사는 일상적인 운동 스트레스 검사와 비슷한 방식으로 수행되지만, 심장을 통과하는 낮은 혈류 영역과 손상된 심장 근육의 영역을 보여주는 이미지가 생성된다. 두 세트의 심장 영상을 찍는데, 한 세트는 심장이 쉴 때, 또 한 세트는 러닝머신에서 운동을 할 때 찍게 된다.

폴린은 시몬에게 탈륨-201을 그녀의 혈류에 주입할 것이라고 말한다. 그는 Tl-201이 반감기가 3.0일인 방사성 동위원소라고 설명한다. 시몬은 "반감기"라는 용어에 대해 궁금해 한다. 폴린은 반감기는 방사성 시료의 절반이 파괴되는 데 걸리는 시간이라고 설명한다. 그는 반감기가 네 번 지나면 방출되는 방사선은 거의 0이 될 것이라고 그녀를 확신시킨다. 폴린은 시몬에게 Tl-201이 Hg-201로 붕괴되며 X선과 비슷한 에너지를 방출한다고 설명한다. Tl-201이 제한된 혈액 공급으로 심장 내 어떤 부위에 도달하면 더 적은 양의 방사성 동위 원소가 축적될 것이다.

› 관련 직업

방사선사

방사선사는 다양한 의학적 상태를 진단하고 치료하는 데 핵의학을 사용하는 병원이나 영상 센터에서 근무한다. 진단 시험에서 방사선사는 스캐너를 사용하여 방사선을 영상으로 변환한다. 이 영상을 평가하여 신체의 이상을 결정한다. 방사선사는 컴퓨터 단층 촬영(CT), 자기 공명 영상(MRI), 양전자 방출 단층 촬영(PET)과 같은 핵의학 관련 기기 및 컴퓨터를 운영한다. 방사선사는 방사성 동위원소를 안전하게 취급하는 방법을 알아야 하며, 필요한 종류의 차폐물을 사용하고, 방사성 동위 원소를 환자에게 제공한다. 환자는 감마 방사선을 방출하는 테크네튬-99m, 아이오딘-131, 갈륨-67, 탈륨-201과 같은 방사성 추적자를 제공받게 되고, 이를 검출하여 신장이나 갑상선의 영상 개발이나 심장 근육의 혈류를 추적하는 데 사용한다.

UPDATE *방사성 동위원소를 이용한 심장 영상*

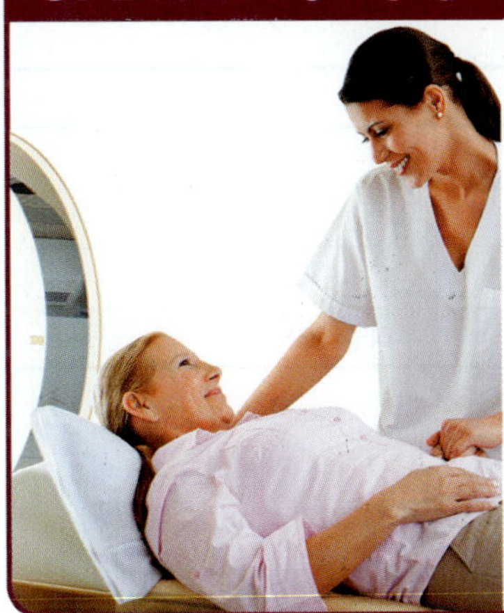

시몬이 핵 스트레스 테스트를 위해 병원에 도착했을 때, 방사성 동위원소를 주입하고 방사선사가 그녀의 심장 근육의 영상 제작을 돕는다. 시몬의 영상과 핵 스트레스 테스트 결과에 대한 내용은 473쪽의 **UPDATE 방사선 동위원소를 이용한 심장 영상**에서 확인할 수 있다.

이 장의 차례

복습하기

동위원소에 대한 원자 기호 쓰기(4.5)

16.1 천연 방사능

학습 목표 알파, 베타, 양전자, 감마 방사선을 설명할 수 있다.

원자 번호 19번까지 원소들은 대부분 천연 동위원소가 안정된 원자핵을 가지고 있다. 그러나 원자 번호 20번 이상의 원소들은 하나 이상의 불안정한 원자핵을 가지고 있는 경우가 많으며, 이러한 부류의 원소들에서는 핵력이 두 양성자 사이의 반발력을 상쇄하지 못한다. 불안정한 원자핵은 *방사성*(radioactive)이라고 하는데, 이는 **방사선**(radiation)이라 하는 작은 에너지 입자를 자연적으로 방출시켜서 좀 더 안정된 상태로 되는 것을 의미한다. 방사선은 알파(α), 베타(β), 양전자(positron, β^+)나 또는 감마(γ)선과 같은 순수 에너지의 형태를 띠고 있다. 방사선을 방출하는 원소의 동위원소를 **방사성 동위원소**(radioisotope)라고 한다. 대부분의 방사선 형태에서 원자핵의 양성자 수에 변화가 생기는데, 이는 원자가 다른 원자로 변환되는 것을 의미한다. 원자 번호가 93 이상 되는 원소들은 핵 실험실에서 인공적으로 생성되고 따라서 방사성 동위원소로만 존재한다.

방사성 동위원소의 기호

다른 동위원소들에 대한 원자 기호는 왼쪽 위에 질량수를, 왼쪽 아래에 원자 번호를 쓴다. 질량수는 원자핵의 양성자 수와 중성자 수를 합한 값이고, 원자 번호는 양성자 수와 같다. 예를 들어, 고고학적 연대 측정에 사용되는 탄소의 방사성 동위원소는 질량수가 14이고 원자 번호가 6이다.

$^{14}_{6}C$ 탄소-14 C-14

양성자 6개(빨간색)
중성자 8개(흰색)

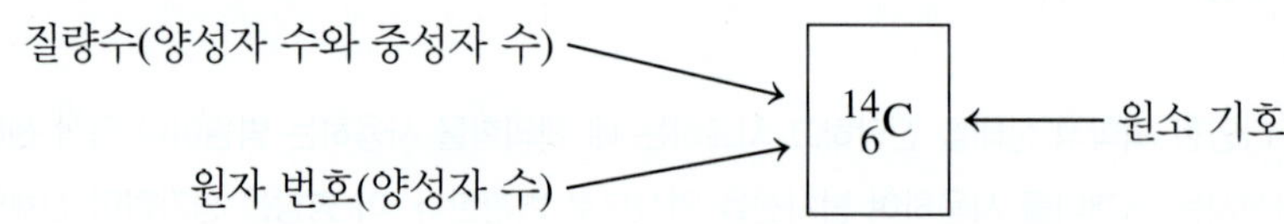

방사성 동위원소는 원소의 이름이나 기호 뒤에 질량수를 써서 구분한다. 따라서 이 예에서 동위원소는 탄소-14 또는 C-14라고 한다. **표 16.1**에서는 몇 가지 안정한 비방사성 동위원소와 방사성 동위원소를 비교하였다.

표 16.1 ▸ 몇 가지 안정한 동위원소와 방사성 동위원소

마그네슘	아이오딘	우라늄
안정한 동위원소		
$^{24}_{12}Mg$	$^{127}_{53}I$	없음
마그네슘-24	아이오딘-127	
방사성 동위원소		
$^{23}_{12}Mg$	$^{125}_{53}I$	$^{235}_{92}U$
마그네슘-23	아이오딘-125	우라늄-235
$^{27}_{12}Mg$	$^{131}_{53}I$	$^{238}_{92}U$
마그네슘-27	아이오딘-131	우라늄-238

방사선의 형태

불안정한 원자핵은 방사선을 방출함으로써 좀 더 안정된 상태인 저준위 에너지 원자핵을 형성한다. 방사선의 한 형태가 *알파 입자*이다. **알파 입자**(alpha particle)는 양성자 2개와 중성자 2개를 가진 헬륨(He)의 원자핵과 같다. 알파 입자는 질량수가 4이며, 원자 번호는 2이고 전하는 2+가 된다. 알파 입자라는 기호는 그리스 문자인 알파(α)로서 전하 2+를 생략한 헬륨 원자핵이다.

다른 형태의 방사선은 **베타 입자**(beta particle)로, 이는 전하가 1−이며 질량수는 0인 고에너지를 가진 전자이다. 이는 그리스 문자 베타(β)로 나타내거나 질량수와 전하를 포함한 전자의 기호($_{-1}^{0}e$)로 나타낸다.

베타 입자와 비슷한 **양전자**(positron)는 질량수가 0이고 양전하(1+)를 갖는다. 이것은 전하 1+를 포함하는 그리스 문자 베타(β^+) 또는 기호 $_{+1}^{0}e$로 나타낸다. 양전자는 물리학자들이 다른 입자와 정확하게 반대가 되는 입자(이 경우에는 전자)를 설명하기 위해 사용하는 용어인 *반물질*(antimatter)의 한 예이다.

감마선(gamma ray)은 고에너지 방사선으로서 불안정한 입자 배열의 원자핵이 좀 더 안정한 저준위 에너지 상태의 원자핵으로 재배열될 때에 방출된다. 감마선은 흔히 다른 형태의 방사선과 같이 방출된다. 감마선은 그리스 문자 감마(γ)로 쓴다. 감마선은 단지 에너지일 뿐이므로 질량도 전하도 없다는 의미에서 0으로 쓴다($_{0}^{0}\gamma$).

표 16.2에 핵 반응식에서 사용하는 방사선 형태를 요약하였다.

알파 입자 $_{2}^{4}He$ 또는 α

베타 입자 $_{-1}^{0}e$ 또는 β

양전자 $_{+1}^{0}e$ 또는 β^+

감마선 $_{0}^{0}\gamma$ 또는 γ

표 16.2 > 방사선의 몇 가지 형태

방사선 형태	기호		질량수	전하
알파 입자	$_{2}^{4}He$	α	4	2+
베타 입자	$_{-1}^{0}e$	β	0	1−
양전자	$_{+1}^{0}e$	β^+	0	1+
감마선	$_{0}^{0}\gamma$	γ	0	0
양성자	$_{1}^{1}H$	p	1	1+
중성자	$_{0}^{1}n$	n	1	0

생각해 보기 16.1

방사성 원자로부터 방출되는 알파 입자의 전하와 질량수는 얼마인가?

예제 16.1 방사선 입자

먼저 해 보기!

다음 방사선 형태에 대해 기호를 써라.

a. 양성자 2개와 중성자 2개를 포함한다.
b. 질량수가 0이고 전하가 1−이다.

풀이

a. 알파(α) 입자($_{2}^{4}He$)는 양성자 2개와 중성자 2개를 가진다.
b. 베타(β) 입자($_{-1}^{0}e$)는 질량수가 0이고 전하가 1−이다.

확인 문제 16.1

a. 질량수가 0이고 전하가 1+인 방사선 형태에 대한 기호를 써라.
b. 질량수가 0이고 전하가 0인 방사선 형태에 대한 기호를 써라.

답

a. 양전자($_{+1}^{0}e$)는 질량수가 0이고 전하가 1+이다.
b. 감마선($_{0}^{0}\gamma$)은 질량수가 0이고 전하가 0이다.

방사선의 생물학적 효과

방사선이 진행 경로에 있는 분자와 충돌하면 전자가 빠져나와서 불안정한 이온을 형성한다. 이런 *이온화 방사선*(ionizing radiation)이 인체를 통과하면 물 분자와 상호작용하여 전자를

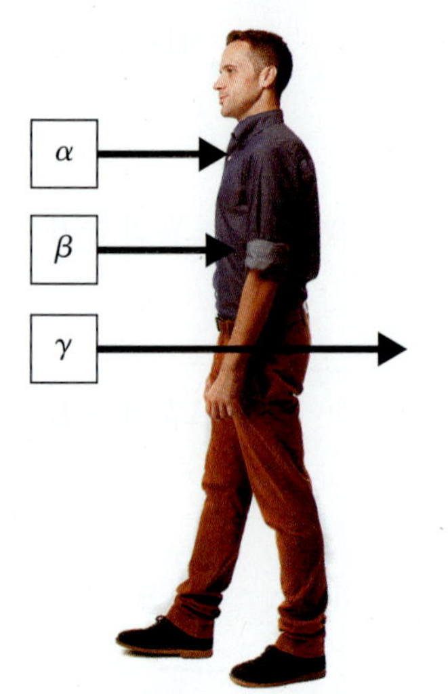

다른 형태의 방사선은 다른 깊이로 신체를 투과한다.

그림 16.1 ▸ 방사성 동위원소를 취급하는 사람들은 방호복과 장갑을 착용하고 주사기에 납유리 보호막을 사용한다.

생각해 보기 16.2

납 차폐 블록으로 차단할 수 있는 방사선은 무엇인가?

제거하여 H_2O^+를 생성하고 이것이 원치 않은 화학 반응을 일으킬 수 있다.

빠르게 분열하는 골수, 피부, 생식 기관, 장 내피 세포뿐만 아니라 성장하는 어린이의 모든 세포도 방사선에 매우 민감하다. 손상된 세포는 필요한 물질을 생산하는 능력을 잃는다. 예를 들면 방사선이 골수 세포를 손상하면 적혈구가 더는 생산되지 않는다. 정자 세포, 난자 또는 태아의 세포가 손상되면 선천성 기형이 생길 수 있다. 반대로 신경, 근육, 간과 성인의 뼈는 거의 또는 전혀 분열을 하지 않기 때문에 방사선에 훨씬 덜 민감하다.

암 세포도 빠르게 분열하는 세포이다. 암 세포는 방사선에 매우 민감하기 때문에 다량의 방사선을 사용하여 암 세포를 파괴한다. 암 세포를 둘러싸고 있는 정상 세포는 느리게 분열하며 방사선에 손상을 덜 받는다. 그러나 방사선은 악성 종양, 백혈병, 빈혈과 유전적 돌연변이를 일으킬 수 있다.

방사선 방호

방사성 동위원소를 취급하는 방사선사, 의사, 간호사들은 반드시 이에 적합한 방사선 방호를 해야 한다. 노출을 방지하기 위해 적절한 *차폐*(shielding)를 해야 한다. 방사선 입자 중 가장 무거운 알파 입자는 대기 중에서 몇 cm 정도만 이동해도 공기 분자와 충돌하면서 전자를 얻어 헬륨 원자로 변한다. 종이 한 장, 의복, 피부로 알파 입자를 방호할 수 있다. 실험실용 가운이나 장갑으로도 충분한 차폐가 가능하다. 하지만 알파 방출체를 섭취하거나 흡입하게 되면 그것이 내놓는 알파 입자가 심각한 내부 손상을 초래할 수 있다.

베타 입자는 질량이 극히 가볍고 알파 입자에 비해 더 빠르게 더 멀리 이동하게 되어 대기 중에서 수 미터를 이동한다. 이 입자들은 종잇장 정도는 쉽게 통과하며, 인체 조직도 4~5 mm 정도를 투과하게 된다. 베타 입자에 외부 노출이 되면 피부 표면에 화상을 입을 우려가 있지만 내부 장기에 도달하기 전에 멈추게 된다. 베타 입자로부터 피부를 방호하려면 실험실용 가운이나 장갑 등과 같은 두꺼운 피복이 필요하다.

감마선은 대기 중에서 먼 거리까지 이동하여 인체 조직을 포함한 여러 매질을 통과한다. 감마선은 깊게 침투하므로 감마선에 노출되는 것은 매우 위험한 일이다. 납이나 콘크리트 같은 강한 차폐재만이 감마선을 차단할 수 있다. 방사성 물질을 주입하는 데 쓰이는 주사기는 납이나 텅스텐과 플라스틱 복합재 같은 중량 재료로 만든다.

방사선 물질을 취급할 때에 방사선 치료자는 보호복을 입고 특수 장갑을 끼고 차폐물 뒤에서 작업을 해야 한다(**그림 16.1** 참조). 작업구역 내에서 방사선 물질이 들어 있는 약병을 집을 때에는 긴 집게를 이용하여 손과 인체로부터 멀리 떨어지게 한 상태에서 작업해야 한다. **표 16.3**에 여러 형태의 방사선에 필요한 차폐 물질을 요약하였다.

표 16.3 > 방사선 및 필요한 차폐의 특성

특성	알파(α) 입자	베타(β) 입자	감마(γ)선
대기 중 이동 거리	2~4 cm	200~300 cm	500 m
조직의 깊이	0.05 mm	4~5 mm	50 cm 이상
차폐	종이, 의류	두꺼운 옷, 실험실용 가운, 장갑	납, 두꺼운 콘크리트
대표적 방사선원	라듐-226	탄소-14	테크네튬-99m

핵의학 시설에서 일하는 사람들은 노출을 줄이기 위해 방사성 물질에 가까이 있는 시간을 최소화한다. 방사능 지역에서 두 배 더 오래 머물게 되면 두 배의 방사선량에 노출되는 것이다. 방사선원과의 거리가 멀수록 받게 되는 방사선 강도는 낮아진다. 방사선원과의 거리를 두 배로 늘리면 방사선 강도는 이전 값의 $(\frac{1}{2})^2$, 즉 $\frac{1}{4}$까지 떨어진다.

16.2 핵 반응

학습 목표 방사성 붕괴에 대해 질량수와 원자 번호를 나타낸 균형을 맞춘 핵 반응식을 쓸 수 있다.

복습하기

양성자와 중성자 계산(4.4)

방사성 붕괴(radioactive decay) 과정에서 원자핵은 방사선을 방출하면서 자발적으로 붕괴된다. 이러한 과정은 원래의 방사성 원자핵의 원자 기호를 왼쪽에, 새로운 원자핵과 방출되는 방사선의 형태를 오른쪽에 쓰는 *핵 반응식*(nuclear equation)으로 나타낸다.

방사성 원자핵 ⟶ 새로운 원자핵 + 방사선(α, β, β^+, γ)

핵 반응식에서 질량수의 합과 원자 번호의 합은 반응식의 화살표 양쪽에서 같아야 한다.

핵심 화학 기술

핵 반응식 쓰기

알파 붕괴

어떤 불안정한 원자핵은 양성자 2개와 중성자 2개로 구성된 알파 입자를 방출하며 알파 붕괴를 한다. 따라서 질량수가 4만큼 줄어들고 원자 번호는 2만큼 줄어든다. 예를 들어 우라늄-238가 알파 입자를 방출할 때 질량수가 234이고 원자 번호 92인 새로운 핵이 형성된다. 우라늄이 다른 원소인 토륨으로 변환되는데, 이것은 *핵 변환*(transmutation)의 한 예이다.

생각해 보기 16.3

U-238 핵에서 알파 입자가 방출되면 무엇이 생성되는가?

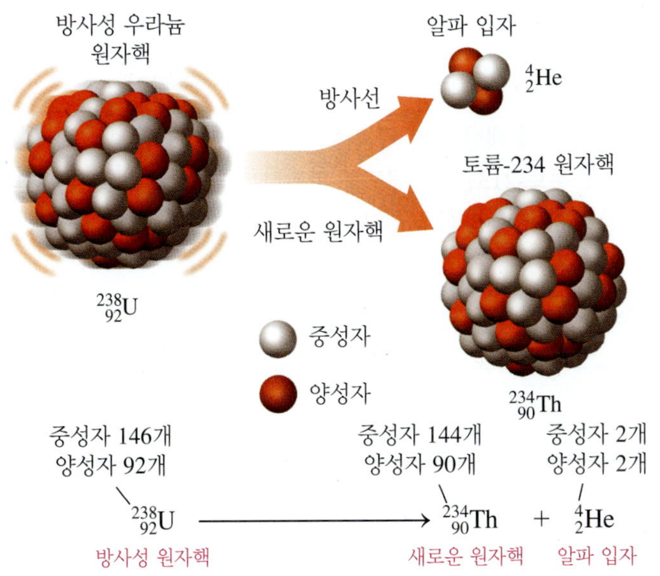

알파 붕괴에 대한 핵 반응식에서 새로운 핵은 질량수가 4만큼 줄어들고, 원자 번호는 2만큼 줄어든다.

예제 16.2에서 알파 붕괴를 하는 아메리슘-241에 대한 균형 핵 반응식 쓰는 것을 보기로 하자.

예제 16.2 알파 붕괴에 대한 반응식 쓰기

먼저 해 보기!

주택에서 사용되는 연기 감지기는 알파 붕괴를 하는 아메리슘-241(Am-241)을 포함하고 있다. 알파 입자가 공기 분자와 충돌할 때 하전 입자(charged particle)가 생성되어 전류를 발생시킨다. 연기 입자가 감지기로 들어가면 대기 중 하전 입자와 간섭하여 전류가 단절된다. 이것이 경보를 울리게 하여 주민에게 화재 위험성을 경고한다. Am-241의 알파 붕괴에 대한 균형 핵 반응식을 써라.

연기 감지기는 방사성 동위원소인 아메리슘-241을 포함하고 있는데, 이 원소는 알파 붕괴를 한다.

풀이

	주어진 것	필요한 것	연결
문제 분석	Am-241, 알파 붕괴	균형 핵 반응식	새로운 핵의 질량수, 원자 번호

단계 1 **미완성된 핵 반응식을 쓴다.**

$$^{241}_{95}\text{Am} \longrightarrow ? + ^{4}_{2}\text{He}$$

단계 2 **빠진 질량수를 구한다.** 반응식에서 Am의 질량수인 241은 알파 입자와 새로운 원자핵의 질량수의 합과 같다.

$$241 = ? + 4$$
$$? = 241 - 4 = 237(\text{새로운 원자핵의 질량수})$$

단계 3 **빠진 원자 번호를 구한다.** Am의 원자 번호 95는 알파 입자와 새로운 원자핵의 원자 번호의 합이어야 한다.

$$95 = ? + 2$$
$$? = 95 - 2 = 93(\text{새로운 원자핵의 원자 번호})$$

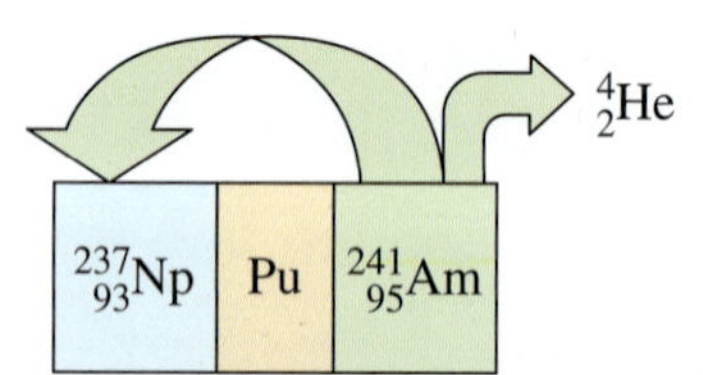

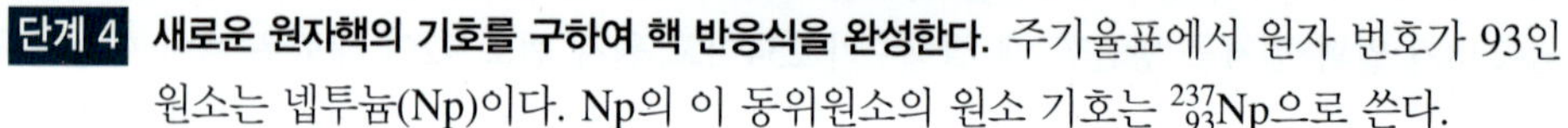

단계 4 **새로운 원자핵의 기호를 구하여 핵 반응식을 완성한다.** 주기율표에서 원자 번호가 93인 원소는 넵투늄(Np)이다. Np의 이 동위원소의 원소 기호는 $^{237}_{93}$Np으로 쓴다.

$$^{241}_{95}\text{Am} \longrightarrow ^{237}_{93}\text{Np} + ^{4}_{2}\text{He}$$

확인 문제 16.2

a. 폴로늄-214(Po-214)의 알파 붕괴에 대한 균형 핵 반응식을 써라.

b. 백혈병 치료에 사용되는 비스무트-213은 암 세포를 파괴하는 알파 입자를 방출한다. Bi-213의 알파 붕괴에 대한 균형 핵 반응식을 써라.

답

a. $^{214}_{84}\text{Po} \longrightarrow ^{210}_{82}\text{Pb} + ^{4}_{2}\text{He}$ **b.** $^{213}_{83}\text{Bi} \longrightarrow ^{209}_{81}\text{Tl} + ^{4}_{2}\text{He}$

건강과 관련된 화학 _Chemistry Link to Health

주택의 라돈

라돈(radon, Rn) 기체가 존재하면 방사선 위험이 있으므로 커다란 환경 및 건강상의 문제로 대두되었다. 라듐-226이나 우라늄-238과 같은 방사성 동위원소들이 여러 형태의 바위나 토양에 존재한다. 라듐-226은 알파 입자를 방출하여 라돈 기체로 되고, 이는 바위나 토양에서 확산되어 나온다.

$$^{226}_{88}\text{Ra} \longrightarrow ^{222}_{86}\text{Rn} + ^{4}_{2}\text{He}$$

옥외에서는 대기 중으로 분산되기 때문에 라돈 기체가 그렇게 위험하지 않다. 그러나 방사선원이 주택이나 빌딩 밑에 존재하게 되면 라돈 기체가 바닥의 균열이나 다른 구멍을 통해서 주택으로 스며든다. 그러한 환경에서 거주하거나 작업하고 있는 사람들은 라돈을 흡입할 우려가 있다. 폐 안에서 라돈-222는 알파 입자를 방출하며 폴로늄-218을 형성하는데, 이것이 폐암의 원인이 되는 것으로 알려졌다.

$$^{222}_{86}\text{Rn} \longrightarrow ^{218}_{84}\text{Po} + ^{4}_{2}\text{He}$$

미국 환경방호국(Environmental Protection Agency, EPA)에서는 라돈 때문에 매년 2만 명의 폐암 환자가 발생한다고 추정한다. EPA는 라돈의 최고 수준이 주택에서는 대기 1 리터당 4 피코퀴리(pCi)를 넘지 말 것을 권고하고 있다. 1 pCi는 10^{-12} 퀴리(Ci)와 같다. 퀴리에 대해서는 16.3절에서 공부한다. EPA는 15개의 가구 중 하나에서 라돈 수치가 이 최댓값을 초과하는 것으로 추정하고 있다.

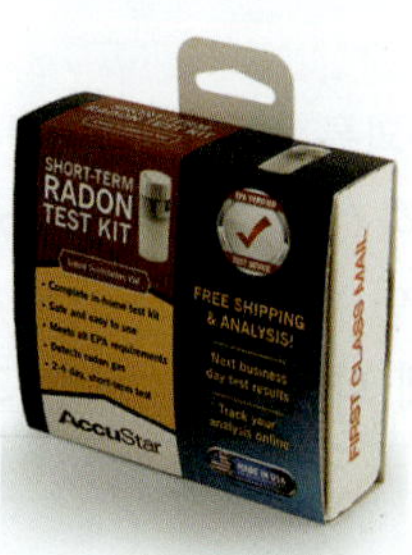

라돈 테스트 키트는 건물의 라돈 수치를 측정하는 데 사용된다.

베타 붕괴

베타 입자는 중성자가 양성자와 전자(베타 입자)로 붕괴된 결과로 형성된다. 양성자가 핵에 남아 있으므로 양성자 수는 하나 증가하고 중성자 수는 하나 감소한다. 따라서 베타 붕괴에 대한 핵 반응식에서 방사성 원자핵의 질량수와 새로운 원자핵의 질량수는 같다. 하지만 새로운 원자핵의 원자 번호는 1만큼 증가한다. 예를 들어 탄소-14 원자핵이 베타 붕괴되면 질소-14 원자핵이 생성된다.

생각해 보기 16.4

C-14 원자핵에서 베타 입자가 방출되면 어떤 일이 생기는가?

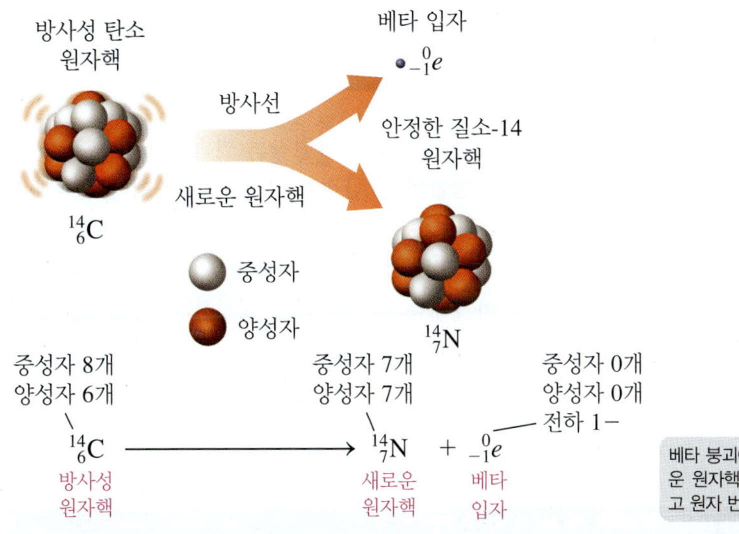

중성자 8개
양성자 6개

중성자 7개
양성자 7개

중성자 0개
양성자 0개
전하 1−

$$^{14}_{6}C \longrightarrow {}^{14}_{7}N + {}^{0}_{-1}e$$

방사성 원자핵 / 새로운 원자핵 / 베타 입자

베타 붕괴에 대한 핵 반응식에서 새로운 원자핵의 질량수는 똑같이 유지되고 원자 번호는 1만큼 증가한다.

예제 16.3 베타 붕괴에 대한 핵 반응식 쓰기

먼저 해 보기!

베타 방출체인 방사성 동위원소 이트륨-90은 암 치료와 관절염 통증을 완화하기 위한 콜로이드 주입에 사용된다. 이트륨-90의 베타 붕괴에 대한 균형 핵 반응식을 써라.

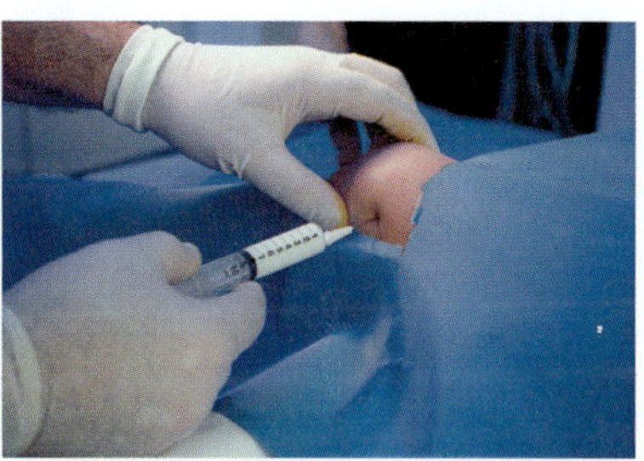

관절염으로 인한 통증을 완화시키기 위해 방사성 동위원소를 관절에 주입한다.

풀이

문제 분석	주어진 것	필요한 것	연결
	Y-90, 베타 붕괴	균형 핵 반응식	새로운 핵의 질량수, 원자 번호

단계 1 **미완성된 핵 반응식을 쓴다.**

$$^{90}_{39}Y \longrightarrow ? + {}^{0}_{-1}e$$

단계 2 **빠진 질량수를 구한다.** 핵 반응식에서 이트륨의 질량수 90은 베타 입자와 새로운 원자핵의 질량수의 합과 같다.

$90 = ? + 0$

$? = 90 - 0 = 90$(새로운 원자핵의 질량수)

단계 3 **빠진 원자 번호를 구한다.** 원자 번호 39는 베타 입자와 새로운 원자핵의 원자 번호의 합이어야 한다.

$39 = ? - 1$

$? = 39 + 1 = 40$(새로운 원자핵의 원자 번호)

단계 4 **새로운 원자핵의 기호를 구하여 핵 반응식을 완성한다.** 주기율표에서 원자 번호가 40인 원소는 지르코늄(Zr)이다. Zr의 이 동위원소에 대한 원소 기호는 $^{90}_{40}Zr$로 쓴다.

$$^{90}_{39}Y \longrightarrow {}^{90}_{40}Zr + {}^{0}_{-1}e$$

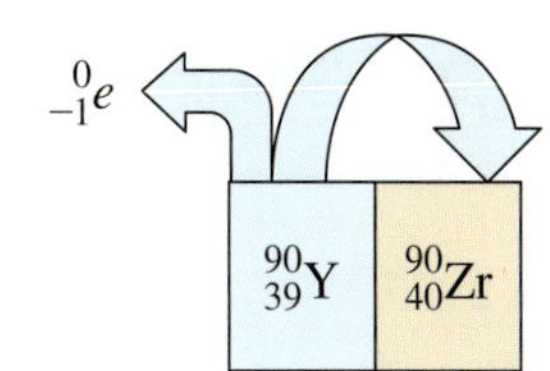

확인 문제 16.3

a. 크로뮴-51의 베타 붕괴에 대한 핵 반응식을 써라.

b. 암 치료에 사용되는 구리-64의 베타 붕괴에 대한 핵 반응식을 써라.

답

a. ${}^{51}_{24}\text{Cr} \longrightarrow {}^{51}_{25}\text{Mn} + {}^{0}_{-1}e$

b. ${}^{64}_{29}\text{Cu} \longrightarrow {}^{64}_{30}\text{Zn} + {}^{0}_{-1}e$

양전자 방출

양전자 방출에서는 불안정한 원자핵의 양성자가 중성자와 양전자로 변환된다. 중성자는 원자핵에 그대로 남아 있지만 양전자는 핵에서 방출된다. 양전자 방출에 대한 핵 반응식에서 방사성 원자핵의 질량수와 새로운 원자핵의 질량수는 같다. 하지만 새로운 원자핵의 원자 번호는 1만큼 감소하는데, 이는 한 원소가 다른 원소로 변했다는 것을 의미한다. 예를 들어 알루미늄-24 원자핵은 양전자 방출을 거쳐 마그네슘-24 원자핵을 생성한다. 마그네슘의 원자 번호(12)와 양전자의 전하(1+)는 알루미늄(13)의 원자 번호가 된다.

$${}^{24}_{13}\text{Al} \longrightarrow {}^{24}_{12}\text{Mg} + \underset{\text{양전자}}{{}^{0}_{+1}e}$$

예제 16.4 양전자 방출에 대한 핵 반응식 쓰기

먼저 해 보기!

망가니즈-49가 양전자를 방출하여 붕괴하는 핵 반응식을 써라.

풀이

	주어진 것	필요한 것	연결
문제 분석	Mn-49, 양전자 방출	균형 핵 반응식	새로운 핵의 질량수, 원자 번호

단계 1 미완성된 핵 반응식을 쓴다.

$${}^{49}_{25}\text{Mn} \longrightarrow ? + {}^{0}_{+1}e$$

생각해 보기 16.5

양전자 방출에서는 왜 질량수는 변하지 않고 원자 번호가 변하는가?

단계 2 빠진 질량수를 구한다. 핵 반응식에서 망가니즈의 질량수인 49는 양전자와 새로운 원자핵의 질량수의 합과 같다.

$49 = ? + 0$

$? = 49 - 0 = 49$(새로운 원자핵의 질량수)

단계 3 빠진 원자 번호를 구한다. 원자 번호 25는 양전자와 새로운 원자핵의 원자 번호의 합과 같아야 한다.

$25 = ? + 1$

$? = 25 - 1 = 24$(새로운 원자핵의 원자 번호)

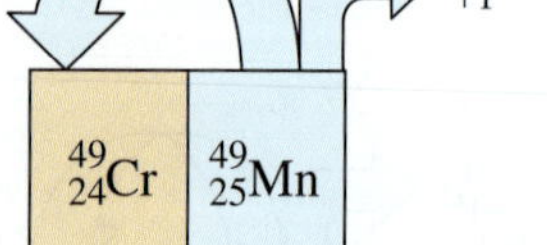

단계 4 새로운 원자핵의 기호를 구하여 핵 반응식을 완성한다. 주기율표에서 원자 번호가 24인 원소는 크로뮴(Cr)이다. Cr의 이 동위원소의 원자핵은 ${}^{49}_{24}\text{Cr}$로 쓴다.

$${}^{49}_{25}\text{Mn} \longrightarrow {}^{49}_{24}\text{Cr} + {}^{0}_{+1}e$$

확인 문제 16.4

a. 제논-118(Xe-118)이 양전자를 방출하는 균형 핵 반응식을 써라.

b. 암 영상에 사용되는 비소-74(As-74)가 양전자를 방출하는 균형 핵 반응식을 써라.

답

a. $^{118}_{54}\text{Xe} \longrightarrow {}^{118}_{53}\text{I} + {}^{0}_{+1}e$

b. $^{74}_{33}\text{As} \longrightarrow {}^{74}_{32}\text{Ge} + {}^{0}_{+1}e$

감마 방출

감마 방사선은 대부분 알파 및 베타 방출을 수반하며, 순수한 감마 방출은 드물다. 방사선학에서 가장 보편적으로 쓰이는 감마 방출체 중 하나는 테크네튬(technetium, Tc)이다. 테크네튬의 불안정한 동위원소는 급속히 붕괴되므로 *준안정*(metastable, 기호 m) 동위원소라 하며 테크네튬-99m, Tc-99m 또는 $^{99m}_{43}\text{Tc}$으로 쓴다. 감마선 형태로 에너지를 방출하여 원자핵은 좀 더 안정된 상태로 된다.

$$^{99m}_{43}\text{Tc} \longrightarrow {}^{99}_{43}\text{Tc} + {}^{0}_{0}\gamma$$

그림 16.2는 알파, 베타, 양전자, 감마 방사선에 관한 원자핵의 변화를 요약한 것이다.

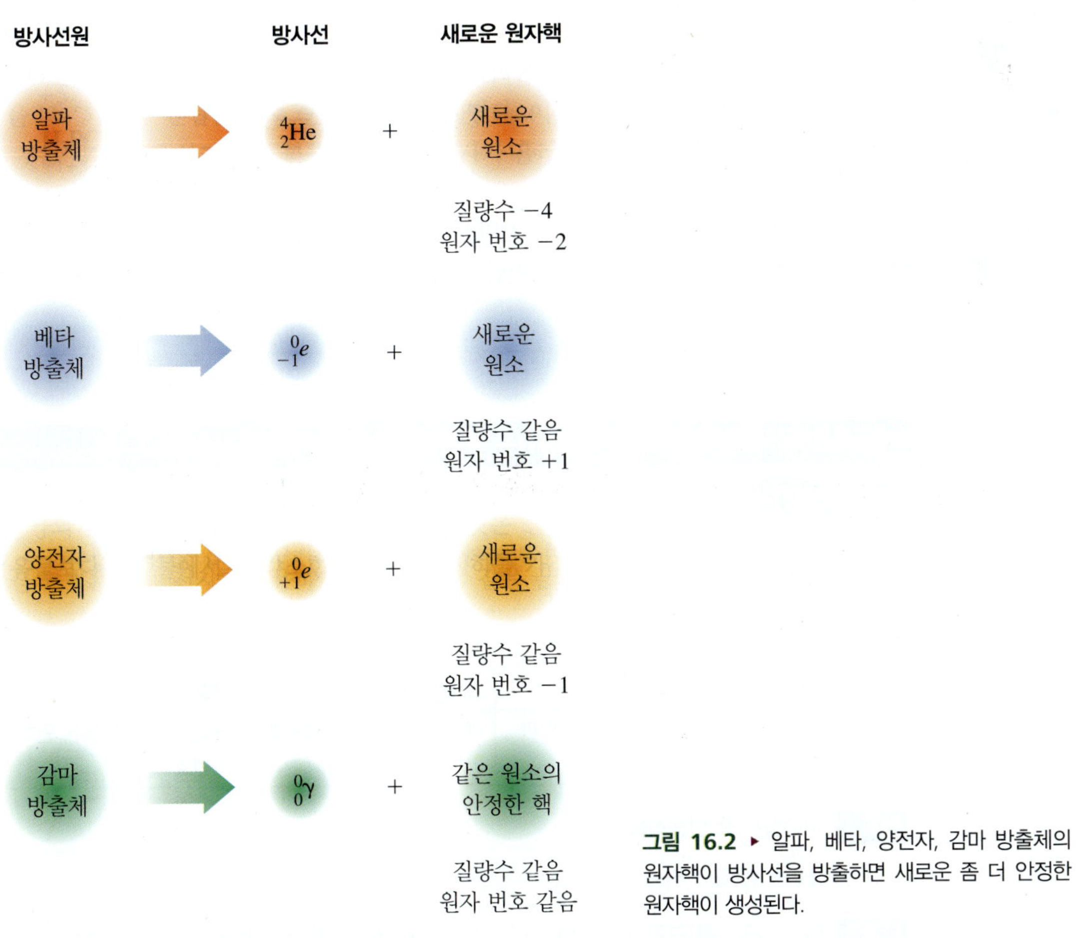

그림 16.2 ▸ 알파, 베타, 양전자, 감마 방출체의 원자핵이 방사선을 방출하면 새로운 좀 더 안정한 원자핵이 생성된다.

방사성 동위원소의 생산

오늘날에는 알파 입자, 양성자, 중성자와 작은 원자핵과 같은 고속 입자를 안정한 비방사성 동위원소에 충돌시켜서 여러 방사성 동위원소를 소량 생산한다. 이들 입자 중 하나가 흡수되면 안정한 원자핵은 방사성 동위원소와 보통 어떤 유형의 방사선 입자로 변환된다.

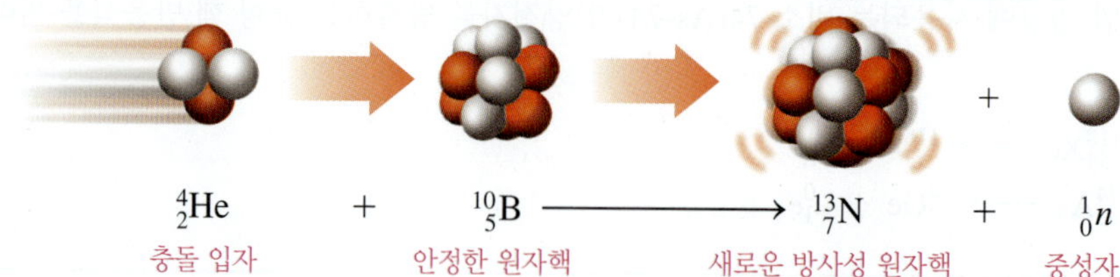

비방사성 B-10이 알파 입자와 충돌할 때 생성물은 방사성 N-13과 중성자이다.

원자 번호가 92보다 더 큰 모든 원소는 충돌 과정에 의해서 생성된 것들이다. 대부분은 소량만 생성되고 또한 짧은 시간만 존재하므로 그들의 특성을 연구하기가 어렵다. 예를 들어 캘리포늄-249를 질소-15와 충돌시키면 방사성 원소인 더브늄-260과 중성자 4개가 생성된다.

$$^{15}_{7}N + ^{249}_{98}Cf \longrightarrow ^{260}_{105}Db + 4^{1}_{0}n$$

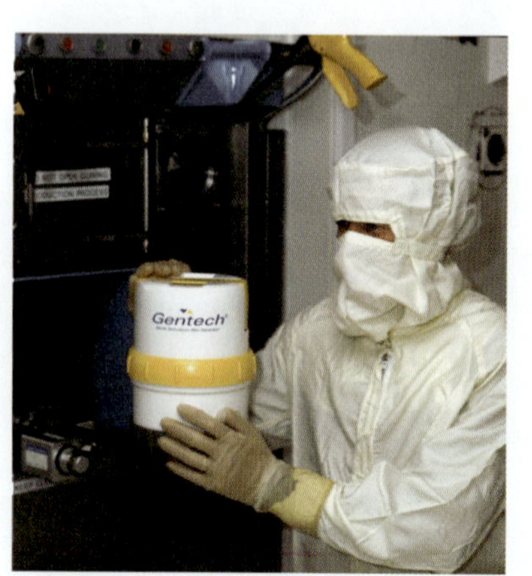

방출체를 사용하여 테크네튬-99m을 생성한다.

테크네튬-99m은 뇌종양 검출과 간 및 비장 검사 등 여러 진단 과정에서 핵의학용으로 사용되는 방사성 동위원소이다. 테크네튬-99m의 원천은 몰리브데넘-99로, 원자로에서 몰리브데넘-98에 중성자를 충돌시켜 만든다.

$$^{1}_{0}n + ^{98}_{42}Mo \longrightarrow ^{99}_{42}Mo$$

많은 방사선 실험실에는 방사성 몰리브데넘-99를 포함하는 소형 발생기가 있으며, 이 몰리브데넘-99는 붕괴하여 테크네튬-99m 방사성 동위원소로 된다.

$$^{99}_{42}Mo \longrightarrow ^{99m}_{43}Tc + ^{0}_{-1}e$$

테크네튬-99m 방사성 동위원소는 감마선 방출에 의해 붕괴한다. 감마선이 인체를 투과하여 검출 장비에 도달할 수 있으므로 진단 목적에서 보면 감마 방출은 바람직한 현상이다.

$$^{99m}_{43}Tc \longrightarrow ^{99}_{43}Tc + ^{0}_{0}\gamma$$

예제 16.5 충돌 반응에 의해 생성되는 동위원소에 대한 핵 반응식 쓰기

먼저 해 보기!

니켈-58이 양성자($^{1}_{1}H$)와 충돌하여 방사성 동위원소와 하나의 알파 입자를 생성하는 핵 반응에 대해 균형 핵 반응식을 써라.

풀이

	주어진 것	필요한 것	연결
문제 분석	Ni-58, 양성자 충돌, 알파 입자 생성	새로운 동위원소, 균형 핵 반응식	새로운 핵의 질량수, 원자 번호

단계 1 **미완성된 핵 반응식을 쓴다.**

$$^{1}_{1}H + ^{58}_{28}Ni \longrightarrow ? + ^{4}_{2}He$$

단계 2 **빠진 질량수를 구한다.** 이 반응식에서 양성자의 질량수 1과 Ni의 질량수 58의 합은 알파 입자와 다른 새로운 원자핵의 질량수의 합과 같아야 한다.

$$1 + 58 = ? + 4$$

$$? = 59 - 4 = 55(\text{새로운 원자핵의 질량수})$$

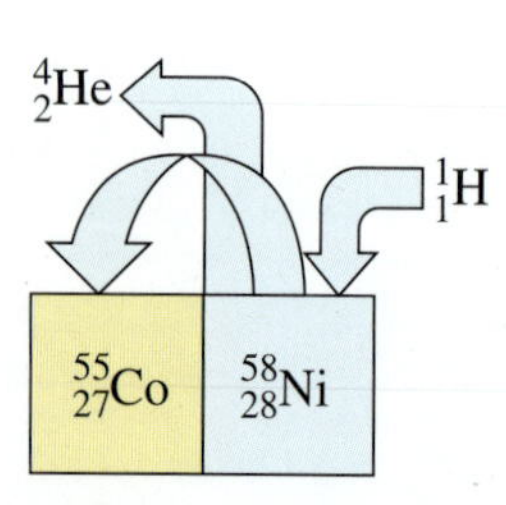

단계 3 **빠진 원자 번호를 구한다.** 양성자(1)와 Ni(28)의 원자 번호의 합은 알파 입자와 다른 새로운 원자 핵의 원자 번호의 합과 같아야 한다.

$1 + 28 = ? + 2$

$? = 29 - 2 = 27$(새로운 원자핵의 원자 번호)

단계 4 **새로운 원자핵의 기호를 구하여 핵 반응식을 완성한다.** 주기율표에서 원자 번호가 27인 원소는 코발트(Co)이다. Co의 이 동위원소의 원자핵은 $^{55}_{27}\text{Co}$로 쓴다.

$$^{1}_{1}\text{H} + ^{58}_{28}\text{Ni} \longrightarrow ^{55}_{27}\text{Co} + ^{4}_{2}\text{He}$$

확인 문제 16.5

a. 최초의 방사성 동위원소는 1934년에 생산되었는데, 알루미늄-27에 알파 입자를 충돌시켜 방사성 동위원소와 중성자 하나를 얻었다. 이 충돌에 대한 균형 핵 반응식을 써라.

b. 철-54를 알파 입자와 충돌시키면 생성물은 새로운 동위원소와 양성자 2개이다. 이 충돌에 대한 균형 핵 반응식을 써라.

답

a. $^{4}_{2}\text{He} + ^{27}_{13}\text{Al} \longrightarrow ^{30}_{15}\text{P} + ^{1}_{0}n$

b. $^{4}_{2}\text{He} + ^{54}_{26}\text{Fe} \longrightarrow ^{56}_{26}\text{Fe} + 2^{1}_{1}\text{H}$

16.3 방사선 측정

학습 목표 방사선의 검출과 측정을 설명할 수 있다.

베타선과 감마선을 검출하는 데 가장 흔히 사용되는 장비 중 하나는 가이거 계수기(Geiger counter)이다. 이것은 아르곤과 같은 기체로 채워진 금속관으로 되어 있다. 방사선이 관 끝의 창으로 들어오면 기체 중에서 전하를 띤 입자를 생성하고 이것이 전류를 발생시킨다. 전류가 발생할 때마다 증폭되어 소리를 내고 계기판에서 읽혀진다.

$$\text{Ar} + \text{방사선} \longrightarrow \text{Ar}^{+} + e^{-}$$

방사선 측정

방사선은 몇 가지 다른 방법으로 측정된다. 방사선실험실에서 방사성 동위원소를 취급할 때 표본의 *활성도*(activity)는 초당 원자핵의 분열수로 측정한다. 활성도의 원래의 단위인 **퀴리**(curie, **Ci**)는 라듐 1 g에서 1초 동안 발생하는 분열수로 정의된다. 이 값은 초당 3.7×10^{10}개의 분열에 해당한다. 이 단위는 폴란드 과학자인 마리 퀴리(Marie Curie)를 기념하기 위해 붙여졌으며 그녀는 남편 피에르(Pierre)와 함께 방사성 원소인 라듐과 폴로늄을 발견하였다. 방사성 활성도의 SI 단위는 **베크렐**(becquerel, **Bq**)이며 초당 1개의 분열을 뜻한다.

후쿠시마 다이이치 핵발전소에서 작업자들의 방사성 준위를 측정한다.

가이거 계수기는 가이거-뮐러 관에서 생성된 이온화 효과를 이용하여 알파 입자, 베타 입자, 감마선을 감지한다.

생각해 보기 16.6

베크렐과 렘의 차이는 무엇인가?

래드(radiation absorbed dose, rad)는 인체 조직과 같은 물질 1 g이 흡수하는 방사선의 양을 측정하는 단위이다. 흡수선량에 대한 SI 단위는 **그레이**(gray, **Gy**)이며 인체 조직 1 kg이 흡수하는 에너지를 줄(Joule)로 정의한 것이다. 1 Gy는 100 rad이다.

렘(radiation equivalent in human, rem)은 서로 다른 방사선에 대한 생체 영향을 측정하는 것이다. 알파 입자가 피부를 투과하지는 못하지만 다른 경로로 체내에 흡수되면 짧은 거리에 걸쳐서 광범위한 손상을 일으킬 수 있다. 베타 입자, 고에너지 양성자 및 중성자와 같은 고에너지 방사선은 조직 안으로 침투하므로 더 큰 손상을 입힌다. 감마선은 인체 조직을 더 깊숙이 통과하여 손상을 준다.

등가 선량(equivalent dose)이나 렘 선량을 구하기 위해 흡수선량(래드)에 어떤 특정 형태의 방사선에 의해 발생되는 생체 손상에 대응하는 계수를 곱한다. 베타 및 감마선인 경우 계수는 1로서 렘으로 나타낸 생체 손상은 흡수 방사선(래드)과 동일하게 된다. 고에너지 양성자 및 중성자인 경우 그 계수는 약 10이고 알파 입자인 경우는 20이다.

생체 손상(렘) = 흡수선량(래드) × 계수

때로 등가 선량 측정은 밀리렘(mrem)이라는 단위를 쓰기도 하는데, 1 rem은 1000 mrem이다. SI 단위는 **시버트**(sievert, **Sv**)이다. 1 Sv는 100 rem과 같다. **표 16.4**는 방사선 측정에 사용되는 단위들을 요약한 것이다.

건강과 관련된 화학 _Chemistry Link to Health

방사선과 식품

미국에서는 살모넬라(*Salmonella*), 리스테리아(*Listeria*), 대장균(*Escherichia coli*)과 같은 병원성 박테리아에 의해서 발생되는 식품 유래의 질병이 주요 관심사로 떠오르고 있다. 대장균은 오염된 분쇄 쇠고기, 과일 주스, 상추, 알팔파 싹에서 발생하는 질병의 원인이 된다.

미국 식품의약품안전청(Food and Drug Administration, FDA)에서는 식품 처리에 있어서 Co-60이나 Cs-137로부터 생성되는 0.3~1 kGy 범위의 방사선을 사용하도록 허가하였다. 그 방사선 조사(irradiation)기법은 의료제품의 멸균에 사용되는 것과 매우 비슷하다. 시험관대에 배열된 스테인리스스틸 관에 Co 조각을 넣는다. 식품이 일련의 시험관대를 통해 이동하면 감마선이 식품을 투과하여 세균을 죽인다.

식품이 방사선 조사되더라도 그 식품이 결코 방사선원과 접촉하는 일이 없다는 것을 소비자들이 이해하는 것이 중요하다. 감마선은 식품을 통과하면서 박테리아를 죽인다. 그러나 그것이 식품을 방사성으로 만들지는 않는다. 방사선은 박테리아가 분열하여 번식하는 것을 차단해 죽인다. 열 뿐만 아니라 방사선도 식품 자체에 미치는 영향이 극히 적은데, 식품의 세포들이 더 분열하거나 번식하지 않기 때문이다. 방사선 조사된 식품은 비타민 B_1과 비타민 C가 약간 파괴되기는 하지만 식품이 유해하지는 않다.

현재 토마토, 블루베리, 딸기, 버섯은 완전히 익었을 때 수확하고 저장 수명을 길게 하기 방사선 조사가 이루어지고 있다(**그림 16.3** 참조). FDA는 돼지고기, 닭고기, 쇠고기의 방사선 조사를 허가하여 감염 가능성을 줄이고 저장 수명을 늘리도록 하였다. 현재 40개 이상의 국가에서 방사선 조사된 채소와 육류식품을 소매시장에서 구입할 수 있다. 미국에서는 방사선 조사된 열대과일, 시금치, 분쇄 정육이 일부 가게에서 판매된다. *아폴로 17호* 우주선원들은 달에서 방사선 조사 식품을 먹었으며, 미국의 일부 병원과 사설요양원에서도 방사선 조사된 닭고기를 사용하여 환자들 사이의 살모넬라 감염 가능성을 줄이고 있다. 방사선 조사된 방법으로 저장기간을 연장하는 것은 캠프 여행자나 군인들에게도 유용하다. 식품의 안전성에 관해 우려를 하는 소비자들은 얼마 안 되어 시장에서 방사선 조사된 육류, 과일, 채소를 선호하게 될 것이다.

FDA는 조사된 식품에 이 기호를 표시하도록 요구한다.

2주 후, 오른쪽에 조사된 딸기는 상하지 않는다. 조사되지 않은 왼쪽 딸기에서는 곰팡이가 자라고 있다.

그림 16.3 ▸ 식품에 방사선 조사.

표 16.4 > 방사선 측정 단위

측정	일반 단위	SI 단위	관계
활성도	퀴리(Ci) 1 Ci = 3.7×10^{10} 붕괴/s	베크렐(Bq) 1 Bq = 1 붕괴/s	1 Ci = 3.7×10^{10} Bq
흡수선량	래드(rad)	그레이(Gy) 1 Gy = 1 J/조직 kg	1 Gy = 100 rad
생체 손상	렘(rem)	시버트(Sv)	1 Sv = 100 rem

방사선 실험실에서 종사하는 사람들은 X선, 감마선, 베타 입자와 같은 방사선에 노출되는 양을 측정하기 위해 의복에 방사선량계(dosimeter)를 단다. 선량계에는 열 발광 방사선량계(thermoluminescent, TLD), 광학자극 발광 방사선량계(optically stimulated luminescence, OSL) 또는 전자식 개인 방사선량계(electronic personal, EPD)가 있다. 선량계는 작업 구역에서 모니터에 의해 측정된 실시간 방사선 수준을 나타낸다.

방사능 노출량을 측정하는 선량계

예제 16.6 방사선 측정

먼저 해 보기!

뼈의 통증을 치료하는 방법 중 하나는 방사성 인-32를 정맥주사용법으로 뼈에 흡수되도록 처치하는 것이다. 7.0 mCi라는 전형적인 방사선량은 뼈에서 최대 450래드를 생성할 수 있다. 단위 mCi와 래드의 차이는 무엇인가?

풀이

mCi는 P-32의 활성도를 1초 동안 분열되는 원자핵으로 나타낸 것이다. 래드는 뼈에서 흡수되는 방사선량의 척도이다.

확인 문제 16.6

a. 흡수된 방사선량 450 rad는 그레이(Gy) 단위로는 얼마인가?
b. 활동도 7.0 mCi는 베크렐(Bq) 단위로는 얼마인가?

답

a. 4.5 Gy **b.** 2.6×10^8 Bq

방사선 노출

우리는 매일 우리가 살고 있고 또 일하고 있는 빌딩 내에서, 음식이나 물, 숨 쉬고 있는 공기 중에서 자연적으로 발생되는 방사성 동위원소로부터 저준위의 방사선에 노출되고 있다. 예를 들면 천연 방사성 동위원소인 K-40은 포타슘이 들어 있는 모든 식품에 존재한다. 대기 중이나 식품에 존재하는 다른 방사성 동위원소로는 C-14, Rn-222, Sr-90, I-131이 있다. 미국 사람들은 평균적으로 연간 360 mrem의 방사선에 노출된다. **표 16.5**에 몇 가지 일반적인 방사선원을 수록하였다.

또 다른 배경 방사선원은 태양에 의해서 우주 공간에서 발생되는 우주방사선이다. 고지대에 살거나 비행기로 여행하는 사람들은 더 큰 우주방사선을 받게 되는데 그 이유는 그곳에 방사선을 흡수하는 분자들이 적기 때문이다. 예를 들면, 미국 덴버에 사는 사람들은 로스앤젤레스에 사는 사람들에 비해 약 두 배의 우주방사선에 노출된다. 원자력 발전소 부근에 사는 주민들은 우려와 달리 추가적으로 많은 방사선을 받지 않으며, 추가적으로 받는 양은

표 16.5 > 미국인들이 연간 받게 되는 평균 방사선량

선원	선량(mrem)
천연	
지면	0.2
공기, 물, 식품	0.3
우주선	0.4
숲, 콘크리트, 벽돌	0.5
의료용	
흉부 X선	0.2
치과 X선	0.2
맘모그램	0.4
엉덩이 X선	0.6
요추 X선	0.7
상부 위장관 X선	2
기타	
핵 발전소	0.001
텔레비전	0.2
항공 여행	0.1
라돈	2*

*광범위하게 달라짐

연간 0.001 mSv이다. 그러나 1986년에 우크라이나의 체르노빌 원자력 발전소에서 발생된 원전사고 당시 인근 주민들은 시간당 10 mSv 정도의 방사선을 받았던 것으로 추정된다.

방사선 질병

표 16.6 > 생명 형태에 대한 반수 치사 방사선량

생명 형태	LD_{50} (Sv)
곤충	1000
세균	500
쥐	8
인간	5
개	3

일시에 받게 되는 방사선의 선량이 많으면 많을수록 인체에 미치는 영향이 더 크다. 통상적으로 0.25 Sv 미만의 방사선에 노출되는 것은 검출이 불가능하다. 약 1 Sv 정도를 전신에 받으면 일시적으로 백혈구 수가 줄어든다. 방사선 노출이 1 Sv 이상이면 구역질, 구토, 백혈구 세포 감소 등의 방사선 질병을 앓게 될 수 있다. 전신에 3 Sv 이상을 받으면 백혈구 세포가 0으로 감소할 수도 있다. 그런 사람은 설사, 탈모, 감염을 겪게 된다. 약 5 Sv 이상의 방사선을 받으면 사망률이 50%에 이른다. 전신에 이 정도의 방사선량은 *반수 치사 방사선량*(lethal dose for one half the population), 즉 LD_{50}이라고 한다. **표 16.6**에서 보듯 LD_{50}은 대상 생명 형태에 따라 다르다. 6 Sv 이상의 방사선량이면 모든 인간이 수 주 내로 사망하는 치명적인 양이다.

복습하기

변환 인자 사용하기(2.6)

16.4 방사성 동위원소의 반감기

> 학습 목표 방사성 동위원소의 반감기가 주어지면 한 번 이상의 반감기 후 남은 방사성 동위원소의 양을 계산할 수 있다.

방사성 동위원소의 **반감기**(half-life)는 시료의 절반이 붕괴하는 걸리는 시간이다. 예를 들면 $^{131}_{53}I$은 반감기가 8.0일이다. $^{131}_{53}I$이 붕괴되면 비방사성 동위원소 $^{131}_{54}Xe$와 베타 입자가 생성된다.

$$^{131}_{53}I \longrightarrow {}^{131}_{54}Xe + {}^{0}_{-1}e$$

생각해 보기 16.7

Tc-99m 24 mg 시료의 반감기가 6.0시간이라면, 18시간 후에는 왜 3.0 mg의 Tc-99m만 방사성을 나타내는가?

초기에 $^{131}_{53}I$ 20. mg을 포함하는 시료를 하나 가지고 있었다고 하자. 8일 후에 모든 I-131 원자핵의 반(10. mg)이 붕괴되고 I-131 10. mg이 남는다. 16일(2번의 반감기) 후에는 나머지 I-131의 반인 5.0 mg이 붕괴되고 I-131 5.0 mg이 남게 된다. 24일(3번의 반감기) 후에는 남은 I-131의 반인 2.5 mg이 붕괴되고 I-131 2.5 mg이 남아서 여전히 방사선을 낼 수 있다.

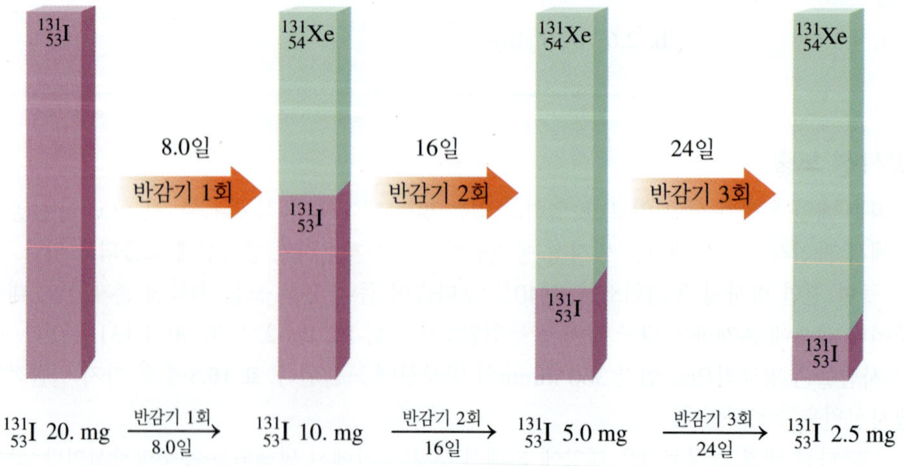

$$^{131}_{53}I\ 20.\ mg \xrightarrow[8.0일]{반감기\ 1회} {}^{131}_{53}I\ 10.\ mg \xrightarrow[16일]{반감기\ 2회} {}^{131}_{53}I\ 5.0\ mg \xrightarrow[24일]{반감기\ 3회} {}^{131}_{53}I\ 2.5\ mg$$

반감기가 되면 동위원소의 활동도는 반으로 줄어든다.

붕괴 곡선(decay curve)은 방사성 동위원소의 붕괴 도표이다. **그림 16.4**는 앞에서 검토했던 $^{131}_{53}I$에 관한 곡선을 보여준다.

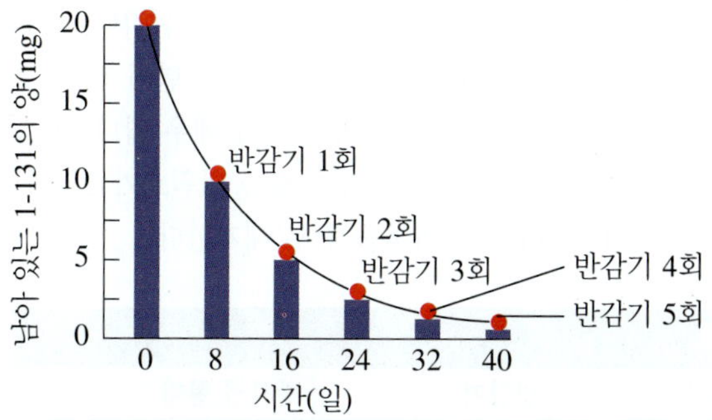

그림 16.4 ▸ 아이오딘-131의 붕괴 곡선은 8.0일의 반감기가 끝날 때마다 방사성 시료의 1/2이 붕괴되고 1/2이 방사성인 상태로 남아 있음을 보여준다.

핵심 화학 기술

반감기 이용

예제 16.7 방사성 동위원소의 반감기 이용

먼저 해 보기!

백혈병 치료에 쓰이는 인-32 방사성 동위원소는 반감기가 14.3일이다. 시료가 인-32 8.0 mg을 함유하고 있다면 42.9일 후에는 몇 mg의 인-32가 남겠는가?

풀이

단계 1 **주어진 것과 필요한 것을 쓴다.**

	주어진 것	필요한 것	연결
문제 분석	인-32 8.0 mg, 42.9일 경과, 반감기 = 14.3일	남아 있는 P-32의 질량(mg)	반감기 횟수

단계 2 **모르는 양을 계산할 계획을 세운다.**

일 수 → 반감기 → 반감기 횟수

$^{32}_{15}$P의 질량(mg) → 반감기 횟수 → 남아 있는 $^{32}_{15}$P의 질량(mg)

단계 3 **반감기 등가성과 변환 인자를 쓴다.**

반감기 1회 = 14.3일

$$\frac{14.3\text{일}}{\text{반감기 1회}} \text{ 그리고 } \frac{\text{반감기 1회}}{14.3\text{일}}$$

단계 4 **문제를 풀어 필요한 양을 계산한다.** 첫째, 경과되는 시간으로부터 반감기 횟수를 구한다.

$$\text{반감기 횟수} = 42.9\cancel{\text{일}} \times \frac{\text{반감기 1회}}{14.3\cancel{\text{일}}} = \text{반감기 3.00회}$$

이제 3.00회의 반감기 동안 시료가 얼마나 붕괴하는지 구할 수 있으며 인이 얼마나 남아 있는가를 구할 수 있다.

$$^{32}_{15}\text{P 8.0 mg} \xrightarrow[\text{14.3일}]{\text{반감기 1회}} {}^{32}_{15}\text{P 4.0 mg} \xrightarrow[\text{28.6일}]{\text{반감기 2회}} {}^{32}_{15}\text{P 2.0 mg} \xrightarrow[\text{42.9일}]{\text{반감기 3회}} {}^{32}_{15}\text{P 1.0 mg}$$

확인 문제 16.7

a. 철-59의 반감기는 44일이다. 핵 실험실에서 철-59 시료 8.0 mg을 받았다면 176일 후에는 아직 활성을 띠는 철-59은 몇 마이크로그램일까?

b. 심근질환 진단에 사용되는 루비듐-82의 반감기는 1.27분이다. 초기 선량이 1480 MBq이라면 5.08분 후에는 반감기가 몇 번 경과했으며 Rb-82의 활동도는 어떠할까?

답

a. 철-59 0.50 μg **b.** 4번의 반감기, 92.5 MBq

생각해 보기 16.8

핵 의학에 사용되는 방사성 동위원소는 왜 반감기가 짧은가?

천연에 존재하는 원소의 동위원소는 **표 16.7**에서 보듯 통상적으로 반감기가 길다. 이들은 서서히 분열하여 오랫동안 방사선을 생성하며 심지어 수백 년이나 수백만 년이 되는 것도 있다. 이와 대조적으로 핵의학에서 쓰이는 방사성 동위원소는 반감기가 매우 짧다. 예를 들어, Tc-99m은 첫 6시간 동안 절반의 방사선을 방출한다. 이는 방사성 동위원소가 2일 이내에 거의 소멸한다는 것을 의미한다. 신체는 Tc-99m의 붕괴물을 전부 제거한다.

표 16.7 > 몇몇 방사성 동위원소의 반감기

원소	방사성 동위원소	반감기	방사선 형태
천연 방사성 동위원소			
라듐-226	$^{226}_{88}Ra$	1600년	알파
스트론튬-90	$^{90}_{38}Sr$	38.1년	알파
우라늄-238	$^{238}_{92}U$	4.5×10^9년	알파
탄소-14	$^{14}_{6}C$	5730년	베타
포타슘-40	$^{40}_{19}K$	1.3×10^9년	베타, 감마
의료용 방사성 동위원소			
라돈-222	$^{222}_{86}Rn$	3.8일	알파
산소-15	$^{15}_{8}O$	2.0분	양전자
아이오딘-131	$^{131}_{53}I$	8.0일	감마
철-59	$^{59}_{26}Fe$	44일	베타, 감마
크로뮴-51	$^{51}_{24}Cr$	28일	감마
탄소-11	$^{11}_{6}C$	20.분	양전자
테크네튬-99m	$^{99m}_{43}Tc$	6.0시간	베타, 감마

골격에서 얻은 뼈 시료의 연대는 탄소 연대법으로 결정할 수 있다.

예제 16.8 방사성 동위원소의 반감기 이용

먼저 해 보기!

사람과 동물의 뼈에 있는 탄소 물질은 죽을 때까지 탄소를 동화한다. 탄소 연대측정법을 이용하면 뼈 시료에 있는 탄소-14의 반감기 횟수를 측정하여 뼈의 연대를 측정할 수 있다. 선사시대의 동물 시료를 얻어 탄소 연대측정법을 실시하였다. 반감기가 5730년인 탄소-14의 반감기를 이용하면 뼈의 나이나 동물이 죽은 후 경과한 시간을 계산할 수 있다. 선사시대 동물의 골격에서 얻은 뼈가 살아 있는 동물에 존재하는 C-14 활동도의 25%를 함유하고 있다. 이 선사시대 동물은 언제 죽었을까?

풀이

단계 1 주어진 것과 필요한 것을 쓴다.

	주어진 것	필요한 것	연결
문제 분석	반감기 = 5730년, 초기 C-14 활동도의 25%	경과한 시간	반감기 횟수

단계 2 모르는 양을 계산할 계획을 세운다.

$$\text{활동도:}\quad 100\%\ (\text{초기}) \xrightarrow{\text{반감기 1.0회}} 50\% \xrightarrow{\text{반감기 2.0회}} 25\%$$

환경과 관련된 화학 _Chemistry Link to Environment

고대 물체의 연대측정

방사선에 의한 연대측정은 고대 물체의 연대를 측정하기 위해 지질학자, 고고학자, 역사학자들이 사용하는 기법이다. 식물이나 동물에서 유도된 물체[나무, 섬유, 천연 안료(natural pigment), 뼈, 면화 또는 양모 의류]의 연대는 C-14의 양을 측정하여 결정한다. C-14는 자연적으로 존재하는 방사성 탄소의 형태이다. 윌라드 리비(Willard Libby)는 1940년대에 C-14 연대측정 기법을 개발한 공로로 1960년에 노벨상을 수상하였다. C-14는 상층 대기에서 우주선의 고에너지 중성자가 $^{14}_{7}N$에 충돌하여 생성된다.

$$^{1}_{0}n + {}^{14}_{7}N \longrightarrow {}^{14}_{6}C + {}^{1}_{1}H$$

우주선에서 오는 중성자 / 대기 중의 질소 / 방사성 탄소-14 / 양성자

C-14는 산소와 반응하여 방사성 이산화 탄소 $^{14}_{6}CO_2$를 생성한다. 살아 있는 식물들은 지속적으로 이산화 탄소를 흡수하여 C-14가 식물 물질에 편입된다. 식물이 죽게 되면 C-14 흡수가 중단된다. C-14가 베타 붕괴를 하면 식물 물질의 방사성 C-14의 양은 점차적으로 감소된다.

$$^{14}_{6}C \longrightarrow {}^{14}_{7}N + {}^{0}_{-1}e$$

과학자들은 *탄소 연대측정*(carbon dating) 과정에서 식물이 죽은 후의 경과 시간을 계산하기 위해 C-14의 반감기(5730년)를 이용한다. 예를 들어, 고대 인디언 거주지에서 발견되는 나무 들보에는 오늘날 살아 있는 식물에 존재하는 C-14의 절반이 들어 있다. C-14의 반감기가 5730년이므로 그 거주지는 5730년 전에 구축된 것을 알 수 있다. C-14 연대측정법으로 사해 문서(Dead Sea Scrolls)가 약 2000년 되었음을 결정하였다.

매우 오래된 물체의 연대를 결정하는 데 쓰이는 방사성 연대측정은 방사성 동위원소 U-238에 근거하며, 이 U-238는 일련의 붕괴 과정을 거쳐 Pb-206으로 된다. U-238 동위원소는 반감기가 매우 길어 약 4×10^9년(40억 년)에 달한다. 지질학자들은 U-238와 Pb-206의 양을 측정하여 암석의 연대를 구하기도 한다. 오래된 암석일수록 U-238의 붕괴가 더 많았기 때문에 Pb-206의 함유량이 더 높을 것이다. 예를 들어 *아폴로* 비행으로 달에서 가져온 암석의 연대는 U-238을 이용하여 구하였다. 이에 의하면 약 4×10^9년으로 이는 지구의 것과 거의 같다.

사해 문서의 연대는 C-14를 이용하여 결정하였다.

단계 3 반감기 등가성과 변환 인자를 쓴다.

$$\text{반감기 1회} = 5730\text{년}$$
$$\frac{5730\text{년}}{\text{반감기 1회}} \quad \text{그리고} \quad \frac{\text{반감기 1회}}{5730\text{년}}$$

단계 4 문제를 풀어 필요한 양을 계산한다.

$$\text{경과한 시간} = \cancel{\text{반감기}}\ 2.0\cancel{\text{회}} \times \frac{5730\text{년}}{\cancel{\text{반감기}}\ 1\cancel{\text{회}}} = 11\ 000\text{년}$$

그 동물이 11 000년 전에 죽었다고 추정할 수 있다.

확인 문제 16.8

a. 무덤에서 발굴되는 나뭇조각이 원래 탄소-14 활성도의 1/8을 가지고 있다고 하자. 그 나무는 몇 년 전에 살아 있었는가?

b. 11 460년 후에 C-14가 4.0 mcg 남아 있었다면 초기에 조직에는 C-14 몇 마이크로그램이 있었을까?

답

a. 17 000년 **b.** 16 mcg

16.5 방사능의 의학적 이용

학습 목표 의학에서 방사성 동위원소의 이용을 설명할 수 있다.

미국 버클리 캘리포니아대학교에서 최초로 방사성 동위원소를 이용하여 백혈병을 가진 사람을 치료하였다. 1946년에는 갑상선 기능을 진단하고 갑상선 기능 항진증과 갑상선 암을 치료하는 데 방사성 아이오딘을 사용하여 성공하였다. 오늘날 방사성 동위원소는 간, 비장, 갑상선, 신장, 뇌, 심장을 비롯한 장기들의 영상을 만들어낸다.

방사선사들은 인체의 장기 상태를 알기 위해 그 장기에 집중하여 모이는 방사성 동위원소를 사용한다. 인체 세포는 비방사성 원자와 방사성 원자를 구분하지 못하므로 이런 방사성 동위원소들이 쉽게 편입된다. 그 다음에 방사성 원자는 방사선을 방출하므로 쉽게 검출된다. 핵의학에서 쓰이는 몇몇 방사성 동위원소들을 **표 16.8**에 수록하였다.

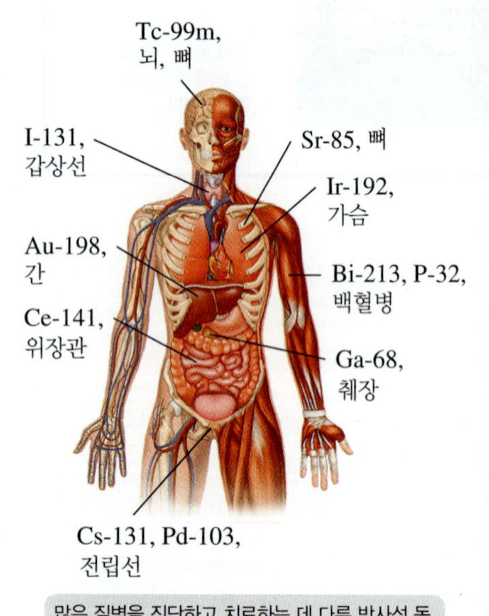

많은 질병을 진단하고 치료하는 데 다른 방사성 동위원소들이 사용된다.

표 16.8 > 의료용 방사성 동위원소

동위원소	반감기	방사선	의료용
Au-198	2.7일	베타	간의 영상; 복부의 암종 치료
Bi-213	46분	알파	백혈병 치료
Ce-141	32.5일	베타	위장관 진단; 심장 혈류 측정
Cs-131	9.7일	감마	전립선 근접치료
F-18	110분	양전자	양전자 단층 촬영(PET)
Ga-67	78시간	감마	복부 영상; 종양 검출
Ga-68	68분	양전자	췌장암 검출
I-123	13.2시간	감마	갑상선암, 뇌암 및 전립선암 치료
I-131	8.0일	베타	그레이브스병, 갑상선종, 갑상선기능항진증; 갑상선암 및 전립선암 치료
Ir-192	74일	감마	유방암 및 전립선암 치료
P-32	14.3일	베타	백혈병, 적혈세포 과다, 췌장암 치료
Pd-103	17일	감마	전립선 근접치료
Sm-153	46시간	베타	골암 치료
Sr-85	65일	감마	뼈 손상 검출; 뇌 스캔
Tc-99m	6.0시간	감마	골격 및 심근, 뇌, 간, 심장, 폐, 뼈, 비장, 신장, 갑상선의 영상; 핵의학에서 가장 광범위하게 쓰이는 방사성 동위원소
Xe-133	5.2일	베타	폐 기능 진단
Y-90	2.7일	베타	간암 치료

방사성 동위원소를 이용한 스캔

사람들이 방사성 동위원소를 섭취한 후 방사선학자들은 방사성 동위원소에 의해 방출되는 방사능의 준위와 위치를 검출한다. *스캐너*(scanner)라고 하는 장비는 장기 영상을 생성하는 장비이다. 스캐너를 방사성 동위원소가 위치한 장기가 있는 부위 위로 가로질러 서서히 움직인다. 장기의 방사성 동위원소에서 방출되는 감마선은 사진판 노출에 사용될 수 있어서 장기의 *주사*(scan) 영상을 만든다. 방사선 주사 시에 방사선이 감소하거나 증가하는 부위가 있으면 장기의 질병, 종양, 혈액 응고, 부종(edema)과 같은 병을 알 수 있다.

갑상선 기능을 알기 위해 일반적으로 *방사성 아이오딘 섭취*(radioactive iodine uptake)

를 이용한다. 방사성 동위원소 I-131을 먹으면 체내에 존재하고 있던 아이오딘과 혼합된다. 24시간 후 갑상선에서 흡수한 아이오딘의 양을 구할 수 있다. 갑상선 부위에 고정시켜 놓은 검출관이 그 곳에 위치한 I-131로부터 나오는 방사선을 검출한다(**그림 16.5** 참조).

갑상선 기능 항진증이 있는 사람은 방사성 아이오딘 수준이 정상치보다 높은 반면, 갑상선 기능 저하증 환자는 정상치보다 더 낮은 수준을 나타낸다. 갑상선 기능 항진증이 있는 사람들은 갑상선의 활동도를 낮추는 치료를 시작한다. 한 가지 치료법은 진단용보다 더 방사선량이 높은 치료용 방사선량의 방사성 아이오딘을 투여하는 것이다. 방사성 아이오딘은 갑상선으로 가서 그 방사선이 갑상선 세포의 일부를 파괴한다. 갑상선은 갑상선 호르몬을 적게 생산하여 갑상선 기능 항진증을 억제한다.

스캐너가 장기의 방사성 동위원소로부터 방사선을 검출하는 데 쓰인다.

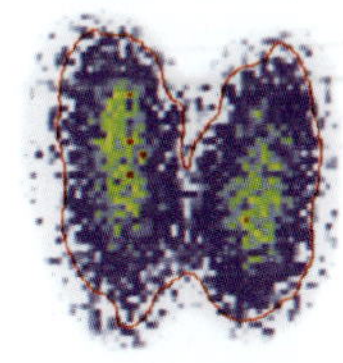

갑상선 스캔에 방사성 아이오딘-131을 사용한다.

그림 16.5 ▸ 장기에서 나오는 방사선 검출

양전자 방출 단층 촬영(PET)

탄소-11, 산소-15, 질소-13, 플루오린-18과 같이 반감기가 짧은 양전자 방출체(positron emitter)는 *양전자 방출 단층 촬영*(positron emission tomography, PET)이라고 하는 영상 기법에 쓰인다. 플루오린-18과 같은 양전자 방출 동위원소는 인체의 글루코스와 같은 물질과 결합하여 뇌의 기능, 대사, 혈류를 연구하는 데 쓰인다.

$$^{18}_{9}\text{F} \longrightarrow {}^{18}_{8}\text{O} + {}^{0}_{+1}e$$

양전자가 방출되면 그것은 전자들과 결합하여 감마선을 생성하고 이것을 컴퓨터화된 장비로 검출하여 장기의 3차원 영상을 만든다(**그림 16.6** 참조).

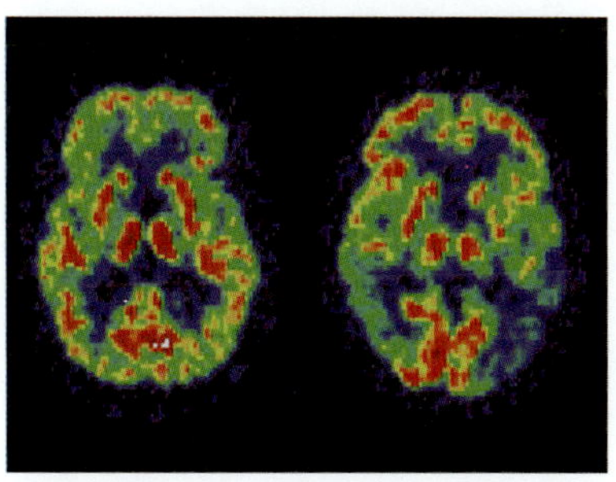

그림 16.6 ▸ 이 뇌의 PET 스캔은 왼쪽의 정상 뇌와 오른쪽의 알츠하이머병에 걸린 뇌를 나타낸 것이다.

비방사성 영상

컴퓨터 단층 촬영(CT)

뇌, 폐, 심장과 같은 기관을 스캔하는 데 사용되는 또 다른 영상 기법은 *컴퓨터 단층 촬영*(computed tomography, CT)이다. 연속 층으로 표적 기관을 향해 진행하는 30 000개의 X선 빔의 흡수 정도를 컴퓨터로 감시한다. 기관 내 조직 밀도와 유량에 기반을 두고 X선 흡수의 차이로 일련의 기관 영상을 얻을 수 있다. 이 기법은 뇌출혈(brain hemorrhage), 종양, 위축증을 식별하는 데 상당히 성공적이다.

자기 공명 영상(MRI)

자기 공명 영상(magnetic resonance imaging, MRI)은 방사선을 포함하지 않는 아주 강력한 영상 기법이다. 이는 최소 침투 영상 기법이다. MRI는 수소 원자의 양성자가 강한 자기장에 의해 들뜰 때 에너지를 흡수한다는 원리에 근거한 것이다. 두 상태 사이의 에너지 차이에 해당하는 에너지가 방출되어 스캐너가 검출할 수 있는 전자기장 신호를 생성한다. 이 신호를 컴퓨터로 보내 신체의 컬러 영상을 만든다. MRI는 연부 조직의 영상을 얻는 데 특히 유용한데, 연부 조직은 수소 원자를 많이 함유하고 있다.

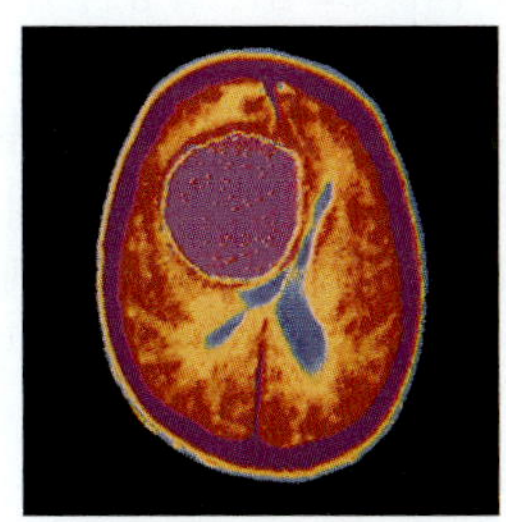

CT 방사선 스캔에 뇌의 종양(보라색)이 보인다.

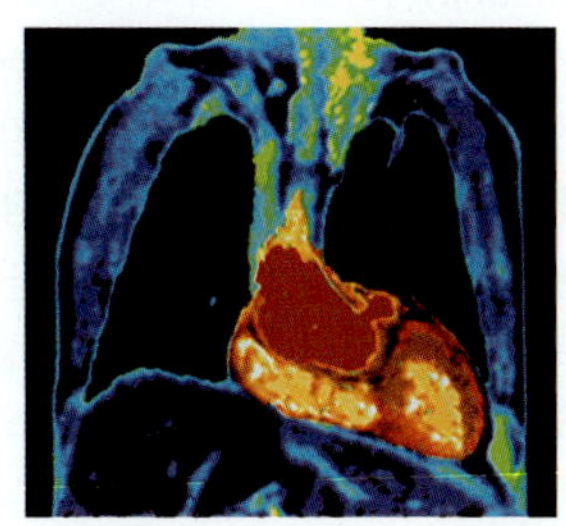

MRI 스캔으로 심장과 폐의 영상을 얻는다.

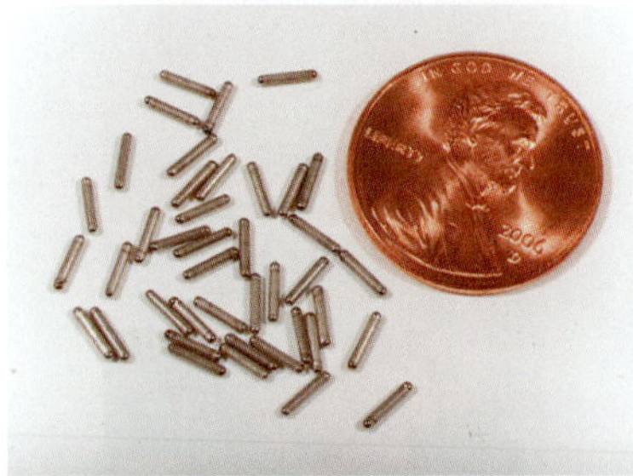

암 치료를 위해 방사성 동위원소로 채워진 타이타늄 "알갱이"를 신체에 이식한다.

예제 16.9 의료용 방사능

먼저 해 보기!

복부 암종이 걸린 사람의 치료에 베타 방출체인 금-198 "알갱이"로 처치하였다. 금-198의 베타 붕괴에 대한 균형 핵 반응식을 써라.

풀이

	주어진 것	필요한 것	연결
문제 분석	금-198, 베타 붕괴	균형 핵 반응식	새로운 핵의 질량수, 원자 번호

단계 1 **미완성된 핵 반응식을 쓴다.**

$$^{198}_{79}\text{Au} \longrightarrow \, ? + \, ^{0}_{-1}e$$

단계 2 **빠진 질량수를 구한다.** 베타 붕괴에서 질량수 198은 변하지 않는다.

$$^{198}_{79}\text{Au} \longrightarrow \, ^{198}? + \, ^{0}_{-1}e$$

단계 3 **빠진 원자 번호를 구한다.** 새로운 동위원소의 원자 번호는 1만큼 증가한다.

$$^{198}_{79}\text{Au} \longrightarrow \, ^{198}_{80}? + \, ^{0}_{-1}e$$

단계 4 **새로운 원자핵의 기호를 구한다.** 주기율표에서 원자 번호 80인 원소는 수은(Hg)이다.

단계 5 **핵 반응식을 완성한다.**

$$^{198}_{79}\text{Au} \longrightarrow \, ^{198}_{80}\text{Hg} + \, ^{0}_{-1}e$$

확인 문제 16.9

a. 실험 치료에서 환자에게 악성 종양에 흡수되는 붕소-10을 투여한다. 붕소-10은 중성자와 충돌시키면 주변 종양 세포들을 파괴하는 알파 입자를 방출하면서 붕괴된다. 이 실험 절차에 대한 균형 핵 반응식을 써라.

b. PET 스캔에 양전자 공급원인 플루오린-18은 산소-18에 양성자를 충돌시켜 합성한다. 이 반응에 대한 균형 핵 반응식을 써라.

답

a. $^{1}_{0}n + \, ^{10}_{5}\text{B} \longrightarrow \, ^{7}_{3}\text{Li} + \, ^{4}_{2}\text{He}$ **b.** $^{1}_{1}\text{H} + \, ^{18}_{8}\text{O} \longrightarrow \, ^{18}_{9}\text{F} + \, ^{1}_{0}n$

건강과 관련된 화학 _Chemistry Link to Health

근접치료

근접치료(brachytherapy) 또는 종자 이식(seed implantation)이라고 하는 과정은 내부 방사선 치료의 한 형태이다. *brachy*라는 접두어는 짧은 거리라는 의미의 그리스어이다. 내부 방사선을 통해서 선량이 높은 방사선이 암 부위로 전달된다. 한편 정상조직은 최소 손상 상태를 유지한다. 고농도의 선량을 사용하므로 극히 짧은 기간 동안의 최소 치료가 필요하다. 그간의 외과적인 치료에서는 치료할 때마다 더 낮은 방사선량을 주었지만 치료시 6~8주를 필요로 하였다.

영구 근접치료(Permanent Brachytherapy)

남성에게 있어서 가장 흔한 형태의 암 중의 하나는 전립선암이다. 외과적 및 화학적 치료 외에 또 하나의 치료법은 악성 부위에 40개 이상의 타이타늄 캡슐이나 종자를 배치하는 일이다. 그 크기는 쌀알 정도이며 감마 방출을 하는 방사성 아이오딘-125, 팔라듐-103, 세슘-131을 담을 수 있다. 종자에서 나오는 방사선은 주위의 정상조직에는 손상을 최소로 하면서 암세포의 번식을 억제하여 암세포를 파괴한다. 방사성 동위원소의 90% 정도는 반감기가 짧으므로 몇 달 내에 붕괴되어 소멸된다.

환자의 몸 밖으로 나오는 방사선은 거의 없다. 가족이 받게 되는 방사선의 양은 장거리 비행에서 받는 것보다 높지 않다. 붕괴 생성물은 방사성이 없어서 타이타늄 캡슐은 체내에 영구적으로 남아 있을 수 있다.

(계속)

동위원소	I-125	Pd-103	Cs-131
방사선	감마	감마	감마
반감기	60일	17일	10일
방사선의 90%를 제공하는 데 필요한 시간	7개월	2개월	1개월

임시 근접치료(Temporary Brachytherapy)

전립선암의 또 다른 치료 형태는 이리듐-192를 담은 긴 바늘을 종양에 삽입하는 것이다. 그러나 이리듐 동위원소의 활성에 따라 5~10분 후에 제거된다. 영구 근접치료법과 비교해 볼 때 임시 근접치료는 짧은 시간 동안 고농도의 방사선 선량을 투입할 수 있다. 이러한 과정을 며칠 내에 반복한다.

유방종양절제(lumpectomy)에도 근접치료가 사용된다. 종양 제거로 남아 있던 공간에 이식된 카테터에 이리듐-192 동위원소를 삽입한다. 동위원소는 이리듐 방사선원의 활성에 따라 5~10분 후에 제거한다. 종양을 포함하던 강(cavity)을 둘러싼 조직에 우선적으로 방사선을 투입하고 암이 재발하기가 가장 쉬운 부위에 투입한다. 5일 동안 이러한 절차를 하루에 두 번씩 반복하여 흡수선량 34 Gy(3400 rad)을 공급한다. 카테터를 제거하면 체내에 어떠한 방사성 물질도 남아 있지 않게 된다.

유방암에서 사용하던 기존의 외과적 빔 치료법에서는 6~7주 동안 치료할 때마다 하루에 2 Gy의 선량을 환자가 받게 되고 그 총 흡수선량이 약 80 Gy, 즉 8000 rad만큼 된다. 외부 빔 치료는 종양강을 포함하여 전체 흉부에 조사하게 된다.

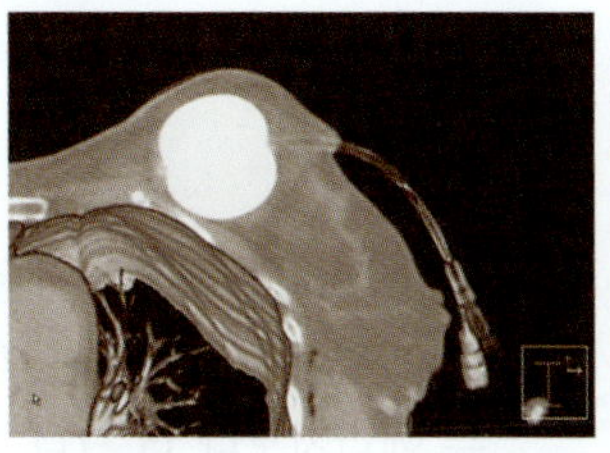
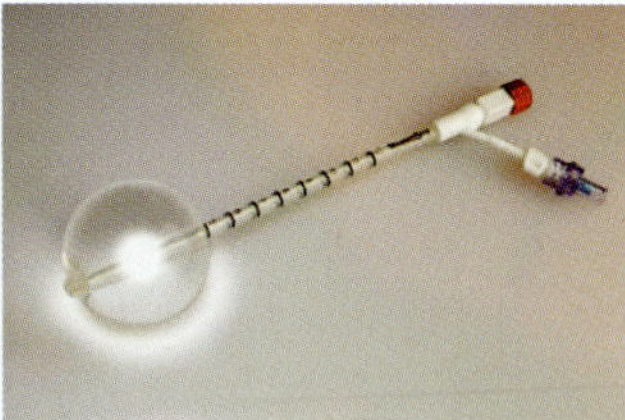

Ir-192로부터 나오는 방사선용으로 유방 내에 카테터를 일시적으로 배치한다.

16.6 핵분열 및 핵융합

학습 목표 핵분열과 핵융합 과정을 설명할 수 있다.

1930년대에 중성자를 U-235에 충돌시키던 과학자들은 U-235 핵이 두 개의 작은 원자핵으로 쪼개지며 큰 에너지를 발생한다는 것을 발견하였다. 이것이 **핵분열**(nuclear fission)의 발견이었다. 원자를 분열시켜 발생되는 에너지를 *원자력*(atomic energy)이라고 한다.

전형적인 핵분열 반응식은 다음과 같다.

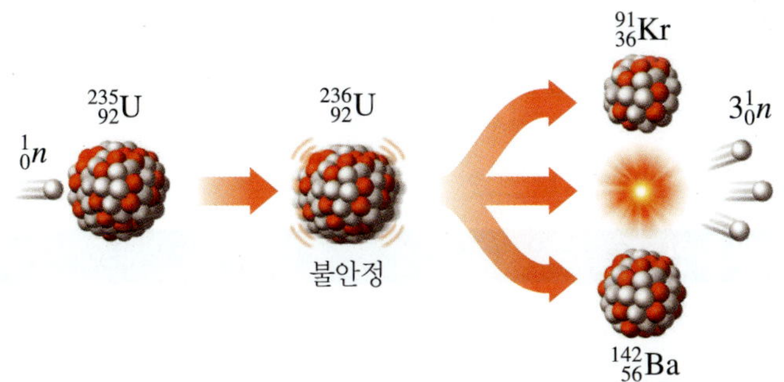

$$^{1}_{0}n + ^{235}_{92}U \longrightarrow ^{236}_{92}U \longrightarrow ^{91}_{36}Kr + ^{142}_{56}Ba + 3^{1}_{0}n + \text{에너지}$$

생성물인 크립톤, 바륨과 3개의 중성자의 질량을 아주 정확하게 측정할 수 있다면 생성물의 총질량이 출발 물질의 총질량보다 약간 작다는 것을 알 수 있을 것이다. 그 약간의 없어진 질량은 에너지로 변환되며 알베르트 아인슈타인이 유도한 유명한 식과 일치한다.

$$E = mc^2$$

여기서 E는 방출 에너지, m은 결손 질량, c는 광속(빛의 속도)으로 3×10^8 m/s이다. 결손 질량이 매우 적은 경우라도 광속을 제곱하여 곱하면 발생되는 에너지는 매우 큰 값이 된다. U-235 1 g이 분열하면 석탄 3톤을 연소시키는 양만큼 많은 에너지를 발생한다.

생각해 보기 16.9

핵 연쇄 반응을 유지하기 위해 왜 U-235의 임계 질량이 필요한가?

연쇄 반응

중성자가 우라늄 원자와 충돌하면 분열이 시작된다. 그 결과로 원자핵은 불안정하여 더 작은 원자핵들로 분열된다. 이러한 분열 과정은 그 자체로서 여러 개의 중성자와 대량의 감마선, 그리고 에너지를 방출시킨다. 방출된 중성자는 큰 에너지를 가지고 있어서 더 많은 U-235 원자핵과 충돌한다. 분열이 계속됨에 따라 좀 더 많은 우라늄 원자를 분열시킬 수 있는 고에너지 중성자가 급격히 증가한다. 이러한 과정을 **연쇄 반응**(chain reaction)이라고 한다. 핵의 연쇄 반응을 지속시키기 위해서는 충분한 양의 U-235가 모여서 모든 중성자들이 즉시 좀 더 많은 U-235 원자핵과 충돌할 수 있는 *임계 질량*(critical mass)을 제공해야 한다. 그 결과 열과 에너지가 축적되어 원자 폭발이 발생할 수 있다(**그림 16.7** 참조).

핵융합

융합(fusion)에서는 작은 원자핵 두 개가 결합하여 더 큰 원자핵을 형성한다. 이 과정에서 질량 결손이 발생하여 막대한 에너지가 방출되며 이 에너지는 심지어 핵분열에 의해서 생기는 에너지보다 더 크다. 그러나 융합 반응이 일어나려면 수소 원자핵의 반발을 극복하고 융합을 하게 해주는 1억(100 000 000) °C의 온도가 필요하다. 태양이나 다른 여러 별들에서는 융합 반응이 지속적으로 일어나서 인간에게 열과 빛을 제공해준다. 태양에서 발생하는 막대한 양의 에너지는 초당 6×10^{11} kg의 수소가 융합하며 나오는 것이다. 융합 반응에서 수소의 동위원소는 결합하여 헬륨을 형성하며 이 때 막대한 에너지를 발생한다.

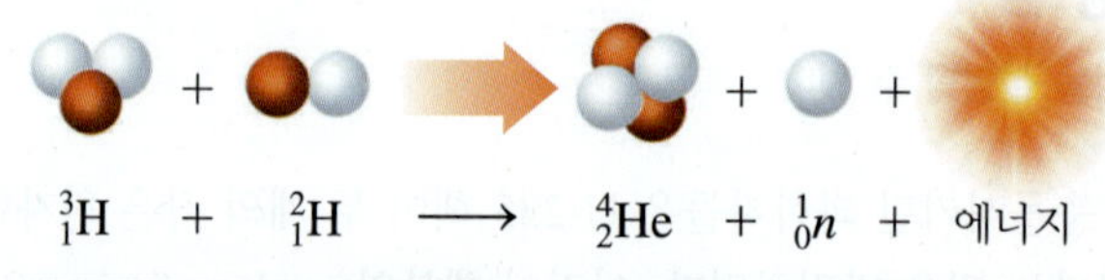

$$^{3}_{1}\text{H} + ^{2}_{1}\text{H} \longrightarrow ^{4}_{2}\text{He} + ^{1}_{0}n + \text{에너지}$$

수소 동위 원소가 융합 반응으로 결합하여 헬륨, 중성자, 에너지를 생성한다.

과학자들은 융합로에서 반감기가 더 짧고 양이 더 적은 방사성 폐기물이 나올 것으로 기대하고 있다. 그러나 융합을 하기 위해서는 위에서 말한 바와 같은 고온이 필요한데 그 고온을 얻는 것이 극히 어렵고 또한 그 고온을 유지하는 것은 더 어려우므로 융합은 아직도 실험실 단계이다. 세계 곳곳의 각 연구 집단들은 우리 시대에 융합 반응을 실현하기 위한 기술들을 개발하려고 노력하고 있다.

예제 16.10 분열과 융합의 확인

먼저 해 보기!

다음 반응은 분열인가, 융합인가 또는 모두인가 구별하라.

a. 큰 원자핵이 쪼개져서 더 작은 원자핵으로 된다.
b. 많은 에너지가 방출된다.
c. 반응하는 데 극히 고온을 필요로 한다.

풀이

a. 큰 원자핵이 나누어져 작은 원자핵으로 되면 그 과정은 분열이다.
b. 분열과 융합 모두 큰 에너지를 발생한다.
c. 융합에는 극히 높은 온도가 필요하다.

확인 문제 16.10

다음 핵 반응식이 분열인가, 융합인가 구별하라.

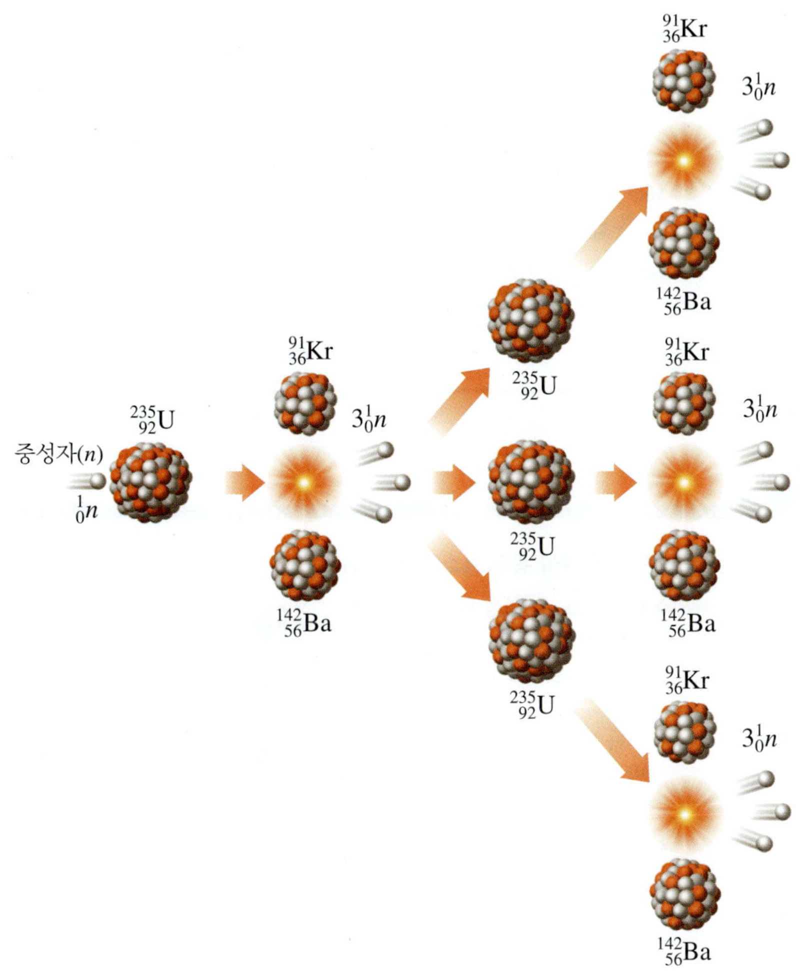

그림 16.7 ▸ 핵 연쇄 반응에서 각 우라늄-235 원자가 붕괴되어 중성자 3개를 내게 되며, 이는 우라늄-235 원자들의 핵 분열이 더욱 더 일어나게 한다.

a. $^{3}_{2}He + ^{3}_{2}He \longrightarrow ^{4}_{2}He + 2^{1}_{1}H$ **b.** $^{1}_{0}n + ^{235}_{92}U \longrightarrow ^{140}_{54}Xe + ^{94}_{38}Sr + 2^{1}_{0}n$

답

a. 융합 **b.** 분열

UPDATE 방사성 동위원소를 이용한 심장 영상

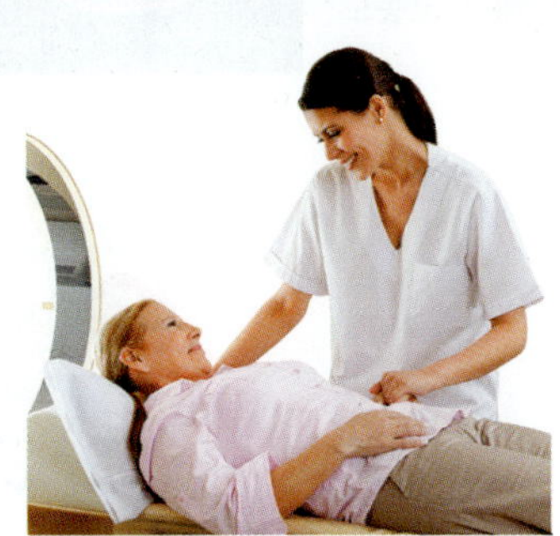

시몬은 핵 스트레스 시험의 일부로서 러닝머신 위에서 걷기 시작하였다. 그녀가 최고 수준에 도달하였을 때 폴 박사는 74 MBq의 활성을 가진 Tl-201 방사성 염료를 주사하였다. 심장 부근에서 방출되는 방사선은 스캐너로 검출되며 심근 영상을 만들어낸다. 탈륨 스트레스 시험은 관상 동맥이 얼마나 효과적으로 심장에 혈액을 공급하는지 알 수 있게 해준다. 시몬이 관상

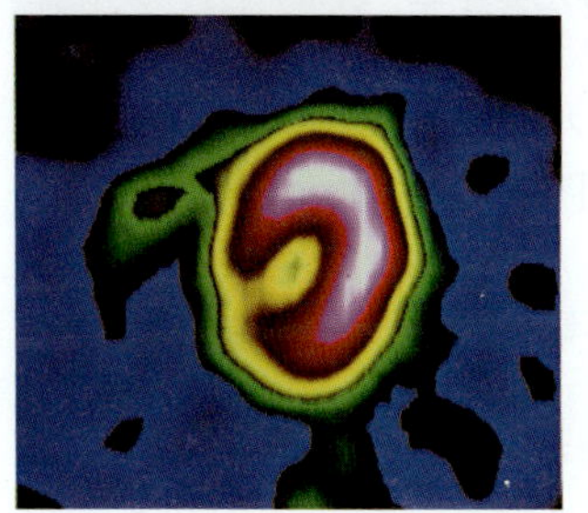

탈륨 스트레스 시험은 스트레스 동안 동맥이 좁아지는 것을 보여줄 수 있다.

동맥에 손상을 입었다면 스트레스 동안 혈류가 감소되어서 동맥이 좁아지거나 막히게 보일 것이다. 시몬이 3시간 동안 휴식한 후 폴 박

(계속)

사는 더 많은 Tl-201 염료를 주사하고 그녀를 스캐너 아래에 눕혔다. 두 번째 세트의 심근 영상이 얻어진다. 시몬 담당의사는 스캔을 검토하고 휴식과 스트레스 때 모두 심근으로 가는 혈류가 정상이라고 그녀를 안심시켰다.

응용 문제

16.1 시몬을 위한 방사성 염료 주사의 활동도는 얼마인가?
- **a.** 퀴리 단위로
- **b.** 밀리퀴리 단위로

16.2 Tl-201의 반감기가 3.0일이라면, 다음에서 활성도는 몇 메가베크렐인가?
- **a.** 3.0일 후
- **b.** 6.0일 후

16.3 시몬의 몸에서 Tl-201의 활성도가 초기 활성도의 1/8에 달할 때까지 며칠이 걸리겠는가?

16.4 Tl-201으로부터 시몬의 신장으로의 방사가 24 mGy이다. 이 방사선량은 몇 rad인가?

제16장 복습하기 _Chapter Review

16.1 천연 방사능

학습 목표 알파, 베타, 양전자, 감마 방사선을 설명할 수 있다.

$^{4}_{2}He$ 또는 α
알파 입자

- 방사성 동위원소는 자발적으로 알파(α), 베타(β), 양전자(β^{+}), 감마(γ) 방사선을 방출하며 붕괴하는 불안정한 원자핵을 가지고 있다.
- 방사선은 인체의 세포를 손상시킬 수 있으므로 이에 합당한 차폐, 노출 시간 제한, 거리 유지와 같은 방호 조치를 취해야 한다.

16.2 핵반응

학습 목표 방사성 붕괴에 대해 질량수와 원자 번호를 나타낸 균형을 맞춘 핵 반응식을 쓸 수 있다.

방사성 탄소 원자핵
$^{14}_{6}C$
방사선
베타 입자 $^{0}_{-1}e$
새로운 원자핵
안정한 질소-14 원자핵
$^{14}_{7}N$

- 반응물과 생성물의 원자핵에서 발생하는 변화를 나타내는 데 균형 맞춘 핵 반응식을 사용한다.
- 새로운 동위원소와 방출되는 방사선 형태는 핵 반응식에서 동위원소의 질량수와 원자 번호를 보여주는 기호로부터 결정된다.
- 방사성 동위원소는 비방사성 동위원소를 소형 입자로 충돌시켜 인공적으로 만든다.

16.3 방사선 측정

학습 목표 방사선의 검출과 측정을 설명할 수 있다.

- 가이거 계수기에서 방사선은 관에 가득 찬 기체에서 대전된 입자를 생성하고 이것이 전류를 발생시킨다.
- 퀴리(Ci)와 베크렐(Bq)은 활성도를 측정하며, 이는 초당 핵 변환의 수이다.
- 물질에 의해 흡수되는 방사선량은 래드(rad)나 그레이(Gy)로 측정된다.
- 렘(rem)과 시버트(Sv)는 상이한 방사선 형태로부터 입게 되는 생체의 손상을 결정하는 데 사용되는 단위이다.

16.4 방사성 동위원소의 반감기

학습 목표 방사성 동위원소의 반감기가 주어지면 한 번 이상의 반감기 후 남은 방사성 동위원소의 양을 계산할 수 있다.

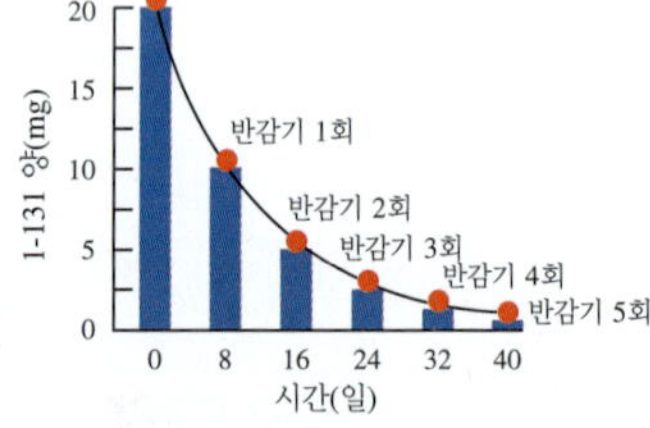

- 모든 방사성 동위원소는 각각의 방사선 방출 속도를 가지고 있다.
- 방사성 동위원소 시료가 붕괴하여 반이 되는 데에 걸리는 시간을 반감기라고 한다.
- Tc-99m, I-131과 같은 많은 의료용 방사성 동위원소들의 반감기는 짧다.
- 한편 C-14, Ra-226, U-238처럼 자연적으로 존재하는 동위원소들은 그 반감기가 매우 길다.

16.5 방사능의 의학적 이용

학습 목표 의학에서 방사성 동위원소의 이용을 설명할 수 있다.

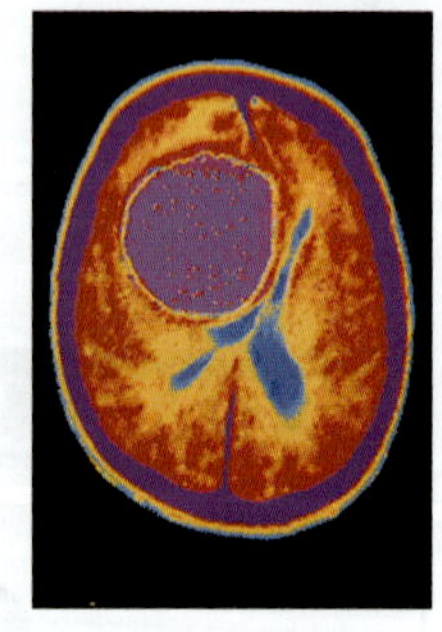

- 핵의학에서 인체의 어느 특정 부위로 가는 방사성 동위원소를 환자에게 준다.
- 그것들이 방출하는 방사선을 검출하여 상처, 질병, 종양의 위치와 범위, 어느 특정 장기의 기능 수준에 관해 검토할 수 있다.
- 종양을 치료하거나 파괴하기 위해서 고농도의 방사선이 사용된다.

16.6 핵분열 및 핵융합

학습 목표 핵분열과 핵융합 과정을 설명할 수 있다.

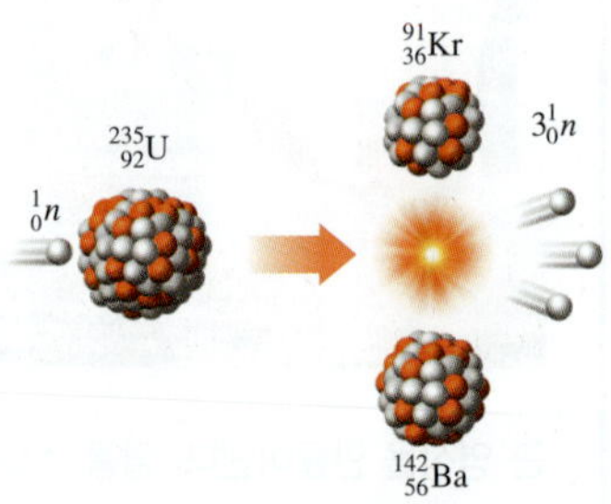

- 분열에서는 큰 원자핵이 충돌하여 더 작은 원자핵으로 쪼개지면 하나 이상의 방사선과 많은 에너지가 방출된다.
- 융합에서는 작은 핵들이 결합하여 더 큰 핵을 형성하면서 많은 양의 에너지가 방출된다.

주요 용어 _Key Terms

감마선 불안정한 원자핵이 방출하는 고에너지 방사선($^0_0\gamma$)

그레이(Gy) 100 rad와 동일한 흡수선량의 단위

등가 선량 방사선 형태에 대해서 조정된 흡수선량으로부터 생기는 인체의 손상 척도

래드(rad, 방사선 흡수선량) 인체가 흡수하는 방사선 양의 척도

렘(rem, 인체 방사선 당량) 여러 가지 방사선에 의한 인체의 손상척도 (rad × 방사선 인체 인자)

반감기 방사성 시료가 반으로 되는 데 필요한 시간

방사선 방사성 원자에 의해 방출되는 에너지나 입자

방사성 동위원소 원소의 방사성 원자

방사성 붕괴 불안정한 원자핵이 큰 에너지를 가진 방사선을 방출하면서 쪼개지는 과정

베크렐(Bq) 초당 1회 분열되는 것과 동일한 방사성 시료의 활성도 단위

베타 입자 중성자가 양성자와 전자로 변환될 때 원자핵에서 형성되는 전자($^{0}_{-1}e$, β)와 동일한 입자

분열 큰 원자핵이 작은 조각으로 쪼개지면서 대량의 에너지를 방출하는 과정

붕괴 곡선 방사성 원소의 붕괴 도표

시버트(Sv) 100 rem에 해당하는 인체의 손상 단위

알파 입자 α 또는 ^4_2He의 기호로 나타내며 헬륨 원자핵과 동일한 핵입자

양전자 양성자가 중성자와 양전자로 변환될 때 불안정한 원자핵에 의해 생성되는 질량 없는 양전하를 띤 방사성 입자(β^+, $^{0}_{+1}e$)

연쇄 반응 고에너지의 중성자가 U-235와 같은 무거운 핵과 충돌하면서 시작되는 계속적인 분열 반응

융합 작은 원자핵이 큰 원자핵을 형성하면서 대량의 에너지를 방출하는 반응

퀴리(Ci) 초당 3.7×10^{10}회 분열을 일으키는 것과 동일한 방사성 시료의 활성도 단위

핵심 화학 기술 _Core Chemistry Skills

각 핵심 화학 기술을 포함하는 절을 각 제목의 끝에 괄호 안에 나타내었다.

▷ 핵 반응식 쓰기(16.2)

- 핵 반응식은 왼쪽에 원래 방사성 원자핵의 원자 기호를, 중간에 화살표를, 오른쪽에 새로운 원자핵과 방출되는 방사선 유형을 쓴다.
- 화살표의 한쪽에 있는 질량수의 합과 원자 번호의 합은 다른 쪽에 있는 질량수의 합과 원자 번호의 합과 같아야 한다.
- 알파 입자가 방출되면 새로운 원자핵의 질량수는 4 감소하고 원자 번호는 2 감소한다.
- 베타 입자가 방출되면 새로운 원자핵의 질량수에는 변화가 없지만 원자 번호는 1 증가한다.
- 양전자가 방출되면 새로운 원자핵의 질량수에는 변화가 없지만 원자 번호는 1 감소한다.
- 감마 방출에서는 새로운 원자핵의 질량수나 원자 번호에 변화가 없다.

예: **a.** Po-210의 알파 붕괴에 대한 균형 핵 반응식을 써라.
b. Co-60의 베타 붕괴에 대한 균형 핵 반응식을 써라

답: **a.** 알파 입자가 방출되면 폴로늄의 질량수(210)가 4 감소하고 원자 번호가 2 감소한다.

$$^{210}_{84}Po \longrightarrow {}^{206}_{82}? + {}^4_2He$$

납의 원자 번호가 82이기 때문에 새로운 원자핵은 납의 동위원소이다.

$$^{210}_{84}Po \longrightarrow {}^{206}_{82}Pb + {}^4_2He$$

b. 베타 입자가 방출되면 코발트의 질량수(60)에는 변화가 없지만 원자 번호가 1 증가한다.

$$^{60}_{27}Co \longrightarrow {}^{60}_{28}? + {}^{0}_{-1}e$$

니켈이 원자 번호가 28이기 때문에 새로운 원자핵은 니켈의 동위원소이다.

$$^{60}_{27}Co \longrightarrow {}^{60}_{28}Ni + {}^{0}_{-1}e$$

▷ 반감기 이용(16.4)

- 방사성 동위원소의 반감기는 시료가 반으로 붕괴하는 데 걸리는 시간이다.
- 방사성 동위원소의 남은 양은 반감기 1회가 경과함에 대해 양이나 활성을 반으로 나누어서 계산된다.

예: Co-60은 반감기가 5.3년이다. Co-60 초기 시료의 활동도가 1200 Ci였다면 15.9년 후 남은 활동도는 얼마인가?

답: $\text{반감기 횟수} = 15.9\text{년} \times \dfrac{1\ \text{반감기}}{5.3\text{년}} = 3.0\text{회}$

$$1200\ \text{mCi} \xrightarrow{\text{반감기 1회}} 600\ \text{mCi} \xrightarrow{\text{반감기 2회}} 300\ \text{mCi} \xrightarrow{\text{반감기 3회}} 150\ \text{mCi}$$

15.9년 동안 반감기 3회가 지났다. 따라서 활동도는 1200 Ci에서 150 Ci로 감소하였다.

개념 이해 문제 _Understanding the Concepts

*각 문제 끝에 복습할 절을 괄호 안에 표시하였다.

문제 16.5~16.8에서 핵은 양성자와 중성자를 포함한 핵을 나타낸다.

● 양성자 ● 중성자

16.5 이 동위원소가 양전자를 방출하였을 때 생성되는 새로운 핵을 그려서 완성하라. (16.2)

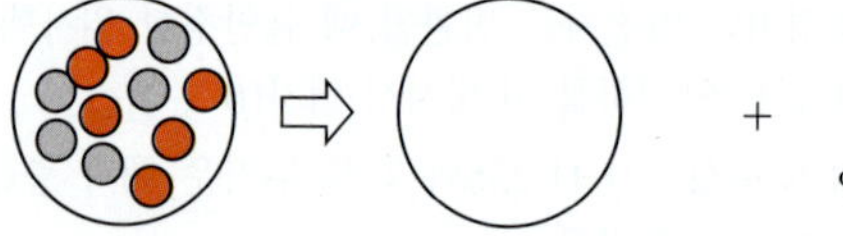

16.6 베타 입자를 방출하는 핵을 그려서 완성하라. (16.2)

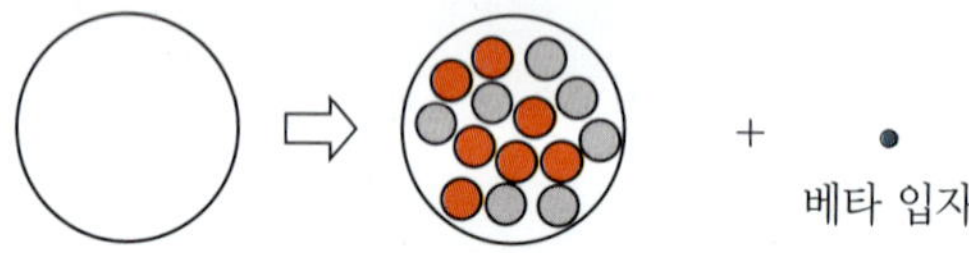

16.7 다음 그림에서 충돌된 동위원소의 핵을 그려라. (16.2)

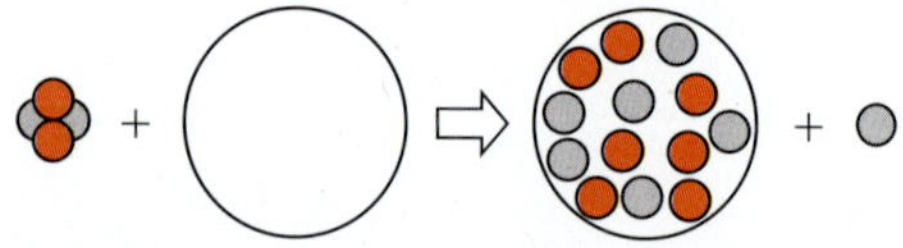

16.8 다음 그림에서 생성된 새로운 동위원소의 원자핵을 그려서 충돌 반응을 완성하라. (16.2)

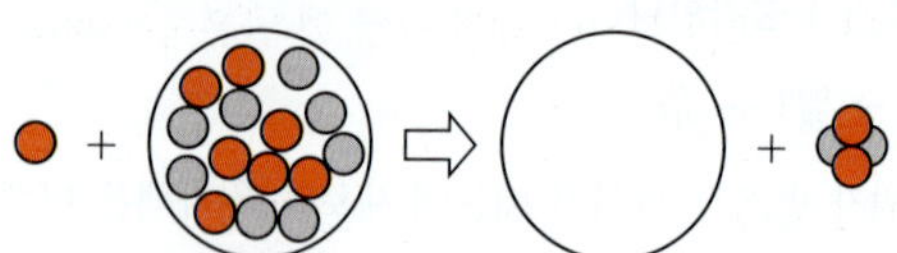

16.9 동굴 벽화에 사용된 숯 조각들을 탄소 연대 측정한 결과, 일부 그림은 10,000~30,000년 전 것으로 밝혀졌다. 탄소-14의 반감기는 5730년이다. 살아 있는 나무의 탄소 시료 1 μg에서 탄소-14의 활동도는 6.4 μCi이다. 연구자가 프랑스의 선사시대 동굴 벽화에서 나온 숯 1 mg의 활동도가 0.80 mCi라는 것을 확인했다면 이 그림의 연대는 어떻게 되는가? (16.4)

탄소 연대 측정 기술을 사용하여 고대 동굴 벽화의 연대를 결정한다.

16.10 I-131의 붕괴 곡선을 이용하여 다음 질문 **a~c**에 답하라. (16.4)

a. 수직축의 방사성 I-131의 질량에 대한 값을 완성하라.

b. 수평축의 일수를 완성하라.

c. I-131의 반감기는 며칠인가?

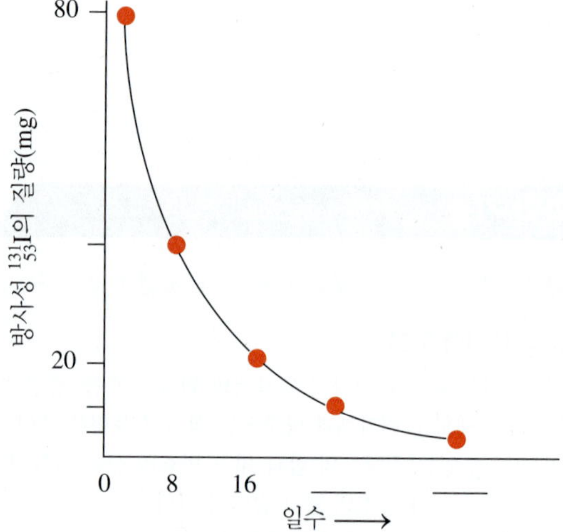

추가 문제 _Additional Practice Problems

16.11 다음 각 원자핵의 양성자 수와 중성자 수를 써라. (16.1)

a. 소듐-25 **b.** 니켈-61
c. 루비듐-84 **d.** 은-110

16.12 다음 각 원자핵의 양성자 수와 중성자 수를 써라. (16.1)

a. 붕소-10 **b.** 아연-72
c. 철-59 **d.** 금-198

16.13 다음 각각을 알파 붕괴, 베타 붕괴, 양전자 방출, 감마 방출로 구분하라. (16.1, 16.2)

a. $^{27m}_{13}\text{Al} \longrightarrow {}^{27}_{13}\text{Al} + {}^{0}_{0}\gamma$ **b.** $^{8}_{5}\text{B} \longrightarrow {}^{8}_{4}\text{Be} + {}^{0}_{+1}e$
c. $^{220}_{86}\text{Rn} \longrightarrow {}^{216}_{84}\text{Po} + {}^{4}_{2}\text{He}$

16.14 다음 각각을 알파 붕괴, 베타 붕괴, 양전자 방출, 감마 방출로 구분하라. (16.1, 16.2)

a. $^{127}_{55}\text{Cs} \longrightarrow {}^{127}_{54}\text{Xe} + {}^{0}_{+1}e$ **b.** $^{90}_{38}\text{Sr} \longrightarrow {}^{90}_{39}\text{Y} + {}^{0}_{-1}e$
c. $^{218}_{85}\text{At} \longrightarrow {}^{214}_{83}\text{Bi} + {}^{4}_{2}\text{He}$

16.15 다음 각각에 대한 균형 핵 반응식을 써라. (16.1, 16.2)

a. Th-225(α 붕괴) **b.** Bi-210(α 붕괴)
c. 세슘-137(β 붕괴) **d.** 주석-126(β 붕괴)
e. F-18(β^+ 방출)

16.16 다음 각각에 대한 균형 핵 반응식을 써라. (16.1, 16.2)

a. 포타슘-40(β 붕괴) **b.** 황-35(β 붕괴)
c. 백금-190(α 붕괴) **d.** Ra-210(α 붕괴)
e. In-113m(γ 방출)

16.17 다음 각 핵 반응식을 완성하라. (16.2)

a. $^{4}_{2}\text{He} + {}^{14}_{7}\text{N} \longrightarrow ? + {}^{1}_{1}\text{H}$
b. $^{4}_{2}\text{He} + {}^{27}_{13}\text{Al} \longrightarrow {}^{30}_{14}\text{Si} + ?$
c. $^{1}_{0}n + {}^{235}_{92}\text{U} \longrightarrow {}^{90}_{38}\text{Sr} + 3{}^{1}_{0}n + ?$
d. $^{23m}_{12}\text{Mg} \longrightarrow ? + {}^{0}_{0}\gamma$

16.18 다음 각 핵 반응식을 완성하라. (16.2)

a. ? + $^{59}_{27}Co \longrightarrow\ ^{56}_{25}Mn + \ ^{4}_{2}He$
b. ? $\longrightarrow\ ^{14}_{7}N + \ ^{0}_{-1}e$
c. $^{0}_{-1}e + \ ^{76}_{36}Kr \longrightarrow$?
d. $^{4}_{2}He + \ ^{241}_{95}Am \longrightarrow$? + $2^{1}_{0}n$

16.19 다음 각각에 대한 균형 핵 반응식을 써라. (16.2)

a. 산소-16 원자 2개가 충돌할 때 생성물 중 하나는 알파 입자이다.
b. 캘리포늄-249를 산소-18로 충돌시키면 새로운 원소인 시보귬-263과 중성자 4개가 생성된다.
c. 라돈-222가 알파 붕괴를 한다.
d. 스트론튬-80 원자가 양전자 하나를 방출한다.

16.20 다음 각각에 대한 균형 핵 반응식을 써라. (16.2)

a. 악티늄-225가 붕괴하여 프랑슘-221이 된다.
b. 비스무트-211이 알파 입자 하나를 방출한다.
c. 어떤 방사성 동위원소가 양전자 하나를 방출하여 타이타늄-48을 생성한다.
d. 저마늄-69 원자가 양전자 하나를 방출한다.

16.21 테크네튬-99m 시료 120 mg을 진단 시험에 사용하였다. 테크네튬-99m의 반감기가 6.0시간이라면 시험 후 24시간이 지나면 몇 mg의 테크네튬-99m이 활성으로 남아 있겠는가? (16.4)

16.22 산소-15의 반감기는 124초이다. 산소-15 시료의 활동도가 4000 Bq라면 그 활동도가 500 Bq로 되려면 몇 분이 경과되어야 하는가? (16.4)

16.23 분열과 융합의 차이는 무엇인가? (16.6)

16.24 핵 연쇄 반응이 일어나도록 해주는 U-235 분열의 생성물은 무엇인가? (16.6)

16.25 어디에서 융합이 자연적으로 일어나는가? (16.6)

16.26 융합에 필요한 극단적인 고온을 얻거나 유지하기가 어려움에도 불구하고 과학자들이 융합로를 만들려고 끊임없이 노력하는 이유는 무엇인가? (16.6)

응용 문제

16.27 70. kg인 인체에서 K-40의 활동도가 120 nCi로 측정되었다. 이 활동도는 몇 베크렐인가? (16.3)

16.28 70. kg인 인체에서 C-14의 활동도가 3.7 kBq로 측정되었다. 이 활동도는 몇 마이크로퀴리인가? (16.3)

16.29 백혈병 치료에 사용되는 시료의 방사성 인-32가 그 양이 28.6일 동안 1.2 mg에서 0.30 mg으로 감소하였다. 인-32의 반감기는 얼마인가? (16.4)

16.30 갑상선 암 치료에 사용되는 시료의 방사성 아이오딘-123이 그 양이 26.4시간 동안 0.4 mg에서 0.1 mg으로 감소하였다. 아이오딘-123의 반감기는 얼마인가? (16.4)

16.31 골 대사를 측정하는 데 이용되는 칼슘-47은 반감기가 4.5일이다. (16.2, 16.4)

a. 칼슘-47의 베타 붕괴에 대한 균형 핵 반응식을 써라.
b. 칼슘-47 시료 16 mg이 18일 후에는 얼마나 남아 있겠는가?
c. 칼슘-47 4.8 mg이 1.2 mg으로 붕괴하려면 며칠이 경과되어야 하는가?

16.32 암 치료에 사용되는 세슘-137은 반감기가 30년이다. (16.2, 16.4)

a. 세슘-137의 베타 붕괴에 대한 균형 핵 반응식을 써라.
b. 세슘-137 시료 16 mg이 90년 후에는 얼마만큼 남아 있겠는가?
c. 세슘-137 28 mg이 3.5 mg으로 붕괴하려면 몇 년이 경과되어야 하는가?

생각해 보기의 답 _Answers to Engage Questions

16.1 알파 입자의 전하는 2+이고 질량수는 4이다.

16.2 납 차폐를 하면 알파, 베타, 감마선이 차단된다.

16.3 U-238 핵에서 알파 입자가 방출되면 토륨-234 핵이 형성된다.

16.4 C-14 핵에서 베타 입자가 방출되면 질소-14 핵이 형성된다.

16.5 양전자가 방출되면 핵의 양성자 하나가 중성자로 바뀐다. 원자 번호는 감소하지만 질량수, 즉 양성자와 중성자의 총 개수는 그대로 유지된다.

16.6 베크렐은 붕괴/s의 수를 측정하고 렘은 방사선의 생물학적 영향을 측정한다.

16.7 18시간 후 Tc-99m 시료는 반감기를 3.0번 지났다. 남은 양은 원래 24 mg의 1/8(½ × ½ × ½), 즉 3.0 mg이다.

16.8 핵의학에서 사용되는 방사성 동위원소는 반감기가 짧아서 체내에서 빠르게 제거될 수 있다.

16.9 사용 가능한 U-235이 임계 질량보다 적다면 중성자가 너무 많이 빠져나가 연쇄 반응을 계속 유지할 수 없다.

선택된 문제의 답 _Answers to Selected Problems

16.1 **a.** 2.0×10^{-3} Ci **b.** 2.0 mCi

16.3 9.0일

16.5

양전자

16.7

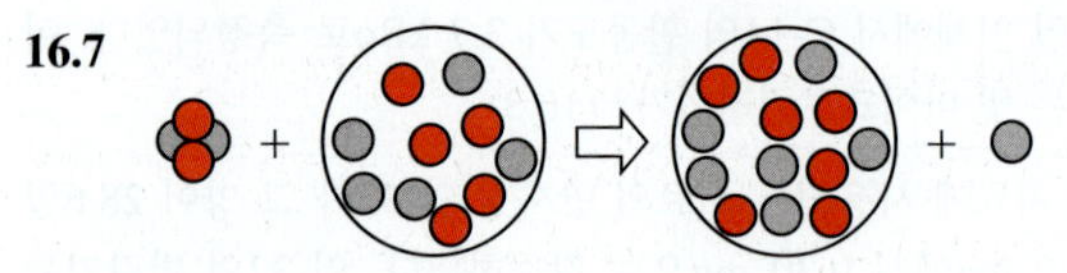

16.9 17 000년

16.11 **a.** 양성자 11개와 중성자 14개
b. 양성자 28개와 중성자 33개
c. 양성자 37개와 중성자 47개
d. 양성자 47개와 중성자 63개

16.13 **a.** 감마 방출 **b.** 양전자 방출
c. 알파 붕괴

16.15 **a.** ${}^{225}_{90}\text{Th} \longrightarrow {}^{221}_{88}\text{Ra} + {}^{4}_{2}\text{He}$ **b.** ${}^{210}_{83}\text{Bi} \longrightarrow {}^{206}_{81}\text{Tl} + {}^{4}_{2}\text{He}$
c. ${}^{137}_{55}\text{Cs} \longrightarrow {}^{137}_{56}\text{Ba} + {}^{0}_{-1}e$ **d.** ${}^{126}_{50}\text{Sn} \longrightarrow {}^{126}_{51}\text{Sb} + {}^{0}_{-1}e$
e. ${}^{18}_{9}\text{F} \longrightarrow {}^{18}_{8}\text{O} + {}^{0}_{+1}e$

16.17 **a.** ${}^{17}_{8}\text{O}$ **b.** ${}^{1}_{1}\text{H}$ **c.** ${}^{143}_{54}\text{Xe}$ **d.** ${}^{23}_{12}\text{Mg}$

16.19 **a.** ${}^{16}_{8}\text{O} + {}^{16}_{8}\text{O} \longrightarrow {}^{28}_{14}\text{Si} + {}^{4}_{2}\text{He}$
b. ${}^{18}_{8}\text{O} + {}^{249}_{98}\text{Cf} \longrightarrow {}^{263}_{106}\text{Sg} + 4{}^{1}_{0}n$
c. ${}^{222}_{86}\text{Rn} \longrightarrow {}^{218}_{84}\text{PO} + {}^{4}_{2}\text{He}$
d. ${}^{80}_{38}\text{Sr} \longrightarrow {}^{80}_{37}\text{Rb} + {}^{0}_{+1}e$

16.21 Tc-99m 7.5 mg

16.23 분열 과정에서 원자는 더 작은 핵으로 쪼개진다. 융합에서는 작은 핵들이 서로 결합(융합)하여 더 큰 핵을 형성한다.

16.25 분열은 태양과 다른 별에서 자연적으로 일어난다.

16.27 4.4×10^{3} Bq

16.29 14.3일

16.31 **a.** ${}^{47}_{20}\text{Ca} \longrightarrow {}^{47}_{21}\text{Sc} + {}^{0}_{-1}e$ **b.** Ca-47 1.0 mg
c. 9.0일

제 17 장

유기 화학

Organic Chemistry

오전 4시 35분 구조대원이 주택 화재와 관련된 전화를 받았다. 소방관이자 응급 의료 전문가(firefighter/emergency medical technician, EMT)인 잭은 현장에서 자기 집 앞마당에 누워 있던 다이앤을 발견했다. 잭은 다이앤이 전신의 40% 이상 2~3도 정도의 화상을 입었고, 다리가 부러졌다고 보고했다. 그는 그녀에게 산소마스크를 씌워 고농도 산소를 제공하였다. 또 다른 소방관이자 응급 의료 전문가인 낸시는 식염수로 화상 부위를 소독하고, 폴리염화 비닐(polyvinyl chloride)로 제작되어 피부에 달라붙지 않으면서 상처 보호가 가능한 응급 처치 필름을 붙였다. 잭과 그의 대원들은 전문적인 치료를 위해 다이앤을 화상 전문 치료소로 이송하였다.

방화 조사관은 화재 현장에서, 훈련된 개들을 이용하여 촉진제와 연료로 사용된 물질의 흔적을 찾았다. 방화 현장에서 종종 발견되는 휘발유는 알케인이라는 유기 분자의 혼합물이다. 알케인, 즉 탄화수소(hydrocarbon)는 탄소와 수소 원자의 사슬 형태이다. 휘발유에 들어 있는 알케인은 사슬에 탄소 5~8개가 있는 화합물들의 혼합물이다. 알케인은 산소와 반응하여 이산화 탄소, 물과 많은 열을 형성하는 가연성 물질이다. 알케인은 연소 반응을 진행하기 때문에 방화 물질로 사용되곤 한다.

관련 직업

소방관/응급 의료 전문가

소방관/응급 의료 전문가는 화재, 사고, 그리고 기타 응급 상황에 대한 긴급 구조원이다. 그들은 심각한 상해를 입은 사람들을 처치할 수 있는 응급 의료 전문 자격증이 요구된다. 소방관과 응급 의료 전문가의 기술을 결합함으로써 부상자의 생존율을 높인다. 소방관의 경우 두꺼운 방호복을 착용한 상태에서 불을 끄거나 확산을 저지하기 때문에 매우 높은 육체적 조건이 필요하다. 이들은 또한 소방 훈련을 위해 운동하고, 소방 훈련에 참가하며, 언제든지 소방 장비가 가동되고 준비되도록 관리한다. 또한, 소방관들은 화재 코드, 방화, 유해 물질의 취급과 처리에 대한 충분한 지식을 갖고 있어야 한다. 또한 소방관은 아프거나 부상당한 사람들에게 응급 치료를 제공하기 때문에, 감염성 질환의 확산을 통제하기 위한 적절한 방법뿐만 아니라 응급 의료 및 구조 절차에 대해 알고 있어야 한다.

UPDATE ***다이앤의 화상 치료***

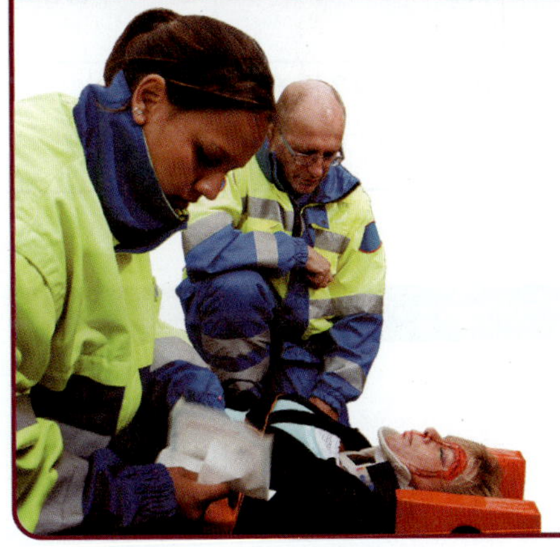

다이앤이 병원에 도착했을 때, 2도와 3도 화상을 입었다는 진단을 받았다. 515쪽에 있는 **UPDATE 다이앤의 화상 치료**에서 다이앤의 치료법을 확인할 수 있으며, 주택 화재에 대한 방화 조사 결과도 확인할 수 있다.

이 장의 차례

복습하기

화학 반응식 균형 맞추기(8.2)
루이스 구조 그리기(10.1)
모양 예측하기(10.3)

17.1 알케인

학습 목표 유기 화합물과 무기 화합물의 특성을 확인할 수 있다. IUPAC 이름을 쓰고, 알케인에 대한 축소식이나 선-각도 구조식을 그릴 수 있다.

유기 화학은 탄소 화합물에 대한 연구이다. 탄소 원소는 많은 탄소 원자들이 서로 결합하여 광범위한 분자 화합물을 형성할 수 있기 때문에 특별한 역할을 한다. 유기 화합물은 항상 탄소와 수소를 포함하며, 때로는 산소, 황, 질소, 인, 할로젠과 같은 비금속도 포함한다. 휘발유, 의약품, 샴푸, 플라스틱, 향수와 같이 우리가 매일 사용하는 많은 제품들에서 유기 화합물을 찾을 수 있다. 우리가 먹는 음식물은 탄수화물, 지방, 단백질과 같은 유기 화합물로 구성되어 있는데, 이것들은 우리에게 에너지를 위한 연료와 우리 몸의 세포를 만들고 복구하는 데 필요한 탄소 원자를 공급한다.

유기 화합물의 화학식은 탄소를 맨 앞에 쓰고, 그 다음 수소, 그리고 다른 원소 순서로 쓴다. 유기 화합물은 일반적으로 녹는점과 끓는점이 낮고, 물에 녹지 않으며, 물보다 밀도가 작다. 예를 들어, 유기 화합물의 혼합물인 식물성 기름은 물에 녹지 않고 물 위에 뜬다. 많은 유기 화합물은 공기 중에서 연소되며 격렬하게 탄다. 대조적으로 많은 무기 화합물은 녹는점과 끓는점이 높다. 이온성 물질인 무기 화합물은 보통 물에 녹고 대부분 공기 중에서 타지 않는다. **표 17.1**은 프로페인(C_3H_8)과 염화 소듐(NaCl) 같은 유기 화합물과 무기 화합물에 관련된 몇 가지 특성을 비교하였다(**그림 17.1** 참조).

유기 화합물의 혼합물인 식물성 기름은 물에 녹지 않는다.

표 17.1 ▸ 유기 화합물 및 무기 화합물의 몇 가지 특성

특성	유기물	예: C_3H_8	무기물	예: NaCl
구성 원소	C와 H, 때로 O, S, N, P, Cl (F, Br, I)	C와 H	대부분의 금속과 비금속	Na와 Cl
입자	분자	C_3H_8	대부분 이온	Na^+와 Cl^-
결합	대부분 공유 결합	공유 결합	많은 경우 이온 결합, 때로 공유 결합	이온 결합
결합의 극성	전기음성도가 매우 큰 원소가 존재하지 않는 한 비극성	비극성	대부분 이온 결합 또는 극성 공유 결합, 극소수의 비극성 공유 결합	이온성
녹는점	보통 낮음	−188 °C	보통 높음	801 °C
끓는점	보통 낮음	−42 °C	보통 높음	1413 °C
가연성	높음	공기 중에서 연소	낮음	연소되지 않음
물에 대한 용해도	극성 작용기가 없으면 녹지 않음	녹지 않음	비극성인 경우를 제외하고 대부분 녹음	녹음

예제 17.1 유기 화합물의 성질

먼저 해 보기!

다음 특성이 유기 화합물이나 무기 화합물 중 어느 것에 더 일반적인지 나타내라.

a. 물에 녹지 않는다. **b.** 녹는점이 높다. **c.** 공기 중에서 탄다.

그림 17.1 ▸ 프로페인(C_3H_8)은 유기 화합물이고, 염화 소듐(NaCl)은 무기 화합물이다.

풀이

a. 많은 유기 화합물들은 물에 녹지 않는다.
b. 무기 화합물은 녹는점이 높을 가능성이 더 높다.
c. 유기 화합물은 공기 중에서 더 잘 연소한다.

확인 문제 17.1

a. 유기 화합물에는 어떤 원소들이 항상 존재하는가?
b. 라이터에 있는 뷰테인이 불을 피우는 데 사용된다면, 뷰테인은 무기 화합물인가, 유기 화합물인가?

답.

a. C와 H **b.** 유기 화합물

탄소 화합물 나타내기

탄화수소(hydrocarbon)는 탄소와 수소로만 이루어진 유기 화합물이다. 유기 분자에서 모든 탄소는 네 개의 결합을 한다. 가장 간단한 탄화수소인 메테인(methane, CH_4)에서, 탄소 원자는 네 개의 원자가전자를 네 개의 수소 원자와 공유함으로써 팔전자(octet)를 형성한다.

$$\cdot\dot{\underset{\cdot}{C}}\cdot + 4H\cdot \longrightarrow H:\overset{H}{\underset{H}{\ddot{\underset{\cdot\cdot}{C}}}}:H = H-\overset{H}{\underset{H}{\overset{|}{\underset{|}{C}}}}-H$$

메테인

메테인의 가장 정확한 표현은 3차원 *공간 채움 모형*(space-filling model, **a**)이며, 여기서 구는 모든 원자의 실제 크기와 형태를 보여준다. 다른 형태의 3차원 표현법은 *공-막대 모형*(ball-and-stick model, **b**)으로, 원자는 공으로, 원자들 사이 결합은 막대로 나타낸다. 메테인(CH_4)의 공-막대 모형에서, 탄소와 공유 결합하고 있는 각 수소 원자는 사면체의 꼭짓점을 향하고 결합각은 109°이다. 3차원 형태인 *쐐기-점선 모형*(wedge-dash model, **c**)은 종이면 위에 있는 결합을 나타내는 실선(line)과 종이면 앞쪽을 향하는 결합을 나타내는 쐐기(wedge), 종이면 뒤쪽을 향하는 결합을 나타내는 점선(dash)으로 표현된다.

생각해 보기 17.1
메테인은 왜 사면체 형태를 갖는가?

메테인의 2차원 및 3차원 표현법

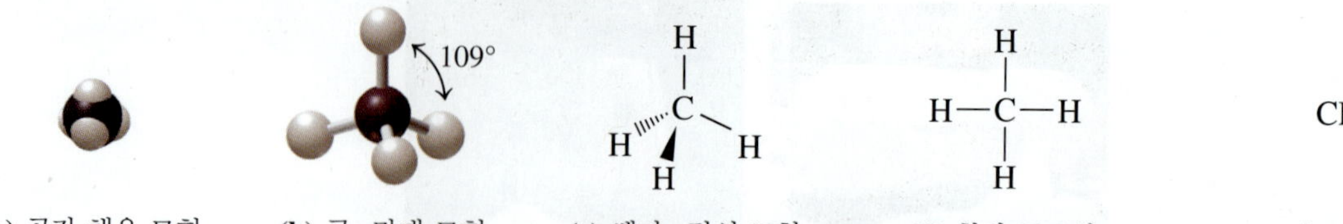

(a) 공간 채움 모형 **(b)** 공–막대 모형 **(c)** 쐐기–점선 모형 **(d)** 확장 구조식 **(e)** 축소 구조식

하지만 3차원 모형은 더 복잡한 분자를 그리고 관찰하는 데 어려움이 있다. 따라서 3차원 모형에 상응하는 2차원 구조식을 사용하는 것이 더 쉽다. **확장 구조식**(expanded structural formula, **d**)은 모든 원자와 각 원자에 연결된 결합을 보여준다. **축소 구조식**(condensed structural formula, **e**)은 치환된 수소 원자 수에 의해 짝지어진 탄소 원자를 나타낸다.

탄소 2개와 수소 원자 6개로 이루어진 탄화수소인 에테인(ethane)은 비슷한 유형인 2차원 및 3차원 모형으로 나타낼 수 있고 구조식에서 각 탄소 원자는 다른 탄소 및 세 개의 수소 원자와 결합하고 있다. 메테인에서와 같이 에테인에서도 각 탄소 원자는 사면체 형태를 유지하고 있다. 분자 내 모든 결합이 단일 결합으로 이루어진 탄화수소는 *포화 탄화수소*(saturated hydrocarbon)라고 한다.

에테인의 2차원 및 3차원 표현법

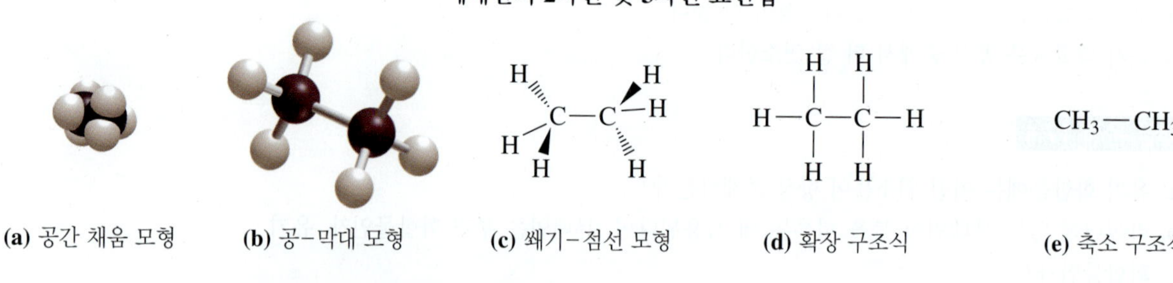

(a) 공간 채움 모형 **(b)** 공–막대 모형 **(c)** 쐐기–점선 모형 **(d)** 확장 구조식 **(e)** 축소 구조식

알케인의 명명

전 세계에 존재하는 화합물 중 90% 이상이 유기 화합물이다. 탄소 원자 사이에 존재하는 공유 결합이 매우 강해서 길고 안정한 사슬 형태를 형성할 수 있기 때문에 많은 수의 탄소 화합물이 가능하다.

핵심 화학 기술

알케인의 명명 및 그리기

알케인(alkane)은 탄소 원자들이 단일 결합으로만 이루어진 탄화수소의 한 형태이다. 일반적으로 사용되는 알케인의 용도는 연료이다. 가스 난방기와 가스 조리대에 사용되는 메테인은 하나의 탄소 원자로 이루어진 알케인이다. 탄소 원자를 각각 두 개, 세 개, 네 개 포함하고 있는 에테인(ethane), 프로페인(propane), 뷰테인(butane)과 같은 알케인은 *곧은 사슬 형태*로 연결되어 있다. 보다시피 알케인의 이름은 *에인*(*ane*)으로 끝난다. 이런 이름은 화학자들이 유기 화합물을 명명하는 데 사용하는 국제 순수 및 응용 화학 연합(International Union of Pure and Applied Chemistry, **IUPAC**)에서 제정한 규칙을 사용한다. 사슬에 5개 이상의 탄소를 포함하고 있는 알케인은 *펜트*(pent, 5), *헥스*(hex, 6), *헵트*(hept, 7), *옥트*(oct, 8), *노느*(non, 9), *데크*(dec, 10) 등의 그리스 접두사를 이용하여 명명한다(**표 17.2** 참조).

축소식과 선–각도 구조식

축소 구조식에서 각 탄소 원자와 결합된 수소 원자들은 하나의 단위체와 같이 쓴다. 아래 첨자는 각 탄소 원자에 결합하고 있는 수소 원자 수를 나타낸다.

```
     H                          H
     |                          |
 H — C —   =   CH3 —          — C —   =   — CH2 —
     |                          |
     H                          H
   확장         축소            확장          축소
```

표 17.2 > 탄소수 1~10개까지의 알케인에 대한 IUPAC 체계명, 분자식, 축소 구조식, 선-각도 구조식

탄소 원자 수	IUPAC 체계명	분자식	축소 구조식	선-각도 구조식
1	메테인(Methane)	CH_4	CH_4	
2	에테인(Ethane)	C_2H_6	$CH_3—CH_3$	
3	프로페인(Propane)	C_3H_8	$CH_3—CH_2—CH_3$	
4	뷰테인(Butane)	C_4H_{10}	$CH_3—CH_2—CH_2—CH_3$	
5	펜테인(Pentane)	C_5H_{12}	$CH_3—CH_2—CH_2—CH_2—CH_3$	
6	헥세인(Hexane)	C_6H_{14}	$CH_3—CH_2—CH_2—CH_2—CH_2—CH_3$	
7	헵테인(Heptane)	C_7H_{16}	$CH_3—CH_2—CH_2—CH_2—CH_2—CH_2—CH_3$	
8	옥테인(Octane)	C_8H_{18}	$CH_3—CH_2—CH_2—CH_2—CH_2—CH_2—CH_2—CH_3$	
9	노네인(Nonane)	C_9H_{20}	$CH_3—CH_2—CH_2—CH_2—CH_2—CH_2—CH_2—CH_2—CH_3$	
10	데케인(Decane)	$C_{10}H_{22}$	$CH_3—CH_2—CH_2—CH_2—CH_2—CH_2—CH_2—CH_2—CH_2—CH_3$	

3개 이상의 탄소 원자로 이루어진 유기 분자의 경우 탄소 원자들이 일직선으로 위치하지 않는다. 탄소 원자들은 지그재그(zigzag) 형태로 배열되어 있다.

선-각도 구조식(line-angle structural formula)이라고 하는 단순화된 구조식은 탄소 원자들이 각 선의 말단 부분과 모서리 부분에 위치하고 있는 것으로 표현하여 지그재그 형태를 보여준다. 예를 들면, 펜테인의 선-각도 구조식에서 지그재그로 그려진 각각의 선은 단일 결합을 나타낸다. 말단에 위치한 탄소 원자는 세 개의 수소 원자와 결합하고 있다. 그러나 탄소 사슬의 중간 부분에 위치한 탄소 원자의 경우 예제 17.1에 나타낸 것과 같이 두 개의 탄소와 두 개의 수소 원자와 결합하고 있다.

생각해 보기 17.2

선-각도 구조식을 이용하여 탄소와 수소가 단일 결합으로 이루어져 있는 유기 화합물을 어떻게 나타낼 수 있는가?

예제 17.2 알케인에 대한 구조식 그리기

먼저 해 보기!

펜테인에 대한 확장 구조식, 축소 구조식, 선-각도 구조식을 그려라.

풀이

	주어진 것	필요한 것	연결
문제 분석	펜테인	확장 구조식, 축소 구조식, 선-각도 구조식	탄소 사슬, 지그재그 선

단계 1 **탄소 사슬을 그린다.** 펜테인 분자는 연속적인 사슬에 탄소 원자 5개가 있다.

C—C—C—C—C

단계 2 **각 탄소 원자에 단일 결합을 추가로 그리고 수소 원자를 더하여 확장 구조식을 그린다.**

```
    H   H   H   H   H
    |   |   |   |   |
H — C — C — C — C — C — H
    |   |   |   |   |
    H   H   H   H   H
```

단계 3 **각 C 원자에 H 원자를 결합시켜 축소 구조식을 그린다.**

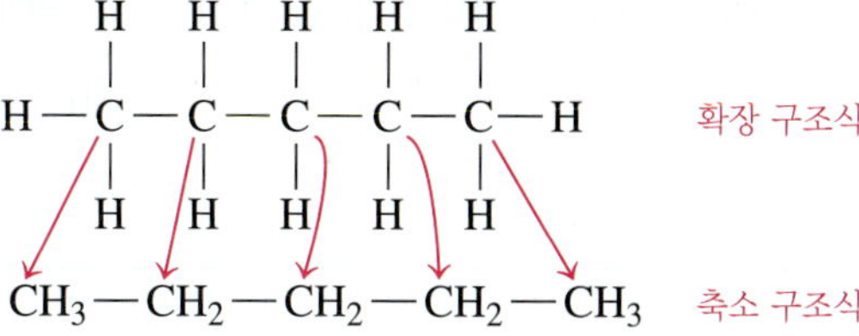

단계 4 **말단 부분과 모서리 부분에 C 원자를 나타낸 지그재그 선으로 선-각도 구조식을 그린다.**

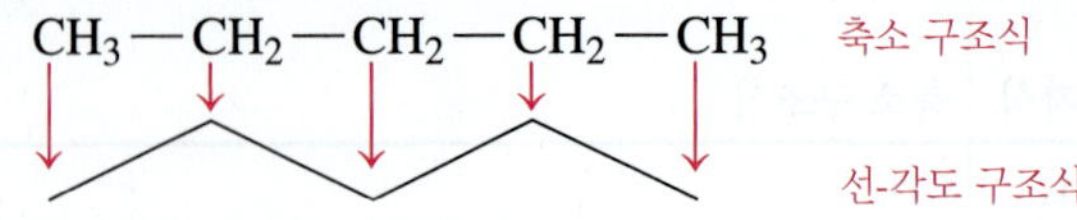

확인 문제 17.2

다음 선-각도 구조식에 대한 축소 구조식을 그리고 명명하라.

a. **b.**

답

a. $CH_3-CH_2-CH_2-CH_2-CH_2-CH_2-CH_3$ 헵테인(heptane)

b. $CH_3-CH_2-CH_2-CH_3$ 뷰테인(butane)

구조 이성질체

어떤 알케인이 네 개 이상의 탄소 원자를 포함하고 있을 때, *가지*(branch) 또는 **치환기**(substituent)라고 하는 잔기(side group)가 탄소 사슬에 치환되도록 원자들을 배열할 수 있다. 예를 들면, **그림 17.2**와 같이 분자식이 C_4H_{10}의 경우 두 개의 서로 다른 공-막대 모형으로 나타낼 수 있다. 한 모형에서는 탄소 원자 네 개가 사슬 형태로 나타난다. 다른 모형에서는 사슬에 세 개의 탄소 원자가 있고 하나의 가지 또는 치환기가 부착되어 있다. 하나 이상의 가지가 있는 알케인은 *가지달린 알케인*(branched alkane)이라고 한다. 두 화합물은 분자식이 같지만 원자의 배열이 서로 다른 경우, 이들을 **구조 이성질체**(structural isomer)라 한다.

생각해 보기 17.3

분자식이 같은 두 개 이상의 구조 이성질체가 어떻게 가능할까?

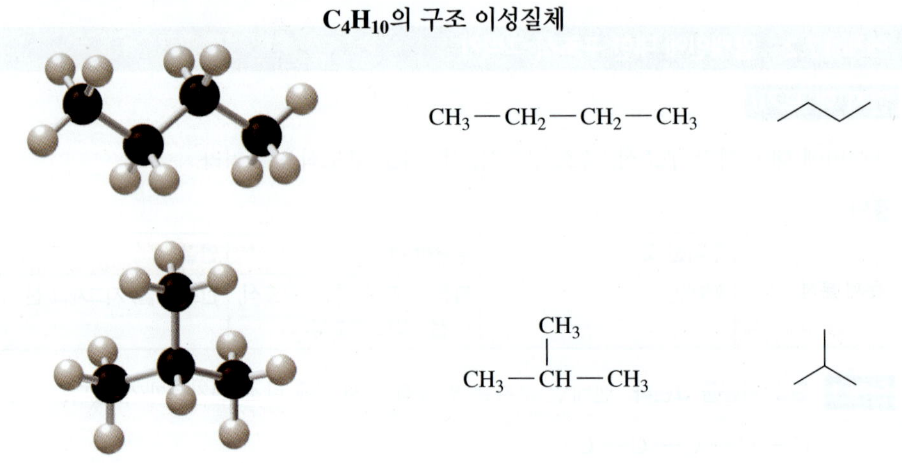

그림 17.2 ▸ C_4H_{10}의 구조 이성질체들은 원자의 수나 형태는 같으나 다른 순서로 결합되어 있다.

또 다른 예로, 다음과 같이 분자식이 C_5H_{12}인 화합물에 대해 서로 다른 세 개의 구조 이성질체에 대한 축소 및 선-각도 구조식을 그릴 수 있다.

C_5H_{12}의 구조 이성질체			
축소 구조식	$CH_3-CH_2-CH_2-CH_2-CH_3$	$CH_3-CH(CH_3)-CH_2-CH_3$	$CH_3-C(CH_3)_2-CH_3$
선-각도 구조식			

예제 17.3 구조 이성질체

먼저 해 보기!

다음 짝지어진 화학식이 구조 이성질체인지 같은 분자인지 구분하라.

a. 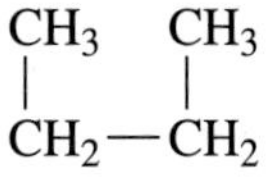 CH_3—CH_2—CH_2—CH_3 와 CH_2—CH_2—CH_3 (with CH_3 on the first CH_2)

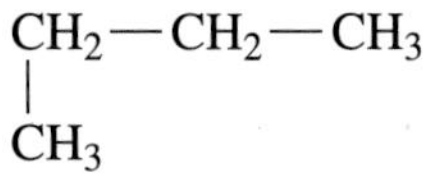

b. 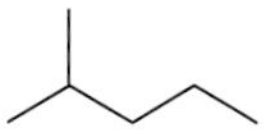 와

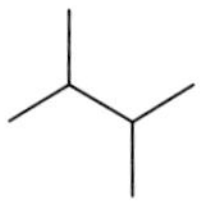

풀이

a. 두 분자 모두 분자식이 C_4H_{10}로 같다. 사슬의 위 또는 아래에 —CH_3 말단이 그려진 상태이지만 두 구조 모두 연속된 네 개의 탄소 사슬로 되어 있다. 따라서 두 식은 같은 분자를 나타낸다.

b. 두 분자 모두 분자식이 C_6H_{14}로 같다. 왼쪽 식은 사슬의 두 번째 탄소에 하나의 —CH_3 치환기가 치환된 다섯 개의 탄소 사슬로 되어 있다. 오른쪽 식은 두 개의 —CH_3 치환기가 치환된 네 개의 탄소 사슬로 되어 있다. 따라서 원자의 결합 순서가 다르며, 이는 구조 이성질체를 나타낸다.

확인 문제 17.3

왜 다음 선–각도 구조식이 예제 17.3, **b**의 분자의 다른 구조 이성질체를 나타내는가?

답

a. 이 구조식은 —CH_3 치환기가 다섯 개의 탄소 사슬의 세 번째 탄소에 위치하는 C_6H_{14}의 다른 구조 이성질체이다.

b. 이 구조식은 두 개의 —CH_3 치환기가 네 개의 탄소 사슬의 두 번째 탄소에 위치하는 C_6H_{14}의 다른 구조 이성질체이다.

알케인의 치환기

알케인에 대한 IUPAC 명명법에서 탄소 가지는 **알킬기**(alkyl group)로 명명하는데, 이는 알케인에서 수소 원자 하나를 잃은 것이다. 알킬기는 알케인의 접미사인 *에인*(*ane*) 대신 *일*(*yl*)을 붙여 명명한다. 알킬기는 독립적으로 존재할 수 없다. 알킬기는 반드시 탄소 사슬의 한 부분에 결합되어 있어야 한다. 할로젠 원자가 탄소 원자에 결합되어 있는 경우, *플루오로*(*fluoro*), *클로로*(*chloro*), *브로모*(*bromo*), *아이오도*(*iodo*)와 같이 *할로*(*halo*)기로 명명한다. 탄소 사슬에 결합되어 있는 몇 가지 일반적인 작용기를 **표 17.3**에 나타내었다.

치환기를 가지는 알케인의 명명

IUPAC 명명법에서 사슬에 포함된 탄소 원자에 번호를 부여하여 치환기의 위치를 결정한다. 예제 17.4에 나타낸 알케인을 명명할 경우 IUPAC 명명법을 어떻게 적용하는지 살펴보도록 하자.

표 17.3 > 몇 가지 일반적인 치환기의 구조식 및 이름

구조식 이름	CH_3- 메틸(methyl)		CH_3-CH_2- 에틸(ethyl)	
구조식 이름	$CH_3-CH_2-CH_2-$ 프로필(propyl)		$CH_3-\overset{\vert}{C}H-CH_3$ 아이소프로필(isopropyl)	
구조식 이름	$CH_3-CH_2-CH_2-CH_2-$ 뷰틸(butyl)		$CH_3-\overset{\overset{CH_3}{\vert}}{C}H-CH_2-$ 아이소뷰틸(isobutyl)	
구조식 이름	$F-$ 플루오로(fluoro)	$Cl-$ 클로로(chloro)	$Br-$ 브로모(bromo)	$I-$ 아이오도(iodo)

예제 17.4 치환기가 포함된 알케인의 IUPAC 이름 쓰기

먼저 해 보기!

다음 알케인의 IUPAC 이름을 써라.

$$CH_3-\overset{\overset{CH_3}{\vert}}{C}H-CH_2-CH_2-\overset{\overset{Br}{\vert}}{\underset{\underset{CH_3}{\vert}}{C}}-CH_3$$

풀이

문제 분석	주어진 것	필요한 것	연결
	여섯 개의 탄소 사슬, 메틸기 두 개, 브로모 기 하나	IUPAC 이름	탄소 사슬에서 치환기의 위치

단계 1 **가장 긴 탄소 원자 사슬의 알케인 이름을 쓴다.** 가장 긴 사슬이 탄소 원자 6개를 포함하므로 헥세인(hexane)이다.

$$CH_3-\overset{\overset{CH_3}{\vert}}{C}H-CH_2-\overset{\overset{Br}{\vert}}{\underset{\underset{CH_3}{\vert}}{C}}-CH_2-CH_3 \quad \text{헥세인(hexane)}$$

단계 2 **치환기로부터 가까운 말단 탄소 원자부터 번호를 붙인다.** 왼쪽부터 헤아렸을 때 두 번째 탄소에 첫 번 치환기가 붙어 있고 4번 탄소에 두 개의 치환기가 더 붙어 있다.

$$\underset{1}{CH_3}-\underset{2}{\overset{\overset{CH_3}{\vert}}{C}H}-\underset{3}{CH_2}-\underset{4}{\overset{\overset{Br}{\vert}}{\underset{\underset{CH_3}{\vert}}{C}}}-\underset{5}{CH_2}-\underset{6}{CH_3} \quad \text{헥세인(hexane)}$$

단계 3 **각 치환기(알파벳 순서로)의 위치와 이름을 주 사슬 이름 앞에 접두사로 쓴다.** 치환기들은 알파벳 순서[맨 처음 브로모(bromo), 그 다음 메틸(methyl)]로 정리한다. 숫자와 치환기 이름 사이는 하이픈(hyphen)을 사용한다. 같은 치환기가 두 개 이상일 경우 접두사[*다이*(*di*), *트라이*(*tri*), *테트라*(*tetra*)]가 사용되며 숫자의 경우 콤마(,)를 사용하여 구분한다. 하지만 접두사는 치환기의 알파벳 순서를 결정할 때 고려하지 않는다.

$$\begin{array}{c} \quad CH_3 \qquad\qquad Br \\ CH_3-CH-CH_2-\overset{|}{\underset{|}{C}}-CH_2-CH_3 \\ \qquad\qquad\qquad CH_3 \\ 1 \quad 2 \quad 3 \quad 4 \quad 5 \quad 6 \end{array}$$

4-브로모-2,4-다이메틸헥세인(4-bromo-2,4-dimethylhexane)

확인 문제 17.4

다음 각 화합물의 IUPAC 이름을 써라.

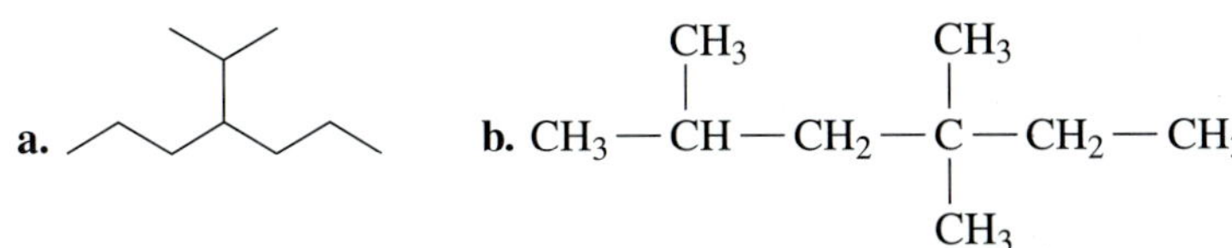

답

a. 4-아이소프로필헵테인(4-isopropylheptane)

b. 2,4,4-트라이메틸헥세인(2,4,4-trimethylhexane)

치환기를 가지는 알케인의 구조식 그리기

IUPAC 명명법은 알케인의 축소 구조식을 그리는 데 필요한 모든 정보를 제공한다. 2,3-다이메틸뷰테인의 축소 구조식을 그린다고 가정해 보자. 알케인의 이름은 가장 긴 사슬에서의 탄소 원자 개수로 결정된다. 처음 이름은 치환기의 종류와 그들이 치환된 위치를 나타낸다. 따라서 다음과 같은 방법으로 나누어 볼 수 있다.

2,3-다이메틸뷰테인(2,3-dimethylbutane)				
2,3-	**다이(Di)**	**메틸(methyl)**	**뷰트(but)**	**에인(ane)**
2번과 3번 탄소에 치환기 위치	두 개의 같은 치환기	$—CH_3$ 알킬기	주사슬에 네 개의 탄소 원자	단일(C—C) 결합

예제 17.5 IUPAC 이름으로부터 축소 구조식과 선-각도 구조식 그리기

먼저 해 보기!

2,3-다이메틸뷰테인(dimethylbutane)에 대한 축소 구조식과 선-각도 구조식을 그려라.

풀이

	주어진 것	필요한 것	연결
문제 분석	2,3-다이메틸뷰테인(dimethylbutane)	축소 구조식과 선-각도 구조식	네 개의 탄소 사슬, 메틸기 두 개

단계 1 **탄소 원자의 주 사슬을 그린다.** 뷰테인에 대해 네 개의 탄소 사슬 또는 지그재그 선을 그린다.

C—C—C—C

단계 2 **사슬에 번호를 부여하고 치환기가 위치한 탄소의 번호를 나타낸다.** 이름의 처음 부분에 두 개의 메틸기($—CH_3$)를 나타낸다. 하나는 2번 탄소에 다른 하나는 3번 탄소에 위치한다.

```
   메틸  메틸
   CH3 CH3
    |   |
C — C — C — C
1   2   3   4
```

1 2 3 4

단계 3 **축소 구조식에 대하여 정확한 수의 수소 원자를 더하고 각 탄소 원자에 네 개의 결합을 만든다.**

```
       CH3   CH3
        |     |
CH3 — CH — CH — CH3
```

확인 문제 17.5

다음 각 화합물에 대한 축소 구조식과 선-각도 구조식을 그려라.

a. 2-브로모-4-메틸펜테인(2-bromo-4-methylpentane)

b. 2-클로로-2-메틸프로페인(2-chloro-2-methylpropane)

답

```
          Br            CH3
          |             |
a. CH3 — CH — CH2 — CH — CH3
```

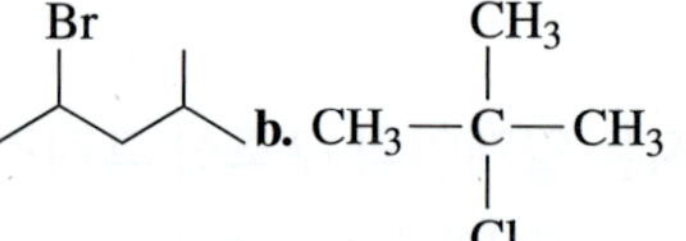


```
            CH3
             |
b. CH3 — C — CH3
             |
            Cl
```

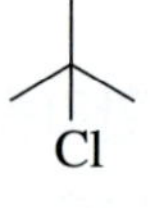

과일과 채소에 왁스 코팅을 하는 고체 알케인은 수분을 유지시키고 곰팡이를 억제하며 외관을 향상시키는 데 도움이 된다.

알케인의 용도

처음 네 알케인(메테인, 에테인, 프로페인, 뷰테인)은 상온에서 기체 상태이며, 주로 연료로 사용된다.

탄소 원자가 5~8개인 알케인(펜테인, 헥세인, 헵테인, 옥테인)은 상온에서 액체이다. 이들 분자는 휘발성이 높아 휘발유와 같은 연료로 유용하다.

탄소 원자가 9~17개인 액상 알케인은 끓는점이 더 높으며 등유, 디젤 및 제트 연료에서 발견된다. 엔진 오일은 높은 분자량을 갖는 액상 탄화수소의 혼합물이며, 엔진의 내부 부품의 윤활제로 사용된다. 광물성 기름은 액체 탄화수소의 혼합물이며 완하제(변비약)와 윤활제로 사용된다. 탄소 원자가 18개 이상인 알케인은 상온에서 밀랍 형태의 고체이다.

파라핀으로 알려진 이 물질들은 과일과 채소에 첨가용 왁스 코팅에 사용되는데, 수분을 유지시키고 곰팡이를 억제하며 외관을 향상시킨다. 페트롤라텀 젤리(petrolatum jelly), 즉 바셀린(vaseline)은 탄소 원자가 25개 이상인 탄화수소의 반고체 혼합물로 연고, 화장품, 윤활제로 사용된다.

알케인의 연소

알케인의 탄소-탄소 단일 결합은 끊기가 어려워 반응성이 가장 낮은 유기 화합물이 된다. 하지만 알케인은 산소 존재 하에서 쉽게 타서(연소) 이산화 탄소와 물, 에너지를 생성한다.

프로페인은 휴대용 가열기 및 바비큐(barbecue) 그릴용 가스에 사용되는 기체이다(**그림 17.3** 참조). 프로페인(C_3H_8) 연소에 대한 반응식은 다음과 같이 쓴다.

$$\underset{\text{프로페인}}{C_3H_8(g)} + 5O_2(g) \xrightarrow{\Delta} 3CO_2(g) + 4H_2O(g) + \text{에너지}$$

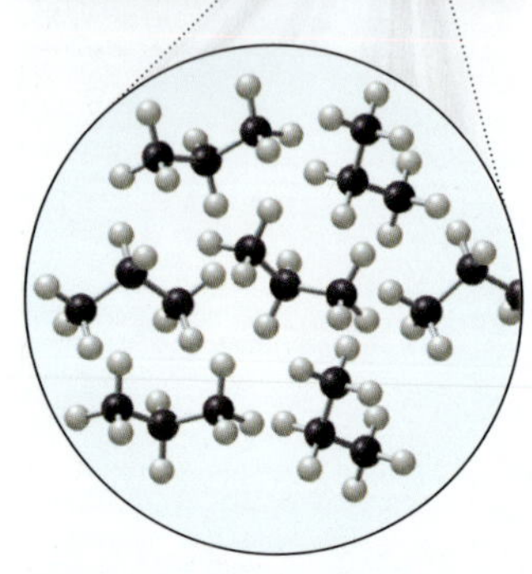

그림 17.3 ▸ 연료통 안에 들어 있는 프로페인이 연소하여 에너지를 생성한다.

용해도와 밀도

알케인은 비극성이므로 물에는 녹지 않지만 비극성 용매에 녹는다. 알케인의 밀도는

0.62~0.79 g/mL 정도로 물의 밀도(1.0 g/mL)보다 작다.

바다에 기름이 유출되면 기름 속의 알케인은 물과 섞이지 않아 넓은 지역에 퍼지며 표면에 얇은 층을 형성한다(**그림 17.4** 참조). 2010년 4월 멕시코 만에서 석유 굴착 장치가 폭발하여 미국 역사상 가장 큰 기름 유출 사고가 발생했다. 최대 약 1천만 리터의 기름이 매일 누출되었다. 원유가 육지에 도달하면, 해변과 조개, 새, 야생 동물 서식지에 상당한 피해가 발생할 수 있다. 조류와 같은 동물들이 기름을 덮어쓰면, 스스로 몸을 깨끗하게 하려고 할 때 탄화수소를 먹게 되어 치명적이므로 빨리 씻어내야 한다.

생각해 보기 17.4

어떤 물리적 성질 때문에 기름이 물 표면 위에 남아 있게 되는가?

그림 17.4 ▸ 기름 유출의 경우 다량의 기름이 바다 표면의 상부에 얇은 층이 형성되면서 퍼져 나간다.

17.2 알켄, 알카인, 고분자

학습 목표 알켄과 알카인에 대한 IUPAC 이름을 쓰고 축소 구조식과 선-각도 구조식을 그릴 수 있다.

유기 화합물은 특정 원자단인 **작용기**(functional group)의 종류에 따라 분류한다. 같은 작용기를 포함하는 화합물은 물리적, 화학적 성질이 비슷하다. 작용기를 확인하면 구조에 따라 유기 화합물을 분류하고, 각 집단 안에서 화합물을 명명하고, 화학 반응을 예측하고, 생성물의 구조를 그릴 수 있게 된다. 유기 화합물의 일반적인 작용기 목록을 **표 17.4**에 나타내었다.

알켄과 알카인은 각각 *이중*(double) 결합과 *삼중*(triple) 결합을 포함하는 불포화 탄화수소이다. **알켄**(alkene) 작용기는 탄소와 탄소 사이에 하나 이상의 이중 결합을 포함하고 있다. 이중 결합은 두 개의 인접한 탄소 사이에 두 쌍의 원자가전자를 공유할 때 형성된다. 가장 간단한 알켄은 에텐(ethene, C_2H_4)인데, 종종 관용명인 에틸렌(ethylene)으로 불린다. 에텐에서 탄소 원자는 각각 두 개의 수소 원자와 결합하고 다른 탄소 원자와 이중 결합을 형성한다. 생성된 분자는 탄소와 수소 원자가 모두 같은 평면에 놓여있기 때문에 평평한 기하학적 구조를 갖는다. **알카인**(alkyne) 작용기는 삼중 결합을 갖고 있으며 두 탄소가 세 쌍의 원자가전자를 공유한다.

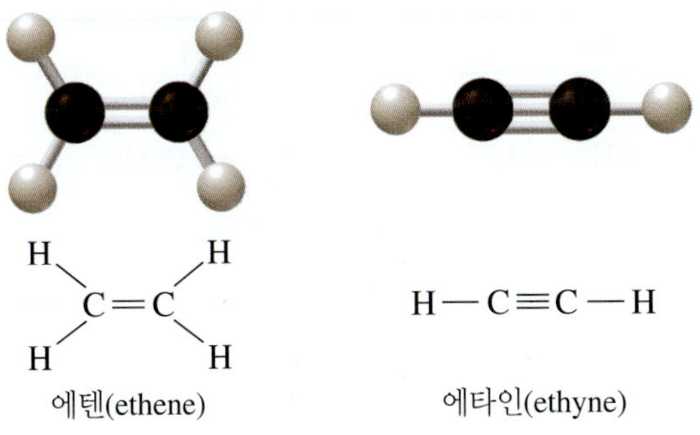

표 17.4 > 유기 화합물의 종류

종류	작용기	예/이름	존재하는 곳
알켄	$>C=C<$	$H_2C=CH_2$ 에텐(에틸렌)	숙성된 과일, 폴리에틸렌을 만들 때 사용
알카인	$-C\equiv C-$	$H-C\equiv C-H$ 에타인(아세틸렌)	용접 연료
알코올	$-OH$	CH_3-CH_2-OH 에탄올(에틸 알코올)	용매
에터	$-O-$	$CH_3-CH_2-O-CH_2-CH_3$ 다이에틸 에터	용매
알데하이드	$-C(=O)-H$	$CH_3-C(=O)-H$ 에탄알(아세트알데하이드)	아세트산 제조
케톤	$-C(=O)-$	$CH_3-C(=O)-CH_3$ 프로판온(아세톤)	용매, 페인트 및 손톱 광택 제거제
카복실산	$-C(=O)-OH$	$CH_3-C(=O)-OH$ 에탄산(아세트산)	식초 성분
에스터	$-C(=O)-O-$	$CH_3-C(=O)-O-CH_3$ 에탄산 메틸(아세트산 메틸)	술에 들어가는 향료
아민	$-N<$	CH_3-NH_2 메틸아민	생선 냄새
아마이드	$-C(=O)-N<$	$CH_3-C(=O)-NH_2$ 에탄아마이드(아세트아마이드)	쥐 냄새

생각해 보기 17.5

알코올의 작용기와 케톤의 작용기의 차이점은 무엇인가?

과일은 식물성 호르몬인 에텐으로 익는다.

알켄과 알카인의 명명

알켄과 알카인의 IUPAC 명명법은 알케인과 비슷하다. 같은 개수의 탄소 원자를 가진 알케인 이름을 사용하여, *에인(ane)* 접미사를 알켄의 경우에는 *엔(ene)*, 알카인의 경우 *아인(yne)*으로 치환한다(**표 17.5** 참조).

표 17.5 > 알케인, 알켄, 알카인의 이름 비교

알케인	알켄	알카인
CH_3-CH_3	$H_2C=CH_2$	$HC\equiv CH$
에테인	에텐(에틸렌)	에타인(아세틸렌)
$CH_3-CH_2-CH_2$	$CH_3-CH=CH_2$	$CH_3-C\equiv CH$
(골격 구조)	(골격 구조)	(골격 구조)
프로페인	프로펜	프로파인

예제 17.6 알켄과 알카인의 명명

먼저 해 보기!

다음 화합물에 대한 IUPAC 이름을 써라.

$$\begin{array}{l} \quad\ \ CH_3 \\ \quad\ \ \ | \\ CH_3-CH-CH=CH-CH_3 \end{array}$$

풀이

	주어진 것	필요한 것	연결
문제 분석	탄소 다섯 개인 사슬, 이중 결합, 메틸기	IUPAC 이름	알케인 이름의 *에인*(*ane*)을 *엔*(*ene*)으로 치환

단계 1 **이중 결합을 포함하는 가장 긴 탄소 사슬을 명명한다.** 이중 결합을 포함하는 가장 긴 탄소 사슬에 탄소 원자 5개가 있다. 이에 상응하는 알케인의 어미에 *엔*(*ene*)을 대신 쓰면 펜텐(pentene)이 된다.

$$\begin{array}{l} \quad\ \ CH_3 \\ \quad\ \ \ | \\ CH_3-CH-CH=CH-CH_3 \end{array} \qquad \text{펜텐(pentene)}$$

단계 2 **이중 결합에 더 가까운 말단 탄소부터 번호를 붙인다.** 이중 결합의 위치를 나타내기 위해 이중 결합에 있는 첫 번째 탄소 번호를 사용한다.

$$\begin{array}{l} \quad\ \ CH_3 \\ \quad\ \ \ | \\ \underset{5}{CH_3}-\underset{4}{CH}-\underset{3}{CH}=\underset{2}{CH}-\underset{1}{CH_3} \end{array} \qquad \text{2-펜텐(2-pentene)}$$

탄소가 2~3개인 알켄이나 알카인은 번호가 필요 없다.

단계 3 **각 치환기의 위치와 이름(알파벳 순서로)을 접두사를 사용하여 붙여 알켄이나 알카인을 명명한다.**

$$\begin{array}{l} \quad\ \ CH_3 \\ \quad\ \ \ | \\ \underset{5}{CH_3}-\underset{4}{CH}-\underset{3}{CH}=\underset{2}{CH}-\underset{1}{CH_3} \end{array} \qquad \text{4-메틸-2-펜텐(4-methyl-2-pentene)}$$

확인 문제 17.6

다음 각 화합물의 축소 구조식을 그려라.

a. 1-클로로-3-헥사인(1-chloro-3-hexyne) **b.** 1-브로모-1-펜텐(1-bromo-1-pentene)

답

a. $Cl-CH_2-CH_2-C\equiv C-CH_2-CH_3$

b. $Br-CH=CH-CH_2-CH_2-CH_3$

수소화 반응

핵심 화학 기술

수소화 반응과 중합 반응의 반응식 작성하기

수소화 반응(hydrogenation)에서 알켄의 이중 결합에 있는 각 탄소에 수소 원자가 첨가된다. 수소화 반응이 진행되는 동안 이중 결합은 알케인의 단일 결합으로 전환된다. 반응을 촉진하기 위해 미세한 분말 형태의 백금(Pt), 니켈(Ni), 팔라듐(Pd) 같은 금속 촉매가 사용된다. 2-뷰텐의 수소화 반응에 대한 식은 다음과 같이 쓴다.

$$\underset{\text{2-뷰텐}}{CH_3-CH=CH-CH_3} + H_2 \xrightarrow{Pt} \underset{\text{뷰테인}}{CH_3-CH_2-CH_2-CH_3}$$

예제 17.7 수소화 반응에 대한 반응식 쓰기

먼저 해 보기!

다음 수소화 반응에 대한 생성물의 축소 구조식을 그려라.

$$CH_3-CH=CH_2 + H_2 \xrightarrow{Pt}$$

풀이

문제 분석	주어진 것	필요한 것	연결
	알켄 + H_2	생성물의 구조식	이중 결합에 2H 첨가

$$CH_3-CH_2-CH_3$$

확인 문제 17.7

a. 백금 촉매를 사용한 2-메틸-1-뷰텐(2-methyl-1-butene)의 수소화 반응에 대한 생성물의 축소 구조식을 그려라

b. 팔라듐 촉매를 사용한 2-펜텐(2-pentene)의 수소화 반응에 대한 생성물의 선-각도 식을 그려라

답

a. $CH_3-\underset{\substack{|\\ }}{CH}(CH_3)-CH_2-CH_3$

b. (선-각도 식)

건강과 관련된 화학 _Chemistry Link to Health

불포화 지방의 수소화 반응

옥수수 기름이나 홍화유와 같은 식물성 기름은 이중 결합을 포함하는 지방산으로 구성된 불포화 지방이다. 수소화 반응 과정은 식물성 기름의 불포화 지방에 있는 이중 결합을 보다 고체상인 마가린과 같은 포화 지방으로 변환시키는 상업적 용도로 사용된다. 첨가되는 수소의 양을 조절하면 연화 마가린, 막대 형태의 고체 마가린, 쇼트닝과 같이 부분적으로 수소화가 진행된 지방이 생성된다. 예를 들어, 올레산은 올리브 기름의 전형적인 불포화 지방으로 9번 탄소에 이중 결합이 있다. 올레산을 수소화하면 포화 지방산인 스테아르산으로 전환된다.

식물성 기름에 있는 불포화 지방을 포화 지방으로 변환시켜 더 고형인 생성물을 만든다.

이중 결합 / O / OH
올레산(올리브 기름과 다른 불포화 지방에서 발견)

단일 결합 / O / OH
스테아르산 (포화 지방에서 발견)

고분자화 반응

고분자(polymer)는 **단량체**(monomer)라는 작은 반복 단위로 구성된 커다란 분자이다. 지난 100년 동안, 플라스틱 산업에서는 카펫, 플라스틱 랩(wrap), 눌어붙지 않는 팬, 플라스틱 컵, 우비 등 일상생활에서 많이 사용하는 재료인 합성 고분자를 생산했다. 의학 분야에서,

합성 고분자는 고관절, 치아, 심장 판막, 혈관과 같은 부위에 병이 있거나 손상된 신체 부위를 대체하는 데 사용된다. 매년 약 1,000억 kg의 플라스틱이 생산되며, 이것은 전 세계 인구 1인당 15 kg에 해당되는 양이다.

대부분의 합성 고분자는 작은 알켄 단량체를 반응하여 생산된다. 중합 반응에서 고분자는 각 단량체가 사슬의 말단에 첨가됨에 따라 더 길게 성장한다. 어떤 고분자는 1,000개 이상의 단량체를 포함하기도 한다. 많은 고분자화 반응에서는 고온, 촉매, 고압(1000 atm 이상)이 필요하다. 에틸렌 단량체로부터 만들어지는 폴리에틸렌은 플라스틱 병, 필름, 플라스틱 식기류에 사용된다. 폴리에틸렌은 전 세계적으로 다른 어떤 고분자보다 다량 생산된다. 저밀도 폴리에틸렌(low-density polyethylene, LDPE)은 고밀도 폴리에틸렌(high-density polyethylene, HDPE)보다 유연하고, 부서지기 쉬우며, 밀도가 낮고, 가지가 더 많다. 고밀도 폴리에틸렌은 강하고 밀도가 크며, LDPE보다 더 높은 온도에서 녹는다.

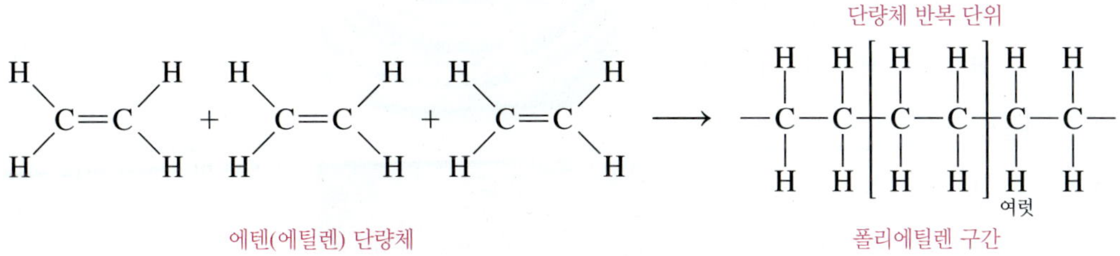

단량체 반복 단위

$$\mathrm{H_2C{=}CH_2} + \mathrm{H_2C{=}CH_2} + \mathrm{H_2C{=}CH_2} \longrightarrow -\mathrm{CH_2}-\mathrm{CH_2}-[\mathrm{CH_2}-\mathrm{CH_2}]-\mathrm{CH_2}-\mathrm{CH_2}-$$

에텐(에틸렌) 단량체   여럿   폴리에틸렌 구간

표 17.6에는 일반적인 합성 고분자를 생산하는 데 사용되는 몇 가지 알켄 단량체를 나열하였다. 이들 플라스틱 합성 고분자는 알케인과 특성이 비슷해 반응성이 없다. 따라서 이들은 쉽게 분해되지 않는다(생분해성이 아님). 결과적으로, 이런 합성 고분자들은 토지 및 해양 오염의 중요한 원인이 된다. 이런 이유로, 보다 쉽게 분해될 수 있는 합성 고분자를 생산하기 위해 많은 노력을 하고 있다.

예제 17.8 고분자

먼저 해 보기!

소방관 응급 구조대원이 미숙아가 태어난 집에 도착했다. 신생아 시설로 이송되는 동안 저체온증을 예방하기 위해 아기를 폴리 염화 비닐로 만든 랩으로 감싸주었다.

a. 단량체 단위를 그리고 IUPAC 이름을 써라.

b. 3개의 단량체 단위로부터 형성된 고분자의 일부분을 그려라.

풀이

a. 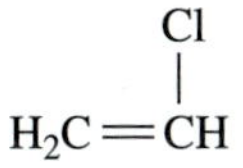 $\mathrm{H_2C{=}CH(Cl)}$ 클로로에텐 (chloroethene)

b. 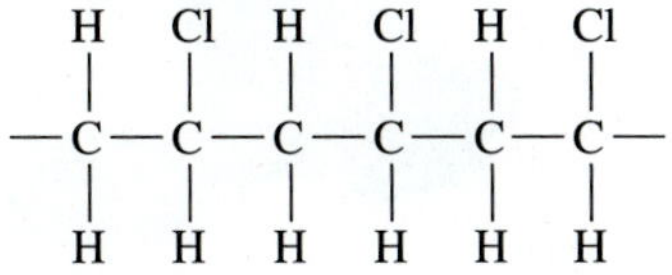 $-\mathrm{CH_2}-\mathrm{CHCl}-\mathrm{CH_2}-\mathrm{CHCl}-\mathrm{CH_2}-\mathrm{CHCl}-$

확인 문제 17.8

a. 플라스틱 접시로 사용되는 폴리프로필렌(PP) 제조에 사용되는 단량체의 축소 구조식을 그려라.

b. 페닐에텐(phenylethene) 단량체를 포함하는 고분자의 이름은 무엇인가?

답

a. 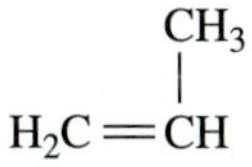 $\mathrm{H_2C{=}CH(CH_3)}$ **b.** 폴리스타이렌(polystyrene)

표 17.6 > 몇 가지 알켄과 고분자

재활용 부호	단량체	고분자 부분		일반적인 용도
2 HDPE, 4 LDPE	$H_2C{=}CH_2$ 에텐(에틸렌)	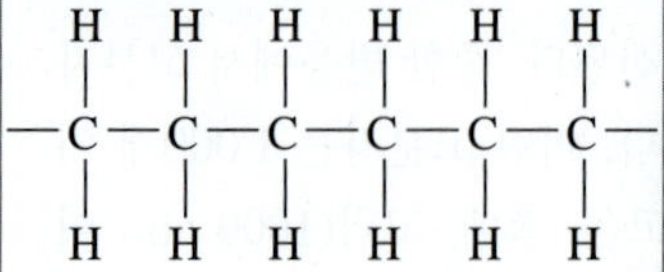 $-CH_2-CH_2-CH_2-CH_2-CH_2-CH_2-$ 폴리에틸렌(PE)		플라스틱 병, 필름, 절연제, 쇼핑백, 플라스틱 로
3 V	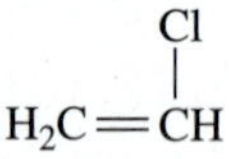 $H_2C{=}CHCl$ 클로로에텐 (염화 비닐)	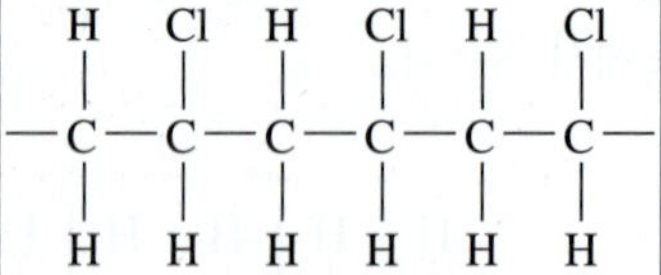 $-CH_2-CHCl-CH_2-CHCl-CH_2-CHCl-$ 폴리 염화 비닐(PVC)		플라스틱 파이프 및 배관, 정원용 호스, 쓰레기 봉투, 샤워 커튼, 신용 카드, 의료 용기, 음식 포장용 필름, 음료수 병, 알약 포장 용기
5 PP	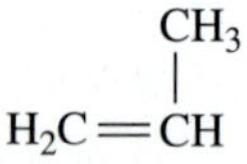 $H_2C{=}CH(CH_3)$ 프로펜 (프로필렌)	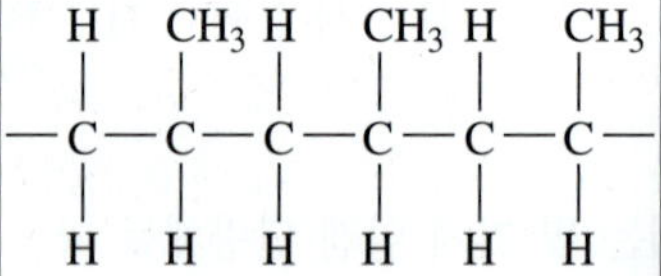 $-CH_2-CH(CH_3)-CH_2-CH(CH_3)-CH_2-CH(CH_3)-$ 폴리프로필렌(PP)		스키 및 하이킹 의류, 카펫, 인공 관절, 플라스틱 병, 식품 용기, 의료용 안면 마스크, 배관, 플라스틱 봉지
	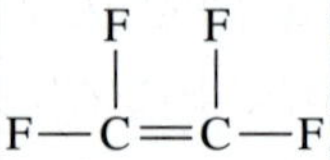 $F_2C{=}CF_2$ 테트라플루오로 에텐	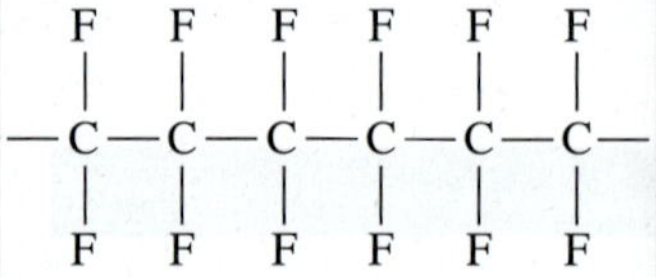 $-CF_2-CF_2-CF_2-CF_2-CF_2-CF_2-$ 폴리테트라플루오로에틸렌		점착방지 도료, 테플론, 고어텍스 비옷
6 PS	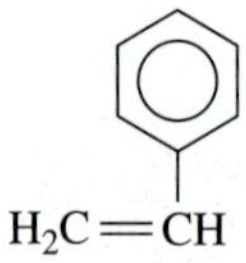 $H_2C{=}CH(C_6H_5)$ 페닐에텐 (스타이렌)	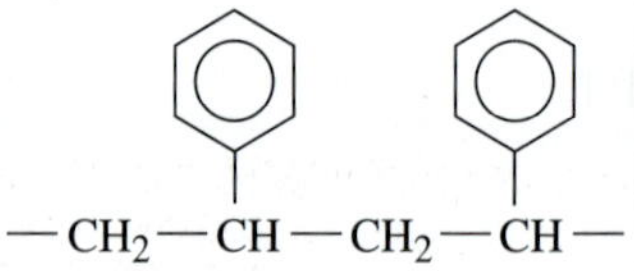 $-CH_2-CH(C_6H_5)-CH_2-CH(C_6H_5)-$ 폴리스타이렌(PS)		플라스틱 커피 컵 및 종이팩, 단열재, 플라스틱 식기

플라스틱 용기의 라벨이나 바닥에서 흔히 볼 수 있는 재활용 기호(삼각형 모양의 화살표)를 확인하면 플라스틱 제품을 생산하는 데 어떤 종류의 고분자가 사용되었는지 확인할 수 있다. 예를 들면, 삼각형 안에 숫자 5나 PP라는 글자가 있으면 폴리프로필렌 플라스틱이라는 부호이다.

17.3 방향족 화합물

학습 목표 벤젠에서의 결합을 설명하고, 방향족 화합물을 명명하며, 방향족 화합물의 선-각도 구조식을 그릴 수 있다.

1825년 마이클 페러데이(Michael Faraday)는 **벤젠**(benzene)이라는 탄화수소를 분리하였는데, 벤젠 분자는 탄소 원자 여섯 개가 고리를 이루고 있으며, 각 탄소에는 수소 원자 하나가 결합되어 있다. 벤젠에서, 각 탄소 원자는 세 개의 원자가전자를 이용하여 수소 원자 한 개 및 인접한 두 개의 탄소 원자와 결합을 이루고 있다. 남은 원자가전자 하나는 인접한 탄소와 공유하여 이중 결합을 형성하는 것으로 과학자들은 판단하였다. 1865년, 케큘레(August Kekulé)는 벤젠의 탄소 원자들은 탄소 원자 사이에 단일 결합과 이중 결합이 교대로 나타나며 평평한 고리 형태로 배열되어 있을 것이라고 제안하였다. 두 개의 서로 다른 탄소 원자 사이에 형성될 수 있는 이중 결합의 경우 공명 구조가 가능하기 때문에 벤젠을 표현하는 방법에는 두 가지가 있다. 알켄에서처럼 이중 결합이 있다면 벤젠은 훨씬 반응성이 더 커야 할 것이다.

하지만 알켄이나 알카인과는 달리 방향족 탄화수소들은 첨가 반응이 쉽게 일어나지 않는다. 그들의 반응 형태가 매우 다르다면 그 구조에서 원자들이 결합되어 있는 형태도 달라야 한다. 오늘날에는 탄소 원자 여섯 개 사이에서 전자 여섯 개가 동등하게 공유되어 있다는 것을 알고 있다. 벤젠의 이러한 독특한 특성 때문에 벤젠은 특별히 안정하다. 벤젠은 선-각도 구조식으로 표현하는데, 이때 중심에 원을 포함한 육각 고리로 나타낸다. 벤젠을 나타내는 몇 가지 방법은 다음과 같다.

H H H H H H ⟷ H H H H H H　　H H H H H H

벤젠　　벤젠의 동등한 구조　　벤젠의 구조식

벤젠을 포함하는 많은 화합물들이 향기를 가지므로 벤젠 화합물들은 **방향족 화합물**(aromatic compound)로 알려져 있다. 향미료로 사용하는 방향족 화합물의 몇 가지 예로, 미나리과 식물 아니스(anise)에서 유래된 아니솔(anisole), 타라곤(tarragon)에서 유래된 에스트라골(estragole), 백리향(thyme)에서 유래된 티몰(thymol)이 있다.

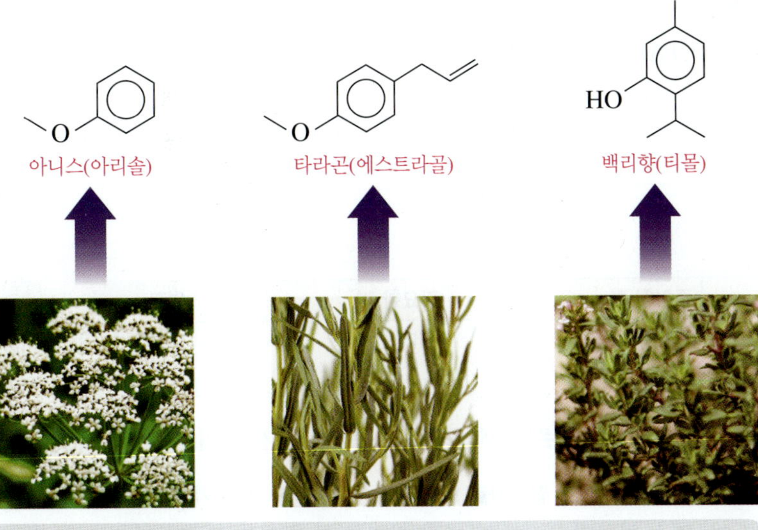

아니스, 타라곤, 백리향 허브의 향과 맛은 방향족 때문이다.

생각해 보기 17.6

톨루엔의 식과 페놀의 식에서 비슷한 점과 다른 점은 무엇인가?

방향족 화합물의 명명

벤젠을 포함하는 많은 화합물은 오랫동안 화학에서 중요한 역할을 하고 있으며 아직까지 관용명을 사용하고 있다. 톨루엔(toluene)은 메틸기(—CH_3)를 가지는 벤젠이며, 아닐린(aniline)은 아미노기(—NH_2)를 가지는 벤젠이고, 페놀(phenol)은 하이드록실기(—OH)를 가지는 벤젠이다. 톨루엔, 아닐린, 페놀과 같은 이름은 IUPAC 명명법에서도 허용하고 있다.

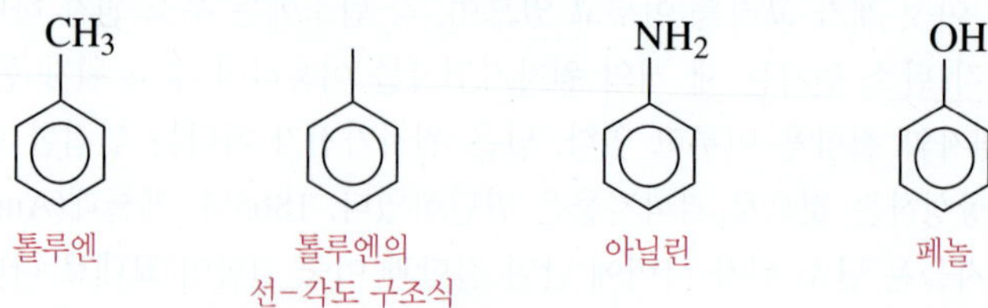

벤젠에서 치환기가 하나만 있는 경우에는 고리에 번호를 붙이지 않는다. 벤젠 고리에 치환기가 두 개 있는 경우 치환기들의 번호가 가장 낮도록 벤젠 고리에 번호를 붙인다. 관용명에서 벤젠 고리가 치환기일 때에는 페닐기(phenyl group)이라고 명명한다. 톨루엔, 아닐린, 페놀과 같은 관용명을 사용할 때, 메틸, 아민, 하이드록실기가 치환된 탄소 원자가 1번이 된다.

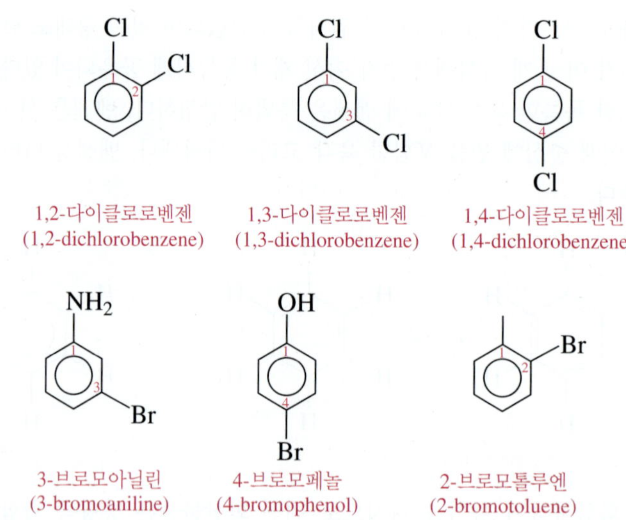

예제 17.9 방향족 화합물의 명명

먼저 해 보기!

다음 화합물의 IUPAC 이름을 써라.

풀이

	주어진 것	필요한 것	연결
문제 분석	구조식	IUPAC 이름	방향족 화합물의 이름, 치환기 번호

단계 1 **방향족 화합물의 이름을 쓴다.** 메틸기를 포함하는 벤젠 고리는 톨루엔으로 명명한다.

단계 2 **치환기에 번호를 붙이고 접두사로 명명한다.** 톨루엔의 메틸기가 1번 탄소에 결합되어 있으며, 염소 치환기의 번호가 가장 작도록 고리에 번호를 붙인다.

3-클로로톨루엔
(3-chlorotoluene)

확인 문제 17.9

다음 각 화합물의 IUPAC 이름을 써라.

a.　　　**b.**

답

a. 1,3-다이에틸벤젠(1,3-diethylbenzene)　　**b.** 2-클로로페놀(2-chlorophenol)

건강과 관련된 화학 _Chemistry Link to Health

몇 가지 흔한 방향족 화합물

방향족 화합물은 자연이나 의학 분야에서 흔하다. 톨루엔은 약물, 염료, TNT(trinitrotoluene)와 같은 폭발물을 제조하는 데 출발 물질로 사용된다. 벤젠 고리는 일부 아미노산(단백질 구성 요소), 아스피린, 아세트아미노펜, 이부프로펜 등과 같은 진통제와 바닐린과 같은 향료에서 발견된다.

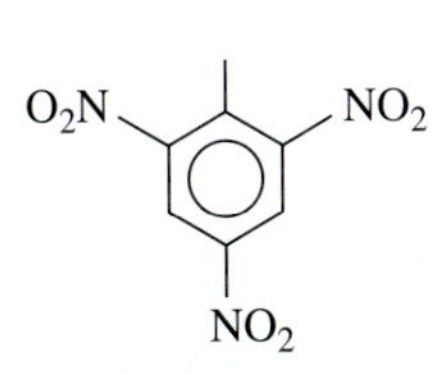

TNT(2,4,6-트라이나이트로톨루엔)

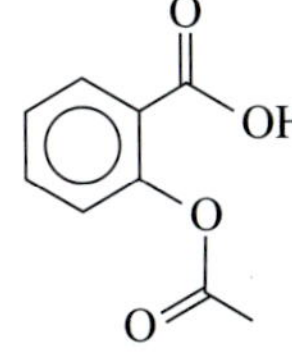

아스피린

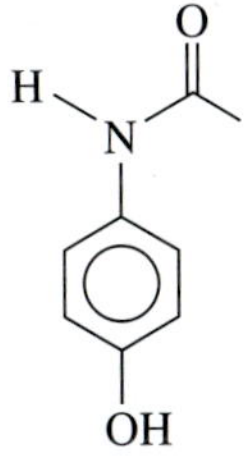

아세트아미노펜

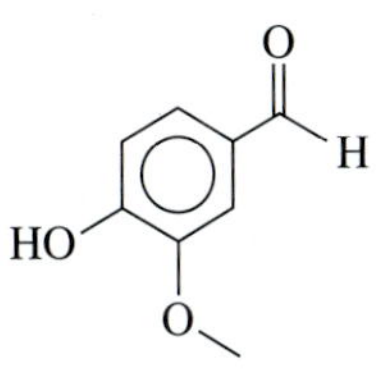

바닐린

건강과 관련된 화학 _Chemistry Link to Health

여러고리 방향족 탄화수소

여러고리 방향족 탄화수소(polycyclic aromatic hydrocarbon, PAH)로 알려진 방향족 화합물은 둘 이상의 벤젠 고리의 모서리가 서로 접합되어 형성된다. 접합된 고리 화합물에서 인접한 벤젠 고리는 탄소 원자 두 개를 공유한다. 나프탈렌에는 두 벤젠 고리가 있으며, 세 개의 고리를 가지고 있는 안트라센은 염료 제조에 사용된다.

여러고리 화합물이 페난트렌을 포함하면 암을 유발하는 것으로 알려진 물질인 발암물질로 작용할 수 있다.

벤조[*a*]피렌과 같은 5개 이상의 접합된 벤젠 고리를 포함하는 화합물은 강력한 발암물질이다. 그 분자들은 비정상적인 세포 성장과 암을 일으키면서 세포 내의 DNA와 상호작용한다. 발암물질에 대한 노출이 증가하면 세포에서 DNA가 변할 가능성이 높아진다. 연소의 산물인 벤조[*a*]피렌은 콜타르, 담배 연기, 바비큐 고기, 자동차 배기가스에서 확인되었다.

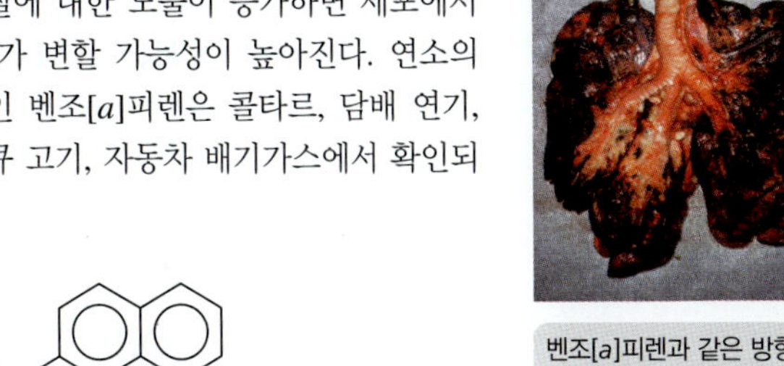
벤조[*a*]피렌과 같은 방향족 화합물들은 폐암과 매우 강하게 연관되어 있다.

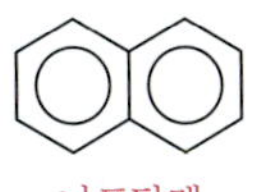
나프탈렌
(naphthalene)

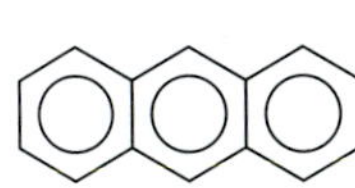
안트라센
(anthracene)

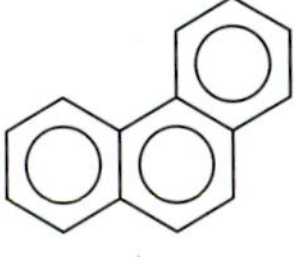
페난트렌
(phenanthrene)

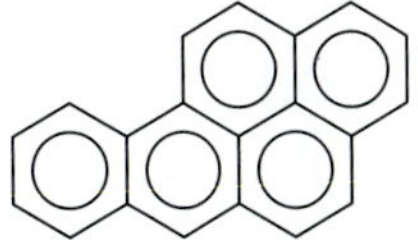
벤조[*a*]피렌
benzo[*a*]pyrene

17.4 알코올과 에터

학습 목표 알코올와 에터의 IUPAC 이름과 관용명을 쓰고, 이름이 주어졌을 때 축소 구조식과 선-각도 구조식을 그릴 수 있다.

생각해 보기 17.7

에터의 작용기는 알코올의 작용기와 어떻게 다른가?

알코올(alcohol)은 하이드록실기(hydroxyl group, —OH)가 탄화수소에 있는 수소 원자 하나를 치환한 화합물이다. *페놀*(phenol)은 벤젠 고리에 붙어 있는 수소 원자를 하이드록실기가 치환한 화합물이다. 알코올과 페놀 분자는 산소 원자를 중심으로 굽은 모양을 하고 있다. **에터**(ether)는 산소 원자가 두 탄소 원자와 단일 결합을 이루는 화합물이다(**그림 17.5** 참조).

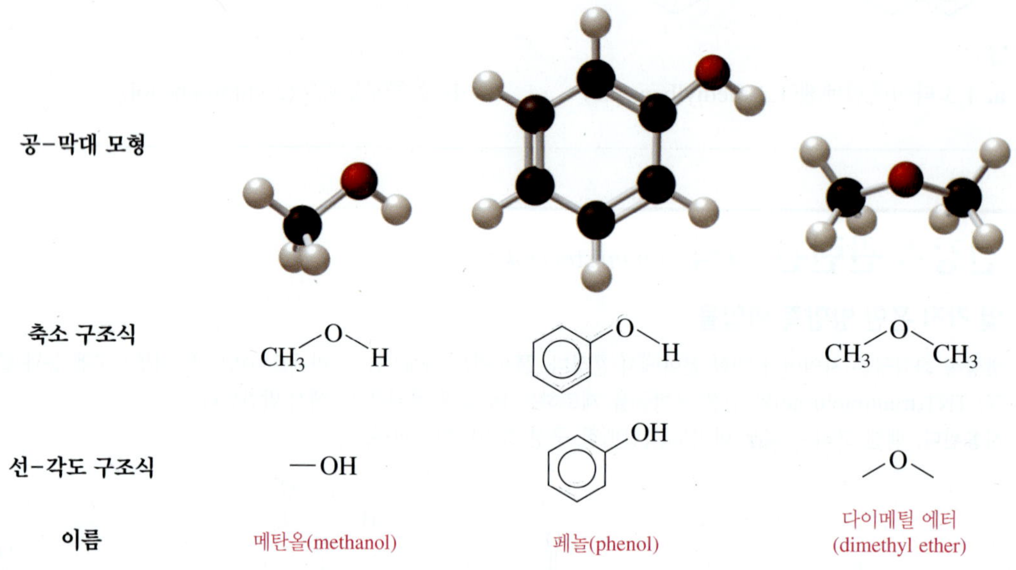

그림 17.5 ▸ 알코올이나 페놀은 수소 원자 대신 하이드록실기(—OH)가 치환되어 있고, 에터는 산소 원자(—O—)가 두 개의 탄소 원자와 결합되어 있다.

알코올의 명명

IUPAC 명명법에서 알코올은 알케인의 이름에서 '*-에인*'을 '*-안*'으로 바꾸고 '*-올*'을 붙인다. 영어명에서는 마지막에 있는 *e*를 *ol*로 바꾼다. 간단한 알코올의 관용명은 알킬기 명명 다음에 *알코올*(alcohol)을 붙여 사용한다.

$CH_3—H$ 메테인

$CH_3—OH$ 메탄올 (메틸 알코올)

$CH_3—CH_2—H$ 에테인

$CH_3—CH_2—OH$ 에탄올 (에틸 알코올)

탄소 원자가 1~2 개인 알코올은 하이드록실기에 대한 번호를 나타내지 않는다. 탄소 원자를 3개 이상 포함하는 사슬형 알코올은 −OH 기와 치환기의 위치를 나타내기 위해 사슬에 번호를 붙여야 한다.

$\underset{3}{CH_3}—\underset{2}{CH_2}—\underset{1}{CH_2}—OH$
1-프로판올 (프로필 알코올)

$\underset{1}{CH_3}—\underset{2}{\overset{\overset{OH}{|}}{CH}}—\underset{3}{CH_3}$
2-프로판올 (아이소프로필 알코올)

2-프로판올과 2-뷰탄올에서 보인 것처럼 알코올에 대한 선-각도 구조도 그릴 수 있다.

OH (선-각도 구조) 2-프로판올

OH (선-각도 구조) 2-뷰탄올

예제 17.10 알코올의 명명

먼저 해 보기!

다음 화합물의 IUPAC 이름을 써라.

$$\begin{array}{ccccccccc} & & CH_3 & & & & OH & & \\ & & | & & & & | & & \\ CH_3 & — & CH & — & CH_2 & — & CH & — & CH_3 \end{array}$$

풀이

	주어진 것	필요한 것	연결
문제 분석	탄소 5개 사슬, 하이드록실기, 메틸기	IUPAC 이름	메틸기와 하이드록실기의 위치, 알케인의 이름에서 *-에인*을 *-안올*로 바꿈(alkane 이름에서 e를 *ol*로 바꿈)

단계 1 **—OH기가 치환된 가장 긴 사슬을 찾아 알케인의 '*-에인*'을 '*-안올*'로 바꾼다.** 영어명에서는 알케인의 *e* 대신 *ol*을 붙여 명명한다. 알코올을 명명할 때, 펜테인에서 펜탄올로 한다.

$$\begin{array}{ccccccccc} & & CH_3 & & & & OH & & \\ & & | & & & & | & & \\ CH_3 & — & CH & — & CH_2 & — & CH & — & CH_3 \end{array} \quad \text{펜탄올}$$

단계 2 **OH기에 더 가까운 탄소부터 사슬에 번호를 붙인다.** 이 탄소 사슬에서 오른쪽에서 왼쪽으로 번호를 부여하면 —OH기가 치환된 탄소는 2번이 되고 접두사를 사용하면 이름이 2-펜탄올이 된다.

$$\begin{array}{ccccccccc} & & CH_3 & & & & OH & & \\ & & | & & & & | & & \\ CH_3 & — & CH & — & CH_2 & — & CH & — & CH_3 \\ 5 & & 4 & & 3 & & 2 & & 1 \end{array} \quad \text{2-펜탄올}$$

단계 3 **각 치환기의 위치와 이름을 나타낸다.**

$$\begin{array}{ccccccccc} & & CH_3 & & & & OH & & \\ & & | & & & & | & & \\ CH_3 & — & CH & — & CH_2 & — & CH & — & CH_3 \\ 5 & & 4 & & 3 & & 2 & & 1 \end{array} \quad \text{4-메틸-2-펜탄올}$$

확인 문제 17.10

다음 각 화합물의 IUPAC 이름을 써라.

a. Cl, OH **b.** OH

답

a. 3-클로로-1-뷰탄올(3-chloro-1-butanol)

b. 4,6-다이메틸-2-헵탄올(4,6-dimethyl-2-heptanol)

에터의 명명

에터(ether)는 하나의 산소 원자가 알킬기나 방향족기의 두 탄소와 단일 결합으로 연결된 화합물이다. 에터의 관용명에서 산소 원자에 치환되어 있는 알킬기나 방향족기의 이름을 알파

벳 순서로 쓰고, 그 뒤에 *에터*(ether)를 붙인다.

메틸기 → CH_3 — O — $CH_2 - CH_2 - CH_3$ ← 프로필기

관용명: 메틸 프로필 에터(methyl propyl ether)

건강과 관련된 화학 _Chemistry Link to Health

몇 가지 중요한 알코올, 페놀, 에터

가장 간단한 알코올인 *메탄올*[methanol, *메틸 알코올*(methyl alcohol)]은 용매와 페인트 제거제로 사용된다. 메탄올을 섭취하면 산화되어 폼알데하이드가 되기 때문에 두통, 실명, 사망의 원인이 될 수 있다. 메탄올은 플라스틱, 의약품, 연료 제조에 사용된다. 휘발유보다 가연성이 낮고 옥탄가가 높아 자동차 경주에 연료로 사용된다.

에탄올[ethanol, *에틸 알코올*(ethyl alcohol)]은 선사시대부터 곡물, 당, 녹말을 발효시켜 만드는 중독성 물질로 알려져 있다. 최근 바이오 연료에 대한 관심으로 인해 발효에 의한 에탄올 생산이 증가되었다. "가소홀(gasohol)"은 연료로 사용되는 에탄올과 휘발유의 혼합물이다.

$$\underset{\text{글루코스}}{C_6H_{12}O_6} \xrightarrow{\text{발효}} \underset{\text{에탄올}}{2CH_3-CH_2-OH} + 2CO_2$$

에탄올은 또한 손 소독제로 사용된다. 알코올을 함유하는 소독제는 일반적으로 에탄올이 최대 85%(부피/부피)까지 가능하다. 에탄올이 가연성이 매우 크기 때문에 이 정도 양의 에탄올은 가정에서 사용하는 손 소독제에 의한 화재 위험이 있다. 에탄올을 함유한 소독제는 가정에서 열원으로부터 멀리 떨어진 곳에 보관할 것을 권장한다.

오늘날, 공업용 에탄올은 고온과 고압에서 에탄올과 물을 반응시켜 생산한다.

$$\underset{\text{에텐}}{H_2C=CH_2} + H_2O \xrightarrow{300\ ^\circ C,\ 200\ atm,\ H^+} \underset{\text{에탄올}}{CH_3-CH_2-OH}$$

1,2-에탄다이올[1,2-ethanediol, *에틸렌 글라이콜*(ethylene glycol)]은 냉난방기의 부동액으로 사용된다. 또한 이 화합물은 도료, 잉크, 플라스틱 용제로 사용되며 다크론(Dacron)과 같은 합성 섬유를 생산하는 데 사용된다. 삼켰을 경우에는, 매우 심각한 독성이 있다. 신체 내에서, 신장에서 불용성 화합물인 옥살산으로 산화되며, 이 물질은 신장 손상, 경련 및 사망에 이르게 된다. 이 화합물은 단맛이 있기 때문에 반려동물과 아이들에게 친숙할 수 있어 에틸렌 글라이콜 용액은 보관에 매우 신중해야 한다.

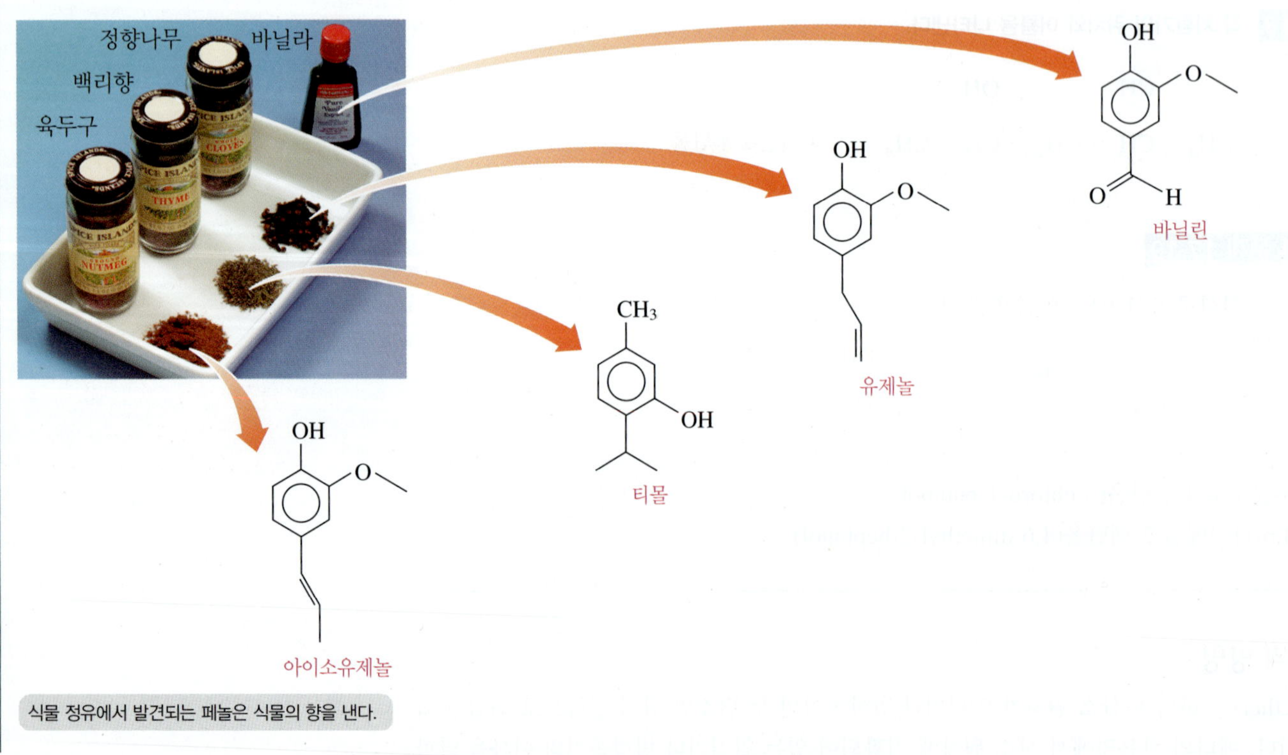

식물 정유에서 발견되는 페놀은 식물의 향을 낸다.

(계속)

$$\underset{\substack{\text{1,2-에탄다이올}\\\text{(에틸렌 글라이콜)}}}{HO-CH_2-CH_2-OH} \xrightarrow{[O]} \underset{\text{옥살산}}{HO-\overset{\overset{\displaystyle O}{\|}}{C}-\overset{\overset{\displaystyle O}{\|}}{C}-OH}$$

3가 알코올인 *1,2,3-프로판트라이올*[1,2,3-propantriol, *글리세롤*(glycerol) 또는 *글리세린*(glycerin)]은 점성이 있는 액체로 기름과 지방으로부터 얻을 수 있으며 비누 제조에 사용된다. 극성인 —OH기가 존재하므로 물과 강하게 작용하며 이러한 특성 때문에 글리세린은 스킨로션, 화장품, 면도 크림, 액상 비누 제조에 사용된다.

$$\underset{\substack{\text{1,2,3-프로판다이올}\\\text{(글리세롤)}}}{HO-CH_2-\overset{\overset{\displaystyle OH}{|}}{CH}-CH_2-OH}$$

부동액(에틸렌 글라이콜)은 라디에이터에 있는 물의 끓는점을 높이고 어는점을 내린다.

마취제로서의 에타

마취(anesthesia)는 감각과 의식을 상실하는 것이다. *에터*(*ether*)라는 용어는 마취와 관련이 있는데, 그 이유는 다이에틸 에터가 백 년 이상 가장 널리 사용된 마취제이기 때문이다. 관리하기는 비교적 쉽지만, 에터는 휘발성이 매우 높고 인화성이 큰 물질이다. 수술실에서는 작은 불꽃이 화재의 원인이 될 수 있다. 1950년대 이래로, 포레인(Forane, isoflurane), 에트레인(Ethrane, enflurane), 수프레인(Suprane, desflurane), 세보플루레인(Sevoflurane)과 같은 인화성이 없는 마취제가 개발되었다. 이들 마취제는 에터 작용기를 포함하지만 할로젠 원자가 첨가되어 에터 작용기의 휘발성과 인화성이 감소되었다.

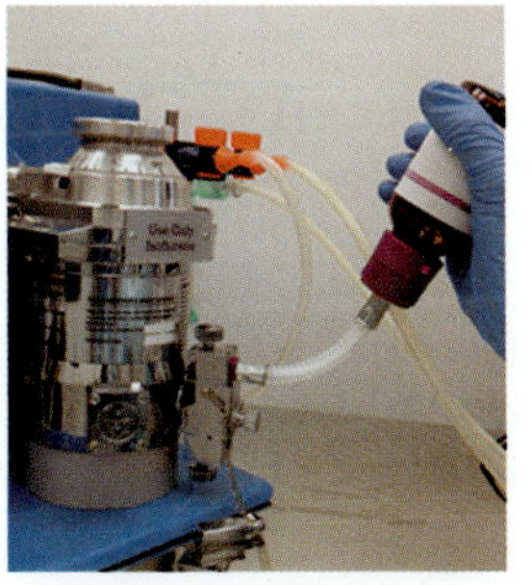

아이소플루레인(포레인)은 흡입용 마취제이다.

$CF_3-CHCl-O-CHF_2$
포레인
(아이소플루레인)

$CHF_2-O-CF_2-CHFCl$
에트레인
(엔플루레인)

$CF_3-CHF-O-CHF_2$
수프레인
(데스플루레인)

$(CF_3)_2CH-O-CH_2F$
세보플루레인

17.5 알데하이드와 케톤

학습 목표 알데하이드와 케톤에 대한 IUPAC 이름과 관용명을 쓰고, 주어진 이름에 대한 축소 구조식이나 선-각도 구조식을 그릴 수 있다.

알데하이드와 케톤은 탄소–산소가 이중 결합을 이루고 있으며 두 개의 치환기가 산소와 120° 각도를 이루며 탄소 원자에 결합되어 있는 *카보닐기*(carbonyl group, C=O)를 포함하고 있다. 카보닐기의 산소 원자는 탄소 원자보다 전기음성도가 더 크기 때문에, 카보닐기의 산소 원자는 부분 음전자(δ^-)를 띠고, 탄소 원자는 부분 양전하(δ^+)를 띤다. 카보닐기의 극성이 알데하이드와 케톤의 물리적 성질에 크게 영향을 준다.

알데하이드(aldehyde)에서 카보닐기의 탄소는 적어도 하나의 수소 원자와 결합하고 있다. 그 탄소는 다른 수소, 알킬기나 방향족 고리의 탄소 원자와 결합할 수 있다(**그림 17.6** 참조). **케톤**(ketone)에서는 카보닐기가 두 개의 탄소 원자와 결합하고 있다.

생각해 보기 17.8

알데하이드와 케톤이 모두 카보닐기를 가지고 있다면 이들 화합물을 각각 어떻게 구분할 수 있을까?

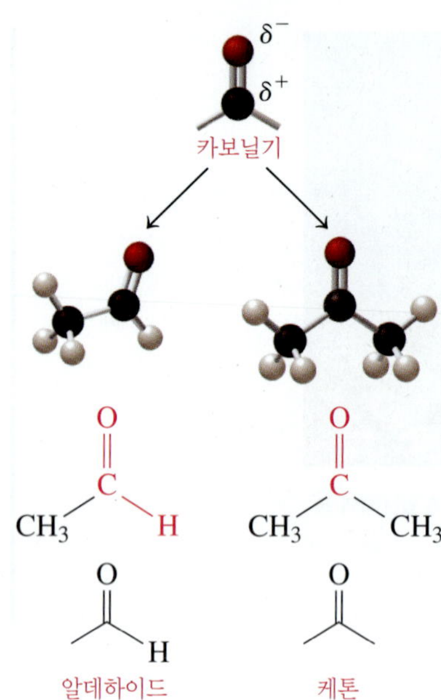

그림 17.6 ▸ 카보닐기는 알데하이드와 케톤에서 발견된다.

핵심 화학 기술

알데하이드와 케톤의 명명

생각해 보기 17.9

알데하이드에 있는 카보닐기에서의 탄소는 왜 항상 사슬의 맨 끝에 있는가?

알데하이드의 명명

IUPAC 명명법에서 알데하이드는 알케인의 이름의 '-*에인*'을 '-*안알*'로 바꾼다. 영어명에서는 맨 마지막의 *e*를 *al*로 바꾼다. 알데하이드기는 사슬의 맨 끝에 위치하기 때문에 번호를 붙일 필요가 없다. 탄소 원자가 1~4개인 사슬로 된 알데하이드는 알데하이드(aldehyde)로 끝나는 관용명을 쓴다. 이들 관용명[*폼*(form), *아세트*(acet), *프로피온*(propion), *뷰티르*(butyr)]은 라틴어나 그리스어에서 유래되었다(**그림 17.7** 참조).

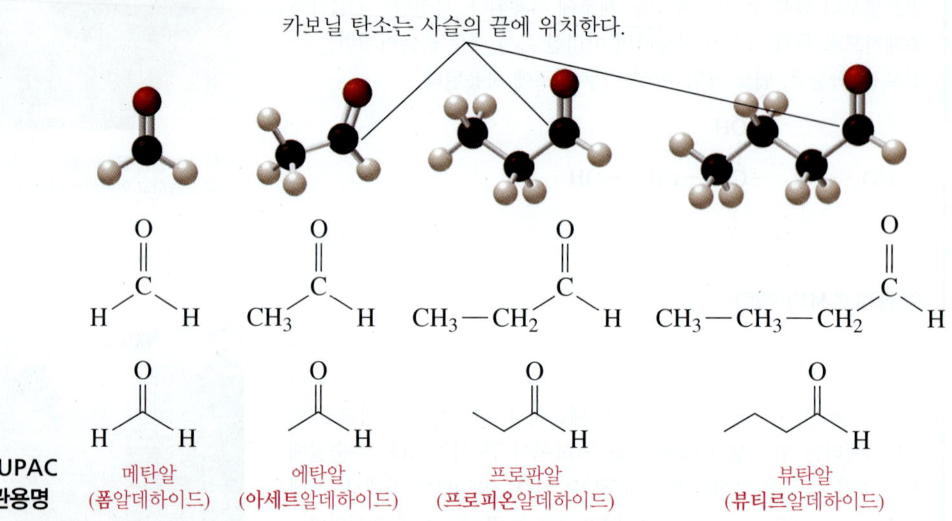

그림 17.7 ▸ 알데하이드의 구조에서 카보닐기는 언제나 맨 끝에 위치한다.

IUPAC 명명법에서 벤젠의 알데하이드는 벤즈알데하이드(benzaldehyde)로 명명한다. 치환기에 번호를 붙일 때에는 카보닐기로부터 시작하여 1번 탄소로 한다.

(구조식)

벤즈알데하이드
(Benzaldehyde)

예제 17.11 알데하이드 명명

먼저 해 보기!

다음 화합물의 IUPAC 이름을 써라.

$$CH_3-CH_2-\underset{}{\overset{CH_3}{\overset{|}{C}H}}-CH_2-\overset{O}{\overset{\|}{C}}-H$$

풀이

	주어진 것	필요한 것	연결
문제 분석	탄소 5개 사슬, 메틸기	IUPAC 이름	메틸기의 위치, 알케인의 이름에서 -*에인*을 -*안알*로 바꿈(alkane 이름에서 *e*를 *al*로 바꿈)

단계 1 **가장 긴 탄소 사슬의 알케인 이름에서 맨 마지막의 '-*에인*'을 '-*안알*'로 바꾼다.** 영어명에서는 알케인 이름 맨 끝의 *e*를 *al*로 바꾼다. 카보닐기를 포함하는 가장 긴 탄소 사슬은 탄소 원자 다섯 개로 되어 있다.

$$CH_3-CH_2-\overset{\overset{\large CH_3}{|}}{C}H-CH_2-\overset{\overset{\large O}{\|}}{C}-H$$ 펜탄알

단계 2 **카보닐기 탄소를 1번으로 하고 다른 치환기의 번호와 이름을 명명한다.** 오른쪽에서 왼쪽으로 번호를 매기면, 메틸 치환기는 3번 탄소에 위치한다.

$$\underset{5}{CH_3}-\underset{4}{CH_2}-\underset{3}{\overset{\overset{\large CH_3}{|}}{C}H}-\underset{2}{CH_2}-\underset{1}{\overset{\overset{\large O}{\|}}{C}}-H$$ 3-메틸펜탄알

확인 문제 17.11

a. 다음 화합물의 IUPAC 이름은 무엇인가?

b. 4-클로로벤즈알데하이드(4-chlorobenzaldehyde)의 선-각도 구조식을 그려라.

답

a. 5-메틸헥산알(5-methylhexanal) **b.**

케톤의 명명

IUPAC 명명법에서 케톤의 명명은 알케인의 이름 뒤 '*-에인*'을 '*-안온*'으로 바꾼다. 영어명에서는 알케인 이름의 마지막 *e* 대신 *one*을 붙여 사용한다. 탄소 원자가 5개 이상인 탄소 사슬은 카보닐기에 가까운 끝에서 번호를 매긴다.

케톤은 유기화학에서 중요한 역할을 하기 때문에, 아직도 흔히 관용명으로 불린다. 치환기가 없는 케톤의 관용명에서 카보닐기 양쪽에 결합된 알킬기는 알파벳 순서로 쓰고 그 다음에 *케톤*(ketone)을 붙인다. 프로판온(propanone)의 다른 이름인 아세톤(acetone)은 IUPAC 명명법에서 인정받아 아직까지 유지되고 있다.

생각해 보기 17.10

에틸 프로필 케톤은 왜 3-헥산온과 같은 화합물인가?

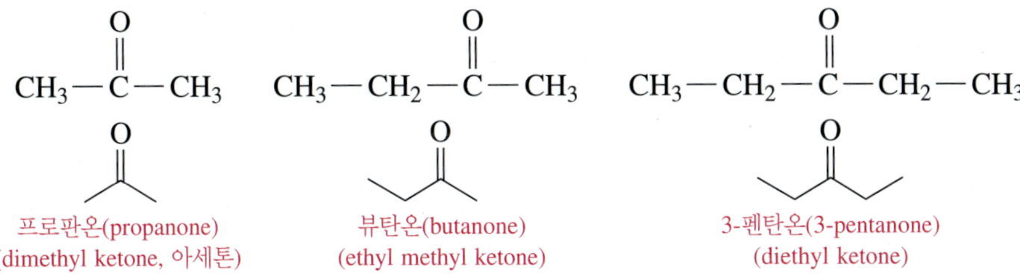

예제 17.12 케톤의 명명

먼저 해 보기!

다음 케톤에 대한 IUPAC 이름을 써라.

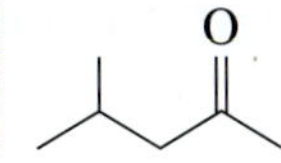

풀이

	주어진 것	필요한 것	연결
문제 분석	탄소 5개 사슬, 메틸기	IUPAC 이름	메틸기와 카보닐기의 위치, 알케인의 이름에서 *-에인*을 *-안온*으로 바꿈(alkane 이름에서 *e*를 *one*으로 바꿈)

단계 1 **가장 긴 탄소 사슬의 알케인의 '*-에인*'을 '*-안온*'으로 바꾼다.** 영어명에서는 알케인의 마지막 *e*를 대신해 *one*을 붙여 사용한다. 가장 긴 탄소 사슬이 탄소 원자 다섯 개로 되어 있으므로 펜탄온(pentanone)으로 명명한다.

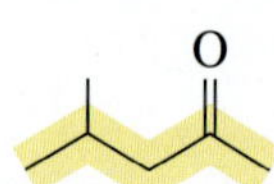

펜탄온

단계 2 **카보닐기로부터 가장 가까운 말단부터 탄소 사슬에 번호를 붙이고 위치를 표시한다.** 오른쪽부터 번호를 붙이면 카보닐기는 2번 탄소에 해당된다.

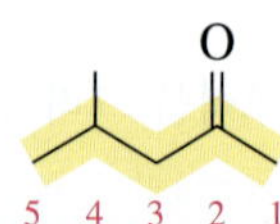

2-펜탄온

단계 3 **탄소 사슬에 있는 다른 치환기에 대해 번호와 이름을 부여한다.** 오른쪽에서부터 번호를 붙이면 메틸기가 4번 탄소에 있다. IUPAC 이름은 4-메틸-2-펜탄온(4-methyl-2-pentanone)이다.

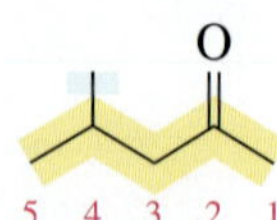

4-메틸-2-펜탄온

확인 문제 17.12

a. 다음 화합물의 IUPAC 이름은 무엇인가?

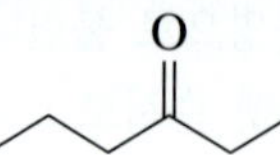

b. 3-클로로뷰탄온(3-chlorobutanone)의 선-각도 구조식을 그려라.

답

a. 3-헥산온(3-hexanone)

b. O Cl

17.6 카복실산과 에스터

› 학습 목표 카복실산과 에스터에 대한 IUPAC 이름과 관용명을 쓰고 주어진 이름에 대한 축소 구조식과 선-각도 구조식을 그릴 수 있다.

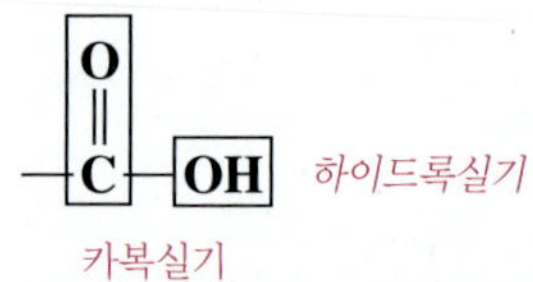

카복실산(carboxylic acid)의 작용기에서 카보닐기 탄소 원자에 하이드록실기(—OH)가 치환되어 *카복실기*(carboxyl group)를 형성한다. 카복실산에서 카복실기를 표현하는 몇 가지 방법을 아래 프로판산(propanoic acid)으로 나타내었다.

건강과 관련된 화학 _Chemistry Link to Health

몇 가지 중요한 알데하이드와 케톤

가장 간단한 알데하이드인 *폼알데하이드*(formaldehyde)는 자극적인 냄새를 가진 무색의 기체이다. 40% 폼알데하이드를 포함하는 *포르말린*(formalin)이라는 수용액은 살균제로 사용되며 생물학적 시료 보존에 사용된다. 산업적으로는 직물, 단열재, 카펫, 합판과 같은 압착 목재 제품, 주방 조리대용 플라스틱을 만드는 데 사용되는 중합체 합성의 반응물이다. *폼알데하이드* 증기에 노출되면 눈, 코, 상기도에 자극을 주고 피부 발진, 두통, 어지럼증, 전신피로 등을 유발할 수 있다.

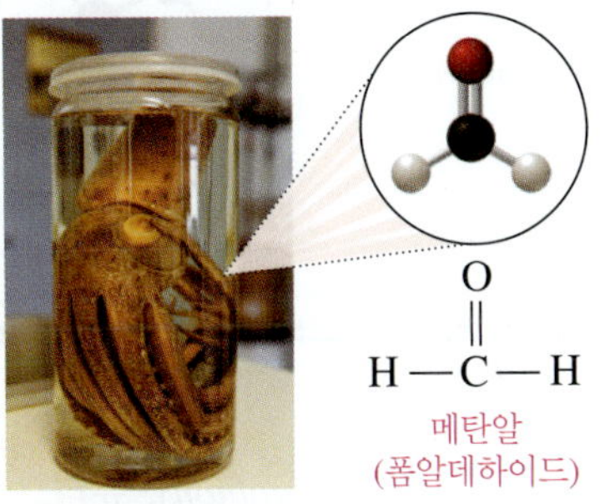

메탄알
(폼알데하이드)

천연에 존재하는 몇몇 방향족 알데하이드들은 음식에 향을 내고 향수의 향으로 사용된다. 벤즈알데하이드는 아몬드에서, 바닐린은 바닐라 콩에서, 신남알데하이드는 계피에서 발견된다.

벤즈알데하이드 (아몬드) | 바닐린 (바닐라) | 신남알데하이드 (계피)

아세톤[acetone, 프로판온(propanone) 또는 다이메틸 케톤(dimethyl ketone)]으로 알려진 가장 간단한 케톤은 연한 냄새를 가진 무색의 액체이며, 세정액, 페인트와 매니큐어 제거제, 고무 시멘트의 용매로 널리 사용된다.

아세톤은 인화성이 매우 높으므로 사용 시 주의해야 한다. 체내에서는 다량의 지방이 에너지를 위해 대사될 때 조절되지 않는 당뇨병, 단식, 고단백 식단에서 아세톤이 생성될 수 있다.

무스콘(muscone)은 사향 향수를 만드는 데 쓰이는 케톤이며, 스피어민트 기름에는 카르본(carvone)이 들어 있다.

무스콘 (사향) | 카르본 (스피어민트 기름)

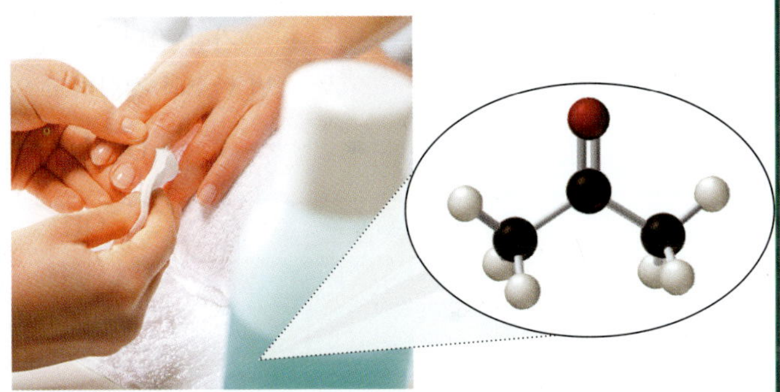

아세톤은 페인트와 매니큐어 제거제의 용매로 사용된다.

$$CH_3-CH_2-\overset{O}{\overset{\|}{C}}-OH \qquad CH_3-CH_2-COOH$$

프로판산
(프로피온산)

식초의 신맛은 에탄산(아세트산) 때문이다.

카복실산의 IUPAC 명명법

카복실산의 우리말 체계명은 해당 알케인 이름의 '*-에인*' 대신 '*-안산*'을 붙인다. IUPAC 이름은 해당 알케인 이름의 *e*를 *oic acid*로 치환하여 명명한다. 치환기가 있다면, 탄소 사슬의 번호는 카복실기 탄소부터 시작한다.

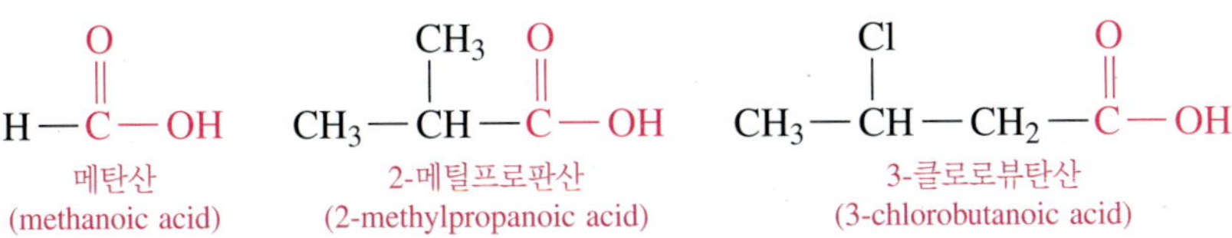

핵심 화학 기술

카복실산의 명명

알데하이드처럼 탄소 원자 수가 1~4개인 카복실산의 관용명은 이들의 천연 원천에서

표 17.7 > 몇 가지 카복실산의 IUPAC 이름과 관용명

축소 구조식	선-각도 구조식	IUPAC 이름	관용명	공-막대 모형
$H-C(=O)-OH$		메탄산 (methanoic acid)	폼산 (formic acid)	
$CH_3-C(=O)-OH$		에탄산 (ethanoic acid)	아세트산 (acetic acid)	
$CH_3-CH_2-C(=O)-OH$		프로판산 (propanoic acid)	프로피온산 (propionic acid)	
$CH_3-CH_2-CH_2-C(=O)-OH$		뷰탄산 (butanoic acid)	뷰티르산 (butyric acid)	

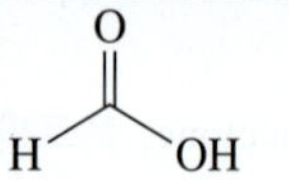

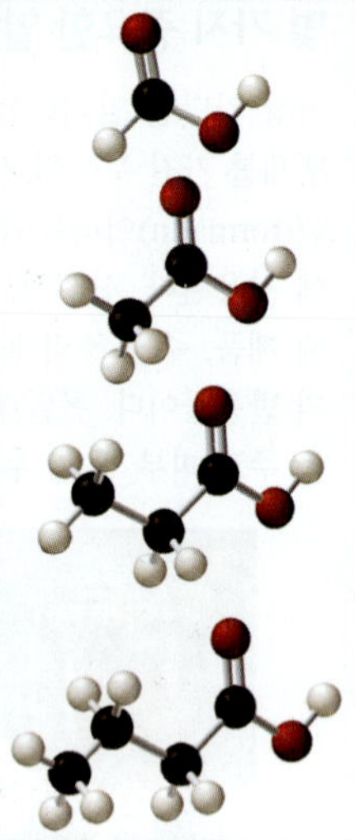

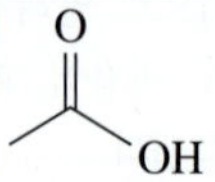

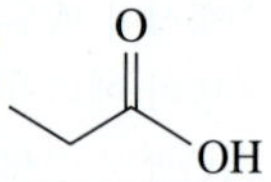

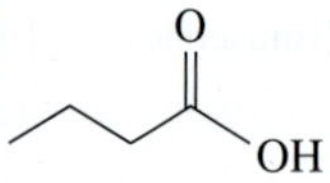

유래되었다. 관용명은 접두사에 *폼(form)*, *아세트(acet)*, *프로피온(propion)*, *뷰티르(butyr)*를 사용하며, 주로 라틴어나 그리스어에서 유래되었다(**표 17.7** 참조).

가장 간단한 방향족 카복실산은 벤조산(benzoic acid)이다. 카복실기의 탄소는 고리의 1번 탄소와 결합하고 있고 고리는 다른 치환기들이 더 낮은 번호를 갖도록 번호를 매긴다.

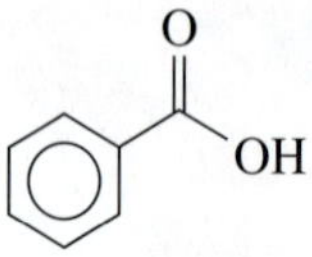

벤조산 (benzoic acid) | 3,4-다이클로로벤조산 (3,4-dichlorobenzoic acid) | 2-브로모벤조산 (2-bromobenzoic acid)

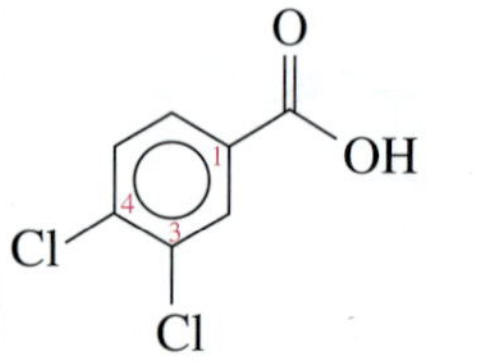

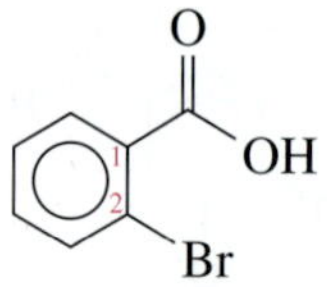

예제 17.13 카복실산의 명명

먼저 해 보기!

다음 화합물의 IUPAC 이름을 써라.

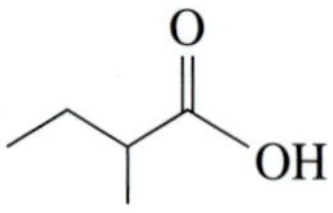

풀이

	주어진 것	필요한 것	연결
문제 분석	탄소 4개 사슬, 메틸기	IUPAC 이름	메틸기의 위치, 알케인의 이름에서 *-에인*을 *-안산*으로 바꿈(alkane 이름에서 *e*를 *oic acid*로 바꿈)

단계 1 **가장 긴 탄소 사슬을 확인하고 알케인의 명명에서 '*-에인*' 대신 '*-안산*'을 붙인다.** 영어명에서는 *e* 대신 *oic acid*를 붙인다. 네 개의 탄소 원자가 있는 카복실산의 IUPAC 이름은 뷰탄산(butanoic acid)이다.

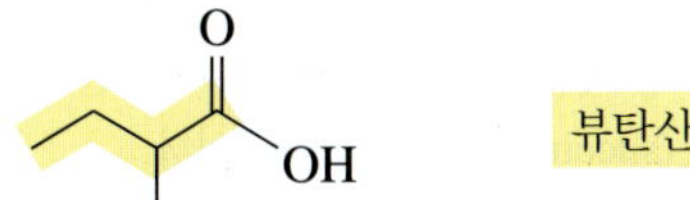

뷰탄산

단계 2 **카복실 탄소를 1번으로 하여 나머지 치환기들에 이름과 번호를 부여한다.** 오른쪽부터 번호를 부여하면 메틸 치환기는 2번 탄소에 위치한다. 이 화합물의 IUPAC 체계명은 2-메틸뷰탄산(2-methylbutanoic acid)이다.

O OH

4 3 2 1

2-메틸뷰탄산

확인 문제 17.13

a. 다음 화합물의 IUPAC 이름을 써라.

$$CH_3-CH_2-CH_2-CH_2-\overset{\overset{\large O}{\|}}{C}-OH$$

b. 3-클로로벤조산(3-chlorobenzoic acid)의 선-각도 구조식을 그려라.

답

a. 펜탄산(pentanoic acid)

b. Cl O OH

건강과 관련된 화학 _Chemistry Link to Health

대사에서 카복실산

몇 가지 카복실산은 세포 내에서 대사 과정의 한 부분이 된다. 예를 들면, 해당 과정(glucolysis) 중에, 글루코스 한 분자가 피루브산(pyruvic acid) 두 분자 또는 실제로 카복실산 이온(carboxylate ion)인 피루브산 이온(pyruvate)으로 분해된다. 격렬한 운동을 하는 동안 산소 농도가 낮아지게 되면(무산소 운동), 피루브산이 환원되어 젖산(lactic acid)이나 젖산 이온(lactate ion)이 된다.

$$\underset{\text{피루브산}}{CH_3-\overset{\overset{O}{\|}}{C}-\overset{\overset{O}{\|}}{C}-OH} + 2H \xrightarrow{\text{환원}} \underset{\text{젖산}}{CH_3-\overset{\overset{OH}{|}}{CH}-\overset{\overset{O}{\|}}{C}-OH}$$

크렙스 회로(Krebs cycle)라고도 하는 *구연산 회로*(citric acid cycle)에서, 다이 및 트라이카복실산이 산화되고 탈카복실화(CO_2를 잃음)되어 신체 내 세포를 위한 에너지를 생산한다. 이러한 카복실산은 보통 관용명으로 부른다. 구연산 회로의 시작은, 탄소 6개를 포함하는 구연산이 탄소 5개로 된 α-케토글루타르산(α-ketoglutaric acid)으로 변환된다. 구연산은 레몬이나 포도와 같은 감귤류에서 신맛은 내는 산이다.

운동하는 동안 근육에서 피루브산이 젖산으로 변화된다.

(계속)

$$\begin{array}{c}\text{COOH}\\|\\\text{CH}_2\\|\\\text{HO}-\text{C}-\text{COOH}\\|\\\text{CH}_2\\|\\\text{COOH}\end{array}\xrightarrow{[O]}\begin{array}{c}\text{COOH}\\|\\\text{CH}_2\\|\\\text{CH}_2\\|\\\text{C}=\text{O}\\|\\\text{COOH}\end{array}+\ CO_2$$

구연산　　　　α-케토글루타르산

구연산 회로가 계속되면서 α-케토글루타르산은 CO_2를 잃어 탄소 4개인 석신산(succinic acid)을 만든다. 그 다음 석신산이 퓨마르산(fumaric acid)으로 산화된다. 산화와 같은 반응들에서 우리가 배운 몇 가지 작용기들이 우리 세포에서 일어나는 대사 과정의 일부임을 알 수 있다.

$$\begin{array}{c}\text{COOH}\\|\\\text{CH}_2\\|\\\text{CH}_2\\|\\\text{COOH}\end{array}\xrightarrow{[O]}\begin{array}{c}\text{COOH}\\|\\\text{C}-\text{H}\\\|\\\text{H}-\text{C}\\|\\\text{COOH}\end{array}$$

석신산　　　　퓨마르산 (Fumaric acid)

세포의 수성 환경(aqueous environment)의 pH에서 카복실산은 이온화되는데, 이것은 실제로 카복실산 이온이 구연산 회로의 반응에 참여한다는 것을 의미한다. 예를 들면, 물 속에서, 석신산은 카복실산 이온 형태인 석신산 이온(succinate)과 평형 상태이다.

$$\begin{array}{c}\text{COOH}\\|\\\text{CH}_2\\|\\\text{CH}_2\\|\\\text{COOH}\end{array}+\ 2H_2O\ \rightleftharpoons\ \begin{array}{c}\text{COO}^-\\|\\\text{CH}_2\\|\\\text{CH}_2\\|\\\text{COO}^-\end{array}+\ 2H_3O^+$$

석신산　　　　석신산 이온

구연산은 감귤류에서 신맛을 낸다.

에스터

에스터(ester) 작용기를 보면, 카복실산의 —H가 알킬기로 치환된 형태이다. 일반적으로 음식물에 들어 있는 지방과 기름은 긴 사슬 형태의 카복실산인 지방산과 글리세롤의 에스터 형태가 포함되어 있다. 바나나, 오렌지, 딸기 등 많은 과일이 상큼한 향과 맛을 내는 것은 에스터 때문이다.

카복실산　　　　**에스터**

$$\begin{array}{c}\text{O}\\\|\\\text{CH}_3-\text{C}-\text{OH}\end{array}\qquad\begin{array}{c}\text{O}\\\|\\\text{CH}_3-\text{C}-\text{O}-\text{CH}_3\end{array}$$

에탄산 (아세트산)　　　　에탄산 메틸 (아세트산 메틸)

에스터화 반응

핵심 화학 기술

에스터 형성

에스터화 반응(esterification)이라는 반응은 카복실산과 알코올이 산 촉매(일반적으로 H_2SO_4)와 가열할 때 반응하여 에스터가 생성되는 것이다. 과량의 반응물인 알코올이 평형에서 에스터 생성물이 형성되는 방향으로 이동하는 것을 도와준다. 이 에스터화 반응에서, 카복실산의 —OH기와 알코올의 —H가 제거되면서 물을 형성한다.

$$\begin{array}{c}\text{O}\\\|\\\text{CH}_3-\text{C}-\text{OH}\end{array}+\text{H}-\text{O}-\text{CH}_3\ \underset{}{\overset{H^+,\ \text{열}}{\rightleftharpoons}}\ \begin{array}{c}\text{O}\\\|\\\text{CH}_3-\text{C}-\text{O}-\text{CH}_3\end{array}+\text{H}-\text{OH}$$

에탄산 (아세트산)　　메탄올 (메틸 알코올)　　에탄산 메틸 (아세트산 메틸)

예제 17.14 에스터화 반응식 쓰기

먼저 해 보기!

파인애플 향을 내는 에스터는 뷰탄산과 메탄올로부터 합성할 수 있다. 이 에스터 형성에 대한 균형 화학 반응식을 써라.

풀이

문제 분석	주어진 것	필요한 것	연결
	뷰탄산, 메탄올	에스터화 반응식	에스터와 H_2O

$$CH_3-CH_2-CH_2-\overset{\overset{\large O}{\|}}{C}-\mathbf{OH} + \mathbf{H}-O-CH_3 \xrightleftharpoons{H^+,\ 열} CH_3-CH_2-CH_2-\overset{\overset{\large O}{\|}}{C}-O-CH_3 + \mathbf{H_2O}$$

뷰탄산 (뷰티르산) 메탄올 (메틸 알코올) 뷰탄산 메틸 (뷰티르산 메틸)

확인 문제 17.14

a. 사과향을 내는 다음 에스터를 만드는 데 필요한 카복실산과 알코올의 IUPAC 이름은 무엇인가?

$$CH_3-CH_2-\overset{\overset{\large O}{\|}}{C}-O-CH_2-CH_2-CH_2-CH_2-CH_3$$

b. 자두향 에스터는 메탄산과 1-뷰탄올로부터 합성할 수 있다. 선-각도 구조식을 써서 이 에스터 합성에 대한 균형 화학 반응식을 써라.

답

a. 프로판산(propanoic acid)과 1-펜탄올(1-pentanol)

b. H(C=O)OH + HO(CH₂)₃CH₃ $\xrightleftharpoons{H^+,\ 열}$ H(C=O)O(CH₂)₃CH₃ + H_2O (선-각도 구조식)

에스터 명명

에스터의 이름은 해당 에스터의 알코올과 산의 이름으로부터 유래된 두 단어로 구성된다. 첫 번째 단어는 알코올로부터 *알킬*(alkyl) 부분을 의미한다. 두 번째 단어는 카복실산으로부터 *카복실산 이온*(carboxylate) 부분을 의미한다. 에스터의 IUPAC 체계명은 산의 탄소 사슬의 IUPAC 이름을 사용하고 에스터의 관용명은 산의 관용명을 사용한다. 과일향이 나는 에스터를 살펴보자. 에스터 결합을 두 부분으로 나누는 것으로 시작해 보자. 하나는 알코올의 알킬이고 나머지 부분은 카복실산 이온이다. 그런 다음 우리말로는 에스터를 카복실산 알킬로 명명하고 영어로는 alkyl carboxylate로 명명한다(**그림 17.8** 참조).

생각해 보기 17.11

프로판산과 에탄올로부터 형성된 에스터의 IUPAC 이름은 무엇인가?

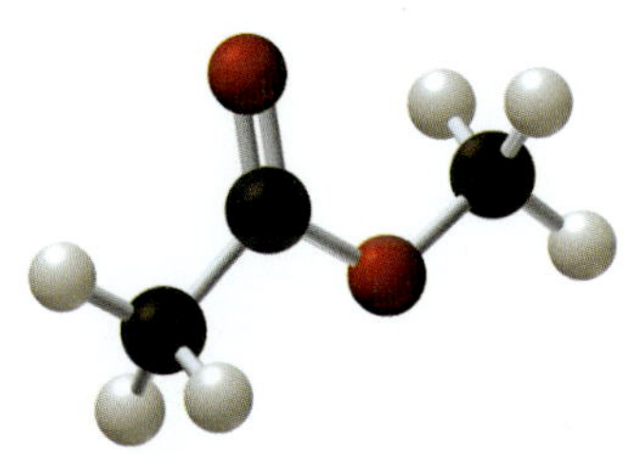

에탄산 메틸(methyl ethanoate)
아세트산 메틸(methyl acetate)

그림 17.8 ▸ 에탄산 메틸(methyl ethanoate, 또는 아세트산 메틸, methyl acetate)은 메틸 알코올과 에탄산(아세트산)으로부터 만든다.

예제 17.15 에스터 명명

먼저 해 보기!

다음 화합물의 IUPAC 이름과 관용명을 써라.

$$CH_3-CH_2-\overset{\overset{\large O}{\|}}{C}-O-CH_2-CH_2-CH_3$$

풀이

	주어진 것	필요한 것	연결
문제 분석	에스터	IUPAC 이름, 관용명	카복실산 이름 뒤에 알코올로부터 알킬(alkyl)기 이름(영어명에서는 알코올의 alkyl기 이름 뒤에 카복실산 이름에서 *ic acid* 대신 *ate*)

단계 1 **알코올의 탄소 사슬의 이름을 알킬(alkyl)기로 쓴다.** 에스터에 사용된 알코올은 프로판올이고 이것은 알킬기인 프로필(propyl)로 명명한다.

$$CH_3-CH_2-\overset{\overset{\displaystyle O}{\|}}{C}-O-CH_2-CH_2-CH_3 \qquad \text{프로필}$$

단계 2 **알킬기 앞에 산의 이름을 쓴다.** 영어명에서는 알킬기 뒤에 산의 이름인 *ic acid*를 *ate*로 바꾼다. 세 개의 탄소 원자를 갖는 카복실산은 프로판산(propanoic acid)이다. ic acid를 *ate*로 바꾸면, IUPAC 이름은 프로판산 프로필(propyl propanoate)이 된다. 프로판산의 관용명으로 하면 프로피온산 프로필(propyl propionate)이 에스터에 대한 관용명이 된다.

$$CH_3-CH_2-\overset{\overset{\displaystyle O}{\|}}{C}-O-CH_2-CH_2-CH_3$$

프로피온산 프로필
(프로판산 프로필)

확인 문제 17.15

a. 포도향을 내는 다음 에스터의 IUPAC 이름을 써라.

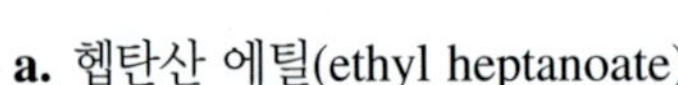

b. 벌이 쏠 때 나오는 메탄산 에틸(ethyl methanoate)의 선-각도 구조식을 그려라.

답

a. 헵탄산 에틸(ethyl heptanoate)　　**b.** H–C(=O)–O–CH_2CH_3 (선-각도 구조식)

포도향은 에스터 때문이다.

식물에서의 에스터

많은 향수와 꽃의 향기 및 과일의 맛은 에스터 때문이다. 분자량이 작은 에스터는 휘발성이므로 냄새를 맡을 수 있고 물에 녹기 때문에 맛을 느낄 수 있다. 몇 가지 에스터와 이들의 맛과 향에 대해 **표 17.8**에 정리하였다.

17.7 아민과 아마이드

학습 목표 아민의 관용명과 아마이드의 IUPAC 이름 및 관용명을 쓰고, 주어진 이름에 대한 축소 구조식과 선-각도 구조식을 그릴 수 있다.

아민(amine) 작용기에서는 질소 원자가 하나 이상의 탄소 원자와 결합하고 있다. 메틸아민(methylamine)에서는 암모니아의 하나의 수소 원자 대신 메틸기가 결합되어 있다. 메틸기 두 개가 결합되어 있으면 다이메틸아민(dimethylamine)이 된다. 트라이메틸아민(trime-

표 17.8 > 과일에 있는 몇 가지 에스터

축소 구조식과 이름	향/냄새
$CH_3-C(=O)-O-CH_2-CH_2-CH_3$ 에탄산 프로필(propyl ethanoate) 아세트산 프로필(propyl acetate)	배
$CH_3-C(=O)-O-CH_2-CH_2-CH_2-CH_2-CH_3$ 에탄산 펜틸(pentyl ethanoate) 아세트산 펜틸(pentyl acetate)	바나나
$CH_3-C(=O)-O-CH_2-CH_2-CH_2-CH_2-CH_2-CH_2-CH_2-CH_3$ 에탄산 옥틸(octyl ethanoate) 아세트산 옥틸(octyl acetate)	오렌지
$CH_3-CH_2-CH_2-C(=O)-O-CH_2-CH_3$ 뷰탄산 에틸(ethyl butanoate) 뷰티르산 에틸(ethyl butyrate)	파인애플
$CH_3-CH_2-CH_2-C(=O)-O-CH_2-CH_2-CH_2-CH_2-CH_3$ 뷰탄산 펜틸(pentyl butanoate) 뷰티르산 펜틸(pentyl butyrate)	살구

뷰탄산 에틸(ethyl butanoate)과 같은 에스터는 많은 과일에서 향과 맛을 낸다.

thylamine)에서는 질소 원자에 세 개의 모든 수소가 메틸기로 치환되어 결합하고 있다(**그림 17.9** 참조).

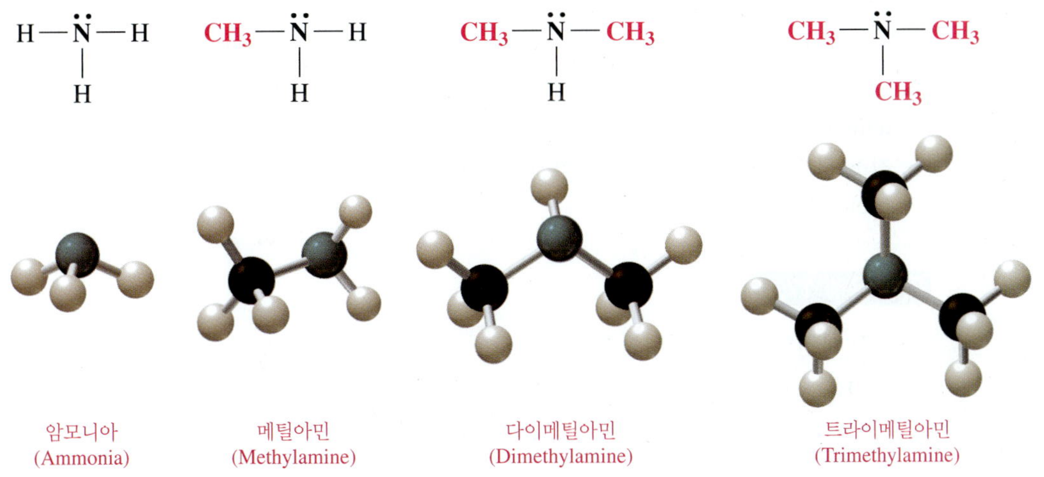

그림 17.9 ▸ 아민은 하나 이상의 탄소 원자가 질소 원자에 결합되어 있다.

아민의 명명

아민은 여러 방법으로 명명한다. 간단한 아민은 관용명을 자주 사용한다. 관용명에서 질소 원자에 결합된 알킬기는 알파벳 순서로 배열한다. 2~3개의 동일한 치환기가 있을 때에는 각각 접두사인 *다이*(di) 및 *트라이*(tri)를 사용한다.

생각해 보기 17.12

다이에틸아민(diethylamine)과 트라이에틸아민(triethylamine)의 차이는 무엇인가?

방향족 아민

방향족 아민은 IUPAC 명명법에서 인정받은 *아닐린*(aniline)으로 명명한다.

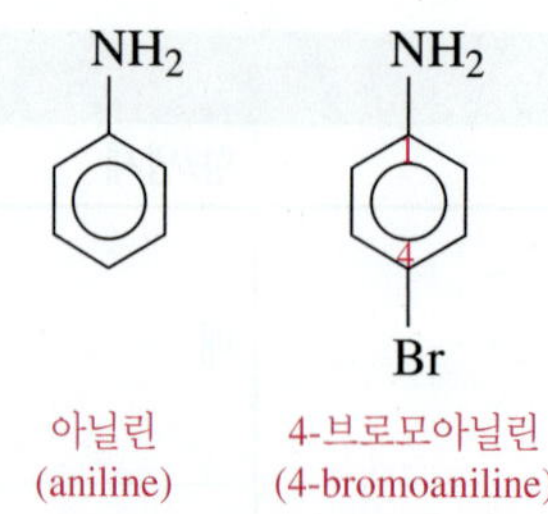

아닐린은 청바지뿐만 아니라 모, 면, 비단 섬유를 염색하는 여러 염료 제조에 사용된다. 아닐린은 고분자인 폴리우레탄과 진통제인 아세트아미노펜 합성에도 사용된다.

파란색 염료로 사용되는 인디고는 낭아초(*Indigofera tinctoria*)와 같은 열대 식물에서 얻을 수 있다.

예제 17.16 아민의 명명

먼저 해 보기!

다음 각 아민의 관용명을 써라.

a. $CH_3-CH_2-NH_2$ **b.** $CH_3-\underset{}{N}(CH_3)-CH_3$

풀이

a. 이 아민은 질소 원자에 에틸기가 하나 결합되어 있다. 이 화합물의 이름은 에틸아민(ethylamine)이다.

b. 질소 원자에 메틸기 세 개가 치환된 아민의 관용명은 트라이메틸아민(trimethylamine)이다.

확인 문제 17.16

다음 각 아민의 이름은 무엇인가?

a. $C_6H_5-NH_2$ **b.** $CH_3-N(H)-CH_2-CH_3$

답

a. 아닐린(aniline) **b.** 에틸메틸아민(ethylmethylamine)

아마이드

아마이드(amide) 작용기에서는 카복실산의 하이드록실기(hydroxyl group) 대신 질소 원자로 치환되어 있다(**그림 17.10** 참조).

건강과 관련된 화학 _Chemistry Link to Health

알칼로이드: 식물에서의 아민

알칼로이드(alkaloid)는 식물에서 생산되는 질소가 포함된 생리 활성 물질이다. *알칼로이드*라는 용어는 아민의 "유사 알칼리", 즉 염기 특성을 의미한다. 일부 알칼로이드는 마취제, 항우울제, 각성제로 사용되며 많은 경우 중독성이 있다.

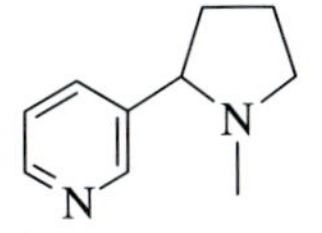

니코틴

N
H

코닌

자극제로서 니코틴(nicotine)은 혈액의 아드레날린 수치를 증가시켜 심박수와 혈압을 증가시킨다. 니코틴은 쾌락 중추(pleasure center)를 활성화시키기 때문에 중독성을 가지고 있다. 독미나리(hemlock)로부터 얻는 코닌(coniine)은 맹독성이다.

카페인(caffeine)은 중추 신경계 자극 물질이다. 커피, 차, 청량음료, 에너지 음료, 초콜릿 및 코코아에 함유된 카페인은 주의력은 증가시키지만, 신경질과 불면증의 원인이 된다. 카페인은 또한 항히스타민(antihistamine) 특성으로 인한 졸음에 대응하기 위한 특정 진통제로 사용된다.

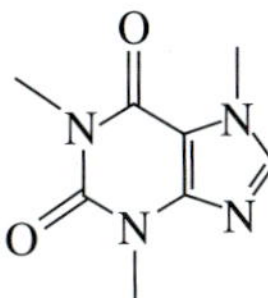

카페인

카페인은 커피, 차, 에너지 음료, 초콜릿에 들어 있는 자극제이다.

수세기 동안 개양귀비(oriental poppy plant)에서 발견된 알칼로이드인 모르핀(morphine)과 코데인(codein)은 효과적인 진통제로 사용되었다. 모르핀과 구조적으로 비슷한 코데인은 진통제와 기침약으로 처방되었다. 모르핀을 화학적으로 개량하여 얻어진 헤로인(heroin)은 중독성이 강해 의학적으로는 사용되지 않는다. 심한 통증을 완화시키는 데 사용하기 위해 처방되는 약인 옥시콘틴[OxyContin, 옥시코돈(oxycodone)]의 구조는 헤로인과 비슷하다. 오늘날 생리학적 영향이 헤로인과 비슷한 옥시콘틴의 남용으로 인해 사망자가 증가하고 있다.

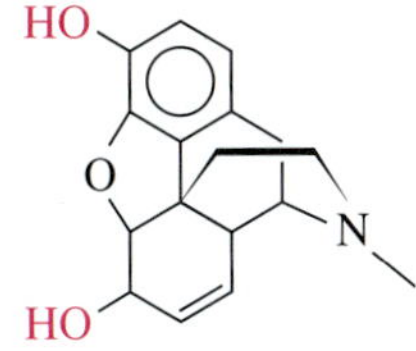

모르핀

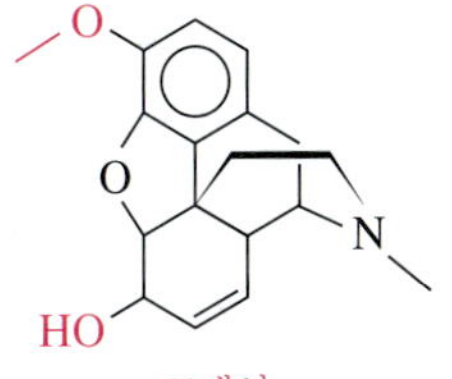

코데인

O
O
O
O
N

헤로인

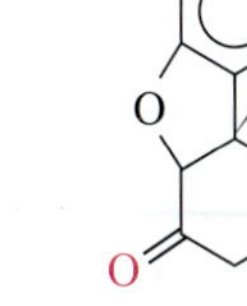

옥시콘틴

초록색의 설익은 양귀비 씨껍질에 들어 있는 우윳빛 수액(아편)은 모르핀과 코데인의 원료가 된다.

카복실산

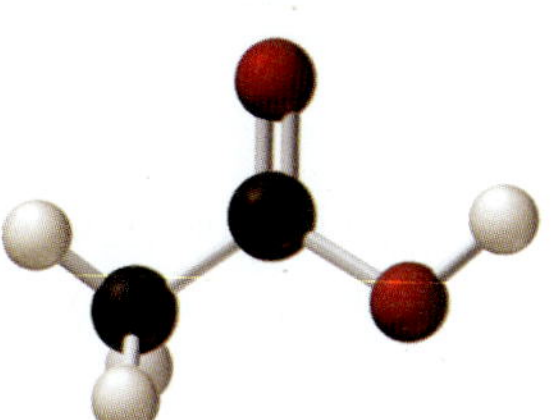

에탄산
(아세트산)

아마이드

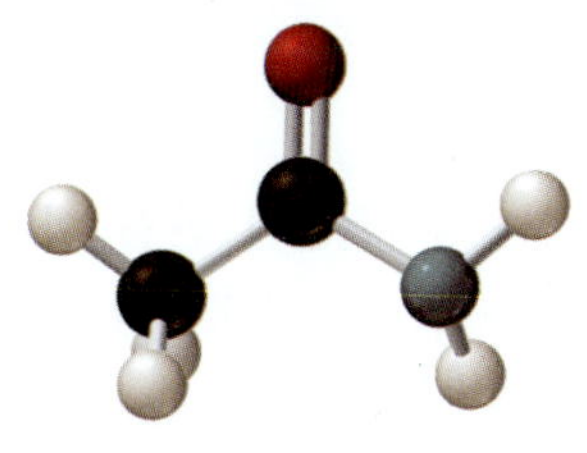

에탄아마이드
(아세트아마이드)

그림 17.10 ▸ 아마이드는 질소 원자가 하이드록실기(—OH)를 치환한 카복실산 유도체이다.

핵심 화학 기술

아마이드 형성

아마이드 합성

아마이드는 카복실산과 암모니아나 아민이 반응하는 *아마이드화*(amidation)라는 반응에 의해 만든다. 에스터 형성과 매우 비슷하게 카복실산과 아민 분자가 만나 물 분자 하나가 제거되면서 아마이드를 형성한다.

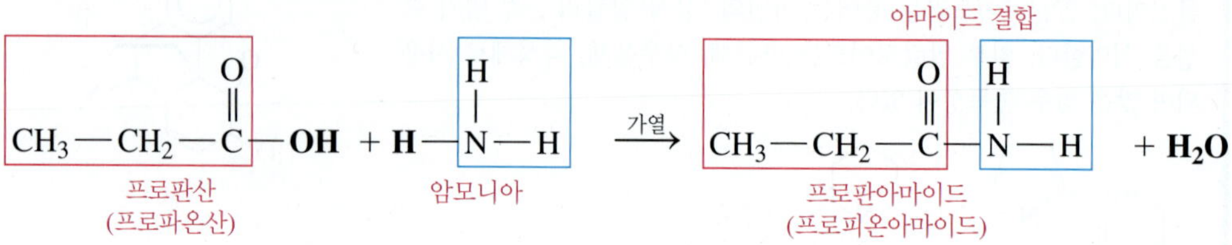

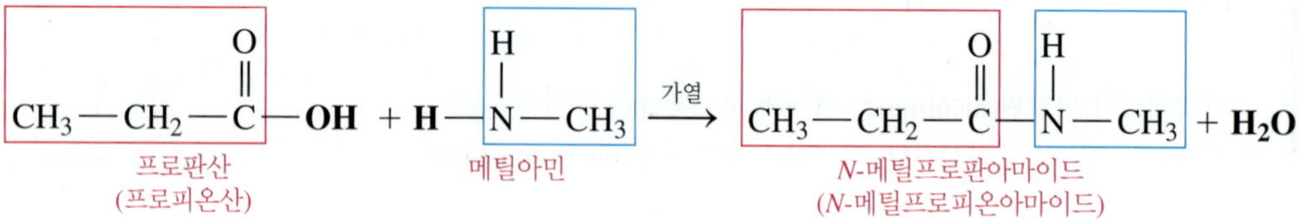

$$\underset{\text{프로판산 (프로파온산)}}{CH_3-CH_2-\overset{\overset{O}{\|}}{C}-OH} + \underset{\text{암모니아}}{H-\overset{\overset{H}{|}}{N}-H} \xrightarrow{\text{가열}} \underset{\text{프로판아마이드 (프로피온아마이드)}}{CH_3-CH_2-\overset{\overset{O}{\|}}{C}-\overset{\overset{H}{|}}{N}-H} + H_2O$$

아마이드 결합

$$\underset{\text{프로판산 (프로피온산)}}{CH_3-CH_2-\overset{\overset{O}{\|}}{C}-OH} + \underset{\text{메틸아민}}{H-\overset{\overset{H}{|}}{N}-CH_3} \xrightarrow{\text{가열}} \underset{\text{N-메틸프로판아마이드 (N-메틸프로피온아마이드)}}{CH_3-CH_2-\overset{\overset{O}{\|}}{C}-\overset{\overset{H}{|}}{N}-CH_3} + H_2O$$

예제 17.17 아마이드 형성

먼저 해 보기!

다음 반응에서 아마이드 생성물의 축소 구조식을 그려라.

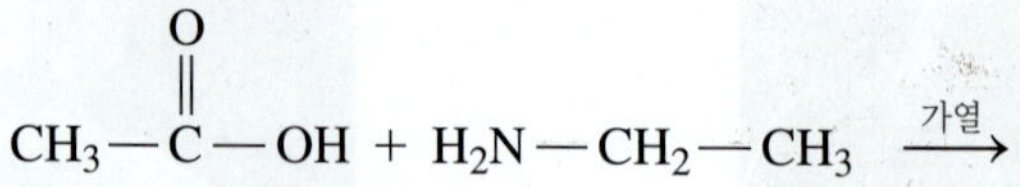

$$CH_3-\overset{\overset{O}{\|}}{C}-OH + H_2N-CH_2-CH_3 \xrightarrow{\text{가열}}$$

풀이

아마이드 생성물의 축소 구조식은 카복실산의 카보닐기에 아민의 질소 원자를 결합시켜 그릴 수 있다. —OH기는 아민으로부터 나온 —H와 결합하여 물로 제거된다.

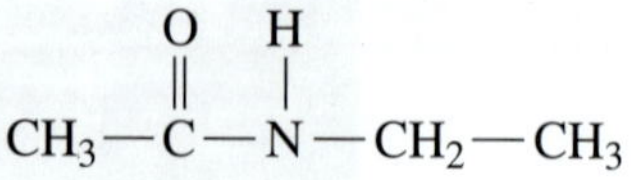

$$CH_3-\overset{\overset{O}{\|}}{C}-\overset{\overset{H}{|}}{N}-CH_2-CH_3$$

확인 문제 17.17

프로판산과 에틸아민의 반응으로부터 형성된 아마이드에 대해 다음 구조식을 그려라.

a. 축소 구조식　　**b.** 선-각도 구조식

답

a. 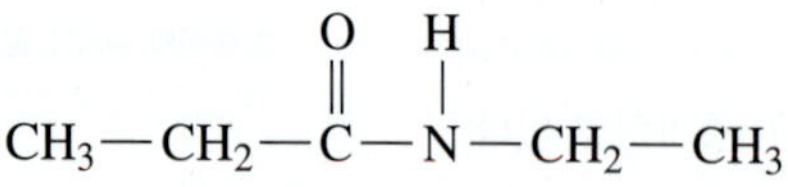 $CH_3-CH_2-\overset{\overset{O}{\|}}{C}-\overset{\overset{H}{|}}{N}-CH_2-CH_3$

b. 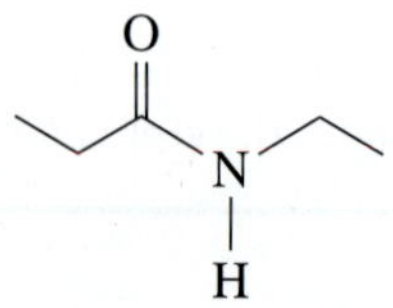 (선-각도 구조식: O, N, H)

아마이드의 명명

아마이드에 대한 우리말 명명에서는 카복실산의 '산'을 '아마이드'로 바꾼다. 아마이드의 영어명에서는 IUPAC 이름과 관용명에서, 카복실산의 *oic acid*나 *ic acid*를 *amide*로 바꾼다. 아래와 같은 방법으로 아마이드를 명명할 수 있다.

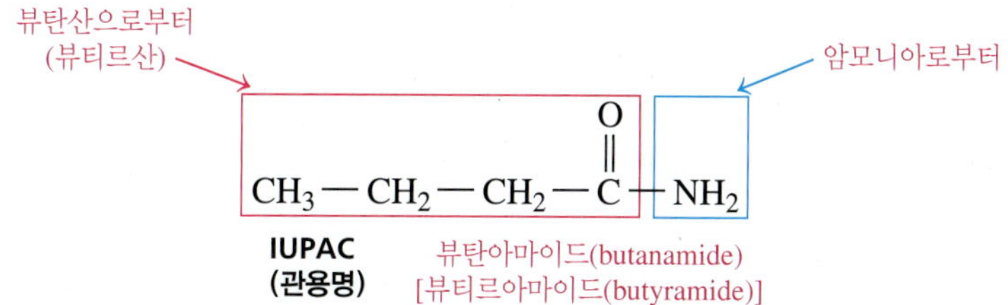

$H-C(=O)-NH_2$
메탄아마이드
(폼아마이드)

$CH_3-C(=O)-NH_2$
에탄아마이드
(아세트아마이드)

벤즈아마이드

생각해 보기 17.13

펜탄산과 암모니아의 아마이드화 반응으로 형성된 생성물을 왜 펜탄아마이드(pentanamide)라고 명명하는가?

예제 17.18 아마이드 명명

다음 화합물의 IUPAC 이름과 관용명을 써라.

$$CH_3-CH_2-C(=O)-NH_2$$

풀이

주어진 카복실산의 IUPAC 이름은 프로판산(propanoic acid)이다. 관용명은 프로피온산(propionic acid)이다. 말단의 *oic acid* 또는 *ic acid*를 *아마이드*(amide)로 대신하면 IUPAC 이름은 프로판아마이드(propanamide)이고 관용명은 프로피온아마이드(propionamide)이다.

확인 문제 17.18

다음 각 화합물의 IUPAC 이름을 써라.

a. (O, NH_2)

b. (O, NH_2, Br)

답

a. 헥산아마이드(hexanamide) **b.** 2-브로모벤즈아마이드(2-bromobenzamide)

UPDATE *다이앤의 화상 치료*

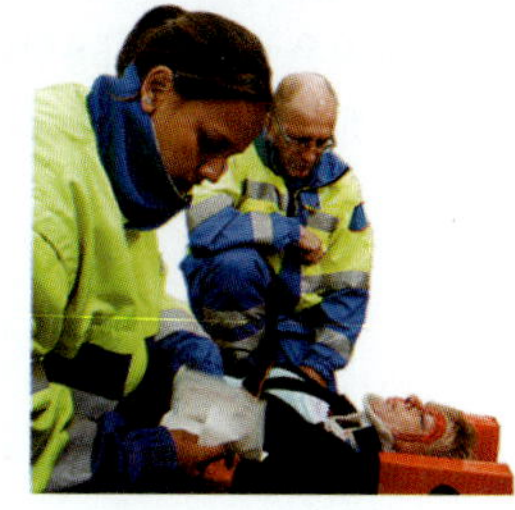

다이앤이 병원에 도착했을 때, 그녀는 중환자실(ICU) 화상 치료 센터로 이송되었다. 피부 아래 층이 손상을 입은 2도 화상과 피부의 모든 층이 손상을 입은 3도 화상을 입은 상태였다. 화상 정도가 심할 경우 체액이 손실되기 때문에 링거 젖산 용액(lactated Ringer's solution)을 투여했다. 화상에서 가장 흔한 합병증은 감염과 관련이 있다. 감염을 예방하기 위해, 그녀의 피부는 국소 항생제로 덮어 놓았다. 다음 날, 다이앤은 장비 안으로 들어가 붕대, 로션, 손상된 조직을 제거하였다. 붕대와 연고는 8시간마다 교체되었다. 3개월간 다이앤의 손상되지 않은 피부를 화상 부위에 이식하는 과정이 진행되었다. 그녀는 3개월간 화상 치료를 계속 한 다음 퇴원했다. 그러나 다이앤은 병원으로 돌아와 더 많은 피부 이식과 성형 수술해야만 했다.

(계속)

화재 수사관은 휘발유가 다이앤의 집 화재의 주요 촉진재가 되어 화재가 시작되었음을 확인했다. 그 부근에는 종이와 마른 나무가 많아 불이 빠르게 퍼져 나갔다. 휘발유에서 주로 발견되는 몇 가지 탄화수소인 헥세인, 헵테인, 옥테인, 노네인, 데케인 및 톨루엔을 포함하고 있었다.

응용 문제

17.1 다이앤을 위한 약물은 폴리클로로트라이플루오로에틸렌(polychlorotrifluoroethylene, PCTFE)으로 만들어진 블리스터 용기(blister pack) 안에 들어 있다. 아래 나타낸 클로로트라이플루오로에틸렌 단량체 세 개를 이용하여 PCTFE 고분자의 한 부분에 대한 확장 구조식을 그려라.

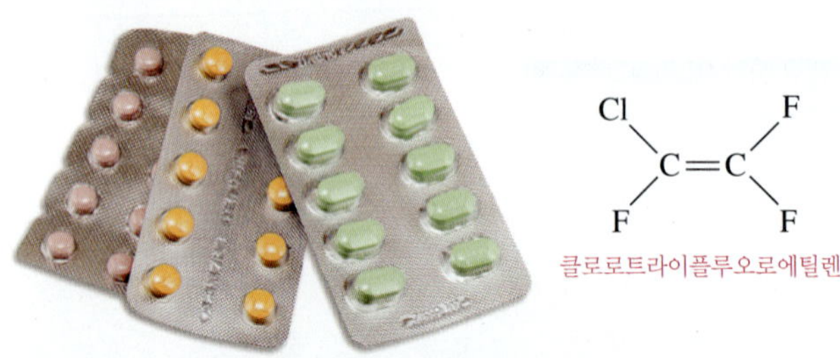

폴리클로로트라이플루오로에틸렌(PCTFE)으로 만들어진 블리스터 용기 안에 정제가 들어 있다.

17.2 IV 봉투나 고정 필름에 들어 있는 PVC를 대체하기 위해 새로운 고분자가 합성되었다. 이들 중 하나가 폴리아세트산비닐 에틸렌(ethylene polyvinylacetate, EVA)이다. 아래 나타낸 것과 같이 각 단량체를 2개씩 사용하여 교대로 위치한 형태의 EVA 고분자의 한 부분에 대한 확장된 구조식을 그려라.

H, H, C=C, H, H

에틸렌

H, H, C=C, H, O, O=C, CH_3

아세트산 비닐

17.3 휘발유에서 발견되는 탄화수소 중 다음 화합물이 완전 연소할 때 균형 화학 반응식을 써라.

a. 헥세인(hexane)

b. 톨루엔(toluene)

17.4 휘발유에서 발견되는 탄화수소 중 다음 화합물이 완전 연소할 때 균형 화학 반응식을 써라.

a. 노네인(nonane)

b. 옥테인(octane)

제17장 복습하기 _Chapter Review

17.1 알케인

› 학습 목표 IUPAC 이름을 쓰고, 알케인에 대한 축소식이나 선-각도 구조식을 그릴 수 있다.

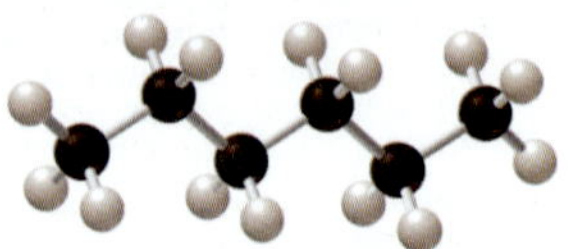

- 알케인은 C—C 단일 결합으로만 이루어진 탄화수소이다.
- 확장 구조식에서는, 결합하고 있는 모든 원자에 대해 독립적인 선을 이용하여 나타낸다.
- 축소 구조식은 각각의 탄소 원자 및 결합된 수소 원자로 구성된 형태를 나타낸다.
- 선-각도 구조식은 지그재그 선의 말단과 모서리를 탄소 골격으로 나타낸다.
- 알킬기와 할로젠 원자(플루오로, 클로로, 브로모, 아이오도로 명명)와 같은 치환기는 주 사슬의 수소 원자를 대신할 수 있다.
- IUPAC 명명법은 탄소 원자의 수와 치환기의 위치를 나타냄으로써 유기 화합물을 명명하는 데 사용된다.

17.2 알켄, 알카인, 고분자

› 학습 목표 알켄과 알카인에 대한 IUPAC 이름을 쓰고 축소 구조식과 선-각도 구조식을 그릴 수 있다.

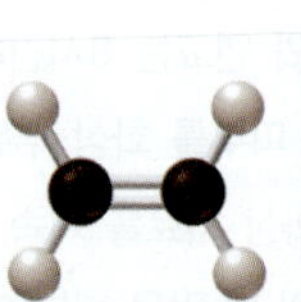

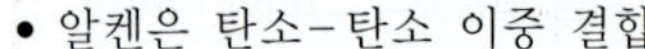

- 알켄은 탄소-탄소 이중 결합(C=C)을 포함하는 불포화 탄화수소이다.
- 알카인은 탄소-탄소 삼중 결합(C≡C)을 포함하고 있다.
- 알켄의 IUPAC 이름은 *ene*으로 끝나고 알카인은 *yne*으로 끝난다.
- 주 사슬은 이중 또는 삼중 결합에서 가장 가까운 말단부터 번호가 부여된다.
- 알켄은 금속 촉매를 사용하여 수소와 반응하여 알케인을 형성한다.
- 고분자는 단량체라고 하는 작은 탄소 분자가 수없이 반복된 단위로 구성된 긴 사슬 분자이다.

17.3 방향족 화합물

› 학습 목표 벤젠에서의 결합을 설명하고, 방향족 화합물을 명명하며, 방향족 화합물의 선-각도 구조식을 그릴 수 있다.

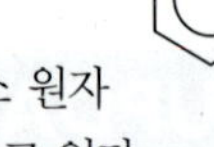

- 대부분의 방향족 화합물들은 탄소 원자 여섯 개와 수소 원자 여섯 개를 포함하는 고리 구조의 벤젠(C_6H_6)을 포함하고 있다.
- 벤젠의 구조는 중심에 원이 있는 육각형으로 나타낸다.
- IUPAC 명명법은 벤젠, 톨루엔, 아닐린, 페놀과 같은 이름을 사용한다.
- IUPAC 이름에서 두 개 이상의 치환기는 알파벳 순서로 번호와 순서가 정해진다.

17.4 알코올과 에터

학습 목표 알코올와 에터의 IUPAC 이름과 관용명을 쓰고, 이름이 주어졌을 때 축소 구조식과 선-각도 구조식을 그릴 수 있다.

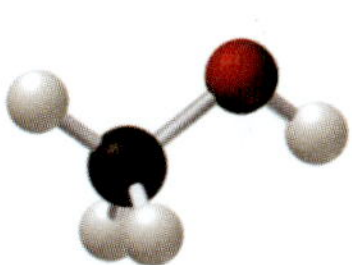

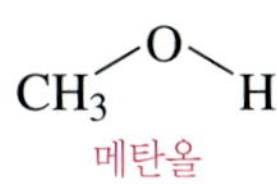

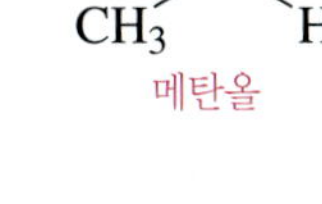

메탄올

- 알코올 작용기는 하이드록실기(—OH)가 탄소 사슬에 결합된 형태이다.
- 페놀에서, 하이드록실기는 방향족 고리에 결합되어 있다.
- IUPAC 명명법에서, 알코올의 이름은 접미사 *ol*을 사용하며, —OH기의 위치는 탄소 사슬에 부여된 번호로 확인된다.
- 에터에서 산소 원자(—O—)는 두 개의 알킬기나 방향족과 단일 결합으로 연결되어 있다.
- 에터의 관용명에서 알킬기는 알파벳 순서로 나열되고 이름의 마지막에 *에터*(ether)를 붙인다.

17.5 알데하이드와 케톤

학습 목표 알데하이드와 케톤에 대한 IUPAC 이름과 관용명을 쓰고, 주어진 이름에 대한 축소 구조식이나 선-각도 구조식을 그릴 수 있다.

카보닐기

알데하이드 케톤

- 알데하이드와 케톤은 강한 극성 작용기인 카보닐기(C=O)를 포함하고 있다.
- 알데하이드에서 카보닐기는 탄소 사슬의 말단에 위치하며 적어도 하나의 수소 원자와 결합하고 있다.
- 케톤에서 카보닐기는 두 개의 탄소 원자 사이에 위치한다.
- IUPAC 명명법에서 알데하이드는 알케인 이름의 *e* 대신 *al*을 사용하고 케톤은 *one*을 사용한다.
- 주 사슬이 네 개 이상의 탄소 원자로 이루어진 케톤의 경우, 카보닐기의 위치를 나타내기 위해 번호가 부여된다.
- 많은 간단한 알데하이드와 케톤은 관용명을 사용한다.

17.6 카복실산과 에스터

학습 목표 카복실산과 에스터에 대한 IUPAC 이름과 관용명을 쓰고, 주어진 이름에 대한 축소 구조식과 선-각도 구조식을 그릴 수 있다.

- 카복실산은 하이드록실기가 카보닐기에 연결된 형태이다.
- 카복실산의 IUPAC 명명법은 알케인의 *e*를 *oic acid*로 바꾼다.
- 탄소 원자가 1~4개인 카복실산의 관용명은 폼산, 아세트산, 프로피온산, 뷰티르산이다.
- 에스터는 카복실산의 하이드록실기의 H가 탄소 원자로 치환된 것이다.
- 강산 존재하에서 가열하면, 카복실산은 알코올과 반응하여 에스터를 생성하는데 이때, 카복실산의 —OH기와 알코올 분자의 —H가 반응하여 물 분자가 제거된다.
- 에스터의 명명은 두 단어로 구성되어 있는데, 알코올의 알킬기와 카복실산 이름의 접미사인 *ic acid*를 *ate*로 바꾼 형태이다.

17.7 아민과 아마이드

학습 목표 아민에 대한 관용명과 아마이드에 대한 IUPAC 이름 및 관용명을 쓰고, 주어진 이름에 대한 축소 구조식과 선-각도 구조식을 그릴 수 있다.

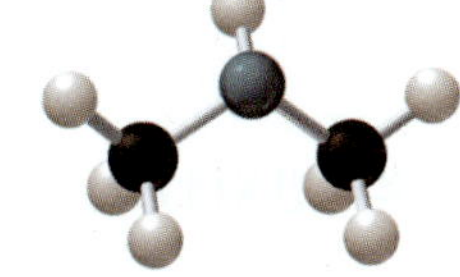

다이메틸아민

- 질소 원자에 하나 이상의 탄소 원자가 결합하면 아민을 형성한다.
- 간단한 아민의 관용명은 알킬기가 접미사 아민 앞에 알파벳 순서로 나열된다.
- 아마이드는 하이드록실기가 질소 원자로 치환된 카복실산의 유도체이다. 아마이드는 카복실산 말단의 *ic acid* 또는 *oic acid*를 *amide*로 치환시켜 명명한다.
- 아마이드는 카복실산과 암모니아나 아민을 반응시켜 얻을 수 있다.

명명법 요약

족	축소 구조식	IUPAC 이름	관용명
알케인	$CH_3-CH_2-CH_3$	프로페인	
치환된 알케인	$CH_3-CH(CH_3)-CH_3$	메틸프로페인	
알켄	$CH_3-CH=CH_2$	프로펜	프로필렌
알카인	$CH_3-C\equiv CH$	프로파인	
방향족	(벤젠 고리)	벤젠	
알코올	CH_3-OH	메탄올	메틸 알코올
에터	CH_3-O-CH_3	다이메틸 에터	
알데하이드	$H-C(=O)-H$	메탄알	폼알데하이드

(계속)

(계속)

족	축소 구조식	IUPAC 이름	관용명
케톤	$CH_3-\overset{\overset{\displaystyle O}{\|}}{C}-CH_3$	프로판온	아세톤, 다이메틸 케톤
카복실산	$CH_3-\overset{\overset{\displaystyle O}{\|}}{C}-OH$	에탄산	아세트산
에스터	$CH_3-\overset{\overset{\displaystyle O}{\|}}{C}-O-CH_3$	에탄산 메틸	아세트산 메틸
아민	$CH_3-CH_2-NH_2$	에틸아민	
아마이드	$CH_3-\overset{\overset{\displaystyle O}{\|}}{C}-NH_2$	에탄아마이드	아세트아마이드

반응 요약 _Summary of Reactions

살펴봐야 할 절은 반응 이름 뒤에 나타내었다.

연소 반응(17.1)

$$CH_3-CH_2-CH_3(g) + 5O_2(g) \xrightarrow{\Delta} 3CO_2(g) + 4H_2O(g) + \text{에너지}$$

프로페인

수소화 반응(17.2)

$$H_2C{=}CH-CH_3 + H_2 \xrightarrow{\text{백금}} CH_3-CH_2-CH_3$$

프로펜 → 프로페인

고분자화 반응(17.2)

$$H_2C{=}CH_2 + H_2C{=}CH_2 + H_2C{=}CH_2 \xrightarrow[\text{촉매}]{\text{열, 압력,}} -CH_2-CH_2-CH_2-CH_2-CH_2-CH_2-$$

에틸렌 단량체 → 폴리에틸렌

에스터화 반응(17.6)

$$CH_3-\overset{\overset{\displaystyle O}{\|}}{C}-OH + HO-CH_3 \xrightleftharpoons{H^+,\ \text{가열}} CH_3-\overset{\overset{\displaystyle O}{\|}}{C}-O-CH_3 + H_2O$$

에탄산 (아세트산) + 메탄올 (메틸 알코올) ⇌ 에탄산 메틸 (아세트산 메틸)

아마이드화 반응(17.7)

$$CH_3-CH_2-\overset{\overset{\displaystyle O}{\|}}{C}-OH + H-\overset{\overset{\displaystyle H}{|}}{N}-H \xrightarrow{\text{가열}} CH_3-CH_2-\overset{\overset{\displaystyle O}{\|}}{C}-\overset{\overset{\displaystyle H}{|}}{N}-H + H_2O$$

프로판산 (프로피온산) + 암모니아 → 프로판아마이드 (프로피온아마이드)

주요 용어 _Key Terms

고분자 수없이 반복되는 작고 동일한 구조 단위를 포함하는 거대 분자

구조 이성질체 분자식은 같지만 원자의 배열 상태의 차이로 인해 형성되는 두 개의 화합물

단량체 고분자에서 수없이 반복되는 작은 유기 분자

방향족 화합물 벤젠의 고리 구조를 포함하는 화합물

벤젠 탄소 여섯 개가 고리를 이루며 각 탄소에 수소 원자가 치환된 형

태(C_6H_6)

선-각도 구조식 지그재그 선에서 탄소 원자를 선의 말단과 모서리로 표현한 구조식

아마이드 카복실산의 수산화기 대신 질소 원자가 치환된 유기 화합물

아민 질소 원자에 하나 이상의 탄소 원자가 결합된 유기 화합물

IUPAC 명명법 유기 화합물에 사용되는 명명 체계

알데하이드 카보닐기(C=O)에 하나 이상의 수소 원자가 결합된 유기 화합물

알카인 탄소-탄소 삼중 결합(C≡C)을 포함하는 탄화수소의 한 형태

알케인 탄소 원자가 단일 결합만으로 연결된 탄화수소의 한 형태

알켄 탄소-탄소 이중 결합(C=C)을 포함하는 탄화수소의 한 형태

알코올 탄소 사슬에 하이드록실기(—OH)를 포함하는 화합물

알킬기 알케인에서 수소 원자가 하나 빠진 형태. 알킬기는 알케인의 *ane* 대신 *yl*을 붙여 명명한다.

에스터 카복실기의 —H가 탄소 원자로 치환된 형태의 유기 화합물

에터 산소 원자에 탄소 원자 두 개가 치환된 형태의 유기 화합물

작용기 물리적 및 화학적 특성과 유기 화합물 계열의 명명을 결정하는 원자단

축소 구조식 탄소 원자와 탄소 원자에 치환된 수소 원자를 하나로 묶어 나타낸 구조식

치환기 주 사슬의 탄소 원자에 결합되어 있는 알킬기 또는 할로겐과 같은 원자단

카복실산 카복실기를 포함하는 유기 화합물

케톤 카보닐기(C=O)에 탄소 두 개가 결합되어 있는 유기 화합물

탄화수소 탄소 원자와 수소 원자로만 이루어진 유기 화합물의 한 형태

확장 구조식 모든 원자와 각 원자에 연결된 결합을 나타낸 구조식

핵심 화학 기술 _Core Chemistry Skills

**각 핵심 화학 기술을 포함하는 절을 각 제목의 끝에 괄호 안에 나타내었다.*

▷ 알케인의 명명과 그리기(17.1)

- 알케인인 에테인(ethane), 프로페인(propane), 뷰테인(butane)은 각각 *연속적인* 사슬로 연결된 2~4개의 탄소 원자를 포함한다.
- 탄소 원자를 5개 이상 포함하는 알케인 사슬은 접두사 *펜트*(*pent*, 5), *헥스*(*hex*, 6), *헵트*(*hept*, 7), *옥트*(*oct*, 8), *노느*(*non*, 9), *데크*(*dec*, 10)를 이용하여 명명한다.
- 축소 구조식에서, 말단에 위치한 탄소와 수소는 $—CH_3$로 나타내고, 중간에 위치한 탄소와 수소는 $—CH_2—$로 나타낸다.

예: **a.** $CH_3—CH_2—CH_2—CH_3$의 이름은 무엇인가?
b. 펜테인의 축소 구조식을 그려라.

답: **a.** 네 개의 탄소 사슬로 이루어진 알케인은 접두사로 but를, 접미사로 ane을 사용하여 뷰테인(butane)으로 명명한다.
b. 펜테인은 다섯 개의 탄소 사슬로 이루어진 알케인이다. 말단에 위치한 탄소 원자는 수소 원자 세 개가 결합되어 있고 중간에 위치한 탄소 원자는 수소 원자 두 개가 결합되어 있다. $CH_3—CH_2—CH_2—CH_2—CH_3$

▷ 수소화 반응과 중합 반응의 반응식 쓰기(17.2)

- 수소화 반응은 금속 촉매를 사용하여 알켄의 이중 결합에 수소 원자를 첨가하는 반응으로, 그 결과 알케인이 형성된다.
- 중합 반응이란, 다수의 작은 분자들이 서로 연결되어 고분자를 형성한다.

예: **a.** 2-메틸-2-뷰텐(2-methyl-2-butene)의 축소 구조식을 그려라.
b. 2-메틸-2-뷰텐의 수소화 반응 생성물의 축소 구조식을 그려라.
c. 합성 고무에 사용되는 고분자 폴리뷰텐(polybutene, 폴리부틸렌)에 대해 1-뷰텐(1-butene) 단량체 3개로부터 형성된 일부분의 축소 구조식을 그려라.

답: **a.**

$$\begin{array}{c} \quad\;\; CH_3 \\ \quad\;\; | \\ CH_3—C=CH—CH_3 \end{array}$$

b. 이중 결합에 H_2가 첨가되면 생성물은 탄소 원자 수가 같은 알케인이다.

$$\begin{array}{c} \quad\;\; CH_3 \\ \quad\;\; | \\ CH_3—CH—CH_2—CH_3 \end{array}$$

c.

$$\begin{array}{ccccccccccc} & & CH_3 & & & & CH_3 & & & & CH_3 \\ & & | & & & & | & & & & | \\ & & CH_2 & & & & CH_2 & & & & CH_2 \\ & & | & & & & | & & & & | \\ —CH_2 & — & CH & — & CH_2 & — & CH & — & CH_2 & — & CH— \end{array}$$

▷ 알데하이드와 케톤의 명명(17.5)

- IUPAC 명명법에서, 알데하이드는 알케인 이름의 *e* 대신 *al*을 사용하고 케톤의 경우 *e* 대신 *one*을 사용하여 명명한다.
- 알데하이드의 치환기의 위치는 카보닐기부터 탄소 사슬의 번호를 부여하여 나타내고, 화합물의 이름 맨 앞에 나타낸다.
- 케톤의 경우, 탄소 사슬은 카보닐기로부터 가장 가까운 말단부터 번호를 부여한다.

예: 다음 화합물의 IUPAC 이름을 써라.

(선-각도 구조식: O)

답: 5-메틸-3-헥산온(5-methyl-3-hexanone)

▷ 카복실산의 명명(17.6)

- 카복실산의 IUPAC 명명법은 상응하는 알케인의 이름에서 *e* 대신 *oic acid*를 사용하여 명명한다.
- 탄소 원자가 1~4개 포함된 카복실산의 관용명은 차례대로 폼산(formic acid), 아세트산(acetic acid), 프로피온산(propionic acid), 뷰티르산(butyric acid)이다.

예: 다음 화합물의 IUPAC 이름을 써라.

$$\begin{array}{ccccccccc} & & Br & & & & O & & \\ & & | & & & & \| & & \\ CH_3 & — & CH & — & CH_2 & — & C & — & OH \end{array}$$

답: 3-브로모뷰탄산(3-bromobutanoic acid)

▷ 에스터 형성(17.6)

- 에스터는 카복실산과 알코올이 강산과 가열 조건에서 반응할 때 형성된다.

예: 프로판산과 메탄올이 반응하여 생성되는 에스터의 축소 구조식을 그려라.

답: $CH_3-CH_2-\overset{\overset{\displaystyle O}{\|}}{C}-O-CH_3$

▷ 아마이드 형성(17.7)

- 아마이드는 카복실산과 암모니아, 또는 일차나 이차 아민이 가열 조건에서 반응할 때 형성된다.

예: 메탄산과 에틸아민이 반응하여 생성되는 아마이드를 그려라.

답: $H-\overset{\overset{\displaystyle O}{\|}}{C}-\overset{\overset{\displaystyle H}{|}}{N}-CH_2-CH_3$

개념 이해 문제 _Understanding the Concepts

각 문제 끝에 복습할 절을 괄호 안에 표시하였다.

17.5 고분자인 테플론(Teflon)은 단량체인 1,1,2,2-테트라플루오로에틸렌으로부터 얻어진다. 단량체로부터 테플론이 형성되는 화학 반응식을 그려라. (17.2)

테플론은 조리용 팬에서 달라붙지 않는 코팅에 사용된다.

17.6 정원용 호스는 클로로에텐(chloroethene, 염화 비닐)의 고분자인 폴리염화 비닐(polyvinyl chloride, PVC)로 만든다. 세 개의 단량체를 이용하여 고분자인 PVC의 일부분을 그려라. (17.2)

플라스틱 정원용 호스는 PVC로 만든다.

17.7 시트로넬라, 레몬, 레몬그라스에서 얻어지는 시트로넬랄(citronellal)은 향수와 곤충퇴치제로 사용된다. (17.2, 17.5)

곤충 퇴치 양초에는 천연 자원에서 발견되는 시트로넬랄이 들어 있다.

시트로넬랄은 아래와 같은 구조를 갖는다.

$$CH_3-\overset{\overset{\displaystyle CH_3}{|}}{C}=CH-CH_2-CH_2-\overset{\overset{\displaystyle CH_3}{|}}{CH}-CH_2-\overset{\overset{\displaystyle O}{\|}}{C}-H$$

a. 시트로넬랄의 IUPAC 이름을 완성하라.

________, ________-다이 ________-________-옥텐알 (octenal)

b. 옥텐알에서 *en*은 무엇을 의미하는가?

c. 옥텐알에서 *al*은 무엇을 의미하는가?

17.8 다음 각 화합물의 축소 구조식을 그려라. (17.5)

a. 2-헵탄온, 꿀벌의 경고용 페로몬

b. 2,6-다이메틸-3-헵탄온, 꿀벌의 소통용 페로몬

벌들은 의사소통 위해 페로몬이라는 화학물질을 내뿜는다.

추가 문제 _Additional Practice Problems

17.9 다음 화합물의 축소 구조식을 그려라. (17.1, 17.2)

a. 3-에틸헥세인(3-ethylhexane)
b. 2-펜텐(2-pentene)
c. 2-헥사인(2-hexyne)

17.10 다음 화합물의 축소 구조식을 그려라. (17.1, 17.2)

a. 1-클로로-2-뷰타인(1-chloro-2-butyne)
b. 2,3-다이메틸펜테인(2,3-dimethylpentane)
c. 3-헥센(3-hexene)

17.11 다음 화합물의 IUPAC 이름을 써라. (17.1, 17.2)

a.

b. $CH_3-CH_2-C\equiv CH$

c. $CH_3-CH=CH-CH_2-CH_3$

17.12 다음 화합물의 IUPAC 이름을 써라. (17.1, 17.2)

a. $H_2C=C(CH_3)-CH_2-CH_2-CH_3$

b. CH_3-CH_2-Cl (skeletal: Cl)

c. $CH_3-CH_2-CH(CH_2-CH_3)-CH_2-CH(Br)-CH_3$

17.13 다음 화합물에서 작용기를 나타내라. (17.2)

a. $CH_3-CH_2-CH_2-C(=O)-CH_3$

b. $CH_3-CH=CH_2$

c. (skeletal: O, O)

d. $CH_3-CH_2-CH_2-NH_2$

17.14 다음 화합물에서 작용기를 나타내라. (17.2)

a. (skeletal: O, NH_2)

b. $CH_3-CH_2-CH_2-C(=O)-OH$

c. $CH_3-CH(CH_3)-CH_2-OH$

d. $CH_3-CH(CH_3)-C(=O)-H$

17.15 다음 설명(**a~d**)과 일치하는 유기 화합물을 알케인, 알켄, 알카인, 알코올, 에터, 알데하이드, 케톤, 카복실산, 에스터, 아민, 아마이드 중에서 선택하라. (17.2)

a. 하이드록실기를 포함
b. 하나 이상의 탄소-탄소 이중 결합 포함
c. 수소와 결합된 카보닐기 포함
d. 탄소-탄소 단일 결합만을 포함

17.16 다음 설명(**a~d**)과 일치하는 유기 화합물을 알케인, 알켄, 알카인, 알코올, 에터, 알데하이드, 케톤, 카복실산, 에스터, 아민, 아마이드 중에서 선택하라. (17.2)

a. 수소 원자가 탄소 원자로 치환된 카복실기 포함
b. 하이드록실기에 결합된 카보닐기 포함
c. 하나 이상의 탄소 원자와 결합된 질소 원자 포함
d. 탄소 원자 두 개와 결합된 카보닐기 포함

17.17 다음 화합물에서 작용기를 나타내라. (17.2)

a.

아몬드

b.

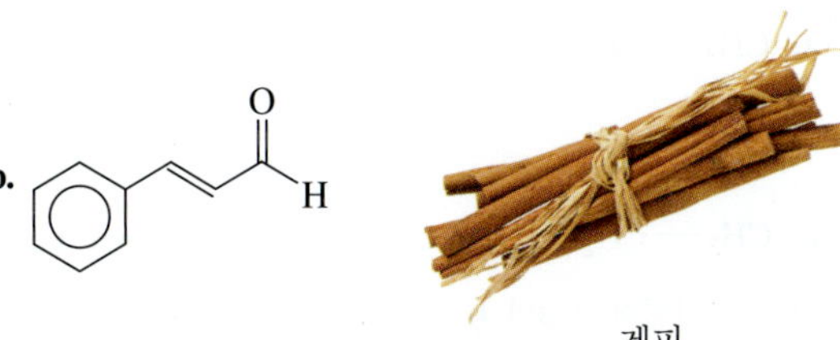

계피

17.18 다음 화합물에서 작용기를 나타내라. (17.2)

a. BHA는 구운 제품, 버터, 육류 및 과자와 같은 식품의 방부제로 사용되는 항산화제이다.

구운 제품은 항산화제로 BHA를 포함하고 있다.

b. $CH_3-C(=O)-C(=O)-CH_3$

버터

17.19 다음 방향족 화합물을 명명하라. (17.3)

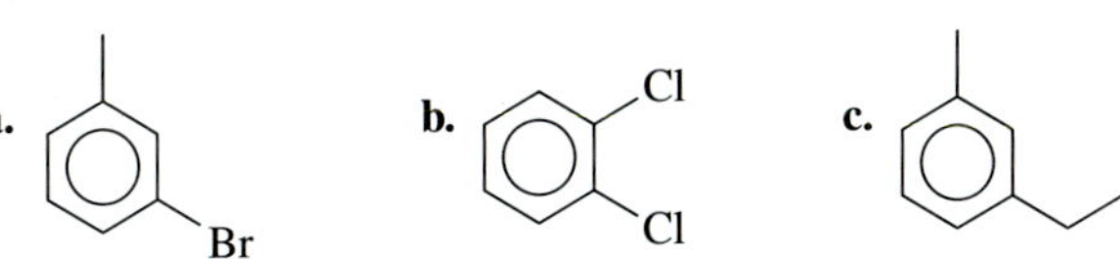

17.20 다음 방향족 화합물을 명명하라. (17.3)

a. 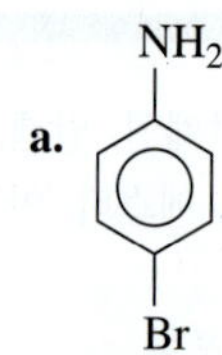

b. Cl

c. F F

17.21 다음 화합물의 구조식을 그려라. (17.3)

a. 에틸벤젠(ethylbenzene)
b. 4-클로로톨루엔(4-chlorotoluene)
c. 1,4-다이브로모벤젠(1,4-dibromobenzene)

17.22 다음 화합물의 구조식을 그려라. (17.3)

a. 3-플루오로톨루엔(3-fluorotoluene)
b. 2-메틸아닐린(2-methylaniline)
c. 1,2-다이메틸벤젠(1,2-dimethylbenzene)

17.23 다음 화합물에서 **a**와 **b**는 IUPAC 이름을, **c**는 관용명을 써라. (17.4)

a. $CH_3-CH_2-CH(CH_3)-OH$

b. OH

c. $CH_3-CH_2-O-CH_2-CH_2-CH_2-CH_3$

17.24 다음 화합물에서 **a**와 **b**는 IUPAC 이름을, **c**는 관용명을 써라. (17.4)

a. Cl, OH

b. $CH_3-CH(CH_3)-CH_2-CH_2-OH$

c. O

17.25 다음 화합물의 축소 구조식을 그려라. (17.4)

a. 다이뷰틸 에터(dibutyl ether)
b. 2-메틸-3-펜탄올(2-methyl-3-pentanol)
c. 2-메틸-2-프로판올(2-methyl-2-propanol)

17.26 다음 화합물의 축소 구조식을 그려라. (17.4)

a. 3-헥산올(3-hexanol)
b. 2-펜탄올(2-pentanol)
c. 에틸 프로필 에터(ethyl propyl ether)

17.27 다음 화합물의 IUPAC 이름을 써라. (17.5)

a. Cl, O, H

b. $Cl-CH_2-CH_2-C(=O)-H$

c. $CH_3-CH(Cl)-C(=O)-CH_2-CH_3$

17.28 다음 화합물의 IUPAC 이름을 써라. (17.5)

a. $CH_3-CH(CH_3)-C(=O)-CH_3$

b. Cl, O, H

c. $CH_3-CH(CH_3)-CH_2-CH_2-C(=O)-OH$

17.29 다음 화합물의 축소 구조식을 그려라. (17.5)

a. 에틸 메틸 케톤(ethyl methyl ketone)
b. 3-클로로프로피온알데하이드(3-chloropropionaldehyde)
c. 2-브로모벤즈알데하이드(2-bromobenzaldehyde)

17.30 다음 화합물의 축소 구조식을 그려라. (17.5)

a. 뷰티르알데하이드(butyraldehyde)
b. 2-브로모뷰탄알(2-bromobutanal)
c. 3,5-다이메틸-2-헥산온(3,5-dimethyl-2-hexanone)

17.31 다음 화합물의 IUPAC 이름을 써라. (17.6)

a. $CH_3-CH(CH_3)-CH_2-C(=O)-OH$

b. O, O

c. $CH_3-CH_2-C(=O)-O-CH_2-CH_3$

17.32 다음 화합물의 IUPAC 이름을 써라. (17.6)

a. $CH_3-CH(CH_3)-CH_2-CH_2-C(=O)-OH$

b. O, OH, Cl

c. O, O

17.33 다음 화합물의 축소 구조식을 그려라. (17.7)

a. 에틸아민(ethylamine)
b. 헥산아마이드(hexanamide)
c. 트라이에틸아민(triethylamine)

17.34 다음 화합물의 축소 구조식을 그려라. (17.7)

a. 폼아마이드(formamide)

b. 에틸프로필아민(ethylpropylamine)

c. 다이에틸메틸아민(diethylmethylamine)

17.35 다음 화합물을 명명하라. (17.7)

a. (선-각도 구조식: N에 메틸기 두 개와 뷰틸기가 결합)

b. $CH_3-CH_2-\overset{\overset{\large O}{\|}}{C}-NH_2$

c. $CH_3-CH_2-CH_2-CH_2-CH_2-NH_2$

17.36 다음 화합물을 명명하라. (17.7)

a. $Cl-CH_2-CH_2-CH_2-\overset{\overset{\large O}{\|}}{C}-NH_2$

b. $CH_3-CH_2-CH_2-CH_2-\overset{\overset{\large O}{\|}}{C}-NH_2$

c. $CH_3-CH_2-CH_2-\underset{}{\overset{\overset{\large CH_2-CH_3}{|}}{N}}-CH_2-CH_3$

생각해 보기의 답 _Answers to Engage Questions

17.1 메테인의 중심 탄소 원자에는 전자 군이 4개 있다. 반발력을 최소화하기 위해 전자 군들은 사면체 형태로 배열된다.

17.2 선-각도 구조식에서, 각 선은 단일 결합이고, 탄소 원자는 각 선의 모서리와 끝으로 표현된다.

17.3 구조 이성질체는 분자식은 같지만, 화학식의 원자가 서로 다른 방식으로 결합한다.

17.4 탄화수소 혼합물인 기름은 물에 녹지 않고 물보다 밀도가 낮다. 따라서 기름을 물에 가하면 표면에 남게 된다.

17.5 알코올의 작용기는 탄소에 결합된 —OH기이다. 케톤에서 작용기는 이중 결합으로 탄소와 결합된 산소 원자이다. 이 탄소는 두 개의 다른 탄소 원자와 결합되어 있다.

17.6 톨루엔에서는 메틸기가 벤젠에 결합되어 있다. 페놀에서는 —OH기가 벤젠에 결합되어 있다.

17.7 에터에서 작용기는 탄소 원자 두 개가 단일 결합으로 결합된 산소 원자이다. 알코올의 작용기는 탄소에 결합된 —OH기이다.

17.8 알데하이드와 케톤은 모두 카르보닐기를 포함한다. 알데하이드에서 카보닐기는 적어도 하나의 수소 원자와 결합하고 있다. 케톤에서 카보닐기는 두 개의 탄소 원자에 결합되어 있다.

17.9 알데하이드에서 카보닐기는 적어도 하나의 수소 원자와 결합하고 있으며, 이는 카보닐기가 사슬의 끝에 있어야 함을 의미한다.

17.10 에틸 프로필 케톤과 3-헥산온은 각각 6개의 탄소를 가지며, 탄소 2개로 된 기와 탄소 3개로 된 기가 3번 탄소에 있는 카보닐기에 결합되어 있다. 따라서 이들은 같은 화합물이다.

17.11 프로판산과 에탄올로부터 형성된 에스터는 프로판산 에틸(ethyl propanoate)이다.

17.12 다이에틸아민은 에틸기 두 개가 질소 원자에 붙어 있는 반면, 트라이에틸아민은 에틸기 세 개가 질소 원자에 붙어 있다.

17.13 아마이드가 형성되면 카복실산 이름에서 *oic acid*를 *amide*로 바꾸어 생성물을 명명한다.

선택된 문제의 답 _Answers to Selected Problems

17.1 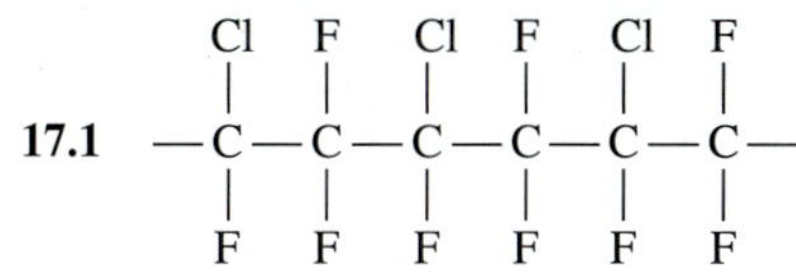

17.3 a.

$$2C_6H_{14}(l) + 19O_2(g) \xrightarrow{\Delta} 12CO_2(g) + 14H_2O(g) + \text{에너지}$$

b.

$$C_7H_8(l) + 9O_2(g) \xrightarrow{\Delta} 7CO_2(g) + 4H_2O(g) + \text{에너지}$$

17.5 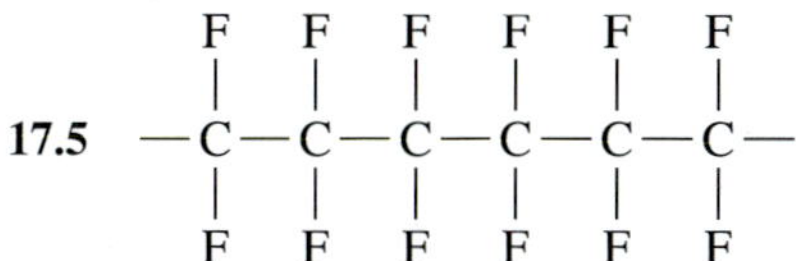

17.7 a. 3,7-다이메틸-6-옥텐알(3,7-dimethyl-6-octenal)

b. *en*은 이중 결합이 있음을 의미한다.

c. *al*은 알데하이드가 있음을 의미한다.

17.9 a. $CH_3-CH_2-\overset{\overset{\large CH_2-CH_3}{|}}{CH}-CH_2-CH_2-CH_3$

b. $CH_3-CH=CH-CH_2-CH_3$

c. $CH_3-C\equiv C-CH_2-CH_2-CH_3$

17.11 a. 2,2-다이메틸뷰테인(2,2-dimethylbutane)

b. 1-뷰타인(1-butyne)

c. 2-펜텐(2-pentene)

17.13 a. 케톤 **b.** 알켄

c. 에스터 **d.** 아민

17.15 **a.** 알코올 **b.** 알켄
c. 알데하이드 **d.** 알케인

17.17 **a.** 방향족, 알데하이드
b. 방향족, 알데하이드, 알켄

17.19 **a.** 3-브로모톨루엔(3-bromotoluene)
b. 1,2-다이클로로벤젠(1,2-dichlorobenzene)
c. 3-에틸톨루엔(3-ethyltoluene)

17.21 **a.** 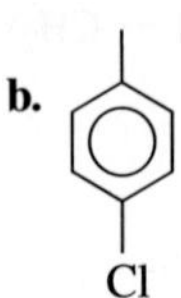 **b.** 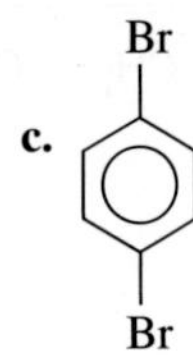
Cl
c. Br Br

17.23 **a.** 2-뷰탄올(2-butanol)
b. 3-메틸-2-펜탄올(3-methyl-2-pentanol)
c. 뷰틸 에틸 에터(butyl ethyl ether)

17.25 **a.** $CH_3-CH_2-CH_2-CH_2-O-CH_2-CH_2-CH_2-CH_3$

b. $CH_3-\underset{}{\overset{CH_3}{\overset{|}{CH}}}-\overset{OH}{\overset{|}{CH}}-CH_2-CH_3$

c. $CH_3-\underset{\underset{CH_3}{|}}{\overset{OH}{\overset{|}{C}}}-CH_3$

17.27 **a.** 4-클로로벤즈알데하이드(4-chlorobenzaldehyde)
b. 3-클로로프로판알(3-chloropropanal)
c. 2-클로로-3-펜탄온(2-chloro-3-pentanone)

17.29 **a.** $CH_3-CH_2-\overset{O}{\overset{\|}{C}}-CH_3$

b. $Cl-CH_2-CH_2-\overset{O}{\overset{\|}{C}}-H$

c. Br O H

17.31 **a.** 3-메틸뷰탄산(3-methylbutanoic acid)
b. 벤조산 메틸(methyl benzoate)
c. 프로판산 에틸(ethyl propanoate)

17.33 **a.** $CH_3-CH_2-NH_2$

b. $CH_3-CH_2-CH_2-CH_2-CH_2-\overset{O}{\overset{\|}{C}}-NH_2$

c. $CH_3-CH_2-\overset{CH_2-CH_3}{\overset{|}{N}}-CH_2-CH_3$

17.35 **a.** 뷰틸다이메틸아민(butyldimethylamine)
b. 프로판아마이드(propanamide)
c. 펜틸아민(pentylamine)

찾아보기

Index

ㅅ

ㅇ

기타

옮긴이 소개

강릉원주대학교 · 백경구
건국대학교 · 명노승
건양대학교 · 심원보, 이윤진, 이재영
경남대학교 · 김용성, 최현주
경남정보대학교 · 김봉수, 이건철
경상국립대학교 · 박경원
경운대학교 · 김복조, 이길준, 이선하
고신대학교 · 김지영
공주대학교 · 이석우, 이규철
광주보건대학교 · 이송주
군산대학교 · 이민재
대구대학교 · 심준호
동의과학대학교 · 나영수
동의대학교 · 임 용
목포대학교 · 김태우, 남상호, 박정우, 유충열, 이용훈
세종대학교 · 채영기
순천제일대학교 · 홍주희
신라대학교 · 김안드레
안동대학교 · 김후식, 임우택
영남대학교 · 강미숙, 김영수, 김영일, 윤석준, 윤영상, 임희남, 조대원
원광대학교 · 김보미, 김태희, 곽소정, 배서윤, 심재오, 이동훈, 전인엽, 주용완
인제대학교 · 윤 일
조선대학교 · 고문주, 김호중, 이범규, 이종대, 임종국
신한대학교 · 표상신
충남대학교 · 김영준, 손정훈, 이충균, 조우경, 허정석
충북대학교 · 강광철
한국교통대학교 · 이주운
한국농수산대학교 · 이창훈
호서대학교 · 임수아

(가나다 순)

팀버레이크의 제6판
대학화학기초

| 발행일 2023년 3월 1일 6판 1쇄 발행
2025년 2월 28일 6판 3쇄 발행
| 지은이 Karen Timberlake, William Timberlake
| 옮긴이 화학교재연구회
| 발행인 박 종 성
| 발행처 사이플러스 Science plus
| 주 소 (우) 07202 서울특별시 영등포구 양평로 30길 14 세종앤까뮤스퀘어 1106호
| 전 화 02-332-6171
| 팩 스 02-332-6185
| 등 록 2005.10.20. 제2022-000100호

| ISBN 979-11-88731-37-4 93430 **값 43,000원**

팀버레이크의 제6판
대학화학기초

미터법 및 SI 단위와 몇 가지 유용한 변환 인자

길이 SI 단위 미터(m)	부피 SI 단위 세제곱미터(m^3)		질량 SI 단위 킬로그램(kg)	
1 미터(m) = 100 센티미터(cm)	1 리터(L) = 1000 밀리리터(mL)		1 킬로그램(kg) = 1000 그램(g)	1 mg = 1000 mcg
1 m = 1000 밀리미터(mm)	1 mL = 1 cm^3	1 dL = 100 mL	1 g = 1000 밀리그램(mg)	1 lb = 16 oz
1 cm = 10 mm	1 L = 1.057 쿼트(qt)	1 mL = 1 cc	1 kg = 2.205 lb	
1 킬로미터(km) = 0.6214 마일(mi)	1 qt = 946.4 mL		1 lb = 453.6 g	
1 인치(in.) = 2.54 cm(정확)	1 파인트(pt) = 473.2 mL		1 mol = 6.022 × 10^{23}개 입자	
	1 gal = 3.785 L 1 tsp = 5 mL 1 tbsp(T) = 15 mL		**물** 밀도 = 1.00 g/mL(4 °C에서)	

온도 SI 단위 켈빈(K)	압력 SI 단위 파스칼(Pa)	에너지 SI 단위 줄(J)
$T_F = 1.8(T_C) + 32$	1 atm = 760 mmHg	1 칼로리(cal) = 4.184 J (정확)
$T_C = \frac{T_F - 32}{1.8}$	1 atm = 101.325 kPa	1 kcal = 1000 cal
$T_K = T_C + 273$	1 atm = 760 Torr	
	기체 1 mol = 22.4 L (STP) R = 0.0821 L · atm/mol · K R = 62.4 mmHg · atm/mol · K	**물** 융해열 = 334 J/g 기화열 = 2260 J/g 비열(SH) = 4.184 J/g °C; 1.00 cal/g °C

미터법 및 SI 접두사

접두사	기호	10의 제곱수
단위 크기가 증가하는 접두사		
페타(peta)	P	10^{15}
테라(tera)	T	10^{12}
기가(giga)	G	10^{9}
메가(mega)	M	10^{6}
킬로(kilo)	k	10^{3}
단위 크기가 감소하는 접두사		
데시(deci)	d	10^{-1}
센티(centi)	c	10^{-2}
밀리(milli)	m	10^{-3}
마이크로(micro)	μ (mc)	10^{-6}
나노(nano)	n	10^{-9}
피코(pico)	p	10^{-12}
펨토(femto)	f	10^{-15}

몇 가지 화합물의 화학식과 몰질량

이름	화학식	몰질량(g/mol)	이름	화학식	몰질량(g/mol)
메테인	CH_4	16.04	염소	Cl_2	70.90
물	H_2O	18.02	염화 소듐	NaCl	58.44
뷰테인	C_4H_{10}	58.12	염화 수소	HCl	36.46
브로민	Br_2	159.80	염화 암모늄	NH_4Cl	53.49
산소	O_2	32.00	염화 칼슘	$CaCl_2$	110.98
산화 마그네슘	MgO	40.31	이산화 탄소	CO_2	44.01
산화 철(III)	Fe_2O_3	159.70	질산 포타슘	KNO_3	101.11
산화 칼슘	CaO	56.08	질소	N_2	28.02
삼산화 황	SO_3	80.07	탄산 칼슘	$CaCO_3$	100.09
수산화 소듐	NaOH	40.00	탄산 포타슘	K_2CO_3	138.21
수산화 칼슘	$Ca(OH)_2$	74.10	프로페인	C_3H_8	44.09
수소	H_2	2.016	황산 암모늄	$(NH_4)_2SO_4$	132.15
암모니아	NH_3	17.03	황화 구리(II)	CuS	95.62

몇 가지 일반적인 양이온의 식과 전하

양이온(고정 전하)					
1+		**2+**		**3+**	
Li^+	리튬	Mg^{2+}	마그네슘	Al^{3+}	알루미늄
Na^+	소듐	Ca^{2+}	칼슘		
K^+	포타슘	Sr^{2+}	스트론튬		
$NH_4{}^+$	암모늄	Ba^{2+}	바륨		
H_3O^+	하이드로늄	Zn^{2+}	아연		
Ag^+	은	Cd^{2+}	카드뮴		

양이온(가변 전하)							
1+ 또는 2+				**1+ 또는 3+**			
Cu^+	구리(I)	Cu^{2+}	구리(II)	Au^+	금(I)	Au^{3+}	금(III)
$Hg_2{}^{2+}$	수은(I)	Hg^{2+}	수은(II)				
2+ 또는 3+				**2+ 또는 4+**			
Fe^{2+}	철(II)	Fe^{3+}	철(III)	Sn^{2+}	주석(II)	Sn^{4+}	주석(IV)
Co^{2+}	코발트(II)	Co^{3+}	코발트(III)	Pb^{2+}	납(II)	Pb^{4+}	납(IV)
Cr^{2+}	크로뮴(II)	Cr^{3+}	크로뮴(III)				
Mn^{2+}	망가니즈(II)	Mn^{3+}	망가니즈(III)				
Ni^{2+}	니켈(II)	Ni^{3+}	니켈(III)				
3+ 또는 5+							
Bi^{3+}	비스무트(III)	Bi^{5+}	비스무트(V)				

몇 가지 일반적인 음이온의 식과 전하

단원자 이온							
F^-	플루오린화	Br^-	브로민화	O^{2-}	산화	N^{3-}	질소화
Cl^-	염화	I^-	아이오딘화	S^{2-}	황화	P^{3-}	인화

다원자 이온					
$HCO_3{}^-$	탄산 수소(중탄산)	$CO_3{}^{2-}$	탄산		
$C_2H_3O_2{}^-$	아세트산	CN^-	사이안산		
$NO_3{}^-$	질산	$NO_2{}^-$	아질산		
$H_2PO_4{}^-$	인산 이수소	$HPO_4{}^{2-}$	인산 수소	$PO_4{}^{3-}$	인산
$H_2PO_3{}^-$	아인산 이수소	$HPO_3{}^{2-}$	아인산 수소	$PO_3{}^{3-}$	아인산
$HSO_4{}^-$	황산 수소(중황산)	$SO_4{}^{2-}$	황산		
$HSO_3{}^-$	아황산 수소(중아황산)	$SO_3{}^{2-}$	아황산		
$ClO_4{}^-$	과염소산	$ClO_3{}^-$	염소산		
$ClO_2{}^-$	아염소산	ClO^-	하이포아염소산		
OH^-	수산화	$CrO_4{}^{2-}$	크로뮴산		
$MnO_4{}^-$	과망가니즈산	$Cr_2O_7{}^{2-}$	중크로뮴산		
SCN^-	싸이오사이안산				

유기 화합물의 작용기

형태	작용기	형태	작용기
할로알케인	—F, —Cl, —Br, —I	카복실산	$-\overset{\overset{\displaystyle O}{\|}}{C}-OH$
알켄	—CH═CH—	에스터	$-\overset{\overset{\displaystyle O}{\|}}{C}-O-$
알카인	—C≡C—	아민	$-NH_2$
방향족	벤젠 고리	아마이드	$-\overset{\overset{\displaystyle O}{\|}}{C}-NH_2$
알코올	—OH		
에터	—O—		
알데하이드	$-\overset{\overset{\displaystyle O}{\|}}{C}-H$		
케톤	$-\overset{\overset{\displaystyle O}{\|}}{C}-$		

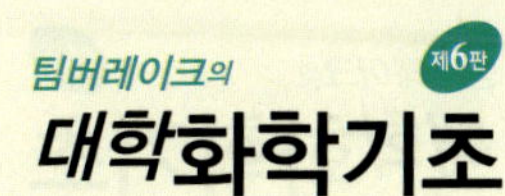
팀버레이크의
제6판
대학화학기초

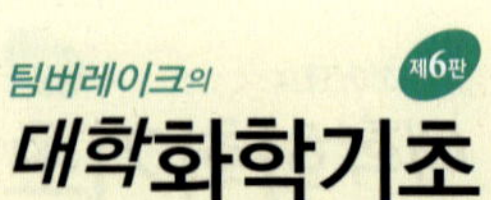
팀버레이크의
제6판
대학화학기초